Linden | Marquardt (Hrsg.)

ÖKOLOGISCHES BAUSTOFFLEXIKON

Das Gebäude

Die Fachbuchreihe zu den Themen

- Baurechtpraxis und Baumanagement
- Bautechnik
- Energieeffizientes Bauen
- Energiesystemtechnik
- Gebäudetechnik, TGA und Facility Management
- Klima- und Lüftungstechnik
- Sicherheitstechnik

PROF. DR. RER. NAT. WOLFGANG LINDEN
PROF. DR.-ING. IRIS MARQUARDT (HRSG.)

ÖKOLOGISCHES BAUSTOFF-LEXIKON

Bauprodukte · Chemikalien · Schadstoffe
Ökologie · Innenraum

Begründet von Dr. Gerd Zwiener und Mag. Hildegund Figl

4., völlig neu bearbeitete und erweiterte Auflage

VDE VERLAG GMBH

ICS 91.010.01; 91.100.01; 13.040.20

Bibliografische Information der Deutschen Nationalbibliothek
Die Deutsche Nationalbibliothek verzeichnet diese Publikation in der Deutschen Nationalbibliografie; detaillierte bibliografische Daten sind im Internet über http://dnb.dnb.de abrufbar.

ISBN 978-3-8007-3232-6 (Buch)
ISBN 978-3-8007-4246-2 (E-Book)

Titelbild: Ingo Bartussek – Fotolia

Druck: Hubert & Co. GmbH, Göttingen
Printed in Germany 2018-08

Vorwort

Liebe Leserinnen und Leser,
man erwartet im digitalen Zeitalter, dass die Dokumentation aller im Gebäude eingesetzten Bauprodukte problemlos durch die beauftragten Unternehmer verschiedener Gewerke zur Verfügung gestellt werden kann. Davon scheinen wir aber weit entfernt zu sein!
Auch nach 40 Jahren Kampf für Transparenz im Baubereich muss ich feststellen, dass fast kein Auftragnehmer mit dieser Aufgabe Erfahrung vorweisen kann. Nur eine kleine Auswahl an Unternehmern ist in der Lage, die gewünschten Dokumente vorzulegen. Der Zeitaufwand für eine vollständige Dokumentation ist immens hoch. Dabei werden zwei Mängel deutlich:
Die Unternehmer sind bezüglich der Eigenschaften der eingesetzten Bauprodukte weder ausreichend informiert, noch verfügen sie über entsprechende Dokumentation im Betrieb.
Die angesprochenen Hersteller sind entweder nicht bereit oder nicht in der Lage, die angeforderten Dokumente umfassend zur Verfügung zu stellen.
Die Ursachen sind dabei aber nicht nur bei den Unternehmern und Herstellern zu suchen. Sie sind einerseits begründet in der Komplexität des Bauprozesses, der mit Baustoffen wie Kalk und Gips beginnt und über Bauprodukte wie Kalk-Gipsputz und Halbzeuge wie Bauplatten aus Gips bis zu Gebäuden mit umbauten Innenräumen führt. Andererseits ist die Baubranche mit entsprechenden Verordnungen und Gesetzen auf europäischer und nationaler Ebene reguliert, um nicht zuletzt eine gute Innenraumluftqualität zu erreichen. Jedoch ist es trotz dieser Regelungen kaum möglich, eine Prognose der Konzentrationen von Luftschadstoffen im geplanten Gebäude zu erstellen. Deshalb ist es notwendig, dass die Architekten zusammen mit den Projektinitiatoren ein Konzept mit Qualitätsanforderungen für die geplanten Bauprodukte erstellen. Diese Anforderungen sind in der Ausschreibung zu berücksichtigen, bei den Unternehmern einzufordern und auf der Baustelle sorgfältig zu überprüfen.
Erst bei sorgfältiger Auswahl aller Komponenten kann jedes Gebäude im Zusammenhang mit der potentiellen Belastung mit Schadstoffen der Raumluft unbedenklich realisiert werden. Es ist vor allem die Aufgabe der Hersteller und Unternehmer, in Zukunft durch die schnelle Informationsbereitstellung diese Arbeit zu erleichtern. Gleichzeitig ist es notwendig, dass Planer und Unternehmer sich für die Bauprodukteinstufung und -auswahl qualifizieren. Dazu kann dieses Lexikon die relevanten Hintergrundinformationen liefern, ohne bereits den Anspruch an einen Produktkatalog mit Deklarationen zu formulieren.

Gröbenzell, Frühjahr 2018

Holger König
Vordenker bauökologischer Bewertung

Vorwort der Herausgeber

Das ökologische Baustofflexikon ist zuletzt vor zwölf Jahren in der 3. Auflage erschienen. In dieser Zeit hat die Umstellung der Gesetzgebung auf europäisches Recht stattgefunden und die Normen sind zu europäischen Normen harmonisiert worden. Da es sich um sehr viele Normen handelte, konnten die nationalen Umwelt- und Gesundheitsstandards nicht vollständig in die harmonisierten europäischen Normen übertragen werden und die Anpassungen wurden auf die folgenden Aktualisierungen verschoben. Eine Zeitlang wurden zusätzliche Prüfungen durchgeführt, bis der Europäische Gerichtshof (EuGH) dieses als Verstoß gegen die Bauproduktenverordnung identifizierte und Deutschland aufgefordert wurde, seine Bauregellisten zu überarbeiten. Dazu wurde die Zulassung von Bauprodukten neu geregelt und eine Musterverwaltungsvorschrift Technische Baubestimmungen (MVV TB) entwickelt, die die Bauwerke statt der Bauprodukte in Bezug nimmt. Die Produktverantwortung wurde in die Hände der Hersteller gelegt.

In den Leistungserklärungen der Hersteller werden jedoch nur wenige Anforderungen zur Beschreibung der Produktqualität aufgeführt. Offensichtlich wollen die Hersteller von Bauprodukten die Anforderungen an Gesundheits- und Umweltschutz nicht mehr als Voraussetzung für die Vermarktung von Produkten akzeptieren und geben den Architekten als freiwillige Informationsquelle für Produkte die Environmental Product Declarations EPD an die Hand, die sie mit dem Institut für Bauen und Umwelt IBU entwickelt haben. Daher ist es erforderlich, den Verwendern von Bauprodukten zusätzliche Informationen zur Verfügung zu stellen, die sie in die Lage versetzen, Umweltschutz- und Gesundheitsgesichtspunkte beim Bauen mit Bestand oder beim Neubau gesunder und umweltverträglicher Gebäude umzusetzen. Dies ist ein wesentliches Ziel des hier vorliegenden Lexikons, das in diesem Prozess die erforderlichen Hintergrundinformationen liefern will.

Diese Informationskette beginnt bei der Kennzeichnung von Stoffen nach der europäischen Chemikalienverordnung (REACH) und setzt sich über Gemische bzw. Zubereitungen bis zu den Erzeugnissen bzw. Bauprodukten und Halbzeugen fort. Für das Inverkehrbringen müssen Bauprodukte in der Europäischen Union nach Bauproduktenverordnung mit einer CE-Kennzeichnung versehen werden, wenn es dafür eine harmonisierte europäische Norm gibt. Für gefährliche Substanzen gelten zusätzliche Regeln bezüglich des Gehalts (z. B. SVHC-Stoffe) oder Emissionsgrenzwerte, z. B. für Formaldehyd.

Die Themenfelder sind, wie die Vielfalt der Bauprodukte auch, sehr breit gespannt. Beispielhaft seien hier die Biozide genannt, die als gezielt zugesetzte Wirkstoffe in Biozidprodukten giftig sind oder als Konservierungsstoffe den Schimmelbefall in wasserverdünnbaren Produkten verhindern sollen, aber zugleich allergisierend sein können. Es dürfen jedoch nur Biozide zum Einsatz kommen, die in einer EU-weit gültigen Positivliste aufgenommen sind. Dazu zählt auch der Bereich chemischer Holzschutz, der heute im Wesentlichen als baulicher, konstruktiver, aber chemiefreier Holzschutz verstanden wird. Nur der bekämpfende Holzschutz ist neben dem physikalischen Thermoverfahren auf den Einsatz von bioziden Wirkstoffen angewiesen.

Beton und Zemente, Baumetalle und Stahl, Holz und Holzwerkstoffe, Ziegel und Lehmbaustoffe werden unter technischen, ökologischen und gesundheitlichen Gesichtspunkten dargestellt und bei Erfordernis auch um wichtige rechtliche Informationen ergänzt.

Bauen mit Bestand ist unter Nachhaltigkeitsgesichtspunkten wichtig, da es Stoff- und Energieströme reduziert. Um bei Gebäuden verschiedener Altersstufen einschätzen zu können, ob bestimmte, früher zugelassene Inhaltsstoffe bei Sanierungen zu finden sein könnten, die heute nicht mehr in den Produkten enthalten sein dürfen, ist in diesem Lexikon die Entwicklung der gesetzlichen Regelungen bewusst als historischer Prozess dargestellt.

Für die Errichtung von nachhaltigen Gebäuden wird neben der Auswahl von umweltverträglichen Materialen auch deren Einbau in Konstruktionen immer wichtiger. Sollen die Produkte nach der Nutzung im Kreislauf geführt werden, müssen sie demontierbar, sortenrein trennbar und recycelbar sein. Da diese Aspekte in der Bauproduktenverordnung bereits gefordert sind und von der Konstruktion beeinflusst werden, ist das nachhaltige Konstruieren Bestandteil des hier vorliegenden Ökologischen Baustoff-Lexikons. Dieser Bereich wird in den kommenden Jahren mit neuen Recycling-Technologien und verschärfter Gesetzgebung in weiteren Auflagen sicher noch mehr Berücksichtigung finden.

Es darf allerdings bei der Integration von Anforderungen nicht aus den Augen verloren werden, dass es sich beim Bauen von Gebäuden immer um das Bauen für den Menschen dreht und sich die Planung von Gebäuden von der Architektur über die Technik bis zur Materialwahl diesem Fokus unterordnen muss. Genau hier versucht das vorliegende Lexikon eine Basis zu schaffen.
Wir danken in erster Linie den beiden Hauptautoren der vorherigen Auflagen, Frau Mag. Hildegund Figl und Dr. Gerd Zwiener, für die herausragenden Grundlagen, ohne die die Überarbeitung dieses Buches gar keine Basis gehabt hätte. Des Weiteren danken wir den Co-Autoren für die Überarbeitung von Stichwortbereichen, die im Autorenverzeichnis abgelesen werden können. Schließlich danken wir unserem ausdauernden Mitarbeiter Dr. Olaf Ehrhardt für die Geduld bei der Koordination der Rückläufe der Texte und der systematischen Einstufung zahlreicher Chemikalien nach CLP-Verordnung in diesem Lexikon.

Eckernförde und Lübeck, Februar 2013

Prof. Dr. rer. nat. Wolfgang Linden
Prof. Dr.-Ing. Iris Marquardt

Autoren

Prof. Dr. rer. nat. Dipl.-Chem. Dirk Bunke
Bearbeitete Stichworte zum Thema: REACH
Prof. Dr. Dirk Bunke ist Senior Researcher Nachhaltige Produkte und Materialflüsse im Öko-Institut e.V. mit Schwerpunkt Umweltbezogene Stoffsicherheitsprüfung nach REACH sowie Apl. Prof. an der Pädagogischen Hochschule Freiburg.

Prof. Dr. Michael Burkhardt
Bearbeitete Stichworte zum Thema: Biozide
Prof. Dr. Michael Burkhardt ist promovierter Geowissenschaftler und leitet das Institut für Umwelt- und Verfahrenstechnik an der HSR Hochschule für Technik Rapperswil, Schweiz. Er beschäftigt sich mit dezentralen Maßnahmen an der Quelle und End-of-Pipe zur Reduktion von Stoffeinträgen in Boden und Gewässer. In den Projekten werden die Regenwasserbewirtschaftung und das nachhaltige Bauen integral verknüpft.

Dr. Olaf Ehrhardt
Bearbeitete Stichworte zum Thema: Holz
Dr. Olaf Ehrhardt übernahm gemeinsam mit Herrn Prof. Dr. Linden die Koordination der Arbeiten am Lexikon.

Mag. Hildegund Figl
Bearbeitete Stichworte zu den Themen: Anstrichstoffe, Beschichtungen, Klebstoffe
Hildegund Figl studierte Physik an der Universität Wien. Als Mitarbeiterin des IBO stieg sie 1992 noch während des Studiums ein, 1994 übernahm sie die Leitung der IBO-Produktprüfung. Seit 2010 ist sie für die neu gegründete Abteilung „Forschung" verantwortlich. Baubook, der gemeinsam mit dem Energieinstitut Vorarlberg betriebenen Online-Plattform für ökologisch relevante Bauproduktinformationen, steht sie als Geschäftsführerin vor. Ihr Fachgebiet ist die ökologische Bewertung von Baumaterialien und Bauelementen.

Dipl.-Ing. MA Antje Holdefleiss
Bearbeitete Stichworte zum Thema: Zertifizierung
Antje Holdefleiss wirkte als Architektin im Rahmen der Klimaschutzinitiative des BMU mit an der Entwicklung und dem Bau des kreislauffähigen und klimafreundlichen Campus der Valley View University in Accra, Ghana. Seit sieben Jahren arbeitet sie als Auditorin verschiedener Zertifizierungssysteme und berät Planer und Bauherren von Großprojekten hinsichtlich zukunftsorientierter Stadtentwicklung und nachhaltigem Bauen. Zurzeit ist sie angestellte Projektleiterin im Bereich Nachhaltiges Bauen eines österreichischen Generalplanerbüros mit Sitz in Berlin. Sie lehrt an der WINGS der Hochschule Wismar in mehreren Studiengängen die Grundlagen von Architekturökologie.

Dipl.-Ing. (FH), M. Sc. Britta Kosbab
Bearbeitete Stichworte zum Thema: Dämmstoffe
Britta Kosbab ist Architektin und hat ihr Studium an der MSA in Münster absolviert. Als ausgebildete BNB-Koordinatorin ist sie bei der OFD NRW im Bereich Nachhaltiges Bauen für die Konformitätsprüfung von BNB-Projekten zuständig.

Dr. rer. nat. Dipl.-Chem. Frank Kuebart
Bearbeitete Stichworte zu den Themen: Innenraumluft, Schadstoffe
Dr. Kuebart ist als promovierter Chemiker seit nunmehr 30 Jahren im Bereich der Prüfung und Bewertung von gesundheitsgefährdenden Inhaltsstoffen und Emissionen aus Bauprodukten und Bedarfsgegenständen tätig. Als geschäftsführender Gesellschafter der eco-INSTITUT Germany GmbH ist er dort zuständig für den Bereich Emissionsprüfung und Prüfkammermessung. Wesentliches Ziel seiner Tätigkeit ist die Erstellung von Beurteilungsmaßstäben und Messverfahren zur Entwicklung von Werkstoffen für die Gestaltung von gesundheitsverträglichen Innenräumen.

Dipl.-Ing. MA Holger Kurz
Bearbeitete Stichworte zum Thema: Fassadenelemente

Prof. Dr. rer. nat. Dipl.-Chem. Wolfgang Linden
Bearbeitete Stichworte zum Thema: Schadstoffe
Professor für Baustoffkunde und Nachhaltiges Bauen an der FH Lübeck und stellvertretender Leiter der MPA Schleswig-Holstein. Mitglied des Runden Tisches Nachhaltiges Bauen beim BMUB und lange Jahre Mitglied diverser Normenausschüsse zu Ökobilanzierung und Gesundheitsaspekten von Bauprodukten. Lehrauftrag im MA Studiengang Architektur und Umwelt der HS Wismar.
Prof. Dr. Linden leitete gemeinsam mit Herrn Dr. Ehrhardt die Koordination der Arbeiten am Lexikon.

Prof. Dipl.-Ing. Heiner Lippe
Bearbeitete Stichworte zum Thema: Lehm

Prof. Dr. Hans Löfflad
Bearbeitete Stichworte zu den Themen: Holz, Holzwerkstoffe
Prof. Dr. Hans Löfflad, Diplomingenieur für Holztechnik (FH), hat seit 15 Jahren eine Holzbaufirma und ein Ingenieurbüro für Bauökologie. Er baut ausschließlich Passivhäuser und Plusenergiehäuser. Dazu unterrichtet er an verschiedenen Hochschulen, wie an der Hochschule für nachhaltige Entwicklung HNE im Lehrgebiet Baukonstruktion, Ausführungsplanung und Bauphysik im Holzbau, der Universität Kuala Lumpur Malaysia im Masterstudium Green Building und leitet Seminare und Workshops für Industrie und Wirtschaft. Seit mehr als 30 Jahren ist er im Bereich des gesunden Bauens und Wohnens tätig.

Prof. Dr.-Ing. Iris Marquardt
Bearbeitete Stichworte zu den Themen: Beton, mineralische Bindemittel, Stahl
Prof. Dr.-Ing. Iris Marquardt ist Professorin für Baustoffe und Betontechnologie an der Fachhochschule Lübeck sowie Leiterin der Materialprüfanstalt Schleswig-Holstein. Ihr Studium des Bauingenieurwesens absolvierte Frau Marquardt an der Universität Hannover. Sie arbeitete danach als wissenschaftliche Assistentin am Fachgebiet Baustoffe der Universität Rostock, wo sie auch promoviert wurde, als Bauleiterin bei der HOCHTIEF Construction AG sowie als Leiterin Betontechnik der Holcim Beton und Zuschlagstoffe GmbH und als Geschäftsführerin der Beton- und Baustoffprüfstelle Leer GmbH.

Dipl.-Ing. Norbert Nieke
Bearbeitete Stichworte zum Thema: Holzschutz
Dipl.-Ing. Norbert Nieke ist seit über 25 Jahren Inhaber eines Ingenieur- und Sachverständigenbüros für Holzschutz in Dresden. Er arbeitet als öffentlich bestellter und vereidigter Sachverständiger für Holzschutz (Ing.-Kammer Sachsen) und lehrt an der TU Dresden, der BA Sachsen, der HNE Eberswalde, bei EIPOS in Dresden und an anderen staatlichen und privaten Bildungseinrichtungen. Seit 1996 ist er Vorsitzender des Sächsischen Holzschutzverbandes e.V

M. Sc., Dipl.-Ing. (FH) Astrid Reuter-Kämmerle
Bearbeitete Stichworte zum Thema: Konstruktionen
M. Sc., Dipl.-Ing. (FH) Astrid Reuter-Kämmerle ist Architektin und Innenarchitektin. Sie arbeitet auf dem Gebiet des evidenzbasierten und nachhaltigen Planens und Bauens und ist primär an Um- und Neubauten für das Gesundheitswesen beteiligt.

Dipl.-Biologin Nicole Richardson
Bearbeitete Stichworte zum Thema: Schimmelpilze
Nicole Richardson arbeitet seit 1993 als selbständige Sachverständige für Schimmelpilze und Innenraumschadstoffe und ist seit 1999 öffentlich bestellte und vereidigte Sachverständige für Schimmelpilze und Schadstoffe in Innenräumen der IHK Bochum sowie seit 2008 Mitglied im Unterarbeitskreis Schimmelpilze der Innenraumkommission des Umweltbundesamtes.

Seit 2013 Leitung des Bundesfachbereichs Innenraumhygiene im Bundesverband öffentlich bestellter und vereidigter Sachverständiger (BVS). Sie ist Gastmitglied in der Kommission Reinhaltung der Luft im VDI und DIN Normenausschuss KRdL.

Dipl.-Ing. (FH) M. Sc. Daniela Schneider
Bearbeitete Stichworte zum Thema: Kreislauffähige Konstruktionen
Daniela Schneider ist im Bereich Cradle to Cradle bei Drees & Sommer in Stuttgart als Ingenieurin tätig. Ihre Tätigkeitsschwerpunkte umfassen die Entwicklung von Material- und Recyclingkonzepten sowie die Beratung von Investoren, Bauherren, Planern und Produktherstellern bei der Konzeptionierung und Umsetzung von schadstofffreien und vollständig rezyklierbaren Konstruktionen. Daniela Schneider lehrt an der Hochschule für Technik Stuttgart im Masterstudiengang Architektur das Fach „Kreislauffähiges Planen und Bauen".

Dr. rer. nat. Jutta Witten
Bearbeitete Stichworte zum Thema: Chemikalien, Schadstoffe
Dr. rer.nat. Jutta Witten ist Diplom-Chemikerin, Molekularbiologin und als Referentin für den umweltbezogenen Gesundheitsschutz im Hessischen Ministerium für Soziales und Integration tätig. Schwerpunkte sind Schadstoffe im Innenraum und in Bauprodukten, gesundheitliche Risiken und Bewertungen. Vorsitz des Ausschusses zur gesundheitlichen Bewertung von Bauprodukten (AgBB), Mitglied im Ausschuss für Innenraumrichtwerte (AIR) und Sachverständigenausschuss Gesundheitsschutz des DIBt.

Dipl.-Ing. (FH) M. Sc. Anke Wollbrink
Bearbeitete Stichworte zum Thema: Zertifizierung
Anke Wollbrink ist Geschäftsführerin der Konrat GbR, welche Konzepte und Strategien für Ressourcen schonende Architektur entwickelt. Sie lehrt als Dozentin an der WINGS der Hochschule Wismar im Studiengang Green Architecture das Modul Ressourcen schonende schadstoffarme Architektur. Zudem lehrt und forscht sie an der Universität Stuttgart am Institut für Baustofflehre, Bauphysik, Gebäudetechnologie und Entwerfen mit den Schwerpunkten Ökobilanzierung und Klimaangepasstes Bauen.

Dr.-Ing. M. Sc. Sven Wünschmann
Bearbeitete Stichworte zu den Themen: Holz, Holzwerkstoffe
Sven Wünschmann ist Leiter der Geschäftsstelle eines Ingenieurunternehmens in Berlin und nimmt Lehrtätigkeiten an den Hochschulen in Wismar und Augsburg wahr. Zu seinen Fachgebieten zählen das Nachhaltige Bauen, Ökobilanzen, Baustoffkunde, Gebäudesimulationen und die Bauphysik.

Dr. rer. nat. Dipl.-Chem. Gerd Zwiener
Bearbeitete Stichworte zum Thema: Asbest
Dr. Zwiener ist Inhaber des Sachverständigen-Büro Dr. Zwiener und befasst sich mit gesundheitsbezogenen Fragestellungen im Baubereich. Arbeitsschwerpunkte sind Gebäude-Schadstoffe, Innenraumluft und die Gesundheitsverträglichkeit von Bauprodukten. Er ist Mitherausgeber mehrerer Fachbücher sowie der Fachzeitschrift Gebäudeschadstoffe und Innenraumluft.

A

Abbeizmittel A. dienen der Entfernung von Altanstrichen. Es werden neutrale (lösemittelhaltige) und alkalische A. unterschieden. Neutrale (lösemittelhaltige) A. bestehen im Wesentlichen aus →Lösemitteln, welche den Kunststofffilm auflösen. Um ein schnelles Verdunsten zu verhindern, werden Wachse und Celluloseether (→Methylcellulose) zugesetzt. Neutrale A. eignen sich prinzipiell für alle Lacke, während alkalische A. nicht oder nur eingeschränkt für bestimmte Lacktypen (→Acryllacke) einsetzbar sind. Neutrale A. sind gesundheitlich-ökologisch kritisch zu beurteilen. Sie bestehen zum größten Teil aus Lösemitteln und enthalten z.T. sehr giftige Chemikalien. Früher wurde das krebsverdächtige →Dichlormethan eingesetzt. Dichlormethan wird im Körper zu Kohlenmonoxid abgebaut und kann daher zur Bewusstlosigkeit und zum Tod durch Ersticken führen. Seit Beginn des Einsatzes dichlormethanhaltiger A. ist es immer wieder zu tödlichen Unfällen infolge unsachgemäßen Umgangs mit diesen Produkten gekommen. Bei Einsatz dichlormethanhaltiger A. werden die Grenzwerte am Arbeitsplatz überschritten, auch bei Fassadenarbeiten im Freien. Wegen des niedrigen Siedepunkts von Dichlormethan müssen umgebungsluftunabhängige Atemschutzgeräte eingesetzt werden, welche im privaten Bereich gar nicht und im Gewerbe nur selten verfügbar sind. Die Verwendung von Dichlormethan in Abbeizmitteln ist durch den Beschluss 455/2009/EG seit dem 6.6.2012 für Privatpersonen und für die gewerbliche Verwendung verboten. Ausgenommen hiervon sind Gewerbe mit Sondergenehmigung und die Industrie. Dichlormethan-freie A. wirken langsamer und nicht in jedem Fall und müssen je nach Anwendungsfall ausgewählt werden. Außerdem enthalten sie zum Teil andere bedenkliche Lösungsmittel, wie N-Methyl-2-pyrrolidon.

Alkalische A. sind auf Basis von starken Laugen (z.B. Natronlauge oder Kalilauge) aufgebaut. Sie werden zur Entfernung von verseifbaren Beschichtungen auf Basis von →Ölen oder →Alkydharzen verwendet. „Ölfreie" Lacke wie →Acryllacke können nicht mit alkalischen A. entfernt werden. Beim Arbeiten mit alkalischen A. müssen Hände und Augen geschützt werden, da die Mittel stark ätzend sind. Sie greifen Glas an und können zu Verfärbungen an stark gerbsäurehaltigen Hölzern, z.B. Eiche, führen.

Alternativ zum Abbeizen können Anstriche auch mechanisch durch Schleifen bzw. Fräsen oder mit der Heißluftpistole entfernt werden. Auch bei diesen Arbeiten treten gesundheitsschädliche Stoffe wie Schleifstäube oder giftige Gase auf, denen durch entsprechende Schutzmaßnahmen (Atemschutz, Arbeiten im Freien) begegnet werden muss.

Abdichtung →Bauwerksabdichtung

Abdichtungsbahnen A. sind Produkte für die →Bauwerksabdichtung. Zum Einsatz kommen →Bitumenbahnen, →Kunststoff-Dichtungsbahnen aus →Thermoplasten, →Kautschuk-Dichtungsbahnen aus →Elastomeren sowie Flüssigabdichtungen. In nahezu allen Materialien sind heute Polymere enthalten, sodass sich die einzelnen Werkstoffgruppen technisch immer mehr annähern.

Abfall A. gem. →Kreislaufwirtschaftsgesetz (KrWG) sind alle Stoffe oder Gegenstände, derer sich ihr Besitzer entledigt, entledigen will oder entledigen muss. Eine Entledigung ist anzunehmen, wenn der Besitzer Stoffe oder Gegenstände einer Verwertung oder einer Beseitigung zuführt oder die tatsächliche Sachherrschaft über sie unter Wegfall jeder weiteren Zweckbestimmung aufgibt. Die neue fünfstufige Abfallhierarchie des KrWG legt die grundsätzliche Folge aus Abfallvermeidung, Wiederverwendung, Recycling und sonstiger, u.a. energetischer, Verwertung von Abfällen und schließlich der Abfallbeseitigung fest. Im Abfallbegriff wird im Sinne der Vorgaben des EG-Rechts A. unterteilt in A. zur Verwertung und A. zur Beseitigung. A. gilt so lange als A., bis er oder die aus ihm gewonnenen Stoffe unmittelbar als Substitution von Rohstoffen oder von aus →Primärrohstoffen erzeugten Produkten verwendet werden. Damit unterliegen auch Sekundärrohstoffe dem Abfallrecht, was diese Wertstoffe negativ assoziiert. Der neue Abfallbegriff hat aber auch zur Folge, dass die Vermeidung von Abfällen nun oberste Priorität hat und die Wiederverwendung von gebrauchten Produkten A. erst gar nicht entstehen lässt. Der Begriff →Recycling umfasst nun nicht nur die Wiederverwertung, sondern auch die Weiterverwertung inklusive der thermischen Verwertung. Vor der Deponierung von A. müssen diese mineralisiert und der Gehalt an schädlichen Stoffen in Materialien und Erzeugnissen verringert werden. Das Prinzip der Reduzierung des Stoffumsatzes ist bisher im Abfallrecht nicht berücksichtigt. →Suffizienz, →Abfallrahmenrichtlinie, →Abfallverzeichnisverordnung

Abfallablagerungsverordnung Die AbfAblV (Verordnung über die umweltverträgliche Ablagerung von Siedlungsabfällen) ist seit dem 16.7.2009 aufgehoben. Sie galt für die Ablagerung von →Siedlungsabfällen und Abfällen, die wie Siedlungsabfälle auf Deponien entsorgt werden können, sowie die Behandlung von Siedlungsabfällen und Abfällen, die wie Siedlungsabfälle entsorgt werden können, zum Zweck der Einhaltung von Deponiezuordnungskriterien. Die Regelungen sind teilweise in der DepV (→Deponieverordnung) und der GewinnungsAbfV (Gewinnungsabfallverordnung) aufgegangen. →Abfall, →Deponieklassen, →Abfallverzeichnisverordnung

Abfallnachweisverordnung Die österr. Abfallnachweisverordnung (BGBl. II Nr. 618/2003) wurde mit Einführung der neuen A. 2012 (BGBl. II Nr. 341/2012) ersetzt. Die A. regelt zum Zweck der Nachvollziehbarkeit der umweltgerechten Sammlung, Lagerung, Beförderung und Behandlung von Abfällen die Art und Form der Aufzeichnungs-, Melde- und Nachweispflicht der Abfall-/Altöl-Besitzer im Sinne des österr. →Abfallwirtschaftsgesetzes (AWG 2002, BGBl. I Nr. 102/2002). Abfall-/Altöl-Besitzer haben für jedes Kalenderjahr fortlaufende Aufzeichnungen über Art, Menge, Herkunft und Verbleib des Abfalls zu führen. Diese Aufzeichnungen sind von den übrigen Geschäftsbüchern oder betrieblichen Aufzeichnungen getrennt zu führen. Für den Baubereich wurde hierfür ein „Baurestmassennachweisformular" für nicht gefährliche Abfälle eingeführt, der dem Auftraggeber als Nachweis im Sinne der →Baurestmassentrennverordnung übergeben werden kann. →Abfall, →Deponieverordnung, →Abfallverzeichnisverordnung, →Nachweisverordnung

Abfallrahmenrichtlinie Die Richtlinie 2006/12/EG der EU vom 5.4.2006 ist am 19.11.2008 mit Einführung der neuen Richtlinie 2008/98/EG ersetzt worden. Die A. trifft allgemeine Festlegungen für den Umgang mit Abfällen auf EU-Ebene für fast alle Arten von Abfällen und löst zusätzlich die Richtlinie „Über gefährliche Abfälle" von 1991 sowie die bisherige Altölrichtlinie ab.

Die A. hält wichtige Begriffe wie Abfall, Verwertung und Beseitigung fest und definiert grundlegende Anforderungen an die Bewirtschaftung von Abfällen, stärkt Maßnahmen zur Abfallverwertung, insbesondere eine Genehmigungs- bzw Registrierungspflicht von Anlagen oder Unternehmen, die Abfallbewirtschaftungsmaßnahmen durchführen, und eine Verpflichtung der Mitgliedsstaaten zur Aufstellung von Abfallbewirtschaftungsplänen. Ferner enthält sie wichtige Grundsätze, z.B. eine Verpflichtung, mit Abfällen so umzugehen, dass die Umwelt und die menschliche Gesundheit nicht beeinträchtigt werden, sowie einen Aufruf zur Einhaltung der Abfallhierarchie und eine Festlegung, dass nach dem Verursacherprinzip die Kosten der Abfallbeseitigung vom Abfallbesitzer oder den Herstellern des Erzeugnisses zu tragen sind.

Mit der A. wird die 3-stufige Abfallhierarchie (Vermeiden, Verwerten, Beseitigen) durch eine neue 5-stufige Rangfolge abgelöst, die auch Grundlage der Novelle des →Kreislaufwirtschaftsgesetzes geworden ist: Nach Artikel 4 gilt die Reihenfolge: Vermeiden, Vorbereitung zur Wiederverwendung, Recycling, sonstige Verwertung, z.B. energetische Verwertung, und Beseitigung. Die Begriffe werden in der A. definiert. Das betrifft insbesondere die neue Stufe „Vorbereitung zur Wiederverwendung", die Maßnahmen zur Reparatur von Abfällen und Reinigen beinhaltet, woraus sich eine Abgrenzung von Abfall und neuen Produkten ergibt, bei denen die Abfalleigenschaft endet, die dann nicht mehr den Anforderungen der A. unterliegen. Ausführliche Vorgaben und Maßnahmen werden in den Anhängen aufgeführt:

Anhang I	Beseitigungsverfahren
Anhang II	Verwertungsverfahren
Anhang III	Gefahrenrelevante Eigenschaften der Abfälle
Anhang IV	Beispiele für Abfallvermeidungsmaßnahmen nach Artikel 29
Anhang V	Entsprechungstabelle

Anhang III der A. wurde durch Verordnung (EU) 2017/997 geändert. Die Änderungen beziehen sich auf die gefahrenrelevante Eigenschaft HP 14 „ökotoxisch" und sind gültig seit 5.7.2018.

Die EU-Mitgliedsstaaten waren gehalten, die getrennte Sammlung von Papier, Kunststoffen, Metall, Glas und mineralischen Abfällen bis 2015 einzuführen. Insbesondere wurden für Baustellen- und Abbruchabfälle nach Artikel 11 Recyclingquoten eingeführt, die bis Ende 2020 auf 70 % ausgeweitet werden müssen.

Statt der Stufe „Beseitigung" wäre es für manche Abfälle oder auch nur bestimmte Inhaltsstoffe der

Abfälle besser gewesen, von Ausschleusung aus den Wirtschaftskreisläufen zu sprechen, wenn z.B. →Cadmium aus PVC oder Dünnschichtsolarzellen auch unter Nutzung der in der A. geforderten wirtschaftlichen Instrumente gezielt eingesammelt würden und evtl. von einer Agentur zur Nutzung ausgegeben werden könnten, um es nach der Nutzung wieder zurückzunehmen.

Abfallschlüssel Abfälle werden einem sechsstelligen A. und einer Abfallbezeichnung zugeordnet. Die Zuordnung zu den Abfallarten erfolgt unter den im Abfallverzeichnis (→Abfallverzeichnisverordnung AVV) vorgegebenen Kapiteln (Stelle 1 und 2) und Gruppen (Stelle 3 und 4) sowie Abfallarten (Stelle 5 und 6). Besonders überwachungsbedürftige Abfälle (gefährliche Abfälle) sind mit einem * gekennzeichnet. →Abfall, →Bau- und Abbruchabfälle, →Abfallwirtschaftsgesetz, →Kreislaufwirtschaftsgesetz, →LAGA, →Deponieverordnung, →Abfallablagerungsverordnung, →Abfallnachweisverordnung, →Abfallverzeichnisverordnung

Abfallverzeichnisverordnung Mit der in Deutschland am 1.1.2002 in Kraft getretenen A. (AVV, Verordnung zur Umsetzung des Europäischen Abfallverzeichnisses BGBl. I S. 3379) wurde das neue Europäische Abfallverzeichnis eingeführt. Der bisherige Europäische Abfallkatalog (EAK) und die Liste der gefährlichen Abfälle (HWL) wurden mit dieser Entscheidung aufgehoben und in dem neuen Europäischen Abfallverzeichnis zusammengeführt. Die A. enthält somit das Gesamtverzeichnis der Abfallarten, in dem sowohl die nicht gefährlichen als auch die gefährlichen Abfallarten erfasst sind. Die A. wurde durch Artikel 2 der Verordnung vom 17.7.2017 (BGBl. I S. 2644) aktuell geändert. Die AVV ist sowohl für die Bezeichnung von Abfällen als auch für Einstufung von Abfällen nach ihrer Gefährlichkeit maßgeblich. Ein Abfall wird entsprechend den Vorgaben der AVV einer Abfallart zugeordnet, die mit einem sechsstelligen Abfallschlüssel und der Abfallbezeichnung gekennzeichnet wird, z.B. 20 03 01 Gemischte Siedlungsabfälle. Diese Abfallarten sind im Anhang der AVV im sogenannten Abfallverzeichnis abschließend aufgeführt, d.h., ein Abfall muss einer dieser Abfallarten zugeordnet werden. Es gibt drei Typen von Abfallarten.

Das Verzeichnis umfasst 842 Abfallarten, von denen 288 als gefährlich eingestuft sind, da bei diesen Abfällen angenommen wird, dass sie eine oder mehrere der in Anhang III der →Abfallrahmenrichtlinie aufgeführten gefahrenrelevanten Eigenschaften H 1 bis H 15 aufweisen. Bei den gefährlichen Abfallarten wird der Abfallschlüssel mit einem Sternchen (*) gekennzeichnet, z.B. 13 07 01* (Heizöl und Diesel).

236 Abfallarten sind ungefährlich, da bei diesen Abfällen angenommen wird, dass sie keine der o.g. gefahrenrelevanten Eigenschaften aufweisen. Es gibt 378 Abfallarten, die als „Spiegeleinträge“ bezeichnet werden. Bei diesen wird einer gefährlichen Abfallart mindestens eine nicht gefährliche Abfallart direkt zugeordnet, z.B. 20 01 37* (Holz, das gefährliche Stoffe enthält) und 20 01 38 (Holz mit Ausnahme desjenigen, das unter 20 01 37) fällt, also unbehandeltes Holz. Bei den Spiegeleinträgen richtet sich die Unterscheidung zwischen gefährlichen und nicht gefährlichen Abfallarten danach, ob ein Abfall eine oder mehrere der o. g. gefahrenrelevanten Eigenschaften aufweist. Diese Eigenschaften können entweder anhand von Stoffkonzentrationen oder anhand der Ergebnisse international anerkannter Testmethoden bewertet werden. Dies gilt grundsätzlich auch für Abfälle, die persistente organische Schadstoffe (→POP) enthalten. Für Abfälle, die bestimmte POP enthalten, gelten allerdings strengere Vorgaben. Überschreiten die in der AVV aufgeführten, EU-rechtlich vorgegebenen 16 POP die entsprechenden Grenzwerte des Anhang IV der EU-POP-Verordnung, so sind diese Abfälle als gefährlich einzustufen. Zu diesen 16 POP gehören z.B. →PCB oder →Dioxine (PCDD). Abfälle, die andere POP enthalten als die EU-rechtlich vorgegebenen, sind nicht als gefährlich einzustufen, wenn nur die Grenzwerte in Anhang IV der EU-POP-Verordnung überschritten werden. Für diese Abfälle gelten die Anforderungen der POP-Abfall-Überwachungs-Verordnung.

Abfallwirtschaftsgesetz Das A. (AWG; BGBL. I Nr. 102/2002) ist das zentrale abfallrechtliche Regelwerk in Österreich und wurde zuletzt geändert durch das Bundesgesetz BGBl. I Nr. 163/2015 (AWG-Novelle Seveso III). Das A. enthält folgende Grundsatzanforderungen: Wenn möglich, ist Abfall zu vermeiden (z.B. durch Wiederverwendung von Türblättern, Parkettböden, Bodenaushub, ...). Andernfalls sind Abfälle zu verwerten (z.B. durch Zuführung von Verpackungsabfällen zu einem Sammelsystem, Baustoffrecycling und Einsatz von Recycling-Baustoffen). Abfälle, die nicht verwertbar sind, sind ordnungsgemäß zu behandeln/abzulagern (z.B. deponieren/kompostieren). Für den Baubereich ist insbesondere der § 16 (7) maßgebend: „Für Abfälle, die im Zuge von Bautätigkeiten anfallen gilt: Verwertbare Materialien sind einer Verwertung zuzuführen, sofern dies ökologisch zweckmäßig und technisch möglich ist und dies nicht mit unverhältnismäßigen Kosten verbunden ist. Nicht verwertbare Abfälle sind einer Behandlung im Sinne des § 1 Abs. 2 Z 3 zuzuführen.“ Eine Verbringung ins Ausland zum Zwecke der Deponierung ist verboten (im Allg. „rote Liste“ für Bauschutt). →Baurestmassen unterliegen grundsätzlich dem A. Weitergehende Bestimmungen können auch in Landesgesetzen (z.B. im Bautechnikgesetz) geregelt sein. →Abfall, →Baurestmassentrennverordnung, →Deponieverordnung, →Abfallnachweisverordnung, →Abfallverzeichnisverordnung →Kreislaufwirtschaftsgesetz, →LAGA, →Recycling-Baustoffverordnung

Abgehängte Decke Unter einer tragenden Decke aus optischen, wärmeschutz- oder schallschutztechnischen Gründen angebrachte, zweite, nicht tragende Decke. Sie besteht aus der abgehängten Unterkonstruktion (z.B. aus Holzlatten) und der Verkleidung mit Holzpaneelen, kunststoffbeschichteten Platten, Gipsbauplatten usw. Aus brandschutztechnischen Gründen oft mit Flammschutzmitteln behandelt, die früher mit problematischen →PCB versehen waren und im Sanierungsfall in den Sondermüll entsorgt werden müssen.

Abietinsäure A. bzw. A.-Anhydrid ist der Hauptbestandteil des →Kolophoniums. Es handelt sich um ein tricyclisches Diterpen und gehört damit zu den Polyisoprenen. Außer freien Harzsäuren (83 %) enthält die Abietinsäure etwa 5 % freie →Fettsäuren, 5 % gebundene Säuren und 7 % unverseifbare Stoffe. Der Schmelzpunkt der A. liegt zwischen 172 und 175 °C (Kolophonium schmilzt bereits zwischen 90 und 100 °C), der Erweichungspunkt etwa bei 65 °C.

Ablaugemittel A. sind alkalische →Abbeizmittel auf Basis von starken Laugen (Natronlauge, Kalilauge). Bei Anwendung von A. müssen Augen und Hände vor Verätzungen geschützt werden.

Abluftanlagen Bei A. wird die verbrauchte Luft ohne Wärmetauscher aus Bad, WC und Küche mit einem zentralen Abluftgerät abgesaugt und ausgeblasen, die Zuluft strömt aufgrund des erzeugten Unterdrucks über Nachströmöffnungen in der Außenwand oder in den Fenstern nach. A. sind einfacher und kostengünstiger als →Komfortlüftungsanlagen, bringen jedoch keine Energieeinsparung.

Abrasion Bei der A. (auch Hydroabrasion) wird ein Körper (z.B. eine Betonsohle) durch fließendes Wasser und zusätzlich von im Wasser mitgeführten Feststoffen (Geschiebe und Schwebstoffe) beansprucht.

Abriebfestigkeit Widerstandsfähigkeit einer Oberflächenbeschichtung (Wandfarbe, Glasur) oder von festen Oberflächen (Fliesen) gegenüber mechanischer Beanspruchung, insbesondere die Einwirkung von Reibung. A. wird von den Oberflächeneigenschaften der beteiligten Stoffe, hauptsächlich der Rauheit und Härte bestimmt. Die Einteilung erfolgt in Abhängigkeit von der Beanspruchung und dem Einbauort in fünf verschiedenen Abriebfestigkeits- bzw. Beanspruchungsklassen: sehr leicht, leicht, mittel, stärker, stark.

ABS ABS ist ein →Terpolymer, das aus den drei Grundmonomeren Acrylnitril, Butadien und →Styrol zusammengesetzt ist. ABS wird insbesondere für Gehäuse eingesetzt, da er hochwertige, matt glänzende und kratzfeste Oberflächen bildet, eine hohe Oberflächenhärte und gute Schlagfestigkeit hat und beständig gegen wässrige Chemikalien ist. Als additiver Flammschutz in ABS-Applikationen wurde Octabromdiphenylether (OctaBDE) eingesetzt (→Polybromierte Flammschutzmittel), das im Anhang XVII Nr. 45 der Verordnung (EG) Nr. 1907/2006 (→REACH) aufgeführt ist. Danach darf ein Octabromdiphenylether-Derivat ($C_{12}H_2Br_8O$, CAS-Nr. 32536-52-0; EG-Nr. 251-087-9) nicht als Stoff, als Bestandteil anderer Stoffe oder in Gemischen in Konzentrationen von 0,1 Gew.-% oder mehr in Verkehr gebracht oder verwendet werden. Erzeugnisse dürfen ebenfalls nicht in Verkehr gebracht werden, wenn sie oder ihre mit Flammschutzmittel behandelten Teile diesen Stoff in einer Konzentration von mehr als 0,1 Gew.-% enthalten. (Bayerisches Landesamt für Umwelt, Bromierte Diphenylether, 2014)

Abschirmfarben A. sollen helfen, Innenräume vor elektromagnetischen Feldern abzuschirmen. Die Wirkung basiert auf speziellen Inhaltsstoffen wie Ruß, Graphit oder Silber-Kupfer-Mischungen.

Absolute Luftfeuchte Mit A. wird die in der Luft vorhandene Menge Wasserdampf bezeichnet. Bei steigender Temperatur nimmt die Aufnahmefähigkeit der Luft für Wasserdampf zu. Es wird unterschieden zwischen absoluter und relativer Luftfeuchtigkeit. Die A. beschreibt das maximale Aufnahmevermögen der Luft für Dampf bei einer bestimmten Temperatur. Übliche Maßeinheiten sind kg/m^3 oder kg_{Wasser}/kg_{Luft}. In der Praxis wird die Luftfeuchtigkeit meist als temperaturabhängige →Relative Luftfeuchte angegeben. →Luftfeuchte, →Raumklima

Absperrfarben Anstriche auf Wasserbasis können wasserlösliche, färbende Stoffe im Untergrund anlösen und beim Trocknen an die Oberfläche transportieren, wo sie Verfärbungen verursachen. Zu den Verunreinigungen zählen Nikotin-, Öl-, Kaffee-, Fett-, Ruß- oder ausgetrocknete Wasserflecken. Auch das in Holz enthaltene Lignin kann an die Oberfläche wandern und Flecken verursachen. A. schützen vor dem Durchschlagen der verfärbenden Verunreinigungen beispielsweise bei Gipskartonplatten. Lösemittelbasierende A. werden zumeist auf Alkydharz- (→Alkydharzlacke) oder Polymerisatharzbasis (→Polymerisatfarben) hergestellt. Die enthaltenen Lösemittel sind nicht in der Lage, wasserlösliche Verbindungen anzulösen. Der Lösemittelgehalt ist seit dem Jahr 2010 durch die →Decopaint-Richtlinie auf maximal 350 g pro Liter gebrauchsfertiger A. beschränkt. Dies hat zur Entwicklung von Produkten mit einem höheren Festkörperanteil geführt (→High-Solid-Lacke).
Der Einsatz von Lösungsmitteln in A. galt jahrelang als unverzichtbar. Inzwischen wurden lösungsmittelfreie A. entwickelt, die auch hohen Anforderungen an Isolierwirkungen entsprechen und sich wie übliche →Wandfarben verarbeiten lassen. An stark verschmutzten Flächen sind mit wässrigen Absperrfarben aber zumeist Reinigungsarbeiten und danach mehrere Anstriche notwendig.

Acetaldehyd (CAS 75-07-0) A. (Ethanal) ist ein gesättigter Aldehyd und natürlicher Bestandteil von Früchten in Konzentrationen bis ca. 230 mg/kg sowie von Gemüse. Haupteinsatzbereich von A. ist die Herstellung von →Essigsäure. Quellen für A. in der Umwelt sind Kfz, offene Feuer sowie Tabakrauch. A. wirkt ähnlich wie →Formaldehyd und wird als vermutlich krebserzeugend Kat 2 (früher als krebsverdächtig) →MAK-Werte, Kat. 3; EG VO 1272/2008 CLP Anhang VI eingestuft. AGW-Wert (früher MAK-Wert): 50 ml/m^3 (ppm) = 91 mg/m^3. 2013 hat der →AIR einen RW I von 0,1 mg/m^3 festgelegt. Da es gleichzeitig mit Formaldehyd in Innenräumen auftritt, schlägt *Zwiener* einen Summenwert für beide Stoffe vor (B+B 5/2016).
Laut →REACH-Verordnung (EG) Nr. 1907/2006 Anhang XVII, Nummer 3 gilt: 1) Das Inverkehrbringen und die Verwendung des Stoffes ist nicht zugelassen in Dekorationsgegenständen, Spielen und Scherzspielen. 2) Stoffe, die mit H304 gekennzeichnet sind, die als Brennstoff in Zierlampen verwendet werden können und die in Mengen von 15 l oder weniger in den Verkehr gebracht werden, dürfen keinen Farbstoff und/oder kein Parfüm enthalten.
EU-GHS-Einstufung und Kennzeichnung (EG) Nr. 1272/2008 CLP: Entzündbare Flüssigkeiten, Kategorie 1: Flam. Liq. 1; H224 Flüssigkeit und Dampf extrem entzündbar; Augenreizung, Kategorie 2: Eye Irrit. 2; H319 Verursacht schwere Augenreizung; Spezifische Zielorgan-Toxizität (einmalige Exposition), Kategorie 3: STOT SE 3 (Atemwegsreizung und narkot. Wirkung); H335 Kann die Atemwege reizen, H304 Kann bei Verschlucken und Eindringen in die Atemwege tödlich sein; Karzinogenität Kategorie 2: Carc. 2; H351 Kann vermutlich Krebs erzeugen.

Acetate →Ester

Aceton (CAS 67-64-1) A. (Propan-2-on) ist eine süßlich-fruchtig riechende, leichtendzündliche Flüssigkeit und gehört zur Gruppe der →Ketone. A. wird u. a. als Lösemittel für Lacke und Klebstoffe eingesetzt. A. reizt die Augen. Wiederholter Kontakt kann zu spröder oder rissiger Haut führen. A.-Dämpfe können Schläfrigkeit und Benommenheit verursachen. MAK-Wert: 500 ml/m^3 = 1.200 mg/m^3. Zur relativen Toxizität der Ketone →NIK-Werte: Je niedriger der NIK-Wert, umso höher ist die Toxizität des jeweiligen Stoffes. A. entsteht auch als Zerfallsprodukt aus dem →Fotoinitiator →HCPK, einem Bestandteil von strahlenhärtenden Beschichtungssystemen.
EU-GHS-Einstufung und Kennzeichnung (EG) Nr. 1272/2008 CLP: Entzündbare Flüssigkeiten, Kat 2; H225 Flüssigkeit und Dampf leicht entzündbar; Augenreizung, Kat 2; H319 Verursacht schwere Augenzreizung; Spezifische Zielorgan-Toxizität (einmalige Exposition), Kat 3; H336 Kann Schläfrigkeit und Benommenheit verursachen.

Acetophenon (CAS 98-86-2) A. ist als →Fotoinitiator Bestandteil von strahlenhärtenden Beschichtungssystemen (UV-Beschichtungen) und Zerfallsprodukt von Initiatorsystemen für Polymerisations-

prozesse, z.B. für →Polystyrol. Zur relativen Toxizität von A. →NIK-Werte: Je niedriger der NIK-Wert, umso höher ist die Toxizität des jeweiligen Stoffes.
EU-GHS-Einstufung und Kennzeichnung (EG) Nr. 1272/2008 CLP: Akute Toxizität, Kat 4; H302 Gesundheitsschädlich bei Verschlucken; Augenreizung, Kat 2; H319 Verursacht schwere Augenreizung.

Acetylisierung →Holzmodifikation

aCKW Aliphatische Chlorkohlenwasserstoffe.

Acrolein (CAS 107-02-8) A. (Propenal) ist ein ungesättigter C3-Aldehyd. Der Stoff hat einen unangenehmen, strengen und beißenden Geruch. Die Geruchsschwelle beträgt durchschnittlich 0,1 mg/m^3, bei empfindlichen Personen liegt sie im Bereich von 0,07 bis 0,08 mg/m^3. A. ist ein Zwischenprodukt bei der Synthese von Acrylsäure und Acrylsäureester. A. ist auch thermisches Zersetzungsprodukt von Polyacrylat-Kunststoffen und anderen Kunststoffen sowie Verbrennungsprodukt von Tabak. A. ist als krebsverdächtig (MAK-Liste Kat. 3B) und umweltgefährlich eingestuft. Orientierungswert (gesundheitlich abgeleitet; keine Mehrstoffbelastung; B.A.U.CH., Berlin, 1994): 0,1 µg/m^3 (0,4 ppb).
EU-GHS-Einstufung und Kennzeichnung (EG) Nr. 1272/2008 CLP: Entzündbare Flüssigkeiten, Kategorie 2; H225 Flüssigkeit und Dampf leicht entzündbar; Akute Toxizität, Kategorie 2, Verschlucken; H300 Lebensgefahr bei Verschlucken oder bei Einatmen; Akute Toxizität, Kategorie 3, Hautkontakt; H311 Giftig bei Hautkontakt; Akute Toxizität, Kategorie 1 Einatmen; H330 Lebensgefahr bei Verschlucken oder bei Einatmen; Ätzwirkung auf die Haut, Kategorie 1B; H314 Verursacht schwere Verätzungen der Haut und schwere Augenschäden; Gewässergefährdend, Akut Kategorie 1; H400 Sehr giftig für Wasserorganismen; Gewässergefährdend, Chronisch Kategorie 1; H410 Sehr giftig für Wasserorganismen mit langfristiger Wirkung.

Acrylamid (CAS 79-06-1) A. wird weltweit zu 99 % zur Herstellung von →Polyacrylamid eingesetzt. A. ist als mutagener und kanzerogener Stoff für den Menschen von Bedeutung und daher in die Kategorie 1B der krebserzeugenden Stoffe eingestuft. A. beeinträchtigt die Fruchtbarkeit mit einer Einstufung in die Kategorie 2 für Reproduktionstoxizität. In hohen Dosen wirkt A. schädigend auf das Nervensystem. Die stärkste für die Allgemeinbevölkerung zu berücksichtigende Acrylamidquelle ist das Rauchen. Es wird geschätzt, dass Raucher täglich mit 0,5 bis 2 µg Acrylamid pro Kilogramm Körpergewicht belastet werden. (BfR 2011) Die durchschnittliche lebensmittelbedingte A.-Belastung des Verbrauchers wird auf ca. 0,6 µg pro Kilogramm Körpergewicht und Tag geschätzt. (Kommission Human-Biomonitoring 2008)
EU-GHS-Einstufung und Kennzeichnung (EG) Nr. 1272/2008 CLP: Akute Toxizität, Kategorie 3, Verschlucken; H301 Giftig bei Verschlucken; Akute Toxizität, Kategorie 4, Hautkontakt; H312 Gesundheitsschädlich bei Hautkontakt; Akute Toxizität, Kategorie 4, Einatmen; H332 Gesundheitsschädlich bei Einatmen; Reizwirkung auf die Haut, Kategorie 2; H315 Verursacht Hautreizungen; Sensibilisierung der Haut, Kategorie 1; H317 Kann allergische Hautreaktionen verursachen; Augenreizung, Kategorie 2; H319 Verursacht schwere Augenreizung; Keimzellmutagenität, Kategorie 1B; H340 Kann genetische Defekte verursachen; Karzinogenität, Kategorie 1B; H350 Kann Krebs erzeugen; Reproduktionstoxizität, Kategorie 2; H361f Kann vermutlich die Fruchtbarkeit beeinträchtigen; Spezifische Zielorgan-Toxizität (wiederholte Exposition), Kategorie 1 STOT RE 1; H372 Schädigt die Organe bei längerer oder wiederholter Exposition, Betroffene Organe: Hoden, peripheres Nervensystem, Expositionsweg: Oral.
A. ist in der →Kandidatenliste (REACH) der besonders besorgniserregenden Stoffe (→SVHC-Stoffe) aufgrund der kanzerogenen und mutagenen Eigenschaften (Artikel 57 und b) aufgeführt.
Die Exposition des Menschen erfolgt (→BgVV, 2002)

1. über Produkte, die Spuren von A. enthalten können. Dazu zählen:
   - Verpackungsmaterialien aus Polyacrylamid
   - Kosmetische Mittel, die bis zu 2 % Polyacrylamid enthalten können
   - Papier und Pappe, bei denen Polyacrylamid als Bindemittel benutzt wird
   - Polyacrylamid als Bestandteil von Farben und Pigmenten
   - Polyacrylamid, das als Flockungsmittel in der Trinkwasser- und Abwasserbehandlung eingesetzt wird

   Die wichtigste Belastungsquelle des Menschen aus Polymeren auf der Basis von A. sind kosmetische Mittel. Über das Trinkwasser nimmt der Mensch unter ungünstigsten Umständen max. ca. 0,25 µg auf. Die Exposition über andere Produkte ist nach heutigem Stand der Kenntnis vernachlässigbar.

2. über den Arbeitsplatz. Hier sind die folgenden Bereiche relevant:
   - Kunststoffherstellung
   - Verwendung von Dichtmassen, Dichtmörteln, Vergussmaterialien und Fugenkitten auf der Basis von A. Ein Problem mit Dichtmassen beim Tunnelbau in Schweden im Jahre 1997 (unvollständige Polymerisation des in der Masse enthaltenen A.) führte zu Untersuchungen von Arbeitern, die gegenüber A. in hoher Dosis exponiert waren. Bei Vergleichsuntersuchungen stellte sich heraus, dass nicht nur die belasteten Arbeiter, sondern auch die Kontrollgruppe A.-Addukte im Blut aufwies. Bei der Suche nach den Quellen für diese Hintergrundbelastung stieß eine schwedische Forschergruppe auf den bis dahin nicht bekannten Belastungspfad Lebensmittel.
3. über hocherhitzt zubereitete, kohlenhydratreiche Lebensmittel wie Kartoffelprodukte (Chips, Pommes frites), geröstete Cerealien, Brot (insbesondere Knäckebrot und Toast), feine Backwaren (Kekse) usw. Am 19.7.2017 stimmten die Mitgliedstaaten einem Verordnungsvorschlag der EU-Kommission zu, den A.-Gehalt in Lebensmitteln zu senken, indem Lebensmittelunternehmer verbindliche Maßnahmen zur Reduzierung des A.-Gehalts zukünftig ergreifen müssen.

Der Einsatz von Abdichtungsmitteln auf der Basis von A. bei zwei Tunnelbauprojekten in Norwegen und Schweden führte zur Vergiftung des Trinkwassers von mehreren hunderttausend Menschen. Die Exfiltration von Grundwasser in Oberflächengewässer brachte zudem ein Fischsterben mit sich.

Acrylatboden →Kunstharzbodenbelag auf PMMA-Basis (andere Bezeichnungen: Acrylharzboden, PMMA-Boden)

Acrylat-Dichtstoffe A. zählen zu den chemisch nicht reaktiven →Dichtstoffen. Es handelt sich um Einkomponenten-Systeme auf Basis einer Acrylat-Dispersion. Sie härten durch Verdunsten des Wassers. Dabei tritt eine Volumenreduktion des Dichtstoffs auf. Ein hoher Anteil an mineralischen Füllstoffen kann die Schrumpfung des Dichtstoffs reduzieren. Als Lösungsvermittler und →Weichmacher enthalten A. meist Glykole in geringen Gewichtsanteilen, z. T. werden auch →Phthalate eingesetzt. Die Glykolverbindungen emittieren bei der Aushärtung. Als weitere Emissionen können je nach Zusammensetzung Butanol (→Alkohole) und Alkane auftreten. Zur Verhinderung von Schimmelpilz-Wachstum lassen sich A. Fungizide beisetzen, die ebenfalls emittieren können. A. vermögen Feuchtigkeit aufzunehmen und sind daher für Feuchträume nicht geeignet (→Silikon-Dichtstoffe). Acryl ist zudem nicht sehr elastisch und daher für Bewegungsfugen ungeeignet. A. haften allerdings auch auf feuchten Untergründen und auf stark saugenden Untergründen, z.B. →Porenbeton.

Acrylate A. sind die Grundbausteine zur Herstellung von →Acrylharzen (Polyacrylate).

Acrylglas A. ist eine herstellerunabhängige Bezeichnung für Verglasungen aus PMMA (→Polymethylmethacrylat). Bekannt wurde A. unter dem Handelsnamen Plexiglas. A. ist ein Thermoplast, lässt sich also unter bestimmten thermischen Voraussetzungen formen. Es ist sehr bruchsicher und stabil, UV-, hitze- und frostbeständig. Die Lichttransmission beträgt bei 1 mm Dicke 92 %. Dank dieser Eigenschaften wird A. im Fenster- und Fassadenbau eingesetzt, z.B. für großflächige Überdachungen, Lichtkuppeln und Industrie- und Gewächshausverglasungen. Im Innenbereich kommt es bei Raumteilern, Duschabtrennungen, Acrylglas-Möbeln u.v.m. zum Einsatz.

Für die Herstellung von A. gibt es zwei nennenswerte Verfahren, bezeichnet mit GS (für gegossen) oder XT (für extrudiert/gewalzt). Im GS-Verfahren polymerisiert ein flüssiges Gemisch aus Monomer und Polymer zusammen mit dem Initiator (meist Peroxide) zwischen zwei Glasplatten, die nach der Härtung entfernt werden. Bei diesem Verfahren entstehen Platten. Für das XT-Verfahren wird bereits vorgefertigtes PMMA-Granulat verwendet, das geschmolzen und durch eine Profildüse gepresst (extrudiert) wird. Gegossenes A. ist temperaturbeständiger, nahezu spannungsfrei und hat eine hochwertigere Oberfläche, gewalztes A. ist preiswerter.

A. gibt bei den üblichen Nutzungen keine Schadstoffe in die Umwelt oder Raumluft ab. Wie alle Kunststoffe im Allgemeinen kann sich A. elektrostatisch aufladen und dann Staub anziehen. In In-

nenräumen führt dies häufig zur Anwendung antistatischer Kunststoff-Reiniger. A. ist einfach zu reinigen, wenn darauf geachtet wird, dabei das Material nicht zu zerkratzen. Feine Kratzer können durch A.-Polierpasten beseitigt werden.
Acrylharze sind nicht einfach zu recyceln. Dementsprechend wird A. dem Recycling-Code 07 („Andere Kunststoffe") zugeordnet. Dennoch gibt es eine Reihe von Recyclingunternehmen, die sich auf A. spezialisiert haben und es zu Mahlgut unterschiedlicher Korngröße verarbeiten. Bevorzugt werden Produktionsabfälle und Schneidereste, je nach Qualität und Menge wird aber auch für Alt-Acryl eine Vergütung angeboten. PMMA-Rezyklat kann durch Pyrolyse und Depolymerisation wieder in MMA zerlegt werden. In der Literatur wird dazu ein Verfahren in Gegenwart von flüssigem →Blei genannt. Beim direkten Recycling wird das PMMA-Rezyklat direkt zu Produkten mit geringen Anforderungen, z.B. Schlüsselringen, verarbeitet. Das Recycling dürfte zum Gutteil in Übersee (China, Indien, Korea) stattfinden. A. hat einen relativ hohen Heizwert und kann daher auch energetisch verwertet werden.

Acrylharze A. (Polyacrylate) sind synthetische Harze, die aus den Estern der Acrylsäure oder der Methacrylsäure hergestellt werden. Häufig enthalten die A. noch andere →Monomere wie →Styrol, Vinyltoluol oder Vinylester. Polymerisate, die ausschließlich aus Acryl- und/oder Methacrylverbindungen aufgebaut sind, werden als Reinacrylate bezeichnet. Nach ihrem lacktechnischen Verhalten lassen sich Acrylharze in A. mit funktionellen Gruppen und in A. ohne funktionelle Gruppen unterscheiden. Anwendungstechnisch geraten in den letzten Jahren die leichtflüchtigen und geruchsintensiven monofunktionellen A. wie Butylacrylat (BA) und 2-Ethyl-hexyl-acrylat (EHA) gegenüber den multifunktionellen A. wie 1,6-Hexandiol-diacrylat (HDDA), Tripropylen-glykoldiacrylat (TPGDA) oder Trimethylol-propantriacrylat (TMPTA) immer mehr in den Hintergrund (*Salthammer*). Monomere Acrylate, die in Oberflächen verbleiben, führen bei direktem Kontakt zu Hautreizungen. Freie Acrylatmonomere in der Innenraumluft können durch Irritationen an Augen und Schleimhäuten zu Befindlichkeitsstörungen führen. Zur relativen Toxizität der Acrylate →NIK-Werte: Je niedriger der NIK-Wert, umso höher ist die Toxizität des jeweiligen Stoffes.

Acryllacke A. sind →Lacke auf der Basis von →Acrylharzen. Sie werden als Lösungen in organischen →Lösemitteln, als Dispersionen oder als Pulverlacke vielfältig eingesetzt, z.B. zum Lackieren von Metallen und Holz für Außen- und Innenanstriche. Acrylharze lassen sich gut in Wasser verteilen, dadurch ist die Herstellung von →Dispersionslacken relativ einfach. Diese weisen weniger als 10 Gew.-% →VOC-Gehalt auf. Die noch enthaltenen VOC dienen als Emulgatoren und →Filmbildehilfsmittel. Es sollte darauf geachtet werden, dass auch der Gehalt an höhersiedenden Substanzen, z.B. →Glykolverbindungen, tertiäre Amine oder →Weichmacher, nicht zu hoch liegt (Richtwert: 3 Gew.-%). Diese schwerflüchtigen Substanzen (→SVOC) können die Raumluft längerfristig belasten. Der Gehalt an →Restmonomeren (Acrylsäure u.a.) sollte maximal 0,01 % betragen. Wasserverdünnbare A. enthalten →Konservierungsmittel, um sie im Gebinde bis zum Gebrauch vor mikrobiellem Befall zu schützen. →Alkydharzlacke, →Dispersionslacke

Acrylschaumtapeten A. sind ökologisch weniger bedenkliche Alternativen zur Profilschaumtapete auf PVC-Basis (→Polyvinylchlorid). Die Kunststoffmasse auf der Basis von chlorfreien Acrylaten (→Acrylharze) wird auf ein spaltbares Duplexpapier aufgetragen. Die A. werden in ein oder zwei Arbeitsgängen bedruckt. Im letzten Farbwerk wird der wasserbasierende Acrylschaum bei einer Temperatur von ca. 150 °C aufgeschäumt. Weitere auf Kunststoff basierende Alternativen zur Profilschaumtapete sind Tapeten mit Strukturmasse auf →Polyvinylacetat-Dispersionsbasis (PVA). Am umweltfreundlichsten sind →Prägetapeten auf Papierbasis.

Actinolith Faserförmiger Vertreter der →Amphibol-Asbest-Gruppe.

Actinomyceten A. sind Bakterien, die ähnlich wie Pilze in Fäden wachsen und Sporen bilden können. Daher werden sie manchmal in die Bezeichnung →Schimmelpilze einbezogen. Beim Wachstum von A. in →Innenräumen tritt ein typisch erdig-modriger Geruch auf.

Additive A. sind Stoffe, die in kleinen Mengen zur Herstellung von →Bauprodukten eingesetzt werden, um während der Herstellung, Lagerung, Verarbeitung oder während der Nutzung des Bauproduktes spezielle Eigenschaften zu erzielen. A.

gehören zu sehr unterschiedlichen Stoffgruppen, sodass keine verallgemeinernden Aussagen zur Toxizität möglich sind. Obwohl A. nur in sehr geringen Konzentrationen in den jeweiligen Produkten eingesetzt werden, können davon z.T. beträchtliche Gesundheitsgefährdungen ausgehen, wie bei den zur Topfkonservierung zugesetzten bioziden Wirkstoffen. →Biozide

Adipate A. sind Ester der Adipinsäure, von denen insbesondere Bis(2-ethylhexyl)adipat (DEHA, DOA) als →Weichmacher in →PVC-Bodenbelägen und →Vinyltapeten eingesetzt wird. Weiterhin wird Di-iso-nonyladipat (DNA) verwendet. DEHA ist flüchtiger als Di-(2-ethlyhexyl)-phthalat (DEHP). Die toxikologischen Eigenschaften der A. sind nur unzureichend bekannt. DEHA ist nicht bioakkumulierend, zeigt aber offenbar eine aquatische Toxizität.

Adobe →Lehmsteinbau mit luftgetrockneten Lehmsteinen. Die Sonnenpyramide in Teotihuacán, die Huaca des Sol und die Huaca Larga in Peru gelten als die weltweit größten A.-Bauwerke.

ADPE Abk. für Abiotischer Abbau nicht fossiler Ressourcen [kg SB-Äqv.]. Dieser Indikator beschreibt, wie stark der globale Bestand an nicht erneuerbaren Rohstoffen (Metalle, Mineralien, Stein, Kies, Erde) durch die Herstellung eines Produktes reduziert wird. Dabei wird ein Betrachtungszeitraum von mindestens 500 Jahren zugrunde gelegt. Als Äquivalenz dient das Element Antimon (Stibium, abgekürzt SB). Es zählt seit dem Jahr 2010 zu den 14 von der EU als kritisch eingestuften Rohstoffen. Antimon findet sich in vielen Produkten wieder oder wird für die Herstellung vieler Produkte eingesetzt. Um den ADPE-Wert zu minimieren, ist bereits bei der Planung und Produktauswahl auf Langlebigkeit, Recyclingfähigkeit, Wiederverwendungsfähigkeit und Verwendung von nachwachsenden Rohstoffen zu achten.

ADPF Abk. für Potenzial für den abiotischen Abbau fossiler Brennstoffe [MJ]. Das Potenzial für den Abbau fossiler Brennstoffe wie Kohle, Erdöl und Erdgas wird durch den fossilen abiotischen Ressourcenverbrauch gekennzeichnet. Uran zählt als nuklearer Brennstoff, der als radioaktives Schwermetall in natürlicher Form vorkommt und ebenfalls abgebaut wird. Die Maßeinheit von ADPF ist MJ, angegeben wird der spezifische (früher: untere) Heizwert. Vor allem die Herstellung von Vorprodukten bei der Baustoffherstellung, Transporte sowie die Abfallbehandlung erhöhen das A.

Aerob Aerober Abbau von Chemikalien = Abbau unter Sauerstoffeinfluss.

Aerogelbasiertes Vlies Vliesmatten (5 und 10 mm), Einsatz in Hochtemperaturbereichen bis 650 °C sowie für Kälteanwendungen bis –200 °C. Aufgrund der geringen Stärke sind die Matten flexibel biegsam und rollbar. →Aerogel

Aerogelbasierte WDVS Verarbeitung analog zu WDVS aus Mineralwolle. →Aerogel

Aerogel-Dämmmatten Dämmmatten als Rollenware in Stärken von 5 bis 10 mm für Fassaden-, Dach-, Decken- und Innendämmung. Aufgrund der geringen Stärke sind die Matten flexibel biegsam und rollbar. Hochdämmend λ = 0,012 bis 0,018 W/(m·K), hydrophob, diffusionsoffen, Brandklasse A2, temperaturbeständig bis 200 °C/600 °C, alterungsbeständig. Einsatzmöglichkeiten im Bauwesen z.B. im Denkmalbereich, bei Platzmangel und thermischen Schwachstellen. →Aerogel

Aerogel-Dämmputz Mineralischer Hochleistungsdämmputz (Fabrikat: HASIT Fixit 222 Aerogel Hochleistungsdämmputz) auf Kalk-Zementbasis mit Aerogelgranulat als Dämmstoff. Anwendung als Spritzputz in Schichtdicken von 30 bis 150 mm, Einsatzbereiche als Außen- und Innenputz, insbesondere im Denkmalbereich. A. hat eine geringe Wärmeleitfähigkeit von λ = 0,028 W/(m·K). Aufgrund der mineralischen Komponenten ist der Putz resistent gegen Algen, Pilze und Ungeziefer und nicht brennbar. →Aerogel

Aerogele A. gelten als leichtester Feststoff der Welt. A. bestehen aus einem dreidimensionalen Partikelnetzwerk, in welchem die Flüssigkeit in den Poren durch Luft ausgetauscht wurde. Dadurch entstehen hochporöse Festkörper mit Porengrößen im Nanometerbereich. Der Porenanteil macht bis zu 99 % des Volumens aus. In einem besonderen Herstellungsverfahren wird ein wässriges Gel hergestellt, welches anschließend unter speziellen Bedingungen getrocknet werden muss. Die Methode wurde in ihren Grundzügen bereits 1931/32 von *Samuel S. Kistler* angewendet und dann 1968 von *Stanislas Teichner* zu einem Standardverfahren, dem sogenannten Sol-Gel-Prozess, weiterentwickelt. Viele Materialien sind in Aerogelform darstellbar (Polymere, Kohlenstoffe, Metalloxide, Metalle und Biopolymere), am verbreitetsten sind A. auf Silicatbasis. Diese werden aus →Kieselsäure gewonnen, A. weisen eine sehr geringe Dichte 0,003 bis 0,5 g/cm^3 und eine sehr geringe Wärmeleitfähigkeit $\lambda = 0{,}012$ bis 0,018 W/(m·K) auf; zudem haben A. eine hohe Schallabsorption. A. auf Silikatbasis sind hydrophob, nicht brennbar, wasserdampfdurchlässig und optisch transluzent. Verwendung als →Aerogel-Dämmmatten, →Aerogelbasierte WDVS, →Transparente Wärmedämmung (Dämmverglasung, Doppelstegplatten), Einblasdämmung aus Aerogelgranulat (→Aerogel-Einblasdämmung) und →Aerogel-Dämmputz. A. können bei mechanischer Beanspruchung zerfallen, evtl. auch in nanoskalige Anteile. Daher sind bei der Verarbeitung Schutzmaßnahmen aufgrund von möglicher Staubfreisetzung zu ergreifen. Nach TRGS 900 gilt für amorphe Kieselsäure der MAK-Grenzwert von 4 E mg/m^3.

Aerogel-Einblasdämmung Aerogelgranulat zur nachträglichen Dämmung von zweischaligem Mauerwerk mit geringer Hohlschichtdicke. →Aerogel

Aerosole A. sind mehrphasige Systeme von Gasen, insbesondere Luft und darin dispers verteilten partikelförmigen Feststoffen oder Flüssigkeiten. A. können durch natürliche Vorgänge wie Wind oder Vulkanausbrüche oder durch menschliche Aktivitäten wie die Verbrennung fossiler Stoffe in die Atmosphäre gelangen. Am Arbeitsplatz können Stäube, Rauche oder Nebel als A. vorkommen. A.-Teilchen sind zwingend notwendig für den Kondensationsprozess in der Atmosphäre und können durch Auswaschung oder trockene Ablagerung wieder aus der Atmosphäre entfernt werden.

Äthanol →Ethanol, →Alkohole

Ätherische Öle →Etherische Öle

AgBB Der Ausschuss zur gesundheitlichen Bewertung von Bauprodukten (AgBB) wurde in Deutschland 1997 von der Länderarbeitsgruppe „Umweltbezogener Gesundheitsschutz" (LAUG) der Arbeitsgemeinschaft der Obersten Landesgesundheitsbehörden (AOLG) ins Leben gerufen und mit der Erarbeitung gesundheitsbezogener Bewertungskriterien für innenraumrelevante Bauprodukte beauftragt. Vertreten sind im A. neben den Landesgesundheitsbehörden auch das Umweltbundesamt (UBA), das Deutsche Institut für Bautechnik (DIBt), die Konferenz der für Städtebau, Bau- und Wohnungswesen zuständigen Minister und Senatoren der Länder (ARGEBAU), die Bundesanstalt für Materialforschung und -prüfung (BAM), das Bundesinstitut für Risikobewertung (→BfR) und der Koordinierungsausschuss 03 für Hygiene, Gesundheit und Umweltschutz des Normenausschusses Bauwesen im DIN (DIN-KOA 03). Ziel des A. ist es, die Forderungen der →Bauproduktenverordnung (vormals Bauproduktenrichtlinie) in Bezug auf eine Begrenzung von Emissionen aus Bauprodukten national zu konkretisieren. Hierzu hat der A. ein Schema (→AgBB-Schema) zur Vorgehensweise bei der gesundheitlichen Bewertung der Emissionen flüchtiger organischer Verbindungen (→VOC) aus Bauprodukten vorgelegt. Der Ausschuss geht davon aus, „dass bei Einhaltung der im Schema vorgegebenen Prüfwerte die Mindestanforderungen der Bauordnungen zum Schutz der Gesundheit im Hinblick auf VOC-Emissionen erfüllt werden."

Das Baurecht folgt dem Prinzip der Gefahrenabwehr, nicht jedoch dem Vorsorgegrundsatz. Bauprodukte, welche die Mindestanforderungen der Bauordnungen erfüllen, sind „geeignet". Dagegen erfüllen „empfehlenswerte" Bauprodukte Anforderungen, die deutlich über das Anforderungsniveau „geeignet" hinausgehen. →Label für Bauprodukte, →natureplus, →Blauer Engel

AgBB-Schema Das A. ist ein vom →AgBB erstelltes Schema zur Bewertung von VOC-Emissionen von Bauprodukten zur Feststellung der Eignung des Bauproduktes für die Verwendung in →Innenräumen gemäß →Bauproduktenverordnung. Ziel ist die Bereitstellung der zur Abwehr von Gesundheits*gefahren* durch VOC-Gemische baurechtlich geforderten Kriterien. Die Erfüllung der Anforderungen bedeutet jedoch keine besondere Emissionsarmut des Produktes unter dem Gesichtspunkt der Gesundheits*vorsorge*.

Anforderungen an die VOC-Emissionen in der →Prüfkammer:

- Messung nach drei Tagen:
  - TVOC $\leq$ 10 mg/m^3
  - $\Sigma c_{\text{K-Stoffe}} \leq 0{,}01$ mg/m^3
- Messung nach 28 Tagen:
  - TVOC $\leq$ 1 mg/m^3
  - ΣSVOC $\leq$ 0,1 mg/m^3
  - $\Sigma c_{\text{K-Stoffe}} \leq 0{,}001$ mg/m^3

- Bewertbare Stoffe (Stoffe mit NIK-Wert): Für alle VOC mit C > 0,005 mg/m³ muss gelten: $R = \Sigma c_i/NIK_i \leq 1$ (R-Wert)
- Nicht bewertbare Stoffe (Stoffe ohne NIK-Wert): $\Sigma VOC_{ohne\ NIK} < 0{,}1$ mg/m³

Nach 3 und nach 28 Tagen sind zudem sensorische Prüfungen vorgesehen, für die bisher jedoch noch keine Testverfahren festgelegt sind.

Das A. bildet auch die Grundlage für die Anforderungen an bauliche Anlagen bezüglich des Gesundheitsschutzes (ABG). Bis 2016 waren dies die „Grundsätze zur gesundheitlichen Bewertung von Bauprodukten in Innenräumen" des Deutschen Instituts für Bautechnik (→Bauprodukte – Grundsätze zur gesundheitlichen Bewertung). →Label für Bauprodukte, →natureplus, →Blauer Engel

Agenda 21 1992 fand in Rio de Janeiro die UN-Konferenz über Umwelt und Entwicklung (UNCED) statt. Delegierte aus 179 Ländern erarbeiteten ein 700seitiges Aktionsprogramm für das 21. Jh. zur Lösung der sozialen, wirtschaftlichen und ökologischen Probleme. Die Konferenz verabschiedete die A., ein Aktionsprogramm zukunftsweisender Festlegungen u.a. zur Armutsbekämpfung, Bevölkerungspolitik, zum Welthandel, zur Umwelt- und Landwirtschaftspolitik sowie zur finanziellen und technologischen Zusammenarbeit der Industrie- und Entwicklungsländer. →Nachhaltigkeit, →Erneuerbare Ressourcen, →Nachwachsende Rohstoffe, →natureplus

AGÖF Die Arbeitsgemeinschaft ökologischer Forschungsinstitute e.V. (AGÖF) ist ein Verband von unabhängigen Beratungs- und Dienstleistungsunternehmen, die in den Bereichen Innenraumluftqualität, Schadstoffmessungen, ökologisches Bauen und Energieeffizienz kooperieren. Die AGÖF ist maßgeblich beteiligt an der Entwicklung des europäischen Qualitätszeichens für Bauprodukte →natureplus und vertritt dort als Mitglied des Vorstands die Interessen der Verbraucherschutzorganisationen. →Innenraumluft-Richtwerte

AGS Der Ausschuss für Gefahrstoffe (AGS) berät gemäß § 20 →Gefahrstoffverordnung (GefStoffV) das zuständige Ministerium in allen Fragen des Arbeitsschutzes zu Gefahrstoffen. Die max. 21 Mitglieder sind Vertreter der Arbeitnehmer und Arbeitgeber, der Aufsichtsbehörden sowie der Bundesoberbehörden und der Wissenschaft. Die Mitgliedschaft im A. ist ehrenamtlich. Die Geschäfte des AGS führt die Bundesanstalt für Arbeitsschutz und Arbeitsmedizin (BAuA). Der A. hat beispielsweise in seiner 60. Sitzung am 10.5.2017 einen neuen →AGW für Dieselemissionen beschlossen (0,05 mg/m³).

AGW Mit Inkrafttreten der neuen →Gefahrstoffverordnung vom 1.1.2005 werden nur noch gesundheitsbasierte Grenzwerte benannt: der Arbeitsplatzgrenzwert (AGW) und der Biologische Grenzwert (→BGW). Der Arbeitsplatzgrenzwert bezeichnet die zeitlich gewichtete durchschnittliche Konzentration eines Stoffes in der Luft in Bezug auf einen gegebenen Referenzzeitraum. Er gibt an, bis zu welcher Konzentration eines Stoffes akute oder chronische schädliche Auswirkungen auf die Gesundheit von Beschäftigten im Allgemeinen nicht zu erwarten sind. Seit 2013 leitet der Ausschuss für Gefahrstoffe für krebserzeugende Stoffe in der Luft am Arbeitsplatz stoffspezifische Expositions-Risiko-Beziehungen (ERB) ab sowie stoffspezifische Akzeptanz- und Toleranzkonzentrationen (TRGS 910).

Ahorn (EN-Kurzzeichen: ACPS) A. ist ein hellfarbiges, feinporiges Holz mit feiner, gleichmäßiger, zuweilen geriegelter Textur. →Splint- und →Kernholz sind farblich kaum zu unterscheiden. Das hellste Holz mit gelblichweißer bis fast weißer Färbung liefert Bergahorn (Acer pseudoplatanus). Spitzahorn (Acer platanoides) ist von mehr gelblicher bis rötlicher Farbe.

A. ist ein mittelschweres Holz mit guten, der →Buche vergleichbaren Festigkeitseigenschaften. Bergahorn: Darrdichte 590 kg/m³ und Brinellhärte 27 N/mm². Spitzahorn: Darrdichte 620 kg/m³ und Brinellhärte 29 N/mm². Es ist elastisch und zäh, hart und von hoher Abriebfestigkeit, nur mäßig schwindend mit gutem Stehvermögen. Glatte Oberflächen sind möglich. Die Oberflächenbehandlung und Verleimung ist problemlos. Der Witterung ausgesetzt ist A. nicht dauerhaft. Die Widerstandsfähigkeit des Kernholzes gegen Pilze, Insekten und tierische Schädlinge ist gering, daher ist eine Verwendung in Bereichen mit anhaltender Feuchtigkeit zu vermeiden. Dauerhaftigkeitsklasse 5 nach DIN EN 350. Bei der Verarbeitung ist auf Schutz vor →Holzstaub (krebsverdächtig gem. →TRGS 905) zu achten.

Einordnung in die Gebrauchsklasse gem. DIN 68800-1: GK 0 oder GK 1 (keine Gefährdung – innen verbautes Holz, ständig trocken ≤ 20 %). Holz

oder Holzprodukt unter Dach, nicht der Bewitterung und keiner Befeuchtung ausgesetzt, die Gefahr von Bauschäden durch Insekten kann entsprechend DIN 68800-1 Abs. 5.2.1 ausgeschlossen werden. Eine Verwendung von Holzschutzmitteln ist daher bei Einbau von A. in Innenräumen (z.B. Parkett im Wohnraum) nicht erforderlich.
A. wird als Ausstattungsholz im Möbelbau und Innenausbau (Wand- und Deckenbekleidungen, Parkett, Treppen) verwendet, weiterhin für Küchen- und Haushaltsgeräte, Spielwaren, Musikinstrumente (Streich- und Blasinstrumente), Schnitz- und Drechslerarbeiten sowie im Modellbau. Wegen der kleinen Poren ist A. wenig schmutzanfällig und daher gut für Arbeitsplatten geeignet.

AHW Abkürzung für anorganisch gebundene →Holzwerkstoffe wie →Holzwolle-Leichtbauplatten, →Gipsgebundene Spanplatten, →Zementgebundene Spanplatten. Es werden span- oder faserförmige (auch Holzwolle-) Partikel eingesetzt, die als Armierung dienen und die Biegefestigkeit erhöhen. Als anorganische Bindemittel werden →Gips, →Zement und →Magnesit verwendet. Je nach Produkt liegt der Holzanteil zwischen 30 und 70 % und der Anteil an mineralischen Bindemitteln zwischen 20 und 60 %. Die Späne werden mit den Bindemitteln gemischt, gestreut und später in Paketen bei erhöhter Temperatur ausgehärtet. Zusätzlich werden Mineralisierungsmittel, Verflüssiger, Beschleuniger oder Verzögerer, in der Regel jedoch keine flüchtigen organischen Stoffe, zugegeben. Gipsgebundene Platten sind in die Baustoffklasse A2 (nicht brennbar) gem. DIN 4102-1 bzw. A2-s1, d0 nach DIN EN 13501-1 eingestuft. Die zementgebundenen Holzwerkstoffe sind in die Baustoffklasse B1 (schwer entflammbar) oder durch Beimischung von Perlite der Baustoffklasse A2 nach DIN 4102-1 bzw. B-s1, d0 oder A2-s1, d0 gem. DIN EN 13501-1 eingestuft. Zementgebundene Holzwerkstoffe sind witterungsbeständig und weisen zudem eine hohe Widerstandsfähigkeit gegenüber Pilzen und Insekten auf. A. emittieren keine Schadstoffe wie →Formaldehyd oder →Isocyanate. Bei selektivem Rückbau ist eine Wiederverwertung von AHW grundsätzlich möglich, aber in der Praxis eher unüblich. Aufgrund des organischen Anteils ist eine Deponierung eigentlich nicht zulässig, vgl. →Altholzverordnung §9, jedoch ist je nach Bindemittel eine energetische Verwertung aufgrund der dafür notwendigen hohen Temperaturen nicht sinnvoll. Sofern eine thermische Behandlung den organischen Anteil reduziert, ist eine Deponierung möglich.

AIR Der Ausschuss für Innenraumrichtwerte bewertet Verunreinigungen der Innenraumluft und setzt bundeseinheitliche, gesundheitsbezogene Richtwerte für die Innenraumluft fest, die als Maßstab für die Bewertung der Innenraumluftqualität öffentlicher und privater Gebäude sowie Büroarbeitsplätze angewandt werden können. Der A. besteht aus Fachleuten des Bundes und der Länder, die auf Mandat der Arbeitsgemeinschaft der Obersten Landesgesundheitsbehörden (AOLG) benannt werden. Das UBA beruft zusätzliche Expertinnen und Experten für die Arbeit im Ausschuss. →Innenraumluft-Grenzwerte

Aktivität Beim radioaktiven Zerfall gibt die Aktivität eines Körpers oder einer Strahlungsquelle an, wie viele Atomkerne in einer bestimmten Zeit zerfallen und dabei radioaktive Strahlung abgeben wird. Einheit ist das Becquerel (Bq). →Radioaktivität

Alaun-Grundiersalz A. wird als Grundierung von Gips- und Lehmoberflächen eingesetzt. Es handelt sich dabei um ein in Wasser gut lösliches, schwefelsaures Kaliumaluminiumsulfat. Da A. eine saure Wirkung zeigt, kann es die Oberfläche verschiedener Materialien wie Marmor angreifen bzw. verfärben. In Gemischen mit Gips, Anhydrit erhält man mit A. einen polierbaren Marmorgips oder Alaun-Gips.

Aldehyde A. sind Oxidationsprodukte von Kohlenwasserstoffen. Der einfachste A., →Formaldehyd (Methanal), findet sich praktisch in jeder Innenraumluft. Wie Formaldehyd gehören auch andere gesättigte und ungesättigte höhere A. (Kettenlängen C5 bis C11) zu den unter raumlufthygienischen Gesichtspunkten unerwünschten und problematischen Stoffen.
Emissionsquellen für A. im Innenraum sind vorwiegend ungesättigte Fettsäuren wie Ölsäure, Linolsäure und Linolensäure als Bestandteile von →Linoleum, Beschichtungssystemen auf der Basis von →Alkydharzen sowie Lacken, Ölen und Klebern mit natürlichen Ölen und Harzen. Kork- und Holzprodukte können bedeutende Mengen Furfural abgeben, wenn im Verlauf der Produktion Hitzeeinwirkungen stattgefunden haben. Ursache für

die Bildung des Aldehyds Furfural ist die thermische Zersetzung der im Kork/Holz enthaltenen →Hemicellulosen bei Temperaturen über 150 °C. Aliphatische A. sind äußerst geruchsintensiv (Geruchseindruck: „ranzig", „fettig"); Geruchsschwellenwerte betragen nach Davos für Hexanal 57 µg/m³ und für Nonanal 13 µg/m³. Die Geruchsschwellen für ungesättigte A. liegen noch eine Größenordnung niedriger (Salthammer). Dies kann bei empfindlichen Personen oder bei höheren Raumluftkonzentrationen zur Unwohlsein und Übelkeit führen.

Durch den Ausschuss für Innenraumrichtwerte (AIR, früher Ad-hoc-Arbeitsgruppe) sind Richtwerte für die Innenraumluft für gesättigte, aliphatische und azyklische A. von C4 bis C11 mit einem RW II von 2 mg/m³ und zum Schutz vor Geruchsbelästigungen mit einem RW I von 0,1 mg/m³ veröffentlicht.

Zur relativen Toxizität der A. →NIK-Werte: Je niedriger der NIK-Wert, umso höher ist die Toxizität des jeweiligen Stoffes.

Tabelle A1: Orientierungswerte (gesundheitlich abgeleitet) für gesättigte Aldehyde bei Mehrstoffbelastung (mehrere gesättigte Aldehyde gleichzeitig), auf die heute jedoch nicht mehr zurückgegriffen wird (Quelle: B.A.U.CH., 1994: Analyse und Bewertung der in Innenräumen vorkommenden Konzentrationen an längerkettigen Aldehyden, Berlin)

Aldehyd	Orientierungswert [µg/m³]
Acetaldehyd	30
Propanal	40
Butanal	40
Pentanal	50
Hexanal	60
Heptanal	70
Octanal	80
Nonanal	90
Decanal	100

Algizide A. sind →Biozide Wirkstoffe, die eingesetzt werden, um bevorzugt das Wachstum von Algen auf Materialoberflächen, z.B. auf Farben für Fassaden oder Schiffe, zu unterbinden. Die Anwendung solcher A. fällt unter die →Biozidverordnung, die den Umgang mit →Biozidprodukten regelt. A. sind immer dann besonders relevant für die Umwelt, wenn sie dort lange verbleiben (geringe Abbaubarkeit), schwach adsorbieren (hohe Mobilität) und ökotoxisch sehr wirksam sind (niedrige PNEC). →Diuron, →Isoproturon, →Terbutryn, →Cybutryn

Aliphatische Kohlenwasserstoffe A. (Aliphaten) sind Kohlenwasserstoffe mit offenkettiger oder ringförmiger (Cycloaliphaten) Struktur. Sie werden z.B. als Verdünnungsmittel in Anstrichstoffen eingesetzt. Gemische aus A. sind weiterhin Petrolether, Siedegrenzenbenzin, Testbenzin, Diesel- und Heizöl. Undichtigkeiten zwischen Räumen mit Heizöltanks oder Garagen und bewohnten Innenräumen können zu erhöhten Konzentrationen von A. in der Innenraumluft führen. Infolge der Substitution von →Tetrachlorethen (Per, TCE) in Chemisch-Reinigungen durch A. (n-Undecan) kann es bei Gebäuden mit unzureichender lufttechnischer Trennung zwischen Räumen, in denen mit diesen Stoffen umgegangen wird, und bewohnten Räumen zu Belastungen z.B. mit n-Undecan kommen.

Nach ihrer Molekülstruktur lassen sich die offenkettigen A. unterteilen in n-Alkane (keine Verzweigungen in der Molekülkette) und Isoalkane (Verzweigungen in der Molekülkette). Isoaliphate werden in manchen Naturfarben und -lacken als →Lösemittel eingesetzt. Die Hersteller verweisen auf ein gegenüber den →Terpenen geringeres allergenes Potenzial und geringere Toxizität der Isoaliphaten.

A. weisen einen relativ hohen Geruchsschwellenwert auf. Heiz- und Dieselöl sind infolge von Verunreinigungen und Zusätzen allerdings schon in niedrigen Konzentrationen geruchlich wahrnehmbar. A. sind neurotoxisch, haut- und schleimhautreizend und haben bei hohen Konzentrationen eine narkotisierende Wirkung. Zur relativen Toxizität der A. →NIK-Werte: Je niedriger der NIK-Wert, umso höher ist die Toxizität des jeweiligen Stoffes.

Alkaliempfindliche Gesteinskörnungen Als alkaliempfindlich gelten Gesteinskörnungen, die amorphe oder feinkristalline Silikate (SiO_2, Kieselsäure) enthalten. Hierzu gehören die in Norddeutschland vorkommenden Opalsandsteine, Kieselkreiden und poröse Flinte sowie präkambrische Grauwacken, die man z.B. in der Lausitz vorfindet, sowie bestimmte Gesteinskörnungen des Oberrheins.

A

Alkalien A. sind weiße, in wässriger Lösung auf der Haut mehr oder weniger ätzend wirkende Substanzen. Zu den starken A. zählen Ätznatron (Natriumhydroxid), Ätzkali (Kaliumhydroxid) und Ammoniumhydroxid (wässrige Lösung = Salmiakgeist). Die wässrige Lösung von Ätznatron heißt Natronlauge, die von Ätzkali Kalilauge. Zu den milden A. zählen Soda (Natriumcarbonat) und Pottasche (Kaliumcarbonat). Zum Aufschluss von →Kasein wird von →Pflanzenchemieherstellern →Borax als mildes →Alkali verwendet. A. verhalten sich in wässriger Lösung basisch (pH-Wert > 7). Pottasche, ein früher aus Pflanzenasche gelaugtes, heute durch Umsetzung mit Soda (Natriumcarbonat) gewonnenes mildes Alkali, wird von Pflanzenchemieherstellern zur Verseifung von Pflanzenwachsen, -harzen und -ölen verwendet. Den A. chemisch verwandt sind die Erdalkalien.

Alkalikaseinfarben A. sind →Kaseinfarben, die mit alkalischen Salzen (z.B. Prise Borax) aufgeschlossenes →Kasein als Bindemittel enthalten.

Alkali-Kieselsäure-Reaktion (AKR) auch Alkalireaktion oder Alkalitreiben. Bei der Alkali-Kieselsäure-Reaktion reagieren Gesteinskörnungen mit alkalireaktiver Kieselsäure mit den in der Porenlösung des Beton gelösten Alkalihydroxiden (NaOH, KOH) zu einem gelartigen, quellfähigen Alkalisilikatgel. Dies kann zu einer Volumenvergrößerung sowie zu Ausblühungen, Abplatzungen und Rissen im Beton führen. Ablauf und Ausmaß dieses Schädigungsprozesses werden bestimmt von Art und Menge der →Alkaliempfindlichen Gesteinskörnung, deren Größe und Verteilung, vom Alkalihydroxidgehalt in der Porenlösung sowie von Feuchtigkeits- und Temperaturbedingungen des erhärteten Betons.

Alkali-Richtlinie Zur Vermeidung von Schäden gilt in Deutschland die DAfStb-Richtlinie „Vorbeugende Maßnahmen gegen schädigende Alkalireaktion im Beton" (Alkali-Richtlinie). Die Richtlinie beschreibt Anforderungen, Prüfung und Überwachung von →Alkaliempfindlichen Gesteinskörnungen und die dazugehörigen vorbeugenden betontechnologischen Maßnahmen.

Alkane →Aliphatische Kohlenwasserstoffe

Alkohole A. sind →Lösemittel, die Hydroxylgruppen enthalten. Mit steigendem Molekulargewicht nimmt die Wassermischbarkeit ab. In Anstrichstoffen werden A. meist mit anderen Lösemitteln kombiniert. Methanol ist der gesundheitlich bedenklichste A. und hat im Baubereich nur eine geringe Bedeutung, wird aber z.B. zusammen mit anderen Lösemitteln in →Abbeizmitteln eingesetzt. Technisch eingesetzter Ethanol (Äthanol) ist mit Methylethylketon (MEK), →Toluol oder Petrolether vergällt (unbrauchbar für Genusszwecke). n-Propanol hat unter wirtschaftlichen Gesichtspunkten nur eine geringe Bedeutung. Die Lösemitteleigenschaften von iso-Propanol ähneln denjenigen des Ethanols. Für Farben und Lacke ist n-Butanol das wichtigste Lösemittel unter den A. Es vermag die meisten natürlichen und synthetischen Harze zu lösen. Cyclohexanol dient als Verlaufmittel in →Epoxidharzlacken. Mehrwertige A., d. h. Alkohole mit mehreren Hydroxylgruppen und Gemische von Estern und A. werden in zunehmendem Maße als organische Lösemittelkomponenten in wasserverdünnbaren Produkten (Reinigungs- und Pflegemittel, Desinfektionsmittel, Farben und Lacke) eingesetzt.
A. sind neurotoxisch und können zu Leberschäden führen. In hohen Konzentrationen haben A. eine narkotisierende Wirkung. Zur relativen Toxizität der A. →NIK-Werte: Je geringer der NIK-Wert, umso höher ist die Toxizität und umgekehrt.

Alkydharze A. sind synthetische Polyesterharze (Polykondensationsharze), hergestellt durch Veresterung von mehrwertigen Alkoholen, von denen mindestens einer 3- oder höherwertig sein muss, mit mehrbasischen Carbonsäuren. Alkydharze sind stets modifiziert mit natürlichen Fettsäuren bzw. Ölen und/oder synthetischen Fettsäuren. Die Herstellung von A. erfolgt nach zwei Verfahren:

1. Zweistufen-Verfahren:
   Fette Öle werden zunächst mit mehrwertigen Alkoholen zu Partialestern umgesetzt. Durch Zusatz von Dicarbonsäure bzw. entsprechenden Anhydriden, insbes. Phthalsäureanhydrid, werden die Hydroxylgruppen der Partialester in der 2. Stufe umgesetzt.
2. Einstufen-Verfahren:
   Alle Reaktionskomponenten (Alkohole, Öle bzw. Fettsäuren, Phthalsäureanhydrid) werden gemischt und gemeinsam umgeestert bzw. verestert. Das zweite Verfahren bietet chemisch und verfahrenstechnisch Vorteile und hat daher besondere Bedeutung. Die eingesetzten Öle sind die Triglyzeride der pflanzlichen Samenöle. Die verwendeten Fettsäuren kommen entweder aus der Öl- bzw. Fettspaltung mit nachfolgen-

der Destillation oder sie werden durch Spaltung und nachfolgende Destillation der sogenannten Raffinationsfettsäuren, einem Nebenprodukt der Erdölraffination, gewonnen.

Die natürlichen pflanzlichen Öle und Fette weisen je nach Art und Herkunft vielfältige Zusammensetzungen auf. Daher ist die Variationsmöglichkeit von A. in Aufbau, Zusammensetzung und damit in ihren lacktechnischen Eigenschaften sehr groß.

Die Einteilung der A. richtet sich also in erster Linie nach den verwendeten Ölen bzw. deren Fettsäuren und ihren prozentualen Anteilen. Darüber hinaus sind zahlreiche Modifikationsmöglichkeiten durch chemischen Einbau anderer Komponenten (z.B. Naturharze, Phenolharze, Acryl-, Epoxid-, Silicon-Verbindungen, →Styrol, →Isocyanate, Thixotropieträger usw.) gegeben, sodass häufig das durch die Ölart und ihren Prozentanteil an sich bestimmte Eigenschaftsbild des A. durch die Modifikation wesentlich überlagert werden kann. A. werden in folgende Gruppen unterteilt:

1. Nach dem Fettsäure- bzw. Ölgehalt:
   - Kurzölige A., Ölanteil unter 40 %
   - Mittelölige A., Ölanteil ca. 40 bis 60 %
   - Langölige A., Ölanteil über 60 % (als Triglyzerid, bezogen auf den nicht flüchtigen Anteil des Harzes bzw. der Harzlösung)
2. Nach der zusätzlichen modifizierenden Komponente

Die kurzöligen A. finden überwiegend Verwendung als Bindemittel in Einbrennlacken (Kombination mit Aminoharzen), säurehärtenden oder NC-Kombinationslacken. Die mittelöligen A. sind im Wesentlichen Bindemittel für das Kontingent der luft- und wärmetrocknenden Industrielacke, während die langöligen Typen für Maler-, Bautenlacke und Korrosionsschutzfarben eingesetzt werden.

A. zeichnen sich durch einfache Verarbeitbarkeit und Anwendung aus und sind vergleichsweise preisgünstig.

Alkydharzlacke A. sind →Lacke, die als Bindemittel mit Fettsäuren bzw. Ölen modifizierte →Alkydharze enthalten. Die Variationsmöglichkeit von Alkydharzen in Aufbau, Zusammensetzung und damit in ihren lacktechnischen Eigenschaften ist außerordentlich groß. Für Maler-, Bautenlacke und Korrosionsschutzfarben kommen vor allem die langöligen A. (Ölanteil über etwa 60 %) zur Anwendung, im industriellen Bereich werden die mittel- und kurzöligen A. (z.B. als Einbrennlacke) eingesetzt. A. gehören zu den →Lösemittelhaltigen Lacken und sind auch in der Ausprägung →High-Solid-Lacke erhältlich, welche weniger Lösemittel enthalten. A. ergeben eine sehr strapazierfähige Oberfläche.

Gesundheitsgefährdungen können durch die enthaltenen →Lösemittel auftreten. Besonders problematisch sind →Aromaten (→Toluol, →Xylol). „A., aromatenarm“ gemäß Richtlinie des Verbands der Deutschen Lackindustrie (VDL-Richtlinie Bautenanstrichstoffe) enthalten immerhin bis zu 15 % aromatische Kohlenwasserstoffgemische als Lösemittel. „A., aromatenfrei“ enthalten maximal 1 % aromatische Kohlenwasserstoffgemische als Lösemittel. Für die ökologische Produktauswahl sollten A. entaromatisiert sein (GISCODE M-LL01) und maximal 15 Gew.-% Lösemittel enthalten. Durch die Oxidationsprodukte der Fettsäuren (Aldehyde, Carbonsäuren) kann es nach der Verarbeitung noch einige Zeit zu Geruchsbelästigungen kommen (Ölgeruch). A. haben zwar durch die Verwendung von →Leinöl oder Rizinusöl einen im Vergleich zu anderen Kunstharzlacken hohen Anteil an →Nachwachsenden Rohstoffen, sind aber aufgrund der Herstellung chemische Syntheseprodukte.

Alkylphenole →Alkylphenolethoxylate

Alkylphenolethoxylate Die A. (APEO) gehören zur Gruppe der nichtionischen →Tenside. Wichtige Anwendungsbereiche sind Wasch- und Reinigungsmittel und die Verwendung als Additiv in den Bereichen Lacke und Farben (2000: 200 t), Metallbehandlung, Bauchemie, Papierherstellung und -verarbeitung sowie Kunststoffe (Emulsionspolymerisation) und Pflanzenschutzmittel. Etwa 1/3 der in Deutschland verarbeiteten APEO wird für Emulsionspolymerisate auf Basis von Styrol-Butadien, Styrol-Acrylat, reinen Acrylat- oder PVC-Systemen eingesetzt. In bauchemischen Produkten werden A. als Formulierungshilfsmittel in Betonzusätzen wie Luftporen- und Schaumbildnern sowie in Formtrennmitteln und bei Wachs- und Bitumenemulsionen eingesetzt. Frühere Hauptanwendungsgebiete als Haushalts- und Industriereiniger spielen in Deutschland aufgrund stoffspezifischer Regelungen keine Rolle mehr.

Die Umweltrelevanz der APEO wird bestimmt durch die sich bei der Abwasserbehandlung als Abbauprodukte bildenden, gewässertoxischen Alkylphenole, die gleichzeitig auch Ausgangsprodukt

für die APEO-Herstellung sind und über industrielle und kommunale Abwässer in die Gewässer gelangen. Die mit Abstand wichtigste Gruppe der APEO sind die →Nonylphenolethoxylate (NPEO). →4-Nonylphenol hat sich bei Untersuchungen an Mäusen als krebserzeugend erwiesen.
Wegen der Umweltschädlichkeit gibt es seit Jahren Bemühungen, die APEO-Emissionen zu reduzieren. A. sind für Wasserorganismen toxisch. Seit 1996 besteht eine freiwillige Selbstverpflichtung der Industrie zum Verzicht auf A. in Haushaltswasch- und -reinigungsmitteln, seit 1992 auch für industrielle Reinigungsmittel und Anwendungen.

Alkylzinnverbindungen →Zinnorganische Verbindungen, →Tributylzinn-Verbindungen

Allergen Ein A. ist ein Stoff, der allergische Reaktionen auslösen kann. →Allergie

Allergie Unter einer A. versteht man eine spezifische Änderung der Immunitätslage im Sinne einer krankmachenden Überempfindlichkeit. Allergische Erkrankungen gehören zu den großen Gesundheitsproblemen unserer Gesellschaft. In Deutschland sind bereits zwischen 15 und 25 % der Bevölkerung davon betroffen, Tendenz steigend. Nach Erhebungen der Krankenkassen ist davon auszugehen, dass bis zu 30 % der deutschen Bevölkerung in irgendeiner Form an Allergien leiden. Hauptallergen-Quellen in →Innenräumen sind →Schimmelpilze, Hausstaubmilben und Tierepithelien. Allergene Stoffe im Baubereich sind insbesondere →Formaldehyd, →Nickel, →Terpene, →Isocyanate, Epoxide, →Chromate, bestimmte Holzstäube.
Durch Arbeitsstoffe hervorgerufene, allergische Krankheitserscheinungen treten bevorzugt an der Haut (Kontaktekzem, Kontakturtikaria), den Atemwegen (Rhinitis, Asthma, Alveolitis) und an den Augenbindehäuten (Blepharokonjunktivitis) auf. Maßgebend für die Manifestationsart sind der Aufnahmeweg, die chemischen Eigenschaften und der Aggregatzustand der Stoffe.
In der Liste der Arbeitsplatzgrenzwerte AGW werden sensibilisierende Arbeitsstoffe in der besonderen Spalte „H;S“ mit „Sa“ oder „Sh“ markiert. Diese Markierung richtet sich nach dem Organ oder Organsystem, an dem sich die allergische Reaktion manifestiert. Mit „Sh“ werden solche Stoffe markiert, die zu allergischen Reaktionen an der Haut und den hautnahen Schleimhäuten führen können (hautsensibilisierende Stoffe). Das Symbol „Sa“ (atemwegssensibilisierende Stoffe) weist darauf hin, dass eine Sensibilisierung mit Symptomen an den Atemwegen und auch den Konjunktiven auftreten kann, dass aber auch weitere Wirkungen im Rahmen einer Soforttypreaktion möglich sind. Hierzu gehören systemische Wirkungen (Anaphylaxie) oder auch lokale Wirkungen (Urtikaria) an der Haut.

Allethrin Insektizid aus der Gruppe der synthetischen →Pyrethroide. Wird u.a. gegen Fliegen, Milben, Läuse, Moskitos und Kakerlaken eingesetzt.

ALLÖKH Der Prüfkatalog für das Allergiker-gerechte Öko-Haus (ALLÖKH) wurde vom Institut für Umwelt und Gesundheit (IUG) in Zusammenarbeit mit der Arbeitsgemeinschaft ökologischer Forschungsinstitute (→AGÖF), dem Allergie-Verein in Europa e.V. (AVE) und der Fachhochschule Fulda entwickelt.

Alterungsschutzmittel A. (synonym wird auch die Bezeichnung →Stabilisatoren verwendet) sind Zusätze zu Kunststoffen bzw. Kunststoffprodukten (→Anstrichstoffe, →Klebstoffe), die Alterungsprozesse verlangsamen oder verhindern sollen. Diese Alterungsprozesse werden durch Licht (→Lichtschutzmittel, UV-Absorber), Sauerstoff (→Antioxidantien), Temperatur oder Feuchtigkeit bewirkt. Als A. werden Phenol- und Hydrochinon-Verbindungen (→Phenol), sekundäre aromatische →Amine und heterocyclische Verbindungen verwendet.

Altglas Die Qualitätsanforderungen für A. als Rohstoff für die Baustoffindustrie sind streng. Das A. muss praktisch frei sein von:

- Keramiken und Steinen
- Verschlüssen und Metallteilen
- Blechdosen
- Kunststoffflaschen
- Bildschirmen und elektronischen Röhren (enthalten umweltgefährdende Stoffe)
- Glühlampen, Neonröhren
- Säure- und Laugenflaschen
- Feuerfestglas (Jenaer)
- Glaskeramiken (z.B. Ceran)
- Quarzglas

Der Reinheitsgrad des angelieferten A. wird daher auf Art und Menge an Verunreinigungen untersucht und muss bestimmte Qualitätskriterien (z.B. nach SAR, Süddeutsche Altglas Rohstoff) erfüllen.

Für Baustoffe mit Altglasanteil kann das RAL-Umweltzeichen 49 vergeben werden. Anforderungen:

- Der Altglasanteil am Fertigprodukt muss mindestens 51 Gew.-% betragen.
- Bei Baustoffen, die mit Bauhilfsstoffen aus Altglas hergestellt werden, muss der Altglasanteil am Fertigprodukt mindestens 70 Vol.-% betragen. Der Bauhilfsstoff aus Altglas muss andere Bauhilfsstoffe mit gleicher Funktion (z.B. Blähton, Blähschiefer, Sand und Kies) vollständig ersetzen.

Baustoffe mit Altglasanteil sind z.B. →Blähglas, →Schaumglas-Dämmplatten, Schaumglasgranulat und Leichtmauermörtel. Bei →Glaswolle ist die Problematik der →Künstlichen Mineralfasern zu beachten. Vom RAL-Umweltzeichen ausgeschlossen sind Glaswolle und andere Glasfaserprodukte, die Faserstäube enthalten und freisetzen können, die nach den in der TRGS 905 dargelegten Kriterien als krebserzeugende oder krebsverdächtige Stoffe zu bewerten sind. Die Herkunft des eingesetzten A. ist sehr unterschiedlich. Während bei Glaswolle und Schaumglas nur sehr hochwertiger Produktionsabfall aus der Flachglasproduktion eingesetzt werden kann, kann die Herstellung von Blähglas auch aus Material aus der Altglassammlung erfolgen, der ökologische Benefit ist entsprechend höher. →Kreislaufwirtschaftsgesetz, →Recycling

Altholzkategorien A. gem. →Altholzverordnung:

A I: Naturbelassenes oder lediglich mechanisch aufbereitetes Altholz, das bei seiner Verwendung nicht mehr als unerheblich mit holzfremden Stoffen verunreinigt wurde, kein Entsorgungsnachweis nötig

A II: Verleimtes, gestrichenes, beschichtetes, lackiertes oder anderweitig behandeltes Altholz ohne →Halogenorganische Verbindungen (PVC-Anhaftungen) in der Beschichtung und ohne →Holzschutzmittel, kein Entsorgungsnachweis nötig

A III: Altholz mit →Halogenorganischen Verbindungen in der Beschichtung, ohne Holzschutzmittel, kein Entsorgungsnachweis nötig

A IV: Mit Holzschutzmitteln behandeltes Altholz, wie Bahnschwellen, Leitungsmasten, Hopfenstangen, Rebpfähle, sowie sonstiges Altholz, das aufgrund seiner Schadstoffbelastung nicht den Altholzkategorien A I, A II oder A III zugeordnet werden kann, ausgenommen →PCB-Altholz

Altholzverordnung Die AltholzV legt Anforderungen an die stoffliche und energetische Verwertung sowie an die Beseitigung von Altholz auf Grundlage des Kreislaufwirtschafts- und Abfallgesetzes fest. Ziel der A. ist die umweltverträgliche Verwertung von Altholz und die Ausschleusung von Schadstoffen aus dem Wirtschaftskreislauf. Das mit ca. 8 Mio. t jährlich anfallende Altholz wird zu 20 % stofflich und zu 80 % energetisch verwertet. Dieses Vorgehen entspricht somit nicht einer qualitätsgesicherten Kreislaufwirtschaft. Zudem ist nicht sichergestellt, dass enthaltene Schadstoffe nicht wieder dem Produktionskreislauf – insbesondere bei der Herstellung von Hackschnitzeln – zugeführt werden. Altholz im Sinne der A. § 2 ist →Industrierestholz und →Gebrauchtholz, soweit diese Abfälle im Sinne von § 3 Abs. 1 des →Kreislaufwirtschafts- und Abfallgesetzes sind. Die A. wurde durch Artikel 6 Zweite Verordnung zur Fortentwicklung der abfallrechtlichen Überwachung (BGBl. I S. 2770) am 2.12.2016 geändert und trat am 1.6.2017 in Kraft.

Die A. regelt u.a.:

- Anforderungen an die schadlose stoffliche Verwertung von Altholz (§ 3)
- Hochwertigkeit der Verwertung (§ 4)
- Zuordnung zu →Altholzkategorien (§ 5)
- Kontrolle von Holz zur Holzwerkstoffeherstellung (§ 6)
- Kontrolle von Holz zur energetischen Verwertung (§ 7)
- Inverkehrbringen von Altholz (§ 8)
- Beseitigung von Altholz (§ 9)
- Pflichten der Erzeuger und Besitzer zur Getrennthaltung von Altholz (§ 10)
- Hinweis- und Kennzeichnungspflichten (§ 11)
- Anhang I: Verfahren für die stoffliche Verwertung von Altholz
- Anhang II: Grenzwerte für Holzhackschnitzel und Holzspäne zur Herstellung von Holzwerkstoffen (s. Tabelle A2)
- Anhang III: (zu § 5 Abs. 1) Zuordnung gängiger Altholzsortimente im Regelfall (Auszug siehe Tabelle A3)
- Anhang IV: (zu § 6) Vorgaben zur Analytik für Holzhackschnitzel und Holzspäne zur Herstellung von Holzwerkstoffen
- Anhang V (zu § 7) Untersuchung von Altholz zur energetischen Verwertung
- Anhang VI (zu § 11) Anlieferungsschein für Altholz

Tabelle A2: Grenzwerte für Holzhackschnitzel und Holzspäne zur Herstellung von Holzwerkstoffen; Anhang II AltholzV

Element/Verbindung	Konzentration [mg/kg]	Element/Verbindung	Konzentration [mg/kg]
Arsen	2	Quecksilber	0,4
Blei	30	Chlor	600
Cadmium	2	Fluor	100
Chrom	30	Pentachlorphenol (PCP)	3
Kupfer	20	Polychlorierte Biphenyle (PCB)	5

Tabelle A3: Zuordnung gängiger Altholzsortimente im Regelfall; Anhang III AltholzV (Auszug)

Gängige Altholzsortimente Altholz aus dem Baubereich		Zuordnung im Regelfall	Abfallschlüssel
Baustellensortimente	naturbelassenes Vollholz	A I	17 02 01
	Holzwerkstoffe, Schalhölzer, behandeltes Vollholz (ohne schädliche Verunreinigungen)	A II	17 02 01
Altholz aus dem Abbruch und Rückbau	Dielen, Fehlböden, Bretterschalungen aus dem Innenausbau (ohne schädliche Verunreinigungen)	A II	17 02 01
	Türblätter und Zargen von Innentüren (ohne schädliche Verunreinigungen)	A II	17 02 01
	Profilblätter für die Raumausstattung, Deckenpaneele, Zierbalken usw. (ohne schädliche Verunreinigungen)	A II	17 02 01
	Dämm- und Schallschutzplatten, die mit Mitteln behandelt wurden, die polychlorierte Biphenyle enthalten	Beseitigung	17 06 03 *
	Bauspanplatten	A II	17 02 01
	Konstruktionshölzer für tragende Teile	A IV	17 02 04 *
	Holzfachwerk und Dachsparren	A IV	17 02 04 *
	Fenster, Fensterstöcke, Außentüren	A IV	17 02 04 *
	Imprägnierte Bauhölzer aus dem Außenbereich	A IV	17 02 04 *
Bau- und Abbruchholz mit schädlichen Verunreinigungen		A IV	17 02 04 *

Um die Ziele eines größeren Recyclinganteils bei der Nutzung von Althölzern zu erreichen, bedarf die Verordnung einer dringenden Überarbeitung. Nur so lässt sich der Anteil von nur 20 % stofflich genutztem Altholz deutlich erhöhen und eine qualitätsvolle Kreislaufwirtschaft gewährleisten. Dafür ist aber von Anwenderseite eine signifikante Reduzierung des Einsatzes von →Holzschutzmitteln erforderlich, die bisher der stofflichen Verwertung massiv entgegenstehen.

Altlastenverordnung Die A. ist eine Ergänzung zum →Bundes-Bodenschutzgesetz. Sie präzisiert den Umgang mit Altlasten und Altlastverdachtsflächen. Sie enthält u.a. Vorschriften über:

- Anforderungen an die Untersuchung und Bewertung von Verdachtsflächen und Altlastverdachtsflächen
- Anforderungen an die Sanierung von schädlichen Bodenveränderungen und Altlasten

- Gefahrenabwehr von schädlichen Bodenveränderungen aufgrund von Bodenerosion durch Wasser
- Vorsorge gegen das Entstehen schädlicher Bodenveränderungen.

→BundesBodenSchutzVerordnung (BBSchV)

Altpapier-Dämmstoffe →Cellulose-Dämmflocken, →Cellulose-Dämmplatten

Altstoffe Als A. wurden früher Abfälle bezeichnet, welche getrennt von anderen Abfällen gesammelt werden bzw. aus deren Behandlung gewonnene Stoffe, die für eine Verwertung geeignet sind. →Abfall

Heute werden als Altstoffe solche Stoffe bezeichnet, die vor dem Inkrafttreten des →Chemikalien-Gesetzes bereits auf dem Markt waren. Diese wurden rechtlich meist weniger streng reguliert als jene Stoffe, die nach dem Inkrafttreten des Gesetzes auf den Markt kamen. In der EU verstand man unter A. solche Stoffe, die vor dem 18.9.1981 innerhalb der EG auf dem Markt waren. Alle diese Stoffe sind im Europäischen Altstoffinventar (EINECS) aufgeführt. Durch die 2006 beschlossene Erneuerung des EU-Chemikalienrechts [Verordnung EG 1907/2006 (→REACH)] sollte erreicht werden, dass Altstoffe genauso streng wie auch die neuen Stoffe registriert, eingestuft und bewertet werden. Gemäß dieser am 1.6.2007 in Kraft getretenen Verordnung werden Altstoffe nach ihrer Vorregistrierung (möglich bis 30.11.2008) als Phase-in-Stoffe bezeichnet.

Aluminium A. ist das dritthäufigste Element in der Erdkruste und das mengenmäßig bei Weitem wichtigste Nichteisen-Metall. Haupteinsatzbereiche für A. im Bauwesen sind Fensterrahmen, Türen und Fassadenelemente, gefolgt von Anwendungen für Dach und Wand. Weitere Einsatzbereiche sind z.B. Fensterbänke, Beschläge, Fenster- und Türgriffe, Antennen- und Blitzableiterkonstruktionen sowie Unterkonstruktionen für Solarfassaden. A. wird in geringen Mengen auch zur Porosierung von →Porenbeton eingesetzt. In der Lebensmittelindustrie wird A. als Lebensmittelfarbe (E 173) für Überzüge von Zuckerwaren und zur Dekoration von Kuchen und feinen Backwaren eingesetzt. Aluminiumorganische Verbindungen finden Verwendung als Katalysatoren zur Herstellung von →Polyethylen und →Aluminiumhydroxid.

A. wird in den meisten Anwendungen in Form von Legierungen verwendet. Es werden zwei unterschiedliche Werkstoffgruppen differenziert: die Guss- und die Knetlegierungen. Bei Gusslegierungen sind die Hauptlegierungsbestandteile Silicium, Kupfer und Magnesium. Die Legierungszusätze weisen einen durchschnittlichen Anteil von 12 % auf. Die Knetlegierungen weisen als Hauptlegierungselemente Magnesium, Mangan und Silicium auf sowie seltener Kupfer und Zink. Der Anteil an den Legierungselementen liegt mit durchschnittlich 2 bis 2,5 % deutlich niedriger als bei den Gusslegierungen.

A. ist korrosionsbeständig, bei Sauerstoffeinwirkung erfolgt die Bildung einer schützenden Oxidschicht (Eloxierung). Es lässt sich gut schleifen und polieren. A. lässt sich nur schwer →Löten. Die sich innerhalb kürzester Zeit nach dem Blankschleifen nachbildende Oxidschicht muss durch ein aggressives →Flussmittel entfernt werden. Neben den Spezial-Flussmitteln sind Spezial-Lote (siehe →Hartlote) erforderlich. Feste Verbindungen werden in der Regel genietet, verschraubt, verklebt und gedichtet. Schrauben sollten aus dem gleichen Material oder aus nicht rostendem Stahl bestehen. Das Kleben erfolgt mittels Reaktionsklebstoff (bevorzugt auf der Basis von →Epoxidharz, →Polyurethan oder Cyanacrylat).

Die Herstellung von →Hüttenaluminium ist besonders umweltbelastend. Umweltfreundlicher ist A. aus →Sekundäraluminium. Gesundheitsgefährdungen entstehen beim Löten durch Cadmiumdämpfe und Emissionen aus dem Flussmittel, beim Kleben durch Emissionen aus dem Kleber. Aus gesundheitlicher Sicht ist die mechanische Verbindung dem Löten und Kleben vorzuziehen. Positiv hervorzuheben ist die gute Recycelbarkeit von A. Für Recyclingaluminium (→Sekundäraluminium) sind nur 5 bis 10 % des Energieverbrauchs der Neuproduktion erforderlich. Die Recyclingrate von A. liegt in der EU bei ca. 80 %. Im deutschsprachigen Raum hat die Erzeugung von →Sekundäraluminium bereits vergleichbare Dimensionen wie die von →Hüttenaluminium angenommen. Bei dieser Berechnung bleibt allerdings der hohe Importanteil an Primäraluminium (ca. das Doppelte der eigenen Erzeugung) unberücksichtigt. Bei der Verbrennung in Müllverbrennungsanlagen wird A. nur unzureichend oxidiert und in Form von kleinen Tropfen in den Verbrennungsrückständen abgeschieden. Das stark alkalische Milieu der Müllverbrennungsaschen und -schlacken führt zur Oxidation des metallischen A. und zur Bildung von Wasserstoffgas, das zu heftigen Explosionen in der Deponie führen kann. An wirtschaftlichen Verfahren zur Rückgewinnung des A. aus Müllverbrennungsschlacken wird gearbeitet. A. sollte daher möglichst nicht in Müllverbrennungsanlagen gelangen. Verhalten auf Deponien problematisch (→Metalle, Umwelt- und Gesundheitsverträglichkeit). Die A.-Industrie ist, trotz umfangreicher Modernisierungs-/Emissionsminderungsmaßnahmen, die größte Emissionsquelle für →FKW in Deutschland. Im Unterschied zu den anderen FKW-Emissionsquellen werden FKW hier nicht gezielt eingesetzt, sondern entstehen im Verarbeitungsprozess.

Im Unterschied zu vielen anderen Metallen, die im Körperstoffwechsel unverzichtbare Funktionen erfüllen, scheint A. für den menschlichen Organismus nicht essenziell zu sein. A. und anorganische A.-Verbindungen sind zudem wenig toxisch. A. wurde zwar als mögliche Mitursache für die Alzheimer-Erkrankung in Betracht gezogen. Ein Zusammenhang zwischen A.-Aufnahme und dieser Erkrankung konnte jedoch nicht belegt werden. →Aluminiumbleche

Aluminiumbleche A. und -profile bestehen aus ca. 30 bis 50 % →Hüttenaluminium und 70 bis 50 % →Sekundäraluminium. Sie werden für Dacheindeckungen, vorgehängte Fassaden, Dachdeckungszubehör, Fensterbänke und Fenster (→Aluminiumfenster, →Holz-Alufenster) eingesetzt. Für Dachdeckungen und Fassadenverkleidungen wird Reinaluminium oder mit Mangan oder Magnesium legiertes Aluminium verwendet.

Hütten- und Sekundäraluminium werden in Walzbarren gegossen. Sekundäraluminium muss dabei sehr rein sein (z.B. Produktionsabfälle). Die Walzbarren werden im Ofen auf ca. 500 °C erwärmt und in mehreren Durchgängen zwischen drehende Walzen mit immer kleiner werdendem Abstand geschoben. Hohlprofile werden im Strangpressverfahren geformt. Die Oberfläche von im Bauwesen eingesetzten A. wird vorwiegend mittels Eloxieren behandelt.

A. sind großen Temperatur-Bewegungen unterworfen (Gefahr von Rissbildung). Bei Bahnbreiten über ca. 750 mm (Dach) ist durch ständigen Windsog und -druck Materialermüdung möglich. Hohe Korrosionsfestigkeit. Niedriges Gewicht.

Eloxierte Schichten werden im basischen Milieu (z.B. frischer Beton) angegriffen. Diese Beeinträchtigung kann für die Zeit des Einbaus durch einen farblosen Schutzlack verhindert werden, der im Laufe der Zeit verwittert oder sich als Abziehlack leicht entfernen lässt. Obwohl Aluminium ein relativ unedles Metall ist, bleibt es durch die Bildung einer Aluminiumoxidhaut weitgehend vor Umwelteinflüssen wie Abgasen des Straßenverkehrs oder sauren Regenanteilen geschützt. Aluminiumdächer, -fassaden usw. sind bei richtiger Anwendung praktisch wartungsfrei.

Bezüglich der Abschwemmung von Metall durch Regenwasser verhalten sich Aluminiumbleche günstiger als die meisten anderen Metallbleche. →Aluminium

Aluminiumfenster A. werden aus im Strangpressverfahren verarbeitetem Reinaluminium hergestellt. Da die Aluminiumoberfläche mit der Zeit durch eine graue Oxidschicht bedeckt würde, werden die Fenster in der Regel mit einem Spezial-→Acryllack nach dem Pulverlack-Verfahren beschichtet. Zuvor werden die Aluminiumprofile noch einer chemischen Vorbehandlung (Chromatierung) unterzogen, bei der eine Haftvermittlungsschicht aufgebracht wird. Aufgrund der hohen Formstabilität von →Aluminium ist es besonders gut für große Fenster geeignet. Die gute Wetterbeständigkeit und die Oberflächenbehandlungsmöglichkeiten geben den A. eine hohe Lebensdauer und erleichtern die Pflege. A. sind sehr dicht und bieten einen guten Schallschutz. Problematisch ist die hohe Wärmeleitfähigkeit des Materials. Mit hohem konstruktiven Aufwand werden die Aluminiumprofile zum Teil thermisch getrennt, jedoch bleiben immer noch Kältebrücken. A. sind somit stark tauwassergefährdet. Metallfenster zeigen in Ökobilanzen die höchsten Belastungen über die Lebensdauer. Bei der Herstellung von Aluminium entstehen darüber hinaus toxische Emissionen (z.B. Fluor, →Schwermetalle). Der anfallende Rotschlamm muss deponiert werden. A. können relativ gut recycelt werden. Probleme bereiten Fremdmaterialien wie Beschichtungsmittel und Dichtstoffe. Mit einer Erhöhung des Recyclinganteils in A. könnten die Umweltaufwendungen zur Herstellung reduziert werden. →Fenster, →Holz-Alufenster, →Stahlfenster

Aluminium-Folien A. bestehen aus gewalztem Reinaluminium in Dicken von 0,021 bis 0,35 mm. Wegen der hohen Qualitätsanforderungen kann dabei nur Primäraluminium (→Hüttenaluminium) verwendet werden. Die Folien werden oftmals auch zusätzlich mit einer Beschichtung aus Polyethylen versehen. A. werden im Baubereich als Dampfsperren eingesetzt, auch im Verbund mit anderen Baustoffen (z.B. Alu-kaschierte Dämmstoffe, Einlage in Bitumendichtungsbahnen, Ummantelung von Vakuumisolationspaneelen). Die Herstellung von Primäraluminium ist mit hohen Umweltbelastungen verbunden. Aus Verbundstoffen kann das Aluminium nicht oder nur sehr aufwendig wiedergewonnen werden. Bei der Entsorgung von Alukaschierten Materialien entstehen außerdem Probleme (problematisches Verhalten von Aluminium in Müllverbrennungsanlagen und auf Deponien). Konstruktionen sollten so geplant werden, dass der Einsatz von Dampfsperren aus A. nicht notwendig ist.

Aluminium-Holzfenster →Holz-Alufenster

Aluminiumhydroxid (CAS 21645-51-2) A. (ATH) ist das mengenmäßig bedeutendste →Flammschutzmittel und zählt zur Gruppe der anorganischen Metallhydroxide. A. muss in hohen Konzentrationen eingesetzt werden und hat damit auch Füllstoffcharakter. A. zersetzt sich in der Festphase und bildet nichtbrennbare Gase. Als Folge der Zersetzung kommt es zur Kühlung, Schutzschichtbildung und Verdünnung der Verbrennungsgase durch Freisetzung von Wasserdampf. Anwendungsbereiche: Glasfaserverstärkte Kunststoffe, Polyurethan-Weich- und -Hartschäume, Polyurethan-Lacke und -Farben, Rückenbeschichtungen von Teppichen, Dispersionsfarben. A. gilt als weitgehend unbedenkliches Flammschutzmittel. →Aluminium

Aluminiumprofile →Aluminiumbleche

Americium-241 →Ionisations-Rauchmelder

Amine A. sind Kohlenwasserstoffe mit einer oder mehreren Amino-Gruppen (-NH_2). Bestimmte A. kommen natürlicherweise (z.B. als Hormone im menschlichen Organismus) vor, andere spielen als Syntheseprodukte der chemischen Industrie für verschiedenste Anwendungen eine Rolle. Einsatzbereiche für A. sind u.a.: Farbstoffsynthese (→Azofarbstoffe), Härter für Kunstharze (z.B. →Silikon-Dichtstoffe), Lösemittel und Tenside.
Nicht nur die chemischen, auch die toxikologischen Eigenschaften von A. variieren stark. Insbesondere die aromatischen A. sind z. T. sehr toxisch. Bestimmte Azofarbstoffe spalten in krebserzeugende Amine.→Tabakrauch enthält ebenfalls krebserzeugende A. Unter bestimmten Voraussetzungen können sich im sauren Milieu des Magens krebserzeugende →Nitrosamine bilden. A. entstehen auch als Abbauprodukt (Hydrolyse) von →Isocyanaten.

o-Aminoacetophenon →Kasein

Ammoniak (CAS 7664-41-7) A. ist ein stechendes, farbloses Gas. Die wässrige 10 %ige Lösung wird als Salmiakgeist bezeichnet. A. verursacht als Lösung oder Gas Schmerz, entzündliche Rötung und Blasenbildung auf der Haut. Besonders gefährdet sind die Augen. A. ist stark basisch und kann in Anstrichmitteln auf Dispersionsbasis zur pH-Wert-Einstellung in geringen Mengen enthalten sein. →MAK-Wert: 20 ml/m^3 = 14 mg/m^3. Parketteiche wird mit A. behandelt bzw. „geräuchert", wodurch es im Innenraum zu Ammoniakemissionen und Geruchsbelästigungen kommen kann.
EU-GHS-Einstufung und Kennzeichnung (EG) Nr. 1272/2008 CLP: Entzündbare Gase Kategorie 2: Flam. Gas 2; H221 Entzündbares Gas; Hautreizungen Kategorie 1B: Skin Corr. 1B; H314 Verursacht schwere Verätzungen der Haut und schwere Augenschäden; Akute Toxizität Kategorie 3: Acute Tox. 3; H331 Giftig bei Einatmen; Akut gewässergefährdend Akut 1: Aquatic Acute 1; H400 Sehr giftig für Wasserorganismen.

Ammoniumpolyphosphat A. (APP) findet überwiegend Verwendung als additives →Flammschutzmittel für →Polyurethan, →Natur-Dämmstoffe und Anstrichstoffe (Intuminenzanstriche), Kunstharze und Holz. Die flammhemmende Wirkung besteht in der Freisetzung von Polyphosphorsäure und Carbonisierung. Bei ca. 300 °C erfolgt eine thermische Zersetzung unter Freisetzung von →Ammoniak. A. gilt als vergleichsweise gesundheits- und umweltverträgliches Flammschutzmittel. Im Brandfall entstehen Ammoniak und Phosphoroxide. Bewertung gemäß Umweltbundesamt (UBA-Texte 25/01): Anwendung unproblematisch.

Amosit A., auch als Braunasbest bezeichnet, ist die Handelsbezeichnung für einen Vertreter der →Amphibol-Asbeste (abgeleitet von asbestos mines of South Africa). A. wurde u.a. neben →Chrysotil für die Herstellung →Asbesthaltiger Leichtbauplatten verwendet. Schwach gebundene A.-Produkte weisen ein ungünstiges Verstaubungsverhalten auf, d.h., sie setzen vergleichsweise leicht Asbestfasern frei. A. gilt darüber hinaus als besonders gefährlich, da er das unheilbare →Mesotheliom hervorrufen kann. →Asbest

Amphibol-Asbest A. ist die Sammelbezeichnung für →Asbeste der Amphibol-Gruppe. Dazu gehören →Amosit, →Krokydolith, Anthophyllit, Tremolith und Actinolith. A. neigt im Vergleich zu Chrysotil-Asbest nicht so sehr zur Zerfaserung, sondern eher zur Bildung von Faserbündeln und -blöcken. Sie sind (in geringem Maße) elastisch biegsam und eher spröde. Die Fasern aller Asbestarten sind in der Lage, sich durch Längsspaltung immer weiter aufzuteilen. A. kann nach Inhalation das unheilbare →Mesotheliom erzeugen.

Amphibole A. ist die Sammelbezeichnung für eine Gruppe wichtiger gesteinsbildender Minerale. Faserige, langstrahlige und verfilzte Varietäten sind →Asbeste.

Anaerob Anaerober Abbau von Chemikalien = Abbau unter Sauerstoffausschluss.

Anhydrit A. ist die wasserfreie Modifikation des Calciumsulfates, die in der Natur durch Entwässerung von →Gipsstein entsteht. A. ist im Gegensatz zu Gips sehr hart, bricht in scharfen Kanten und hat oft einen grauen Farbstich. Technisch kann A. durch Brennen von →Gipsstein oder →REA-Gips im Hochtemperaturbereich über 200 °C oder synthetisch hergestellt werden. Synthetischer Anhydrit (oder Chemieanhydrit) ist ein Nebenprodukt der Flusssäureherstellung aus Flussspat und Schwefelsäure. Die Herstellung findet bei ca. 500 °C statt. Dabei entsteht A. von sehr hohem Reinheitsgrad. A. findet im Baubereich Verwendung als →Anhydritbinder.
Die Rohstoffvorräte sind ausreichend. Der Abbau erfolgt meist im →Tagebau. Zur technischen Herstellung ist ein höherer Energiebedarf für das Brennen von Gipsstein notwendig. Die synthetische Herstellung aus Flussspat mit geringen, definierten Beimengungen ermöglicht eine Schonung von →Primärrohstoffen und Deponievolumen. →Mineralische Rohstoffe

Anhydritbinder A. dient als nichthydraulisches Bindemittel. Er wird aus natürlichem oder synthetischem →Anhydrit hergestellt. Im Gegensatz zu →Baugips reagiert Anhydrit mit Wasser sehr langsam und setzt sich meist nicht vollständig um. Für Anwendungen im Bauwesen muss die Reaktionsgeschwindigkeit durch Anreger daher deutlich erhöht werden.
Es werden salzartige Anreger (Sulfate wie Kaliumsulfat bis 3 %) oder basische Anreger (→Kalk oder →Portlandzement bis 7 %) oder ein Gemisch aus beiden (bis 5 %) zugesetzt. Auch einige Chloride, Fluoride, Carbonate, Phosphate und Nitrate eignen sich zur Anregung von Anhydrit.
Die Eigenschaften ähneln jenen von →Gips, A. zeigt aber langsamere Härtung und ist als Endprodukt dichter als Gips. Während des Verfestigungsprozesses kommt es zu einer geringen Volumenzunahme. Wie bei Gips fehlt das Schwinden beim Erhärten. Dies ist für die Herstellung größerer Estrichflächen eine wichtige und günstige Eigenschaft (→Anhydritestrich). Die Umweltbelastungen bei der Herstellung sind vergleichsweise gering.

Anhydritestriche A. (AE) oder →Calciumsulfatestriche (CA) werden aus →Anhydritbinder bzw. Compoundbinder, Zuschlag (Quarzsand, Kalkstein oder Naturanhydrit) und Zusatzmittel (Fließmittel, evtl. Porenbildner) hergestellt. Das Mischungsverhältnis von →Anhydrit zu Sand beträgt ca. 1:3. A. werden entweder als Mörtel in erdfeuchter Konsistenz eingebaut oder als sog. Anhydritfließestrich (→Calciumsulfatfließestrich (CAF)) ausgeführt. Durch seine flüssige Konsistenz kann der Anhydritfließestrich zur Einbaufläche gepumpt und zügig eingebaut werden. Nach zweckmäßigerweise durchgeführtem Durchschlagen des Mörtels stellt sich dann ohne weiteres Verdichten und Glätten eine ebene Oberfläche ein, der Estrich nivelliert sich also selbst. A. finden Verwendung als schwimmender Estrich und als Verbundestrich. Estriche mit Anhydrit oder mit Gips erfahren beim Abbinden und Trocknen praktisch keine Volumenveränderungen, sie können daher auch in großen Flächen fugenlos hergestellt werden. A. verlieren bei Einwirkung von Feuchtigkeit erheblich an Festigkeit und müssen deshalb zuverlässig vor Durchfeuchtung oder ungünstig liegendem Taupunkt geschützt werden. Sie sind nicht für Feuchträume geeignet. Bei zu erwartender Feuchtigkeit durch Dampfdiffusion muss eine Dampfsperre eingebaut werden. Rohdichte: 1.800 bis 2.100 kg/m^3, →Dampfdiffusionswiderstandszahl: ca. 10, Wärmeleitfähigkeit: 1,2 bis 1,8 W/(m·K). →Estriche

Anhydritkalkmörtel Die Herstellung von A. erfolgt wie bei →Gipskalkmörtel.

Anhydritmörtel Die Herstellung von A. erfolgt wie bei →Gipsmörtel.

Anhydritputze Innenputz mit →Anhydritbinder als Bindemittel. Die Eigenschaften sind mit jenen von →Gipsputzen vergleichbar.

Anorganische Bindemittel (auch mineralische Bindemittel). A. sind pulverförmige Stoffe, die mit Wasser angemacht werden und zu festem Stoff erhärten. Hierzu gehören →Gips, →Kalk, →Zement, →Ton und →Magnesiabinder. Unterschieden wird zwischen Luftbindemitteln, die an der Luft erhärten und im erhärteten Zustand bedingt wasserlöslich sind (Gips, →Luftkalk, Lehm und Magnesiabinder) und hydraulischen Bindemitteln, die an der Luft und unter Wasser erhärten (hydraulischer Kalk, Zement).

Anorganische Gase Die wichtigsten A. in Innenräumen mit den zugehörigen Emissionsquellen sind in Tabelle A4 zusammengestellt; Tabelle A5 nennt die Konzentrationsbereiche für A.

Tabelle A4: Anorganische Gase (Moriske: Chemische Innenraumluftverunreinigungen, Handbuch für Bioklima und Lufthygiene, Verlag ecomed-Medizin)

Stoff	Quellen
Schwefeldioxid	Ofenheizung, Außenluft
Kohlenmonoxid	Ofenheizung, Tabakrauch, Gasherd
Stickstoffoxide	Gasherd, Gasheizung, Ofenheizung, Kerzen, Außenluft
Kohlendioxid	Mensch, offene Flammen, Außenluft
Ammoniak	Bauprodukte, Mensch u. Tier, Tabakrauch
Ozon	Außenluft (Sommer), Kopierer, Laserdrucker

Tabelle A5: Konzentrationsbereiche für anorganische Gase (Moriske: Chemische Innenraumluftverunreinigungen, Handbuch für Bioklima und Lufthygiene, Verlag ecomed-Medizin)

Stoff	Durchschnittliche Konzentration	Hohe Konzentration
Schwefeldioxid [μg/m³]		
Ohne Innenraumquellen	10 – 20	50 – 100
Mit Quellen	50 – 100	500 – 1.000
Kohlenmonoxid [ppm]	2 – 5	10 – 20
Stickstoffdioxid [μg/m³]		
Kochen mit Gas	40 – 80	300 – 3.000
Andere Räume mit Gasquellen	20 – 60	100 – 1.000
Andere Räume ohne Gasquellen	10 – 40	50 – 100
Kohlendioxid [ppm]		
Mit Personen	500 – 1.000	3.000 – 5.000
Ohne Personen	300 – 400	300 – 500
Ammoniak [μg/m³]		
Ohne Innenraumquellen	5 – 10	10 – 30
Mit Quellen	20 – 50	100 – 1.000

Anrührleime A. sind Pulver, die in Wasser zum verarbeitungsfertigen Produkt angerührt werden. Es handelt sich dabei um altbewährte, natürliche →Leime, frei von Kunststoffzusätzen. A. haben eine sehr hohe Bindekraft, brauchen aber länger zum Trocknen. Sie müssen immer in der genau benötigten Menge angerührt werden, da nicht benötigter A. aushärtet und unbrauchbar wird.

Anstrichstoffe A. sind flüssige bis pastenförmige Beschichtungsstoffe, die vorwiegend durch Streichen, Rollen und Spritzen aufgetragen werden (DIN 55945). A. bestehen aus Bindemitteln, →Pigmenten, →Lösemitteln, Füllstoffen und Hilfsstoffen. A. lassen sich unterteilen in

- Wasserverdünnbare A.:
  Das Bindemittel ist gelöst oder dispergiert in Wasser.
- Lösemittelverdünnbare A.:
  Das Bindemittel ist gelöst oder dispergiert in organischen Lösemitteln.
- Lösemittelfreie A.:
  Das Bindemittel ist weder gelöst noch disper-

giert in Wasser oder organischen Lösemitteln (Bsp.: flüssige Epoxidharze). Teile des Bindemittels dienen als flüssige Komponente und reagieren mit dem Rest des Bindemittels aus (→Reaktivharze).

→Lacke unterscheiden sich von →Farben durch ihren höheren Bindemittelanteil. Die Rezeptur eines A. umfasst meist mehr als 10 Komponenten, die insgesamt mehr als 100 Einzelstoffe enthalten können. Je nach Bindemittel unterscheidet man →Kunstharzlacke bzw. -farben oder →Naturharzlacke bzw. -farben (→Naturfarben).

Die Umwelt- und Gesundheitsverträglichkeit hängt besonders von der Art des Bindemittels und dem Gehalt an →Lösemitteln ab.

Während der Nutzungsphase von A. gehen Gesundheitsgefährdungen hauptsächlich von den Lösemitteln (→Toluol, →Xylol, →Ester, →Alkohole u. a.) aus. →Dispersionsfarben und →Dispersionslacke haben mit 0 bis 10 % den geringsten Anteil an Lösemitteln. Ein Ausgasen der Konservierungsmittel ist möglich (→Topfkonservierer). Je nach Bindemittelbestandteil ist auch ein Ausgasen von →Restmonomeren (→Polyurethan-Lacke, →Säurehärtende Lacke, →Epoxidharzlacke), →Weichmachern und →Filmbildehilfsmitteln (→Glykolether) möglich. Früher wurden Schwermetallpigmente verwendet, die heute als Altlasten problematisch sind. Bei Berücksichtigung der gesamten Produktlebenslinie sind lösemittelfreie Naturfarben von Naturfarbenherstellern besonders umweltverträglich.

Bzgl. der verschiedenen A. siehe: →Acryllacke, →Alkydharzlacke, →Antifoulingfarben, →Brandschutzanstriche, →Kaseinfarben, →Dispersionsfarben →Dispersionslacke, →Emissionsarme Bauprodukte,→Heizkörperlacke, →High-Solid-Lacke, →Imprägnieröle, →Kalkfarben, →Kunstharzlacke, →Lacke, →Lasuren, →Latexfarben, →Lösemittelhaltige Lacke, →Naturfarben, →Naturharzlacke, →Naturharz-Wandfarben, →Nitrolacke, →Ölfarben, →Offenporige Anstriche, →Polyurethan-Lacke, →Polyvinylharzlacke, →Reaktionslacke, →Rostschutzfarben →Säurehärtende Lacke, →Silikatfarben, →Schadstoffarme Lacke, →Silikonharzlacke, →Tiefgrund, →Wasserverdünnbare Anstrichstoffe

Antagonismus A. ist die gegenseitige Wirkungsverminderung z.B. von Chemikalien. Die Gesamtwirkung ist geringer als die Summe der Einzelwirkungen. Gegenteil: →Synergismus.

Anthophyllit Faserförmiger Vertreter der →Amphibol-Asbest-Gruppe.

Anthropogen Durch den Menschen beeinflusst bzw. verursacht.

Antifoulingfarben A. werden auf Schiffsaußenwände aufgetragen, um einen Bewuchs mit Seepocken, Algen und Muscheln zu verhindern. Der Bewuchs ist unerwünscht, da der höhere Widerstand die Geschwindigkeit des Schiffs verlangsamt und fremde Organismen in andere Erdteile eingeschleppt werden. Die Wirksamkeit der A. beruht auf dem Einsatz von Bioziden. Früher wurde vorwiegend Tributylzinn (TBT) aus der Gruppe der →Zinnorganischen Verbindungen eingesetzt. TBT wird für das Absterben ganzer Muschelzuchten verantwortlich gemacht. Wegen seiner starken hormonellen Wirkung können schon geringe Konzentrationen von zwei Milliardstel Gramm TBT pro Liter Wasser „Vermännlichungserscheinungen" bei weiblichen Schnecken bewirken. 2008 trat ein internationales Verbot von TBT in Kraft (EU-Verordnung 782/2003 und folgende). Die Alternativen zu den TBT-basierten A. basieren vielfach ebenfalls auf toxischen Bioziden, wie Kupferverbindungen in Form von Kupferdioxid und Kupferthiocyanat. Dichlofluanid und Tolyfluanid werden ebenfalls als Wirkstoffe eingesetzt. In Zukunft könnten Kupferpyrithion und Zinkpyrithion an Bedeutung gewinnen.

Neuentwicklungen sind biozidfreie A. auf Silikonbasis, die auf physikalischen Mechanismen, die eine Anhaftung der Organismen verhindern, beruhen. Als sehr gut geeignet haben sich A. auf Silikonbasis für Schiffe, die hohe Fahrtgeschwindigkeiten und kurze Verweilzeiten in Häfen aufweisen, wie moderne Kreuzfahrtschiffe, herausgestellt. Mikrofaserbeschichtungen halten bei langsam fahrenden Hochseeschiffen Oberflächen-besiedelnde Organismen wie Seepocken ab, indem sich feine Härchen wie bei einem Robbenfell gegeneinander reiben. Giftfreie selbstpolierende Anstriche haben sich insbesondere bei küstennah operierenden Schiffen wie Personenfähren und Forschungsschiffen bewährt. →Chlorkautschuklacke

Anti-Graffiti-Produkte →Graffitischutz

Antihautmittel →Hautverhinderungsmittel

Antik-Marmor-Fliesen A. sind Fliesen, die durch spezielle Behandlung bei der Herstellung (Kantenabplatzungen, „Preller“ auf der Oberfläche, Sandstrahlen der Oberfläche) ein antikes Aussehen erhalten. Sie sehen echtem Marmor täuschend ähnlich. Die aufgeraute Oberfläche ist fleck- und schmutzempfindlich, weshalb eine Versiegelung sinnvoll ist.

Antimon A. ist ein silberglänzendes und sprödes Halbmetall, das in der Natur auch gediegen gemeinsam mit →Arsen vorkommt. Technisch wird A. aus dem Antimonglanz (Antimonsulfid) gewonnen. Der überwiegende Teil des hergestellten A. wird zu Metalllegierungen verarbeitet. →Antimontrioxid wird als Flammschutzmittel eingesetzt. Antimonoxid findet zudem Verwendung als Katalysator zur Herstellung von Polyester. Kunststoffe, die mit Antimontrioxid als Flammschutzmittel behandelt wurden, weisen A.-Gehalte bis zu 50.000 mg/kg auf. In Textilien, die aufgrund von Farbstoffen oder aber bei der Produktion als Katalysator Antimon enthalten, weisen A.-Gehalte bis zu 100 mg/kg auf (Quelle: *Duve*, Labor Indikator). A. ist mit Arsen stark verwandt und zehnmal giftiger als Blei. Antimon ist nicht essenziell. Dreiwertige Antimonverbindungen sind etwa zehnmal giftiger als fünfwertige. Indikator für den Abbau nicht fossiler Ressourcen. A zählt seit 2010 zu den 14 von der EU als kritisch eingestuften Rohstoffen.

Antimontrioxid (CAS 1309-64-4) A. ist ein Synergist (Wirkungsverstärker) für halogenierte →Flammschutzmittel. Es wird zusammen mit halogenhaltigen Flammschutzmitteln (Verhältnis 2:1 bis 3:1) eingesetzt oder allein in halogenhaltigen Polymeren. A. sorgt dafür, dass die „radikalfangenden“ Halogenide stufenweise über ein breites Temperaturspektrum freigesetzt werden. Die dichten Antimonbromid-Dämpfe schirmen den Brandherd gegen Zutritt von weiterem Sauerstoff ab und sorgen zudem für eine hohe Bromkonzentration in Nähe der Flamme. Gem. UBA (UBA-Texte 25/01) gilt A. als „Flammschutzmittel mit problematischen Eigenschaften/Minderung sinnvoll“. Inhalativ aufgenommenes Antimontrioxid steht im Verdacht, kanzerogen zu wirken. Für Personengruppen mit hoher A.-Luftbelastung wurden 2- bis 9-mal mehr Fälle an Lungenkrebs registriert. Bei der Rohstoffhandhabung, unter stark erodierenden Einsatzbedingungen, im Brandfall und bei der thermischen Entsorgung kann es zur Freisetzung gefährlicher Antimonstäube kommen. A. ist als krebserzeugend (MAK-Liste: Kat.2) sowie mutagen (MAK-Liste Kat 3B) eingestuft. EU-GHS-Einstufung und Kennzeichnung (EG) Nr. 1272/2008 CLP: Karzinogenität, Kategorie 2; H351 Kann vermutlich Krebs erzeugen.

Antioxidantien A. sind Substanzen, die oxidative Prozesse an Kunststoffen und Kunststoffprodukten (→Anstrichstoffe, →Klebstoffe) hemmen oder verhindern (→Alterungsschutzmittel). Es werden substituierte →Phenole, aromatische Amine sowie deren Metallkomplexe eingesetzt. Am häufigsten wird Butylhydroxytoluol (BHT) verwendet, das auch als Lebensmittelzusatzstoff zugelassen ist (E 321).

Antisoilings →Teppichzusatzausrüstungen

Antistatika →Teppichzusatzausrüstungen

AOLG Arbeitsgemeinschaft der Obersten Landesgesundheitsbehörden. Die A. setzt sich aus den Leitern der Gesundheitsabteilungen der Länder zusammen. Der Ausschuss für Umwelthygiene der AOLG wirkt mit im Ausschuss für Innenraumrichtwerte →AIR (früher Ad-hoc-Arbeitsgruppe zur Bewertung der Innenraumluft und zu Erarbeitung von Innenraumrichtwerten (RW)). Ihre Aufgabe ist die fachliche Beobachtung und Bewertung gesundheitspolitischer Themen.

AOX Adsorbierbares organisch gebundenes →Halogen (Summenparameter). →EOX

AP Acidification Potential. →Versauerungspotenzial

APEO Abk. für →Alkylphenolethoxylate.

APP Abk. für →Ammoniumpolyphosphat.

Arbeitshandschuhe →Schutzhandschuhe

Arbeitsplatzgrenzwerte Mit der Novelle der →Gefahrstoffverordnung vom 1.1.2005 wurden die Grenzwerte in der Luft am Arbeitsplatz nicht mehr als MAK- oder als TRK-Werte bezeichnet, sondern als A. (→AGW). →TRGS 900

Arbeitsschutzgesetz Das ArbSchG vom 7.8.1996, zuletzt geändert durch Artikel 427 der Verordnung vom 31.8.2015 (BGBl. I S. 1474), dient dazu, Sicherheit und Gesundheitsschutz der Beschäftigten bei der Arbeit durch Maßnahmen des Arbeitsschutzes (Verhütung von Unfällen bei der Arbeit und arbeitsbedingten Gesundheitsgefahren einschl. Maßnahmen der menschengerechten Gestaltung der Arbeit) zu sichern und zu verbessern.

Allgemeine Grundsätze (§ 4):
Der Arbeitgeber hat bei Maßnahmen des Arbeitsschutzes von folgenden allgemeinen Grundsätzen auszugehen:

- Die Arbeit ist so zu gestalten, dass eine Gefährdung für Leben und Gesundheit möglichst vermieden und die verbleibende Gefährdung möglichst gering gehalten wird
- Gefahren sind an ihrer Quelle zu bekämpfen
- Bei den Maßnahmen sind der Stand der Technik, Arbeitsmedizin und Hygiene sowie sonstige gesicherte arbeitswissenschaftliche Erkenntnisse zu berücksichtigen
- Maßnahmen sind mit dem Ziel zu planen, Technik, Arbeitsorganisation, sonstige Arbeitsbedingungen, soziale Beziehungen und Einfluss der Umwelt auf den Arbeitsplatz sachgerecht zu verknüpfen
- Individuelle Schutzmaßnahmen sind nachrangig zu anderen Maßnahmen
- Spezielle Gefahren für besonders schutzbedürftige Beschäftigtengruppen sind zu berücksichtigen
- Den Beschäftigten sind geeignete Anweisungen zu erteilen
- Mittelbar oder unmittelbar geschlechtsspezifisch wirkende Regelungen sind nur zulässig, wenn dies aus biologischen Gründen zwingend geboten ist

Arbeitsstätten-Richtlinien Die ASR (Technische Regeln für Arbeitsstätten) konkretisieren die Vorgaben der →Arbeitsstätten-Verordnung. Gegenwärtig gibt es 18 ASR. Wesentliche Gebiete sind hierbei z.B. die barrierefreie Gestaltung von Arbeitsstätten (ASR V3a.2), die Gestaltung von Fußböden (ASR A1.5/1,2), Türen und Tore (ASR A1.7), Verkehrswege (ASR A1.8), Maßnahmen gegen Brände (ASR A2.2) und Mittel und Einrichtungen zur Ersten Hilfe (ASR A4.3) sowie die Einrichtung von Sanitär- (ASR A4.1) und Pausen- und Bereitschaftsräumen (ASR A4.2). Auch werden Anforderungen an die Beleuchtung (ASR A3.4), Lüftung (ASR A3.6) und die Raumtemperatur (ASR A3.5) konkret untersetzt.

Auf der Grundlage des § 7 Abs. 4 der Arbeitsstätten-Verordnung wird das Bundesministerium für Arbeit und Soziales (BMAS) neue Technische Regeln bekannt geben. Sowohl aus den bestehenden ASR als auch aus den neuen Technischen Regeln können allgemein anerkannte, sicherheitstechnische, arbeitsmedizinische und hygienische Regeln und gesicherte arbeitswissenschaftliche Erkenntnisse entnommen werden. Die bestehenden ASR gelten zunächst fort, jedoch nicht länger als sechs Jahre nach Inkrafttreten der Verordnung. In dieser Zeit werden sie je nach Dringlichkeit des Regelungsgegenstandes durch die neuen Technischen Regeln ersetzt. Bis dahin können die bestehenden ASR zur Untersetzung der allgemeinen Schutzziele der Verordnung herangezogen werden.

Arbeitsstätten-Verordnung Die ArbStättV, zuletzt geändert durch Art. 1 VO vom 30.11.2016 (BGBl. I S. 2681), verfolgt in erster Linie das Ziel, zur Verhütung von Arbeitsunfällen und Berufskrankheiten beizutragen. Des Weiteren dient die A. der menschengerechten Gestaltung der Arbeit. Dies sind vor allem die Forderungen nach gesundheitlich zuträglichen Luft-, Klima- und Beleuchtungsverhältnissen sowie nach einwandfreien sozialen Einrichtungen, insbesondere Sanitär- und Erholungsräumen. Die ArbStättV enthält Mindestvorschriften für die Sicherheit und den Gesundheitsschutz der Beschäftigten beim Einrichten und Betreiben von Arbeitsstätten. Die Mindestanforderungen der EU-Richtlinien werden direkt umgesetzt. Dadurch werden keine konkreten Maßzahlen und Detailanforderungen mehr vorgegeben, sondern allgemeine Schutzziele. Der Paragraphenteil der Verordnung enthält neben Anforderungen an das Einrichten und Betreiben von Arbeitsstätten (§§ 3 und 4) und der Regelung für den Nichtraucherschutz (§ 5) spezifische Vorgaben für den Arbeitgeber zur Unterweisung der Beschäftigten (§ 6). Die §§ 7 bis 9 weisen auf den Ausschuss für Arbeitsstätten, die Übergangsvorschriften und Straftaten sowie Ordnungswidrigkeiten hin. Im Anhang der Verordnung werden spezifische Anforderungen und Maßnahmen für Arbeitsstätten nach § 3 Absatz 1 ausgeführt. Im 1. Kapitel des Anhanges der Verordnung werden allgemeine Anforderungen an die Beschaffenheit der Arbeitsstätte gestellt. Das betrifft u. a. die Raumabmessungen, Fußböden, Dächer, Fenster, Türen und Verkehrswege sowie Fahrsteige, die Laderampen und Steigleitern. Maßnahmen zum Schutz vor besonderen Gefahren wie Absturz und Entstehungsbrände sowie die Vorgaben für Flucht und Rettungswege werden im zweiten Abschnitt genannt. Der dritte Abschnitt regelt die wesentlichen Arbeitsbedingungen wie Bewegungsfläche, Anordnung und Ausstattung der Arbeitsplätze, die klimatischen Verhältnisse mit Raumtemperatur und Lüftung sowie die Beleuchtung und den Lärm. Die Untersetzung für Sanitär-, Pausen-, Bereitschafts- und Erste-Hilfe-Räume sowie Unterkünfte erfolgt im vierten Abschnitt. Im fünften Abschnitt wird auf ergänzende Anforderungen und Maßnahmen für nicht allseits umschlossene Räume und im Freien liegende Arbeitsstätten sowie für Baustellen eingegangen. Der letzte Abschnitt regelt die Maßnahmen und Anforderungen zur Gestaltung von Bildschirmarbeitsplätzen. →Arbeitsstätten-Richtlinien

Arbeitsstoffverordnung Die A. (Verordnung über gefährliche Arbeitsstoffe) wurde am 1.10.1986 durch die →Gefahrstoffverordnung ersetzt.

ARGEBAU Arbeitsgemeinschaft der für Städtebau, Bau- und Wohnungswesen zuständigen Minister und Senatoren der Länder der Bundesrepublik Deutschland. Das wichtigste Gremium ist die zweimal im Jahr tagende Konferenz der Minister und Senatoren (Bauministerkonferenz), an der auch regelmäßig der für das Bauwesen zuständige Bundesminister teilnimmt. Die Bauministerkonferenz erörtert Fragen und trifft Entscheidungen zum Wohnungswesen, Städtebau und Baurecht und zur Bautechnik, die für die Länder von gemeinsamer Bedeutung sind. Sie formuliert Länderinteressen gegenüber dem Bund und gibt Stellungnahmen auch gegenüber anderen Körperschaften und Organisationen ab. Eine der wichtigsten Aufgaben der Bauministerkonferenz ist es, für einheitliche Rechts- und Verwaltungsvorschriften der Länder im Bereich des Wohnungswesens, des Bauwesens und des Städtebaus sowie für deren einheitlichen Vollzug zu sorgen. Die Bauministerkonferenz stimmt zum Beispiel über eine Musterbauordnung ab, die die Grundlage für die in der Gesetzgebungskompetenz der Länder liegenden Landesbauordnungen darstellt. →Asbest-Richtlinie, →PCB-Richtlinie, →PCP-Richtlinie, →Musterbauordnung

Armierungsfasern A. werden bestimmten Produkten zur Erhöhung der Festigkeit zugegeben. Zum Beispiel wurden Fußbodenfliesen (→Floor-Flex-Platten) unter Zusatz von Asbestfasern zur Kunststoffmasse (PVC) hergestellt. Aus Zement und Asbestfasern wurden Asbestzement-Produkte (→Asbestzement) hergestellt. Heute sind die Asbestfasern durch andere A. ersetzt (→Faserzement). Cellulosefasern werden z.B. als A. für →Gipsfaserplatten verwendet.

Armierungsstahl →Betonstahl

Aroclor Handelsname für technische Gemische →Polychlorierter Biphenyle (PCB) der Fa. Monsanto (USA).

Aromaten →Aromatische Kohlenwasserstoffe

Aromatische Kohlenwasserstoffe A. sind Abkömmlinge des →Benzol und gehören zu den →VOC. Bedeutsame Quellen für A. in →Innenräumen sind Lösemittel in Anstrichstoffen und Klebern. Die A. →Toluol, Ethylbenzol und →Xylol werden hauptsächlich in Nitro- und Kunstharzlacken als Verdünner eingesetzt. Auch →Tabakrauch enthält A. →Benzol und Zubereitungen (z.B. Anstrichstoffe) mit einem Massengehalt von 0,1 % oder mehr Benzol dürfen nicht in den Verkehr gebracht werden (Ausnahme: Treibstoffe). Neben Bauprodukten und Tabakrauch ist auch die Außenluft eine bedeutende Quelle für A. in der Innenraumluft. Abgesehen von der krebserzeugenden Wirkung einiger A. (insbes. Benzol) sind A. neurotoxisch, können bei lang anhaltender Exposition zu Leberschäden führen und wirken in hohen Konzentrationen narkotisierend. Eine besondere Gruppe der A. sind die →Polycyclischen aromatischen Kohlenwasserstoffe (PAK). Zur relativen Toxizität der A. →NIK-Werte: Je niedriger der NIK-Wert, umso höher ist die Toxizität des jeweiligen Stoffes.

Arsen A. gehört zu den 20 am häufigsten vorkommenden Elementen. Elementares Arsen ist wenig stabil und wird leicht zu Arsentrioxid oxidiert. A. bzw. A.-Verbindungen kommen in geringen Konzentrationen natürlicherweise im Boden und in Mineralien vor.
A.-Verbindungen sind hochgiftig. Chronische Vergiftungen führen zu Nervenschäden, Schwäche, Gefühllosigkeit in den Gliedern, Rückbildung des Knochenmarkes und Leberveränderungen. A.-Verbindungen sind nachweislich krebserzeugend. Arsen ist nicht abbaubar. Arsenik (Arsenoxid) wurde jahrhundertelang als Mordgift verwendet und kommt heutzutage noch als Rattengift zum Einsatz. In vielen Gebieten der Erde leiden Menschen und Tiere an der Arsenvergiftung ihres Lebensraumes, insbes. infolge arsenbelasteten Grund- bzw. Trinkwassers.
Emissionsquellen für A. sind insbes. die Verbrennung fossiler Brennstoffe (Kohle), weiterhin die Kupferindustrie, Blei- und Zinkerzeugung sowie die Landwirtschaft. Die Verwendung von A. in

Pflanzenschutzmitteln ist in Deutschland seit 1974 verboten. Arsenhaltige Zubereitungen wurden in der Vergangenheit in großem Umfang im Bereich des Holzschutzes eingesetzt (→Wasserbasierte Holzschutzmittel). Ihre Anwendung ist nicht verboten, aber weitgehend eingeschränkt.

Asbest A. wird als natürliches faseriges Erdgestein gewonnen und seit mindestens 2.000 Jahren für vielfältige Zwecke verwendet. Der Begriff „Asbest" stammt aus dem Griechischen und bedeutet unauslöschlich, unvergänglich. Die A.-Produktion betrug 1976 weltweit 5,2 Mio. t. Davon entfielen 94 % auf die A.-Art →Chrysotil (Weißasbest), 4 % auf →Krokydolith (Blauasbest) und 2 % auf →Amosit (Braunasbest). Asbestverbrauch in der BRD in den Zeiträumen 1950 bis 1970: Anstieg von 15.000 auf 170.000 t/Jahr; 1970 bis 1980: 170.000 t/Jahr; 1980 bis 1985: 100.000 t/Jahr. In der ehem. DDR kamen ca. 10 Mio. t A.-Produkte zur Anwendung. A. wird heute noch in Russland, China und weiteren Ländern abgebaut. In Deutschland und einigen anderen europäischen Ländern ist das Inverkehrbringen von Asbestprodukten seit mehreren Jahren verboten. EU-weit greifen entsprechende Verbote erst seit dem 1.1.2005. Asbeste vereinigen in sich eine einzigartige Kombination begehrter technischer Eigenschaften wie chemische Beständigkeit, Unbrennbarkeit, Isoliervermögen, Verspinnbarkeit, Verrottungsfestigkeit, mechanische Festigkeit sowie gute Einbindefähigkeit in anorganische und organische Bindemittel. A. wurde in mehr als 3.000 Produkten verarbeitet. Zwei technisch wichtige Eigenschaften machten A. zu einem beliebten und häufig verwendeten Material im Baubereich:

- Hitze- und Feuerbeständigkeit: Produkte für den Brand-, Hitze-, Schall- und Feuchtigkeitsschutz
- Stabilität und Festigkeit: →Asbestzement-Produkte, →Floor-Flex-Platten

Der A.-Gehalt der verschiedenen Produkte ist sehr unterschiedlich und reicht von 1 bis 100 %. Asbesthaltige Materialien sind an folgenden Merkmalen zu erkennen: stumpfe Oberfläche, weißgraue bis graue oder graublaue Farbe, an den Bruchkanten abstehende Faserbüschel.

Wichtige A.-Anwendungen (alphabetisch):
Asbestzementplatten, -wellplatten, -Rohre, -Schindeln, -Blumenkästen, -Formstücke, Brandschutzklappen, Bremsbeläge (Aufzüge, Maschinen, Kfz), Dichtungen, Elektrogeräte (Heizgeräte, Haartrockner, Toaster, Projektoren u. a.), Farben/Lacke, Fliesenkleber, Fußbodenbeläge, Fugenmassen, Isoliermaterialien, Kitte, Leichtbauplatten, Laborgeräte, Matten, Mörtel, →Elektrospeicherheizgeräte, Pappen, Papiere, Putze, Schnüre, Schaumstoffe, Spachtelmassen, Stopfmassen, Straßenbeläge, Textilien (Schutzkleidung, Hitzeschutzhandschuhe, Löschdecken, Vorhänge u.a.)

Typische Anwendungen im privaten Bereich: A.-Pappen oder -Platten an hölzernen Heizkörperverkleidungen oder asbesthaltige Dämmplatten, Dichtungen oder Schnüre an Herden, Öfen, Kaminen und Schornsteinen sowie Elektrospeicherheizgeräten, →Cushion-Vinyl-Bodenbeläge oder Floor-Flex-Platten. In den neuen Bundesländern wurden im Wohnungsbau vielfach auch schwach gebundene A.-Platten (→Baufatherm, →Sokalit, →Neptunit) verwendet.

Bei A. handelt es sich um einen Stoff nach Kategorie Carc. 1A (krebserzeugend) gem. Verordnung (EG) Nr. 1272/2008 (CLP). Akute toxische Wirkungen gehen von A. nicht aus. A. wirkt langfristig (chronisch) krankheitsverursachend. Die Inhalation von A.-Feinstaub kann einen fibrogenen Effekt (Entstehung von Narbengewebe; Entstehung von Asbestose) oder einen krebserzeugenden Effekt haben. Die fibrogene Wirkung (Narbenbildung) ist als körpereigene Abwehrreaktion zu verstehen, mit dem weitgehend vergeblichen Versuch der Fresszellen (Phagozyten und Makrophagen), in die Lunge eingedrungene A.-Fasern unschädlich zu machen. In der Folge kommt es zu einer starken Funktionseinschränkung der Lunge. Das Herz versucht, den zunehmenden Funktionsverlust der Lunge soweit wie möglich zu kompensieren. Tödliche Verläufe bei Asbestose beruhen im Allgemeinen auf Herzversagen. Asbestose entsteht nach langjähriger Inhalation sehr hoher A.-Faserkonzentrationen, wie sie an Arbeitsplätzen der Asbest verarbeitenden Industrie auftraten. Die Latenzzeit, also die Zeit zwischen A.-Exposition und dem Auftreten der Erkrankung, liegt im Mittel bei etwa 20 Jahren. Bei der krebserzeugenden Wirkung von A. stehen der Lungenkrebs und das →Mesotheliom im Vordergrund. Das Mesotheliom ist ein unheilbarer und innerhalb kurzer Zeit zum Tode führender Tumor des Brust- und Bauchfells. Es wird praktisch nur nach A.-Exposition beobachtet und gilt daher als Signaltumor einer asbestbedingten Erkrankung. Die Zeit zwischen dem krankmachenden Ereignis (Einatmen von A.-Staub) und dem Krankheitseintritt liegt bei asbestfaserbedingten Tumoren zwischen zehn und 60 Jahren.

Das Erkrankungsrisiko ist umso höher, je früher im Leben es zu einer A.-Belastung kommt, je größer der Zeitraum einer andauernden (auch geringen) A.-Exposition ist und je höher eine einmalige Spitzenbelastung ist. In einer frühen Lebensphase auftretende Belastungen tragen überproportional zum Risiko bei. Aufgrund der langen Latenzzeiten ist auch in den kommenden Jahren mit einem anhaltenden Anstieg der Erkrankungen bei ehemals beruflich belasteten Arbeitnehmern zu rechnen. Ursächlich für die Entstehung von Asbestose und von asbestbedingtem Krebs ist nicht die chemische Zusammensetzung, sondern die lang gestreckte Partikelgestalt (Faser) und deren Beständigkeit im biologischen Gewebe. Diese Erkenntnis führte dazu, dass auch für andere Faserminerale eine krebserzeugende Wirkung festgestellt wurde (Mineralwolle-Dämmstoffe, →Künstliche Mineralfasern, →Keramikfasern).

Von A.-Produkten können durch Alterung, Erschütterungen, thermische Wechselbeanspruchung, Luftbewegungen oder Beschädigungen in erheblichem Umfang A.-Fasern in atembarer Form freigesetzt werden, die beim Menschen zu Krebserkrankungen führen können. Zeitpunkt und Ausmaß der Exposition können weder vorhergesagt noch kontrolliert werden. Nach ihrem Gefährdungspotenzial werden die verschiedenen A.-Produkte in zwei Gruppen eingeteilt: schwach gebundene (Rohdichte unter 1.000 kg/m^3) und fest gebundene A.-Produkte (Rohdichte über 1.000 kg/m^3). Ob ein Material A. enthält, lässt sich mit der erforderlichen Sicherheit nur durch eine Materialanalyse feststellen. Die Analyse gibt Aufschluss über A.-Gehalt, A.-Art und die Frage, ob es sich um ein schwach gebundenes oder um ein fest gebundenes A.-Produkt handelt. Da im Falle schwach gebundener A.-Produkte die Gefahr der Faserfreisetzung besonders groß ist und damit eine konkrete Gesundheitsgefahr für die Nutzer von Gebäuden vorliegen kann, müssen Gefährdungspotenzial und Sanierungsdringlichkeit schwach gebundener A.-Produkte von einem Sachverständigen unter Zugrundelegung der →A.-Richtlinie ermittelt werden. Luftmessungen sind grundsätzlich nicht geeignet, um festzustellen, ob asbesthaltige Produkte in einem Gebäude verbaut sind. Dies geschieht ausschließlich durch Begehung und Inaugenscheinnahme in Verbindung mit der Analyse von Materialproben von A.-Faserkonzentrationen in der Raumluft.

Eine Festsetzung von toxikologisch begründeten Grenzwerten ist für krebserzeugende Stoffe und damit auch für A.-Fasern in der Luft nicht möglich. Die festgelegten Werte sind daher als Leitkonzentrationen zu verstehen, um das gesundheitliche Risiko zu begrenzen. Die A.-Richtlinie legt folgende Handlungswerte für A.-Faserkonzentrationen in der Raumluft fest: Erfolgskontrolle vorläufiger Maßnahmen: Messwert $\leq$ 1.000 F/m^3; Erfolgskontrolle von Sanierungen: Messwert < 500 F/m^3 und oberer Poisson-Wert < 1.000 F/m^3.

Aufgrund der Substitution im Reibbelagsektor und der Produktionseinstellung von A.-Produkten sind die Konzentrationen von Asbestfasern in der Außenluft in den letzten Jahren kontinuierlich gesunken und betragen in Reinluftgebieten bis zu mehreren 10 F/m^3, in Ballungsgebieten bis zu etwa 100 F/m^3. Die Konzentrationen in der Innenraumluft liegen häufig über denen der Außenluft.

Die →Gefahrstoffverordnung legt fest, dass Arbeiten an Asbestprodukten nur von Firmen ausgeführt werden dürfen, die über die personellen (insbes. Sachkundenachweis gemäß Technischer Regel für Gefahrstoffe [→TRGS 519]) und betrieblichen (Spezialstaubsauger, Unterdruckhaltegeräte) Voraussetzungen für den Umgang mit A. verfügen.

Asbesthaltige Abfälle unterliegen grundsätzlich einem Verwertungsverbot. Die Entsorgung asbesthaltiger Abfälle erfolgt als gefährlicher Abfall. Eine Ablagerung auf Sonderabfalldeponien ist jedoch nicht erforderlich. Die Ablagerung erfolgt i. d. R. auf Hausmülldeponien. Einzelheiten sind im →LAGA-Merkblatt „Entsorgung asbesthaltiger Abfälle" geregelt.

Asbestersatzstoffe →Asbest ist aufgrund seiner vielfältigen Eigenschaften und der daraus erwachsenden mannigfachen Verwendungsmöglichkeiten einmalig. Kein anderes Produkt war daher in der Lage, Asbest in allen Einsatzbereichen zu ersetzen. Bei zahlreichen Anwendungen von Asbest war die Faserform das entscheidende technische Produktmerkmal, sodass als Ersatzstoffe insbesondere faserförmige Materialien infrage kommen. Dies sind synthetische anorganische und organische sowie natürliche anorganische und organische Faserstoffe. Anorganische Faserstoffe sind z.B. textile und nichttextile Glasfasern (→Glaswolle, →Steinwolle, →Keramikfasern Kohlenstofffasern, Metallwollen). Zu den organischen Faserstoffen zählen Cellulose-, →Polyacrylnitril-, →Polyvinylalkokol-, Polyolefin-, Polytetrafluorethylen- und Polyaramidfasern. Als Ersatz für Asbest in Faserzementprodukten werden Polyacrylnitril- und Polyvinylalkohol-Fasern verwendet. Unter gesundheitlichen Gesichtspunkten (krebserzeugende Wirkung) kommt den geometrischen Abmessungen und der Beständigkeit der Fasern im biologischen Gewebe die größte Bedeutung zu. Keramikfasern weisen ein ähnlich hohes krebserzeugendes Potenzial auf wie Asbest.

Asbestgewebe →Asbesttextilien

Asbesthaltige Bodenbeläge →Floor-Flex-Platten, →Cushion-Vinyl-Bodenbeläge

Asbesthaltige Leichtbauplatten A. enthalten bis zu ca. 60 % →Asbest. Die in den alten Bundesländern am häufigsten verwendete Platte vom Typ Promabest (Handelsbezeichnung) enthält die Asbestarten →Chrysotil und →Amosit. A. wurden vor allem für Brandschutzzwecke (auch →Brandschutzklappen) verwendet. Die Verwendung von A. ist seit 1982 verboten. Sie fallen als →Schwach gebundene Asbestprodukte in den Geltungsbereich der →Asbest-Richtlinie. A. setzen aufgrund des nur lockeren Verbunds zwischen Bindemittel (→Zement) und →Asbest leicht Asbestfasern frei. A. werden in Kategorie I „Art der Asbestverwendung" des Formblattes der Asbest-Richtlinie je nach Größe und Verbauart mit 5, 10 oder 15 Punkten bewertet (z. Vgl.: maximal mögliche Punktzahl: 20).
Die in der ehemaligen DDR hergestellten asbesthaltigen Plattenmaterialien unterscheiden sich von den in den alten Bundesländern produzierten A. durch ihre höhere Rohdichte (1.000 bis 1.200 kg/m^3). Die Platten waren unter den Bezeichnungen →Baufatherm, →Sokalit und →Neptunit im Handel und enthielten in der Regel ausschließlich Chrysotil. Da die Platten Magnesiabinder anstelle von Zement enthalten, sind sie feuchteempfindlich. Die entstehenden Ausblühungen an den Oberflächen vermindern die Festigkeit, was zu einer erhöhten Freisetzung von Asbestfasern führt. Die Platten werden daher – trotz der größeren Rohdichte – den schwach gebundenen Asbestprodukten zugerechnet und fallen in den Geltungsbereich der Asbest-Richtlinie. Im Gegensatz zur Verwendung der A. in den alten Bundesländern wurden diese Platten in der ehemaligen DDR in großem Umfang auch im privaten Wohnungsbau verwendet. →Asbest

Asbesthaltige Wasserrohre →Trinkwasserleitungen, →Asbestzement

Asbestkitte Kitten (z.B. Fensterkitt) wurde früher zur Erhöhung der Festigkeit bis zu 20 % Asbest zugesetzt, zumeist →Chrysotil (Weißasbest). A. fallen i. d. R. nicht in den Geltungsbereich der →Asbest-Richtlinie, d. h., es handelt sich nicht um →Schwach gebundene Asbestprodukte. In der DDR wurde u. a. im Wohnungsbau ein Dehnungsfugenkitt mit der Handelsbezeichnung Morinol verwendet, der aus →Polyvinylacetat, Lösemitteln, Weichmacher und ca. 20 % Asbest bestand. Die Dichte beträgt ca. 1.300 kg/m^3. Der Kitt wurde ab 1963/64 hergestellt, die Asbestsubstitution begann 1984. Morinol wurde für die Fugen in Großplattenbauten verwendet. Eine direkte Verbindung zum Innenraum ist dabei i. d. R. nicht gegeben. Darüber hinaus kam das Produkt auch als Sanitärkitt zum Einsatz. Allein 1978 wurden 3.050 t Morinol im Wohnungsbau verwendet. →Asbest

Asbestose A. ist eine Staublungenerkrankung, einhergehend mit Bindegewebsneubildung (Fibrose) als Folge der Inhalation von Asbeststaub (→Asbest). A. entsteht nach langjähriger Einatmung hoher Asbestfaser-Konzentrationen, die i.d.R. nur an asbestverarbeitenden Arbeitsplätzen auftreten. Die Latenzzeit, also die Zeit zwischen Asbestexposition und dem Auftreten der Erkrankung, liegt im Mittel bei etwa 20 Jahren. Die fibrogene Wirkung (Narbenbildung) ist als körpereigene Abwehrreaktion zu verstehen, mit dem Versuch der Fresszellen, in die Lunge eingedrungene Asbestfasern zu „verdauen". Beim Versuch der Phagozyten und Makrophagen, die Eindringlinge durch Aufnahme in den Zellleib unschädlich zu machen, stirbt die Fresszelle ab. In der Folge versucht sich eine weitere Fresszelle an der Asbestfaser, stirbt ab usw. Durch diese Vorgänge bildet sich Narbengewebe (Fibrose). Dadurch verringern sich die Elastizität und die Gasaustauschfläche der Lunge, was zu einer starken Funktionseinschränkung führt. Das Herz versucht, den zunehmenden Funktionsverlust der Lunge so weit wie möglich zu kompensieren. Tödliche Verläufe bei A. beruhen im Allgemeinen auf Herzversagen.

Asbestpappen A. bestehen aus ca. 40 bis 60 % Asbest (→Chrysotil) und →Cellulose. Sie fanden vielfältige Verwendung in Gebäuden, z B. als Wärmeschutz an hölzernen Heizkörperverkleidungen, als untere Schicht von Cushion-Vinyl-Bodenbelägen (→Asbesthaltige Bodenbeläge) oder in Brandschutztüren. A. fallen als →Schwach gebundene Asbestprodukte in den Geltungsbereich der →Asbest-Richtlinie. Die Verwendung von A. ist seit 1982 verboten. A. werden in Kategorie I „Art der Asbestverwendung" des Formblattes der Asbest-Richtlinie mit 10 Punkten bewertet (z. Vgl.: maximal mögliche Punktzahl: 20). →Asbest

Asbestplatten Platten mit Asbestanteil wurden als Asbestzementplatten (→Asbestzement) und als →Asbesthaltige Leichtbauplatten hergestellt. →Asbest

Asbestputze A. wurden in Gebäuden zum einen für bestimmte Brandschutzanforderungen verwendet, z.B. bei Kabeldurchführungen oder auf der Untersicht von Stahltreppen. A. wurden darüber hinaus in großem Umfang als Wandputze (seltener als Deckenputze) eingesetzt. Dazu zählen insbesondere Strukturputze („Würmchenputze"), die wegen ihrer Robustheit insbesondere in Fluren und Treppenhäusern zum Einsatz kamen. In vielen Fällen handelt es sich bei A. im engeren Sinne nicht um Putze, sondern um Spachtelmassen, die in dünner Schicht auf den darunterliegenden asbestfreien Putz aufgetragen wurde. Schätzungen gehen davon aus, dass im kritischen Zeitraum (ca. 1960er-Jahre bis Anfang der 1990er-Jahre) in etwa 25 % der Gebäude asbesthaltige Wandputze bzw. -spachtelmassen zum Einsatz kamen. Bei A. handelt es sich i. d. R. nicht um →Schwach gebundene Asbestprodukte im Sinne der →Asbest-Richtlinie. Die großflächige Verwendung von Asbest für Spachtelmassen bzw. Putze erfolgte mit dem Ziel die Festigkeit des Materials zu verbessern. Da die asbesthaltige Schicht durch die darauf aufgebrachten Farbschichten geschützt ist, ist eine Faserfreisetzung bei normaler Nutzung auszuschließen. Erfahrungen zeigen, dass selbst bei kleineren Beschädigungen keine nachhaltigen Raumluftbelastungen zu erwarten sind. Eine unmittelbare Gefährdung der Nutzer des Gebäudes ist somit nicht gegeben. Aus der Erfahrung ist bekannt, dass selbst bei einzelnen mechanischen Eingriffen, wie einzelnen Bohrungen oder Beschädigungen, keine länger andauernde Raumluftbelastung mit Asbestfasern zurückbleibt. Durch die regelmäßige Feuchtreinigung werden freigesetzte Partikel mit Fasern schnell entfernt. Das Vorhandensein asbesthaltiger Wandputze bedeutet für die Raumnutzung gewisse Einschränkungen. Es muss darauf geachtet werden, dass die Wandflächen nicht beschädigt werden. Tätigkeiten an Asbestprodukten dürfen nur von Fachunternehmen bzw. besonders qualifizierten Personen unter Beachtung der TRGS 519 ausgeführt werden.

Asbest-Richtlinie Die A. (Richtlinie für die Bewertung und Sanierung schwach gebundener Asbestprodukte in Gebäuden, erste Fassung 1989, Neufassung 1993 und 1996) wurde von der →ARGEBAU erarbeitet. Sie wurde in den Bundesländern als Technische Baubestimmung bauaufsichtlich eingeführt und gilt damit als allgemein anerkannte Regel der Technik. Sie bildet den Rahmen für ein technisches Gesamtkonzept zur Sanierung →Schwach gebundener Asbestprodukte. Die A. regelt für schwach gebundene Asbestprodukte in Gebäuden die Vorgehensweise bei der Gefährdungsbeurteilung bzw. Feststellung der Sanierungsdringlichkeit, Grundsätze der Sanierung, vorläufige Sicherungsmaßnahmen und die Erfolgskontrolle nach Sanierungen. Sie benennt die für den Gebäudeeigentümer erwachsenden Pflichten. Die Gefährdungsbeurteilung und die Feststellung der Sanierungsdringlichkeit erfolgt durch sachverständige Beurteilung des Asbestproduktes vor Ort unter Verwendung des „Formblattes für die Bewertung der Dringlichkeit einer Sanierung" nach Anhang 1 der A. Die Prüfkriterien sind in sieben Gruppen aufgeteilt:

I: Art des Asbestproduktes
II: Asbestart(en)
III: Oberflächenstruktur des Asbestproduktes
IV: Zustand des Asbestproduktes (Beschädigungen)
V: Beeinträchtigung des Asbestproduktes (z.B. direkte Zugänglichkeit, Erschütterungen usw.)
VI: Raumnutzung (Erwachsene, Kinder; Wohnraum, Kellerraum usw.)
VII: Einbauort des Asbestproduktes

Das Formblatt basiert auf einem Punktesystem, das für die o. g. Kriterien die Vergabe von Punkten vorsieht, die zu einer Gesamtpunktzahl addiert werden. Es bedeuten ≥ 80 Punkte: Dringlichkeitsstufe I, Sanierung unverzüglich erforderlich. Verwendungen mit dieser Bewertung sind unverzüglich zu sanieren. Falls die endgültige Sanierung nicht sofort möglich ist, müssen unverzüglich vorläufige Maßnahmen zur Minderung der Asbestfaserkonzentration im Raum ergriffen werden, wenn er

weiter genutzt werden soll. Mit der endgültigen Sanierung muss jedoch nach spätestens drei Jahren begonnen werden. Bei einer Bewertung von 80 Punkten und mehr ist mit hohen Asbestfaser-Konzentrationen oder mit einem kurzfristigen und unvorhersehbaren Anstieg der Asbestfaser-Konzentrationen zu rechnen. Diese Asbestfaser-Konzentrationen stellen eine Gefährdung von Leben und Gesundheit dar (→Konkrete Gefahr).
70 bis 79 Punkte: Dringlichkeitsstufe II, Neubewertung mittelfristig erforderlich. Verwendungen mit dieser Bewertung sind in Abständen von höchstens zwei Jahren erneut zu bewerten. Ergibt eine Neubewertung die Dringlichkeitsstufe I, so ist entsprechend den Regelungen zu dieser Dringlichkeitsstufe zu verfahren.
< 70 Punkte: Dringlichkeitsstufe III, Neubewertung langfristig erforderlich. Verwendungen mit dieser Bewertung sind in Abständen von höchstens fünf Jahren erneut zu bewerten. Ergibt eine Neubewertung die Dringlichkeitsstufe I oder II, so ist entsprechend den Regelungen zu diesen Dringlichkeitsstufen zu verfahren.
Folgende Verwendungen lassen sich mithilfe des Formblattes nicht beurteilen; sie sind wie folgt einzustufen:

- Asbesthaltige →Brandschutzklappen in Dringlichkeitsstufe III
- Asbesthaltige Brandschutztüren, bei denen die Asbestprodukte vom Blechkörper – mit Ausnahme notwendiger Öffnungen zum Öffnen und Schließen – dicht eingeschlossen sind, in Dringlichkeitsstufe III
- Asbesthaltige Dichtungen zwischen Flanschen in technischen Anlagen in Dringlichkeitsstufe III

Die A. gilt nicht für →Fest gebundene Asbestprodukte wie →Asbestzement-Produkte. Die Vorgehensweise und Schutzmaßnahmen bei der Sanierung von Asbestprodukten sind in der Technischen Regel (→TRGS) für Gefahrstoffe 519 festgelegt.
Die A. bedarf dringend einer Überarbeitung; insbesondere im Hinblick auf großflächige Asbestanwendungen wie Wandputze und -spachtelmassen.

Asbestschnüre A. und Asbeststricke bestehen bis zu 100 % aus Asbest (→Chrysotil und/oder →Krokydolith). Sie wurden verwendet z.B. zur Abdichtung von Rohranschlüssen an Öfen und im Heizungsbereich, als Dichtung an Spezialtüren, als brandsichere Füllung zwischen Bauteilen (Dehnfugen) und als Dichtung an Flanschen von Luft- und Klimakanälen. A. fallen als →Schwach gebundene Asbestprodukte in den Geltungsbereich der →Asbest-Richtlinie. Die Verwendung von A. ist seit 1982 verboten. A. werden in Kategorie I „Art der Asbestverwendung“ des Formblattes der Asbest-Richtlinie mit 15 Punkten bewertet (z. Vgl.: maximal mögliche Punktzahl: 20). →Asbest

Asbesttextilien A. bestehen bis zu 100 % aus →Asbest (meist →Chrysotil). Sie fanden Verwendung z.B. im Arbeitsschutz für Hitzeschutzbekleidung, als Brandabschlüsse in Gebäuden, als Kompensatoren in raumlufttechnischen Anlagen und für Löschdecken. A. fallen als →Schwach gebundene Asbestprodukte in den Geltungsbereich der →Asbest-Richtlinie. Die Verwendung von A. ist seit 1982 verboten. A. werden als Baustoffe in Kategorie I „Art der Asbestverwendung“ des Formblattes der Asbest-Richtlinie mit 15 Punkten bewertet (z. Vgl.: maximal mögliche Punktzahl: 20).

Asbestzement A.-Produkte sind vorgefertigte asbesthaltige und zementgebundene Bauprodukte mit einer Rohdichte über 1.400 kg/m^3. Der Asbestgehalt beträgt durchschnittlich 10 bis 15 %, z.T. aber auch bis 25 %. A.-Produkte fallen als →Fest gebundene Asbestprodukte nicht in den Geltungsbereich der →Asbest-Richtlinie. Bekannt geworden sind A.-Produkte insbesondere unter den Markennamen Eternit und Internit. A.-Produkte wurden im Hoch- und Tiefbau für vielfältige Zwecke verwendet, in Form von Platten, Wellplatten, (Wasser-) Rohren, Formstücken und mobilen Teilen (z.B. Blumenkästen, Pflanzschalen, Standaschenbecher). Die größte Bedeutung hatten mit einem Anteil von 80 % der A.-Produktion die A.-Wellplatten für Dacheindeckungen. In A.-Produkten sind die Asbestfasern fest im Produkt eingebunden (fest gebundene Asbestprodukte). Überwiegend wurde →Chrysotil (Weißasbest) verwendet, z.T. aber auch →Krokydolith (Blauasbest). Im Tiefbau wurde A. für →Trinkwasserleitungen verwendet. Hierdurch kann es, abhängig von der Beschaffenheit des Wassers und der A.-Rohre, zu hohen Asbestfaser-Konzentrationen im Trinkwasser kommen. Im Innenbereich fand A. Verwendung u.a. für Trennwände, Zwischendecken, Lüftungskanäle, Abschottungen, Kamine und Fensterbänke, im Außenbereich u. a. für Rohre, Fassadenverkleidungen, Dacheindeckungen und Fensterbänke. Verwendungsmengen in Westdeutschland: 870 Mio. m^2 A.-

Platten für Fassaden und Dächer, davon 560 Mio. m^2 beschichtet, 310 Mio. m^2 unbeschichtet. In ganz Deutschland wurden ca. 1 bis 1,3 Mrd. m^2 Dach- und Wandflächen aus A. verbaut.

Durch Verwitterung der A.-Platten im Außenbereich werden jährlich schätzungsweise mehrere 100 t Asbest freigesetzt. Messergebnisse zeigen jedoch, dass selbst in der Umgebung von abwitternden A.-Platten lediglich mit Faserkonzentrationen in der Größenordnung von 100 F/m^3 zu rechnen ist. Diese Zusatzbelastung wird von den zuständigen Behörden nicht als wesentliches Zusatzrisiko erachtet. In der Regel besteht für Bewohner eines Hauses mit A.-Platten daher keine größere Gefährdung als für die Bewohner der Nachbarhäuser ohne solche Asbestprodukte. Ganz anders stellt sich die Situation bei äußerer Einwirkung wie Zerbrechen, Zerschlagen oder mechanischer Bearbeitung wie Bohren, Sägen oder Schleifen dar. In diesen Fällen können große Mengen Asbestfeinstaub freigesetzt werden, die eine erhebliche Gesundheitsgefährdung darstellen. Das Hochdruckreinigen oder Abbürsten von asbesthaltigen Fassaden und Dacheindeckungen ist nicht zulässig. Im Unterschied zu den bereits werkseitig beschichteten Asbestzement-*Fassadenplatten* sind sowohl das Reinigen als auch das Beschichten von Asbestzement-*Dachflächen* grundsätzlich verboten. Mit den genannten Einschränkungen und Verboten will der Gesetzgeber erreichen, dass die Lebensdauer der asbesthaltigen Materialien nicht verlängert wird.

Von A.-Produkten im Innenbereich geht in aller Regel keine unmittelbare Gefahr aus. Vorausgesetzt, die Produkte sind in gutem Zustand, also ohne erhebliche Beschädigungen, und sie sind fest angebracht.

Arbeiten an A.-Produkten dürfen nur von Fachfirmen unter Beachtung der TRGS 519 ausgeführt werden. Asbesthaltige Abfälle sind als gefährliche Abfälle zu entsorgen.

Asbestzement-Dächer →Dächer aus Asbestzement

Asbestzementrohre für →Trinkwasserleitungen

ASI-Arbeiten Abk. für Abbruch-, Sanierungs- und Instandhaltungsarbeiten, die gefahrstoffrechtlichen Regelungen unterliegen (z.B. Arbeiten an Asbestprodukten).

Aspe (Populus tremula). A. ist ein weitverbreiteter Laubbaum und gehört der Gattung der Pappeln an. Er ist hauptsächlich in den baltischen Staaten und in Mittel-Skandinavien zu finden. A. hat eine weißliche bis weißgelbe Farbe. Das Kernholz bildet sich erst spät heraus. Im Kontakt mit Sauerstoff dunkelt das Holz nach. A. ist mit einer Darrdichte von 450 kg/m3 das schwerste Pappelholz. Das Holz ist sehr weich (Brinellhärte 10-11 N/mm^2), aber zäh. A. weist eine geringe Wärmeleitfähigkeit auf. Das Holz ist sehr anfällig für Pilze und Insekten. Dauerhaftigkeitsklasse 5 nach DIN EN 350. Verwendung zur Herstellung von Furnier-, Span- und Faserplatten sowie Einsatz in der Papier- und Zellstoffindustrie. Einsatzgebiet in Gebrauchsklasse GK 0 oder GK 1 gem. DIN EN 335. →Pappel

Asphalt A. ist ein im Straßen- und Hochbau eingesetzter Belag aus Gesteinskörnungen und →Bitumen als Bindemittel. A. wird in überwiegend stationären Asphaltmischwerken hergestellt (etwa 750 Asphaltmischwerke in Deutschland). Die Mineralstoffe werden getrocknet und auf Verarbeitungstemperatur (180 bis 300 °C) des herzustellenden Mischgutes erhitzt. Die erhitzten Mineralstoffe werden in Silos über dem Mischer auf Körnungen abgesiebt, zwischengelagert und dann entsprechend der Sollzusammensetzung für die einzelnen Chargen in den Mischer dosiert. Die unterschiedlichen Bitumensorten lagern heißflüssig (bei Temperaturen unter 200 °C) in Lagertanks und werden in den Mischer dosiert. Für die A.-Herstellung werden ca. 80 % des in Deutschland produzierten Bitumens benötigt. Die mit Abstand größte Menge des Bitumens geht als →Walzasphalt in den Straßenbau. Weitaus geringere Mengen werden zu →Gussasphalt für Estriche verarbeitet. Teilweise aus →Naturasphalt werden →Asphaltplatten gefertigt. Splittmastixasphalt ist eine spezielle Sorte von Asphaltbeton mit einem höheren Bitumen- und Splittgehalt, dem Zusätze – i.d.R. 0,3 bis 1,5 M.-% Cellulosefasern – beigemischt werden, um die Stabilität zu erhöhen. Drain- oder Flüsterasphalt ist ein Asphaltbeton mit einem hohen Anteil großer Gesteinskörner. Durch seine Hohlräume kann Regenwasser nach unten abgeleitet werden und der Schall von Fahrgeräuschen absorbiert werden. Motorengeräusche können nicht absorbiert werden, eine Schallreduktion findet daher nur statt, wenn die Hauptlärmquelle die Rollgeräusche der Räder sind, also bei Autobahnen und Schnellstraßen ab ca. 80 km/h.

Zur Verarbeitung muss A. erhitzt werden: Die Verarbeitungstemperaturen liegen bei ca. 180 °C bei

Walzasphalt und ca. 250 °C bei Gussasphalt. Dabei entsteht ein gesundheitsschädliches Gemisch aus Bitumendämpfen und -aerosolen, die zu Atemwegserkrankungen der betroffenen Arbeiter führen und in Zusammenhang mit einer krebserzeugenden Wirkung gebracht werden (→Bitumen als Dampf und Aerosol: MAK-Liste Kat. 2). Bei der Handhabung und Verarbeitung der mineralischen Komponenten können außerdem einatembare und alveolengängige mineralische Stäube, insbesondere Quarzstäube (→Quarz), entstehen, die ebenfalls gesundheitsschädlich sind. Die Höhe der Exposition mit schädlichen Substanzen bei der A.-Herstellung ist abhängig von Mischanlage, Bitumensorte, Verarbeitungstemperatur und Art des hergestellten Endproduktes (Walz- oder Gussasphalt). Die höchsten Emissionen treten bei der Verarbeitung von Gussasphalt in Räumen auf. Für die Zukunft laufen Bestrebungen, die Temperaturen bei der Verarbeitung zu senken und dadurch die Emissionen, den Energieverbrauch und die CO_2-Emissionen zu reduzieren.

Asphaltestrich →Gussasphaltestrich

Asphaltplatten A. werden aus →Naturasphalt-Trockenmehl oder gemahlenem Naturstein mit →Bitumen als Bindemittel hergestellt. A. werden gern als Industrieboden benutzt, da sie bereits nach drei Tagen begehbar und nach zehn Tagen voll belastbar sind. Durch ein hohes Maß an innerer Dämpfung kommen herabfallende Lasten wenig zu Schaden. Sie sind normalerweise nicht beständig gegen Mineralöle und Säuren. In Feuchträumen sind Spezialplatten einzusetzen. A. (meist 25 cm × 25 cm, 30 mm Dicke) werden im 20 mm Mörtelbett aus Zementmörtel, Asphaltmastix oder Spezialmörtel eingebaut. Die Verfugung erfolgt mit Zementschlämme (Industrieverlegung) oder speziellen Schnellfugmassen (Edelverlegung). Der Boden wird mit farbigem oder klarem, lösemittelhaltigem Produkt versiegelt. Bei der Edelverlegung kann auch eine Erstpflege mit Wachsemulsion erfolgen. Als Altlasten sind noch PAK-Emissionen aus mit →Teer gebundenen Platten relevant (→Teerpechplatten). Da heute ausschließlich Bitumen als Bindemittel eingesetzt wird, liegen die PAK-Werte deutlich niedriger. Gesundheitlich relevant können lösemittelhaltige Versiegelungsprodukte und Imprägniergrunde (→Lösemittel) sein.

ASR →Arbeitsstätten-Richtlinien

ATH Aluminiumtrihydroxid = →Aluminiumhydroxid.

Atmungsaktivität A. ist ein Begriff der →Baubiologie für dampfdiffusionsoffene Aufbauten (→Dampfdiffusion). Dampfdiffusionsoffene Aufbauten für die Gebäudehülle fördern in Kombination mit sorptionsfähigen Oberflächen ein gutes und angenehmes Raumklima, da sie die Feuchteregulierung im Innenraum unterstützen. Der Begriff A. wird heute immer seltener verwendet, weil A. als Luftdurchlässigkeit interpretiert werden kann, was den gängigen Wärmeschutzstandards widerspricht (→Luftdichtigkeit von Gebäuden).

ATO →Antimontrioxid

Atro Absolut trockenes Rohholz. Unter Holzfeuchtigkeit (u) versteht man dabei den Anteil an Feuchtigkeit bzw. Wasser im Holz, der auf absolut trockenes (atro) Holz bezogen wird. Die Maßeinheit t-atro (Atro-Tonne) ist die Masse einer Tonne absolut trockenes Holz. →Holz, →Holzfeuchte

AUB Die Arbeitsgemeinschaft umweltverträgliches Bauprodukt e.V. (AUB) war eine Initiative von Bauproduktherstellern, die für die Produkte ihrer Mitglieder das AUB-Zertifikat vergab. Die Aktivitäten sind in das Institut für Bauen und Wohnen übergegangen, die die Ökobilanz-hinterlegte Deklaration zu einer Typ-III-Umweltdeklaration (EPD = environmental product declaration) weiterentwickelt hat (→Umweltzeichen für Bauprodukte). Solche Deklarationen eignen sich zur detaillierten Information von Geschäftspartnern. Sie können das Marketing und die Kommunikation mit Investoren und anderen Anspruchsgruppen unterstützen – zum Beispiel als Benchmark im Vergleich mit anderen Herstellern oder als Dokumentation einer Verbesserung der Umweltleistung. Eine EPD, also eine Deklaration der umweltrelevanten Produkteigenschaften, darf nicht mit einer Auszeichnung oder einem bewertenden Gütesiegel verwechselt werden (Bsp.: →Blauer Engel, →natureplus). Denn das Wesen einer Deklaration besteht in der Offenheit des Zugangs – jeder kann mitmachen und seine Daten offen legen. Eine Bewertung der Produkte ist damit nicht verbunden. Erst der Vergleich der verschiedenen EPD im Zusammenhang mit der jeweiligen Konstruktion liefert dem Fachmann die Entscheidungsgrundlage, welches der Produkte die geringeren Umweltbelastungen für eine bestimmte Anwendung mit sich bringen soll.

Aufenthaltsräume A. nach § 2 der Musterbauordnung sind Räume, die zum nicht nur vorübergehenden Aufenthalt von Menschen bestimmt oder geeignet sind. Nach § 47 MBO müssen sie eine lichte Höhe von mindestens 2,40 m haben. Dies gilt nicht für A. in Wohngebäuden der Gebäudeklasse 1 und 2 sowie für A. im Dachraum.

Auffälligkeitswerte A. (Gegenteil: →Normalwerte) beschreiben Stoffkonzentrationen in der Innenraumluft, die oberhalb der üblicherweise gemessenen Konzentrationen liegen und damit als „auffällig" gelten. A. sind nicht gesundheitlich begründet, sondern aus einem Wertekollektiv möglichst repräsentativer Raumluftmessungen abgeleitet (Referenzwerte). Als „auffällig" gelten Werte oberhalb des 95- bzw. 90-Perzentils eines solchen Wertekollektivs. Bei Überschreitung des A. kann es unter Vorsorgegesichtspunkten sinnvoll sein, die Quelle der Innenraumluftverunreinigung zu ermitteln und Minderungsmaßnahmen einzuleiten. →Innenraumluft-Grenzwerte

Aufsparrendämmung Bei der A. bildet die Dämmschicht eine durchgehende Ebene direkt unter der Dacheindeckung, meist auf einer innen sichtbaren Schalung. Somit entstehen durch die Sparren keine Wärmebrücken. Bei Neubauten oder wenn ohnehin eine neue Dacheindeckung ansteht, stellt die A. oft die beste Lösung dar.

Aufgrund der erhöhten Anforderungen der EnEV reicht die Dämmung der Sparrenebene oftmals nicht aus, da die Sparren zu geringe Querschnitte haben. Dann wird die A. als zusätzliche Dämmebene eingesetzt. Als A. werden z.B. diffusionsoffene Holzfaserdämmstoffe verwendet. Zu bedenken ist darüber hinaus die zusätzliche Lastannahme, sodass die Dachstatik überprüft und gegebenenfalls die Dachkonstruktion erneuert oder verstärkt werden muss. Verbunden mit der A. ist die Erneuerung und Anpassung der vorhandenen Trauf- und Ortganganschlüsse sowie Anschlüsse an andere Bauteile oder Gebäude. Bei denkmalgeschützten Gebäuden, die eine vorgegebene Firsthöhe haben, kann unter Umständen eine A. nicht aufgebracht werden. Eine enge Abstimmung mit der zuständigen Denkmalbehörde ist daher erforderlich.

Ausgleichsschichten →Dampfdruck-Ausgleichsschicht

Ausrüstung →Teppichzusatzausrüstungen, →Flammschutzmittel

Ausschuss für Gefahrstoffe →AGS

Ausschuss für Innenraumrichtwerte →AIR

AVV →Abfallverzeichnisverordnung

Azofarbstoffe A. sind die wichtigsten Farbmittel zum Färben von Textilien. Etwa 2/3 der heute verwendeten Textilfarbmittel gehören zur Stoffklasse der A. Durch Kupplung einfach oder mehrfach di-azotierter Acrylamine werden A. hergestellt und können unter reduktiven Bedingungen zu aromatischen Aminen abgebaut werden. Auch im Stoffwechsel können sie zu den entsprechenden aromatischen Aminen gespalten werden. Bei einigen dieser Farbstoffe entstehen bei der Spaltung krebserzeugende Amine. Die aromatischen Amine können durch die Haut in den Körper aufgenommen werden. A., die krebserzeugende Amine freisetzen können, dürfen gem. Bedarfsgegenständeverordnung und EU-Richtlinie 76/769/EWG in Textil- und Ledererzeugnissen, die mit der menschlichen Haut oder der Mundhöhle direkt und längere Zeit in Kontakt kommen können, weder verwendet noch in den Verkehr gebracht werden.

B

B

Backkork B. besteht aus geschälter, zu Schrot zerkleinerter Rinde der Korkeiche. Das Schrot wird in Autoklaven zur Volumenvergrößerung der Zellen unter Zugabe von etwa 350 bis 370 °C Heißdampf unter Druck gebacken und über das korkeigene Suberinharz gebunden. Suberin ist ein pflanzliches, lipophiles und wasserundurchlässiges Biopolymer, das in den Korkzellwänden eingelagert ist und während des Expansionsverfahrens austritt und die Korkpartikel verklebt, sodass keine künstlichen Bindemittel erforderlich werden. Durch den Austritt der Suberineinlagerungen werden zudem die hydrophoben Eigenschaften, die Verrottungsbeständigkeit, die Resistenz gegen Fäulnis sowie die Dämmeigenschaften des Naturkorks und die Dimensionsstabilität optimiert. Nach der Ablüftzeit wird das expandierte Kork zu Blöcken und Platten geschnitten. B.-Platten finden Anwendung im Baubereich z.B. als Aufdachdämmung. Die Verarbeitung kann gut mit manuell betätigten Holzbearbeitungsmaschinen erfolgen. →Kork, →Presskork

Bakterien B. sind in der Innenraumluft i.d.R. nur in niedrigen Konzentrationen vorhanden. Typischerweise treten solche B. auf, die die menschliche Haut besiedeln und von dort in die Luft abgegeben werden (z.B. Staphylococcus epidermidis). Für B. ist die Luft ein ungünstiger Lebensraum. Sie überleben dort, in Abhängigkeit von der Luftfeuchtigkeit, meist nur für kurze Zeit. Nur Bakterien, die in der Lage sind, Sporen zu bilden (z.B. Bacillus species, Thermoactinomyces), können für längere Zeit in der Luft oder im trockenen Hausstaub überleben. B. sind für ihr Wachstum, mehr noch als Pilze, auf sehr feuchte Bedingungen angewiesen, z.B. nach einem Wasserschaden. Eine weitere wichtige Quelle sind Luftbefeuchter, in deren wasserführenden Teilen sich bestimmte B. (z.B. Pseudomonas aeruginosa) besonders gut vermehren können. Beim Betrieb einer RLT-Anlage (mit Luftbefeuchter) bzw. eines freistehenden Luftbefeuchters sollten B. als mögliche Ursache von allergischen/toxischen Symptomen berücksichtigt werden.

Balsame B. sind Auflösungen von festen Harzbestandteilen (Harzalkohole, Harzester, Harzsäuren, hochmolekulare Kohlenwasserstoffe usw.) in →Terpentinöl. An der Luft erhärten die zähflüssigen B. allmählich, da das flüchtige Terpentinöl verdunstet.

Balsamterpentinöl →Terpentinöl

BAM Bundesanstalt für Materialforschung und -prüfung.

Bambus B. (Bambusoideae) wächst in den meisten tropischen und subtropischen Regionen der Welt und weist eine enorm hohe Wachstumsgeschwindigkeit auf, sodass in Abhängigkeit der Art innerhalb von Wochen bzw. Monaten die finale Höhe von bis zu 35 m erreicht ist. B. wird aus botanischer Sicht der Gattung der Süßgräser (Poaceae) zugeordnet und ist eine immergrüne Pflanze mit durchschnittlichen Halmlängen von 8 bis 15 m bei 5 bis 12 cm Durchmesser und ca. 10 mm Wandstärke sowie einem großflächigen, ebenfalls schnell wachsenden Wurzelsystem. Die Wurzeln (Rhizome) sind stärker als die Halme und zerstören ohne entsprechende Wurzelsperre alles, was sie am Wachstum hindert. Die Bambushalme sind in Segmente unterteilt, die durch Knoten und Internodien gebildet werden. Nach ca. 3 bis 4 Jahren sind die Halme bereits ausgehärtet bzw. verholzt und erntereif. Nach der Ernte werden die B. traditionell in der Sonne einige Wochen getrocknet, wonach sich die Bambushalme von grün in ihr typisch gelbes Aussehen verfärben.

B. hat aufgrund seines natürlichen Aufbaus, mit Hohlkammern und Trennwänden in regelmäßigen Abständen, sowie seiner chemischen Zusammensetzung aus Zellulose (70 %) und Lignin (25 %) hervorragende hartholzähnliche Materialeigenschaften. Während →Holz jedoch einen harten Kern (Kernholz) hat und nach außen hin weich wird (Splintholz), ist B. außen hart und innen weich, was einen viel stabileren Aufbau zur Folge hat. B. zeichnet sich durch sein geringes Gewicht, extreme Härte, enorme Druck- und Zugfestigkeit, hohe Elastizität sowie gute Verarbeitbarkeit und Recycelbarkeit aus. Zudem absorbiert und bindet B. aufgrund seines schnellen Wachstums im Vergleich zu Bäumen extrem viel CO_2.

Im asiatischen Raum wird B. seit Jahrtausenden als Bau- und Werkstoff (Gebäude, Boote, Möbel, Gerüstbau, Flöße, Brücken, Wasserleitungen usw.) sowie als Nahrungsmittel und Brennstoff verwendet. Der schnellwachsende Rohstoff findet mittlerweile auch im europäischen Raum Anwendung als Bau- und Werkstoff z.B. für Möbel und tragende Ele-

mente, als Bodenbelag in Form von →Parkett, Platten, →Furnier, Rollenware und Fliesen.
Rohdichte: ca. 700 kg/m³, Dichte von Faserbambus: ca. 1,15 g/cm³, Druckfestigkeit: 71 N/mm², Biegefestigkeit: 151 N/mm², Zugfestigkeit: 120 N/mm², WLG: 0,17 W/(m·K). →Bambusmassivbauplatten, →Bambusparkett, →Bambusrohre, →Naturwerkstofftapeten

Bambusmassivbauplatten Nach der Ernte des Bambus werden die äußeren Knoten entfernt, die Bambusrohre sortiert und anschließend in Längsrichtung zu Lamellen gesägt und abschließend werden die inneren Knoten und die grüne Außenrinde entfernt. Die hergestellten Lamellen werden in Kammern getrocknet und anschließend zu ganzen Platten zusammengeleimt und verpresst. Die Bambusplatten werden als Einschichtplatten, Sandwichplatten und Mehrschichtplatten gefertigt. Verwendung finden sie im Möbel- und Innenausbau.

Bambusparkett Für die Herstellung von B. wird vorwiegend die Bambusart „Phyllostachys Pubescens“ verwendet. Nach der Ernte wird der Bambusstamm in Längsrichtung zu Lamellen gesägt und die grüne Außenrinde entfernt. Die naturbelassenen Bambuslamellen sind hell gelblich, beim Dämpfen ändert sich der Farbton in helles Braun. Werden die Lamellen thermisch behandelt, wird der Farbton dunkelbraun. Vor der Weiterverarbeitung werden die Lamellen getrocknet. Zur Produktion von Breitlamellenparkett werden die Lamellen horizontal, bei Hochkantlamellenparkett vertikal nebeneinander verleimt. Beim High Density Parkett (1.100 kg/m³) werden die Lamellen ähnlich wie bei der OSB-Produktion unter hohem Druck gepresst und verleimt. Für Bambusdielen werden die Bambusrohre in einem speziellen Herstellungsprozess zu geraden Latten verpresst. Als bislang einziger Bambus-Produkthersteller hat MOBO eine umfassende LCA und →EPD erstellen lassen. B. weist eine Brinell-Härte von 40 N/mm² auf und ist somit 10 % härter als Eichenparkett (Brinell-Härte 37 N/mm²). B. ist pflegeleicht, langlebig und feuchtigkeitsbeständig, bei Luftfeuchtigkeit < 60 % kann es aufgrund zu starker Austrocknung zu Rissen und Verschiebungen kommen.

Bambusrohre B. sind in Längen von 100 bis 600 cm sowie mit einem Ø von 70 bis 150 mm erhältlich. Verschiedene Anwendungsbereiche im asiatischen Raum als Tragwerk oder Arbeitsgerüst, im europäischen Raum als Dekoration, Gartenbau oder Fassadenbau. Seine günstigen Materialeigenschaften wie extreme Härte sowie große Druck- und Zugfestigkeit mit hoher Elastizität und geringem Gewicht machen den tropischen Baustoff auch für deutsche Architekten und Ingenieure interessant. Am Lehrstuhl für Tragkonstruktionen an der Technischen Hochschule Aachen wird mit den Einsatzmöglichkeiten von Bambusrohr im Bauwesen geforscht, insbesondere die Verbindungstechnik und Statik. Bambus ist ein innovativer und vielseitiger Baustoff, ideal geeignet für den natürlichen Leichtbau. Bambusfasern oder Bambusstaub werden als Füllstoffe in →Kunststoffen und sogar in →Beton verwendet. →Bambus

Bambusteppiche Bambusfasern werden aus dem Halm gelöst und zu Viskose versponnen. B. sind ausgesprochen farbbeständig, stabil und abnutzungsresistent, zudem binden B. Feinstaub und Allergene und regulieren das Raumklima.

BaP Abk. für →Benzo[a]pyren, ein krebserzeugender Stoff und Leitsubstanz der →Polycyclischen aromatischen Kohlenwasserstoffe.

Barium B. zählt zu den →Schwermetallen und wird aus dem Mineral Schwerspat (Bariumsulfat) gewonnen. Bariumsulfat selbst ist ungiftig, da schwer löslich und damit nicht bioverfügbar. Es wird auch als Kontrastmittel beim Röntgen verwendet. Alle löslichen Bariumverbindungen sind sehr giftig; Bariumsulfat wird als Rattengift verwendet. Bariumverbindungen MAK als einatembare Staubfraktion 4 mg/m³ und als alveolengängige Staubfraktion 0,3 mg/m³.
EU-GHS-Einstufung und Kennzeichnung (EG) Nr. 1272/2008 CLP für Bariumcarbonat: Akute Toxizität Kategorie 4: Acute Tox. 4; H302 Gesundheitlich schädlich bei Verschlucken.

Baryt →Schwerspat

Basileum SP 70 Holzschutzmittel zur gewerblichen Ausrüstung der Leime von Holzwerkstoffplatten in der Nutzungsklasse 2 zur Herstellung von Spanplatten V100G und Baufurniersperrholzplatten AW100G mit →Chlornaphthalinen als fungizidem Wirkstoff. Im Zeitraum von 1970 bis 1980 eingesetzt und Grund für die gesundheitliche Beeinträchtigung von Nutzern von Containern in Schulen und sonstigen Ersatzräumen und verantwortlich für den intensiven Geruch.

Bastfasern B. sind Pflanzenfasern, die in Form mehrzelliger Faserbündel im Bast verschiedener Pflanzenarten liegen. Es sind langgezogene, dickwandige und unverholzte Zellen, die beidendig spitz zulaufen und gute mechanische Eigenschaften, z.B. Zug- und Biegefestigkeit, aufweisen. Je nach Pflanzenart und Anbaugebiet variieren die Faserlängen und -durchmesser. B. werden durch mechanische oder chemische Verfahren aus den Pflanzenstängeln gelöst, u.a. aus →Bambus, →Hanf und →Jute. Die Verwendung von B. erfolgt hauptsächlich im textilen und industriellen Bereich u.a. zur Herstellung von Seilen, Garnen, Matten oder Geweben. Der Einsatz als Verstärkungsfaser für Naturfaserverbundwerkstoffe (NFK) findet seit einigen Jahren vermehrt statt.

BAT-Werte B. sind biologische Arbeitsstoff-Toleranz-Werte gemäß TRGS 903 bzw. MAK-Liste (→BGW), die im Rahmen spezieller ärztlicher Vorsorgeuntersuchungen dem Schutz der Gesundheit von Arbeitnehmern an gewerblichen Arbeitsplätzen (Tätigkeiten mit Gefahrstoffen) dienen. Der B. ist definiert als die beim Menschen höchstzulässige Quantität eines Arbeitsstoffes bzw. Arbeitsstoff-Abbauproduktes oder die dadurch ausgelöste Abweichung eines biologischen Indikators von seiner Norm, die nach dem gegenwärtigen Stand der wissenschaftlichen Kenntnis im Allgemeinen die Gesundheit der Beschäftigten auch dann nicht beeinträchtigt, wenn sie durch Einflüsse des Arbeitsplatzes regelhaft erzielt wird. Die Bestimmung von B. erfolgt insbesondere durch Untersuchung von Blut, Harn oder Plasma/Serum. Der biologische Arbeitsstoff-Toleranzwert sollte nicht mit dem biologischen Arbeitsplatz-Toleranzwert verwechselt werden, für den ebenfalls die Abkürzung „BAT-Wert" verwendet wurde. Der biologische Arbeitsplatz-Toleranzwert war bis zum 1.1.2005 ein rechtsrelevanter Grenzwert der Gefahrstoffverordnung.

BAuA Bundesanstalt für Arbeitsschutz und Arbeitsmedizin. Die B. führt u.a. die Listen der in Deutschland zugelassenen Biozide der Produktart 8 (→Holzschutzmittel) und der Biozide, die im laufenden Entscheidungsverfahren in Deutschland auf dem Markt bereitgestellt und verwendet werden dürfen.

Bauabfälle Zu den B. gehören die mineralischen Abfälle Boden, Bauschutt und Straßenaufbruch sowie die →Baustellenabfälle. →Abfallschlüssel, →Bau und Abbruchabfälle

Bauaufsichtliche Zulassungen (abZ) →Baustoffklassen

Baubiologie Die B. ist die Lehre vom Einfluss der gebauten Wohnumwelt auf die Gesundheit und das Wohlbefinden des Menschen und die praktische Anwendung dieses Wissens im Bauen. Hierdurch sollen gesunde, behagliche, anmutende, lebensfördernde und menschengemäße Bauweisen gefördert werden. Die B. will den Menschen in seiner Gesamtheit von Körper, Seele und Geist einbeziehen. Baubiologische Kernthemen sind daher die Fragen nach dem Wohlbefinden des Menschen in physiologischer (körperlicher) und psychologischer Hinsicht im bebauten Umfeld. Die Grundphilosophie unterliegt einer ganzheitlich-humanistischen Lebenseinstellung, die versucht, alle mitwirkenden Faktoren langfristig zu berücksichtigen. Der Umweltschutz spielt auch in der B. eine Rolle, im Unterschied zur →Bauökologie stellt sie aber den Menschen in den Mittelpunkt der Betrachtung. In der B. werden Wechselwirkungen untersucht, die zu einer Beeinträchtigung der Nutzer und Nutzerinnen einer Wohn-, Arbeits- oder Erholungsumgebung bzw. zu einer Förderung des Wohlbefindens führen können. Zu diesen gehören:

- Gesunde Raumluft und -oberflächen
- Thermische Behaglichkeit
- Elektromagnetische Felder
- Wohnpsychologie
- Licht- und Farbgestaltung

Häufig werden auch grenzwissenschaftliche Phänomene wie Radiästhesie oder Geomantie der B. zugeordnet. Bei diesen objektiv nicht verifizierbaren Phänomenen besteht die Gefahr des Missbrauchs durch Geschäftemacherei (Verkauf von „Entstörungsgeräten" usw.), wodurch die B. in Verruf gebracht wurde. Im Zweifelsfall sollten Verbraucherberatungen oder unabhängige wissenschaftliche Organisationen wie der Berufsverband Deutscher Baubiologen VDB e.V., das Institut für Baubiologie und Nachhaltigkeit IBN, das Sentinel Haus Institut SHI und das →IBO (Österreichisches Institut für Baubiologie und -ökologie) befragt werden, ob angebotene Produkte oder Dienstleistungen seriös sind.

Baufanit B. ist der Handelsname für →Asbestzement-Produkte (Platten, Welltafeln, Druckrohre u.a.) der DDR nach TGL 22896, die 12 bis 16 % Asbest enthalten. Die B.-Platte fällt als →Fest gebundenes Asbestprodukt nicht in den Geltungsbereich der →Asbest-Richtlinie.

Baufatherm B. ist der Handelsname für die anorganische, asbesthaltige Brandschutzplatte der DDR nach TGL 22973. Die Platte wurde ab 1974 hergestellt und enthielt anfangs 47 % Asbest (ab 1981 38 %). Die Rohdichte betrug 900 bis 1.200 kg/m^3. Anwendungsbereiche waren leichte Bauelemente und -teile sowie die Bekleidung von Bauteilen mit Brandschutzanforderungen. Zur Verhinderung von Kondensatbildung in Feuchträumen wurde die Platte dort zur Wand- und Deckenbekleidung eingesetzt. Die B.-Platte gilt gemäß Asbest-Richtlinie unabhängig von ihrer Rohdichte als →Schwach gebundenes Asbestprodukt. →Asbest

Baufurniersperrholz (BFU) B. ist eine alte Bezeichnung für einen Plattentyp gem. DIN 68705-3:1981 (Sperrholz Bau-Furniersperrholz). Diese Norm wurde 2006 zurückgezogen. Derzeit regelt die DIN EN 636 (Sperrholz-Anforderungen) die Anforderungen für Sperrholz für allgemeine oder tragende Zwecke zur Verwendung im Trocken-, Feucht- oder Außenbereich. B. gem. DIN EN 636:2015-05 Abschnitt 9 (Verwendung im Außenbereich) weist eine wasserbeständige Verleimung (Phenol-Formaldehydharz) auf, die Oberfläche aus Kunstharz ist glatt oder genarbt. Verwendung für witterungsfeste Verkleidungen (Bau, Fahrzeugbau), Schalungs- und Gerüstbau. →Furniersperrholz, →Sperrholz

Baugipse B. werden aus →Putzgips oder →Stuckgips hergestellt, dem Stellmittel (z.B. Cellulosederivate, Abbindeverzögerer) und Füllstoffe (Perlite, Kalksteinmehl und Kalksand) zugegeben sein können.
Maschinenputzgips: Zum Herstellen von Innenputzen. Stellmittel ermöglichen die maschinelle Verarbeitung, Füllstoffe können zugesetzt sein.
Fertigputzgips: Handgipsputz zum Herstellen einlagiger Innenputze auf Mauerwerk aller Art. Stellmittel und Füllstoffe sind zugegeben zum Erzielen besonderer Verarbeitungseigenschaften.
Haftputzgips: Mit Zusätzen wie →Kunstharz zur verbesserten Haftung auf glatten, wenig saugfähigen Untergründen (Betondecken).
Ansetz-, Fugen- und Spachtelgips: Zum Verarbeiten von →Gipsbauplatten. Durch Stellmittel ausreichendes Wasserrückhaltevermögen und damit langsameres Versteifen.
→Naturgips, →REA-Gips, →Anhydrit, →Gipsputze, →Gipsspachtelmassen, →Gipsmörtel

Bauhohlglas →Pressglas

Baukalke B. unterteilt man nach ihrem Erhärtungsverhalten in →Luftkalke, →Wasserkalke, →Hydraulische Kalke und →Hochhydraulische Kalke. Die Herstellung erfolgt durch Brennen von →Kalkstein, →Dolomitstein, →Kalkmergel oder mergeligem Kalkstein unterhalb der Sintergrenze (900 bis 1.200 °C).

Tabelle B1: Arten von Baukalken (nach: Praxis-Handbuch Putz. Ross, H. & F. Stahl., 2003. 3. Aufl., R. Müller Verlag)

Baukalkart	Herstellung	Löschprozess	Erhärtung
Luftkalke			
Weißkalk, Fettkalk, Speckkalk	Durch Brennen aus fast reinem Kalkstein	Kräftig löschend, quillt dabei bis zum Dreifachen	Druckfestigkeit ≈ 1 N/mm^2
Carbidkalk	Abfallprodukt bei der Acetylenherstellung	Etwas träger löschend und etwas weniger quellend als Weißkalk durch Koksstaubbeimengung; wird nur gelöscht geliefert	Erreicht etwas höhere Festigkeiten als Weißkalk
Dolomitkalk, Graukalk, Schwarzkalk, Magerkalk	Durch Brennen aus Dolomit (dolomitischer Kalkstein)	Träger löschend und weniger quellend als Weißkalk, wird nur gelöscht geliefert	Druckfestigkeit ≈ 1 N/mm^2
Weißfeinkalk, Seemuschelkalk, Marmorkalk	Durch Brennen aus Seemuscheln bzw. Marmor	Wie Weißkalk, wird nur gelöscht geliefert	Druckfestigkeit ≈ 1 N/mm^2 Druckfestigkeit > 1 N/mm^2

Tabelle B1: Arten von Baukalken (nach: Praxis-Handbuch Putz. Ross, H. & F. Stahl., 2003. 3. Aufl., R. Müller Verlag) (Forts.)

Baukalkart	Herstellung	Löschprozess	Erhärtung
Hydraulisch erhärtende Kalke			
Wasserkalk	Durch Brennen aus mergeligem Kalkstein	Träger löschend als Weißkalk	Zur Erhärtung ca. 7 Tage Luftzutritt notwendig; Druckfestigkeit > 1 N/mm^2
Hydraulischer Kalk	Durch Brennen aus Kalksteinmergel oder aus Kalkstein mit zusätzlichen Hydraulefaktoren	Teilweise löschfähig, wird nur gelöscht geliefert	Zur Erhärtung ca. 5 Tage Luftzutritt notwendig; Druckfestigkeit > 1 N/mm^2
Hochhydraulischer Kalk, Trasskalk, Puzzolankalk	Durch Brennen aus Kalksteinmergel oder Kalkstein mit jeweils zusätzlichen Hydraulefaktoren	Teilweise löschfähig, wird nur gelöscht geliefert	Zur Erhärtung ca. 1 – 3 Tage Luftzutritt notwendig; Druckfestigkeit > 1 N/mm^2
Romankalk	Durch Brennen aus kalkarmen Mergel	Wie hochhydraulischer Kalk	Wie hochhydraulischer Kalk

Oft werden hydraulische, latent hydraulische oder puzzolanische Stoffe (→Puzzolane) zugesetzt. Häufig wird der →Kalk schon gelöscht als →Kalkhydrat oder Kalkteig (Calciumhydroxid) geliefert, aber auch als ungelöschter Kalk (Stückkalk, Feinkalk). B. wird als Innen- und Außenputz und für →Kalkmörtel (→Kalkputze) verwendet.
Ungelöschte Baukalke: Weißfeinkalk, Weißstückkalk, Dolomitfeinkalk, Wasserfeinkalk. Gelöschte Baukalke: Weißkalkhydrat, Weißkalkteig, Carbidkalkhydrat, Carbidkalkteig, Dolomitkalkhydrat, Wasserkalkhydrat, Hydraulischer Kalk, Hochhydraulischer Kalk.

Baulehm B. ist zur Herstellung von →Lehmbaustoffen geeigneter →Lehm. B. ist überall zu finden, meist sogar direkt auf der Baustelle. Daher fallen oft nur geringe Transportkosten an. Der Energiebedarf und die Umweltbelastungen durch die Herstellung von Lehmprodukten sind gering. B. ist beim Bearbeiten hautverträglich und enthält keine gesundheitsschädlichen Bestandteile. Die Nachnutzung ist unproblematisch. Ungebrannter Lehm kann nach dem Abriss angefeuchtet wieder als neuer Baustoff verwendet oder der Erde zurückgegeben werden. Selten können Lehmvorkommen erhöhte Radioaktivität aufweisen und →Radon ausgasen.

Baumwolle B. ist eine Naturfaser, die aus den Samenfäden der Baumwollpflanze (*Gossypium*) gewonnen wird und fast ausschließlich aus hochkristalliner Cellulose besteht. Die Rohbaumwolle wird aus domestizierten Pflanzen gewonnen und in tropischen und subtropischen Gebieten in Monokulturen angebaut. Kritisch betrachtet wird der massive Einsatz von Düngemitteln, Insektiziden und Pestiziden (pro Vegetationsperiode bis zu 25 Spritzungen), der durch die Rückstände von →DDT, HCH und →Lindan in den Fasern durch das *Faserinstitut* in Bremen nachgewiesen wurde, sowie der hohe Wasserverbrauch und den damit verbundenen Umweltproblemen, z.B. Bodenerosionen und örtlichem Wassermangel. Die Ernte der B.-Kapseln erfolgt manuell oder maschinell (je nach Standort und Pflanze unter Einsatz von Entlaubungsmitteln) und die B. weist je nach Pflückverfahren unterschiedliche Qualitäten auf. Die B. wird in Ballenform zusammengepresst und anschließend exportiert und dort u.a. zu Baumwollvliesen weiterverarbeitet. Hauptanwendungsgebiet von B. liegt vorwiegend in der Textilindustrie. Im Baubereich wird B. als organischer Dämmstoff für Wärme- und Schallschutzmaßnahmen verwendet und findet Anwendung in Form von Dämmfilzen, -matten und -zöpfen sowie Stopfwolle, zudem als

Flocken für die Verwendung als Einblasdämmung. Aufgrund der hohen Schadstoffbelastung und der langen Transportwege können Baumwollprodukte nicht uneingeschränkt als ökologische Dämmstoffe eingestuft werden. Nur wenn als Rohmaterial chemisch unbehandelte und auf Pestizidrückstände und Schadstoffrückstände untersuchte sowie biologisch angebaute Baumwollfasern eingesetzt werden, sind B.-Faserdämmungen als baubiologisch und ökologisch empfehlenswert einzustufen. B. hat ein hohes Feuchtigkeitsaufnahmevermögen und ist in feuchtem oder nassem Zustand reißfester als in trockenem. Allerdings ist die Trocknungszeit von nassen Bauwollfasern sehr hoch. Die mechanischen Fähigkeiten von B. in Hinblick auf Festig- und Steifigkeit sind geringer als die der Bastfaser, jedoch hat B. eine höhere Dehnfähigkeit. Die Baumwollfasern sind alkalibeständig, weisen jedoch keine Resistenz gegen Säure auf. B. ist anfällig für den Befall durch Mikroorganismen und Schimmelpilzen, die Resistenz gegenüber Motten und anderen Insekten ist jedoch recht hoch. B. ist leicht entflammbar.

Durch Imprägnierung der Baumwollfasern mit Borsalzen kann die Resistenz gegen Nagetier-, Insekten und Schimmelbefall sowie das Brandschutzverhalten verbessert werden.

Baumwollfasern und deren Stäube können aufgrund der glykosidischen Bindung der Art $\beta 1 \rightarrow 4$ nicht von Säugetieren abgebaut werden. Zudem weist das Ausgangsmaterial unterschiedliche Mengen an verbliebenen pflanzlichen und bakteriellen Antigenen auf. Häufiges Einatmen der Stäube von Cellulosefasern führt zu einer Bioakkumulation in der Lunge. Diese kann zu einer Byssinose führen. Der MAK-Wert für Baumwollstaub liegt bei 1,5 mg/m^3. Beim Einblasverfahren sind daher Staubschutzmaßnahmen erforderlich.

Baumwolle-Dämmstoffe Aufgrund der geringen Nachfrage im Bausektor wurden B. nur bis 2001 in Form von Dämmmatten und Dämmvliesen sowie loser Ware und Dämmzöpfen angeboten. B. können grundsätzlich als Zwischensparrendämmung, Auflagedämmung auf abgehängten Deckensystemen, Dämmung von leichten Trennwänden, Trittschalldämmung, Hohlraumdämmung von Trenndecken, rauminnenseitige Außenwandverkleidung und als Wanddämmung bei Holzständeraußenwänden eingesetzt werden. B. bestehen aus einer Mischung von Rohbaumwolle sowie aus Baumwollresten aus der Textilindustrie. Durch Übereinanderschichten und Vernadeln der dünnen Vliese entstehen Baumwollmatten in verschiedenen Stärken. Zur Vermeidung von Nagetier-, Insekten- und Schimmelbefall sowie zur Verbesserung des Brandschutzes erfolgte eine Imprägnierung unter Zugabe von 0,6 M.-% Borax.

Baumwoll-Dämmstoffe weisen gute Wärme- und Schalldämmeigenschaften auf, sie sind diffusionsfähig, alterungsbeständig, verrottungsfest, widerstandsfähig gegen Schimmelpilze und tierische Schädlinge, thermisch belastbar, nicht druckbelastbar, wasserabweisend, stand- und rüttelfest, chemisch neutral, hautfreundlich, allergenarm, normal entflammbar (Baustoffklasse B2). In Abhängigkeit der verwendeten Borverbindungen können B. kompostiert werden.

Bauökologie Die B. ist die Lehre der Wechselwirkungen bzw. Auswirkungen von Bauvorhaben auf Lebewesen und ihre Umwelt. Sie betrachtet daher – im Gegensatz zur →Baubiologie – nicht nur das fertige Produkt in seiner Auswirkung auf das unmittelbare Wohlbefinden des Menschen, sondern den gesamten →Lebenszyklus von der Rohstoffbereitstellung bis zur Beseitigung des Gebäudes. Jedes Bauvorhaben belastet die Umwelt und ist mit dem Ge- und Verbrauch natürlicher Ressourcen verbunden. Ziel der B. sind weitestgehend umwelt- und gesundheitsverträgliche Gebäude.

Dieser Anspruch erfordert ein möglichst umfassendes Maßnahmenpaket für alle Planungs- und Nutzungsphasen des Gebäudes (Bedarfsanalyse, Standortwahl, Planung, Ausschreibung, Ausführung, Nutzung, Abbruch). Eines der übergeordneten Handlungsziele ökologischen Bauens ist die Steuerung der Stoffflüsse im Sinne einer minimalen Nutzung der Ressourcen. Ökologisches Bauen ist aber kein fest stehendes Konzept, das sich beliebig auf alle Bauvorhaben übertragen lässt. Jede Objektplanung erfordert spezifische Konzepte unter Berücksichtigung der jeweils unterschiedlichen (örtlichen) Rahmenbedingungen. Allgemein kann man sagen, dass „ökologisch bauen“

- die Minimierung des Verbrauchs von Grund und Boden,
- die Minimierung des Verbrauchs nicht erneuerbarer stofflicher und energetischer Ressourcen,

- die Minimierung der Verunreinigung von Boden, Luft und Wasser,
- die Minimierung von Abfällen und Lärm,
- die Minimierung der Beeinträchtigung des Landschafts- bzw. Stadtbildes,
- die Minimierung gesundheitlicher Beeinträchtigungen durch Baustoffe sowie
- die Optimierung des Gebäudenutzens und der Gebäudelebensdauer

bedeutet. B. bzw. ökologisches Bauen ist längst keine Außenseiterdisziplin mehr, sondern etabliert sich zunehmend als Qualitätsbegriff für das nachhaltige Bauen schlechthin und ist Grundlage für die →Zertifizierung von Gebäuden nach BNB, DGNB und Umweltzeichen der HafenCity Hamburg. →Effizienz, →Konsistenz, →Suffizienz

Bauprodukte Als Bauprodukt wird jedes Produkt bezeichnet, das hergestellt und in Verkehr gebracht wird, um dauerhaft in Bauwerke des Hoch- oder Tiefbaus oder Teile davon eingebaut zu werden, und dessen Leistung sich auf die Leistung des Bauwerks im Hinblick auf die Grundanforderungen an Bauwerke auswirkt. Als B. gilt auch ein Bausatz (vgl. Art. 2 Nr. 1 EU-BauPVO).

Gem. →Bauproduktenverordnung (305/2011 (EU)) auf europäischer Ebene und nationalen Landesbauordnungen sind Bauprodukte definiert als Baustoffe, Bauteile und Anlagen, die hergestellt werden, um dauerhaft in baulichen Anlagen des Hoch- und Tiefbaus eingebaut zu werden, sowie aus Baustoffen und Bauteilen vorgefertigte Anlagen, die hergestellt werden, um mit dem Erdboden verbunden zu werden, wie Fertighäuser, Fertiggaragen und Silos. Mit diesen B. müssen Bauwerke errichtet werden können, die gebrauchstauglich sind und den üblichen Regelungen entsprechen. Die Anforderungen an ein B. ergeben sich aus den harmonisierten technischen Spezifikationen (harmonisierte Normen und Europäische Bewertungsdokumente).

Der Umsatz mit B. beträgt in der EU ca. 160 Mrd. Euro/a. Deutschland hat hierbei Anteile von fast 60 %. Die Produktpalette umfasst mehr als 20.000 verschiedene Materialien und Erzeugnisse. Diese werden unter Verwendung einer Vielzahl von organischen und anorganischen Stoffen hergestellt, deren Emissionsverhalten und Wirkungen auf Gesundheit und Umwelt oft unbekannt sind. B. verursachen große Stoffströme. Ca. 40 % des deutschen Verbrauchs an mineralischen Rohstoffen werden im Hoch- und Tiefbau eingesetzt. 25 % der hergestellten Kunststoffe und 8 % der chemischen Produkte finden ihre Anwendung im Bauwesen.

In der EU werden etwa 30.000 Chemikalien mit einer Jahresproduktion von mehr als 1 t und etwa 2.700 Chemikalien mit einer Jahresproduktion über 1.000 t vermarktet. Die Industrie ist verpflichtet, die Gefährlichkeit der Stoffe zu untersuchen und zu bewerten, um einen ausreichenden Schutz von Gesundheit und Umwelt zu gewährleisten. Die Daten zur Toxizität und zur Verwendung müssen einschließlich einer Expositionsabschätzung bei der ECHA vorgelegt werden. Ohne Registrierung unter →REACH dürfen Chemikalien nicht in Verkehr gebracht werden. Die Registrierung, Bewertung, Zulassung und Beschränkung chemischer Stoffe wird über die europäische Chemikalienverordnung (Verordnung (EG) 1907/2006) geregelt. Die Registrierung der Chemikalien erfolgte in drei Phasen. Die erste Phase endete November 2010, die zweite lief bis November 2013 und die dritte Phase wird Mitte 2018 abgeschlossen sein. Demnach werden am 1.6.2018 alle chemischen Stoffe auf dem EU-Markt registriert sein. Nach dem derzeitigen Zeitplan sollten im Rahmen der europäischen Chemikalienpolitik bis 2012 die genannten 30.000 Stoffe registriert und Stoffe mit gefährlichen Eigenschaften hinsichtlich ihres Gesundheits- und Umweltgefährdungspotenzials bewertet werden. Dies zeigt, dass in B. eine Vielzahl von Stoffen eingesetzt werden kann, die zum größten Teil hinsichtlich ihres Gesundheits- und Umweltgefährdungspotenzials bisher nicht bewertet wurden. Dem stehen nur wenige Regelungen für gefährliche Stoffe gegenüber, die für B. relevant sind. Die überwiegende Anzahl dieser Regelungen fand sich in der europäischen Beschränkungsrichtlinie 76/769/EWG (EG-Richtlinie 76/769 Beschränkung des Inverkehrbringens und der Verwendung gewisser gefährlicher Stoffe und Zubereitungen, Rahmenrichtlinie mit Anhang PCB, PCT, VC (39630), die durch die europäische REACH-VO (EG/1907/2006) vom 18.12.2006 abgelöst wurde. Von den 50 dort aufgeführten Regelungen für Einzelstoffe oder Summenparameter waren nur etwa 30 Verbote oder Beschränkungen für die Anwendung in B. relevant. Mehr als die Hälfte der Regelungen galt für gefährliche Stoffe in anderen Anwendungen und deckte eine mögliche Verwendung in Bauprodukten nicht ab.

Tabelle B2: Beschränkung des Inverkehrbringens und der Verwendung gewisser gefährlicher Stoffe und Zubereitungen in der EU betr. Bauprodukte und Materialien für den Innenraum (CMR = Carcinogen, Mutagen, Reproduktionstoxisch)

Änderungs- und Anpassungs-RL	Datum	Stoff	Beschränkung des Inverkehrbringens und der Verwendung	Inkrafttreten
Grundrichtlinie	27.7.1976	Polychlorierte Biphenyle (PCB) und Terphenyle (PCT)	Teilweise Beschränkung der offenen Anwendung von PCB und PCT	Jan. 1978
		Vinylchlorid (VC)	Verbot von VC als Treibgas in Aerosolen	
1. Änderung	24.7.1979	Gefährliche Flüssigkeiten	Gefährliche Flüssigkeiten in Dekorationsgegenständen/ Spielen	Juli 1980
2. Änderung	22.11.1982	Benzol	Benzol in Stoffen, Zubereitungen und Spielwaren	Nov. 1983
3. Änderung	3.12.1982	Polychlorierte Terphenyle PCT	PCT-haltiges Material für Bauteile	Dez. 1982
4. Änderung	16.5.1983	Polybromierte Biphenyle (PBB)	PBB in Textilien	Nov. 1985
5. Änderung	19.9.1983	Asbest (Krokydolith)	Krokydolith in Erzeugnissen	März 1986
6. Änderung	1.10.1985	Polychlorierte Biphenyle (PCB) und Terphenyle (PCT)	Besondere Bestimmungen über die Kennzeichnung PCB und PCT enthaltener Erzeugnisse	Juni 1986
7. Änderung	20.12.1985	Asbest (Chrysotil)	Verbot u.a. für Spielzeug, Raucherartikel, katalytische Siebe	Dez. 1987
1. Anpassung	3.12.1991	Asbest (Krokydolith, Chrysotil)	Weitere Verbote u.a. Verwendung in Mörtel, Anstrichstoffen, Dachpappe	Juli 1993
6. Anpassung	26.7.1999	Asbest	Nahezu vollständiges Verbot (Ausnahmen Diaphragmen)	Aug. 1999
8. Änderung	21.12.1989	Gefährliche flüssige Stoffe	Verbot der Flüssigkeiten in Dekorationsgegenständen (u.a. Lampen)	Juni 1991
		Blei-, Arsen-, Quecksilber-, zinnorganische Verbindungen	Beschränkung als biozider Wirkstoff	
4. Anpassung	10.9.1997	Gefährliche flüssige Stoffe	Verschärfung der Regelungen für Lampenöle der 8. Änderungs-RL	Dez. 1998
10. Anpassung	6.1.2003	Arsenverbindungen	Als biozider Wirkstoff; behandeltes Holz	Jan. 2003
9. Änderung	21.3.1991	Pentachlorphenol (PCP)	Verbot als Holzschutzmittel	Juni 1992

Tabelle B2: Beschränkung des Inverkehrbringens und der Verwendung gewisser gefährlicher Stoffe und Zubereitungen in der EU betr. Bauprodukte und Materialien für den Innenraum (CMR = Carcinogen, Mutagen, Reproduktionstoxisch) (Forts.)

Änderungs- und Anpassungs-RL	Datum	Stoff	Beschränkung des Inverkehrbringens und der Verwendung	Inkrafttreten
10. Änderung	18.6.1991	Cadmium und Cadmiumverbindungen	Beschränkung von Cd als Stabilisator und Farbstoff im PVC	Dez. 1992
5. Anpassung	26.5.1999	Zinn, PCP, Cadmium	Verschärfung der Regelungen zu Zinn, PCP und Cd der 9. und 10. Änderungs-RL	Juni 1999
13. Änderung	7.12.1994	Entzündliche Stoffe	Verbot von entzündlichen Stoffen in Aerosolpackungen für Dekorationszwecke	Dez. 1995
14. Änderung	20.12.1994	CMR-Stoffe, aCKW	Verbot der Abgabe von CMR-Stoffen und aCKW-Stoffen an private Endverbraucher	Juni 1996
		Kreosot	Beschränkungen der Verwendung von Kreosot als Holzschutzmittel	
2. Anpassung	4.9.1996	Chlorierte Lösemittel	Verschärfung der Regelungen zu aCKW der 14. Änderungs-RL	Juni 1998
3. Anpassung	26.2.1997	CMR-Stoffe	Verbot der Abgabe weiterer CMR-Stoffe an private Endverbraucher	Juni 1998
7. Anpassung	26.10.2001	Kreosot	Verschärfung der Regelungen zu Teerölen der 14. Änderungs-RL	Juni 2003
16. Änderung	20.10.1997	CMR-Stoffe	Verbot von Stoffen, die als krebserzeugend, erbgutverändernd oder fortpflanzungsgefährdend eingestuft sind (CMR-Stoffe)	März 1999
17. Änderung	25.5.1999	CMR-Stoffe	Erweiterung des Anhangs der 16. Änderungs-RL um weitere Stoffe	Juli 1999
19. Änderung	19.7.2002	Azofarbstoffe	Verbot von Azofarbstoffen, in Textilien, Leder und Spielwaren	Sept. 2002
20. Änderung	25.6.2002	Kurzkettige Chlorparaffine	Verbot von kurzkettigen Chlorparaffinen in der Metallverarbeitung sowie zum Fetten von Leder	Jan. 2004
21. Änderung	19.6.2001	CMR-Stoffe	Erweiterung des Anhangs der 14. Änderungs-RL um weitere CMR-Stoffe	Jan. 2003

Tabelle B2: Beschränkung des Inverkehrbringens und der Verwendung gewisser gefährlicher Stoffe und Zubereitungen in der EU betr. Bauprodukte und Materialien für den Innenraum (CMR = Carcinogen, Mutagen, Reproduktionstoxisch) (Forts.)

Änderungs- und Anpassungs-RL	Datum	Stoff	Beschränkung des Inverkehrbringens und der Verwendung	Inkrafttreten
23. Änderung	26.5.2003	CMR-Stoffe	Erweiterung des Anhangs der 14. Änderungs-RL um weitere CMR-Stoffe	Juli 2003
24. Änderung	6.2.2003	Penta-, Octabromdiphenylether	Verbot als Flammschutzmittel	Aug. 2004
25. Änderung	26.5.2003	CMR-Stoffe	Erweiterung des Anhangs der 14. Änderungs-RL um weitere CMR-Stoffe	Juni 2003
26. Änderung	18.6.2003	Nonylphenol (NP), Nonylphenolethoxylat (NPE)	Verbot von NP und NPE in Reinigern	Jan. 2005
26. Änderung	18.6.2003	Chromathaltiger Zement	Beschränkung des Cr(VI)-Gehaltes im Zement	Jan. 2005
13. Anpassung	24.2.2004	Azofarbstoffe	Verschärfung der Regelungen zu Teerölen der 19. Änderungs-RL	März 2004
14. Anpassung	27.9.2004	Nickel aus Einsteckern	Erweiterung des Anhangs der 14. Änderungs-RL um weitere sensibilisierende Stoffe	September 2005
27. Änderung	16.11.2005	PAK in Weichmacherölen und Reifen	Erweiterung des Anhangs der 14. Änderungs-RL um weitere Stoffe	Januar 2010
28. Änderung	26.10.2005	Toluol und Trichlorbenzol	Erweiterung des Anhangs der 14. Änderungs-RL um weitere Stoffe	Juni 2007
29. Änderung	18.1.2006	CMR-Stoffe	Erweiterung des Anhangs der 16. Änderungs-RL um weitere CMR-Stoffe	August 2007
30. Änderung	12.12.2006	PFOS	Erweiterung des Anhangs der 16. Änderungs-RL um weitere POP-Stoffe	Juni 2008
15. Anpassung	20.12.2006	Arsenverbindungen	Verschärfung der Regelungen zu Arsenverbindungen	Dezember 2006
16. Anpassung	25.9.2007	Quecksilberhaltige Messinstrumente	Verschärfung der Regelungen zu Quecksilberverbindungen	Oktober 2007

Tabelle B3: Anlage 1 (zu § 3) Inverkehrbringensverbote nach ChemVerbotsV (Fundstelle: BGBl. I 2017, 99 - 101)

Stoffe/Gemische	Verbote	Ausnahmen
Eintrag 1 Formaldehyd	(1) Beschichtete und unbeschichtete Holzwerkstoffe (Spanplatten, Tischlerplatten, Furnierplatten und Faserplatten) dürfen nicht in den Verkehr gebracht werden, wenn die durch den Holzwerkstoff verursachte Ausgleichskonzentration des Formaldehyds in der Luft eines Prüfraumes 0,1 ml/cbm (ppm) überschreitet. (2) Möbel, die Holzwerkstoffe enthalten, die nicht den Anforderungen nach Absatz 1 entsprechen, dürfen nicht in den Verkehr gebracht werden. Absatz 1 gilt jedoch auch als erfüllt, wenn die Möbel die unter Absatz 1 genannte Ausgleichskonzentration bei einer Ganzkörperprüfung einhalten. (3) Wasch-, Reinigungs und Pflegemittel mit einem Massengehalt von mehr als 0,2 % Formaldehyd dürfen nicht in den Verkehr gebracht werden.	(1) Das Verbot nach Spalte 2 Absatz 1 gilt nicht für Platten, die ausschließlich zum Zwecke einer geeigneten Beschichtung in den Verkehr gebracht werden, sofern sichergestellt ist, dass sie nach der Beschichtung die in Spalte 2 Absatz 1 genannte Ausgleichskonzentration einhalten. (2) Das Verbot nach Spalte 2 Absatz 3 gilt nicht für Reiniger im ausschließlich industriellen Gebrauch.
Eintrag 2 Dioxine und Furane	(...)	(...)
Eintrag 3 Pentachlorphenol: 1. Pentachlorphenol 2. Pentachlorphenolsalze und -verbindungen	Erzeugnisse, die mit einem Gemisch behandelt worden sind, das Stoffe nach Spalte 1 enthielt und deren von einer Behandlung erfassten Teile mehr als 5 mg/kg (ppm) der Stoffe nach Spalte 1 enthalten, dürfen nicht in den Verkehr gebracht werden.	Das Verbot nach Spalte 2 gilt nicht für Holzbestandteile von Gebäuden und Möbeln sowie Textilien, die vor dem 23. Dezember 1989 mit Gemischen behandelt wurden, die Stoffe nach Spalte 1 enthielten. In dem in Artikel 3 des Einigungsvertrages genannten Gebiet tritt an die Stelle des 23. Dezembers 1989 der 3. Oktober 1990.
Eintrag 4 Biopersistente Fasern: Künstliche Mineralfasern, die aus ungerichteten glasigen (Silikat-) Fasern mit einem Massengehalt von über 18 % an Oxiden von Natrium, Kalium, Calcium, Magnesium und Barium bestehen	Stoffe nach Spalte 1 sowie Gemische und Erzeugnisse, die diese Stoffe mit einem Massengehalt von insgesamt mehr als 0,1 % enthalten, dürfen nicht zu Zwecken der Wärme und Schalldämmung, für den Brandschutz sowie für technische Dämmung im Hochbau in den Verkehr gebracht werden.	Das Verbot nach Spalte 2 gilt nicht 1. für künstliche Mineralfasern, wenn a. ein geeigneter Intraperitonealtest keine Anzeichen von übermäßiger Karzinogenität ergeben hat, oder b. die Halbwertzeit nach intratrachealer Instillation von 2 Milligramm einer Fasersuspension für Fasern mit einer Länge von mehr als 5 Mikrometer, einem Durchmesser von weniger als 3 Mikrometer und einem Länge-zu-Durchmesser-Verhältnis von größer als 3 zu 1 (WHO-Fasern) höchstens 40 Tage beträgt, sowie 2. für Glasfasern, die für Hochtemperaturanwendungen bestimmt sind.

Anders als in der ChemVerbotsV werden in der REACH-Verordnung (EG) Nr. 1907/2006 des Europäischen Parlaments und des Rates vom 18.12.2006 zur Registrierung, Bewertung, Zulassung und Beschränkung chemischer Stoffe (REACH), zur Schaffung einer Europäischen Chemikalienagentur, zur Änderung der Richtlinie 1999/45/EG und zur Aufhebung der Verordnung (EWG) Nr. 793/93 des Rates, der Verordnung (EG) Nr. 1488/94 der Kommission, der Richtlinie 76/769/EWG des Rates sowie der Richtlinien 91/155/EWG, 93/67/EWG, 93/105/EG und 2000/21/EG der Kommission gefährliche Stoffe mit Zulassungen und mit Beschränkungen reguliert.

Um die Verwendung von besonders besorgniserregenden Stoffen (→SVHC-Stoffen) zu regulieren, besteht nach REACH-Verordnung die Möglichkeit, die Stoffe über ein Zulassungsverfahren für die Aufnahme in den Anhang XIV der Verordnung zu regeln. Diese →Kandidatenliste enthält 174 Kandidatenstoffe (Stand: Juli 2017). Über das Vorkommen der Kandidatenstoffe in ihren Produkten sind die Hersteller gegenüber gewerblichen Kunden ab einer Konzentration von 0,1 % verpflichtet und müssen die sichere Verwendung über den gesamten Lebensweg jedes der enthaltenen SVHC-Stoffe gewährleisten. Die Kandidatenliste wird seit 2012 geführt und zweimal im Jahr aktualisiert. →AgBB, →Bauproduktenverordnung, →Geregelte Stoffe, →VV TB, →Innenraumluft-Grenzwerte/-Richtwerte/Orientierungswerte, →Bauprodukte – Grundsätze zur gesundheitlichen Bewertung von Bauprodukten in Innenräumen.

Bei Stoffen, die aufgrund von im Rahmen der Richtlinie 76/769/EWG erlassenen Beschränkungen in Anhang XVII der Verordnung (EG) Nr. 1907/2006 aufgenommen worden sind (Einträge 1 bis 58), gelten die Beschränkungen nicht für das Lagern, Bereithalten, Behandeln, Abfüllen in Behältnisse oder Umfüllen der Stoffe von einem Behältnis in ein anderes zum Zweck der Ausfuhr, es sei denn, die Herstellung der Stoffe ist verboten.

Bauprodukte – Grundsätze zur gesundheitlichen Bewertung von Bauprodukten in Innenräumen Die „Grundsätze zur gesundheitlichen Bewertung von Bauprodukten in Innenräumen" des Deutschen Instituts für Bautechnik (DIBt; Stand: Oktober 2010) dienen der gesundheitlichen Bewertung von zulassungspflichtigen Bauprodukten in →Innenräumen bei der Erteilung allgemeiner bauaufsichtlicher Zulassungen durch das DIBt. Grundlage bildet das vom →AgBB aufgestellte Schema zur Vorgehensweise bei der gesundheitlichen Bewertung von Bauprodukten. Für Produkte mit Boden- oder Grundwasserkontakt gelten die DIBt-Grundsätze analog zur Bewertung der Auswirkungen von Bauprodukten auf Boden und Grundwasser. Die abgeleiteten Anforderungen aus beiden Grundsätzen sind seit 31.8.2017 Bestandteil der neuen Verwaltungsvorschrift „Technische Baubestimmungen". →VV TB bzw. →MVV TB Musterverwaltungsvorschrift Technische Baubestimmungen

Die Grundsätze gliederten sich in:

Teil I: Beschreibung des Konzeptes zur gesundheitlichen Bewertung von Bauprodukten in Innenräumen

Teil II: Konkretisierung des Konzeptes für spezielle Bauproduktgruppen

Teil III: Bewertungskonzepte für spezielle Bauprodukte: Beschichtungen für Parkette und Holzwerkstoffe

Das Bewertungskonzept umfasst zwei Stufen:

Stufe 1: Erfassung und Bewertung der Inhaltsstoffe des Bauprodukts

Stufe 2: Ermittlung und Bewertung der VOC- und SVOC-Emissionen sowie ggf. weiterer Emissionen des Bauprodukts

<u>Stufe 1: Erfassung und Bewertung der Inhaltsstoffe des Bauprodukts</u>

Im Rahmen des Zulassungsverfahrens erfolgt die Erfassung der Inhaltsstoffe über die vom Hersteller gegenüber dem DIBt offenzulegende Rezeptur. Zur Bewertung der Inhaltsstoffe werden die folgenden Kriterien herangezogen:

- Anwendung von Ausschlusskriterien für einzelne Inhaltsstoffe
- Abschätzung weiterer möglicher Gefährdungen, die bei der Verwendung des Produkts entstehen können
- Vergleich mit bereits auf der Grundlage dieser Grundsätze bewerteten Bauprodukten gleichartiger Zusammensetzung

Folgende Ausschlusskriterien gelten:

- Neben den geltenden gesetzlichen Regelungen (z.B. Chemikalien-Verbotsverordnung) müssen die u.g. Verwendungsverbote oder Beschränkungen (Anhang 2) eingehalten werden (aktuelle Liste siehe www.dibt.de).
- Der Einsatz von Stoffen, die nach der europäischen Richtlinie 67/548/EWG in der jeweils aktuell geltenden Fassung mit "T +" und "T" gekennzeichnet werden müssen, sollte vermie-

B

den werden; falls solche Stoffe technisch unvermeidbar sind, muss eine gesonderte Bewertung erfolgen.
- Kanzerogene (T, R 45; T, R 49) und mutagene (T, R 46) Stoffe der Kategorie 1 und 2 nach der europäischen Richtlinie 67/548/EWG durften nicht aktiv eingesetzt werden, es sei denn, es konnte belegt werden, dass von ihnen kein Risiko für die Gesundheit der Nutzer des Gebäudes und für die Umwelt ausging.

Tabelle B4: Beschränkungen des DIBt zu potenziell gesundheitsgefährdenden Stoffen in Bauprodukten, Stand: September 2010

Stoff	Bauprodukt	Regelung	Begründung
Benzo[a]pyren als Leitsubstanz für PAK	Bitumenprodukte	Beschränkung des Gehaltes an BaP auf ≤ 5 ppm. Analytischer Nachweis der PAK nach EPA erforderlich.	Durch die Begrenzung des BaP-Wertes in Bitumina auf 5 mg/kg soll die mögliche Mitverwendung von Teerölen sicher ausgeschlossen werden. Dieser Wert lässt sich auch technisch ohne Schwierigkeiten realisieren.
Formaldehyd	Holzwerkstoffe	Emissionsgrenzwert für Formaldehyd von ≤ 0,1 ppm DIBt-Richtlinie 100	Umsetzung der ChemVerbotsV Anhang zu § 1 Abschnitt 3
Formaldehyd	Alle Bauprodukte (außer Holzwerkstoffe) sofern relevant	Emissionsgrenzwert für Formaldehyd von ≤ 0,1 ppm in Anlehnung an die ChemVerbotsV Nachweis durch Prüfkammermessung nach E DIN EN 717-1 oder E DIN EN 13419-1 in Verbindung mit DIN ISO 16000-3	Beschränkung der Emission von Formaldehyd aus allen innenraumrelevanten Bauprodukten auf ≤ 0,1 ppm aufgrund der Gesundheitsgefährdung durch Formaldehyd
KMF-Produkte (gerichtete) kritischer Fasergeometrie mit Ausnahme der Keramikfasern	Alle Produkte	Nachweis gem. ChemVerbotsV durch Intraperitonealtest oder intratracheale Instillation oder Kanzerogenitätsindex	Umsetzung der ChemVerbotsV Anhang zu § 1 Abschnitt 23
Keramikfasern	Alle Produkte	Kein Einsatz, wenn geeignete Substitutionsstoffe vorhanden sind Rezepturprüfung	Eingestuft als kanzerogen Kat. 2
Polybromierte Diphenylether (PBDE)	Alle Produkte	Kein Einsatz Rezepturprüfung	Im Brandfall Gefahr der Freisetzung polybromierter Dibenzodioxine und -furane
Kanzerogene (T, R 45; T, R 49) und mutagene (T, R 46) Stoffe der Kategorie 1 und 2 nach EU-Richtlinie 67/548/EWG durften nicht aktiv eingesetzt werden.			

Die Richtlinie 67/548/EWG wurde durch das weltweit gültige GHS-System bzw. die Verordnung (EG) Nr. 1272/2008 (CLP) ersetzt. National wurden Teile der Vorgaben in der Gefahrstoffverordnung umgesetzt. Anhang VII der Verordnung (EG) Nr. 1272/2008 (CLP) enthält eine Tabelle, die die Umwandlung der Einstufung eines Stoffes oder Gemisches nach der Richtlinie 67/548/EWG oder der Richtlinie 1999/45/EG in die entsprechende Einstufung gemäß dieser Verordnung erleichtern soll. Wenn Daten für einen Stoff oder ein Gemisch zur Verfügung stehen, wird eine Bewertung gemäß den Artikeln 9 bis 13 der vorliegenden Verordnung durchgeführt.

Beim Einsatz von Abfällen (zur Verwertung) gelten zusätzlich folgende Ausschlusskriterien:

- Werden bei der Herstellung eines Bauproduktes Abfälle (zur Verwertung) verwendet, ist der unvermischte und unverdünnte Abfall gesondert zu bewerten; ggf. sind hierfür geeignete Untersuchungen durchzuführen.
- Wird Altholz in Bauprodukten verwendet, sind die Vorgaben der Altholzverordnung zu beachten.
- Werden mineralische Abfälle in Bauprodukten eingesetzt, müssen die grundsätzlichen Anforderungen des LAGA-Regelwerkes "Anforderungen an die stoffliche Verwertung von mineralischen Abfällen – Technische Regeln" erfüllt werden. Für die Stoffgehalte im Feststoff müssen im Rahmen der Überarbeitung dieses Regelwerkes einheitliche Zuordnungswerte als Obergrenze für den Abfalleinsatz in Produkten noch festgelegt werden, die sicherstellen sollen, dass es gemäß § 5 Abs. 3 KrWG zu keiner Schadstoffanreicherung im Wertstoffkreislauf kommt. Diese Zuordnungswerte dürfen im unverdünnten und unvermischten Abfall dann überschritten werden, wenn
  - die Stoffgehalte im durch den Abfall substituierten, bisher für die Herstellung des Produktes verwendeten →Primärrohstoff höher liegen (in diesem Fall entspricht die Obergrenze unter Berücksichtigung des Verschlechterungsverbotes dem Stoffgehalt des substituierten Primärrohstoffes) oder
- organische Schadstoffe beim Herstellungsprozess des Bauproduktes (z.B. Ziegelherstellung) so weit zerstört werden, dass – bezogen auf den eingesetzten Abfall – mindestens die noch festzulegenden Zuordnungswerte im Feststoff für den Abfalleinsatz in Produkten eingehalten werden.
- Werden organische Abfälle in Bauprodukten eingesetzt und kann nicht ausgeschlossen werden, dass durch den Herstellungsprozess des Bauproduktes die im Abfall enthaltenen schädlichen Stoffe sicher zerstört werden, ist eine Prüfung vorzunehmen. Ziel dieser Prüfung ist es zu klären, inwieweit der beigefügte Abfall maßgeblich zu den Emissionen des mit dem Abfall hergestellten Bauproduktes beiträgt und somit lediglich die Emissionen aus dem Abfall "verdünnt" werden.

Fällt ein Inhaltsstoff unter eines der aufgeführten Ausschlusskriterien, so erfüllt das zu bewertende Bauprodukt die Anforderungen der Grundsätze nicht. Die Stufe 2 des Bewertungskonzepts entfällt in diesem Fall. Kommen die aufgeführten Ausschlusskriterien nicht zum Tragen, ist die Stufe 2 des Bewertungskonzepts durchzuführen. Die Bewertung nach Stufe 2 kann entfallen, wenn es Nachweise über die Inhaltsstoffe des zu bewertenden Bauproduktes gibt, die belegen, dass bei seinem Einsatz keine negativen Auswirkungen auf die Innenraumluft bestehen. Das Bauprodukt erfüllt dann die Anforderungen dieser Grundsätze. Dies kann auch zutreffen, wenn bei der Bewertung der Inhaltsstoffe festgestellt wird, dass bereits Bauprodukte gleichartiger Zusammensetzung geprüft und als unbedenklich im Sinne dieser Grundsätze eingestuft worden sind. In derartigen Fällen ist jedoch zu prüfen, ob die vorgesehene Verwendung des Bauprodukts mit den bereits durchgeführten Prüfungen abgedeckt ist.

Stufe 2: Ermittlung und Bewertung der VOC- und SVOC-Emissionen sowie ggf. weiterer Emissionen des Bauprodukts

Zur Vorgehensweise siehe →AgBB-Schema

Bauproduktengesetz Das B. vom 10.8.1992 (Gesetz über das Inverkehrbringen von und den freien Warenverkehr mit Bauprodukten zur Umsetzung der Richtlinie 89/106/EWG des Rates vom 21.12.1988 zur Angleichung der Rechts- und Verwaltungsvorschriften der Mitgliedstaaten über Bauprodukte und anderer Rechtsakte der Europäischen Gemeinschaften) war die Umsetzung der europäischen →Bauproduktenrichtlinie in nationales Recht. Es regelte die Einführung von Bauprodukten und den freien Warenverkehr mit ihnen innerhalb der EU und enthielt allgemeine Anforderungen an deren Brauchbarkeit. Außer Kraft getreten aufgrund des Gesetzes vom 5.12.2012 (BGBl. I S. 2449).

Das geänderte Bauproduktengesetz (BauPG) ist am 12.12.2012 (BGBl. I S. 2449, 2450) in Kraft getreten. Zur Ausführung der EU-Bauproduktenverordnung ((EU) Nr. 305/2011) waren ergänzende nationale Regelungen erforderlich. Die letzte Änderung erfolgte durch Art. 119 V v. 31.8.2015 (BGBl. I S. 1474). Das B. sieht vor, dass das Deutsche Institut für Bautechnik (DIBt) als Technische Bewertungsstelle für alle Produktbereiche auf Antrag eines Herstellers Bewertungen durchführt und entsprechende Europäische Technische Bewertungen ausstellt. Außerdem ist das DIBt als notifizierende Behörde für unabhängige Drittstellen eingesetzt worden. Das Institut ist damit in Deutschland im Rahmen der EU-Bauproduktenverordnung für die Notifizierung (Zulassung) von Prüflaboratorien und anderen Zertifizierungsstellen für Bauprodukte zuständig. Voraussetzung für die Notifizierung ist die Begutachtung und Überwachung durch die Deutsche Akkreditierungsstelle GmbH (DAkkS). Dem Antrag auf Notifizierung ist die Akkreditierungsurkunde der DAkkS beizufügen.

Bauproduktenrichtlinie Das hauptsächliche Anliegen der B. (Richtlinie des Rates der Europäischen Gemeinschaften zur Angleichung der Rechts- und Verwaltungsvorschriften der Mitgliedstaaten über Bauprodukte; BauPR; 89/106/EWG) war die Beseitigung von Handelshemmnissen. Die B. wurde zum 1.7.2013 vollumfänglich durch die Europäische →Bauproduktenverordnung ersetzt.

Bauproduktenverordnung Die BauPVO ((EU) Nr. 305/2011) wurde vom Europäischen Parlament und Europäischen Rat beschlossen und im April 2011 im Amtsblatt der EU veröffentlicht. Mit Inkrafttreten der B. am 1.7.2013 wurde die zuvor geltende Bauproduktenrichtlinie (BPR) von 1998 vollständig abgelöst. Die Bestimmungen dienen zur Festlegung harmonisierter Bedingungen für das Inverkehrbringen und die Vermarktung von Bauprodukten.

Jedes Produkt oder jeder Bausatz, das beziehungsweise der hergestellt und in Verkehr gebracht wird, um dauerhaft in Bauwerke oder Teile davon eingebaut zu werden, und dessen Leistung sich auf die Leistung des Bauwerks im Hinblick auf die Grundanforderungen an Bauwerke auswirkt, ist ein Bauprodukt. Inhaltlich geht es in der Verordnung wie bisher um die Beseitigung von Handelshemmnissen im Binnenmarkt. Dabei bleibt es bei der Besonderheit der mitgliedstaatlichen Zuständigkeit für die sich aus dem Bauwerk ergebenden Anforderungen an Bauprodukte. EU-rechtlich werden nur die Verfahren des Nachweises, dass ein Produkt diese Anforderungen auch erfüllt, vereinheitlicht. Dies geschieht in harmonisierten technischen Normen oder durch einzelproduktbezogene technische Bewertungen, die ein Hersteller bei den von den Mitgliedstaaten eingerichteten Technischen Bewertungsstellen beantragen kann. Anschließend ist er befugt und verpflichtet, die CE-Kennzeichnung aufzubringen und genau anzugeben, welches Anforderungsniveau das jeweilige Produkt in Bezug auf bestimmte Merkmale erreicht.

Neu ist die Pflicht zur Benennung nationaler Produktinformationsstellen für das Bauwesen. Die Verordnung lehnt sich hier an die schon nach der Verordnung über gegenseitige Anerkennung (VO [EG] 764/2008) eingeführten Produktinformationsstellen an. Informiert werden soll über Vorschriften bezüglich des Einbaus, der Montage oder der Installation von CE-gekennzeichneten Bauprodukten. Damit wird den Herstellern und Verwendern von Bauprodukten die Ermittlung der jeweils geltenden Anforderungen in den Mitgliedstaaten wesentlich erleichtert. In Deutschland nimmt die Produktinfostelle bei der Bundesanstalt für Materialforschung und -prüfung nun auch die Aufgaben nach der Bauproduktenverordnung (EU) Nr. 305/2011 wahr.

Durch einheitliche Anforderungen an notifizierte Prüf- und Zertifizierungsstellen sowie entsprechende Kontrollen soll deren Tätigkeit auf einem vergleichbar hohen Niveau gewährleistet werden. Marktüberwachungsbehörden prüfen in allen Mitgliedstaaten, ob die harmonisierten Bauprodukte zuverlässig sind, die deklarierten Leistungen erbracht und die Grundanforderungen an Bauwerke erfüllt werden.

Daneben enthält die B. Vorschriften, die gesundheitliche Belange berücksichtigen. Mit diesen müssen Bauwerke errichtet werden können, die gebrauchstauglich sind und den üblichen Regelungen entsprechen. „Es obliegt den Mitgliedstaaten sicherzustellen, dass auf ihrem Gebiet die Bauwerke des Hoch- und des Tiefbaus derart entworfen und ausgeführt werden, dass die Sicherheit der Menschen, der Haustiere und der Güter nicht gefährdet und andere wesentliche Anforderungen im Interesse des Allgemeinwohls beachtet werden."

Die B. gilt für alle Bauprodukte, soweit sie dauerhaft in Bauwerke des Hoch- und Tiefbaus eingebaut werden und für die Erfüllung der sieben Grundanforderungen von Bedeutung sind:

1. Mechanische Festigkeit und Standsicherheit
2. Brandschutz
3. Hygiene, Gesundheit und Umweltschutz
4. Sicherheit und Barrierefreiheit bei der Nutzung
5. Schallschutz
6. Energieeinsparung und Wärmeschutz

Diese sechs „wesentlichen Anforderungen" (Essential Requirements, ERs) der Bauproduktenrichtlinie wurden in der BauPVO in „Grundanforderungen an Bauwerke" (Basic requirements, BRs) umbenannt und um eine weitere Anforderung (Grundanforderung Nr. 7) ergänzt:

7. Nachhaltige Nutzung natürlicher Ressourcen

Diese Anforderung verlangt, dass Bauwerke so entworfen, errichtet und rückgebaut werden müssen, „dass der Gebrauch natürlicher Ressourcen nachhaltig ist und besonders Folgendes gewährleistet wird:

1. Wiederverwendung oder Recyclingfähigkeit der Bauwerke, ihrer Materialien und Teile nach dem Abriss;
2. Dauerhaftigkeit der Bauwerke;
3. Verwendung umweltverträglicher Rohstoffe und gebrauchter Materialien in den Bauwerken."

Zur Konkretisierung der sechs Anforderungen an Bauwerke wurden jeweils Grundlagendokumente geschaffen und Mitte 1993 verabschiedet. Für die neue Grundanforderung Nr. 7 und die erweitere Grundanforderung Nr. 3 können laut Bundesministerium für Verkehr, Bau und Stadtentwicklung (BMVBS) Umwelt-Produktdeklarationen (EPDs) nach EN 15804 als Nachweise herangezogen werden.

Diese Grundlagendokumente sollen primär als Bindeglied zwischen der allgemein formulierten Grundanforderung und den detaillierten technischen Spezifikationen dienen.

Neu ist auch, dass sich die Grundanforderung Nr. 3 nun auf den gesamten Lebenszyklus – von der Herstellung über die Nutzung bis hin zum Abriss – der Bauwerke bezieht. Im Grundlagendokument Nr. 3 "Hygiene, Gesundheit und Umweltschutz" werden folgende Gesichtspunkte abgehandelt:

- Umwelt im Innern von Gebäuden und äußere Umwelt
- Wasserversorgung und Entsorgung von Abwasser
- Entsorgung fester Abfälle

Das Bauwerk muss derart entworfen und ausgeführt sein, dass es während seines gesamten Lebenszyklus weder die Hygiene noch die Gesundheit und Sicherheit von Arbeitnehmern, Bewohnern oder Anwohnern gefährdet und sich über seine gesamte Lebensdauer hinweg weder bei Errichtung noch bei Nutzung oder Abriss insbesondere durch folgende Einflüsse übermäßig stark auf die Umweltqualität oder das Klima auswirkt durch:

- Freisetzung giftiger Gase;
- Emission von gefährlichen Stoffen, flüchtigen organischen Verbindungen, Treibhausgasen oder gefährlichen Partikeln in die Innen- oder Außenluft;
- Emission gefährlicher Strahlen;
- Freisetzung gefährlicher Stoffe in Grundwasser, Meeresgewässer, Oberflächengewässer oder Boden;
- Freisetzung gefährlicher Stoffe in das Trinkwasser oder von Stoffen, die sich auf andere Weise negativ auf das Trinkwasser auswirken;
- unsachgemäße Ableitung von Abwasser, Emission von Abgasen oder unsachgemäße Beseitigung von festem oder flüssigem Abfall;
- Feuchtigkeit in Teilen des Bauwerks und auf Oberflächen im Bauwerk.

Mit der Auslegung der Grundanforderung sollen bestehende und begründete Schutzniveaus bei Bauwerken in den Mitgliedstaaten aber nicht verringert werden.

Das Bauwerk muss den Bewohnern und Benutzern gesunde Raumverhältnisse bieten, wobei folgende Schadstoffe zu berücksichtigen sind:

- Stoffwechselprodukte, z.B. Wasserdampf, Kohlendioxid und Körpergeruch
- Verbrennungsprodukte, z.B. Wasserdampf, Kohlenmonoxid, Stickoxide, Kohlendioxid und Kohlenwasserstoffe
- Tabakrauch
- Flüchtige organische Verbindungen, z.B. Formaldehyd, Lösemittel
- Anorganische Teilchen, z.B. atembare und nicht atembare Schwebstoffe und Fasern
- Organische Teilchen einschließlich Mikroorganismen wie kleine Insekten, Protozoen, Pilze, Bakterien, Viren
- Radon und radioaktive Stoffe, die Gammastrahlung aussenden
- Emissionen elektrischer und elektronischer Geräte (Ozon usw.)

Diese können unerwünschte Auswirkungen haben, die von Unbehagen und Belästigungen bis zu physischen Gesundheitsbeeinträchtigungen reichen.
Ungesunde Innenraumluft kann gemäß B. durch folgende Schadstoffquellen entstehen:

- Baustoffe
- Technische Anlagen des Gebäudes einschließlich Feuerungsanlagen
- Einrichtungen und Armaturen
- Quellen in der Außenluft
- Untergrund des Gebäudes
- Prozesse und Tätigkeiten im Gebäude, wie Reinigung, Instandhaltung, Malerarbeiten, Polieren, Ungezieferbekämpfung, Kochen u.a.
- Menschen, Tiere und Pflanzen
- Heißwasserbereitungsanlagen

Zu den Baustoffen, die gemäß B. Schadstoffe in die Innenraumluft emittieren können, gehören Werkstoffe für Bodenbeläge, Raumteiler, Wände und Wandbeläge, Decken, Dämmstoffe, Farben und Lacke, Holzschutzmittel, Klebstoffe, Füller, Dampfsperren, elektrische Leitungen und Armaturen, Beschichtungen für Bodenbeläge, Mauerwerk, Kitte, Installationen usw.
Neben der Raumluftqualität nennt die Grundanforderung noch weitere Aspekte, welche die Nutzungseigenschaften von Räumen beeinflussen können. Dies sind:

- Temperaturregelung
- Beleuchtung
- Feuchtigkeit
- Lärm

Die Bauproduktenverordnung fordert eine CE-Kennzeichnung auf der Grundlage einer Leistungserklärung (Declaration of Performance, DoP) der Hersteller nach harmonisierten technischen Spezifikationen. Damit löst die Leistungserklärung (System der „Bewertung und Überprüfung der Leistungsbeständigkeit“) die Konformitätserklärung nach der Bauproduktenrichtlinie (Richtlinie 89/106/EWG) seit dem 1.7.2013 ab. Als harmonisierte technische Spezifikationen gelten wie bisher harmonisierte europäische Normen (hEN) – soweit diese vorliegen – und Europäische Bewertungsdokumente (European Assessment Document – EAD), die der Ausstellung von Europäischen Technischen Bewertungen (European Technical Assessment – ETA) dienen.
In der EU-BauPVO sind im Rahmen der „Bewertung und Überprüfung der Leistungsbeständigkeit“ vorgesehen

- die Bescheinigung der Leistungsbeständigkeit für das Produkt (Produktzertifizierung) und
- die Bescheinigung der Konformität der werkseigenen Produktionskontrolle (WPK-Zertifizierung).

Die (der Bauproduktenrichtlinie ähnlichen) Systeme sind im Anhang V der EU-BauPVO festgelegt. Sie sind abhängig von den Aufgaben des Herstellers und der Einbindung von Zertifizierungsstelle oder Prüflabor.
Hersteller können das anzuwendende System nicht auswählen. Die Kommission legt in delegierten Rechtsakten fest, welches System oder welche Systeme für welches Bauprodukt oder für welche Familie von Bauprodukten oder für ein bestimmtes wesentliches Merkmal anzuwenden ist. Die Systeme sind im Anhang ZA der harmonisierten Normen angegeben.
Mit der Erstellung (des neuen Instruments) der Leistungserklärung übernimmt der Hersteller die Verantwortung für die Konformität des Bauprodukts mit der erklärten Leistung.
Der Hersteller unterliegt außerdem einer Herausgabepflicht gegenüber nationalen Behörden, die sich auf alle Informationen und Unterlagen bezieht, die für den Nachweis der Konformität des Bauprodukts mit der Leistungserklärung und der Einhaltung sonstiger Anforderungen nach EU-BauPVO erforderlich sind. Dies umfasst insbesondere

- die technische Dokumentation,
- die Leistungserklärung,
- die Gebrauchsanleitung und Sicherheitsinformationen,
- ggf. die Bescheinigung der Leistungsbeständigkeit oder die Bescheinigung der Konformität der werkseigenen Produktionskontrolle und
- Prüfberichte für die Erstprüfung.

(vgl. Art. 11 EU-BauPVO)
Außerdem enthält die Verordnung eine wesentliche Verbesserung bei der Verfügbarkeit von Informationen über gefährliche Stoffe in der CE-Kennzeichnung. Angaben über enthaltene besonders besorgniserregende Stoffe nach der REACH-Verordnung (Kandidatenliste) oder ein Sicherheitsdatenblatt sind nun der Leistungserklärung beizufügen (Artikel 6, Absatz 5).
Gemäß Bericht der Kommission an das Europäische Parlament und den Rat nach Artikel 67 Absatz 1 der Verordnung (EU) Nr. 305/2011 vom 7.8.2014 (COM (2014) 511 final ist die Europäische Kom-

mission der Ansicht, dass für den Zweck der Konsolidierung des Binnenmarkts für Bauprodukte im Rahmen der Durchführung der Verordnung (EU) Nr. 305/2011 dem spezifischen Bedarf an Angaben über den Gehalt an gefährlichen Stoffen in Bauprodukten durch die geltenden Bestimmungen der B., insbesondere durch Artikel 4 in Verbindung mit Artikel 6 Absatz 5, hinreichend Rechnung getragen wird. Man sollte aber noch weiter klären, ob zusätzliche Möglichkeiten vorzusehen sind, um Endanwender über bestimmte in Bauprodukten vorhandene Stoffe zu informieren und damit ein hohes Maß an Gesundheitsschutz und Sicherheit von Arbeitnehmern, die Bauprodukte verwenden, und von Nutzern der Bauwerke zu gewährleisten, und zwar auch in Bezug auf die Anforderungen beim →Recycling und/oder bei der →Wiederverwendung von Bauteilen oder -materialien. Gegebenenfalls sollten dafür die relevanten, im EU-Recht vorgesehenen Instrumente eingesetzt werden.
Das UBA hält es für wichtig, die Informationspflichten aus der Umweltgesetzgebung der EU in der Leistungserklärung für Bauprodukte umzusetzen, insbesondere dort, wo bereits europäisch harmonisierte Anforderungen bestehen. Bei der Überprüfung setzt sich das UBA für eine Aufnahme der prioritären Stoffe im Bereich der Wasserpolitik in die Leistungserklärung ein.
→AgBB, →EPD, →REACH-Verordnung

Bauprodukt-Qualität Produktqualität ist die Übereinstimmung von Merkmalen des Produktes mit den Ansprüchen. Ansprüche unterschiedlicher Art an die Qualität von Bauprodukten stellen z.B. Gesetzgeber, Gebäudenutzer, Produzenten, Handel, Planer und Handwerker. Die B. setzt sich zusammen aus den drei Teilqualitäten:

- Gesundheitliche Qualität
- Umweltqualität
- Technische Qualität (Gebrauchstauglichkeit)

„Geeignete“ Bauprodukte erfüllen die Ansprüche an die drei Teilqualitäten nach Maßgabe des Gesetzgebers nach Bauproduktenverordnung, (Mindestanforderungen der Bauordnungen, →VV TB, Leistungserklärung →CE-gekennzeichneter Produkte). „Empfehlenswerte“ Bauprodukte erfüllen Ansprüche an die drei Teilqualitäten, die deutlich über die Mindestanforderungen des Gesetzgebers hinausgehen (→natureplus, →Blauer Engel, →EPD). „Ungeeignete“ Bauprodukte erfüllen nicht die Mindestansprüche des Gesetzgebers. Ein wesentliches Qualitätsmerkmal zur Beurteilung von B. für den →Innenraum stellen die vom Bauprodukt ausgehenden Emissionen dar (→Emissionsarme Bauprodukte, →AgBB-Schema, →Innenraum-Richtwerte).

Bauregellisten Im Einvernehmen mit den obersten Baubehörden der Bundesländer bzw. gem. deren Bauverordnungen gab das →DIBt dem →Bauproduktengesetz angeschlossene B. A und B sowie eine sog. Liste C bekannt. Diese stellen im Wesentlichen nationale Verzeichnisse technischer Regeln dar. Dabei handelt es sich um die auf ein Bauprodukt oder eine Produktgruppe bezogenen Produktnormen, die wiederum aus anerkannten oder aus noch nicht anerkannten Regeln der Technik (Vornormen) bestehen. Die technischen Regeln der Liste A gelten als sog. Technische Baubestimmungen und brauchen daher landesbaurechtlich nicht mehr als solche bekannt gemacht zu werden. Die Liste C enthält die sogenannten nicht geregelten Bauprodukte, denen durch die an sie gestellten bauordnungsrechtlichen Anforderungen nur eine geringe Sicherheitsrelevanz zukommt. Für diese Bauprodukte gibt es keine allgemein anerkannten Regeln der Technik oder technische Baubestimmungen; es entfallen der Verwendbarkeitsnachweis und infolgedessen auch der Übereinstimmungsnachweis.
Die Landesbauordnungen schreiben vor, dass die von den obersten Bauaufsichtsbehörden der Länder durch öffentliche Bekanntmachungen eingeführten technischen Regeln zu beachten sind. Das DIBt hat die Aufgaben, die technischen Regeln für Bauprodukte und Bauarten in den Bauregellisten A und B sowie Liste C aufzustellen und im Einvernehmen mit den obersten Bauaufsichtsbehörden der Länder bekannt zu machen. Die B. werden halbjährlich überarbeitet und vom DIBt herausgegeben.

<u>Bauregelliste A Teil 1</u>
In der Bauregelliste A Teil 1 werden Bauprodukte, für die es technische Regeln gibt (geregelte Bauprodukte), die Regeln selbst, die erforderlichen Übereinstimmungsnachweise und die bei Abweichung von den technischen Regeln erforderlichen Verwendbarkeitsnachweise bekannt gemacht.

<u>Bauregelliste A Teil 2</u>
Die Bauregelliste A Teil 2 gilt für nicht geregelte Bauprodukte, die entweder nicht der Erfüllung erheblicher Anforderungen an die Sicherheit baulicher Anlagen dienen und für die es keine allgemein anerkannten Regeln der Technik gibt oder

die nach allgemein anerkannten Prüfverfahren beurteilt werden.
Bauregelliste A Teil 3
Die Bauregelliste A Teil 3 gilt entsprechend für nicht geregelte Bauarten.
Bauregelliste B Teil 1
Die Bauregelliste B Teil 1 ist Bauprodukten vorbehalten, die aufgrund der Bauproduktenverordnung in Verkehr gebracht werden, für die es harmonisierte technische Spezifikationen und in Abhängigkeit vom Verwendungszweck Klassen und Leistungsstufen gibt.
Darüber hinaus sind Anwendungsnormen und Anwendungsregelungen für Bauprodukte und Bausätze nach technischen Spezifikationen (hEN, ETAG und ETA) nach der Bauproduktenverordnung in der Liste der Technischen Baubestimmungen enthalten.
Bauregelliste B Teil 2
In die Bauregelliste B Teil 2 werden Bauprodukte aufgenommen, die aufgrund der Vorschriften zur Umsetzung von Richtlinien der Europäischen Gemeinschaften in Verkehr gebracht werden, die CE-Kennzeichnung tragen und Grundanforderungen nach Artikel 3 Absatz 1 der Bauproduktenverordnung nicht berücksichtigen. Zusätzliche Verwendbarkeitsnachweise sind deshalb erforderlich.
Liste C
In die Liste C werden nicht geregelte Bauprodukte aufgenommen, für die es weder technische Baubestimmungen noch Regeln der Technik gibt, und die für die Erfüllung baurechtlicher Anforderungen nur eine untergeordnete Rolle spielen.
Die Gremien der Bauministerkonferenz haben einen Entwurf einer Novellierung der Musterbauordnung vorgelegt. Danach können von der Bauaufsicht für Bauprodukte mit CE-Kennzeichnung nach Bauproduktenverordnung (Verordnung (EU) Nr. 305/2011) keine nationalen Verwendbarkeits- und Übereinstimmungsnachweise verlangt werden. Demgemäß wird zukünftig bei allgemeinen bauaufsichtlichen Zulassungen für Bauprodukte mit CE-Kennzeichnung nach der Bauproduktenverordnung die Funktion als Verwendbarkeitsnachweis im Sinne der Landesbauordnungen entfallen und die Verwendung des Ü-Zeichens nicht mehr zulässig sein.
Diese Änderungen sind zeitgleich mit der vollständigen Aufhebung der Bauregelliste B Teil 1 und sonstiger Zusatzanforderungen an harmonisierte Bauprodukte in anderen Regelwerken zum 15.10.2016 erfolgt und die novellierten Landesbauordnungen in Kraft getreten. →Geregelte Stoffe, →VV TB, →Musterbauordnung

Baurestmassen Zu den B. (Österreich) gehören →Bauschutt, mineralischer Straßenaufbruch und Baustellenabfälle. →Baurestmassentrennverordnung, Leitfaden zum richtigen Umgang mit Baurestmassen auf Baustellen (WKO 2017)

Baurestmassendeponie Die B. ist ein Deponietyp gem. österreichischer →Deponieverordnung für Baurestmassen. →Baurestmassen, die ohne Gesamtbeurteilung für die Ablagerung auf B. und →Massenabfalldeponien geeignet sind, sofern sie bei Abbruch- oder Sanierungsarbeiten anfallen, sind: Beton, Silikatbeton, Gasbeton, Ziegel, magnesit- und zementgebundene Holzwolledämmbauplatten, zementgebundener Holzspanbeton, Porzellan, Mörtel und Verputze, Kies, Sand, Asphalt, Bitumen, Glas, Faserzement, Asbestzement, Klinker, Fliesen, Kalksandstein, Natursteine, gebrochene natürliche Mineralien, Mauersteine auf Gipsbasis, Stuckaturmaterialien, Kaminsteine und Schamotte aus privaten Haushalten. Bauwerksbestandteile aus Metall, Kunststoff, Holz, Papier, Kork usw. dürfen insgesamt höchstens in einem Ausmaß von 10 Vol.-% enthalten sein. Baustellenmischabfall darf nicht enthalten sein. Sofern es sich nicht um die vorhin angeführten, taxativ aufgezählten Baurestmassen handelt, muss der Anteil an organischem Kohlenstoff unter 3 % liegen. Die Deponiebasisdichtung ist mit einer mindestens zweilagigen, mineralischen Dichtungsschicht von mindestens 50 cm Gesamtdicke herzustellen.

Baurestmassentrennverordnung Mit der B. (BGBL Nr 259/1991) wurde die mit 1.1.1993 in Österreich in Kraft getretene „Verordnung über die Trennung von bei Bautätigkeiten anfallenden Materialien“ bezeichnet. Sie schrieb für Bau- oder Abbruchtätigkeiten in Abhängigkeit von bestimmten Mengenschwellen eine Trennung in Stoffgruppen vor. Mit Inkrafttreten der Recycling-Baustoffverordnung am 1.1.2016 (BGBl. II Nr. 181/2015) ist die B. außer Kraft getreten. Das Ziel der Recycling-Baustoffverordnung ist insbesondere die Sicherstellung einer hohen Qualität von bei Bau- und Abbruchtätigkeiten anfallenden Abfällen, um das Recycling dieser Abfälle zu fördern. Die Verordnung legt Anforderungen fest, die beim Abbruch von Bauwerken zu erfüllen sind, wie die Durchführung einer Schadstoff- und Störstofferkundung und ein geordneter sowie verwertungsorientierter Rückbau von Bauwerken. →Abfallnachweisverordnung, →Abfallverzeichnisverordnung

Bauschutt B. sind mineralische Stoffe aus Bau-, Umbau- und Abbruchtätigkeiten, auch mit geringfügigen Fremdanteilen (TA-Siedlungsabfall Ziff. 2.2.1). Nichtkontaminierter B. muss einer Bauschuttaufbereitung zugeführt werden, z.B. für den Einsatz im Straßen- und Wegebau oder als Zuschlagstoff. Der Fremdkörperanteil an nichtmineralischen Anteilen ist mit 5 Vol.-% beschränkt. B. mit einem höheren Fremdkörperanteil darf in dieser Zusammensetzung nicht verwertet werden. →Abfall, →Abfallschlüssel der →Abfallverzeichnisverordnung

Baustellenabfälle Gemisch aus Abfällen wie Holz, Metallen, Kunststoffen, Pappen, organischen Resten, Sperrmüll und geringem Anteil an mineralischem Bauschutt, das bei Bautätigkeiten anfällt und erst nach Sortierung direkt auf der Baustelle und Getrennthaltung der Fraktionen nach Vorgabe der VOB verwertet werden kann. Die Entsorgung von Bauabfällen ist nach den Festlegungen der ATV DIN 18299 Abschnitt 4.1.12 und 4.2.12 VOB/C „Besondere Leistungen" und in gesonderten Positionen zu erfassen. (Kosten sparen durch abfallarmes Bauen, Sonderabfallgesellschaft Brandenburg/Berlin), →Bau- und Abbruchabfälle, →Abfall, →Abfallverzeichnisverordnung

Baustellenbeton Beton, der auf der Baustelle vom Verwender des Betons für seine eigene Verwendung hergestellt wird.

Baustellenverordnung Die B. (BaustellV) vom 10.6.1998, zuletzt geändert durch Art. 27 G vom 27.6.2017 (BGBl. I S.1966), dient der Verbesserung von Sicherheit und Gesundheitsschutz der Beschäftigten auf Baustellen und stellt damit eine Konkretisierung von § 4 des →Arbeitsschutzgesetzes dar. Die B. regelt u.a.:

- Die Vorankündigung (§ 2):
  Diese ist der zuständigen Behörde vor Einrichtung einer Baustelle zu übermitteln, wenn die vorauss. Dauer der Arbeiten mehr als 30 Arbeitstage beträgt und auf der Baustelle mehr als 20 Beschäftigte gleichzeitig tätig werden oder der Umfang der Arbeiten voraussichtlich 500 Personentage überschreitet oder auf der Baustelle mehrere Arbeitgeber tätig werden.
- Den Sicherheits- und Gesundheitsschutzplan (SiGe-Plan):
  Der SiGe-Plan ist vor Einrichtung der Baustelle zu erstellen, wenn eine Vorankündigung zu übermitteln ist oder wenn auf der Baustelle, auf der mehrere Arbeitgeber tätig werden, gefährliche Arbeiten nach Anhang II der B. ausgeführt werden.
- Die Koordinierung:
  Auf Baustellen mit mehreren Arbeitgebern ist ein SiGe-Koordinator zu bestellen (§ 3).

Baustoffdatenbanken In B. werden Informationen zu Umwelt- und Gesundheitsaspekten von Bauprodukten bzw. Bauproduktgruppen über den gesamten Lebenszyklus des Baustoffs hinweg zusammengetragen. Diese webbasierten ökologischen Baustoffinformationssysteme werden von unterschiedlichen Institutionen erstellt. Die gängigsten B. werden vom Bundesministerium zentral und unabhängig verwaltet. Hierzu gehören die →Ökobaudat, →WECOBIS und die →Umwelt-Produktdeklarationen (→EPD). Darüber hinaus gibt es weitere von verschiedenen Verfassern geführte B., z.B. die webbasierten Plattformen Gute Baustoffe und Forum Nachhaltiges Bauen.

Baustoffklassen Die bauordnungsrechtlichen Anforderungen zum Brandschutz an bauliche Anlagen und Bauprodukte sind seit Juni 2016 neu in den Technischen Baubestimmungen der Musterverwaltungsvorschrift (→MVV TB) der Musterbauordnung in Kapitel A 2 Brandschutz sowie Anhang 4 konkretisiert. Landesbauordnungen (LBO) setzen die brandschutzrechtlichen Anforderungen aus der MVV TB um. Ergänzend geben Sonderbauverordnungen und Richtlinien vor, welche Baustoffklassen in den jeweiligen Konstruktionen verwendet werden dürfen.
Die B. geben die Klassifizierung von Baustoffen hinsichtlich ihres Brandverhaltens an. Die Bedingungen dafür werden in der bis auf Weiteres gültigen DIN 4102-1:1998-05 festgehalten. Zur Einteilung in die B. werden auch Rauchentwicklung und die Gefahr des brennenden Abtropfens geprüft. Die DIN erläutert darüber hinaus die Prüfbedingungen für Bauteile und deren Einstufung in →Feuerwiderstandsklassen. Die DIN 4102 wird zukünftig durch die europäischen Normen DIN EN 13501 Teil 1 und 2 und durch DIN EN 1634-1 abgelöst werden. Bisherige Baustoffklassen nach DIN 4102:

- A: Nicht brennbar
- A1: Nicht brennbar, ohne oder nur geringe organische (brennbare) Bestandteile; Bsp.: Sand, Mineralfaserplatten
- A2: Nicht brennbar, mit organischen (brennbaren) Bestandteilen; Bsp.: Gipskartonplatten
- B: Brennbar
- B1: Brennbar, schwerentflammbar; Bsp.: Korkerzeugnisse
- B2: Brennbar, normal entflammbar; Bsp.: Holz mit mehr als 2 mm Dicke und einer Rohdichte von mehr als 400 kg/m^3
- B3: Brennbar, leicht entflammbar; Bsp.: Holz mit weniger als 2 mm Dicke und einer Rohdichte von weniger als 400 kg/m^3

Seit Veröffentlichung in der Bauregelliste 2002/1 ist das europäische Klassifizierungssystem DIN EN 13501 für die Beurteilung des Brandverhaltens von Baustoffen und Bauprodukten in das deutsche Baurecht eingeführt. Für national durch Normen oder Verwendbarkeitsnachweise geregelte Bauprodukte ist die Klassifizierung des Brandverhaltens sowohl nach DIN 4102 als auch nach DIN EN 13501-1 möglich. Zur Einstufung neu zugelassener Baustoffe wird nur noch die DIN EN 13501-1 verwendet und bei harmonisierten europäischen Zulassungen (z.B. eine europäisch-technische Zulassung ETA), die mit dem CE-Kennzeichen ausgestattet sind, ist eine Klassifizierung nach der DIN EN 13501 zwingend erforderlich. Im Unterschied zur nationalen Klassifizierung nach DIN 4102-1 beinhaltet die europäische Klassifizierungsnorm ein deutlich größeres Spektrum an Klassen und Kombinationen. So werden neben dem Brandverhalten erstmals auch Brandnebenerscheinungen wie Rauchentwicklung und brennendes Abtropfen/Abfallen berücksichtigt und in Klassen eingeteilt. Zwar ist dies auch in der DIN 4102-1 bereits geprüft und beurteilt worden; die Ergebnisse wurden allerdings nicht direkt in der Kennzeichnung durch Zusatze angeführt, sondern im Prüfbericht bzw. Verwendbarkeitsnachweis niedergelegt.

Nach den außer Kraft getretenen Prüfzeichenverordnungen der Länder war für Baustoffe der Klassen A2 und B1 ein Prüfbescheid des →Deutschen Instituts für Bautechnik erforderlich. Baustoffe, die nach ihrem Einbau der B. B3 zuzuordnen sind, durften für bauliche Anlagen nicht verwendet werden. Baustoffe der B. B2 durften nur für bestimmte Zwecke eingesetzt werden, oder sie mussten mit einem →Brandschutzanstrich versehen sein und dadurch die Eigenschaften eines B1-Baustoffs erhalten. Die B. sagen nichts über die beim Brand freiwerdenden Stoffe und die damit verbundenen Gefährdungen von Mensch und Umwelt aus (→Brandverhalten von Baustoffen).

Für den Nachweis der Baustoffklasse nach DIN 4102 bestehen zwei Möglichkeiten:

- Die zu beurteilenden Baustoffe sind in DIN 4102-4 Abschnitt 2 „Klassifizierte Baustoffe" aufgeführt. Es gilt dann die dort angegebene Baustoffklasse ohne jeden weiteren Nachweis.
- Die Baustoffklasse muss auf Grundlage von Brandversuchen nach DIN 4102-1 durch eine Allgemeine bauaufsichtliche Zulassung (AbZ) des Deutschen Instituts für Bautechnik, Berlin, nachgewiesen werden.

Werden Verbundbaustoffe klassifiziert, so müssen sie als Gesamtheit geprüft werden. Eine einfache Auflistung der Baustoffklassen der Einzelbaustoffe des Verbundelementes ist nicht ausreichend. Wenn für den Nachweis dieser Eigenschaften die in der DIN 4102 vorgesehenen Prüfungen nicht ausreichen, sind weitere Nachweise, z.B. im Rahmen der Erteilung einer Allgemeinen bauaufsichtlichen Zulassung, zu erbringen. Für Einzelobjekte ist auch eine Zustimmung im Einzelfall (ZiE) durch die oberste Bauaufsichtsbehörde der jeweiligen Länderregierungen möglich.

Verwendbarkeitsnachweise: Allgemeine bauaufsichtliche Zulassungen und Prüfzeugnisse werden für ungeregelte Bauprodukte und Bauarten erteilt. Die Verwendbarkeit entsprechender Baustoffe und Bauarten ergibt sich aus der Übereinstimmung mit den allgemeinen bauaufsichtlichen Zulassungen / Prüfzeugnissen.

Allgemeine bauaufsichtliche Prüfzeugnisse (AbP) werden für ungeregelte Bauprodukte und Bauarten erteilt, deren Verwendung nicht der Erfüllung erheblicher Anforderungen an die Sicherheit baulicher Anlagen dient. Die Erteilung erfolgt durch anerkannte Prüfstellen.

Allgemeine bauaufsichtliche Zulassungen (AbZ) weisen die Verwendbarkeit eines Zulassungsgegenstandes im Sinne der Landesbauordnung nach. Sie werden vom Deutschen Institut für Bautechnik (DIBt), Berlin, für Bauprodukte und Bauarten erteilt, soweit für diese noch keine europäischen harmonisierten Spezifikationen vorliegen und sie ferner auch nicht durch deutsche Normen oder Vorschriften geregelt sind.

Tabelle B5: Bauaufsichtliche Anforderungen und Zuordnung der Baustoffklassen nach DIN 4102-1:1998-0 für Baustoffe gemäß Tabelle 1.2.1 der MVV TB

Bauaufsichtliche Anforderung nach A 2.1.2	Mindestens geeignete Baustoffklassen nach DIN 4102-1:1998-05 und weitere Angaben
nicht brennbar[1]	A 2
schwer entflammbar	B 1 und begrenzte Rauchentwicklung (I ≤ 400 % x Min. bei Prüfung nach DIN 4102-5:1990-05)
schwer entflammbar und nicht brennend abfallend oder abtropfend	B 1 und nicht brennend abfallend oder abtropfend sowie begrenzte Rauchentwicklung (I ≤ 400 % x Min. bei Prüfung nach DIN 4102-5:1990-05)
schwer entflammbar und geringe Rauchentwicklung	B 1 und geringe Rauchentwicklung (I ≤ 100 % x Min. bei Prüfung nach DN 4102-15:1990-05)
schwer entflammbar und nicht brennend abfallend oder abtropfend sowie geringe Rauchentwicklung	B 1 und nicht brennend abfallend oder abtropfend sowie geringe Rauchentwicklung (I ≤ 100 % x Min. bei Prüfung nach DIN 4102-15:1990-05)
normal entflammbar nicht brennend abfallend oder abtropfend	B 2
normal entflammbar	B 2 (auch brennend abfallend oder abtropfend)
[1]ggf. zusätzlich Schmelzpunkt > 1000 °C	Angabe: Schmelzpunkt von mindestens 1000 °C nach DIN 4102-17:1990-12

Europäische technische Zulassungen (ETA) werden von den in der Europäischen Organisation für Technische Zulassungen (EOTA) zusammengeschlossenen nationalen Zulassungsstellen erlassen. Sie gelten in allen Mitgliedsstaaten der Europäischen Union. In Deutschland ist das Deutsche Institut für Bautechnik (DIBt) für die Erteilung europäischer Zulassungen zuständig.
Für die Klasse B1 und B2 – ausgenommen Bodenbeläge – sind Prüfungen nach DIN 4102-1 über das brennende Abtropfen oder das Abfallen brennender Probenteile sowie zusätzlich für die Klasse B1 zur Rauchentwicklung durchzuführen. Treten brennendes Abtropfen/Abfallen auf bzw. wird der Grenzwert für die Rauchentwicklung überschritten, ist dies zusätzlich zur Baustoffklassifizierung anzugeben. Für Bauprodukte nach derzeit vorhandenen europäisch harmonisierten Spezifikationen (europäische harmonisierten Normen, nach den Europäischen Technischen Zulassungen) müssen zum Brandschutz die notwendigen Zuordnungen von Angaben zu Leistungen sowie zugehörige Verwendbarkeits- und Ausführungsbestimmungen gemäß den Anforderungen der Technischen Regel in der MVV TB beachtet sein. Bauprodukte können aufgrund von EU-Rechtsvorschriften (Entscheidungen, Delegierte Rechtsakte) ohne weitere Prüfung hinsichtlich des Brandverhaltens klassifiziert werden.
In Österreich wurde die ÖNORM B 3800-1 „Brandverhalten von Baustoffen und Bauteilen; Baustoffe: Anforderungen und Prüfungen“ durch die ÖNORM 13501-1 abgelöst. Die ÖNORMEN B 3800-2 „Brandverhalten von Baustoffen und Bauteilen – Bauteile: Begriffsbestimmungen, Anforderungen, Prüfungen“ und B 3800-3 „Brandverhalten von Baustoffen und Bauteilen – Sonderbauteile: Begriffsbestimmungen, Anforderungen, Prüfungen“ wurden durch die ÖNORM EN 13501-2 „Klassifizierung von Bauprodukten und Bauarten zu ihrem Brandverhalten – Teil 2: Klassifizierung mit den Ergebnissen aus den Feuerwiderstandsprüfungen, mit Ausnahme von Lüftungsanlagen“ ersetzt. Die ÖNORM B 3810 „Brandverhalten von Bodenbelägen“ wurde ebenfalls durch die ÖNORM 13501-2 ersetzt.

Tabelle B6: Bauaufsichtliche Anforderungen und Zuordnung der Baustoffklassen nach DIN EN 13501-1 für Baustoffe gemäß Tabelle 1.3.1 der MVV TB

Bauaufsichtliche Anforderungen, konkretisiert durch A 2.1.2	Mindestens geeignete Klassen nach DIN EN 13501-1:2010-01		
	Bauprodukte, ausgenommen lineare Rohrdämmstoffe und Bodenbeläge	lineare Rohrdämmstoffe	Bodenbeläge
nicht brennbar[1]	A2 – s1,d0	$A2_L$ – s1,d0	$A2_{fl}$ – s1
schwer entflammbar und nicht brennend abfallend oder abtropfend sowie geringe Rauchentwicklung	C – s1,d0	C_L – s1,d0	–
schwer entflammbar und nicht brennend abfallend oder abtropfend	C – s3,d0	C_L – s3,d0	–
schwer entflammbar und geringe Rauchentwicklung	C – s1,d2	C_L – s1,d2	C_{fl} – s1
schwer entflammbar	C – s3,d2	C_L – s3,d2	C_{fl} – s1
normal entflammbar und nicht brennend abfallend oder abtropfend	E	E_L	–
normal entflammbar	E – d2	E_L – d2	E_{fl}
[1]ggf. zusätzlich Schmelzpunkt > 1000 °C	–	–	–

Teile der ÖNORM B 3800 verbleiben in der Restnorm ÖNORM A 3800-1, um die Schwerbrennbarkeit von Materialien, die keine Bauprodukte darstellen, zu prüfen und zu beurteilen.

Das Europäische Klassifizierungssystem des Brandverhaltens nach DIN EN 13501erhöht bzw. erweitert die Anforderungen an das Brandverhalten von Baustoffen deutlich. Das Klassifizierungssystem sieht sieben Baustoffklassen vor (A1, A2, B, C, D, E, F) und baut auf vier verschiedenen Prüfverfahren und einem sogenannten „Referenzszenario" auf. Durch die Anwendung einer harmonisierten Norm ergibt sich eine Vergleichbarkeit in den Mitgliedsstaaten der EU, in denen noch mehr als 30 unterschiedliche Prüfverfahren angewendet werden. Der Kern der Norm ist der SBI-Test („Single Burning Item" – einzelner brennender Gegenstand). Dem SBI-Test müssen sich die Baustoffe der Euroklassen A2 bis D unterziehen. In kritischen Fällen wird der „Room-Corner-Fire-Test" (bei dem in einer Raumecke ein Brand simuliert wird) ebenfalls in die Bewertung einbezogen. Die Grenzwerte der Euroklassen A1/2 bis E beruhen in jedem Fall auf denen des „Room-Corner-Tests" nach ISO 9705-1:2016-02. Anhand der Ergebnisse aus diesem Versuch werden die getesteten Produkte in die entsprechenden Euroklassen eingeteilt. Die Grenzen zwischen den einzelnen Klassen werden durch die Zeitspanne bis zum Vollbrand, dem „Flashover", festgelegt. Die Bauprodukte der Klassen A1, A2 und B führen nicht zum Flashover, während die brennbaren Bauprodukte der Klassen C, D, E oder F diesen gefährlichen Zeitpunkt recht schnell erreichen (Klasse D = 10 Minuten; Klasse E = 2 Minuten). Für die im Falle eines Brandes auch auftretenden Erscheinungen (sog. Brandnebenerscheinungen) wie Rauch und brennendes Abtropfen wurden ebenfalls Grenzwerte festgelegt. Für Rauch gelten zukünftig die Klassen S1, S2 und S3 sowie im Fall brennend abtropfender Baustoffe die Klassen D0, D1 und D2. Solange nationale und europäische Normen vielfach noch parallel gelten, können national durch Normen oder Verwendbarkeitsnachweise geregelte Bauprodukte sowohl nach DIN 4102 als auch nach DIN EN 13501-1 hinsichtlich ihres Brandverhaltens klassifiziert werden.

Bodenbeläge werden in einem gesonderten Klassifizierungssystem behandelt und enthalten das Kürzel „fl" (Floorings).

Der Nachweis von Bauprodukten ist im europäischen Normensystem auf zwei Wegen möglich:

- Beinhaltet die für das jeweilige Bauprodukt gültige harmonisierte europäische Produktnorm eine Liste zur Klassifizierung des Brandverhaltens ohne weitere Prüfung (CWFT = Classifikation without further testing), so wird das Bauprodukt hierüber direkt nach DIN EN 13501-1 klassifiziert.

- Bei Bauprodukten, die nicht in einer CWFT-Liste aufgeführt sind, sind Prüfungen entsprechend der angegebenen Normen erforderlich. Anschließend erfolgt auf Grund der Prüfergebnisse eine Klassifizierung nach DIN EN 13501-1 mit dem dazugehörigen Klassifizierungsbericht.

Baustroh Stroh ist ein Abfallprodukt bei der Getreideernte und zählt somit zu den nachwachsenden Rohstoffen. Es weist eine positive Ökobilanz auf, ist preisgünstig und wird für die Herstellung von B.-Ballen verwendet. Die Rohballen werden mittels landwirtschaftlicher Ballenpressen ohne weitere Zusätze aus den trockenen Halmen der heimischen Getreidesorten Weizen, Gerste und Roggen direkt bei der Getreideernte in Form gepresst. Für die Herstellung von B.-Ballen ist möglichst langes und in seiner Halmstruktur intaktes Stroh vorteilhaft.
Die Strohballen finden vorwiegend Anwendung als nichtdruckbelasteter wandbildender Wärmedämmstoff im Holzrahmenbau. Sie werden in die Gefache eingebracht und anschließend zum Schutz gegen Eindringen von Feuchtigkeit mit Lehm- oder Kalkputzen verputzt oder mit Holzelementen verkleidet. Für die Verwendung von B.-Ballen als Wärmedämmstoff gibt es eine Allgemeine bauaufsichtliche Zulassung, bei deren Einhaltung eine Baugenehmigung in der Regel ohne jegliche Schwierigkeiten erteilt wird.
Die Ballen können außerdem für Wand- und Dachkonstruktionen verwendet werden. Für den Einsatz der B.-Ballen als tragende Konstruktion zur Aufnahme der vertikalen Lasten muss in Deutschland eine Genehmigung im Einzelfall eingeholt werden, da diese Bauweise nicht der Allgemeinen bauaufsichtlichen Zulassung entspricht.
Um als Baustoff Verwendung zu finden, muss das Stroh im eingebauten Zustand eine Dichte von 90 bis 110 kg/m^3 und einen Feuchtegehalt von maximal 15 % aufweisen. Bei fachgerechter Verarbeitung und Einhaltung der Werte ist das Stroh ausreichend vor Schädlings- und Schimmelbefall geschützt, sodass eine chemische Behandlung der Ballen nicht erforderlich ist. Strohballen werden in die Baustoffklasse nach DIN 4102 als B2 normal entflammbar eingestuft. Durch das Verputzen können Bauteile mit Brandschutzeigenschaften bis zu F90B hergestellt werden.
Die beste Wärmedämmwirkung mit Strohballen wird erreicht, wenn die Halme senkrecht zum Wärmedurchgang ausgerichtet sind.
Die Realisierung von Passivhäusern ist aufgrund der Wärmeleitfähigkeit in Strohballenbauweise bei einer ausreichenden Gesamtwandstärke möglich.
Planern und Ausführenden muss die DIBt-Zulassung Z-23.11-1595, 2014 sowie das „Merkblatt Verarbeitung von Baustroh" und die Strohbaurichtlinie SBR 201 bekannt sein. Deklarationsnummer von Baustroh: EPD-FASBA-2014-1-ECOINVENT
→Stroh

Bautenschutzmittel →Hydrophobierungsmittel

Bautenschutzplatte →Gummi-Bautenschutzbahnen und -platten

Bau- und Abbruchabfälle B. sind Abfälle des Kapitels 17 der Abfallverzeichnisverordnung und der Gruppen
01: Beton, Ziegel, Fliesen und Keramik
02: Holz, Glas und Kunststoff
03: Bitumengemische, Kohlenteer und teerhaltige Produkte
04: Metalle (einschl. Legierungen)
05: Boden (einschl. Aushub von verunreinigten Standorten), Steine und Baggergut
06: Dämmmaterial und asbesthaltige Baustoffe
08: Baustoffe auf Gipsbasis
09: Sonstige Bau- und Abbruchabfälle
Innerhalb der Gruppen sind die B. weiter unterteilt in gefährliche (früher: besonders überwachungsbedürftige) Abfälle und überwachungsbedürftige Abfälle. Beispielsweise
17 06 Dämmmaterial und asbesthaltige Baustoffe:
17 06 01* Dämmmaterial, das Asbest enthält
17 06 03* anderes Dämmmaterial, das aus gefährlichen Stoffen besteht oder solche Stoffe enthält
17 06 04 Dämmmaterial mit Ausnahme desjenigen, das unter 17 06 01 und 17 06 03 fällt
17 06 05* asbesthaltige Baustoffe
→Abfallschlüssel, →Abfallablagerungsverordnung, →Gewerbeabfallverordnung, →Altholzverordnung

Bauwerksabdichtung Schutz von Bauwerken gegen das Eindringen von Wasser in flüssiger oder gasförmiger Form. Als Bauleistung nach VOB Abdichtung gegen drückendes Wasser und Abdichtung gegen nicht drückendes Wasser.

Bauxit B. ist der Rohstoff für die Herstellung von →Hüttenaluminium. Das Erzgemisch besteht aus

Aluminiumhydroxid, Eisenoxid, Siliciumoxid und verschiedenen Verunreinigungen. Der Aluminiumoxidgehalt variiert dabei von 30 bis zu 60 %. B. wird im Tagebau gewonnen, zerkleinert, getrocknet und zermahlen. Es gibt große, weltweite Vorkommen (rund 23 Mrd. t). Hauptförderländer sind Australien, Westafrika, Brasilien und Jamaica. Der in Deutschland verarbeitete B. stammt vor allem aus Guinea, Guyana und Australien (1995). Zu Tonerde verarbeiteter B. wird vor allem aus Jamaika, Irland und Italien importiert (1995). Weltproduktion 274 Mio. t (2014), davon Australien 80 Mio. t, China 60 und Brasilien 35 Mio. t. Bei der Gewinnung von Bauxit treten starke Erdbewegungen auf.

BDB Der Bundesverband Deutscher Baustoff-Fachhandel zählt in Deutschland ca. 1.000 Mitglieder und rund 2.100 Betriebsstätten. Rund 100 dieser Betriebe haben sich zur „Initiative Fachhandel für Naturbaustoffe im BDB" zusammengeschlossen. Sie bieten neben einem umfassenden Sortiment ökologischer Baustoffe hohe Kompetenz auf dem Gebiet des ökologischen Bauens. Der BDB unterstützt als Mitglied des Vorstands das europäische Qualitätszeichen für zukunftsfähige Bauprodukte →natureplus.

Becquerel Abk. Bq, Einheit für den radioaktiven Zerfall. Gibt die Anzahl der radioaktiven Umwandlungen pro Sekunde an. →Radioaktivität

Befall mit Algen und Pilzen Das Problem der Algen- und Pilzbildung auf Fassaden und Dächern in jüngerer Zeit ist auf mehrere Gründe zurückzuführen: Früher verhinderten der Schadstoffgehalt im Regenwasser bzw. in der Luft, insbesondere das Schwefeldioxid, der höhere Wärmestrom von Fassaden mit schlechterer Wärmedämmung sowie das bessere Abtrocknungsverhalten mineralischer Beschichtungen den Befall. Begünstigt wird der Befall primär von länger anhaltender Feuchtigkeit auf der Fassade. Der Befall beeinträchtigt die Funktionsfähigkeit der Beschichtungen in der Regel nicht, ist aber ein ästhetisches Problem. Eine verbreitete Methode zur Bekämpfung von B. sind →Biozide aus der Gruppe der →Algizide, →Fungizide oder andere biozide Wirkstoffe in →Beschichtungsschutzmitteln. Häufig werden Kombinationen aus mehreren Wirkstoffen zugleich angewendet. Mit diesen Wirkstoffen wird zwar eine vorbeugende und verzögernde Wirkung erreicht, ein dauerhaftes Ausbleiben vom B. kann aber nicht gewährleistet werden. Einen Sonderfall stellen Sanierlösungen vor Renovationen dar. Diese flüssig zu applizierenden Desinfektionsmittel aus Produktart 2 enthalten vor allem quartäre Ammoniumverbindungen zur Bekämpfung von Algen und Pilzen an befallenem Mauerwerk oder Verputz. Diese Lösungen gelten als →Biozidprodukte.

Der beste und umweltfreundlichste Schutz vor B. sind konstruktive Maßnahmen, wie Dachüberstände, Verblechungen, Tropfkanten, Abdeckung von Mauerkronen, Spritzwasserschutz usw. Dabei gilt der Grundsatz: Was trocken bleibt, bleibt algenfrei. Weniger die Feuchte durch Regenwasser ist allerdings von Bedeutung, da die großen Tropfen relativ rasch ablaufen, sondern die Feuchte durch Kondensation, die in der zweiten Nachthälfte – bedingt durch den Temperaturabfall und die Wärmeverluste durch Abstrahlung – auf gedämmten Fassaden auftreten. Die kleinen Tropfen rollen auch nicht von einer „Lotusblüten"-Fassade ab, einer stark hydrophoben Beschichtung, sondern werden vom Material aufgenommen. Entscheidend ist deshalb, dass bei Beschichtungen die Verdunstungsrate immer größer sein sollte als die Wasseraufnahmerate im Jahresverlauf. Wenn die Putze außerdem eine gewisse Wärmespeicherfähigkeit aufweisen, dann unterschreitet die Oberflächentemperatur selten die Kondensationstemperatur und die Fassade bleibt länger trocken. Ein schnelles Rücktrocknungsverhalten und thermische Masse bringen dickschichtige, mineralische Beschichtungen mit. Diese sind meistens frei von →Bioziden. Beheizbare Fassaden sind nicht geeignet, da die Energieeinsparung damit wieder zunichtegemacht wird. Hinweise zum Vorbeugen vor Befall sind den UBA-Merkblättern 1-5 „Entscheidungshilfen zur Verringerung des Biozideinsatzes an Fassaden" zu entnehmen.

Behaglichkeit Jeder Mensch steht in einem ständigen energetischen Austausch mit seiner Umwelt. Das Gebäude stellt neben der Kleidung eine weitere Hülle dar, die den Menschen umgibt und von der Außenluft trennt. Diese „dritte Haut" soll den thermischen Behaglichkeitsbedürfnissen der Bewohner möglichst gut angepasst sein. Das Behaglichkeitsempfinden von Menschen hängt – in Abhängigkeit von den vielfältigen energetischen Austauschprozessen mit der Umwelt – von einer Reihe von Parametern ab. Die wichtigsten sind:

- Raumlufttemperatur
- Strahlungstemperatur der Oberflächen
- Luftgeschwindigkeit

- Luftfeuchte
- Kleidung
- Beleuchtung

Neben diesen Faktoren entscheiden individuell stark unterschiedliche physische und psychische Zustände in Reaktion auf äußere Reize und inneren Zustand über Empfindungen wie „zu warm", „zu kalt", „angenehm". Die thermische Behaglichkeit ist in zwei Richtlinien wie folgt definiert:

Thermische Behaglichkeit nach DIN 1946-2:1994-01; thermische Behaglichkeit ist dann gegeben, wenn der Mensch Lufttemperatur, Luftfeuchte, Luftbewegung und Wärmestrahlung in seiner Umgebung als optimal empfindet und weder wärmere noch kältere, weder trockenere noch feuchtere Raumluft wünscht.

Thermische Behaglichkeit nach DIN EN ISO 7730:2003; dort wird die thermische Behaglichkeit als Gefühl, das Zufriedenheit mit dem Umgebungsklima ausdrückt, definiert. (HCU Hamburg, Udo Dietrich)

In Gebäuden hängt das thermische Behaglichkeitsgefühl in erster Näherung von der Raumlufttemperatur und der Strahlungstemperatur ab. Kalte Oberflächen, die zu einer großen Temperaturdifferenz zwischen Körpertemperatur und den umgebenden Bauteilen führen, bedingen eine verstärkte Wärmeabgabe des Körpers durch Strahlung. Statt der Raumlufttemperatur sollte daher die empfundene →Raumtemperatur zur Beurteilung der Behaglichkeit herangezogen werden.

Ein weiteres wichtiges Kriterium für die thermische B. ist die thermische Qualität des Fußbodens. Bei Bekleidung mit leichtem Schuhwerk (Hausschuhe) entscheidet die Oberflächentemperatur über den Prozentsatz an unzufriedenen Personen (und ist daher bei Kellerdecken durch einen entsprechenden Wärmeschutz positiv beeinflussbar). Ohne Fußbekleidung stellt sich die Kontakttemperatur in Abhängigkeit der Temperaturen und Wärmeeindringkoeffizienten der beiden Oberflächen ein. B. ist ein wichtiger Aspekt bei der →Zertifizierung von nachhaltigen Gebäuden beim Kriterium Gesundheit, Behaglichkeit und Nutzerzufriedenheit der Hauptkriteriengruppe Soziokulturelle und funktionale Qualität. →Raumklima

Behandelte Ware Bei der Beurteilung, ob ein Produkt mit →Bioziden als eine behandelte Ware oder ein →Biozidprodukt zu betrachten ist, muss die primäre Funktion berücksichtigt werden. Ist die primäre Funktion des Produkts eine „biozide Funktion", handelt es sich um ein Biozidprodukt, z.B. →Holzschutzmittel aus Produktart 8. Ist die primäre Funktion jedoch „Farbe", z.B. Holz-, Dach- oder Fassadenfarben der Produktart 7, ist es dagegen eine B. und nicht zulassungspflichtig für das Inverkehrbringen. Eine B. darf aber nur in Verkehr gebracht werden, wenn der oder die zur Behandlung der Ware verwendeten Wirkstoffe für die betreffende Biozidproduktart notifiziert oder genehmigt wurden. Eine „primäre" Biozidfunktion soll im Vergleich zu den anderen Funktionen der B. einen höheren Rang, eine höhere Wichtigkeit oder einen höheren Stellenwert einnehmen. Trotz dieser Definitionen bleibt es manchmal schwierig, die Bedeutung der primären Biozidfunktion zu ermitteln. Sie muss dann fallweise gemäß der Verwendung der B. bestimmt werden, um eine B. von einem Biozidprodukt abzugrenzen. Eine B. ist meistens auch an der deutlich geringeren Biozidkonzentration erkennbar, z.B. Farben und Putze für Gebäude mit < 0,1 % bzw. < 1000 ppm pro Wirkstoff gegenüber Holzschutzmitteln oder →Antifoulings mit > 1 % pro Wirkstoff. Neben der Gefahrenkennzeichnung muss die Kennzeichnung von B. weitere Angaben umfassen, wenn Anpreisungen zu bioziden Eigenschaften gemacht werden. Dazu zählen insbesondere Hinweise, dass die behandelte Ware Biozidprodukte enthält und die Bezeichnung aller Wirkstoffe. Der Inverkehrbringer einer B. muss den VerbraucherInnen Angaben über die biozide Behandlung der B. abgeben. Erhält ein Hersteller, Importeur oder Händler von einem Verwender eine Anfrage, müssen erstere kostenlos innerhalb von 45 Tagen über die bioziden Eigenschaften/Behandlung informieren können. In der Werbung für eine B. muss nicht darauf hingewiesen werden, dass es sich um eine B. handelt.

Bekämpfender Holzschutz Voraussetzung für den B. ist „die eindeutige Feststellung der Art der Schadorganismen und des Befallsumfanges durch dafür qualifizierte Fachleute oder Sachverständige". Insbesondere bei Schäden durch holzzerstörende Insekten ist zu prüfen, ob ggf. aktiver Befall vorhanden ist. Nur dann ist ein B. überhaupt erforderlich. Im Fall von Pilzschäden geht DIN 68800-4 immer von aktivem Befall aus, da Pilze sehr lange in Trockenstarre bleiben können. Unter bestimmten Voraussetzungen (absolute Trockenheit, Nachweis, dass der Pilz abgestorben ist usw.) kann ggf. auch bei Pilzen auf B. verzichtet werden. Vor der Bekämpfung ist genau abzuwägen, welche Maßnahmen unter Berücksichtigung aller gegebenen Anwendungseinschränkungen durchgeführt werden sollen. Je nach Notwendigkeit sind holzzerstörende Pilze und Insekten wahlweise zu bekämpfen durch:

- Entfernung der befallenen Bauteile
- Trockenlegung
- Behandlung mit chemischen Mitteln
- Behandlung mit thermischen Verfahren, insbesondere durch Heißluft
- Behandlung mit Gasen

Grundlage einer Bekämpfungsmaßnahme ist DIN 68800-4 „Holzschutz, Bekämpfungsmaßnahmen gegen holzzerstörende Pilze und Insekten". Demnach ist Voraussetzung jeder Schädlingsbekämpfung eine Untersuchung durch einen unabhängigen Fachmann. Aus bauökologischer Sicht ist unbedingt dem Entfernen der befallenen Bauteile, der Trockenlegung und evtl. dem biozidfreien →Heißluftverfahren der Vorzug zu geben. Chemische →Holzschutzmittel mit bekämpfender Wirksamkeit gegen holzzerstörende Insekten sind wasserbasierte oder lösemittelhaltige Präparate auf der Basis von Bor-Verbindungen, →Permethrin, →Deltamethrin, →Tebuconazol, →Flufenoxuron oder →Propiconazol.

Seit dem 1.9.2013 wird mit der europäischen Biozidverordnung (EU) Nr. 528/2012 die Zulassung und das Inverkehrbringen von Biozid-Produkten auf dem europäischen Markt geregelt. Danach darf ein Biozidprodukt, zu denen auch die Produktgruppe Holzschutzmittel gehört (PT 8), erst dann in den Verkehr gebracht werden, wenn die dafür zuständige Behörde ihre Zustimmung dazu erteilt hat, i.d.R. durch eine Zulassung, während einer Übergangsphase durch eine Registriernummer. In Deutschland wurde mit der Änderung des Chemikaliengesetzes die Bundesanstalt für Arbeitsschutz und Arbeitsmedizin (BAuA) als Zulassungsstelle und als Einvernehmensstelle für die routinemäßige Bearbeitung von Anträgen auf Zulassung und gegenseitige Anerkennung von Biozidprodukten benannt.

Die Begasung ist wirksam gegen alle Insektenstadien (Vollinsekten, Eier, Larven und Puppen). Es gibt zwei Gruppen von Gasen, die angewendet werden:

- Gase, deren Anwendung wegen ihrer hohen Toxizität (Giftigkeit) den Nachweis einer besonderen Befähigung des Anwenders erfordert,
- Gase, die überwiegend erstickend wirken und keiner Anwendungsbeschränkung unterliegen.

In der Gefahrstoffverordnung waren oder sind folgende zulässige toxische Begasungsmittel genannt, die für die Bekämpfung holzzerstörender Insekten infrage kommen:

1. Brommethan ist als stark umweltschädlich eingestuft, steht in Verdacht auf erbgutschädigende Wirkung und ist seit 31.12.2004 gem. EG-Verordnung Nr. 2037/2000 verboten. Seine Anwendung wurde im Montreal-Protokoll begrenzt. Seit dem 1.9.2006 darf Brommethan in Deutschland nicht mehr als Begasungsmittel eingesetzt werden. Verordnung (EG) Nr. 1005/2009 über Stoffe, die zum Abbau der Ozonschicht führen, Anhang I zu Artikel 3: Der Stoff darf nicht produziert, in Verkehr gebracht oder verwendet werden.
2. →Cyanwasserstoff (Blausäure)
3. Phosphorwasserstoff (Phosphin, Phosphortrihydrid)
4. Sulfuryldifluorid (früher Sulfurylfluorid), im Juli 2002 in die Gefahrstoffverordnung aufgenommen

Die Begasung mit giftigen Gasen ist für bestimmte Firmen und Verfahren zulässig, wenn diese eine Zulassung besitzen: www.baua.de/de/Chemikaliengesetz-Biozidverfahren/Biozide/Produkt/Zugelassene-Biozidprodukte. Wegen der Giftigkeit der Gase stellt eine Begasung von Wohnhäusern bzw. -räumen die Ausnahme dar und muss in jedem Einzelfall durch ein unabhängiges Gutachten stichhaltig begründet werden. Eine Begasung ist nur bei freistehenden Gebäuden zulässig.

Verfahren mit Gasen, die überwiegend erstickend wirken, sind:

Inert-Begasung mit Stickstoff und Edelgasen. Prinzip: Stickstoff oder andere inerte Gase verdrängen den für die Insekten lebensnotwendigen Sauerstoff. Die Stickstoffkonzentration muss über einen Zeitraum von ca. vier bis sechs Wochen über 99 % liegen.

Kohlendioxid-Begasung. Prinzip: Im Organismus der Insekten werden pH-Wert-abhängige Stoffwechselvorgänge blockiert. Behandlungszeit mit Kohlendioxid in einer Konzentration von ca. 60 %: vier bis sechs Wochen. Pigmente, Bindemittel und Überzugsmaterialien können verändert werden, wenn die relative Luftfeuchte 50 % übersteigt.

Modifizierte Atmosphären. Mit Zunahme der Temperatur sinkt die Einwirkzeit für die Behandlung

mit erstickenden Gasen wesentlich. Durch den Zusatz einer geringen Menge von Kohlendioxid zum Stickstoff lässt sich die Einwirkzeit reduzieren, da Kohlendioxid in dieser schwachen Konzentration für die Insekten stoffwechselanregend wirkt. Die zugegebene Menge Kohlendioxid reicht selbst bei hoher Feuchtigkeit nicht aus, Pigmente und Bindemittel zu verändern. Die Kombination aus Wärme und Gas ermöglicht so eine wesentlich verkürzte Begasungsdauer gegenüber der bisher üblichen reinen Stickstoff- und Kohlendioxidbehandlung und bietet eine vollkommen objektbezogene Schädlingsbekämpfung.
Unsachgemäßer Umgang kann zum Ersticken der Anwender führen.
Eine reale Garantie kann man nur erwarten, wenn außer den Grundsätzen einer ordentlichen Untersuchung auch die Anwendungsbestimmungen für den vorbeugenden und bekämpfenden Holzschutz eingehalten werden. B. darf nur durch Fachfirmen mit entsprechenden Kenntnissen, Erfahrungen und professioneller Ausrüstung durchgeführt werden. Ein Qualitätssiegel ist z.B. der „Sachkundenachweis für Holzschutz am Bau“, verliehen durch den entsprechenden Ausbildungsbeirat der BRD. Unsachgemäßes Arbeiten kann z.B. bei Befall durch den Echten Hausschwamm durch Verbreitung von Sporen und Mycelverschleppung einen weiteren Befall an anderer Stelle nach sich ziehen.
Neben dem rein konstruktiven Holzschutz wurden schon sehr früh in der Menschheitsgeschichte folgende physikalische Verfahren und chemische Wirkstoffe eingesetzt: Ankohlung, Verkohlung, Kälken, Einsatz pflanzlicher Öle wie Myrrhe, Weihrauch, Ölhefe, Auslaugen durch Wasser und Saftentleerung, Rauch, bituminöse Beschichtungen, Salz, Quecksilber (nicht mehr zulässig) und Arsenverbindungen (nicht mehr zulässig).

Beleuchtung →Energiesparlampen, →Glühlampen, →Halogenlampen, →Leuchtstofflampen, →Licht, →Vollspektrallampen, →LED. Wichtiges Kriterium der →Zertifizierung nachhaltiger Gebäude.

Bentonit Als B. bezeichnet man tonhaltiges Gestein, das durch die Verwitterung vulkanischer Asche entstanden ist. Seinen Namen erhielt B. nach der ersten Fundstätte bei Fort Benton, Wyoming (USA). Seine ungewöhnlichen Eigenschaften werden durch das Tonmineral Montmorillonit bestimmt. Montmorillonit ist ein Aluminiumhydrosilikat und der Hauptvertreter in der Gruppe der Dreischichtsilikate, die auch als Smektite bezeichnet werden. In der Praxis werden B., Smektit und Montmorillonit als Synonyme für quellfähige Mehrschichtsilikate gebraucht. B. kann Begleitmineralien wie Quarz, Feldspat, Glimmer, Kaolinit u.a. enthalten.
Die ungewöhnlichen Eigenschaften des B. beruhen auf folgenden Eigenschaften:

- Aufbau aus sehr kleinen, plättchenförmigen, flexiblen Elementarteilchen mit großer Oberfläche
- Fähigkeit zum Kationenaustausch aufgrund von negativen Oberflächenladungen
- Innerkristalline Quellfähigkeit (Weitung des Abstandes der Elementarschichten)

Tabelle B7: Bentonitarten und deren Eigenschaften

Bentonitart	Eigenschaft
Calciumbentonit	Die Smektit-Gruppe ist fast ausschließlich mit Ca^{2+}- oder Mg^{2+}-Ionen in den Zwischenschichten belegt.
Natriumbentonit (natürlicher)	Die Smektit-Gruppe ist überwiegend mit Na^{2+}-Ionen in den Zwischenschichten belegt, es können aber auch zusätzlich Ca^{2+}- oder Mg^{2+}-Ionen in verschiedenen Mengen vorhanden sein.
Aktivbentonit	Ist ursprünglich ein Calciumbentonit, bei dem die originale Kationenbelegung der Zwischenschichten mittels alkalischer Aktivierung durch Na^{+}-Ionen ausgetauscht werden.
Säureaktivierter Bentonit	In einem speziellen Verfahren wird die Smektitgruppe in Verbindung mit Säuren teilweise aufgelöst und so große Oberflächen geschaffen. Man nennt diese Bentonite auch Bleicherden und setzt sie häufig zum Reinigen von Ölen, Harzen oder auch Zuckersaft ein.
Organobentonit	Die Kationen der Zwischenschichten werden gegen polare, organische Moleküle (quaternäre Ammoniumverbindungen) ausgetauscht. Durch diese Hydrophobierung kann der Bentonit in polaren Flüssigkeiten quellen.

Bentonitlagerstätten findet man in der ganzen Welt, allerdings mit sehr unterschiedlichen mineralogischen Zusammensetzungen und damit auch technischer Verwertbarkeit.
B. findet im Bauwesen vielfältige Anwendung, z.B. für Bauwerksabdichtungen gegen Wassereinwirkungen, Errichtung von Wasserbarrieren, mineralische Dichtung von Deponien, Teilchen, Kanälen, Biotopen, zur Untergrundkonsolidierung, als Stützflüssigkeit beim Bau von Schlitzwänden, Zusatz zur Herstellung von Spezialzementen usw.
Zentraler Umweltaspekt bei der Bentonitaufbereitung ist der Umgang mit Abwasser. Die unerwünschten Begleitmaterialien im Abwasser können vor der Einleitung in Oberflächengewässer abgetrennt und z.B. als Flockungsmittel in Kläranlagen verwertet werden. →Mineralische Rohstoffe

Benzaldehyd (CAS 100-52-7) B. ist Bestandteil von Parfümerie- und Toilettenartikeln und auch Verbrennungsprodukt von Kfz-Treibstoffen. B. tritt zudem als Spaltprodukt des →Fotoinitiators →HCPK bei strahlenhärtenden Beschichtungssystemen auf (→UV-härtende Lacke). Es ist zudem Zerfallsprodukt von Initiatorsystemen für Polymerisationsprozesse, z.B. für →Polystyrol. Zur relativen Toxizität von B. →NIK-Werte: Je niedriger der NIK-Wert, umso höher ist die Toxizität des jeweiligen Stoffes. B. weist eine sehr niedrige Geruchsschwelle auf (0,8 µg/m^3) und kann für unangenehme Geruchswahrnehmungen aus strahlengehärteten Holzlacken verantwortlich sein.
EU-GHS-Einstufung und Kennzeichnung (EG) Nr. 1272/2008 CLP: Akute Toxizität Kategorie 4: Acute Tox. 4; H302 Gesundheitlich schädlich bei Verschlucken.

Benzalkoniumchlorid B. (N-Alkyl-N-benzyl-N,N-dimethylammoniumchlorid) ist ein →Tensid mit bioziden Eigenschaften (→Biozide) aus der Gruppe der →Quaternären Ammoniumverbindungen. In der Medizin findet B. Verwendung als Konservierungs- und Desinfektionsmittel für chirurgische Instrumente und Flächen. Auch in Medikamenten, z.B. Gurgellösungen, Nasentropfen, Wundsalben und Händedesinfektionsmitteln, wird B. eingesetzt. Wegen seiner algiziden und fungiziden Eigenschaften wird es auch zur Behandlung von befallenen Mauerwerken, Putzen und Hölzern verwendet.

Benzisothiazolinon (CAS 2634-33-5) →Isothiazolinone
EU-GHS-Einstufung und Kennzeichnung (EG) Nr. 1272/2008 CLP: Akute Toxizität Kategorie 4: Acute Tox. 4; H302 Gesundheitlich schädlich bei Verschlucken; Hautreizungen Kategorie 2: Skin Irrit. 2; H315 verursacht Hautreizungen; Augenreizungen Kategorie 1: Eye Dam. 1; H318 Verursacht schwere Augenschäden; Hautsensibilisierung Kategorie 1: Skin Sens. 1; H317 Kann allergische Hautreaktionen verursachen; Akut gewässergefährdend Akut 1: Aquatic Acute 1; H400 Sehr giftig für Wasserorganismen.

Benzo[a]pyren (CAS 50-32-8) Die Bewertung der →Polycyclischen aromatischen Kohlenwasserstoffe (PAK) orientiert sich oftmals an der Leitkomponente B., wobei die US EPA eine Gruppe von 16 PAK und →REACH eine Gruppe von 8 PAK berücksichtigt. Im Einzelfall kann die Zusammensetzung des PAK-Gemisches erheblich differieren.
Zu Stoffen und Erzeugnissen, die B. enhalten, gehören Steinkohlenteer, Steinkohlenteerpech und Steinkohlenteeröl sowie die damit behandelten Materialien. B. hat die Eigenschaft, dass es über die Haut aufgenommen werden kann. Dabei kann die auf diesem Weg aufgenommene Menge größer als die eingeatmete Menge sein. →CMR-Stoffe
EU-GHS-Einstufung und Kennzeichnung (EG) Nr. 1272/2008 CLP: Hautsensibilisierung Kategorie 1: Skin Sens. 1; H317 Kann allergische Hautreaktionen verursachen; Mutagenität Kategorie 1B: Muta. 1B; H340 Kann genetische Defekte verursachen; Kanzerogenität Kategorie 1B: Carc. 1B; H350 Kann Krebs erzeugen, Spezifische Konzentrationsgrenzen: H350: C ≥ 0,01 %; Reprdouktionstoxizität Kategorie 1B: Repr. 1B; H360FD Kann die Fruchtbarkeit beeinträchtigen. Kann das Kind im Mutterleib schädigen; Akut gewässergefährdend Akut 1: Aquatic Acute 1; H400 Sehr giftig für Wasserorganismen; Langfristig gewässergefährdend Kategorie Chronisch 1; H410 Sehr giftig für Wasserorganismen, mit langfristiger Wirkung.
B. ist ein besonders besorgniserregender Stoff (→SVHC) aufgrund der kanzerogenen, mutagenen und reproduktionstoxischen Eigenschaften sowie aufgrund der Einstufung als PBT und vPvB. Im Anhang XVII Nr. 50 der →REACH-VO bestehen Beschränkungen für Weichmacheröle für die Herstellung von Reifen und Reifenbestandteilen, wenn sie mehr als 1 mg/kg (0,0001 Gew.-%) B. enthalten oder der Gehalt der aufgeführten PAK mehr als 10 mg/kg (0,001 Gew.-%) beträgt. Außerdem dürfen Erzeugnisse für die allgemeine Öffentlichkeit nicht in Verkehr gebracht werden, wenn einer ihrer Bestandteile aus Kunststoff oder Gummi, die

länger oder wiederholt für kurze Zeit mit der menschlichen Haut oder der Mundhöhle in Berührung kommen, mehr als 1 mg/kg B. aufweist. Hierzu zählen Erzeugnisse wie Sportgeräte, Haushaltsgeräte, Werkzeuge für den privaten Gebrauch, Bekleidung, Schuhe, Handschuhe und Sportkleidung und weitere. Verboten ist, Spielzeug in Verkehr zu bringen, wenn ein Bestandteil aus Kunststoff oder Gummi, das länger oder wiederholt für kurze Zeit mit der menschlichen Haut oder der Mundhöhle in Berührung kommt, mehr als 0,5 mg/kg aufweist. Gemäß Beschränkung Nr. 28 darf B. nicht als Stoff oder in Gemischen in Verkehr gebracht oder verwendet werden, die zum Verkauf an die Öffentlichkeit bestimmt sind, wenn die Konzentration 0,01 Gew.-% überschreitet.

Benzoesäure (CAS 65-85-0) B. kommt natürlicherweise als Ester und in freiem Zustand in Harzen (Benzoeharz) und →Balsamen sowie in Heidel- und Preiselbeeren vor. B. ist ein zugelassener Lebensmittel-Konservierungsstoff (E 210). Der Stoff ist in die →Wassergefährdungsklasse 1 (schwach wassergefährdend) eingestuft.
EU-GHS-Einstufung und Kennzeichnung (EG) Nr. 1272/2008 CLP: Hautreizungen Kategorie 2: Skin Irrit. 2; H315 verursacht Hautreizungen; Augenreizungen Kategorie 1: Eye Dam. 1; H318 Verursacht schwere Augenschäden; Spezifische Zielorgan-Toxizität (einmalige Exposition), Kategorie 1 STOT RE 1; H372 Schädigt die Organe bei längerer oder wiederholter Exposition.

Benzoesäuremethylester (CAS 93-58-3) →Methylbenzoat

Benzol (CAS 71-43-2) B. ist der einfachste Vertreter der →Aromatischen Kohlenwasserstoffe. In geringen Konzentrationen ist B. natürlicherweise in Rohöl vorhanden. Es entsteht bei der Raffination von Erdöl und bei unvollständigen Verbrennungen. B. ist ein wichtiger Grundstoff für die chemische Industrie, z.B. für die Herstellung von Farben (z.B. Azo-Farbstoffe), Kunststoffen, Kunstharzen, Lösemitteln, Pflanzenschutzmitteln und Waschmitteln. Darüber hinaus wurde es zur Erhöhung der Oktanzahl von Kraftstoffen eingesetzt (Verbesserung der Klopffestigkeit des Motors). Der Kfz-Verkehr ist die Hauptquelle für B.-Emissionen, als Verbrennungsprodukt. Hinzu kommen industrielle Emissionen (z.B. Kokereien), weiterhin mangelhafte Feuerungsanlagen für Festbrennstoffe und die Verwendung von Laborchemikalien.
Infolge der Verringerung des B.-Gehaltes im Kraftstoff und schließlich des Verbots (REACH-VO (EG) Nr. 1907/2006 Anhang XVII, Nummer 5: Benzol ist nicht zugelassen in Konzentrationen von ≥ 0,1 M.-% in im Handel erhältlichen Stoffen und Zubereitungen) ist die B.-Belastung in den letzten Jahren erheblich gesunken.
B. darf nicht verwendet und in den Verkehr gebracht werden in Spielwaren, wenn die B.-Konzentration höher als 5 mg/kg (0,0005 %) Gewicht des Spielzeugs ist. B. darf nicht verwendet und in den Verkehr gebracht werden als Stoff, als Bestandteil oder in Gemischen in Konzentrationen von ≥ 0,1 Gew.-%. Letzteres gilt nicht für Treibstoffe gemäß Richtlinie 98/70/EG.

Tabelle B8: Kfz-bedingte Immissionskonzentrationen und Grundbelastungswerte (nach: LfU Bayern, 2003)

Ort	Benzol [µg/m³]
Stadtstraßen	3 – 5
Autobahnen	2 – 3
Städtische Grundbelastung	1,5 – 2
Bundesweite Grundbelastung	< 1

Hauptquelle für Innenraum-Belastungen mit B. ist die Außenluft, insbesondere bei viel befahrenen Straßen oder angrenzenden Tankstellen oder Garagen. Wichtigste Quelle im Innenraum selbst ist →Tabakrauch. Der Abbrand einer Zigarette erzeugt ca. 10 bis 100 µg B. Die B.-Konzentration im Nebenstromrauch liegt im Vergleich zum Hauptstromrauch ca. um den Faktor 10 höher. B.-Konzentrationen in Raucherwohnungen liegen i.d.R. 30 bis 50 % höher als in Nichtraucherwohnungen. In Fahrzeuginnenräumen ist die B.-Konzentration ca. dreimal höher als im Freien. Ca. 1/3 der Gesamtaufnahme an B. geht auf den Aufenthalt in Kfz zurück. In Einzelfällen können auch Bauprodukte oder Materialien der Innenausstattung für erhöhte B.-Konzentrationen verantwortlich sein.
Hauptaufnahmeweg für B. ist die Atemluft. B. schädigt bei chronischer Aufnahme das Knochenmark. Es kommt zu Veränderungen im Blutbild und zu verschiedenen unspezifischen Symptomen wie Müdigkeit, Schwäche, Schlaflosigkeit, Schwindel, Übelkeit, Kopfschmerzen, Abmagerung, Blässe, Augenflimmern und zum Auftreten von Herzklopfen bei Anstrengungen. B. ist nachweis-

lich erbgutschädigend und krebserzeugend (Kategorie 1). Es wird für erhöhte Leukämieraten bei beruflich Exponierten und bei Kindern in Ballungsräumen verantwortlich gemacht. Für die Außenluft gilt gem. BImSchV seit 2010 ein Grenzwert von 5 µg/m^3 Luft (Jahresmittelwert). Seit 2005 ist der Aromatengehalt in Ottokraftstoffen auf 35 Vol.-% begrenzt, der Polyaromatengehalt in Dieselkraftstoff seit dem Jahr 2000 auf 11 Gew.-%. Als geringfügige Verunreinigung kommt B. auch in aromatischen Lösemitteln vor. Gemäß →Chemikalien-Verbotsverordnung dürfen Zubereitungen mit einem Massengehalt von mehr als 0,1 % B. nicht in den Verkehr gebracht werden. Gemäß →Gefahrstoffverordnung dürfen Gefahrstoffe mit einem Massengehalt von mehr als 0,1 % B. nicht verwendet werden.
EU-GHS-Einstufung und Kennzeichnung (EG) Nr. 1272/2008 CLP: Entzündbare Flüssigkeiten Kategorie 2: Flam. Liq. 2; H225 Flüssigkeit und Dampf leicht entzündbar; Hautreizungen Kategorie 2: Skin Irrit. 2; H315 verursacht Hautreizungen; Augenreizungen Kategorie 2: Eye Irrit. 2; H319 verursacht schwere Augenreizungen; Asprationsgefahr Kategorie 1: Asp. Tox. 1; H304 Kann bei Verschlucken und Eindringen in die Atemwege tödlich sein; Mutagenität Kategorie 1B: Muta. 1B; H340 Kann genetische Defekte verursachen; Kanzerogenität Kategorie 1: Carc. 1A; H350 Kann Krebs erzeugen; Spezifische Zielorgan-Toxizität (einmalige Exposition), Kategorie 1 STOT RE 1; H372 Schädigt die Organe bei längerer oder wiederholter Exposition.

Benzophenon (CAS 119-61-9) B. und Cyclohexanon emittieren aus UV-gehärteten Lacksystemen. B. hat einen Siedepunkt von 305 °C und zählt damit zu den →SVOC. Die B.-Emission vermindert sich daher nur vergleichsweise langsam. BfR (2010): Benzophenon-Metabolite wirken östrogen und antiandrogen, d. h. hormonell aktiv.

Benzotriazole In →EPDM-Kunststoffdichtungsbahnen enthaltener Vulkanisationsbeschleuniger (BHT: 2,6-Di-tert.-butyl-4-methylphenol). B. kommen auch in anderen Kautschukprodukten vor, sind auswaschbar und werden vor allem bei Regenwetter in die Gewässer getragen. B. sind keine Biozide, sondern werden als Industriechemikalien unter →REACH durch die ECHA beurteilt.

Benzylbutylphthalat (CAS 85-68-7) Weichmacher aus der Gruppe der →Phthalate. →Hausstaub

EU-GHS-Einstufung und Kennzeichnung (EG) Nr. 1272/2008 CLP: Reprdouktionstoxizität Kategorie 1B: Repr. 1B; H360FD Kann die Fruchtbarkeit beeinträchtigen. Kann das Kind im Mutterleib schädigen; Akut gewässergefährdend Akut 1: Aquatic Acute 1; H400 Sehr giftig für Wasserorganismen; Langfristig gewässergefährdend Chronisch 1; H410 Sehr giftig für Wasserorganismen, mit langfristiger Wirkung.

Beschichtungsschutzmittel Produkte zum Schutz von Beschichtungen oder Überzügen gegen mikrobielle Schädigung oder Algenwachstum zwecks Erhaltung der ursprünglichen Oberflächeneigenschaften von Stoffen oder Gegenständen wie Farben sind als B. (Produktart 7, oft als „Filmschutzmittel" vermarktet) unter →Biozidverordnung reguliert. B. enthalten mehrere →Biozide in hohen Konzentrationen und sind zulassungspflichtige →Biozidprodukte, von denen wesentliche Gesundheits- und Umweltgefahren ausgehen. Farben und Putze, denen die B. in geringen Mengen dazugegeben werden, gelten dagegen als →Behandelte Waren und sind nicht zulassungspflichtig. Die Farben und Putze sind bei üblichen Konzentrationen bzw. Anforderungen nicht mit Gefahrstoffsymbolen zu kennzeichnen. B. werden in der Regel von einem Hersteller zugesetzt, in Ausnahmefällen auch von einem Malerbetrieb. Die Zugabe gilt als „Verwendung". Die wichtigsten Wirkstoffe für Dach-/Fassadenfarben und Putze sind →Diuron, →Isoproturon, →Terbutryn, →Carbendazim, Dichloro-Octylisothiazolinon (DCOIT), Octyl-Isothiazolinon (OIT), Jodpropinylbutylcarbamat (IPBC), Pyrithionzink; in Holzfarben besonders →IPBC, →Propiconazol, Tebuconazol, Dichlofluanid und Tolylfluanid. Viele Wirkstoffe stehen verkapselt zur Verfügung (→Verkapselung).

Beschichtungsstoffe →Anstrichstoffe

Beseitigung B. ist die Behandlung, Lagerung und Ablagerung von Abfällen, die keiner →Verwertung zugeführt werden können, in Abfallbeseitigungsanlagen und unterste Hierarchie des →Kreislaufwirtschaftsgesetzes. Abfälle müssen so beseitigt werden, dass die menschliche Gesundheit nicht gefährdet wird und keine umweltschädigenden Verfahren oder Methoden verwendet werden. In Anlage I des Kreislaufwirtschaftsgesetzes vom 24.2.2012 (BGBl. I S 212), zuletzt geändert durch Art. 1 G vom 27.3.2017, werden folgende Beseitigungsarten, die in der Praxis angewandt werden, aufgelistet:

D 1: Ablagerungen in oder auf dem Boden (z.B. Deponien)

D 2: Behandlung im Boden (z.B. biologischer Abbau von flüssigen oder schlammigen Abfällen im Erdreich)

D 3: Verpressung (z.B. Verpressung pumpfähiger Abfälle in Bohrlöcher, Salzdome oder natürliche Hohlräume)

D 4: Oberflächenaufbringung (z.B. Ableitung flüssiger oder schlammiger Abfälle in Gruben, Teichen oder Lagunen)

D 5: Speziell angelegte Deponien (z.B. Ablagerung in abgedichteten, getrennten Räumen, die gegeneinander und gegen die Umwelt verschlossen und isoliert werden)

D 6: Einleitung in ein Gewässer mit Ausnahme von Meeren/Ozeanen

D 7: Einleitung in Meere/Ozeane einschließlich Einbringung in den Meeresboden

D 8: Biologische Behandlung, die nicht an anderer Stelle in diesem Anhang beschrieben ist und durch die Endverbindungen oder Gemische entstehen, die mit einem der in D 1 bis D 12 aufgeführten Verfahren entsorgt werden

D 9: Chemisch/physikalische Behandlung, die nicht an anderer Stelle in diesem Anhang beschrieben ist und durch die Endverbindungen oder Gemische entstehen, die mit einem der in D 1 bis D 12 aufgeführten Verfahren entsorgt werden (z.B. Verdampfen, Trocknen, Kalzinieren)

D 10: Verbrennung an Land

D 11: Verbrennung auf See

D 12: Dauerlagerung (z.B. Lagerung von Behältern in einem Bergwerk)

D 13: Vermengung oder Vermischung vor Anwendung eines der in D 1 bis D 12 aufgeführten Verfahren

D 14: Rekonditionierung vor Anwendung eines der in D 1 bis D 13 aufgeführten Verfahren

D 15: Lagerung bis zur Anwendung eines der in D 1 bis D 14 aufgeführten Verfahren (ausgenommen zeitweilige Lagerung – bis zum Einsammeln – auf dem Gelände der Entstehung der Abfälle)

→Abfall

Beton B. ist ein künstlicher Stein, der aus den natürlichen Rohstoffen Wasser, Sand und Kies bzw. Splitt hergestellt wird. Gemischt mit →Zement entsteht daraus durch Erhärten des Zement-Wasser-Gemisches (Zementleim) der Beton. Die bei der Erhärtung ablaufenden chemischen Reaktionen werden als Hydratation bezeichnet und können auch unter Wasser erfolgen. Um bestimmte Frisch- und Festbetoneigenschaften zu beeinflussen, können dem B. →Betonzusatzmittel und →Betonzusatzstoffe zugegeben werden.

Die Qualität und Dauerhaftigkeit des Betons hängen von der anforderungsgerechten Zusammensetzung (u.a. Zementgehalt, Wasser/Zement-Wert), der fachgerechten Verarbeitung und Verdichtung sowie einer sorgfältigen und ausreichend langen Nachbehandlung ab.

Die Einteilung der B. kann nach Erhärtungszustand (Frisch-B., Grüner B., Junger B., Fest-B.), nach der Trockenrohdichte (→Leicht-, →Normal- und →Schwer-B.), nach dem Gefüge (gefügedichter B., haufwerksporiger B.), nach dem Ort des Herstellens (→Baustellen-B., →Transport-B.), nach dem Ort des Einbringens (Ort-B., B.-Fertigteile), nach der Konsistenzklasse, Druckfestigkeitsklasse, →Expositionsklasse und Chloridklasse sowie nach seiner Festlegung (→B. nach Eigenschaften, →B. nach Zusammensetzung, →Standardbeton) erfolgen.

Durch die effiziente Nutzung von Rohstoffen und Energie bei der Baustoffherstellung wird ein wesentlicher Beitrag für die →Nachhaltigkeit von Bauwerken aus Beton geleistet. Die Ausgangsstoffe werden so weit wie möglich lokal über kurze Transportwege beschafft. Bei Sand und Kies ist in absehbarer Zeit mit dem Versiegen regionaler Vorkommen zu rechnen. Neue Kiesgruben werden aufgrund des bestehenden Natur- und Landschaftsschutzes heute nicht mehr ohne Weiteres genehmigt. Daher werden rezyklierte Gesteinskörnungen aus im Zuge von Rückbaumaßnahmen anfallendem Abbruchmaterial durch Zerkleinern und Trennen in einzelnen Kornfraktionen gewonnen, um bei der Betonherstellung primäre Rohstoffe anteilig zu ersetzen.

Zur Schonung der Trinkwasserressourcen kann die Substitution des Anmachwassers durch Regen- und Brauchwasser beitragen. Durch Frischbeton- und Restwasserrecycling können in den Betonwerken Restbetonmengen wieder vollständig der Betonproduktion zugeführt werden.

Die ökologische Gesamtbilanz für 1 m^3 Frischbeton ist insbesondere durch die Umweltbelastungen bei der Herstellung von Zement geprägt. Zement beansprucht mit 85 bis 90 % den Hauptanteil der Primärenergie (z.B. ca. 1.050 MJ/m^3 bei Beton C20/25). Ebenso wird das Treibhauspotenzial zu 95 % durch die mit der Zementherstellung verbundenen CO_2-Emissionen dominiert (z.B. ca. 200 CO_2-Äqu./m^3 bei Beton C20/25). Der Einsatz von →Sekundärbrennstoffen und die verstärkte Substitution von →Portlandzementklinker durch andere Hauptbestandteile wie →Hüttensand und →Flugasche hat in den letzten Jahren zu einer deutlichen Verbesserung der ökobilanziellen Eigenschaften von Zement geführt.

Zur Schonung fossiler Energieträger mit entsprechender Reduktion von Emissionen sind auch rohstoff- und energiesparende Betonkonstruktionen zu berücksichtigen. Neue technologische Entwicklungen erweitern kontinuierlich das Leistungsspektrum. Mit →Hochfesten und →Ultahochfesten B. können schlankere Bauteile mit geringerer Eigenlast und Bewehrung sowie reduzierter Flächeninanspruchnahme konzipiert werden. Die Bauteile können so ökologisch, ökonomisch und bautechnisch optimal bemessen werden. Durch →Selbstverdichtende B., die allein unter dem Einfluss der Schwerkraft selbstständig entlüften, kann die Lärmbelastung auf Baustellen und im Fertigteilwerk erheblich reduziert werden. Mit dem Einsatz von Fertigteilen lassen sich Bauzeiten verkürzen.

Gesundheitliche Gefährdungen gehen von B. nicht aus. Allerdings erfordert die Betonverarbeitung aufgrund der starken Alkalität des Zementleimes (pH $\approx$ 12,6) Aufmerksamkeit und es ist eine entsprechende Schutzkleidung mit Schutzhandschuhen, Augenschutz und Gesichtsschutz zu tragen. Aus den handelsüblichen Betonzusatzstoffen sowie Betonzusatzmitteln sind in der Nutzungsphase i.d.R. keine Gesundheits- und Umweltgefahren zu erwarten.

Betondachsteine B. sind Steine für die Deckung von geneigten Dächern. Sie sind mit Eisenoxiden durchgehend gefärbt und mit Kunstharz-Dispersionen beschichtet. „Naturgraue" Ausführungen, die keinerlei Pigmentzugaben und Kunstharzdispersionen aufweisen, konnten sich trotz ökologischer Vorteile am Markt vorerst nicht durchsetzen. Der Grund für die Oberflächenbeschichtung wird in einer Versiegelung der Betonoberfläche, dem Schutz vor Ausblühungen und der verbesserten Optik des Produktes angegeben. B. bestehen aus Zement (ca. 20 %), Sanden und Pigmenten. Der Beton wird in Strangfalzpressen geformt. Glatte Betondachsteine werden vor der Härtekammer mit einer Acrylatdispersion beschichtet, auf besandeten Betondachsteinen wird vor der Bestreuung mit Buntsand eine Schicht aus Zement, Wasser und Eisenoxidpigment aufgebracht. Nach der Härtekammer erfolgt bei beiden Steinformen der Auftrag der Acrylatfarbe. Die Einsatzgebiete und die Verarbeitung von B. entsprechen jener von →Dachziegeln. →Beton, →Dachdeckungen

Beton nach Eigenschaften Beton, für den die geforderten Eigenschaften und zusätzlichen Anforderungen dem Hersteller gegenüber festgelegt sind, der für die Bereitstellung eines Betons, der den geforderten Eigenschaften und den zusätzlichen Anforderungen entspricht, verantwortlich ist.

Beton nach Zusammensetzung Beton, für den die Zusammensetzung und die Ausgangsstoffe, die verwendet werden müssen, dem Hersteller vorgegeben werden, der für die Lieferung eines Betons mit der festgelegten Zusammensetzung verantwortlich ist.

Betonsanierung Chemische Mittel zur B. (Fassadenbehandlung) lassen sich einteilen in →Steinfestiger und →Hydrophobiermittel. Steinfestiger sind Produkte zur Verfestigung von verwitterten, absandenden und abbröckelnden mineralischen Fassaden, besonders aus Naturstein. Man unterscheidet zwischen Produkten ohne Hydrophobierung (Steinfestiger OH) und Produkten mit Hydrophobierung (Steinfestiger H), wobei die erste Gruppe ausschließlich eine Verfestigung des mineralischen Untergrundes bewirkt. Die Steinfestiger H erfüllen die Funktionen der Verfestigung und der Hydrophobierung (H steht für „Hydrophobierung", OH für „ohne Hydrophobierung").

Hydrophobierung bedeutet, dass der Untergrund vor dem schädigenden Einfluss der Feuchtigkeit geschützt wird, ohne das Wasserdampfdiffusionsvermögen wesentlich zu beeinflussen.

Steinhydrophobiermittel sind Produkte, die mineralischen Untergründen (Naturstein, Kalksandstein, Ziegel, Beton, Putze usw.) eine wasserabweisende (hydrophobierende) oder öl-, farb- und Schmutz abweisende (oleophobierende) Schutzschicht verleihen. Letztere werden als Anti-Graffiti-Produkte bezeichnet.

Betonschalungsplatten In B. wird Frischbeton zur Herstellung von Betonbauteilen eingebracht. Nach dem Erhärten des Betons werden sie im Regelfall entfernt. Die Schalung ist das entsprechende Negativ zum Betonbauteil. Durch verschiedene Oberflächen der Schalungsplatten (saugend, nicht saugend) kann dem Beton eine unterschiedliche Struktur verliehen werden. B. bestehen i. Allg. aus wasserfest verleimten Furniersperrholzplatten oder aus 3-Schichtplatten, die entweder unbeschichtet oder beidseitig mit einer Phenolharz-Beschichtung versehen sind.

Betonstahl (auch Bewehrungsstahl) B. ist ein Stahl mit nahezu kreisförmigem Querschnitt zur Bewehrung von Stahlbetonbauteilen. Er wird nach dem Einbau in die Schalung mit Frischbeton vergossen und nimmt im Stahlbeton die Zug-, Scher- und Biegespannungen auf, während der Beton die Druckspannungen überträgt.
In Deutschland kommen heutzutage ausschließlich Betonstähle mit einer charakteristischen Fließ- oder Streckgrenze von 500 N/mm² zur Anwendung. Lieferbar sind Betonstabstahl, Betonstahlmatten, Bewehrungsdraht und Gitterträger. Zur Sicherstellung der Kraftübertragung vom Beton zum Stahl werden dem Stahl sichelförmige Schrägrippen aufgewalzt oder aufgerollt.
B. wird aus ca. 90 % Elektrostahl und ca. 10 % Blasstahl gefertigt. Mit dem Elektrostahlverfahren wird Stahl auf der Grundlage eines 100-prozentigen Schrotteinsatzes produziert. Rippentorstahl wird durch Warmwalzen mit anschließender Wärmenachbehandlung aus der Walzhitze hergestellt. Gittermatten werden durch Kaltverformung erzeugt. Das Warmwalzen führt zur Emission von Kohlenwasserstoffen. Hohe Umweltbelastungen bei der Herstellung von →Stahl.

Betontrennmittel B. werden vor dem Einbringen des Frischbetons auf die Schalung aufgetragen und sollen das spätere einwandfreie Ablösen der Schalung vom Beton ermöglichen. Als Trennmittel für Schalungsarbeiten werden vorwiegend hochsiedende Mineralöle verwendet. Einige Produkte enthalten zusätzlich noch →Lösemittel. Als Additive können enthalten sein: Rostschutzmittel, Antioxidantien, Antiporenmittel, Konservierungsmittel, Wasserverdränger, Holzversiegler, Emulgatoren und Netzmittel (Detergentien). Zum Teil kommen jedoch auch noch die umweltschädlichen →Alkylphenolethoxylate (APEO) als Additiv von B. zur Anwendung. Wegen des relativ schlechten biologischen Abbauverhaltens der Mineralöle und enthaltener wassergefährdender Inhaltsstoffe kann es zu erheblichen Verunreinigungen des Bodens und Wassers kommen. Inzwischen werden auch B. auf pflanzlicher Basis angeboten. Im Handel sind Öle chemisch modifizierter Fettsäuren entweder direkt oder mit Wasser vermischt als Emulsion. Biologisch schnell abbaubare B. können mit dem RAL-Umweltzeichen 64 gekennzeichnet werden. Die wesentlichen Grundanforderungen für die Vergabe sind:

- Die Grundsubstanzen müssen (unter definierten Testbedingungen) jede für sich zu mindestens 70 % abbaubar sein.
- Die Zusätze/Additive müssen jeder für sich mindestens „potenziell abbaubar“ sein. Es dürfen keine ökotoxikologischen Bedenken gegen ihre Anwendung bestehen.
- Die Produkte dürfen keine Stoffe enthalten, die im Katalog wassergefährdender Stoffe oder im Sicherheitsdatenblatt in die →Wassergefährdungsklassen 2 oder 3 eingestuft sind.
- Die Produkte dürfen keine organischen Chlor- und keine Nitritverbindungen enthalten.
- B. waren früher z.T. mit →Polychlorierten Biphenylen verunreinigt.

Betonverflüssiger B. gehören zu den →Betonzusatzmitteln und werden mit dem Ziel eingesetzt, bei gleicher Verarbeitbarkeit des Betons den Wasseranspruch zu vermindern oder bei gleichem Wasser-Zement-Wert die Verarbeitbarkeit des Frischbetons zu verbessern. Eine Verringerung des Wasseranspruchs bewirkt bei gleichbleibendem Zementgehalt eine Erhöhung der Festigkeit und Dichtigkeit des Betons. Die Wirkungsweise der B. beruht auf der Herabsetzung der Oberflächenspannung des Zugabewassers und elektrostatischen Abstoßungseffekten zwischen den einzelnen Zementkörnern.

Betonzusatzmittel B. sind Stoffe, die dem Beton zugegeben werden, um durch physikalische und/oder chemische Wirkungen die Eigenschaften des Frisch- oder Festbetons zu verändern. Die Zugabe erfolgt während des Mischens und in kleinen Mengen. Die Gesamtmenge an B. darf in der Regel 5 M.-% (bezogen auf den Zementgehalt) im Beton nicht überschreiten B. werden in 60 bis 80 % des in Transportbetonmischwerken und auf der Baustelle hergestellten Betons und zu 100 % bei der Herstellung von Betonfertigteilen eingesetzt. Einsatz finden

schwerpunktmäßig →Betonverflüssiger, →Fließmittel und →Luftporenbildner.
Bei B. handelt es sich nicht um Gefahrstoffe, eine Kennzeichnungspflicht ist entsprechend nicht erforderlich.

- Betonverflüssiger und Fließmittel
  Die eingesetzten Mittel werden – mit Ausnahme der Polycarboxylate – als toxikologisch unbedenklich bewertet. Die →Gefahrstoffverordnung stuft einige Verbindungen der Polycarboxylate als reizend ein. Naphthalinsulfonat wird zwar als toxikologisch unbedenklich bewertet, da die ausgelaugten Verbindungen allerdings sehr stabil sind, kann eine Umweltgefährdung nicht ausgeschlossen werden. Die Dosierung von verflüssigenden Zusatzmitteln beträgt üblicherweise 0,2 bis 2 M.-% (bezogen auf Zement). Als Wirkstoffkonzentration im Beton ergibt sich bei einer Wirkstoffkonzentration des Zusatzmittels von 40 % eine Konzentration von 0,12 % (Zementgehalt 350 kg/m^3). Die Abbauprodukte der verflüssigenden Zusätze sind nur unzureichend untersucht.
- Verzögerer
  Die Wirkstoffe für Verzögerer werden als toxikologisch unbedenklich eingestuft. Die Stoffe werden fest in die Zementsteinmatrix eingebunden, sodass eine Auslaugung nicht zu erwarten ist.

Tabelle B9: Einteilung von Betonzusatzmitteln (nach Göttges & Volland, 1998: Umweltverträglichkeit mineralischer Baustoffe: Inhaltsstoffe und Emissionen, Sachbestandsbericht Nr. 4417, FMPA Baden-Württemberg, Stuttgart)

Zusatzmittel	Hauptinhaltsstoffe	Anwendung
Beton-verflüssiger	→Ligninsulfonat Melaminsulfonat →Naphthalinsulfonat Polycarboxylate	Verbesserung der Verarbeitbarkeit
Fließmittel	Melaminsulfonat Naphthalinsulfonat →Polycarboxylate	Verbesserung der Verarbeitbarkeit und Erzeugung von Konsistenzen der Klasse ≥ F4
Verzögerer	Saccharose Gluconate Phosphate Ligninsulfonate	Verlängerung der Verarbeitbarkeit um mehrere Stunden durch Verzögerung des Erstarrens
Beschleuniger	Silikate (Natrium/Kaliumwasserglas) Natrium-/Kalium-Aluminate Natrium-/Kalium-Carbonate Formiate Amorphe Aluminiumhydroxide Aluminiumsulfat	Abdichten von Wassereinbrüchen, für Spritzbeton, Betonieren bei kalter Witterung (Beschleunigen die Entwicklung der Frühfestigkeit und meist auch das Erstarren des Frischbetons)
Luftporen-bildner	Seifen aus natürlichen Harzen (verseifte Tall-, Balsam-, Wurzelharze) Synthetische nichtionische und ionische Tenside	Erzielen eines hohen Frost-/Tausalzwiderstands durch Bildung in sich abgeschlossener, gleichmäßig verteilter Mikroporen
Dichtungsmittel	Calciumstearat	Herstellung von wasserundurchlässigen Betonen (Verminderung der Wasseraufnahme von Beton durch Hydrophobierung des Kapillarporensystems oder Verstopfen der Poren)
Stabilisierer	Polysaccharide Nanosilika u. kolloidale Kieselsäure Natürliche Gummimodifikationen Polyacrylate Polyethylenoxid	Für Spritzbeton, Unterwasserbeton (Verminderung des Entmischens des Frischbetons sowie des Absonderns von Wasser)

- Beschleuniger
  Silikate (Natrium- oder Kaliumwasserglas), Aluminate (Natrium- oder Kaliumaluminat) und Carbonate (Natrium- oder Kaliumcarbonat) reagieren alkalisch und werden nach der →Gefahrstoffverordnung als reizend bis ätzend eingestuft. Die genannten Stoffe bilden im Beton schwer lösliche Calciumsalze, die in der Zementsteinmatrix eingebunden sind. Die Alkalien werden jedoch teilweise ausgelaugt. Amorphe Aluminiumhydroxide und Aluminiumsulfat werden als toxikologisch unbedenklich eingestuft. Die Verbindungen sind alkalifrei Sie werden als Calciumaluminatphasen im Zementstein eingebunden, sodass eine Auslaugung nicht zu erwarten ist.
- Luftporenbildner
  Mithilfe der Luftporenbildner werden kleine, gleichmäßig verteilte Luftporen im →Beton erzeugt, wodurch der Frost- und Taumittelwiderstand des Betons erhöht wird. Als Luftporenbildner werden umweltschädliche →Alkylphenolethoxylate (APEO) eingesetzt. Die Dosierung beträgt ca. 0,05 bis 1 % bezogen auf das Zementgewicht. In den Produkten liegen die Wirkstoffgehalte zwischen 2 und 20 %. Alternativ zu den APEO werden u.a. Seifen aus natürlichen Harzen, z.B. Tallharze, Balsamharze (→Kolophonium) oder Wurzelharze, eingesetzt. Weitere Alternativen sind synthetische Tenside wie Alkylpolyglykolether, Alkylsulfate oder Alkylsulfonate, die jedoch ebenfalls als reizend eingestuft sind. Allerdings ist die Wassergefährdung geringer (WGK 2). Ein Verzicht auf den Einsatz von APEO ist möglich. →Tenside
- Dichtungsmittel
  Calciumstearat wird als toxikologisch unbedenklich eingestuft. Da es schwer löslich und wasserabweisend reagiert, ist eine Auslaugung vermutlich nicht zu erwarten.
- Einpresshilfen
  Aluminiumpulver wird als toxikologisch unbedenklich eingestuft. Die Hydratationsprodukte werden im Zementstein eingebunden, sodass eine Auslaugung nicht zu erwarten ist.
- Stabilisierer
  Die Inhaltsstoffe Cellulose- und Stärkeether werden in den Zementstein eingebunden. Eine Auslaugung ist nicht zu erwarten.

Betonzusatzstoffe B. sind feine anorganische oder organische Stoffe, die verwendet werden, um bestimmte Betoneigenschaften gezielt zu verbessern oder zu erreichen. Im Gegensatz zu den Betonzusatzmitteln, werden die B. in größeren Mengen zugegeben, sodass sie bei der Stoffraumrechnung zu berücksichtigen sind. Bei den anorganischen B. wird zwischen Typ I und Typ II unterschieden. B. des Typ I sind nahezu inaktive Zusatzstoffe wie →Gesteinsmehle. Zum Typ II gehören →Puzzolanisch wirkende Zusatzstoffe wie Trass, →Flugasche oder →Silikastaub. →Hüttensandmehl ist ein →Latent hydraulischer Stoff, für den die Eignung als B. Typ II ebenfalls als nachgewiesen gilt.

Bewehrungsstahl →Betonstahl

Bewertungszahl →Radioaktivität von Baustoffen

BfR Abk. für Bundesinstitut für Risikobewertung. Das BfR erarbeitet auf Grundlage wissenschaftlicher Bewertungskriterien Gutachten und Stellungnahmen zu Fragen der Lebensmittelsicherheit und des gesundheitlichen Verbraucherschutzes. Basierend auf der Analyse der Risiken formuliert das BfR Handlungsoptionen zur Risikominderung. Das BfR ist aus dem ehem. Bundesinstitut für gesundheitlichen Verbraucherschutz und Veterinärmedizin (BgVV) hervorgegangen, das wiederum eine Nachfolgeorganisation des Bundesgesundheitsamtes (BGA) war. Die Aufteilung des ehem. BgVV in das BfR und das Bundesinstitut für gesundheitlichen Verbraucherschutz und Lebensmittelsicherheit (BVL) ist Folge der Erkenntnis, dass die Unabhängigkeit des Risikobewertungsprozesses nur durch eine klare Trennung zwischen dem wissenschaftlichen Prozess der Risikobewertung und dem politischen Prozess des Risikomanagements realisiert werden kann, wodurch Interessenkonflikte zwischen wissenschaftlichen und politischen Überlegungen vermieden werden sollen. Die *Risikobewertung* umfasst die Identifikation und Charakterisierung des →Gefährdungspotenzials, die Expositionsabschätzung und die Risikocharakterisierung. Dem *Risikomanagement* werden insbesondere Kosten-Nutzen-Rechnungen, Risikovergleiche und Prioritätensetzungen zugerechnet.

BGIA Berufsgenossenschaftliches Institut für Arbeitsschutz.

BgVV →BfR

BGW Abk. für →Biologischer Grenzwert.

BHB Der Bundesverband Deutscher Heimwerker-, Bau- und Gartenfachmärkte e.V. vertritt die Interessen nahezu aller großen Baumarktunternehmen in Deutschland. Zu seinen Mitgliedern zählen ferner Baumarktketten in Österreich, der Schweiz und Großbritannien. Der BHB unterstützt als Mitglied des Vorstands das europäische Qualitätszeichen für zukunftsfähige Bauprodukte →natureplus.

Bienenwachs B. ist ein Ausscheidungsprodukt von Drüsen der Honigbiene, die daraus die Bienenwaben fertigt. Zur Gewinnung werden die vom Honig befreiten Waben geschmolzen und von den festen Bestandteilen getrennt. Das so gewonnene Rohwachs ist von gelblicher bis roter Farbe und angenehmem Geruch. Durch Oxidationsmittel wird das Rohwachs für kosmetische Zwecke z.T. weiß gebleicht. Aus B. werden Holzwachse, Kerzen, Salben und kosmetische Cremes hergestellt. Chemisch unbehandeltes B., wie es z.B. von Naturfarbenherstellern verwendet wird, ist ein reines Naturprodukt. B. ist gesundheitlich unbedenklich, es kann jedoch eine Kontaktallergie hervorrufen. Bienenwachsprodukte können mit Propolis verunreinigt sein, das zu den zehn wichtigsten Kontaktallergenen zählt. Es ist darauf zu achten, dass auch mit Lösemittel und anderen Additiven versetzte Produkte unter dem Handelsnamen „Bienenwachs“ vertrieben werden

Bikomponenten-Kunststofffasern B. werden häufig bei der Herstellung von →Natur-Dämmstoffen als Bindemittel und gleichzeitige Armierung eingebracht. Sie bestehen aus einem mit →Polyethylen ummantelten Polyesterkunststoff (→Polyester). Im Thermobondierofen schmilzt der Polyethylenmantel der B. und verbindet die Dämmstofffasern. Der innere Kern schmilzt nicht und gibt der Platte Festigkeit. Die Fasern bestehen aus relativ harmlosen Kunststoffen. Schadstoffemissionen aus den B. sind nicht zu erwarten. Dies wurde durch Messungen bestätigt (→natureplus). Allerdings wird die Kompostierung der damit ausgerüsteten Dämmstoffe behindert.

Bims Durch Ausbrüche der Lacher-See-Vulkane vor ca. 11.000 Jahren entstanden im Gebiet des Neuwieder Beckens und des Laacher Sees großflächige und oberflächennahe Bimsvorkommen. Bimsgestein ist ein vulkanisches Ergussgestein, das sich durch das glasige Erstarren von sehr gashaltiger und aufgeschäumter Lava gebildet hat (Gesteinsglas). Das Vulkangestein besteht aus grobkörnigem, bröckeligem, siliziumhaltigem Material mit einer amorphen Struktur, das sich durch eine helle Farbgebung, eine sehr hohe Porosität mit ca. 85 % Luftporenanteil und ein geringes Eigengewicht auszeichnet. Die geringe Dichte von 0,24 bis ca. 0,3 g/cm^3 der Grobkörner bewirkt, dass Bimsstein leichter als Wasser ist und schwimmt. Aufgrund der Porosität weisen Bimsböden eine hohe Filterfunktion und besonders gute Wasserspeicherfähigkeit auf und übernehmen somit wichtige Bodenfunktionen.

In Deutschland sind die Rohstoffvorkommen von Naturbims begrenzt, daher ist der Abbau, der zudem durch Eingriffe in Natur und Landschaft zu Umweltbelastungen führt, seit 1949 genehmigungspflichtig und durch das Landesbimsgesetz geregelt. Die Genehmigungsdurchführung obliegt dem Fachausschuss Bims unter Beteiligung der Unteren Wasserbehörde, der Landespflegebehörde und der Unteren Denkmalschutzbehörde. Um die eigenen Rohstoffvorkommen zu schonen, werden heute zur Herstellung von Baustoffen etwa 25 % Naturbims aus dem Ausland (Island, Griechenland, Italien und Türkei) bezogen und andere Materialien wie einheimische natürliche Schaumlava sowie künstlich geblähte Stoffe (Blähglas, Blähton, Blähglimmer, Perlite) verwendet.

Der Rohstoffabbau von Naturbims erfolgt nur im Neuwieder Becken durch Tagebauförderung und wird dort durch die ansässige Industrie weiterverarbeitet. B. wird mit Schaufelbagger und Radladern oder im Sprengverfahren abgebaut und anschließend abtransportiert. Das Rohmaterial wird gewaschen und gesiebt, gebrochen, klassiert und nach Körnung fraktioniert. Beim Zerkleinern in Brechern (meist Hammerbrecher) kommt es zu Lärm- und Staubemissionen. Beim Waschen fällt verunreinigtes Wasser an, das durch mechanische Aufbereitung (Absetzbecken) gereinigt und wieder genutzt wird. Abgesonderte schwerere Bimsstücke werden als Normalzuschlag verwendet. Für ca. 400 kg hochwertigen Bims müssen rund 1.000 kg Rohmaterial aufbereitet werden. Insgesamt ist die Ökobilanz von Naturbims als gut einzustufen, dies resultiert aus den kurzen Transportwegen und dem geringen Primärenergieaufwand für Abbau und Aufbereitung mit ca. 0,24 MJ/kg. Für Naturbims aus Griechenland sind als Transportenergie zusätz-

lich 0,5 MJ/kg, für Bims aus Island 0,3 MJ/kg hinzuzurechnen.
Bims zählt zu den mineralischen Rohstoffen und wird gemäß DIN 4102 als A1 – nicht brennbarer Baustoff – deklariert. Aufgrund seiner Porosität findet B. vorwiegend als Leichtzuschlag für die Herstellung von zementgebundenen Baustoffen (Leichtbeton) zur Verbesserung der Wärmedämmleistung Anwendung. Aus B. werden zudem Mauerwerksteine (Bimshohlblocksteine) hergestellt. Bimssteingranulat und -mehl finden u.a. Anwendung als Zuschlagstoffe für die Putz- und Mörtelindustrie, im Landschaftsbau zur Bodenverbesserung als Filter und Drainschüttung, als Substrat für Dachbegrünungen sowie als Trägerstoffe in der chemischen Industrie. Ein weiteres Einsatzgebiet von B. ist die Verwendung als Schüttung zur Hohlraumverfüllung und Dämmung von z.B. Fußböden im Neubau-, Sanierungs- und Altbaubereich. Auf Grundlage der eingeführten Normen werden Bimsbaustoffe aus Naturbims als umweltverträglich eingestuft. Lavagesteine im Allgemeinen können jedoch, abhängig vom Abbaugebiet, eine erhöhte Radioaktivität aufweisen.

BImSchG Zweck des Bundes-Immissionsschutzgesetzes (Gesetz zum Schutz vor schädlichen Umwelteinwirkungen durch Luftverunreinigungen, Geräusche, Erschütterungen und ähnlicher Vorgänge), Neufassung 2013, zuletzt geändert 18.7.2017, ist es, Menschen, Tiere und Pflanzen, den Boden, das Wasser, die Atmosphäre sowie Kultur- und sonstige Sachgüter vor schädlichen Umwelteinwirkungen zu schützen und dem Entstehen schädlicher Umwelteinwirkungen vorzubeugen. Soweit es sich um genehmigungsbedürftige Anlagen handelt, dient dieses Gesetz auch der integrierten Vermeidung und Verminderung schädlicher Umwelteinwirkungen durch Emissionen in Luft, Wasser und Boden unter Einbeziehung der Abfallwirtschaft, um ein hohes Schutzniveau für die Umwelt insgesamt zu erreichen, sowie dem Schutz und der Vorsorge gegen Gefahren, erhebliche Nachteile und erhebliche Belästigungen, die auf andere Weise herbeigeführt werden. Die Vorschriften des Gesetzes gelten für die Errichtung und den Betrieb von Anlagen, das Herstellen, Inverkehrbringen und Einführen von Anlagen, Brennstoffen und Treibstoffen, Stoffen und Erzeugnissen aus Stoffen, die Beschaffenheit, die Ausrüstung, den Betrieb und die Prüfung von Kraftfahrzeugen und ihren Anhängern und von Schienen-, Luft- und Wasserfahrzeugen sowie von Schwimmkörpern und schwimmenden Anlagen und den Bau öffentlicher Straßen sowie von Eisenbahnen, Magnetschwebebahnen und Straßenbahnen.

Bimssteine Unter Zugabe von zementösen Bindemitteln und Wasser werden aus Naturbims Steine maschinell geformt, verdichtet und anschließend luftgetrocknet. Bei dem Trocknungsprozess bindet die Masse ab und durch die entstehende Hydrationswärme erhärtet die Form, ohne zusätzlichen energetischen Aufwand. Die Steine sind in verschiedenen Formaten und Festigkeitsklassen (Großformate, Hohlblocksteine und Plansteine) erhältlich. B. weisen in der Regel eine Rohdichte von 0,5 bis 0,8 kg/dm^3 sowie einen Wasserdampfdiffusionswiderstand von $\mu = 5/15$ auf und erreichen eine Wärmeleitfähigkeit von 0,12 bis 0,18 (W/m·K).
Durch Anordnung von Schlitzen und Kammern in den Formsteinen (Hohlblocksteinen) werden die bauphysikalischen Eigenschaften optimiert. Durch Füllung der Kammern mit mineralischen oder organischen Dämmstoffen wie →Perlite oder Mineralwolle lassen sich Dämmwerte von ($\lambda = 0{,}09$ W/(m·K)) erreichen. Die Mauerwerksteine können für die Errichtung von tragendem Außen- und Innenmauerwerk sowie für nichttragendes Innenmauerwerk verwendet werden. Die Verarbeitung der mit Nut und Feder versehenen Steine erfolgt mit Leichtmörtel. Bims kann bei Abbruchmaßnahmen zu Recyclinggranulat verarbeitet und somit wiederverwendet werden.

Bindemittel für Holzwerkstoffe Fast alle →Holzwerkstoffe enthalten synthetische →Klebstoffe. Obgleich über viele Jahre die Entwicklung von Klebstoffen aus natürlichen Rohstoffen durch Forschungen vorangetrieben wurde, konnten sich derartige Bindemittelsysteme bisher sowohl aus technologischen Gründen als auch aus Gründen der Verfügbarkeit nicht durchsetzen. Für Platten mit nicht feuchtebeständiger Verleimung werden nahezu ausschließlich Harnstoffharze (UF) verwendet. Sie ergeben in rascher Aushärtungsreaktion hochwertige, allerdings nicht gegen Feuchteeinwirkung oder Wasserdampf beständige Verklebungen. Wegen der nachträglichen Formaldehydabgabe sind die Leimharze so eingestellt, dass sie sicher die gesetzlichen Anforderungen der Emissionsklasse E1 erfüllen. Für feuchtebeständige Verleimungen werden vor allem Phenol- und mo-

difizierte Melaminleimharze (PF und MUF) sowie polymeres Diphenylmethandiisocyanat (PMDI) eingesetzt. Die Phenolharze geben Formaldehyd nur noch in Spuren ab, PMDI ist emissionsfrei. Beide Bindemittel sind hochwertige Klebstoffe und äußerst beständig gegen die Einwirkung von Feuchtigkeit und Chemikalien. (Quelle Informationsdienst Holz) Früher wurden zur Verleimung von Holz Kalk-Kasein-Kleber, Knochenleim, Mais- und Kartoffelstärke verwendet.
B. werden unterschieden in formaldehydhaltige Klebstoffe/Leime, z.B. →Harnstoff- (UF), →Melamin- (MF) und/oder →Phenol-Formaldehyd-Leime (PF), und formaldehydfreie Leime auf Stärke-, →Polyurethan- (PUR) oder Tanninbasis. Als anorganisch/mineralische Bindemittel gelten →Gips, →Zement, →Magnesit und →Wasserglas. Weitere Klebstoffsysteme wie Phenol-Resorcin-Formaldehyd (PRF), Zweikomponentensysteme und Schmelzkleber werden in der Holzwerkstoffherstellung eingesetzt. Je nach Holzwerkstoff variiert der Bindemittelanteil, so beträgt der Bindemittelanteil bei Spanplatten 8 bis 10 %, bei innovativen Biowerkstoffen wie den WPC (→Wood-Plastic-Composites) sind es mehr als 20 %. →Holzwerkstoffe

Bindemittel für Lacke B. sind definiert als der nichtflüchtige Anteil eines Beschichtungsstoffes ohne →Pigment und Füllstoff, aber einschließlich Trockenstoffen und anderen nichtflüchtigen Hilfsstoffen. Das B. verbindet die Pigmentteilchen untereinander und mit dem Untergrund und bildet so mit ihnen gemeinsam die fertige Beschichtung. Auch reaktive flüchtige Stoffe gehören zum B., soweit sie durch chemische Reaktion Bestandteil der Beschichtung werden. B. können in organischen →Lösemitteln gelöst und/oder in Wasser verteilt sein (Dispersion, Emulsion). Bindemittel gem. VdL-Richtlinie Bautenanstrichstoffe sind z.B. Aldehydharz, Alkydharz, Aminoharz, Chlorkautschuk, Cumaron/Inden-Harz, Epoxidharz, Epoxidharzester, Ketonharz, Kohlenwasserstoffharz, Kolophoniumharz, Maleinatharz, Phenolharz, Polyacrylatharz, Polyesterharz, Polyisocyanat, Polysiloxanharz, Polystyrolacrylatharz, Polyurethanharz, Polyvinylacetalharz, Polyvinylacetatharz, Polyvinylether, Polyvinylester, Siliconharz, trocknende Pflanzenöle (z.B. Leinöl, Sojaöl und deren Derivate (Standöl)), Wasserglas, Weißkalkhydrat (Calciumhydroxid). B. können zu Gesundheitsschäden bei der Herstellung durch die verwendeten Rohstoffe und bei der Verarbeitung von chemisch aushärtenden Lacken (→Reaktionslacke) führen (→Epoxidharzlacke, →Polyurethan-Lacke).

Bioallethrin Insektizid aus der Gruppe der →Pyrethroide, das in Innenräumen in →Elektroverdampfern zum Abtöten von Fliegen und Mücken eingesetzt wird. Es ruft Symptome neurologischer Störungen wie Muskelzittern, Übererregbarkeit, Beeinflussung der Bewegungskoordination, Krämpfe und Kontakt-Dermatitis hervor. Es ist schädlich für die Umwelt, vor allem für Fische und Bienen. Wird als Xn eingestuft.
EU-GHS-Einstufung/Kennzeichnung: Akute Toxizität, Kategorie 4, Verschlucken; H302 Gesundheitsschädlich bei Verschlucken; Akute Toxizität, Kategorie 4, Hautkontakt; H312 Gesundheitsschädlich bei Hautkontakt; Gewässergefährdend, Akut Kategorie 1; H400; Gewässergefährdend, Chronisch Kategorie 1; H410 Sehr giftig für Wasserorganismen mit langfristiger Wirkung.

Biobeständigkeit Die B. ist eine Materialeigenschaft von Fasern, festgelegt durch die Auflösungs- und Zerfallsgeschwindigkeit der Fasern. Die B. ist nicht direkt messbar, sondern wird aus der →Biopersistenz erschlossen.

Biodiversität Definition gem. UN-Übereinkommen über die biologische Vielfalt (Convention on Biological Diversity CBD) – Variabilität unter lebenden Organismen jeglicher Herkunft, darunter Land-, Meeres- und sonstige aquatische Ökosysteme und die ökologischen Komplexe, zu denen sie gehören. Dies umfasst die Vielfalt innerhalb der Arten (genetische Vielfalt) und zwischen den Arten (Artenvielfalt) und die Vielfalt der Ökosysteme (und entsprechend der Interaktionen darin).

Bioenergie →Biomasse

Biofilm Ansammlung von →Mikroorganismen und durch sie gebildete schleimige Substanzen auf Oberflächen.

Biokunststoffe Als B. werden Kunststoffe bezeichnet, die vollständig oder anteilig auf Basis nachwachsender Rohstoffe erzeugt werden. Unterschieden werden: biobasierte, bioabbaubare und biokompatible Kunststoffe. Als Rohstoffe für B. kommen natürliche Polymere wie Stärke, Cellulose, Lignin, Kautschuk, Pflanzenöle oder Zucker in Frage sowie technische Biopolymere wie Polyactid (PLA) oder

Polyhydroxyalkonate (PHAs), die durch technische Verfahren aus natürlichen Polymeren und Monomeren gewonnen werden. Nicht zu den Biokunststoffen zählen biologisch abbaubare petrochemische Kunststoffe.

Biologische Arbeitsstoffe B. sind Mikroorganismen, einschl. genetisch veränderter Mikroorganismen, Zellkulturen und Humanendoparasiten, die Infektionen, Allergien und toxische Wirkungen auslösen können. →Biostoff-Verordnung

Biologische Luftverunreinigungen B. sind insbesondere unter den Gesichtspunkten sensibilisierender und irritativ-toxischer Wirkungen von Bedeutung. Im Zusammenhang mit der Zunahme allergischer Erkrankungen spielen neben einer Reihe anderer Faktoren auch der Lebensstil und die veränderten Bedingungen im Innenraum eine große Rolle. Quellen biogener Allergene in Innenräumen sind Acariden (Milben, Spinnen), Insekten (Schaben), Haus- und Nagetiere, →Schimmelpilze, Pollen sowie Naturstoffe wie Rosshaarmatratzen, Lebensmittelreste und Zimmerpflanzen.

Biologischer Grenzwert In Deutschland wurde der BGW 2005 mit der Neufassung der →Gefahrstoffverordnung (GefStoffV) eingeführt. Gem. GefStoffV ist der B. der Grenzwert für die toxikologisch-arbeitsmedizinisch abgeleitete Konzentration eines Stoffes, seines Metaboliten oder eines Beanspruchungsindikators im entsprechenden biologischen Material, bei dem im Allgemeinen die Gesundheit eines Beschäftigten nicht beeinträchtigt wird. Bei der Festlegung der Grenzwerte wird i.d.R. von einer achtstündigen Exposition bei 40 Arbeitsstunden pro Woche ausgegangen. Die B. gelten i.d.R. für Einzelstoffe.

Biomasse B. ist gem. Richtlinie 2009/28/EG der Europäischen Union der biologisch abbaubare Anteil von Erzeugnissen, Abfällen und Rückständen der Landwirtschaft mit biologischem Ursprung (einschließlich pflanzlicher und tierischer Stoffe), der Forstwirtschaft und damit verbundener Wirtschaftszweige einschließlich der Fischerei und der Aquakultur. Auch der biologisch abbaubare Anteil von Abfällen aus Industrie und Haushalten zählt nach dieser Definition zur B. Darüber hinaus ist der Biomassebegriff über die Biomasseverordnung definiert. Mit den EEG-Novellen 2004, 2012 und 2014 erfolgten auch Änderungen der BiomasseV. So gilt die BiomasseV vom 28.6.2001 in Verbindung mit der 1. Verordnung zur Änderung der BiomasseV vom 18.8.2005 für alle EEG-Anlagen, die bis zum 31.12.2011 in Betrieb genommen wurden. B. zählt zu den →Erneuerbaren Ressourcen. Weltweit wachsen jährlich rund 80 Mrd. t B. nach, etwa zur Hälfte in Form von Holz.

Biomasseverordnung Die Frage, welche Stoffe als Biomasse gelten, welche technischen Verfahren zur Anwendung kommen und welche Umweltanforderungen bei der Stromerzeugung aus Biomasse einzuhalten sind, regelt für den Anwendungsbereich der Vergütungsregeln des Erneuerbare-Energien-Gesetztes (EEG) die am 28.6.2001 in Kraft getretene Biomasseverordnung. Mit den EEG-Novellen 2004, 2012 und 2014 erfolgten auch Änderungen der BiomasseV. So gilt die BiomasseV vom 28.6.2001 in Verbindung mit der 1. Verordnung zur Änderung der BiomasseV vom 18.08.2005 für alle EEG-Anlagen, die bis zum 31.12.2011 in Betrieb genommen wurden. Mit dem Wegfall der Einsatzstoffvergütungsklassen im Zuge der EEG-Novellierung 2014 wurde die BiomasseV am 21.7.2014 geändert.

Biopersistenz Mit dem Begriff B. wird die Verweildauer von Fasern in der Lunge beschrieben, dargestellt als Halbwertszeit. Die B. umfasst die Auflösungs- und Zerfallsgeschwindigkeit (Biobeständigkeit) und den physikalischen Abtransport (Clearence) der Fasern nach TRGS 521 (Faserstäube). B. gem. →Gefahrstoffverordnung sind solche →Künstlichen Mineralfasern, die keines der in Anhang IV Nr. 22 und Anhang V Nr. 7 GefStoffV genannten Freizeichnungskriterien erfüllen. Die Freizeichnung kann erfolgen durch:

- Chemische Analyse der KMF zur Ermittlung des →Kanzerogenitätsindexes (KI)
- Kanzerogenitätsversuch
- Bestimmung der In-vivo-Biobeständigkeit der KMF

„Für die Einstufung der Gefährlichkeit von Mineralfasern wurde in der TRGS 905 der Kanzerogenitätsindex (KI) festgelegt. Dieser wird nach der stofflichen Zusammensetzung der zu bewertenden Mineralfasern ermittelt und soll der Abschätzung der Biobeständigkeit von Mineralfasern dienen. Hierbei wird über die chemische Zusammensetzung auf die Biolöslichkeit geschlossen und darüber auf das kanzerogene Wirkpotential.“ (EGGBI 2017)

Biopolymere →Biokunststoffe, →Biowerkstoffe

Bioresmethrin Insektizid aus der Gruppe der →Pyrethroide.

Biostoff-Verordnung Mit der BioStoffV (Verordnung über Sicherheit und Gesundheitsschutz bei Tätigkeiten mit Biologischen Arbeitsstoffen) vom 27.1.1999 (Inkrafttreten 1.4.1999) wurde die EG-Richtlinie 90/679/EWG des Rates vom 26.11.1990 über den „Schutz der Arbeitnehmer gegen Gefährdungen durch biologische Arbeitsstoffe bei der Arbeit" in Verbindung mit dem →Arbeitsschutzgesetz umgesetzt. Die B. wurde seitdem mehrfach geändert, die Verordnungsermächtigung liegt im deutschen Arbeitsschutzgesetz (ArbSchG), im Infektionsschutzgesetz (IfSG) und im Heimarbeitsgesetz (HAG). Die Neufassung von 2013 beruht auf der Umsetzung der Richtlinie 2010/32/EU, die letzte Änderung erfolgt durch Art. 146 G vom 29.3.2017 (BGBl. I S 626, 648). Ziel der B. ist der Schutz der Beschäftigten bei Tätigkeiten mit Biologischen Arbeitsstoffen. Gem. § 2 zählen unter anderem Mikroorganismen, Zellkulturen, Endo- und Ektoparasiten sowie Toxine zu den B. Der Arbeitgeber ist gemäß der B. verpflichtet, für jede berufliche Tätigkeit, bei der eine Exposition gegenüber biologischen Agenzien erfolgen kann, eine Gefährdungsbeurteilung durchzuführen, um die Risiken für die Arbeitnehmer abzuschätzen und ggf. Schutzmaßnahmen festzulegen.
Gem. § 3 der B. werden biologische Arbeitsstoffe entsprechend dem von ihnen ausgehenden Infektionsrisiko in vier Risikogruppen unterteilt:
Gruppe 1: Biostoffe, bei denen es unwahrscheinlich ist, dass sie beim Menschen eine Krankheit hervorrufen
Gruppe 2: Biostoffe, die eine Krankheit beim Menschen hervorrufen können und eine Gefahr für Beschäftigte darstellen können; eine Verbreitung in der Bevölkerung ist unwahrscheinlich; eine wirksame Vorbeugung oder Behandlung ist normalerweise möglich.
Gruppe 3: Biostoffe, die eine schwere Krankheit beim Menschen hervorrufen und eine ernste Gefahr für Beschäftigte darstellen können; die Gefahr einer Verbreitung in der Bevölkerung kann bestehen, doch ist normalerweise eine wirksame Vorbeugung oder Behandlung möglich.
Gruppe 4: Biostoffe, die eine schwere Krankheit beim Menschen hervorrufen und eine ernste Gefahr für Beschäftigte darstellen; die Gefahr einer Verbreitung in der Bevölkerung ist unter Umständen groß; normalerweise ist eine wirksame Vorbeugung oder Behandlung nicht möglich.

Biowerkstoffe Zu den B. zählen die Biokomposite, die sich im Wesentlichen in naturfaserverstärkte Kunststoffe und →Wood-Plastic-Composites sowie →Biokunststoffe gliedern. Traditionelle Holzwerkstoffe (Span- und Tischlerplatten) gehören ebenfalls zu den B.

Biozide Biozide Wirkstoffe sind definiert als Stoffe und Mikroorganismen einschließlich Viren, mit einer für die Verwendung als →Biozidprodukt beabsichtigten Wirkung. Zu solchen Wirkstoffen zählen beispielsweise Chlordioxid, Kupferoxid oder Ethanol, wenn auch die Anpreisung der bioziden Eigenschaft im Vordergrund steht. Der Begriff B. wird oft synonym zu Biozidprodukt verwendet und beschreibt die antimikrobiellen Eigenschaften der chemischen Stoffe und Zubereitungen.
Mehr und mehr Hersteller nutzen die Furcht vieler VerbraucherInnen vor unsichtbaren Mikroorganismen aus und bieten antibakterielle Klodeckel, Waschmittel, Unterwäsche, Matratzen, Einlegesohlen und Kühlschränke an. Nicht nur, dass solche Produkte ihre diesbezüglichen Versprechen oft nicht einlösen können, sondern der sorglose Einsatz von bioziden Wirkstoffen in Gegenständen des täglichen Bedarfs erzeugt sogar unnötige Risiken. So kann der weit verbreitete Wirkstoff Triclosan Allergien auslösen und die Bildung resistenter Bakterien und Pilze fördern, ähnlich wie man es von Antibiotika-Resistenzen kennt. Daher ist die weitere Anwendung von Triclosan seit 2015 ausgeschlossen. Die Verwendung von B. stellt zudem eine zusätzliche Umweltbelastung dar. Im Außenbereich vielfältig angewendet, können die wasserlöslichen B. aus Dachdichtungsbahnen, Dichtstoffen, Putzen und Anstrichen durch Regenwasser ausgewaschen und in Böden oder Oberflächengewässer eingetragen werden, wo vor allem langlebige Stoffe ihre biozide Wirkung am falschen Ort weiterhin entfalten können. Durch das UV-Licht des Sonnenlichts werden biozide Wirkstoffe abgebaut, sodass auch Metabolite entstehen. Viele B. werden in Kläranlagen kaum abgebaut oder werden mit dem Regenwasser direkt in die Gewässer getragen und gelangen so in die Oberflächengewässer – ein Risiko für das biologische Gleichgewicht der Gewässer und die Trinkwasseraufbereitung.

Die Beeinflussung der regionalen und lokalen Umwelt durch Gebäude während der Nutzungsphase und die dort verbauten Produkte wird zunehmend wichtig. Auch der Stellenwert in der Gebäudezertifizierung nach DGNB oder BNB nimmt zu, was sich z.B. im Steckbrief „Wirkung auf die lokale Umwelt" widerspiegelt. Alternative Maßnahmen zum Einsatz von B. im Materialschutz können dem Biozid-Portal des UBA „Materialschutzmaßnahmen" entnommen werden.

Biozidgesetz (BiozidG) Das B. trat am 28.6.2002 in Kraft und diente der Umsetzung der EU-Biozidrichtlinie in deutsches Recht, die mittlerweile durch die →Biozidverordnung abgelöst wurde. Das B. sah die Einrichtung eines harmonisierten Zulassungsverfahrens für →Biozidprodukte vor sowie weitere Regelungen, z.B. zur Kennzeichnung und zur Werbung. Das Anmelde- und Zulassungsverfahren für Biozidprodukte sah – ähnlich wie dies etwa bei Pflanzenschutzmitteln bereits seit längerem der Fall ist – eine Prüfung und Bewertung der Auswirkungen des Produkts auf die Umwelt und auf die Gesundheit von Arbeitnehmern und Verbrauchern bei der Anwendung vor, bevor es in den Verkehr gebracht und verwendet werden durfte. Das Zulassungsverfahren, das zunächst nur für neue Biozidprodukte galt, war eingebettet in ein europaweit harmonisiertes Zulassungssystem, dessen Kernpunkt die Erstellung einer EG-einheitlichen Positivliste für Biozid-Wirkstoffe sein sollte. Die bereits auf dem Markt befindlichen Biozid-Wirkstoffe sollten während einer 10-jährigen Übergangszeit durch ein EG-Überprüfungsprogramm bewertet werden. Aufgrund der Änderung der rechtlichen Grundlage auf EU-Ebene und der Ablösung der →Biozidrichtlinie durch die unmittelbar gültige Biozidverordnung ist das nationale B. weitgehend überflüssig geworden. National sind die →BAuA (sowie UBA und BfR), EU-weit die Europäische Chemikalienagentur ECHA (Helsinki) zuständig.

Biozidprodukte B. sind zulassungspflichtige Wirkstoffe und Zubereitungen, die einen oder mehrere (biozide) Wirkstoffe enthalten, die dazu bestimmt sind, auf chemischem oder biologischem Wege Schadorganismen zu zerstören, abzuschrecken, unschädlich zu machen, Schädigungen durch sie zu verhindern oder sie in anderer Weise zu bekämpfen. Schadorganismen können sowohl tierische Lebewesen und Pflanzen als auch Mikroorganismen einschließlich Pilze oder Viren sein. B. dienen dazu, z.B. Schädigungen an Baumaterialien (Mauerwerk, Dichtungsbahnen, →Holz usw.), Lebensmitteln, Bedarfsgegenständen (Leder, Papier usw.) oder →Farben (→Antifouling, Fassadenanstriche usw.) zu verhindern bzw. deren Haltbarkeit zu verlängern. Eingeteilt werden die B. in vier Hauptgruppen: 1) Desinfektionsmittel, 2) Schutzmittel, 3) Schädlingsbekämpfungsmittel und 4) Sonstige Biozide. Jede Hauptgruppe umfasst mehrere Produktarten (PA), die die Anwendungsbereiche genauer definieren und über alle Hauptgruppen fortlaufend nummeriert sind, sodass insgesamt 23 PA benannt sind. Beispielsweise gehören zu den Desinfektionsmitteln fünf Produktarten (PA 1-5), z.B. Biozidprodukte für die Hygiene im Veterinärbereich (PA 4) und Desinfektion des Trinkwassers (PA 5), und zu den Schutzmitteln acht Produktarten (PA 6-13), z.B. für die →Topfkonservierung (PA 7), für Beschichtungen (PA 7) und für den Schutz während Lagerung und Beschichtung von Holz (PA 8). Ihre Eigenschaft, lebende Organismen abzutöten oder zumindest in ihren Lebensfunktionen einzuschränken, begründet zugleich auch das Risiko unerwünschter Wirkungen und Gefahren für den menschlichen Organismus und die belebte Umwelt bei ihrer Herstellung, Anwendung und Entsorgung. B. sind von →Behandelter Ware abzugrenzen.

B., deren Wirkstoffe weder notifiziert noch identifiziert wurden, haben ihre Vermarktungsfähigkeit am 14.12.2003 verloren. B. oder behandelte Waren mit Wirkstoffen, die nicht genehmigt wurden oder für die kein Antrag auf Genehmigung gestellt wurde, dürfen nicht mehr in Verkehr gebracht werden. Seit dieser Frist besteht also eine Zulassungspflicht. Es bestehen allerdings Übergangsregelungen für Biozide mit alten Wirkstoffen. Sie werden bis voraussichtlich 2024 auf ihre Risiken für Mensch, Tier und Umwelt und auf ihre Wirksamkeit geprüft. Für die Übergangszeit ist die Vermarktung dieser „Alt-Produkte" nur dann zulässig, wenn alle enthaltenen bioziden Wirkstoffe im Rahmen des Altwirkstoff-Programms überprüft werden. Darüber hinaus müssen Hersteller und Importeure bestimmte Übergangsregelungen erfüllen: Alle B. müssen bei der Bundesanstalt für Arbeitsschutz und Arbeitsmedizin (BAuA) angemeldet werden. Die entsprechende BAuA-Registriernummer muss auf dem Produkt aufgebracht sein. Produkte mit SVHC- und/oder →PBT-Eigenschaften oder solche mit endokrinen Eigenschaften (EDC) werden nach umfassender Prüfung von der weiteren Berücksichtigung ausgeschlossen und dafür auf einer →Cut-off-Liste geführt. Um die große Anzahl biozider Alt-Wirkstoffe prüfen zu können, hat die EU im Rahmen des Altwirkstoff-Programms Prioritäten-Listen erstellt. Je größer die Wahrscheinlichkeit, dass die Anwendung zu Gesundheits- und Umweltrisiken führt, desto höher wurde die Priorität der Produktart gewählt. So werden die Wirkstoffe der einzelnen Produktarten nacheinander bearbeitet. Ebenfalls wurde festgelegt, welcher EU-Mitgliedstaat welche Wirkstoffe zu prüfen hat.

Der Hersteller oder verantwortliche Importeur erstellt für das B. ein Sicherheitsdatenblatt. Werbung für B. muss den Hinweis „Biozide vorsichtig verwenden. Vor Gebrauch stets Etikett und Produktinformationen lesen“ enthalten. Anstelle von „Biozide“ kann auch die Produktart angegeben werden. Die unkontrollierte Anwendung von Bioziden hat in der Vergangenheit immer wieder zu Umwelt- und Gesundheitsproblemen geführt, die aber bislang nur in Einzelfällen und erst nach Eintritt des Schadens zu Risikominderungsmaßnahmen geführt haben (z.B. →Pentachlorphenol (PCP), →Triclosan, Tributylzinn).

Biozidrichtlinie Im Juli 2012 wurde die bis dahin geltende B. durch die neue →Biozidverordnung (EU) Nr. 528/2012 ersetzt.

Mit der Richtlinie 98/8/EG des Europäischen Parlaments und des Rates vom 16.2.1998 über das Inverkehrbringen von →Biozidprodukten wurde ein Zulassungsverfahren eingeführt. Die Mindestvoraussetzungen für die Zulassungsfähigkeit eines Biozidproduktes sind, dass das Produkt keine unvertretbaren Auswirkungen auf Mensch und Umwelt hat, dass es hinreichend wirksam ist und dass der im Biozidprodukt enthaltene Wirkstoff im Anhang I der Richtlinie, der sogenannten Positiv-Liste, steht. Nach Artikel 16 der Richtlinie bestand eine Übergangsregelung für Wirkstoffe, die bereits vor dem 14.5.2000 als Wirkstoff in einem Biozidprodukt in Verkehr waren, also für die sogenannten „alten“ Wirkstoffe. Alte Wirkstoffe im Sinne der Richtlinie durften noch maximal zehn Jahre bis Mai 2010 nach den bisherigen Regelungen der Mitgliedstaaten in den Verkehr gebracht werden, es sei denn, es erging ein anderslautender Beschluss der EU. Da es in Deutschland weder ein Zulassungs- noch ein Registrierungsverfahren für →Biozide gegeben hatte, war das in Artikel 16 Absatz 2 angelegte Prüfprogramm für alte Wirkstoffe von besonders großer Bedeutung. Innerhalb von zehn Jahren sollten alle Wirkstoffe, die vor dem 14.5.2000 bereits als Wirkstoffe in einem Biozidprodukt in Verkehr waren, erfasst und einer systematischen Überprüfung zugeführt werden. Am Ende dieser Überprüfung sollte jeweils die Entscheidung stehen, ob ein Wirkstoff in Anhang I (die Positiv-Liste) aufgenommen werden durfte oder nicht. Von dieser Zulassungspraxis ist man bei der Neuformulierung und Umwandlung 2012 in die Biozidverordnung ein Stück weit wieder abgerückt, weil nun die Hersteller stärker in die Pflicht genommen werden sollen.

Biozidverordnung Seit Juli 2012 ist die neue Biozidverordnung (EU) Nr. 528/2012 in Kraft. Sie muss seit September 2013 in allen europäischen Mitgliedstaaten angewendet werden und löste damit die bisher geltende →Biozidrichtlinie ab. Im Vergleich zur „alten“ Richtlinie gibt es einige Neuerungen. Beispielsweise wurde das Inverkehrbringen von bioziden Nanomaterialien und von →Behandelten Waren aufgenommen. Es wurden Ausschlusskriterien formuliert, die die Genehmigung von Wirkstoffen mit bestimmten Eigenschaften, zum Beispiel →CMR (karzinogen, mutagen, reprotoxisch) oder PBT (persistent, bioakkumulierend, toxisch), untersagen. Allerdings wurden dazu auch Ausnahmen erlassen. Darüber hinaus sollen Stoffe mit gefährlichen Eigenschaften gegen einen weniger bedenklichen Wirkstoff ausgetauscht werden (Substitutionsprinzip). Die Entscheidungsgrundlage für den Austausch von Wirkstoffen bildet die sogenannte vergleichende Bewertung von →Biozidprodukten. Weiterhin wird es ein vereinfachtes Zulassungsverfahren und eine für alle Mitgliedstaaten geltende Unionszulassung für bestimmte Biozidprodukte geben. Zunächst müssen Wirkstoffe in Biozidprodukten in einem EU-weiten Verfahren (inkl. Schweiz) geprüft und in eine „Positiv-Liste“ (EU-Liste genehmigter Wirkstoffe) aufgenommen werden. Erst danach können Anträge auf Zulassung von Biozidprodukten mit diesen Wirkstoffen in den EU-Mitgliedstaaten und der Schweiz gestellt werden. Die Zulassung von Bioziden verläuft also zweistufig. Das Umweltbundesamt (UBA) prüft die Umweltwirkungen von Bioziden und muss sein Einvernehmen bei der Zulassung von Biozidprodukten in Deutschland geben. Neben der Beteiligung an der Zulassung erarbeitet das UBA auch Bewertungsgrundlagen und fördert Forschungsprojekte zur Anwendung von Bioziden und zu möglichen Risiken für die Umwelt. Aspekte wie die nachhaltige Verwendung von Bioziden und die Berücksichtigung der Risiken für die Artenvielfalt (neues Schutzgut Biodiversität) wurden in der Verordnung verankert. Bevor ein Biozidprodukt zugelassen werden kann, muss eine Umweltrisikobewertung durchgeführt werden, denn Biozide sind potenziell gefährlich für die Umwelt und die Gesundheit von Mensch und Tier. Bereits seit dem 30.7.2004 mussten biozide Wirkstoffe und Produkte in Deutschland entsprechend den Bestimmungen des alten Kennzeichnungsrechts der EU-Richtlinie 1999/45/EG (insbes. Art. 10), des Chemikaliengesetzes (ChemG, § 13 und 14) und der Gefahrstoffverordnung (§ 4, Absätze 1 und 2) eingestuft, verpackt und gekennzeichnet sein. Nun müssen die Produkte nach der gültigen →CLP-Verordnung klassifiziert, verpackt und gekennzeichnet werden. Biozide Wirkstoffe werden auf Antrag nach Prüfung in den Anhang I der B. aufgenommen, nachdem die Wirkung auf den Menschen und die Umwelt überprüft wurde. Erst dann dürfen sie vermarktet werden. Ziel der einheitlichen Regelung ist der Schutz der menschlichen Gesundheit und der Umwelt, wobei der Nutzen von Bioziden anerkannt wird.

Birke Von holzwirtschaftlicher Bedeutung sind die Hänge-Birke (Betula pendula) und die Moor-Birke (Betula pubescens). EN-Kurzzeichen: BTXX. B. zeigt keinen Farbkern und ist von gelblichweißer, rötlichweißer bis rötlichgelber Farbe. Das Holz hat feine bis mittelgrobe Poren, zarte Fladerung und leicht seidigen Glanz, häufig mit Lichteffekten. Infolge welligen Faserverlaufs ist B. teilweise auch flammig-feldartig gezeichnet.
B. ist ein mittelschweres (Darrdichte 640 kg/m^3), elastisches und zähes, gut biegsames Holz, aber nicht besonders hart. (Brinell-Härte: 23 N/mm^2) Es ist mäßig schwindend und hat ein weniger gutes Stehvermögen. B. ist ausgezeichnet beiz- und polierbar, die Oberflächenbehandlung ist problemlos. B. ist nicht witterungsfest. Birkenholz ist anfällig für Insekten- und Pilzbefall. Dauerhaftigkeitsklasse 5 nach DIN EN 350. Einordnung in die Gebrauchsklasse gem. DIN EN 335: GK 0 oder GK 1 (keine Gefährdung – innen verbautes Holz, ständig trocken ≤ 20 %). Bei der Verarbeitung ist auf Schutz vor →Holzstaub (krebserzeugend gem. →TRGS 906) zu achten.
B. wird massiv und in Form von Furnieren im Möbelbau und Innenausbau (für dekorative Bekleidungen mit Lichteffekten und für Parkett) verwendet, außerdem für Treppen und Sperrholz sowie ersatzweise für Edelhölzer wie →Nussbaum und Kirschbaum bei Stilmöbeln. Weiterhin für Schnitzarbeiten, Sportgeräte, Musikinstrumente, Bürsten- und Pinselstiele sowie als Industrieholz für →Spanplatten und →Holzfaserplatten.

Birnbaumholz (Pyrus communis), Kurzzeichen nach DIN EN 13556: PYCM. Das →Splint- und →Kernholz ist von gleicher, lichtbrauner bis hellrötlichbrauner oder auch intensiv roter Farbe, unter Lichteinfluss nachbräunend. Birne ist feinporig, von gleichmäßiger Struktur und mit zart gefladerter, teils auch geflammter Textur.
Das Holz ist mittelschwer bis schwer und hart, mit mittleren Festigkeitswerten und nur wenig elastisch. Darrdichte 700 kg/m^3, Brinellhärte 32 N/m^2. B. ist mäßig schwindend und sehr gut stehend. Die Behandlung der Oberflächen ist problemlos; es ist insbesondere gut zu polieren, zu beizen und zu färben. B. ist mäßig witterungsfest. Dauerhaftigkeitsklasse 4-5 nach DIN EN 350. Einordnung in die Gebrauchsklasse gem. DIN EN 335: GK 0 oder GK 1 (keine Gefährdung – innen verbautes Holz, ständig trocken ≤ 20 %). Bei der Verarbeitung ist auf Schutz vor →Holzstaub (krebsverdächtig gem. →TRGS 905) zu achten.
Wegen des geringen Aufkommens hat Birne nur beschränkte Bedeutung. Das Holz findet Verwendung als Ausstattungsholz im Möbel- und Innenausbau für Täfelungen, Parkett und Treppen sowie als Spezialholz für feine Bildhauer-, Schnitz- und Drechselarbeiten, Mess- und Zeichengeräte, Musikinstrumente sowie für Intarsien und zur Imitation von Ebenholz.

Bisphenol A B. (BPA; 2,2-bis(4-hydroxyphenyl)propan) wird in großem Umfang bei der Herstellung von Polycarbonat-Kunststoffen sowie →Epoxidharzen verwendet und kommt als →Monomer in PVC vor. Wesentliche potenzielle Quellen für die Aufnahme von B. sind Bedarfsgegenstände, die mit Lebensmitteln in Kontakt kommen, z.B. Kunststoff-Einwegtrinkflaschen, Babyflaschen (seit 2011 verboten), Plastikgeschirr oder die Innenbeschichtung von Dosen. BPA zeigt eine östrogene Aktivität (hormonwirksamer Stoff) sowie mögliche Auswirkungen auf die Entwicklung des männlichen Reproduktionssystems. Weiterhin besteht Verdacht auf erbgutschädigende Wirkung. 2016 hat der REACH-Ausschuss für eine Einstufung von B. als reproduktionstoxisch der Kategorie 1B gestimmt. Wie auch krebserregende oder erbgutverändernde Stoffe der Kategorie 1 (→CMR-Stoff) ist BPA somit nach Artikel 57(a) der EU-Chemikalienverordnung REACH in die →Kandidatenliste für besonders besorgniserregende Stoffe aufgenommen. MAK-Wert: 5 mg/m^3 einatembare Fraktion. 2017 wurde an der Erstellung der erforderlichen Dossiers für die Einstufung als →SVHC-Stoff gearbeitet (SVHC Identifikation) (REACH-Newsletter WKÖ 126).

Bitumen B. kommt in der Natur als Bestandteil von →Naturasphalten und Asphaltgesteinen vor, die sich in langen geologischen Zeiträumen nach Verdunsten der leichter siedenden Anteile des Erdöls gebildet haben (→Naturbitumen). Der weitaus größte Teil des industriell eingesetzten B. wird allerdings bei der Mineralölverarbeitung erzeugt. Nach Abdestillieren von Leicht-, Mittel- und Schwerölen in Raffinerien verbleibt ein Rückstand aus B., Heizölen und Schmierölen. Die Nebenkomponenten werden durch Vakuumdestillation (→Destillationsbitumen) oder Hochvakuumdestillation (Hochvakuumbitumen) abgetrennt. Bei Oxidation des Destillationsbitumens bei 200 bis 300 °C entsteht das elastischere Oxidationsbitumen (BITUROX-Verfahren).

B. ist ein Gemisch verschiedener Kohlenwasserstoffe. Die genaue Zusammensetzung von B. schwankt stark in Abhängigkeit vom Herkunftsort des entsprechenden Rohöls. Die Inhaltsstoffe werden in 4 Gruppen unterteilt: schwefelhaltige Verbindungen, sauerstoffhaltige Verbindungen (Naphthensäuren, →Phenole, Fettsäuren), stickstoffhaltige Verbindungen und metallhaltige Verbindungen (Fettsäuremetallsalze, Metallkomplexe). Der Gehalt an →Polycyclischen aromatischen Kohlenwasserstoffen (PAK) liegt in der Bandbreite von 6 bis 60 mg/kg (Summenwert). →Teer wird ebenfalls zu den „bituminösen" Stoffen gezählt, ist aber ein Destillationsprodukt der Kohlevergasung und nicht mit B. zu verwechseln. Der Gehalt an krebserregenden Substanzen der PAK liegt im Bitumen um den Faktor 1.000 niedriger als im Teer. →Asphalt ist ein mit B. gebundener Straßen- und Bodenbelag.

Ca. 80 % des in Deutschland produzierten B. wird als Bindemittel bei der Herstellung von →Asphalt verwendet. Die mit Abstand größte Menge des B. geht als →Walzasphalt in den Straßenbau. Im Hochbauwesen wird B. verwendet für bitumierte Dichtungs- und Dachbahnen (→Bitumenbahnen), im Bautenschutz (→Bitumenlösungen, →Bitumenvergussmassen, Bitumenlacke, →Bitumenemulsionen), als →Bitumierte Spachtelmassen, als Bindemittel in →Gussasphaltestrichen und →Asphaltplatten. Die Verarbeitung von B. erfolgt im Heiß- oder Kaltverfahren. Bei der Kaltverarbeitung wird B. in Lösemittel gelöst oder als wässrige Emulsion verarbeitet. Bei der Heißverarbeitung – z.B. bei der Herstellung von Bitumenbahnen – wird in stationären Anlagen erhitztes B. auf ein Trägermaterial aufgebracht. Heißflüssige Massen auf Bitumenbasis werden auch vor Ort zum Vergießen von Fugen oder zum Verkleben von Dämmstoffen verwendet.

B. ist ein Mineralölprodukt. Seine Verfügbarkeit hängt von der Höhe der Erdölvorräte ab (→Erdöl). Unter den gefährlichen Inhaltsstoffen ist der Anteil an kanzerogenen polycyclischen aromatischen Kohlenwasserstoffen (PAK) zu verstehen. Der bekannteste Vertreter dieser Stoffgruppe ist →Benzo[a]pyren, das als kanzerogen, mutagen und fortpflanzungsgefährdend eingestuft wird. Der Gehalt an Benzo[a]pyren im B. liegt bei etwa 1,2 bis 2,7 mg/kg. Dieser Gehalt liegt unter der stoffspezifischen Grenze von 100 mg/kg BaP für die Einstufung als krebserzeugend. Gefährdung durch B. kann bei Hautkontakt oder Einatmen von Bitumennebel (Bitumendämpfe und -aerosole, Kategorie 2 der krebserzeugenden Arbeitsstoffe gem. Deutscher MAK-Werte-Liste 2016) entstehen. In den Raffinerien erfolgt die Herstellung von B. in geschlossenen Anlagen. Bei Verarbeitungstemperaturen unterhalb von 80 °C (z.B. beim Kaltkleben oder mechanischen Befestigen) treten praktisch keine Emissionen von Bitumendämpfen und Aerosolen auf. Hier besteht nur die Möglichkeit, dass es zu Hautkontakt mit dem B. kommt. Wird B. bei der Verarbeitung über 80 °C erhitzt, treten umso mehr Dämpfe auf, je höher die Temperatur ist (Exposition beim Schweißverfahren etwa 9 mg/m^3, Gießverfahren 1,5 bis 20 mg/m^3).

1996 wurden erstmals Luftgrenzwerte für die bei der Heißverarbeitung von B. entstehenden Bitumendämpfe und -aerosole festgelegt (bis Januar 2000: 20 mg/m^3 in Innenräumen, 15 mg/m^3 für alle übrigen Arbeiten, ab Januar 2000: 15 mg/m^3 bzw.

10 mg/m^3). Bei umfangreichen Messungen von Dämpfen und Aerosolen aus B. durch den Gesprächskreis B. stellte sich heraus, dass die festgesetzten Grenzwerte für fast alle Arbeitsbereiche eingehalten werden konnten, nicht jedoch beim Einbau von →Gussasphalt. Für Gussasphaltarbeiten hatte der Ausschuss für Gefahrstoffe den Grenzwert bis 2007 ausgesetzt. Seit 2008 gilt in Deutschland der Grenzwert von 10 mg/m^3 für Dämpfe und Aerosole beim Heißeinbau von Asphalt generell. Dieser Grenzwert kann bei Gussasphaltarbeiten nur eingehalten werden, wenn die temperaturabgesenkte Bauweise angewendet wird. Die Maximaltemperaturen, die während der Nutzung im Hochbaubereich auftreten, liegen bei ca. 100 °C auf Dächern. Relevante Emissionen von Bitumeninhaltsstoffen in die Umwelt wurden dabei nicht festgestellt. Bei fachgerechtem Einbau, abgelüfteten Bitumenschichten und normalen Raumtemperaturen ist keine Beeinträchtigung der Bewohner durch Bitumeninhaltsstoffe zu erwarten.

Zusammenfassend gelten für die Verarbeitung von B. folgende ökologische Regelungen:

- Kaltverarbeiten dem Heißverarbeiten vorziehen!
- Hautkontakt mit Bitumen vermeiden! Passende Handschuhe bei der Verarbeitung von Bitumenmassen verwenden!
- Bitumenemulsionen (→GISCODE BBP10) den Bitumenlösungen (GISCODE BBP20) vorziehen (besonders bei Verarbeitung in Innenräumen)! Aus bauökologischer Sicht sind bitumenhaltige Produkte im Innenraum grundsätzlich zu vermeiden. Hier gibt es anderweitig sehr gute Alternativen.
- Falls der Einsatz von lösemittelhaltigen Bitumenmassen technisch begründet ist, ist die Verwendung von aromatenarmen Produkten (GISCODE BBP20) gegenüber den gesundheitsschädlichen bzw. lösemittelreichen Produkten vorzuziehen.
- Lösemittelreiche Bitumenprodukte (GISCODE BBP30), aromatenreiche und/oder gesundheitsschädliche Bitumenprodukte (GISCODE BBP40, BBP50, BBP60, BBP70) vermeiden!
- Für einige Spezialanwendungen, z.B. als Haftvermittler auf alten Bitumenuntergründen oder im Korrosionsschutz, kann die Verwendung von lösemittelreichen Bitumenmassen technisch notwendig sein. In diesem Fall sind aromatenarme und nicht als gesundheitsschädlich eingestufte Produkte vorzuziehen (GISCODE BBP30). Es ist zu prüfen, ob Produkte mit einem geringeren Lösemittelgehalt (GISCODE BBP20) oder kaltverarbeitende Bitumenemulsionen (GISCODE BBP10) eingesetzt werden können.
- Auf gute Durchlüftung während des Arbeitens achten, besonders bei der Verarbeitung von Heißbitumen und lösemittelhaltigen Bitumenanstrichen oder beim Verschweißen von Bitumenbahnen!

Bitumenanstriche B. können heiß- oder kaltverarbeitet werden. Bei der Heißverarbeitung wird →Bitumen über die Grenztemperatur von 80 °C erhitzt, sodass Bitumendämpfe und -aerosole (Kategorie 2 der krebserzeugenden Arbeitsstoffe) auftreten (→Heißbitumen). Heißbitumen wird zum Verkleben und Abdichten von →Schaumglasplatten und →Bitumenbahnen verwendet. Bei den kaltverarbeitbaren B. unterscheidet man zwischen →Bitumenemulsionen und →Bitumenlösungen. Abgesehen von einigen Anwendungen im Straßenbau werden kaltverarbeitbare B. insbesondere zu Abdichtung und Schutz von Bauwerken eingesetzt. Heute werden zum überwiegenden Teil die aus Sicht des Arbeitsschutzes zu bevorzugenden Bitumenemulsionen verarbeitet. Im Gefahrstoff-Informationssystem der Berufsgenossenschaften der Bauwirtschaft (→GISBAU) werden kaltverarbeitbare Bitumenprodukte nach folgenden →GISCODES systematisiert:

Tabelle B10: GISCODES für kaltverarbeitbare Bitumenprodukte in der Bauwerksabdichtung

GISCODE	Bezeichnung
BBP10	Bitumenemulsionen
BBP20	Bitumenmassen, aromatenarm, lösemittelhaltig
BBP30	Bitumenmassen, aromatenarm, lösemittelreich
BBP40	Bitumenmassen, aromatenarm, gesundheitsschädlich, lösemittelhaltig
BBP50	Bitumenmassen, aromatenarm, gesundheitsschädlich, lösemittelreich
BBP60	Bitumenmassen, aromatenreich, gesundheitsschädlich, lösemittelhaltig
BBP70	Bitumenmassen, aromatenreich, gesundheitsschädlich, lösemittelreich

Je höher die jeweilige Kennziffer des Giscodes ist, desto gefährlicher ist das Produkt und desto umfangreichere Schutzmaßnahmen müssen getroffen werden. Für „Lösemittelarme Bitumenanstriche und Kleber“ gibt es außerdem den →Blauen Engel (entspricht GISCODE BBP10; der Gehalt an flüchtigen organischen Stoffen darf 1 Gew.-%, bezogen auf das fertige Produkt, nicht überschreiten).
→Bitumen

Bitumenbahnen B. bestehen aus in →Bitumen getränkten Trägereinlagen, wie Glasgewebe (G), Glasvlies (GV), Polyestergewebe, Polyestervlies (PV), Jute (J) oder Rohfilzpappe (R). In der Regel sind beidseitig Bitumendeckschichten aus →Oxidationsbitumen oder →Polymerbitumen aufgebracht, die meist zumindest einseitig mit mineralischen Stoffen bestreut sind. Die Trägereinlagen bestimmen das mechanische Verhalten der Bahnen (Festigkeit, Dehnfähigkeit, Einreiß- und Weiterreißfestigkeit, Nagelausreißfestigkeit, Perforationsbeständigkeit [oder -festigkeit], Maßhaltigkeit, Dimensionsstabilität, Verhalten bei Verarbeitung), die Bitumendeckschichten bestimmen die Wasserdichtigkeit, das Witterungs- und Temperaturverhalten sowie die Alterungsbeständigkeit, die Verarbeitbarkeit und das Langzeitverhalten der B. Der Bitumenanteil der B. beträgt ca. 60–80 M.-%. Bei wurzelfesten B. werden Metallbänder (meist aus Kupfer) oder Herbizide eingearbeitet (→Wurzelsperrschicht). Zur Herstellung werden Bitumen, Zuschlagstoffe und ggf. Polymere bei etwa 160 °C vermischt, die Trägereinlagen bei 180 bis 190 °C mit Bitumen imprägniert und anschließend beidseitig mit entsprechendem Deckbitumen und dem Oberflächenschutz versehen. Die fertigen Bahnen werden abgekühlt und konfektioniert. Die Herstellung erfolgt in einer teilgekapselten, abgesaugten Fertigungsstraße (Stand der Technik zur Einhaltung der TA Luft). Je nach Einsatzgebiet kann man zwischen B. unterschiedlicher Qualitäten wählen: →Bitumenbahnen, nackt, →Bitumendachbahnen, →Bitumendachdichtungsbahnen, →Bitumenschweißbahnen, →Bitumen-Kaltselbstklebebahnen.

Es werden vier *Verarbeitungsverfahren* unterschieden:

- Schweißen: B. mit Propangasbrenner anschmelzen und mit dem Untergrund verkleben (Temperaturen ca. 200 °C);
- Gießen: B. werden in aufgegossene heiße Bitumenmasse (Temperatur ca. 180 bis 230 °C) gelegt;
- Kaltselbstkleben: kein Erhitzen von Bitumen, →Bitumen-Kaltselbstklebebahnen;
- mechanische Befestigungsverfahren.

Alterung tritt vor allem bei freiliegenden Flächen, die in Kontakt mit Licht, Sauerstoff und Wärme treten können, auf:

- Leichte flüchtige Bitumenbestandteile verdampfen, schwerere Anteile konzentrieren sich, Bahn wird weniger flexibel;
- Sauerstoff oxidiert Bestandteile des Bitumens; die Alterungsvorgänge können durch Bedeckung der Bitumenoberfläche unterbunden bzw. verlangsamt werden.

Verwendung: B. werden für Dachabdichtung und Abdichtung gegen Bodenfeuchtigkeit eingesetzt. Etwa 70 % der Flachdächer in Europa sind laut Schätzungen mit B. abgedeckt. B. mit Aluminiumeinlage werden als Dampfsperre verwendet. Der Einsatz als B. ist nach →Walzasphalt das zweitgrößte Einsatzgebiet für →Bitumen.

Bei der Herstellung von B. sowie beim Verschweißen und Vergießen der B. treten Temperaturen über 80 °C und damit Emissionen von Bitumendämpfen auf. Bei Messungen lag der 95-%-Wert der Konzentrationen von Dämpfen und Aerosolen aus Bitumen bei der Herstellung von Bitumenbahnen gemäß Gesprächskreis Bitumen (bgbau 2/2018) bei 4,4 mg/m^3. Mit der begründeten Annahme, dass verfahrensbedingt auch in Zukunft keine höheren Werte zu erwarten sind, belegen die durchgeführten Messungen, dass bei der Herstellung von Bitumenbahnen ohne weitere Schutzmaßnahmen gearbeitet werden kann. Die Arbeitsplatzmessungen beim Heißvergießen und beim Schweißen von B. in Räumen zeigten ebenfalls einen 95-%-Wert der Expositionen unter dem Grenzwert von 10 mg/m^3 (2,8 mg/m^3 bzw. 9,8 mg/m^3). Für Arbeiten in vollständig geschlossenen Räumen, in Behältern oder in engen Schächten ohne ausreichende Lüftung sind höhere Werte zu erwarten. Bei der Kaltverklebung (→Bitumen-Kaltselbstklebebahnen oder mit kaltverarbeitbaren Bitumenmassen) treten keine Bitumendämpfe und -aerosole auf. In diesem Fall sollte auf lösemittelfreie Produkte geachtet werden (→Bitumenemulsionen). Werden die B. lose verlegt, ist mit keiner Auswirkung auf Arbeiter oder Umwelt zu rechnen. Der Rückbau von verklebten Bahnen ist sehr aufwendig. Die

Entsorgung erfolgt aus diesem Grund meist gemeinsam mit den mineralischen Baustoffen auf Deponien. B. haben einen relativ hohen Heizwert und können in Müllverbrennungsanlagen entsorgt werden. Die mineralischen Bestandteile bleiben in der Schlacke zurück und müssen deponiert werden.

Bitumenbahnen, nackt B. bestehen aus einer in →Bitumen getränkten Trägereinlage (i. d. R. Rohfilz-Pappe (R)). Die Bahn ist als Dichtungsschicht zwischen Bitumenanstrichen, als Trennschicht, als zeitliche Dachhaut geneigter Dächer vor der Verlegung der definitiven Dachdeckung oder als Abdichtungslage von untergeordneten Dachflächen wie Holzschuppen und Unterständen ohne hohe Ansprüche auf Lebensdauer geeignet. Bezeichnungen gem. DIN: R 333N, R 500 N (Rohfilz – Gewicht in g/m^2 – Nackt). →Bitumenbahnen

Bitumen-Dachbahnen B. bestehen aus einer in →Oxidationsbitumen (→Bitumen) getränkten Trägereinlage (Textilglasgewebe, Polyester-Vlies, Jutegewebe, meist: Rohfilz-Pappe (R)) mit mineralischer Bestreuung an der Oberfläche. Die B. werden vollflächig im Gieß- und Einrollverfahren mit →Heißbitumen (Verbrauch ca. 1,5 bis 2,0 kg/m^2, Bitumennebel!) aufgebracht. →Bitumenbahnen

Bitumen-Dachdichtungsbahnen B. weisen eine dickere beidseitige Deckschicht aus →Bitumen auf. Die mittlere Dicke beträgt mindestens 3,5 mm. B. verwendet man als waagerechte und senkrechte Sperrschicht bei Wänden zum Schutz vor aufsteigender Bodenfeuchtigkeit. Die B. werden auch als Abdichtung von Wänden und Dächern (Flachdächern, Terrassen, Parkdecks usw.) gegen nichtdrückendes Wasser und Sickerwasser verwendet. B. werden je nach Anforderung vollflächig oder punktweise mit →Heißbitumen aufgeklebt. Die Naht- und Stoßüberdeckung sollte 8 cm betragen. Als Unterlagsbahn werden die B. verdeckt mit Breitkopfstiften auf der Schalung verlegt. Bezeichnungen gem. DIN: Kürzel und Gewicht der Trägereinlage (z.B. PV 200 für Polyestervlies mit 200 g/m^2) – DD (für Dachdichtungsbahn). →Bitumenbahnen

Bitumen-Dachplatten B. sind kleinformatige Dachdeckungsmaterialien in verschiedenen Formen und Formaten (Biberschwanz, Rechteck, Welle, ...). Sie bestehen aus Bitumen-Deckschichten (→Oxidationsbitumen, →Polymerbitumen), beidseitig auf Trägereinlagen aufgebracht, und einem Oberflächenschutz aus mineralischem Granulat, Schiefersplitt oder Metallfolie. Die Bitumenart bestimmt die Temperaturbeständigkeit, Art und Gewicht der Trägereinlage, die Nagelausreißfestigkeit und die Flächenstabilität. B. sind für Dachneigungen von 10 bis 90° geeignet. Das Material wird auf Holzschalung aufgenagelt. Darunter ist eine Kaltdachkonstruktion erforderlich. Die Größe der Schindeln ist sehr unterschiedlich, ebenso das verwendete Gesteinsgranulat.

Bitumen-Dachschindeln →Bitumen-Dachplatten

Bitumen-Dichtungsbahnen →Bitumenbahnen

Bitumendickbeschichtung Bitumendickbeschichtung ist die Bezeichnung für eine mit Spachteltechnik mehrschichtig aufgebrachte Beschichtung aus Bitumen-Latex-Mischungen an im Erdreich liegenden Kelleraußenwänden zum Schutz vor eindringender Feuchtigkeit. Die Dicke des Beschichtungsauftrages beträgt bis zu 8 mm, die aufgebrachten Schichten bilden eine elastische und abdichtende Oberfläche. Die Bitumenabdichtung muss gegen mechanische Zerstörung geschützt werden, hierzu können Noppenbahnen mit Vliesbeschichtung oder spezielle bitumenbeschichtete Styroporplatten (Pordrainplatten) verwendet werden, die gute Wärmedämmeigenschaften aufweisen und durch die körnige Oberfläche Feuchtigkeit im anstehenden Erdreich abfließen lassen (Drainagewirkung). →Bitumen

Bitumendispersionen →Bitumenemulsion

Bitumenemulsionen B. sind braun bis schwarz gefärbte Flüssigkeiten oder Pasten aus ca. 55 bis 70 M.-% →Bitumen oder →Polymerbitumen, Wasser und Emulgatoren. Wenn B. Füllstoffe oder Kunststoffzusätze (KMB) enthalten, kann sich der Bitumengehalt bis auf ca. 25 % verringern. Als anionische oder kationische Emulgatoren werden natürliche Stoffe (Tonmehl) oder synthetische Stoffe (N-Alkylpropandiamine) eingesetzt. Frostschutzmittel erlauben die Verarbeitung bei Temperaturen unter dem Gefrierpunkt. Bei zweikomponentigen Bitumenemulsionen wird vor der Verarbeitung eine hydraulische Pulverkomponente (i. d. R. Zement) mit eingemischt. Im →GISCODE-System werden B. mit dem Code BBP10 gekennzeichnet. In diesen können bis zu ca. 3 % organische Hilfskomponenten (z.B. →Lösemittel als Filmbildehilfsmittel) enthalten sein.

B. werden als Bautenschutzmittel (z.B. zur Abdichtung von Kelleraußenwänden), zur Haftverbesserung vor dem Aufbringen von Bitumenbahnen und als Kleber für Dachbahnen, Dämmstoffplatten usw. eingesetzt. Sie werden üblicherweise im Streich-, Spritz-, Spachtel- oder Rollverfahren kalt aufgetragen.
Die inhalative Gefährdung durch Bitumendämpfe oder -aerosole ist wegen der Kaltverarbeitung beim Streichen, Spachteln und Rollen weitestgehend ausgeschlossen. Nur im Spritzverfahren (Aerosolbildung) besteht eine Belastung der Atemluft durch Dämpfe und Aerosole. Aus Sicht des Arbeits-, Umwelt- und Gesundheitsschutzes ist der Einsatz von B. der Heißverarbeitung (→Heißbitumen) und dem Einsatz von →Bitumenlösungen vorzuziehen. Zur Vermeidung von Hautkontakt sind für Tätigkeiten mit B. geeignete Handschuhfabrikate zu tragen. Sensibilisierte Personen können schon auf sehr geringe Konzentrationen an Emulgatoren reagieren und sollten deshalb keinen weiteren Kontakt mit diesen Stoffen haben.

Bitumenemulsionsestrich B. wird aus →Bitumenemulsion (zwischen 5 und 10 M.-%), Zement (zur Wasserbildung und Stabilisation) und Sand bzw. Splitt hergestellt. Bei hohen Verkehrslasten werden bindemittelarme B., bei kleinen Verkehrslasten bindemittelreichere B. eingesetzt. Der Bitumenanteil ist auch verantwortlich für die Oberflächenbeschaffenheit. B. eignet sich als Estrich und Industrieboden für die Innenanwendung, besonders für schwere Verkehrsbeanspruchung (Lager- und Fabrikhallen, Hoch-Tiefgaragen, Parkhäuser, ...). →Bitumen

Bitumen-Kaltselbstklebebahnen B. sind selbstklebende →Bitumenbahnen, die bei schwierigen baukonstruktiven Dachformen oder temperaturempfindlichen bzw. brandgefährdeten Bereichen eingesetzt werden (z.B. als erste Lage auf ungeschützten Polystyrol-Hartschaum-Platten). Sie können als Dampfsperre und Bauwerksabdichtung eingesetzt werden. Die Produktvorteile der B. sind: keine offene Flamme, kein Gasverbrauch, zeitsparende, schnelle Verlegung, leichteres Arbeiten, kein Erhitzen von Bitumen auf über 80 °C und damit keine Bitumendämpfe und -aerosole. Beim Verlegen wird die unterseitig angebrachte Folie abgezogen und die Bahn mit einer 8 cm breiten Überdeckung im Längs- und Quernahtbereich aufgeklebt. Kanten und Stöße werden mit einer Andruckhilfe (Rolle o.Ä.) zusätzlich fixiert. Der Untergrund muss staubfrei und trocken sein. Bei kritischen Untergründen wird von Herstellerseite eine Grundierung mit →Bitumenanstrich empfohlen. Kürzel nach DIN: KSK

Bitumenklebstoffe B. werden zum kalten Verkleben im feuchtebelasteten Bereich verwendet. Sie eignen sich zum Verkleben von Dämmplatten, wie →Kork- oder →Polystyrolplatten, auf Untergründen wie Beton, Putz oder Holz. B. gibt es als Dispersionsklebstoffe (→Bitumenemulsionen) oder als Lösemittelklebstoffe (→Bitumenlösungen). Aus B. auf Lösemittelbasis ist zusätzlich zu Bitumendämpfen mit VOC-Emissionen zu rechnen. Zu bevorzugen sind Klebstoffe aus Bitumenemulsionen mit niedrigen Schadstoffemissionen oder B. mit „Blauer Engel“ (RAL-UZ 112).

Bitumenlacke →Bitumenlösungen

Bitumen-Lochvliesbahnen B. sind →Bitumenbahnen mit einer gelochten Trägereinlage mit ca. 15 % Lochanteil. Sie werden als →Dampfdruck-Ausgleichsschicht unter →Dampfsperren bzw. →Abdichtungsbahnen eingesetzt. Die B. ermöglichen Dampfdruck- und Bewegungsausgleich.

Bitumenlösungen B. sind dunkel gefärbte, mit →Lösemitteln verschnittene Flüssigkeiten oder Pasten aus Bitumenmasse (ca. 30 bis 60 % →Bitumen-Gehalt). B. werden im Roll-, Streich- oder Spritzverfahren verarbeitet. „Lösemittelhaltige“ Bitumenmassen gem. →GISCODE für kaltverarbeitbare Bitumenprodukte enthalten max. 25 % Lösemittel und werden überwiegend als Anstrichmittel, Spachtelmassen, Kitte oder Kaltkleber für Abdichtungszwecke usw. eingesetzt. „Lösemittelreiche“ Bitumenmassen mit erheblichen Mengen an Lösemittel (40 bis 70 %, Testbenzin, Solvent Naphtha usw.) werden als Voranstrichmittel oder Deckanstriche für Abdichtungszwecke sowie als Korrosionsschutzanstrich für Metalle eingesetzt. Spritzmittel enthalten einen hohen Bitumenanteil (ca. 80 %).
Lösemittel (→VOC) können eine Vielzahl unspezifischer Symptome und Befindlichkeitsstörungen, wie Reizungen an Augen, Nase, Rachen und erhöhte Infektionsanfälligkeit im Bereich der Atemwege, verursachen. Zudem tragen VOC wesentlich zur Ozonbelastung (→Sommersmog) bei. Neben den durch Einatmen ausgelösten Gesundheitsgefahren ist die Möglichkeit einer Gesundheitsge-

fährdung durch längeren Hautkontakt zu berücksichtigen. Falls technisch möglich, sollten →Bitumenemulsionen Anwendung finden (→GISCODE BBP10).

Bitumen-Schweißbahnen B. sind →Bitumenbahnen mit Trägereinlage mit oder ohne Metallkaschierung, deren Unterseite durch Erhitzen z.B. mit Propangasbrennern verflüssigt und als Klebeschicht genutzt wird. Bezeichnungen gem. DIN: Kürzel und Gewicht der Trägereinlage (z.B. PV 200 für Polyestervlies mit 200 g/m^2) – S4 (für Schweißbahn).

Bitumenvergussmassen →Heißbitumen

Bitumenvoranstriche B. sind wie →Bitumenanstriche auch als →Bitumenemulsionen, häufig jedoch als lösemittelreiche Bitumenmassen (siehe auch →Bitumenlösungen) erhältlich. Bei Voranstrichen ist daher besonders darauf zu achten, nach technischer Möglichkeit Bitumenemulsionen (GISCODE BBP10) oder zumindest lösemittel- und aromatenarme Bitumenlösungen (GISCODE BBP20) einzusetzen.

Bitumierte Spachtelmassen B. sind stark gefülltes Oxidationsbitumen auf Lösemittel- oder Emulsionsbasis. B. werden zur Ausbesserung von →Dachbahnen, zur Beschichtung von Beton und zum Abdichten von Fugen eingesetzt. Bei Heißauftrag wird Sand als Füllstoff verwendet. Bei Kaltauftrag erfolgt der Einsatz von fabrikfertigen →Spachtelmassen mit Füllstoffen wie →Mineralfasern (früher: →Asbest) oder Mineralstoffen. Bei Kaltverarbeitung kann eine Gefährdung durch längeren Hautkontakt auftreten, bei der Heißverarbeitung erfolgt eine Belastung durch Bitumennebel (→Bitumen).

Blähglas B. besteht aus geblähten Glaskügelchen, die aus Glas der Altglassammlung erzeugt werden. Von den lokalen Glascontainern werden die Altgläser abgeholt und zur Altglasaufbereitung weitergeleitet. Das stark verschmutzte Glas muss von den Beimengungen, z.B. Metalle, organische Abfälle und Lebensmittelreste, gereinigt und in verschiedene Korngrößen und Farben (Grünglas, Weißglas, Braunglas) sortiert werden. Für B. ist auch die Fraktion unter 8 mm brauchbar, die zur Flaschenglasherstellung nicht mehr verwendet werden kann (50 % Anteil am Fertigprodukt). Die restlichen 50 % Altglas sind Glasstaub, der ebenfalls nicht anders wiederverwertet werden kann. Damit trägt die Herstellung von B. zu einer vollständigen Reststoffverwertung bei. Zur B.-Erzeugung wird das Altglas zu Glasmehl gemahlen, in Rundkörner geformt und bei rund 850 °C gebläht. B. wird verwendet für nicht belastete Dämmschüttungen oder als Zuschlagstoff für Leichtmauermörtel, Leichtputze, Leichtbetone oder Dekorfarben. Aus 96 % B. und 4 % Zuschlagstoffen, Bindemitteln und Glasfasergewebe lassen sich Putzträgerplatten erzeugen, die sich als vorgehängte Putzfassadensysteme für Leichtkonstruktionen eignen. Rohdichte von Wärmedämmschüttungen aus B.: ca. 200 kg/m^3, →Wärmeleitfähigkeit: ca. 0,06 bis 0,07 W/(m·K). B. ist unbrennbar (Baustoffklasse A1) und unverrottbar. Die Druckfestigkeit ist eher gering (0,02 N/mm^2).

Der hohe Energiebedarf für den Blähprozess ist dem besonders positiven Aspekt der hochwertigen Verwertung eines Recyclingrohstoffes und der Schonung mineralischer Ressourcen gegenüberzustellen. B. ist faserfrei, es werden keine Schadstoffe abgegeben. Beim Verarbeiten ist auf Staubentwicklung zu achten.

Blähglimmer B. entsteht durch Expandieren von →Vermiculit, einem Glimmerschiefer aus dünnen, flachen Aluminium-Eisen-Magnesium-Silikat-Plättchen. Der Rohstoff wird im →Tagebau gefördert, abgeschwemmt, gereinigt und abgesiebt. Das granulierte Rohmaterial wird schockartig einer hohen Temperatur von 700 bis 1.000 °C ausgesetzt. Das Kristallwasser entweicht als Dampf, wodurch sich die schiefrigen Schichten aufblähen und wurmförmig krümmen (Exfoliieren, Expandieren). Das Volumen vergrößert sich um das 20- bis 30-Fache. Exfoliiertes Vermiculit wird in verschiedenen Korngrößen hergestellt. Für diesen Prozess sind keine Hilfsmittel notwendig. Für den Einsatz als Schüttung wird es häufig mit Bitumen oder Silikaten umhüllt, um die Wasseraufnahmefähigkeit herabzusetzen.

B. wird normalerweise in Granulatform bis zu einer Korngröße von ca. 15 mm auf den Markt gebracht. Die Standardkörnung beträgt 4 bis 8 mm. Die Wärmeleitfähigkeit von geschüttetem B. beträgt ca. 0,065 bis 0,070 W/(m·K), die Rohdichte 70 bis 220 kg/m^3, der Dampfdiffusionswiderstand 3 – 4 (dampfdiffusionsoffen). B. ist unverrottbar und beständig gegen Ungeziefer. Nicht-bituminiertes B. ist unbrennbar (Baustoffklasse A1).

Aufgrund des hohen Sinterpunkts von 1.150 °C bei gleichzeitig niedriger Wärmeleitfähigkeit ist B. besonders gut geeignet für die Schall- und Hochtemperaturisolierung und den Brandschutz. B. wird entweder als Dämmschüttung eingesetzt oder unter Zugabe eines anorganischen oder organischen Bindemittels zu Blöcken und Platten geformt. Einsatzgebiete ergeben sich aus den Brandschutz-Anforderungen im Hoch- und Schiffbau oder der Hochtemperaturisolierung im Industrieofenbau sowie für Nachtspeichergeräte oder Kaminöfen. Durch Einsatz von B. als Zuschlagstoff in Betonen oder Putzen lassen sich die Wärmedämmung und die Feuerbeständigkeit erhöhen. Brandschutzputze auf nicht brennbaren Trägern wie Drahtgeweben oder Streckmetallen erhöhen die Feuerwiderstandsdauer erheblich.

Der ökologische Nachteil aus mitteleuropäischer Sicht liegt in den weiten Transportwegen, da die Rohstoffe zum Großteil aus Südafrika und der USA (gemeinsam 82 % der Weltproduktion) stammen. Die Herstellung erfolgt ohne chemische Zusätze. Die Wärmeleitfähigkeit ist höher als z.B. jene von →Blähperliten, daher ist mehr Material zur Erzielung derselben Wärmedämmung notwendig. Sie ist aber niedriger als jene von →Blähton. B. kann gut verwertet werden, z.B. als Bodenlockerer. Schadstoffemissionen in die Raumluft aus B. sind keine zu erwarten, B. kann selten erhöhte Radioaktivität aus den Rohstoffen (→Radioaktivität von Baustoffen) aufweisen. Die Herstellung erfolgt ohne chemische Zusätze. Für den Blähprozess sind hohe Temperaturen und damit ein relativ hoher Energiebedarf notwendig. B. ist ohne Probleme zu recyceln. Er kann als Bruch aufbereitet und der Neuproduktion zugeführt oder als Schütt- bzw. Auffüllmaterial verwendet werden. →Wärmedämmschüttung

Blähperlite B. werden auch als expandierte Perlite bezeichnet, weil sie in einem Expansionsprozess hergestellt werden. Dabei wird →Perlit kurzzeitig auf über 1.000 °C erhitzt, wodurch schlagartig das chemisch gebundene Wasser des Gesteins entweicht und das Rohmaterial auf das 15- bis 20-Fache seines Volumens expandiert wird. Durch diese innere Aufporung entsteht B., ein leichtes, wärmedämmendes Granulat. Die Qualität der B. wird von der Güte des Rohmaterials, dem technischen Vermögen der Anlage und der Qualität des Brenners bestimmt. B. können durch Besprühen mit →Silikonharzen hydrophobiert (wasserabweisend gemacht) werden, durch Ummanteln mit Bitumen gewinnen B. an Gewicht. B. findet Verwendung als Ausgleichsschüttung oder Dämmschüttung in Wänden, Decken und Dächern sowie als wärmedämmendes Zuschlagsmaterial für Leichtbeton und Wärmedämmputze. Spezial-Dämmstoffkörnungen können eingeblasen werden. Die Wärmeleitfähigkeit von Schüttungen aus B. liegt zwischen 0,042 und 0,065 W/(m·K), die Rohdichte zwischen 80 und 180 kg/m^3, bituminierte Produkte können Rohdichten bis 300 kg/m^3 aufweisen. B. sind unverrottbar und unbrennbar (→Baustoffklasse A1). Schüttungen aus B. sind dampfdiffusionsoffen bei gleichzeitig sehr guter Wasserbeständigkeit. Sie werden daher verstärkt in energiesparenden Bauweisen als innenliegende Dämmung auf Bodenplatten über Erde eingesetzt. Die Verfügbarkeit ist ausreichend. Der Expandiervorgang wird mit den verschiedensten Verfahren und Energieeinsätzen durchgeführt – daher entsteht eine große Vielfalt an ökologischen Profilen. Die Herstellung von Silikonölen ist ein umweltbelastender Prozess, sie werden jedoch nur in geringen Mengen eingesetzt. B. sind gut verwertbar und problemlos deponierbar. Beim Einbringen ist auf ausreichenden Staubschutz zu achten. Mit Ausgasungen während der Nutzung ist bei B. nicht zu rechnen. B. kann selten erhöhte Radioaktivität aus den Rohstoffen (→Radioaktivität von Baustoffen) aufweisen. →Wärmedämmschüttung

Blähschiefer Als Rohmaterial für B. dienen Naturvorkommen von →Schiefer (heute in Deutschland üblich), aber auch Abfallhalden der Dachschieferproduktion. Die Blähfähigkeit von Schiefer hat ihre Ursache in der besonderen mineralogischen Zusammensetzung der ursprünglichen Tonablagerungen. Der Rohstoff wird durch Großlochsprengung gewonnen, im Backenbrecher vorgebrochen und anschließend klassiert. Der Blähprozess findet in einem Drehrohrofen bei ca. 1.200 °C statt. Der B. wird abgekühlt und durch Brech- und Klassiervorgänge in die gewünschten Korngrößen fraktioniert. B. wird lose in offenen Lkws oder Silozügen sowie in Big Bags bzw. als Sackware angeboten. B. ist nicht brennbar (Baustoffklasse A1). Die Wärmeleitfähigkeit liegt bei 0,15 W/(m·K) und darüber, die Rohdichte zwischen 500 und 900 kg/m^3. B. ist leicht, chemisch und baubiologisch neutral, frost- und feuchtebeständig, fault, schimmelt und verrottet nicht.

Je nachdem, ob nach dem Brand ein Brechvorgang erfolgt oder nicht, ist B. mit geschlossener oder of-

fenporiger Oberfläche erhältlich. B. mit geschlossener Oberfläche zeichnet sich durch eine relativ geringe Wasseraufnahme aus und eignet sich als Schüttung und im Besonderen als Leichtzuschlag für →Leichtbetone, Schallschutzelemente, Leichtestrich und Leichtmauermörtel. Offenporige Körner dagegen gewährleisten ideale Eigenschaften z.B. als Pflanzsubstrat zur Dachbegrünung, da sie als Wasserspeicher wirken.
Die Herstellung erfolgt ohne chemische Zusätze. Für den Blähprozess sind hohe Temperaturen und damit ein relativ hoher Energiebedarf notwendig. Die Wärmedämmung ist nicht so gut wie z.B. jene von Blähperliten oder →Blähglimmer. B. ist ohne Probleme zu recyceln. Er kann als Bruch aufbereitet und der Neuproduktion zugeführt oder als Schütt- bzw. Auffüllmaterial verwendet werden. →Wärmedämmschüttung

Blähton Für die Blähtonherstellung werden die blähfähigen Tone in der Umgebung des Herstellwerkes im Tagebau gewonnen und danach ein Jahr auf Halde gelagert. Aus dem Ton werden in einem Wellenmischer Kugeln geformt, die danach im Drehrohrofen bei 1.200 °C gebrannt werden. Die Kügelchen blähen sich durch eigenentwickelte Gase (aus den im Ton enthaltenen organischen Stoffen) auf. Je nach Rohstoffqualität können geringe Mengen an zumeist umweltverträglichen Blähhilfsmitteln zugegeben werden. Während der Blähung versintert die Oberfläche klinkerartig, was die Druckfestigkeit und Dichtigkeit erhöht. B. wird als Leichtzuschlag zu Mauersteinen, leichte Gesteinskörnung für →Beton (→Leichtbeton), als Ausgleichsschicht oder als Wärmedämmschüttung verwendet. Im Vergleich zu anderen Dämmmaterialien weist B. eine relativ hohe Wärmeleitfähigkeit auf: 0,08 bis 0,09 W/(m·K). Schüttungen aus B. sind sehr belastbar. Ein Trittschallschutz ist durch eine lose B.-Schüttung aber nicht zu erhalten. B. ist ungeziefersicher, verrottungssicher, frostbeständig und unbrennbar (Baustoffklasse A1).
Die Rohstoffressourcen sind ausreichend. Die Herstellung erfordert einen relativ hohen Energiebedarf und verursacht Emissionen wie Schwefeldioxid, Stickoxide, Fluorwasserstoffe oder Kohlenwasserstoffe. Während der Nutzungsphase sind keine Emissionen bekannt. B. ist als Schüttung oder als Sekundärbaustoff im Straßenbau wiederverwendbar und als Baurestmasse problemlos zu entsorgen. B. kann selten erhöhte Radioaktivität aus den Rohstoffen (→Radioaktivität von Baustoffen) aufweisen. →Wärmedämmschüttung

Blähtonstein Für die Herstellung von B. wird Blähton verschiedener Korngröße mit Zement und Wasser gemischt, zu verschiedenen Steingrößen gepresst und im Freien bzw. in beheizten Trocknungshallen zum Erhärten gelagert. Ein Brennen der Steine ist nicht notwendig.
Fertigteilwände werden entweder unter Beimengung von Luftporenbildnern gegossen und durch Rütteln verdichtet oder aus einer Grobschicht hergestellt, an die an der innen- und an der außenliegenden Seite jeweils eine Feinschicht angrenzt.
Im Vergleich zu anderen Betonzuschlägen ist für Blähton ein relativ hoher Energiebedarf für den Brennprozess erforderlich, der Vorteil des Blähtons als Zuschlagstoff liegt in den raumklimatisch positiven Auswirkungen. Während der Nutzung ist mit keiner Abgabe von gesundheitsschädlichen Stoffen zu rechnen. Blähtonreste können als Sekundärbaustoff im Straßenbau bzw. als Zuschlagstoffe bei der Herstellung von neuen Teilen verwendet werden. Baustellenreste und -verschnitte finden wieder Eingang in die Produktion. Die Beseitigung kann auf Inertstoffdeponien erfolgen.

Bläue B. (Bläuepilz) ist die durch Holz bewohnende Pilze (Ascomycetes oder Fungi imperfecti) verursachte blassblaue bis schwarze Verfärbung des Holzes. Die Festigkeitseigenschaften des Holzes werden nicht beeinflusst.

Bläueschutzgrund B. sind lösemittelhaltige Beschichtungsstoffe für Hölzer im Außenbereich mit bläuewidrigen Wirkstoffen, häufig →Dichlofluanid (gesundheitsschädlich beim Einatmen), Tolylfluanid (sehr giftig beim Einatmen), Propiconazol oder Tebuconazol in Mengen bis ca. 1 %. →Biozidprodukte

Blauasbest →Krokydolith

Blauer Engel Der B. ist die weltweit erste und damit älteste umweltschutzbezogene Kennzeichnung. Zeicheninhaber dieses quasi-staatlichen Labels ist das Bundesministerium für Umwelt, Naturschutz und nukleare Sicherheit. Der B. ist ein allgemeines Umweltzeichen und kann grundsätzlich für alle Produktgruppen vergeben werden, die im Vergleich zu anderen Produkten mit demselben Gebrauchszweck als besonders umweltfreundlich gelten. Getragen und verwaltet wird das Zeichen vom Umweltbundesamt sowie dem →RAL Deutsches

Institut für Gütesicherung und Kennzeichnung e.V. Die Anforderungen an die Produkte und Dienstleistungen für die Vergabe des Umweltzeichens beschließt die Jury Umweltzeichen. Im Baubereich ist der B. u.a. für Kleber, Farben, Lacke, Dämmstoffe, Bodenbeläge, Holzwerkstoffe, Putze und Mauersteine erhältlich.

Blei B. ist ein ubiquitär vorkommendes Element. B. bzw. B.-Verbindungen werden verwendet für Akkumulatoren, Pigmente (→Bleipigmente), Bleche (Außenabdichtungen), in der Bildschirmherstellung, im Strahlenschutz und für Bleiglas. Die Verwendung von →Bleimennige als Rostschutzmittel ist nach wie vor erlaubt. Bis Anfang der 1970er-Jahre wurde B. für →Trinkwasserleitungen eingesetzt. B.-Verbindungen dürfen nicht zum Einfärben von →Kunststoffen im Kontakt mit Lebensmitteln, für Innenlackierungen von Nahrungsmittelbehältern und für Kinderspielzeug eingesetzt werden.

B. und B.-Verbindungen zählen zu den starken Umweltgiften.

Toxikologische und ökotoxikologische Eigenschaften von B.:

- Humantoxizität: B. ist ein systemisch wirkendes Zellgift, das je nach Dosis und Zeit verschiedene Schadwirkungen in vielen Organen und Organsystemen hervorruft. B. passiert die Blut-Hirn-Schranke, ist plazentagängig und geht in die Muttermilch über. In aller Regel handelt es sich um chronische Schädigungen: Schädigungen des zentralen Nervensystems, Störungen im Vitamin-D-Stoffwechsel und bei der Bildung von Blutfarbstoff, Fruchtschädigung, Beeinträchtigung der Fortpflanzungsfähigkeit, Beeinträchtigung der kindlichen Intelligenzentwicklung. Soweit nicht gesondert bewertet, sind alle Bleiverbindungen als fortpflanzungsgefährdend der Kategorie 1 (fruchtschädigend) und 3 (Fertilität) eingestuft.
- Ökotoxizität: Alle Bleiverbindungen sind als umweltgefährlich N eingestuft (R50-53), die →Wassergefährdungsklassen unterscheiden sich aber. Einstufung z.B. von Bleinitrat, -acetat, -chromat in Klasse 3, Bleimolybdat aber in Klasse 2.
- Abbauverhalten: Als chemisches Element kann B. grundsätzlich nicht abgebaut werden. In wässrigen Systemen überwiegt unter anaeroben Bedingungen die Bildung von unlöslichem Bleisulfid, unter aeroben Bedingungen die oxidative Bildung von Bleisulfat (höhere Löslichkeit). Bleiacetat und Bleinitrat sind wegen ihrer guten Löslichkeit besonders wassergefährdend. Bleichromat-Pigmente sind schwer löslich, in verdünnter Salzsäure (Magensäurekonzentration) kann B. aus ihnen gelöst werden.
- Bioakkumulation: B. verhält sich im Körper ähnlich dem Calcium (z.B. Einlagerung in Knochen). Über den Magen-Darm-Trakt gelangt B. in den Blutkreislauf (Aufnahme: Erwachsene ca. 10 %, kleine Kinder ca. 50 %). Durch Akkumulation in inneren Organen führt B. zu chronischen Schädigungen. Chronische B.-Einwirkungen können zu unspezifischen Symptomem wie Kopfschmerzen, Müdigkeit, Appetitlosigkeit, Konzentrationsschwäche und Gewichtszunahme führen.

B. und B.-Verbindungen gehören zu den Stoffen, bei denen auf EU-Ebene geprüft wird, ob sie PBT-Eigenschaften (→PBT-Stoffe) haben.

Der weitaus bedeutendste Eintrag von B. in die Umwelt und damit in die Nahrungskette des Menschen fand über Jahrzehnte durch die Verwendung verbleiten Benzins als Kfz-Treibstoff statt. Mit der Einführung von Katalysator und bleifreiem Benzin wurde diese Emissionsquelle drastisch reduziert. Im Bereich von Gewässern stammen Blei-Belastungen in Kläranlagen aus Abschwemmungen von Straßen und Dächern. Das B. akkumuliert sich, wie andere Schwermetalle auch, in Klärschlämmen, Sedimenten, aber auch in Lebewesen. Schwere Bodenbelastungen entstehen z.B. bei Korrosionsschutzmaßnahmen an Stahlbauten, wenn durch das Sandstrahlen große Mengen →Bleimennige in die Umwelt gelangen. Die Umweltbelastung durch B. ist in den vergangenen Jahren stark zurückgegangen. Eine deutliche Entlastung der Umwelt wurde durch die Verwendung unverbleiter Kraftstoffe sowie durch den Ersatz von Bleimennige durch blei- und chromatarme Korrosionsschutzstoffe.

Ein erhöhter B.-Eintrag in die Innenraumluft ist durch das Entfernen von alten Farben möglich.

Laut Anhang XVII Nr. 17 der →REACH-Verordnung dürfen Bleisulfate nicht als Stoffe oder in Gemischen in Verkehr gebracht oder verwendet werden, die zur Verwendung als Farben bestimmt sind.

Ausnahmegenehmigungen bestehen zur Restaurierung und Unterhaltung von Kunstwerken sowie von historischen Gebäuden, sind jedoch der Kommission zu melden.

Tabelle B11: Bleigehalte in behandeltem, beschichtetem und gestrichenem Holz (Obenland & Binder, 2004. Literaturstudie zu Vorkommen und gesundheitlicher Bedeutung von Blei in Hausstaub. http://www.arguk.de/infos/blei2004.htm)

Anzahl (n)	Minimum	Maximum	Mittelwert	Literatur
	[µg/g]			
28	< 2	36.412	1.725	Riehm (1994)
15	< 3	821	133	Freie und Hansestadt Hamburg (2002)
k.A.	k.A.	k.A.	194	LfU Bayern (1998)
k.A.	k.A.	k.A.	248	LUA NRW (1997)
k.A. = Keine Angaben				

Bleibleche B. bestehen heute aus Kupferblei. B. finden Verwendung für Dachdeckungen, Fassaden, alle Formen von Dachdurchdringungen, Anschlüsse, Auslegen von Brüstungen. Für Feuchteisolierungen im Hoch- und Tiefbau werden B. zwischen →Bitumen-Dachbahnen verwendet (→Siebelpappe). →Blei (UBA 17/05: Reduktion von Schwermetalleinträgen aus dem Bauwesen in die Umwelt 2005)

Bleichromate →Bleipigmente

Bleimennige B. (Mennige, Bleirot, Pariser Rot, Saturnrot, Mineralorange) ist ein leuchtend rotes Farbpigment, das bereits in der Antike bekannt war. Das Mineral Mennige ist in der Natur nur sehr selten anzutreffen. Es wird z.B. als pulverige Unterlage unter Cerrusit (ein Bleicarbonat) gefunden. Fabrikmäßig hergestellt wurde B. erstmals im 16. Jahrhundert. Chemisch handelt es sich bei B. um ein Bleimischoxid.

Tabelle B12: Gefährliche Inhaltsstoffe gem. Gefahrstoffrecht einer typischen Kunstharz-Bleimennige

Gefährliche Inhaltsstoffe	Gehalt [%]
Mennige	25 – 50
Alkane	2,5 – 10
Naphtha (Erdöl)	2,5 – 10
1,2,4-Trimethylbenzol	ca. 2,5

B. wird heute noch als Rostschutzmittel insbesondere für den schweren Korrosionsschutz eingesetzt, jedoch mit rückläufiger Tendenz. Das schwere und weiche Pulver lässt sich gut mit allen Bindemitteln verarbeiten und hat eine hervorragende Deckfähigkeit. Weiterhin wird B. bei der Ölvergoldungstechnik verwendet. Dort können Goldgründe bei Außenarbeiten mit B. angelegt werden. B. wird heute noch bei der Sanierung von schweren Stahlbauteilen bei unsachgemäßer Absaugung bei Sandstrahlung freigesetzt.

Es gibt verschiedene Arten von B.-Mischungen, insbes. Leinölfirnis-B. und Kunstharz-B. (Alkydharz-B.).

Besondere Gefahrenhinweise nach GHS der o.g. B. für Mensch und Umwelt: Akute Toxizität Kategorie 4: Acute Tox. 4; H302 Gesundheitlich schädlich bei Verschlucken. H332 Gesundheitsschädlich bei Einatmen; Kanzerogenität Kategorie 2: Carc. 2; H351 (oral) Kann vermutlich Krebs erzeugen; Reprdouktionstoxizität Kategorie 1A: Repr. 1A; H360FD Kann die Fruchtbarkeit beeinträchtigen. Kann das Kind im Mutterleib schädigen; Reproduktionstoxizität: Zusatzkategorie für Wirkungen auf/über Laktation; H362 Kann Säuglinge über die Muttermilch schädigen; Spezifische Zielorgan-Toxizität (einmalige Exposition), Kategorie 1 STOT RE 1; H372 Schädigt die Organe bei längerer oder wiederholter Exposition (Zentrales Nervensystem); Akut gewässergefährdend Akut 1: Aquatic Acute 1; H400 Sehr giftig für Wasserorganismen; Langfristig gewässergefährdend Chronisch 1; H410 Sehr giftig für Wasserorganismen, mit langfristiger Wirkung.

Bleipigmente Unter den B. sind die Bleichromate noch von großer Bedeutung. Dabei handelt es sich um Mischkristalle aus Bleichromat und Bleisulfat (Chromgelb) oder Mischkristalle aus Bleichromat, Bleisulfat und Bleimolybdat (Molybdatrot). Der Bleigehalt beträgt ca. 60 %. Es lassen sich Farbtöne vom hellen, grünstichigen Gelb über Orange bis zum blaustichigen Rot realisieren. Die große Witterungsbeständigkeit und die gute Lichtechtheit sind für die Einfärbung langlebiger Gebrauchsgüter aus Kunststoff von großem Vorteil. Hierzu werden die

Bleichromate Antimon- und Silikatverbindungen stabilisiert.
Bleichromat-Pigmente wurden in erheblichem Umfang in Anstrichstoffen eingesetzt. Die weltweite Produktion lag 1986 bei ca. 130.000 t, 1996 bei ca. 90.000 t, wovon etwa 65 % für Anstrichstoffe, 30 % für die Kunststoffeinfärbung und 5 % für sonstige Anwendungen verwendet wurden. Der Bleiverbrauch für Pigmente betrug 2000 in Deutschland weniger als 10 % des Gesamtverbrauchs (Akkumulatoren ca. 60 %, Halbzeug und Legierungen > 20 %). Ende der 1980er-Jahre waren alle Automobilerstlackierungen in Deutschland und Skandinavien bleifrei. Heute ist auch der überwiegende Teil der Bautenlacke bleifrei. In Druckfarben wurden Bleichromate weitgehend durch organische Pigmente ersetzt. Wegen des günstigen Preises wurden Bleichromate für Hart- und Weich-PVC-Produkte mit mengenmäßig großer Bedeutung eingesetzt. Dazu gehören Kalanderfolien, Kunstleder, Bodenbeläge, Fenster- und andere Profile, Rohre, Platten und Kabel. Zum Einfärben von Polyolefinen und Polystyrol werden keine Bleichromate mehr eingesetzt. Die Schwermetallgehalte der B. betragen zwischen 60 und 75 %, die Pigmentgehalte der Produkte (eingefärbte Kunststoffartikel, Lacke) unter 3 %, häufig unter 1 %. Die B. sind i.d.R. in den Endprodukten in eine stabile Kunststoffmatrix eingebettet. In der Nutzungsphase kommt es daher nur dann zu einer Freisetzung, wenn die Produkte einem starken Abrieb unterliegen. Bei der Müllverbrennung gelangen über 80 % der Blei-Gehalte des Mülls, überwiegend als Chlorid oder Oxid, in den Flugstaub. Die zulässigen Emissionen wurden zuletzt durch die 17. BImSchV (Änderung 2013) Anlage 1 auf 0,5 mg/m^3 bzw. durch die EU-Richtlinie 2000/76/EG gesenkt.

Bleirohre B. sind Trinkwasser- oder Abflussrohre aus Rohrblei. B. sind leicht verarbeitbar, biegsam und vertragen wiederholtes Zufrieren. Weiches Wasser unter 8 °dH kann aus B. gesundheitsschädliches Bleihydroxid lösen. Bei hartem Wasser bildet sich eine Schutzschicht aus Blei-Calcium-Carbonat. Der Ersatz von B. in Trinkwasserleitungen ist daher besonders bei weichem Wasser dringend anzuraten. →Trinkwasserleitungen

Bleistabilisatoren →Stabilisatoren

Bleiwasserleitungen →Trinkwasserleitungen, →Bleirohre

Bleiweiß B. (chemisch: Basisches Bleicarbonat) ist ein farbloses, wasserunlösliches Pulver, das schon im Altertum als Pigment für Wandmalereien verwendet wurde. Gemäß →Gefahrstoffverordnung dürfen folgende bleihaltige Gefahrstoffe nicht als Farben verwendet werden: Bleicarbonat, Bleihydrogencarbonat und Bleisulfate; mit Ausnahme zur Verwendung als Farben, die zur Erhaltung oder originalgetreuen Wiederherstellung von Kunstwerken und historischen Bestandteilen oder von Einrichtungen denkmalgeschützter Gebäude bestimmt sind, wenn die Verwendung von Ersatzstoffen nicht möglich ist.

Bleiwolle Dichtungsmaterial zum kalten Verstemmen des Hanfstricks von Muffenrohren.

Blower-Door-Test Mit dem B. wird die→Luftdichtigkeit von Gebäuden geprüft. Bei geschlossenen Fenstern und Außentüren wird mit einem Ventilator bei konstantem Unter- oder Überdruck von 50 Pa Luft aus dem oder in das Haus geblasen und aus der geförderten Luftmenge die Luftwechselzahl n_{50} bestimmt. Nach ISO 9972 darf die Luftwechselzahl bei Gebäuden ohne Lüftungsanlagen den Kennwert 3 und bei Gebäuden mit Lüftungsanlagen den Kennwert 1,5 nicht überschreiten. An Passivhäuser werden mit 0,6 die strengsten Anforderungen gestellt.

Bodenaushubdeponie Die B. ist ein Deponietyp gem. österreichischer →Deponieverordnung für nicht kontaminierte Böden und erdkrustenähnlichen Abfall. Bei diesem Deponietyp ist keine Basisdichtung vorgesehen.

Bodenbeläge B. sind ein wesentlicher Bestandteil der sinnlichen Wahrnehmung und des Wohlbefindens in Räumen. Die Art der B. hat Einfluss auf die Raumakustik, die thermische Behaglichkeit, den Gehkomfort, die Reinigungsmöglichkeiten und die Raumluftqualität. Daher gilt besonders für B., dass Materialien passend zum Einsatzzweck und Einsatzort gewählt werden sollen. B. stehen in den unterschiedlichsten Erscheinungsbildern aus den verschiedensten Materialien zur Verfügung.

- B. aus →Nachwachsenden Rohstoffen (→Holzböden, Naturfaserteppiche, →Linoleum-Bodenbeläge)
- B. aus →Kunststoffen (→Gummi-Bodenbeläge, →Polyolefin-Bodenbeläge, →PVC-Bodenbeläge, Kunstfaserteppiche)

- B. aus →Mineralischen Rohstoffen (→Keramische Fliesen, →Solnhofer Platten, →Natursteine, →Terrazzo/Kunststein)

2003 verzeichneten die Hersteller von B. einen Absatz von 475 Mio. m^2, davon 256 Mio. m^2 →Textile Bodenbeläge und 75,3 Mio. m^2 →Elastische Bodenbeläge. →Holzböden liegen mit 19 Mio. m^2 bereits deutlich hinter den billigeren Laminatböden (55 Mio. m^2).

Aus B. können Raumluftschadstoffe durch Emission oder durch Abrieb und Bindung an den →Hausstaub freigesetzt werden. Gesundheitlich relevant sind vor allem Emissionen von leichtflüchtigen und schwerflüchtigen organischen Stoffen (→VOC bzw. →SVOC). Die Aufnahme der Verbindungen durch den Nutzer kann inhalativ über die Atemluft, oral über den Hausstaub oder dermal über Körperkontakt mit den B. erfolgen. Kleinkinder im Krabbelalter haben in den ersten Lebensjahren einen intensiven Kontakt zu B. und können über den Hausstaub, aber auch durch Hautkontakt mit den B. selbst chemische Verbindungen wie →Weichmacher, Farbstoffe und →Biozide aufnehmen.

Tabelle B13: Einteilung der Bodenbeläge

Textil	Elastisch	Hart	
		Holzböden	Fliesen/Stein
Teppichböden Nadelvliesbeläge Aus Natur- oder Kunstfasern sowie Mischungen daraus	PVC-Bodenbeläge Polyolefin-Bodenbeläge Linoleum-Bodenbeläge Gummi-Bodenbeläge Kork-Bodenbeläge	Massivholzböden Mehrschichtböden Laminat-Bodenbeläge	Keramische Fliesen und Platten Naturstein-Bodenbeläge Bodenbeläge aus Kunststein
Organisch			**Anorganisch**

Zu berücksichtigen ist, dass B. oft in Kombination mit →Klebstoffen (→Fliesenklebstoffe, →Parkettklebstoffe) verwendet werden und eine Behandlung des Untergrunds mit →Grundierung und →Spachtelmasse stattfinden kann, auch die Art der Oberflächenbeschichtungen spielt eine wesentliche Rolle. Diese kombinierten Materialien beeinflussen sich gegenseitig und können ein unterschiedliches Emissionsverhalten im Vergleich zur Einzelkomponente aufweisen. Viele der auftretenden VOC sind auch bei Geruchsemissionen relevant. Lang anhaltender Geruch von B. führt immer wieder zu Beanstandungen und auch zu Gesundheitsbeschwerden wie Kopfschmerzen und Übelkeit.

Die derzeitigen Anforderungen an den Gesundheitsschutz für textile und elastische B. sowie Laminat-Beläge regelt die (hEN) DIN EN 14041 (2004) (Entwurf Neufassung 2016/07) mit einer →CE-Kennzeichnung. In der vorliegenden Entwurfsfassung werden in Bezug auf den Gesundheitsschutz nur die Freisetzung von Formaldehyd und der Gehalt an →Pentachlorphenol (PCP; Biozid) aufgeführt. In Bezug auf PCP fordert die Norm, dass die B. kein Pentachlorphenol oder Derivate davon enthalten dürfen. Diese Anforderung gilt als erfüllt, wenn der Gehalt an PCP kleiner als 0,1 M.-% (= 1.000 mg/kg Bodenbelag!) ist. Nach der deutschen →Chemikalien-Verbotsverordnung ist das Inverkehrbringen von Erzeugnissen, die mehr als 5 mg PCP pro kg in den von der Behandlung erfassten Teilen (0,0005 M.-%) enthalten, verboten. Die europäische Beschränkungsrichtlinie 76/769/EWG verbietet das Inverkehrbringen von Stoffen und Zubereitungen, die mehr als 0,1 M.-% PCP enthalten. Die Richtlinie nimmt jedoch keinen Bezug auf Erzeugnisse. Der Entwurf der DIN EN 14041 enthält zudem keinerlei Regelungen zum Einsatz von Abfällen, z.B. Gebrauchtholz in Holzwerkstoffen.

B. sind seit Dez. 2001 zulassungspflichtig, wenn sie in Aufenthaltsräumen verwendet werden sollen und gleichzeitig Anforderungen an die Schwerentflammbarkeit des Produkts bestehen. Die Bewertung von B. und Klebstoffen im Zulassungsverfahren erfolgt grundsätzlich gemäß den „Grundsätzen zur gesundheitlichen Bewertung von Bauprodukten in Innenräumen" des DIBt (→Bauprodukte – Grundsätze zur gesundheitlichen Bewertung von Bauprodukten in Innenräumen).

Bestimmte Fußbodenbeläge wurden früher (bis in die 1980er-Jahre) unter Verwendung von →Asbest hergestellt. Siehe hierzu →Asbesthaltige Bodenbeläge. →Elastomer-Bodenbeläge, →Holzböden, →Textile Bodenbeläge

Bodenklinkerplatten →Klinker

Bodenschutzgesetz Zweck des BBodSchG vom 17.3.1998 ist es, nachhaltig die Bodenfunktionen zu sichern oder wiederherzustellen. Gefahren für den Boden sollen abgewehrt werden, eingetretene schädliche Bodenveränderungen oder Gewässerverunreinigungen sind zu sanieren. Das Gesetz wird ergänzt durch die Bundes-Bodenschutz- und Altlastenverordnung. Die letzte Änderung erfolgte durch Art. 14 G vom 27.6.2017 (BGBl. I S. 1966, 2063). Darüber hinaus sind auch vorsorgende Maßnahmen erforderlich. Der Schwerpunkt des B. liegt im nachsorgenden Bodenschutz. Die Prüfungsabfolge und Entscheidungsmaßstäbe sind im BBodSchV präzise geregelt. →Altlastenverordnung

Bodenschutzverordnung Das B. ist eine Ergänzung zum Bundes-Bodenschutzgesetz (BBodSchG). B. präzisiert den Umgang mit Altlasten und Altlastverdachtsflächen im Bundesgebiet. Sie enthält unter anderem Vorschriften über:

- Anforderungen an die Untersuchungen und Bewertung von Verdachtsflächen und altlastverdächtigen Flächen
- Anforderungen an die Sanierung von schädlichen Bodenveränderungen und Altlasten
- Gefahrenabwehr von schädlichen Bodenveränderungen auf Grund von Bodenerosion durch Wasser
- Vorsorge gegen das Entstehen schädlicher Bodenveränderungen

→Bodenschutzgesetz →Altlastenverordnung

Borate B. (Borsalze) finden z.B. Verwendung in Borsalz-Holzschutz-Imprägnierungen und als →Flammschutzmittel und Konservierungsstoff in Zellulosedämmstoffen und anderen Dämmstoffen auf der Basis nachwachsender Rohstoffe. Wichtige B. sind Natriumoktaborat und Natriumtetraborat (→Borax). Mit dem Begriff B. werden oft auch Kombinationen von Borsalzen (Natriumborate), Borax und →Borsäure bezeichnet.

Als Holzschutzschutzmittel-Wirkstoffe werden Kombinationen von B. mit anderen Wirkstoffen eingesetzt: →CFB-Salze, →CKB-Salze. Gem. einer Bewertung des Umweltbundesamtes (UBA-Texte 25/01) gilt Borax als „Flammschutzmittel mit problematischen Eigenschaften und eine Minderung wird für sinnvoll erachtet".

Bor ist natürlicher Bestandteil von Lebensmitteln insbesondere pflanzlichen Ursprungs. Die tägliche Aufnahme von Borverbindungen wird von der →WHO mit 3 mg Bor angegeben. Gem. →BfR gilt für Borverbindungen wie B. eine tägliche Aufnahme von insgesamt max. 0,1 mg Bor pro Kilogramm Körpergewicht als tolerierbar. MAK 0,5 mg/m^3 als einatembare Fraktion von Borsäure und Natriumborat. B. sind nach Verordnung (EG) 1272/2008 als reproduktionstoxisch R 1B eingestuft.

Borax B. (Natriumtetraborat-decahydrat) ist ein natürliches Mineral, das sich gelöst im Wasser von Salzseen findet und im Bodenschlamm oder an den Ufern kristallisiert, z.B. in Kalifornien und Nevada. Für den Einsatz in der chemischen Industrie wird B. aus Kernit, einem Bormineral (z.B. Mohave Wüste), gewonnen. B. wird als Zusatzstoff gegen Verrottung und zur Verbesserung des Brandverhaltens von →Cellulose-Dämmstoffen sowie als Holzschutzmittel-Wirkstoff zum vorbeugenden biologischen Holzschutz verwendet. Als →Flammschutzmittel wirkt B. vornehmlich in der festen Phase durch Carbonisierung und Freisetzung von chemisch gebundenem Wasser. Beim Nachglimmen bzw. bei Schwelbränden zeigt B. wenig Wirkung. Der Einsatz erfolgt meist in Kombination mit →Borsäure und ggf. mit Ammoniumsulfat. Weitere Verwendungen: für Glasuren von Steingut und Porzellan, als Flussmittel beim Hartlöten, als Zusatz zu Seifen und Pudern, früher als Desinfektionsmittel bei Entzündungen der Mundschleimhaut. MAK 0,5 mg/m^3 als einatembare Fraktion von →Borsäure und Natriumborat. Durch Umsetzung von B. mit Schwefelsäure wird →Borsäure hergestellt. B. ist nach Verordnung (EG) 1272/2008 als reproduktionstoxisch R 1B eingestuft und wird als →SVHC-Stoff geführt.

Borsäure B. ist ein farbloses Pulver. Borsäure findet sich in den Wasserdampfquellen (Soffionen, Fumarolen) der Toskana. Als Mineral Sassolin kommt B. ebenfalls in der Toskana in heißen Quellwässern vor. Technisch wird B. aus →Borax oder dem Mineral Ulexit durch Umsetzung mit Säure hergestellt.

B. wird wegen ihrer Konsistenz beeinflussenden, flammhemmenden, antiseptischen und konservierenden Eigenschaften in zahlreichen Produkten eingesetzt, u.a. auch für →Holzschutzmittel und Produkte der Naturfarbenhersteller. MAK 0,5 mg/

m^3 als einatembare Fraktion von Borsäure und Natriumborat. B. ist nach Verordnung (EG) 1272/2008 als reproduktionstoxisch R 1B eingestuft und als endokriner Disruptor EDC1. Damit wird sie auch in der →Cut-off-Liste für die Nichtaufnahme in den Anhang I geführt für die Produktarten 1,2,3, 6,7, 9,10,11,12,13. B. steht seit 2010 auf der Kandidatenliste der besonders besorgniserregenden Stoffe wegen fortpflanzungsgefährdender Eigenschaften nach Art. 57c der REACH-VO.

BPA →Bisphenol A

Brandklassen →Feuerwiderstandsklassen

Brandschäden Bei Bränden baulicher Anlagen werden vorhandene brennbare Stoffe in eine nicht überschaubare Zahl von z.T. undefinierten Umwandlungsprodukten überführt. In der heißen Phase werden die Stoffe, die sich beim Verbrennungsvorgang bilden, in Form von Brandrauch gasförmig, flüssig oder fest aus der Brandstelle ausgetragen. In dieser Phase entstehen in hoher Konzentration giftige bzw. reizende Gase und Dämpfe wie Kohlenmonoxid, Kohlendioxid, Chlorwasserstoff und Cyanwasserstoff. Bei der Abkühlung des Brandrauches erfolgt eine Ausscheidung der Schadstoffe. Kondensierfähige und feste Stoffe, vorwiegend Ruß, lagern sich ab, wobei letzterer als Träger für diese gasförmigen und flüssigen Stoffe dient. Hauptverteilungsweg der Verbrennungsprodukte ist der Luftpfad.

Durch die Wirkung des Löschwassers können die an der Schadenstelle verbleibenden Reste der brennbaren Stoffe, die noch eine Vielzahl von Pyrolyse- und Synthesefolgeprodukten sowie Aschebestandteile enthalten, in den Regen- oder Abwasserkanal einlaufen bzw. auf unbefestigtem Untergrund versickern. Eine besondere Gefahr für Boden und Grundwasser stellen auslaufende Betriebsmittel, Brennstoffe oder Chemikalien aus brandbedingt beschädigten Behältern oder Rohrleitungen dar.

Je nach Art und Umfang des Brandes, des Sanierungsumfangs und der zu treffenden Schutzmaßnahmen werden folgende Gefahrenbereiche unterschieden:

- Gefahrenbereich 0: Brände, bei denen nur kleine Mengen Material verbrannt sind, z.B. Papierkorbbrand, Kochstellenbrand, Brand eines Kerzengestecks mit räumlich begrenzter Ausdehnung und mit auf den Brandbereich beschränkter Brandverschmutzung
- Gefahrenbereich 1: Brände, bei denen lediglich allgemein übliche Mengen an chlor- oder bromorganischen Stoffen, insbesondere PVC, beteiligt waren oder bei denen aufgrund des Brandbildes keine gravierende Schadstoffkontamination auf der Brandstelle zu erwarten ist.
- Gefahrenbereich 2: Brände gemäß Gefahrenbereich 1, an denen größere Mengen an chlor- oder bromorganischen Stoffen, insbesondere PVC (z.B. stark belegte Kabeltrassen, PVC-haltige Lagermaterialien), beteiligt waren, bei denen aufgrund des Brandbildes und des Brandablaufes eine gravierende Schadstoffkontamination auf der Brandstelle wahrscheinlich ist.
- Gefahrenbereich 3: Brände im gewerblichen und industriellen Bereich mit Beteiligung von größeren Mengen kritischer Stoffe, die als Roh-, Hilfs- oder Betriebsstoffe eingesetzt waren, sowie weiterer giftiger oder sehr giftiger Stoffe im Sinne der →Gefahrstoffverordnung, wie →Polychlorierte Biphenyle (Transformatoren und Kondensatoren), →Pentachlorphenol, Holzimprägnierungsmitteln, soweit größere Gebinde betroffen sind, und Pflanzen- und Vorratsschutzmittel in größeren Gebinden bzw. kritische biologische Arbeitsstoffe der Risikogruppe 3 oder 4 im Sinne der Biostoffverordnung.

Tabelle B14: Richtwerte für Flächenkonzentrationen nach erfolgreicher Sanierung

Stoffklasse	Richtwert für Flächenkonzentration
Σ Polychlorierte Dibenzo-p-dioxine (PCDD) + polychlorierte Dibenzofurane (PCDF)	10 ng I-TEQ/m^2 1) 50 ng I-TEQ/m^2 2) (ständig genutzte Räume) 100 ng I-TEQ/m^2 2) (Räume für gelegentlichen Aufenthalt)
Σ Polychlorierte Biphenyle (PCB)	<< 100 µg/m^2 2)
Σ Polycyclische aromatische Kohlenwasserstoffe (16 PAK nach EPA)	100 µg/m^2 2)

1) BUWAL Schriftenreihe 90, Bern 1988, Schutz vor Umweltschäden durch PCB-haltige Kondensatoren und Transformatoren
2) Richtwerte des Verbandes der Sachversicherer (VdS, Deutschland), VdS-Richtlinie 2357, 2014

Typische Schadstoffe als Brandfolgeprodukte sind:

- Chlorwasserstoff (HCl), Bromwasserstoff (HBr) durch Pyrolyse von halogenorganischen Verbindungen (z.B. PVC, Kunststoffe mit halogenhaltigen flammhemmenden Zusätzen, Halogenkohlenwasserstoffe).
  Halogenkohlenwasserstoffe und deren Niederschläge können je nach Werkstoff und relativer Luftfeuchtigkeit auf metallischen Oberflächen zur Auslösung eines fortschreitend verlaufenden Korrosionsprozesses führen.
- →Polycyclische aromatische Kohlenwasserstoffe (PAK) durch Pyrolyse und De-Novo-Synthese jeglichen organischen Materials. PAK lagern sich als Kondensat auf Oberflächen von Gebäuden und Inventar ab, wobei die PAK in der Regel adsorptiv an Ruß- bzw. Brandrückstände gebunden sind.
- →Polychlorierte Biphenyle (PCB) durch Freisetzung oder Verdampfung von Isolierflüssigkeiten aus Kondensatoren, Transformatoren oder Hydraulikflüssigkeiten sowie als Ausgasungsprodukt von Weichmachern aus dauerelastischen Dichtungsmassen und Beschichtungen.
- Polyhalogenierte Dibenzo-p-dioxine (PHDD) und Dibenzofurane (PHDF) durch Pyrolyse von organischen oder anorganischen Halogenverbindungen in Kombination mit organischem Material. Es erfolgt eine Ablagerung als Kondensat auf Oberflächen von Gebäuden und Inventar, wobei die PHDD/F i.d.R. adsorptiv an Ruß- bzw. Brandrückstände gebunden sind.

Die Erfolgskontrolle nach der Brandschadenssanierung erfolgt primär durch Wischproben von Oberflächen.

Brandschutz Brände in Gebäuden können dramatische Folgen haben (→Brandschäden). Der vorbeugende bauliche B. erschwert die Entstehung und Ausbreitung von Bränden und soll Gefahren durch ein Feuer für Benutzer und Gebäude minimieren. Ökologische Materialien bestehen oft aus brennbaren Rohstoffen (Holz, Dämmstoffe aus erneuerbaren Materialien usw.). Wegen des Brandrisikos lehnen daher viele Bauphysiker den Einsatz von Baustoffen aus erneuerbaren Rohstoffen für viele prinzipiell mögliche Einsatzzwecke ab. Eine ökologisch orientierte Bauphysik versucht im Gegensatz dazu, alle technischen Maßnahmen auszuschöpfen, um die gerade in Österreich und Deutschland strengen Brandschutzanforderungen trotzdem zu erfüllen. In der Praxis haben im Brandfall gerade Dämmstoffe aus nachwachsenden Rohstoffen wie Celluloseflocken ein günstigeres Brandverhalten gezeigt als herkömmliche Dämmstoffe, z.B. →EPS-Dämmplatten.

→Baustoffklassen, →Feuerwiderstandsklassen, →Brandverhalten von Baustoffen, →Brandwiderstandsklassen

Brandschutzanstriche B. sind Anstriche für Holz und Holzwerkstoffe, die Mittel zur Brandverzögerung oder -verhinderung enthalten.

- *Verkohlungsfördernde und feuererstickende B.* wirken durch Bildung einer unbrennbaren und wärmeisolierenden Holzkohleschicht. Sie schirmen das Holz dadurch gegen Hitze und Feuer ab. Der thermische Abbau der →Cellulose wird so beeinflusst, dass die Verkohlung gefördert und die Freisetzung brennbarer Gase gehemmt wird. Ein nach diesem Prinzip wirkendes →Flammschutzmittel ist Ammoniumphosphat (in der Hitze Abspaltung von Ammoniak, zusätzlich Bildung dehydratisierender, also verkohlend wirkender Phosphorsäure).
- *Sperrschichtbildende B.* bilden auf der Holzoberfläche in der Hitze eine dünne, nur schwer entflammbare Sperrschicht aus, die der Holzoberfläche den Zutritt von Sauerstoff versperrt. Dadurch kann das Holz eine wärmedämmende Holzkohleschicht aufbauen. Geeignete Mittel sind →Wasserglas und →Borate. Heute werden hauptsächlich Ammoniumpolysulfate eingesetzt.
- *Dämmschichtbildende B.* wirken durch schaumiges Aufblähen in der Hitze. Das heißt, die isolierende Holzkohleschicht wird nicht durch das Holz selbst gebildet, sondern aus dem Anstrichmittel auf dessen Oberfläche. Die verwendeten Substanzen blähen sich in der Hitze auf, verkohlen bei 250 bis 300 °C und bilden durch Verfestigung ein feinporiges, gut isolierendes Polster. Diese sogenannten Intuminenz-Anstrichstoffe bestehen aus Ammoniumpolyphosphaten, Melamin, Dipentaerythrit (verkohlt), →Chlorparaffinen und →Titandioxid-Pigmenten. Dämmschichtbildende Lacke, die auch Stahlkonstruktionen und Kunststoffe schützen, sind entweder spezielle Kunstharzlacke, die sich in der Hitze aufblähen oder Kombinationen aus nichtblähenden Bindemitteln und schaumbildenden Füllstoffen. Kunststoffe mit hohem Chlorgehalt, wie →Polyvinylchlorid

(PVC) oder →Polytetrafluorethylen, wirken selbstverlöschend und benötigen daher keinen Zusatz von Flammschutzmitteln. B. enthielten früher auch →Polychlorierte Biphenyle (z.B. bis zu ca. 15 % in Lacken) und →Asbest.

Brandschutzklappen B. (Feuerschutzklappen, BSK, FSK) wurden früher ausschließlich mit asbesthaltigen Werkstoffen hergestellt (→Asbesthaltige Leichtbauplatten). Das Klappenblatt wurde mit dem allgemeinen Verbot schwachgebundener Asbestprodukte ab 1982 asbestfrei hergestellt. Die Dichtungen waren jedoch noch bis etwa 1986 asbesthaltig. Danach wurden z.T. Keramikfaser-Dichtungen eingebaut (→Keramikfasern). Etwa ab 1988 wurden für BSK keine asbesthaltigen Bauteile mehr verwendet. Asbesthaltige B. fallen in den Geltungsbereich der Asbest-Richtlinie und werden gem. Nr. 3.2 in Dringlichkeitsstufe III eingestuft. Dies gilt für intakte BSK. Von einer intakten Brandschutzklappe kann ausgegangen werden, wenn bei den regelmäßig wiederkehrenden Prüfungen keine Beanstandungen festgestellt werden. Werden Beschädigungen festgestellt oder sind Brandschutzklappen zu ersetzen, ist ein Komplettaustausch mit asbestfreien Materialien vorzunehmen. Für die Demontage und Entsorgung gelten die Regeln der →TRGS 519.

Brandschutzmittel →Flammschutzmittel, →Brandschutzanstriche

Brandschutzklassen →Feuerwiderstandsklassen

Brandschutzplatten →Asbesthaltige Leichtbauplatten, →Baufatherm, →Neptunit, →Asbest

Brandschutztüren Für B. wurden früher asbesthaltige Werkstoffe verwendet (siehe →Asbesthaltige Leichtbauplatten, →Asbestschnüre, →Asbestpappen). Asbesthaltige B. lassen sich mithilfe des Formblattes der →Asbest-Richtlinie nicht beurteilen und werden grundsätzlich in Dringlichkeitsstufe III eingestuft. Dies gilt aber nur für B., bei denen die Asbestprodukte vom Blechkörper – mit Ausnahme notwendiger Öffnungen zum Öffnen und Schließen – dicht eingeschlossen sind. Dringlichkeitsstufe III bedeutet: Neubewertung langfristig erforderlich. →Asbest

Brandverhalten von Baustoffen Das B. von Baustoffen wird durch DIN 4201 bzw. DIN EN 13501 sowie ÖNORM 13501 klassifiziert (→Baustoffklassen). Die Vielfalt der bei Bränden entstehenden toxischen Gase ist durch die ständig steigende Verwendung von Kunststoffen im Bauwesen sowie in den Bereichen Möbel, Verpackung und Bedarfsgegenstände stark gestiegen. Leider gibt es hinsichtlich der Abgabe lebens- oder gesundheitsgefährdender Stoffe von Baustoffen im Brandfall (z.B. halogenierte →Dioxine und Furane aus den Brandschutzanstrichen) weder eine genormte Klassifizierung noch genormte Prüfverfahren. Baustoffe auf natürlicher Basis wie Holz neigen im Brandfall weniger zur Abgabe toxischer Stoffe als Baustoffe auf organisch-chemischer Basis wie diverse Hart- oder Weichschäume. Durch brennende →EPS-Dämmplatten beispielsweise hat es bereits zahlreiche Todesfälle bei Gebäudebränden gegeben, weswegen EPS-Platten auch nur mit entsprechenden Beschichtungen, Verputzen, Estrichen oder Verkleidungen als Dämmmaterial im Innenbereich eingesetzt werden sollen. →Brandschäden, →Brennbarkeitsklassen

Brandwiderstandsklassen (Österreich) Im Zuge der Harmonisierung der europäischen Normung wurde der Begriff B. durch den Begriff „Feuerwiderstandsklasse“ abgelöst →Feuerwiderstandsklassen. Die bisherigen ÖNORMEN B 3800 Teil 2 und Teil 3 wurden durch die ÖNORM EN 13501 Teil 2 ersetzt →Baustoffklassen. Die Norm spezifiziert das Verfahren zur Klassifizierung von Bauprodukten und Bauteilen in Hinblick auf die charakteristischen Leistungseigenschaften mit der Angabe des Widerstandes in Minuten:

- R – Tragfähigkeit
- E – Raumabschluss
- I – Wärmedämmung
- W – Strahlung
- M – Widerstand gegen mechanische Beanspruchung
- C – Selbstschließende Eigenschaft
- S – Rauchdichtheit
- G – Widerstandsfähigkeit gegen Rußbrand
- K – Brandschutzfunktion

Branntkalk B. (Calciumoxid) entsteht beim Brennen des →Kalksteins. Man unterscheidet →Stückkalk und →Feinkalk. Durch Löschen von B. wird →Kalkhydrat erzeugt.

Braunasbest B. ist die allgemeine Bezeichnung für →Amosit-Asbest. B. ist ein Vertreter der →Amphibol-Asbeste und gilt als besonders gefährlich, da er das unheilbare →Mesotheliom hervorrufen kann.

Bauprodukte mit Amphibol-Asbesten zeigen darüber hinaus ein ungünstiges Verstaubungsverhalten. →Asbest

Brennbarkeitsklassen →Baustoffklassen

Brennpunkt Der B. ist jene Temperatur, ab der ein Stoff ohne Fremdenergie selbstständig weiterbrennt.

Brettschichtholz B. (BSH) besteht aus mindestens drei getrockneten Brettlamellen, die vorwiegend parallel zur Faserrichtung an den Breitseiten verleimt und in der Länge durch Keilzinkung verbunden sind (EN 386 und EN 1194). Als Bindemittel werden →Weißleime, →Polyurethan-Klebstoffe oder →Phenol-Formaldehyd-Harze eingesetzt (Leimanteil ca. 3 %). Die technisch getrockneten Bretter werden gehobelt und Fehlerstellen herausgeschnitten. In der Länge werden die Bretter durch Keilzinkung miteinander verbunden, dann auf den Breitseiten verleimt und zur Fertigstellung 4-seitig gehobelt. Um Verformungen zu minimieren, wird die letzte Lage andersherum aufgeklebt, sodass die Kernseite (rechte Seite) nach außen zeigt. Brettschichtholz eignet sich besonders für hoch belastete und weit gespannte Bauteile mit hohen Ansprüchen an Formstabilität und Optik. Die Festigkeitsklassenbezeichnung setzt sich aus der Abkürzung GL (für Glulam = glued laminated timber = Brettschichtholz) und dem Zahlenwert der charakteristischen Biegefestigkeit in N/mm² zusammen.
→Holzstaub, →Holz

Gegenüberstellung der alten und der neuen Bezeichnung der Festigkeitsklassen

Früher	BS 11	BS 14	BS 16	BS 18
Heute	GL 24	GL 28	GL 32	GL 36

Ökologische Bewertung, Bezug t_{atro} (Quelle: dataholz.eu)

GWP [kg CO_2 Äqv.]	AP [kg SO_2 Äqv.]	PEI ne [MJ]
−1.220,2	7,6	8.767,7
PEI e [MJ]	**EP [kg PO_4 Äqv.]**	**POCP [kg C_2H_4 Äqv.]**
24.848,5	1,6	0,6

Brettsperrholz B. (BSP), auch als Dickholz, Kreuzlagenholz oder X-Lam (Cross laminated timber, →Crosslam) bezeichnet, ist ein massives flächiges Holzprodukt für tragende Zwecke im Hoch- und Brückenbau und wird heute vornehmlich industriell hergestellt. Ausgangsmaterial für die Herstellung von BSP sind sägeraue Bretter. Vornehmlich wird Seitenware verarbeitet, also relativ schmale Bretter aus den Randzonen des gesägten Baumstammes. Diese Qualitäten gelten wegen ihrer eingeschränkten Verwendungsmöglichkeiten als minderwertiges Holz, weisen jedoch die besten Eigenschaften bezüglich Steifigkeit und Festigkeit auf.
BSP besteht aus mindestens drei, fünf oder sieben kreuzweise verlegten, flächig miteinander verklebten (bzw. verdübelten) Brettlagen aus Nadelholz. Ausrichtung der Brettlagen im Winkel von 45 Grad ist möglich. Die Einzelbretter aus trockenem Nadelholz gem. DIN EN 1995 (Eurocode 5), früher DIN 1052, die 2010 zurückgezogen wurde, (standardmäßig Fichten- und Tannenholz, seltener Kiefern- und Lärchenholz) können seitenverleimt und in Längsrichtung durch Keilzinkung verbunden sein. Durch die Wahl der Holzart, der Holzqualität und der Dicke der einzelnen Lagen kann BSP stark in seinen elastomechanischen Eigenschaften, also in seinem Schwingungsverhalten, variiert werden. Auch die Oberflächengüte der Brettsperrholzplatten lässt sich individuell gestalten. In der Regel werden die Platten in Nicht-Sichtqualität hergestellt. Für Plattenoberflächen in Sichtqualität ist eine entsprechende Ausführung der obersten Schicht (Decklage) erforderlich. Je nach Eigenschaft gibt es Decklagen in mittragender oder nicht mittragender Ausführung. Handelsüblich sind Platten mit drei bis sieben Schichten und einer Gesamtstärke von bis zu etwa 50 cm.
Zur Verklebung werden formaldehydfreie →Polyurethan-Klebstoffe (PUR), Melamin-Harnstoff-Formaldehyd-Klebstoffe (MUF) oder in kleineren Anteilen Emulsion-Polymer-Isocyanat-Klebstoffe (EPI) verwendet. In Hinblick auf →Formaldehyd ist Brettsperrholz aufgrund seines Klebstoffgehaltes, seiner Struktur und seiner Verwendungsform emissionsarm. Mit PUR-Klebstoffen oder EPI-Klebstoffen verklebtes BSP weist Formaldehydemissionswerte im Bereich des naturbelassenen Holzes auf (ca. 0,004 ml/m³). Mit MUF-Klebstoffen verklebtes BSP gibt nachträglich Formaldehyd ab, die gemessen am Grenzwert der Chemikalien-

verbotsverordnung von 0,1 ml/m^3 als niedrig einzustufen sind. Die Emissionswerte liegen bei 0,04 bis 0,06 ml/m^3. Alternativ kommen auch mechanische Verbindungsmittel wie Nägel oder Holzdübel aus Buche zum Einsatz, die vorher darrgetrocknet in die engen vorgebohrten Löcher geschraubt oder eingepresst werden und steife Wandelemente oder Deckenelemente entstehen lassen.
Einzelne Lagen können durch Holzwerkstoffe wie →OSB-Platten und →Furnierschichtholz oder durch Gipsbaustoffe ersetzt werden. Durch den kreuzweisen Aufbau sind BSP sehr formstabil und können Lasten sowohl längs als auch quer zur Haupttragrichtung übertragen. Die Dauerhaftigkeit nach DIN EN 350:2016-12 erfolgt in Abhängigkeit der verwendeten Holzarten in Klasse 4 (Fichte und Tanne) oder in Klasse 3-4 (Kiefer und Lärche). Gebrauchsklasse gem. DIN 68800-1 GK 0 und GK 1 für BSP aus Fichte, Tanne, Kiefer, Douglasie und Lärche. GK 2 für BSP aus Kiefer, Douglasie und Lärche.
B. wird als Platten- oder Scheibenelement eingesetzt. BSP hat seit den 1990-Jahren im modernen Holzbau an Bedeutung gewonnen und kann für die Errichtung von statisch tragenden Außen- und Innenwänden sowie Dach- und Deckenelementen und Balkonplatten verwendet werden. Durch die wesentlich höhere Steifigkeit im Gegensatz zu Leicht- oder Rahmenbauweise kann die Anzahl und Länge der aussteifenden Wandelemente reduziert werden. Ausrichten oder Einpassen an der Einsatzstelle ist dabei nicht nötig. Dämmungen, Vorsatzschalen und Fassadenelemente können leicht am Brettsperrholz befestigt werden. Einsatz gem. DIN EN 1995 (EC 5) in den Nutzungsklassen 1 (Gebäude, Innen) und NKL 2 (Feucht oder im Freien, jedoch überdacht) möglich. Der Übergang von BSP zu →Mehrschicht-Massivholzplatten (stärkere Dimensionen der einzelnen Elemente möglich) ist fließend. In Abhängigkeit von der verwendeten Holzart variiert die Rohdichte. BSP, die auf die Festigkeitsklasse C24 geprüft sind, weisen gem. DIN 338 eine Rohdichte von 350 kg/m^3 (Holzfeuchte von 12 bis 15 %) auf. Die Zugfestigkeit (parallel zur Faserrichtung) nach DIN EN 338 liegt (bei BSP mit der Festigkeitsklasse C24) bei 14 N/mm^2. BSP ist nach DIN 4102-1 der Baustoffklasse B2 (normal entflammbar) zugeordnet. Brandverhaltensklasse nach DIN 13501-1 ist D-s2, d0. Nach DIN 4102-4 liegt die rechnerische Abbrandrate von vornehmlich für Brettsperrholz verwendetem Nadelholz bei 0,8 mm/min. Je nach Hersteller und geprüfter Konstruktion sind ohne zusätzliche Feuerschutzplatten bis zu 90 Minuten Feuerwiderstand (REI 90) möglich. →Lagenhölzer

Ökologische Bewertung von Brettsperrholz, Bezug t_{atro} (Quelle: dataholz.eu)

GWP [kg CO_2 Äqv.]	AP [kg SO_2 Äqv.]	PEI ne [MJ]
−1.520,0	1,6	6.160,0
PEI e [MJ]	**EP [kg PO_4 Äqv.]**	**POCP [kg C_2H_4 Äqv.]**
24.480,0	0,6	0,7

Brettsperrholzkastenelemente B. oder Brettsperrholzrippenelemente sind bauaufsichtlich und europäisch technisch zugelassene Brettsperrholzprodukte aus Tannen- oder Fichtenholz. Sie reduzieren den Holzeinsatz gegenüber Vollholzlamellen und erreichen durch Gewichtseinsparung und verleimte Brettsperrholzstege Spannweiten von 7 bis 8 m. An den tragenden Decken- und Wandelementen sind Akustikoberflächen integriert, die zusammen mit den Hohlkästen akustisch absorbierende Innenausbauten ermöglichen. Die Hohlkästen können zur Verlegung von Installationsleitungen genutzt werden. Mit Dämmstoff oder mit Splittschüttungen gefüllt sorgen sie für einen besseren Trittschallschutz durch eine höhere Eigenfrequenz sowie für einen guten Brandschutz. Die Kanäle können aber auch für die Durchströmung mit Luft zur Klimatisierung der Gebäude genutzt werden und niederfrequenten Schall absorbieren. Der Schallschutz der Deckenplatte kann durch Auflegen einer Druckverteilerplatte und Estrichbelag auf Trittschalldämmplatte weiter optimiert werden. Im Verbund mit Beton in HBV-Decken werden noch höhere Steifigkeiten erreicht. Zur Reduzierung der Trittschall- und Flankenübertragung stehen Software und viele Ausführungsdetailbeispiele zur Verfügung. Je nach mechanischen und akustischen Anforderungen können die Steghöhen variiert werden. Die Wandelemente können zur Verbesserung des Brandschutzes mit Gipskartonplatten verkleidet werden. Deckenelemente können in Längen bis 18 m geliefert werden. Die Emissionsfreiheit der Kleber wird kontrolliert und die Hölzer FSC- oder PEFC-zertifiziert. Aufgrund der Ein-

sparung von Holz gegenüber Massivholzelementen, jedoch hoher Verarbeitung der Brettlamellen sowie durch technische Trocknung und Verwendung von Leimen ist die Freisetzung von Kohlendioxid bezogen auf die Fläche relativ günstig und nahe bei Konstruktionsvollholz, bedingt durch den Klebstoffeinsatz ist der Primärenergieverbrauch jedoch nicht so günstig wie KVH.
→Lagenhölzer, →Brettsperrholz

Brettstapel B. bestehen aus hochkant gestellten Weichholzbrettern, -bohlen oder Kanthölzern, die zu flächenbildenden tragenden Elementen verbunden sind. Die Bretter, Bohlen oder Kanthölzer können sägerau, egalisiert oder gehobelt sein und sind mit Nägeln oder Dübeln verbunden. Dübelholzelemente können leichter bearbeitet werden, genagelte Elemente sind nachträglich schwerer zu bearbeiten (Werkzeugschneiden). Durch die Verwendung von Aluminium-Nägeln werden längere Standzeiten der Werkzeuge erzielt. Es können alle Holzsortimente, auch (minderwertigere) Seitenbretter, verwendet werden. Die Bretter laufen über die gesamte Elementlänge ungestoßen durch oder werden durch Keilzinkung kraftschlüssig verbunden. Die Holzfeuchte beträgt etwa 18 %, besser 12 bis 14 %. B.-Elemente werden für Wand-, Dach- und Deckenaufbauten eingesetzt, z. T. mit Aufbeton (dadurch können die Tragfähigkeit und der Schallschutz erhöht werden). Mit Holz-Beton-Verbunddecken können die gute Druckfestigkeit von Beton mit der hohen Zugfestigkeit von Holz kombiniert und damit große Spannweiten hergestellt werden. Verformungen durch Schwinden und Quellen sind konstruktiv zu berücksichtigen. Decken- und Dachelemente können zur Verbesserung der Raumakustik profiliert sein. Als unbeschichtetes Decken- oder Wandelement tragen sie gut zur Feuchtepufferung bei. →Holzstaub, →Holz

Brinell-Härte Physikalisch messbarer Vergleichswert für die Härte von Holz in N/mm² nach dem Verfahren des schwedischen Ingenieurs Johann Brinell (1849-1925). Bei der Prüfung wird eine Metallkugel mit einem Durchmesser von 10 mm mit langsam steigender Belastung 30 s lang in den Holzkörper bei 12 % Holzfeuchtigkeit eingedrückt. Gemessen wird dabei i. d. R. quer zur Holzfaser. Anschließend wird die Eindruckfläche der Metallkugel ausgemessen und nach einer bestimmten Formel berechnet. Je höher der ermittelte Brinellwert ist, umso härter und widerstandsfähiger ist das Holz.
→Hartholz, →Weichholz

BSH →Brettschichtholz

BTEX In der Stoffgruppe der BTEX-Aromaten werden →Benzol, →Toluol, Ethylbenzol und →Xylol zusammengefasst, die sog. leichtflüchtigen →Aromatischen Kohlenwasserstoffe. Wichtige BTEX-Quellen sind die Abgase des Kfz-Verkehrs und Tabakrauch. Während das sehr giftige und krebserregende Benzol in Bauprodukten allenfalls in Spuren vorkommt, sind Toluol, Ethylbenzol und Xylol Bestandteil von erdölbasierten Lösemitteln in Fußbodenklebern, Beschichtungen, Möbelpflegemitteln.
→GISCODE

Buche (Fagus sylvatica) EN-Kurzzeichen: FASY. Das →Splint- und →Kernholz ist teils gleichfarbig blassgelblich bis rötlich weiß, gedämpft rötlich braun, teils mit rotbrauner Kernfärbung. B. ist feinporig, homogen strukturiert und ohne auffällige Zeichnung mit Ausnahme der Spiegel auf den Radialflächen.
B. ist ein mittelschweres bis schweres Holz und hat eine mittlere Rohdichte von 710 kg/m³. Darrdichte 680 kg/m³, Brinell-Härte 34 N/mm². Es zeigt hohe Festigkeitseigenschaften, große Härte und Abriebfestigkeit. B. ist zäh, stark schwindend, daher Rissgefahr, und mit geringem Stehvermögen. Gedämpft ist das Holz ausgezeichnet zu biegen. Die Oberflächen sind problemlos zu behandeln und gut zu polieren, zu beizen und zu färben. B. ist nicht witterungsfest, Dauerhaftigkeitsklasse 5 nach DIN EN 350, jedoch leicht imprägnierbar. Einordnung in die Gebrauchsklasse gem. DIN 68800-1: GK 0 oder GK 1 (Splintholzanteil ≤ 10 %). Bei der Verarbeitung ist auf Schutz vor →Holzstaub (krebserzeugend gem. →TRGS 906) zu achten. Besonders Parkettleger sind durch den beim Schleifen von Parkett und anderen Holzfußböden entstehenden Holzstaub gefährdet.
B. ist das mengenmäßig wichtigste einheimische Laubholz und äußerst vielseitig einsetzbar, z.B. für Möbel (besonders für stark beanspruchte Gebrauchsmöbel, Stühle, Tische und Gestelle), im Innenausbau (Treppen, Parkett (→Holzparkett), →Holzpflaster, Trennwände), für Eisenbahnschwellen, Spielwaren, Werkzeugteile und -stiele, Drechslerwaren, im Modellbau, für →Span- und Faserplatten, für →Sperrholz (einschließlich der verschiedensten Spezialplatten wie Multiplexplatten und Panzerholz), weiterhin für Zellstoff, Papier und Holzkohle.

Buchenfurnierschichtholz (Abk. Buchen-FSH) B. ist ein technisch-moderner Baustoff und besteht aus 3 mm starken, miteinander verleimten Schälfurnieren, die zu Platten, Holzstäben und Trägern weiterverarbeitet werden. Die Zulassung Z-9.1-838 ist die gegenwärtige Grundlage der baurechtlichen Regelung von Buchen-FSH für stab- und plattenförmige tragende Bauteile. B. ist sowohl als faserparallel verleimte Platte (Typ S) als auch mit ca. 15 % Querlagen (Typ Q) erhältlich. Plattentyp S wird vorwiegend zur Ausbildung stabförmiger Bauteile eingesetzt, Plattentyp Q wird für flächige Tragwerke verwendet sowie für alle Anwendungen, bei denen großformatige Platten erforderlich sind. Träger werden aus faserparallel verleimten, 40 mm dicken Lamellen aus Buchenfurnierschichtholz oder aus Plattentyp S hergestellt und lassen sich trotz schlanker Konstruktion für große Lastfälle und Spannweiten einsetzen. Die Verwendung ist eingeschränkt auf die Nutzungsklassen 1 und 2.C gem. DIN EN 19951-1.

BUND Der Bund für Umwelt und Naturschutz Deutschland (BUND), Mitglied des internationalen Netzwerks Friends of the Earth, wurde 1975 gegründet. Mit fast 400.000 Mitgliedern und Förderern ist der BUND heute der große Umweltverband Deutschlands mit 16 Landesverbänden und über 2.000 Gruppen.

Der B. setzt sich ein für den Schutz von Natur und Umwelt. Er engagiert sich – zum Beispiel – für eine ökologische Landwirtschaft und gesunde Lebensmittel, für den Klimaschutz und den Ausbau regenerativer Energien, für den Schutz bedrohter Arten, des Waldes und des Wassers.

Der B. setzt sich ein für mehr Verbraucherschutz, für mehr Informationen und mehr Transparenz über die umwelt- und gesundheitsrelevanten Auswirkungen von Produkten und Dienstleistungen. In diesem Zusammenhang fordert der B. die Verwirklichung des Grundsatzes weitgehender Informationsrechte über Produkte und Bauwerke, insbesondere die Zugänglichkeit zu vorhandenen Messdaten und Produktrezepturen. Der B. ist maßgeblich beteiligt an der Entwicklung des europäischen Qualitätszeichens für Bauprodukte →natureplus und vertritt dort als Mitglied des Vorstands die Interessen der Umweltschutzorganisationen.

Bundesabfallwirtschaftsgesetz →Abfallwirtschaftsgesetz in Österreich mit Abfallverzeichnisverordnung 2003 und Abfallnachweisverordnung 2012

Bundes-Bodenschutzgesetz (BBoSchG) Das B. ist am 1.3.1999 in Kraft getreten (BGBl. I S. 502) und zuletzt durch Art. 3 VO vom 27.9.2017 (BGBl. I S. 3465, 3505) geändert worden. Zusammen mit dem →Bodenschutzgesetz der Länder bildet es den Hauptteil des bundesdeutschen Bodenschutzrechts. Das Gesetz wird ergänzt durch die →Bundes-Bodenschutz- und Altlastenverordnung (BBodSchV). Zweck dieses Gesetzes ist es, nachhaltig die Funktionen des Bodens zu sichern oder wiederherzustellen. Hierzu sind schädliche Bodenveränderungen abzuwehren, der Boden und Altlasten sowie hierdurch verursachte Gewässerverunreinigungen zu sanieren und Vorsorge gegen nachteilige Einwirkungen auf den Boden zu treffen. Bei Einwirkungen auf den Boden sollen Beeinträchtigungen seiner natürlichen Funktionen sowie seiner Funktion als Archiv der Natur- und Kulturgeschichte so weit wie möglich vermieden werden.

Bundes-Bodenschutz- und Altlastenverordnung Das B. ist am 17.7.1999 (BGBl. I S. 1554) in Kraft getreten und zuletzt durch Art. 102 VO am 31.8.2015 (BGBl. I S. 1474, 1491) geändert worden. Die B. ist eine Ergänzung zum →Bundes-Bodenschutzgesetz und sie regelt den Umgang mit Altlasten und Altlastverdachtsflächen im Bundesgebiet. Die B. ist in acht Teile gegliedert:

1. Teil: Allgemeine Vorschriften
2. Teil: Anforderungen an die Untersuchung und Bewertung von Verdachtsflächen und altlastverdächtigen Flächen
3. Teil: Anforderungen an die Sanierung von schädlichen Bodenveränderungen und Altlasten
4. Teil: Ergänzende Vorschriften für Altlasten
5. Teil: Ausnahmen
6. Teil: Ergänzende Vorschriften für die Gefahrenabwehr von schädlichen Bodenveränderungen durch Wasser
7. Teil: Vorsorge gegen das Entstehen schädlicher Bodenveränderungen
8. Teil: Schlussbestimmungen

→Bodenschutzverordnung

Butadien (CAS 106-99-0) B. (Vinylethylen) ist ein zweifach ungesättigter aliphatischer Kohlenwasserstoff. Es ist ein farbloses, hoch entzündliches, leicht zu verflüssigendes Gas mit mildem Geruch. Von B. existieren zwei Isomere (Varianten), das technisch bedeutsame 1,3-B. und das weniger bedeutsame 1,2-B. Über 90 % der Produktionsmenge von 1,3-B. dienen zur Herstellung von →Styrol-

Butadien-Kautschuk (Synthesekautschuk). In Teppichrückseitenbeschichtungen Ausgangsstoff der geruchsintensiven Stoffe in frisch verlegten Teppichböden →4-Vinylcyclohexen.

B. ist ein starkes Gift; es ist krebserzeugend (EU: K1) und erbgutschädigend (EU: M2). EU-GHS-Einstufung und Kennzeichnung (EG) Nr. 1272/2008 CLP: Entzündbare Gase Kategorie 1: Flam. Gas 1; H220 Extrem entzündbares Gas; Mutagenität Kategorie 1B: Muta 1B; H340 Kann genetische Defekte verursachen; Kanzerogenität Kategorie 1: Carc. 1A; H350 Kann Krebs erzeugen.

Butanal (CAS 123-72-8) B. (Butyraldehyd, Buttersäurealdehyd) ist ein gesättigter →Aldehyd, der in höheren Konzentrationen die Augen und die Schleimhäute reizt. Zur relativen Toxizität von B. →NIK-Werte: Je niedriger der NIK-Wert, umso höher ist die Toxizität des jeweiligen Stoffes.

EU-GHS-Einstufung und Kennzeichnung (EG) Nr. 1272/2008 CLP: Entzündbare Flüssigkeiten Kategorie 2: Flam. Liq 2; H225 Flüssigkeit und Dampf leicht entzündbar.

2-Butanonoxim (CAS 96-29-7) B. (Methylethylketoxim, MEKO) wird als →Hautverhinderungsmittel in →Lacken und als Vernetzungshilfsstoff in Silikon-Dichtstoffen eingesetzt. B. ist als krebsverdächtig (EU Carc. 2) eingestuft. B. kann Augenreizungen verursachen. Bei Hautkontakt ist Sensibilisierung möglich. Für den Krebsverdachtsstoff B. wurde 2013 ein AGW von 1 mg/m^3 festgelegt. Bei Arbeitsplatzmessungen konnte gezeigt werden, dass bei Arbeiten in geschlossenen Räumen, z.B. bei der Abdichtung von Fugen beim Ausbau von Badezimmern, mit erheblich höheren Luftkonzentrationen von B. als 1 mg/m^3 zu rechnen ist. 2015 hat der →AIR einen RW II von 0,06 mg/m^3 und RW I von 0,02 mg/m^3 festgelegt.

EU-GHS-Einstufung und Kennzeichnung (EG) Nr. 1272/2008 CLP: Akute Toxizität Kategorie 4: Acute Tox. 4; H312 Gesundheitsschädlich bei Hautkontakt; Sensibilisierung der Haut Kategorie: Skin Sens. 1; H317 Kann allergische Hautreaktionen verursachen; Augenreizungen Kategorie 1: Eye Dam. 1; H138 Verursacht schwere Augenschäden; Karzinogenität Kategorie 2: Carc. 2; H351 Kann vermutlich Krebs erzeugen.

Butyl-Dichtstoff B. ist ein plastischer oder elastoplastischer Dichtstoff auf Basis von Butylkautschuk. Er findet Verwendung zum Abdichten von Nähten und Fugen, die nur geringen Bewegungen ausgesetzt sind, z.B. Anschlussfugen zwischen Tür- und Fensterrahmen, Mauerwerken, Rahmen.

C

Cadmium C. gehört zu den besonders giftigen und problematischen →Schwermetallen. Toxikologische und ökotoxikologische Eigenschaften von C.:

- Humantoxizität: Gem. Richtlinie 67/548/EWG sind viele C.-Verbindungen (Oxid, Chlorid, Fluorid, Sulfat, Sulfid) als giftig (T) oder sehr giftig (T+), einzelne Verbindungen (Cadmiumchlorid, Cadmiumfluorid) als kanzerogen, mutagen und reproduktionstoxisch der Kategorie 2 eingestuft. Eine Aufnahme von C. führt zur Akkumulation in inneren Organen und dort zu chronischen Schädigungen.
- Ökotoxizität: Alle C.-Verbindungen – mit Ausnahme von Cadmiumoxid und Cadmiumsulfid – sind umweltgefährlich (Kennzeichnung N; R50-53) bzw. in die →Wassergefährdungsklasse 3 (auch Cadmiumsulfid) einzustufen.
- Abbauverhalten: Als chemisches Element kann C. grundsätzlich nicht abgebaut werden. Entscheidend für die Bioverfügbarkeit von C. ist der pH-Wert des umgebenden Mediums. Mit zunehmender Versauerung (abnehmender pH-Wert) bilden sich aus schwer löslichem Oxid und Sulfid wasserlösliche Cadmium-Ionen. Zwar sind C.-Pigmente chemisch sehr stabil, jedoch sind in verdünnter Salzsäure (Magensäurekonzentration) geringe Anteile löslich.
- Bioakkumulation: Aufgrund der Ähnlichkeit zum essenziellen Calcium und Zink ist die Bioverfügbarkeit von C. deutlich größer als bei anderen Schwermetallen. Es erfolgt eine Akkumulation in inneren Organen, wodurch chronische Schädigungen von Niere, Leber und Knochenmark entstehen. Die Pflanzenverfügbarkeit kann zu hohen Konzentrationen in Pilzen und verschiedenen Gemüsearten führen.

Hohe C.-Konzentrationen werden immer wieder in Gemüse, Speisepilzen und vor allem in Innereien von Schlachttieren gefunden. 6 % des mit der Nahrung aufgenommenen C. gelangen in den menschlichen Körper und werden nur teilweise wieder ausgeschieden (Akkumulation). Bei andauernder C.-Belastung kann es zu Nierenschäden und unter bestimmten Bedingungen zu Knochenveränderungen (Itai-Itai-Krankheit) kommen.

Die EG-Richtlinie 91/338/EWG sieht ein Cadmiumverbot für Stabilisatoren, Pigmente und galvanische Beschichtungen für bestimmte Anwendungen vor. In Deutschland ist der C.-Einsatz für fast alle in der Richtlinie aufgeführten Anwendungsgebiete bereits heute nicht mehr üblich. Im Dez. 2004 einigten sich die EU-Umweltminister auf eine Richtlinie zum Verbot von C. in Batterien und Akkus. Der Rücklauf aus vielen kleinen Anwendungen, z.B. Taschenrechnern, sollte wegen der potentiellen Umweltgefährdung unbedingt erhöht werden. Dagegen steigt die Verwendung von C. in Cadmiumtellurid-Dünnschichtzellen stark an, die mittlerweile einen Marktanteil von über 50 % der Dünnschichtzellen für PV-Strom haben.

Wesentliche luftbezogene C.-Emissionen in Europa stammen aus der Verbrennung fossiler Brennstoffe (vor allem Kohle) insbes. im Kraftwerksbereich und in der metallverarbeitenden Industrie. In der TA Luft sind für Deutschland die Begrenzungen für staubförmige C.-Emissionen festgelegt. →Cadmiumpigmente

Die Verwendungsverbote von C. und C.-Verbindungen in →REACH Anhang XVII beziehen sich auf die Färbung von Kunststoffen und die Verwendung in Anstrichfarben und Lacken sowie als Stabilisatoren in Vinylchlorid-Polymeren und -Copolymeren. Der maximale Gehalt an C. und C.-Verbindungen im fertigen Produkt darf 0,01 % nicht überschreiten (Ausnahme: Bei Anstrichfarben mit hohem Zinkanteil darf die Restkonzentration an C. max. 0,1 % betragen.) Ebenso ist die Verwendung von C. zur Cadmierung von metallischen Oberflächen verboten; noch ausgenommen sind sicherheitsrelevante Verwendungen im Off-shore-Bereich und in der Raumfahrt. Eine Neubewertung findet regelmäßig statt.

Die nachfolgenden C.-Verbindungen sind nach der REACH-VO als →SVHC eingestuft: Die C.-fluoride, C.-sulphat, C.-chlorid: Carcinogenic (Article 57a) Mutagenic (Article 57b) Toxic for reproduction (Article 57c) Specific target organ toxicity after repeated exposure (Article 57(f) - human health. C.-sulfid, C.-Oxid: Carcinogenic (Article 57a) Specific target organ toxicity after repeated exposure (Article 57(f) - human health.

Cadmiumpigmente C. basieren auf Cadmiumsulfid, in dessen Kristallgitter das Sulfid z.T. durch Selenid und das →Cadmium durch →Zink (oder →Quecksilber) ersetzt sein kann. Durch Variation der Anteile an Selen und Zink lässt sich eine Vielzahl leuchtender Gelb-, Orange- und Rottöne herstellen. Der Cadmium-Anteil liegt im Bereich von 59 bis 77 %.

Bis 1980 waren C. das wichtigste Einsatzgebiet des giftigen →Schwermetalls Cadmium. Anfang der 1970er-Jahre lag der Anteil bei teilweise über 40 % des Gesamtverbrauchs. 1979 wurden in der BRD 750 t Cd verbraucht. Ende der 1970er-Jahre wurde damit begonnen, C. durch andere Stoffe zu ersetzen, zunächst in Lacken. Heute ist der Einsatz von C. in Anstrichstoffen verboten. Deutlich länger dauerte die Substitution bei der Einfärbung von →Kunststoffen, die über lange Zeit mehr als 90 % des Verbrauchs von C. ausmachte. Die wichtigen Anwendungsfelder für C. waren Polyolefine, Styrolcopolymere, Polyamide und verschiedene Spezialkunststoffe. 1995 betrug der weltweite Verbrauch von C. noch 3.000 t. 1985 belief sich der C.-Verbrauch in der BRD noch auf ca. 280 t, 1994 auf ca. 100 t und 2001 auf weniger als 50 t Cadmium. Für die Herstellung von Batterien wurden 2001 dagegen noch über 600 t Cadmium verbraucht. Die Verwendung von C. beschränkt sich heute auf wenige technische Kunststoffe sowie auf das Einfärben von Gläsern, keramischen Glasuren und Emaille. Während bei Gelbtönen eher Alternativen verfügbar sind, gibt es bei brillanten Rottönen in diesem Temperaturbereich bislang noch keine bewährten Alternativen. In Dünnschichtsolarzellen hat sich Cadmium in Cd-Tellurid als geeigneter Halbleiter erwiesen.

Die Schwermetallgehalte der C. betragen zwischen 60 und 75 %, die Pigmentgehalte der Produkte (eingefärbte Kunststoffartikel, Lacke) unter 3 %, häufig unter 1 %. Die C. sind i.d.R. in den Endprodukten in einer stabilen Kunststoffmatrix eingebettet. In der Nutzungsphase kommt es daher nur dann zu einer Freisetzung, wenn die Produkte einem starken Abrieb unterliegen. Bei der Müllverbrennung gelangen über 80 % der Cadmiumgehalte des Mülls, überwiegend als Chlorid oder Oxid, in den Flugstaub. Die zulässigen Emissionen wurden zuletzt durch die 17. BImSchV (Änderung 2013) bzw. durch die EU-Richtlinie 2000/76/EG auf 0,05 mg/m^3 gesenkt.

Cadmium-Stabilisatoren →Stabilisatoren

Cadmium-Sulfid →Cadmiumpigmente

Cadmium-Verbindungen C. zählen zu den →SVHC bzw. befinden sich gegenwärtig im Verfahren, in die SVHC-Liste aufgenommen zu werden (SVHC-Identifikation). Dazu gehören Cadmiumcarbonat, Cadmiumhydroxid und Cadmiumnitrat.

Calciumsilikat Dieser relativ neue Dämmstoff besteht aus Kalk, Quarzsand, Wasser und Zellulosefasern. Angeboten wird C. in Plattenform. Der Dämmstoff reguliert die Feuchtigkeit in Räumen und schützt vor Schimmel. Deshalb wird C. oft bei der Innendämmung der Fassade, an feuchten Stellen und zur Schimmelsanierung eingesetzt.

Calciumsilikatplatten C. gehören zu den Dämmstoffen aus mineralischen Rohstoffen. C. werden wie →Mineralschaumplatten aus Quarzsand, Kalk, Zement, Wasser und einem Poren bildenden Zusatzstoff erzeugt. C. werden bei hohem Druck mit Wasserdampf behandelt und dadurch geschäumt. Zur Armierung erfolgt eine geringe Zugabe an Cellulosefasern. Aufgrund der zahlreichen Poren haben C. ein geringes Eigengewicht und können Feuchtigkeit gut speichern, zudem wird die Wärmedämmfähigkeit gesteigert. Rohdichte: 260 bis 290 kg/m^3, μ-Wert: 7, Wärmeleitfähigkeit: 0,07 W/(m·K). C. erfüllen nach DIN EN 13501-1 die Anforderungen der Baustoffklasse A1 (nicht brennbar) und wurden ursprünglich als Feuerschutzplatte entwickelt und als technische Wärmedämmung bei erhöhten Brandwiderstandsanforderungen, z.B. für Kamine oder Kachelöfen, eingesetzt. Im Brandfall entstehen keine toxischen Gase oder Dämpfe. C. werden hauptsächlich bei Neubauten und Sanierungen von feuchtem Mauerwerk oder zur Innendämmung von Außenwänden und Decken, insbesondere bei Fachwerkbauten und im Denkmalschutz sowie für den baulichen Brandschutz eingesetzt. Die Dämmplatten zeichnen sich durch eine leichte Verarbeitbarkeit aus, sie können vor Ort gesägt und anschließend mit einem Silikatkleber verklebt werden. Abschließend können C. direkt mit Putzen gespachtelt oder verputzt werden. C. eignen sich hervorragend als →Kapillaraktive bzw. feuchtigkeitsregulierende Dämmplatten für die Innendämmung. Das Material ist aufgrund des Kalkes, der für ein alkalisches Klima der Platten sorgt, resistent gegen Schimmelpilze und das porige Volumen ermöglicht die Einlagerung von Salzen. C. werden daher auch für Schimmel- oder Salzsanierung eingesetzt. C. sind resistent gegen Fäulnis und Verrottung, gegen Insektenbefall und Nagetiere. C. werden in der Regel vollflächig verklebt und können daher nur mit relativ hohem Aufwand und nicht sortenrein zurückgebaut werden. Nach Zermahlen der Platten ist eine minderwertige stoffliche Verwertung als Füllstoffs möglich. Als Rohstoff für neue Dämmstoffe können alte Dämmplatten nicht mehr verwendet werden.

Calciumstearat C. wird als →Betonzusatzmittel (Dichtungsmittel) eingesetzt.

Calciumsulfatestrich Für C. (CA – Calcium sulfate screed) werden →Anhydrit $CaSO_4$ (→Anhydritestriche) oder Alpha-Halbhydrat ($CaSO_4 \cdot ½\ H_2O$) (→Gipsestriche) als Bindemittel verwendet. Calciumsulfatgebundene Estriche sind empfindlich gegen Feuchtigkeit. Deshalb müssen Bereiche, in denen mit Dampfdiffusion oder Feuchtigkeit zu rechnen ist, eine Abdichtung oder Dampfsperre erhalten.

Calciumsulfatfließestrich C. (CAF) sind →Calciumsulfatestriche, die selbstnivellierend sind.

Carbamate C. sind Wirkstoffe aus der Gruppe der Carbaminsäurederivate. Sie wirken toxisch nach oraler, inhalativer und perkutaner Aufnahme. Vergleichbar den ebenfalls eingesetzten Alkylphosphaten bewirken sie eine Cholinesterase-Hemmung. Anzeichen einer Vergiftung sind allgemeine Schwäche, Kopfschmerzen, Brechreiz, Übelkeit, Verengung der Pupille, verlangsamte Herztätigkeit, Krämpfe im Bereich des Unterleibes, Schwitzen, Reizung der Bindehäute, Muskelzittern und verschwommene optische Wahrnehmungen. Die Cholinesterase-Hemmung setzt rasch ein und dauert – im Unterschied zu Vergiftungen mit Alkylphosphaten – nur kurz. C. werden in Organismus und Umwelt vergleichsweise rasch (bis zu 72 Std.) abgebaut, sodass Vergiftungen weniger problematisch verlaufen als bei solchen mit Alkylphosphaten. Eine Speicherung im Fettgewebe ist aber möglich. →Carbendazim, IPB

Carbendazim C. (N-(Benzimidazol-2-yl)carbamidsäuremethylester; 2-(Methoxycarbonylamino)benzimidazol) ist ein zur Stoffgruppe der Carbamate gehörendes Fungizid. C. ist mutagen M 1B und reproduktionstoxisch R 1B, umweltgefährlich (Aquatic Acute 1, Aquatic Chronic 1) und wird mit hormonähnlicher Wirkung in Verbindung gebracht, die als endokrine Eigenschaften beschrieben werden (EDC 2). C. wird auf der →Cut-off-Liste der ausgeschiedenen Stoffe geführt und darf als Pflanzenschutzmittel nicht mehr vermarktet werden. Die Anwendung als →Biozid ist noch verbreitet in Dichtmassen (Silikonen) oder Farben und Putzen. Die Bedeutung ist aber stark rückläufig.

Carbidkalk C. fällt als Calciumhydroxid bei der Erzeugung von Acetylen aus Calciumcarbid an. Er hat die gleiche chemische Zusammensetzung wie →Weißkalk, Lieferformen als →Kalkhydrat und Kalkteig. C. spart als Abfallprodukt Rohstoffe; seine Verwendung reduziert die Landschaftszerstörung durch Kalkabbau. →Baukalke

Carbobitumen Handelsbezeichnung teerhaltiger Bitumina, die bis 1984 in der BRD eingesetzt wurden. →Teere, →Bitumen

Carbonsäuren →Fettsäuren

Carbonyle Oberbegriff für folgende Stoffgruppen: →Aldehyde, Ketone, Carbonsäuren.

Carcinogen Krebserzeugend (= kanzerogen). →CMR-Stoffe, früher KMR

Carnaubawachs C. (Karnaubawachs) ist das wichtigste Pflanzenwachs und wird aus den Blättern der brasilianischen Carnaubapalme (copernicia prunifera) gewonnen. Der Wachsstaub wird von den angetrockneten Palmenblättern gebürstet, geschmolzen und filtriert. Aus ca. 100 g Blattmaterial lassen sich ca. 5 g C. herstellen. C. besteht aus ca. 85 % Wachsestern, 3 bis 5 % freien Wachssäuren und ca. 11 % Wachsalkoholen. C. wird für Fußboden- und Möbelwachse, Selbstglanzemulsionen und Schuhpflegemittel verwendet. Nach Raffination und Bleichung wird C. auch für kosmetische Zwecke (z.B. Lippenstift) verwendet. Unbehandeltes C. ist ein reines Naturprodukt und gesundheitlich unbedenklich. In der Lebensmittelindustrie wird C. als Überzugs- und Trennmittel eingesetzt (Kennnummer E 903), z.B. zum Schutz von Schokolade, Süßwaren, Nüssen, Kaffeebohnen, Obst usw. vor einem Feuchtigkeitsverlust. C. ist frei von Duftstoffen und wird in der Regel auch von Personen mit Allergien sehr gut vertragen, trotzdem sollte man mögliche Naturstoffallergien beachten.

Carnaubawachs-Emulsionen C. bestehen aus Wasser, →Carnaubawachs und einem Emulgator aus natürlichen Fettsäuren. Der Einsatz von Lösemitteln ist nicht erforderlich. C. dienen zur Pflege und zum Schutz von geölten Holz- und Korkböden, Fliesenböden und Holzmöbeln. Die Diffusionsfähigkeit des Untergrunds bleibt dabei erhalten.

Carrier C. (Farbbeschleuniger) sind organische Lösemittel, die beim Färben von Chemiefasern (Polyester, Acetat, Polyacrylnitril, Polyamid) mit Dispersionsfarbstoffen eingesetzt werden.
Wenn diese Färbung nicht nach dem Stand der Technik durchgeführt wird (Überfärbung, falsches Textilsubstrat, unvollständige Entfernung der Carrier), kann es zu höheren Expositionen mit Farbstof-

fen und Carriern beim Kontakt mit so gefärbten Textilien kommen.

Casein... →Kasein...

Catechu C. ist der eingedickte Saft der indischen Gerberakazie. Er ist Rohstoff für braune Farbpigmente in Produkten der Naturfarbenhersteller.

CE-Kennzeichnung Die C. wurde 1993 eingeführt und steht für Conformité Européenne (Europäische Konformität). Es ist das Label für Produkte, die innerhalb der EU vermarktet werden. Es stellt die Herstellererklärung dar, dass das Produkt den geltenden Anforderungen der EU-Rechtsvorschriften entspricht, unabhängig davon, ob der Hersteller/Inverkehrbringer innerhalb oder außerhalb der europäischen Gemeinschaft ansässig ist.
Die Rechtsgrundlage bilden EU-Verordnungen sowie EU-Richtlinien und die Umsetzung in nationales Recht. Die Verwendung der C. ist für Produkte, die unter eine EU-Richtlinie mit Forderung einer CE-Kennzeichnung fallen (z.B. Sicherheits-, Umwelt-, EMV- oder Leistungsanforderungen), verpflichtend.
Mit Einführung der →Bauproduktenverordnung (BauPVO) am 1.7.2013 wurden europaweit die Bedingungen für das Inverkehrbringen von Bauprodukten festgelegt. Dies erfolgt durch die Aufstellung von harmonisierten Produktnormen (hEN), die Leistungsangabe sowie die Verwendung der daraus resultierenden CE-Kennzeichnung.
Der Hersteller erstellt in eigener Verantwortung eine Leistungserklärung nach harmonisierter Norm (hEN) und erklärt damit die Einhaltung aller geltenden EU-Vorschriften. Er bestätigt die Durchführung eines entsprechenden Konformitätsbewertungsverfahrens.
Sofern keine Rechtsvorschriften explizit Produktprüfungen oder Kontrollmaßnahmen durch unabhängige Stellen fordern, sind die Art der Überprüfung und die Nachweiserbringung dem Hersteller überlassen, ob das Produkt einer Leistung entspricht. Grundsätzlich decken die harmonisierten Normen eine Vielzahl von Leistungen der Bauprodukte ab, die C. wird jedoch auch dann erteilt, wenn lediglich <u>eine</u> Leistung der entsprechenden Produktnorm erfüllt wird. Es steht dem Hersteller frei, welche der Leistungen der harmonisierenden Normen er erklärt. Die Plausibilität der C. kann nur in Verbindung mit einer entsprechenden Leistungserklärung beurteilt werden und die C. ist daher weder ein Qualitäts- noch ein Herkunftszeichen, zudem ist an der Kennzeichnung nicht ablesbar, ob eine Produktprüfung durch eine unabhängige Stelle durchgeführt wurde. Die Zertifikatsgültigkeit ist abhängig von der jeweiligen Rechtsvorschrift.
Gem. EUGH-Urteil vom 16.10.2014 ist es nicht mehr erlaubt, an nach EU-Vorgaben normierte, das heißt CE-gekennzeichnete Bauprodukte, ergänzende nationale Anforderungen zu stellen. Dies gilt für Produkte, für die es eine harmonisierte europäische Norm oder eine Europäische Technische Zulassung (ETA – European Technical Assessment) gibt. Für die übrigen Produkte wird es keine Veränderung geben. Es wird auch zukünftig Produkte mit Ü-Zeichen geben, jedoch Produkte nach harmonisierter europäischer Norm mit C. und Ü-Zeichen wird es zukünftig nicht mehr geben.
Die C. alleine reicht nicht mehr zur Qualitätssicherung aus, da der Hersteller die C. auf der Produktdeklaration aufbringen darf, wenn nur <u>eine</u> Anforderung der Leistungserklärung nach entsprechender Norm erfüllt ist. Die Durchsetzung des Binnenmarktes geht in dieser Hinsicht zu Lasten der Verbraucher und Anwender von Produkten. Planer und Verwender von Produkten müssen deren Eigenschaften und insbesondere die Bauwerksanforderungen kennen, um die richtigen Angaben in den Leistungsverzeichnissen zu benennen. Darüber hinaus muss der Anwender selber überprüfen, ob das Produkt für seine Anforderungen am Einsatzort des Gebäudes geeignet ist.
Zur Sicherstellung der Bauwerksanforderungen ist neben dem C. eine Leistungserklärung erforderlich. Leistungen, die nicht in der harmonisierten Norm oder in der ETA enthalten sind, können zusätzlich vom Hersteller erklärt werden, aber der Verwender muss die Angaben selber auf Plausibilität prüfen.
Aufgrund der unterschiedlichen nationalen und wirtschaftlichen Interessen sind die Produktanforderungen in den hEN nicht umfassend geregelt. Es ist davon auszugehen, dass die Produkte die bisher relativ hohen nationalen Umwelt- und Gesundheitsanforderungen nicht mehr erfüllen werden und die Produkteigenschaften für die Anwender auch nicht überprüfbar sein werden, es sei denn, die Hersteller lassen die Leistungen ihrer Produkte von akkreditierten Stellen prüfen und die in der Leistungserklärung aufgeführten Leistungen bestätigen. Dabei besteht aber kein Erfordernis, fachfremde Leistungen wie die Umweltverträglichkeit

zu prüfen, was freiwillig in den →EPDs der Hersteller veröffentlicht werden kann.
Es muss deshalb zukünftig sichergestellt werden, dass CE-gekennzeichnete Bauprodukte hohe Mindestanforderungen unter anderem zur Vermeidung von Umwelt- und Gesundheitsbelastungen erfüllen und dies für die Verwender klar erkennbar ist. Dazu müssten die hohen nationalen Anforderungen in die harmonisierten Normen (hEN) aufgenommen werden, was im Rhythmus der Aktualisierung von Normen erfahrungsgemäß länger dauern kann und entsprechend der oftmals divergierenden Wertvorstellungen europäischer Mitgliedsstaaten im Konsens sich auch nicht immer durchsetzen lässt.

Cellulose C. (lat. cellula = kleine Zelle) ist die Gerüstsubstanz aller Pflanzen und zusammen mit →Lignin der Hauptbestandteil von Holz. Durch chemischen Aufschluss, vorwiegend mit Natriumsalz im alkalischen Sulfat-Verfahren und nur mehr in sehr geringem Ausmaß mit wässriger Sulfit-Lösung im sauren Sulfit-Verfahren, entsteht Zellstoff, der anschließend gewaschen und ggf. einer Bleiche mit Chlor, Hypochlorit, Chlordioxid oder Sauerstoff und Peroxiden unterzogen wird. Die Gewinnung von C. erfolgt auch durch Recycling von Altpapier und ggf. anschließender Bleiche. In Bauprodukten findet C. breite Anwendung in Form von →Methylcellulose.

Cellulose-Dämmflocken C. sind ein entweder aus Rohcellulose (Holz) oder im Recyclingverfahren aus Altpapier (mindestens 80 %) hergestellter, flockiger Wärmedämmstoff. Als Brand- und Verrottungsschutz werden Borverbindungen (z.B. 12 % →Borax und 8 % →Borsäure) oder Ammoniumpolyphosphate/sulfate („Boratfrei") zugegeben. Bei C. aus Altpapier (Tageszeitungen, Verlagsabfälle oder aus Altpapiersammlungen) wird das Papier in einem mehrstufigen Zerreiß- und Mahlverfahren zerfasert und mit dem Brandschutzmittel vermengt. Die Papierfasern erhalten dabei ihre flockige Struktur. Die Fasermischung wird entstaubt, leicht verdichtet und in Säcken verpackt. C. sind weich-elastisch, aber nicht druckbelastbar. Die meisten am Markt befindlichen Produkte sind als normal brennbar nach DIN 4102 (Baustoffklasse B2) eingestuft sowie nach DIN EN 13501-1: B-s2,d0 / E gem. ETA-04/0080 B-s2,d0 / C-s2,d0 / E gem. ETA-04/0081. Die Rohdichte nach Einbringung in die Konstruktion liegt je nach Einsatzgebiet zwischen 25 und 70 kg/m^3. Wärmeleitfähigkeit: 0,037 bis 0,045 W/(m·K), je nach Zulassungsbestimmungen.

C. werden mithilfe einer Verarbeitungsmaschine pneumatisch über einen Schlauch direkt in das zu dämmende Bauteil transportiert. Dies geschieht durch

1. Offenes Aufblasen (in Fußböden zwischen Polsterhölzern, offene Decken, z.B. oberste Geschossdecke)
2. Einblasen (in Hohlräume wie Dach, Wand und Decke). Beim Einblasen in den Hohlraum verfilzt sich die Cellulosefaser zu einer passgenauen, fugenfreien, setzungssicheren Dämmmatte ohne Verschnitt, was bei komplizierten Dachformen einen großen Vorteil darstellt.
3. Aufsprayen (im vertikalen Bereich bei offenen Konstruktionen wie einseitig offene Ständerwände oder zwischen dem fertigen Lattenrost an gemauerten Wänden in der Vorsatzschale). Dabei werden die Dämmflocken mit Wasser befeuchtet oder evtl. mit Kleber versetzt und aufgesprüht.
4. Loses Schütten (als Bodendämmung zwischen den Polsterhölzern)

Die Verarbeitung von C. sollte Spezialfirmen vorbehalten sein, die eine optimale setzungssichere Verdichtung in der Konstruktion gewährleisten.
Die Herstellung verursacht nur sehr geringe Umweltbelastungen, vor allem, wenn Altpapier eingesetzt wird. Bei der Einbringung kann es zu sehr hohen Staubbelastungen kommen. Die Faserkonzentrationen können bis zu 10 Mio. Fasern pro m^3 erreichen. Nach ein bis zwei Tagen ist die Faserbelastung abgeklungen. Alle sich im Baustellenbereich aufhaltenden Personen müssen geeignete Staubfilter oder Frischlufthelme benutzen. Die professionelle Verarbeitung beinhaltet auch die vollständige Reinigung der Baustelle und die sachgerechte Entfernung der aufgetretenen Stäube. Mit Düsen, die gleichzeitig blasen und saugen, wird durch ein einziges Loch eingeblasen und abgesaugt und der Staubanteil dadurch drastisch verringert. Für Cellulosefasern existieren in arbeitsmedizinischer Hinsicht keine besonderen Einstufungen. In der Cellulose verarbeitenden Industrie (Textil, Papier) sind keine Cellulose vermittelten Berufskrankheiten bekannt. Das Fraunhofer Institut für Toxikologie und Aerosolforschung ermittelte in einer Untersuchung der Beständigkeit von Cellulosefasern in der Rattenlunge (Muhle, H. & B. Bell-

mann, 1995) die relativ lange Halbwertszeit nach Applikation. Die Ursachen für diese Erscheinung liegen einerseits darin, dass Säugetiere über keine Cellulose spaltenden Enzyme verfügen, die zum enzymatischen Abbau von Cellulose herangezogen werden könnten, andererseits tragen Lungenmakrophagen nur wenig zum Abbau der Fasern bei. Hinweise auf eine krebserzeugende Wirkung von natürlichen organischen Fasern wie Cellulosefasern gibt es in der Literatur bisher keine. Hingegen sind berufsbedingte gutartige Lungenerkrankungen als Folge des Einatmens von organischen Stäuben bekannt (z.B. Byssinose durch Baumwollstaub, Berufsasthma, allergische Alveolitis).

Cellulose-Dämmplatten C. sind Wärmedämmplatten aus Altpapier, das mit →Bikomponenten-Kunststofffasern verstärkt und gebunden wird. →Borate ermöglichen den Brand- und Glimmschutz. Das Altpapier wird in mehreren Stufen zerkleinert und im Wirbelstrom mit den Boraten vermengt. Dieses Gemisch, um die Bikomponentenfasern ergänzt, wird in einer Verfahrensstraße zu Platten gepresst, kurz erhitzt und formatiert. Die juteverstärkten C., die als Bindemittel Ligninsulfonat enthielten, befinden sich nicht mehr am Markt, da die neue Technologie wesentlich bessere technische Eigenschaften aufweist. Die neue Plattengeneration wird mit Stärkefasern statt mit Kunststofffasern verklebt. Die typischen Anwendungen der C. sind die Zwischensparrendämmung von Steildächern, die Hohlraumdämpfung in leichten Trennwänden sowie die Dämmung von Holzständerkonstruktionen. C. werden üblicherweise zwischen Sparren eingeklemmt und/oder mit handelsüblichen mineralischen Bauklebern auf Außenwände geklebt. Im zweischaligen Mauerwerk werden die Dämmplatten auf Luftschichtanker aufgeschoben. Eine ausreichende Hinterlüftung der Vorsatzschale muss gewährleistet sein. C. haben gute Wärmedämmeigenschaften (→Wärmeleitfähigkeit 0,040 W/(m·K)), sind dampfdiffusionsoffen und normal brennbar (Baustoffklasse B2).

C. bestehen zum überwiegenden Teil aus einem Sekundärrohstoff, der dadurch im Produktionskreislauf erhalten bleibt. Der Anteil an Bikomponenten-Stützfasern ist sehr gering und bringt durch Energieeinsparung im Vergleich zum ursprünglichen Herstellungsverfahren auch ökologische Vorteile mit sich. Beim Einbau ist eine Staubentwicklung durch unsachgemäßes Hantieren wie Schneiden mit hochrotierendem Werkzeug (Kreissäge) möglich. Während der Nutzung geben C. keine gesundheitsschädlichen Schadstoffe ab. C. sind zu 100 % recycelbar, vom Hersteller wurde dafür auch eine Rücknahmelogistik aufgebaut.

Celluloseether →Methylcellulose

Cellulosekleister C. sind →Kleister aus in Wasser gequollener →Methylcellulose („Normalkleister"). Bei Spezialkleistern wird die Klebkraft durch Kunstharzzusätze (z.B. Polyvinylacetat) erhöht. Meist sind auch Konservierungsmittel und weitere Additive beigefügt. Der Gehalt an Kunstharzen kann bis zu 60 % betragen. Fertig angerührte C. enthalten immer ein Konservierungsmittel, weil sie sonst im Gebinde zu schimmeln beginnen. Die meisten C. sind im Vergleich zu anderen →Klebstoffen umwelt- und gesundheitsverträglich. Sie sind wasserverdünnbar und lösemittelfrei. Aus ökologischer Sicht ist der Einsatz von Stärke- oder Cellulosekleistern ohne Kunstharze, Konservierungsmittel und sonstige Additive empfehlenswert. Weichmacherbestandteile bzw. Restmonomere (z.B. Formaldehyd, Styrol, Vinylacetat) können aus dem Kunstharzanteil ausdünsten.

Cellulosenitratlacke →Nitrolacke

CEN Das Comité Européen de Normalisation ist das Europäische Komitee für Normung. Nationale Mitglieder (Stand: Januar 2018) sind die Normungsorganisationen von Belgien (IBN/BIN), Bulgarien, Dänemark (DS), Deutschland (DIN), Estland (EVS), Finnland (SFS), Frankreich (AFNOR), Griechenland (ELOT), Irland (NSAI), Island (STRI), Italien (UNI), Kroatien, Lettland (LVS), Litauen (LST), Luxemburg (SEE), Malta (MSA), Mazedonien, Niederlande (NNI), Norwegen (NSF), Österreich (ON), Polen (PKN), Portugal (IPQ), Rumänien, Schweden (SIS), Schweiz (SNV), Slowakei (SUTN), Slowenien (SMIS), Spanien (AENOR), Tschechische Republik (CSNI), Türkei, Ungarn (MZST), Zypern. Das CEN erstellt die Europäischen harmonisierten Normen (EhN).

CFB-Salze C. (Chrom, Fluor, Bor) sind wasserlösliche Holzschutzmittel für Holz mit geringer bis mittlerer Auswaschbeanspruchung, nicht in Erd- oder ständigem Wasserkontakt. Beispiel-Rezeptur: ca. 15 % Ammoniumhydrogendifluorid, ca. 17 % Borax, Chrom(VI)-oxid als Fixierungshilfsstoff.

Chrom-(VI)-Verbindungen außer Bariumchromat: EU-GHS-Einstufung und Kennzeichnung (EG) Nr. 1272/2008 CLP: Hautreizungen Kategorie

1: Skin Sen 1; H317 Kann allergische Hautreaktionen verursachen; Akut gewässergefährdend Akut 1: Aquatic Acute 1; H400 Sehr giftig für Wasserorganismen; Langfristig gewässergefährdend Kategorie Chronisch 1; H410 Sehr giftig für Wasserorganismen, mit langfristiger Wirkung; Kanzerogenität Kategorie 1: Carc. 1B; H350i Kann bei Einatmen Krebs erzeugen. →Chromat

Chemiegips Die im Phosphogips vorhandenen radioaktiven Bestandteile können mittels eines Waschprozesses aus dem Gips ausgewaschen werden Damit kann auch dieser gereinigte Phosphogips für Zwecke im Bauwesen verwendet werden. In den Produkten der Hersteller von plattenförmigen Gipswerkstoffen werden die Rohstoffquellen nicht eindeutig deklariert. Selbst in den EPDs wird als Ressource nur Naturgips und REA-Gips angegeben.

Chemikalien-Gesetz Aus der europäischen Verpackungs- und Kennzeichnungsrichtlinie entwickeltes nationales Gesetz zum Schutz vor gefährlichen Stoffen von 1980 (BGBl. I S. 1718), das heute weitgehend von der europäischen →REACH-Verordnung und der →CLP-Verordnung abgelöst ist. Das C. wurde neugefasst durch Bekanntmachung vom 28.8.2013 (BGBl. I S. 3498, 3991) und zuletzt durch Artikel 2 des Gesetzes vom 18.7.2017 (BGBl. I S. 2774) geändert. Im C. werden europäische Regelungen begleitend zur REACH-VO in nationales Recht umgesetzt. Nachgeordnet ist die Gefahrstoffverordnung weiterhin gültig, während die Altstoffverordnung (EWG Nr. 793/93) aufgrund von REACH seit 2008 nicht mehr in Kraft ist.

Chemikalien-Ozonschichtverordnung Im April 2004 legte das Bundesumweltministerium den Entwurf einer Verordnung über Stoffe, die die Ozonschicht schädigen, vor. Seit 2006 ist die ChemOzonSchichtV in Kraft und löste damit die →FCKW-Halon-Verbotsverordnung von 1991 ab. Die. C. wurde neugefasst durch Bekanntmachung vom 15.2.2012 (BGBl. I S. 409) und zuletzt durch Art. 5 G vom 20.10.2015 (BGBl. I S. 1739, 1773) geändert.

Die Verordnung enthält chemikalien- und abfallrechtliche Regelungen, die darauf zielen, die Einträge vollhalogenierter FCKW und des HFCKW R 22 (Kältemittel Chlordifluormethan) in die Erdatmosphäre zu mindern. Normiert werden sowohl Verbote und Beschränkungen zu bestimmten Einsatzbereichen dieser Stoffe als auch Regelungen zu Rückgewinnung und Rücknahme derartiger Stoffe sowie Vorschriften zur Wartung, Außerbetriebnahme und Entsorgung sie enthaltender Einrichtungen und Produkte einschließlich persönlicher Anforderungen an das damit befasste Personal.

Die Verordnung ergänzt die unmittelbar geltende Verordnung (EG) Nr. 1005/2009 vom 16.9.2009 über Stoffe, die zum Abbau der Ozonschicht führen.

Chemikalien-Verbotsverordnung Die C. trat am 1.11.1993 in Kraft und regelt das *Inverkehrbringen* von gefährlichen Stoffen, Gemischen sowie bestimmten Erzeugnissen, die diese enthalten oder freisetzen können, nach § 17 des Chemikaliengesetzes (ChemG), während die →Gefahrstoffverordnung alle Verbote und Beschränkungen für die *Herstellung und Verwendung* von Gefahrstoffen nach § 17 des Chemikaliengesetzes zusammenfasst. Die bestehenden Einzelverbotsverordnungen, die auf § 17 des Chemikaliengesetzes gestützt waren, nämlich

- die PCB-, PCT-, VC-Verbotsverordnung vom 18.7.1989,
- die Pentachlorphenolverbotsverordnung vom 12.12.1989,
- die Chloraliphatenverordnung vom 30.4.1991 und
- die Teerölverordnung vom 27.5.1991

wurden aufgehoben und in die C. und die Gefahrstoffverordnung eingestellt. Lediglich die →FCKW-Halon-Verbotsverordnung wurde durch die →Chemikalien-Ozonschichtverordnung ersetzt. Außerdem übernahm die C. die Bestimmungen der früheren Ländergiftvorschriften aus der Gefahrstoffverordnung. Die C. wurde durch Bekanntmachung vom 20.01.2017 (BGBl. I S. 94) neugefasst und zuletzt durch Art. 5 G vom 18.7.2017 (BGBl. I S. 2774, 2779) geändert. Durch die Neufassung sollen die erforderlichen Anpassungen an die europäische →CLP-Verordnung erfolgen, die allerdings erst 2019 in Kraft treten werden. Die Stoffbeschränkungen werden im Anhang XVII der →REACH-VO geregelt und in der C. nur noch auf die national weiter gültigen Beschränkungen reduziert. Damit entfallen ca. 50 bisherige Stoffverbote oder Beschränkungen aus dem Anhang der C.

Die C. enthält in Anlage 1 (zu § 3) Beschränkungen und Verbote des Inverkehrbringens für folgende Stoffe:

- Eintrag 1: Formaldehyd
- Eintrag 2: Dioxine und Furane
- Eintrag 3: Pentachlorphenol
- Eintrag 4: Biopersistente Fasern: Künstliche Mineralfasern, die aus ungerichteten glasigen

C

(Silikat-) Fasern mit einem Massengehalt von über 18 % an Oxiden von Natrium, Kalium, Calcium, Magnesium und Barium bestehen.

Die C. enthält in Anlage 2 (zu §§ 5 bis 11) Anforderungen in Bezug auf die Abgabe für folgende Stoffe:

- Eintrag 1: Stoffe und Gemische, die nach der Verordnung (EG) Nr. 1272/2008 zu kennzeichnen sind mit
  - dem Gefahrenpiktogramm GHS06 (Totenkopf mit gekreuzten Knochen) oder
  - dem Gefahrenpiktogramm GHS08 (Gesundheitsgefahr) und dem Signalwort Gefahr, und einem der Gefahrenhinweise H340, H350, H350i, H360, H360F, H360D, H360FD, H360Fd, H360Df, H370 oder H372
- Eintrag 2:
  - Ammoniumnitrat (CAS-Nummer 6484-52-2) und ammoniumnitrathaltige Gemische, die einer in Anhang I Nummer 5 der Gefahrstoffverordnung genannten Gruppen A oder E oder den Untergruppen B I, C I, D III, oder D IV zugeordnet werden können
  - Kaliumnitrat (CAS-Nummer 7757-79-1)
  - Kaliumpermanganat (CAS-Nummer 7722-64-7)
  - Natriumnitrat (CAS-Nummer 7631-99-4)
- Eintrag 3: Nicht von Eintrag 1 oder 2 erfasste Stoffe und Gemische, die nach der Verordnung (EG) Nr. 1272/2008 zu kennzeichnen sind mit
  - dem Gefahrenpiktogramm GHS03 (Flamme über einem Kreis) oder
  - dem Gefahrenpiktogramm GHS02 (Flamme) und einem der folgenden Gefahrenhinweise:
    - H224 („Flüssigkeit und Dampf extrem entzündbar"),
    - H241 („Erwärmung kann Brand oder Explosion verursachen") oder
    - H242 („Erwärmung kann Brand verursachen")

Chemischer Holzschutz Vorbeugende chemische Schutzmaßnahmen sollen nur zur Anwendung kommen, wenn alle baulichen Möglichkeiten des Holzschutzes ausgeschöpft wurden (→Konstruktiver Holzschutz), konstruktionsbedingt nicht möglich sind oder wenn entsprechend dauerhafte Holzarten nicht in ausreichender Menge oder Qualität zur Verfügung stehen. Der vorbeugende C. für tragende und aussteifende Holzbauteile wird durch die DIN 68800 Teil 1 und 3 geregelt. Dort werden den Holzbauteilen Gebrauchsklassen zugeordnet, welche die Ansprüche an die Holzschutzmittel-Wirkstoffe festlegen (s. Tabelle C1 und C2). Bei einer Zuordnung zur Klasse 0 ist ein C. nicht erforderlich. Aber auch bei Zuordnung zu höheren Gebrauchsklassen ist die Notwendigkeit des C. bei der Auswahl von resistenten Hölzern oder modifiziertem Holz (→Holzmodifikation) unnötig. Besonders in Innenräumen hat der übermäßige und unnötige Einsatz von Holzschutzmitteln und dekorativen Holzschutzlasuren zu zahlreichen und massiven Gesundheitsschäden geführt (→Holzschutzmittelprozess). Aber auch in höheren →Gebrauchsklassen innen und außen kann nach den Vorgaben der DIN EN 350 auf den Einsatz von C. verzichtet werden, wenn Hölzer der entsprechenden Gebrauchsklassen verwendet werden. Kann ein vorbeugender C. nicht vermieden werden, so sind gem. DIN 68800-3 für tragende Bauteile ausschließlich Holzschutzmittel mit Zulassung durch die Bundesanstalt für Arbeitsschutz und Arbeitsmedizin (BAuA) Dortmund einzusetzen. Übergangsweise können darüber hinaus Produkte mit Allgemeiner bauaufsichtlicher Zulassung des Deutschen Instituts für Bautechnik (DIBt) angewendet werden. Der Anwendungsbereich ist durch entsprechende Prüfprädikate vorgegeben (→Holzschutzmittelverzeichnis). Holzschutzmittel dürfen nur verwendet werden, wenn sie gemäß der Biozid-Verordnung (EU) Nr. 528/2012 zugelassen wurden und dementsprechend über eine nationale Zulassung, ausgestellt durch die Bundesstelle für Chemikalien der Bundesanstalt für Arbeitsschutz und Arbeitsmedizin (BAuA) verfügen, über eine gegenseitige Anerkennung einer ausländischen Zulassung oder über eine Unionszulassung. Die in der Zulassung enthaltenen Bedingungen für die Bereitstellung auf dem Markt und insbesondere für die Verwendung sind zu beachten. Prinzipiell müssen alle Holzschutzmittel, auch für statisch nicht beanspruchte Holzbauteile, eine Biozidzulassung durch die BAuA haben. Für Dachbauteile und Außenwände (einschließlich Fenstern und Türen) sowie Flächenbeläge dürfen holzschutzmittelbehandelte Holzbauteile nur eingesetzt werden, wenn die Holzschutzmittel (Biozidprodukte) den Anforderungen der Biozid-Verordnung (EU) Nr. 528/2012 entsprechen. Bei der Verwendung von Biozidprodukten sind die in der Zulassung nach Biozid-Verordnung genannten Auflagen gemäß Artikel 22 Absatz 1 der Biozid-Verordnung bzw. national geltende Übergangsvorschriften nach der Verordnung über die Meldung von Biozid-Produkten nach dem Chemikaliengesetz (Biozid-Meldeverordnung) einzuhalten. Holzbauteile, die mit Schutzmitteln gegen biologischen Befall behandelt sind, müssen nach DIN EN 15228:2009, Abschnitt 6, gekennzeichnet sein. Anforderungen an bauliche Anlagen müssen bezüglich des Gesundheitsschutzes (ABG) der Muster-Verwaltungsvorschrift Technische Baubestimmungen (MVV TB) entsprechen. →Holzschutzmittel

Tabelle C1: Mindestanforderungen an Holzschutzmittel in Abhängigkeit von der Gebrauchsklasse

GK 1	Iv	Gegen Insekten vorbeugend wirksam
GK 2	Iv	Gegen Insekten vorbeugend wirksam
	P	Gegen Pilze vorbeugend wirksam (Fäulnisschutz)
GK 3	Iv	Gegen Insekten vorbeugend wirksam
	P	Gegen Pilze vorbeugend wirksam (Fäulnisschutz)
	W	Auch für Holz, das der Witterung ausgesetzt ist
GK 4	Iv	Gegen Insekten vorbeugend wirksam
	P	Gegen Pilze vorbeugend wirksam (Fäulnisschutz)
	W	Auch für Holz, das der Witterung ausgesetzt ist, Auswaschbeständig
	E	Auch für Holz, das extremer Beanspruchung ausgesetzt ist (im ständigen Erd- und/oder Wasserkontakt sowie bei Schmutzablagerungen in Rissen und Fugen)
GK 5	Iv	Gegen Insekten vorbeugend wirksam
	P	Gegen Pilze vorbeugend wirksam (Fäulnisschutz)
		Wirksam gegen Moderfäule
		Wirksam gegen Meeresschädling

Für den Einsatz in GK 5 (Meerwasserkontakt) gibt es keine Möglichkeit des Holzschutzmitteleinsatzes, hier sind ausschließlich ausreichend eigenresistente Hölzer, z.B. Greenheart, sinnvoll.

Tabelle C2: Anwendungsbereiche nach Gebrauchsklassen (GK)

GK 0	Innenbauteile in üblichen Wohnräumen, kontrollierbar, gleichartig beanspruchte Bauteile (z.B. Balken)
Holzteile, die durch Niederschläge, Spritzwasser oder dergleichen nicht beansprucht werden	
GK 1	Innenbauteile in üblichen Wohnräumen, gleichartig beanspruchte Bauteile (z.B. bekleidete Balken)
GK 2	Außenbauteile ohne unmittelbare Wetterbeanspruchung (z.B. belüftete Balkenkonstruktion unter Dach)
Holzteile, die durch Niederschläge, Spritzwasser oder dergleichen beansprucht werden	
GK 3.1	Außenbauteile mit Wetterbeanspruchung ohne ständigen Erd- und/oder Wasserkontakt (z.B. Balkonbalken ohne Dach), gelegentlich feucht (> 20 %), Anreicherung von Wasser im Holz nicht zu erwarten
GK 3.2	Häufig feucht (> 20 %), Anreicherung von Wasser im Holz, auch räumlich begrenzt
GK 4	Holzteile mit ständigem Erd- und/oder Süßwasserkontakt, vorwiegend bis ständig feucht (> 20 %)
GK 5	Holzbauteile mit ständigem Meerwasserkontakt, ständig feucht (> 20 %)

Chloralkane →Chlorparaffine

Chloranisole C. sind zunächst im Lebensmittelbereich aufgefallen im Zusammenhang mit dem sog. Korkgeschmack bei Wein. Es handelt sich um eine Sammelbezeichnung für z.T. sehr geruchsintensive schimmelig-muffig riechende Stoffe, die von →Schimmelpilzen und/oder Bakterien während Wachstum, Verarbeitung und Lagerung von Korkprodukten gebildet werden.
Die Stoffgruppe der C. umfasst 2,4,6-Trichloranisol (TCA), 2,3,6-Trichloranisol (2,3,6-TCA), 2,3,4-Trichloranisol (2,3,4-TCA), 2,3,4,6-Tetrachloranisol (TeCA) und Pentachloranisol (PCA).

C

Tabelle C3: Geruchsschwellen sowie Geruchsqualität und -intensität von Chloranisolen in Flüssigkeit

Stoff	Konzentration [ng/l]	Geruchsqualität und -intensität	Literatur
Trichloranisol (TCA)	0,006	Schimmelig, muffig ultra-intensiv	Illy (2003)
	0,1 – 2		Benanou (2003)
Tetrachloranisol (TeCA)	Das 100-Fache von TCA	Muffig, intensiv	Fischer et al. (1997)
Pentachloranisol PCA	Das 100.000-Fache von TCA	Muffig, mäßig intensiv	

Tabelle C4: Vorkommen von Chloranisolen in der Raumluft von Fertighäusern (Binder et al., 2003: Gesundheitliche Beschwerden durch Reiz-, Riech- und hautsensibilisierende Stoffe im Innenraum – Chloranisole. http://www.arguk.de/infos/chloranisole.htm)

Bezeichnung	n	A	Bereich	MW [ng/m³]	Median	90-Perz.
TCA	7	6 (86 %)	0,05 – 25	7,3	3,4	n.b.
TeCA	7	7 (100 %)	8,8 – 740	180	70	n.b.
PCA	7	7 (100 %)	0,5 – 75	29	26	n.b.

n = Anzahl der untersuchten Proben
A = Anzahl der Proben, in der der jeweilige Stoff oberhalb der Bestimmungsgrenze von 0,1 ng/m³ nachgewiesen werden konnte
MW = Mittelwert
n.b. = Nicht bestimmt wegen zu geringem Kollektivumfang

Tabelle C5: Orientierungswerte für C. in der Raumluft (Binder et al., 2003: Gesundheitliche Beschwerden durch Reiz-, Riech- und hautsensibilisierende Stoffe im Innenraum – Chloranisole. http://www.arguk.de/infos/chloranisole.htm)

Stoff	OW 1 [ng/m³]	OW 2 [ng/m³]	Geruchsschwelle [ng/m³]
TCA	0,05	0,30	2
TeCA	4,1	91	100
PCA	14	34	200.000

C. sind vielfach für schimmelig-muffigen Geruch in älteren →Fertighäusern und Pavillonbauten (mit)verantwortlich Dabei werden die C. durch Mikroorganismen aus chlorierten Stoffen wie Phenolen (z.B. dem Holzschutzmittel-Wirkstoff →Pentachlorphenol), Chlorphenolen oder Chlorbenzolen gebildet. Maßgeblich beteiligt sind Schimmelpilze der Gattungen Penicillium und Trichoderma oder Bakterien. Die Geruchsschwellen – insbesondere für das TCA – sind sehr niedrig (s. Tabelle C3).

Die Orientierungswerte sind aus den o. g. Untersuchungen in Fertighäusern statistisch abgeleitet und unter dem Aspekt der Gesundheitsvorsorge zu verstehen. Sie stellen somit keine toxikologisch begründeten Richtwerte dar.

OW 1: Entspricht dem gerundeten 50-Perzentilwert einer statistischen Untersuchung von Raumluft-Proben. Ein Messwert in dieser Größenordnung kann als durchschnittlich eingestuft werden.

OW 2: Entspricht dem gerundeten 90-Perzentilwert einer statistischen Untersuchung von Raumluft-Proben. Messwerte oberhalb des OW 2 sind als auffällig zu bezeichnen. Die Ursache sollte festgestellt und möglichst beseitigt werden.

Chlordiphenyl C. und Chlorbiphenyl sind Synonyme für →Polychlorierte Biphenyle (PCB).

Chlorierte Kohlenwasserstoffe C. (CKW) sind organische Stoffe mit einem oder mehreren Chloratomen. CKW haben eine große industrielle Bedeutung als Ausgangsprodukte u.a. für Kunststoffe (z.B. →Vinylchlorid zur Herstellung von →Polyvinylchlorid = PVC), als Lösemittel (z.B. →Dichlormethan) und als Schädlingsbekämpfungsmittel (z.B. →Lindan, →DDT). Als Lösemittel in Bauprodukten spielen CKW nur noch eine geringe Rolle. Dichlormethanhaltige Abbeizmittel sind gemäß TRGS 612 „Ersatzstoffe, Ersatzverfahren und Verwendungsbeschränkungen für dichlormethanhaltige Abbeizmittel" nicht mehr notwendig. Für alle Beschichtungen, die mit dichlormethanhaltigen Abbeizmitteln entfernt werden können, sind geeignete wirksame dichlormethanfreie Abbeizmittel erhältlich. Seit Juni 2012 ist auch die gewerbliche Verwendung von dichlormethanhaltigen Abbeizern verboten.

Einige CKW gehören zu den besonders gefährlichen Umweltgiften. Ihre Gefährlichkeit resultiert aus ihrer großen chemischen Stabilität, die einen schnellen Abbau zu unproblematischen Stoffen verhindert, ihrer guten Fettlöslichkeit, die eine gute Aufnahme und Speicherung in Lebewesen begünstigt, und ihrer hohen Toxizität. Die chronische Inhalation von C. kann zu folgenden Symptomen führen: Kopfschmerzen, verminderte Konzentrationsfähigkeit, Abgeschlagenheit, Schlafstörungen sowie Alkoholintoleranz. Zudem können Leber und Niere geschädigt werden. Zahlreiche CKW haben krebserzeugende, erbgutverändernde oder reproduktionstoxische Eigenschaften.

Nach Henschler (Toxikologie chlororganischer Verbindungen, VCH Verlag, 1994) können grundsätzlich Schlüsse über den Einfluss von Chlorresten in organischen Verbindungen auf deren toxische Wirkqualitäten gezogen werden. Danach gilt (Auszug):

1. Die Einführung von Chlor in organische Moleküle ist nahezu regelhaft mit einer Verstärkung des toxischen Wirkpotenzials verbunden. Diese Feststellung betrifft grundsätzlich alle toxischen Wirkqualitäten wie akute, subchronische und chronische Toxizität, Reproduktionstoxizität, Mutagenität und Kanzerogenität.
2. Noch im Rahmen einer allgemeinen Regel, aber weniger stringent als mit der Chloreinführung schlechthin, steigt die Toxizität mit der Zahl der in ein Molekül eingeführten Chlorreste an.
3. Mit der Einführung von Chlor kommen häufig auch neue Wirkqualitäten ins Spiel. Sie betreffen im Hinblick auf akute und subchronische Effekte überwiegend die Leber und Niere, seltener Milz, Kreislauf- und Zentralnervensystem.
4. Mit der Einführung von Chlor erlangen die Mehrzahl der organischen Verbindungen die Fähigkeit zur Entfaltung von Gentoxizität (Mutagenität) bzw. Kanzerogenität.
5. Ein beträchtlicher Anteil aller untersuchten chlororganischen Verbindungen besitzt krebserzeugende Wirksamkeit.
6. Es können grundsätzlich zwei Gruppen krebserzeugender, chlororganischer Verbindungen unterschieden werden: aliphatische (und olefinische) Chlorkohlenwasserstoffe mit niedriger Kettenlänge (und i.d.R. mit hohen Dampfdrucken) wirken (vorwiegend) aufgrund ihrer gentoxischen Aktivität krebserzeugend, während polychlorierte cyclische Verbindungen über andere, durchweg nicht gentoxische Mechanismen der Zytotoxizität Tumoren auslösen können.
7. Von den unter Ziffer 1 und 4 aufgeführten Regeln gibt es eine bedeutsame Ausnahme: Die Einführung von Chlor in Benzol unterdrückt dessen notorische, stark ausgebildete Leukämie erzeugende Wirkung.

Aufgrund ihrer Einstufung als stark gesundheits- und umweltgefährdend unterliegen viele kurzkettige chlorierte Kohlenwasserstoffe Verwendungsverboten: Nach →REACH-VO Anhang XVII dürfen die folgenden Verbindungen mit Verdacht auf krebserzeugendes Potential nicht in den Verkehr gebracht werden als Stoffe oder in Gemischen in Konzentrationen > 0,1 %: Trichlormethan (Chloroform), 1,1,2-Trichlorethan, 1,1,2,2-Tetrachlorethan, 1,1,1,2-Tetrachlorethan, Pentachlorethan, 1,1-Dichlorethen. Hexachlorethan wurde bis Ende des 20. Jahrhunderts in der Aluminiumproduktion als Entgasungsmittel eingesetzt. Nach REACH-VO Anhang XVII darf Hexachlorethan nicht als Stoff oder in Gemischen zur Herstellung oder Verarbeitung von Nichteisenmetallen in Verkehr gebracht oder verwendet werden.

EU-GHS-Einstufung und Kennzeichnung: Hautreizungen Kategorie 2: Skin Irrit. 2; H315 Verursacht Hautreizungen; Augenreizung Kategorie 2: Eye Irrit. 2; H319 Verursacht schwere Augenreizung; Spezifische Zielorgan-Toxizität (einmalige Exposition); Kategorie 3 STOT SE 3; H335 Kann die Atemwege reizen; Karzinogenität, Kategorie 2; H351 Kann vermutlich Krebs erzeugen; Akut gewässergefährdend Akut 1; H410 Sehr giftig für Wasserorganismen, mit langfristiger Wirkung.

Chlorisothiazolinone CIT (5-Chlor-2-methyl-4-isothiazolin-3-on). →Isothiazolinone

Chlorkautschuklacke C. sind →Anstrichstoffe auf der Basis von Chlorkautschuk und →Chlorierten Kohlenwasserstoffen als Lösemittel. Der Chlor-

gehalt im Bindemittel kann ca. 65 Gew.-% ausmachen. C. werden als Unterwasserlack (Bootslack, Lackierung von Schwimmbecken aus Beton), als Chemikalienschutzlack (Maschinenbau, Batteriesäureschutz), zur Straßenmarkierung und als Korrosionsschutzbeschichtung verwendet.
Chlorierte Kohlenwasserstoffe weisen zumeist ein besonders gesundheitsgefährdendes und umweltschädliches Potenzial auf (Zerstörung der Ozonschicht). Im Brandfall setzen C. hochgiftige Gase frei (z.B. polychlorierte →Dioxine und Furane). C. enthalten meist giftige Lösemittel und als Bootslacke giftige Wirkstoffe, die den Befall der Boote mit Algen und Muscheln verhindern sollen (→Antifoulingfarben). Früher wurden den C. z.T. ca. 5 bis 15 % →Polychlorierte Biphenyle (PCB) als Weichmacher zugesetzt.

Chlorkresol (CAS 59-50-7) C. (4-Chlor-3-methylphenol, 4-Chlor-m-kresol, p-Chlor-m-kresol (PCMC), o-Chlorkresol) gehört zur Gruppe der Chlorkresole bzw. Chlormethylphenole. Der Stoff (Sdp.: 235 °C) wird als Desinfektionsmittel (Bakreizid) und zur Konservierung von Leder (Ersatz für das verbotene →Pentachlorphenol) eingesetzt. C. ist haut- und schleimhautreizend sowie sensibilisierend (Kontaktdermatitis). C. kommt im →Hausstaub in ähnlich hohen Konzentrationen vor wie PCP. Das 95-Perzentil an Chlorkresol in der 63-µm-Fraktion der Hausstaubproben betrug 6,1 mg/kg (n = 286), der Median 0,98 mg/kg (Quelle: Schmidt et al., 2002).
EU-GHS-Einstufung und Kennzeichnung (EG) Nr. 1272/2008 CLP: Akute Toxizität, Kategorie 4, Hautkontakt; H312 Gesundheitsschädlich bei Hautkontakt; Akute Toxizität, Kategorie 4, Verschlucken; H302 Gesundheitsschädlich bei Verschlucken; Schwere Augenschädigung, Kategorie 1; H318 Verursacht schwere Augenschäden; Hautreizungen Kategorie 1: Skin Sen 1; H317 Kann allergische Hautreaktionen verursachen; Akut gewässergefährdend Akut 1: Aquatic Acute; H400 Sehr giftig für Wasserorganismen. →Biozidverordnung

5-Chlor-2-Methyl-4-Isothiazolin-3-on (MCI) (CAS 26172-55-5) MCI gehört zur Gruppe der chlorierten →Isothiazolinone, einer Gruppe bedeutender Kontaktallergene. MCI ist ein Biozid mit bakterizider Wirkung. NIK-Wert 1 µg/m³. →Biozidverordnung

Chlornaphthaline (CAS 90-13-1, 91-58-7) Im Zeitraum von etwa 1970 bis 1980 wurden feuchtebeständige →Spanplatten des Typs V 100 G und Sperrholzplatten unter Zugabe eines C.-Gemischs (CN) gegen Pilzbefall hergestellt. Das unter dem Namen Basileum SP 70 oder Xylamon (→Pentachlorphenol) vertriebene technische Produkt enthielt ca. 70 % 1- und 2-Monochlornaphthalin mit Monochlornaphthalin als Hauptkomponente. Wesentliche Verunreinigung war Naphthalin. Die niederchlorierten Naphthaline sind toxikologisch wesentlich günstiger zu beurteilen als die toxikologisch den →Dioxinen ähnlichen, höher chlorierten Naphthaline. GHS-Einstufung für die Kennzeichnung von Produkten, die Chlornaphthaline enthalten: Akut toxisch H310 für 1-Chlornaphthalin und H315 und 390 für 2-Chlornaphthalin.

Tabelle C6: Typische Mengenanteile von Chlornaphthalinen in imprägnierten Hölzern (Balzer & Pluschke, 1998, Geruchsbelästigungen in einem Altbau durch chlorierte Naphthaline, VDI-Berichte 1373)

Chlornaphthalin-Verbindung	Mengenanteil in Holzproben [%]
1-Chlornaphthalin	80 – 85
1,4-Chlornaphthalin	9 – 14
1,5-Chlornaphthalin	≤ 3
2-Chlornaphthalin	3 – 6
Sonstige Dichlornaphthaline	≤ 3

Das Fungizid wurde dem →Phenol-Formaldehyd-Leim (PF-Leim) bei der Herstellung beigemischt und auf diese Weise homogen in den Platten verteilt. C.-imprägnierte Platten wurden insbesondere im Fertighaus- und Pavillonbau eingesetzt. Der Einsatz im Innenbereich erfolgte hauptsächlich für den Fußboden, in geringem Umfang auch für Wände und Decken. Im Außenbereich wurden die behandelten Spanplatten für Dächer und Außenschalungen verwendet. Das im C.-Gemisch in geringer Menge enthaltene →Naphthalin, aber auch die Chlornaphthaline selbst verbreiten bereits in geringen Konzentrationen einen muffig-süßlichen, an Naphthalin-Mottenschutzmittel erinnernden, intensiven Geruch. Emissionen aus CN-behandelten Platten können darüber hinaus gesundheitliche Beschwerden verursachen. Beschrieben werden Reizungen der Augen- und Nasenschleimhäute, vorübergehende Vertäubung des Geruchssinns mit gleichzeitiger Veränderung der Geruchsqualität, Kopfschmerzen sowie Benommenheits- und Taubheitsgefühle.

C

Die Höhe der im Innenraum auftretenden C.-Konzentration ist abhängig von Feuchteschäden, konstruktiven Mängeln sowie Temperatur und Lüftung. Beim Verrotten der Platten unter Feuchteeinfluss können erhebliche Mengen C. freigesetzt werden. In geruchsbelasteten Räumen wurden C.-Konzentrationen bis ca. 100 µg/m³ gefunden. Die Naphthalin-Konzentrationen betragen bis zu 250 µg/m³. Geruchsschwellenwerte für Naphthalin liegen zwischen 7 und 1.500 µg/m³. Begleiterscheinung einer CN-Problematik ist häufig das Auftreten von Schimmelpilzen.
Zur Inhalationstoxizität von C. liegen nur wenige Erkenntnisse vor. Vom ehem. BGA wurde als sofortiger Eingriffswert eine C.-Konzentration von 200 µg/m³ und wegen der deutlichen Geruchsbelästigung ein Zielwert von 10 bis 20 µg/m³ festgelegt. Dieser Zielwertbereich erscheint sehr hoch, da eine rein toxikologische Bewertung der C.-Raumluftkonzentrationen zu Richtwerten führt, die mit dem Empfinden der betroffenen Gebäudenutzer nicht in Einklang zu bringen sind. Nach Möglichkeit sollte daher ein Zielwert von 1 µg/m³ erreicht werden. Damit ist sichergestellt, dass keine geruchlichen Belästigungen mehr auftreten.
C.-belastete Bauteile führen über direkten Kontakt oder über den Luftpfad zu erheblichen Sekundärbelastungen ursprünglich C.-freier Materialien.

Tabelle C7: Orientierungswerte (nicht toxikologisch begründet) für Chlornaphthaline in der Innenraumluft (Balzer & Pluschke, 1998, Geruchsbelästigungen in einem Altbau durch chlorierte Naphthaline, VDI-Berichte 1373)

Chlornaphthalin-Konzentration [µg/m³]	Bewertung
< 0,5	Unbelastet Keine Aktivitäten erforderlich
0,5 – 5	Gering belastet Gute Raumluftverhältnisse können durch ein geeignetes Lüftungsmanagement gewährleistet werden
> 5	Belastet Quellen sollten ermittelt werden, ggf. Sanierung erforderlich

Chloroform →Trichlormethan

Chlorophyll C. ist der grüne Farbstoff der Pflanzenblätter. Er ist Rohstoff für stabilisierte grüne Farbpigmente z.B. in Produkten der Naturfarbenhersteller.

Chloropren (CAS 126-99-8) C. (2-Chlor-1,3-butadien) ist ein ungesättigter aliphatischer Chlorkohlenwasserstoff (→Chlorierte Kohlenwasserstoffe) und dient als Ausgangssubstanz zur Herstellung von →Polychloropren (→Synthesekautschuk), das als Grundstoff von →Klebstoffen eingesetzt wird. Es handelt sich um eine leicht entzündliche Flüssigkeit; die Dämpfe bilden mit Luft ein explosionsfähiges Gemisch. Die Herstellung von C. erfolgt überwiegend aus →Butadien. C. reizt Augen, Atmungsorgane und Haut, wird durch die Haut resorbiert und wirkt narkotisierend sowie bei chronischem Kontakt Leber- und Nieren schädigend. C. ist als krebsverdächtig (MAK-Liste: Kat. 3B) eingestuft.
EU-GHS-Einstufung und Kennzeichnung (EG) Nr. 1272/2008 CLP: Akute Toxizität, Kategorie 4, Acute Tox 4; H 332 Gesundheitsschädlich bei Hautkontakt; Akute Toxizität, Kategorie 4: Acute Tox 4; H302 Gesundheitsschädlich bei Einatmen; Hautreizungen Kategorie 2: Skin Irrit. 2; H315; Augenreizung Kategorie 2: Eye Irrit. 2; H319; Akut gewässergefährdend Akut 1: Aquatic Acute; H400 Sehr giftig für Wasserorganismen; Spezifische Zielorgan-Toxizität (einmalige Exposition), Kategorie 3 STOT SE 3; H335 Kann die Atemwege reizen; Spezifische Zielorgan-Toxizität (wiederholte Exposition), Kategorie 2 STOT RE 2; H373 Kann die Organe schädigen bei längerer oder wiederholter Exposition; Kanzerogenität Kategorie 1: Carc. 1B; H350 Kann Krebs erzeugen. →CMR-Stoffe

3-Chloropren C. (2-Chlor-1,3-butadien) ist ein ungesättigter →Chlorierter Kohlenwasserstoff.

Chloroprenkautschuk →Polychloropren

Chlororganische Verbindungen →Chlorierte Kohlenwasserstoffe

Chlorparaffine C. werden durch Chlorierung von Paraffinen hergestellt und haben i.d.R. eine Kettenlänge von zehn bis 30 Kohlenstoffatomen und einen Chlorgehalt von 20 bis 70 %. Unterschieden werden:

- Kurzkettige C.: $C_{10} - C_{13}$
- Mittelkettige C: $C_{14} - C_{17}$
- Langkettige C.: > C_{17}

Je nach durchschnittlichem Chlorierungsgrad werden die C. unterteilt in:

- Niedrig chlorierte C.: Chlorierungsgrad < 45 % bis < 50 %
- Hoch chlorierte C.: Chlorierungsgrad > 50 %

Je nach chemischer Struktur (Kettenlänge, Chlorierungsgrad) weisen die C. unterschiedlichste Eigenschaften auf. Industriell genutzt werden ca. 200 verschiedene C., hauptsächlich eingesetzt als Sekundärweichmacher und →Flammschutzmittel für Kunststoffe (PVC), weiterhin für Anstrichstoffe/Beschichtungen, dauerelastische Dichtungsmassen, Synthesekautschuk und als Hochdruckadditive in Mineralölen. C. haben ähnliche chemisch-technische Eigenschaften wie →Polychlorierte Biphenyle (PCB). Dauerelastischen Fugenmassen auf der Grundlage von Polysulfid-Kautschuk werden C. zur Weichmachung in Konzentrationen bis über 30 % zugesetzt. Bei Temperaturen ab ca. 200 °C spalten C. Chlorwasserstoff ab und färben sich dunkel. Um die thermische Stabilität zu gewährleisten, werden den C. Stabilisatoren zugesetzt, langkettige Epoxide, Glycidether und Triphenylphosphat, deren Gehalt unter 1 % liegt. Diese Stabilisatoren können durch den Einsatz von Reinigungsmitteln aus Produkten für den Bodenbelagsbereich ausgewaschen werden.

C. hatten 2001 in der EU ein Marktvolumen von ca. 65.000 t/a. In Deutschland werden seit Ende 1998 keine C. mehr hergestellt. C. sind unter Umweltbedingungen chemisch und biologisch relativ stabil und werden sowohl in industrienahen wie auch industriefernen Gebieten in Wasser, Sediment und biologischem Material gefunden. In die Umwelt gelangen sie in erster Linie bei der Abfallbeseitigung und durch industrielle Abwässer. Der Eintrag in die Umwelt (Deutschland) beträgt schätzungsweise ca. 250 t/a.

Die öko-/toxikologischen Eigenschaften der C. hängen von der Kettenlänge ab. C. zeigen ein kanzerogenes Potenzial, das mit zunehmendem Chlorgehalt steigt. Kurzkettige C. sind gemäß EU als umweltgefährlich und krebsverdächtig (K3) eingestuft. Gem. →MAK-Liste sind kurz- bis langkettige C. als krebsverdächtig (Kat. 3B) eingestuft. Mittelkettige C. sind in der Umwelt schwer abbaubar, persistent und stark bioakkumulierend (Gefahrensymbol N). Sie sind in der Muttermilch in Konzentrationen > 10 µg/kg Fett enthalten. TRGS 900 (2011) 6 mg/m^3. Hinweise auf Fruchtschädigung und sehr giftig für Wasserorgansimen. (Begründung in TRGS 900: MCCPs wurden in Muttermilch gefunden [z.B. mittlere gefundene Konzentration: 21 ng/g Fett; Maximum: 320 ng/g Fett], was in Verbindung mit den Beobachtungen im Versuchstier Anlass für die Einstufung mit „H362 Kann Säuglinge über die Muttermilch schädigen“ war. [ECB, 2008; Thomas et al., 2003; Thomas et al., 2006; Thomas und Jones, 2002]) Die Weitergabe von MCCPs in utero von Muttertieren an die Nachkommen ist experimentell belegt und auch MCCP-vermittelte Effekte auf die Nachkommen via Laktation werden beschrieben (ECB, 2008).

Tabelle C8: Verwendung mittelkettiger Chlorparaffine in der EU (1997; Quelle: Leitfaden zur Anwendung umweltverträglicher Stoffe, Teil 5, Umweltbundesamt (Hrsg.), 2003)

Verwendungsbereiche mittelkettiger Chlorparaffine	Anteil am EU-Marktvolumen [%]
Weichmacher und Flammschutzmittel in PVC-Produkten (Konzentration 6 – 10 %), z.B. in Fußbodenbelägen, Kabelummantelungen und -isolierungen (Konzentration bis zu 15 %)	80
Flammschutzmittel in Gummi und anderen Polymeren, z.B. in Förderbändern und im Automobilbereich	3
Weichmacher in Farben auf der Basis von Chlorkautschuk oder Vinylcopolymeren (Schutz von Mauerwerk in aggressiver Umgebung) sowie als Additiv in Dichtungen für Mehrfachverglasungen	5
Hochdruck-Additive in Kühlschmierstoffen	9
Fettlauge in der Lederbearbeitung	2
Herstellung von Durchschreibepapier	1

Kurzkettige Chlorparaffine (SCCP) wurden in die POP-Verordnung (EG 850/2004) aufgenommen und als persistente, organische Schadstoffe eingestuft. Es dürfen Stoffe und Zubereitungen, die SCCP in Konzentrationen von weniger als 1 Gew.-% oder Artikel, die SCCP in Konzentrationen von weniger als 0,15 Gew.-% enthalten, hergestellt, in Verkehr gebracht und verwendet werden (Verordnung (EU) 2015/2030 vom 13.11.2015).

Chlorpyrifos C. (O,O-dimethyl O-3,5,6-trichloro-2-pyridyl-phosphorothioat) ist ein Insektizid aus der Gruppe der organischen Phosphorsäureester. Es wirkt als Fraß- und Berührungsgift. Die Chemikalie ist einer der wichtigsten Organophosphat-Pestiziden weltweit. In Deutschland dürfen seit 2009 keine Präparate mit C. als Wirkstoff mehr vertrieben werden. C.-haltige Biozidprodukte, zu denen Holzschutzmittel gehören, sind seit 2008 nicht mehr verkehrsfähig. Durch ehemalige Anwendungen in Innenräumen findet sich C. auch im Hausstaub. Vom Pesticide Action Network (→PAN) ist C. in der Gruppe der „PAN Bad Actor Pesticides“ gelistet. Diese Liste umfasst gesundheitlich und/oder ökologisch besonders problematische Pestizide. C. ist als umweltgefährlich eingestuft. Sensibilisierung der Haut, Kategorie 1; H317 Kann allergische Hautreaktionen verursachen. Gewässergefährdend, Chronisch Kategorie 1; H410 Sehr giftig für Wasserorganismen mit langfristiger Wirkung.

Chlorthalonil Fungizid, das im Getreideanbau keine Anschlusszulassung erhalten hat und bis 2018 aus der Anwendung ausläuft, da es möglicherweise krebserzeugend Car. C 2 ist. Wird in Beschichtungen als Biozid nicht eingesetzt.

Chrom C. gehört zu den →Schwermetallen. Es liegt in der Natur als dreiwertiges (Chrom(III)) Chromoxid vor. C. wird u. a. in der Galvanikindustrie zum Veredeln von Metalloberflächen (Verchromen) und als Legierungsbestandteil für Stahl verwendet. Hoch legierte Stähle haben einen C.-Gehalt von mindestens 12,5 %. Weitere Anwendungsbereiche sind Farbpigmente, Katalysatoren, Holzimprägnierung und Lederverarbeitung (Gerbstoff). Unter toxikologischen Gesichtspunkten werden dreiwertiges C. (Chrom (III)) und sechswertiges C. (Chrom (VI)) bzw. die entsprechenden Verbindungen unterschieden. Dreiwertiges Chrom ist ein essenzielles Spurenelement für Mensch und Tier. Sechswertige Chromverbindungen (Chromate, Dichromate) sind krebserzeugend und verursachen allergische und asthmatische Reaktionen. Bei Arbeitern, die mit chromhaltigen Materialien zu tun hatten, ist Lungenkrebs als Berufskrankheit anerkannt. Bei der Verarbeitung von mit C.-Verbindungen verunreinigten →Zementen ist es früher häufig zur Ausbildung von →Zementekzemen (Maurerkrätze) gekommen. Durch die zunehmende Verwendung von chromatarmen Zementen ist die Bedeutung der Hauterkrankungen durch C. allerdings stark rückläufig. →Chromat

Chromat C. ist eine besondere Form des →Chroms (Chrom(VI) = Chrom in der Oxidationsstufe VI). Beim Brennen von Portlandzementklinker entsteht C. aus den enthaltenen Chromsalzen. Bei Zugabe von Wasser zum →Zement (→Zementleim) kann sich das Chrom (VI) lösen, auf die Haut gelangen und diese durchdringen. C. kann starke allergische Ekzeme (Maurerkrätze, →Zementekzeme) auslösen. Zement und Zubereitungen, die C. enthalten, dürfen daher nicht verwendet werden, wenn in der nach Wasserzugabe gebrauchsfertigen Form der Gehalt an löslichem Chrom(VI) mehr als 2 mg/kg (ppm) Trockenmasse des Zements beträgt. Wegen seiner hohen Toxizität ist Chrom (VI) außerdem für die Auslaugung in Boden und Grundwasser von hoher Relevanz. Die DFG (2011) führt einatembare Chrom(VI)-Verbindungen als Stoffe, die beim Menschen Krebs erzeugen und bei denen davon auszugehen ist, dass sie einen nennenswerten Beitrag zum Krebsrisiko leisten (Kanzerogenitäts-Kategorie 1). Einige Chromat-Verbindungen sind nach der →REACH-VO als →SVHC krebserzeugend (Artikel 57a), erbgutverändernd (Artikel 57b) und fortpflanzungsgefährdend (Artikel 57c) eingestuft. Sechswertige Chromate sind entsprechend der EU-GHS-Einstufung nach Verordnung (EG) 1272/2008 wie folgt eingeordnet: Karzinogenität, Kategorie 1B; H350i Kann bei Einatmen Krebs erzeugen; Sensibilisierung der Haut, Kategorie 1; H317 Kann allergische Hautreaktionen verursachen; Akut gewässergefährdend Akut 1: Aquatic Acute 1; H400 Sehr giftig für Wasserorganismen und Langfristig gewässergefährdend; Chronisch 1; H410 Sehr giftig für Wasserorganismen, mit langfristiger Wirkung. Einige Chromate (VI) sind als SVHC besonders besorgniserregender Stoffe aufgrund kanzerogener, mutagener und/oder fortpflanzungsgefährdender Eigenschaften eingestuft und als zulassungspflichtiger Stoff in Anhang XIV der REACH-VO geführt.

Chromathaltige Zemente C. enthalten mehr als 2 ppm wasserlösliche Chrom(VI)-Verbindungen. C. müssen mit der Aufschrift „Enthält Chrom(VI). Kann allergische Reaktionen hervorrufen" gekennzeichnet werden. Durch Zusatz von Eisen(II)sulfat kann das Chromat bei der Zementherstellung in dreiwertige Chromverbindungen reduziert werden und damit die Durchgängigkeit des Metallsalzes durch die Haut stark reduzieren. Solche Zemente werden als chromatarme Zemente (CA) bezeichnet. →Chromat

Chromnickelstahl →Nicht rostende Stähle

Chrysotil C. (Weißasbest) ist ein faserförmiger Vertreter der Serpentin-Asbest-Gruppe und war mit einem Anteil von ca. 94 % an der Weltasbestproduktion die wichtigste Asbestart. In asbesthaltigen Produkten für den Hoch- und Tiefbau wurde überwiegend C. verwendet, mit Abstand gefolgt von den Amphibol-Asbesten →Krokydolith (Blauasbest) und →Amosit (Braunasbest). C. zerfasert leicht, die einzelnen Fasern sind weich, geschmeidig und unelastisch biegsam. Durch Längsspaltung teilen sich die Fasern immer weiter auf. →Asbest

Citrusschalenöl C. ist ein →Etherisches Öl und wird durch Wasserdampfdestillation von Citrusfruchtschalen (Abfälle der Fruchtsaftherstellung) gewonnen. C. besteht im Wesentlichen aus →Terpenen: 20 bis 95 % d-Limonen, daneben alpha-Pinen, Myrcen und Cumarine. C. findet breite Anwendung als →Lösemittel in Produkten der Naturfarbenhersteller, aber auch für Limonaden und Liköre. C. wirkt hautentfettend. Im Gegensatz zu →Terpentinölen hat C. einen starken Eigengeruch und so eine natürliche Warnfunktion. Durch Hautkontakt kann eine Sensibilisierung ausgelöst werden. Die Inhaltsstoffe wirken sensibilisierend und können Hautreizungen, Reizungen oder Schwellungen der Schleimhäute, Benommenheit und Kopfschmerzen auslösen.

CK-Salze C. (Chrom, Kupfer) sind wasserlösliche Holzschutzmittel für Holz mit starker Gefährdung durch Auswaschbeanspruchung. Beispiel-Rezeptur: ca. 14 % Kupferoxid, Chrom(VI)-oxid (Chromsäure) als Fixierungshilfsstoff.

CKA-Salze C. (Chrom, Kupfer, Arsen) sind wasserlösliche Holzschutzmittel nur für Holzbauteile im Außenbereich, vorzugsweise für Holz mit starker Gefährdung durch Auswaschbeanspruchung, auch geeignet für Holz im Erdkontakt oder in ständigem Kontakt mit Wasser. Beispiel-Rezeptur: ca. 35 % Kupfersulfat, ca. 20 % Arsenpentoxid, Natriumdichromat als Fixierungshilfsstoff. →Arsen

CKB-Salze C. (Chrom, Kupfer, Bor) sind wasserlösliche Holzschutzmittel vorzugsweise für Holz mit starker Gefährdung durch Auswaschbeanspruchung, auch geeignet für Holz im Erdkontakt oder in ständigem Kontakt mit Wasser. Beispiel-Rezeptur: 31 % Kupfersulfat, 1 % Kupferoxid, 25 % Borsäure, Natriumdichromat/Chromsäure als Fixierungshilfsstoff.

CKF-Salze C. (Chrom, Kupfer, Fluor) sind wasserlösliche Holzschutzmittel vorzugsweise für Holz mit starker Gefährdung durch Auswaschbeanspruchung, auch geeignet für Holz im Erdkontakt oder in ständigem Kontakt mit Wasser. Beispiel-Rezeptur: ca. 14 % Kupfer(II)-oxid, ca. 13 % Hexafluorokieselsäure, Chrom(V)-oxid als Fixierungshilfsstoff; oder: ca. 3 % Kupfer (II)-oxid, ca. 8 % Ammoniumhexafluorosilikat, Ammoniumdichromat/Chromsäure als Fixierungshilfsstoff.

CKW →Chlorierte Kohlenwasserstoffe

Clophen C. war der Handelsname der Bayer AG für technische Gemische →Polychlorierter Biphenyle (PCB), die im Baubereich Verwendung fanden als Weichmacher für dauerelastische Dichtungsmassen, als Weichmacher und Flammschutzmittel für Farben sowie für elektrotechnische Bauteile wie Transformatoren und Kondensatoren.

CLP-Verordnung CLP steht für Classification, Labelling and Packaging – Einstufung, Kennzeichnung und Verpackung von Stoffen und Gemischen. Die C.(EG) Nr. 1272/2008 (Abl. L 353 S. 1) ist eine EU-Chemikalienverordnung, die am 20.1.2009 in Kraft trat. Sie setzt das Global Harmonisierte System zur Einstufung und Kennzeichnung von Chemikalien (GHS) um und ersetzt die Richtlinie 67/548/EWG (Stoffrichtlinie) sowie die Richtlinie (1999/45/EG (Zubereitungsrichtline). Die C. wurde zuletzt am 4.5.2017 durch Art. 1 ÄndVO (EU) 2017/776 (ABl. Nr. L 116 S. 1) geändert, zwecks Anpassung an den technischen und wissenschaftlichen Fortschritt.
Da europäische Verordnungen (im Gegensatz zu EU-Richtlinien) sofort in allen Mitgliedsstaaten gelten, mussten Stoffe spätestens seit dem 1.12.

2010 und Gemische (Produkte) spätestens seit dem 1.6.2015 gemäß C. eingestuft und gekennzeichnet werden. Seit 1.6.2017 müssen alle Gemische, die in Verkehr gebracht werden, gemäß C. gekennzeichnet werden. Die C. ist jetzt die einzige Rechtsvorschrift, die für die Einstufung und Kennzeichnung sowohl von Stoffen als auch von Gemischen Anwendung findet. Dies bedeutet sowohl das Ende der Übergangsfrist für Gemische als auch für den Verkauf von Lagerbeständen.

Gem. C. gibt es 10 Gefahrenklassen für Gesundheitsgefahren:

- Akute Toxizität
- Ätz-/ Reizwirkung auf die Haut
- Schwere Augenschädigung/ Augenreizung
- Sensibilisierung der Atemwege oder der Haut
- Keimzellmutagenität
- Karzinogenität
- Reproduktionstoxizität
- Spezifische Zielorgan-Toxizität (einmalige Exposition)
- Spezifische Zielorgan-Toxizität (wiederholte Exposition)
- Aspirationsgefahr

Für ca. 3.500 Stoffe sind europäische Einstufungen (sog. Legaleinstufungen) in Anhang VI der C. verbindlich und können abgerufen werden. Die C. ist eng mit der →REACH-Verordnung verknüpft. Für Stoffe, die in Gefahrenkategorien bestimmter Gefahrenklassen fallen, wird eine Legaleinstufung als „harmonisierte Einstufung" angestrebt. Hersteller, Importeure, Formulierer oder andere Lieferanten von Stoffen oder Gemischen müssen diese vor dem „Inverkehrbringen" anhand der festgeschriebenen Kriterien einstufen (sog. Selbsteinstufung). Sie müssen die Einstufungen und Kennzeichnungen für Stoffe an die Europäische Chemikalienagentur ECHA melden, die ein Einstufungs- und Kennzeichnungsverzeichnis erstellt. Die Einstufungen und Kennzeichnungen werden von der ECHA über das Internet veröffentlicht.

Die Verordnung enthält sieben Anhänge:

Anhang I: Vorschriften für die Einstufung und Kennzeichnung von gefährlichen Stoffen und Gemischen

Anhang II: Besondere Vorschriften für die Kennzeichnung und Verpackung bestimmter Stoffe und Gemische

Anhang III: Liste der Gefahrenhinweise, ergänzenden Gefahrenmerkmale und ergänzenden Kennzeichnungselemente

Anhang IV: Liste der Sicherheitshinweise

Anhang V: Gefahrenpiktogramme

Anhang VI: Harmonisierte Einstufung und Kennzeichnung für bestimmte gefährliche Stoffe

Anhang VII: Tabelle für die Umwandlung einer Einstufung gemäß Richtlinie 67/548/EWG in eine Einstufung gemäß CLP-Verordnung

In den Erwägungen zur C. ist vermerkt, dass aus Ressourcengründen diejenigen Stoffe harmonisiert eingestuft und gekennzeichnet werden sollen, die am meisten Anlass zu Besorgnis in Bezug auf die Gesundheit und die Umwelt geben. Die harmonisierte Einstufung und Kennzeichnung bezieht sich meist auf die Gefahrenklassen Karzinogenität, Keimzellmutagenität oder Reproduktionstoxizität (CMR) der Kategorien 1A, 1B oder 2 sowie Sensibilisierung der Atemwege. Da in einer harmonisierten Einstufung und Kennzeichnung entsprechend nicht zwangsläufig alle relevanten Gefahrenklassen berücksichtigt sind, müssen Inverkehrbringer für weitere Gefahrenklassen eine Selbsteinstufung vornehmen und damit die Einstufung und Kennzeichnung ergänzen.

Die Einträge aus dem Anhang I der abgelösten Richtlinie 67/548/EWG, also Gefahrensymbole, R- und S-Sätze, wurden in die Tabelle 3.2 übertragen.

Das Einstufungs- und Kennzeichnungsverzeichnis (Classification and Labelling Inventory) der ECHA ist eine Datenbank mit Informationen zur Einstufung und Kennzeichnung von angemeldeten und registrierten Stoffen, die Hersteller und Importeure übermittelt haben sowie den harmonisierten Einstufungen aus dem Anhang VI der C. Die Meldepflicht besteht für alle in Verkehr gebrachten Stoffe, die nach der REACH-Verordnung registrierungspflichtig sind sowie zusätzlich auch für nicht registrierungspflichtige als gefährlich eingestufte Stoffe.

Gemäß C. werden karzinogene Stoffe in drei Kategorien unterteilt:

<u>Kategorie 1A</u>: Stoffe, die auf den Menschen bekanntermaßen karzinogen wirken. Der Kausalzusammenhang zwischen der Exposition eines Menschen gegenüber dem Stoff und der Entstehung von Krebs ist ausreichend nachgewiesen.

<u>Kategorie 1B:</u> Stoffe, die wahrscheinlich beim Menschen karzinogen sind. Es bestehen hinreichende Anhaltspunkte zu der Annahme, dass die Exposition eines Menschen gegenüber dem Stoff Krebs erzeugen kann. Diese Annahme beruht im Allgemeinen auf Folgendem: geeignete Langzeit-Tierversuche, sonstige relevante Informationen.

Kategorie 2: Stoffe, bei denen ein Verdacht auf eine karzinogene Wirkung beim Menschen besteht. Aus geeigneten Tierversuchen liegen einige Anhaltspunkte vor, die jedoch nicht ausreichen, um einen Stoff in Kategorie 1 einzustufen.
Entsprechende Einstufungen gibt es für keimzellenmutagene und reproduktionstoxische Stoffe.
Mit Stand November 2016 enthält das Einstufungs- und Kennzeichnungsverzeichnis über 130.000 Stoffe, von welchen über 4.200 eine harmonisierte Einstufung und Kennzeichnung haben. Es gibt über 6,5 Millionen Meldungen, also pro Stoff durchschnittlich fünfzig.
→GHS

CMR-Stoffe C. (cancerogen, mutagen, reprotoxisch) sind definiert nach den Kriterien der →CLP-Verordnung (EG) Nr. 1272/2008 bzw. § 2 Abs. 3 und § 3 der →Gefahrstoffverordnung (GefStoffV) mit folgenden Eigenschaften:

- krebserzeugend (karzinogen), indem sie Krebs erzeugen oder das Krebsrisiko erhöhen (→K-Stoffe);
- mutagen oder keimzellmutagen (erbgutverändernd), indem sie vererbbare genetische Schäden auslösen oder deren Häufigkeit erhöhen (→M-Stoffe);
- reproduktionstoxisch (fortpflanzungsgefährdend), indem sie die Fortpflanzungsfähigkeit beeinträchtigen (fruchtbarkeitsgefährdend) oder vererbbare Schäden bei den Nachkommen hervorrufen (fruchtschädigend) oder deren Häufigkeit erhöhen (→R-Stoffe).

Die C. sind in drei Kategorien gemäß Anhang VI der CLP-Verordnung (bis 2015: Richtlinie 67/548/EWG) unterteilt in Kategorie 1A (Wirksamkeit beim Menschen nachgewiesen), Kategorie 1B (Wirksamkeit im Tierversuch nachgewiesen, beim Menschen unterstellt) oder Kategorie 2: Verdacht besteht für das Wirkpotenzial (bis 2015 entsprachen diese gemäß Richtlinie 67/548/EWG den Kategorien 1, 2 und 3) C. sind aufgeführt

1. im Gefahrstoffrecht:
   - Definiert nach § 2 Abs. 3 und § 3 Gefahrstoffverordnung (GefStoffV) und in Anhang II Nr. 6 „Besonders gefährliche krebserzeugende Stoffe" der GefStoffV jene Stoffe, die nur in geschlossenen Anlagen hergestellt oder verwendet werden dürfen (früher Anhang I der RL 67/548/EWG).
   - TRGS 905 (Verzeichnis krebserzeugender, erbgutverändernder oder fortpflanzungsgefährdender Stoffe). Die aktuelle TRGS enthält ein Verzeichnis von Stoffen, die auf der Grundlage gesicherter wissenschaftlicher Erkenntnisse gemäß § 2 Abs. 3 Nr. 3 GefstoffV als krebserregend, keimzellenmutagen oder reproduktionstoxisch der Kategorien 1A, 1B oder 2 entsprechend den Kriterien des Anhangs I der Verordnung (EG) Nr. 1272/2008 (CLP-Verordnung) eingestuft sind.
     Die TRGS 905 führt auch die Stoffe, die in Anhang VI Teil 3 Tabelle 3.1 der CLP-Verordnung nicht genannt sind sowie listet die Stoffe, für die der Ausschuss für Gefahrstoffe (AGS) eine von der CLP-Verordnung abweichende Einstufung beschlossen hat. Die Europäische Kommission wird über nationale Einstufungen informiert, eine EU-weite Angleichung wird angestrebt und beide Listen sind zu beachten. Zuständig für die fachliche Bearbeitung ist die Bundesanstalt für Arbeitsschutz und Arbeitsmedizin (BAuA), die den Ausschuss für Gefahrstoffe (AGS) einbindet, das Bundesarbeitsministerium veröffentlicht die nationalen Stoffbewertungen. Eine Liste über alle C., eingestuft nach Tabelle 3 des Anhangs VI der Verordnung (EG) Nr. 1272/2008 (CLP-Verordnung) sowie der TRGS 905, führt das Institut für Arbeitsschutz der Deutschen gesetzlichen Unfallversicherung. Die TRGS 905 ist eine nationale Ergänzung zu Anhang VI Teil 3 Tabelle 3.1 der CLP Verordnung, wobei beide Listen zu beachten sind. Die in der TRGS enthaltenen nationalen Bewertungen erfolgen zum Schutz der Beschäftigten am Arbeitsplatz und der Einleitung von Schutzmaßnahmen durch den Arbeitgeber. Dabei sind fortlaufend die möglichen Eintragsänderungen im Anhang VI zu beachten, da im Zusammenhang mit der Registrierung nach REACH neue Erkenntnisse vorliegen können.
   - Die Gefahrstoffverordnung gibt in § 10 besondere Schutzmaßnahmen bei Tätigkeiten mit C. der Kategorie 1A und 1B vor.
   - TRGS 906 (Verzeichnis krebserzeugender Tätigkeiten oder Verfahren). Für Tätigkeiten mit C. müssen besondere Schutzmaßnah-

men ergriffen werden, u.a. Beschäftigungsbeschränkungen nach der Verordnung zum Schutze der Mütter am Arbeitsplatz sowie nach dem Jugendarbeitsschutzgesetz. Werden C. als harmonisierte Einstufung im Anhang VI der CLP-Verordnung (Verordnung (EG) Nr. 1272/2008) geführt, so bestehen Verwendungsbeschränkungen dieser Stoffe. Im Anhang XVII der →REACH-VO regeln die Einträge 28 bis 30 die Beschränkung von C. der Kategorie 1A bzw. 1B. Die Beschränkung richtet sich gegen unannehmbare Risiken für die menschliche Gesundheit oder Umwelt, zudem kann eine Zulassungspflicht für eine entsprechende Verwendung (Anhang XIV REACH-VO Art. 57 Abs. a bis c) verbindlich sein.

2. in Empfehlungen, basierend auf einem anderen, nicht rechtlich verbindlichen Klassifizierungssystem:
   - Einstufungsempfehlungen der Deutschen Forschungsgemeinschaft: Klassifizierungen der C. durch die Senatskommission zur Prüfung gesundheitsschädlicher Arbeitsstoffe (MAK-Kommission). Für krebserzeugende Arbeitsstoffe werden 6 Kategorien und für Keimzellmutagene 5 differenziert.
   - WHO, IARC Monographs, Overall Evaluations of Carcinogenicity to Humans

CMT-Stoffe Kanzerogen, mutagen, teratogen. (Inzwischen wird seitens des Gesetzgebers der Begriff reproduktionstoxisch – auch reprotoxisch – verwendet).

CN →Chlornaphthaline

Cobalt Das Element C. zählt zu den Schwermetallen und zeigt nahe Verwandtschaft mit Eisen und Nickel. Es ist ein vergleichsweise häufiges Element und wird aus C.-Erzen gewonnen. C.-Verbindungen wurden bereits von den alten Ägyptern, Griechen und Römern zum Färben von Gläsern eingesetzt. Wichtiger Einsatzbereich für metallisches C. ist die Herstellung von Legierungen für korrosionsbeständige Hartmetalle. Das künstlich hergestellte radioaktive Co-60 wird in der Strahlentherapie, für Werkstoffprüfungen sowie Dicken- und Dichtenmessungen eingesetzt. C.-Verbindungen (z.B. C.-Oxid oder C.-Phosphat) dienen zur Herstellung von Farbpigmenten (Pigmente). C. ist zudem Bestandteil von →Trockenstoffen (z.B. C.-Octoat). Die täglich benötigte Menge an C., das als Zentralatom im Vitamin B12 für die Bildung der roten Blutkörperchen wichtig ist, beträgt ca. 0,1 µg. Bei Dosierungen von 25 bis 30 mg pro Tag treten Vergiftungserscheinungen wie Magenbeschwerden, Herz- und Nierenschäden auf. In Form ihrer einatembaren Fraktion sind C. und C.-Verbindungen gemäß →MAK-Liste in Kat. 2 als krebserzeugend und als mutagen Kat. 3A eingestuft. Weiterhin erfolgt eine Einstufung unter Sah (Gefahr der Sensibilisierung der Atemwege und der Haut).

Cochenille C. ist der rote Farbstoff einer auf den Kanaren und in Mexiko verbreiteten Schildlausart. Bereits die frühen mexikanischen Kulturvölker, die Tolteken und später die Azteken, kultivierten die Scharlach-Schildlaus. Für ein Kilogramm Farbstoff werden ca. 140.000 Insekten gebraucht. C. wird als Lebensmittelfarbstoff (E 120 = Echtes Karmin. Cochenille) und in Produkten der Naturfarbenhersteller für einen blaustichigen Rot-Ton verwendet.

Compound Der C. hat bei →Textilen Bodenbelägen die Aufgabe, das Flormaterial mit dem Zweitrücken zu verbinden. C. sind verarbeitungsfertige Polymermischungen mit allen erforderlichen Additiven. Für Teppichböden werden Synthese- oder Naturkautschuk-C. verwendet. Ein Synthese-Compound für Schaumrücken auf der Basis von →Styrol-Butadien-Kautschuk enthält z.B. folgende Bestandteile: Styrol-Butadien-Kautschuk, Schwefel, Aktivator (Zinkoxid, →Fettsäuren), Beschleuniger (meist Kombinationen von Dithiocarbamaten, Xanthogenaten, Thiuramen, Thiazolen, Aldehydaminen, Guanidin, Amine u.a.), Alterungsschutzmittel (Phenole, Amine) u.a. Vulkanisationshilfsmittel. Ein Naturkautschuk-Compound für Natur-Teppichböden enthält z.B. eine Mischung von Zinkoxid und Tetramethylthiuramdisulfid (TMTD) in einer Menge von 0,01 % bezogen auf das Latexkonzentrat. Als Stabilisator werden ca. 0,05 % Kalilauge (→Alkalien) und 2 % eines mit Kalilauge verseiften Kokosnussöles verwendet.

Copalharz →Kopalharz

Copolymere →Polymere

Copolymerisation C. ist eine besondere Art der →Polymerisation. Im Unterschied zur „einfachen" Polymerisation werden bei der C. immer mindestens zwei verschiedene Ausgangspartner eingesetzt. Die

Ausgangspartner können Monomere oder Monomere und Polymere sein.

Cosolventien Wasserlacke kommen allein mit Wasser als Träger nicht aus, sondern enthalten organische Verbindungen, um die im Wasser dispergierten Kunstharzteilchen beim Verdunsten des Wassers miteinander zu verschmelzen und einen Film zu bilden. Solche Substanzen werden als C. (Colöser) bezeichnet. Dabei handelt es sich um höhere Alkohole (Glykole, Glykolether) und/oder Weichmacher, die wegen ihrer geringen Flüchtigkeit besonders lange Zeit brauchen, um aus dem Lackfilm zu entweichen. C. können daher noch längere Zeit nach der Anwendung des Anstrichstoffes zu Raumluftbelastungen führen. Einige →Glykolverbindungen sind gesundheitsschädlich und werden nicht mehr verwendet. →REACH-Verordnung

CP →Chlorparaffine

CPL-Laminat Abk. für kontinuierlich gepresste (continuous pressure) Laminate. →Laminat-Bodenbeläge

CR Chloropren-Kautschuk. →Polychloropren

CRATerre (Centre de Recherche et d´Application de la Construction en Terre) Zentrum für Forschung und Anwendung des →Lehmbaus. Das Forschungszentrum wurde als Verein 1979 in Grenoble/Frankreich an der dortigen Architekturhochschule gegründet. Das pluridisziplinäre und internationale Team aus Forschern und Professoren sowie einem großen, externen Netzwerk von Experten betreibt ein Forschungslabor, initiiert und berät bei Bauvorhaben im Neubau und in der Denkmalpflege und trägt die Erkenntnisse in die Lehre. Als übergeordnete Ziele werden die Verbesserung der Nutzung lokaler, menschlicher und natürlicher Ressourcen, Verbesserung von Wohnverhältnissen und Lebensbedingungen sowie die Valorisation kultureller Diversität aufgeführt. Die hohe Expertise ist weltweit anerkannt. C. ist bisher die einzige Institution, die in der Zusammenarbeit mit der Hochschule für diplomierte Architekten und Ingenieure eine akademische Spezialisierung zum Thema →Lehmbau anbietet.

Cristobalit →Quarz

Crosslam® C. (BSP) ist eine europäisch technisch zugelassene, mehrschichtige →Brettsperrholzplatte aus gehobelten, kreuzverleimten Brettlamellen aus Fichte; auch als X-Lam (Cross laminated timber (CLT)) bezeichnet. Durch Zusammenschieben der beleimten Schichten entsteht eine fugenfreie Oberfläche, die unverkleidet in Wohnsichtqualität als Oberfläche im Innenausbau verwendet werden kann. Als massives flächiges Holzprodukt für tragende Zwecke ist es mit Melaminharzen oder Polyurethanharzen im Hoch- und Brückenbau in den Nutzungsklassen 1 und 2 einsetzbar und wird heute vornehmlich industriell hergestellt. Die technisch getrockneten und sortierten Holzlamellen führen zu einer Holzfeuchte von 12 % und hoher Festigkeitsklasse C24/L25 nach DIN EN 338 und aufgrund der Kreuzverleimung zu sehr geringen Formänderungen in Längs- und Querrichtung zur Plattenebene. Durch abwechselnde Orientierung der Lamellen ist die Biegesteifigkeit von C. etwas geringer als die von →Brettschichtholz, was bei der Planung von Stürzen und Unterzügen in Massivholzgebäuden zu berücksichtigen ist. In Wandkonstruktionen ist die z.T. in Querrichtung zur Faser einwirkende Drucklast tragfähigkeitsmindernd zu berücksichtigen. In Deckenkonstruktionen können zusammen mit Beton im Verbund große Spannweiten realisiert werden, die gleichzeitig hohen Schallschutz gewährleisten.

Die Wärmeleitfähigkeit liegt bei 0,1 W/(m·K), welche erfahrungsgemäß bei weiterer Trocknung von kontrolliert be- und entlüfteten Gebäuden weiter absinken kann. Allerdings reduziert sich auch die Wärmespeicherfähigkeit von 1,6 kJ/(kg·K) gegenüber feuchterem Konstruktionsvollholz. Das Brandverhalten nach DIN EN 13501 D, s2, d0 und einer geringen Abbrandrate bei Wänden von 0,64 mm/min und bei Decken von 0,71 mm/min ist damit etwas geringer als bei anderen →Holzwerkstoffen. C. aus 7 Lagen Brettlamellen sind von 200 mm bis 280 mm stark, in Breiten von 2,40 bis 3,50 m und auf Längen bis 16,00 m bei PUR- und 16,50 bei MUF-gebundenen Platten begrenzt. Bei den Qualitäten unterscheidet man Nichtsicht, Industriesicht und Wohnsicht. Bei letzterem sind Holzmischungen, Rindeneinwuchs, Insektenbefall und Verfärbungen durch Bläue nicht zulässig. Aufgrund der nahe an Vollholz heranreichenden geringen Verarbeitung der Brettlamellen, andererseits aber durch technische Trocknung und Verwendung von Leimen ist die Freisetzung von Kohlendioxid relativ günstig und nahe bei Konstruktionsvollholz, bedingt durch den Klebstoffeinsatz ist der Primärenergieverbrauch jedoch nicht so günstig wie KVH. →Lagenholz, →Massivholzplatte

Crotonsäure C. (trans-2-Butensäure) ist eine ekelhaft riechende, schleimhautreizende Substanz. Sie findet u.a. Verwendung zur Herstellung von Synthesekautschuk-Materialien.

CSTEE Scientific Commitee on Toxicity, Ecotoxicity and the Environment = EU-Ausschuss für Toxizität, Ökotoxizität und Umwelt.

Cushion-Vinyl-Bodenbeläge C. ist die Bezeichnung für lageartig aufgebaute Bodenbeläge (Bahnenware), bestehend aus einer geschäumten PVC-Oberseite, meist mit altdeutschem Kachelmuster, auf einer dünnen Trägerschicht, die bis etwa 1982 asbesthaltig war (schwach gebunden). Abgenutzte oder ausgefranste C., die vor 1982 produziert wurden, können zu einer Asbestbelastung führen. Heute enthalten C. ein eingebettetes Glasfaservlies, auf das eine PVC-Schaumschicht aufgebracht ist. →PVC-Bodenbeläge, →Asbestpappe, →Asbest

Cut-off-Liste Biozidprodukte mit SVHC- und/oder PBT-Eigenschaften oder solche mit endokrinen Disruptor-Eigenschaften (EDC) werden nach umfassender Prüfung von der weiteren Berücksichtigung ausgeschlossen und dafür auf der Cut-off-Liste nach →Biozidverordnung der EU geführt, z.B. →Triclosan, →Cybutryn.

Cyanacrylat-Klebstoffe C. bestehen aus Estern der Cyanacrylsäure(→Acrylharze). Zur Stabilisierung gegen eine vorzeitige Polymerisation werden z.B. Phosphorsäure oder Radikalfänger auf Basis von Hydrochinon zugesetzt. Als Verdicker dienen üblicherweise Polymethylmethacrylate oder Polyvinylacetate in Konzentrationen bis zu 25 %. C. gehören zu den →Reaktionsklebstoffen und werden nur für sehr spezielle Anwendungen eingesetzt, z.B. als →Sekundenkleber. C. härten unter Abschluss von Luftsauerstoff mit der Luftfeuchtigkeit, die auf der Klebefläche vorhanden ist, aus. Voraussetzung ist deshalb eine absolut passgenaue Klebefläche, die gegebenenfalls durch Anhauchen befeuchtet wird. C. können menschliches Gewebe, einschließlich Haut oder Augen, innerhalb von Sekunden verkleben. Ohne Behandlungsmaßnahmen lösen sich C. mit der Zeit selbst von Haut, Augen oder Mund infolge der Einwirkung von Hautfeuchtigkeit/-schweiß, Tränenflüssigkeit oder Speichel ab. Charakteristisch für C. auf Basis von Methyl- und Ethylester der Cyanacrylsäure ist der sehr stechende Geruch.

Cyanwasserstoff C. (Blausäure) ist eine farblose bis leicht gelbliche, nach Bittermandeln oder marzipanartig riechende Flüssigkeit. In der Natur kommt die Blausäure in bitteren Mandeln oder in einigen Pflanzen wie der Akelei in geringen Mengen vor. C. ist äußerst giftig; die tödliche Dosis für den Menschen liegt etwa bei 1 mg/kg Körpergewicht.
Bei der Verbrennung von Tabak und stickstoffhaltigen Kunststoffen werden ebenfalls geringe Mengen Blausäure frei.

Cybutryn Biozider Wirkstoff mit Einsatz in Schiffsanstrichen (→Antifouling, PA 21) und in Farben und Putzen (PA 7) gegen Algenbefall (→Algizid). Ein EU-weites Verbot seit 1.2.2017 beendet den langjährigen Einsatz im Schiffsbereich. Einige Jahre zuvor wurde die Anwendung in Fassadenbeschichtungen (PA 7) beendet. C. war auch unter dem Produktnamen Irgarol 1051 bekannt.

Cyclohexanon (CAS 108-94-1) C. wird als Lösemittel für Lacke und in →Abbeizmitteln eingesetzt. C. entsteht auch als Zerfallsprodukt aus dem →Fotoinitiator →HCPK, einem Bestandteil von UV-härtenden Lacksystemen. EU-GHS-Einstufung nach Verordnung (EG) 1272/2008: Entzündbare Flüssigkeiten Kategorie 3: Flam Liq. 3; H226 Flüssigkeiten und Dämpfe entzündbar; Akute Toxizität Kategorie 4: Acute Tox. 4; H332 Gesundheitsschädlich bei Einatmen.

Cyfluthrin →Biozid aus der Gruppe der →Pyrethroide. →Hausstaub

Cypermethrin →Biozid aus der Gruppe der →Pyrethroide. →Hausstaub

D

D4 (CAS 556-67-2) Octamethylcyclotetrasiloxan. →Siloxane

D5 (CAS 541-02-6) →Decamethylcyclopentasiloxan. →Siloxane

D6 (CAS 540-97-6) Dodecamethylcyclopentasiloxan. →Siloxane

D7 (CAS 540-97-6) Tetradecamethylcycloheptasiloxan. →Siloxane

Dachabdichtung Eine D. besteht aus einer über die gesamte Dachfläche reichenden wasserundurchlässigen Schicht. D. unterliegen den unterschiedlichsten mechanischen, chemischen und biologischen Beanspruchungen. Die bauphysikalischen Anforderungen sind hoch. →Abdichtungsbahnen

Dachbahnen D. sind Bahnen aus Bitumen, Kunststoffen und/oder Metallen für den Einsatz im Dachbereich. Nach Anwendungsgebieten kann differenziert werden in →Dachunterspannbahnen, →Dampfbremsen, →Dampfsperren und →Abdichtungsbahnen. →Bitumenbahnen, →Kunststoff-Dichtungsbahnen

Dachdeckungen D. werden nach den Werkstoffen unterschieden: →Dachziegel, →Betondachsteine, →Faserzementplatten, →Bitumen-Dachplatten, →Metallbleche, →Schieferplatten, Holzschindeln. Die D. leiten anfallende Niederschläge in die Dachrinne ab, schützen jedoch nicht vor Flugschnee. Diese Funktion übernimmt die →Dachunterspannbahn. Die Wahl des richtigen Dachmaterials hängt u.a. vom Neigungswinkel des Daches ab und von der Ökobilanz der möglichen Alternativen, die in →EPDs der Hersteller recherchiert werden können.

Dachfarben D. werden bei der Sanierung alter Dächer eingesetzt. Die dabei verwendeten Farben sind in der Regel Acryl- →Dispersionsfarben, die →Biozide wie →Carbendazim, →Diuron, →Terbutryn, Octylisothiazolon (OIT, →Isothiazolinone) oder Zinkpyrithion enthalten), um das Dach vor einem Bewuchs durch Mikroorganismen zu schützen.
Die Biozide werden mit dem Regenwasser ausgewaschen und gelangen so in die Umwelt. Im Auftrag des Landesumweltamtes Nordrhein-Westfalen wurde in einem einjährigen Projekt nachgewiesen, dass die Freisetzung der biozidhaltigen D. ein Risiko für die Umwelt darstellt. Von einer Sanierung mittels D. ist daher abzuraten.

Dachhaut Die D. ist die oberste, wasserführende Schicht einer Dachkonstruktion. Hauptaufgabe der D. ist der Schutz vor Witterungseinflüssen. Die D. kann aus →Dachdeckungen, →Dachabdichtungen, aber auch aus Solarmodulen bestehen.

Dachpappe →Bitumenbahnen, nackt

Dachspritzschaum →Polyurethan-Ortschaum

Dachsteine →Betondachsteine

Dachunterspannbahnen D. sind Kunststofffolien, die als zweite wasserführende Schicht in Dachkonstruktionen eingebracht werden. D. werden zwischen der →Wärmedämmung und der Konterlattung, der folgenden Traglattung und der →Dachdeckung befestigt. Sie verhindern das Eindringen von Regen, Flugschnee, Kondensat und Staub im Dachbereich. D. sind die Winddichtung in der Dachkonstruktion. Da beim →Warmdach eine zweite Lüftungsschicht fehlt, müssen die D. diffusionsoffen sein. D. werden aus Glasvlies, Polyestervlies (→Polyester), Polypropylenvlies, Glasgewebe, Polyestergewebe, →Polyethylen, →Polypropylen, Polyethylengewebe, Polypropylengewebe oder weichgemachtem →Polyvinylchlorid (PVC-P) hergestellt.

Dachverband Lehm e.V. 1992 wurde aufgrund des seit zwei Jahrzehnten ständig steigenden Interesses der „Dachverband Lehm e.V." gegründet. Er versteht sich als Interessenverband für alle, die mit →Lehm arbeiten. Das Ziel ist, diesen Baustoff zu fördern. Heute ist der D. ein international anerkannter Ansprechpartner für den →Lehmbau. Dieser Status gründet sich u.a. auf seiner Arbeit an der normativbauaufsichtlichen Grundlage des →Lehmbaus, den →Lehmbau-Regeln, auf der handwerksrechtlich anerkannten Ausbildung „Fachkraft Lehmbau" und auf der Initiierung und maßgeblichen Mitarbeit bei Formulierung und Herausgabe der neuen →Lehmbaunormen.

Dachziegel D. sind flächige, keramische Bauteile aus gebranntem Lehm, Ton oder tonigen Massen zur Deckung von geneigten Flächen. Gegebenenfalls sind sie mit Zusätzen wie Sand und Steinmehl als Magerungsmittel versehen. Sie können in natürlicher Brennfarbe (rot durch Eisenoxide) oder durchgehend gefärbt hergestellt sein. Die Oberfläche kann engobiert (mit farbiger Tonschlämme versehen, die mitgebrannt oder nachgebrannt wird), glasiert oder gedämpft werden. Glasuren können →Schwermetalle wie →Blei enthalten, die i.d.R. zwar fest in die Matrix eingebunden sind und nicht ausgewaschen werden, aber nach langer Lebensdauer im Zuge der Verwertung oder Beseitigung schließlich doch in die Umwelt gelangen können. →Ziegel, →Dachdeckungen, →Betondachsteine

Dächer aus Asbestzement Zum Eindecken von Dächern wurden ebene Dachschindeln oder gewellte Platten aus →Asbestzement verwendet. Diese Produkte wurden sowohl beschichtet als auch unbeschichtet eingesetzt.
Viele D. sind aufgrund des Alters inzwischen stark verwittert. Von solchen Dächern werden vermehrt Asbestfasern in die Umgebung freigesetzt. Seitens des Gesetzgebers besteht für D. jedoch kein Sanierungsgebot. Das Bearbeiten von D. mit Arbeitsgeräten, die deren Oberfläche abtragen, z.B. Abschleifen, Hochdruckreinigen, Abbürsten, Bohren, Sägen oder Schleifen, ist unzulässig. Zulässig sind nur Abbruch-, Sanierungs- und Instandhaltungsarbeiten (ASI-Arbeiten) sowie erforderliche Nebenarbeiten im Sinne der TRGS 519:
Abbrucharbeiten umfassen das Abbrechen von baulichen Anlagen.
Sanierungsarbeiten umfassen das Entfernen asbesthaltiger Materialien und erforderlichenfalls das Ersetzen durch asbestfreies Material einschl. der erforderlichen Nebenarbeiten.
Instandhaltungsarbeiten sind Maßnahmen zur Bewahrung des Sollzustandes und zur Wiederherstellung des Sollzustandes.
Verboten ist auch das Beschichten, das Aufbringen einer Folie oder Befestigen von Dachlatten auf D. zur Befestigung einer weiteren Dacheindeckung.

Dächer mit Bauteilen aus Kupfer und Zink →Kupfer und →Zink werden traditionell im Dachbau verwendet. Verzinkte Bleche werden für Regenrinnen, Fallrohre, Verkleidungsbleche für Schornsteine und Dachluken, aber auch zur Deckung ganzer Dächer oder Dachteile verwendet. Die Verwendung von Kupferblech für Dächer und auch Fassaden hat stark zugenommen. Blei und andere Metalle spielen aufgrund ihrer meist kleinflächigen Anwendung im Außenbereich nur eine untergeordnete Rolle. Durch Verwitterung der Oberflächen und Abspülung der Korrosionsprodukte mit dem Regen gelangen die →Schwermetalle Kupfer und Zink in das Dachabflusswasser und können hier die Schwermetallkonzentrationen deutlich erhöhen. Kupfer und Zink sind zwar essenzielle Spurenelemente für die meisten Pflanzen und Tiere; insbesondere für aquatische Organismen können jedoch z.T. schon leicht erhöhte Konzentrationen toxisch wirken. Die Kupfer- und Zinkkonzentrationen in Dachabläufen von Dächern mit Metalleinbauten sind gegenüber Dächern ohne solche Einbauten deutlich erhöht und liegen größtenteils in einem Bereich, der für aquatische Organismen toxisch sein kann. Darunter fallen auch Dächer mit lediglich verzinkten Regenrinnen, Fallrohren und Schornsteinverkleidungen. Die Auswirkung auf die Umwelt hängt vom Verbleib des Dachablaufs ab:

- Bei Versickerung kann es lokal zur Anreicherung im Boden mit Überschreitung der Werte der Bodenschutzverordnung (BBodSchV) kommen.
- Bei Einleitung in eine Trennkanalisation gelangt der Dachablauf direkt – und z.T. unbehandelt – in ein Oberflächengewässer. Hat das aufnehmende Gewässer nur geringe Abflüsse, kann es zur akuten Beeinträchtigung der Lebensgemeinschaften der aquatischen Organismen und langfristig zu einer Anreicherung in den Gewässersedimenten kommen.
- Bei Einleitung in eine Mischkanalisation gelangt der Dachablauf zusammen mit dem häuslichen Schmutzwasser in eine Kläranlage. Etwa 60 bis 90 % der Schwermetalle verbleiben im Klärschlamm. Bei starkem Regen, wenn die Kapazitäten von Kanalnetz und Kläranlage überschritten sind, wird ein Teil des Regenwassers über Überläufe unbehandelt in Oberflächengewässer abgeleitet. (Sachstandsbericht „Abtrag von Kupfer und Zink von Dächern, Dachrinnen und Fallrohren durch Niederschläge", UBA 19/05)

Alternative Baumaterialien stellen Chromstahl oder andere Produkte dar. Im Rahmen von dezentralen Schwermetallfiltern ist zu prüfen, ob diese Maßnahmen technisch zielführend und ökonomisch tragfähig sind.

Dämmkork →Kork-Dämmplatten,→Kork

Dämmschäume →Montageschäume, →Ortschäume, →Polystyrol, →Polyurethane

Dämmstoffe →Wärmedämmung

Dammar D. ist ein helles, gelbliches, leicht splitterndes →Naturharz mit glattem Bruch, welches aus Südostasien stammt. Der Name ist malayisch und bedeutet Harz oder auch Fackel (Fackeln aus Dammarharz tropfen nicht). D. kommt hauptsächlich aus Sumatra in den Handel und wird je nach Herkunft mit einer Vorsilbe versehen. Padang- oder Palembangdammar sind die bekanntesten Sorten. Die Bäume werden zur D.-Gewinnung mit tiefen Einschnitten versehen, in denen sich das Harz sammeln kann. Die in den Handel kommenden Stücke sind etwa 3 cm im Durchmesser. Die birnen- oder keulenförmigen Dammarstücke stammen nicht von angeschnittenen Bäumen, sondern sind auf natürliche Weise von den Bäumen „ausgeschwitzt" worden. D. enthält etwa 40 % alkohollösliches Resen (alpha-Resen) und etwa 22 % alkohollösliches Resen (beta-Resen). Des Weiteren sind ungefähr 23 % Dammarolsäure und 2,5 % Wasser enthalten. Der schwache Geruch wird durch geringe Anteile an ätherischen Ölen hervorgerufen. Die größte Menge D. wird in der Lackindustrie als Bindemittel für hochglänzende →Ölfarben und →Firnis verwendet. D. ist ein wichtiges Harz für Produkte der →Pflanzenchemiehersteller (→Naturharz-Lacke). Der Ursprungsbaum des D. ist auch Lieferant des Meranti-Holzes (→Tropenholz). Die Gewinnung von D. erlaubt den Einwohnern eine nachhaltige Nutzung des Tropenwaldes ohne Raubbau. D. ist gesundheitlich unbedenklich.

Dampfbremsen D. sollen das Eindringen feuchter Raumluft in die Konstruktion (vor allem in die Dämmung) und damit die Durchfeuchtung der Konstruktion reduzieren (→Kondensat innerhalb der Konstruktion). Sie bestehen meist aus einer Folie an der warmen Seite des Bauteils. Im Unterschied zu →Dampfsperren sind D. nicht vollkommen dampfdicht, sondern „bremsen" den Wasserdampf beim Hindurchdiffundieren. Gem. DIN 4108-3 wird als dampfdiffusionshemmend eine Schicht mit einem s_d-Wert zwischen 0,5 und 1.500 m bezeichnet. Materialen, die einen s_d-Wert über 1.500 m aufweisen, werden als praktisch dampfdicht angesehen (→Dampfsperren). Ob und welche D. notwendig sind, sollte auf Basis von bauphysikalischen Berechnungen ermittelt werden. →Feuchteadaptive D. bieten durch ihren variablen →Dampfdiffusionswiderstand höhere Sicherheit gegen Feuchteschäden. Dagegen ziehen D. mit Löschblatt-Effekt die Feuchtigkeit erst aus der Konstruktion, wenn sie in Form von Wasser vorliegt, was für feuchtigkeitsempfindliche Dämmstoffe schon zu spät sein kann. Für die Funktionstauglichkeit ist es wichtig, D. an allen Anschlüssen luftdicht zu verkleben und auch später (z.B. beim Einbau von Deckenspots) nicht mehr zu verletzen. D. können daher auch als luftdichte Schicht der Gebäudehülle dienen (→Luftdichtigkeit von Gebäuden). Bei bauphysikalisch abgestimmtem Aufbau (z.B. diffusionsoffene →Windsperre oder Hinterlüftung) kann auf D. verzichtet werden, wenn es andere luftdichte Bauteilschichten gibt. Als Materialien werden beschichtete und unbeschichtete Spezialpapiere sowie Kunststofffolien aus →Polyamid, →Polypropylen und →Polyethylen eingesetzt. Auf →Verbundstoffe (z.B. aus verschiedenen Kunststoffen) sollte nach Möglichkeit verzichtet werden. Es sollten außerdem – wenn möglich – keine Flammschutz- oder Antischimmelmittel eingesetzt werden.

Dampfdiffusion Zonen mit unterschiedlichen Wasserdampfkonzentrationen streben nach einem Druckausgleich und zwingen die Dampfmoleküle, in die Richtung des geringeren Dampfdrucks zu wandern. Daraus resultiert eine D. zwischen Innen- und Außenraum durch die Gebäudehülle hindurch. Die Baustoffe der Gebäudehülle setzen der D. einen Widerstand entgegen, der durch die →Dampfdiffusionswiderstandszahl gekennzeichnet ist. Steigt der Wasserdampfdruck über den →Sättigungsdampfdruck, fällt Dampf aus und führt zu →Kondensat innerhalb der Konstruktion oder zu →Oberflächenkondensat. →Luftfeuchte, →Glaser-Verfahren

Dampfdiffusionswiderstand Der D. ist der Widerstand, den ein Stoff der →Dampfdiffusion entgegensetzt. Der D. einer Bauteilschicht wird ausgedrückt durch die äquivalente Luftschichtdicke (s_d-Wert), die, aus der →Dampfdiffusionswiderstandszahl multipliziert, mit der Dicke berechnet wird.

Dampfdiffusionswiderstandszahl Die D. („µ-Wert") gibt an, wie viel Mal größer der →Dampfdiffusionswiderstand eines Stoffes als jener einer gleich dicken Luftschicht bei gleicher Temperatur ist. Je kleiner der µ-Wert ist, desto leichter kann Wasserdampf durchdringen. Baustoffe mit niedriger D. (z.B. Faserdämmstoffe) werden als dampfdiffusionsoffen, Baustoffe mit sehr hoher D. (z.B. →Dampfsperren) als dampfdicht bezeichnet.

Dampfdruck-Ausgleichsschicht Die D. hat die Aufgabe, den hohen Partialdruck des Dampfes in der Dachkonstruktion (z.B. vor der Dampfsperre) an den niedrigen Partialdruck der Außenluft anzugleichen. Außerdem sollen sie die Blasenbildung auf der Dachhaut durch lokale Überdrücke der eingeschlossenen Luft bei starker Sonneneinstrahlung oder beim Aufflämmen der Abdichtungsbahn verhindern. Meist erfüllt die D. auch gleichzeitig die Funktion der Trenn- und Gleitschicht. Entlüftung oder Austrocknung durch Konvektion findet durch die D. nicht statt. →Bitumen-Lochvliesbahnen

Dampfsperren D. sind →Sperrschichten zur möglichst vollständigen Abdichtung gegen Wasserdampfdiffusion (→Dampfdiffusion). Ihr Einsatz ist erforderlich, wenn die Gefahr besteht, dass zu hohe Mengen Wasserdampf im Bauteil auskondensieren (→Kondensat innerhalb der Konstruktion). D. müssen sich immer auf der Warmseite einer Konstruktion befinden und fugendicht ausgeführt werden. Selbst kleinste Löcher, z.B. durch Befestigungsnägel verursacht, vermindern die Sperrwirkung der Dampfsperre. Ist 1 % ihrer Fläche wasserdampfdurchlässig, so ist sie unwirksam. Außerdem muss eine mögliche Flankenübertragung von Wasserdampf in Betracht gezogen werden. Grundsätzlich sollte so gebaut werden, dass möglichst keine D. oder höchstens D. mit geringem Dampfdiffusionswiderstand (Dampfbremsen) notwendig sind, da D. immer problematisch sind, auch wenn sie sich auf der technisch richtigen Seite befinden:
D. verhindern das Austrocknen vorhandener Materialfeuchte nach innen.
Schon kleinste Undichtigkeiten (Fugen) bilden Feuchtigkeitsfallen.
Bei umgekehrter Diffusionsrichtung, wie etwa im Sommer, sammelt sich die Feuchtigkeit vor den D.
Neben den bekannten D. bzw. →Windsperren aus →Bitumenbahnen, speziellen Kunststofffolien oder Aluminiumfolien können auch dicht schließende Putze, Beton oder Metallplatten als D. wirken. Sog. Verbund-Dämmplatten, auf welche die dampfsperrende Folie bereits kaschiert ist, können nur minderwertig entsorgt werden und sind ebenso wie Alu-Verbundfolien (z.B. mit Bitumen oder Polyethylen) zu vermeiden. In Österreich wird der Begriff D. auch als Überbegriff von D. und →Dampfbremsen verwendet.

DAP (CAS 6175-45-7) 2,2-Diethoxy-acetophenon. →Fotoinitiatoren

Darrdichte D. ist die Rohdichte von trockenem Holz bei 0 % Wasseranteil (Holzfeuchte), gemessen in kg/m^3. Aufgrund der D. wird unterschieden in →Hartholz (Darrdichte > 550 kg/m^3) und →Weichholz (Darrdichte < 550 kg/m^3).

Dauerhaftigkeitsklassen DC (Durability class) gem. DIN EN 350:2016-12, überarbeitet 5/2017, regelt die eigene Widerstandsfähigkeit von Holz gegen einen Angriff durch holzzerstörende Organismen.
Die natürliche Dauerhaftigkeit ist gemäß Definition nach DIN EN 350 die Dauerhaftigkeit gegenüber biologischem Angriff und gleich der eigenen Widerstandsfähigkeit einer Holzart oder eines Holzproduktes gegen holzzerstörende Organismen. Die Widerstandsfähigkeit ist auf das Vorhandensein natürlicher Bestandteile zurückzuführen, die unterschiedliche Toxizitätsgrade gegenüber Organismen aufweisen können und/oder auf anatomische Besonderheiten oder eine bestimmte Zusammensetzung bestimmter Holzprodukte. Die Dauerhaftigkeit von Holz ist ein wichtiger Faktor, der die Nutzungsdauer eines Holzprodukts beeinflusst. Die Norm leistet einen Beitrag zur Vorhersage der Nutzungsdauer von Holz und Holzprodukten. Sie dient der Anleitung zur Benutzung geeigneter Holzprodukte für verschiedene Endanwendungen. Dadurch ist es möglich, Holzarten geeigneter Dauerhaftigkeit für bestimmte Nutzungen auszuwählen. Die im Anhang B angegebenen Einstufungen der biologischen Dauerhaftigkeit von Holzarten kann aber nicht als Garantie für die Leistungsfähigkeit im Gebrauch betrachtet werden. (Vorwort zur europäischen DIN EN 350:2016-12)
Die Dauerhaftigkeit von Hölzern ist in der DIN EN 350:2016-12 in D. neu eingeteilt worden und in weiteren Details wie Tränkbarkeit oder Seewasserfestigkeit genauer beschrieben. Eine Korrektur von 05/2017 ändert die Begriffe Laubholz gegen Vollholz in den Überschriften zur Prüfung der Dauerhaftigkeit gegenüber Basidiomyceten und Moderfäule. Gegenüber DIN EN 350-1:1994-10 und DIN EN 350-2:1994-10 wurden folgende Änderungen vorgenommen: DIN EN 350-1 und DIN EN 350-2 wurden zusammengefasst; thermisch behandeltes Holz, mit Holzschutzmitteln behandeltes Holz und modifiziertes Holz im Anwendungsbereich berücksichtigt. Laubhölzer werden nun nach Herkunft aus gemäßigten und tropischen Klimazonen unterteilt. Die Dauerhaftigkeit im Erdkontakt wurde um die Angabe zur Dauerhaftigkeit ohne

Erdkontakt gegenüber Basidiomyceten (Bakterien) erweitert. Bisher nicht berücksichtigte Holzarten wurden ergänzt und Kurzzeichen der Holzarten nach EN 13556 aufgenommen.

Tabelle D1: Dauerhaftigkeitsklassen (DC) von Holz und Holzprodukten gegenüber dem Befall durch holzzerstörende Pilze gem. DIN EN 350

Dauerhaftigkeitsklasse	Beschreibung
DC 1	Sehr dauerhaft
DC 2	Dauerhaft
DC 3	Mäßig dauerhaft
DC 4	Wenig dauerhaft
DC 5	Nicht dauerhaft

Bei der Dauerhaftigkeit gegenüber dem Befall durch holzzerstörende Käfer, z.B. Hylotrupes, wird nur in zwei Klassen Dauerhaft DC D und Nicht dauerhaft DC S unterschieden und bei der Dauerhaftigkeit gegenüber dem Befall durch Termiten und gegenüber dem Befall durch marine Organismen wird noch eine Klasse Mäßig dauerhaft DC M hinzu gefügt.

Die Dauerhaftigkeit gegenüber Hylotrupes bajulus wird nur für Nadelholzarten (siehe EN 350:2016-12 Anhang B, Tabelle B.1) angegeben, da Laubhölzer nicht befallen werden.

Ein potentieller Befall von Laubholz durch den Hausbock und seine Larven ist umstritten. In der Literatur wird der natürlich Schutz des Laubholzes gegen Haubockkäferlarven schon von (Becker/ 1944) belegt und ein möglicher Befall auf Verwechselung mit dem Laubholzbockkäfer (Hesperophanes cinereus) zurückgeführt. (Grosser)

Der Asiatische Laubholzbockkäfer (Anoplophora glabripennis) ist ein aus Asien eingeschleppter Baumschädling. Von den heimischen Bäumen sind bei uns fast alle Laubholzarten gefährdet. Der Käfer befällt gesunde Bäume und kann diese bei starkem Befall zum Absterben bringen. Es gilt die weitere Verbreitung des Schädlings auf Grundlage des neuen EU-Durchführungsbeschlusses 2015/893 vom 9.6.2015 zu verhindern. Der Fund eines Asiatischen Laubholzbockkäfers ist meldepflichtig.

Nach DIN EN 350:2016-12 sind die Holzarten jetzt nur noch im informativen Anhang B.2 aufgeführt, also nicht mehr normativ in Tab. B.1 Nadelholz und B.2 Laubholz der gemäßigten Zonen. Die Tabelle stuft die Dauerhaftigkeit verschiedener Holzarten gegen holzzerstörende Organismen ein und ermöglicht die Auswahl von Holzarten geeigneter Dauerhaftigkeit für eine bestimmte Nutzung und leistet damit einen Beitrag zur Vorhersage der Nutzungsdauer von Holz und Holzprodukten und dient als Anleitung zur Benutzung geeigneter Holzprodukte für verschiedene Endanwendungen unter Vermeidung übermäßiger Anforderungen. Unter Holzprodukten werden auch thermisch behandeltes Holz und jeder andere Werkstoff verstanden, der durch chemische, physikalisch-chemische oder physikalische Prozesse modifiziert wurde. →Holzmodifikation.

Tabelle D2: Dauerhaftigkeit und Tränkbarkeit verschiedener Holzarten gemäß DIN EN 350 (Auszug)

Handelsname	Herkunft	Dauerhaftigkeit von Kernholz				Tränkbarkeit	
		Pilze	Hylotrupes	Anobium	Termiten	Kernholz	Splintholz
Tanne, Weißtanne	Europa, Nordamerika	4	S	S	S	2-3	2v
Lärche	Europa, Japan, Hybrid	3-4	D	D	S	4	2v
Fichte	Europa	4	S	S	S	3-4	3v
Kiefer, Föhre	Europa	3-4	D	D	S	3-4	1
Douglasie	Nordamerika	3	D	D	S	4	3
Edelkastanie	Europa	2	–	D	M	4	2
Buche	Europa	5	–	S	S	1v	1
Eiche	Europa	2-4	–	D	M	4	1

Anmerkung: Auch wenn die meisten Holzarten anfällig für einen möglichen Befall des Hausbocks sind, ist die Wahrscheinlichkeit eines Befalls bei technisch getrocknetem Holz und aufgrund der konstruktiven Gegebenheiten moderner Gebäude fast ausgeschlossen. Weitere Informationen siehe →Konstruktiver Holzschutz.

DCM →Dichlormethan

DD-Lacke DD = Abkürzung für Desmodur-Desmophen, Handelsname der Bayer AG; →Polyurethan-Lacke

DDT (CAS 50-29-3) DDT (1,1,1-Trichlor-2,2-bis-(4-chlorphenyl)ethan), ein chlorierter Kohlenwasserstoff, wurde erstmals 1874 synthetisiert, seine insektizide Wirkung allerdings erst 1939 entdeckt. Zur Schädlingsbekämpfung wurde es (zum Teil bis heute) als technisches Gemisch eingesetzt, das etwa folgende Zusammensetzung aufweist: 70 % 4,4′-DDT, 15 % 2,4′-DDT, 5 % 4,4′-DDD. Das wichtigste Abbauprodukt von DDT ist DDE (1,1-Dichlor-2,2-bis-(4-chlorphenyl)ethen), das in der Umwelt u.a. unter dem Einfluss von Licht und in Organismen durch den körpereigenen Stoffwechsel gebildet werden kann. Es ist noch beständiger als DDT. DDT gehört u.a. wegen seiner Persistenz zur Gruppe der besonders schädlichen Umweltchemikalien (→POP). Im Zeitraum von 1940 bis 1972 wurden ca. 2 Mio. t DDT in die Umwelt verbracht, davon ca. 80 % in die Landwirtschaft. In tropischen und subtropischen Regionen diente (und dient) DDT überwiegend zur Bekämpfung der Malaria. In der BRD wurde DDT 1972 verboten. In der DDR wurde DDT noch bis 1989 in der Forstwirtschaft und für Holzschutzmittel eingesetzt. 1988 wurden hier noch mehr als 1.000 t des DDT- und lindanhaltigen Holzschutzmittels →Hylotox 59 hergestellt. In Ländern, die das Stockholmer Übereinkommen aus dem Jahr 2004 ratifiziert haben, ist die Herstellung und Verwendung von DDT nur noch zur Bekämpfung von krankheitsübertragenden Insekten, insbesondere den Überträgern der Malaria, zulässig.

DDT wirkt nach kurzzeitiger, hoher Aufnahme praktisch ausschließlich auf das zentrale Nervensystem. Erste Anzeichen für eine Vergiftung sind Überempfindlichkeiten für Berührungsreize im Mund und unteren Gesichtsbereich. DDT ist immun- und reproduktionstoxisch und beim Menschen wahrscheinlich krebserzeugend. EU-GHS-Einstufung und Kennzeichnung: Akute Toxizität, Kategorie 3, Verschlucken, H301; Akute Toxizität, Kategorie 3, Hautkontakt; H311; Karzinogenität, Kategorie 2; H351 Kann vermutlich Krebs erzeugen; Spezifische Zielorgan-Toxizität (wiederholte Exposition) Kategorie 1 STOT RE 1; H372 Schädigt die Organe bei längerer oder wiederholter Exposition; Akut gewässergefährdend Akut 1: Aquatic Acute 1; H400 Sehr giftig für Wasserorganismen; Langfristig gewässergefährdend Chronisch 1; H410 Sehr giftig für Wasserorganismen, mit langfristiger Wirkung.

Neuerdings wird DDT auch ein Einfluss auf den Hormonhaushalt zugeschrieben. Hauptaufnahmepfad für DDT ist die Nahrung. Die Aufnahme erfolgt vor allem über fetthaltige, tierische Lebensmittel. Kleinkinder können DDT auch aus belastetem Hausstaub über Hand-zu-Mund-Kontakt aufnehmen. Die WHO hat den ADI-Wert (acceptable daily intake) im Jahr 2000 mit 10 µg/kg KG × Tag angegeben. Das Forschungs- und Beratungsinstitut Gefahrstoffe (FoBiG) hat im Auftrag des UBA einen ADI-Wert von 1 µg/kg KG × Tag abgeleitet. Die amerikanische Agency for Toxic Substances and Disease Registry hat für eine mittelfristige Aufnahmedauer einen MRL-Wert (minimal risk level) von 0,5 µg/kg KG × Tag festgelegt.

Tabelle D3: Orientierungswerte für DDT im Hausstaub (Arguk-Info-Reihe Schadstoffe im Innenraum, 2/98)

	Hintergrund-Konzentration [mg/kg]	Prüfbereich [mg/kg]	Handlungsbereich [mg/kg]
4,4'-DDT	bis 0,2	0,2 – 4	> 4
DDT-Gemisch	bis 0,3	0,3 – 6	> 6

Richtwerte für DDT in der Innenraumluft (→Hylotox-Anwendungen) existieren nicht. Für ein 7- bis 9-jähriges Kind lässt sich ein Sanierungszielwert wie folgt ableiten:

ADI-Wert (FoBIG) = 1 µg/kg KG × Tag; angesichts mehrerer Pfade Quotierung für die Innenraumluft analog zur Quotierung für Trinkwasser (Empfehlung WHO): 1 % der Gesamtaufnahme, entsprechend 0,01 µg/kg KG × Tag; bei 23,5 kg KG ergibt sich eine duldbare Aufnahme von 0,23 µg/Tag; bei einem Atemvolumen von 14 m^3/Tag ergibt sich ein Sanierungszielwert von 0,016 µg/m^3 = 16 ng/m^3. MAK 1 mg/m^3

Decabromdiphenylether (CAS 1163-19-5) DeBDE („Deca") ist der mit Abstand wichtigste Vertreter der polybromierten Diphenylether (PBDE; 94 % der in Europa eingesetzten Diphenylether). DeBDE wird als additives →Flammschutzmittel i.d.R. in Kombination mit →Antimontrioxid als Synergist insbesondere für Gehäusewerkstoffe (Fernseher, Computer) eingesetzt (Verbrauch 1999 weltweit: 55.000 t; UBA-Texte 25/01). DeBDE ist wegen des hohen Bromgehaltes (83 %) ein sehr effektives Flammschutzmittel und kann praktisch in allen Polymeren, z.B. in Teppichrückseitenbeschichtungen, eingesetzt werden Aufgrund eines freiwilligen Verzichts der Industrie wird DeBDE in Deutschland seit 1986 praktisch nicht mehr eingesetzt. D. und die anderen PBDE gelten als ausgesprochen gesundheits- (krebserzeugend) und umweltschädlich, weil persistent. Am 19.12.2012 wurde die Substanz in die Kandidatenliste der besonders besorgniserregenden Stoffe der REACH-VO aufgenommen als persistenter, bioakkumulierbarer und toxischer Stoff (PBT) sowie als sehr persistenter und sehr bioakkumulierbarer Stoff (vPvB). Mit der EU-Verordnung (EU) 2017/227 darf D. nach dem 2.3.2019 sowohl weder bei der Produktion verwendet noch als Bestandteil eines anderen Stoffs, als Gemisch, als Erzeugnis oder als Teil eines Erzeugnisses in Konzentrationen von ≥ 0,1 Gew.-% hergestellt noch in Verkehr gebracht werden. Ausnahmeregelung: für Fahrzeuge und Maschinen, die vor dem 2.3.2019 produziert wurden und für die Luftfahrtindustrie, die bis 2.3.2027 das Verbot umzusetzen hat.

Toxikologie und Ökotoxikologie:

- DeBDE ist persistent in der Umwelt und wird weit verbreitet in Sedimenten sowie im Hausstaub und in der Außenluft gefunden.
- DeBDE scheint aufgrund seiner Molekülgröße ein relativ geringes Potenzial zur Bioakkumulation zu haben. Allerdings gibt es Befunde, die belegen, dass eine Aufnahme in den Organismus zumindest möglich ist.
- Ob unter Umweltbedingungen ein langsamer Abbau zu bioverfügbaren, möglicherweise toxischen Verbindungen erfolgen kann, ist nach wie vor anhand der verfügbaren Informationen nicht auszuschließen.
- Es sollten Maßnahmen zur Minderung von Emissionen oder diffusen Freisetzungen ergriffen werden.
- DeBDE kann bei unkontrollierter Erhitzung oder Verbrennung zur Bildung hochtoxischer Verbrennungsprodukte, wie z.B. bromierten →Dioxinen und →Furanen, führen.

In Deutschland haben Industrieverbände 1986 einen freiwilligen Verzicht auf den Einsatz von PBDE, darunter DePDE mitgeteilt. Im Rahmen der OECD wurde 1995 eine freiwillige Vereinbarung zur Risikominderung bei bromierten Flammschutzmitteln abgeschlossen (Erhöhung der Produktreinheit, Emissionsminderung bei Herstellern). DeBDE ist einer der prioritären Stoffe im EU-Altstoffprogramm, der Entwurf einer Risikobewertung liegt vor. DeBDE ist ein prioritärer Stoff nach der EU-Wasserrahmenrichtlinie 2000/60/EC und wird in der OSPAR-Liste für vorrangige Maßnahmen im Hinblick auf den Meeresschutz geführt. Zudem enthält die EU-Richtlinie über die Begrenzung bestimmter gefährlicher Stoffe in elektronischen und elektrischen Geräten Regelungen zur Verwendung von PBDE. Eine Studie des UBA kommt zu dem Schluss, dass aufgrund der Persistenz des DeBDE-Vorkommens in Sedimenten, Raumluft und Außenluft dieses Flammschutzmittel substituiert werden sollte. Obwohl DeBDE zurzeit offenbar relativ wenig in →Textilen Bodenbelägen eingesetzt wird, würde der aktuelle Trend, mehr Polypropylenfaser in Teppichen einzusetzen, künftig – ohne Substitution – auch einen erhöhten Einsatz von bromierten Flammschutzmitteln mit sich bringen.

Decamethylcyclopentasiloxan D5 (CAS 541-02-6) Monomer für die Produktion von Silikonen, Harzen und anderen siliciumorganischen Verbindungen. Verdacht als sehr persistent und sehr bioakkumulierend (vPvB). Innenraumluftrichtwerte: RW II 4 mg/m^3 und RW I 0,4 mg/m^3 (Ad-hoc-Arbeitsgruppe Innenraumrichtwerte 2011). →Siloxane

Deckfähigkeit/Deckkraft Unter Deckfähigkeit versteht man die Eigenschaft eines Anstrichstoffes, nach dem Aufstrich oder dem Auftrocknen den Untergrund abzudecken.

Decopaint-Richtlinie Richtlinie 2004/42/EG (April 2004) über die Begrenzung der Emissionen flüchtiger organischer Verbindungen aufgrund der Verwendung organischer Lösemittel in bestimmten Farben und Lacken und in Produkten der Fahrzeug-

reparaturlackierung sowie zur Änderung der Richtlinie 1999/13/EG.
Ziel der Richtlinie 2004/42/EG (Decopaint-Richtlinie) ist die Begrenzung des Gehalts an flüchtigen organischen Verbindungen (→VOC) in bestimmten Farben und Lacken, um die VOC-Emissionen in die Außenluft zu begrenzen und damit den Beitrag zur Bildung von bodennahem Ozon zu vermeiden. ArbeitnehmerInnenschutz und schadstofffreie Raumluft sind nicht Ziel der D.
VOCs werden als organische Verbindung mit einem Anfangssiedepunkt von höchstens 250 °C bei einem Standarddruck von 101,3 kPa definiert, der VOC-Gehalt bezieht sich auf die Formulierung des gebrauchsfertigen Produkts. Unterschieden wird in „Beschichtungsstoffe auf Wasserbasis (Wb)" und „Beschichtungsstoffe auf Lösemittelbasis (Lb)". Im Anhang I werden die betroffenen Produktkategorien, im Anhang II die Grenzwerte für den VOC-Gehalt definiert. Die Richtlinie wurde in zwei Stufen zum 1.1.2007 und zum 1.1.2010 europaweit umgesetzt. Die seit 2010 vorgeschriebenen Grenzwerte für den VOC-Gehalt liegen zwischen 30 g/l für Innenanstriche auf Wasserbasis für Wand und Decken (matt) und 700 g/l für Holzbeizen auf Lösemittelbasis mit Mindestschichtdicke.

DEHA (CAS 103-23-1) Abk. für Bis(2-ethylhexyl)adipat. →Adipate

DEHP Abk. für →Di-(2-ethlyhexyl)-phthalat.

Deltamethrin Insektizid aus der Gruppe der →Pyrethroide. Gemäß europäischer Richtlinie 98/8/EG über das Inverkehrbringen von →Biozidprodukten und mit Beschluss von 2011, den Wirkstoff D. ab 1.10.2013 in die Liste Anhang I der →Biozidverordnung (EU) Nr. 528/2012 für die Produktart 18 (Insektizide) aufzunehmen, eingestuft. Die Abgabe von Bioziden mit dem Wirkstoff D. ist somit in der EU zunächst bis 2023 erlaubt. D. ist nach EC (Commission Stuff Working Dokument) SEC 2004 allerdings als endokriner Disruptor EDC 1 eingestuft. Wird aber in Baumaterialien nicht eingesetzt.

Deponieklassen Die D. sind in der deutschen →Deponieverordnung festgelegt:
D. 0: (Nach § 2 Deponieverordnung): Oberirdische Deponie für Abfälle, die die Zuordnungswerte der D. 0 nach Anhang 3 Nr. 2 der Deponieverordnung einhalten (Inertabfälle)
D. I: Oberirdische Deponie für Abfälle, die einen sehr geringen organischen Anteil enthalten und bei denen eine sehr geringe Schadstofffreisetzung im Auslaugungsversuch stattfindet und die die Zuordnungskriterien nach Anhang 3 Nr. 2 für die Deponieklasse I einhalten
D. II: Deponie für Abfälle, einschl. mechanisch-biologisch behandelter Abfälle, die einen höheren organischen Anteil enthalten als die, die auf Deponien der Klasse I abgelagert werden dürfen, und bei denen auch die Schadstofffreisetzung im Auslaugungsversuch größer ist als bei der Deponieklasse I und zum Ausgleich die Anforderungen an den Deponiestandort und an die Deponieabdichtung höher sind. (Zuordnungskriterien für die D. I und II siehe Anhang 3 der Deponieverordnung)
D. III: (Nach § 2 Deponieverordnung): Oberirdische Deponie für Abfälle, die einen höheren Anteil an Schadstoffen enthalten als die, die auf einer Deponie der Klasse I abgelagert werden dürfen, und bei denen auch die Schadstofffreisetzung im Auslaugungsversuch größer ist als bei Deponieklasse II und zum Ausgleich die Anforderungen an Deponieerrichtung und Deponiebetrieb höher sind
D. IV: (Nach § 2 Deponieverordnung): Untertagedeponie, in der die Abfälle
1. in einem Bergwerk mit eigenständigem Ablagerungsbereich, der getrennt von einer Mineralgewinnung angelegt oder vorgesehen ist, oder
2. in einer Kaverne gelagert werden

Deponierung Langfristige Ablagerung von Abfällen auf Anlagen oberhalb oder unterhalb der Erdoberfläche (Deponien). Form der →Beseitigung von Abfällen. →Abfall, →Deponieverordnung

Deponieverordnung Die D. ist die Verordnung über Deponien und Langzeitlager (DepV) und gibt die Annahmebedingungen von Abfällen auf Abfalldeponien vor. EU-weite Grundlage ist die EU-Deponie-Richtlinie (Abl. L 11/27: Richtlinie 2003/33/EG des Rates vom 19.12.2002 über die Annahme von Abfällen auf Abfalldeponien). In dieser Richtlinie wurden drei Deponietypen festgelegt: Inertstoffdeponien, Deponien für gefährliche Abfälle und Deponien für nicht gefährliche Abfälle. In der jetzt gültigen D. vom 27.4.2009 (BGBl. I S. 900), die durch Artikel 2 Absatz 23 des Gesetzes vom 20.7.2017 (BGBl. I S. 2808) geändert worden ist, gibt es vier Deponieklassen. In der Novelle wurde die nationale D. an die EU-Richtlinie angepasst. Die Grenzwerte für die zulässige Ablagerung von Inertabfällen auf der →Deponieklasse 0 orientieren sich dabei an dem Stand der Verhandlungen

D

zur Ratsentscheidung zum Zeitpunkt der Erlassung der D. (Frühjahr 2002). Die Grenzwerte sind bis auf wenige Ausnahmen identisch mit jenen, die letztlich in der Ratsentscheidung festgelegt wurden (Stand: Mai 2005).
→Abfall, →Abfallwirtschaftsgesetz, →Kreislaufwirtschaftsgesetz, →LAGA, →Abfallnachweisverordnung, →Abfallverzeichnisverordnung, →Abfallrahmenrichtlinie →Deponieklassen

Destillationsbitumen D. ist weiches bis mittelhartes →Bitumen, das bei der Vakuumdestillation der Erdöldestillerie abfällt. D. wird für Lacke und Anstriche verwendet.

Deutsches Institut für Bautechnik →DIBt

Deutsches Institut für Normung →DIN

DGNB Deutsche Gesellschaft für Nachhaltiges Bauen

Diabas D. (auch Melaphyr) ist ein natürliches Ergussgestein, ähnlich Basalt, aber älter, grünlich gesprenkelt oder geflammt (Grünstein). D. findet Verwendung wie Basalt, aber auch für Architektur- und Bildhauerarbeiten. D. ist auch Rohstoff für →Steinwolle.

Diatomeenerde →Kieselgur

Diazinon (CAS 333-41-5) →Biozid aus der Gruppe der Organochlor-Verbindungen.
EU-GHS-Einstufung und Kennzeichnung (EG) Nr. 1272/2008 CLP: Acute Toxizität Kategorie 4; H302 Gesundheitsschädlich bei Verschlucken; Akut gewässergefährdend Akut 1: Aquatic Acute 1; H400 Sehr giftig für Wasserorganismen; Langfristig gewässergefährdend Chronisch 1; H410 Sehr giftig für Wasserorganismen, mit langfristiger Wirkung. →Hausstaub, →Biozidverordnung

DIBt Abk. für →Deutsches Institut für Bautechnik, eine Institution des Bundes und der Länder zur einheitlichen Erfüllung bautechnischer Aufgaben auf dem Gebiet des öffentlichen Rechts, insbesondere Erteilung allgemeiner bauaufsichtlicher Zulassungen, Erteilung europäischer technischer Zulassungen, bisher Bekanntmachung der →Bauregellisten A und B sowie der Liste C, die nun über die Verwaltungsvorschrift Technische Baubestimmungen →VV TB neu geregelt worden ist. Anerkennung von Prüf-, Überwachungs- und Zertifizierungsstellen.

Dibutylphthalat (CAS 84-74-2) DBP, Weichmacher aus der Gruppe der →Phthalate. →Hausstaub
D. ist als →SVHC (besonders besorgniserregender Stoff) eingestuft und in der →Kandidatenliste aufgrund der Reproduktionstoxizität (Article 57c) geführt. Gemäß EU-Kommisionsentscheidung vom 4.7.2017 (C2017/4462) ist D. als eine für den Menschen hormonaktive Substanz (endokriner Disruptor) bewertet. Gemäß Anhang XVII der REACH-VO bestehen Beschränkungen: Darf als Stoff oder in Gemischen in Konzentrationen von mehr als 0,1 Gew.-% des weichmacherhaltigen Materials in Spielzeug und Babyartikeln nicht verwendet und nicht in Verkehr gebracht werden.
EU-GHS-Einstufung und Kennzeichnung (EG) Nr. 1272/2008 CLP: Reproduktionstoxizität Kategorie 1B: Rep 1B; H360FD Kann die Fruchtbarkeit beeinträchtigen; Kann das Kind im Mutterleib schädigen; Akut gewässergefährdend Akut 1: Aquatic Acute 1; H400 Sehr giftig für Wasserorganismen.

Dichlofluanid D. (N-(Dichlorfluormethansulfenyl)-N',N'-dimethyl-N-phenyl-sulfamid) ist ein →Fungizid und gehört mit →Tolylfluanid zur Gruppe der Sulfonamide. D. und Tolylfluanid gehören zu den am meisten verwendeten bläuewidrigen Wirkstoffen in lösemittelhaltigen Grundierungen und Lasuren (z.B. für Holzfenster). Der Wirkstoff soll aber nicht im Innenraum verwendet werden. D. hat in →Holzschutzmitteln das verbotene →Pentachlorphenol ersetzt. Die Zulassung für Holzschutzmittel läuft am 1.3.2019 aus. D. ist in der EU kein zulässiger Wirkstoff von Pflanzenschutzmitteln. In technischen Produkten von D. kann der Metabolit N,N-Dimethyl-N'-phenylsulfamide (DMSA) enthalten sein oder als Abbauprodukt im Wasser auftreten. DMSA ist zwar nicht giftig, bei der Aufbereitung von damit belastetem Wasser mit Ozon kann aber das krebserregende Dimethylnitrosamin gebildet werden. Dampfdruck von D. bei Raumtemperatur (20 °C): $1{,}4 \times 10^{-5}$ Pa. D. ist weniger toxisch als Tolylfluanid. Gefahrstoffrechtliche Einstufung: gesundheitsschädlich (H332, gesundheitsschädlich bei Einatmen), reizt die Augen (H319, verursacht schwere Augenreizung), Sensibilisierung durch Hautkontakt möglich (H317, kann allergische Hautreaktionen verursachen), akut wassergefährdend (H410).

1,2-Dichlorethan (CAS 75-09-2) D. (Ethylendichlorid, EDC) gehört zur Stoffgruppe der →Chlorierten Kohlenwasserstoffe (CKW) und findet insbesondere Verwendung als Ausgangsprodukt zur Her-

stellung von →Vinylchlorid, dem Monomer von →Polyvinylchlorid (PVC). D. ist krebserzeugend, wirkt hautreizend, narkotisierend, mutagen, Blut schädigend und organschädigend an Leber und Niere.
EU-GHS-Einstufung und Kennzeichnung (EG) Nr. 1272/2008 CLP: Karzinogenität, Kategorie 1B; H350 Kann Krebs erzeugen, Akute Toxizität, Kategorie 4, Verschlucken; H302 Gesundheitsschädlich bei Verschlucken, Augenreizung, Kategorie 2; H319 Verursacht schwere Augenreizung, Reizwirkung auf die Haut, Kategorie 2; H315 Verursacht Hautreizungen, Spezifische Zielorgan-Toxizität (einmalige Exposition) Kategorie 3: STOT SE 3; H335 Kann die Atemwege reizen. →REACH-VO: Stoff ist als →SVHC (besonders besorgniserregender Stoff) eingestuft, in der Kandidatenliste aufgrund der kanzerogenen Wirkung (Article 57a) geführt und in Anhang XIV im Verzeichnis der zulassungspflichtigen Stoffe aufgeführt.

Dichlormethan (CAS 75-09-2) D. ist eine leichtflüchtige Flüssigkeit, gehört zur Gruppe der →Chlorierten Kohlenwasserstoffe (CKW) und findet insbesondere Verwendung zur Metallentfettung und in →Abbeizmitteln. Die Produktionsmenge (alte Bundesländer) betrug 1994 71.000 t. Technisches D. enthält bis ca. 0,2 g/kg chlorierte C1- und C2-Kohlenwasserstoffe und bis zu 2 g/kg Stabilisatoren (→Methanol, →Ethanol, Cyclohexan, 2-Methylbuten-2 oder t-Butylamin). Geruchsschwellenwert: 740 mg/m^3. Bei Kontakt mit offenen Flammen oder heißen Oberflächen bildet sich das hochgiftige Nervengas →Phosgen. D. wird über die Atemluft und über die Haut aufgenommen, verteilt sich zunächst im Blut und geht dann in fettreiche Körpergewebe über. D. ist plazentagängig. Endpunkt des Abbaus im menschlichen Körper ist →Kohlenmonoxid. Wesentliche Wirkungen von D. stellen die Neuro- und die Kardiotoxizität dar. Der genaue Wirkmechanismus von D. ist nicht bekannt. D. steht im Verdacht auf krebserzeugende Wirkung (→MAK-Liste Kat. 3A). Die Reproduktionstoxizität ist nur unzureichend untersucht. Beschränkungen gemäß Anhang XVII REACH-VO: Farbabbeizer, die D. (DCM) in einer Konzentration von 0,1 Gew.-% oder mehr enthalten, dürfen zur Abgabe an die breite Öffentlichkeit oder gewerbliche Verwender nach dem 6.12.2010 nicht mehr in Verkehr gebracht werden und nach dem 6.6.2012 nicht mehr von gewerblichen Verwendern benutzt werden. Ausnahmen sind Industrieanlagen mit besonderen Anforderungen an Lüftungs- und Arbeitsschutzmaßnahmen. D.-haltige Abbeizer sind damit faktisch verboten.
EU-GHS-Einstufung und Kennzeichnung (EG) Nr. 1272/2008 CLP: Karzinogenität Kategorie 2: Carc. 2; H351 Kann vermutlich Krebs erzeugen. RW II: 2 mg/m^3, RW I: 0,2 mg/m^3, WHO-Luftqualitätsleitwert: 3 mg/m^3/24 h.

Dichloro-N-octylisothiazolinon (CAS 64359-81-5) DCOIT →Siloxane

Dichlorvos (CAS 75-09-2) D. (2,2-Dichlorvinyldimethylphosphat) ist ein Insektizid und gehört chemisch zur Gruppe der organischen Phosphorsäureester (→Organophosphate). D. gelangt unter vielen verschiedenen Handelsnamen in den Verkauf und ist seitens der Hersteller für den Haushaltsbereich zur Insektenbekämpfung vorgesehen. In den im Handel befindlichen Produkten ist D. z.T. noch mit anderen Wirkstoffen, wie Propoxur, →Pyrethrum, Chlorpyrifos, Malathion, Piperonylbutoxis, kombiniert. In Sprays sind Lösemittel enthalten, z.B. →Dichlormethan oder Propanol (→Alkohole). →MAK-Wert: 0,11 ml/m^3 = 1 mg/m^3.
EU-GHS-Einstufung und Kennzeichnung (EG) Nr. 1272/2008 CLP: Akute Toxizität Kategorie 2: Acute Tox. 2; H330 Lebensgefahr bei Einatmen; Akute Toxizität Kategorie 3: Acute Tox. 3; H301 Giftig bei Verschlucken; H311 Giftig bei Hautkontakt; Sensibilisierung Haut Kategorie 1: Skin Sens. 1; H317 Kann allergische Hautreaktionen verursachen; Akut gewässergefährdend Akut 1: Aquatic Acute 1; H400 Sehr giftig für Wasserorganismen. →Biozidverordnung

Dichtmassen →Dichtstoffe

Dichtprofile D. dienen der Abdichtung zwischen Fensterrahmenmaterial und Glasscheiben sowie als Falzdichtungen zwischen Fensterrahmen und -flügel. Sie bestehen aus Silikonkautschuk (→Polysiloxane), Chloroprenkautschuk (→Polychloropren), →Polyvinylchlorid (PVC) oder aus Copolymeren von Ethylen, Propylen und Dien-Komponenten (→EPDM). Die Konstruktion der D. richtet sich nach der Form des Profilwerkstoffes (Geometrie) und der Profilanordnung im Bauwerk. Auch die Materialwahl ist entscheidend für die Gebrauchstauglichkeit der D. Die Falzdichtungen erhöhen den Wärme- und Schallschutz. D. dürfen nicht überstrichen werden, da sie sonst verkleben und ihre Funktion als Dichtstoffe verlieren. D. aus Chloroprenkautschuk und Polyvinylchlorid werden mittels der problematischen Chlorchemie hergestellt. Bei der Verbrennung können Salzsäure, polychlorierte →Dioxine und →Furane entstehen. Sie enthalten zum Teil →Weichmacher, die aus den D. migrieren und die Beschichtungen der Fensterrahmen angreifen können. Der Vorteil der D. gegenüber den →Dichtstoffen ist die Trennbarkeit zur Weiterverwertung von Glas- und Rahmenmaterial. Eine Wiederverwendung ist bei EPDM denkbar.

Dichtstoffe D. sind dauerelastische Massen zum Abdichten von Fugen. Sie verhindern das Eindringen von Feuchtigkeit und Zugluft zwischen Bauteilen. D. lassen sich in drei Gruppen einteilen:
Chemisch reaktive D.:
Nach dem Ausbringen aus der Kartusche oder einem anderen Gebinde, wie Folienkartusche, Fass oder Hobbock, läuft eine chemische Vernetzungsreaktion ab, die den plastischen D. in ein mehr oder minder elastisches Produkt überführt.
Im Verlauf von Kondensationsreaktionen werden – je nach System – unterschiedliche Moleküle wie Kohlendioxid, Wasser, Alkohole oder Essigsäure abgespalten. Die Vernetzungsreaktion läuft umso schneller ab, je höher die Umgebungstemperatur und die rel. →Luftfeuchte sind.
Beispiele: →Silikon-Dichtstoffe, →Polyurethan-Dichtstoffe, →Polysulfid-Dichtstoffe
Physikalisch reaktive D.:
Durch Verdunstung von Wasser oder →Lösemittel verwandeln sich die D. in ihren Endzustand. Innerhalb des Dichtstoffs oder zwischen Dichtstoff und Substrat finden keine chemischen Reaktionen statt.
Nichtreaktive D.:
Der physikalische Zustand ändert sich nicht nach der Applikation. Es findet keine Reaktion statt. →Acrylat-Dichtstoffe
Die verschiedenen D.-Systeme sind nur für bestimmte Anwendungen geeignet. Vor der Anwendung von D. muss geklärt sein:

- Verträglichkeit mit dem Material der Haftfläche,
- Haftung an den Fugenflanken,
- konstruktive Ausbildung der Fuge,
- Verarbeitung des Dichtstoffes (gem. Herstellervorschrift.

Von Naturfarbenherstellern werden D. auf Basis natürlicher Rohstoffe hergestellt (→Natur-Dichtstoffe).

Dichtungszöpfe →Naturfaserbänder

Dickbettverfahren Das D. ist die klassische Verlegemethode für →Fliesen. Die Fliesen werden vor dem Verlegen kurz in sauberes Wasser getaucht und rückseitig etwa 2,5 cm hoch mit →Klebemörtel bestrichen. So werden sie auf den Untergrund angedrückt und mit dem Hammerstiel angeklopft. Nach einem Tag kann verfugt werden. Das D. erlaubt das Ausgleichen von Unebenheiten im Untergrund. →Dünnbettverfahren, →Mittelbettverfahren

Dickschichtlasuren D. sind filmbildende →Lasuren mit hohem Bindemittelgehalt und einem Festkörperanteil von über 35 %. Sie weisen eine hohe Pigmentierung und eine dichte Konsistenz auf. Die D. sind wetterbeständig und nehmen über einen längeren Zeitraum hinweg keine Feuchtigkeit mehr auf. D. werden daher vor allem für Anstriche in Feuchtbereichen, im Außenbereich und von maßhaltigen Bauteilen aus Holz, wie Türen und Fenster, eingesetzt. Der Nachteil von Dickschichtlasuren ist, dass diese im Laufe der Jahre spröde werden und beginnen abzublättern. D. werden auf Acrylbasis (→Acryllacke) oder auf Alkydharzbasis (→Alkydharzlacke) hergestellt.

Di-(2-ethlyhexyl)-phthalat (CAS 117-81-7) D. (DEHP) ist der wichtigste Weichmacher aus der Gruppe der →Phthalate mit einer Jahresproduktion von weltweit ca. 2 Mio. t. Circa 90 % der Produktionsmenge von DEHP werden für PVC verwendet, insbesondere für Bodenbeläge und Kabelummantelungen. Weitere Anwendungsbereiche sind Vinyltapeten, Körperpflegemittel, Textilien, Anstrichstoffe, Kleber, Spielzeug, Lebensmittelverpackungen u.a. DEHP findet sich weit verbreitet in der Umwelt, in Innenräumen und in der Muttermilch. DEHP ist nach REACH als →SVHC (besonders besorgniserregender Stoff) mit fortpflanzungsgefährdenden (Artikel 57) sowie besorgniserregend, wahrscheinlich schwerwiegenden Wirkungen auf die Umwelt (Artikel 57f) eingestuft und im Verzeichnis der zulassungspflichtigen Stoffe (Anhang XIV) geführt. Gemäß Anhang XVII der →REACH-VO bestehen Beschränkungen: Darf als Stoff oder in Gemischen in Konzentrationen von mehr als 0,1 Gew.-% des weichmacherhaltigen Materials in Spielzeug und Babyartikeln nicht verwendet und nicht in Verkehr gebracht werden. EU-GHS-Einstufung und Kennzeichnung (EG) Nr. 1272/2008 CLP: Reproduktionstoxisch in Kategorie 1 B mit Rep 1B, H360FD Kann die Fruchtbarkeit beeinträchtigen. Kann das Kind im Mutterleib schädigen.

Tabelle D4: Marktvolumen DEHP etwa 480.000 t/a in der EU (Quelle: Leitfaden zur Anwendung umweltverträglicher Stoffe, Teil 5, Umweltbundesamt (Hrsg.), 2003)

Lebenszyklus	Kalkulierte Freisetzung pro Jahr[1)] [t]	Im Vergleich zum Marktvolumen [%]
Synthese	700	0,15
Verarbeitung zu Kunststoffprodukten Verarbeitung zu Farben, Dichtungen	400 300	0,17
Gebrauch von Kunststoffprodukten innen Gebrauch von Kunststoffprodukten außen Gebrauch Farben, Dichtungen	1.500 7.100 300	1,90
Nicht einsammelbare Altprodukte [2)]	17.800	3,75 [2)]
Abfallbehandlung und Deponierung	< 100	
Gesamt	28.700	ca. 6

1) Worst-case-Abschätzung; die Freisetzung ist nicht gleichbedeutend mit dem Eintrag in die Umwelt, da ein Teil der freigesetzten Menge beispielsweise in Kläranlagen zurückgehalten wird.
2) Etwa die Hälfte dieser Menge entfällt auf Erdkabel. Insgesamt ist diese Schätzung mit sehr großen Unsicherheiten behaftet.

Tabelle D5: Eintragspfade von DEHP in die Umwelt (EU; Quelle: Leitfaden zur Anwendung umweltverträglicher Stoffe, Teil 5, Umweltbundesamt (Hrsg.), 2003)

Anwendung	t/a (kalkuliert)	Eintragspfad und Quelltyp
Verarbeitung zu Kunststoff-Erzeugnissen (Kalandern und Beschichten) Verarbeitung zu Farben, Dichtungsmassen	270 300	Abluft und Abwasser aus Anlagen
Beschichtete Metallbleche, außen	260	Diffuser Eintrag in Oberflächengewässer aus Produkten
Textilplanen in Außenanwendungen	200	Diffuser Eintrag in Oberflächengewässer aus Produkten
Dichtungen, Kleber, Farben, Lacke in Außenanwendungen	470	Diffuser Eintrag in Oberflächengewässer aus Produkten und Abwasser aus Produkten
Fußböden innen	1.200	Abwasser aus Produkten
T-Shirts	100	Abwasser aus Produkten
Unterbodenschutz Automobil	70	Diffuser Eintrag in Oberflächengewässer aus Produkten und Abwasser aus Produkten
Kabel und Drähte über dem Boden	60	Diffuser Eintrag in Oberflächengewässer aus Produkten
Schuhsohlen	40	Diffuser Eintrag in Oberflächengewässer aus Produkten
Dachdeckungen	20	Diffuser Eintrag in Oberflächengewässer aus Produkten

D

Tabelle D6: Weichmacher-Alternativen zu DEHP (Quelle: Leitfaden zur Anwendung umweltverträglicher Stoffe, Teil 5, Umweltbundesamt (Hrsg.), 2003)

Alternative	Eignung, Einsatzbereiche	Anwendungsbeispiele
DINP	Alternative für alle DEHP-Anwendungen (außer Kleinkinderspielzeuge), teilweise bessere technische Eignung (z.B. Rotationsgussverfahren)	Fußböden (Parkett), Puppenköpfe (Toys 02), Unterbodenschutz (Dow)
DIDP	Alternative für viele DEHP-Anwendungen, teilweise bessere technische Eignung	Flachdachfolien (Flachdachtechnologie), Unterbodenschutz
Adipate (DEHA)	Lebensmittelbereich	Cling-Folien[1)], Förderbänder Lebensmittel[1)]
Zitrate (ATBC)	Lebensmittelbereich, Innenraumanwendungen, Alternative zu Phthalaten in Spielzeug	Cling-Folien[1)], Förderbänder Lebensmittel[1)], (Aufblasbares) Spielzeug[1)], Kleinkinderspielzeug[1)]
Diisononyl-Cyclohexandicarbonsäureester (DINCH)	Alternative zu DEHP in allen Bereichen	Vinyltapeten[1)], Kunststoffe mit Lebensmittelkontakt und Medizinprodukte in Planung[1)]
Alkylsulfonsäureester (ASPE)	Weichmacher in Anwendungen mit starker Bewitterung oder bei starker Beanspruchung durch Reinigungsmittel bzw. Laugen/Säuren, Alternative zu Phthalaten in Spielzeug	Swimmingpool-Folien [1)], Wasserbettfolien [1)], Laugen-/Säurebeständige Schuhsohlen [1)], Einmal-Handschuhe [1)], UBS (Japan) [1)] Kleinkinderspielzeug
Trimellitate	Weichmacher in Produkten, die hohen Temperaturen ausgesetzt sein können	PVC in Fahrzeuginnenräumen, Kabelisolierungen, Medical-Produkte

[1)] Information vom Stoffhersteller, kein Anwender namentlich bekannt

Als tolerierbare Aufnahmemengen (TDI) werden Werte zwischen ca. 20 und 50 µg/kg und Tag diskutiert. Im →Hausstaub wurden hohe Phthalat-Konzentrationen festgestellt. In der Raumluft wurden Phthalat-Konzentrationen bis zu einigen hundert ng/m^3 gemessen. Ein wichtiger Aufnahmepfad für DEHP ist die Nahrung. Wegen der Stoffeigenschaften und des hohen Freisetzungspotenzials sollte DEHP als Weichmacher in Kunststoffen ersetzt werden. Alternativen zu DEHP sind langkettige Phthalate, Adipate, Zitrate, Phosphorsäureester, Alkylsulfonsäureester und Cyclohexandicarbonsäureester. Nach Möglichkeit sollten jedoch Produkte ausgewählt werden, die ganz ohne additive Weichmacher auskommen, wie →Polyethylen oder Linoleum. Aufgrund der Beschränkungen ist die Produktion von D. deutlich zurückgegangen zugunsten anderer →Phthalate.

Bei →PVC-Bodenbelägen kann es in Verbindung mit frischem →Estrich zu einer chemischen Reaktion (alkalische Hydrolyse) kommen, bei der sich das DEHP in 2-Ethyl-1-hexanol zersetzt, einer äußerst geruchsintensiven Verbindung. →Hausstaub

Diethylphthalat (CAS 84-66-2) DEP, Weichmacher aus der Gruppe der →Phthalate. →Hausstaub

Diffusionswiderstandszahl →Dampfdiffusionswiderstandszahl

Diisobutylphthalat (CAS 84-69-5) Weichmacher aus der Gruppe der →Phthalate. →Hausstaub
D. ist als →SVHC (besonders besorgniserregender Stoff) eingestuft, in der →Kandidatenliste aufgrund der Reproduktionstoxizität (Article 57c) geführt und als für den Menschen hormonaktive Substanz (Article 57f endokrine Disruptor) bewer-

tet sowie im Verzeichnis der zulassungspflichtigen Stoffe (Anhang XIV der REACH-VO) geführt.
EU-GHS-Einstufung und Kennzeichnung (EG) Nr. 1272/2008 CLP: Reproduktionstoxizität Kategorie 1 B: Rep 1B; H360FD Kann die Fruchtbarkeit beeinträchtigen. Kann das Kind im Mutterleib schädigen.

Diisocyanate →Isocyanate

Diisodecylphthalat (CAS 26761-40-0) DIDP ist ein →Weichmacher aus der Gruppe der →Phthalate. DIDP wird als Alternative zu dem stark gesundheits- und umweltschädlichen →Di(2-ethlyhexyl)-phthalat (DEHP) bei Flachdachbahnen verwendet. Im Ergebnis einer Risikobewertung nach der Altstoffverordnung wird für DIDP im Gegensatz zu DEHP unter den gegenwärtigen Bedingungen kein Bedarf für Risikominderungsmaßnahmen gesehen. Aus Hochrechnungen wird aber deutlich, dass bei einem vollständigen Ersatz von DEHP durch DIDP die Schwelle zum minderungsbedürftigen Risiko für einige Produkte schnell wieder erreicht sein kann. DIDP kann wie DEHP aus der Kunststoffmatrix austreten, in die Umwelt gelangen und sich wie dieses dort anreichern. →Hausstaub
Gemäß Anhang XVII der →REACH-VO bestehen Beschränkungen: Darf nicht als Stoff oder in Gemischen in Konzentrationen von mehr als 0,1 Gew.-% des weichmacherhaltigen Materials in Spielzeug und Babyartikeln verwendet werden, die von Kindern in den Mund genommen werden können. Solche Spielzeuge und Babyartikel dürfen nicht in Verkehr gebracht werden.

Diisononylphthalat (CAS 28553-12-0 und CAS 68515-48-0) DINP ist ein →Weichmacher aus der Gruppe der →Phthalate. DINP wird als Alternative zu dem stark gesundheits- und umweltschädlichen →Di-(2-ethlyhexyl)-phthalat (DEHP) verwendet, insbesondere bei PVC-Bodenbelägen, Vinyltapeten und Spielzeug.
Im Ergebnis einer Risikobewertung nach der Altstoffverordnung wird für DINP im Gegensatz zu DEHP unter den gegenwärtigen Bedingungen kein Bedarf für Risikominderungsmaßnahmen gesehen. DINP kann wie DEHP aus der Kunststoffmatrix austreten, in die Umwelt gelangen und sich wie dieses dort anreichern. →Hausstaub
Gemäß Anhang XVII der →REACH-VO bestehen Beschränkungen: Darf nicht als Stoff oder in Gemischen in Konzentrationen von mehr als 0,1 Gew.-% des weichmacherhaltigen Materials in Spielzeug und Babyartikeln verwendet werden, die von Kindern in den Mund genommen werden können. Solche Spielzeuge und Babyartikel dürfen nicht in Verkehr gebracht werden.

Dimethylacetamid (CAS 127-19-5) N,N-D. (DMAC) wird als industrielles Lösemittel eingesetzt, z.B. bei der Herstellung von →Polyacrylnitril-Fasern. DMAC ist als reproduktionstoxisch eingestuft. Es ist zudem hautresorptiv.
EU-GHS-Einstufung und Kennzeichnung (EG) Nr. 1272/2008 CLP: Akute Toxizität Kategorie 4: Acute Tox. 4; H312 Gesundheitsschädlich bei Hautkontakt; H332 Gesundheitsschädlich bei Einatmen; Reproduktionstoxizität Kategorie 1B: Repr. 1B; H360D Kann das Kind im Mutterleib schädigen.

Dimethylformamid (CAS 68-12-2) N,N-D. (DMF) gehört zur Stoffgruppe der Carbonsäureamide und wird als industrielles Lösemittel eingesetzt, z.B. bei der Herstellung von →Polyacrylnitril-Fasern. DMF ist als reproduktionstoxisch eingestuft. Es ist zudem hautresorptiv.
EU-GHS-Einstufung und Kennzeichnung (EG) Nr. 1272/2008 CLP: Akute Toxizität Kategorie 4: Acute Tox. 4; H312 Gesundheitsschädlich bei Hautkontakt; H332 Gesundheitsschälich bei Einatmen; Augenreizung Kategorie 2: Eye Irrit. 2; H319 Verursacht schwere Augenreizung; Reproduktionstoxizität Kategorie 1B: Repr. 1B; H360D Kann das Kind im Mutterleib schädigen.

Dimethylphthalat (CAS 131-11-3) Weichmacher aus der Gruppe der →Phthalate. →Hausstaub

DIN Das DIN – Deutsches Institut für Normung e.V. – ist ein gemeinnütziger Verein mit Sitz in Berlin und für die Normungsarbeit zuständige Institution in Deutschland und Vertreter Deutschlands in den europäischen Normenvorhaben des CEN.

Dioctylphthalat (CAS 117-84-0) DOP, Weichmacher aus der Gruppe der →Phthalate. →Hausstaub
Gemäß Anhang XVII der →REACH-VO bestehen Beschränkungen: Darf nicht als Stoff oder in Gemischen in Konzentrationen von mehr als 0,1 Gew.-% des weichmacherhaltigen Materials in Spielzeug und Babyartikeln verwendet werden, die von Kindern in den Mund genommen werden können. Solche Spielzeuge und Babyartikel dürfen nicht in Verkehr gebracht werden.

Dioxinähnliche PCB →PCB, Polychlorierte Biphenyle

Dioxine und Furane Dioxine (D.) und Furane (F.) ist im allgemeinen Sprachgebrauch die Sammelbezeichnung für die Gruppe der chemisch ähnlich aufgebauten chlorierten D. und F. D. und F. liegen immer als Gemische von Einzelverbindungen (→Kongenere) mit unterschiedlicher Zusammensetzung vor. Insgesamt existieren 75 polychlorierte Dibenzo-para-dioxine (PCDD) und 135 polychlorierte Dibenzofurane (PCDF). Das toxischste D. ist das 2,3,7,8-Tetrachlor-Dibenzo-p-dioxin (2,3,7,8-TCDD), das seit dem Chemieunfall in Seveso 1976 als Seveso-D. bezeichnet wird.

Tabelle D7: Internationale toxische Äquivalenzfaktoren nach NATO-CCMS (I-TEF, 1988) und der WHO (WHO-TEF, 1998)

Polychlorierte Dibenzodioxine (PCDD)	I-TEF	WHO-TEF	Polychlorierte Dibenzofurane (PCDF)	I-TEF	WHO-TEF
2,3,7,8-TCDD	1	1	2,3,7,8-TCDF	0,1	0,1
1,2,3,7,8-PeCDD	0,5	1	1,2,3,7,8-PeCDF	0,05	0,05
1,2,3,4,7,8-HxCDD	0,1	0,1	2,3,4,7,8-PeCDF	0,5	0,5
1,2,3,6,7,8-HxCDD	0,1	0,1	1,2,3,4,7,8-HxCDF	0,1	0,1
1,2,3,7,8,9-HxCDD	0,1	0,1	1,2,3,6,7,8-HxCDF	0,1	0,1
1,2,3,4,6,7,8-HpCDD	0,01	0,01	1,2,3,7,8,9-HxCDF	0,1	0,1
OCDD	0,001	0,0001	2,3,4,6,7,8-HxCDF	0,1	0,1
			1,2,3,4,6,7,8-HpCDF	0,01	0,01
			1,2,3,4,7,8,9-HpCDF	0,01	0,01
			OCDF	0,001	0,0001

Tabelle D8: Dioxin-Emissionsquellen und jährliche Menge an Dioxin in g I-TEQ in Deutschland (nach: UBA)

Quellen	Emissionen pro Jahr [g I-TEQ]		
	1990	1994	2000 [1)]
Metallgewinnung und -verarbeitung	740	220	40
Sinteranlagen	575	168	< 20
Übrige Eisen- und Stahlproduktion	35	10	< 5
Müllverbrennung	400	32	< 0,5
Hausmüll	399	30	0,4
Sondermüll		2	0,04
Medizinischer Abfall		0,1	0,0002
Klärschlamm		< 0,1	0,03
Kraftwerke	5	3	< 3
Industrielle Verbrennungsanlagen	20	15	< 10
Hausbrandfeuerstätten	20	15	< 10
Verkehr	10	4	< 1
Krematorien	4	2	< 2
Gesamtemission Luft	1.200	330	< 70

1) Schätzungen des UBA

Für die toxikologische Beurteilung der D. und F. sind zusätzlich die anderen 2,3,7,8-chlorierten D. bzw. F. relevant, die weitere Chloratome aufweisen. Diese 17 Verbindungen (7 D., 10 F.) werden für die Bewertung der Toxizität herangezogen und die toxische Wirkung als →Toxizitätsäquivalent (TEQ) im Verhältnis zu der von 2,3,7,8-TCDD ausgedrückt.

D. und F. entstehen unerwünscht bei allen Verbrennungsprozessen in Anwesenheit von Chlor und organischem Kohlenstoff unter bestimmten Bedingungen, z.B. bei bestimmten Temperaturen. D. und F. können auch bei Waldbränden und Vulkanausbrüchen entstehen. Gefunden wurden D. (keine Furane) auch in etwa 200 Mio. Jahre alten Kaolinitböden.

Bei allen chemischen Produktionsverfahren, in denen Chlor verwendet wird, werden mehr oder weniger D. und F. gebildet, die dann auch als Verunreinigung in den Produkten enthalten sein können. Vor allem Chlorphenole weisen hohe D.-Verunreinigungen auf, z.B. das seit 1989 in Deutschland verbotene Pentachlorphenol (PCP). →Polychlorierte Biphenyle weisen je nach Chlorierungsgrad unterschiedlich hohe D.- und F.-Konzentrationen auf. Heute sind thermische Prozesse der Metallgewinnung und -verarbeitung in den Vordergrund der D.- und F.-Emissionen getreten.

Durch das Verbot und die Einschränkungen von bestimmten Stoffen, Zubereitungen und Erzeugnissen nach dem ChemG wurde der hohe Eintrag von D. und F. aus Produkten deutlich verringert.

Vom Menschen werden 90 bis 95 % der D. und F. über die Nahrung aufgenommen. Nahezu zwei Drittel dieser Aufnahme erfolgt über den Verzehr von Fleisch und Milchprodukten. D. und F. reichern sich in Lebewesen vor allem in Fettgewebe an und bauen sich nur langsam ab. Die Halbwertszeit des 2,3,7,8-TCDD beträgt im Körperfett des Menschen etwa sieben Jahre, das sich am langsamsten abbauende 2,3,4,7,8-Pentachlordibenzofuran ist erst nach fast 20 Jahren zur Hälfte eliminiert.

Die von verschiedenen Institutionen abgeleiteten, virtuell sicheren Dosen (VSD) bzw. duldbaren täglichen Aufnahmemengen (TDI) unterscheiden sich je nach Bewertungskonzept um mehr als den Faktor 1.000 (0,006 bis 10 pg TEQ/(kg × d)). Die US-EPA geht von einer krebserzeugenden Wirkung des Stoffes ohne Schwellenwert aus und hat eine VSD von 0,006 pg/(kg × d) vorgeschlagen. Von der WHO wurde 1998 ein TDI-Wert für PCDD/F und dioxinähnliche Verbindungen von 1 bis 4 pg WHO-TEQ/(kg × d) abgeleitet. Das deutsche UBA fordert eine PCDD/F-Belastung der Bevölkerung von weniger als 1 pg I-TEQ/(kg × d).

Das 2,3,7,8-TCDD (Sevesogift) ist bereits in kleinsten Mengen extrem giftig. Die Gefahren der D. und F. liegen darin, dass sie im Körperfett gespeichert werden, sich dort anreichern und nur sehr langsam eliminiert werden. 2,3,7,8-TCDD wurde von der WHO als krebserzeugend für den Menschen eingestuft. Andere D. und F. stehen im Verdacht, krebserzeugend zu sein. Aus Tierversuchen sind Störungen des Immunsystems und der Reproduktion schon bei sehr niedrigen D.-Konzentrationen bekannt. Höhere D.-Belastungen der Mütter, die aber noch im sog. Normalbereich liegen, können bei Kindern zu vielfältigen Störungen oder Verzögerungen der kindlichen Entwicklung führen.

Die für Deutschland vorsorglich geforderte, duldbare Aufnahmemenge von weniger als 1 pg I-TEQ/(kg × d) wird derzeit von Kindern noch überschritten, von Erwachsenen weitgehend ausgeschöpft.

Tabelle D9: Rechtliche Regelungen zum Verbot der Produktion, des Vertriebs und der Verwendung bestimmter Chemikalien und Produkte (nach: UBA)

Gesetz/Verordnung	vom	Regelung für Dioxine/Furane
PCB-, PCT-, VC-Verbotsverordnung	18.7.1989	Verbot der Produktion, Vertrieb und Verwendung von polychlorierten Biphenylen, Terphenylen (PCB, PCT) ab 50 ppm und Vinylchlorid (VC) als Treibgas
Pentachlorphenol-Verbotsverordnung (PCP-V)	12.12.1989	Verbot der Produktion, Vertrieb und Verwendung von PCP, von Zubereitungen mit mehr als 100 ppm PCP und Artikeln mit mehr als 5 ppm PCP
Chemikalien-Verbots-Verordnung Chem-VerbotsV	19.7.1996	Grenzwerte für Dioxine und Furane, auch für bromierte Dioxine und Furane, keine TEQ-Summe, sondern nach Toxizität und Persistenz in Gruppen eingeteilt von 1 bis 100 µg/kg Stoff/Erzeugnis

Belastungen der Innenraumluft bzw. des Hausstaubes durch PCDD/F beruhen meist auf der Verwendung von →Pentachlorphenol (PCP) als Holzschutzmittel, der Verwendung von Bauprodukten, die (insbesondere hochchlorierte) →Polychlorierte Biphenyle (PCB) enthalten, zurückliegende Brandereignisse (→Brandschäden) im Gebäude/der Wohnung unter Beteiligung chlororganischer Stoffe wie Kabelummantelungen, Fußbodenbelägen, Fensterrahmen, Elektrogeräten, Anstrichen u.a. Materialien aus PVC oder sind auf Immissionen eines benachbarten industriellen PCDD/F-Emittenten zurückzuführen.

Hausstaub aus unbelasteten Wohninnenräumen weist im Mittel eine PCDD/F-Belastung von ca. 100 ng I-TEQ/kg auf. Gehalte oberhalb 200 ng I-TEQ/kg weisen auf eine erhöhte PCDD/F-Belastung der Wohnung hin.

Diphenyl-(2-ethylhexyl)-phosphat (CAS 1241-94-7) DPEHP (Diphenyloctylphosphat). →Organophosphate

Diphenylguanidin (CAS 102-06-7) N,N'-Diphenylguanidin (DPG, 1,3-Diphenylguanidin) ist ein Vulkanisationsbeschleuniger z.B. für →Polysulfid-Dichtstoffe. Weitere Anwendungsbereiche sind Vollgummireifen, Schuhsohlen, Kabelummantelungen, Isolationen und gummierte Textilien. D. reizt die Augen, Atmungsorgane und die Haut und kann möglicherweise die Fortpflanzungsfähigkeit beeinträchtigen. Der Stoff ist zudem als umweltgefährlich eingestuft.

EU-GHS-Einstufung und Kennzeichnung (EG) Nr. 1272/2008 CLP: Akute Toxizität Kategorie 4: Acute Tox. 4; H302 Gesundheitsschädlich bei Verschlucken; Hautreizung Kategorie 2: Skin Irrit. 2; H315 Verursacht Hautreizungen; Augenreizung Kategorie 2: Eye Irrit. 2; H319 Verursacht schwere Augenreizung; Spezifische Zielorgan-Toxizität (einmalige Exposition) Kategorie 3: STOT SE 3; H335 Kann die Atemwege reizen; Reproduktionstoxizität Kategorie 2 Repr. 2; H361f Kann vermutlich die Fruchtbarkeit beeinträchtigen; Langfristig gewässergefährdend Chronisch 2: Aquatic chronic 2; H411 Giftig für Wasserorganismen, mit langfristiger Wirkung.

Dispergiermittel →Netzmittel

Dispersionsfarben D. sind →Anstrichstoffe, in denen das Bindemittel in Wasser dispergiert (fein verteilt) vorliegt. D. werden im Innenbereich als Wand- und Deckenfarbe, aber auch als →Fassadenfarbe eingesetzt. Sie bilden den weitaus größten Teil der im deutschsprachigen Raum verwendeten Innenbeschichtungen.

Als Bindemittel sind Kunstharze oder Naturharze geeignet (D. mit Naturharzen →Naturharz-Dispersionsfarben). Übliche Bindemittel in Kunstharz-D. sind Acrylharze (Reinacyclatfarben) und Polyvinylacetat (→Latexfarben) sowie Copolymere (z.B. Styrol-Acrylat-Copolymer). Weiter werden in der DIN EN 13300 Alkydharze und Epoxidharze als Bindemittel genannt. Der Bindemittelanteil liegt mit ca. 5 % deutlich niedriger als bei →Dispersionslacken. Der Füllstoffanteil (Silikate, Calciumcarbonat, →Quarzmehl, →Cellulose, aber auch Polymerfüllstoffe) beträgt bis zu 40 %. In weißen D. ist →Titandioxid als Weißpigment enthalten. Die umweltbelastende Herstellung von Titandioxid schlägt in der Ökobilanz von D. deutlich zu Buche. Getönte Farben enthalten anorganische/organische Buntpigmente.

Zur Unterstützung der vollständigen Verfilmung werden – heute meist in geringen Mengen von deutlich unter 1 Gew.-% – Filmbildehilfsmittel eingesetzt (z.B. →Glykolverbindungen). Damit die Farbe bestimmte Eigenschaften erreicht, enthält sie weitere Zusätze, wie Netzmittel, Stabilisatoren, Entschäumungsmittel, Verdickungsmittel und Topfkonservierungsmittel. Als →Topfkonservierungsmittel werden vorwiegend →Isothiazolinone, →Formaldehyd oder →Formaldehydabspalter verwendet. Für Feuchträume werden spezielle Dispersionen mit fungiziden Zusätzen (→Filmkonservierungsmittel) angeboten.

Für den Innenbereich beschreibt die DIN EN 13300 die qualitative Einteilung von Wand- und Deckenfarben nach den Eigenschaften: Kontrastverhältnis (Deckvermogen), Glanz, maximale Korngröße und Nassabriebbeständigkeit. Das Deckvermögen wird bei der vom Hersteller angegebenen Ergiebigkeit ermittelt (z.B. Klasse 2 bei 7 m^2 je Liter). Die Korngröße von Innendispersionsfarben beträgt maximal 100 µm, darüber liegen die Streichputze. Die Klasse 3 der Nassabriebsbeständigkeit nach DIN EN 13300 entspricht der alten Bezeichnung „waschbeständig nach DIN 53778“, die Klasse 2 der alten Bezeichnung „scheuerbeständig nach DIN 53778“.

Wenngleich Kunstharz-D. im Vergleich zu früheren Produkten dampfdurchlässiger sind, sind sie dampfdichter als z.B. Naturharzdispersionen, →Kaseinfarben, →Leimfarben oder →Mineralfarben.

Lösemittelfreie D. sind am GISCODE M-DF01 erkennbar, D. für den Innenbereich weisen heutzutage jedoch generell einen vergleichsweise geringen Lösemittelgehalt auf. Dennoch können D. auch heute noch Inhaltsstoffe enthalten, die zu einer Emission von gesundheitsgefährlichen Substanzen in die Raumluft führen können, z.B. Glykolverbindungen, Weichmacher, Konservierungsmittel oder Restmonomere. Einige Inhaltsstoffe (v. a. die Konservierungsstoffe) können zu Reizungen und allergischen Reaktionen führen. Die bekannten Umweltzeichen schließen die Verwendung von Weichmachern und problematischen Glykolverbindungen aus und begrenzen den Einsatz von Konservierungsmitteln.

Dispersionskalkfarben D. sind →Kalkfarben mit einem Anteil an Kunstharzbinder. Durch die Dispersionszugabe können Kalkfarben in Innenräumen wie →Dispersionsfarben verarbeitet werden. Aus D. können im Gegensatz zu den echten Kalkfarben →VOC oder SVOC emittieren, die Kunstharzanteile sind aber zumeist geringer als in Dispersionsfarben.

Dispersionsklebstoffe D. sind lösemittelarme oder lösemittelfreie →Klebstoffe aus in Wasser dispergierten →Kunstharzen oder →Naturharzen. Zu den eingesetzten Kunstharzen gehören vor allem →Polyvinylacetat, →Polyisobutylen, →Acrylharze, Homo- und Copolymerisate des →Vinylacetats und -propionats, Polyvinylether und mit rückläufiger Bedeutung →Styrol-Butadien-Kautschuk. Als Copolymere werden Maleinsäureester, Acrylsäureester und Ethylen verwendet. Zu den eingesetzten Naturharzen zählen →Naturkautschuk und →Kolophonium. Der Feststoffgehalt von D. (30 bis 70 %) ist bedeutend höher als bei den →Lösemittelklebstoffen. Neben den Hauptbestandteilen werden →Ester (z.B. Butylacetat) zur Verbesserung der Filmbildeeigenschaften oder Weichmacher (z.B. Phthalate, 2 bis 6 %) zugesetzt. Als Hilfsstoffe werden Verdickungsmittel (→Methylcellulose), Stabilisatoren (→Polyvinylalkohol), Entschäumer, Netz- und Dispergiermittel sowie →Konservierungsmittel (v. a. →Isothiazolinone) eingesetzt.

Da das Wasser des Klebstoffs bei der Verklebung teils verdunstet, teils vom Untergrund aufgenommen werden soll, sind für den Einsatz dieser Klebstoffe saugende Untergründe erforderlich. Beim Einsatz als →Parkettklebstoff ist das mögliche Quellen der Holzböden zu beachten. D. brauchen teilweise längere Trocknungszeiten und müssen konserviert werden. Unterschiedliche D. sind:

- Nassklebstoffe mit erhöhtem Wasseranteil
- →Haftklebstoffe mit verlängerter offener Zeit
- Teppichklebstoffe mit erhöhter Anfangs- und Endklebekraft
- →Kontaktklebstoffe auf wässriger Basis

Für jeden →Bodenbelag gibt es einen geeigneten D. Es werden z.B. D. angeboten, die rollstuhlgeeignet, fußbodenheizungsgeeignet oder für ableitfähige Verlegungen geeignet sind. D. auf Naturharzbasis werden vor allem zum Verkleben von →Linoleum, →Kork, →Textile Bodenbeläge, →Keramik und →Holz verwendet. Der als Weißleim bekannte Klebstoff zur Verbindung von Holzteilen ist ein D. auf der Basis von Polyvinylalkohol (→Holzleim). D. sind die meistproduzierten Klebstoffe in Deutschland.

Da D. auf Wasser basieren, sind sie nicht feuergefährlich und entwickeln beim Verkleben keine explosiven Gase und geringere Mengen gesundheitsschädlicher Emissionen. Trotzdem sollten auch D. nur bei ausreichender Lüftung verarbeitet werden. Bei der Auswahl sind die eingesetzten Additive, vor allem die Konservierungsmittel und Weichmacher, zu beachten. Die Konservierungsstoffe können formaldehydhaltig sein. D. enthalten zwar keine oder nur eine geringe Menge an flüchtigen Lösemitteln, die schwerflüchtigen Ersatzstoffe (häufig →Glykolverbindungen) können aber zu langanhaltenden Emissionen in die Innenraumluft führen und damit problematisch für die Nutzer sein. Es ist daher empfehlenswert, ausschließlich emissionskontrollierte D. zu verwenden (→EMICODE für Verlegwerkstoffe). Unter Einbeziehung des →Lebenszyklus sind insbesondere die →Natur-Klebstoffe der Naturfarbenhersteller eine umweltfreundlichere Alternative.

Dispersionslacke D. ist der Sammelbegriff für →Lacke auf der Basis von →Bindemitteln, die in Wasser dispergiert vorliegen. In der →Decopaint-Richtlinie werden D. als Lacke „auf Wasserbasis (Wb)“ angesprochen. Als Bindemittel dienen hauptsächlich →Acrylharz bzw. Styrol-Acrylat-Copolymere (→Acryllacke), die als 50 %ige Dispersion zu etwa 10 bis 15 % in D. enthalten sind. Es werden auch D. mit →Polyvinylacetat, →Polyvinylchlorid und →Polyurethan eingesetzt. →Alkydharz werden als Copolymere eingesetzt. D. haben einen Lösemittelgehalt von bis zu 16 %. Lösemittel in D. sind Glykole (Propylenglykol, Ethylenglykol), Alkohole (Ethanol, Butanol), Etheralkohole (2-Butoxyethanol, Butyldiglykol, Dipropylenglykolmonomethylether, 1-Methylpyrrolidon). D., die mit dem RAL-Umweltzeichen 12a gekennzeichnet sind (→Lacke), dürfen maximal 10 % Lösemittel und keine Schwermetall-Pigmente (→Pigmente) enthalten. Bleisikkative und →Konservierungsmittel dürfen aber bis 0,5 % enthalten sein. D. werden als Universal-, Rostschutz-, Fußboden-, →Heizkörper- und Fensterlacke verwendet.

D. gehören zu den →Kunstharzlacken mit den geringsten Auswirkungen auf Umwelt und Gesundheit. Durch die Verwendung von Wasser ist der Anteil an Lösemitteln herabgesetzt, es sind jedoch immer noch bis zu 16 % flüchtige organische Substanzen (→VOC) enthalten. Gerade die bei D. häufig verwendeten Glykole und →Glykolverbindungen wirken zum Teil erbgutschädigend. D. können bis zu 0,5 % →Topfkonservierer enthalten. Nach der Verarbeitung können →Restmonomere (Acrylsäure, Methacrylsäure, →Styrol u.a.) ausgasen. Weiterhin können toxische Emissionen von Lackhilfsstoffen (→Biozide) ausgehen. D. enthalten zudem →Alkalien. D. auf Polyvinylchlorid-Basis können →Weichmacher (→Phthalsäureester) emittieren. Als Alternative stehen →Naturharzlacke zur Verfügung.

Dispersionssilikatfarben Mit Kunstharzdispersionen versetzte →Silikatfarben. Durch die Dispersionszugabe können Silikatfarben wie →Dispersionsfarben verarbeitet werden. Aus D. können im Gegensatz zu den echten Silikatfarben →VOC oder SVOC emittieren, die Kunstharzanteile sind aber zumeist geringer als in Dispersionsfarben. D. sind als eigenständige Produktkategorie genormt und dürfen gemäß DIN 18363 maximal 5 % organische Bestandteile (Dispersion und Additive, bezogen auf den Lieferzustand des Beschichtungsstoffes) enthalten. Der organische – bezogen auf den trockenen – Bindemittelanteil beträgt tatsächlich bis zu 40 %. Die D. weisen dennoch eine hohe Wasserdampfdiffusionsfähigkeit auf und werden auch im Denkmalschutz eingesetzt. Beispiel für die Zusammensetzung einer Dispersions-Silikatfarbe: 29 % Wasserglas (ca. 30-%ig), 7 % Kunststoffdispersion (ca. 50-%ig), 34 % Füllstoffe, 6 % Pigmente, 24 % Wasser und Additive.

Distanzbodenhalter D. dienen der Aufständerung von Fußböden. Der dadurch entstehende Hohlraum bietet Platz für Wärmedämmung oder Installationsleitungen und anderer technischer Infrastruktur. Sie bestehen aus verzinktem Stahl (Stahlgewinde) und einem aufgesetzten Konus aus Aluminium. Über ein Kugelgelenk stehen sie in Verbindung mit dem Schallteller aus Gummi (im Durchmesser von 30 oder 50 mm).

Distelöl →Safloröl

Dithiocarbamate →Styrol-Butadien-Kautschuk

Diuron Wirkstoff, der als →Herbizid gegen Unkraut in der Landwirtschaft, in nicht-landwirtschaftlichen Anwendungen und an Gleisbetten eingesetzt wurde. Die Verwendung als nicht-landwirtschaftliches Pflanzenschutzmittel ist nicht mehr zugelassen. Seit 1997 ist auch die Anwendung in Gleisbetten gestoppt. D. wird noch als →Biozidprodukt gegen den Befall von Putzen und Anstrichen mit Algen eingesetzt. Aus den Beschichtungen (→Beschichtungsschutzmittel) wird D. durch Regeneinwirkung ausgewaschen. Aufgrund der Mobilisierbarkeit geht nach wenigen Jahren die Wirkung an der dem Regen zugewandten Fassadenseite oder auf Dächern verloren, vor allem, wenn D. nicht verkapselt ist (→Verkapselung). In Gewässern, aus denen Trinkwasser gewonnen wird, gelten für Pestizide Grenzwerte von 0,1 µg/l je Wirkstoff. Messungen der Länderarbeitsgemeinschaft Wasser (LAWA) belegen jedoch eine Überschreitung dieser Zielvorgabe in vielen Fälle. D. ist in der EU-Wasserrahmenrichtlinie als prioritärer Stoff gelistet. Das →Phenylharnstoffderivat D. hemmt die Photosynthese der Pflanzen, ist Carc. 2, Acute Tox. 4, STOT RE 2, Aquatic Acute 1, Aquatic Chronic 1 und als EDC 2-Stoff ein Kandidat für die Aufnahme in die →Cut-off-Liste. Die Auswirkungen von D. auf menschliche Gesundheit und Umwelt werden unter BPR seit 2014 im Rahmen der Stoffbewertung von Dänemark geprüft (ECHA 2015).

DMAC →Dimethylacetamid

DMF Dimethylformamid

DNA Abk. für Di-iso-nonyladipat. →Adipate

Dodecansäure →Fettsäuren

Dolomit D. ist ein natürliches Mineral (chemisch ein Calciummagnesiumcarbonat) und kommt häufig gemischt mit →Kalkspat (Calcit, Calciumcarbonat) als dolomitischer Kalkstein vor. D.-Sand wird ohne weitere Bearbeitung klassiert und in feiner

Körnung Putzen beigegeben. →D.-Kalk ist gebrannter D.

Dolomitkalk D. ähnelt dem →Weißkalk, weist jedoch einen höheren Gehalt an Magnesium (Magnesiumoxid > 10 %) auf und ist daher langsamer löschend. Er ist etwas ergiebiger als Weißkalk und leicht grau gefärbt (frühere Bezeichnung: Graukalk). Die Herstellung erfolgt aus →Dolomit, das zu Calciumoxid und Magnesiumoxid gebrannt wird. →Baukalke

Doppel-T-Träger D. sind balkenförmige Werkstoffe mit Gurten aus →Massivholz oder →Furnierschichtholz und Stegen aus Vollholz, Dreischicht-Massivholzplatten, →Hartfaserplatten, →Sperrholz, →Spanplatten, →OSB-Platten oder Stahlblech. D. werden in der Regel für Bauteile eingesetzt, die auf Biegung beansprucht werden.

Douglasie Das →Splintholz ist von gelblicher bis rötlich-weißer Farbe, das →Kernholz frisch gelblichbraun bis rötlich-gelb, Äste dunkelrotbraun, im Licht stark braunrot nachdunkelnd und dem Lärchenholz (→Lärche) sehr ähnlich. D. hat eine schlichte bis dekorative Zeichnung.

D. ist ein mittelschweres, relativ hartes Holz und harzhaltig. Es zeigt gute Festigkeits- und Elastizitätseigenschaften. D. ist mäßig schwindend mit gutem Stehvermögen, die mittlere Rohdichte der Douglasie beträgt 510 kg/m^3.

Die Oberflächen lassen sich ohne Probleme behandeln. Der Witterung ausgesetzt ist das Kernholz von guter Dauerhaftigkeit. Bei der Verarbeitung ist auf Schutz vor →Holzstaub (krebsverdächtig) zu achten. Starker Harzgeruch, der Staub schleimhautreizend, Störung der Lackierung durch Harz möglich.

D. findet Verwendung als Bau- und Konstruktionsholz, für Außenfassaden, Dachüberstände, Balkone, Haustüren, Garagentore und Fenster, weiterhin als Ausstattungsholz für Möbel, im Innenausbau für Wand- und Deckenbekleidungen, Treppen sowie für Fußböden. Ursprüngliche Herkunft westliches Nordamerika, inzwischen große lokale Mengen in Deutschland verfügbar.

Downcycling Der Begriff D. wurde von Kritikern der industriellen Recyclingversprechen eingeführt und bezeichnet ein →Recycling-Verfahren, bei dem ein Werkstoff zu einem qualitativ minderwertigen Produkt wiederverwertet wird (z.B. Kunststoffabfälle zu Parkbänken), was zumeist mit den mangelhaften Sortenreinheiten der Sammelfraktionen zu tun hat. Bei sortenreiner Trennung sind meistens auch cradle-to-cradle-Kreisläufe möglich. Gegensatz dazu „Upcycling".

DPAP 2,2-Dimethoxy-2-phenyl-acetophenon. →Fotoinitiatoren

DPG →Diphenylguanidin

DPL →Laminat-Bodenbeläge, bei denen die Papierlagen direkt auf das Trägermaterial verpresst (DPL – direct pressed laminate) werden. DPL-Böden bestehen aus vier Schichten:

1. Overlay: widerstandsfähige Schutzschicht des Dekorpapiers und pflegeleichte Oberfläche
2. Dekorpapier
3. Holzkern-Trägerplatte
4. Gegenzugschicht als feuchtigkeitshemmender Spannungsausgleich von der Ober- zur Unterseite zur Formstabilisierung

Bei der Herstellung werden die Schichten unter Druck und Hitze zu Ausgangsplatten gepresst und nach der Abkühlung profiliert. D. werden mit einer Nut- und Feder-Verbindung oder als Click-System hergestellt.

Drahtziegelgewebe D. besteht aus einem Drahtgeflecht, an dessen Kreuzungsstellen Keramikteilchen aufgepresst werden. Es dient als Putzträger.

Drainageplatten D. bestehen aus →Bitumen-gebundenen →Polystyrolkugeln. Je nach Produkt dienen sie als Sickerschicht bzw. Schutz von abgedichteten Kelleraußenwänden vor mechanischen Beschädigungen. Die Platten werden mit einem handelsüblichen lösemittelfreien Bitumenkleber flächendeckend auf der Abdichtung verlegt. Mit Schadstoffemissionen während der Nutzung ist aufgrund der Zusammensetzung des Produktes nicht zu rechnen.

Dünnbettmörtel D. werden mit Feinzuschlägen mit max. 1 mm Korngröße hergestellt und werkseitig als Trockenmörtel vorgefertigt. Sie finden Verwendung zur Herstellung von Mauerwerk mit nur 1 bis 3 mm dicken Fugen. D. führen zu einer verbesserten Wärmedämmung, da ein praktisch fugenloses Mauerwerk entsteht. Zur besseren Verarbeitung sind häufig organische Zusätze beigegeben, die evtl. toxisches Potenzial aufweisen können.

Dünnbettverfahren Das D. stellt das heute meist angewandte Verfahren zum Verlegen von →Fliesen dar. Es setzt planebene Untergründe voraus. Für das

Dünnbettverfahren können →Dispersionsklebstoffe, →Pulverklebstoffe und Zwei-Komponenten-Klebstoffe verwendet werden (→Fliesenklebstoffe). Der gebrauchsfertige oder angemischte Fliesenklebstoff wird mit einem Zahnkamm oder einer Zahnkelle auf eine Teilfläche des Untergrunds aufgezogen und gleichmäßig durchgekämmt. Die Fliesen werden in das frische Kleberbett gedrückt und exakt ausgerichtet. Laien können zur Sicherung eines ebenmäßigen Fugenbilds Fliesenlegerkreuze verwenden.→Dickbettverfahren, →Mittelbettverfahren

Duodach Beim D. befindet sich die Wärmedämmung unter und über der →Dachabdichtung. Der obere Teil funktioniert wie ein →Umkehrdach, die Wärmedämmung zwischen Dampfsperre und Dachabdichtung entspricht einem →Warmdach. Der Vorteil des D. liegt im Schutz der →Dachhaut vor Verletzungen. Die richtige Planung eines D. sollte immer durch eine bauphysikalische Berechnung z.B. mit WUFI geprüft werden.

E

EAK Europäischer Abfallkatalog. Mit der Entscheidung 94/904/EG (ABl. L 356) des Rates wurde ein gemeinschaftliches Verzeichnis gefährlicher Abfälle geschaffen. Diese Entscheidung wurde durch die Entscheidung 2000/532/EG (ABl. L 226) der Kommission ersetzt (EU-Abfallverzeichnis von 2001). Die nationale Umsetzung erfolgte in der nationalen, 2016 novellierten →Abfallverzeichnisverordnung AVV.

ECA Abk. für European Collaborative Action. Die ECA „Indoor Air Quality and its Impact on Man" ist ein europäisches Gremium, das sich im pränormativen Bereich mit Fragen der Bewertung von →VOC-Emissionen aus Bauprodukten befasst. ECA-Bericht Nr. 18 (1997): „Evaluation of VOC-Emissions from Building Products" (Bewertungsschema für Emissionen aus Fußbodenbelägen). Bildete eine relevante Grundlage für die Erstellung des →AgBB-Schemas mit der Integration der bauüblichen Abklingrate der Emissionen nach 3 und nach 28 Tagen.

ECB-Dichtungsbahnen E. bestehen aus Ethylen-Copolymerisat-Bitumen, einer schwarzfarbigen Mischung aus 20 bis 50 % Bitumen, 50 bis 80 % Ethylen-Acrylsäureester-Copolymerisat und Additiven. Für spezielle Anforderungen, z.B. bei rauem Untergrund oder Dachsanierungen, werden Produkte mit zusätzlicher Polyesterkaschierung auf der Unterseite angeboten. E. werden bei Verarbeitungstemperaturen von 160 bis 230 °C aus ECB-Granulat extrudiert und mit einem mittig eingelagerten Glasvlies hergestellt. Die homogen in die Polymermatrix eingelagerten kugelförmigen Bitumenteilchen wirken im Kunststoffgefüge wie ein Weichmacher und inneres Gleitmittel, sodass der Kunststoff im niedrigen Temperaturbereich quasi elastisches Verhalten zeigt. Sie garantieren außerdem die Bitumenverträglichkeit und die Witterungsstabilität. Das Polymer ist verantwortlich für die Festigkeit, Zähigkeit, Wärmestandfestigkeit, chemische Resistenz und das Kältebiegeverhalten. Die 2 mm starken Bahnen werden einlagig verlegt (lose verlegt, mechanisch verankert, bitumig oder mit Polyurethanklebern streifenweise verklebt) und die Naht durch Heißluftverschweißung verfugt. E. sind bitumen- und polystyrolverträglich, ihre Schweißnähte gelten als wurzelfest und verrottungsbeständig. Neben der Flach- und Gründachabdichtung haben sich E. u.a. auch bei Grundwasser-, Teich-, Fundament- und Böschungsabdichtung sowie im Tiefbau bewährt. Durch Verschiebung der Bitumen- und Polymeranteile sowie die Zugabe von Farbpigmenten kann ECB so gestaltet werden, dass sich die technischen Eigenschaften und die Farben nur unwesentlich von →TPO-Bahnen unterscheiden.

Durch den Verzicht auf Chlor und Weichmacher sind E. eine umweltverträgliche Alternative zu →PVC-Dichtungsbahnen. Bei der Herstellung von E. treten Temperaturen über 80 °C auf, damit sind Emissionen von Bitumendämpfen und -aerosolen (Kat. 2 der krebserzeugenden Arbeitsstoffe gem. →MAK-Liste, siehe auch →Bitumen) nicht auszuschließen, von einer Einhaltung des Grenzwertes von 10 mg/m^3 ist aber auszugehen. Die Maximaltemperaturen, die während der Nutzung im Hochbaubereich auftreten, liegen bei ca. 100 °C auf Dächern, relevante Emissionen von Bitumeninhaltsstoffen in die Umwelt treten dabei nicht auf. E. haben einen relativ hohen Heizwert und können in Müllverbrennungsanlagen entsorgt werden.

ECO-Umweltinstitut Das E. mit Sitz in Köln prägte Anfang der 1980er-Jahre den Begriff der Ökologischen Produktprüfung. Darunter versteht man die Prüfung von Produkten auf gesundheitlich-ökologische Parameter wie das Emissionsverhalten (Bauprodukte für den Innenraum).

Durch eine Reihe von Regelwerken auf nationaler und europäischer Ebene wurden in den letzten Jahren bestimmte Anforderungen an die gesundheitlich-ökologische Qualität von (Bau-)Produkten auch gesetzlich festgelegt (→Bauproduktenrichtlinie).

Arbeitsschwerpunkte des E. sind neben der Ökologischen Produktprüfung (Bauprodukte, Bedarfsgegenstände u.a.) die Ökologische Baubegleitung (Bewertung von Bauprodukten im Rahmen von Bauvorhaben) sowie der Bereich Gebäude-Schadstoffe (Erfassung, Bewertung, Sanierungsplanung). Das E. ist aktiv beteiligt an der Entwicklung von Gütesiegeln für Bauprodukte und Materialien für den Innenraum (z.B. →natureplus, →Kork-Logo, QUL, ECO-Zertifikat Produkt Emissionsarm). Es ist Mitglied der Arbeitsgemeinschaft Ökologischer Forschungsinstitute (→AGÖF).

Edelkastanie (Castanea sativa) EN-Kurzzeichen: CTST. Das schmale →Splintholz ist gelblichweiß bis grau gefärbt, das →Kernholz von gelbbrauner bis dunkelbrauner Farbe, nachdunkelnd. E. ist

grobporig, mit sehr deutlich sichtbaren Jahrringen und dekorativer Zeichnung.
E. ist ein mittelschweres und relativ hartes Holz mit mittleren Festigkeits- und Elastizitätseigenschaften, die mittlere Rohdichte wird nach DIN 68364 mit 590 kg/m^3 angegeben. Darrdichte 530 kg/m^3, Brinellhärte 18 N/mm^2. Es ist etwas wenig schwindend und hat nach der Trocknung gutes Stehvermögen. Die Behandlung der Oberflächen bereitet keine Schwierigkeiten. Der Witterung ausgesetzt und in ständigem Wasser- und Erdkontakt ist E. gem. DIN EN 350 DC 2 dauerhaft. Bei der Verarbeitung ist auf Schutz vor →Holzstaub (krebserzeugend gem. →TRGS 906) zu achten.
Wegen des begrenzten Mengenanfalls wird E. als Holzart im deutschsprachigen Raum selten eingesetzt. Es ist ein gutes Konstruktionsholz im Innen- und Außenbau und bietet sich ferner für Füllungen im Möbelbau sowie im Innenausbau für Täfelungen und Parkett sowie für Treppen und Türen an.

Edelstähle E. sind Stahlsorten, die eine große Reinheit aufweisen und für eine Wärmebehandlung bestimmt sind. Dazu gehören fast alle legierten →Stähle. Unlegierte E. weisen gegenüber unlegierten →Qualitätsstählen einen höheren Reinheitsgrad insbesondere hinsichtlich nichtmetallischer Einschlüsse auf, sind für Vergütung oder Oberflächenhärtung geeignet und erfüllen besondere Anforderungen z.B. an die Verformbarkeit und Schweißeignung. Zu den unlegierten E. gehören z.B. Spannbetonstähle. Legierte E. sind Stähle mit genauer Einstellung der Legierungselemente, der Herstellungs- und Prüfbedingungen. Die Bezeichnung erfolgt auch nach dem Stahlveredler, z.B. Chromstahl oder Molybdänstahl. Je nach Behandlung lassen sich nicht rostende (→Nicht rostende Stähle), hitzebeständige, besonders harte, säurebeständige, schweißbare u.a. E. herstellen. Legierte E. dienen als Stähle für den Stahl- und Maschinenbau.

Effektive Dosis Die physikalischen und biologischen Auswirkungen durch →Ionisierende Strahlung beim Menschen werden durch verschiedene Dosisgrößen charakterisiert, u.a. die E., die in Millisievert (mSv) angegeben wird. Die E. ist ein Maß für die Strahlenexposition, d.h. die Strahlenbelastung des Menschen. Sie beruht auf der Energiedosis als Maß für die von einem Stoff aufgenommene Energie. Eine gegebene Strahlensituation kann in die sich daraus ergebende Strahlenbelastung umgerechnet werden, indem man die Energiedosis mit einem Umrechnungsfaktor (Strahlungswichtungsfaktor) multipliziert. Dieser berücksichtigt, dass die verschiedenen Strahlenarten (z.B. Alpha-, Beta-, Gammastrahlung) unterschiedliche biologische Strahlenwirkungen haben.

Effizienz →Nachhaltigkeitsstrategien

Eiche (Quercus) EN-Kurzzeichen gem. DIN EN 13556 Europäische Eiche: QCXE; EU. Das schmale →Splintholz ist gelblich-weiß bis grau, das →Kernholz grau-gelb, hell- bis dunkelbraun gefärbt, nachdunkelnd. Das Holz ist grobporig mit sehr deutlichen Jahrringen und dekorativer Zeichnung.
E. ist mittelschwer bis schwer und hart, mit guten Festigkeits- und Elastizitätseigenschaften und hohem Abnutzungswiderstand. Die mittlere Rohdichte von Eiche beträgt 710 kg/m^3. Darrdichte 670 kg/m^3, Brinellhärte 34 N/mm^2. Das Holz ist normal schwindend und zeigt gutes Stehvermögen. Die Oberflächenbehandlung ist problemlos. Das Holz wirkt korrodierend auf Eisen. Das Kernholz ist hoch witterungsbeständig und unter Wasser nahezu unbegrenzt haltbar. Das Splintholz ist äußerst pilzanfällig. Der Witterung ausgesetzt und in ständigem Wasser- und Erdkontakt ist E. gem. DIN EN 350 DC 2-4. Eichenholzstaub ist gemäß TRGS 906 als krebserzeugend eingestuft. Besonders Parkettleger sind durch den beim Schleifen von Parkett und anderen Holzfußböden entstehenden Holzstaub gefährdet (→Holzstaub).
Es gilt zu berücksichtigen, dass es viele verschiedene Eichenarten gibt. So sind die Einstufungen für die amerikanische Roteiche, die mittlerweile in Europa auch beträchtliche Bestände aufweist, deutlich abweichend. Ob Flaumeiche, Traubeneiche und Steineiche neben der Stieleiche alle unter Europäischer Eiche zusammenzufassen sind, muss noch geklärt werden.
E. findet als grobjähriges „hartes" Holz Verwendung im Hoch-, Tief- und Wasserbau, für Fenster und Türen, im Fahrzeugbau, für Eisenbahnschwellen, Werkzeuge und Werkzeugstiele, Gussmodelle sowie Leitern. Feinjähriges „mildes" Holz dient vielseitig im Möbelbau und im Innenausbau für Wand- und Deckenbekleidungen, Treppen und Fußböden (Parkett [→Holzparkette], Dielenböden [→Holzdielen] und →Holzpflaster) sowie Inneneinrichtungen und Einbaumöbel.

Eichenholz-Staub Gem. TRGS 905 gehört E. zur Kategorie 1 (Stoffe, die beim Menschen Krebs erzeugen, gesicherte kanzerogene Wirkung). Eine beruflich bedingte Erkrankung an einem Nasen- oder Nasennebenhöhlenkarzinom durch Buchen- oder Eichenholzstaub ist eine anerkannte Berufskrankheit (Hauptgruppe IV, BK 4203). Empfehlungen für alle Tätigkeiten bei der Be- und Verarbeitung von Holz und Holzwerkstoffen gem. TRGS 553. →Holzstaub

Einfachverglasung E. wird heute aufgrund des schlechten →U-Werts im Baubereich als Basisprodukt zur Weiterverarbeitung zu höherwertigen Funktionsgläsern oder als Teil eines Kastenfensters im Bestandsbau oder für wärmeschutztechnisch untergeordnete Einsatzzwecke (z.B. Gewächshäuser) verwendet. →Fensterglas, →Wärmeschutzverglasungen

Eingreifwert/Eingriffswert →Interventionswert

Eisen E. ist das am meisten verbreitete →Schwermetall. Es ist nach Sauerstoff, Silicium und Aluminium das vierthäufigste Element in der Erdkruste. In der Natur kommt es in Form von Magneteisenstein (Magnetit), Roteisenstein (Hämatit), Brauneisenstein (Limonit) und Spateisenstein (Siderit) vor. E. ist das häufigste Gebrauchsmetall. Die technische E.-Gewinnung erfolgt durch Umsetzung der E.-Erze mit Koks im Hochofen. Die Welterzeugung an Roheisen betrug 1994 etwa 560 Mio. Tonnen. Im Baubereich findet chemisch reines E. wegen seiner geringen Festigkeit keine Verwendung. Durch Bildung von Legierungen mit anderen Elementen, insbesondere Kohlenstoff, Silizium, Aluminium, Titan, Mangan, →Chrom, →Nickel und Molybdän, werden die Gebrauchseigenschaften wesentlich verbessert (→Gusseisen, →Stahl). E. ist an trockener Luft korrosionsbeständig, an der Außenluft ist E. das korrosionsanfälligste Gebrauchsmetall. Eisen ist für den Menschen essenziell. Eingeatmete E.-haltige Stäube und Rauche von Eisenoxiden (Magnetit, Hämatit und Limonit) verursachen die Rote Eisenlunge (Speicherung der Stäube und Rauche in der Lunge, Siderosen). Die Schweißerlunge ist eine Eisenoxid-Speicherlunge. →Roheisen

Eisenportlandzement Alte Bezeichnung für →Portlandhüttenzement.

Elastomerbahnen →Kautschuk-Dichtungsbahnen

Elastomerbitumen E. zeichnet sich durch sein gummielastisches Verhalten, geringe Temperaturempfindlichkeit, Biegsamkeit in der Kälte, hohe Wärmestandfestigkeit und Dehnfähigkeit, lange Lebensdauer mit hoher Witterungs- und Alterungsbeständigkeit aus. Es wird aus Elastomer (Styrol-Butadien-Styrol) modifiziertem →Destillationsbitumen hergestellt. Mit zunehmendem SBS-Anteil bekommt das Bitumen ein kautschukartiges Verhalten, wobei die Kautschukeinmischung bis zu 20 % betragen kann. Da ein höherer Kautschukanteil die Verlegung und Verschmelzung der Bahnen erschwert, werden Bitumenschweißbahnen meist mit besonders schmelzfähigen Deckschichten auf der Bahnenunterseite ausgebildet. Das Kürzel für E.-Bahnen ist PYE. Bitumenabdichtungen aus E. dürfen nie ohne Abstrahlschutz der Witterung ausgesetzt sein. E.-Bahnen werden daher am häufigsten als oberste Abdichtungslage verwendet, wenn ein Oberflächenschutz wie Bekiesung oder Begrünung gegeben ist. →Polymerbitumen

Elastomer-Bodenbeläge →Gummi-Bodenbeläge, EPDM-Bodenbeläge

Elastomere E. sind →Kunststoffe mit weitmaschig vernetzten Molekülgruppen. E. verhalten sich oberhalb des →Erweichungstemperaturbereiches bis zum Zersetzungstemperaturbereich gummielastisch. E. können mit geringen Kräften um mehrere 100 % gedehnt werden, beim Entlasten kehren die gestreckten Molekülfäden in ihre ursprüngliche Lage zurück. Beispiele: Siliconkautschuk, →Polyurethan

Elektrokabel →Kabelisolierungen

Elektrosensibilität Umschreibung für eine subjektiv empfundene, besondere Empfindlichkeit gegenüber niederfrequenten und hochfrequenten elektromagnetischen Feldern. Elektromagnetische Felder werden als Ursache für verschiedene Befindlichkeitsstörungen wie Kopf- und Gliederschmerzen, Schlaflosigkeit, Schwindelgefühle, Konzentrationsschwächen oder Antriebslosigkeit gesehen. Ein wissenschaftlicher Nachweis für einen ursächlichen Zusammenhang zwischen den Beschwerden und dem Einwirken niederfrequenter oder hochfrequenter elektromagnetischer Felder konnte bisher nicht erbracht werden. Netzfreischaltungen helfen vorbeugen.

Elektrosmog Der Begriff E. ist ein Kunstwort, zusammengesetzt aus dem englischen *smoke* für Rauch und *fog* für Nebel und soll damit den umweltbelastenden Faktor der künstlich erzeugten Felder herausstellen.

Das elektromagnetische Umfeld des Menschen hat sich in den letzten einhundert Jahren stark verändert. Elektrische Energie wurde überall verfügbar und universell einsetzbar. Mittlerweile sind elektromagnetische Felder allgegenwärtig. Unterschieden werden niederfrequente und hochfrequente Felder. Hochfrequente Felder gehen z.B. von Rundfunksendern, Mobilfunknetzen und -telefonen, schnurlosen Telefonen oder von kabellosen Netzwerken bzw. Internetverbindungen (W-LAN) aus. Der mögliche Maximalwert des *elektrischen Feldes* hängt immer von der elektrischen Spannung und der Anordnung der Leiter ab, die zwischen der für die Stromversorgung benutzten Vorrichtung und der Masse/Erde vorhanden ist. Mit zunehmendem Abstand von den spannungsführenden Teilen nimmt das elektrische Feld rasch ab. Die Einheit für die elektrische Feldstärke ist Volt pro Meter (V/m).

Die Stärke des *magnetischen Feldes* hängt direkt vom elektrischen Strom ab, der durch die jeweiligen Kabel, Schalter, Geräte usw. und deren Anordnung fließt. Das erzeugte Magnetfeld durchdringt dabei jede Materie. Mit zunehmender Entfernung von den Strom führenden Teilen nimmt das magnetische Feld generell ab. Die Einheit für die magnetische Feldstärke ist Ampere pro Meter (A/m) bzw. für die magnetische Flussdichte Tesla (T).

Elektrische Wechselfelder führen zu einer Verschiebung freier Ladungsträger auf der Hautoberfläche, was zu Potenzialausgleichsströmen führt. Magnetische Wechselfelder verursachen im Körper frequenzabhängige Wirbelströme (Induktionseffekt), die biologische Reizwirkungen und Erwärmung hervorrufen können. Als Maß für gesundheitlich nachteilige biologische Wirkungen elektrischer und magnetischer Felder wird die im Körper erzeugte mittlere Stromdichte angesehen. Darauf basieren die vorhandenen Grenzwerte der 26. BImSchV für elektrische und magnetische Felder. Allerdings gibt es neben der induzierten Körperstromdichte (thermische Wirkung) noch Hinweise auf andere krank machende biologische Effekte (athermische Wirkung). Aus diesem Grund engagieren sich verschiedene Institute und gesellschaftliche Gruppen für deutlich niedrigere Richtwerte.

Elektrospeicherheizgeräte Die Verwendung von E. begann in größerem Umfang etwa 1950. Geräte bis einschließlich Baujahr 1976/1977 (in den neuen Bundesländern bis in die 1980er-Jahre) enthalten meist →Schwach gebundene asbesthaltige Bauteile (→Asbest).

Asbest wurde in E. verwendet für:

- Kernsteinträger
- Dichtungsstreifen an der Bypassklappe
- Seitliche, obere bzw. untere Dämmung
- Distanzstreifen zwischen den Kernsteinen im Luftstrom
- Dichtungsmaterial an der Lüfterschublade
- Heizkörperflanschdichtungen im elektrischen Schaltraum
- Dämmstoffhülsen für die Steuerpatrone
- Komplette Rückwände
- Verdrahtung

Je nach Art und Umfang der verwendeten Materialien werden drei Gerätegruppen unterschieden:
Gruppe 1: Geräte ohne asbesthaltige Materialien
Gruppe 2: Geräte mit asbesthaltigen Materialien in Kleinteilen
Gruppe 3: Geräte mit asbesthaltigen Materialien größeren Umfangs

Bei den Geräten der Gruppe 3 befinden sich die asbesthaltigen Bauteile im Luftstrom des Geräteventilators (z.B. Kernsteinträger) und es muss mit einer Faserfreisetzung in die Raumluft gerechnet werden. Genaue Informationen zur Asbesthaltigkeit eines E. erhält man unter Angabe von Hersteller, Gerätetyp und Baujahr von den Energieversorgungsunternehmen. Das Typenschild mit den notwendigen Angaben befindet sich meist an der Seite oder auf der Rückseite des Gerätes. Als vorläufige Sicherungsmaßnahme bei Geräten der Gruppe 3 kann der Ventilator durch ein Elektrounternehmen außer Betrieb genommen und zusätzlich die Ausblasöffnung von außen durch Abkleben dicht verschlossen werden. Asbesthaltige Materialien können sich auch außerhalb des Gerätes befinden: als Platte zwischen Gerät und Fußboden oder als Verkleidung der Heizkörpernische.

Aufgrund hoher Konzentrationen an wasserlöslichem →Chrom in den Speichersteinen müssen die feuerfesten Steine als Sondermüll entsorgt werden. Die in E. verwendeten Mineralwolle-Dämmstoffe können bei der ersten Inbetriebnahme des Gerätes erhebliche Mengen →Formaldehyd aus dem Bindemittel freisetzen (Phenol-Formaldehyd-Harz). Solche Emissionen können mehrere Monate anhalten.

→Künstliche Mineralfasern (KMF) der alten Generation sind als krebserzeugend oder als krebsverdächtig eingestuft. In dem im Luftaustrittsschacht

abgelagerten Staub werden hohe Gehalte an KMF gefunden. In der austretenden Luft wurden KMF-Konzentrationen bis > 2.000 F/m^3 festgestellt.
In elektrotechnischen Bauteilen der E. können →Polychlorierte Biphenyle (PCB) enthalten sein. Aufgrund hoher Umwandlungsverluste und Schadstoffemissionen bei der Stromerzeugung sind E. ökologisch und wirtschaftlich schlechte Heizungssysteme.

Elektroverdampfer E. enthalten Plättchen mit bioziden Wirkstoffen, die sich durch einen elektrischen Widerstand erwärmen. Dadurch geben sie den Wirkstoff permanent an die →Inneraumluft ab. Als Wirkstoffe werden meist →Pyrethrum oder die →Pyrethroide Transfluthrin bzw. Bioallethrin eingesetzt. Vom Einsatz der E. ist grundsätzlich abzuraten.

Eloxierte Aluminiumbleche Das Eloxieren ist das im Bauwesen überwiegende Oberflächenbehandlungsverfahren von →Aluminium. Die Herstellung von E. erfolgt mittels anodischer Oxidation der zu behandelnden Oberfläche und Bildung einer dickeren, widerstandsfähigen Oxidationsschicht. →Aluminiumbleche

EMICODE Das Produkt-Kennzeichnungssystem E. kennzeichnet emissionskontrollierte Verlegewerkstoffe wie Klebstoffe, Grundierungen, Spachtelmassen und Unterlagen. Das Label E. wird von der Gemeinschaft Emissionskontrollierte Verlegewerkstoffe (GEV) vergeben, in der sich Unternehmen der deutschen Klebstoffindustrie zusammengeschlossen haben. Zweck dieser Initiative ist es, Planern, Verbrauchern und Fachhandwerkern eine Orientierungshilfe bei der Beurteilung und Auswahl von Verlegewerkstoffen insbesondere unter dem Gesichtspunkt der Emissionen zu geben. →AgBB-Schema, →EPDs der Hersteller

Tabelle E1: TVOC-Anforderungen an das Emissionsverhalten von Verlegewerkstoffen nach EMICODE

Vorstriche, Grundierungen	TVOC [µg/m^3]
EMICODE EC 1, sehr emissionsarm	< 100
EMICODE EC 2, emissionsarm	100 bis 300
EMICODE EC 3, nicht emissionsarm	> 300

Tabelle E1: TVOC-Anforderungen an das Emissionsverhalten von Verlegewerkstoffen nach EMICODE (Forts.)

Spachtelmassen, Fliesen- und Fugenmörtel	
EMICODE EC 1, sehr emissionsarm	< 200
EMICODE EC 2, emissionsarm	200 bis 600
EMICODE EC 3, nicht emissionsarm	> 600
Bodenbelag-, Parkett- und Fliesenklebstoffe sowie Unterlagen	
EMICODE EC 1, sehr emissionsarm	< 500
EMICODE EC 2, emissionsarm	500 bis 1.500
EMICODE EC 3, nicht emissionsarm	> 1.500

Emission E. ist die Abgabe von Stoffen, Energie oder Strahlung an die Umgebung durch eine Quelle, z.B. →VOC, vgl. gegenüber →Immission.

Emissionsarme Bauprodukte Emissionen stellen ein wesentliches Qualitätsmerkmal zur Beurteilung von Bauprodukten für den Innen- und Außenbereich dar. Emissionen lassen sich qualitativ (Art der Stoffe) und quantitativ (Menge der emittierten Stoffe) beschreiben. Es gibt derzeit keine allgemeingültige Definition für E. Folgende Kriterien sind geeignet, besonders flüchtige E. zu beschreiben:

- Niedrige, einzelstoffbezogene Grenzwerte für VOC, z.B. CMR-VOC: 1 µg/m^3
- Niedrige, summenbezogene Grenzwerte, z.B. TVOC: 300 µg/m^3, Summe SVOC: 100 µg/m^3
- Kein unangenehmer, untypischer und inakzeptabel intensiver Geruch

→natureplus, →Blauer Engel, →EMICODE, →AgBB

Emissionsklassen Die E. sind eine Einteilung von →Spanplatten und anderen plattenförmigen →Holzwerkstoffen nach ihrer Formaldehyd-Ausgleichskonzentration (→Formaldehyd) in einer →Prüfkammer. Das heißt, die E. geben Auskunft über die Höhe der Formaldehydausgasung bei festgelegten Randbedingungen wie Luftwechselzahl (1/h) und Raumbeladung (1 m^2/m^3). Die Einteilung erfolgt in drei Emissionsklassen:

E1:	Formaldehyd-Ausgleichskonzentration unter 0,1 ppm
E2:	Formaldehyd-Ausgleichskonzentration 0,1 bis 1,0 ppm
E3:	Formaldehyd-Ausgleichskonzentration über 1,0 ppm

Danach werden die Spanplatten für den Baubereich je nach Formaldehydabgabe in die E. E1, E2 und E3 unterteilt. Die E. beziehen sich auf Platten, die in einem Prüfraum zu einer Formaldehydkonzentration von 0,1, 1,0 bzw. bis 2,3 ppm führen. Mit Inkrafttreten der GefStoffV am 1.10.1986 durften nur noch Spanplatten und beschichtete Spanplatten in Verkehr gebracht werden, wenn sie den Emissionsgrenzwert von 0,1 ppm einhalten. Im Einigungsvertrag wurde die Vorgabe wieder etwas aufgeweicht. Später wurde das Inverkehrbringen von Stoffen in der Chemikalien-Verbotsverordnung geregelt. Die Vorschriften für Spanplatten gelten nun auch für andere Holzwerkstoffe.

Die Verordnung schreibt zudem vor, dass auch Möbel mit Holzwerkstoffen den o.g. Grenzwert einhalten müssen. Zulässig ist es allerdings, dass die für die Möbel verwendeten Holzwerkstoffe den Emissionsgrenzwert einzeln überschreiten, sofern das gesamte Möbelstück die Anforderungen einhält. Die aus dem Jahr 1994 stammende DIBt-Richtlinie 100 zur Formaldehydabgabe von Holzwerkstoffen soll gegebenenfalls aktualisiert und an den Stand des technischen Fortschritts und der neuen europäischen Regelungen und Normen angepasst werden. Dabei sollen auch neue Werkstofftypen und Prüfverfahren berücksichtigt werden. Im Vorhaben sollte für die Formaldehydabgabe von Holzwerkstoffen auch die Korrelation zwischen der Prüfraummethode zur Bestimmung der Formaldehydausgleichskonzentration von Holzwerkstoffen DIN EN 717-1 und der für die Messung von VOC entwickelten Prüfkammermethode EN ISO 16000-9 ermittelt werden. Im Vorhaben wurden zunächst die Korrelationen zwischen dem Referenzverfahren nach DIN EN 717-1 und den abgeleiteten Prüfmethoden nach DIN EN 120 (Perforatormethode) und DIN EN 717-2 (Gasanalysemethode) für die Holzwerkstoffe Spanplatte, MDF, HDF, OSB und Sperrholz überprüft. Die aus den Messwerten berechneten Korrelationsgrade wiesen stets ein ausreichend hohes Bestimmtheitsmaß auf und bestätigen so die grundsätzliche Eignung der abgeleiteten Prüfmethoden zur Eigen- und Fremdüberwachung. Auf der Basis dieser Ergebnisse konnten Empfehlungen für eine Überarbeitung und Ergänzung der ETB-Richtlinie abgeleitet werden. (Formaldehydabgabe aus Baustoffen, WKI 2012)

Holzwerkstoffe, deren Herstellung unter Verwendung formaldehyd*freier* Leime erfolgt, werden von den Herstellern auch mit der Aufschrift F0 gekennzeichnet. Üblich ist dann, auf die Verwendung von Bindemitteln auf Basis von →Isocyanaten zu setzen. →Formaldehydarme Holzwerkstoffe, →Emissionsarme Holzwerkstoffe

Emissions-Prüfkammer →Prüfkammer

Emissions-Prüfzelle →Prüfzelle

Emissionsrate →Spezifische Emissionsrate

Emulgatoren →Tenside

EN Europäische Norm. →CEN

Endlosfasern →Textile Glasfasern

Endosulfan E. ist ein 1956 eingeführtes, breit wirksames und früher in lösemittelhaltigen →Holzschutzmitteln eingesetztes Insektizid aus der Stoffgruppe der Chlorpestizide (6,7,8,9,10,10-Hexachlor-1,5,5a,6,9,9a-hexahydro-6,9-methano-2,3,4-benzo-(e)-Dioxathiepin-3-oxid). Die Verwendung von E. ist in der EU und in vielen anderen Ländern verboten. Wegen der hohen Giftigkeit und Bioakkumulation von E. wurde ein weltweites Verbot angestrebt und der Wirkstoff 2011 in den Annex A des Stockholmer Übereinkommens aufgenommen. Der Dampfdruck bei Raumtemperatur (25 °C) beträgt 1×10^{-3} Pa und weist auf eine erhebliche Ausgasungsneigung des Wirkstoffes hin. Handelsübliches E. besteht aus den beiden Isomeren alpha- und beta-E. Als Insektenschutzmittel im Baumwollanbau führte E. nach Angaben von →PAN 2001 bis Mitte 2003 im kleinen westafrikanischen Land Benin zu 348 Vergiftungen und 50 Todesfällen. E. wird über den Magen, die Lunge und die Haut leicht resorbiert und wirkt als Nervengift.

EU-GHS-Einstufung und Kennzeichnung: Akute Toxizität, Kategorie 2, Verschlucken; H300; Akute Toxizität, Kategorie 2, Hautkontakt; H310; Akute Toxizität, Kategorie 2, Einatmen; H330; Gewässergefährdend, Akut Kategorie 1; H400; Gewässergefährdend, Chronisch Kategorie 1; H410; H300+H310+H330: Lebensgefahr bei Verschlucken, bei Hautkontakt oder bei Einatmen.

Energetische Verwertung →Verwertung von brennbaren Abfällen zur Gewinnung von Energie. Laut →Kreislaufwirtschafts- und Abfallgesetz ist eine E. in der Regel nur zulässig, wenn

1. der Heizwert des einzelnen Abfalls, ohne Vermischung mit anderen Stoffen, mindestens 11 MJ/kg beträgt,
2. ein Feuerungswirkungsgrad von mindestens 75 % erzielt wird,
3. entstehende Wärme selbst genutzt oder an Dritte abgegeben wird und
4. die im Rahmen der Verwertung anfallenden weiteren Abfälle möglichst ohne weitere Behandlung abgelagert werden können.

Bei der E. von Abfällen

- müssen die vorgegebenen Emissionsstandards eingehalten werden,
- dürfen sich die Emissionsverhältnisse der Anlage nicht verschlechtern,
- muss eine Ressourcenschonung durch Ersatz von konventionellen Brennstoffen bewirkt werden,
- muss eine optimale Nutzung des Energiegehaltes aller Einsatzstoffe möglich sein und
- muss eine definierte Qualität aller Einsatzstoffe garantiert sein.

Vom Vorrang der E. unberührt bleibt die thermische Behandlung von Abfällen zur →Beseitigung, insbesondere von Hausmüll. Für die Abgrenzung ist auf den Hauptzweck der Maßnahme abzustellen. Ausgehend vom einzelnen Abfall, ohne Vermischung mit anderen Stoffen, bestimmen Art und Ausmaß seiner Verunreinigungen sowie die durch seine Behandlung anfallenden weiteren Abfälle und entstehenden Emissionen, ob der Hauptzweck auf die Verwertung oder die Behandlung gerichtet ist.

Die alternative Verwertungsart ist die →Stoffliche Verwertung.

→Abfall, →Verwertung von Bau- und Abbruchabfällen, →Recycling

Energieautarke Gebäude →Nullenergiehäuser, →Plusenergiehäuser

Energiesparlampen E. arbeiten nach dem Funktionsprinzip der →Leuchtstofflampen. Es gibt also keinen Glühdraht im Inneren der Lampe, der wie bei herkömmlichen →Glühlampen auf 2.400 bis 3.000 Grad erhitzt wird, nur um Licht zu erzeugen. Bei gleicher Helligkeit verbrauchen E. etwa fünfmal weniger Energie als Glühlampen. Eine 9-Watt-Energiesparlampe kann z.B. eine 40-Watt-Glühlampe ersetzten, da beide die gleiche Beleuchtungsstärke haben. Die Lebensdauer von E. beträgt mit ca. 8.000 bis 12.000 Brennstunden das Achtfache der Glühlampen. E. der neuen Generation verfügen sogar über eine Lebensdauer von 15.000 Stunden. Trotz des wesentlich höheren Anschaffungspreises sind E. über ihre gesamte Lebensdauer preiswerter. Da E. über einen integrierten Hochfrequenzwandler verfügen, entsteht kein störendes Flimmern wie bei normalen Leuchtstofflampen. E. enthalten ebenso wie Leuchtstofflampen →Quecksilber (ca. 5 mg) und dürfen daher nicht mit dem Hausmüll entsorgt werden, sondern müssen unbedingt bei den örtlichen Schadstoff-Sammelstellen abgegeben werden. Daher befinden sie sich mittlerweile wieder auf dem Rückzug und werden zunehmend durch →LED-Lampen ersetzt. →Licht, →Halogenlampen, →Glühlampen, →Vollspektrallampen

Entschichtungsarbeiten Bei Entschichtungsarbeiten können insbesondere folgende Gefahrstoffe auftreten:

- Giftige Chemikalien aus →Abbeizmitteln
- Schleifstäube (z.B. →Holzstäube und Stäube mit Schwermetallen, z.B. →Bleimennige)
- Zersetzungsprodukte der Anstriche beim Entschichten mit der Heißluftpistole oder mit Abbrenngeräten, →Rauch

Entsorgung Die E. umfasst nach der neuen EU-weiten Begrifflichkeit und der nationalen Umsetzung die →Verwertung und →Beseitigung von Abfällen. →Abfälle sind nach →Kreislaufwirtschaftsgesetz ordnungsgemäß und schadlos zu entsorgen. Dabei genießt der Schutz von Mensch und Umwelt höchste Priorität. Bei der Verwertung oder Beseitigung von Abfällen werden unterschiedliche Behandlungsverfahren angewendet. Sie richten sich nach der Beschaffenheit des Abfalls und dem Behandlungsziel. (UBA: Thema Entsorgung, 2017)

EOTA European Organisation for Technical Approvals (Europäische Organisation für technische Zulassungen). Zur Beseitigung von Handelsbarrieren durch nicht harmonisierte technische Spezifikationen für Bauprodukte werden von der Europäischen Kommission Mandate an das Europäische Komitee für Normung CEN und die EOTA zur Erarbeitung von harmonisierten europäischen Normen (hEN) bzw. technischen Zulassungsleitlinien erteilt.

EOX Extrahierbares organisch gebundenes →Halogen (Summenparameter). →AOX

EPA Environmental Protection Agency, Umweltbehörde der USA.

EPBD Das Europäische Parlament hat 2010 die neue EU-Richtlinie über die Gesamtenergieeffizienz von Gebäuden, kurz EU-Gebäuderichtlinie oder auch Directive on Energy Performance of Buildings (EPBD) verabschiedet. Sie soll dazu beitragen, den Energiebedarf der Mitgliedsländer und die CO_2-Emissionen weiter zu senken sowie ihre Abhängigkeit von Energieimporten zu reduzieren. Die verschärfte Richtlinie zur Gesamtenergieeffizienz von Gebäuden schreibt vor, dass alle neuen Gebäude in der EU ab 2021 nahezu auf dem Niveau von Null-Energie-Häusern (nearly zero-energy-buildings) gebaut werden. Neubauten der öffentlichen Hand müssen diese Anforderung sogar bereits zwei Jahre früher erfüllen, also ab 2019. Für 2015 war als Zwischenziel angesetzt, an dem die Mitgliedstaaten darlegen müssen, wie sie die gesetzten Vorgaben erreichen wollen. Das ist in Deutschland bisher trotz umfassender, aber auch kontroverser Diskussion noch nicht erfolgt.
Bereits 2002 hatten das Europäische Parlament und der Rat der Europäischen Union die erste EPBD erlassen. Die Richtlinie sollte europaweit die Energieeffizienz von Gebäuden erhöhen. Das mittelfristige Ziel dieser ersten EPBD war, die Energieeinsparungen bis zum Jahr 2012 auf 22 % zu erhöhen, was in Deutschland durch die Energieeinsparverordnung umgesetzt wurde.
Den Grundstein zu beiden Richtlinien bildeten die Initiativen zur Bekämpfung der Klimaveränderung und zur Verbesserung der Versorgung mithilfe des Kyoto-Protokolls und durch das Grünbuch zur Versorgungssicherheit. In der Senkung des Energieverbrauchs mittels Verbesserung der Energieeffizienz der Gebäude sah man eine mögliche Lösung für beide Probleme. Bereits die EPBD I galt für Wohn- und Nichtwohngebäude, einige Gebäude, wie Industrieanlagen und denkmalgeschützte Gebäude, sind allerdings ausgeschlossen, wie auch Gebäude im Bestand, an die die hohen Anforderungen nicht gestellt werden.

EPD Abk. für Environmental Product Declaration. Umwelt-Produktdeklarationen bilden die Datengrundlage für die ökologische Gebäudebewertung. Hierbei handelt es sich um eine Umweltdeklaration nach Typ III, siehe →Umweltzeichen für Bauprodukte. Sie basieren auf ISO-Normen und sind international abgestimmt. EPDs bieten eine relevante Datengrundlage zur Darstellung von Umwelteigenschaften eines konkreten Produktes im Marketing oder Verkauf. Die Deklaration liefert Aussagen zum Energie- und Ressourceneinsatz sowie zur Auswirkung des Produktes auf die Umwelt. Adressaten sind bevorzugt Planer und Architekten. Eine Sammlung von EPDs findet sich auf den Seiten des Instituts für Bauen und Umwelt e.V.

EPDM E. (Ethylen-Propylen-Dien-Mischpolymerisate) sind Polymere, die aus Ethylen-Propylen-Copolymerisat einerseits und einer zweifach ungesättigten Verbindung (Dien-Komponente) andererseits, wie Cyclooctadien-1,5, Dicyclopentadien, Hexadien-1,4 oder 5-Ethyliden-2-norbornen, hergestellt werden. Die Dien-Komponente stellt die zur klassischen Schwefel-Vulkanisation benötigten C-C-Doppelbindungen zur Verfügung. So lässt sich ein Elastomer mit hohem Wärmedehn- und Rückstellvermögen und guter Alterungsbeständigkeit erzeugen. EPDM wird vor allem für Dichtungsbahnen, Fugenbänder, Schläuche und Teichfolien eingesetzt.

EPDM-Dichtungsbahnen EPDM-Dichtungsbahnen sind synthetische →Kautschuk-Dichtungsbahnen, die aus vulkanisierten Ethylen-Propylen-Dien-Mischpolymerisaten (→EPDM) hergestellt werden. In der Regel werden E. in der Fabrik mit Formteilen für Anschlüsse und Dachdurchdringungen vorkonfektioniert. Der Zustand des Unterbaus sowie zu erwartende mechanische und chemische Einflüsse bestimmen die Dicke der Plane. Unter günstigen Bedingungen können Planen bis zu 1.000 m^2 Größe in einem Stück verlegt werden. Die Überlappungen werden mithilfe eines Hot-Bond-Bandes unter Druck- und Hitzeeinwirkung vulkanisiert. Diese Nahtstellen haben sofort ihre volle Festigkeit und Elastizität und dieselbe Wetter- und Chemikalienbeständigkeit wie die Plane selbst. Die Verbindung von Teilplanen untereinander und Detailarbeiten werden vor Ort mithilfe herstellerabhängiger Verfahren (z.B. Heiß-Vulkanisationsverfahren oder Thermobond-Heißluftverschweißung) durchgeführt. Für die Konfektionierung vor Ort werden dreischichtige Kautschukbahnen, die eine Quellverschweißung mittels Zitronensäure erlauben, und E. mit Schmelzschicht, deren Nahtverbindungen über Warmgasschweißen hergestellt werden können, angeboten.

EPDM-Kautschuk ist ein gegen UV-Strahlung beständiges Elastomer mit einem hohen Wärmedehn- und Rückstellvermögen und einer für Synthesekautschuke guten Temperaturbeständigkeit. Er zeichnet sich durch eine gute Bitumenverträglichkeit und Chemikalienbeständigkeit aus, die Mineralöl-, Lösemittel- und Fettbeständigkeit ist jedoch eher gering. Die Folien zeigen wenig bis keine Anzeichen materieller Alterung, auch nicht bei lang anhaltender Ozon-Aussetzung. Laut Herstellerangaben ist eine Lebensdauer von mindestens 30 Jahren nachgewiesen, mehr als 50 Jahre werden von Experten erwartet.
Durch den Verzicht auf Chlor und Weichmacher sind E. eine umweltverträgliche Alternative zu →PVC-Dichtungsbahnen. E. geben während ihrer Nutzungsdauer aber Zink und Benzothiazole ab. Bei der Verbrennung von EPDM entstehen keine gefährlichen Substanzen.

Epichlorhydrin (CAS 106-89-8) E. (1-Chlor-2,3-epoxypropan, ECH) dient zusammen mit →Bisphenol A zur Herstellung von →Epoxidharzen. E. wirkt toxisch auf Leber und Nieren und stark reizend auf Augen und Schleimhäute, wird über intakte Haut aufgenommen. Es ist zudem krebserzeugend (EU K2, MAK-Liste Kat. 2). Produktion ca. 400.000 t in Europa. Bei thermischer Zersetzung entstehen Salzsäure, polychlorierte →Dioxine und Furane. E. ist in die →Wassergefährdungsklasse WGK 3 (stark wassergefährdend) eingestuft. In der Industrie wird diskutiert, ob die →REACH-VO die Produktion von E behindert, die Niedersächsische Landesregierung hat daher eine Studie dazu durchgeführt und kam 2006 zum Schluss, dass eine Behinderung der Produktion nicht zu erwarten ist.
EU-GHS-Einstufung und Kennzeichnung (EG) Nr. 1272/2008 CLP: Entzündbare Flüssigkeiten Kategorie 3: Flam. Liq. 3; H226 Flüssigkeit und Dampf entzündbar; Akute Toxizität Kategorie 3: Acute Tox. 3; H301 Giftig bei Verschlucken; H311 Giftig bei Hautkontakt; H331 Giftig bei Einatmen; Reizwirkung auf die Haut Kategorie 1: Skin Corr. 1B; H314 Verursacht schwere Verätzungen der Haut und schwere Augenschäden; Sensibilisierung der Haut Kategorie 1: Skin Sens. 1; H317 Kann allergische Hautreaktionen verursachen; Kanzerogenität Kategorie 1B: Carc. 1B; H350 Kann Krebs erzeugen.

Epoxidharze E. sind synthetische Harze, die aus Polymeren auf Basis von Bisphenol A-diglycidylether, Bisphenol F-diglycidylether und anderen Glycidylethern hergestellt werden. E. gehören zu den Reaktionsharzen. Als Härter werden meist Amine, Amidoatnine und Aminaddukte sowie →Isocyanate eingesetzt. Bei E.-Beschichtungen wird das Bindemittel gegebenenfalls auch unter Zusatz von nicht epoxidreaktiven Weichmachern, z.B. →Phthalaten, polymeren Harzen, z.B. Polyacrylaten, oder Modifizierungsmitteln, z.B. Benzylalkohol, gebildet. Pigmente und Füllstoffe dienen der mechanischen Stabilisierung der Beschichtung und der Farbgebung. Füllstoffe erhöhen die Schutzfunktion. Organische Modifizierungsmittel dienen u.a. der Verbesserung der Verarbeitungs- und/oder Trocknungseigenschaften. Lösemittel werden zur Erniedrigung der Viskosität eingesetzt, um die Verarbeitbarkeit zu ermöglichen. Sie sollen während der Aushärtung verdunsten.
E. finden Anwendung in →Kunstharzbodenbelägen (Industrieböden), →Kunstharzestrichen, Schnellestrichsystemen, →Fliesenklebern, Fugenmörteln, →Grundierungen, →Abdichtungen, →Klebstoffen, Sperranstrichen in der Schadstoffsanierung und in der Betoninstandsetzung.
E. enthalten in nicht ausgehärtetem Zustand reaktive Chemikalien, die zu Gesundheitsschäden durch Hautkontakt und durch Einatmen fuhren können. E.-Härter können Hautallergien (Ekzeme) verursachen. Jedes Jahr erkranken viele Beschäftigte in der Bauwirtschaft infolge von Hautkontakt mit Epoxidharzen neu an Hautallergien. Zum Teil treten allergische Reaktionen innerhalb von Tagen oder Wochen auf, z.T. auch erst nach einer langen Expositionszeit. Sobald sich einmal eine E.-Allergie entwickelt hat, führt jeder neue Kontakt mit E. zu immer stärker ausgeprägten allergischen Reaktionen.
Gemäß →GISCODE werden E. wie folgt eingeteilt:

- RE 0: Epoxidharzdispersionen
- RE 1: Epoxidharz-Produkte, sensibilisierend, lösemittelfrei
- RE 2: Epoxidharz-Produkte, sensibilisierend, lösemittelarm
- RE 2.5: Epoxidharz-Produkte, lösemittelhaltig
- RE 3: Epoxidharz-Produkte, sensibilisierend, lösemittelhaltig
- RE 4: Epoxidharz-Produkte, sensibilisierend, giftige Einzelkomponente, lösemittelarm
- RE 5: Epoxidharz-Produkte, sensibilisierend, giftige Einzelkomponente, lösemittelhaltig
- RE 6: Epoxidharz-Produkte, sensibilisierend, giftig, lösemittelarm

RE 7: Epoxidharz-Produkte, sensibilisierend, giftig, lösemittelhaltig
RE 8: Epoxidharz-Produkte, sensibilisierend, krebserzeugend, lösemittelarm
RE 9: Epoxidharz-Produkte, sensibilisierend, krebserzeugend, lösemittelhaltig

Zu beachten ist, dass die GISCODES RE1 bis RE9 nicht nach Anteil und Stärke der sensibilisierenden Substanzen differenzieren und in dieser Hinsicht nicht aussagekräftig sind. Nur die GISCODES RE0 und RE2.5 kennzeichnen nicht als sensibilisierend eingestufte Epoxidharze (Gehalt an sensibilisierenden Stoffen < 1 %).

Epoxidharzbeschichtungen E. werden als →Flüssigfolien, →Fließbeschichtungen auf Beton, →Flüssigabdichtungen für Flachdächer, →Kunstharzbodenbeläge oder in Form von →Epoxidharzlacken eingesetzt. →Epoxidharze

Epoxidharz-Klebstoffe E. sind →Reaktionsklebstoffe aus dem Grundstoff →Epoxidharz. Als Härter werden →Amine eingesetzt. Thermoplastische →Additive (10 bis 18 %) wie →Polyamide sollen den auftretenden Volumenschwund bei der Aushärtungsphase ausgleichen. Daneben sind →Weichmacher Bestandteile der Klebmasse. Kaltverarbeitbare E. werden nur als Zweikomponentensysteme eingesetzt. Bei der Warmverarbeitung sind auch einkomponentige Systeme (Dicyandiamid als Härter) möglich. E. eignen sich zum Verkleben von Fliesen auf dichten Untergründen, als Dichtklebstoffe und als Metallklebstoffe, außerdem zum Verfugen von Fliesenflächen, wie Arbeitsplatten, Wandfliesen in Spritz- und ähnlichen Bereichen. E. sollten aus Gründen des ArbeitnehmerInnenschutzes nur in technisch begründeten Fällen zum Einsatz kommen. →Epoxidharze

Epoxidharzlacke E. sind →Reaktionslacke mit einem Bindemittelsystem aus →Epoxidharz und Härter (meist Aminoverbindungen). Sie sind sehr widerstandsfähig gegen nahezu alle Chemikalien und hoch wasserbeständig. E. werden hauptsächlich für Unterwasseranstriche und als Korrosionsschutz auf besonders stark belasteten Untergründen aus Stahl oder Beton angewendet. E. verwendet man besonders oft für mechanisch sehr stark belastete →Fließbeschichtungen auf Betonböden.
E. sollten aus Gründen des ArbeitnehmerInnenschutzes nur in technisch begründeten Fällen zum Einsatz kommen. →Epoxidharze

EPS Abkürzung für Expandierbares Polystyrol. E. wird aus Polystyrol-Granulat, das durch Perlpolymerisation aus Styrol und Pentan gewonnen wurde, hergestellt. Das pentanhaltige Granulat wird durch Erhitzung mit Heißdampf um das 20- bis 50-Fache expandiert. Die entstehenden Kugeln werden erneut unter Dampfeinwirkung zusammengeschweißt und zu Blöcken mit einer grobkörnigen Struktur gepresst. Während des Produktionsprozesses entweicht das Pentan und wird durch Luft ersetzt. Das entstehende E. ist typischerweise weiß. Zur Verbesserung des Dämmwertes kann das E. mit 3 bis 5 % Graphit oder Ruß versetzt werden, sodass graues E. entsteht. Baustoffklasse B1 nach DIN 4102. Als →Flammschutzmittel wurde HBCD verwendet, das mittlerweile verboten ist und seitens der Hersteller durch andere Flammschutzmittel, wie bromiertes Polymer, Polymer-FR oder niedermolekular bromierte Ersatzstoffe auf Basis von Tetrabrombisphenol A (TBBPA), ersetzt wird. Im Brandfall können bei bislang verwendeten EPS-Platten sich durch das enthaltene HBCD polybromierte →Dioxine und Furane bilden, zudem erfüllt HBCD die Kriterien für persistent, bioakkumulierende und toxische Stoffe der europäischen Chemikalienverordnung →REACH. Das Handels- und Verwendungsverbot von HBCD ist auf die Stockholm-Konvention zurückzuführen und wird in der EU im Anhang I der POP-Verordnung (Verordnung (EG) Nr. 850/2004 über persistente organische Schadstoffe) umgesetzt. Seit dem 22.3.2016 dürfen Produkte (Stoffe, Gemische und Erzeugnisse) mit einem Gehalt von mehr als 100 mg/kg HBCD in der EU nicht mehr hergestellt oder in Verkehr gebracht werden. Für Restbestände an Dämmstoffen galt abweichend, dass diese noch bis zum 22.6.2016 verkauft und verbaut werden durften. Weiterhin dürfen Dämmstoffe aus EPS mit HBCD über dieses Datum hinaus in der EU hergestellt und in Gebäuden verwendet werden, sofern der Hersteller über eine Zulassung unter der Europäischen Chemikalienverordnung REACH verfügt. Gleiches gilt für HBCD-haltige Dämmstoffe, die von außerhalb der EU importiert werden. Die Ausnahme für das Inverkehrbringen und Verwenden von Dämmstoffen aus EPS mit HBCD endet voraussichtlich am 21.2.2018 (6 Monate nach Ende des Überprüfungszeitraums der aktuell erteilten Zulassungen). Es sind jedoch bereits jetzt ausreichend EPS-Dämmstoffe ohne HBCD erhältlich, sodass auf die Verwendung

HBCD-haltiger Produkte verzichtet werden sollte. (Quelle: Hintergrundpapier HBCD, Umweltbundesamt Juli 2016)
E. gehört zur Gruppe der synthetisch organischen Dämmstoffe und ist ein harter Dämmstoff mit offenporiger Struktur. Es wird als Dämmung im Außen- und Innenbereich verwendet. Für Anwendungen mit Feuchtebelastung wird auch intensiv geschäumtes E. hergestellt, das geschlossene Poren aufweist. E. weist eine Rohdichte von 10 bis15 kg/m^3 und eine Wärmeleitfähigkeit 0,035 bis 0,045 W/(m·K) auf. E.-Dämmstoffe sind nur in der intensiv geschäumten Variante feuchteresistent. Weißes und graues EPS sind vor Feuchteeinwirkungen zu schützen. Bei anhaltender Wassereinwirkung durchnässt der Dämmstoff und verliert seine wärmedämmende Wirkung weitgehend. Als organisches Material bietet feuchtes E. zudem Pilzen und Bakterien eine gute Nahrungsgrundlage, weshalb ein mikrobiologischer Befall des feuchten E. auftreten kann. E. ist resistent gegen Laugen und nicht oxidierende Säuren, resistent gegen Verrottung und Ungeziefer, ist jedoch vor Nagern zu schützen. E. ist nicht resistent gegen Lösemittel und UV-Strahlung.

EPS-Automatenplatten Stück für Stück gefertigte, hydrophobierte →EPS-Dämmplatten für Umkehrdach- und Perimeterdämmung.

EPS-Dämmplatten Expandierter Polystyrol-Hartschaum (Deutschland) bzw. Expandierter Polystyrol-Partikelschaumstoff (Österreich) ist ein →Dämmstoff, der durch Wärmebehandlung eines expandierbaren Polystyrolgranulats (→EPS) hergestellt wird. Dabei werden die EPS-Perlen, die das Treibmittel bereits enthalten, in Vorschäumgeräten mit Wasserdampf bei ca. 100 °C auf das 20- bis 50-Fache expandiert und kontinuierlich zu Platten geschäumt. E. wurden früher mit ca. 0,7 bis 1 % Hexabromcyclododecan (→HBCD) unter Zusatz von Dicumylperoxid als →Synerg flammhemmend ausgerüstet. Dicumylperoxid ist als sehr persistent und sehr bioakkumulativ vPvB eingestuft. GHS02 GHS07 GHS09. Achtung: Erwärmung kann Brand verursachen. (H242) Verursacht Hautreizungen. (H315) Verursacht schwere Augenreizung. (H319) Giftig für Wasserorganismen, mit langfristiger Wirkung. (H411) Schutzhandschuhe/Augenschutz tragen. (P280). HBCD ist seit 2017 zulassungsbeschränkt und unter 1 % als nicht gefährlicher →POP-Stoff eingestuft. Bei höheren Konzentrationen unterliegen die Abfälle ohnehin den besonderen Überwachungspflichten des →KrWG.
E. werden als Wärme- und Trittschalldämmung in allen nicht feuchtebelasteten Bereichen eingesetzt. Für die →Umkehrdach- und →Perimeterdämmung werden Stück für Stück gefertigte, hydrophobierte EPS-Automatenplatten eingesetzt. Der bedeutendste Einsatzbereich der E. ist als Dämmung im →Wärmedämmverbundsystem (WDVS). E. weisen dank Brandschutzmittel →Polymer FR die →Baustoffklasse B1 (schwer brennbar) auf. Im Brandfall entsteht allerdings dichter Rauch (Rauchentwicklungsklasse s3), der die Orientierung erschwert. E. haben einen vergleichsweise hohen →Dampfdiffusionswiderstand und eine geringe Fähigkeit zur Wasserdampfaufnahme und -abgabe. Dadurch kann bei Außenanwendung auf diffusionsoffenen Innenschalen (z.B. Ziegel) Kondensat an der Dämmstoffinnenseite entstehen. Für solche Anwendungen gibt es diffusionsoffene E. am Markt. Polystyrol-Hartschaumplatten verrotten kaum, sie sind jedoch vor UV-Licht zu schützen. Da die Platten relativ steif sind, können Probleme beim Einpassen auftreten. Rohdichte: 11 bis 30 kg/m^3, →Wärmeleitfähigkeit: 0,035 bis 0,044 W/(m·K), →Dampfdiffusionswiderstandszahl: 20 bis 100. →Wärmedämmung
Herstellung siehe →EPS. Anwendung: Beim Erhitzen von E. treten relevante Styrolemissionen auf. In geringen Mengen emittiert Styrol auch aus frisch verarbeiteten E. Das Styrol kann auch aus außenseitig eingebrachten E. in die Raumluft gelangen, die bisher festgestellten Konzentrationen im Innenraum waren jedoch gering und klangen rasch ab, sodass das toxische Risiko der Styrolemissionen unter den heute allgemein akzeptierten Risiken für Wohnräume liegt (nach einigen Monaten deutlich unter einem Zehntel des WHO-Grenzwertes). Das Treibmittel Pentan emittiert aus den Platten und trägt zur bodennahen Ozonbildung (Fotosmog) und bei rauminnenseitiger Verlegung zur Verschlechterung der Raumluft bei. Vorsorglich sollte in der Anfangsphase besonders gut gelüftet werden.
Für unverschmutzte Abfälle (Baustellenabfälle) gibt es gute Verwertungsmöglichkeiten (z.B. Herstellung von EPS-Extrusionsgegenständen). Nicht verklebtes und nur leicht verschmutztes Material (z.B. EPS-Trittschalldämmung) kann zu Granulat zerkleinert und als Schüttung, Zuschlagstoff oder Porosierungsmittel eingesetzt werden. EPS und

→XPS haben einen hohen Heizwert (45 MJ/kg bzw. 47 MJ/kg), in modernen Müllverbrennungsanlagen ist trotz Einstufung des HBCD als nicht gefährlicher POP-Stoff eine geordnete Verbrennung mit Überwachung und Nutzung der Abwärme möglich. Neben den üblichen Verbrennungsgasen entstehen wegen des enthaltenen Flammschutzmittels (→Hexabromcyclododecan) auch Bromwasserstoff und bromierte →Dioxine und Furane. Problematisch stellt sich die Entsorgung und Verwertung von →Wärmedämmverbundsystemen mit E. dar: Wegen des Verbunds von organischen und anorganischen Materialien ist eine Verbrennung nur bei sehr hohen Temperaturen und eine Verwertung nur sehr aufwendig möglich. Die Deponierung ist im Allgemeinen nicht mehr erlaubt, Ausnahme: in geringem Ausmaß als Teil des Bauschuttes. Abbauprodukte des Polystyrols können zusammen mit den Additiven (wie HBCD) zur Schadstoffbelastung des Sickerwassers und zu Ausgasungen der Deponie beitragen. Der Verbau von E.-haltigem Bauschutt als Straßenuntergrund ist wegen der leichten, nicht komprimierbaren Massen problematisch (→Ersatzbaustoffverordnung). Eine gemischte Verwertung aufgedoppelter WDVS, die alte und neue Flammschutzmittel enthalten, ist nach Getrenntsammlungsgebot der POP-Abfall-Überwachungsverordnung nicht zugelassen.

EPS-Dämmstoff Mehr als 60 % der weltweiten EPS-Produktion werden für Wärmedämmverbundsysteme verwendet. Zur Reduzierung von infraroten Strahlungsverlusten der Gebäude wird der Dämmstoff mit Ruß als IR-Absorbern versetzt, daher sind die Platten grau. E. ist dampfdiffusionsfähig, daher im Perimeterbereich nicht ohne absperrende Beschichtung oder Bauwerksabdichtungsbahn verwendbar. Die zugehörige Norm ist die EN 13163 Wärmedämmstoffe für Gebäude – Werkmäßig hergestellte Produkte aus expandiertem Polystyrol (EPS). Demgegenüber ist der dampfdiffusionsdichte →XPS-Schaum als Flachdachdämmung und im Perimeterbereich ohne Sperrebene einsetzbar. Das Flammschutzmittel →HBCD macht den Dämmstoff schwer entflammbar, setzt aber im Brandfall Bromwasserstoff frei und kann bromierte →Dioxine und Furane bilden, die umwelt- und gesundheitsschädlich sind.

Seit dem 22.3.2016 besteht in der EU für E.-Produkte mit einem Gehalt von mehr als 100 mg/kg HBCD ein Handels- und Verwendungsverbot, obwohl nach der Stockholm Convention on Persistent Organic Pollutants (→POP-Konvention) seit dem 26.11.2014 ein weltweites Verwendungsverbot in Kraft ist. Es sind ausreichend E. mit Polimer FR erhältlich, sodass keine Engpässe absehbar sind. Seit 30.9.2016 war vorgesehen, HBCD-haltige Abfälle mit Gehalten von mehr als 100 mg/kg HBCD nach der →Abfallverzeichnis-Verordnung (AVV) zunächst als gefährlich einzustufen, was zu erheblichen Entsorgungsengpässen führte, jedoch mit der Änderung der Verordnung vom 27.12.2016 waren diese Abfälle befristet bis Ende 2017 nicht mehr als gefährliche Abfälle zu entsorgen, weshalb als Entsorgung weiterhin eine thermische Behandlung in einer Müllverbrennungsanlage gefordert wurde. Seit 1.8.2017 sind mit Änderung der AVV die Abfälle unter Anwendung der POP-Abfallüberwachungsverordnung als nicht gefährlich eingestuft und unterliegen auch nicht dem →KrWG. Die Konzentrationsgrenze des POP-Stoffes aus dem Anhang IV der POP-Verordnung bezieht sich dabei auf die gesamte Menge des Abfallgemischs und ein Verdünnen ist nicht ausdrücklich ausgeschlossen, was aber zu verhindern erforderlich gewesen wäre!

EPS-Schäume weisen eine geringe Wärmeleitfähigkeit von 0,03 W/(m·K) auf, sind aber sehr anfällig gegenüber der Einwirkung von Lösemitteln aus Klebern und Anstrichstoffen, die den Schaum zerstören können.

Das Recycling steckt noch in den Anfängen. Wird der Dämmstoff transportiert, ist dies mit beträchtlichen Aufwendungen verbunden. Wird E. auf der Baustelle bereits in Lösemitteln aufgenommen, sind die Transportaufwendungen deutlich geringer, das Risiko beim Handling der →Lösemittel ist aber beträchtlich. Die enthaltenen bromhaltigen Flammschutzmittel finden sich aber in den Rezyklaten wieder, die nicht mehr in Verkehr gebracht werden dürfen. Die unverputzten EPS-Schäume sind in der europäischen Brandklasse E eingestuft, was die Sorgfalt im Bauprozess vor große Herausforderungen stellt. Im verputzten Zustand sind Klassen B oder C erreichbar. Die Erfahrungen aus diversen Bränden führten 2016 dazu, zusätzliche Brandriegel (Sockelriegel) im Neubau zu fordern. Altbauten brauchen nicht nachgerüstet zu werden. Zur Zeit werden viele WDVS im Bestand aufgedoppelt, was die Lebensdauer verlängert. Dadurch entstehen WDVS, die gleichzeitig übereinander nicht mehr zugelassene und zugelassene Flammschutzmittel enthalten. Da es ein Vermischungsverbot gibt, müssten die Schichten nach der Nutzung selektiv getrennt werden. Bis zum Verbot sind in Deutschland ca. 60.000 t Flammschutzmittel in 6 Mio. t Dämmstoffen verbaut worden, die in den nächsten 50 Jahren auch wieder aus der Nutzung fallen und entsorgt werden müssen. (UBA 34/2015)

EPS-Schalungselemente E. sind Schalungselemente aus →EPS, die mit Beton verfüllt werden. Besonders problematisch bei E. ist die innenseitige Dämmung aus EPS. Diese bringt alle Nachteile der innenseitigen Dämmung mit sich, unterbindet die Wärmespeicherung des massiven Baustoffs Beton und führt im Brandfall zu hoher Qualmbildung im Innenbereich. →EPS-Dämmplatten, →Feuerwiderstandsklassen

ERB Eine Expositions-Risiko-Beziehung (ERB) beschreibt das Verhältnis eines stoffspezifischen Risikos für eine krebserzeugende Wirkung zu einer angenommenen Exposition gegen diesen Stoff. (Quelle: BAuA) In Deutschland ermittelt der Ausschuss für Gefahrstoffe Expositions-Risiko-Beziehungen für krebserzeugende Stoffe, die vom Bundesministerium für Arbeit und Soziales im Gemeinsamen Ministerialblatt als Technische Regel für Gefahrstoffe 910 bekannt gegeben werden.

Erbgutverändernde Stoffe →CMR-Stoffe

Erdfarben E. sind mineralische Pigmente, die aus natürlichen farbigen Erden gewonnen werden. Sie enthalten je nach Farbe vorrangig Eisenoxide oder Manganoxide. Häufig verwendete E. sind Ocker, Grünerde, Rötel, Terra di Siena, Umbra und Zinnober. Die weitgehend ungiftigen E. werden z.B. in Produkten von Naturfarbenherstellern verwendet.

Erdöl E. ist ein Gemisch aus einer Vielzahl von Kohlenwasserstoffen, einer kleineren Menge an Schwefel-, Stickstoff- und Sauerstoffverbindungen sowie einer Vielzahl von Metallverbindungen. Man nimmt an, dass E. vor 100 bis 400 Mio. Jahren aus tierischen und pflanzlichen Kleinlebewesen entstanden ist. Die Zusammensetzung variiert stark je nach Herkunftsregion. Der tägliche Verbrauch liegt derzeit bei 80 Mio. Barrell (12,7 Mrd. Liter), davon 30 % in Nordamerika, 29 % in Ostasien, 20 % in Europa und 3 % in Afrika. Zukünftige Entdeckungen und die Verbesserung des Ausbeutegrades werden die förderbaren Reserven zwar erhöhen, der Aufwand zur Gewinnung wird aber voraussichtlich deutlich größer. Während man bei den ersten Bohrungen Mitte des 19. Jhs. bereits in weniger als 50 m Tiefe auf Öl stieß, muss man heute teilweise bis zu 6.000 m bohren. Mittlerweile sind sich die Experten einig, dass die Ölreserven zu Ende gehen. Die Prognosen reichen von 40 bis 60 Jahren.

Bei der E.-Gewinnung werden alle Umweltkompartimente (Boden, Wasser, Luft) belastet. Die emittierten leichtflüchtigen Kohlenwasserstofffraktionen tragen zum Treibhauseffekt und zur Bildung von Fotooxidantien (→Sommersmog) bei. Beim Transport von Rohöl kann es durch Unfälle zu katastrophalen Folgen kommen. Durch Brüche, Risse und Lecks in Ölpipelines sowie durch Tankerunfälle werden ganze Land- und Küstenstriche mit Öl verseucht. Diese Entwicklung wird durch den weltweit rasant gestiegenen Ölverkehr noch gefördert. 45 % der Öltanker sind älter als 20 Jahre und verfügen nur über eine Außenhülle. Bei einem schweren Tankerunfall 2002 traten 70.000 t Öl aus der Prestige aus und verschmutzten 3.000 km der spanischen und französischen Küste. 2010 kenterte die Ölplattform Deepwater horizon und verschmutzte den Golf von Mexiko mit ca. 800.000 m^3 Öl. BP zahlte einen Schadensersatz von 18,7 Mrd. US$.

Gelangt E. in Gewässer, werden sämtliche Lebensgemeinschaften von Pflanzen, Tieren und Mikroorganismen (Biozönosen) geschädigt und möglicherweise auf längere Zeit völlig ausgerottet. Sinkende Ölteppiche setzen sich am Meeresgrund ab und überziehen diesen mit einem Ölmantel, der sämtliches Leben darunter vernichtet. Die meisten bei Ölkatastrophen eingesetzten Chemikalien zur Bindung des Rohöls sind in ihrer ökotoxikologischen Wirkung sehr bedenklich. Im Boden werden Kohlenwasserstoffe absorbiert und zum Teil über lange Zeit gespeichert. Die Mobilisation durch Grundwasserströme ist wahrscheinlich. Rohöl besteht aus einer Vielzahl von Substanzen, die zum Teil ein beträchtliches toxikologisches Potenzial aufweisen. Nicht zuletzt deshalb reichen bereits geringe Mengen an Rohöl aus, um Trinkwasser im Verhältnis von $1:10^6$ zu vergiften. In Raffinerien und Steamcrackern sind hohe prozessspezifische Wasseremissionen, Kohlenwasserstoffemissionen und Abfälle dominant. Es werden hochexplosive Stoffe in sehr großen Mengen verarbeitet, d.h., die Umweltgefährdung bei Unfällen ist sehr groß. In modernen Industrieanlagen existiert ein hochkomplexes Sicherheitssystem, das Störfallrisiken minimieren, aber nicht ausschließen kann.

Ergiebigkeit Ergiebigkeit ist die Fläche, die mit einem Liter eines unverdünnten Anstrichstoffes beschichtete, in Farbton und Struktur gleichmäßige Oberfläche ergibt. Die Ergiebigkeit wird in ganzen oder halben Zahlen angegeben.

Erionit E. ist ein krebserzeugendes, faserhaltiges Mineral (Türkei). Expositionen gegenüber E. resultieren aus einer erhöhten Umweltbelastung infolge von natürlichem Bodenabrieb, Ackerbau, Verwendung des Bodens zur Herstellung von Hausputz, Kehren usw.

Erle (Alnus glutinosa) EN-Kurzzeichen: ALGL. E. zählt zu den Splintholzbäumen und bildet keinen Farbkern aus. Zwischen dem →Splint- und →Kernholz befindet sich eine Schicht (Reifholzschicht), die sich farblich nicht vom Splint unterscheidet, jedoch so hart wie das Kernholz ist. Die Jahresringe sind auf glatten Querschnitten durch geringe Hell-Dunkelunterschiede zwischen Früh- und Spätholz erkennbar. Das Holz ist rötlich-weiß, rötlich-gelb bis hellrötlich-braun, feinporig und von feiner geradfaseriger Struktur sowie zarter Fladerung.
E. ist ein mittelschweres und weiches Holz, wenig fest und elastisch. Rohdichte 550 kg/m^3, Brinellhärte 12 N/mm^2. Es ist mäßig schwindend mit mittlerem bis gutem Stehvermögen. Dünnes Holz neigt beim Nageln zum Splittern. Die Oberflächenbehandlung ist problemlos; es ist insbesondere vorzüglich zu polieren und zu beizen. E. ist nur wenig witterungsfest, wird von Anobien leicht befallen, ist jedoch unter Wasser von außerordentlich hoher, der →Eiche nur wenig nachstehender Dauerhaftigkeit. Wurde früher – schon in römischer Zeit – z.B. zur Pfahlgründung verwendet. Bei der Verarbeitung ist auf Schutz vor →Holzstaub (krebserzeugend gem. TRGS 906) zu achten.
E. findet Verwendung im Möbelbau, im Uhrengehäusebau und für Restaurierungen. Im Innenausbau wird E. als Blindholz und für Unterkonstruktionen, ferner für Drechsler- und Schnitzarbeiten, Leisten aller Art, Stiele für Schaufeln, Rührwerkzeuge und Gartengeräte eingesetzt.

Erneuerbare Ressourcen E. sind Ressourcen, deren Vorräte ständig nachgeliefert bzw. neu gebildet werden und nicht durch Lagerstätten begrenzt sind. Die Europäische Union zählt zu den E. Wind, Sonne, Erdwärme, Wellen- und Gezeitenenergie, Wasserkraft, →Biomasse, Deponiegas, Klärgas und Biogas (2001/77/EG). Für die nachhaltige Nutzung der E. gilt, dass in einem gegebenen Zeitrahmen den Quellen nur so viel Energieträger und Rohstoffe entnommen werden dürfen, wie durch natürliche Prozesse in der gleichen Periode neu gebildet werden. Nicht erneuerbare Ressourcen wie Erdöl, Erdgas, Kohle und →Mineralische Rohstoffe dürfen nicht erschöpft werden und sind nach Möglichkeit durch E. zu ersetzen (→Nicht erneuerbare Energieträger). →Nachhaltigkeit, →Nachwachsende Rohstoffe, →Fossile Rohstoffe

Ersatzbaustoffverordnung Zur Umsetzung der Anforderungen der Agenda 2030 der Vereinten Nationen an ein nachhaltiges und ressourceneffizientes Wirtschaften insbesondere im Umgang mit den jährlich in Deutschland anfallen 240 Mio. t mineralischer Abfälle, sollen durch eine Mantelverordnung die bisher nebeneinander bestehenden normativen Grundlagen aufeinander abgestimmt werden und die Bundesbodenschutz- und Altlastenverordnung (BBodSchV), die →Deponieverordnung (DepV) sowie die →Gewerbeabfallverordnung (GewAbfV) neugefasst werden und besser mit den Zielen des →Kreislaufwirtschaftsgesetzes (KrWG) in Einklang gebracht werden. Als Teil der Mantelverordnung wird die Ersatzbaustoffverordnung (EBV) mit dem Ziel eingeführt, bundeseinheitlich rechtsverbindliche Anforderungen an die Herstellung und den Einbau von mineralischen Ersatzbaustoffen in technischen Bauwerken zu regeln unter Berücksichtigung der spezifischen Anforderungen des Boden- und Grundwasserschutzes. Mineralische Ersatzbaustoffe im Anwendungsbereich der Verordnung sind u.a. Recycling-Baustoffe aus Bau- und Abbruchabfällen, Schlacken aus der Metallerzeugung und Aschen aus thermischen Prozessen.
Durch diese Betrachtung aus der Blickrichtung des Abfalls sind die Vermeidungspotentiale bisher nicht ausgeschöpft worden, darüber hinaus hat es bis jetzt an der Konkretisierung der Anforderungen nach Bundesbodenschutzgesetz in einer Verordnung gefehlt und stattdessen ist auf die Mitteilung 20 der Länderarbeitsgemeinschaft Abfall (LAGA 20) und die „Technische Regel Boden" zurückgegriffen worden. Das Kreislaufwirtschaftsgesetz greift bei der Behandlung des Stoffstroms allerdings nicht erst bei der Forderung nach bestmöglicher Verwertung ein, sondern beginnt die Hierarchie bei Vermeidung und Vorbereitung

zur Wiederverwendung bereits vor dem Recycling. Dadurch könnte erreicht werden, dass beträchtliche Mengen mineralischer Stoffe gar nicht erst zu Abfällen werden und die Materialien schon vorher wieder zu gleichwertigen Produkten gewandelt werden, die dann auch den Neuverbrauch von primären Rohstoffen reduzieren würde. Durch produktionsintegrierten Umweltschutz könnte die Durchflusswirtschaft in eine Kreislaufwirtschaft transformiert werden, die auch der Grundanforderung Nr. 7 der →Bauproduktenverordnung (BauPVO) auf europäischer Ebene zur nachhaltigen Nutzung von Ressourcen entsprechen würde. Trotzdem sind die Anforderungen an den Schutz der menschlichen Gesundheit sowie der Schutz des Bodens und des Grundwassers sehr wichtig und die Festlegung von Obergrenzen chemischer Stoffe in den zum Einbau in technischen Bauwerken vorgesehenen mineralischen Abfälle einer ständigen Anpassung an den Stand der wissenschaftlichen Erkenntnis zu unterwerfen und von besonderer umweltpolitischer Bedeutung. Dabei spielen Anforderungen an die Güteüberwachung, werkseigene Produktionskontrolle und Fremdüberwachung und die Dokumentation eine wichtige Rolle. Die Liste der Ausnahmen von dieser Mantelverordnung ist jedoch ziemlich lang, was den Anspruch an eine übergeordnete Regelung in Frage stellt. So sind z.B. hydraulisch gebundene Gemische einschließlich ihrer Ausgangs-, Zuschlags- und Zusatzstoffe im Geltungsbereich der Landesbauordnungen von den Vorschriften dieser Verordnung ausgeschlossen, soweit diese Gemische nicht von den Einbauweisen 1, 3, 5 der Anlage 2 erfasst sind (Decke, Tragschicht und Asphalttragschicht). Die mineralischen Abfälle, die bei Rückbau, Sanierung oder der Reparatur technischer Bauwerke anfallen, müssen untereinander und von Abfällen aus Primärbaustoffen getrennt gesammelt, befördert und der Vorbereitung der Wiederverwendung nach Kreislaufwirtschaftsgesetz zugeführt werden. In der Anlage 2 werden die maximal zulässigen Konzentrationen von Stoffen aufgeführt, die in Hochofenstückschlacke, Hüttensand, Stahlwerksschlacke, Edelstahlschlacke, Gießerei-Kupolofenschlacke, Kupferhüttenmaterial, Gießereirestsand, Schmelzkammergranulat, Steinkohlenkesselasche, Steinkohlenflugasche, Braunkohlenflugasche, Hausmüllverbrennungsasche, Sondermüllverbrennungsasche, Recycling-Baustoff, Baggergut, Gleisschotter, Ziegelmaterial und Bodenmaterial bestehen oder als Abfälle der Technologien anfallen. Besonders wichtig in diesem Zusammenhang sind Recycling-Baustoffe, die durch die Aufbereitung von mineralischen Abfällen hergestellt werden, die bei Baumaßnahmen wie Rückbau, Abriss, Umbau, Ausbau, Neubau und Erhaltung angefallen sind oder bei der Herstellung mineralischer Bauprodukte angefallen sind. Die Verordnung liegt im Entwurf vom 3.5.2017 vor und ist bisher noch nicht in Kraft getreten, u.a. weil die Überschneidungen mit der Gewerbeabfallverordnung noch nicht ausgeräumt sind. Mit allen Anlagen ist die E. bisher 337 Seiten lang und eine wichtige Fundstelle für alle Prüfverfahren umweltrelevanter Schadstoffe. Im Sinne eines urban minings müssten die angegebenen Stoffe, die sich z.T. auf der EU-Liste kritischer Rohstoffe befinden, aber mehr Anreiz für ein umfassenderes Recycling bieten, als ihre Dissipation in der Umwelt zu legitimieren.

Erweichungstemperatur Die Glasübergangs- oder Erweichungstemperatur ist die Temperatur, bei der amorphe oder teilweise amorphe Kunststoffe vom flüssigen oder gummielastischen, flexiblen Zustand in den glasigen oder hartelastischen, spröden Zustand übergehen. Sie ist für jeden Kunststoff spezifisch, entsprechend können Kunststoffe anhand ihrer Glasübergangstemperatur unterschieden werden.

Erweiterbarkeit Um Gebäude, welche immer schneller werdenden Veränderungszyklen unterworfen sind, langfristig nutzen zu können, muss die Möglichkeit zu Erweiterungen bzw. deren Rückbau gegeben sein. In diesem Kontext ist neben der vertikalen auch die horizontale Erweiterungsmöglichkeit und somit die Grundstücksbebauung zu nennen. Sowohl die Geometrie als auch die strukturelle Gebäudegliederung spielen hierbei eine wesentliche Rolle. Durch das Potenzial, bestehende Flächen und Strukturen hinsichtlich der sich modifizierten Rahmenbedingungen erweitern und rückbauen zu können, besteht die Möglichkeit, langfristige Nutzungszyklen zu generieren. →Flexibilität, →Variabilität

Erzeugnisse Gem. Chemikaliengesetz sind E. Stoffe oder →Zubereitungen, die bei der Herstellung eine spezifische Gestalt, Oberfläche oder Form erhalten haben, die deren Funktion mehr bestimmen als ihre chemische Zusammensetzung, als solche oder in zusammengefügter Form. Bsp.: geformte Kunststoffteile.

Esche (Fraxinus excelsior) EN-Kurzzeichen: FXEX. →Splint- und →Kernholz ist von gleicher, heller weißlicher bis gelblicher oder weiß-rötlicher Färbung, mit lichtbraunem, dunkelbraunem oder auch streifig olivbraunem Farbkern. E. ist grobporig, hat sehr deutliche Jahrringe und dekorative Textur.
E. ist ein mittelschweres bis schweres Holz (mittlere Rohdichte: 700 kg/m^3, Brinellhärte 38 N/mm^2), mit guten Festigkeitseigenschaften und hoher Elastizität und Zähigkeit, hart und mit hoher Abriebfestigkeit. Es ist normal schwindend und gut stehend. Die Oberflächenbehandlung ist problemlos; das Holz ist ausgesprochen polierbar, aber schlecht zu beizen. E. ist resistent gegenüber Chemikalien, der Witterung ausgesetzt aber nicht dauerhaft.
Bei der Verarbeitung ist auf Schutz vor →Holzstaub (krebserzeugend gem. →TRGS 906) zu achten. E. ist ein beliebtes Ausstattungsholz und wird in Form von Massivholz und Furnieren vielfältig im Möbelbau und Innenausbau für Wand- und Deckenbekleidungen, Parkettböden (→Holzparkett) und Treppen eingesetzt. E. ist ein Spezialholz zur Herstellung von Werkzeugstielen und -griffen, Sportgeräten, Leitersprossen und -holmen.

ESH-Lacke E. sind Acryllacke, deren Polymere sich mithilfe von Elektronenstrahlhärtung (ESH) vernetzen. Elektronen emittieren an der Kathode aus, werden im Vakuum in Richtung Anode beschleunigt und treffen dort auf die Lackfläche. Dort verbinden sich die kurzkettigen Acrylatmoleküle zu langkettigen Polymeren und bilden so die ausgehärtete Lackschicht. Vorteilhaft sind die sehr hohe Trocknungsgeschwindigkeit, die problemlose Härtung pigmentierter Lacke, die hohe Energieausbeute und der Verzicht auf →Fotoinitiatoren im Vergleich zu →UV-härtenden Lacken. Demgegenüber stehen hohe Investitionskosten, eine aufwendige Anlagentechnik und die Härtung unter Inertgas.

Essigsäure (CAS 64-19-7) E. (Ethansäure) ist eine sehr wichtige Carbonsäure. Sie hat einen durchdringenden Geruch und wird z.B. zur Herstellung von Speiseessig verwendet. E. findet sich in freier Form in der Natur z.B. in ätherischen Ölen, in der Melasse, in Pflanzensäften und tierischen Sekreten. Kork- und Holzprodukte, die im Verlauf ihrer Produktion Hitze ausgesetzt waren, können bedeutsame Mengen E. emittieren. Ursache hierfür ist die Abspaltung von Acetylgruppen aus den in Kork/Holz enthaltenen Hemicellulosen bei Temperaturen > 150 °C. E. wird bei der Farbgebung von Teppichböden (→Textile Bodenbeläge) als pH-Regulant eingesetzt und kann in die Raumluft abgegeben werden. Silikondichtungsstoffe spalten bei der Aushärtung E. ab. In Lebensmitteln wird Essigsäure als Säuerungs- und Konservierungsmittel verwendet. Im menschlichen Stoffwechsel kommt dem aktivierten Acetat-Molekül eine zentrale Rolle zu.
EU-GHS-Einstufung und Kennzeichnung (EG) Nr. 1272/2008 CLP: Entzündbare Flüssigkeiten Kategorie 3: Flam. Liq. 3; H226 Flüssigkeit und Dampf entzündbar; Reizwirkung auf die Haut Kategorie 1A: Skin Corr. 1A; H314 Verursacht schwere Verätzungen der Haut und schwere Augenschäden.

Essigsäurevinylester →Vinylacetat

Ester E. sind klare Flüssigkeiten, häufig mit einem fruchtigen Geruch. E. haben gute Lösemittel-Eigenschaften und erhöhen das Lösevermögen von Alkoholen. Die für Farben und Lacke wichtigsten E. sind die Essigsäureester (Acetate). Dazu gehören Ethylacetat, Butyl- und Isobutylacetat. Sie können insbesondere nach Neubezug und nach Renovierungsarbeiten in der Innenraumluft auftreten. Butylacetat ist häufig Bestandteil von →Parkettversiegelungen. Die genannten Ester sind neurotoxisch, wirken reizend auf die Augen und haben in höheren Konzentrationen eine narkotisierende Wirkung. Kurzkettige E. der Phthalsäure (→Phthalate) werden als →Weichmacher eingesetzt. E. und Ether mehrwertiger Alkohole werden für lösemittelarme Anstrichstoffe (sog. →Wasserlacke) verwendet; bei den in der Innenraumluft auftretenden Stoffen handelt es sich meist um Glykole, Glykolether und deren Acetate (→Glykolverbindungen). Zur relativen Toxizität der E. →NIK-Werte: Je geringer der NIK-Wert, umso höher ist die Toxizität und umgekehrt.

Estriche E. sind auf einem tragenden Untergrund hergestellte Bauteilschichten, die unmittelbar nutzfähig sind oder mit einem Belag versehen werden können. Aufgabe der E. ist es, Unebenheiten des Untergrundes auszugleichen und eine begehbare oder zur Aufnahme eines Bodenbelages geeignete Fläche zu bilden. E. dienen in Wohn- und Büroräumen zudem zur Verbesserung des Schallschutzes (Trittschall). E. können als Verbund-E. (fest mit

dem tragenden Untergrund verbunden), schwimmender E. (auf Dämmschicht), Heizestrich oder E. auf Trennschicht (z.B. Dampfbremse, Bitumenpappe, Ölpapier) ausgeführt werden.
E. werden aus einer weich aufgetragenen Masse hergestellt, die nach Erhärten eine fugenlose Fläche bildet. Je nachdem, ob der E. als Frischmörtel bzw. als heiße Masse auf der Baustelle eingebaut wird oder ob er als Fertig-E. angeliefert wird, unterscheidet man Baustellen-E. und Fertigteil-E. Baustellen-E. werden nach den verschiedenen Materialien unterteilt in →Zement-E., →Calciumsulfat-E. (neue Bezeichnung für Anhydrit-E.), →Magnesia-E., →Gussasphalt-E., Kunststoff-E., →Steinholz-E. und →Lehm-E.

Estrichgips →Anhydritestriche, →Calciumsulfatestrich

Eternit E. ist der Handelsname des gleichnamigen Herstellers für →Faserzementprodukte. E. der neuen Generation besteht im Wesentlichen aus Zement, der mit organischen Fasern armiert ist. Bis in die 1990er-Jahre wurde E. unter Verwendung von ca. 10 bis 15 % →Asbest hergestellt (→Asbestzement, →Asbestersatzstoffe).

Ethanol (CAS 64-17-5) (Äthanol, Ethylalkohol) gehört zur Gruppe der →Alkohole und ist eine klare, farblose, angenehm riechende, leicht entzündliche Flüssigkeit. E. entsteht in der Natur überall dort, wo zucker- oder stärkehaltige Substanzen durch allgegenwärtige Hefezellen vergoren werden. Industriell wird E. überwiegend durch Oxidation von Ethylen hergestellt. Große Bedeutung hat aber nach wie vor der durch natürliche Gärung und anschließende Destillation hergestellte E. Weltweit werden große Mengen E. aus Agrarprodukten wie Melasse, Rohrzuckersaft, Maisstärke oder aus Produkten der Holzverzuckerung und aus Sulfitablaugen durch Fermentation gewonnen. E. findet vielfältige Anwendung für Genussmittel, zur Konservierung, Desinfektion, für medizinische und technische Zwecke. In hohen Mengen genossen ist E. toxisch (Lebergift), führt aber nicht zu Sehstörungen und Erblindung wie der chemisch verwandte →Methanol. Technischer E. wird aus steuerrechtlichen Gründen durch Zusatz von Vergällungsmitteln für den menschlichen Genuss unbrauchbar gemacht.
EU-GHS-Einstufung und Kennzeichnung (EG) Nr. 1272/2008 CLP: Entzündbare Flüssigkeiten Kategorie 3: Flam. Liq. 3; H226 Flüssigkeit und Dampf entzündbar.

Etherische Öle E. sind flüchtige, duftende Öle, die in Pflanzen und Pflanzenteilen, z.B. Blüten, Knospen, Früchten, Samen, Knollen, Wurzelstöcken, Zwiebeln und Blättern vorkommen. Chemisch sind E. Stoffgemische hauptsächlich aus Alkoholen, Estern, Ketonen und →Terpenen. Im Gegensatz zu den ebenfalls in Pflanzen vorkommenden fetten Ölen wie →Leinöl oder Rizinusöl verdunsten E. schnell und ohne Rückstand. E. werden durch Auspressen der Pflanzenteile, durch Destillation mit Wasserdampf oder durch Ausziehen der Blütenteile mit flüchtigen Lösemitteln wie Ether oder Alkohol gewonnen. In höheren Konzentrationen können E. zu Schleimhautreizungen führen. Wichtige E. sind z.B. Arvenöl, Bergamottöl, →Citrusschalenöl, Eucalyptusöl, Lavendelöl, Rosmarinöl, Melisseöl, Zimtöl und Zitronenöl.

Ethylenchlorid →1,2-Dichlorethan

Ethylen-Vinylacetat-Copolymer EVA ist ein Copolymer aus Ethylen-→Vinylacetat. Die Herstellung erfolgt auf Basis von →Polyethylen. Diese Modifikation erhöht die Elastizität und führt zu einer höheren Witterungsbeständigkeit, einer besseren Spannungsrissbeständigkeit, gummielastischen Eigenschaften, jedoch zu einer geringeren Chemikalienbeständigkeit als Polyethylen.
Typische Anwendungen sind Dichtungen, Faltenbälge oder Verschlüsse. Mit Treibmittel aufgeschäumt ist EVA auch als Moosgummi, also einem Porengummi mit weitgehend geschlossenen Poren, bekannt.

2-Ethyl-1-hexanol (CAS 104-76-7) 2-E. ist das äußerst geruchsintensive Zersetzungsprodukt, das z.B. bei der Reaktion des in →PVC-Bodenbelägen enthaltenen Phthalsäureester-Weichmachers →DEHP unter alkalischen Bedingungen und in Anwesenheit von Wasser (frischer Estrich) entsteht. Auch Acrylatdispersionen führen in Anwesenheit von (Rest-)Feuchte zu Emissionen von 2-E. Vorläufiger Innenraumrichtwert vRW II des UBA 1 mg/m^3 und vRW I 0,1 mg/m^3. Die Werte werden in Gebäuden häufig überschritten, die nach Sanierungen abklingen.

Ettringit E. (Trisulfat) ist ein wasserreiches Calciumaluminattrisulfathydrat. Es entsteht beim Mischen von Gipsbaustoffen bzw. Sulfaten (z.B. aus dem Grundwasser oder Abwasser) mit hydraulischen

Bindemitteln (Zement, hydraulische Kalke). Die Bildung von E. erfolgt unter starker Volumenzunahme und verursacht im festen Baustoff (z.B. Beton) einen erheblichen Kristallisationsdruck, der zu Rissen bis hin zur Gefügezerstörung führen kann („Sulfat-Treiben").
Erfolgt die Volumenzunahme vor dem Erhärten des Betons, ist sie ungefährlich. Gemahlener →Portlandzementklinker würde sehr rasch mit Wasser reagieren, was zu einem sofortigen Ansteifen des Zementleims führen würde. Im Zementwerk werden daher geringe Mengen Gipsstein oder Anhydrit als Erstarrungsregler zugegeben. Da die Bildung des E. im plastischen Zustand des Zementleimes abläuft, entsteht kein Gefügeschaden.

EuGH-Urteil Das Umweltbundesamt warnt vor möglichen Risiken für Mensch und Umwelt beim Bauen, Sanieren und Nutzen von Gebäuden. Hintergrund ist ein Urteil des Europäischen Gerichtshofs (EuGH) vom 16.10.2014, das bis 15.10.2016 umgesetzt werden musste. Demnach ist es nicht mehr erlaubt, an nach EU-Vorgaben normierte, das heißt CE-gekennzeichnete Bauprodukte, ergänzende Anforderungen zu stellen. Maria Krautzberger, Präsidentin des UBA: „Ob Laminat im Wohnzimmer oder Estrich im Einkaufszentrum: Hier dürfen wir weder Abstriche bei der Gesundheit noch beim Umweltschutz machen. Es muss auch weiterhin klar sein, dass Bauprodukte beispielsweise keine gesundheitsschädlichen Emissionen von flüchtigen organischen Verbindungen verursachen." Am 15.10.2016 traten die bis zu diesem Zeitpunkt gültigen Regelungen außer Kraft. Nach den bisher gültigen Anforderungen in Deutschland geprüfte Bauprodukte sind dadurch nicht mehr als solche erkennbar. Es muss deshalb sichergestellt werden, dass zukünftig CE-gekennzeichnete Bauprodukte hohe Mindestanforderungen zur Vermeidung von Umwelt- und Gesundheitsbelastungen erfüllen und dies für die Verwender klar erkennbar ist. Das UBA fordert daher eine mit dem EU-Recht konforme und geprüfte Informationspflicht für die Hersteller.

Eulan Handelsname für eine breite Palette von →Mottenschutzmitteln, die unter Bezeichnungen wie Eulan U 33, Eulan WA Neu, Eulan Neu, Eulan SPA, Eulan HFC usw. vertrieben werden. Wirksamer Inhaltsstoff der universell eingesetzten Produkte Eulan WA neu und Eulan U 33 ist die Stoffgruppe der Polychloro-2-(chlor-methylsulfonamid)-diphenylether (PCSD, "Chlorphenylid"). Hauptkomponenten sind ein Penta- und ein Hexachloro-Isomer. Als industrielles Vorprodukt als auch als primäres biologisches Abbauprodukt treten die Polychloro-2-amino-diphenylether (PCAD) auf. Chlordiphenylether können produktionstechnisch mit polychlorierten →Dioxinen bzw. Furanen verunreinigt sein. Nach Untersuchungen der Arguk werden PCSD und PCAD aus eulanisierten Schurwollteppichen über den Feinstaub-Pfad breit in →Innenräumen verteilt, in denen solche Teppiche ausliegen. Die höchste PCSD/PCAD-Konzentration im Teppichflor betrug 413 mg/kg, die dazugehörige Hausstaub-Konzentration betrug 76,1 mg/kg.

Euro-Blume Die E. ist das europäische Umweltzeichen.

Euroklassen →Baustoffklassen

Eutrophierung E. ist die Übersättigung eines Ökosystems mit essenziellen, nicht organischen Nährstoffen wie Stickstoff- und Phosphorverbindungen, die normalerweise nur in geringen Konzentrationen vorhanden sind. Das Ergebnis ist eine vermehrte Produktion von mikroskopisch kleinen Algen und höheren Wasserpflanzen, die erste Stufe der Nahrungskette. Dies kann zu schweren Störungen des biologischen Gleichgewichtes in lokalen Mikrosystemen und insbesondere zur Unterversorgung mit nicht im Übermaß verfügbaren Nährstoffen führen.
Durch E. kann es zu unterschiedlichen Umwelteffekten kommen, z.B. eine Verschiebung der Artenvielfalt des Ökosystems. Das Phänomen der E. wurde zuerst in Binnengewässern beobachtet, inzwischen wurde die E. z.B. auch als eines der gravierendsten Probleme in der Ostsee erkannt. Die Hauptursachen für den Nahrungseintrag sind die Tätigkeiten der Menschen im Einzugsgebiet des Ökosystems: kommunale Abwässer, Düngung, Massentierhaltung von Geflügel, Schwein oder Rind. Während die stofflichen Einträge in die Oberflächengewässer aus Industrie und Kommunen durch den Ausbau von Kläranlagen und durch weitere Maßnahmen (z.B. Ersatz phosphathaltiger Waschmittel) reduziert werden konnten, entfällt ein immer größer werdender Anteil auf die diffusen Nährstoffeinträge aus der Landwirtschaft. Diese sind größtenteils erosionsbedingt. Umweltrelevante Nährstoffausträge aus der Landwirtschaft in die Atmosphäre betreffen vornehmlich das Element Stickstoff in Form von Ammoniak(NH_3)-

Emissionen. 97 % der Ammoniak-Emissionen Österreichs zum Beispiel stammten 2001 aus der Landwirtschaft, der Großteil davon aus der Nutztierhaltung und dem Güllemanagement.
Der potenzielle Beitrag einer Substanz zur Produktion von Biomasse wird im Eutrophierungspotenzial NP (Nutrification Potential) angegeben. Zur Bestimmung des Eutrophierungspotenzials werden alle stickstoff- und phosphorhaltigen Emissionen betrachtet, die in einem vegetationsrelevanten Zeitraum bioverfügbaren Stickstoff und Phosphor freisetzen. Phosphat wird als Referenz-Substanz angesetzt.

Eutrophierungspotenzial EP (NP) E. ist ein Umweltindikator, der im Rahmen einer Ökobilanzierung (LCA) ermittelt wird. Er beschreibt den potenziellen Beitrag einer Substanz zur überhöhten Produktion von Biomasse und wird im Eutrophierungspotenzial EP (NP-Nutrification Potential) – Überdüngungspotenzial – angegeben. Zur Bestimmung des E. werden alle stickstoff- und phosphorhaltigen Emissionen betrachtet, die in einem vegetationsrelevanten Zeitraum bioverfügbaren Stickstoff und Phosphor in Böden und Gewässern freisetzen. Phosphat dient als Referenz-Substanz [kg PO_4-Äqv.]. In die Umwelt gelangen diese Verbindungen bei der Herstellung von Bauprodukten wie Kunststoffen und Metallen, vor allem aber durch Auswaschungen von Verbrennungsemissionen und in der Landwirtschaft. Sie können zu verstärktem Algenwachstum und zur Abnahme der Biodiversität führen. Außerdem wirken sie sich auf die Trinkwassergewinnung aus, da sie die Nitratkonzentrationen in Grund- und Trinkwasser erhöhen.

Tabelle E2: Eutrophierungspotenzial einiger Substanzen

Stoff	NP in kg PO_4^{3-}-Äquivalenten
Phosphat PO_4^{3-}	1
Nitrat	0,42
Stickoxide	0,13
Distickstoffmonoxid	0,13
Ammoniak	0,35
Chemischer Sauerstoffbedarf COD	0,02

EVA →Ethylen-Vinylacetat-Copolymer

Expandierbares Polystyrol →EPS

Expandierte Perlite →Blähperlite

Exposition Konzentration, Menge oder Intensität eines chemischen, biologischen oder physikalischen Agens, das auf den Organismus einwirkt.

Expositionsklasse E. ist ein Begriff aus dem Betonbau. Mit E. werden die chemischen und physikalischen Umgebungsbedingungen klassifiziert, denen der Beton während seiner Nutzung ausgesetzt werden kann und die nicht als Lastannahmen in die Tragwerksplanung eingehen. Aus den E. ergeben sich Anforderungen an die Zusammensetzung des zu verwendenden Betons, Mindestdruckfestigkeitsklassen sowie die Mindestbetondeckung, die zulässige Rissbreite und die Nachbehandlungsdauer. Ziel ist die Gewährleistung der Dauerhaftigkeit während der Nutzungsdauer des Betonbauteils.

Extrudiertes Polystyrol →XPS

F

F0 Bezeichnung für →Holzwerkstoffe, die weitgehend ohne Verwendung von →Formaldehyd mit Bindemitteln auf Polyurethanbasis hergestellt wurden (sprich: F Null). →EPD, →Emissionsklassen

Färber-Distel →Saflor-Öl

Färberröte →Krapp(wurzel)

Farben F. sind →Anstrichstoffe, die eine nicht glänzende, offenporige Beschichtung bilden. Sie haben im Vergleich zu →Lacken und →Lasuren einen relativ hohen Füllstoff- und Pigment-Anteil (→Pigment), aber nur einen geringen Bindemittelgehalt. Den höchsten Marktanteil haben Farben mit →Kunstharzen als Bindemittel (→Dispersionsfarben). Farben auf natürlicher Basis sind z.B. →Kaseinfarben, →Kalkfarben, →Leimfarben und →Naturharz-Dispersionsfarben.

Farbmittel F. ist der Oberbegriff für alle farbgebenden Substanzen: Farbstoffe und →Pigmente. Farbstoffe sind organische Farbmittel, die im Anwendungsmedium löslich sind. Pigmente sind aus Teilchen bestehende, im Anwendungsmedium praktisch unlösliche Stoffe.

Faserdämmstoffe Aus organischen und anorganischen Rohstoffen können Fasern gewonnen oder hergestellt und zu Dämmprodukten weiterverarbeitet werden. Unterschieden werden Mineralfaserdämmstoffe, die aus der Schmelze von →Glas, →Naturstein oder →Schlacke hergestellt werden, sowie Naturdämmstoffe, die aus nachwachsenden Rohstoffen wie →Bambus,→Baumwolle, →Cellulose, →Flachs, →Jute, →Hanf, →Holz, →Kokosfasern, →Schafwolle und →Seegras gewonnen werden. Kunstfaserdämmstoffe (→Polyesterfasern) werden aus Erdöl hergestellt und finden überwiegend Verwendung in der Textilindustrie, kommen in Form von Vliesen oder Matten auch in der Bauindustrie zum Einsatz.

Faserlehm →Strohlehm

Faserplatten →Holzfaserplatten

Faserstäube F. gem. TRGS 521, Teil 1, sind Stäube, die künstliche oder natürliche anorganische Mineralfasern außer Asbest mit einer Länge größer 5 µm, einem Durchmesser kleiner 3 µm und einem Länge-zu-Durchmesser-Verhältnis, das größer als 3:1 ist, enthalten und damit als lungengängig angesehen werden (WHO-Fasern).

Faserstrukturprinzip Das F. besagt:

- Die biobeständige faserige Form von Staubteilchen ist die Ursache ihrer krebserzeugenden Wirkung.
- Lang gestreckte Staubteilchen jeder Art haben im Prinzip die Möglichkeit zur Tumorerzeugung wie Asbestfasern, sofern sie hinreichend lang, dünn und biobeständig sind.

Als weitere Faktoren werden zusätzliche Fasereigenschaften, wie die Oberflächenbeschaffenheit, diskutiert. Es wird davon ausgegangen, dass die kanzerogene Potenz pro Faser mit zunehmender Länge und Biobeständigkeit stärker wird und mit zunehmendem Durchmesser abnimmt. Nach der WHO-Definition von faserförmigen Staubpartikeln muss das Verhältnis von Länge zu Durchmesser mindesten 3:1 betragen. Im Hinblick auf kanzerogene und fibrogene Wirkung als relevant angesehene Fasern müssen nach der WHO-Definition mindestens 5 µm lang und dürfen höchstens 3 µm dick sein. Gem. DFG leistet die angeführte Definition eine Abgrenzung zwischen kanzerogenen und nicht kanzerogenen Fasern aber nur näherungsweise. So ist es aufgrund des gegenwärtigen Wissensstandes (2005) nicht möglich, präzise anzugeben, ab welcher Länge und ab welchem Durchmesser alleine oder ab welchem Länge-zu-Durchmesser-Verhältnis und ab welcher Beständigkeit die zur Induktion eines Tumors führende biologische Aktivität von Fasern beginnt. →Künstliche Mineralfasern, →Asbest

Faserzement F. ist ein Verbundwerkstoff aus mit Fasern armiertem Zement (→Armierungsfasern). Früher wurden hierzu Asbestfasern (→Asbest) eingesetzt (→Asbestzement). Faserzementplatten bestehen aus Portlandzement (ca. 65 M.-%), inerten Zusatzstoffen (z.B. Kalksteinmehl oder Hartbruch = Recyclingmaterial aus Faserzement), synthetischen Armierungsfasern (→Polyvinylalkohol, ca. 2 M.-%), Cellulosefasern (ca. 6 M.-%), mit amorpher Kieselsäure umhüllt (8 M.-%) und Pigmenten sowie einer Beschichtung aus wässriger Dispersion. Im Fertigprodukt ist außerdem noch 12 % Wasser enthalten, das zur weiteren Erhärtung des Materials während der Gebrauchsdauer dient. Ca. 30 % Luft ist in Form mikroskopisch kleiner Poren enthalten. Die Luft dient als Expansionsraum für gefrierendes Wasser und soll die Zerstö-

rung durch Frost verhindern. Die Grundstoffe werden mit Wasser vermengt und auf einer Rundsiebmaschine schichtweise zu Rundplatten geformt. Der Plattenbrei wird heruntergeschnitten, fällt auf ein Transportband und wird in der richtigen Größe abgelängt oder in einer Formpresse zu Wellplatten geformt. Die Plattenoberfläche wird mit einer Beschichtung versehen und stapelweise in Blechformen mit Hochdruckpressen verdichtet, für mehrere Stunden bei konstanter Temperatur gelagert, von den Zwischenblechen getrennt, die Unterseite mit Wachsdispersion beschichtet und in der Abbindekammer gelagert. F.-Platten eignen sich als Fassaden- und Dachplatten zur Deckung von geneigten Dächern. Durch ihr geringes Flächengewicht im Vergleich zu Betondachsteinen und Tondachziegeln sind sie für leichte Dachstuhlkonstruktionen geeignet. F.-Produkte sind unbrennbar.
Die Polyvinylalkohol- und Polyacrylnitril-Fasern sind aufgrund ihrer vergleichsweise großen Durchmesser nicht lungengängig und daher nach heutigem Kenntnisstand gesundheitlich unproblematisch. Die Umweltbelastungen für die Herstellung von Produkten aus F. sind im Vergleich zu alternativen Produkten wie →Dachziegel oder →Betondachsteine relativ hoch, im Vergleich zu Metallblechen (alternative Dacheindeckungen) aber geringer.

Fassadenbehandlung →Hydrophobierungsmittel, →Steinfestiger

Fassadenfarben Fassaden sind vielfältigen Witterungsbedingungen ausgesetzt. Neben der ästhetischen Wirkung ist die Hauptaufgabe der F. daher auch der Schutz des Bauwerks. Die Ansprüche an F. sind dementsprechend hoch. Grundsätzlich in Betracht kommen

- →Mineralfarben, wie →Silikatfarben und →Kalkfarben,
- mit Dispersionen versetzte Mineralfarben, wie →Dispersionssilikatfarben und →Dispersionskalkfarben,
- →Silikonharz-Fassadenfarben,
- →Dispersionsfarben und Silikonisierte Dispersionsfarben,
- →Polymerisatfarben.

Tauwasserbildung und die damit verbundene Neigung zur Bildung von Mikroorganismen (Algenbefall auf Fassaden) treten bevorzugt auf hydrophoben und dünnschichtigen Beschichtungssystemen auf. →Mineralfarben weisen geringere Neigung zur Algenbildung auf. Bei Dispersionsfarben und Silikonharzfarben wird dem Algenbefall mit Bioziden (→Filmkonservierungsmittel) begegnet. Da diese Biozide kurz- bis mittelfristig ausgewaschen werden, wirken sie nur begrenzt (3 bis 5 Jahre) und stellen ein ökotoxisches Risiko dar. Die Oberflächen von Wärmedämmverbundsystemen neigen wegen der niedrigeren Oberflächentemperaturen besonders zum Veralgen. Diffusionsoffene, hydrophile F. auf Silikatbasis weisen in Kombination mit Dickputzen geringere Neigung zur Algenbildung auf. Der beste und umweltfreundlichste Schutz vor Algen sind konstruktive Maßnahmen, die vor langanhaltender Feuchtigkeit auf der Fassade schützen. Wenn der Einsatz von Bioziden aufgrund der Rahmenbedingungen dennoch unvermeidlich scheint, sollten auf die lokalen Bedingungen und auf die jeweiligen Putze und Anstriche bestmöglich abgestimmte Wirkstoffkombinationen eingesetzt werden. Bei den sogenannten verkapselten Bioziden werden die Biozide in Polymerkugeln eingebettet und nur zeitverzögert an die Fassadenfläche abgegeben. Feldversuche zeigen deutlich geringere Auswaschung.
Die Kriterien, ob ein Beschichtungsstoff im Außenbereich für eine bestimmte Anwendung geeignet ist, sind in der EN 1062-1 geregelt.

FCKW Abk. für Fluorchlorkohlenwasserstoffe, eine Stoffgruppe, die sich durch hohe thermische und chemische Beständigkeit auszeichnet. FCKW sind unbrennbar. Die teil- und vollhalogenierten FKW und FCKW werden durch den Buchstaben R (von engl. refrigerant = Kältemittel) und zwei bzw. drei nachgestellten Ziffern gekennzeichnet, die die Anzahl der Kohlenstoff-, Wasserstoff- und Fluoratome verschlüsseln (z.B. R 22, R 134a). Als teilhalogenierte Kohlenwasserstoffe (→HFCKW) werden solche F. bezeichnet, in deren Molekül auch Wasserstoff-Atome enthalten sind.
FCKW wurden aufgrund ihrer technischen Eigenschaften sowie ihrer Unbrennbarkeit in vielen Anwendungsbereichen in großem Umfang eingesetzt, darunter auch in Schaumstoffen.
In der Stratosphäre spaltet die UV-Strahlung der Sonne Chlor-Radikale aus den FCKW-Molekülen ab. Die chemisch sehr reaktiven Chlor-Radikale fördern katalytisch den Abbau des in der Stratosphäre vorhandenen Ozons, das der Erde als Schutzfilter vor der UV-Strahlung dient. Eine

durch die Ozonreduktion mögliche Zunahme der UV-B-Strahlung an der Erdoberfläche kann beim Menschen zu einem verstärkten Auftreten von Hautkrebs, grauem Star und einer Beeinträchtigung des Immunsystems führen. Selbst bei geringer Erhöhung des mittleren UV-B-Strahlenflusses ist mit einer Schädigung von Ökosystemen und einer nachteiligen Beeinflussung der Nahrungskette zu rechnen.

Nachdem das Ozonschicht schädigende Potenzial dieser Stoffe entdeckt wurde, begann die Suche nach möglichen Ersatzstoffen. Dabei konzentrierte man sich zunächst auf chemisch sehr ähnliche Stoffe, die teilhalogenierten Fluorchlorkohlenwasserstoffe (HFCKW). Diese weisen zwar ein geringeres, aber immer noch vorhandenes Ozonabbaupotenzial und Treibhauspotenzial auf. Über diesen ersten Schritt gelangte man zu den chlorfreien Alternativen, den fluorierten (FKW) bzw. teilfluorierten Kohlenwasserstoffen (HFKW). Da Stoffe dieser Gruppe kein Chlor enthalten, tragen sie nicht zum Abbau der Ozonschicht bei. Allerdings weisen sie ein teilweise sehr hohes Treibhauspotenzial auf. Durch die Verpflichtung des Kyoto-Protokolls, auch die Emissionen fluorierter Gase zu verringern, wurde die Suche nach halogenfreien Alternativen nochmals vorangetrieben. Die Akzeptanz dieser Stoffe war aufgrund einiger Nachteile zunächst gering. Neben ihrer teilweise höheren Toxizität und Brennbarkeit konnten mit diesen Stoffen zunächst auch bestimmte technische Anforderungen nicht erfüllt werden. Durch Verbesserung bzw. Einführung neuer Techniken sowie Sicherheitsmaßnahmen konnten sie sich jedoch immer weiter am Markt etablieren. In vielen Bereichen haben sich heute chlorfreie Alternativen weitgehend durchgesetzt, z.B. als Löse- und Reinigungsmittel, als Feuerlöschmittel und bei der Schaumstoffherstellung.

Im Mai 1991 trat in Deutschland die FCKW-Halon-Verbots-Verordnung in Kraft, die zum damaligen Zeitpunkt sowohl bezüglich der geregelten Stoffe wie auch bezüglich der Ausstiegsfristen deutlich schärfere Regelungen als das Montrealer Protokoll vorsah. In Österreich ist die Verwendung von FCKW seit 1995 (FCKW-VO: BGBl. 301/1990) verboten.

Am 1.10.2000 trat die Verordnung (EG) Nr. 2037/2000 des Europäischen Parlaments und des Rates vom 29.6.2000 über Stoffe, die zum Abbau der Ozonschicht führen, in Kraft, die unmittelbar auch in Deutschland gültig ist. Da seit 2000 praktisch keine neuen FCKW mehr dazukommen und die alten ganz langsam abgebaut werden, scheint 2012 und 2013 zum ersten Mal das Ozonloch über der Antarktis ein wenig kleiner geworden zu sein. Allerdings ist bisher noch nicht klar, ob dazu nicht auch das Wettergeschehen beigetragen hat. Um das Jahr 2070 könnte es sich ganz schließen, wobei dieser Prozess durchaus auch ein paar Jahrzehnte länger dauern könnte. In der Arktis ist dieser Trend noch nicht eindeutig ablesbar. Durch die Treibhausgasemissionen wird die Strahlung vom Erdboden abgeschirmt und die Stratosphäre kühlt weiter ab. Dadurch wird der Ozonabbau gefördert und das Ozonloch kann sich bis Mitteleuropa ausdehnen. 2011 war die Ozonkonzentration über dem Nordpol nur noch etwas mehr als halb so hoch wie ursprünglich. Bei einer Abkühlung von einem Grad sinkt die Ozonkonzentration um 5 %. Da aber der Klimawandel auch mehr Energie in die Verteilung der Luftmassen bringt, könnte auch wieder mehr Ozon aus den Tropen nach Norden und Süden transportiert werden. Noch vor der Mitte des 21. Jahrhunderts könnte die Ozonschicht daher über Mitteleuropa wieder die Dicke erreichen, die sie vor der Freisetzung von FCKW hatte. (Spektrum 25.6.2015: 25 Jahre FCKW-Verbot)

Seit dem 1.1.2010 gilt die →Chemikalien-Ozonschicht-Verordnung (EG) Nr. 1005/2009, die nun die strengeren nationalen Regelungen weitgehend übernommen hat, die die FCKW-Halon-Verbotsverordnung abgelöst hatten. Das national vorgezogene R22-Verbot sowie die Rücknahmeverpflichtung wurden beibehalten und um Pflichten zur regelmäßigen Dichtheitskontrolle ergänzt. 2012 wurde die ChemOzonSchichtV aufgrund der umfangreichen Anpassungen an die letzten EU-Rechtsänderungen neu gefasst. Bei Verstößen gegen die Chemikalien-Ozonschicht-Verordnung können Bußgelder verhängt werden.

Die vollständige Abkehr von FCKW-haltigen Medikamenten in Deutschland konnte bereits zum 1.1.2006 erreicht werden, da inzwischen wirksame Alternativen (FCKW-freie Dosieraerosole, Pulverinhalatoren) entwickelt wurden. Die letzten Anwendungen für HFCKW, die noch vor Ende 1999 errichtet wurden, liefen aufgrund des EU-rechtlichen Verbots Ende 2014 aus. (BMUB 2014: Ozonschicht-Chronologie der Maßnahmen)

→Ozonabbau in der Stratosphäre, →Fluorierte Treibhausgase

FCKW-Halon-Verbotsverordnung Die F. vom 6.5.1991 ist nicht mehr in Kraft. Sie wurde ersetzt durch die Verordnung (EG) Nr. 2037/2000 des Europäischen Parlaments und des Rates vom 29.6.2000 über Stoffe, die zum Abbau der Ozonschicht führen, die wiederum seit dem 1.1.2010 von der →Chemikalien-Ozonschicht-Verordnung (EG) Nr. 1005/2009 abgelöst wurde, die nun die strengeren nationalen Regelungen weitgehend übernommen hat. 2012 wurde die ChemOzonSchichtV aufgrund der umfangreichen Anpassungen an die letzten EU-Rechtsänderungen neu gefasst.
Der Ausstieg aus der Verwendung ozonschichtschädigender Stoffe ist in Deutschland bis auf wenige, z. Zt. noch nicht ersetzbare Anwendungen (z.B. bestimmte Laborchemikalien oder Halone als Löschmittel) heute vollzogen. →Ozonabbau in der Stratosphäre

Federschiene F. werden zur Befestigung von abgehängten Decken verwendet. Sie bestehen aus feuerverzinktem Stahlblech (→Verzinktes Stahlblech) und dienen dem Schallschutz.

Feinkalk Fein gemahlener →Branntkalk.

Feinmakulatur →Streichmakulatur

Feinstaub Unter F. versteht man inhalierbaren Schwebstaub (Particulate Matter, PM_{10}) mit einem Durchmesser D < 10 µm. Unterschieden werden:

- Gröbere Partikel mit D > 2,5 µm
- Feine Partikel mit D 2,5 bis 0,1 µm
- Ultrafeine Partikel mit D < 0,1 µm

F. in der Außenluft entsteht primär bei industriellen und Verbrennungsprozessen (Kraftwerke, Industrie, Gewerbe, Hausbrand, Verkehr, Dieselmotoren). Nach Aufnahme in die Lunge kann F. akute und chronische Gesundheitsschäden verursachen, neben Atemwegserkrankungen insbesondere auch Herz-Kreislauferkrankungen. Gem. EU-Richtlinie 1999/30/EG gilt seit dem 1.1.2005 für die Außenluft ein Grenzwert von 50 µg F/m^3. Dieser Wert darf „nur" an 35 Tagen im Jahr überschritten werden.
F. spielt auch in →Innenräumen eine Rolle. F.-Quellen sind Verbrennungsprozesse (Kerzen, Kaminfeuer, Räucherstäbchen, Tabakrauch), aber auch →Toner von Kopierern und Laserdruckern. Über die Bedeutung von F. in Innenräumen ist bisher wenig bekannt. Messungen zeigen jedoch, dass auch in Innenräumen der für die Außenluft festgelegte Grenzwert überschritten wird. Wohnungen mit feinflorigen Teppichböden, die regelmäßig gesaugt werden, wiesen durchschnittlich deutlich niedrigere F.-Konzentrationen auf als solche mit glatten Böden wie z.B. Parkett. (Stellungnahme der Innenraumlufthygiene-Kommission zu Feinstäuben in Wohnräumen und Schulen: IRK des UBA)

Feinsteinzeugfliesen Fliesen aus fein aufbereitetem Steinzeug. →Steinzeugfliesen

Fenster F. sind Bestandteile der Außenhaut eines Gebäudes und somit wichtige Grenzflächen zwischen Innenraum und Umwelt. Das Glas des F. ermöglicht das Einfallen des natürlichen Lichtes in den Raum und schützt gleichzeitig vor Umwelteinflüssen wie Lärm, Regen, Kälte, Hitze und Wind. Die drei wichtigsten Kriterien bei der Fensterauswahl sind:

- Rahmenmaterial
- Hoher Wärmeschutz
- Hohe Farbechtheit und Lichtdurchlässigkeit der Verglasung

Nach dem Rahmenmaterial wird unterschieden in →Holzfenster, Holz-Aluminiumfenster (→Holz-Alufenster), →PVC-Fenster, →Aluminiumfenster und →Stahlfenster. Holz schneidet in Ökobilanzen in fast allen Umweltkategorien als der umweltverträglichste Rahmenwerkstoff ab. Auch die Erhöhung des Recyclinganteils von derzeit ca. 35 auf 85 % bei Aluminium bzw. von 2 auf 70 % bei PVC würde an der günstigen ökologischen Positionierung von Holzfenstern nichts verändern. Bei praxisüblicher Einbauart ist auch das Holz-Alufenster dem PVC- und dem Aluminiumfenster deutlich überlegen.
1996 wurden in Deutschland folgende Materialien für F. eingesetzt:

- PVC: 49 %
- Holz 28 %
- Aluminium: 20 %
- Holz-Aluminium: 3 %

Im Jahr 2016 sah die Verteilung wie folgt aus (Quelle: Fensterverbände):

- PVC: 54 %
- Holz 16 %
- Aluminium: 20 %
- Holz-Aluminium: 9,5 %

Die Wärmedämmeigenschaften von F. und Verglasungen sind ein wichtiger Faktor für den Energiehaushalt von Gebäuden. F. können bis zu einem Drittel zum Wärmeverlust von Gebäuden beitragen. Für guten Wärmeschutz müssen F. folgende Anforderungen erfüllen:

- Hoher Wärmeschutz der Verglasung
- Wärmebrückenfreier Einbau
- Hochwärmedämmender Rahmen
- Verbesserter Randverbund des Glases, zum Beispiel thermisch getrennte Abstandhalter
- Geringer Rahmenanteil
- Je nach Anforderung an die Luftdichtheit des Gebäudes durchgängige Dichtungslippen

Wichtig für die Gesamtwärmebilanz ist auch die Orientierung der F. im Haus. Große Fensterflächen sollten nach Süden und Südwesten, kleinere mit hohem Wärmedämmwert nach Norden gerichtet sein. Es ist heute möglich, Verglasungen mit einem U-Wert von 0,5 W/(m²·K) herzustellen (Dreischeiben-Wärmeschutzverglasung mit Kryptonfüllung). Zweifachverglasungen mit einem U-Wert von 1,1 W/(m²·K) und Dreifachverglasungen mit einem U-Wert von 0,7 W/(m²·K) sind zu einem akzeptablen Preis erhältlich.

Hochwärmedämmende Rahmen bestehen zurzeit beispielsweise aus Polyurethan oder einem Holz-Polyurethan-Verbund. Es sind aber auch für den Passivhausbereich geeignete Fensterrahmen aus ausschließlich erneuerbaren Rohstoffen (z.B. Holz mit Holzweichfaserplatte oder Kork) erhältlich. Andere Hersteller setzen bei der U-Wert-Optimierung auf die Weiterentwicklung des Holzfensters, indem z.B. der Stock vollständig von der Außenwanddämmung überdeckt und der gesamte Fensterflügel mit einer dritten, außen liegenden Glasscheibe vollständig abgedeckt wird.

Für durchschnittliche mitteleuropäische Lagen sind derzeit Dreifachwärmeschutzverglasungen mit U-Werten ≤ 0,7 W/(m²·K), hohen g-Werten und thermisch optimiertem Randverbund ökologisch am günstigsten. Ein U-Wert der Verglasung bis zu 1,1 W/(m²·K) ist als akzeptabel zu bezeichnen. In diesem Fall ist für den Gesamt-U-Wert der Fensterkonstruktion ein maximaler U-Wert von 1,3 W/(m²·K) anzustreben. Von den Herstellern sind Prüfberichte zum Wärmeschutz (neben den Prüfgutachten zum Schallschutz, Brandschutz, zur Schlagregendichtheit, Luftdurchlässigkeit und Windbelastung) einzufordern. →EPD

Eine weitere wichtige Funktion des F. ist der Luft- bzw. Schadstoffaustausch mit der Außenwelt sowie die Feuchtigkeitsregulierung. Schallschutz- und Wärmeschutz-F. haben besonders abgedichtete Fugen (→Luftdichtigkeit der Gebäudehülle). Daher wird der Einbau zusätzlicher schallgedämmter Lüftungseinrichtungen erforderlich.

Fensterglas F. ist der wichtigste Bestandteil des →Fensters. Es ermöglicht das Einfallen des natürlichen Lichtes in den Raum und schützt gleichzeitig vor Umwelteinflüssen wie Lärm, Regen, Kälte, Hitze und Wind. Als Grundregel für die optimalen Eigenschaften von F. gilt: möglichst geringer Wärmedurchgangskoeffizient (→U-Wert) mit möglichst hohem Gesamtenergiedurchlassgrad, wobei die Orientierung des Fensters eine wesentliche Rolle für die Optimierung spielt. Selektive Gläser können mit Metallbeschichtungen infrarote Strahlung aus den Räumen im Winter am Verlassen des Gebäudes hindern (→Wärmeschutzverglasungen) oder auf der äußeren Scheibe aufgedampft durch Reflexion eine Überhitzung im Sommer verhindern (→Sonnenschutzverglasungen). F. wird aus →Flachglas hergestellt. →Isoliergläser, →Sicherheitsglas, Feuerschutzgläser, →Sondergläser

Fensterkitte →Kitte

Fensterschäume →Montageschäume, →Polyurethan-Ortschaum

Fenvalerat Insektizid aus der Gruppe der →Pyrethroide.

Fernsehgeräte (Emissionen) Die Emissionen aus F. umfassen eine große Palette von unterschiedlichen Stoffen. Es wurden Emissionen von Lösemitteln, Weichmachern/Flammschutzmitteln wie Tris(2-chlorethyl)phoshat (TCEP) und Tris(chlorpropyl)phosphat (TCPP), Phenolen und phenolartigen Stoffen (Leiterplatinen) festgestellt (Wensing). Insbesondere von den Phenolen/phenolartigen Stoffen gehen geruchliche Belästigungen während des Betriebs der Geräte aus. TVOC-Werte (24 Std.) betrugen bis zu 2.036 µg/Gerät × h. Während die Emissionen leichtflüchtiger Stoffe nach kurzer Zeit stark abnahmen, stiegen die Emissionen von TCEP und TCPP auch nach zwei Wochen noch weiter an. TCEP ist nach der Verordnung (EG) Nr. 1272/2008 des Europäischen Parlaments und des Rates vom 16.12.2008 über die Einstufung, Kennzeichnung und Verpackung von Stoffen und Gemischen, zur Änderung und Aufhebung der Richtlinien 67/548/EWG und 1999/45/EG und zur Änderung der Verordnung (EG) Nr. 1907/2006 (2) als karzinogen der Kategorie 2 und als reproduktionstoxisch der Kate-

gorie 1B eingestuft. Es wird seit 2001 in der EU nicht mehr hergestellt. Für TCPP bestehen potenzielle Bedenken hinsichtlich der Karzinogenität, obwohl es nicht eingestuft ist. Im Einklang mit den Erwägungen zu TCEP sollten die Grenzwerte für TCPP wie TCEP ebenfalls auf 5 mg/kg festgelegt werden. (Richtlinie der EU Kommission 2014/79 EU)
Fernsehgeräte, die ohne halogenhaltige →Flammschutzmittel im Gehäuse hergestellt sind, können das RAL-ZU 91 erhalten. →Organophosphate

Fertiggipsputze →Baugipse

Fertighäuser Ältere F. (bis ca. 1985) enthalten häufig Schadstoffe:

Stoff	Anwendung
Formaldehyd	Holzwerkstoffe für Wände, Böden, Decken u.a.
Holzschutzmittel	Konstruktive und nichtkonstruktive Hölzer
Asbest	Außenfassade, Lüftungskanäle, Heizungsanlage
Künstliche Mineralfasern (KMF)	Mineralwolle in Ständerwerk, Decken und Dach, Rohrisolierung
Polychlorierte Biphenyle (PCB)	Fugenmassen in Fassaden und Fenstern

Die Formaldehyd-Belastung stellt aufgrund der z.T. sehr umfangreichen Verwendung von →Spanplatten für Wände (innen und außen), Decken und Fußböden ein gravierendes Problem dar. F. mit Baujahr bis 1985 weisen durchschnittlich höhere Formaldehyd-Konzentrationen in der Raumluft auf als Häuser, die später errichtet wurden.
Ältere F. weisen häufig unangenehme Gerüche auf. Typische Gerüche in F. und mögliche Ursachen:

Geruch	Mögliche Ursache
Stechend-säuerlich	Formaldehyd
Schimmelig-muffig	→Chloranisole, →Schimmelpilze
Schimmelig-muffig-süßlich	→Chlornaphthaline

Neuere Fertighäuser sind bis auf Formaldehyd nicht von diesen Schadstoffen betroffen und weisen sehr gute Standards in energetischer Hinsicht auf. Bei sorgfältiger Materialwahl für den Innenausbau können, wie beim Bauen generell, sehr gute Raumluftqualitäten erreicht werden. →EPD

Fertigparkette →Mehrschichtparkette (Edelholznutzschicht auf ein Trägersystem aus meist günstigerem Nadelholz oder Multiplex mit oder ohne Gegenzug aufgebracht) oder Massivholz werden auch F. genannt, da die Oberfläche meist im Werk bereits geschliffen und fertig versiegelt oder geölt werden. Der Vorteil liegt im Besonderen in der einfachen und kostengünstigen Montage auf der Baustelle, da Schleifen, Kitten und Endbehandeln entfällt. Einfache Mehrschichtparkettböden sind wegen der im Vergleich zum Stabparkett wesentlich dünneren Nutzschicht (meist nur 2 bis 6 mm) auch günstiger als Stab- oder Mosaikparkett. Gemäß EN 13489 beträgt die Nutzschicht aus Massivholz ≥ 2,5 mm Dicke.
Die Ökobilanz ist gegenüber Holzdielen und Holzpflasterböden deutlich schlechter.

Ökologische Bewertung von Mehrschichtparkett, Nutzschicht: Laubholz, Trägerschicht: Nadelholz, Bezug t_{atro} (Quelle: dataholz.eu)		
GWP [kg CO_2 Äqv.]	**AP [kg SO_2 Äqv.]**	**PEI ne [MJ]**
348,0	5,6	17.194,1
PEI e [MJ]	**EP [kg PO_4 Äqv.]**	**POCP [kg C_2H_4 Äqv.]**
18.932,6	2,3	0,8

Fest gebundene Asbestprodukte Als F. werden asbesthaltige Materialien bezeichnet, die eine Rohdichte über 1.000 kg/m³ aufweisen. Die Asbestfasern sind in diesen Produkten fest in die Bindemittelmatrix eingebunden, sodass eine Faserfreisetzung nur bei Beschädigung (Bearbeitung, Verwitterung) erfolgt. Unter die F. fallen in erster Linie die Asbestzementprodukte, weiterhin Produkte mit einer Rohdichte über 1.000 kg/m³, bei denen die Asbestfasern in Kunststoff eingebunden sind (→Floor-Flex-Platten, →Bodenbeläge). F. fallen nicht in den Geltungsbereich der →Asbest-Richtlinie. Asbestprodukte mit einer Rohdichte unter 1.000 kg/m³ werden als →Schwach gebundene Asbestprodukte bezeichnet und fallen damit in den Geltungsbereich der Asbest-Richtlinie. →Asbest, →Asbestzement

Fettsäuren F. sind Bestandteile von bestimmten Harzen und Ölen (s. Tabelle F1) bzw. entstehen bei deren Trocknung. Unterschieden werden:

- Kurz- (niedere) bis mittelkettige F.: Bei Raumtemperatur flüssig oder fest, penetranter Geruch; treten in Innenräumen vorwiegend als Abbauprodukte der höheren F. auf. C2- bis C4-n-Alkansäuren werden u. a. zur Synthese von Kunststoffen und veresterte Formen als Lösemittel, Duft- oder Aromastoffe eingesetzt. Als Konservierungsmittel werden Essigsäure und Propionsäure in Lebensmitteln verwendet. Butansäure (Buttersäure) wird zur Herstellung von Kunststoffen (Cellulosebutyrat) sowie von Medikamenten und Schädlingsbekämpfungsmitteln benutzt. Ester der Buttersäure zeichnen sich durch einen fruchtigen Geruch aus und kommen als Duft- und Aromastoffe zur Anwendung.
- Langkettige (höhere) F.: Bei Raumtemperatur fest (Sdp.: > 200 °C), geruchlos. Höherkettige Fettsäuren wie n-Tetradecansäure (Myristinsäure), n-Heptadecansäure (Margarinsäure) oder n-Octadecansäure (Stearinsäure) sind in organischen Lösemitteln gut löslich. Langkettige F. finden Verwendung für Alkydharze, Anstrichmittel, Tenside, Seifen und Schmierstoffe, Epoxidharze und Weichmacher. Langkettige F. sind dem mikrobiellen Abbau zugänglich. Dabei entstehen mittel- und kurzkettige F. sowie eine Vielzahl geruchsintensiver Abbauprodukte wie Alkohole, Aldehyde und Ketone.

Im Hausstaub sind F. ubiquitär und stellen im organischen Hausstaub-Extrakt die dominierende Fraktion.

Tabelle F1: Nomenklatur, Eigenschaften und technische Verwendung von Fettsäuren (Falbe & Regitz, 1995; Baumann & Muth, 1997)

C-Atome	Bezeichnung	Trivialname	Sättigung/ Verzweigung	Verwendung/ Vorkommen
C6	Hexansäure	Capronsäure	G, Uv	Alkydharz
C7	Heptansäure	Önanthsäure	G, Uv	
C8	Octansäure	Caprylsäure	G, Uv	Alkydharz
C9	Nonansäure	Pelargonsäure	G, Uv	Alkydharz
C10	Decansäure	Caprinsäure	G, Uv	Alkydharz
C11	Undecansäure		G, Uv	
C12	Dodecansäure	Laurinsäure	G, Uv	
C13	Tridecansäure		G, Uv	
C14	Tetradecansäure	Myristinsäure	G, Uv	
C15	Pentadecansäure		G, Uv	
C16	Hexadecansäure	Palmitinsäure	G, Uv	Naturharz, Alkydharz, Öl
C17	Heptadecansäure	Margarinsäure	G, Uv	
C18	Octadecansäure	Stearinsäure	G, UV	Naturharz, Alkydharz, Öl, Polyacrylharz
C18	9-Octadecensäure	Ölsäure	1fach U, Uv	Trocknendes Öl
C18	9,12-Octadecadiensäure/ 9,12,15-Octadecatriensäure	Linolsäure/ Linolensäure	2- bzw. 3fach U, Uv	Trocknende Öle
G = Gesättigt, U = Ungesättigt, Uv = Unverzweigt				

Tabelle F2: Vorkommen von F. im Hausstaub (n = 24; 2-mm-Fraktion; Obenland et al., 2003: Gesundheitliche Beschwerden durch Reiz-, Riech- und hautsensibilisierende Stoffe im Innenraum – Fettsäuren)

Fettsäure	A	BG [mg/kg]	Bereich [mg/kg]	MW [mg/kg]	Median [mg/kg]	90-Perz. [mg/kg]
Hexansäure (C6)	24 (100 %)	1	1,2 – 27	8,6	7,6	16
Heptansäure (C7)	22 (92 %)	1	0,5 – 17	6,2	4,8	14
Octansäure (C8)	24 (100 %)	1	2,2 – 48	16	12	33
Nonansäure (C9)	24 (100 %)	1	4,6 – 99	29	23	59
Decansäure (C10)	24 (100 %)	1	3,7 – 62	23	21	41
Undecansäure (C11)	20 (83 %)	1	0,5 – 6,5	2,7	2,5	4,8
Dodecansäure (C12)	24 (100 %)	1	12 – 280	88	63	220
Tridecansäure (C13)	21 (88 %)	1	0,5 – 33	6,0	4,8	11
Tetradecansäure (C14)	24 (100 %)	1	13 – 680	120	81	230
Pentadecansäure (C15)	24 (100 %)	1	6,2 – 510	80	41	200
Hexadecansäure (C16)	24 (100 %)	1	4,3 – 2.600	740	650	1.500
Heptadecansäure (C17)	20 (83 %)	1	0,5 – 150	30	20	92
Octadecansäure (C18)	24 (100 %)	1	42 – 610	220	180	460
Ölsäure (C18)	24 (100 %)	1	3,5 – 2.000	350	230	850
Linol-/Linolensäure (C18)	24 (100 %)	1	8,3 – 780	160	120	340
Σ C6-C12	–	7	25 – 410	170	150	330
Σ C10-Linol-/Linolensäure	–	9	410 – 7.500	1.800	1.600	3.300

A = Anzahl der Proben, in der die jeweilige Verbindung oberhalb der Bestimmungsgrenze nachweisbar war (Anteil am Gesamtkollektiv in Prozent), BG = Bestimmungsgrenze, MW = Mittelwert

Gesättigte und geradkettige F. (n-Alkansäuren) sind auch Bestandteile des menschlichen Metabolismus. Gerade die niederkettigen n-Alkansäuren wirken primär reizend und können in hoher Konzentration bei unmittelbarem Kontakt an Geweben zu Schäden führen. Insbesondere die Wasserlöslichkeit der Säure bestimmt das Reizpotenzial. Höhere F. können auch reizend für Augen, Atemwege, Schleimhaut und Haut sein. Während niederkettige F. als stechend und scharf im Geruch wahrgenommen werden, überwiegt bei den höheren C4-C9-n-F. ein Geruch nach ranziger Butter. Hingegen werden noch höher molekulare Alkansäuren als geruchslos beschrieben. Aufgrund ihres abstoßenden Geruches und auftretender Reizwirkung gehören die n-Alkansäuren zu unerwünschten Verbindungen in der Raumluft. Langkettige F. im →Hausstaub sind eine Quelle für eine Vielzahl kurzkettiger Abbauprodukte. Der F.-Abbau erfolgt zum einen durch mikrobielle Aktivität, zum anderen durch thermische Zersetzung, z.B. von Staub auf heißen Oberflächen wie Heizkörpern oder Lampen. Dabei entstehen niedermolekulare →Aldehyde, Carbonsäuren, →Ketone und →Alkohole, die für den vielfach muffigen oder ranzigen Geruch von Hausstaub und Raumluft verantwortlich sind. Hexadecansäure (Smp.: ca. 63 °C, Sdp.: 390 °C) ist die in Anstrichstoffen am häufigsten eingesetzte F. Ihre Dämpfe können zu Reizungen der Augen und Atemwege führen. Ölsäure ist die bedeutendste ungesättigte F. und praktisch in allen pflanzlichen und tierischen Ölen und Fetten in meist hohen Anteilen enthalten. Bei der Zersetzung (Abbau) von Ölsäure entsteht Nonanal, ein ranzig bzw. muffig riechender Aldehyd, dessen Geruchsschwelle 13,5 µg/m^3 beträgt (Scholz & Santl). Nonanal hat vermutlich einen maßgeblichen Anteil am muffigen Geruch von →Hausstaub.

Tabelle F3: Vorkommen von F. in der Raumluft (Obenland et al., 2003: Gesundheitliche Beschwerden durch Reiz-, Riech- und hautsensibilisierende Stoffe im Innenraum – Fettsäuren)

Fettsäure	A	BG [µg/kg]	Bereich [µg/m³]	MW [µg/m³]	Median [µg/m³]	90-Perz. [µg/m³]
Hexansäure (C6)	9 (90 %)	0,1	0,05 – 21,2	5,7	3,7	20
Heptansäure (C7)	6 (60 %)	0,1	0,05 – 4,1	0,76	0,20	3,8
Octansäure (C8)	4 (100 %)	0,1	0,14 – 0,39	0,23	0,20	–
Nonansäure (C9)	10 (100 %)	0,1	0,24 – 1,8	0,92	0,58	1,8
Decansäure (C10)	8 (80 %)	0,1	0,05 – 1,8	0,44	0,28	1,7
Undecansäure (C11)	0	0,1	–	0,05	–	–
Dodecansäure (C12)	2 (50 %)	0,1	0,05 – 0,57	0,19	0,08	–
Tridecansäure (C13)	0	0,1	–	0,05	–	–
Tetradecansäure (C14)	3 (75 %)	0,1	0,05 – 0,32	0,15	0,11	–
Pentadecansäure (C15)	0	0,1	–	0,05	–	–
Hexadecansäure (C16)	3 (75 %)	0,1	0,05 – 0,80	0,37	0,32	–
Heptadecansäure (C17)	0	0,1	–	0,05	–	–
Octadecansäure (C18)	0	0,1	–	0,05	–	–
Ölsäure (C18)	3 (75 %)	0,1	0,05 – 0,28	0,16	0,16	–
Linol-/Linolensäure (C18)	2 (75 %)	0,1	0,05 – 0,17	0,10	0,09	–
Σ C6-C12	–	2,0	3,28 – 8,08	8,0	6,11	26
Σ C10-Linol-/Linolensäure	–	2,0	0,55 – 2,39	0,93	0,60	2,3

A = Anzahl der Proben, in der die jeweilige Verbindung oberhalb der Bestimmungsgrenze nachweisbar war (Anteil am Gesamtkollektiv in Prozent), Probenanzahl n für C6, C7, C9, C10 = 10, alle anderen n = 4, BG = Bestimmungsgrenze, MW = Mittelwert

Tabelle F4: Orientierungswerte für F. im Hausstaub (Obenland et al., 2003: Gesundheitliche Beschwerden durch Reiz-, Riech- und hautsensibilisierende Stoffe im Innenraum – Fettsäuren)

Fettsäure	OW 1 [mg/kg]	OW 2 [mg/kg]
Hexansäure (C6)	5	15
Heptansäure (C7)	5	15
Octansäure (C8)	10	30
Nonansäure (C9)	20	60
Decansäure (C10)	20	40
Undecansäure (C11)	2	5
Dodecansäure (C12)	50	250
Tridecansäure (C13)	5	15
Tetradecansäure (C14)	100	250
Pentadecansäure (C15)	40	200
Hexadecansäure (C16)	600	1.500
Heptadecansäure (C17)	20	100
Octadecansäure (C18)	200	500
Ölsäure (C18)	200	800
Linol-/Linolensäure (C18)	100	350
Σ C6-C12	150	350
Σ C10-C18	1.600	3.500

OW 1: Entspricht dem statistischen, gerundeten 50-Perzentil, der aus den Daten der Arguk-Studie ermittelt wurde

OW 2: Entspricht dem statistischen, gerundeten 90-Perzentil, der aus den Daten der Arguk-Studie ermittelt wurde

Tabelle F5: Orientierungswerte für F. in der Raumluft (Obenland et al., 2003: Gesundheitliche Beschwerden durch Reiz-, Riech- und hautsensibilisierende Stoffe im Innenraum – Fettsäuren)

Fettsäure	OW 1 [µg/m³]	OW 2 [µg/m³]
Hexansäure (C6)	4	20
Heptansäure (C7)	0,2	4
Octansäure (C8)	0,2	
Nonansäure (C9)	0,6	2
Decansäure (C10)	0,3	2
Undecansäure (C11)		
Dodecansäure (C12)	0,1	
Tridecansäure (C13)		
Tetradecansäure (C14)	0,1	
Pentadecansäure (C15)		
Hexadecansäure (C16)	0,3	
Heptadecansäure (C17)		
Octadecansäure (C18)		
Ölsäure (C18)	0,2	
Linol-/Linolensäure (C18)	0,1	
Σ C6-C12	6	24
Σ C10-C18	0,6	2,4

OW 1: Entspricht dem statistischen gerundeten 50-Perzentil, der aus den Daten der Arguk-Studie ermittelt wurde
OW 2: Entspricht dem statistischen gerundeten 90-Perzentil, der aus den Daten der Arguk-Studie ermittelt wurde

Die o.g. Messergebnisse zeigen, dass – mit Ausnahme von Hexansäure – die untersuchten F. in der Raumluft in nur geringen Konzentrationen von ca. 0,1 bis 1 µg/m³ nachzuweisen sind. Gleichwohl kann die Gesamtkonzentration der F. einen Wert erreichen, der geruchlich wahrnehmbar ist. Hexansäure (Median 3,7 µg/m³) stellt in der Summe der kurz- und mittelkettigen F. den größten Anteil (60 %). Sie weist haut- und schleimhautreizendes Potenzial auf und ist ab ca. 30 bis 50 µg/m³ geruchlich wahrzunehmen.

Feuchteadaptive Dampfbremsen Konventionelle →Dampfbremsen haben den Nachteil, dass sie im Sommer die Austrocknung der Konstruktion zur Innenseite behindern, da die Diffusion gebremst wird. F. passen ihren →Dampfdiffusionswiderstand jahreszeitlich an die Luftfeuchtigkeit an. Wenn im Winter die Luft trocken ist, wirkt die Folie als Dampfbremse (äquivalente Luftschichtdicke z.B. 4 m). Im Sommer liegt die Luftfeuchtigkeit wesentlich höher, und der Diffusionswiderstand nimmt ab (äquivalente Luftschichtdicke 0,2 bis 0,5 m). Somit kann die Konstruktion auch raumseitig austrocknen. Trotz der vermehrten Austrocknung im Sommer sollte die Konstruktion so gewählt werden, dass sie auch mit einer konservativen Dampfbremse funktioniert, da nie gewiss ist, ob die volle Funktionsfähigkeit der F. auch noch nach 20 Jahren oder später vorliegt. →Polyamid-Folien

Feuchteschutz Wasser kann am Bauwerk in verschiedenen Aggregatzuständen (fest, flüssig, gasförmig) auftreten und an verschiedenen Orten zu Feuchteschäden führen. Feuchteschäden bilden den Großteil der am Gebäude auftretenden Schäden. Die Ursachen sind vielfältig: schadhafte Rohrleitungen, undichtes Dach, Spritzwasser im Sockelbereich, Bodenfeuchtigkeits- oder Grundwassereintritt bei fehlenden oder schadhaften feuchtigkeitssperrenden Schichten u.Ä. Die häufigsten Feuchteschäden entstehen durch Wasserdampf in der Luft, der sich auf oder in Bauteilen niederschlägt (→Taupunkt). Die Folgen von feuchten Bauteilen sind Gefügesprengungen bei Frost, Ausblühungen durch chemische Reaktionen gelöster Salze sowie Verrottungen, Fäulnis, →Schimmel- und Pilzbefall. Durch feuchte Oberflächen werden die wichtigsten Parameter für ein behagliches →Raumklima wie →Lufttemperatur, Oberflächentemperatur und →Luftfeuchte negativ beeinflusst. Ein behagliches Raumklima ist dann auch durch intensives Beheizen kaum zustande zu bringen. Häufig werden Feuchteschäden durch falsches Wohnverhalten ausgelöst (hohe Feuchteproduktion ohne regelmäßiges →Stoßlüften). Zum Vermeiden von Feuchteschäden bedarf es daher entsprechend sicherer Konstruktionen ebenso wie eines richtigen Nutzerverhaltens. Der F. soll Feuchteschäden am Gebäude verhindern. Dazu gehören:

- Treffen von Vorkehrungen, wenn mit einer Beanspruchung durch Bodenfeuchtigkeit, kurzzeitig stauendes Sickerwasser bzw. Grundwasser zu rechnen ist
- Feuchteschutz erdberührter Bauteile
- Ausbildung von Dränagen (kapillarbrechender Schichten und Bauteile)

- Abdichtungen gegen drückendes und nicht drückendes Wasser
- Absperrungen gegen aufsteigende Feuchte
- Spritzwasserschutz
- Schlagregenschutz z.B. durch Dachvorsprünge
- Ableitung von Niederschlägen
- Dampfdiffusionstechnisch geeignete Konstruktionswahl (→Dampfdiffusion, →Glaser-Verfahren), WUFI-Berechnung
- Sorgfältige Verarbeitung, Qualitätssicherung
- Auswahl geeigneter Materialien, →EPD
- Schutz vor Brauchwassereinwirkung in Gebäuden und Abdichtungen in Nassräumen

→Kondensat innerhalb der Konstruktion, →Oberflächenkondensat

Feuchtetransport Der F. erfolgt in porösen Baustoffen im Wesentlichen durch →Dampfdiffusion, Oberflächendiffusion und →Kapillarleitung. Bei ausreichend trockenen oder nicht hygroskopischen Baustoffen tritt ausschließlich Dampfdiffusion auf. Ab etwa 60 % relativer Feuchte setzt zusätzlich Oberflächendiffusion des an den Porenwandungen sorbierten Wassers ein. Eine Kapillarleitung tritt erst bei gefüllten Poren im Bereich überhygroskopischer Materialfeuchte, beispielsweise infolge von Schlagregen, auf. Dampf- und Flüssigtransport weisen häufig entgegengesetzte Transportrichtungen auf: Die Dampfdiffusion erfolgt meist von warm nach kalt, während der Flüssigtransport weitgehend temperaturunabhängig von feucht nach trocken gerichtet ist. Im μ-Wert$_{feucht}$ (→Dampfdiffusionswiderstandszahl), der im Feuchtbereich (wet-cup) nach DIN 52615 ermittelt wird, ist die Oberflächendiffusion der Dampfdiffusion bereits zugeschlagen.

Feuchteverhalten von Baustoffen Baustoffe können auf verschiedene Arten und in verschiedenem Ausmaß Feuchtigkeit aus der Luft aufnehmen und speichern. Das F. wird durch folgende Einflüsse bestimmt:

- Porenstruktur (→Sorptionsfähigkeit, →Dampfdiffusion, →Kapillarleitung)
- Inhaltsstoffe (z.B. Hygroskopizität von eingelagerten Salzen)
- Bauliche Situation (Gebäude, Bauteil, Materialkombinationen, Instandhaltung und Pflege)
- Klimatische Bedingungen (Luftfeuchten, Temperaturen, Sonnenstrahlung, Schlagregenbeanspruchung)
- Feuchteemissionen (Erdreich, Installationen, Nutzung usw.)

Oberflächennahe Schichten in Innenräumen mit hoher →Kapillarleitfähigkeit und einem relativ niedrigen →Dampfdiffusionswiderstand (z.B. →Lehm) können Feuchtigkeit aufnehmen und im Baustoff verteilen. Dies führt zu einem ausgeglichenen Feuchteverhalten der Raumluft und verringert die Gefahr von Oberflächentauwasser im Bereich von Wärmebrücken.

Feuchtigkeit →Luftfeuchte, →Feuchteschutz

Feuerlöschmittel →Halone, →Kohlendioxid

Feuerschutzklappen →Brandschutzklappen

Feuerschutztüren →Brandschutztüren

Feuerverzinkung →Verzinktes Stahlblech

Feuerwiderstandsklassen Europaweit hat sich in den letzten Jahren eine neue Sichtweise durchgesetzt: Der Unterschied im Brandverhalten etwa einer Stahlbeton- und einer Holzstütze soll z.B. nicht zu einem globalen Verbot des Baustoffes Holz führen, sondern mit kompensierenden Maßnahmen ausgeglichen werden können. Diese Überlegungen spiegelt auch die Europäische Normung wider. Die Anforderungen an Bauten werden jedoch auch in Zukunft national geregelt bleiben.
Die Klassen zur Feuerwiderstandsfähigkeit tragender Teile in baulichen Anlagen sind gemäß der DIN 4102-2 bzw. DIN EN 13501-2 in der →MVV TB geregelt. Die Beurteilung der Feuerwiderstandsfähigkeit von Bauteilen in bauaufsichtlichen Verfahren erfolgt auf der Grundlage von Brandprüfungen nach der Einheits-Temperaturzeitkurve (ETK) und führt zu Einstufungen in Feuerwiderstandsklassen (DIN 4102:1977-09: feuerhemmend, hochfeuerhemmend, feuerbeständig, Feuerwiderstandsfähigkeit 120 Min). Die Klassifizierung erfolgt angegeben nach der Zeitdauer des Feuerwiderstandes in Minuten mit F30, F60, F90, F120 und F180. Die DIN 4102-02 klassifiziert Bauteile gleichzeitig sowohl nach dem Feuerwiderstand und der Brennbarkeit der im Bauteil befindlichen Baustoffe, wobei Feuerwiderstand und die Brennbarkeit mit einer Kurzbezeichnung geführt werden. Die Kennzeichnung erfolgt mit A (= nicht brennbar), B (=brennbar) sowie AB und ergänzt werden die Begriffe feuerhemmend, hochfeuerhemmend und feuerbeständig mit der Angabe der Minuten als bauaufsichtliche Forderungen für Bauteile in Bauwerken.

Nach europäischer Norm DIN EN 13501 werden die Leistungskriterien in Bezug auf
R: Tragfähigkeit bei Brandbeanspruchung
E: Dichtheit gegen Durchtritt von Rauch und Feuer
I: Wärmedämmung (Temperatur an der dem Brand abgekehrten Seite)
mit der Angabe jeweils in Minuten differenziert.
Man unterscheidet gem. DIN EN 13501-2 zwischen tragenden und nicht tragenden Bauteilen, wobei die Buchstabenkombination REI für die französischen Begriffe Resistance, Etanchéité und Isolation stehen.
Für tragende Bauteile gibt es die folgenden Kombinationen:
REI-Zeit: Erfüllt die Kriterien der Tragfähigkeit, Dichtheit und Wärmedämmung
RE-Zeit: Erfüllt die Kriterien Tragfähigkeit und Dichtheit
R-Zeit: Erfüllt nur das Kriterium Tragfähigkeit
Für nicht tragende Bauteile entfällt der Buchstabe R, wodurch es folgende Kombinationen gibt:
EI-Zeit: Erfüllt die Kriterien Dichtheit und Wärmedämmung
E-Zeit: Erfüllt das Kriterium Dichtheit
Zu den Buchstaben REI und ihren verschiedenen Kombinationen kommen noch weitere hinzu, die ihrerseits wiederum bestimmte Merkmale und Eigenschaften bezeichnen:
W: Wärmestrahlung
M: Besondere mechanische Anforderungen (Widerstand gegen mechanische Beanspruchung)
C: Automatische Schließvorrichtung (Selbstschließende Eigenschaft)
S: Leckrate für Brandrauch (Rauchdichtheit)
G: Widerstandsfähigkeit gegen Rußbrand
K: Brandschutzfunktion
Dazu das folgende Beispiel:
Ein tragendes Wandelement erfüllt bei der Brandprüfung die Anforderungen während

- 155 Minuten hinsichtlich Tragfähigkeit,
- 80 Minuten hinsichtlich Dichtheit,
- 42 Minuten hinsichtlich Wärmedämmung.

Daraus ergeben sich folgende Kombinationen zur Einordnung in die Brandwiderstandsklassen:

- R 120: Für die Tragfähigkeit (155 Minuten auf 120 Minuten abgerundet)
- RE 60: Für die Tragfähigkeit und Dichtheit (80 Minuten auf 60 Minuten abgerundet)
- REI 30: Für die Tragfähigkeit, Dichtheit und Wärmedämmung (42 Minuten auf 30 Minuten abgerundet)

Bei den neuen Klassen liegt das Hauptaugenmerk auf funktionaler Leistungserbringung. Auf die Brennbarkeit eines Baustoffes wird nicht eingegangen. →Baustoffklassen
In Österreich: Brandwiderstandsklassen, EU: Brandklassen.

F-Gase-Verordnung →Chemikalien-Ozonschichtverordnung, →Ozonabbau in der Stratosphäre

Fibrillen F. sind Feinstfasern, die durch Aufspaltung einer dickeren Faser (Makrofaser) entstehen. Asbestfasern spalten längs in feinere Fasern auf. Fasern von Mineralwolle-Dämmstoffen (→Künstliche Mineralfasern) weisen keine Längsspaltung auf. Die Aufspaltung von Fasern in Längsrichtung spielt eine wichtige Rolle bei der toxikologischen Beurteilung von Fasern. Biobeständige Fasern, die längs spalten, vervielfachen damit ihre krebserzeugende Potenz im biologischen Gewebe.

Fibrose Als F. bezeichnet man eine mit Bindegewebsneubildung (Vernarbung des Lungengewebes) einhergehende Staublungenerkrankung, hervorgerufen durch Einatmen hoher Konzentrationen silikatischen Staubes (→Silikose). →Asbest, →Asbestose

Fichte (Picea) EN-Kurzbezeichnung: PCAB. F. ist ein gleichmäßig hellfarbiges Holz ohne Farbunterschied zwischen →Splint- und →Kernholz. Es zählt zu den Reifholzbäumen und ist von gelblichweißer Färbung, unter Lichteinfluss gelblichbraun nachdunkelnd, mit markanter gestreifter bzw. gefladerter Zeichnung.
F. ist ein leichtes bis mittelschweres und weiches Holz mit günstigen Festigkeits- und Elastizitätseigenschaften und hat eine mittlere Rohdichte von 520 kg/m^3. Es ist normal schwindend, zeigt relativ gutes Stehvermögen und ist problemlos zu verarbeiten. Die Oberflächenbehandlung ist problemlos. F. ist nur wenig witterungsfest. Dauerhaftigkeitsklasse nach DIN EN 350 ist DC 4. Bei der Verarbeitung ist gem. TRGS 553 auf Schutz vor →Holzstaub (krebsverdächtig) zu achten.
F. ist die wichtigste einheimische Holzart und das häufigste Bau- und Konstruktionsholz. Holzhäuser, Dachkonstruktionen, Hallendächer, Brücken werden meist aus F. hergestellt. Im Innenausbau wird es für Fußböden, Treppen, Wand- und De-

ckenbekleidungen, im Außenbereich für Fassadenbekleidungen, Balkone, Fenster, Türen und Tore verwendet. Weitere Verwendungsbereiche sind Masten, Betonschalungen, Gerüste, Leitern, →Holzpflaster, Lärmschutzwände. Außerdem wird es eingesetzt als Industrieholz für →Holzwerkstoffplatten sowie zur Herstellung von Papier und Zellstoff. Wegen hoher Terpenemissionen sollte die im Innenraum verbaute Menge F.-Holz begrenzt werden, hier sollte lieber auf Douglasie oder Tanne zurückgegriffen werden. →VOC, →DGNB

F

Filmbildehilfsmittel F. (Koalesziermittel) werden bei →Anstrichstoffen eingesetzt, um die Verfilmung von Polymerdispersionen zu ermöglichen bzw. zu optimieren. F. müssen als →Weichmacher wirken und gleichzeitig flüchtig sein (temporäre Weichmacher). Wichtige F. gehören zur Gruppe der →Glykolverbindungen.

Filmbildung Unter Filmbildung versteht man die Trocknung von Anstrichstoffen. Folgende Möglichkeiten der F. werden unterschieden:

- Verdampfung von →Lösemitteln
- Verdampfung von Wasser (z.B. →Dispersionslacke)
- Abkühlung geschmolzener Stoffe
- Chemische Reaktionen (z.B. →Epoxidharze, →PUR-Harze, →Alkydharze)

Filmkonservierungsmittel Im Unterschied zu →Topfkonservierungsmitteln, welche das Produkt im Farbeimer oder in der Lackdose schützen sollen, haben F. die Aufgabe, das Wachstum von Pilzen oder Algen z.B. auf Beschichtungen zu verhindern. F. gehören zur Gruppe der →Biozide. Wichtige Substanzklassen sind:

- Benzimidazole (z.B. →Carbendazim)
- Carbamate und Dithiocarbamate (z.B. IPBC, →Thiram)
- N-Haloalkylthio-Verbindungen (z.B. Folpet, Fluorfolpet, Capta, →Dichlofluanid, Tolylfluanid)
- Isothiazolinone (z.B. DCOIT, OIT)
- Zink-Pyrithion
- Phenylharnstoffe (Diuron, Isoproturon)

Die genannten Stoffgruppen unterscheiden sich durch ihre Wirkcharakteristik. Wichtige Einsatzgebiete von F. sind z.B. Beschichtungen von Holzfenstern (Tauchverfahren, daher auch die Innenrahmen biozid behandelt) oder Fassadenfarben. →Konservierungsmittel

Filmschutzmittel →Beschichtungsschutzmittel

Filze Als F. werden faserige Textilien mit regelloser Anordnung der Fasern (Verfilzung) bezeichnet. F. können aus Natur- und Synthesefasern hergestellt werden. Bei Nadel-F. wird die Faserschicht mittels Filz-Nadeln mit Widerhaken bearbeitet. Walk-F. entstehen durch Verfestigung des Faservlieses durch Druck und Bewegung unter Wärme und Feuchtigkeit (Walken). Filztuch wird aus verfilzten, gewebten und gewalkten Stoffen hergestellt. Früher bestanden F. nur aus tierischen Fasern, heute werden bis zu 70 % pflanzliche oder synthetische Fasern mitverarbeitet. Es werden auch rein synthetische F. hergestellt (z.B. Polypropylen-F.). F. werden als Erschütterungsdämm- und Raumschalldämmmaterial, als elastische Unterlage für →Teppichböden, als →Bodenbeläge in Fliesenform sowie als bituminös gebundene F. für Parkettfußboden-Unterlagen verwendet. F. aus natürlichen Abfallstoffen (z.B. Tierhaare) sind weitestgehend frei von Schadstoffen und von Natur aus schwer entflammbar. →Bitumen, Wolle, →Polypropylen

Firnis F. sind klare Anstrichmittel auf Basis trocknender Öle oder Harzlösungen, die in dünner Schicht auf Gegenstände aufgetragen werden und dort zu Filmen austrocknen. Der wichtigste F. ist der →Leinölfirnis.

FKW/HFKW →Fluorierte Treibhausgase

Flachdichtungen →It-Dichtungen

Flachglas Unter den Begriff F. fallen alle Gläser, die in flacher Form, unabhängig von der Herstellungstechnologie, erzeugt werden. Es wird entweder als →Gussglas im Walzverfahren oder als Spiegelglas (Floatglas) im Floatglasverfahren hergestellt (heute wegen der besseren Glasqualitäten überwiegend im Floatglasverfahren). Beim Floatglasverfahren läuft das geschmolzene Glas unter Schutzgas über eine mit geschmolzenem Zinn gefüllte Wanne. F. wird weitgehend aus Kalkstein, Quarz und Soda hergestellt und zählt zu der Gruppe der Kalk-Natron-Gläser. →Fenster, →Fensterglas, →Isoliergläser, →Wärmeschutzverglasungen, →Sicherheitsglas, →Sonnenschutzverglasung, →Sondergläser

Flachs Lein, im allgemeinen Sprachgebrauch F. genannt, ist eine der ältesten Kulturpflanzen. Nutzbringend verwerten lassen sich

- der faserreiche Stängel zur Herstellung von Gespinsten,
- die öl-, eiweiß- und schleimreichen Samen als Nahrungs-, Futter- und Arzneimittel und Lieferanten des Leinöls.

Im Mittelalter erlebte Leinen eine Blütezeit in Europa. In Deutschland war der F.-Anbau weit verbreitet und die Erzeugung von Geweben hoch entwickelt. Bis Ende des 18. Jh. war F. mit ca. 18 % Anteil am Faserverbrauch in Europa die wichtigste Pflanzenfaser und neben Wolle (ca. 78 %) der wichtigste textile Rohstoff. Im 19. Jh. verlor F. durch das starke Vordringen der Baumwolle zunehmend an Bedeutung. Ende des 19. Jh. war der Baumwollanteil in Europa auf 74 % emporgeschnellt, während der Anteil an Schafwolle auf 20 % und an F. auf 6 % zurückging. Nach dem 2.Weltkrieg wurde auf dem Gebiet der Bundesrepublik Deutschland kaum noch F. angebaut und seit 1957 erscheint F. nicht mehr in den offiziellen Statistiken. Durch die Forcierung von ökologisch verträglichem Pflanzenbau gewann der F. in den 1980er-Jahren wieder an Bedeutung. Heute liegt der Anteil von F. am Weltfaseraufkommen mit ca. 2 Mio. t pro Jahr bei 2 %. Bei den Flachspflanzen liegen die Fasern in der äußeren Rindenschicht des Pflanzenstängels. Die Einzelfasern sind außerdem durch Kittsubstanzen zu Faserbündeln verbunden, die vor dem Faseraufschluss durch das sogenannte Rösten gelöst werden müssen. Der Faseraufschluss erfolgt überwiegend mittels mechanischer Verfahren. Für Dämmstoffe werden sogenannte Kurzfasern eingesetzt, die teilweise auch noch geringe Anteile von Schäben (verholzte Teile der Stängel) enthalten können. Aber auch die bei der Produktion anfallenden Schäben können, überwiegend als Schüttung, aber auch in Form von plattenförmigen Materialien, als Dämmstoff verwendet werden. Die Herstellung von mattenförmigen Dämmstoffen erfolgt durch Vliesbildung und mechanische Verfilzung der Fasern. Teilweise werden auch naturnahe Bindemittel (z.B. Kartoffelstärke) oder synthetische Stützfasern (BiCo-Fasern: Kern aus PES/PP, Mantel aus PP/PE) verwendet; insbesondere um elastische Vliese herzustellen. Der Brandschutz kann durch Beimengungen von Borsalz oder Soda verbessert werden. →Flachsdämmplatten

Tabelle F6: Agrarökologische Vorteile des Anbaus von Flachs (Quelle: Bundestagsdrucksache 14/2949)

Maßnahme	Umfang
Unkrautbekämpfung	Nur als Starthilfe erforderlich wegen des starken vegetativen Wachstums der Flachspflanze
Pflanzenschutzmittel	Meist nicht erforderlich, da tierische oder pilzliche Schaderreger (z.B. Rost oder Mehltau) selten auftreten
Düngung	Relativ geringer Bedarf an Stickstoff und anderen Mineraldüngern
Humusbilanz	Positiv wegen des auf dem Feld verbleibenden hohen Wurzel- und Blattanteils
Fruchtfolge	Bereicherung der Fruchtfolge aufgrund seines seltenen Anbaus
Fauna und Flora	Wiederansiedlung der fast verschwundenen flachsspezifischen Fauna und Flora

Flachsdämmplatten F. sind →Dämmstoffe aus Kurzfasern der Flachspflanze (→Flachs), die mit →Stärke geleimt oder mit →Bikomponenten(Biko)-Kunststofffasern (bis zu 18 M.-%) vermischt werden. Die brandhemmende Ausrüstung erfolgt mit →Ammoniumpolyphosphaten oder →Boraten (ca. 10 M.-%). Die Kurzfasern des Flachsstängels sind ein Nebenprodukt der Langfasern, die in der Textilindustrie zu Leinen verarbeitet werden. Es werden die üblichen Feldaufbereitungsarbeiten (Pflügen, Eggen, Säen usw.) durchgeführt. Auf Dünger wird in der Regel verzichtet, weil Flachs sehr sensibel auf Nährstoff-Überangebot reagiert. Die Pflanzen werden mit Spezialmaschinen geerntet und in Schwaden zur Tauröste auf dem Feld abgelegt. Dabei verrotten unter Einfluss von Wärme und Feuchte die Pflanzenleime, die Holzteile und Faserbündel zusammenhalten. Der Röstflachs wird von den Fruchtkapseln befreit, gebrochen und in einer Turbine geschwungen, um die Holzteile vollständig zu entfernen. Anschließend werden die Fasern über ein Nagelbrett parallel ausgerichtet und dabei die Lang- und Kurzfasern getrennt. Die Kurzfasern werden in einer Kardiermaschine verarbeitet und schichtweise mit Flammschutzmittel besprüht. Die Vliese werden mit Stärke oder Polyesterfasern verbunden. F. werden vorwiegend in Holzkonstruktionen eingesetzt (Steildachdämmung, Dämmung im Leichtelement, abgehängte Decke usw.). Die Dämmplatten werden zwischen den Trägern eingeklemmt und mittels Tacker am Holz angeklammert, damit sie nicht abrutschen

können. →Wärmeleitfähigkeit: 0,040 bis 0,045W/(m·K), →Dampfdiffusionswiderstandszahl: 1–2. →Baustoffklasse B2.
Es ist zwischen den reinen →Natur-Dämmstoffen und den Kunststoff-versetzten Produkten zu unterscheiden. Da es sich bei den Biko-Fasern aber um relativ umweltverträgliche Kunststoffe handelt, die auch in der Entsorgung keine Probleme bereiten, sollte der Kunststoffzusatz in manchen F. nicht zur Ablehnung dieser Produkte führen. In beiden Fällen wird die Kurzfaser durch den Einsatz in der Dämmstoffherstellung einer sinnvollen Verwertung zugeführt. Im konventionellen Anbau werden für Flachs Pflanzenschutzmittel, aber kaum Düngemittel eingesetzt. Ein Umstieg auf organisch-biologischen Flachs wird zurzeit als wirtschaftlich nicht tragbar angesehen. Das Herstellungsverfahren für F. ist einfach und umweltschonend. Die eingesetzten Zusatzstoffe sind vergleichsweise unproblematisch. Beim Schneiden entsteht Feinstaub. Entsprechende Staubschutzmaßnahmen sind zu treffen. Eine Schadstoffabgabe aus Flachsdämmstoffen ist nicht zu erwarten. Sauberes Material kann weiterverwendet oder als Stopfwolle verwertet werden. Nicht mehr gebrauchte F. (sortenrein) werden von Herstellern zurückgenommen und können wieder zu F. verarbeitet werden. Die Entsorgung erfolgt über Verbrennung in Müllverbrennungsanlagen.

Flachteppiche F. bestehen aus einem auf Webstühlen hergestellten Kette- und Schuss-Faden-System, das vor allem aus Naturfasern wie Jute, Sisal und Kokos besteht (Naturfaserteppiche). Verlegeart: vollflächig verklebt, verspannt oder lose verlegt. →Webteppiche, →Teppichböden, →Textile Bodenbeläge

Flammpunkt Der F. ist jene Temperatur, bei der eine Fremdentzündung eines Stoffes von außen möglich ist.

Flammschutzmittel F. (FSM) haben die Aufgabe, die Entzündung von Werkstoffen zu erschweren und die Flammausbreitung zu hemmen. Anwendungsbereiche von F. im Baubereich sind insbesondere Kunststoffe und Beschichtungsstoffe für Holz, Holzwerkstoffe und für weitere Baustoffe aus nachwachsenden Rohstoffen. Die Wirkung der F. beruht auf verschiedenen chemischen und/oder physikalischen Vorgängen. In der Regel wird die Wirkung durch die thermische Aufheizung des flammgeschützten Werkstoffs ausgelöst. Die F. zersetzen sich dabei unter Energieaufnahme, setzen brandhemmende Stoffe wie Radikalfänger frei und/oder reagieren in brandhemmender oder abschirmender Weise mit dem Werkstoff.
Bei F. handelt es sich um eine Vielzahl verschiedener organischer und anorganischer Chemikalien. Ihr Einsatz wird jeweils auf das spezifische Produkt, dessen Materialzusammensetzung und Verwendungszweck abgestimmt. Produkte, in denen F. eingesetzt werden, sind beispielsweise die Gehäuse von Elektro- und Elektronikgeräten, Leiterplatten, Kabel, Teppichrückenbeschichtungen, spezielle Textilien, Dämmstoffe und Montageschäume. Die organischen F. bestehen vor allem aus bromierten Verbindungen, halogenhaltigen beziehungsweise halogenfreien phosphororganischen Verbindungen oder Chlorparaffinen. Als anorganische F. werden in erster Linie Aluminiumtrihydroxid, Magnesiumdihydroxid oder Antimontrioxid (als Synergist bromierter FSM) eingesetzt.
Neben der positiven Eigenschaft des Brandschutzes haben eine Reihe von F. jedoch problematische Umwelt- und Gesundheitseigenschaften. Besonders einige der halogenierten F. zeichnen sich durch gesundheits- und umweltgefährliche Eigenschaften sowie hohe Persistenz und Anreicherung in der Umwelt aus. Manche F. verursachen korrosive oder hochgiftige Brandgase beziehungsweise Brandfolgeprodukte, wenn der Brand nicht verhindert werden kann. Hierzu zählt beispielsweise die mögliche Dioxin- und Furanbildung aus polybromierten Diphenylethern (PBDE) im Brandfall (UBA 4/2016).
Die Wirkungsweisen von FSM lassen sich wie folgt unterteilen (nach UBA 2001):

1. Physikalische FSM-Wirkungen:
    - Verdünnung des brennbaren Materials durch nicht brennbare Mineralien (z.B. Glas)
    - Kühlung vor Überschreitung der Entzündungstemperatur durch endotherme Zersetzung des Additivs (Metallhydroxide, Stickstoffverbindungen)
    - Unterbindung des „Nachschubs" von brennbaren Zersetzungsgasen und Sauerstoff durch Abschirmungsschichten mit hohem Schmelzpunkt und Energieverbrauch beim Aufschäumen
    - Verdünnung der brennbaren Gase durch nicht brennbare Zersetzungsgase (z.B. Wasser aus Metallhydroxiden) und Salzhydraten, z.B. Gips

2. Chemische FSM-Wirkungen:
   - Einfangen der beim Verbrennungsprozess entstehenden freien Radikalen mithilfe der Halogene Chlor und Brom, wodurch die exotherme Kettenreaktion unterbrochen wird
   - Förderung der Zersetzungsprozesse und dadurch ausgelöstes „Wegfließen" des brennbaren Materials von der Flamme
   - Reaktion zu verkohlenden Deckschichten (Carbonisierung) mit hohem Schmelzpunkt, die dann physikalisch den Nachschub brennbarer Zersetzungsgase unterbinden (insbesondere Phosphate und Hochleistungs-Thermoplaste)

F. mit Gasphasenmechanismus sind Brom- und Chlorverbindungen. Dabei hängt die Flammschutzeffektivität nur von der Anzahl der Halogenatome ab. Halogenhaltige F. haben eine Reihe von Nachteilen. Sie entwickeln viel Rauchgas und setzen giftige Gase wie Kohlenmonoxid, Chlorwasserstoff- und Bromwasserstoffsäure und Cyanwasserstoff frei. Einige der Rauchgase haben zudem eine korrosive Wirkung, was zu erheblichen Folgeschäden führen kann. Darüber hinaus müssen Werkstoffe mit halogenhaltigen FSM teuer als Sonderabfall entsorgt werden, weil bei ihrer Verbrennung toxische →Dioxine und Furane entstehen können, wie bei EPS-Dämmstoffen, die mit →HBCD behandelt sind.

Schließlich sind insbesondere die halogenhaltigen F. selber das Problem. Daher wird HBCD in der POP-Verordnung geregelt und Erzeugnisse mit HBCD dürfen nicht mehr in den Verkehr gebracht werden. Zusammen mit Tris(chlorethyl)phosphat (→TCEP) ist HBCD als →SVHC-Stoff in den Anhang XIV der REACH-VO aufgenommen (DIBt 3/2015), wobei DecaBDE (Decabromdiphenylether) als PBT-Stoff aus der Kandidatenliste 2017 übernommen wurde und damit zulassungspflichtig.

Jetzt kommen als Ersatzstoff halogenierte Polymere auf den Markt, die HBCD ersetzen sollen. Diese würden in der normalen Nutzung nicht freigesetzt werden, sind aber selber persistent und die Abbauprodukte vielleicht bioakkumulativ. Als Polymere werden sie nicht unter der REACH-VO geregelt. Als Ersatzstoff für TCEP wird nun ein sehr ähnlicher Stoff Tris(chlor-methyl-ethyl)phosphat TCPP produziert und in großen Mengen eingesetzt. Die in Polyurethanen enthaltenen Flammschutzmittel stellen nach einem Bericht der ECHA ein Gesundheitsrisiko insbesondere für Kinder dar. Sie empfiehlt den unter Krebsverdacht stehenden Stoff, der auch noch fortpflanzungsschädlich sein kann, auch in die Liste der besonders besorgniserregenden Stoffe (Kandidatenliste) aufzunehmen.

Holz hat die natürliche Fähigkeit, sich durch Bildung einer unbrennbaren und wärmeisolierenden Holzkohlenschicht gegen Feuer und Hitze abzuschirmen. Verkohlungsfördernde und feuererstickende F. verstärken diese Eigenschaften des Holzes, indem die Verkohlung des Holzes gefördert und die Abspaltung brennbarer Gase abgeschwächt wird. F. für Holz und Holzprodukte werden auch als Brandschutzanstriche bezeichnet und wie folgt unterteilt:

- Feuererstickende und verkohlungsfördernde FSM, z.B. Ammoniumphosphat
- Sperrschichtbildende FSM, wie Alkalisilikate (→Wasserglas) und →Borate, die auch in die Kandidatenliste für SVHC-Stoffe aufgenommen wurden.
  Diese FSM bilden auf der Holzoberfläche in der Hitze eine nur schwer entflammbare dünne Sperrschicht aus, die dem Luftsauerstoff den Zutritt zum Holzuntergrund verwehrt. Das Holz kann so eine wärmedämmende Holzkohleschicht aufbauen.
- Dämmschichtbildende FSM, wie Ammoniumpolyphosphat, Harnstoffgemische, Dicyandiamid, organische Phosphate (OPFM) – Stoffe, die sich beim Erwärmen schaumig aufblähen, ab 250 bis 300 °C verkohlen, sich dabei verfestigen und ein feinporiges, gut dämmendes Polster bilden
- Radikalfänger, wie Chlorparaffine und sonstige halogenierte FSM (früher auch →Polychlorierte Biphenyle), polybromierte Diphenylether

FSM für Kunststoffe (Polymere) werden unterteilt in:

- Reaktive FSM:
  Das F. wird bei der Polymerisation selbst in den Kunststoff (Reaktionsharz) eingebaut.
  Bsp: →Tetrabrombisphenol A (TBBPA, für Epoxidharze), Tetrabromphthalsäureanhydrid (Polyester) und Dibromneopentylglykol (PU-Schäume), bestimmte Phosphorsäureester
  Vorteil: Die FSM sind fest in die Matrix eingebunden und können im Prinzip nicht aus dieser migrieren oder diffundieren. Nachteil: Die SVHC-Stoffe sind Teil des Polymers, die nicht unter REACH-VO geregelt werden.

- Additive FSM:
  Das F. wird dem Polymer lediglich dazu gemischt.
  Nachteil: Die FSM sind nicht in die Matrix eingebunden und können in der Gebrauchs- und Nachgebrauchsphase vergleichsweise leicht freigesetzt werden. Vorteil: SVHC-Stoffe können beschränkt oder verboten werden. Haupteinsatzbereiche sind Thermoplaste.

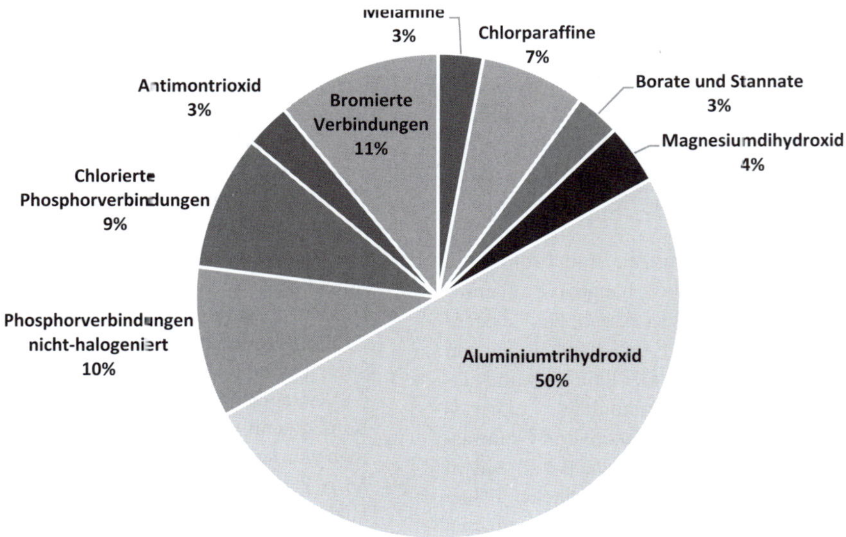

Abb. F1: Flammschutzmittelverbrauch in Europa 2005 – Anteile der verschiedenen Flammschutzmitteltypen nach Gewicht (Datenquelle: EFRA 2006)

Tabelle F7: Empfohlene Maßnahmen

Stoff	Gruppe	Empfehlung
Decabromdiphenylether Tetrabrombisphenol A, additiv	I	Anwendungsverzicht Beschränkung ist in Arbeit (Anhang XIV)
Tetrabrombisphenol A, reaktiv Tris(chlorpropyl)phosphat	II	Minderung sinnvoll, Substitution anzustreben TBBPA (Anhang XIV)
Hexabromcyclododecan Natriumboratdecahydrat (Borax) Antimontrioxid	III	Problematische Eigenschaften, Minderung sinnvoll Zulassung HBCD 2017 beendet

Stoff	Gruppe	Empfehlung
Decabromdiphenylether Tetrabrombisphenol A, additiv	I	Anwendungsverzicht Beschränkung ist in Arbeit
Bis(pentabromphenyl)ethan Pyrovatex CP neu Melamincyanurat	IV	Wegen Kenntnisdefiziten keine Empfehlung möglich
Roter Phosphor Ammoniumpolyphosphat Aluminiumhydroxid	V	Anwendung unproblematisch

Tabelle F8: Verbrauch von F. in Europa 2005 (Quelle: UBA 2008)

Aluminiumtrihydroxid	**230.000 t**
Bromierte F.	50.000 t
Chlorierte Phosphorverbindungen	42.000 t
Nicht halog. Phosphorverbindungen	46.000 t
Chlorparaffine	32.000 t
Summe	463.000 t

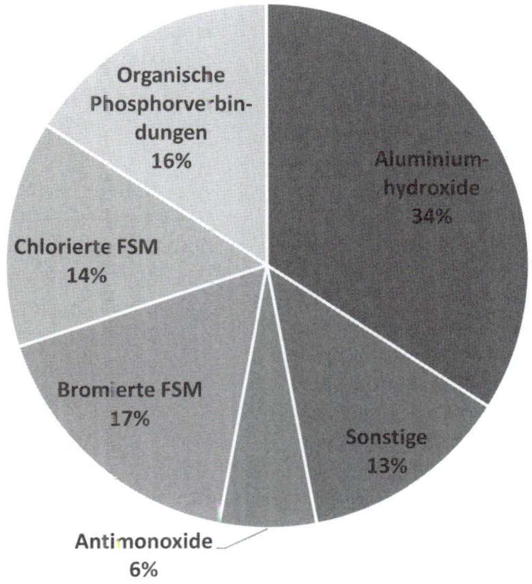

Abb. F2: Globaler Markt für Flammschutzmittel nach Chemie, 2013 (Datenquelle: IHS Consulting 2014)

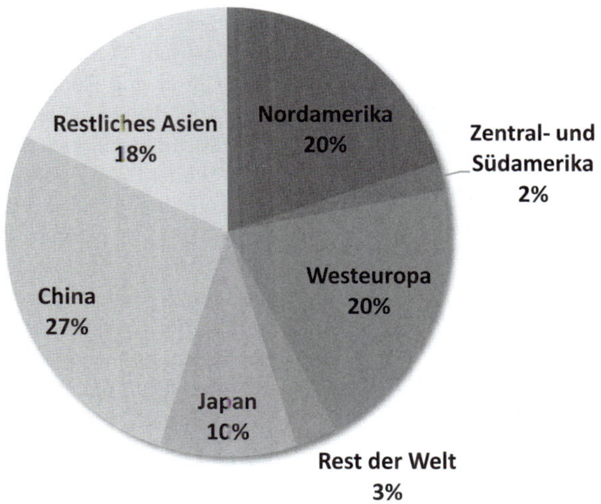

Abb. F3: Globaler Verbrauch von Flammschutzmitteln nach Region, 2013 (Datenquelle: IHS Consulting 2014)

Stofflich können FSM wie folgt unterteilt werden:

1. Anorganische Verbindungen: Aluminiumhydroxid, Magnesiumhydroxid, Ammoniumpolyphosphat, Borate (Kandidatenliste), Antimontrioxid (Synergist bromhaltiger F., krebserregend) u. a.
2. Halogenierte organische Verbindungen: Chlorparaffine, polybromierte Diphenylether (PBDE), Decabromdiphenylether (Anhang XIV), Hexabromcyclododekan (HBCD) (Anhang XIV), Tetrabrombisphenol A (TBBPA) (Anhang XIV)
3. Tetrabromphthalsäureanhydrid, Dibromneopentylglykol u. a.

4. Organische Phosphor-Verbindungen (überwiegend mit Weichmacher-Wirkung), →Organophosphate
- Halogenierte organische Phosphor-Verbindungen: Tris(chlorpropyl)phosphat (TCPP), Tris(chlorethyl)phosphat TCEP (Anhang XIV) u. a.
- Nichthalogenierte organische Phosphor-Verbindungen: Triphenylphosphat (TPP), Triphenylkresylphosphat (TKP), Triethylphosphat (TEP) u. a.

Weltweit werden mehr als 2 Mio. t Flammschutzmittel pro Jahr verbraucht, dabei hat Aluminiumhydroxid den größten Anteil von 34 %. Die halogenierten Systeme kommen zusammen auf 37 % (siehe Abb. F2 und F3).

Einsatzmengen von FSM pro Jahr in Deutschland: gesamt ca. 255.000 t, davon:
- Mineralisch: ca. 50 %
- Halogenierte Systeme: ca. 25 %
- Phosphorsäureester: ca. 25 %

Anteile flammgeschützter Kunststoffe bezogen auf die Flammschutzsysteme:
- Mineralisch flammgeschützte Kunststoffe: < 20 %
- Antimon-Halogensysteme: ca. 50 %
- Phosphororganische Verbindungen: ca. 30 %

Antimontrioxid (ATO) wird im Zusammenspiel mit halogenierten Flammschutzmitteln als Synergist eingesetzt. Es sorgt dafür, dass die „Radikal fangenden" Halogen-Atome stufenweise über ein breites Temperaturspektrum freigesetzt werden. Die dichten Antimonbromid-Dämpfe schirmen den Brandherd gegen Zutritt von weiterem Sauerstoff ab und sorgen zudem für eine hohe Halogen-Konzentration in Nähe der Flamme. ATO ist als vermutlich krebserregend für den Menschen (Carc. 2) eingestuft, H351.

Bromierte Diphenylether machen in Deutschland nur noch einen geringen Anteil im FSM-Markt aus (1 bis 2 % im Jahr 1997), mit weiter abnehmender Tendenz. In Europa und insbesondere auf dem asiatischen und dem amerikanischen Markt ist dieser Trend allerdings deutlich weniger ausgeprägt.

Die Flammschutzmittel Pentabromdiphenylether (PentaBDE) und Octabromdiphenylether (OctaBDE) wurden im Jahr 2003 durch die Europäische Richtlinie 2003/11/EG verboten. Stoffe, Zubereitungen und Erzeugnisse mit einem Gehalt von mehr als 0,1 Gew.-% PentaBDE oder OctaBDE dürfen nicht mehr in den Verkehr gebracht oder verwendet werden. Die Umsetzung des Stoffverbots in deutsches Recht erfolgte durch die Chemikalienverbotsverordnung zum 30.6.2004. Inzwischen sind Tetra-, Penta-, Hexa- und HeptaBDE durch die Europäische POP-Verordnung (EG Nr. 850/2004) beschränkt, das Verbot von OctaBDE findet sich in Anhang XVII der REACH-Verordnung beziehungsweise für Elektro- und Elektronikgeräte in der RoHS-Richtlinie.

Zur Überprüfung des Stoffverbots sind geeignete Analyseverfahren notwendig. Daher hat das Umweltbundesamt im Rahmen eines Forschungsprojekts eine „Analysemethode für PentaBDE und OctaBDE in Erzeugnissen" (2005) entwickeln lassen, mit deren Hilfe sich der Grenzwert kontrollieren lässt. Die Methode wurde in einem internationalen Ringversuch validiert.

Die drei am häufigsten verwendeten bromierten F. waren im Jahr 2008 Tetrabrombisphenol A (TBBPA), Decabromdiphenylether (DecaBDE) und Hexabromcyclododecan (HBCD).

Alle drei Chemikalien sind in der entlegenen Polarregion und der Muttermilch nachweisbar und sollten aus Sicht des Umweltbundesamtes nicht eingesetzt werden. Darüber hinaus sind sie in unterschiedlichem Maß giftig für Gewässerorganismen und haben möglicherweise langfristig schädliche Wirkungen auf Mensch oder Umwelt. Für die meisten Anwendungen dieser F. gibt es sinnvolle Alternativen. Das Presse-Hintergrundpapier des UBA „Bromierte Flammschutzmittel – Schutzengel mit schlechten Eigenschaften?" (April 2008) stellte die wichtigsten Fakten zu bromierten F. zusammen.

Seitdem wurde HBCD unter der Chemikalienverordnung REACH (EG Nr. 1907/2006) im Oktober 2008 als besonders besorgniserregender Stoff (SVHC) identifiziert und seine Verwendung wurde durch Aufnahme in den Anhang XIV von REACH in der Europäischen Union ab dem 21.8.2015 zulassungspflichtig. Die Zulassung wurde zweimal verlängert und ist 2017 beendet worden..

DecaBDE wurde zunächst durch die RoHS-Richtlinie (RL 2002/95/EG) in Elektro- und Elektronikgeräten verboten. Unter der Chemikalienverordnung REACH wurde es im Dezember 2012 zudem als besonders besorgniserregender Stoff (SVHC) identifiziert (UBA 2013) und 2017 in den Anhang XIV der REACH-VO aufgenommen und damit zulassungsbeschränkt.

Flexibilität, F., →Variabilität und →Erweiterbarkeit sind Eigenschaften, welche die Lebensdauer eines Gebäudes verlängern können, um Ressourcen und Umwelt zu schonen. F. fordert vom Nutzer eines

Gebäudes eine Anpassung an die Gegebenheiten des Gebäudes oder im Speziellen an die gegebene Raumaufteilung in nutzungsoffenen Grundrissen. Das Gebäude selbst kann nicht als flexibel bezeichnet werden, aber es muss die Potenziale aufbieten, es flexibel nutzen zu können. Die Nutzungsflexibilität ist dabei ohne oder ohne größere Eingriffe in die Gebäudestruktur zu sehen, während die Variabilität und Erweiterbarkeit Bezug auf die veränderbare Gebäudestruktur nehmen. F. ermöglicht durch angemessene Flächen und ausreichende Höhen, die Räume ohne bauliche Veränderung unterschiedlich nutzen zu können (Interne F.). Variable Grundrisse sind demgegenüber beispielsweise für Schulen, Kindergärten als auch für Büro- und Verwaltungsgebäude sowie Shoppingcenter sinnvoll, da hier eine Anpassung auf sich verändernde Strukturen gefordert sein kann. Durch die Trennung von Tragwerk, Fassade und Technik einerseits und Ausbau andererseits, kann ein solches Variabilitätspotential im Gebäude erreicht werden, da wechselnde Raumprogramme zum Beispiel in Trocken- oder Systembaubauweise kostengünstig und schnell umgesetzt werden können.

Die Nutzungs-F. beschreibt das Potenzial einer Struktur oder eines Gebäudes hinsichtlich des (geringen) Realisierungsaufwandes einer von der Ursprungsnutzung abweichenden Folgenutzung. Eine hybride, multiple Struktur- und Gebäudenutzung wird weitgehend über die Organisation der Struktur beschrieben und stellt ein weiteres Potenzial für eine dauerhafte Nutzung des Gebäudes und damit seiner ökonomischen, ökologischen und soziokulturellen Qualität dar.

Flex-Platten →Floor-Flex-Platten

Fliesen →Keramische Fliesen, →Steingutfliesen, →Irdengutfliesen, →Steinzeugfliesen

Fliesenklebstoffe Als F. finden →Klebemörtel („Fliesenkleber"), Syntheselatex-Klebstoffe und →Reaktionsklebstoffe auf der Basis von →Epoxidharzen (→Epoxidharz-Klebstoffe) und →Polyurethanen (→Polyurethan-Klebstoffe) Anwendung. Flexible F. sind Klebemörtel, die neben Zement auch Kunststoffanteile enthalten, wodurch sie in der Lage sind, geringfügige Bewegungen aufzunehmen, ohne dass sich die →Fliesen vom Untergrund lösen. Eine Weiterentwicklung sind →Dispersionsklebstoffe, die keinen Zement mehr enthalten und nur auf Kunststoffen basieren. Diese eignen sich zum Verkleben von Steingut- und Steinzeugfliesen auf Wandflächen. 2-K-Epoxidharz-F. werden für wasserfestes und wasserdichtes Verfliesen auf →Gipsbauplatten (vor allem im Bereich von Duschen) und auf dichten Untergründen wie Keramik, Glas oder Metall verwendet. Beim Verfugen mit 2-K-Epoxidharz-F. entstehen sehr glatte, schmutz- und feuchtigkeitsabweisende Fugen. Klebemörtel dienen üblicherweise zum Verlegen von Bodenfliesen, lassen sich aber auch bei Wandfliesen verwenden. Auch spezielle →Natur-Klebstoffe eignen sich als F.

F. werden meist mit einem Zahnkamm aufgezogen und die Fliesen in das frische Kleberbett gedrückt (→Dünnbettverfahren). Klebemörtel können auch im →Dickbett- oder →Mittelbettverfahren verlegt werden.

Aus ökologischer Sicht sind chromatarme →Klebemörtel mit möglichst geringer Kunststoffmodifikation zu bevorzugen. Bei Sanierungen ist darauf zu achten, dass manchen F. früher →Asbest zugesetzt wurde.

F

Fließbeschichtungen F. sind flüssig aufgebrachte Beschichtungen auf Basis von →Reaktionsharzen, die zu einer fugenlosen, strapazierbaren Schicht aushärten. Sie werden für die Herstellung von →Kunstharzbodenbelägen (Industrieböden), →Flüssigabdichtungen für Flachdächer oder als →Oberflächenschutzsysteme für Betone eingesetzt.

Die gebräuchlichsten Reaktionsharze sind →Epoxidharze, →Polyurethane, →Polymethylmethacrylat und ungesättigte →Polyesterharze. Weitere Bestandteile sind Farbpigmente, Füllstoffe und eigenschaftssteuernde Additive.

F. sind heute in der Regel lösemittelfrei. Gesundheitsgefahren bei der Verarbeitung gehen vor allem von den Reaktionsharzen selbst und von Reaktionsprodukten aus. Bei Epoxidharzen steht die sensibilisierende, reizende und ätzende Wirkung der Komponenten im Vordergrund. Die Polyurethan-Systeme enthalten Isocyanate (→MDI, →PMDI, →TDI), die im Verdacht stehen, Krebs auslösen zu können (EG-Kategorie 3) und als sensibilisierend einzustufen sind. Das Gesundheitsgefährdungspotenzial der MMA-Harze ist als geringer einzustufen als jenes der Polyurethan- und Epoxidharze, dennoch sollte vor der Entscheidung für ein System auf Reaktionsharzbasis die Möglichkeit der Anwendung von Ersatzstoffen geprüft werden.

Fließmittel F. (vgl. auch →Betonverflüssiger) gehören zu den →Betonzusatzmitteln und werden mit dem

Ziel eingesetzt, bei gleicher Verarbeitbarkeit des Betons den Wasseranspruch zu vermindern oder bei gleichem Wasser-Zement-Wert die Verarbeitbarkeit des Frischbetons zu verbessern oder eine Wassereinsparung bei gleichzeitiger Verflüssigung herbeizuführen. F. sind zur Herstellung von weichen bis sehr fließfähigen Betonen, →Hochfesten, →Ultrahochfesten und →Selbstverdichtenden Betonen zwingend erforderlich. Im Gegensatz zu Betonverflüssigern dürfen F. dem Beton auch nachträglich auf der Baustelle zugemischt werden.

Die Wirkungsweise der F. beruht vor allem auf elektrostatischen Abstoßungseffekten zwischen den einzelnen Zementkörnern. Bei Fließmitteln auf →Polycarboxylatether-Basis kommen noch ausgeprägte sterische Effekte hinzu.

Floor-Flex-Platten F. nach DIN 16950 – auch als Vinyl-Asbestplatten oder Marley-Platten bezeichnet – sind homogene Bodenbelagsplatten, die früher unter Verwendung von Hart-PVC und Weißasbest (Chrysotil, ca. 5 bis 20 %) sowie anderen Füllstoffen und Pigmenten hergestellt und meist mit (schwarzen) Bitumen- oder teerhaltigen Klebstoffen verlegt wurden. Es handelt sich um dünne Platten (ca. 2 bis 3 mm) mit marmorierter Oberfläche in unterschiedlichen Farben und in den Größen von 25 × 25 sowie 30 × 30 cm. Die von PVC umschlossenen Asbestfasern dienen der Armierung, d.h., sie verfestigen das Produkt. F. fallen als →Fest gebundenes Asbestprodukt (Rohdichte ca. 2.250 kg/m^3) nicht in den Geltungsbereich der →Asbest-Richtlinie. Solange die Platten nicht gebrochen oder anderweitig beschädigt werden, geht von ihnen keine Gefahr aus, da die Asbestfasern fest in den Kunststoff eingebunden sind. Zu beachten ist, dass häufig auch der schwarze Kleber asbesthaltig ist. Es kann sich zudem um einen Kleber auf Teerbasis handeln.

Flüchtige organische Verbindungen →VOC (volatile organic compounds)

Flüssigabdichtungen für Flachdächer F. sind ein- oder mehrkomponentige Abdichtungssysteme, die vor Ort flüssig aufgebracht werden und aushärten. Die F. werden mindestens zweilagig mit Armierung (Glasvlies, Gewebe) in einer Mindestdicke von 1,5 mm ausgeführt. Ggf. wird auf die zweite Lage F. noch ein Deckanstrich angebracht oder Quarzsand eingestreut. Die Gesamtdicke muss mindestens 3 mm betragen.

Bei F. handelt es sich meist um Beschichtungssysteme auf Basis von →Reaktionsharzen. Die gebräuchlichsten Reaktionsharze sind →Polyurethane, →Polymethylmethacrylat und ungesättigte →Polyesterharze.

F. nach heutigem Stand der Technik sind in den Flachdachrichtlinien den →Abdichtungsbahnen als gleichwertig aufgeführt. F. werden vor allem auf unebenen und gewölbten Dachflächen eingesetzt. Sie erfordern besondere und sorgfältige Vorbereitung der Untergründe. Jede F. ist nach ihrer eigenen Verarbeitungsvorschrift von eigens geschultem Personal zu verarbeiten.

Flüssigdämmung Es handelt sich um eine Mineralschaumdämmung auf Basis von Zement, die sowohl flüssig als auch fest verarbeitet werden kann. F. ist gießfähig, selbstaushärtend, in Baustoffklasse A1 als nicht brennbar eingestuft und verfügt über eine gute Schallabsorption. Wärmeleitfähigkeit bis zu 0,035 W/(m·K). F. kann auf der Baustelle oder auch im Werk verarbeitet werden. Durch Beimischen verschiedener Zuschläge (z.B. Fasern) lassen sich die Materialeigenschaften (z.B. Biegezugfestigkeit) verändern. Anwendungen als Füllstoff in Ziegel- und Hohlblocksteinen, Hohlräumen und Leitungsführungen. Als Dämmschicht in Sandwichkonstruktionen wird F. bereits im Fertigteilwerk eingebracht. Bei der Altbausanierung eignet sich F. wegen ihrer hohen Wasserdampfdiffusionsoffenheit als Innendämmung oder zur Dämmung der obersten Geschossdecke.

Flüssigfolien F. sind Kunststoffe zur Bauwerksabdichtung, die flüssig auf die abzudichtenden Bauteile aufgebracht und auf dem Bauteil zu einer fugenlosen, wasserdichten Schicht aushärten. F. können im Außenbereich zur Flachdachabdichtung (→Flüssigabdichtungen für Flachdächer), Balkon- oder Parkplatzabdichtung, zur Abdichtung von Fundamenten, Schadstellen und bei schwierigen Anschlüssen in Kombination mit Abdichtungsbahnen eingesetzt werden. Im Innenbereich kommen sie zur Abdichtung von Feucht- und Nassbereichen vor allem in Küche, Bad, Gewerbe und Industrie sowie bei der nachträglichen Fundamentabdichtung im Bestand zum Einsatz. Chemisch verwandt mit F. sind →Kunstharzbodenbeläge.

Bei den Produkten handelt es sich um Mehrkomponenten-Systeme auf Basis unterschiedlicher →Reaktionsharze, häufig vorzufinden sind →Epoxidharze, →Polyurethane, →Polymethylmethacrylat und ungesättigte →Polyesterharze.

Viele der flüssigen Komponenten sind reizend oder sensibilisierend. Da die Einzelkomponenten nach dem Aufbringen reagieren, sind ausgasende Koppelprodukte unvermeidlich. Gegen beide Gefahren sind bei der Verarbeitung persönliche Schutzvorkehrungen zu treffen.

Flüssigmakulatur →Streichmakulatur

Flüssigtapeten F. bestehen aus Textilfasern (Natur- und Kunststofffasern wie Baumwolle, Seide, Cellulose und Polyesterfasern) sowie Stärke oder Cellulose als Bindemittel (Tapetenkleister). Zur Erzielung besonderer Effekte können zerkleinerte Mineralien wie Glimmer oder Vermiculit beigemischt werden. F. werden meist als Pulver angeboten, das vor der Verarbeitung mit Wasser angerührt wird. Einige Firmen bieten auch fertige Paste, die auf die verputzte Wand aufgetragen wird. Bei den fertigen Pasten können Fungizide (pilztötende Stoffe) enthalten sein. F. werden entweder aufgespritzt oder aufgespachtelt. Beschädigungen können laut Herstellerangaben mühelos repariert werden, indem die F. einfach angefeuchtet und wieder zusammengeschoben wird. Es ist auch möglich, einen Fleck zu entfernen und mit neuem Material auszubessern. Diese Eigenschaft erlaubt auch, die gesamte Tapete mit Wasser von der Wand zu waschen und mit zugesetztem Kleister in einer neuen Wohnung wieder aufzubringen. Bei der Produktauswahl ist auf kunststoff- und biozidfreie Produkte zu achten.

Flufenoxuron F. ist ein alter Wirkstoff in Holzschutzmitteln (1-[4-(2-Chlor-alpha,alpha,alpha-trifluor-paratolyloxy)-2-fluorophenyl]-3-(2,6-difluorobenzoyl)harnstoff, CAS-Nr.: 101463-69-8). F. wird in Biozidprodukten der Produktart 18 seit 2012 nicht mehr in den Verkehr gebracht. Der Vorschlag zur Aufnahme des Wirkstoffs F. für die Verwendung in Produktart 8 (Holzschutzmittel) wurde 2015 abgelehnt. Stattdessen wurde nach REACH-VO das Verfahren zur Aufnahme von Stoffen in das „Registry of SVHC-Intentions" 2015 eingeleitet. Die Bewertung der Risiken für die betrachteten Umweltbereiche ergab unannehmbare Auswirkungen für die aquatischen Systeme. F. gilt aufgrund seiner Eigenschaften als persistent, bioakkumulierbar und toxisch bzw. sehr persistent und sehr bioakkumulierbar. Reproduktionstoxizität, Zusatzkategorie für Wirkungen auf oder über Laktation; H362 Kann Säuglinge über die Muttermilch schädigen; Gewässergefährdend, Akut Kategorie 1; H400; Gewässergefährdend, Chronisch Kategorie 1; H410 Sehr giftig für Wasserorganismen mit langfristiger Wirkung.

Flugasche F. ist definiert als feinkörniger, hauptsächlich aus kugelförmigen, glasigen Partikeln bestehender Staub, der bei der Verbrennung feingemahlener Kohle mit oder ohne Mitverbrennungsstoffe anfällt. F. wird durch elektrostatische oder mechanische Abscheidung staubartiger Partikel aus Rauchgasen von Feuerungsanlagen gewonnen. Sie besteht im Wesentlichen aus Siliciumdioxid und Aluminiumoxid und weist →puzzolanische Eigenschaften auf. Durch Mischen, Mahlen, Sieben oder Trocknen von verschiedenen Flugaschen kann behandelte F. hergestellt werden. Wenn eine oder mehrere Flugaschen aus Verbrennungsprozessen mit Sekundärbrennstoffen bestehen, wird die behandelte Flugasche als Flugasche aus Mitverbrennungsprozessen eingestuft. F. wird nach der Europäischen Abfallverzeichnis-Verordnung als Abfall und zum Teil als gefährlicher Abfall aufgeführt und zukünftig in der →Ersatzbaustoffverordnung als geregelter mineralischer Ersatzbaustoff geführt. Als Zementbestandteil oder Betonzusatzstoff ist in Deutschland nur die Steinkohlen-F. von Bedeutung, die mit 313.000 t (2014) bei der Zementherstellung als Sekundärrohstoff verwendet wird. (Wuppertal-Institut 2015).
Durch den Verbrennungsprozess im Kraftwerk können sich Schwermetalle aus dem verwendeten Brennstoff in der Flugasche anreichern. Der Gehalt an →Antimon, →Arsen, Barium, →Blei, →Cadmium, →Chrom, →Cobalt, →Nickel, →Kupfer, Molybdän, Selen, Vanadium und →Zink ist im Gegensatz zu anderen Betonausgangsstoffen zum Teil deutlich erhöht und hängt im Wesentlichen von dem verwendeten Brennstoff ab. Die Schwermetalle sind vorwiegend in Oxiden gebunden oder in die glasige Matrix der Aschenpartikel eingebunden. Zur Einhaltung des deutschen Schutzniveaus sollten beim Einsatz von Steinkohlen-F. als Zementbestandteil oder Betonzusatzstoff die Z2-Zuordnungswerte (Eluat) der LAGA-Mitteilung 20 an der Originalsubstanz eingehalten werden. Zukünftig werden die Werte der Ersatzbaustoffverordnung zurate gezogen, wenn vor dem Einbau von F. die Eigenschaften der Grundwasserdeckschicht außerhalb oder innerhalb von Wasserschutzbereichen in Abhängigkeit u.a. vom Molybdängehalt (SFA) und Chromgehalt (BFA) als ungünstig oder günstig eingestuft werden.

Flugaschezement →Portlandflugaschezement

Fluorchlorkohlenwasserstoffe →FCKW

Fluorierte Treibhausgase (FKW, HFKW, SF_6, NF_3) Unter dem Begriff F. werden in Anlehnung an das Kyoto-Protokoll, dem Zusatzprotokoll zur Ausgestaltung der Klimarahmenkonvention der Vereinten Nationen, die Stoffgruppen der teilfluorierten Kohlenwasserstoffe (HFKW), die der voll- oder perfluorierten Kohlenwasserstoffe (FKW) und die kohlenstofffreien Verbindungen Schwefelhexafluorid (SF_6) sowie Stickstofftrifluorid (NF_3) zusammengefasst. Im Kyoto-Protokoll, das der wichtigste und prominenteste Meilenstein des weltweiten Klimaschutzes ist, sind die fluorierten Treibhausgase (F.-Gase) wegen ihrer hohen Klimawirksamkeit – 100- bis 24.000-mal höher als CO_2 – enthalten. (UBA 41/2010)
Seit 2016 wird die Produktion und Anwendung von F. durch Aufnahme ins →Montrealer Protokoll geregelt und damit ein Fahrplan für den Ausstieg international vorgegeben. Innerhalb der EU sind das Inverkehrbringen und die Verwendung von F. schon verschiedentlich reglementiert. Seit 2015 gibt es teilweise Verwendungsverbote und für teilhalogenierte HFKW ist bis 2030 eine Reduktion auf ein Fünftel der heutigen Verbrauchsmengen vorgesehen, was aber immer noch ein beträchtliches Treibhauspotential GWP von 35 Mio. t CO_2-Äquivalenten erzeugen würde. FKW ist eine Sammelbezeichnung für eine Vielzahl von niedermolekularen, aliphatischen (offenkettigen) oder alicyclischen (ringförmigen, nicht-aromatischen) Kohlenwasserstoffen, deren Wasserstoffatome vollständig durch Fluoratome ersetzt sind. Sind hingegen noch Wasserstoffatome im Molekül erhalten, werden diese Stoffe unter dem Sammelbegriff teilfluorierte Kohlenwasserstoffe oder auch wasserstoffhaltige Fluorkohlenwasserstoffe (HFKW) zusammengefasst. Allen Stoffen dieser beiden Stoffgruppen gemeinsam ist, dass keine weiteren Elemente als Kohlenstoff, Fluor und ggf. Wasserstoff enthalten sind. Die wichtigsten HFKW und FKW leiten sich von Methan, Ethan und Propan ab.
Die verschiedenen FKW und HFKW werden i. Allg. unter Angabe ihres Kurzzeichens genannt. Häufig ist dem Kurzzeichen ein „R" für Refrigerant (Kältemittel) vorgesetzt. Die Kurzzeichen sind aus drei Ziffern bestehende Nummern. Sie werden nach folgendem Schema vergeben:
1. Ziffer: Anzahl der Kohlenstoffatome im Molekül minus eins (eine „0" wird nicht angegeben)
2. Ziffer: Anzahl der Wasserstoffatome plus eins
3. Ziffer: Anzahl der Fluoratome. Kleine Buchstaben hinter der Zahl kennzeichnen den Ort der Substitution.
Beispiel: 134a = $C_2H_2F_4$ oder CF_3-CH_2F
Teil- und perfluorierte Kohlenwasserstoffe sind, verglichen mit dem hologenfreien Kohlenwasserstoffen, thermisch und chemisch wesentlich stabiler. →Perfluorierte Kohlenwasserstoffe zählen zu den stabilsten organischen Verbindungen überhaupt. Sie zersetzen sich erst oberhalb von 800 °C. Sowohl FKW als auch die meisten HFKW zeichnen sich durch Schwerentflammbarkeit oder Unbrennbarkeit aus.
Die Produktion fluorierter Gase findet in Deutschland nur durch einen Hersteller, die Fa. Solvay Deutschland, statt. HFKW und teilweise FKW wurden in vielen Anwendungen eingesetzt, in denen vorher voll- oder teilhalogenierte →Fluorchlorkohlenwasserstoffe (FCKW oder HFCKW) sowie Halone verwendet wurden. Diese werden nun seit 2015 bis 2030 schrittweise durch die EUVO 517/2014 über Verbote und Verwendungsbeschränkungen reduziert. Anwendungsbereiche für HFKW im Bestand sind im Wesentlichen:

- Stationäre und mobile Kälte- und Klimaanwendungen (als Kältemittel)
- Dämmstoffe/Schaumstoffe (als Treibmittel)
- Aerosole (als Treibgas)

Hauptemissionsquellen für HFKW waren in Deutschland die Verwendung als Treibmittel in Schaumstoffen einschließlich →Polyurethan-Montageschaum und als Kältemittel. Während im Jahr 2002 auf Schaumstoffe etwa 46 % der Emissionen entfielen, waren etwa 44 % der HFKW-Emissionen auf die Verwendung als Kältemittel in stationären und mobilen Kühlanlagen (Kälte und Klima) zurückzuführen. Gut die Hälfte dieser Kältemittelemissionen entfiel dabei auf Pkw-Klimaanlagen. Auch die Produktion von HFCKW, wo HFKW-Emissionen als unerwünschtes Nebenprodukt entstehen, ist eine relevante Emissionsquelle.
Teilfluorierte Kohlenwasserstoffe (HFKW), die als Ersatzstoffe der inzwischen verbotenen Stoffe →FCKW und →HFCKW verwendet werden, tragen zwar nicht mehr zum →Ozonabbau in der Stratosphäre bei, weisen demgegenüber aber ein sehr hohes →Treibhauspotenzial GWP von bis zum 24.000-Fachen von CO_2 auf. Wenn auch der Anteil am zusätzlichen Treibhauseffekt bisher relativ gering ist, kommt dem Problem im Hinblick auf das hohe Zuwachspotenzial im Rahmen der FCKW-Substitution eine hohe Bedeutung zu.

Tabelle F9: Entwicklung der HFKW-Emissionen in Deutschland von 1995 bis 2002 (nach: UBA, 2004)

Emissionsquelle	HFKW-Emissionen in t (gerundet)						
	1995	1998	1999	2000	2001	2002	2002 1)
Stationäre Kälte/Klima	80	580	780	980	1.200	1.100	13.800
Mobile Kälte/Klima	150	640	880	1.100	1.400	1.600	15.500
Davon nur Pkw	120	550	760	980	1.200	1.400	13.700
PUR-Montageschaum	1.800	1.800	1.600	1.500	1.400	700	
PUR-Schäume	0	92	93	94	95	100	920
XPS-Schäume	0	0	0	0	1.650	2.000	470
Dosieraerosole	0	27	41	78	140	200	–
Andere Aerosole	170	190	220	240	260	270	–
Halbleiterherstellung	1,1	1,0	1,1	1,4	1,2	0,9	–
Sonstiges (Verwendung)	0,9	1,0	0,9	1,6	6,8	3,6	–
Insgesamt (Verwendung)	2.200	3.400	3.600	4.000	6.100	6.000	–
Sonstiges (Produktion)	370	260	250	130	120	100	–
Insgesamt	**2.600**	**3.600**	**3.900**	**4.100**	**6.200**	**6.100**	–

1) Potenzielle Emissionen (durchschnittlicher Jahresbestand)

Der Beitrag, den F-Gase heute weltweit zum Treibhauseffekt leisten, liegt bei etwa 1,3 % (2004). Eine Studie des Umweltbundesamtes aus dem Jahr 2010 prognostizierte bis zum Jahr 2050 einen Anstieg der F-Gas-Emissionen auf 7,9 % (ohne HFKW phase down) bezogen auf die globalen direkten CO_2-Emissionen. Auch ist zu berücksichtigen, dass sich mittels Maßnahmen bei den fluorierten Gasen – z.B. durch Substitution – häufig eine Emissionsreduktion um 100 % erzielen lässt. Dies ist bei den klassischen Treibhausgasen meist nicht möglich. Die durch Einzelmaßnahmen z.B. beim Treibhausgas Kohlendioxid erzielbaren Emissionsminderungen liegen in einer mit den möglichen Emissionsminderungen bei den fluorierten Gasen vergleichbaren Größenordnung (Quelle: Fluorierte Treibhausgase in Produkten und Verfahren – Technische Maßnahmen zum Klimaschutz. UBA, 2004).
Die österreichische Verordnung (HFKW-FKW-SF6-VO: BGBl. 447/2002) erließ ein Verbot für die mengenmäßig wichtigsten HFKW-Anwendungen bis 2008, ab dem diese Produkte und Anlagen HFKW-frei sein müssen. Seither ist dort der Einsatz von HFKW als Treibmittel inzwischen in allen Dämmschäumen verboten.
2006 hat die *Chemikalien-Ozonschichtverordnung* [ChemOzonschichtV 2006] die ursprüngliche *FCKW-Halon-Verbots-Verordnung* abgelöst, nachdem infolge des FCKW- und HFCKW-Verbotes die Emissionen fluorierter Treibhausgase anstiegen.
Als europäische Regelung gilt seit dem 1.1.2010 die *Verordnung (EG) Nr. 1005/2009 vom 16.9.2009 über Stoffe, die zum Abbau der Ozonschicht führen* [EG-Verordnung 2009]. Sie hat frühere Verordnungen, wie die *Verordnung (EG) Nr. 3093/94* vom 15.12.1994 [EG-Verordnung 1994] sowie die *EG-Verordnung Nr. 2037/2000* vom 29.6.2000 [EG-Verordnung 2000], ersetzt.
Das Inverkehrbringen und die Verwendung von fluorierten Treibhausgasen (F-Gasen) in der EU sind in der Verordnung (EU) Nr. 517/2014 geregelt. Die Verordnung gilt seit 1.1.2015 und hob damit die Verordnung (EG) Nr. 842/2006 auf. Die ersetzte F-Gase-Verordnung verbat u.a. die Verwendung von FKW, HFKW und SF_6 in einigen Produkten, z.B. in Schallschutzfenstern, Schuhen, Reifen und Feuerlöschern. Die neue, seit 2015 geltende F-Gas-Verordnung reduziert die Verkaufsmengen von teilhalogenierten Fluorkohlenwasserstoffen (HFKW) bis 2030 schrittweise auf ein Fünftel der heutigen Verkaufsmengen, enthält Verwendungsverbote für F-Gase und Inverkehrbringensverbote von Erzeugnissen, die F-Gase enthal-

ten. Ziel der neuen Verordnung ist es, die Emissionen fluorierter Treibhausgase bis zum Jahr 2030 auf etwa 35 Mio. t CO_2-Äquivalent zu senken. Ergänzend zur F-Gase-Verordnung wurde in Deutschland die *Verordnung zum Schutz des Klimas vor Veränderungen durch den Eintrag bestimmter fluorierter Treibhausgase* [ChemKlimschutzV 2008]) verabschiedet. Diese geht vor allem durch die Festlegung von Grenzwerten für die spezifischen Kältemittelverluste aus „ortsfesten Anwendungen“ (Kälte- und Klimaanlagen) deutlich über die EU-Verordnung hinaus.

Nach mehrjährigen Diskussionen ist es den Vertragsstaaten im Oktober 2016 gelungen, sich im Montrealer Protokoll auf einen Fahrplan zur Begrenzung von HFKW zu einigen. Diese Stoffgruppe, die zunächst als Ersatz für die ozonschichtschädigenden Fluorchlorkohlenwasserstoffe (FCKW) eingeführt wurde, lässt sich durch weniger klimaschädliche Stoffe ersetzen. Damit war der Weg frei für eine internationale Regelung. Die EU hatte entsprechende Regelungen bereits 2014 mit Inkrafttreten 2015 eingeführt.

Der Beschluss von Kigali (Ruanda) verpflichtet Industrie- und Entwicklungsländer in unterschiedlichem Maß, die Produktion und die Verwendung der HFKW zunächst einzufrieren und in den Folgejahren zu vermindern. Während sich die Industrieländer bereits ab 2019 zu ersten Reduktionen verpflichteten, haben Entwicklungsländer deutlich mehr Zeit zum Ergreifen von Maßnahmen. Insgesamt ist der Beschluss vierstufig, da einigen Industrie- und einigen Entwicklungsländern nochmals längere Zeiträume zugestanden wurden. Zudem haben sich die Industrieländer verpflichtet, Entwicklungsländer durch zusätzliche Mittel über den Multilateralen Fonds des Montreal-Protokolls zu unterstützen. Für den Umwelt- und Klimaschutz ist es jetzt wichtig, dass die Staaten bei der Umsetzung der Beschlüsse auf langfristige Alternativen setzen.

Tabelle F10: Entwicklung der FKW-Emissionen in Deutschland von 1990 bis 2002 in Tonnen (nach: UBA, 2004)

Emissionsquelle	FKW-Emissionen in t (gerundet)							
	1990	1995	1998	1999	2000	2001	2002	2002 [1)]
Aluminiumproduktion	350	230	170	130	53	55	64	–
Halbleiterherstellung	15	23	29	37	43	29	33	–
Leiterplattenfertigung	3,4	3,4	3,4	3,4	3,4	3,4	2	–
Kältetechnik	0	1	7	10	11	12	13	98
Insgesamt	**370**	**260**	**210**	**180**	**110**	**99**	**110**	–

[1)] Potenzielle Emissionen (durchschnittlicher Jahresbestand)

Tabelle F11: Entwicklung der SF_6-Emissionen in Deutschland von 1990 bis 2002 in Tonnen (nach: UBA, 2004)

Emissionsquelle	SF_6-Emissionen in t (gerundet)							
	1990	1995	1998	1999	2000	2001	2002	2002 [1)]
Elektr. Betriebsmittel	23	25	28	22	20	19	31	1.400
Schallschutzscheiben	69	110	56	52	52	51	47	2.100
Autoreifen	66	110	130	67	50	30	9	19
Magnesiumgießereien	7	8	10	11	12	14	16	–
Halbleiterproduktion	3,7	2	2,4	2,2	2,4	1,8	2,4	–
Sonstiges	4,8	21	31	30	31	23	20	80
Gesamt	**170**	**280**	**250**	**180**	**170**	**140**	**160**	–

[1)] Potenzielle Emissionen (durchschnittlicher Jahresbestand)

Tabelle F12: Zusammenstellung des Treibhauspotenzials, des Strahlungsantriebs und der atmosphärischen Lebensdauer der vom Kyoto-Protokoll erfassten Treibhausgase und ausgewählter Stoffgemische [IPCC 2007a]

Verbindung/ Kurzzeichen	Formel	Atmosphärische Lebensdauer in Jahren	Strahlungs-antrieb (Radiative Forcing) in W/m^2	Treibhauspotenzial (Global Warming Potential) (GWP)			
				20 Jahre	100 Jahre	500 Jahre	100 Jahre[1]
Kohlendioxid	CO_2	variabel	0,000014	1	1	1	1
Methan	CH_4	12	0,0037	72	25	7,6	21
Distickstoffoxid	N_2O	114	0,00303	289	298	153	310
HFKW-23	CHF_3	270	0,19	12.000	14.800	12.200	11.700
HFKW-32	CH_2F_2	4,9	0,11	2.330	675	205	650
HFKW-41	CH_3F	2,4	0,02	323	92	28	150
HFKW-43-10mee	$C_5H_2F_{10}$	15,9	0,40	4.140	1.640	500	1.300
HFKW-125	C_2HF_5	29	0,23	6.350	3.500	1.100	2.800
HFKW-134	$C_2H_2F_4$	9,6	0,18	3.400	1.100	335	1.000
HFKW-134a	CH_2FCF_3	14	0,16	3.830	1.430	435	1.300
HFKW-143	$C_2H_3F_3$	3,5	0,13	1.240	353	107	300
HFKW-143a	$C_2H_3F_3$	52	0,13	5.890	4.470	1.590	3.800
HFKW-152a	$C_2H_4F_2$	1,4	0,09	437	124	38	140
HFKW-227ea	C_3HF_7	34,2	0,26	5.310	3.220	1.040	2.900
HFKW-236fa	$C_3H_2F_6$	240	0,28	8.100	9.810	7.660	6.300
HFKW-245ca	$C_3H_3F_5$	6,2	0,23	2.340	693	211	560
Schwefel-hexafluorid	SF_6	3.200	0,52	16.300	22.800	32.600	23.900
FKW-14	CF_4	50.000	0,10	5.210	7.390	11.200	6.500
FKW-116	C_2F_6	10.000	0,26	8.630	12.200	18.200	9.200
FKW-218	C_3F_8	2.600	0,26	6.310	8.830	12.500	7.000
FKW-318	c-C_4F_8	3.200	0,32	7.310	10.300	14.700	8.700
FKW-3-1-10	C_4F_{10}	2.600	0,33	6.330	8.860	12.500	7.000
FKW-4-1-12	C_5F_{12}	4.100	0,41	6.510	9.160	13.300	7.500
FKW-5-1-14	C_6F_{14}	3.200	0,49	6.600	9.300	13.300	7.400

1) GWP-Werte von den Vertragsstaaten der Klimarahmenkonvention anerkannt

Bedeutsame Ersatzstoffe für F. sind Kohlendioxid, Kohlenwasserstoffe (z.B. Butan, Pentan, die aber brennbar sind), Ammoniak, Dimethylether und Stickstoff. Alle genannten Stoffe sind relevant für die Kälte- und Klimatechnik, einige für die Schaumstoff- und Aerosolindustrie sowie als Löse- und Feuerlöschmittel. Eine pauschale Bewertung der Ersatzstoffe im Vergleich mit fluorierten Gasen ist nicht möglich.

Wegen vielfältiger Einflussfaktoren (indirekte Treibhausgasemissionen, Arbeitssicherheit, Anlagensicherheit usw.) muss die Bewertung anwendungsbezogen erfolgen. Damit gilt, dass auf den Einsatz fluorierter Gase wegen ihres hohen Treibhauspotenzials und ihrer Persistenz dort verzichtet wird, wo der Einsatz halogenfreier Stoffe und/oder Verfahren technisch und unter Sicherheitsaspekten möglich ist und nicht zu ökologisch nachteiligen Situationen führt.

→Schwefelhexafluorid (SF_6) wird in einer Vielzahl von Anwendungen eingesetzt, z.T. in geringem Umfang. Gegenwärtig stellen Emissionen aus Schallschutzfenstern die größte Emissionsquelle von SF_6 dar (30 %). Durch einen starken Rückgang der Emissionen aus Autoreifen, deren Verwendung 2007 verboten wurde und Schallschutzfenstern, deren Verwendungsverbot 2008 folgte, konnte der Emissionsanstieg zunächst gestoppt werden. Insgesamt sanken die SF_6-Emissionen schon einmal zwischen 1995 und 2002 um fast 50 %. Nachdem die Verwendung in der Elektroindustrie und in Gießereibetrieben zwischenzeitlich von 916 t (2013) auf 1.119 t (2014) wieder anstieg, wurde in der Antwort der Bundesregierung Drucksache 18/9227 aus den verwendeten Gasmengen und der Lebensdauer der Schallschutzfenster ein neues Emissionsszenario berechnet. Danach werden die Schwefelhexafluorid-Emissionen nur aus Schallschutzfenstern noch bis 2020 auf 140 t pro Jahr zunehmen und erst ca. 2035 auslaufen. Seit 1.1.2018 ist die Verwendung von Schwefelhexafluorid nun auch in kleinen Anlagen verboten. Neuer Ersatzstoff ist Stickstofftrifluorid, das allerdings ebenfalls ein beträchtliches Treibhauspotenzial von 17.200 CO_2-Äquivalenten aufweist und sich extrem langsam in der Atmosphäre abbaut. Der Stoff wird vor allem in der Halbleiterindustrie zum Ätzen oder Reinigen der Beschichtungskammern, z.B. bei der Herstellung von Flachbildschirmen, eingesetzt. Insgesamt 89 t NF_3, das entspricht rund 1,5 Mio. t CO_2-Äquivalenten, wurden im Berichtsjahr 2015 an Verwender abgegeben. 17 t bzw. 291.540 t CO_2-Äquivalente wurden exportiert. (Destatis 2015)

Die in Tabelle F12 in der rechten Spalte angegebenen GWP-Werte sind von den Vertragsstaaten der Klimarahmenkonvention anerkannt. Für die in Tabelle F13 aufgeführten neueren Stoffe ist bisher keine Festlegung eines GWP-Wertes erfolgt.

Tabelle F13: Zusammenstellung des Treibhauspotenzials, des Strahlungsantriebs und der atmosphärischen Lebensdauer ausgewählter neuerer Stoffe (IPCC 2007a)

Verbindung/ Kurzzeichen	Formel	Atmosphä-rische Lebens-dauer in Jahren	Strahlungs-antrieb (Radia-tive Forcing) in W/m^2	Treibhauspotenzial (Global Warming Potential) (GWP)		
				20 Jahre	100 Jahre	500 Jahre
HFKW-152	$C_2H_4F_2$	0,6	0,09	187	53	16
HFKW-161	C_2H_5F	0,3	0,03	43	12	3,7
HFKW-236cb	$C_3H_2F_6$	13,6	0,23	3.630	1.340	407
HFKW-236ea	$C_3H_2F_6$	10,7	0,30	4.090	1.370	418
HFKW-245fa	$C_3H_3F_5$	7,6	0,28	3.380	1.030	314
HFKW-356mfc	$C_4H_5F_5$	8,6	0,21	2.520	794	241
Stickstofftrifluorid	NF_3	740	0,21	12.300	17.200	20.700
Trifluormethyl-schwefelpentafluorid	SF_5CF_3	800	0,57	13.200	17.700	21.200
FKW-216	c-C_3F_6	> 1.000	0,42	12.700	> 17.340	21.800
FKW-9-1-18	$C_{10}F_{18}$	> 1.000	0,56	> 5.500	> 7.500	> 9.500
HFE-143a	CH_3OCF_3	4,3	0,27	2.630	756	230
HFE-227ea	$C_2HF_4OCF_3$	11	0,40	4.540	1.540	468
HFE-236fa	$C_2H_2F_3OCF_3$	3,7	0,34	1.710	487	148

Die Bundesregierung hat sich im Jahr 2007 mit dem „Integrierten Energie- und Klimaprogramm" national zu einer 40-%igen Minderung der deutschen Treibhausgas-Emissionen bis 2020 gegenüber 1990 verpflichtet. Im Energiekonzept aus dem Jahr 2010 wird dieses Ziel ergänzt durch ein Minderungsziel von mindestens 55 % bis zum Jahr 2030, mindestens 70 % bis zum Jahr 2040 und 80 bis 95 % bis zum Jahr 2050. Diese Ziele werden auch im Aktionsprogramm Klimaschutz 2020 der Bundesregierung in 2014 bekräftigt und in 2016 im Klimaschutzplan 2050 festgeschrieben und mit Maßnahmen hinterlegt. Die Europäische Union (EU) hat sich dazu verpflichtet, die EU-weiten Treibhausgas-Emissionen im Zeitraum 2013 bis 2020 um 20 % unter das Niveau von 1990 zu senken und dieses Ziel auf 30 % zu erhöhen, sofern sich andere Industrieländer verpflichten, ihre Emissionen vergleichbar zu reduzieren und auch die wirtschaftlich weiter fortgeschrittenen Entwicklungsländer einen Beitrag leisten. Bezogen auf die EU-Mitgliedsstaaten wurde das Ziel durch entsprechende Regelungen im europäischen Emissionshandelssystem und die sogenannte „Effort Sharing Decision" konkretisiert. Letztere verpflichtet Deutschland dazu, seine Emissionen außerhalb des Emissionshandels bis 2020 um 14 % gegenüber 2005 zu senken. (UBA 3/2017)

Fluorkohlenwasserstoffe →FKW/HFKW, →Fluorierte Treibhausgase

Fluoroanhydrit Synthetischer →Anhydrit aus der Flusssäureherstellung.

Fluororganische Verbindungen →Perfluortenside, →FCKW, →Fluorierte Treibhausgase

Fluorwasserstoff F. (HF) ist ein starkes Oxidationsmittel und vor allem für Pflanzen stark toxisch. F. schädigt bereits bei 1,2 ppb und 14 h Einwirkzeit Obstbäume, Tannen, Kiefern, Weinreben sowie Tulpen. Beim Menschen führt es zu Störungen des Calciumstoffwechsels sowie bei hohen Konzentrationen zur Schädigung an Knochen und Zähnen.

Flussmittel zum Löten →Lote verbinden sich nur mit sauberem Material. Die Lötstelle muss daher mit einem F. vorbehandelt werden. Diese F. schmelzen beim →Löten und sperren den Luftsauerstoff ab. Bekannte F. sind →Kolophonium (→Löthonig), Zinn- und Zinkchloride in Wasser (→Lötwasser) oder Zinn- und Zinkchloride in Mineralölen (→Lötfett). Beim Löten von →Zinkblech kann auch Salzsäure als Flussmittel eingesetzt werden. Beim Löten mit →Hartloten werden auch Flussmittel wie →Borax zur Vorbehandlung verwendet. →Weichlote

Fluxbitumen Straßenbaubitumen, dessen Viskosität durch Zusatz schwerflüchtiger Fluxöle auf Mineralölbasis herabgesetzt ist. →Bitumen

FNR Die Fachagentur Nachwachsende Rohstoffe e.V. (FNR) wurde 1993 auf Initiative der Bundesregierung mit der Maßgabe ins Leben gerufen, Forschungs-, Entwicklungs- und Demonstrationsprojekte im Bereich →Nachwachsender Rohstoffe zu koordinieren. Hauptaufgabe der FNR ist die Betreuung von Forschungsvorhaben zur Nutzung nachwachsender Rohstoffe. Die FNR unterstützt das Qualitätszeichen →natureplus.

Foamglas Markenname für den →Dämmstoff Schaumglas.

FOC Fluorinated Organic Compounds. →Perfluortenside

Fogging Effekt →Schwarze Wohnungen

Fondtapete F. ist eine →Papiertapete, die vor dem Bedrucken einen lichtbeständigen, durchgehenden Farbauftrag erhält, um ein Vergilben zu verhindern.

Formaldehyd (CAS 50-00-0) F. ist ein bedeutendes Basisprodukt der chemischen Industrie. Neben Tabakrauch sind Holzwerkstoff-Platten die bedeutendsten Quellen für F. in Innenräumen. F. ist Bestandteil der Bindemittel für die Herstellung von →Holzwerkstoffen. Zum Einsatz kommen →Harnstoff-F.-Harze (UF), →Phenol-F.-Harze (PF) und Melamin-F.-Harze (MF; →Melaminharze). Insbesondere Holzwerkstoffe, die mit UF-Harzen gebunden sind, können hohe F.-Emissionen in die Innenraumluft hervorrufen. Ursache hierfür ist die Hydrolyseempfindlichkeit des UF-Harzes, insbesondere der freien Methylolgruppen bei unvollständiger Vernetzung. Hohe Luftfeuchten begünstigen die Rückreaktion und damit die Emission von F. Dagegen weisen PF-gebundene Holzwerkstoffe wegen ihres hohen Vernetzungsgrades und großer Bindungsstabilitäten nur ein geringes Potenzial zur Abgabe von F. auf. Obwohl gewachsenes, natürliches Holz kein freies F. enthält, kann es durch Zersetzung von →Lignin unter Lichteinfluss zu einer geringen F.-Abgabe kommen.

Erhöhte F.-Konzentrationen können ferner durch die Verwendung von Desinfektionsmitteln sowie Wandfarben und Lacken auf wässriger Basis entstehen, wenn ihnen F. zur Konservierung zugesetzt wurde. Diese Produkte führen allerdings nur zu einer vorübergehenden Belastung. Dagegen kommt es bei den Holzwerkstoff-Platten infolge einer geringfügigen Zersetzung des Leims zu einer andauernden Abgabe von F., deren Höhe bei den einzelnen Plattentypen sehr unterschiedlich ist.

F. kann wegen seines stechenden Geruchs zu Belästigungen führen und die Augen und Nasenschleimhäute reizen. Die Internationale Krebsforschungsbehörde →IARC hat F. im Jahr 2004 als nachweislich krebserzeugend beim Menschen eingestuft. Obwohl F. in flüssiger Form ein starkes Kontaktallergen ist, sind allergische Reaktionen durch Einatmen von F. über die Raumluft sehr unwahrscheinlich. Inwieweit F. insbesondere bei Kindern Asthma auszulösen oder zu verschlimmern vermag, ist umstritten und der AIR (2016) sieht anhand der wissenschaftlichen Datenlage dafür keinen hinreichend belastbaren Zusammenhang. Von empfindlichen Personen kann F. bereits in Konzentrationen wahrgenommen werden, die deutlich unterhalb von 100 µg/m³ liegen. Typische Hintergrundkonzentrationen von F. in Wohnräumen betragen zwischen 0,01 und 0,03 ppm. WHO-Luftqualitätsleitwert: 0,1 mg/m³ (= 0,083 ppm; 30 min). AIR (2016): RW I 0 1 mg/m³ Schutz vor sensorischen Reizwirkungen und vor einem unverhältnismäßgen Krebsrisiko (unter 10^{-6}) bei lebenslanger Exposition. Der AGW beträgt gemäß TRGS 900: 0,37 mg/m³.

EU-GHS-Einstufung und Kennzeichnung (EG) Nr. 1272/2008 CLP: Akute Toxizität Kategorie 3: Acute Tox. 3; H301 Giftig bei Verschlucken, H311 Giftig bei Hautkontakt, H331 Giftig bei Einatmen; Reizwirkung auf die Haut Kategorie 1B: Skin Corr. 1B; H314 Verursacht schwere Verätzungen der Haut und schwere Augenschäden; Sensibilisierung der Haut Kategorie 1: Skin Sens.; H317 Kann allergische Hautreaktionen verursachen; Mutagenität Kategorie 2: Muta. 2; H341 Kann vermutlich genetische Defekte verursachen; Karzinogenität Kategorie 1B: Carc. 1B; H350 Kann Krebs erzeugen.

Gemäß Chemikalien-Verbotsverordnung (ChemVerbotsV) dürfen nicht in den Verkehr gebracht werden: Beschichtete und unbeschichtete Holzwerkstoffe (Spanplatten, Tischlerplatten, Furnierplatten, und Faserplatten) sowie Möbel, wenn die durch den Holzwerkstoff verursachte Ausgleichskonzentration des F. in der Luft eines Prüfraumes 0,1 ml/cbm (0,1 ppm) überschreitet. Wasch-, Reinigungs-und Pflegemittel mit einem Massengehalt von mehr als 0,2 % F. dürfen nicht in den Verkehr gebracht werden.

Für eine dauerhafte Absenkung der Formaldehyd-Belastung kommen verschiedene Maßnahmen in Betracht:

<u>Entfernen der Quelle</u>: Sind Möbel oder einfach zu demontierende bzw. leicht zu ersetzende Holzwerkstoffe die Ursache für die F.-Belastung, stellt das Entfernen der Emissionsquellen die beste Lösung dar.

<u>Abdichten der Quelle</u>: Bei gut zugänglichen Emissionsquellen kommt auch ein Abdichten insbes. der besonders emissionsintensiven Kanten, Bohrlöcher (Schränke) oder Ausfräsungen der Holzwerkstoff-Platten in Betracht. Größere Flächen können ggf. mit einem absperrenden Lack beschichtet werden (→VOC).

<u>Chemische Bindung des Formaldehyds</u>: Hierfür stehen spezielle Schafwollvliese zur Verfügung, deren Wirksamkeit vom →ECO-Umweltinstitut in Zusammenarbeit mit dem Deutschen Wollforschungsinstitut (DWI) untersucht wurde. Dabei wird die natürliche chemische Zusammensetzung der Wolle genutzt, um F. aus der Raumluft fest in den Wollfasern zu binden (Chemisorption). Das Verfahren eignet sich insbesondere für Gebäude, bei denen die Quellen nicht oder nur mit unverhältnismäßigem Aufwand ausgebaut werden können. Durch einen mit dem Verfahren vertrauten Gutachter muss geklärt werden, ob die Methode im Einzelfall geeignet und Erfolg versprechend ist. Zum Einsatz kommen sollten nur Wollvliese, die weder mit →Pyrethroiden (Mottenschutzmittel) noch mit →Flammschutzmitteln behandelt sind.

Aus Laboruntersuchungen der NASA, in denen Pflanzen F. aus der Raumluft aufnehmen und vernichten konnten, wurde bisweilen der Schluss gezogen, dass F.-Probleme in Innenräumen sich durch die Aufstellung von Pflanzen beheben ließen. Die unter Laborbedingungen gewonnenen Ergebnisse können jedoch nicht auf die Praxisbedingungen in Wohnungen übertragen werden. Eine messbare Reduktion der F.-Belastung ist mit Zimmerpflanzen nicht zu erreichen. →Holz

Formaldehydabspalter F. sind Stoffe, die weniger flüchtig, geruchsärmer und stabiler sind als →Formaldehyd. Sie werden eingesetzt als →Topfkonservierungsmittel für Anstrichstoffe. Ihre mikrobizide Wirkung beruht darauf, dass sie Formaldehyd abspalten. Wichtige Verbindungsklassen der F. sind: O-Hydroxymethyl-Verbindungen (Hemiformale), Amino-Formaldehyd-Additions- und -kondensationsprodukte, Amid-Formaldehyd-Additionsprodukte.

Formtrennmittel Um das Ablösen von Betonteilen von Verschalungen und Formen zu gewährleisten, werden F. u.a. mit umweltschädlichen →Alkylphenolethoxylaten (APEO) verwendet.

Fortpflanzungsgefährdende Stoffe →R-Stoffe, →CMR-Stoffe

Fossile Rohstoffe F. werden aus Lagerstätten gewonnen, die in geologischen Zeiträumen aus organischer Substanz entstanden sind. Dazu gehören Braun- und Steinkohle, →Erdöl, Erdgas und Torf. F. erneuern sich nicht, sie sind deshalb als Energiereserven begrenzt. Energieträger aus F. zählen daher wie die Atomenergie, die auf die mineralischen Rohstoffe Uran bzw. Plutonium angewiesen ist, zu den →Nicht erneuerbaren Energieträgern. Durch die Verbrennung von F. wird außerdem über geologische Zeiträume gebundenes CO_2 freigesetzt. Dennoch wird der Weltprimärenergiebedarf zu 90 % durch die Verbrennung von F. gedeckt. F. sind nach Möglichkeit durch Rohstoffe aus →Erneuerbaren Ressourcen zu ersetzen.

Fotoinitiatoren F. sind Stoffe, die zum Starten von Polymerisationsprozessen für UV-Beschichtungen eingesetzt werden. Es handelt sich um ein Lackierverfahren, bei dem i. Allg. keine →Lösemittel eingesetzt werden müssen. Die flüssige Beschichtung erstarrt unter UV-Belichtung in Sekunden zur fertigen Lackschicht. Anwendungsbereiche der UV-Härtung sind z.B.: Möbel- und Fußbodenlackierung, Skilackierung, Härtung von Zahnfüllungen, Hochglanzlacke auf Zeitschriften und Postkarten. F. enthalten als molekulares Strukturmerkmal i. Allg. eine Benzoylgruppe, die hauptsächlich für die Aufnahme der Lichtenergie verantwortlich ist. Durch die Lichtabsorption entstehen Radikale (extrem reaktionsfreudige Moleküle), die sich an die Kohlenstoff-Doppelbindungen der ungesättigten Reaktionspartner (Reaktivharze) addieren. Reaktivharze sind hauptsächlich acrylatmodifizierte →Oligomere und ungesättigte Polyester. Bei den Acrylatharzen handelt es sich i.d.R. um Epoxy-, Polyester- oder Polyurethan-Oligomere, die als Endgruppen Acrylsäureester tragen.

Vielverwendete F. nach Salthammer sind Benzophenon (BP/Aminsysteme).
EU-GHS-Einstufung und Kennzeichnung: Spezifische Zielorgan-Toxizität (wiederholte Exposition), Kategorie 2: Stot RE 2; H373 Kann die Organe schädigen bei längerer oder wiederholter Exposition. Betroffene Organe: Leber, Nieren, Expositionsweg: Oral, Hydroxyacetophenone (1-Hydroxy-cyclohexyl-phenon = HCPK, 1-Phenyl-2-hydroxy-2-methyl-propan-1-on = PHMP), Benzil-ketale (2,2-Dimethoxy-2-phenyl-acetophenon = DPAP), Dialkoxyacetophenone (2,2-Diethoxy-acetophenon = DAP), Phosphinoxide (2,4,6-Trimethyl-benzoyl-diphenylphosphin-oxid = TBDPO), Benzoinether, Thiocyanate u. a. Einige F. sind Bestandteile der Emissionen von UV-beschichteten Produkten (z.B. Möbel). Da als Folge der hohen Abbruchrate von Radikalreaktionen in Oberflächenbeschichtungen die F. in höheren Mengen (überstöchiometrisch) eingesetzt werden müssen und darüber hinaus die Bestrahlungsintensität bei der Beschichtung von Holz- und Holzwerkstoffen oft unzureichend ist, werden F. von den gebrauchsfertigen Produkten emittiert. Geruchslose F. können wegen ihrer Zerfallsprodukte durchaus bedeutsame Geruchsprobleme verursachen (z.B. →Benzaldehyd).

Fotokatalyse Unter F. versteht man durch Licht ausgelöste katalytische Vorgänge, d. h. die Beschleunigung chemischer Reaktionen durch einen Stoff (Katalysator), der dabei nicht verbraucht wird. Bei der F. wird der Katalysator zuerst durch Licht (Sonne, Lampen) energetisch angeregt und entwickelt dadurch die gewünschte Wirkung. Das bekannteste Beispiel einer F. ist die Fotosynthese, bei der der Fotokatalysator Chlorophyll durch Licht aus Wasser und Kohlendioxid die Bildung von Traubenzucker und Sauerstoff ermöglicht.
Spezielle Fotokatalysatoren (visible light catalysts, VLC) sind in der Lage, bereits herkömmliche Beleuchtung und selbst das diffuse Tageslicht in →Innenräumen zu nutzen, um Schadstoffe wie →Formaldehyd sowie Gerüche abzubauen. Ein solcher Fotokatalysator, der z.B. in sog. aktiven Dispersionsfarben eingesetzt wird, ist ein speziell modifiziertes →Titandioxid. Durch nanoskaliges Titandioxid soll die Selbstreinigung von Fassaden verbessert werden.

Fotooxidantienbildungspotenzial Das F. (photochemical ozone creation potential, POCP) bezeichnet die Eigenschaften einer Substanz, zur Bildung von Fotooxidantien (→Sommersmog) beizutragen. Das F. wird relativ zur Leitsubstanz Ethylen angegeben.

FOV Abk. für flüchtige organische Verbindungen, meist als →VOC (volatile organic compounds) abgekürzt.

Fruchtschädigend Der Begriff F. wurde mit der →Gefahrstoffverordnung vom 1.11.1993 durch den Begriff „fortpflanzungsgefährdend" (reproduktionstoxisch) ersetzt. Reproduktionstoxisch berücksichtigt sowohl die nicht vererbbaren Schäden der Nachkommenschaft (fruchtschädigend) wie auch die Beeinträchtigung der männlichen und weiblichen Fortpflanzungsfunktionen oder -fähigkeiten. →CMR-Stoffe

FSC Der Forest Stewardship Council wurde 1993 gegründet mit dem Ziel, die ein Jahr zuvor auf der UN-Konferenz über Umwelt und Entwicklung (UNCED) aufgestellten Forderungen an eine „nachhaltige Entwicklung" für Wälder umzusetzen. Besondere Bedeutung hat dabei die gleichwertige Berücksichtigung von sozialen, ökologischen und wirtschaftlichen Aspekten bei der Nutzung von Naturgütern. Der FSC ist eine internationale gemeinnützige Organisation mit Sitz in Bonn und nationalen Arbeitsgruppen in 76 Ländern. Er wird von Umweltorganisationen (WWF, Greenpeace, NABU, Robin Wood u. a.), Sozialverbänden (IG BAU, IG Metall u. a.) sowie zahlreichen Unternehmen unterstützt. Der FSC zielt darauf ab, Wälder zu erhalten. Strenge Kriterien, an denen die Bewirtschaftung der Wälder ausgerichtet werden soll, dienen dazu, unkontrollierte Abholzung, Verletzung der Menschenrechte und Belastung der Umwelt zu vermeiden. Bisher wurden weltweit mehr als 51 Mio. Hektar Wald FSC-zertifiziert.
Das Holz aus FSC-zertifizierten Wäldern wird mit dem FSC-Siegel gekennzeichnet. Produkte mit FSC-Siegel durchlaufen vom Wald bis zum Endverbraucher eine oft lange Kette verschiedener Stufen des Handels und der Verarbeitung, die sog. Produktkette (chain of custody). Folgende Labels existieren:
FSC Pure: FSC-Produkte aus 100 % FSC-Holz
FSC Mix: Produkte, bei deren Herstellung FSC-Holz, Holz aus kontrollierten Quellen oder Recyclingmaterial verwendet wurde. Holz aus illegalen Quellen, Raubbau oder nicht nachweisbaren Quellen ist bei dieser Mischung ausgeschlossen.
FSC Recycling: Produkte mit dem FSC-Recycling-Label stehen für den Einsatz von Recycling-Material. Die Verwendung von Recycling-Material entlastet Wälder und leistet somit einen wichtigen Beitrag zur vernünftigen Verwendung von Holz. →Nachhaltigkeit, →PEFC

FSM →Flammschutzmittel

Füller →Gesteinsmehl

Füllstoffe in Anstrichstoffen F. sind Substanzen in körniger oder pulveriger Form, die im Anstrichstoff unlöslich sind und bestimmte physikalische Eigenschaften hervorrufen oder beeinflussen. F. gem. VdL-Richtlinie Bautenanstrichstoffe sind z.B. silikatische Füllstoffe (Calciumsilicat, Glimmer, Kaolin, Kieselglas, Kieselgur, Kieselsäure, Natriumaluminium-Silikat, Quarzmehl, Siliziumdioxid, Quarzsand, Talkum), andere mineralische Füllstoffe (z.B. Aluminiumhydroxide, Blanc fixe, Calciumcarbonat, Calcit, Dolomit, Kalkspat, Kreide, Schwerspat), organische Füllstoffe (z.B. Cellulose, Holzfasern).

Fugendichtungsmaterialien →Dichtstoffe, →Acrylat-Dichtstoffe, →Silikon-Dichtstoffe, →Polysulfid-Dichtstoffe, →Polyurethan-Dichtstoffe

Fugenmörtel F. wird zum Herstellen regendichten Sichtmauerwerkes verwendet. Eingesetzt wird →Mörtel der Gruppen II oder IIa (Kalkzementmörtel), der glatt gestrichen wird. Besonders geeignet ist trasshaltiger Mörtel (→Trass). Der Zuschlagsand muss gemischtkörnig sein (0 bis 2 mm), damit die Fugen dicht werden. Fugenmörtel unter Verwendung chromatarmer, rein mineralischer Produkte, die keine Weichmacher, Biozide und Lösemittel enthalten, sind weitgehend umweltverträglich.

Fungizide F. sind →Biozide Wirkstoffe gegen Pilze und deren Sporen. F. werden auch in der Landwirtschaft als Pflanzenschutzmittel angewendet. F. dienen als →Biozidprodukte zur Bekämpfung von Schadpilzen (z.B. Schimmelpilzen) auf z.B. Holz (→Holzschutzmittel), Farben und Putzen, an Wänden (Hausschwamm), Textilien und Futtermitteln. Im Bereich der Desinfektionsmittel wird zwischen fungizider und sporizider Wirkung deutlich unterschieden, da das Unschädlichmachen von (Schimmelpilz-)Sporen wesentlich aggressivere Chemikalien und höhere Einwirkzeiten erfordert als das Abtöten der biologisch aktiven Myzelzellen und Sporen bildender Zellen. Sporen als Überdauerungs- und Reproduktionsformen sind besonders

resistent gegen widrige Umwelteinflüsse, wie Trockenheit, Kälte und auch Chemikalien, die sie unter Umständen auch längere Zeit ertragen.
In üblichen Innenraumklimata sind F. nicht erforderlich, da die Wachstumsbedingungen für Pilze in beheizten Räumen nicht erreicht werden. Günstig für das Pilzwachstum sind Holzfeuchten über 20 % bei Temperaturen zwischen 20 und 25 °C. Unterhalb von 3 °C und oberhalb von 40 °C fallen die Pilze in eine Wachstumsstarre. Die Anforderungen an den Holzschutz können den Gebrauchsklassen der DIN 68800 entnommen werden. Gegen Pilze brauchen für statisch relevante Bauteile F. nur ab Gebrauchsklasse 2 mit dem Prüfprädikat P gegen Pilze vorbeugend wirksam verwendet werden. Dafür wurden früher F. mit den Wirkstoffen →PCP und →Kreosot verwendet, die heute für Innenräume verboten sind (Kreosot ist für gewisse Holzprodukte, z.B. Holzschwellen für Bahnstrecken, noch zugelassen), aber im Bestand noch aufgefunden werden. Auch einige metallorganische F.-Wirkstoffe sind verboten, wie die sehr giftigen und umweltschädlichen Quecksilber- und Zinnorganika. Heute werden gegen Pilze Wirkstoffe wie →Dichlofluanid, →Tolylfluanid, →Borverbindungen oder →IPBC eingesetzt. Zu den Bioziden gehören das Benzimidazol, →Carbendazim und →Triazolen, →Tebuconazol und Propiconazol. In den 90er-Jahren setzte sich die Erkenntnis durch, dass in Wohnräumen keine Holzschutzmittel eingesetzt werden sollten. Das BgVV begründete dies mit der Vermeidung jeder unnötigen Belastung der Bevölkerung mit biologisch wirksamen Chemikalien. Großflächiges Ausbringen von Holzschutzmitteln in Innenräumen ist laut BgVV als unsachgemäße Anwendung von Holzschutzmitteln einzustufen, die zu gesundheitlichen Beeinträchtigungen des Anwenders führen kann.

Furan (CAS 110-00-9) F. ist eine leicht flüchtige (Sdp.: 31 °C), farblose Flüssigkeit. Synonyme sind: 1,4-Epoxy-1,3-butadien, Furfuran, Oxol, Tetrol, Divinylenoxid, Oxacyclopentadien. F. ist in den durch Destillation harzhaltiger Nadelhölzer gewonnenen Ölen enthalten. Es ist ein Synthesezwischenprodukt bei verschiedenen linearen Polymeren und anderen organischen Synthesen sowie Lösemittel von Harzen bei der Herstellung von Lacken. F. findet sich als Verunreinigung in einer Vielzahl von Lebensmitteln, insbesondere solchen, die eine Erhitzung durchlaufen wie Kaffee, in Dosen und Gläsern abgefüllte Lebensmittel einschließlich fleisch- und gemüsehaltiger Babynahrung. Frisches Gemüse enthält kein F. Es ist in der Gasphase des Zigarettenrauchs in Konzentrationen von 8,4 µg/40 ml pro Zug enthalten und wird rasch von der Lunge oder vom Darm aufgenommen. F. ist krebserzeugend (EU: K2). Die Leber ist das primäre Zielorgan der F.-Toxizität nach oraler Aufnahme. F. steht darüber hinaus im Verdacht auf erbgutverändernde Wirkung (EU: M3). Es fehlen Untersuchungen zur Reproduktionstoxizität.
EU-GHS-Einstufung und Kennzeichnung (EG) Nr. 1272/2008 CLP: Entzündbare Flüssigkeiten Kategorie 1: Flam. Liq. 1; H224 Flüssigkeit und Dampf extrem entzündbar; H332 Gesundheitsschädlich bei Einatmen; Akute Toxizität Kategorie 4: Acute Tox. 4; H302 Gesundheitsschädlich bei Verschlucken; Hautreizungen Kategorie 2: Skin Irrit. 2; H315 verursacht Hautreizungen; Mutagenität Kategorie 2: Muta. 2; H341 Kann vermutlich genetische Defekte verursachen; Kanzerogenität Kategorie 1: Carc. 1B; H350 Kann Krebs erzeugen; Spezifische Zielorgan-Toxizität (wiederholte Exposition), Kategorie 2 STOT RE 2; H373 Kann die Organe schädigen bei längerer oder wiederholter Exposition; Langfristig gewässergefährdend chronisch: Aquatic Chronic 3; H412 Schädlich für Wasserorganismen, mit langfristiger Wirkung.

Furane Die Bezeichnung F. wird häufig als Kurzbezeichnung für die Stoffgruppe der polychlorierten Dibenzofurane (PCDF) verwendet, von der aufgrund der unterschiedlichen Anzahl und Stellung der Chloratome im Molekül-Grundgerüst 135 Einzelsubstanzen (→Kongenere) existieren. Bzgl. Vorkommen, Giftigkeit und Bedeutung stehen die F. den polychlorierten →Dioxinen nahe.

Furfural (CAS 98-01-1) F. (Furan-2-aldehyd) reizt die Augen und die Haut und steht im Verdacht auf krebserzeugende Wirkung (EU 3). Zur relativen Toxizität von F. →NIK-Werte 0,02 mg/m^3: Je niedriger der NIK-Wert, umso höher ist die Toxizität des jeweiligen Stoffes. Korkprodukte und →Holzwerkstoffe (→OSB-Platten) können bedeutende Mengen F. abgeben, wenn im Verlauf der Produktion Hitzeeinwirkungen stattgefunden haben. Konzentrationen nehmen bei steigender Temperatur zu, Ursache für die Bildung des F. ist die thermische Zersetzung der im Kork/Holz enthaltenen

F

→Hemicellulosen bei Temperaturen > 150 °C und Sauerstoffzufuhr. Innenraumrichtwert RW II: 0,1 mg/m^3; RW I: 0,01 mg/m^3 (Ad-hoc-Arbeitsgruppe Innenraumrichtwerte 2011).
EU-GHS-Einstufung und Kennzeichnung (EG) Nr. 1272/2008 CLP: Akute Toxizität Kategorie 3: Acute Tox. 3; H301 Giftig bei Verschlucken; H331 Giftig bei Einatmen; Akute Toxizität Kategorie 4: Acute Tox. 4; H312 Gesundheitsschädlich bei Hautkontakt; Hautreizungen Kategorie 2: Skin Irrit. 2; H315 verursacht Hautreizungen; Augenreizung Kategorie 2: Eye Irrit. 2; H319 Verursacht schwere Augenreizung; Spezifische Zielorgan-Toxizität (einmalige Exposition), Kategorie 3 STOT SE 3; H335 Kann die Atemwege reizen; Kanzerogenität Kategorie 2: Carc. 2; H351 Kann vermutlich Krebs erzeugen.

F

Furmecyclox F. ist ein Wirkstoff aus der Gruppe der Organostickstoff-Verbindungen (N-Cyclohexyl-N-methoxy-2,5-dimethyl-3-furancarboxamid). F. wurde in den 1980er-Jahren als Wirkstoff in →Holzschutzmitteln, z.B. Xyligen B, eingesetzt. Die Zulassung von F. als Biozidprodukt in Holzschutzmitteln ist 199_ ausgelaufen. Der Wirkstoff ist in der EU auch nicht für die Verwendung in Pflanzenschutzmitteln zugelassen. F. ist von der →EPA als wahrscheinlich krebserzeugend beim Menschen eingestuft. In Innenräumen mit F.-Anwendung bindet sich der Wirkstoff, der als Cat. C 2 eingestuft ist, an →Hausstaub.

Furnierböden F. sind Bodenelemente mit umlaufender Nut und Feder, deren Oberfläche aus einem →Furnier (0,5 bis 2 mm dick) aus Echtholz aus der gewünschten Holzart und einer hoch strapazierfähigen und abriebfesten Versiegelung (z.B. Kunstharzversiegelung) besteht. Die druckfeste Mittelschicht ist meist ein hochverdichteter und gegen Feuchtigkeit imprägnierter Holzwerkstoff (→Sperrholz, →MDF- oder HDF-Platte), der Gegenzug ein Kraftpapier o.Ä., oft mit einer feuchtigkeitsabweisenden Rückseite versehen. F. sind im Vergleich zu Parkett günstiger in der Anschaffung, weisen aber im Gegensatz zu Laminat eine echte, natürliche Oberfläche auf. Aufgrund der dünnen Nutzschicht weisen F. eine geringe Haltbarkeit auf und sind sehr schlecht renovierbar (max. 1-mal abschleifbar, keine Walzenschleifmaschinen verwenden).
→Laminat, →Parkettböden

Furniere F. sind dünne Holzblätter, die aus hochwertigen Hölzern gemessert oder geschält werden. Die Stärke von F. beträgt 0,1 bis 1 mm bei Messer- und bis zu 6 mm bei Schälfurnieren. Als Trägermaterial für F. werden →Holzwerkstoffplatten oder geringwertigere Hölzer eingesetzt. F. finden vor allem im Möbel- und Innenausbau Anwendung. →Buche ist die derzeit am häufigsten verwendete heimische Holzart. Weitere europäische Hölzer, die sich zur Herstellung von F. eignen, sind →Eiche und →Birke, aber auch →Ahorn, →Esche, →Kirsche, →Pappel und andere Laubhölzer. F. aus Nadelholz spielen nur eine untergeordnete Rolle. Vor dem Schälen bzw. Messern wird das Holz gedämpft bzw. gekocht. Abhängig von der Holzart und dem Farbanspruch sind Kochzeiten von einem Tag bis zu einer Woche notwendig. Beim Schälen wird das runde Holzstück gegen ein stationäres Messer gedreht und so ein „endloses" F. erzeugt. Schälfurniere werden v.a. für →Sperrholz eingesetzt. Für Verkleidungen von Möbeln oder Türblättern dienen i.d.R Messerfurniere. Dabei wird aus dem in der Länge durchgeschnittenen Holzstamm Blatt für Blatt „abgemessert".
Bedingt durch die langen Dämpfungs- bzw. Kochzeiten ist der Energiebedarf zur Herstellung von F. vergleichsweise hoch. Der Vorteil liegt in der gezielten und damit rohstoffeffizienten Ausnutzung hochwertiger Hölzer als Decklage. Das Emissionsverhalten von furnierten Werkstoffen hängt von der Menge und Qualität der Leime ab, mit denen die F. auf die Trägerschicht aufgetragen werden. Raubbau ist bei F. aus →Tropenhölzern nur mit einem FSC-Zertifikat auszuschließen. →Holz, →Holzwerkstoffe, →Furnierschichtholz, →Sperrholz, →Buchenfurnierholz

Furnierplatte →Sperrholz

Furnierschichtholz F. (laminated veneer lumber, LVL) ist ein stab- oder plattenförmiger Werkstoff, der aus bis zu 3 mm dicken, faserparallel mit Phenolharz miteinander verleimten Nadelholz-, hauptsächlich Fichten- bzw. Kiefernschälfurnieren besteht. Weitere Furnierschichthölzer sind →SVL und PSL. Buchen-F. wird für aussteifende Funktionen, tragende Dach- und Deckenbeläge sowie anstelle von Balken in Form von Trägern und Stützen verwendet. Grundsätzlich darf F. dort verwendet werden, wo auch →Brettschichtholz zum Einsatz kommen könnte. Aufgrund der parallel liegenden Furniere sind die Festigkeitswerte stark richtungsabhängig. Wegen der guten Imprägnierbarkeit von

F. wird dieses Material gerne bei fungizider, insektizider und klimatischer Beanspruchung eingesetzt (siehe auch →Holzwerkstoffe). →Lagenhölzer, →Holz, →Furniere, →Emissionsklassen, →Formaldehyd

Ökologische Bewertung von Furnierschichtholz 650 kg/m³, Bezug t_{atro} (Quelle: dataholz.eu)		
GWP [kg CO_2 Äqv.]	AP [kg SO_2 Äqv.]	PEI ne [MJ]
–852,0	4,9	13.320,0
PEI e [MJ]	EP [kg PO_4 Äqv.]	POCP [kg C_2H_4 Äqv.]
42.152,3	0,4	2,2

Furniersperrholz Abkürzung FU. F. besteht aus mind. drei, fünf oder sieben kreuzweise aufeinander abwechselnd verleimten Schälfurnieren. Durch die Verdrehung der zugeschnittenen Furnierlagen um 90°, das Absperren, wird das Quell- und Schwindverhalten des Holzes reduziert. Je nach Aufbau, Oberflächenbehandlung oder Verklebungsklasse kann F. für ein bestimmtes Anwendungsgebiet hergestellt werden. F. weist einen relativ hohen Klebstoffanteil mit Harnstoff- oder Melaminformaldehydharz auf. Es zeichnet sich durch eine höhere Festigkeit, Maßhaltigkeit und Formbeständigkeit gegenüber Vollholz aus. F. sind leicht und werfen sich bei andauernder Feuchteeinwirkung. Ab einer Materialdicke von 12 mm spricht man von Multiplexplatten, F. unter 3 mm Dicke wird als Flugsperrholz bezeichnet. →Holzwerkstoffe

Furnierstreifenholz (parallel strand lumber – PSL) F. zieht seine hervorragenden Eigenschaften aus der Verleimung einer Vielzahl von 3,2 mm dicken, 25 mm breiten und 2,6 m langen Streifen. Durch die Verleimung mit wasserfesten →Phenol-Formaldehyd-Harzen in einer Mikrowellen-Presse entsteht ein relativ homogener →Holzwerkstoff, der fortlaufend gepresst und anschließend in die gewünschten Formate geschnitten wird. F. hat eine weitgehend gleichbleibende Festigkeit. Produkte bis 20 m Länge sind erhältlich. Der Anwendungsbereich umfasst den Innenausbau und den Außenbereich, darunter Pfosten, Stützen, Pfetten, Bodenbeläge. Durch weitgehende Auflösung der Holzstruktur und neue Fügung mit viel Klebstoff ist der Primärenergieverbrauch zur Herstellung gegenüber anderen Holzwerkstoffen relativ hoch. →Parallam®, →Lagenhölzer

Ökologische Bewertung Furnierstreifenholz, Bezug t_{atro} (Quelle: dataholz.eu)		
GWP [kg CO_2 Äqv.]	AP [kg SO_2 Äqv.]	PEI ne [MJ]
–662,1	2,6	15.374,0
PEI e [MJ]	EP [kg PO_4 Äqv.]	POCP [kg C_2H_4 Äqv.]
18.942,7	1,1	0,9

Fußbodenarbeiten Bei Arbeiten an Fußböden können insbesondere folgende Gefahrstoffe auftreten:

- Asbestfasern aus alten asbesthaltigen Bodenbelägen (→Floor-Flex-Platten, →Cushion-Vinyl-Bodenbeläge) oder Bitumen- bzw. Teerklebstoffen
- Asbestfasern aus →Steinholzestrichen
- →Polycyclische aromatische Kohlenwasserstoffe (PAK) aus alten teerhaltigen →Parkettklebstoffen
- Quarzfeinstaub (→Quarz) beim Abschleifen
- Spachtelmassen auf Basis von →Zement
- Lösemittelhaltige Vorstriche/Grundierungen
- Lösemittelhaltige Klebstoffe
- Holzstaub beim Abschleifen
- Lösemittelhaltige Holzkitte
- Lösemittelhaltige Oberflächenbehandlungsmittel

→GISCODE

Fußbodenhartöle →Imprägnieröle

Fußbodenwachse F. schützen durch ihren wasserabweisenden Effekt den Fußboden vor Feuchtigkeit. Sie werden üblicherweise in Kombination mit →Imprägnierölen eingesetzt (→Ölen und Wachsen). Es ist wichtig, F. dünn und gleichmäßig aufzutragen und Überstände zu vermeiden. Nicht entfernte, getrocknete Überstände lassen sich später schlecht wegpolieren und bleiben als weiße Schleier. Bei F., welche Leinöl enthalten, besteht Selbstentzündungsgefahr der Lappen, daher ausgebreitet im Freien trocknen lassen. Beispielrezeptur eines F. eines Naturfarbenherstellers: Bindemittel aus →Leinöl, Rizinenöl, Sonnnenblumenöl, Kolophonium-glycerinester (z.T. als Ammoniumseife), Holzöl-Standöl, →Bienenwachs, →Carnaubawachs, mineralische Füllstoffe, Wasser, Tenside aus Rizinusöl und Rapsöl, Lecithin, →Methylcellulose, Xanthan, →Borate, →Kieselsäure, Ca/Co/Zr-→Trockenstoffe (bleifrei).

G

GaBi Software zur ganzheitlichen Bilanzierung von Gebäuden. Dies beinhaltet neben der Ökobilanzierung von Baustoffen die Erfassung von Lebenszykluskosten und das Monitoring von Gebäuden. GaBi greift auf →Baustoffdatenbanken für nachhaltige Produkte, wie die →Ökobaudat oder →EPDs, zurück. Neben dem Programm →LEGEP stellt G. eines der wenigen Tools für ganzheitliche Bilanzierung dar.

Gasbeton Alter Name für →Porenbeton.

Gaufrierung G. ist eine leichte, über die gesamte Tapetenfläche eingebrachte Prägestruktur. Die Tapetenbahn wird dadurch leichter tapezierbar, weil sie besser verschiebbar ist. Verzüge der Tapetenbahn lassen sich besser ausgleichen. Durch die G. wird eine bedruckte Papiertapete weniger glänzend.

Gebäude-Schadstoffe Sammelbegriff für Schadstoffe im Innenbereich (→Innenraum-Schadstoffe) und im Außenbereich von Gebäuden. Beispiele für bedeutsame G. und ihre gesundheitliche Bedeutung (verkürzt):

Schadstoff	Gesundheitliche Bedeutung
→Asbest	Kanzerogenität
→Formaldehyd	Reizwirkung, Kanzerogenität
→Künstliche Mineralfasern (KMF)	Kanzerogenität
→Pentachlorphenol (PCP), Lindan	Kanzerogenität
→Polychlorierte Biphenyle (PCB)	Kanzerogenität, Reproduktionstoxizität
→Polycyclische aromatische Kohlenwasserstoffe (PAK)	Kanzerogenität, Mutagenität
→Radon	Kanzerogenität
→Schimmelpilze	Allergenität, Reizwirkung
→VOC	Diverse

[Zwiener/Lange (Hrsg.): Handbuch Gebäude-Schadstoffe und Gesunde Innenraumluft 2012]

Gebindekonservierung →Konservierungsmittel, →Topfkonservierungsmittel

Gebrauchsklassen Für Holz und Holzprodukte sind in der DIN EN 335 Gebrauchsklassen definiert. Die Norm regelt damit das Erfordernis chemischer Holzschutzmittel. In der Neufassung der DIN 68800 ersetzen die Gebrauchsklassen die (alten) Gefährdungsklassen. →Holzschutzmittel

Tabelle G1: Gebrauchsklassen gem. DIN EN 335

Gebrauchsklasse DIN EN 335	Gebrauchsbedingungen	Erforderlicher Holzschutz
0	Bauteil im Innenbereich, ständig trocken, Anflug durch holzschädigende Insekten nicht möglich oder Holzquerschnitt kontrollierbar (mind. dreiseitig einsehbar)	Kein chem. Holzschutz erforderlich
1	Bauteil im Innenbereich, ständig trocken, Anflug durch holzschädigende Insekten möglich	Vorbeugend gegen Insekten (Iv)
2	Bauteil unter Dach, nicht der Witterung (Regen, Schlagregen) ausgesetzt, gelegentliche, aber nicht andauernde Befeuchtung	Vorbeugend gegen Insekten und Pilze (Iv, P)
3.1	Holz nicht unter Dach, aber ohne ständigen Erd- und/oder Wasserkontakt, Wasser kann schnell ablaufen und austrocknen	Vorbeugend gegen Insekten und Pilze, Holzschutzmittel gegen Auswaschung geschützt (Fixierung) (Iv, P, W)
3.2	Holz nicht unter Dach, aber ohne ständigen Erd- und/oder Wasserkontakt, Wasser kann sich ansammeln	Vorbeugend gegen Insekten und Pilze, Holzschutzmittel gegen Auswaschung geschützt (Fixierung) (Iv, P, W)

Tabelle G1: Gebrauchsklassen gem. DIN EN 335 (Forts.)

Gebrauchsklasse DIN EN 335	Gebrauchsbedingungen	Erforderlicher Holzschutz
4	Bauteil mit (zeitweise) direktem Erdkontakt oder Kontakt mit Süßwasser	Vorbeugend gegen Insekten und Pilze inkl. Moderfäule, Holzschutzmittel gegen Auswaschung geschützt (Fixierung) (Iv, P, W. E)
5	Bauteil dauerhaft oder regelmäßig im Salzwasser (Meer-, Brackwasser)	Ständige Befeuchtung

Sofern Holzarten mit einer ausreichend natürlichen Dauerhaftigkeit verwendet werden, kann in den Gebrauchsklassen 1 bis 4 auf chemischen Holzschutz verzichtet werden.
Iv = gegen Insekten vorbeugend wirksam
P = gegen Pilze vorbeugend wirksam (Fäulnisschutz)
W = für Holz, das direkter Bewitterung ausgesetzt ist, jedoch ohne ständigen Erd- oder Wasserkontakt
E = für Holz mit ständigem Erd- und/ oder Wasserkontakt

Gebrauchtholz G. im Sinne der →Altholzverordnung sind gebrauchte Erzeugnisse aus Massivholz, Holzwerkstoffen oder aus Verbundstoffen mit überwiegendem Holzanteil (> 50 M.-%), z. B. Holzverpackungen, Möbel, Paletten. →Industrierestholz

Gefährdungsklassen Mit Novellierung der DIN 68800 ersetzen die →Gebrauchsklassen die alten G. Der Inhalt beider Begriffsbezeichnungen bleibt identisch. →Holzschutzmittel

Gefährdungspotenzial Der Begriff G. wird in der Toxikologie mit der Bedeutung „Möglichkeit eines Schadenseintritts“ verwendet. →Gefahr, →Konkrete Gefahr, →Risiko

Gefährlichkeitsmerkmale Gem. Chemikaliengesetz sind Stoffe und Zubereitungen „gefährlich“, die eine oder mehrere der in § 3a Abs. 1 des Chemikaliengesetzes genannten und in Anhang VI der Richtlinie 67/548/EWG näher bestimmten Eigenschaften aufweisen. Die Richtlinie 67/548/EWG wurde 2015 aufgehoben und durch das Global Harmonisierte System zur Einstufung und Kennzeichnung von Chemikalien (GHS) abgelöst.
Es werden folgende G. unterschieden:
1. Explosionsgefährlich, wenn sie ...
2. Brandfördernd, wenn sie ...
3. Hoch entzündlich, wenn sie ...
4. Leicht entzündlich, wenn sie ...
5. Entzündlich, wenn sie ...
6. Sehr giftig, wenn sie in sehr geringer Menge bei Einatmen, Verschlucken oder Aufnahme über die Haut zum Tode führen oder akute oder chronische Gesundheitsschäden verursachen können
7. Giftig, wenn sie in geringer Menge bei Einatmen, Verschlucken oder Aufnahme über die Haut zum Tode führen oder akute oder chronische Gesundheitsschäden verursachen können
8. Gesundheitsschädlich, wenn sie bei Einatmen, Verschlucken oder Aufnahme über die Haut zum Tode führen oder akute oder chronische Gesundheitsschäden verursachen können
9. Ätzend, wenn sie lebende Gewebe bei Berührung zerstören können
10. Reizend, wenn sie – ohne ätzend zu sein – bei kurzzeitigem, länger andauerndem oder wiederholtem Kontakt mit Haut oder Schleimhaut eine Entzündung hervorrufen können
11. Sensibilisierend, wenn sie bei Einatmen oder Aufnahme über die Haut Überempfindlichkeitsreaktionen hervorrufen können, sodass bei künftiger →Exposition gegenüber dem Stoff oder der Zubereitung charakteristische Störungen auftreten
12. Krebserzeugend, wenn sie bei Einatmen, Verschlucken oder Aufnahme über die Haut Krebs erregen oder die Krebshäufigkeit erhöhen können (→K-Stoffe)
13. Fortpflanzungsgefährdend (reproduktionstoxisch), wenn sie bei Einatmen, Verschlucken oder Aufnahme über die Haut nicht vererbbare Schäden der Nachkommenschaft hervorrufen oder deren Häufigkeit erhöhen (fruchtschädigend) oder eine Beeinträchtigung der männlichen oder weiblichen Fortpflanzungsfunktionen oder -fähigkeit zur Folge haben können (→R-Stoffe)
14. Erbgutverändernd, wenn sie bei Einatmen, Verschlucken oder Aufnahme über die Haut vererb-

bare genetische Schäden zur Folge haben oder deren Häufigkeit erhöhen können
15. Umweltgefährlich, wenn sie selbst oder ihre Umwandlungsprodukte geeignet sind, die Beschaffenheit des Naturhaushalts, von Wasser, Boden oder Luft, Klima, Tieren, Pflanzen oder Mikroorganismen derart zu verändern, dass dadurch sofort oder später Gefahren für die Umwelt herbeigeführt werden können

Gefahr Der Begriff G. bezeichnet die hinreichende Wahrscheinlichkeit eines Schadenseintritts. →Konkrete Gefahr, →Risiko, →Gefährdungspotenzial

Gefahrenbereich →Brandschäden, →Schadstoff-Sanierung

Gefahrensymbole G. dienen der Kennzeichnung gefährlicher Stoffe und Zubereitungen gemäß →GHS. Mit Außerkraftsetzen der Richtlinie 67/548/EWG und Einführung der Verordnung (EG) Nr. 1272/2008 sowie Einführung des Global Harmonisierten Systems zur Einstufung und Kennzeichnung von Chemikalien (GHS) werden die Warnsymbole für Gefahrstoffe als GHS-Gefahrenpiktogramme neu definiert und weltweit vereinheitlicht. Während die alten Gefahrensymbole quadratische orange-gelbe Kennzeichnungen mit schwarzem Aufdruck waren, bestehen die neuen Gefahrenpiktogramme aus zwei Teilen, dem Symbol und der roten rautenförmigen Umrandung. Unterschieden werden mit den H-Sätzen die physikalischen Gefahren, Gesundheits- und Umweltgefahren.
→GHS

Gefahrstoff Allg.: Ein chemisches, biologisches oder physikalisches Agens, das Gesundheits- oder Umweltschäden verursachen kann.
G. im Sinne der →Gefahrstoffverordnung sind die in § 3 GefStoffV bezeichneten Stoffe.

Gefahrstoffverordnung Die am 1.12.2010 (BGBl. I S. 1643, 1644) in Kraft getretene G., zuletzt geändert durch Art. 148 des Gesetzes vom 29.3.2017 (BGBl. I S. 626), gilt für das Inverkehrbringen von Stoffen, Zubereitungen und Erzeugnissen, zum Schutz der Beschäftigten und anderer Personen vor Gefährdungen ihrer Gesundheit und Sicherheit bei Tätigkeiten mit Gefahrstoffen und zum Schutz der Umwelt vor stoffbedingten Schädigungen.
Die G. ist wie folgt gegliedert:
1. Zielsetzung und Anwendungsbereich
2. Gefahrstoffinformationen
3. Gefährdungsbeurteilung und Grundpflichten
4. Schutzmaßnahmen
5. Verbote und Beschränkungen
6. Vollzugsregelungen und Ausschuss für Gefahrstoffe
7. Ordnungswidrigkeiten und Straftaten

Anhänge:
I. Besondere Vorschriften für bestimmte Gefahrstoffe und Tätigkeiten
II. Besondere Herstellungs- und Verwendungsbeschränkungen für bestimmte Stoffe, Gemische und Erzeugnisse
III. Spezielle Anforderungen an Tätigkeiten mit organischen Peroxiden

Inhaltliche Schwerpunkte der Gefahrstoffverordnung sind:
- Gefährdungsbeurteilung und Informationsbeschaffung durch den Arbeitgeber als zentrale Instrumente zur Einstufung von Tätigkeiten
- Schutzstufenkonzept mit vier Stufen in Abhängigkeit von den Gefährlichkeitsmerkmalen des Stoffes und der Tätigkeit
- Risikobezogene →Arbeitsplatzgrenzwerte (AGW)

Nach Maßgabe des Anhangs II der G. bestehen Herstellungs- und Verwendungsbeschränkungen für:
Nr. 1 →Asbest
Nr. 2 2-Naphthylamin, 4-Aminobiphenyl, Benzidin, 4-Nitrobiphenyl
Nr. 3 →Pentachlorphenol und seine Verbindungen
Nr. 4 Kühlschmierstoffe und Korrosionsschutzmittel
Nr. 5 Biopersistente Fasern
Nr. 6 Besonders gefährliche krebserzeugende Stoffe

Gelöschter Kalk →Kalkhydrat

Geosmin G. ist eine stark erdig riechende Substanz, die von Bakterien (Streptomyces) gebildet wird und häufig in schimmelpilzbefallenen Häusern auftritt.

Geregelte Stoffe Aufgrund der enormen Stoffvielfalt, die in →Bauprodukten eingesetzt wird, wird von der Europäischen Kommission zur Umsetzung der Grundanforderung Nr. 3 der →Bauproduktenverordnung ein schrittweises Vorgehen präferiert. In einem ersten Schritt sollen nur die G. und solche Bauprodukte betrachtet werden, die aufgrund ihres Gesundheits- und Umweltschädigungspotenzials und ihrer Quantität als prioritär angesehen wer-

den. Als G. gelten solche, für die es technische Regeln – im Regelfall DIN-Normen – gibt und die bauaufsichtlich von Bedeutung sind.
Die Freisetzung gefährlicher Stoffe aus Bauprodukten wird anhand der möglichen Freisetzungsszenarien in Boden, Grund- und Oberflächenwasser, Innenraum und Außenluft strukturiert. In einem ersten Schritt wurde ein Mandatsentwurf zur Erstellung von harmonisierten Prüfmethoden für geregelte Stoffe erstellt. Um den Prüfaufwand für die Bestimmung der freigesetzten Stoffe gering zu halten, sollen Bauprodukte identifiziert werden, die aufgrund einer überschaubaren stofflichen Zusammensetzung bzw. bestehender Erfahrungen hinsichtlich der Freisetzung von G. nicht zusätzlich geprüft werden müssen (WFT-Produkte, „without further testing"). →Bauregelliste, →VV TB, →CLP-Verordnung

Geronit Synonym für →Neptunit.

Gerüche G. sind häufig Ursachen für Klagen über eine unzureichende Raumluftqualität. Sie werden meist hervorgerufen durch ein Gemisch von vielen verschiedenen Substanzen, die oft in nur geringen Konzentrationen vorliegen, sodass sie mit chemisch-analytischen Verfahren nicht messbar sind. Zudem können sich einzelne Geruchsstoffe des Gemisches in ihrer Wirkung gegenseitig beeinflussen (z.B. verstärken), sodass eine Vorhersage der Wirkung aus den Konzentrationen der Einzelstoffe nicht möglich ist und diese Wirkung nur empirisch bestimmt werden kann. Das geeignetste Messinstrument zur Bestimmung von Gerüchen ist daher immer noch die menschliche Nase. G. lassen sich beschreiben durch ihre Art, Stärke (Intensität) und Lästigkeit (hedonische Wirkung, angenehm oder unangenehm).
Eine unmittelbar gesundheitsschädliche Wirkung von G. wurde bisher nicht nachgewiesen. Als unangenehm wahrgenommene G. können aber infolge der Belästigung zu einer Störung des Wohlbefindens führen. Durch eine gedankliche Verknüpfung von unangenehmem Geruch mit der Anwesenheit von Schadstoffen können darüber hinaus physische (z.B. Erbrechen) und psychische Krankheitsbilder entstehen.
Mögliche Quellen für zunächst unerklärliche G. in Innenräumen sind vielfältig. Dazu gehören insbesondere:

- →VOC aus Bauprodukten und Materialien der Raumausstattung (z.B. Bodenbeläge, Möbel)
- Chemische Reaktion von Stoffen in der Innenraumluft (→Sekundäremissionen)
- →Schimmelpilze, auch in Verbindung mit Holzschutzmitteln (→Chloranisole)
- →Chlornaphthaline (alte Fertighäuser, Pavillons)

Stoffe, die über ein besonders starkes Geruchspotenzial verfügen, sind insbesondere:

- →Aldehyde, geordnet nach steigender Geruchsintensität: gesättigte Aldehyde < einfach ungesättigte Aldehyde < mehrfach ungesättigte Aldehyde
- Schwefelhaltige Stoffe (Thioverbindungen, z.B. Dithiocarbamate, →Styrol-Butadien-Kautschuk)
- →Acrylate
- →Fettsäuren
- →Phenole, Amine
- →Terpene
- →Naphthalin (→Chlornaphthaline)
- →Chloranisole
- →4-Phenylcyclohexen und →4-Vinylcyclohexen

Eine gesetzliche Regelung hinsichtlich Geruchsbelästigungen in Innenräumen gibt es bisher nicht. Im AgBB-Schema können auch geruchsrelevante Stoffe bei der Prüfung von Bauprodukten beurteilt werden.

Gesteine →Gesteinskörnungen

Gesteinskörnungen G. sind als gekörnte, mineralische Stoffe für die Verwendung in Beton geeignet. Sie können natürlich oder künstlich sein oder aus vorher beim Bauen verwendeten recycelten Stoffen bestehen. *Natürliche G.* sind solche aus mineralischen Vorkommen, die ausschließlich einer mechanischen Aufbereitung unterzogen wurden. Eingesetzt werden hauptsächlich quarzitisches Gestein, Kalkstein, Granit, Gabbro, Diabas, Basalt und Grauwacke. In der EU liegt der Anteil natürlicher G. bei ca. 50 %. Natürliche Gesteine können geringe Mengen an →Schwermetallen wie →Cobalt, →Barium, →Blei oder Vanadium enthalten. Die technischen Regeln der Länderarbeitsgemeinschaft Abfall (LAGA) legen Anforderungen für die stoffliche Verwertung von mineralischen Abfällen/Reststoffen u. a. auch für Boden fest. Für natürlichen Boden werden Richtwerte (Z0-Werte) vorgegeben, die für Schwermetalle den überwiegenden Teil des natürlichen Schwankungsbereichs abdecken. Bei Unterschreiten dieser Z0-Werte für Boden (Feststoff) wird davon ausgegangen, dass die Schutzgüter Boden und Grundwasser nicht beeinträchtigt werden. Ein Vergleich der Schwermetallgehalte natürlicher Gesteine mit den Z0-Werten für Boden zeigt, dass fast alle natürlichen Gesteine diese Werte übersteigen.

Industriell hergestellte G. sind gem. DIN EN 12620 mineralischen Ursprungs, die in einem industriellen Prozess unter Einfluss einer thermischen oder sonstigen Veränderung entstanden sind. Für Normalbeton werden vor allem →Schlacken eingesetzt. Für industriell hergestellte Gesteinskörnungen außer kristalliner Hochofenstückschlacke, Hüttensand und Schmelzkammergranulat muss die Umweltverträglichkeit mit einer allgemeinen bauaufsichtlichen Zulassung nachgewiesen sein.

Schwere G. haben eine Kornrohdichte > 3.000 kg/m³ und werden verwendet bei der Herstellung von Strahlenschutz- oder Ballastbeton. Eingesetzte natürliche Schwerzuschläge sind z. B. Baryt, Ilmenit, Magnetit, Hämatit, Ferrosilicium, Ferrophosphor und Limonit.

Leichte G. sind solche mit einer Kornrohdichte < 2.000 kg/m³.

Als *natürliche leichte G.* kommen hauptsächlich Naturbims, Tuff und Lavaschlacke zum Einsatz. Industriell hergestellte leichte G. sind Hüttenbims (Hochofenschaumschlacke), Kesselsand, Ziegelsplitt aus ungebrauchten Ziegeln, →Blähton, →Blähschiefer, →Blähglas (wird häufig aus Altglas hergestellt), →Blähperlit und →Blähglimmer (Vermiculit). Leichte industriell hergestellte G. werden oft aus natürlichen Materialien ohne Zusatz von Additiven hergestellt.

Die Schwermetallgehalte bei leichten G. sind mit den Gehalten von normalen natürlichen G. vergleichbar, da diese in der Regel aus natürlichen G. bestehen, die künstlich aufgebläht werden. Eine Ausnahme bildet der →Cadmiumgehalt bei Blähton, bei dem erhöhte Gehalte vorliegen.

Rezyklierte G. bestehen aus aufbereitetem, anorganischem Material, das zuvor als Baustoff eingesetzt wurde. Einzelne Materialien, die als rezyklierte Gesteinskörnungen eingesetzt werden, werden nach dem Europäischen Abfallverzeichnis als Abfall aufgeführt. Der Fremdkörperanteil an nichtmineralischen Anteilen ist auf 5 Vol.-% eingeschränkt. Bauschutt mit einem höheren Fremdkörperanteil darf in dieser Zusammensetzung nicht verwertet werden.

Ein Teil der industriell hergestellten Gesteinskörnungen wird nach dem Europäischen Abfallverzeichnis als Abfall und zum Teil als gefährlicher Abfall aufgeführt.

Gesteinsmehl Als G. (Füller) werden →Gesteinskörnungen bezeichnet, deren überwiegender Teil durch das 0,063-mm-Sieb hindurchgeht und die Baustoffen zur Erreichung bestimmter Eigenschaften zugegeben werden. In Deutschland eingesetztes G. besteht aus Quarz oder Kalkstein. Es verbessert die Verarbeitbarkeit und den Zusammenhalt von →Betonen aus feinteilarmen Sanden durch die Erhöhung des Mehlkorngehalts. Die Schwermetallgehalte von G. sind mit den Gehalten von Sand und Kies bzw. Kalkstein vergleichbar. Aufgrund der geringen Gesamtgehalte wird davon ausgegangen, dass keine Gefahr für die Umwelt besteht. In Einzelfällen wurden jedoch bei der Einlagerung von Erzen im Kalkstein hohe Gehalte an einzelnen Schwermetallen festgestellt.

Gesundheit Gemäß Definition der Weltgesundheitsorganisation (WHO) ist G. der Zustand vollkommenen körperlichen, seelischen und sozialen Wohlbefindens.

Getreide Getreidegranulat besteht vollständig aus nachwachsenden und mineralischen Rohstoffen und zählt zu den →Natur-Dämmstoffen. Im Herstellungsverfahren werden Roggenkörner fein geschrotet und anschließend in einem Extrusionsverfahren unter Zugabe von z. B. Kalkhydrat, Wasserglas und Molke zu einem porösen und harten Granulat von 2 bis 6 mm Korngröße aufgebläht. Auf den Einsatz von Boraten, Insektiziden oder Pestiziden wird vollständig verzichtet, dennoch wird der Dämmstoff als biologisch resistent gegenüber Schimmelpilzen, Nagetieren und Insekten eingestuft. G. kann als Hohlraum- oder Ausgleichschüttung zur Verbesserung des Wärme- oder Trittschallschutzes, als Dämmung im Holzfertigteilbau sowie als wärmedämmende und druckbelastbare Schüttung unter Trockenestrichkonstruktionen verwendet werden. Die Anwendung als Einblasdämmung ist ebenfalls möglich.

Das Einbringen des Granulats sollte aufgrund von Setzungen (Setzmaß 2,5 bis 5 %) lagenweise erfolgen und im Nachgang muss die Fläche/der Hohlraum zur Vermeidung von Wärmebrücken weiter verdichtet werden. Um ein Durchrieseln des Dämmstoffes oder möglichen Feuchtigkeitseintritt zu vermeiden, muss je nach bauseitigen Voraussetzungen der Hohlraum bzw. die Fläche vor Einbringen des Granulats durch einen Rieselschutz aus Kraftpapier oder Folien sowie einer Feuchtigkeitssperre nach unten abgedichtet werden. Beim Einbringen des Granulates ist mit geringer Staubentwicklung zu rechnen und Schutzmaßnahmen wie Staubmaske oder Absaugeinrichtungen werden vorsorglich empfohlen. Grundsätzlich ist G. vor Feuchtigkeit zu schützen, daher beschränkt sich der Einsatz von G. auf Bauteile, in denen kein Feuchtigkeitsauftritt zu erwarten ist. Das Granulat ist als Schüttung diffusionsoffen und die aufgenommene Feuchtigkeit darf nach Zulassung einen Wert von 15 Gew.-% nicht überschreiten. Die Wärmeleitfähigkeit λ beträgt 0,045 bis 0,065 W/(m·K), der µ-Wert: 1 – 3. Die Kornrohdichte liegt bei 220 bis 250 kg/ m^3. Das Granulat schmilzt nicht und brennt nur bei direkter Beflammung, die Einordnung nach DIN 4102 erfolgt als B2, brennbar, normal entflammbar. Die Herstellungsenergie von 1 m^3 Getreidegranulat beträgt ca. 15 bis 30 kWh. G. gilt generell als gesundheitlich unbedenklich, obwohl nach Einbau leichte, aber nicht störende Geruchsbelastungen auftreten können und zudem kann G. je nach Zustand wiederverwendet oder kompostiert werden.

GEV Gemeinschaft Emissionskontrollierte Verlegewerkstoffe. →EMICODE

Gewerbeabfallverordnung Die novellierte G. („Verordnung über die Bewirtschaftung von gewerblichen Siedlungsabfällen und von bestimmten Bau- und Abbruchabfällen") ist seit 1.8.2017 in Kraft und setzt die Abfallhierarchie des →Kreislaufwirtschaftsgesetzes für Gewerbeabfälle um. Während die alte G. die Entsorgung von gewerblichen Siedlungsabfällen und von bestimmten Bau- und Abbruchabfällen regelte, hat in der novellierten G. die stoffliche Verwertung (→Recycling) Vorrang vor der energetischen Verwertung. Dazu ist die Getrennthaltung der Abfälle und die Anforderungen an Vorbehandlungsanlagen und deren Kontrolle von essentieller Bedeutung. Erzeuger und Besitzer von Bau- und Abbruchabfällen haben die folgenden Abfallfraktionen zur Gewährleistung einer ordnungsgemäßen und schadlosen sowie möglichst hochwertigen Bewirtschaftung getrennt einzusammeln, zu halten, zu lagern, zu befördern und einer möglichst hochwertigen stofflichen Verwertung zuzuführen. Die Fraktionen Papier, Pappe und Karton, Glas, Kunststoff, Metall, Holz, Textilien, Bioabfälle und weitere Abfallfraktionen sind getrennt einzusammeln und zu dokumentieren. Dazu sind auch Bau- und Abbruchabfälle getrennt zu sammeln, zu befördern und vorrangig der Vorbereitung zur Wiederverwendung oder dem Recycling zuzuführen. Dabei sind die Fraktionen der alten G. Beton, Fliesen, Ziegel, Keramik und Altholz nun sehr viel differenzierter aufgeführt. Neu gilt dies jetzt auch für Holz, Dämmmaterial, Bitumengemische und für Baustoffe auf Gipsbasis, die das Betonrecycling beeinträchtigen. Zur Verdeutlichung werden im Verordnungstext hier auch die jeweiligen Abfallschlüssel genannt:
Nach § 8 Abs. 1 GewAbfV gilt damit die Getrennthaltungspflicht für folgende Abfälle:

1. Glas (Abfallschlüssel 17 02 02),
2. Kunststoff (Abfallschlüssel 17 02 03),
3. Metalle, einschließlich Legierungen (Abfallschlüssel 17 04 01 bis 17 04 07 und 17 04 11),
4. Holz (Abfallschlüssel 17 02 01),
5. Dämmmaterial (Abfallschlüssel 17 06 04),
6. Bitumengemische (Abfallschlüssel 17 03 02),
7. Baustoffe auf Gipsbasis (Abfallschlüssel 17 08 02),
8. Beton (Abfallschlüssel 17 01 01),
9. Ziegel (Abfallschlüssel 17 01 02) und
10. Fliesen und Keramik (Abfallschlüssel 17 01 03).

Neu verlangt wird ausdrücklich eine Dokumentation dieser Getrennthaltung, wobei der Dokumentationsumfang in § 8 Abs. 3 GewAbfV beschrieben wird. Dabei ist die Mengenuntergrenze auf 10 m^3 festgelegt.
Gemische, die überwiegend Kunststoffe, Metalle, einschließlich Legierungen, oder Holz enthalten, müssen unverzüglich einer Vorbehandlungsanlage zugeführt werden. Gemische, die überwiegend Beton, Ziegel, Fliesen oder Keramik enthalten, müssen unverzüglich einer Aufbereitungsanlage zugeführt werden. Dabei dürfen in beiden Gemischen Glas, Dämmmaterial, Bitumengemische und Baustoffe auf Gipsbasis nur enthalten sein, soweit sie die Vorbehandlung bzw. die Aufbereitung nicht beeinträchtigen oder verhindern. Darüber hinaus dürfen Gemische nicht vermischt werden und die Anlagen sind so zu führen, dass eine Sortierquote von 85 % im Jahresmittel erreicht werden kann (gilt erst ab 1.1.2019). Der beträchtliche Bußgeldrahmen von bis zu 100.000 Euro bei materiellen Verstößen wird den Umgang mit Abfällen auf Baustellen und beim Abbruch von Gebäuden wesentlich verändern. Als positiver Nebeneffekt der Getrennthaltung könnte sich ergeben, dass sich die Gefahr von Schadstoffanreicherungen bei der Verwertung in technischer und gesundheitlicher Hinsicht verringern könnte. So gelangte bisher eine beträchtliche Menge Kupfer in den Stahlschrott, der zu Baustahl weiterverarbeitet wird, was aber ab ei-

ner Konzentration von ca. 2 % zu deutlichen Festigkeitsminderungen des Baustahls führt. Dazu geht Kupfer seiner eigentlichen Zweckbestimmung als geeignetes Material für Kabel eingesetzt zu werden, unwiederbringlich verloren. Werden Fensterrahmen aus PVC sortenrein gesammelt und immer wieder zu PVC-Fensterrahmen wiederverwertet, bleibt der Stabilisator Cadmium und die anderen Stabilisatoren im Kunststoff und gelangen nicht diffus in die Umwelt und führen auch nicht zur gesundheitlichen Beeinträchtigung der Nutzer.

Gewinnungsabfallverordnung Die G. ist eine Verordnung zur Umsetzung der Richtlinie 2006/21/EG des Europäischen Parlaments und des Rates vom 15.3.2009 über die Bewirtschaftung von Abfällen aus der mineralgewinnenden Industrie und zur Änderung der Richtlinie 2004/35/EG (GewinnungsAbfV) vom 27.4.2009 (BGBl. I S. 900), die zuletzt durch Artikel 5 Absatz 29 des Gesetzes vom 24.2.2012 (BGBl. I S 212) geändert worden ist. Die G. gilt für Erzeuger von Gewinnungsabfällen und Betreiber von Beseitigungsanlagen für Gewinnungsabfälle. Gewinnungsabfälle sind Abfälle, die unmittelbar beim Aufsuchen, Gewinnen und Aufbereiten sowie bei der damit zusammenhängenden Lagerung von Bodenschätzen entstehen.

GHS Abk. für Global Harmonisiertes System. Ziel des G. ist es, erstmals ein weltweit einheitliches System zur Einstufung und Kennzeichnung von Chemikalien zu schaffen. Die Gefahren, die von einer Reihe Chemikalien ausgehen, werden mithilfe standardisierter Hinweise und Piktogramme auf Kennzeichnungsetiketten sowie in Sicherheitsdatenblättern angegeben. Das System wird durch die →CLP-VO (CLP: classification, labelling and packaging) umgesetzt. Die Vorteile des globalen Systems bestehen in der flächendeckenden Erfassung physikalisch-chemischer, gesundheitlicher und Umweltgefahren, in einer einheitlichen Gefahrenkommunikation für verschiedene Zielgruppen und es behandelt Stoffe und Gemische in einem einzigen Regelwerk.

Einige Bezeichnungen aus der alten Stoffrichtlinie und der Zubereitungsrichtlinie wurden in der Zwischenzeit ersetzt: Statt „Zubereitungen" heißt es „Gemische". Im Englischen heißt es statt „dangerous" nun „hazardous", auf Deutsch wird dies jeweils mit „gefährlich" wiedergegeben. Statt „Symbole" heißt es „Piktogramme". Statt „Gefahrensätze" heißt es „Gefahrenhinweise". Statt „Sicherheitsratschläge" heißt es „Sicherheitshinweise". Signalwörter (z. B. „Gefahr" oder „Warnung") ersetzen die Gefahrenbezeichnungen.

Für die Einstufung und Kennzeichnung von Chemikalien nach GHS werden die intrinsischen Eigenschaften der Stoffe und Gemische herangezogen. Man unterscheidet zwischen

- physikalischen Gefahren,
- Gesundheitsgefahren und
- Umweltgefahren.

Die Kriterien zur Einstufung und Kennzeichnung von Stoffen und Stoffgemischen werden in Form eines Textes vorgegeben. Zur Visualisierung von Gefahren gibt das G. neun standardisierte Piktogramme vor. Die bekannten orangefarbenen Gefahrensymbole werden nach und nach durch neue, rot umrahmte Piktogramme ersetzt. Die Art der Gefahr wird durch die Gefahrenklassen beschrieben. Diese sind in der Regel in Gefahrenkategorien unterteilt, welche Ausdruck der Stärke der Gefährlichkeit sind. Insgesamt umfasst das G. 16 Klassen für physikalisch-chemische Gefahren, zehn Klassen für Gesundheitsgefahren und eine Gefahrenklasse für die aquatische Umwelt.

Tabelle G2: Gefahrenhinweise H-Sätze, ausgewählt in Bezug auf das Bauwesen (Die Gefahrenhinweise werden gemäß der Zuordnung nach Anhang I, Teil 2, 3 und 4 der CLP-Verordnung angewendet) (nach DGUV-Information 213-034)

H200-Reihe	Gefahrenhinweise für physikalische Gefahren
H200	Instabil explosiv
H201	Explosiv, Gefahr der Massenexplosion
H220	Extrem entzündbares Gas
H221	Entzündbares Gas
H230	Kann in Abwesenheit von Luft explosionsartig reagieren
H240	Erwärmung kann Explosion verursachen
H250	Entzündet sich in Berührung mit Luft von selbst
H260	In Berührung mit Wasser entstehen entzündbare Gase, die sich spontan entzünden können
H300-Reihe	**Gefahrenhinweise für Gesundheitsgefahren**

H300	Lebensgefahr bei Verschlucken
H301	Giftig bei Verschlucken
H302	Gesundheitsschädlich bei Verschlucken
H310	Lebensgefahr bei Hautkontakt
H311	Giftig bei Hautkontakt
H317	Kann allergische Hautreaktionen verursachen
H330	Gefahr bei Einatmen
H340	Kann genetische Defekte verursachen
H350	Kann Krebs erzeugen
H351	Kann vermutlich Krebs erzeugen
H360	Kann die Fruchtbarkeit beeinträchtigen
H361	Kann vermutlich die Fruchtbarkeit beeinträchtigen
H370	Schädigt die Organe
H400-Reihe	**Gefahrenhinweise für Umweltgefahren**
H400	Sehr giftig für Wasserorganismen
H411	Giftig für Wasserorganismen
H412	Schädlich für Wasserorgansimen
H420	Schädigt die öffentliche Gesundheit und die Umwelt durch Ozonabbau

Ergänzende Gefahrenmerkmale – gesundheitsgefährliche Eigenschaften	
EUH 029	Entwickelt bei Berührung mit Wasser giftige Gase
EUH 031	Entwickelt bei Berührung mit Säure giftige Gase
EUH 032	Entwickelt bei Berührung mit Säure sehr giftige Gase
EUH 066	Wiederholter Kontakt kann zu spröder oder rissiger Haut führen
EUH 070	Giftig bei Berührung mit den Augen
EUH 071	Wirkt ätzend auf die Atemwege

Tabelle G3: Ergänzende Kennzeichnungselemente/Informationen über bestimmte Stoffe und Gemische (Quelle: Umweltbundesamt)

EUH 201	Enthält Blei. Nicht für den Anstrich von Gegenständen verwenden, die von Kindern gekaut oder gelutscht werden konnten.
EUH 201A	Achtung! Enthält Blei.
EUH 202	Cyanacrylat. Gefahr. Klebt innerhalb von Sekunden Haut und Augenlider zusammen. Darf nicht in die Hände von Kindern gelangen.
EUH 203	Enthält Chrom (VI). Kann allergische Reaktionen hervorrufen.
EUH 204	Enthält Isocyanate. Kann allergische Reaktionen hervorrufen.
EUH 205	Enthält epoxidhaltige Verbindungen. Kann allergische Reaktionen hervorrufen.
EUH 206	Achtung! Nicht zusammen mit anderen Produkten verwenden, da gefährliche Gase (Chlor) freigesetzt werden können.
EUH 207	Achtung! Enthält Cadmium. Bei der Verwendung entstehen gefährliche Dämpfe. Hinweise des Herstellers beachten. Sicherheitsanweisungen einhalten.
EUH 208	Enthält <Name des sensibilisierenden Stoffes>. Kann allergische Reaktionen hervorrufen.
EUH 209	Kann bei Verwendung leicht entzündbar werden.
EUH 209A	Kann bei Verwendung entzündbar werden.
EUH 210	Sicherheitsdatenblatt auf Anfrage erhältlich.
EUH 401	Zur Vermeidung von Risiken für Mensch und Umwelt die Gebrauchsanleitung einhalten.

Tabelle G4: Zuordnung der GHS-Piktogramme[1] nach Kategorie und Gefahrenklasse

Einstufung	Kategorie 1	Kategorie 2	Kategorie 3	Kategorie 4
Akute Toxizität				
Ätz-/ Reizwirkung			--	--
Sensibilisierung			--	--

[1] Darstellung hier in s/w, im Original mit roter Umrandung

Giftig →Gefährlichkeitsmerkmale, →CLP-Verordnung

Gips G. ist chemisch betrachtet Calciumsulfat, das in verschiedenen Hydratstufen in Bindung mit oder auch ohne Kristallwasser vorliegen kann. Im „eigentlichen" G. kommen auf ein Molekül Calciumsulfat zwei Wassermoleküle („Dihydrat"). Er ist relativ weich, lässt sich mit der Hand zerbröseln und bildet keine Bruchkanten wie der Anhydrit. Natürlich kommt G. als →Gipsstein (Calciumsulfat-Dihydrat) und in der kristallwasserfreien Form als →Anhydrit vor. G. und Anhydrit fallen außerdem in großen Mengen als industrielle Nebenprodukte an (→REA-Gips, →Chemiegips). Im deutschen Sprachgebiet werden sowohl die natürlich vorkommenden Gipssteine Dihydrat und Anhydrit als auch die synthetisch erzeugten Produkte mit „Gips" bezeichnet, ebenso die beim Brennen dieser Ausgangsstoffe entstehenden Erzeugnisse.
G. zählt aufgrund seiner günstigen bauphysikalischen Eigenschaften und seiner leichten Verform- und Verarbeitbarkeit zu den weltweit meist verwendeten Baurohstoffen. Er wird von alters her als Bau- und Werkstoff verwendet, so zur Herstellung von →Stuckgips, →Gipsplatten und -formsteinen, als Erstarrungsregler in der Zementindustrie sowie im Kunsthandwerk (Alabaster).
G. ist nicht besonders gut recycelbar. Demgemäß stellt in Aufbereitungsanlagen recycelter G. nur rund 1 % des Gipsverbrauches dar. Der Gipsverbrauch im Bauwesen steigt zurzeit stark an. Eine Erhöhung des Gipsanteils in Baurestmassen ist aber mit einer Einschränkung der Recyclingmöglichkeiten verbunden, da Sulfate im Zuschlag die Betonqualität beeinflussen. Für die Zukunft muss es Konzepte dafür geben, die langfristige mehrfache Verwertung von Baurestmassen nicht durch die Aufkonzentrierung von G. zu gefährden.
G. hat keine toxikologische Relevanz, er kann im Gewebe nur kurze Zeit existieren, dann wird er ausgeschwemmt. Auch bei Trachealtests oder Inhalationstests wurden bei Reingips keine signifikanten Veränderungen wahrgenommen. Bei Inhalation kann eine geringe akute Wirkung auf die Schleimhäute in Betracht gezogen werden. Man muss aber auch bei toxikologisch weniger relevanten Stäuben wie G. davon ausgehen, dass es keinen inerten Staub gibt und ab einer bestimmten, meist individuellen Schranke es zur Überforderung der Lungenreinigung des Individuums kommt. Der Allgemeine Staubgrenzwert Feinstaub ist daher einzuhalten.

Gipsbauplatten Zu den G. zählen →Gipskartonplatten, →Gipsfaserplatten und →Gipsgebundene Spanplatten. Mit dem RAL-Umweltzeichen 60 wurden G. mit hohem Recyclinganteil gefördert (100 % →REA-Gips, 100 % Altpapier bzw. Papier aus Abfall- und Schwachholz). Die radioaktive Eigenstrahlung musste die Anforderungen der Leningrader Summenformel einhalten (→Radioaktivität von Baustoffen). Da kein Hersteller das Umweltzeichen für G. aus Recyclingmaterialien beantragt hatte, wurde das Umweltzeichen zurückgenommen. Die Anbieter kennzeichnen die G. nicht nach verwendeten Rohstoffen Naturgips oder REA-Gips, sodass den Entscheidern nicht die Möglichkeit gegeben ist, die Verwendung von umweltverträglichen G. zu bevorzugen. Bei der Verarbeitung ist auf die Einhaltung des allgemeinen Staubgrenzwertes von 6 mg/m^3 alveolengängigen Staubanteils (Feinstaub) zu achten. Bedingt durch den langsamen Ausstieg aus der Kohleverstromung wird der Anteil REA-Gips auch weiter sinken und die bislang nicht gut laufende Wiederverwertung von ausgebauten G. hoffentlich befördert. →Gips

Gipsdielen →Gips-Wandbauplatten

Gipsestriche G. können mit Gips-alpha-Halbhydrat (alpha-Gips, teilentwässerter Spezial-Gips, der aus REA- oder Naturgips gewonnen wird) sowie aus Mischungen verschiedener abbindefähiger Calciumsulfat-Phasen hergestellt werden. Die Eigenschaften von G. sind mit jenen von →Anhydritestrichen vergleichbar.

G

Gipsfasern G. finden als Verstärkungs- und Füllstoff Verwendung. Da Gips gut wasserlöslich ist, haben die Fasern eine sehr geringe Biobeständigkeit und sind daher nicht krebserzeugend.

Gipsfaserplatten G. bestehen aus einem Gemisch aus →Naturgips oder →REA-Gips und Cellulosefasern (aus Altpapier). Die beiden Bestandteile werden vermischt und nach Zugabe von Wasser unter hohem Druck verpresst. Die Platten werden beidseitig mit einer Silikonemulsion benetzt, wodurch die Feuchtigkeitsaufnahme verzögert wird. Eine zusätzliche Armierung für Feuerschutzplatten ist bei G. nicht notwendig. Die Verwendung der G. entspricht der von →Gipskartonplatten. Durch die höhere Rohdichte können G. gegenüber Gipskartonplatten in dünnerer Ausführung eingesetzt werden, um die gleichen bauphysikalischen Eigenschaften zu erreichen.

Der Einsatz von REA-Gips oder →Chemiegips schont natürliche Ressourcen und verhindert die Deponierung eines hochwertigen Materials. Je nach Ausgangsmaterial sollte eine regelmäßige Kontrolle auf möglichen Schadstoffeintrag erfolgen, REA- und Chemiegipse, die im Baubereich eingesetzt werden, weisen i.d.R. aber eine hohe Reinheit auf.

Gebrauchte G. könnten in der G.-Produktion verwertet werden, in der Praxis steht dieser hochwertigen Verwertung allerdings die fehlende Logistik zur Rückführung der Platten in das Werk entgegen. Die Beseitigung von G. ist aufgrund der Sulfatauswaschung nicht ganz unproblematisch, G. sollten daher auf Deponien mit Sickerwasserkontrolle abgelagert werden. →Gips, →Gipsbauplatten

Gipsgebundene Spanplatten G. gehören zu den anorganisch-gebundenen Holzwerkstoffen (→AHW) und bestehen aus ca. 15 % Holzspänen und 83 % Gips. Als Rohstoffe dienen Fichte, Tanne, Lärche und Kiefer sowie kalzinierter Gips, die zu Platten verpresst werden. Der ökologische Vorteil von G. liegt im Verzicht auf synthetische Bindemittel wie →Formaldehyd- oder Polyurethan-Harze (→Polyurethane) sowie in der Beständigkeit gegen Pilz- und Insektenbefall, der Nachteil in der schlechten Entsorgbarkeit. G. werden als Wand-, Decken- und Bodenbekleidung u. a. im Brandschutz verwendet. Aufgrund des größeren spezifischen Gewichts können G. auch für Schallschutzzwecke eingesetzt werden. Sie emittieren kein Formaldehyd, daher sind sie auch gut für Produkte mit großen Oberflächen wie geschlitzte oder gelochte Platten in Akustikdecken zu verwenden. Der Einbau ist nur in trockenen Innenräumen möglich. →Gipsbauplatten, →Gips, →Spanplatten

Gipskalkmörtel Die Herstellung von G. erfolgt aus 1 Raumteil Kalkteig oder →Kalkhydrat, 0,5 bis 1 Raumteilen →Stuckgips oder 1 bis 2 Raumteilen →Putzgips und 3 bis 4 Raumteilen Sand. Der →Kalkmörtel und der →Gipsmörtel werden getrennt angemacht und erst kurz vor der Verarbeitung zusammengemischt. G. findet Verwendung für →Gipskalkputz.

Gipskalkputz G. wird aus →Gipskalkmörtel (→Luft- oder →Wasserkalk, →Naturgips oder →REA-Gips) hergestellt und als nicht wasserbeständiger Innenputz verwendet. →Kalkgipsputze, →Kalkputze, →Gipsputze

Gipskartonplatten G. sind Bauplatten aus →Naturgips oder →REA-Gips, deren Flächen und Längskanten mit einem festhaftenden Karton versehen sind. Sie werden aus schnell erhärtendem Gips und Zusätzen zur Erzielung besonderer Eigenschaften gefertigt. Der Karton besteht gewöhnlich aus Kraftpapier aus der Altpapierverwertung. Die Feuerschutz-G. (GKF) enthalten zur Verbesserung des Brandschutzes Glasfasern. Gegen Feuchtigkeit werden G. z.B. mit Silikonverbindungen (→Silikone) imprägniert (GKBI bzw. GKFI). G. werden für Trockenestriche, Wand- und Deckenverkleidungen auf Unterkonstruktion („Montagewände") oder als sogenannte →Trockenputze zum unmittelbaren Befestigen an die Wand verwendet. Die Oberflächen eignen sich für Anstriche, Tapeten, Strukturputze oder Fliesen. Durch G. kann der Innenausbau von Gebäuden rasch durchgeführt werden, da Wartezeiten zur Austrocknung wie bei anderen Putzen entfallen.

Der Einsatz von →REA-Gips oder →Chemiegips schont natürliche Ressourcen und verhindert die Deponierung eines hochwertigen Materials. Je nach Ausgangsmaterial sollte eine regelmäßige Kontrolle auf möglichen Schadstoffeintrag erfolgen, REA- und Chemiegipse, die im Baubereich eingesetzt werden, weisen i.d.R. aber hohe Reinheit auf.

Für gebrauchte G. gibt es noch kein funktionierendes Verwertungskonzept. Die Beseitigung von G. ist aufgrund der Sulfatauswaschung nicht ganz unproblematisch, G. sollten daher auf Deponien mit Sickerwasserkontrolle abgelagert werden. →Gips, →Gipsbauplatten

Gipskarton-Verbundplatten G. sind →Gipskartonplatten im Verbund mit Dämmstoffen, wie →EPS-Dämmplatten, Mineralwolle-Dämmplatten oder →Polyurethan-Hartschaum. Die Dämmschicht ist 20 bis 60 mm dick. G. sind problematisch in der Entsorgung (schlecht recycelbar, nur mit Mineralwolleplatten deponierbar). →Gips, →Wärmedämmung

Gipsmörtel Für die Herstellung von G. werden 10 kg →Gips (→Stuckgips oder →Putzgips) mit 6 bis 7 Liter Wasser vermischt. G. haben einen sehr frühen Versteifungsbeginn und binden zügig ab. Es ist daher ratsam, nur so viel G. anzumischen, wie in einer kurzen Zeit verarbeitet werden kann (besonders wichtig bei Maschinengipsputzen). Werden Verzögerungsmittel zugemischt (z. B. →Kalk), so müssen diese vorher im Wasser aufgelöst werden. Als Zuschlag kann Sand hinzugefügt werden (→Gipssandmörtel). Das Mischen von Gips mit →Hydraulischen Mörteln ist wegen der Bildung von →Ettringit (Gipstreiben) nicht zulässig. G. erhärten ohne Volumenverlust, ähnliches gilt für →Anhydritmörtel. G. und Anhydritmörtel benötigen vergleichsweise hohe Mengen an Zusatzstoffen. Die Verwendung von →REA-Gips in G. ist noch kaum verbreitet. G. finden Verwendung für →Gipsputze und →Estriche. →Gips, →Naturgips, →Mineralische Rohstoffe

Gipsplatten Neuer Name für →Gipskartonplatten.

Gipsputze Die Herstellung von G. erfolgt aus →Gipsmörtel oder →Gipssandmörtel. G. sind als Innenputze auf trockenen und trocken bleibenden Untergründen geeignet. Für Feuchträume und auf feuchten Untergründen (z. B. frische, noch feuchte Betonteile oder Mauerwerk mit aufsteigender Feuchtigkeit) sind sie nicht geeignet. G. werden normalerweise einlagig mit einer Putzdicke von mindestens 1 cm aufgebracht; größere Putzdicken werden frisch in frisch hergestellt.

G. weisen ein offenporiges Gefüge mit relativ großen Kapillaren auf, die flüssiges Wasser sehr schnell transportieren. Dies ermöglicht ein rasches Austrocknen bis zur Gleichgewichtsfeuchte. G. quellen beim Erhärten, beim Austrocknen schwinden sie praktisch nicht. Bei Hitze- und Feuereinwirkung verdampft zunächst das Kristallwasser im Gips. Die entwässerte mürbe Gipsschicht bleibt weitgehend als wärmedämmende Schicht ohne Rissbildung am Untergrund haften.

Da das bei der Verarbeitung zugegebene Anmachwasser beim Erhärten des Putzes entweicht und dabei Poren im Gips hinterlässt, unterliegt die Rohdichte des erhärteten Gipsputzes je nach der Menge des zugegebenen Anmachwassers Schwankungen (Rohdichte zwischen etwa 800 und 1.200 kg/m^3).

In der Nutzungsphase zeichnen sich G. durch die Schaffung eines günstigen →Raumklimas und durch gute Sorptionsfähigkeit aus. G. fühlen sich warm an. Sie weisen eine nur geringe radioaktive Belastung auf (→Radioaktivität von Baustoffen). Bei organischen Zusätzen (v. a. bei Maschinengipsputzen und Fertiggipsputzen) ist eine Raumluftbelastung durch →VOC nicht auszuschließen. Eine Verwertung von G. ist nicht möglich, außerdem schränken G. die Recyclingfähigkeit von Baurestmassen ein, da Sulfate im Zuschlag die Betonqualität beeinflussen.

Gipssandmörtel G. sind →Gipsmörtel, die mit Sand abgemagert sind. Das Mischungsverhältnis Gips zu Sand beträgt ca. 1:1 bis 1:3 Raumteile. Pro Liter Wasser können ca. 100 ml Weißkalk als Verzögerer zugegeben werden. G. finden Verwendung für Gipssandputz (Innenputz). →Gipsputze

Gipsspachtelmassen G. bestehen aus →Gips und Stellmitteln aus Kunststoffen (meist →Polyvinylacetat). Sie werden zum Glätten, Ausfüllen und Reparieren von Rissen, Löchern und Unebenheiten hauptsächlich im Innenbereich verwendet. G. mit Kunststoffzusätzen können →Restmonomere wie →Vinylacetat freisetzen. G. werden auch aus →Naturgips mit →Methylcellulose als Stellmittel angeboten. →Spachtelmassen

Gipsstein G. wird aus Naturgipslagerstätten meist im →Tagebau, aber auch untertage gewonnen. G. findet sich häufig in ausgedehnten Ablagerungen in vielen Ländern der Erde. Zahlreiche Gipslagerstätten gehen in der Tiefe in →Anhydrit über. Gips und Anhydrit sind in den geologischen Formationen des Perm (Zechstein), der Trias (Muschelkalk, Keuper) und des Tertiär anzutreffen. Deutsche Vorkommen befinden sich vorwiegend in Süddeutschland, die österreichischen Gips- und Anhydrit-Lagerstätten sind in den Kalkalpen anzutreffen. Die Gipse des mainfränkischen Keupers zählen zu jenen mit den geringsten Verunreinigungen.

G. ist weiß, Farbnuancen je nach Art der natürlichen Beimischungen wie →Ton, →Mergel oder Ei-

senoxide. Die Gipsgesteine haben ein sehr unterschiedliches Gefüge, von sehr feinkörniger Struktur bis zu quadratmetergroßen tafeligen Platten. Man unterscheidet Marienglas, Fasergips und Alabaster.
Abbaue von G. und Anhydrit erfolgen in nahezu monomineralischen Lagerstätten. Die Rohsteine müssen einen Gips- bzw. Anhydritgehalt von zumeist 70 bis 80 % haben. Störend wirkt sich ein hoher Anteil an wasserlöslichen Salzen und erhöhter Eisengehalt (Färbung) aus.
Allgemeines zur Umwelt- und Gesundheitsverträglichkeit des Abbaus siehe →Mineralische Rohstoffe. Von Naturschützern wird in Zusammenhang mit Naturgips vor allem die unwiederbringliche Zerstörung sehr seltener Gipskarstlandschaften wie z. B. im Südharz hervorgehoben. Die Beregnung und die Erosion offener Bergbaue führen zudem zu einer Erhöhung der Sulfathärte in den Sickerwässern des Bergwerkes. Der vom Regen abgeschwemmte Gips kann die Flora im Einzugsbereich der Abflusswässer beeinträchtigen, da Gips ein für die meisten Pflanzen problematischer Bodenbestandteil ist. Für den Menschen hat →Gips keine toxikologische Relevanz.

Gips-Wandbauplatten G. sind Vollgips-Wandbauelemente für nicht-tragende Trennwände zwischen Räumen, in denen die Einwirkung von Feuchtigkeit auf Dauer auszuschließen ist. Imprägnierte G. können auch für Badezimmer, geschlossene Duschkabinen, Hotel und Gastgewerbe eingesetzt werden. Für gewerblich genutzte Nassräume wie Gemeinschaftsduschen, Hallenbäder, Wäschereien, Großküchen, Molkereien o.Ä. sind G. aber ungeeignet. G. werden aus →Stuckgips, →REA-Gips oder →Chemiegips mit geringen Mengen an Zusatzstoffen gefertigt. Je nach Anwendungsgebiet können außerdem Fasern, mineralische Zuschläge oder Füllstoffe zugegeben werden. Der Klebegips und die Klebespachtel bestehen in der Regel ebenfalls aus Gips mit Andicker- und Verzögerer-Zusatz.
G. benötigen keine Unterkonstruktion und sind mit dem umlaufenden Nut- und Feder-System sehr einfach und rasch zu montieren. Die flächenfertigen Wände können direkt gestrichen, tapeziert oder verfliest werden. Vor der Oberflächenbeschichtung ist ein Grundanstrich erforderlich, für den auch lösemittelfreie Produkte zur Verfügung stehen. Mineralische →Wandfarben wie →Silikatfarben und →Kalkfarben dürfen auf G. nicht eingesetzt werden. G. haben mäßige Schallschutzeigenschaften (R_w ca. 40 dB für eine Wand aus 10 cm dicken G.), zur Verbesserung können Vorsatzschalen aus →Gipsbauplatten und Dämmstoff vorgesetzt werden. Rohdichte: ca. 600 bis 1.300 kg/m^3, →Dampfdiffusionswiderstandszahl: 5 bis 10, Wärmeleitfähigkeit: ca. 0,3 bis 0,64 W/(m·K).
Die Verwendung von REA-Gips oder Chemiegips schont natürliche Ressourcen und verhindert die Deponierung von hochwertigem Material. Je nach Ausgangsmaterial sollte eine regelmäßige Kontrolle auf möglichen Schadstoffeintrag erfolgen, REA- und Chemiegipse, die im Baubereich eingesetzt werden, weisen i.d.R. aber hohe Reinheit auf. →Gips, →Naturgips

GISBAU Abk. für Gefahrstoff-Informationssystem der Berufsgenossenschaften der Bauwirtschaft. Die moderne Bauwirtschaft verwendet in großem Umfang und mit steigender Tendenz Produkte der chemischen Industrie, bei deren Umgang für die Beschäftigten gesundheitliche Gefahren entstehen können. 90 % der Unternehmen der Bauwirtschaft haben weniger als 20 Beschäftigte. Chemische oder gar toxikologische Kenntnisse sind bei diesen Betrieben i.d.R. nicht vorhanden. G. ist eine Serviceeinrichtung der Berufsgenossenschaften der Bauwirtschaft (sieben Bau-Berufsgenossenschaften und die Tiefbau-Berufsgenossenschaft) und hat sich zum Ziel gesetzt, Unternehmer beim sicheren Umgang mit Gefahrstoffen zu unterstützen. G. stellt dem Unternehmer ein Gefahrstoff-Informationssystem zur Verfügung, das ihm die Erfüllung seiner Ermittlungs-, Überwachungs- und Unterweisungspflichten nach der →Gefahrstoffverordnung erleichtert. →GISCODES

GISCODES G. sind ein System von Produkt-Informationen und Bestandteil von →GISBAU. G. (Produkt-Codes) fassen die Produkt-Informationen von Produkten mit vergleichbarer Gesundheitsgefährdung und damit identischen Schutzmaßnahmen und Verhaltensregeln zu Produktgruppen-Informationen zusammen. G. finden sich in den →Sicherheitsdatenblättern, Technischen Merkblättern und auf den Gebindeetiketten. Bei den Gebäudezertifizierungssystemen spielen die Anforderungen an Produkte bei den Kriterien „Risiken für die lokale Umwelt" und „Umweltverträgliche Materialgewinnung" eine wichtige Rolle bei der Beurteilung der geplanten oder schon ausgeführten Produktanwendungen bei Neu- und Bestandsbauten. Übersicht der GISCODES und Produkt-Codes (Quelle: www.bgbau.de/gisbau/giscodes, Stand: 20.10.2016) siehe Tabellen G5 bis G19.

Tabelle G5: GISCODES für Verlegewerkstoffe

GISBAUNR	Code	Name
052910-09	D1	Lösemittelfreie Dispersions-Verlegewerkstoffe
052981-09	D2	Verlegewerkstoffe, lösemittelarm
052982-09	D3	Verlegewerkstoffe, lösemittelhaltig
052920-09	D2_ALT	Lösemittelarme Dispersions-Verlegewerkstoffe, aromatenfrei (alt)
052921-09	D3_ALT	Lösemittelarme Dispersions-Verlegewerkstoffe, toluolfrei (alt)
052922-09	D4_ALT	Lösemittelarme Dispersions-Verlegewerkstoffe, toluolhaltig (alt)
052930-09	D5_ALT	Lösemittelhaltige Dispersions-Verlegewerkstoffe, aromatenfrei (alt)
052931-09	D6_ALT	Lösemittelhaltige Dispersions-Verlegewerkstoffe, toluolfrei (alt)
052932-09	D7_ALT	Lösemittelhaltige Dispersions-Verlegewerkstoffe, toluolhaltig (alt)
052956-09	S0,5	Stark lösemittelhaltige Verlegewerkstoffe, lösemittelkontrolliert
052950-09	S1	Stark lösemittelhaltige Verlegewerkstoffe, aromaten- und methanolfrei
052983-09	S2	Stark lösemittelhaltige Verlegewerkstoffe, aromatenhaltig
052951-09	S2_ALT	Stark lösemittelhaltige Verlegewerkstoffe, toluol- und methanolfrei (alt)

Tabelle G5: GISCODES für Verlegewerkstoffe (Forts.)

GISBAUNR	Code	Name
052952-09	S3_ALT	Stark lösemittelhaltige Verlegewerkstoffe, aromatenfrei (alt)
052953-09	S4_ALT	Stark lösemittelhaltige Verlegewerkstoffe, methanolfrei (alt)
052954-09	S5_ALT	Stark lösemittelhaltige Verlegewerkstoffe, toluolfrei und methanolhaltig (alt)
052955-09	S6_ALT	Stark lösemittelhaltige Verlegewerkstoffe, toluolhaltig (alt)
052974-09	RS10	Verlegewerkstoffe, methoxysilanhaltig
013328-09	RE0	Epoxidharzdispersionen
013304-09	RE1	Epoxidharzprodukte, lösemittelfrei, sensibilisierend
013318-09	RE2	Epoxidharzprodukte, lösemittelarm, sensibilisierend
013330-09	RE2.5	Epoxidharzprodukte, lösemittelhaltig
013305-09	RE3	Epoxidharzprodukte, lösemittelhaltig, sensibilisierend
052977-09	RU0,5	Kennzeichnungsfreie, lösemittelfreie Polyurethan-Verlegewerkstoffe
052970-09	RU1	Lösemittelfreie Polyurethan-Verlegewerkstoffe
052978-09	RU2	Lösemittelhaltige Polyurethan-Verlegewerkstoffe
052971-09	RU2_ALT	Lösemittelarme Polyurethan-Verlegewerkstoffe (alt)
052972-09	RU3_ALT	Lösemittelhaltige Polyurethan-Verlegewerkstoffe (alt)
052973-09	RU4_ALT	Stark lösemittelhaltige Polyurethan-Verlegewerkstoffe (alt)

Tabelle G6: GISCODES für Oberflächenbehandlungsmittel für Parkett und andere Holzfußböden

GISBAUNR	Code	Name
051441-09	W1	Wasserverdünnbare Oberflächenbehandlungsmittel, lösemittelfrei
051447-09	W1/DD	Lösemittelfreie, wasserverdünnbare Oberflächenbehandlungsmittel mit isocyanathaltigem Härter
051444-09	W2+	Wasserverdünnbare Oberflächenbehandlungsmittel, Lösemittelgehalt bis 5%, N-Methylpyrrolidonfrei
051446-09	W2/ DD+	Wassersiegel mit isocyanathaltigem Härter, Lösemittelg. bis 5%, N-Methylpyrrolidonfrei
051442-09	W2	Wasserverdünnbare Oberflächenbehandlungsmittel, Lösemittelgehalt bis 5%
051448-09	W3+	Wasserverdünnbare Oberflächenbehandlungsmittel, Lösemittelg. bis 15%, N-Methylpyrrolidonfrei
051449-09	W3/ DD+	Wassersiegel mit isocyanathaltigem Härter, Lösemittelgehalt bis 15%, N-Methylpyrrolidonfrei
051443-09	W3	Wasserverdünnbare Oberflächenbehandlungsmittel, Lösemittelgehalt bis 15%
051445-09	W3/DD	Wasserverdünnbare Oberflächenbehandlungsmittel mit isocyanathaltigem Härter, Lösemittelg. bis 15%
051451-09	G1	Stark lösemittelhaltige Grundsiegel und Holzkitte, entaromatisiert und niedrigsiederfrei

Tabelle G6: GISCODES für Oberflächenbehandlungsmittel für Parkett und andere Holzfußböden (Forts.)

GISBAUNR	Code	Name
051452-09	G2	Stark lösemittelhaltige Grundsiegel und Holzkitte, entaromatisiert und niedrigsiederhaltig
051453-09	G3	Stark lösemittelhaltige Grundsiegel und Holzkitte, aromaten- und niedrigsiederhaltig
051457-09	KH1	Stark lösemittelhaltige Ölkunstharzsiegel, entaromatisiert
051455-09	KH2	Stark lösemittelhaltige Ölkunstharzsiegel, aromatenhaltig
051465-09	DD1	Stark lösemittelhaltige Polyurethan-Siegel, entaromatisiert
051466-09	DD2	Stark lösemittelhaltige Polyurethan-Siegel, aromatenhaltig
051461-09	SH1	Stark lösemittelhaltige säurehärtende Siegel
051513-09	Ö10+	Öle/Wachse, lösemittelfrei, oximfrei
051501-09	Ö10	Öle/Wachse, lösemittelfrei
051512-09	Ö10/ DD+	Lösemittelfreie Öle/ Wachse mit isocyanathaltigem Härter, oximfrei
051514-09	Ö20+	Öle/Wachse, lösemittelarm, entaromatisiert, oximfrei
051502-09	Ö20	Öle/Wachse, lösemittelarm, entaromatisiert
051503-09	Ö30	Öle/Wachse, lösemittelarm, aromatenhaltig
051515-09	Ö40+	Öle/Wachse, lösemittelhaltig, entaromatisiert, oximfrei
051504-09	Ö40	Öle/Wachse, lösemittelhaltig, entaromatisiert

Tabelle G6: GISCODES für Oberflächenbehandlungsmittel für Parkett und andere Holzfußböden (Forts.)

GISBAUNR	Code	Name
051516-09	Ö40/ DD+	Öle/Wachse, lösemittelhaltig, entaromatisiert, oximfrei, mit isocyanathaltigem Härter
051505-09	Ö50	Öle/Wachse, lösemittelhaltig, aromatenhaltig
051517-09	Ö60+	Stark lösemittelhaltige Öle/Wachse, entaromatisiert, oximfrei
051506-09	Ö60	Öle/Wachse, stark lösemittelhaltig, entaromatisiert
051507-09	Ö70	Öle/Wachse, stark lösemittelhaltig, aromatenhaltig
051508-09	Ö80	Öle/Wachse, lösemittelarm, terpentinhaltig
051509-09	Ö90	Öle/Wachse, lösemittelhaltig, terpentinhaltig
051510-09	Ö100	Öle/Wachse, stark lösemittelhaltig, terpentinhaltig

Tabelle G7: GISCODES für Farben und Lacke (Alt)

GISBAUNR	Code	Name
051424-09	M-BA01	Bläuewidrige Anstrichmittel, lösemittelverdünnbar, aromatenarm
051427-09	M-BA02	Bläuewidrige Anstrichmittel, wasserverdünnbar
051315-09	M-DF01	Dispersionsfarben, lösemittelfrei
051316-09	M-DF02	Dispersionsfarben
051314-09	M-DF03	Naturharzfarben, lösemittelfrei
051313-09	M-DF04	Naturharzfarben
051317-09	M-GF01	Grundanstrichstoffe, farblos, wasserverdünnbar

Tabelle G7: GISCODES für Farben und Lacke (Alt)

GISBAUNR	Code	Name
051414-09	M-GF02	Grundanstrichstoffe, farblos, lösemittelverdünnbar, entaromatisiert
051417-09	M-GF03	Grundanstrichstoffe, farblos, lösemittelverdünnbar, aromatenarm
051418-09	M-GF04	Grundanstrichstoffe, farblos, lösemittelverdünnbar, aromatenreich
051419-09	M-GF05	Grundanstrichstoffe, farblos, lösemittelverdünnbar
051416-09	M-GP01	Grundanstrichstoffe, pigmentiert, wasserverdünnbar
051413-09	M-GP02	Grundanstrichstoffe, pigmentiert, lösemittelverdünnbar, entaromatisiert
051411-09	M-GP03	Grundanstrichstoffe, pigmentiert, lösemittelverdünnbar, aromatenarm
051412-09	M-GP04	Grundanstrichstoffe, pigmentiert, lösemittelverdünnbar, aromatenreich
051415-09	M-GP05	Grundanstrichstoffe, pigmentiert, lösemittelverdünnbar
051423-09	M-KH01	Klarlacke/Holzlasuren, wasserverdünnbar
051425-09	M-KH02	Klarlacke/Holzlasuren, lösemittelverdünnbar, entaromatisiert
051421-09	M-KH03	Klarlacke/Holzlasuren, lösemittelverdünnbar, aromatenarm
051422-09	M-KH04	Klarlacke/Holzlasuren, lösemittelverdünnbar, aromatenreich

Tabelle G7: GISCODES für Farben und Lacke (Alt)

GISBAUNR	Code	Name
051426-09	M-KH05	Klarlacke/Holzlasuren, lösemittelverdünnbar
051212-09	M-LL01	Alkydharzlackfarben, entaromatisiert
051213-09	M-LL02	Alkydharzlackfarben, aromatenarm
051214-09	M-LL03	Alkydharzlackfarben, aromatenreich
051211-09	M-LL04	Ölfarben, terpenhaltig
051209-09	M-LL05	Ölfarben, terpenfrei
051301-09	M-LW01	Dispersionslackfarben
051350-09	M-PL01	Polymerisatharzfarben, entaromatisiert
051351-09	M-PL02	Polymerisatharzfarben, aromatenarm
051352-09	M-PL03	Polymerisatharzfarben, aromatenreich
051353-09	M-PL04	Polymerisatharzfarben, lösemittelverdünnbar
051308-09	M-SF01	Siliconharzfarben, wasserverdünnbar
051306-09	M-SK01	1K-Silikatfarben
051307-09	M-SK02	2K-Silikatfarben
052510-09	M-VM01	Verdünnungsmittel, entaromatisiert
052511-09	M-VM02	Verdünnungsmittel, aromatenarm
052512-09	M-VM03	Verdünnungsmittel, aromatenreich
052513-09	M-VM04	Spezialverdünnungsmittel
052514-09	M-VM05	Verdünnungsmittel, terpenhaltig
050357-09	M-AB10	Abbeizer, lösemittelhaltig, dichlormethanfrei
050350-09	M-AB20	Abbeizer, lösemittelhaltig, hautresorptiv, dichlormethanfrei
050347-09	M-AL10	Ablauger, reizend

Tabelle G7: GISCODES für Farben und Lacke (Alt)

GISBAUNR	Code	Name
050341-09	M-AL20	Ablauger, ätzend
013328-09	RE0	Epoxidharzdispersionen
013304-09	RE1	Epoxidharzprodukte, lösemittelfrei, sensibilisierend
013318-09	RE2	Epoxidharzprodukte, lösemittelarm, sensibilisierend
013330-09	RE2.5	Epoxidharzprodukte, lösemittelhaltig
013305-09	RE3	Epoxidharzprodukte, lösemittelhaltig, sensibilisierend
051640-09	PU10	PU-Systeme, lösemittelfrei
051641-09	PU20	PU-Systeme, lösemittelhaltig
051642-09	PU30	PU-Systeme, lösemittelhaltig, gesundheitsschädlich
051643-09	PU40	PU-Systeme, lösemittelfrei, gesundheitsschädlich, sensibilisierend
051644-09	PU50	PU-Systeme, lösemittelhaltig, gesundheitsschädlich, sensibilisierend

Tabelle G8: GISCODES für Beschichtungsstoffe

GISBAUNR	Code	Name
051001-09	BSW10	Beschichtungsstoffe, wasserbasiert, konservierungsmittelarm
051002-09	BSW20	Beschichtungsstoffe, wasserbasiert
051003-09	BSW30	Beschichtungsstoffe, wasserbasiert, lösemittelhaltig
051004-09	BSW40	Beschichtungsstoffe, wasserbasiert, alkalisch
051005-09	BSW50	Beschichtungsstoffe, wasserbasiert, lösemittelhaltig, filmgeschützt

Tabelle G8: GISCODES für Beschichtungsstoffe (Forts.)

GISBAUNR	Code	Name
051006-09	BSW60	Beschichtungsstoffe, wasserbasiert, alkalisch, ätzend
051007-09	BSL10	Beschichtungsstoffe, lösemittelbasiert, aromatenfrei
051008-09	BSL20	Beschichtungsstoffe, lösemittelbasiert, aromatenfrei, gekennzeichnet
051009-09	BSL30	Beschichtungsstoffe, lösemittelbasiert, aromatenhaltig, gekennzeichnet
051010-09	BSL40	Beschichtungsstoffe, stark lösemittelbasiert, aromatenfrei, gekennzeichnet
051011-09	BSL50	Beschichtungsstoffe, stark lösemittelbasiert, aromatenhaltig, gekennzeichnet
051012-09	BSL60	Beschichtungsstoffe, lösemittelbasiert, krebsverdächtige Inhaltsstoffe, gekennzeichnet

Tabelle G9: GISCODES für Reinigungs- und Pflegemittel

GISBAUNR	Code	Name
056825-09	GD10	Desinfektionsreiniger, Basis Sauerstoffabspalter, reizend
170007-09	GD13	Desinfektionsreiniger, Basis Sauerstoffabspalter, reizend (inklusive schwere Augenschäden)
056822-09	GD20	Desinfektionsreiniger, nicht gekennzeichnet
056824-09	GD30	Desinfektionsreiniger, Basis Quats, Amphotenside, Amine, reizend

Tabelle G9: GISCODES für Reinigungs- und Pflegemittel (Forts.)

GISBAUNR	Code	Name
170008-09	GD33	Desinfektionsreiniger, Basis Quats, Amphotenside, Amine, reizend (inklusive schwere Augenschäden)
056812-09	GD40	Desinfektionsreiniger, Basis Quats, Amphotenside, Amine, ätzend
056820-09	GD50	Desinfektionsreiniger, Basis Aldehyde (ohne Formaldehyd, Glyoxal)
170009-09	GD55	Desinfektionsreiniger, Basis Polyhexamethylenbiguanid
056868-09	GD65	Desinfektionsreiniger, Basis Aldehyde (mit Glyoxal, ohne Formaldehyd)
056821-09	GD70	Desinfektionsreiniger, Basis Phenole
056813-09	GD80	Desinfektionsreiniger, Basis Aldehyde (mit Formaldehyd)
056872-09	GD0	Desinfektionsreiniger, sonstige
056861-09	GE10	Emulsionen/Dispersionen
056862-09	GE20	Emulsionen/Dispersionen, lösemittelhaltig
056864-09	GE0	Emulsionen/Dispersionen, sonstige
056884-09	GF50	Fassadenreiniger, sauer
056885-09	GF60	Fassadenreiniger, alkalisch
056881-09	GF70	Fassadenreiniger, flusssäure-/fluoridhaltig

Tabelle G9: GISCODES für Reinigungs- und Pflegemittel (Forts.)

GISBAUNR	Code	Name
056883-09	GF0	Fassadenreiniger, sonstige
056801-09	GG10	Grundreiniger, nicht gekennzeichnet, lösemittelfrei
056803-09	GG20	Grundreiniger, nicht gekennzeichnet, lösemittelhaltig
056855-09	GG40	Grundreiniger, reizend (inklusive schwere Augenschäden), lösemittelfrei
056805-09	GG50	Grundreiniger, reizend (inklusive schwere Augenschäden), lösemittelhaltig
056804-09	GG60	Grundreiniger, reizend (inklusive schwere Augenschäden), lösemittelhaltig mit 2-Butoxyethanol
056854-09	GG70	Grundreiniger, ätzend, lösemittelfrei
056807-09	GG80	Grundreiniger, ätzend, lösemittelhaltig
056806-09	GG90	Grundreiniger, ätzend, lösemittelhaltig mit 2-Butoxyethanol
056808-09	GG0	Grundreiniger, sonstige
170013-09	GGL05	Glasreiniger, lösemittelhaltig, nicht gekennzeichnet
056858-09	GGL10	Glasreiniger, lösemittelhaltig, entzündbar
056859-09	GGL0	Glasreiniger, sonstige
056895-09	GH10	Holz- und Steinpflegemittel, entaromatisiert

Tabelle G9: GISCODES für Reinigungs- und Pflegemittel (Forts.)

GISBAUNR	Code	Name
056896-09	GH20	Holz- und Steinpflegemittel, aromatenarm
056898-09	GH30	Holz- und Steinpflegemittel, aromatenreich
056894-09	GH40	Steinkristallisatoren, Basis Hexafluorosilikate
056897-09	GH0	Holz- und Steinpflegemittel, sonstige
056826-09	GR10	Rohrreiniger, stark alkalisch, Basis Natronlauge
056828-09	GR20	Rohrreiniger, stark alkalisch, Basis Natronlauge und Aluminiumpulver
056810-09	GR0	Rohrreiniger, sonstige
056815-09	GS10	Sanitärreiniger, nicht gekennzeichnet
170016-09	GS35	Sanitärreiniger, reizend
056816-09	GS50	Sanitärreiniger, reizend (inklusive schwere Augenschäden)
056837-09	GS60	Sanitärreiniger, reizend (inklusive schwere Augenschäden), mit flüchtigen Säuren
056817-09	GS80	Sanitärreiniger, ätzend
170020-09	GS85	Sanitärreiniger, ätzend, mit flüchtigen Säuren
056839-09	GS90	Sanitärreiniger, Basis Hypochlorit
056819-09	GS0	Sanitärreiniger, sonstige

Tabelle G9: GISCODES für Reinigungs- und Pflegemittel (Forts.)

GISBAUNR	Code	Name
056870-09	GT10	Teppichreiniger, tensidhaltig, nicht gekennzeichnet
170021-09	GT20	Teppichreiniger, tensidhaltig, reizend
170052-09	GT30	Teppichreiniger, tensidhaltig, reizend (inklusive schwere Augenschäden)
056871-09	GT0	Teppichreiniger, sonstige
056940-09	GU10	Scheuermittel, nicht gekennzeichnet
170050-09	GU15	Scheuermittel, reizend
056942-09	GU20	Spülmittel, nicht gekennzeichnet
056893-09	GU30	Spülmittel, reizend
170051-09	GU33	Spülmittel reizend (inklusive schwere Augenschäden)
056890-09	GU40	Unterhaltsreiniger, lösemittelfrei, nicht gekennzeichnet
056892-09	GU50	Unterhaltsreiniger, lösemittelhaltig, nicht gekennzeichnet
056946-09	GU55	Unterhaltsreiniger, entzündbar, lösemittelhaltig
056887-09	GU70	Unterhaltsreiniger, lösemittelfrei, reizend
170022-09	GU73	Unterhaltsreiniger, lösemittelfrei, reizend (inklusive schwere Augenschäden)
056888-09	GU80	Unterhaltsreiniger, lösemittelhaltig, reizend

Tabelle G9: GISCODES für Reinigungs- und Pflegemittel (Forts.)

GISBAUNR	Code	Name
170023-09	GU83	Unterhaltsreiniger, lösemittelhaltig, reizend (inklusive schwere Augenschäden)
056947-09	GU85	Unterhaltsreiniger, entzündbar, lösemittelhaltig, reizend (inklusive schwere Augenschäden)
056852-09	GU0	Unterhaltsreiniger, sonstige
056865-09	GD15_ALT	Desinfektionsreiniger, Basis Amphotenside/Amine, nicht gekennzeichnet - ALT
056866-09	GD25_ALT	Desinfektionsreiniger, Basis Amphotenside/Amine, reizend - ALT
056867-09	GD35_ALT	Desinfektionsreiniger, Basis Amphotenside/Amine, ätzend - ALT
056809-09	GD60_ALT	Desinfektionsreiniger, Basis Aldehyde (ohne Formaldehyd) - ALT
056811-09	GD90_ALT	Desinfektionsreiniger, Basis Aldehyde (mit Formaldehyd) - ALT
056863-09	GE30_ALT	Emulsionen/Dispersionen, lösemittelhaltig (5-15%), mit H-Stoffen - ALT
056802-09	GG30_ALT	Grundreiniger, lösemittelhaltig mit H-Stoffen, nicht gekennzeichnet - ALT
056857-09	GGL20_ALT	Glasreiniger, lösemittelhaltig mit H-Stoffen, entzündbar - ALT

G

Tabelle G9: GISCODES für Reinigungs- und Pflegemittel (Forts.)

GISBAUNR	Code	Name
056814-09	GS20_ALT	Sanitärreiniger, pH < 2, nicht kennzeichnungspflichtig - ALT
056848-09	GS25_ALT	Sanitärreiniger, Basis Amidosulfonsäure, reizend - ALT
056836-09	GS30_ALT	Sanitärreiniger, Basis Essigsäure - ALT
056846-09	GS40_ALT	Sanitärreiniger, Basis Salzsäure, nicht kennzeichnungspflichtig - ALT
056847-09	GS70_ALT	Sanitärreiniger, Basis Salzsäure, reizend - ALT
056891-09	GU60_ALT	Unterhaltsreiniger, lösemittelhaltig mit H-Stoffen - ALT
056889-09	GU90_ALT	Unterhaltsreiniger, reizend, lösemittelhaltig mit H-Stoffen - ALT

Tabelle G10: GISCODES für kaltverarbeitbare Bitumenprodukte in der Bauwerksabdichtung

GISBAUNR	Code	Name
018210-09	BBP10	Bitumenemulsionen
018219-09	BBP20	Bitumenmassen, aromatenarm, lösemittelhaltig
018217-09	BBP30	Bitumenmassen, aromatenarm, lösemittelreich
018215-09	BBP40	Bitumenmassen, aromatenarm, gesundheitsschädlich, lösemittelhaltig
018214-09	BBP50	Bitumenmassen, aromatenarm, gesundheitsschädlich, lösemittelreich
018218-09	BBP60	Bitumenmassen, aromatenreich, gesundheitsschädlich, lösemittelhaltig
018216-09	BBP70	Bitumenmassen, aromatenreich, gesundheitsschädlich, lösemittelreich

Tabelle G11: GISCODES für Epoxidharz-Beschichtungsstoffe

GISBAUNR	Code	Name
013328-09	RE0	Epoxidharzdispersionen
013304-09	RE1	Epoxidharzprodukte, lösemittelfrei, sensibilisierend
013318-09	RE2	Epoxidharzprodukte, lösemittelarm, sensibilisierend
013330-09	RE2.5	Epoxidharzprodukte, lösemittelhaltig
013305-09	RE3	Epoxidharzprodukte, lösemittelhaltig, sensibilisierend
013332-09	RE4	Epoxidharzprodukte, giftige Einzelkomponente, lösemittelarm, sensibilisierend
013331-09	RE5	Epoxidharzprodukte, giftige Einzelkomponente, lösemittelhaltig, sensibilisierend
013325-09	RE6	Epoxidharzprodukte, giftig, lösemittelarm, sensibilisierend
013319-09	RE7	Epoxidharzprodukte, giftig, lösemittelhaltig, sensibilisierend
013327-09	RE8	Epoxidharzprodukte, krebserzeugend, lösemittelarm, sensibilisierend
013320-09	RE9	Epoxidharzprodukte, krebserzeugend, lösemittelhaltig, sensibilisierend

Tabelle G12: GISCODES für Betonzusatzmittel

GISBAUNR	Code	Name
170027-09	BZM10	Betonzusatzmittel, kennzeichnungsfrei
170028-09	BZM20	Betonzusatzmittel, kennzeichnungsfrei, mit Gefahrenhinweis
170029-09	BZM30	Betonzusatzmittel, Reizwirkung
170030-09	BZM40	Betonzusatzmittel, Ätzwirkung
170031-09	BZM50	Betonzusatzmittel, "kann Krebs erzeugen"

Tabelle G12: GISCODES für Betonzusatzmittel (Forts.)

GISBAUNR	Code	Name
		Alte ausgemusterte GIS-CODEs
013819-09	BZM 1	Betonzusatzmittel, kennzeichnungsfrei
013809-09	BZM 2	Betonzusatzmittel, reizend
013808-09	BZM 3	Betonzusatzmittel, ätzend

Tabelle G13: GISCODES für Methylmethacrylat-Beschichtungsstoffe

GISBAUNR	Code	Name
013321-09	RMA10	Beschichtungen, methylmethacrylathaltig, reizend
013337-09	RMA15	Beschichtungen, methylmethacrylat- und epoxidharzhaltig, reizend
013333-09	RMA20	Beschichtungen, methylmethacrylathaltig, gesundheitsschädlich

Tabelle G14: GISCODES für Betontrennmittel

GISBAUNR	Code	Name
013278-09	BTM 5	Betontrennmittel-Emulsionen, kennzeichnungsfrei
013279-09	BTM 10	Betontrennmittel, kennzeichnungsfrei
013280-09	BTM 15	Betontrennmittel-Emulsionen, konservierungsmittelhaltig
013271-09	BTM 20	Betontrennmittel, dünnflüssig
013272-09	BTM 30	Betontrennmittel, entaromatisiert
013273-09	BTM 40	Betontrennmittel, aromatenarm
013274-09	BTM 50	Betontrennmittel, entzündbar, entaromatisiert
013275-09	BTM 60	Betontrennmittel, entzündbar, aromatenarm
013277-09	BTM 70	Betontrennmittel, leicht entzündbar

Tabelle G15: GISCODES für Polyurethan-Systeme im Bauwesen

GISBAUNR	Code	Name
051640-09	PU10	PU-Systeme, lösemittelfrei
051641-09	PU20	PU-Systeme, lösemittelhaltig
051642-09	PU30	PU-Systeme, lösemittelhaltig, gesundheitsschädlich
051643-09	PU40	PU-Systeme, lösemittelfrei, gesundheitsschädlich, sensibilisierend
051644-09	PU50	PU-Systeme, lösemittelhaltig, gesundheitsschädlich, sensibilisierend
051645-09	PU60	PU-Systeme, Reaktionskomponente auf Aminbasis, gesundheitsschädlich, sensibilisierend
051646-09	PU70	PU-Montageschäume
051647-09	PU80	PU-Montageschäume, extrem entzündbar

Tabelle G16: GISCODES für Holzschutzmittel

GISBAUNR	Code	Name
047075-09	HSW10	Holzschutzmittel, wasserbasiert, organische Wirkstoffe
047076-09	HSW13	Holzschutzmittel, wasserbasiert, Borverbindungen
047077-09	HSW20	Holzschutzmittel, wasserbasiert, reizend
047078-09	HSW23	Holzschutzmittel, wasserbasiert, reizend, Borverbindungen
047079-09	HSW27	Holzschutzmittel, wasserbasiert, reizend, sensibilisierend
047080-09	HSW30	Holzschutzmittel, wasserbasiert, ätzend
047081-09	HSW33	Holzschutzmittel, wasserbasiert, ätzend, Borverbindungen
047082-09	HSW37	Holzschutzmittel, wasserbasiert, ätzend, sensibilisierend

Tabelle G16: GISCODES für Holzschutzmittel (Forts.)

GISBAUNR	Code	Name
047083-09	HSW40	Holzschutzmittel, wasserbasiert, ätzend, Kupferverbindungen
047085-09	HSW50	Holzschutzmittel, wasserbasiert, Kupfer- und Chromverbindungen
047086-09	HSL10	Holzschutzmittel, lösemittelbasiert, aromatenfrei
047087-09	HSL17	Holzschutzmittel, lösemittelbasiert, aromatenfrei, sensibilisierend
047088-09	HSL20	Holzschutzmittel, lösemittelbasiert, aromatenhaltig
047089-09	HSL27	Holzschutzmittel, lösemittelbasiert, aromatenhaltig, sensibilisierend

Tabelle G17: Alte GISCODES für Holzschutzmittel (ausgemustert)

GISBAUNR	Code	Name
047072-09	HSM-LB 10	Holzschutzmittel, bekämpfend, wässrig/wasserverdünnbar, Borverbindungen
047061-09	HSM-LB 15	Holzschutzmittel, bekämpfend, wässrig/wasserverdünnbar, Quats
047058-09	HSM-LB 20	Holzschutzmittel, bekämpfend, wässrig/wasserverdünnbar
047055-09	HSM-LB 30	Holzschutzmittel, bekämpfend, lösemittelhaltig, entaromatisiert
047056-09	HSM-LB 40	Holzschutzmittel, bekämpfend, lösemittelhaltig, aromatenarm
047057-09	HSM-LB 50	Holzschutzmittel, bekämpfend, lösemittelhaltig, aromatenreich
047059-09	HSM-LV 10	Holzschutzmittel, vorbeugend, wässrig/wasserverdünnbar

Tabelle G17: Alte GISCODES für Holzschutzmittel (ausgemustert) (Forts.)

GISBAUNR	Code	Name
047062-09	HSM-LV 15	Holzschutzmittel, vorbeugend, wässrig/wasserverdünnbar, reizend
047051-09	HSM-LV 20	Holzschutzmittel, vorbeugend, lösemittelhaltig, entaromatisiert
047052-09	HSM-LV 30	Holzschutzmittel, vorbeugend, lösemittelhaltig, aromatenarm
047053-09	HSM-LV 40	Holzschutzmittel, vorbeugend, lösemittelhaltig, aromatenreich
047011-09	HSM-W 10	Holzschutzmittel, vorbeugend, Borverbindungen
047014-09	HSM-W 40	Holzschutzmittel, vorbeugend, Kupfer-, Bor- und Kupfer-HDO-Verbindungen
047017-09	HSM-W 44	Holzschutzmittel, vorbeugend, Kupfer-, Bor- und Triazolverbindungen
047016-09	HSM-W 47	Holzschutzmittel, vorbeugend, Bor- und Quaternäre Ammoniumverbindungen
047009-09	HSM-W 50	Holzschutzmittel, vorbeugend, Quaternäre Ammoniumverbindungen
047001-09	HSM-W 60	Holzschutzmittel, vorbeugend, Kupfer- und Quaternäre Ammoniumverbindungen
047015-09	HSM-W 65	Holzschutzmittel, vorbeugend, Chrom- und Kupferverbindungen
047008-09	HSM-W 70	Holzschutzmittel, vorbeugend, Chrom-, Kupfer- und Borverbindungen

Tabelle G18: GISCODES für Korrosionsschutz-Produkte

GISBAUNR	Code	Name
050980-09	BS10	Wasserverdünnbare Korrosionsschutz-Beschichtungsstoffe, Lösemittelgehalt < = 5 %
050981-09	BS20	Wasserverdünnbare Korrosionsschutz-Beschichtungsstoffe, Lösemittelgehalt < = 10 %
050982-09	BS30	Wasserverdünnbare Korrosionsschutz-Beschichtungsstoffe, Lösemittelgehalt < = 20 %
050983-09	BS40	Korrosionsschutz-Beschichtungsstoffe, entaromatisierte Lösemittel
050984-09	BS50	Korrosionsschutz-Beschichtungsstoffe, aromatenhaltige Lösemittel
050985-09	BS60	Korrosionsschutz-Beschichtungsstoffe, aromatenhaltige Lösemittel, gesundheitsschädlich
050970-09	ESI10	Grundbeschichtungsstoffe auf Basis Ethylsilikat, entzündlich
050971-09	ESI20	Grundbeschichtungsstoffe auf Basis Ethylsilikat, leichtentzündlich
013328-09	RE0	Epoxidharzdispersionen
013304-09	RE1	Epoxidharzprodukte, lösemittelfrei, sensibilisierend
013318-09	RE2	Epoxidharzprodukte, lösemittelarm, sensibilisierend
013330-09	RE2.5	Epoxidharzprodukte, lösemittelhaltig
013305-09	RE3	Epoxidharzprodukte, lösemittelhaltig, sensibilisierend
013332-09	RE4	Epoxidharzprodukte, giftige Einzelkomponente, lösemittelarm, sensibilisierend
013331-09	RE5	Epoxidharzprodukte, giftige Einzelkomponente, lösemittelhaltig, sensibilisierend
013325-09	RE6	Epoxidharzprodukte, giftig, lösemittelarm, sensibilisierend
013319-09	RE7	Epoxidharzprodukte, giftig, lösemittelhaltig, sensibilisierend
013327-09	RE8	Epoxidharzprodukte, krebserzeugend, lösemittelarm, sensibilisierend
013320-09	RE9	Epoxidharzprodukte, krebserzeugend, lösemittelhaltig, sensibilisierend
051640-09	PU10	PU-Systeme, lösemittelfrei
051641-09	PU20	PU-Systeme, lösemittelhaltig
051642-09	PU30	PU-Systeme, lösemittelhaltig, gesundheitsschädlich
051643-09	PU40	PU-Systeme, lösemittelfrei, gesundheitsschädlich, sensibilisierend
051644-09	PU50	PU-Systeme, lösemittelhaltig, gesundheitsschädlich, sensibilisierend
051645-09	PU60	PU-Systeme, Reaktionskomponente auf Aminbasis, gesundheitsschädlich, sensibilisierend
018219-09	BBP20	Bitumenmassen, aromatenarm, lösemittelhaltig
018217-09	BBP30	Bitumenmassen, aromatenarm, lösemittelreich
018215-09	BBP40	Bitumenmassen, aromatenarm, gesundheitsschädlich, lösemittelhaltig
018214-09	BBP50	Bitumenmassen, aromatenarm, gesundheitsschädlich, lösemittelreich

G

Tabelle G18: GISCODES für Korrosionsschutz-Produkte (Forts.)

GISBAUNR	Code	Name
018218-09	BBP60	Bitumenmassen, aromatenreich, gesundheitsschädlich, lösemittelhaltig
018216-09	BBP70	Bitumenmassen, aromatenreich, gesundheitsschädlich, lösemittelreich

Tabelle G19: GISCODES für zementhaltige Produkte

GISBAUNR	Code	Name
012207-09	ZP1	Zementhaltige Produkte, chromatarm
012208-09	ZP2	Zementhaltige Produkte, nicht chromatarm

Glas Rohstoffe für die Glasherstellung sind Quarzsand, Kalk, →Dolomit, Soda, Feldspat, →Borsäure und andere Borminerialien sowie Glasscherben aus der eigenen Anlage (10 bis 50 %). Zur Läuterung (Beseitigung der Gasblasen in der Schmelze) wird Natriumsulfat eingesetzt. Das Gemisch wird in Wannenöfen auf 1.000 bis 1.600 °C erhitzt. Nach Formgebung erstarrt das G. durch kontrollierte Temperaturführung. G. ist amorph, porenfrei, hat eine hohe Festigkeit, geringe Wärmeleitfähigkeit, ist durchlässig für Wärme und teilweise auch für UV-Strahlen.
Die Rohstoffe sind ausreichend vorhanden. Durch den Abbau der Rohstoffe im →Tagebau kommt es allerdings zwangsläufig zu lokalen Umweltbelastungen (→Mineralische Rohstoffe). 1990 wurden 54 % des Gesamtvolumens an G. aus Altglas gewonnen. Allerdings wird von Flachglasherstellern nur betriebseigenes zu Bruch gegangenes G. wiederverwertet, das nicht weiter veredelt ist. Bei der Zerkleinerung von Quarzsand, Kalk und Dolomit kommt es zu Lärm- und Staubbelastungen. Die alveolengängige Staubfraktion des kristallinen Siliciumdioxids in Form von →Quarz ist als krebserzeugend (K1) eingestuft. Bei der Sonderglasherstellung sind →Schwermetalle (z.B. →Blei) im Staub enthalten. Bei der Entsorgung von Altglas wird zwischen Hohlglas (Verpackungsglas) und Flachglas unterschieden. Da die beiden Glassorten von unterschiedlicher chemischer Zusammensetzung sind, können sie nicht gemeinsam verwertet werden. Getöntes Absorptionsglas oder metallbedampftes Reflexionsglas sowie Zwischenfolien aus →Polyvinylbutyral beim Sicherheitsglas sind für das Recycling nur wenig geeignet. →Fensterglas, →Flachglas, →Pressglas, →Gussglas, →Schaumglas-Dämmplatten, →Glaswolle

Glaserkitte →Kitte

Glaser-Verfahren Die Berechnung des diffusionsbedingten Tauwasserausfalls (→Kondensat innerhalb der Konstruktion) nach *Glaser* ist das bekannteste, in Normen festgelegte Verfahren für eine feuchtetechnische Beurteilung von Aufbauten. Die Berechnung nach dem G. und die dafür notwendigen Randbedingungen (Klimabedingungen) sind in der DIN 4108 bzw. ÖN B 8110-2 Wärmeschutz im Hochbau geregelt. Das G. ist physikalisch richtig, es vernachlässigt aber zwei sehr wichtige Aspekte:

- Das Verfahren berücksichtigt nicht die →Kapillarleitfähigkeit von Baustoffen und kann daher in der Praxis zum unnötigen Einbau von →Dampfbremsen oder →Dampfsperren, bei Altbaukonstruktionen sogar zu Bauschäden führen.
- Die Berechnung des diffusionsbedingten Tauwasserausfalls geht davon aus, dass in das Bauteil keine Luft strömt. Selbst kleinste Undichtheiten, durch die stetig Raumluft in eine Konstruktion strömt, können aber zu starker Durchfeuchtung führen.

Bei komplexen Fragestellungen sollten daher feuchtetechnische Untersuchungen und Berechnungen, die mehrdimensionale und instationäre Einflüsse berücksichtigen, durch erfahrene Bauphysiker durchgeführt werden.

Glasfasertapeten G. gehören, ähnlich wie die Raufaser, zu den meist verlegten →Wandbelägen und sind die dominierende Wandbekleidung in öffentlichen Gebäuden. Glasfasergewebe sind in unzähligen Musterungen erhältlich und bilden nach ihrer Beschichtung eine wasserfeste, robuste und langlebige Wandbekleidung. Durch ihre hohe Zugfestigkeit lassen sich auch Risse überbrücken, G. werden daher auch oft zur „Wand- und Deckenkosmetik" eingesetzt.
Glasfasern werden aus rein mineralischen Rohstoffen wie Quarzsand, Kalk, Dolomit und Soda erzeugt. Die Rohstoffe werden bei 1.400 °C miteinander verschmolzen und noch im heißen und flüssigen Zustand zu hauchdünnen Fäden ausgezogen, anschließend zu Garnen versponnen und danach zu Bahnen verwebt. Je nach Stärke der Garne und Webtechnik entstehen unterschiedliche Gewebestrukturen. Gewöhnliche G. sind i.d.R. nicht

mit einem Träger verbunden, sie werden direkt in →Dispersionsklebstoffe, die auf der Wand aufgetragen werden, eingebettet. Zur einfacheren Verarbeitung gibt es auch G. auf Papierträger kaschiert oder mit Selbstklebeausrüstung. Nach dem Tapezieren werden die G. ein- oder zweimal mit Dispersionsfarben beschichtet. Meistens werden G. in kompletten Systemen (Geweberoller, Klebstoffe, Zwischenbeschichtung und Anstriche) vertrieben. Zur Verarbeitungssicherheit kann es vorteilhaft sein, alle Systemkomponenten von einem Hersteller zu beziehen.

G. sind schwer entflammbar und in Abhängigkeit vom Klebstoff und der Kunststoffbeschichtung meist relativ dampfdicht, gegen die Gefahr der Schimmelpilzbildung sind sie daher oft mit fungiziden (pilztötenden) Mitteln ausgerüstet, die gesundheitsbeeinträchtigende Wirkungen entfalten können. G. haben den Nachteil, dass sie zum Ausfransen der Tapete am Nahtbereich neigen, die freigesetzten Glasfaserpartikel können bei der Verarbeitung zu Hautreizungen führen. Daher sollten beim Tapezieren von G. immer Handschuhe getragen werden. Die Glasfasern weisen aber Durchmesser von ca. 10 µm auf und sind damit nicht lungengängig.

Glaswolle G. zählt zu den Mineralwolle-Dämmstoffen. Die Fasern gehören zur Gruppe der künstlichen Mineralfasern. Für die Herstellung werden die gleichen Rohstoffe verwendet, wie sie in der Glasindustrie üblich sind, also →Sand, →Kalk, →Dolomit, Feldspat, tonerdehaltige Eruptivgesteine, Soda, Natriumsulfat, Pottasche, →Borate sowie →Altglas. Als Zusatzstoffe werden 3 bis 9 M.-% Bindemittel und unter 1 M.-% Hydrophobierungsmittel zugegeben. Die Rohstoffe werden in Wannenöfen bei 1.350 °C geschmolzen und auf einer sich drehenden Spinnscheibe durch kleine Öffnungen am Scheibenrand gedrückt, nach außen geschleudert, von ringförmig angeordneten Gasbrennerdüsen nach unten abgeleitet und so zu feinen Glasfäden gesponnen. Im nächsten Prozessschritt wird das Bindemittel auf die Fasern gesprüht. Das Bindemittel polymerisiert im Härteofen.

Bei Glaswolle kann durch den Einsatz von →Altglas der Energiebedarf zur Produktion gesenkt werden. Allerdings wird nur sehr hochwertiges Abfallmaterial aus der Flachglasproduktion eingesetzt. Der ökologische Benefit ist daher nicht so hoch wie z.B. bei →Blähglas, wo Altmaterial aus der Altglassammlung eingesetzt wird. Seit die →MAK-Kommission 1980 →Künstliche Mineralfasern als krebsverdächtig eingestuft hat, wird die krebserzeugende Wirkung von KMF kontrovers diskutiert. 1994 führt der Ausschuss für Gefahrstoffe den Kanzerogenitätsindex für die Biolöslichkeit der Mineralfasern ein, was bei Steinwollefasern zu Schwierigkeiten bei der Einstufung führte. Die EU stufte im Jahr 1997 Fasern aus Glas- und Steinwolle zwar als 'krebserzeugend Kategorie 3' ein, definierte jedoch in Form der Anmerkung Q Freizeichnungskriterien in der TRGS 905. Als Konsequenz dieser Entwicklung dürfen seit dem Jahr 2000 hierzulande Mineralwolledämmstoffe, die nicht den Bedingungen für eine Freizeichnung nach der TRGS 905 genügten, weder hergestellt, in Verkehr gebracht noch verwendet werden. Seit 1998 gibt es ein nationales RAL-Gütezeichen für Mineralfaserprodukte, die die Kriterien für die Freizeichnung erfüllen und seit 2000 auch ein europäisches EUCEB.Mineral Wool Products Siegel.

Glaszustand Bei tiefen Temperaturen liegen Kunststoffe im sog. Glaszustand bzw. in einem „eingefrorenen" Zustand vor. Sie verhalten sich dann glasartig hart und spröde. Die Temperaturlage des Glasbereichs ist vom jeweiligen Kunststoff abhängig.

Glühlampen G. waren lange Zeit die am häufigsten verwendete, künstliche Beleuchtungsquelle. Ein Wolframdraht befindet sich in einem mit Edelgas (Argon) gefüllten Glaskolben und wird durch Stromfluss zum Glühen gebracht. Nur 5 % der eingesetzten Energie werden dabei in Licht umgesetzt, der Rest wird als Wärme frei. Unter den künstlichen Beleuchtungsquellen sind G. damit die größten Energieverschwender. Sie haben zudem eine vergleichsweise geringe Lebensdauer von nur ca. 1.000 Betriebsstunden. Mittlerweile werden G. jedoch zunehmend durch →LED-Lampen ersetzt. G. können nach Gebrauch im Restmüll entsorgt werden. →Licht, →Energiesparlampen, →Halogenlampen, →Leuchtstofflampen, →Vollspektrallampen

Glutaraldehyd (CAS 111-30-8) G. (Glutardialdehyd, 1,5-Pentandial) ist ein ungesättigter Dialdehyd. Aufgrund seiner hohen Reaktivität wird G. z.B. für Desinfektions-und Sterilisationsmittel eingesetzt. →MAK-Wert: 0,05 ml/m^3 = 0,21 mg/m^3. Kurzzeitige Exposition im Bereich von ca. 1 ppm führt zu Reizungen der Schleimhäute. G. ist als krebserzeugend mit nicht genotoxischem Wirkmechanismus

(MAK-Liste 4), und als umweltgefährlich eingestuft. Zur relativen Toxizität der (ungesättigten) Aldehyde →NIK-Werte: Je niedriger der NIK-Wert, umso höher ist die Toxizität des jeweiligen Stoffes. G. ist vor allem für Wasserorganismen stark giftig. Seit Anfang 2008 kommt dieser Fakt durch Pläne des vom Energiekonzern Gazprom geführten Konsortiums ins öffentliche Bewusstsein. Es wird erwogen, Ostsee-Pipelines mittels wässriger Glutaraldehydlösung zu säubern. Die dafür benötigten 2,3 Mrd. Liter Lösung sollen danach in die Ostsee gepumpt werden. (Spiegel online) Ein Papier des Umweltministeriums gibt zu bedenken, Fauna und Flora des baltischen Meeres seien ohnehin schon stark durch Schadstoffe belastet.

EU-GHS-Einstufung und Kennzeichnung (EG) Nr. 1272/2008 CLP: Akute Toxizität Kategorie 2: Acute Tox. 2; H 330 Lebensgefahr bei Einatmen; Akute Toxizität Kategorie 3: Acute Tox. 3; H 301 Giftig bei Verschlucken; Hautreizung Kategorie 1B: Skin Corr. 1B; H314 Verursacht schwere Verätzungen der Haut und schwere Augenschäden; Sensibilisierung der Haut Unterkategorie 1A: Skin Sens 1A; H317 Kann allergische Hautreaktionen verursachen; Sensibilisierung der Atemwege Kategorie 1: Resp. Sens. 1; H334 Kann bei Einatmen Allergie, asthmaartige Symptome oder Atembeschwerden verursachen; Spezifische Zielorgan-Toxizität (einmalige Exposition), Kategorie 3 STOT SE 3; H335 Kann die Atemwege reizen; Akut gewässergefährdend Akut 1: Aquatic Acute 1; H440 Sehr giftig für Wasserorganismen.

Glykolester →Glykolverbindungen

Glykolether →Glykolverbindungen

Glykolverbindungen Mit dem Oberbegriff G. werden die in der Innenraumluft und im Hausstaub häufig anzutreffenden Glykolester und Glykolether bezeichnet (Ester bzw. Ether mehrwertiger Alkohole). G. finden Anwendung in lösemittelarmen Anstrichstoffen wie Dispersionsfarben und sogenannten Wasserlacken (auch mit dem Umweltzeichen →Blauer Engel) sowie Bodenbelagsklebern (→EMICODE).

Obwohl G. in der Mehrzahl schwerer flüchtig sind als klassische Lösemittel, treten dennoch relevante Konzentrationen in der Innenraumluft auf. Aufgrund ihrer vergleichsweise hohen Siedepunkte verdunsten viele G. nur sehr langsam. Dies führt dazu, dass die Stoffe über Monate bis Jahre z. B. aus gestrichenen Oberflächen ausgasen und die Raumluft belasten. G. haben vielfach einen Siedepunkt oberhalb von 200 °C und gemäß TRGS 610 gelten Produkte, die solche G. enthalten, als lösemittelfrei.

Tabelle G20: Glykolverbindungen und ihre Quellen in Innenräumen (Quelle: AGÖF)

Glykolverbindung	Quellen
1,2-Propylenglykolmonomethylether (PGMME)	Möbelpolitur
Ethylenglykol (EG)	Bodenbelagskleber, Wasserlacke
1,2-Propylenglykol (1,2-PG)	Wasserlacke
Ethylenglykolmonobutylether (EGMBE)	Bodenbelagskleber, Wasserlacke
Diethylenglykolmono-butylether (DEGMBE)	Bodenbelagskleber, Wasserlacke
Ethylenglykolmonophenylether (EGMPE)	Bodenbelagskleber, Wasserlacke
Dipropylenglykolmonobutylether (DPGMBE)	Wand- und Deckenfarbe
Propylenglykolmonophenylether (PGMPE)	Wasserlacke
Tripropylenglykolmonobutylether (TPGMBE)	Latexfarbe, Tiefgrund
Diethylenglykolmonobutyletheracetat (DEGMBA)	Bodenbelagskleber
2,2,4-Trimethyl,-1,3-Pentandiolmonoisobutyrat	Wasserlacke

Es gibt zwei hauptsächlich zu unterscheidende Grupppen von G., wobei die eine auf Ethylenglykol- und die andere auf Propylenglykolverbindungen basiert. Ethylenglykolverbindungen zeigen eher reproduktions-, neurotoxische oder hämatoglische Effekte. G. mit einer primären OH-Gruppe im Molekül oder einer Acetat-Gruppe werden im Organismus zum Säurederivat metabolisiert. EGME (CAS 109-86-4) oder Methylglycol ist als →SVHC (besonders besorgniserregender Stoff) eingestuft, in der Kandidatenliste aufgrund der Reproduktionstoxizität (Article 57c) geführt und nach der EU-GHS-Einstufung und Kennzeichnung (EG) Nr. 1272/2008 CLP aufgenommen als reproduktionstoxisch in die Kategorie 1B mit Rep. Tox 1B; H360FD Kann die Fruchtbarkeit beeinträchtigen. Kann das Kind im Mutterleib schädigen.

Tabelle G21: Richtwerte für Glycolverbindungen des Ausschusses für Innenraumrichtwerte (AIR), vormals Ad-hoc-Arbeitsgruppe Innenraumrichtwerte

Ethylenglycolmonomethylether EGME	RW II 0,2 mg/m^3 RW I 0,02 mg/m^3
Dirthylenglykolmethylether DEGME	RW II 6 (v) mg/m^3 RW I 2 (v) mg/m^3
Diethylenglykoldimethylether DEGDME	RW II 0,3 mg/m^3 RW I 0,03 mg/m^3
Ethylenglykolmonoethylether EGEE	RW II 1 mg/m^3 RW I 0,1 mg/m^3
Ethylenglykolmonoethylether-acetat EGEEA	RW II 2 (v) mg/m^3 RW I 0,2 (v) mg/m^3
Diethylenglykolmonoethylether DEGEE	RW II 2 (v) mg/m^3 RW I 0,7 (v) mg/m^3
Ethylenglykolbutylether EGBE	RW II 1 mg/m^3 RW I 0,1 mg/m^3
Ethylenglykolbutylether-acetat EGBEA	RW II 2 (v) mg/m^3 RW I 0,2 (v) mg/m^3
Diethylenglykolbutylether DEGBE	RW II 1 (v) mg/m^3 RW I 0,4 (v) mg/m^3
Ethylenglxkolhexylether EGHE	RW II 1 mg/m^3 RW I 0,1 mg/m^3
2-Propylenglykol-1-methylether 2PG1ME	RW II 10 mg/m^3 RW I 1 mg/m^3
Dipropylenglykol-1-methylether D2PGME	RW II 7 (v) mg/m^3 RW I 2 (v) mg/m^3
2-Propylenglykol-1-ethylether 2PG1EE	RW II 3 mg/m^3 RW I 0,3 mg/m^3
2-Propylenglykol-1-tert-butylether 2PG1tBE	RW II 3 mg/m^3 RW I 0,3 mg/m^3
Alle anderen Glykolether mit unzureichender Datenlage	RW II 0,05 mg/m^3 RW I 0,005 mg/m^3

2-Butoxyethanol (CAS 111-76-2), ein in sog. Wasserlacken verwendetes Lösemittel, ist augenreizend und gesundheitsschädlich beim Einatmen, Verschlucken und Berühren mit der Haut. Darüber hinaus führt der Stoff zu Schädigungen im Blutbild und steht im Verdacht, Leber und Nieren zu schädigen. Arbeitsplatzgrenzwert (AGW): 49 mg/m^3 bzw. 10 ml/m^3 (ppm).

Graffitischutz Systeme zum G. basieren auf einem speziellen Hydrophobierungssystem. Beim Auftrag des Mittels bildet sich eine siliciumorganische, permanente, hydrophobe Schicht (→Hydrophobierungsmittel) innerhalb der Oberflächenstruktur der zu schützenden Fläche und zusätzlich darüber eine nichtpermanente Trenn- bzw. Schutzschicht. Diese äußere Schutzschicht wird bei der Heißdampfreinigung (Graffiti-Entfernung) geopfert. Anschließend wird die Oberfläche erneut behandelt.

Granit G. ist massiges, grobkristallines Gestein, das im Wesentlichen aus Quarz, verschiedenartigen Feldspaten, Glimmer- und oft auch noch aus Hornblendekristallen zusammengesetzt ist. Die größten Granitprovinzen der Erde liegen in Kanada, den USA, Südamerika und Indien. In Europa gibt es größere Granit-Vorkommen in Skandinavien, Spanien, Frankreich, Sardinien, im Bayrischen Wald und in Böhmen. G. gibt es in den verschiedensten Farbtönen. Er lässt sich gut polieren, ist kratzfest, säurebeständig, hitzebeständig und unempfindlich gegenüber Wasser. In Küchen ist G. daher einer der bestgeeignetsten Werkstoffe für Arbeitsplatten, Rückwände, Schneidbretter oder Bodenbeläge. Auch aus hygienischer Sicht ist Granit aufgrund seiner Härte und seiner glatten Oberfläche kaum zu übertreffen. Da G. besonders fest ist und nur langsam verwittert, wird er auch gern für Repräsentations- und Monumentalbauten eingesetzt. Schon die alten Ägypter stellten daraus Obelisken und andere Monumente her, welche die Jahrtausende überstanden haben. Auch Grabsteine sind oft aus G.

G. weist als magmatisches Gestein eine relativ hohe natürliche Radioaktivität auf. Bei großflächiger Anwendung kann diese hohe Radioaktivität mit der nachfolgenden Radonbelastung in Innenräumen aus heutiger medizinischer Sicht bedenkliche Konzentrationen annehmen.

Grastapeten G. bestehen aus mit Grasfasergewebe kaschiertem Reisstrohpapier. Getrocknetes Gras wird zu langen Fäden verknotet und diese als Schussfaden verwebt. Sie werden meist noch in Handarbeit in Asien gefertigt und sind über den Fachhandel zu beziehen. Andere Naturfasern wie →Bambus, →Bast, →Hanf und →Kork können ebenfalls zur Herstellung von Naturtapeten verwendet werden.

Grenzflächenaktive Stoffe →Tenside

G

Grenzwerte Zur Begrenzung bzw. zur Beurteilung von Schadstoff-Konzentrationen in der Innenraumluft werden G., Richtwerte und Orientierungs- bzw. Referenzwerte festgelegt bzw. abgeleitet. Wesentliche Merkmale bzw. Unterschiede dieser Werte sind:

	Merkmal	Toxikologisch begründet	Gesetzlich festgelegt
Grenzwerte	Max. zulässige Konzentration eines Schadstoffs	Ja	Ja
Richtwerte	Konzentration eines Schadstoffs, bei deren Überschreitung unter dem Gesichtspunkt der Gesundheitsvorsorge bzw. der Gefahrenabwehr Maßnahmen ergriffen werden sollten	Ja	Nein Festlegung durch Behörden oder Fachgremien, allgemein anerkannte Werte
Orientierungswerte, Referenzwerte	Konzentration eines Schadstoffs, wie sie bei statistischen Erhebungen festgestellt wurde	Nein	Nein

Grenzwerte für Gefahrstoffe am Arbeitsplatz G. für Arbeitsplätze mit berufsmäßigem Umgang mit Gefahrstoffen finden sich in:

- →Gefahrstoffverordnung
- Anhang I der Richtlinie 67/548/EWG
- TRGS 905 Verzeichnis krebserzeugender, erbgutverändernder oder fortpflanzungsgefährdender Stoffe
- TRGS 900 Arbeitsplatzgrenzwerte
- TRGS 903 Biologische Arbeitsplatztoleranzwerte – BAT-Werte
- Mitteilungen der Senatskommission zur Prüfung gesundheitsschädlicher Arbeitsstoffe (→MAK-Werte)

→AGW

Grüner Punkt Das im Zuge der Verpackungsverordnung vom Dualen System Deutschland GmbH (DSD) verwendete Emblem „Grüner Punkt“ ist kein Umweltzeichen, sondern kennzeichnet Verpackungen, die zur Verwertung geeignet sind und durch das DSD entsorgt werden. Der G. sagt (außer der Recyclingfähigkeit) nichts über die ökologische Qualität der Produkte aus. Umweltverbände bemängeln zudem, dass das System eher die Verwaltung der Verpackungsabfälle fördert, als das ökologisch vorrangige Ziel einer wirkungsvollen Abfallvermeidung voranzubringen.

Grünlinge G. sind Formlinge aus einer Lehmmischung, die für die Herstellung von gebrannten Ziegeln verwendet werden. Aufgrund des eigentlich angestrebten Endproduktes werden Lehmmischungen mit einem vergleichsweise hohen Tongehalt verwendet, die auf die jeweiligen Herstellungsverfahren, zum Beispiel das Strangpressverfahren, sowie den Ziegelbrand abgestimmt sind. Dadurch werden sie im trockenen, ungebrannten Zustand sehr wasser- und frostempfindlich, sind somit nur für geschützte Anwendungen, in der Regel im Innenbereich, zu gebrauchen. Durch die hohe Verdichtung bei der Herstellung ist die potentielle Feuchteaufnahme reduziert, wie auch die Aufnahme von Schadstoffen aus der Innenraumluft. Die Wärmespeicherfähigkeit ist entsprechend der Dichte relativ hoch, wie auch die Wärmeleitfähigkeit entsprechend dem hohen Verdichtungsgrad hoch ist. Der Energieeinsatz zur Herstellung ist bedingt durch den Maschineneinsatz und der Prozessenergie höher als bei den handgestrichenen →Lehmsteinen.

Grundierungen G. dienen dem Anstrichaufbau und haben die Aufgabe, eine feste Verankerung mit dem Untergrund herzustellen. →Anstrichstoffe,→Haftgrund, →Imprägnieröl, →Tiefgrund

Grundlüftungsbedarf Für ein gesundes und behagliches Wohnklima ist ausreichende Frischluftzufuhr die Voraussetzung. Die minimal notwendige Frischluftzufuhr, die durch →Natürliche oder →Mechanische Lüftung sichergestellt werden muss, ist der G. Er richtet sich nach:

- Personenanzahl in einem Raum
- Aktivitäten der Personen
- Tiere und Pflanzen
- Geruchs- und Schadstoffe in der Raumluft
- Luftfeuchtigkeit

Als Richtwert für den G. kann etwa 20 bis 30 m^3 Frischluft pro Person und Stunde herangezogen werden. Dies entspricht in Wohnräumen einer Luftwechselrate von ca. 0,4 pro Stunde.

Grundstähle G. sind Stahlsorten mit Güteanforderungen, deren Erfüllung keine besonderen Maßnahmen bei der Herstellung erfordert. Es handelt sich dabei meist um unlegierte Stähle (→Stahl). Legierte G. haben ähnliche Verwendungszwecke wie unlegierte G., enthalten aber Legierungselemente über den Grenzwerten nach DIN EN 10021. Hierzu zählen Stähle für Spundwand und Grubenausbauprofile.

Gummi arabicum G. ist der getrocknete Pflanzenschleim verschiedener Akazien-Arten. Akazien, aus denen G. gewonnen wird, wachsen im tropischen Afrika, in Indien und Australien. Die farblosen bis braunen, geruchlosen Stücke werden in warmem Wasser gelöst. Die zähklebrige Flüssigkeit wird von Naturfarbenherstellern als Klebstoff und Verdickungsmittel für Lacke und Farben verwendet. G. kann als Lebensmittel-Zusatzstoff zur Bindung und Verdickung in Süßwaren enthalten sein und wird auch in Kosmetika und Streichhölzern eingesetzt.

Gummi-Bautenschutzbahnen und -platten G. sind Bahnen- oder Plattenware aus recyceltem, mit →Polyurethan gebundenem Gummigranulat aus Altreifen. Durch spezielle Bindemittel erfolgt die Erzeugung aus Altreifengranulat wesentlich schneller und effizienter als bei der Verwendung von Frischkautschukmischungen. G. sind in den Materialstärken 3 bis 20 mm erhältlich (übliche Stärken von 6 bis 10 mm). Rohdichte: 730 kg/m^3, Wärmeleitfähigkeit (DIN 52612): 0,14 W/(m·K), Brandklasse B2. Einsatzgebiete: als Schutz-, Drän- und Speicherschicht, Verkehrsbauten aller Art, Brücken, Garten- und Landschaftsbau; Abdichtung und Isolierungen auf Flach- und Gründächern, Terrassen und Parkdecks; im Besonderen unter stark befahrenen oder benutzten Dachflächen, z. B. Spielplätzen und Wegebelägen. G. sind eine Alternative für Schutzbetonschichten, wenn geringe Aufbauhöhe oder geringes Gewicht gefordert ist. Die Verlegung erfolgt lose oder durch Verklebung mit →Heißbitumen bzw. Klebern. Darauf wird Schüttmaterial, eine Betonschicht o.Ä. als Oberflächenschutz aufgebracht. Die Zusammensetzung der G. muss mit den →Dachabdichtungen und Wurzelschutzbahnen verträglich sein.

Altgummigranulate können ohne Qualitätsverlust für die erzeugten Materialien als Füllstoff in Frischkautschukmischungen eingesetzt werden, dennoch wird über die Hälfte der rund 650.000 t in Deutschland pro Jahr anfallenden Altreifen in Zementwerken verbrannt und nur ca. 2 % des gesamten Altgummis in der Kautschukindustrie verwertet. Der mengenmäßig bedeutendste Recyclingweg ist die Modifizierung von Asphalt und Bitumen. Altreifen sind wegen ihrer Form, Beschaffenheit und Brennbarkeit ein relativ problematischer Abfallstoff. Reifenbrände sind äußerst umweltbelastend, weil neben den schädlichen Gasen wie Ruß und →Aromatischen Kohlenwasserstoffen noch Pyrolyseöle entstehen, die umliegende Gewässer, das Grundwasser oder den Boden erheblich verseuchen können. Abgesehen von der Brandgefahr bringen unkontrollierte Reifendeponien erhebliche Gesundheitsrisiken mit sich (z. B. sind in den Reifen stehende Wasserlachen Brutstätten für Stechmücken). Die Herstellung von G. aus Altgummigranulat kann daher als sinnvolle Verwertung angesehen werden.

Gummi-Bodenbeläge G. (auch Elastomer-Bodenbeläge oder Kautschukbeläge) werden aus →Synthese- und →Naturkautschuk (→Naturkautschuk-Bodenbeläge) gefertigt. Sie können homogen (einschichtig) oder heterogen (mehrschichtig) oder mit einer Dekorschicht hergestellt werden. Der am häufigsten verwendete →Kautschuk ist →Styrol-Butadien-Kautschuk (SBR). Andere Kautschuke wie Butylkautschuk (IIR), Ethylen-Propylen-Kautschuk (EPM) oder Ethylen-Propylen-Terpolymer (EPDM) finden in geringerer Menge Verwendung. Naturkautschuk wird dem Synthesekautschuk zugegeben, damit er das Material geschmeidiger macht. Zur Herstellung der G. aus SBR wird plastifiziertes Emulsions-SBR unter Zugabe der Additive bei Temperaturen um 50 °C gewalzt. Die klassische Vernetzung erfolgt mit elementarem Schwefel unter Zusatz von Vulkanisationsbeschleunigern. Durch die Zugabe von Alterungsschutzmitteln werden G. gegen den Einfluss von Licht und Sauerstoff geschützt. Weichmacher sind nicht erforderlich. Rahmenrezeptur: ca. 35 % Kautschuk, 50 bis 60 % anorganische Füllstoffe, z.B. Ton und Kaolin, 5 % Pigmente, 1,5 % Schwefel und Verarbeitungshilfsmittel. G. sind extrem strapazierfähig, dauerelastisch, maßstabil und nahezu abriebfest. Sie werden daher für Räume mit starker Beanspruchung verwendet. Sie sind nicht feuchtigkeitsregulierend, elektrostatische Aufladungen sind möglich. G. gewährleisten eine gute Trittsicherheit. Sie sind nicht

alkalienbeständig, starke Reinigungsmittel können eine Farbtonänderung bzw. Flecken erzeugen. G. sind dampfdicht, daher ist die Fußbodenkonstruktion gegen Feuchteeintritt von unten zu schützen, da es sonst zu Bauschäden kommen kann.
Die Herstellung von SBR bzw. die Synthese der Ausgangschemikalien Styrol und Butadien sind mit einer Vielzahl von Umweltbelastungen verbunden. Die Ausgangsstoffe sind petrochemischen Ursprungs (→Erdöl) und haben hohe humantoxische Relevanz. Emissionsseitig dominieren Kohlenwasserstoffemissionen in die Luft. Anders als bei einigen Naturkautschuk-Rezepturen ist es beim SBR bis heute nicht möglich, durch Rezepturänderungen die Bildung der Nitrosamine bei der Vulkanisation völlig zu verhindern. Nitrosamine, die stark krebserzeugend sind, wurden z.B. in Lagerhallen nachgewiesen. Eine Belastung durch Nitrosamine in den Produktionsstätten, im Bereich der Lager und beim Endverbraucher kann daher nicht ausgeschlossen werden. Während der Nutzungsphase von Styrol-Butadien-Kautschuk können zahlreiche Substanzen ausgasen, darunter auch die geruchsintensiven Verbindungen Vinylcyclohexen und 4-Phenylcyclohexen. Vinylcyclohexen wird außerdem im Körper zum Diepoxid abgebaut, ist daher gemäß →MAK-Liste als krebserzeugend (Kat. 2) eingestuft. 4-Phenylcyclohexen ist sehr geruchsintensiv. Viele andere →VOC (vereinzelt auch Styrol) sind analytisch fassbar, aber bisher kaum identifiziert. Für die Verklebung sollten lösemittelfreie bzw. emissionsarme Klebstoffe verwendet werden (→EMICODE). Eine stoffliche Verwertung von G. ist wirtschaftlich nicht attraktiv, die Produkte werden daher thermisch verwertet bzw. beseitigt.

Gussasphalt G. ist eine dichte, in heißem Zustand gieß- und streichbare →Bitumen gebundene Masse. Als Bindemittel wird →Hochvakuumbitumen, →Hartbitumen oder eine Kombination von beiden eingesetzt. Das Mineralgerüst ist nach dem Prinzip der Hohlraumminimierung aufgebaut und besteht in der Regel aus mindestens 20 M.-% Steinmehl (Füller), 30 bis 55 % Splitt (Brechkorn größer 2 mm) oder Kies (Rundkorn) sowie Sand. Die maximale Korngröße beträgt auf Autobahnen 11 mm und bei Industrieestrichen 5, 8 oder 11 mm. G. hat einen höheren Bitumenanteil (6,5 bis 8 %) als →Walzasphalt, sodass die Hohlräume des Minerals mit Bitumen ausgefüllt werden und ein geringer, für die Verarbeitbarkeit erforderlicher Bindemittelüberschuss vorhanden ist. Gussasphalt wird als Fahrbahnbelag, insbesondere auf Autobahnen, als Bestandteil von Abdichtungen auf Brücken, Parkdecks, begrünten Flächen und in Nassräumen und als →Gussasphaltestrich im Wohn- und Industriebau eingesetzt. Die Einsatzgebiete von G. sind Wohnungs- und Industriebau (54 %, Anwendungen im Wohnungsbau sind dabei untergeordnet), Straßenbau (21 %) und Brückenbau (25 %). Die Hauptmengen dürften für Abdichtungen von Parkdecks und Hofkellerdecken sowie für Estriche in Industrieanlagen, Büro- und Kaufhausbauten eingesetzt werden. Die Eignung für die unterschiedlichen Anwendungsgebiete wird überwiegend über die Bitumensorte, d.h. die Härte, gesteuert. Gemessen an der Gesamt-Asphaltproduktion von 68,5 Mio. t (1999) macht die verarbeitete Menge an G. nur 1 % der in Deutschland verarbeiteten Mengen an Asphalt aus.
G. wird direkt nach der Herstellung in beheizte geschlossene Rührwerkskessel übernommen und zur Einbaustelle gefahren. Optimale Verarbeitungstemperaturen liegen zwischen 230 °C bei G. für den Einbau im Freien und bei 250 °C für G. mit Hartbitumen für den Einsatz als Gussasphaltestrich. Beim Einbau von Hand wird der Gussasphalt entweder in Holzeimern, in beheizten Dumpern (dieselgetriebene Kleintransporter) oder mit Schubkarren zur Einbaustelle transportiert. Die Eimer werden zur Einbaustelle getragen und dort entleert. Der G. wird von Hand verteilt und mit dem Streichbrett geglättet. Beim maschinellen Einbau wird der G. vom Rührwerkskessel direkt vor den Fertiger gegeben. Der Einbau erfolgt mit Einbaubohlen ähnlich wie beim Walzasphalt. Für die erforderliche Griffigkeit wird beim Einbau des Asphalts Splitt aufgestreut und eingewalzt.
Die Konzentrationen von Bitumendämpfen und -aerosolen (Bitumennebel) beim Verarbeiten von G. sind aufgrund der hohen Einbautemperatur von ca. 250 °C höher als beim →Walzasphalt. Besonders hoch ist die Exposition bei der manuellen Verarbeitung, aber auch beim maschinellen Einbau führen die hohen Einbautemperaturen zu hohen Expositionen an Bitumennebel (über 40 mg/m^3). Die höchste Exposition von Verarbeitern mit Bitumennebel zeigt die Verarbeitung von G. in Innenräumen; dabei wurden mittlere Benzo[a]pyren-Konzentrationen von 0,56 µg/m^3 gemessen.

Gussasphaltestrich G. ist ein Füllstoffgemisch von Steinmehl, Sand und Splitt, das mit etwa 7 bis 10 % →Bitumen in heißem Zustand versetzt, homogen gemischt und bei etwa 250 °C flüssig eingebracht wird. Der noch heiße G. wird mit feinem Sand abgekehrt. Dieser Sand ist der Haftvermittler für nachfolgende Bodenbelagsarbeiten Die Estriche sind nach der Abkühlung sofort gebrauchsfähig, da sie nicht wie →Zementestriche oder →Anhydritestriche abbinden müssen. G. sind heute im Neubau zu etwa 3 % der Estrichflächen beteiligt, v.a. im Schnellbau und bei erdberührten Konstruktionen. Die Hauptmengen dürften für Abdichtungen von Parkdecks und Hofkellerdecken sowie für Estriche in Industrieanlagen, Büro- und Kaufhausbauten eingesetzt werden. Asphalt-Untergründe sind bitumenhaltig und neigen je nach Zusammensetzung und vorherrschender Temperatur zur Migration. Deshalb muss in Erwägung gezogen werden, dass Verfärbungen durch die Migration von Bitumen in nachfolgende Beschichtungen entstehen, die nicht entfernbar sind.

Durch die hohen Einbringtemperaturen entsteht ein gesundheitsschädliches Gemisch aus Bitumendämpfen und -aerosolen (Bitumennebel), die zur Atemwegserkrankung der betroffenen Arbeiter führen und auch in Zusammenhang mit potenzieller krebserzeugender Wirkung gebracht werden (Kat. 2 gem. →MAK-Liste; s.a. →Bitumen). Beim Einbau von G. in Innenräumen wurden die höchsten Expositionen von Verarbeitern mit Benzo[a]pyren (0,56 µg/m³) gemessen. Für die Verarbeitung von G. musste der Ausschuss für Gefahrstoffe den Luftgrenzwert für Bitumendämpfe und -aerosole bis 2007 aussetzen. Bei Niedertemperatur-G. ist es zwar gelungen, die Einbautemperaturen auf 220 bis 225 °C zu senken, diese Entwicklung dürfte aber noch nicht ausreichend sein, einen Luftgrenzwert von 10 mg/m³ einzuhalten.

Gusseisen G. ist eine Eisenlegierung mit 2 bis 4 % Kohlenstoffgehalt und Silicium als weiterem Legierungsbestandteil. G. wird im Kupolofen, einem kleinen Schachtofen, gewonnen. Die Einsatzstoffe sind festes Roheisen, Kreislaufmaterial, Blechpakete und ausgesuchter Stahlschrott. Die Zuschlagstoffe Siliciumkarbid, Kies und Kalkstein dienen zur Einstellung des Siliciumgehaltes in der Eisenanalyse bzw. zur Bildung günstiger Fließeigenschaften der Schlacke. Der Kupolofen wird mit Koks, den Einsatzstoffen und den Zuschlagstoffen von oben beschickt. Durch die Verbrennung des Kokses nimmt das flüssige Eisen Schwefel auf, der für die weitere Verarbeitung störend wirkt. Das Eisen wird daher auf einer speziellen Schüttelstation durch Calciumcarbid auf weniger als 0,01 % Schwefel entschwefelt. Darüber hinaus wird auf dieser Station der Siliciumgehalt der Schmelze auf ca. 2 % eingestellt. Das entschwefelte Eisen wird im Induktionsrinnenofen homogenisiert. Je nach Menge und Form der Graphitausscheidung wird G. untergliedert in weißes G. mit gebundenem Kohlenstoff (Temperguss und Hartguss für Schlüssel, Schlösser usw.) und graues G. (Heizkörper, Abwasserrohre, Kanaldeckel usw.).

G. ist relativ rostresistent. Bedingt durch den relativ hohen Kohlenstoffanteil verhält es sich spröde und lässt sich weder kalt noch warm verformen. →Roheisen, →Stahl

Gussglas Für die Herstellung von G. wird →Glas – im Gegensatz zu gezogenem Glas – gegossen und anschließend auf die gewünschte Breite und Dicke gewalzt. Beim Walzverfahren kann ein punktverschweißtes, quadratisches Drahtnetz eingelegt werden (Drahtglas). Formt man die Ränder mit einem U-förmigen Querschnitt, so ist das Glas hoch belastbar (Profilbauglas). Drahtglas wird für Türen, Trennwände, als →Wärmeschutzverglasung oder Brandschutzglas verwendet. Profilbauglas wird eingesetzt für die Wärme- und Schalldämmung, für die Verglasung von Lichtöffnungen in Wandflächen, für Trennwände und Windschutzwände. Durch den eingeschweißten Draht ist das Recycling erschwert.

GuT Die Gemeinschaft umweltfreundlicher Teppichböden e.V. ist ein Zusammenschluss von Teppichherstellern, der das Signet an die Mitglieder vergibt. Die Teppiche werden vor der Vergabe auf die Einhaltung der Kriterien überprüft. Das GuT-Signet berücksichtigt in seinen Richtlinien gesundheits- und umweltbezogene Anforderungen. Die Laborprüfungen erfolgen an produktionsfrischen Teppichböden und gliedern sich in Schadstoffprüfung, Emissionsprüfung und Geruchsprüfung. Aus gesundheitlich-ökologischer Sicht umstritten ist die Forderung des G., dass für Wollteppiche →Mottenschutzmittel (→Pyrethroide) verwendet werden müssen.

GWP Global Warming Potential. →Treibhauspotenzial

H

Hämatit H. (Roteisenstein) ist eine schwere Gesteinskörnung zur Herstellung von →Schwer- und →Strahlenschutzbetonen. Die Kornrohdichte liegt zwischen 4,7 und 4,9 kg/dm³. Der Eisengehalt beträgt 60 bis 70 Gew.-%

Härter →Vernetzer

Haftgitter →Haftvliese

Haftgrund H. dient der Untergrundvorbereitung und verbessert die Haftung für →Anstrichstoffe und →Tapeten. Aus anwendungstechnischen Gründen sollten Mittel verwendet werden, welche die gleichen Bestandteile wie das gewählte Anstrichmittel enthalten. H. ist geeignet für feste, nicht stark saugende mineralische Untergründe, dient aber auch zur Absperrung von Rauch-, Bitumen- und Wasserflecken (→Absperrfarben). Ölhaltiger H. enthält →Alkydharze und Öllacke als Bindemittel. Ölfreier H. ist auf der Basis von →Polyvinylacetat und Nitrocellulose aufgebaut (→Nitrolacke, →Polyvinylharzlacke).
Damit die Grundierung tief in den Untergrund eindringen kann, enthalten die Mittel in der Regel höhere Lösemittelanteile als entsprechende Anstrichstoffe. Es gibt auch H. auf Dispersionsbasis.

Haftklebstoffe H. sind nicht härtende →Klebstoffe, die eine haftende Verbindung herstellen, aber klebrig bleiben. Durch die Klebrigkeit können die meisten Verbindungen mit H. wieder gelöst werden. Unter den H. gibt es auch wiederverklebbare Produkte. Bei permanent klebenden Produkten ist die Klebkraft der H. für die jeweilige Anwendung ausreichend, aber nicht so hoch wie z.B. bei →Schmelzklebstoffen. H. werden meistens ein- oder beidseitig auf einem Träger (Kunststoff-, Metallfolien usw.) aufgebracht. Als Bindemittel werden z.B. →Naturkautschuk oder →Synthesekautschuk, Polyacrylat (→Acrylate), →Polyvinylether oder Polyisobutylen eingesetzt. H. sind lösemittelfrei. Sie finden Verwendung für klebstoffbeschichtete Verlegeunterlagen in Form von Netzen und Klebebandmaterialien für →Linoleum-, →Kork-, →PVC- und →Textile Bodenbeläge. Weitere Einsatzgebiete sind selbstklebende Folien, Platten und Fliesen, im Fenster- und Fassadenbau. Wieder lösbare H. werden für Isolierbänder, Klebestreifen, Haftetiketten u. a. verwendet. Die Umwelt- und Gesundheitsverträglichkeit der H. hängt von den eingesetzten Grundstoffen ab.

Haftputzgipse →Baugipse

Haftvermittler Die meisten →Putzmörtel haften nur auf rauen Untergründen. Zu glatte Flächen können aufgeraut oder mit H. versehen werden. Als H. finden Vorspritzer, spezielle Haftmörtel, Haftschlämmen und Haftbrücken Verwendung. Haftmörtel sind speziell zusammengesetzte, oft kunststoffvergütete Zementmörtel. Haftschlämmen finden seltener Verwendung. Sie bestehen aus einer alkalibeständigen Kunstharzdispersion, in welche Zement bis zur Streichbarkeit eingerührt wird. Für gipshaltige Putze sind ausschließlich Haftbrücken aus Kunstharzdispersionen zu verwenden.

Haftvliese H. sind zweiseitig mit Kleber beschichtete Vliese oder netzartige Gewebe (Haftgitter), die auf einer Seite mit einer Schutzfolie gegen ein Verkleben vor der Verarbeitung geschützt werden. Sie bieten →Teppichböden eine gute Haftung und gleichzeitig eine problemlose Wiederaufnahme. H. werden mit der Schutzfolie nach oben auf dem Unterboden ausgerollt und mit einem Anreibebrett sorgfältig angerieben. Nachdem die Schutzfolie abgezogen wurde, kann der Teppichboden auf das H. gelegt und angerieben werden.→Teppichbodenfixierungen

Halogene Als H. (griechisch: Salzbildner) werden die Elemente Fluor (F), Chlor (Cl), Brom (Br) und Iod (I) bezeichnet. In Form ihrer Salze (Fluoride, Chloride, Bromide und Iodide) sind sie für den Menschen lebensnotwendig und kommen vielfältig natürlicherweise vor. H.-Dämpfe sind stechend (Brom, Iod) bis stark ätzend (Fluor, Chlor). Als gesundheitlich und ökologisch besonders problematisch hat sich eine Vielzahl von organischen H.-Verbindungen erwiesen; die H.-Kohlenstoffbindung in den Synthesemolekülen ist eine weitgehend naturfremde Struktureinheit. Halogenierte, insbesondere →Chlorierte Kohlenwasserstoffe spielen als Zwischen- und Endprodukte der chemischen Industrie eine große Rolle. Die Gefahren der Chlorchemie wurden der breiten Öffentlichkeit erstmals 1976 durch die Katastrophe von Seveso (polychlorierte →Dioxine) bekannt. Eine Vielzahl weiterer Chlor-Chemikalien stand im Rampenlicht der Umweltdiskussion, so z.B. die Pestizide →DDT und Hexachlorbenzol, →Vinylchlorid als Ausgangsstoff der PVC-Produktion, Perchlorethylen in Chemisch-Reinigungen, →Pentachlorphenol und Lindan (Hexachlorcyclohexan) in Holzschutzmitteln, →Polychlorierte Biphenyle als Weichmacher und Flammschutzmittel in Bauprodukten usw. Auch die ozonschichtschädigenden →FCKW gehören zur Gruppe der →Halogenorganischen Verbindungen. In der unteren Stratosphäre werden die industriellen →Flammschutzmittel und Kältemittel von der UV-Strahlung gespalten und die Chloratome zerstören in einem katalytischen Prozess das Ozon, das die Erde vor der Einwirkung der UV-Strahlung schützt. Die Größe der Ozonlöcher über der Antarktis und der Arktis haben in den letzten Jahren abgenommen.

Ein Großteil der chlorierten Kohlenwasserstoffe wirkt beim Menschen krebserzeugend oder steht im begründeten Verdacht. Der Gesetzgeber hat relativ spät durch eine Reihe von Einzelverordnungen auf die toxikologischen bzw. ökologischen Erkenntnisse reagiert. Im Baubereich werden nach wie vor gesundheitlich und/oder ökologisch bedenkliche halogenorganische Verbindungen eingesetzt. Während →Dichlormethan in →Abbeizmitteln nicht mehr zugelassen ist, werden →Chlorparaffine als Weichmacher, →Polyvinylchlorid, halogenierte →Flammschutzmittel und →Biozide weiterhin angewendet. Diese Substanzen werfen entlang ihres →Lebenszyklus schwerwiegende Probleme auf. Siehe auch →Sanfte Chemie.

Halogenfreie Kabel →Kabelisolierungen

Halogenkohlenwasserstoffe Als H. (HKW) werden Kohlenwasserstoffe bezeichnet, deren Moleküle →Halogene (Fluor, Chlor, Brom, Iod) enthalten. →Chlorierte Kohlenwasserstoffe, →FCKW, →Fluorierte Treibhausgase, →Halogene

Halogenlampen H. funktionieren nach dem gleichen Grundprinzip wie →Glühlampen. Die Edelgasfüllung (Argon) des Glaskolbens enthält aber zusätzlich eine geringe Menge eines →Halogens (Brom oder Iod), das mit dem verdampften Wolfram reagiert und eine wolframhaltige Atmosphäre stabilisiert. Bei hohen Temperaturen zerfällt die Verbindung wieder in ihre Elemente, die Wolframatome kondensieren auf der Glühwendel. Der Halogenzusatz verhindert bei einer Glastemperatur über 250 °C den Niederschlag von Wolfram auf dem Glaskolben (keine Kolbenschwärzung), sodass der Glaskolben sehr kompakt gefertigt werden kann. Die kleinen H.-Kolben sind aus hoch schmelzendem, reinem Quarz (Siliciumdioxid) hergestellt. Verunreinigungen auf dem Kolben, z.B. Fingerabdrücke durch Anfassen des Glases oder Verkohlen im Betrieb, führen lokal zu Temperaturerhöhungen oder Mikrokristallisierung, die zum Platzen des Quarzglaskolbens führen können. Die Lichtausbeute von H. und ihre Lebensdauer sind etwa doppelt so hoch wie jene von Glühlampen. Moderne →Energiesparlampen sowie →LED-Lampen sind allerdings noch wesentlich sparsamer. H. strahlen ein sehr konzentriertes, brillantes Licht aus, das dem natürlichen Tageslicht sehr nahe kommt. Sie strahlen neben dem sichtbaren Licht allerdings einen vergleichsweise hohen Anteil ultravioletter Strahlung (UV-B) ab. Bei H. ohne UV-Abschirmung besteht im Abstand von 30 cm bereits nach vier Stunden Sonnenbrandgefahr. Diese H. sind als Schreibtisch oder Leselampen nicht geeignet und sollten – wenn überhaupt – nur als Deckenstrahler oder zur Wand-, Schaufenster- oder Vitrinenbeleuchtung eingesetzt werden. Durch eine an der Lampe angebrachte Glasscheibe wird der UV-B-Anteil ausreichend abgeschirmt. Das Schutzglas hilft auch, Verbrennungen an den 900 °C heißen H. zu vermeiden. H. werden in der Regel mit 12 V Niederspannung betrieben und benötigen zur Umsetzung der 230 V einen Transformator. Aufgrund der hohen Gleichströme treten im Vergleich zu anderen Beleuchtungssystemen große Magnetfelder auf (Elektrosmog). →Licht, →Leuchtstofflampen, →Vollspektrallampen

Halogenorganische Verbindungen H. sind organische Stoffe mit einem oder mehreren Halogenatomen (Fluor, Chlor, Brom oder Iod). Zahlreiche H. gehören zu den besonders gefährlichen Umweltschadstoffen. Ihre Gefährlichkeit resultiert aus der großen chemischen Stabilität, die einen schnellen Abbau zu unproblematischen Stoffen verhindert, ihrer guten Fettlöslichkeit, die eine gute Aufnahme und Speicherung in Lebewesen begünstigt, und ihrer hohen Toxizität. Zahlreiche Vertreter der H. haben krebserzeugende, erbgutverändernde oder reproduktionstoxische Eigenschaften (→CMR-Stoffe):

- →Perfluortenside werden weit verbreitet u.a. in Konsumprodukten eingesetzt, z.B. beschichtete Trinkbecher aus Pappe.
- →Chlorierte Kohlenwasserstoffe werden heute in Bauprodukten deutlich geringer eingesetzt, in den Emissionen finden sie sich nur noch selten.
- →Polybromierte Flammschutzmittel

Halone H. (Fluorchlorbromkohlenwasserstoffe) sind vom chemischen Aufbau den Fluorchlorkohlenwasserstoffen (→FCKW) eng verwandt; sie enthalten zusätzlich Bromatome. In den 1970er- und 1980er-Jahren wurden zunehmend H. als Feuerlöschmittel eingesetzt. H. gehörren wie die FCKW zu den Ozonschicht zerstörenden Substanzen, wobei H. ein bis zu 10-mal höheres Zerstörungspotenzial besitzen. Die hohen Ozonabbaupotenziale dieser Stoffgruppe führten in Deutschland im Jahr 1992 gemäß FCKW-Halon-Verbots-Verordnung zu einem Herstellungs- und Verwendungsverbot als Feuerlöschmittel. Mit Ausnahme weniger, sog. „kritischer Verwendungszwecke" konnten H. in den meisten Anwendungen in kurzer Zeit ersetzt werden. Sie werden heute nur noch für die militärische und zivile Luftfahrt und sehr wenige weitere Anwendungen eingesetzt.

In einer Vielzahl von Anwendungen erfolgte eine Umstellung des Brandschutzes auf halogenfreie Feuerlöschmittel und -verfahren. Beispielhaft seien Kohlendioxid-, Sprinkler- und Inertgasanlagen sowie verbesserte Frühwarnsysteme genannt. Bei den Handfeuerlöschern wurde wieder verstärkt auf Pulver, Wasser, Schaum und Kohlendioxid zurückgegriffen. →Ozonabbau in der Stratosphäre

Hanf H. (Cannabis Sativa L.) ist eine der ältesten Kulturpflanzen der Welt. Findet heute vielfach Verwendung in der Industrie, in der Medizin und als Genussmittel.

H. ist eine sehr schnell wachsende und hinsichtlich der Bodenzusammensetzung robuste und anspruchslose Pflanze. Er gedeiht in nahezu allen Regionen, die besten Erträge liefert er aber in Gebieten mit reichlich Wasser und gemäßigtem Klima. H. gilt als Pflanze mit Beikraut unterdrückender Wirkung, der Einsatz von Pflanzenschutzmittel ist daher unter guten Bedingungen nicht notwendig. Oft kann bereits nach 100 Tagen der dann bis zu 4 m hohe Hanf geerntet werden. H. hat eine große natürliche Widerstandsfähigkeit gegen fast jeden Krankheitsbefall und aufgrund des Gehalts an THC und CBD ist er resistent gegen Schädlingsbefall. Für den Anbau in der EU wurde der Gehalt an der Rauschsubstanz THC begrenzt. Die Fasern verbleiben nach der Ernte zehn bis 20 Tage am Feld zur Röste und werden zu Hanfstroh. Dabei verrotten unter Einfluss von Wärme und Feuchtigkeit die Pflanzenleime, welche die Holzteile und Faserbündel zusammenhalten. Die Hanffasern und Schäben sind Nebenprodukte des Hanfanbaus, die durch den Einsatz in der Dämmstoffherstellung einer sinnvollen Verwertung zugeführt werden. Das Herstellungsverfahren ist einfach und umweltschonend.

H. wird verwendet für die Herstellung von →Hanfdämmplatten, Hanfdämmschüttung, Hanf-Leichtlehmschüttung, Hanfstopfwolle, Hanfnadelfilz.

Hanfdämmstoffe Bei den Hanfpflanzen liegen die Fasern in der äußeren Rindenschicht des Pflanzenstängels. Der Faseraufschluss erfolgt überwiegend mittels mechanischer Verfahren. Für Dämmstoffe werden sogenannte Kurzfasern eingesetzt, die teilweise auch noch geringe Anteile von Schäben (verholzte Teile der Stängel) enthalten können. Aber auch die bei der Produktion anfallenden Schäben können, überwiegend als Schüttung, die Fasern als Stopf- oder Einblasdämmung, aber auch in Form von plattenförmigen Materialien, verwendet werden. Die Herstellung von mattenförmigen Dämmstoffen erfolgt durch Vliesbildung und mechanische Verfilzung der Fasern. Teilweise werden auch naturnahe Bindemittel (z.B. Kartoffelstärke) oder synthetische Stützfasern (BiCo-Fasern: Kern aus PES/PP, Mantel aus PP/PE) verwendet; insbesondere um elastische Vliese herzustellen. Der Brandschutz kann durch Beimengungen von Borsalz oder Soda verbessert werden.

H. werden hauptsächlich als Rollen- oder Mattenware in Form von Dämmvliesen angeboten. Daneben sind ungebundene Hanffasern als Einblasdämmung oder Stopfhanf erhältlich sowie Hanfgarn zur Fugenabdichtung. Die Schäben lassen sich direkt für Dämm- und Ausgleichsschüttungen verwenden. Der Zuschnitt der gebundenen Produkte ist mit einer Band- oder Kreissäge möglich.

Hanfdämmplatten H. sind →Dämmstoffe aus Bestandteilen der Hanfpflanze und üblicherweise bis 15 M.-% →Bikomponenten-Kunststofffasern. Die Bindung mit Stärkefasern funktioniert bereits technisch, scheitert zurzeit aber noch an zu hohen Kosten. Als brandhemmende Mittel wirken →Ammoniumpolyphosphate oder Sodalösungen. Im Werk wird das Hanfstroh in einer Hammermühle in die Bestandteile Hanffaser, Schäben und Staub getrennt und die Hanffaser mit Flammschutzmittel behandelt. Die Zusatzstoffe sind bei sachgemäßem Umgang humantoxisch unproblematisch. Die eingesetzten Mengen an Kunststofffasern und Flammschutzmittel haben noch Verringerungspotenzial. Manchen H. werden auch die Hanfschäben beigegeben. Die Hanf- und Kunststofffasern werden gemischt und durch zwei Vliesbildner befördert. Im darauf folgenden Thermobondierofen schmilzt der PE-Mantel der Kunststofffaser und verbindet so die Hanffasern. Der innere Kern schmilzt nicht und gibt der Platte Festigkeit.

H. werden vorwiegend in Holzkonstruktionen eingesetzt (Steildachdämmung, Dämmung im Leichtelement, abgehängte Decke usw.). Die Dämmplatten werden zwischen den Trägern eingeklemmt und mittels Tacker am Holz angeklammert, damit sie nicht abrutschen können. →Wärmeleitfähigkeit: 0,040 bis 0,045 W/(m·K), →Dampfdiffusionswiderstandszahl: 1 – 2, →Baustoffklasse B2. Beim Schneiden entsteht Feinstaub. Entsprechende Staubschutzmaßnahmen sind zu treffen. Schadstoffabgabe durch H. ist nicht zu erwarten. Unbeschädigtes Material kann weiterverwendet oder als Stopfwolle verwertetet werden. Nicht mehr gebrauchte H. (sortenrein) werden von Herstellern zurückgenommen und können wieder zu H. verarbeitet werden. Die Entsorgung erfolgt über Verbrennung in Müllverbrennungsanlagen.
→Natur-Dämmstoffe

Harnstoff H. (Carbamid, Carbonyldiamid, Kohlensäurediamid) ist das Endprodukt des Eiweißstoffwechsels. Er wird in der Leber gebildet und gelangt über das Blut und die Nieren in den Harn. H. kommt auch in vielen Pflanzen, besonders in Pilzen, vor. Die technische Herstellung von H. erfolgt aus Kohlendioxid und Ammoniak. H wird vor allem in der Kunststoffindustrie zur Herstellung der →Harnstoff-Formaldehyd-Harze verwendet und dient als Zwischenprodukt bei der →Melamin-Herstellung. Ein Großteil der H.-Produktion geht in die Düngemittelherstellung. H. wird auch in der Medizin, z.B. für Salben, verwendet.

Harnstoff-Formaldehyd-Harze H. (UF-Harze) sind die wichtigsten Bindemittel für →Holzwerkstoffe (z.B. →Spanplatten). Die Aminoplaste werden durch Polykondensation von →Harnstoff und →Formaldehyd hergestellt. H. sind preiswert und einfach zu verarbeiten, farblos, beständig gegen Sonnenlicht, aber hitze- und feuchtigkeitsempfindlich. Sie eignen sich daher nur für Holzwerkstoffe, die keiner erhöhten Feuchtigkeit ausgesetzt sind. Durch Einwirkung von normaler Luftfeuchtigkeit kann es beim Gebrauch zu einer gesundheitlichen Belastung durch die Freisetzung von Formaldehyd kommen. Harnstoff-Formaldehydharz-Ortschaum (UF) kann größere Mengen an Formaldehyd (> 0,1 ppm) freisetzen und als dauerhafte diesbezügliche Quelle im Innenraum auftreten. Dieser Problematik kann durch chemische Modifikationen, wie Beigabe von →Melamin oder →Phenol einerseits und der Senkung des Anteils von Formaldehyd gegenüber Harnstoff andererseits entgegengewirkt werden.

Harnstoff-Formaldehydharz-Ortschäume H. werden auf der Baustelle aus →Harnstoff-Formaldehyd-Harz und Druckluft hergestellt. Der anfänglich plastische Schaum wird über Bohrungen durch Überdruck in Hohlräume und Fugen eingebracht und erstarrt innerhalb kurzer Zeit zu einem offenzelligen Endprodukt von feiner, gleichmäßiger Schaumstruktur. Aufgrund dieser Eigenschaften wurden H. zur nachträglichen Isolierung von Altbauten verwendet. In der Blütezeit der Ortverschäumung, etwa zwischen 1970 und 1985, wurden für ca. 90 % der nachträglichen Kerndämmverschäumungen H. eingesetzt. Beim späteren Abbruch von Gebäuden zeigte sich aber, dass die Schäume den Hohlraum nur ungenügend ausfüllen, es sei denn, der Abstand der Bohrlöcher würde so gering gewählt, dass die Dämmung unbezahlbar würde. Die Anwendung, Eigenschaften und Ausführung von H. sind in der DIN 18159-2, aktuell 08/2015, geregelt. Aufgrund der hohen Emissionen von →Formaldehyd bei der Herstellung bzw. Verarbeitung sind H. sehr problematisch. Anweisungen zur Begrenzung der Formaldehyd-Emissionen in der Raumluft bei Verwendung von H. gibt eine ETB-Richtlinie. Der Formaldehyd kann die Raumluft auch noch lange nach dem Einbau belasten. Auch die Hilfsstoffe sind z.T. stark umwelt- und gesundheitsschädlich. Als Treibmittel dient eine wässrige Tensidlösung, die mit Druckluft aufgeschäumt wird. Als Schaum stabilisierende Zusätze werden →Polysiloxane eingesetzt. →Flammschutzmittel sind Ammoniumsalze oder organische Bromverbindungen. Als Katalysatoren werden →Amine oder →Zinnorganische Verbindungen eingesetzt.

Hartbitumen H. wird erzeugt, indem →Oxidationsbitumen die allerschwersten Öle entzogen werden. Dadurch erhält das Oxidationsbitumen die Konsistenz von →Hochvakuumbitumen. →Bitumen

Hartfaserplatten (HB hard board) H. sind plattenförmige →Holzwerkstoffe mit Dicken bis zu 8 mm und einer Dichte ≥ 800 kg/m^3, die vorwiegend im Nassverfahren hergestellt werden (DIN EN 622-2.) Die Fasern werden aus Holz oder anderen lignocellulosehaltigen Rohstoffen, z.B. Stroh, gewonnen. Der Faserkuchen wird mit einer Faserfeuchte von mehr als 20 % unter Anwendung von Hitze und Druck geformt. Platten, die im Nassverfahren hergestellt wurden, erkennt man an der rückseitigen Siebmarkierung. Die Bindung erfolgt größtenteils durch Verfilzung der Fasern und durch Zugabe sehr geringer Mengen eines Bindemittels. Diese Platten zeigen daher i. d. R. geringe Schadstoffemissionen. H., die im Trockenverfahren hergestellt werden, entsprechen hinsichtlich ihrer ökologischen Eigenschaften eher den →MDF-Platten. H. werden vorwiegend in der Möbelindustrie, Türenherstellung, Schalung und Verpackung sowie im Innenausbau verwendet. Die Platten können gebogen werden.

Ökologische Bewertung der Hartfaserplatte, 900 kg/m^3, Bezug t_{atro} (Quelle: dataholz.eu)		
GWP [kg CO_2 Äqv.]	AP [kg SO_2 Äqv.]	PEI ne [MJ]
-1.700,0	1,9	12.777,8
PEI e [MJ]	EP [kg PO_4 Äqv.]	POCP [kg C_2H_4 Äqv.]
27.222,2	0,6	0,2

Hartgrundierungen H. aus →Naturfarben sind lösemittelfreie Alternativen zu den lösemittelhaltigen →Imprägnierölen. H. feuern das Holz nicht so an wie Imprägnieröle, geben aber eine schöne, seidenmatte Oberfläche.

Hartholz H. ist aufgrund seines großen Anteils an Fasern und seiner engen Gefäßstruktur in der Beschaffenheit festes und schweres Holz. Die meisten Laubhölzer zählen zu den Harthölzern. Grundsätzlich gilt, dass langsam wachsende Bäume i.d.R. eine höhere Rohdichte aufweisen, je nach Bodenbeschaffenheit und Lage können auch Nadelhölzer als H. klassifiziert werden. Als H. gelten Holzarten mit einer Brinellhärte > 30 N/mm^2 und einer Darrdichte > 550 kg/m^3. Dazu zählen u.a. →Kirschbaum, Teak, →Birnbaum, und →Buche. →Brinellhärte, →Darrdichte

Hartholzstaub →Holzstaub

Hartlote H. sind schmelzende →Metalle, die vor allem zum →Löten von Leichtmetallen (hauptsächlich →Aluminium) verwendet werden. Zum Löten von Aluminium werden H. aus Aluminium, dem geringe Mengen Zinn, →Zink, →Nickel, →Cadmium oder Silicium zur Schmelzpunkterniedrigung hinzugefügt sind, angewandt. Aluminium-H. sind korrosionsbeständiger als Aluminium-Weichlote, sie müssen aber trotzdem durch Anstriche vor Feuchtigkeit geschützt werden. Silber-H. werden zum Hartlöten von →Kupfer, Bronze und →Messing mit mehr als 58 % Kupfergehalt verwendet. Sie bestehen aus Kupfer-Zink-Silberlegierungen. Kupfer-H. sind Kupfer-Zink-Legierungen mit 42 bis 54 % Kupfer (Messing) für das Löten von Messing, anderen Kupferlegierungen und →Stahl. Durch Zulegieren von Nickel kann der Schmelzpunkt variiert werden. Gesundheitsgefahren gehen vor allem von den cadmiumhaltigen Aluminium-H. aus. In Schweden ist Cadmium bereits verboten. In Deutschland wird dieses Metall als krebserzeugender Stoff eingestuft. Cadmiumhaltige Lote müssen seit 1990 nach Gefahrstoffrecht gekennzeichnet sein. H. ohne Cadmium mit Arbeitstemperaturen von 600 bis 850 °C können mit dem →Blauen Engel (RAL-Umweltzeichen 68: Cadmiumfreie Hartlote) gekennzeichnet werden. Da H. in der Regel schwermetallhaltig sind, müssen Reste als Sondermüll entsorgt werden. →Weichlote

Hartöle H. sind aushärtende Öle. →Imprägnieröle

Hartschaumplatten →EPS-Dämmplatten, →XPS-Dämmplatten, →Polyurethan-Hartschaumplatten

Harze H. (Resina) sind amorphe, fest oder flüssige Ausscheidungsprodukte von Pflanzen. Die H. entstehen insbes. im Holz und in der Rinde. Bei größeren Verletzungen fließt aus den Wundstellen oft jahrelang ein zähflüssiger Wund-→Balsam, der nach Verdunstung der flüchtigen Bestandteile zu festen, oft durchsichtigen oder durchscheinenden spröden Massen erstarrt. Die meisten H. sind gelb bis braun gefärbt. Die Dichte schwankt zwischen 0,9 und 1,3 kg/dm^3, die Härte liegt etwa zwischen der von Gips und Steinsalz, der Schmelzpunkt zwischen 40 und 360 °C (Bernstein). H. faulen nicht und wurden daher schon von den Ägyptern und Karthagern zum Einbalsamieren von Leichen verwendet.
H. stellen komplizierte Gemenge von Harzsäuren (→Kolophonium kann z.B. über 90 % Abietinsäure enthalten), Harzalkoholen, Harzestern und Kohlenwasserstoffen dar. Besonders charakteristisch für H. ist ihr Gehalt an Hydrophenanthrencarbonsäuren, Oxypolyterpenen und Phenolen bzw. Alkoholen mit oder ohne Gerbstoffcharakter. Viele H.-Bestandteile sind komplizierte, recht wenig bekannte organische Säuren wie Abietinsäure, Sapinsäure, Illurinsäure, Pimarsäure, Elemisäure usw. Manche H. werden zur Herstellung von Ölharzlacken, →Linoleum, Druckfarben und →Terpentinöl verwendet.

Hausstaub Während leichtflüchtige organische Verbindungen (→VOC) vorwiegend in der Raumluft anzutreffen sind, können schwer- und nichtflüchtige Stoffe an Hausstaub gebunden vorliegen. H. stellt somit eine Senke für schwer- oder nichtflüchtige Verbindungen dar. Eine verbindliche Definition von H. gibt es nicht. Zur Abgrenzung gegenüber dem →Schwebstaub werden unter H. gem. zurückgezogener VDI-Richtlinie 4300 Bl. 8 (VE 1999) alle Arten von Partikeln verstanden, die sich in abgelagerter (niedergeschlagener) Form in →Innenräumen antreffen lassen. Dies können Feststoffe aus den verschiedensten anorganischen und organischen Materialien sein, natürlichen oder synthetischen Ursprungs. Der Begriff umfasst sowohl Anteile, die im Innenraum selbst ihren Ursprung haben, als auch solche, die von außen eingetragen werden. Der Anteil an organischer Substanz im H. kann zwischen 5 und 95 % liegen.

Unterschieden werden Altstaub und Frischstaub. Altstaub ist Staub unbekannten Alters, wie er häufig auf Oberflächen von Einrichtungsgegenständen (Schränken u.Ä.) anzutreffen ist. Frischstaub ist Staub, dessen Alter durch die Messplanung bestimmt und genau bekannt ist (üblicherweise eine Woche).

Die Untersuchung von H. kann – meist im Zusammenspiel mit anderen Untersuchungen – einen Beitrag zur Abschätzung der Exposition von Raumnutzern gegenüber Schadstoffen leisten. In die Raumluft emittierte schwerflüchtige Stoffe (→SVOC) adsorbieren bevorzugt an benachbarten größeren Oberflächen, wie sie z.B. der H. bietet. Untersuchungen zeigen, dass sowohl die Anzahl der vorkommenden schwerflüchtigen Stoffe wie auch deren Konzentrationen in H. unter Vorsorgegesichtspunkten deutlich zu hoch sind.

Allerdings ist die Frage, inwieweit H. allgemein als bedeutender Aufnahmeweg für die Belastung des Menschen mit Schadstoffen infrage kommt, strittig. H.-Untersuchungen können vor allem als Screening-Verfahren dienen. Schwierig gestaltet sich dabei aber die Wahl der geeigneten Staubfraktion (< 64 µm-Fraktion, < 2-mm-Fraktion), die erheblichen Einfluss auf die gefundenen Schadstoff-Konzentrationen hat.

Unter den häufig in H. gefundenen schwerflüchtigen Stoffen sind viele als →CMR-Stoffe eingestuft. Gemessen an der Höhe ihres Vorkommens ergab sich in einer Untersuchung von 65 Hamburger Hausstäuben folgende Reihenfolge: Phthalate > Chlorparaffine > Permethrin > Organophosphate > restliche Biozide > Organozinnverbindungen > Benzo[a]pyren (Kersten, W. & T. Reich, 2003: Schwerflüchtige organische Umweltchemikalien in Hamburger Hausstäuben. Gefahrstoffe – Reinhaltung der Luft. 63. S. 85 – 91).

→Organophosphate, →Phthalate, →Pyrethroide, →Schwermetalle

Tabelle H1: Flammschutzmittel (FSM) und Weichmacher (WM) in Hamburger H. (Kersten, W. & T. Reich)

Gruppe	Stoff	50-Perzentil	95-Perzentil	Maximalwert
Phthalate (WM)	Bis(2-ethylhexyl)phthalat	600	1.600	2.700
	Diisononylphthalat	72	540	1.000
	Diethylphthalat	5	350	570
	Diisodecylphthalat	31	340	4.200
	Benzylbutylphthalat	19	230	700
	Dibutylphthalat	47	180	600
	Diisobutylphthalat	33	78	470
	Dioctylphthalat	4	73	160
	Dimethylphthalat	1	20	64
	Bis(2-methoxyethyl)phthalat	2	8	17
	Dicyclohexylphthalat	1	5	80
	Dipropylphthalat	< 1	2	2
	Diallylphthalat	< 1	1	5
	Diphenylphthalat	< 1	< 1	4

Tabelle H1: Flammschutzmittel (FSM) und Weichmacher (WM) in Hamburger H. (Kersten, W. & T. Reich)

Gruppe	Stoff	50-Perzentil	95-Perzentil	Maximalwert
Chlorparaffine (FSM, WM)	Kurzkettig, $C_{10} - C_{13}$	26	180	340
	Mittelkettig, $C_{14} - C_{17}$	36	150	400
Organophosphate (FSM, WM)	Tris(2-butoxyethyl)phosphat	5,0	40	120
	Triphenylphosphat	2,9	16	56
	Trikresylphosphat	2,2	15	36
	Tris(chlorpropyl)phosphat	1,4	12	27
	Tris(dichlorpropyl)phosphat	1,2	6,8	35
	Tris(2-chlorethyl)phosphat	1,6	6,2	9,5
	Tributylphosphat	0,4	1,5	5,7
	Tris(2-ethylhexyl)phosphat	0,2	0,9	2,0

Tabelle H2: Biozide in Hamburger H. (Kersten, W. & T. Reich)

Gruppe	Stoff	50-Perzentil	95-Perzentil	Maximalwert
Pyrethroide	Permethrin	5,7	110	380
	Deltramethrin	< 0,1	0,4	3,0
	Cyfluthrin	< 0,1	0,3	0,6
	Cypermethrin	< 0,1	0,2	2,9
	Tetramethrin	< 0,1	0,2	13
	Cyhalothrin	< 0,1	< 0,1	< 0,1
Synergist	Piperonylbutoxid (PBO)	< 0,1	3,1	5,1
Organochlor-Verbindungen	Methoxychlor	< 0,1	6,5	12
	Pentachlorphenol (PCP)	0,5	2,6	25
	p,p'-DDT	0,1	2,2	5,3
	Dichlofluanid	< 0,1	0,4	1,9
	Lindan	< 0,1	0,3	1,3
	α-Endosulfan	< 0,1	< 0,1	0,2
	β-Endosulfan	< 0,1	< 0,1	0,2
	Chlorthalonil	< 0,1	< 0,1	< 0,1
Organophosphor-Verbindungen	Chlorpyrifos	< 0,1	4,7	180
	Diazinon	< 0,1	0,5	1,3
	Dichlorvos	< 0,1	< 0,1	0,2
	Tetrachlorvinphos	< 0,1	< 0,1	0,1
Organostickstoff-Verbindungen	Tebuconazol	< 0,1	0,5	3,9
	Furmecyclox	< 0,1	0,3	0,6
	Propiconazol	< 0,1	0,2	0,6
	Tolylfluanid	< 0,1	< 0,1	0,2

Tabelle H2: Biozide in Hamburger H. (Kersten, W. & T. Reich) (Forts.)

Gruppe	Stoff	50-Perzentil	95-Perzentil	Maximalwert
Carbamate	Propoxur	0,2	3,1	67
	Fenobucarb	< 0,1	0,1	0,3

Tabelle H3: Stabilisatoren (S), Teer-, Bitumen- (TB) und Verbrennungsprodukte (VP) in Hamburger H. (Kersten, W. & T. Reich)

Gruppe	Stoff	50-Perzentil	95-Perzentil	Maximalwert
Organozinn-Verbindungen (S)	Monobutylzinn	1,4	8,7	18
	Dibutylzinn	0,2	1,4	5,6
	Monooctylzinn	0,2	1,0	2,8
	Tributylzinn	0,03	0,1	0,2
	Dioctylzinn	0,01	0,1	0,2
	Triphenylzinn	0,004	0,01	0,02
	Tetrabutylzinn	< 0,001	0,004	0,02
	Tricyclohexylzinn	< 0,001	< 0,001	< 0,001
PAK (TP, VP)	Benzo[a]pyren	0,2	1,1	3,0

Tabelle H4: Biozide, Weichmacher und Flammschutzmittel in H. (Becker, K., Seiwert, M., Kaus, S., Krause, S., Krause, C., Schulz, C. & B. Seifert, 2002: German Environmental Survey 1998. Pesticides and other pollutants in house dust. In: INDOOR AIR 2002. Proceedings of the 9th International Conference on Indoor Air Quality and Climate. Monterey, USA)

Stoff	95-Perzentil [mg/kg]	Maximalwert [mg/kg]
Biozide		
PCP	2,9	32,3
Lindan	0,75	10,6
DDT	1,2	41,8
Propoxur	0,6	158
Methoxychlor	5,8	98,2
Chlorpyrifos	0,70	19,3
Polychlorierte Sulfonamid-Diphenylether (PSDE)	17,0	186
Piperonylbutoxid	3,7	200
Permethrin	14,5	171
Phthalate (Weichmacher)		
Diethylphthalat (DEP)	89,7	1.233

Stoff	95-Perzentil [mg/kg]	Maximalwert [mg/kg]
Di-(2-ethylhexyl)-phthalat (DEHP)	1.190	7.530
Dimethylphthalat (DMP)	3,7	75,8
Diisobutylphthalat (DiBP)	130	192
Di-n-Butylphthalat (DnBP)	160	502
Butylbenzylphthalat (BBP)	207	745
Di-n-octylphthalat (DnOP)	21,4	151
Organische Phosphorsäureester (Flammschutzmittel)		
Tris(2-Butoxyethyl)phosphat (TBEP)	58,0	854
Tris(2-chlorethyl)phosphat (TCEP)	1,0	6,0
Tris(2-ethylhexyl)phosphat (TEHP)	1,6	4,6
Trikresylphosphat (TCP)	0,4	80,7
Triphenylphosphat (TPP)	1,8	7,2

Tabelle H5: Schwermetalle und Arsen im Hausstaub (Quelle: Umwelt-Survey Band IIIa; Wohn-Innenraum: Spurenelementgehalte im Hausstaub; WaBoLu-Hefte 2/1991)

Element	90-Perzentil [mg/kg]	50-Perzentil [mg/kg]	Bestimmungsgrenze
Arsen	3,52	1,59	0,2
Cadmium	4,94	1,72	0,2
Cobalt	–	–	1
Chrom	157	75,4	1
Kupfer	262	86,2	1
Quecksilber	–	–	0,5
Nickel	49,4	22,8	1
Blei	142	24,2	1
Antimon	–	–	1
Zinn		–	1
Thallium	–	–	1
Zink	1.038	496	1

Erläuterung: 50-Perzentile können als innenraumtypische Hintergrundbelastungen angesehen werden. Als auffällig gelten Konzentrationen, die über den 90-Perzentilen liegen.

Hautverhinderungsmittel H. sind Additive für Anstrichstoffe, die die ungewollte Hautbildung verhindern sollen. Hautbildung ist auf eine frühzeitige Filmbildung an der Oberfläche des nassen Anstrichstoffs zurückzuführen. Am häufigsten kommt das Hautbildungsproblem bei oxidativ trocknenden Lacken vor. H. gehören zu folgenden Stoffklassen:

- Antioxidantien
- Blockierungsmittel des Polymerisationskatalysators
- →Lösemittel
- Retentionsmitte

Zu den am häufigsten eingesetzten Antioxidantien gehört BHT (2,6-Di-tert-Butylphenol). Die bedeutendste Stoffklasse der H. sind die Blockierungsmittel des Polymerisationskatalysators. Wichtigste Vertreter dieser Klasse sind die Oxime. Darunter ist das →2-Butanonoxim (Methylethylketoxim, MEKO) das meist verwendete H. Der Wirkungsmechanismus von MEKO beruht darauf, dass der Stoff die Metallionen der Primär-→Trockenstoffe Cobalt bzw. Mangan zu komplexieren vermag. Anders als bei den Antioxidantien bleibt MEKO nicht permanent im trocknenden Film, sondern verdunstet gleich nach dem Auftragen des Lackes. MEKO wird in Konzentrationen von ca. 0,1 bis 0,5 %, bezogen auf den Fertiglack, eingesetzt. MEKO ist sehr toxisch und sein mögliches krebsauslösendes Potential soll untersucht werden. Lösemittel wirken als H., indem das Lösemittel die polymerisierten Bestandteile des Anstrichstoffs, die eine Haut bilden, auflöst.
Retentionsmittel wirken als H., indem sie die Verdunstung des Wassers an der Oberfläche verhindern. Retentionsmittel sind höher siedende Lösemittel wie mehrwertige Alkohole vom Typ Ethylenglykol, 1,2-Propylenglykol und Glykolether (→Glykolverbindungen). Lösemittelfreie Retentionsmittel sind Polyethylenglykolether sowie Zucker- und Harnstoffderivate.

HBCD →Hexabromcyclododecan

HCH Abk. für Hexachlorcyclohexan. →Lindan

HCPK 1-Hydroxycyclohexyl-phenon ist als →Fotoinitiator Bestandteil von UV-Strahlen härtenden Beschichtungssystemen. Infolge einer Fragmentierungsreaktion entsteht aus H. das geruchsintensive Spaltprodukt →Benzaldehyd. Typisch für H. ist zudem die Bildung von →Cyclohexanon.

HDF-Platten Holzfaserplatten (hochdichte Faserplatte bzw. high density fiberboard) mit einer Rohdichte über 800 kg/m^3, die als Trägerplatten in →Laminat-Bodenbelägen eingesetzt werden. →Holzfaserplatten, →MDF-Platten, →MBH

HDPE High-Density-→Polyethylen.

Heißbitumen Heißaufstriche bestehen aus →Destillations- oder →Oxidationsbitumen mit maximal 50 % Füllstoffen aus Steinmehl (Quarz oder Schiefer). Bei Zusatz von Kunststoffen spricht man von polymermodifiziertem H. (→Polymerbitumen). Zur Herstellung von H. wird das →Bitumen bis zur Gießfähigkeit erhitzt und bei maximal 180 °C aufgegossen, aufgespachtelt oder aufgestrichen. H. wird zum Verkleben von →Schaumglas-Dämmplatten und →Bitumenbahnen verwendet. Ohne Zusatz von Füllstoffen wird H. zum Vergießen von Fugen verwendet. Der früher häufiger durchgeführte Dichtanstrich mit H. hat heute kaum noch Bedeutung.
Durch die hohen Einbringtemperaturen entsteht ein gesundheitsschädliches Gemisch aus Bitumen-

dämpfen und -aerosolen, die zur Atemwegserkrankung bei den betroffenen Arbeitern führen und in Zusammenhang mit potenzieller krebserzeugender Wirkung gebracht werden (Kat. 2 gem. →MAK-Liste, siehe auch →Bitumen).

Heißklebstoffe →Schmelzklebstoffe

Heißluftverfahren Das H. ist das umweltfreundlichste Verfahren zur Bekämpfung befallenen Holzes. Bei diesem Verfahren wird die Raumluft in der Umgebung des Holzes mit einem Heißluftgebläse erhitzt. Im befallenen Holz muss sich über einen Zeitraum von einer Stunde eine Temperatur von ca. 55 °C einstellen, nach dieser Einwirkdauer sind Insekten abgetötet. Bei diesem Verfahren ist jedoch der technische Aufwand nicht unerheblich, sodass ein Fachbetrieb eingeschaltet werden muss. Das Verfahren wird wegen möglicher Brandgefahr i.d.R. nicht bei Dachböden reetgedeckter Häuser angewandt. Kleinere Holzteile, z.B. Möbel, können auch in eine Sauna gestellt und darin der gleichen Temperatur und Zeitdauer ausgesetzt werden. Hierbei ist aber zu beachten, dass geleimte oder furnierte Teile in Mitleidenschaft gezogen werden können. Restaurateure verwenden bei Massivholz mitunter auch einen Heißluftföhn.

Heizkörperlacke Als H. werden →Kunstharzlacke auf →Alkydharz-, Celluloseether- (→Methylcellulose) und Polyvinylacetatbasis verwendet. Naturfarbenhersteller bieten H. auf weitgehender Naturstoff-Basis an (→Naturharz-Anstriche), die auf vergilbungsarmen Ölen und Harzen, wie Safloröl, Dammarharz und Holzöl-Standöl, beruhen.

Heizkostenverteiler Verdampfungsflüssigkeit in H. siehe →Methylbenzoat.

Heizwärmebedarf Der H. (Jahresheizwärmebedarf) ist ein Energiekennwert, der den Verbrauch an Energie zum Heizen eines Gebäudes pro Quadratmeter und Jahr beschreibt. Die Angabe erfolgt in kWh/(m^2·a). H. im Vergleich:

Bestand:	ca. 250 kWh/(m^2·a)
Alte Wärmeschutzverordnung:	150 kWh/(m^2·a)
Energieeinsparverordnung	100 kWh/ (m^2·a)
Niedrigenergiehaus:	ca. 70 kWh/(m^2·a)
Passivhaus:	ca. 15 kWh/(m^2·a)

→Niedrigenergiehaus, →Passivhaus

Hemicellulosen Sammelbegriff für wasserunlösliche Großmoleküle, die im Holz als Zellwandbestandteile gemeinsam mit der →Cellulose auftreten. →Aldehyde, →Essigsäure

HEPA-Filter HEPA (High Efficiency Particulate Air)-Filter sind Glasfaser-Schwebstofffilter, die dazu dienen, mehr als 99,97 % der Staubpartikel > 0,3 µm wie lungengängige Partikel, Viren, Bakterien, Allergene, Pollen, toxische Stäube und Aerosole aus der Innenraumluft herauszufiltern. H. finden Einsatz im medizinischen Bereich (z.B. OP, Intensivstation), Laboratorien und Reinräumen. Grundlage ist die DIN EN 1822 mit den Filterklassen H10 bis H14 (HEPA) und U15 bis U17 (ULPA).

Heptadecansäure (CAS 506-12-7) →Fettsäuren

Heptansäure (CAS 111-14-8) →Fettsäuren

Herbizide H. sind Wirkstoffe, die als Pflanzenschutzmittel gegen das Wachstum von Unkräutern und Ungräsern in der Landwirtschaft oder im nichtlandwirtschaftlichen Bereich (Privatgärten, Grünanlagen, Wiesen, Kleingärten usw.) eingesetzt werden (z.B. →Diuron, →Isoproturon, →Mecoprop).

Hexabromcyclododecan (CAS 25637-99-4) HBCD (1,2,5,6,9,10-Hexabromcyclododecan) war das mengenmäßig Drittwichtigste der →Polybromierten Flammschutzmittel. Der jährliche Verbrauch an alicyclischen polybromierten Flammschutzmitteln wie H. wurde auf 20.000 t geschätzt, wobei H. mit 6.000 t den Hauptanteil ausmachte.
Die Produktion in Deutschland wurde 1996 eingestellt. Seit 2007 wird H. nicht mehr im Textilbereich eingesetzt, seit 2017 nicht mehr in Polystyrol-Dämmstoffen. Ob es im Verpackungssektor oder im Elektronikbereich noch eingesetzt wird oder über Importe aus dem außereuropäischen Ausland noch eingebracht wird, kann nicht ausgeschlossen werden. (UBA 34/2015)
H. ist unter aeroben Bedingungen schlecht biologisch abbaubar. Mit einer erheblichen Anreicherung in den fettreichen Kompartimenten von Lebewesen ist zu rechnen (UBA-Texte 25/01). H. ist in der Umwelt weit verbreitet und kommt in allen Umweltkompartimenten wie Luft, Wasser und im Boden vor. H. wurde in der Muttermilch von schwedischen Frauen festgestellt. Insgesamt stehen jedoch nur unzureichende Informationen über die HBCD-Exposition des Menschen zur Verfügung.
Das →UBA hat H. in die Kategorie III „Flammschutzmittel mit problematischen Eigenschaften, Minderung sinnvoll" eingestuft. Der Beratungsausschuss für Schadstoffe der britischen Regierung hat H. als „äußerst persistent und äußerst bioakkumulativ" eingestuft. H. ist in Anhang I der POP-

Verordnung (Verordnung (EG) Nr. 850/2004 über persistente organische Schadstoffe) aufgeführt. Seit dem 22.3.2016 besteht für Produkte mit einem Gehalt von mehr als 100 mg/kg H. ein Handels- und Verwendungsverbot in der EU. Allerdings durften bis August 2017 →EPS-Dämmstoffe mit H. in der EU hergestellt und in Gebäuden verwendet werden, wenn der Hersteller über eine Zulassung nach REACH-VO verfügte. Entsprechend der →Abfallverzeichnis-Verordnung gelten seit 30.9.2016 H.-haltige Abfälle dann als „nicht gefährlich", wenn der H.-Gehalt den Grenzwert von 1000 mg/kg unterschreitet, um so H. aus dem Wertstoffkreislauf auszuschleusen. Diese Abfälle müssen in Abfallverbrennungsanlagen entsorgt oder mittels Creasol-Verfahren abgetrennt werden, wofür es in den Niederlanden eine Anlage mit 3000 Jahrestonnen gibt.

Das Flammschutzmittel H. macht den Dämmstoff schwer entflammbar, setzt aber im Brandfall Bromwasserstoff frei und kann bromierte →Dioxine und Furane bilden, die umwelt- und gesundheitsschädlich sind. Als Flammschutzmittel wurde H. durch andere Flammschutzmittel wie bromiertes Polimer-FR oder niedermolekular bromierte Ersatzstoffe auf Basis von Tetrabrombisphenol A (TBBPA) ersetzt. Polimer-FR ist persistent, aber wahrscheinlich nicht bioakkumulativ.

H. ist gemäß der REACH-Verordnung als „sehr giftig für Wasserorganismen mit langfristiger Wirkung" eingestuft. Es ist nur schwer abbaubar (persistent) und toxisch für aquatische Organismen mit einem sehr hohen Bioakkumulationspotenzial. Der Stoff ist daher in der REACH-Kandidatenliste der besonders besorgniserregenden Stoffe gelistet und in der REACH-Verordnung Anhang XIV im Verzeichnis der zulassungspflichtigen Stoffe aufgeführt.

EU-GHS-Einstufung und Kennzeichnung (EG) Nr. 1272/2008 CLP: Reproduktionstoxizität Kategorie 2: Repr. 2; H361 Kann vermutlich die Fruchtbarkeit beeinträchtigen oder das Kind im Mutterleib schädigen; Zusatzkategorie für Wirkungen auf/über Laktation; H362 Kann Säuglinge über die Muttermilch schädigen.

Hexachlorcyclohexan H. (HCH) ist ein chlorierter Kohlenwasserstoff und zählt zur Gruppe der besonders gesundheits- und umweltschädlichen persistenten organischen Schadstoffe (persistent organic pollutants, →POP). Die einzelnen HCH-Isomere sind unterschiedlich akut und chronisch toxisch. Bei einigen Isomeren wurde eine krebserzeugende Wirkung nachgewiesen. Das Gamma-Isomer heißt →Lindan und hat eine insektizide Wirkung. Die Umwelt wird flächig durch Verwendung HCH- bzw. Lindan-haltiger Präparate in der Land- und Forstwirtschaft sowie in der Veterinärmedizin und in Haushalten kontaminiert. Lindan ist stark wassergefährdend. 2015 von der WHO als krebserregend bei Menschen (Gruppe 1) eingestuft. Seit 2007 sind lindanhaltige Pflanzenschutzmittelprodukte in der EU nicht mehr zugelassen.

Hexadecansäure (CAS 57-10-3) H. (Smp.: ca. 63 °C, Sdp.: 390 °C) ist die in Anstrichstoffen am häufigsten eingesetzte →Fettsäure. Dämpfe der H. können zu Reizungen der Augen und Atemwege führen.

Hexan (CAS 110-54-3) n-H. ist eine farblose, leicht entzündliche Flüssigkeit mit schwachem, benzinartigen Geruch und gehört zur Gruppe der gesättigten aliphatischen Kohlenwasserstoffe. Innerhalb dieser Stoffgruppe gehört n-H. zu den toxischsten Stoffen. Die Dämpfe von n-H. können Schläfrigkeit und Benommenheit verursachen. Bei längerer Exposition durch Einatmen besteht die Gefahr ernster Gesundheitsschäden. n.-H. ist als umweltgefährdend eingestuft und steht im Verdacht auf reproduktionstoxische Wirkung (EU: R3). Zur relativen Toxizität von n-H. →NIK-Werte: Je niedriger der NIK-Wert, umso höher ist die Toxizität des jeweiligen Stoffes. Mit 72 $\mu g/m^3$ ist der Wert recht niedrig. Seit 2000 um den Faktor 10 gesenkt! →Innenraumluft-Grenzwerte/-Richtwerte/-Orientierungswerte

EU-GHS-Einstufung und Kennzeichnung (EG) Nr. 1272/2008 CLP: Entzündbare Flüssigkeiten Kategorie 2: Flam. Liq. 2; H225 Flüssigkeit und Dampf leicht entzündbar; Reizungwirkung auf die Haut Kategorie 2: Skin Irrit. 2; H315 Verursacht Hautreizungen; Aspirationsgefahr Kategorie 2: Asp. Tox. 1; H304 Kann bei Verschlucken und Eindringen in die Atemwege tödlich sein; Spezifische Zielorgan Toxizität (einmalige Exposition) Kategorie 3: STOT SE 3; H336 Kann Schläfrigkeit und Benommenheit verursachen; Reproduktionstoxizität Kategorie 2: Repr. 2; H361f Kann vermutlich die Fruchtbarkeit beeinträchtigen; Spezifische Zielorgan-Toxizität (wiederholte Exposition) Kategorie 2: STOT RE 2 *; H373 Kann die Organe schädigen bei längerer oder wiederholter Exposition; Langfristig gewässergefährdend Chronisch: Aquatic Chronic 2; H411 Giftig für Wasserorganismen, mit langfristiger Wirkung.

Hexanal (CAS 66-25-1) H. ist ein gesättigter C6-Aldehyd. Bildet sich beim oxidativen Abbau von organischen Fettsäuren. Zur relativen Toxizität der Aldehyde →NIK-Werte: Je niedriger der NIK-Wert, umso höher ist die Toxizität des jeweiligen Stoffes. Niedrigster NIK-Wert geradkettiger →Aldehyde. In →OSB-Platten deutlichster und auch relativ langfristig ausgesendeter →VOC. Für H. in der Innenraumluft hat die Ad-hoc-Arbeitsgruppe Innenraumrichtwerte des Umweltbundesamtes und der Obersten Landesgesundheitsbehörden (heute Ausschuss für Innenraumrichtwerte AIR) einen RW II von 2 mg/m^3 und einen RW I von 0,1 mg/m^3 festgelegt. →Holzwerkstoffe

Hexansäure (CAS 142-62-1) →Fettsäuren

HFCKW Abk. für teilhalogenierte Fluorchlorkohlenwasserstoffe. Diese wurden zunächst als geeignete Ersatzstoffe für die ozonschichtschädigenden und verbotenen →FCKW angesehen und in den entsprechenden Anwendungsbereichen eingesetzt. Die HFCKW weisen zwar ein geringeres, aber immer noch vorhandenes →Ozonabbaupotenzial und →Treibhauspotenzial auf. Über diesen ersten Schritt gelangte man zu den chlorfreien Alternativen, den fluorierten bzw. teilfluorierten Kohlenwasserstoffen (→Fluorierte Treibhausgase). Da Stoffe dieser Gruppe kein Chlor enthalten, tragen sie nicht zum Abbau der Ozonschicht bei. Sie weisen aber immer noch ein teilweise nicht unerhebliches Treibhauspotenzial auf. Während es vor einigen Jahren nur um den Ausstieg aus den Ozonschicht abbauenden Stoffen ging, werden heute weitere Anforderungen an Ersatzstoffe gestellt. Diese ergeben sich z.B. aus den Verpflichtungen, die nach dem →Kyoto-Protokoll zu erfüllen sind. In Österreich und Deutschland ist der Einsatz von H. in Schaumstoffen seit 1.1.2000 verboten. →Chemikalien-Ozonschichtverordnung, →Ozonabbau in der Stratosphäre. Zum Schutz der Ozonschicht ist es seit dem 1.1.2015 europaweit verboten, teilhalogenierte ozonabbauende Kältemittel (HFCKW) wie R22 zu verwenden. Das Verwendungsverbot umfasst auch das Nachfüllen mit gebrauchtem Kältemittel, Grundlage ist die Verordnung (EG) Nr. 1005/2009 über Stoffe, die zum Ozonabbau führen.

HFKW Abk. für teilfluorierte Kohlenwasserstoffe. →Fluorierte Treibhausgase, →Chemikalien-Ozonschichtverordnung, →Ozonabbau in der Stratosphäre

HFKW-freie Dämmstoffe Teilfluorierte Treibhausgase (HFKW, FKW), die als Ersatzstoffe für die inzwischen nach europäischer Verordnung (EG) Nr. 1005/2009 geregelten Stoffe →FCKW und →HFCKW eingesetzt wurden, sind nach Verordnung (EG) 842/2006, die in einer Neufassung als Verordnung (EG) 517/2014 verschärft worden ist, begrenzt. Unterdessen waren bestimmte HFCKW (R 141b und R 142b) verboten worden, die bis 2002 in extrudierten XPS-Dämmstoffen und bis 2003 in Polyurethan-Dämmstoffen eingesetzt worden sind. Die H. tragen zwar nicht mehr zum →Ozonabbau in der Stratosphäre bei, weisen aber ein sehr hohes →Treibhauspotenzial auf. HFKW kam im österreichischen Wohnbau noch in →XPS-Dämmplatten über 8 cm Dicke bis 2007 und in Polyurethan-Montageschäumen bis 2005 vor. Nach Artikel 22 der Verordnung (EG) 1005/2009 sind geregelte Stoffe in bestimmten Produkten (z.B. Dämmstoffen) soweit es technisch möglich und wirtschaftlich machbar ist, zurückzugewinnen oder ohne vorherige Rückgewinnung zu zerstören. Im Anhang VII sind konkrete Technologien für Zerstörung, Recycling oder Aufbereitung aufgelistet. (UBA 43/2012)

Nur die Kennzeichnung „HFKW-frei" ist aussagekräftig und ausreichend (in Deutschland: „HFKW- und HFCKW-frei"). Mit den Maßnahmen soll erreicht werden, die Treibhausgasemissionen bis 2050 gegenüber 1998 um 80 bis 95 % zu reduzieren. (UBA 06/2015) Gleichzeitig wird deutlich, dass Emissionen von Treibhausgasen aus Anwendungen in technischen Kälteanlagen und aus Dämmstoffen noch lange anhalten werden. →Fluorierte Treibhausgase, →Treibhausgase

High-Solid-Lacke High-Solid bedeutet „hoher Festkörperanteil". Im Allgemeinen versteht man daher unter H. →Lösemittelhaltige Lacke mit einem Festkörpergewicht von mindestens 70 %. Bindemittel sind →Kunstharze, wie →Alkydharze oder →Epoxidharze. Der Lösemittelanteil beträgt 10 bis 25 % und ist damit geringer als jener anderer lösemittelhaltiger Lacke. H. mit einem Lösemittelgehalt bis zu 15 % können mit dem RAL-Umweltzeichen 12a (→Lacke) gekennzeichnet werden. H. bilden eine besonders dicke Lackschicht und eignen sich daher z.B. zum Streichen von Fensterrahmen und Heizungskörpern. Bisher haben H. noch eine geringe Marktbedeutung.

H. belasten die Umwelt und Gesundheit in einem geringeren Ausmaß als →Lösemittelhaltige Lacke, da wegen des hohen Bindemittelanteils weniger Lack pro Fläche aufgetragen werden muss. Dennoch setzen auch H. bei der Trocknung Lösemittel, zum Teil aromatenhaltige Kohlenwasserstoffe, frei. Buntfarbtöne sind nur mit einem höheren Lösemittelanteil herstellbar. Gesundheitlich bedenklich können auch die →Lackhilfsstoffe (z.B. →Biozide) sein. Für die ökologische Produktauswahl sollten H. entaromatisiert sein (z.B. GISCODE M-LL01 für →Alkydharzlacke) und maximal 15 Gew.-% Lösemittel enthalten.

Hirnholz H. ist senkrecht zur Faserrichtung (Längsachse) geschnittenes Holz. Auf der Hirnholzfläche sind die Jahresringe als vorständige Kreise oder Segmente zu sehen. Da die Kapillaren des Holzes durchschnitten sind, nimmt das Holz der Hirnflächen viel mehr Feuchtigkeit auf. H. kann im Vergleich zur Längsholzfläche das Mehrfache an Druck aushalten. Es wird z.B. für →Holzpflaster verwendet, das aus geschnittenen Hartholzklötzen besteht und mit der H.-Fläche als Lauffläche verlegt wird. Es wird vor allem dort eingesetzt, wo hohe Lasten und Beanspruchung, wie in metallverarbeitenden Betrieben, vorhanden sind. Metallverbindungen wie Schrauben oder Nägel in H. sind weniger belastbar.

Hitzebehandeltes Holz →Holzmodifikation

HMDI (CAS 822-06-0) Hexamethylendiisocyanat. EU-GHS-Einstufung und Kennzeichnung: Akute Toxizität, Kategorie 2, Einatmen; H330 Lebensgefahr bei Einatmen; Akute Toxizität, Kategorie 4, Verschlucken; H302 Gesundheitsschädlich bei Verschlucken; Augenreizung, Kategorie 2; H319 Verursacht schwere Augenreizung. →Isocyanate

Hobelspäne H. werden als Einblas- und Schüttdämmstoff angeboten. Dazu kommen ausschließlich sortierte Hobelspäne aus Resthölzern (Fichte, Kiefer, Tanne) zum Einsatz. Als Zusatzmittel werden Molke, Soda oder Lehm eingesetzt.

Hochfester Beton Beton ab einer Festigkeitsklasse von C55/67 für Normal- oder →Schwerbeton und einer Festigkeitsklasse LC55/60 für →Leichtbeton wird als H. bezeichnet. Er weist ein dichtes, kapillarporenarmes Gefüge auf, womit ein hoher Widerstand gegen chemische Angriffe, ein hoher Frost-Tausalz-Widerstand und insgesamt eine hohe Dauerhaftigkeit einhergehen. Durch den Einsatz von H. werden der Bau von Bauteilen mit geringen Abmessungen und die Reduzierung der Bewehrung ermöglicht.

Aufgrund seiner Eigenschaften findet der H. insbesondere Anwendung bei stark druckbeanspruchten Bauteilen im Hochbau (Stützen und Wände von Hochhäusern), im Brückenbau zur Überwindung großer Spannweiten, bei Bauteilen mit hoher Umwelt- und mechanischer Beanspruchung (Wasser- und Abwasserbauten, Offshore-Bauwerke), bei Bauteilen zum Schutz vor umweltgefährdenden Stoffen (z.B. Chemikalienlager) und bei chemisch hoch beanspruchten Bauteilen (z.B. Kühltürme und landwirtschaftliche Bauteile mit Gär- und Futtersäureangriff).

Hochhydraulischer Kalk H. wird wie →Hydraulischer Kalk hergestellt. Er kann auch aus mergeligem Kalkstein unter Zusatz von latent hydraulischen oder puzzolanischen Stoffen (→Puzzolane) zum gebrannten →Kalk oder durch Zumischen von latent hydraulischen Stoffen (z.B. →Hochofenschlacke), puzzolanischen Stoffen (z.B. →Trasskalk) oder hydraulischen Stoffen (z.B. →Zement) zu →Luft- bzw. →Wasserkalken verarbeitet werden. Schon nach 1- bis 3-tägiger Vorhärtung kann H. unter Wasser weiterhärten. →Baukalke, →Romankalk, →Kalkhydrat

Hochhydraulischer Kalkmörtel →Kalkmörtel

Hochofenschlacke H. entsteht bei der Produktion von Roheisen aus den Begleitmineralen des Eisenerzes und den als Zuschlag verwendeten Schlackenbildnern, wie Kalkstein oder Dolomit. Früher mussten die Schlacken durch „Schlagen" vom Metall getrennt werden (daher „Schlacke"). Heute entstehen Schlacken im Schmelzfluss bei ca. 1.500 °C. Durch ihre geringere Dichte können sie vom Metall getrennt werden. Aus der Gesteinsschmelze wird entweder durch langsame Abkühlung kristalline Hochofenstückschlacke oder durch schnelle Abkühlung mit Wasser bzw. Luft →Hüttensand erzeugt. Heutzutage ist das wichtigste Anwendungsgebiet der H. ihr Einsatz als Hüttensand im Zement (→Portlandhüttenzement, →Hochofenzement). Der ungemahlene Hüttensand kann im Straßenbau verwendet werden. Hochofenstückschlacke wird als Splitt und Schotter im Straßen- und Wegebau verwendet.

Hochofenzement H. ist ein →Zement aus 5 bis 64 % Portlandzementklinker und 36 bis 95 % →Hüttensand. Hüttensandhaltige Zemente zeichnen sich durch einen hohen Widerstand gegenüber chemischem Angriff, einen niedrigen wirksamen Alkaligehalt, eine hohe Dauerhaftigkeit des Betons aufgrund verminderter Kapillarporosität, eine niedrigere Hydratationswärmeentwicklung, ein erhöhtes Chloridbindungsvermögen und einen hohen Elektrolytwiderstand aus. Diese Eigenschaften begünstigen den Einsatz hüttensandhaltiger Zemente auf bestimmten Anwendungsgebieten, z.B. bei der Herstellung von „weißen" Wannen, massigen Bauteilen (z.B. Schleusen, Talsperren, Brücken) und Auffangbehältern. Durch die Verwendung von Hüttensand verringern sich der Energiebedarf und die CO_2-Emmission je Tonne Zement, da für die Herstellung von Hüttensand kein eigener Brennprozess notwendig ist.

Hochvakuumbitumen Unter Anwendung eines erhöhten Vakuums hergestelltes hartes bis sprödes →Destillationsbitumen. →Bitumen

Holz H. wird im Bauwesen als Werkstoff (→Schnittholz, →Konstruktionsvollholz usw.) und als Rohstoff (→Holzwerkstoffplatten) eingesetzt und gewinnt stetig an Bedeutung. Hauptbestandteile von H. sind →Cellulose, Hemicellulose und →Lignin, weiterhin organische und anorganische Holzbegleitstoffe (Zucker, Stärke, Eiweiß usw). Dazu kommen je nach Holzart unterschiedliche Holzinhaltsstoffe, die für Geruch, Farbe und Schädlingsresistenz verantwortlich sind. Es wird zwischen Weich- und →Harthölzern unterschieden, die wiederum in eine Vielzahl von Arten untergliedert sind. Die technischen Eigenschaften von Hölzern unterscheiden sich nach Holzart und Feuchtigkeitsgehalt. H. wird als Stamm- und Durchforstungsholz aus dem Wald gewonnen und zur weiteren Verarbeitung ins Sägewerk gebracht. Die forstliche Produktion in Europa kann in folgende Prozessschritte eingeteilt werden:

- Biologische Produktion: Das Wachsen des Baumes. Der Wachstumsprozess bindet atmosphärisches Kohlendioxid unter Freigabe von Sauerstoff. Das Kohlendioxid wird über die Lebensdauer des Baustoffes gespeichert (1.851 kg CO_2/t).
- Wegebau: Nur Instandhaltung der Wege, da fast der gesamte Wirtschaftswald bereits erschlossen ist.
- Bestandsbegründung: Freimachen der Fläche, Pflanzung oder natürliche Verjüngung.
- Kulturpflege: Schutz der Kultur vor Begleitvegetation (die ersten zwei Jahre).
- Jungwuchspflege: Entfernung geschädigter Bäume, Mischungsregulierung (wird für Fichtenkulturen üblicherweise nicht durchgeführt).
- Läuterung: Reduzierung der Bestockungsdichte, gefällte Stämme verbleiben im Bestand.
- Kalkung (evtl.): Ausbringen von Magnesiumkalk durch Hubschrauber gegen Versauerung des Bodens.
- Durchforstung: Je nach Ertragstafel in mechanisierten Ernteverfahren (Harvester, Forwarder).
- Endnutzung: Motormanuelles Fällen und Aufarbeiten sowie Rücken zur Waldstraße mittels Schlepper.

Bei der Weiterverarbeitung im Sägewerk werden die Bäume entrindet, aufgeschnitten und getrocknet. Dabei fallen verschiedene Reste an, die vollständig verwertet werden, z.B. in Hackschnitzelheizungen oder in der Spanplattenherstellung. Die meiste Energie im Sägewerk wird für die künstliche Trocknung aufgewendet, sie stammt oft aus der Resteverwertung, also aus erneuerbaren Energieträgern.

Aus dem Rundholz entstehen unterschiedliche Produkte wie →Schnittholz, →Furniere, Späne oder Fasern, die wiederum Ausgangsprodukte für verschiedene Holzwerkstoffe sind. Kuppelprodukte wie Häcksel, Kapphölzer und Sägespäne werden in der Papier-, Ziegel- und Holzwerkstoffindustrie eingesetzt oder als Energieträger z.B. im Sägewerk zur Trocknung der Hölzer verwendet. Für den Holzbau werden qualitativ hochwertige Einschnitte natürlich und künstlich getrocknet, für Elemente werden Bretter, Lamellen o. Ä. miteinander durch Dübel, Leim oder Nägel verbunden, für großflächige Platten werden Furniere, Späne usw. aus Holz oder holzähnlichen Stoffen mit Leim verpresst.

H. ist ein Rohstoff, der weltweit in großen Mengen nachwächst. Der Anbau von H. wirkt sich durch die vielfältigen Funktionen des Waldes in Bezug auf Boden- und Klimaschutz positiv aus. Neben ihrer Funktion als Rohstofflieferanten erfüllen Wälder vielfältige Aufgaben: Lebensraum, Förderung der Biodiversität, Schutzwald, Sauerstoffproduzent, Wasserrückhaltung, Erholungsgebiet. Kriterien zu einer nachhaltigen Forstwirtschaft werden in den deutschsprachigen Ländern weitgehend berücksichtigt (→Nachhaltigkeit), d. h., es darf nur so viel Holz eingeschlagen werden, wie in einem Durchschnittsjahr nachwächst; großflächige Kahlschläge sind verboten, um Bodenerosion zu vermeiden; Monokulturen sind wegen ihrer Schädlingsanfälligkeit zu vermeiden; Pestizideinsatz zur Schädlingsbekämpfung ist zu unterlassen und bei Motorsägen sind leicht abbaubare Öle z.B. aus Raps als Schmierstoffe zu verwenden. Fortschrittliche Waldbausysteme (z.B. Plenterwald) werden dem

Ökosystem Wald gerecht und ermöglichen trotzdem eine effiziente Holznutzung. Durch die biologische Produktion von Holzmasse wird der Atmosphäre Kohlendioxid entzogen (negatives Treibhauspotenzial), das über die gesamte Lebensdauer gespeichert ist.

Die Wertschöpfung des Holzes erfolgt meist regional, sodass der Transport vom Wald ins Sägewerk gering ist. Zusätzlich fördert eine erhöhte Nachfrage die regionale Artenvielfalt. Die Holzwirtschaft kann aber auch schwere Umweltbeeinträchtigungen verursachen. Anpflanzungen in Monokulturen machen den Wald anfällig gegen Umwelteinflüsse. Dies bedingt die Verwendung von Insektiziden. Die Rodung des Waldes geschieht unter Einsatz schwerer Maschinen, die Schäden am Baumbestand und eine Verdichtung der Waldböden verursachen können. Durch die Gewinnung von →Tropenholz werden oft schwerste Umweltschäden verursacht. Eine nachhaltige Forstwirtschaft in den Tropen ist bisher noch der Ausnahmefall (→FSC). Ein zunehmendes Problem ist illegal geschlagenes Holz, das aus Indonesien, Sibirien oder anderen Ländern auf den Markt in Mitteleuropa gelangt. Schätzungen des WWF zufolge sind allein in Russland 20 bis 30 % der Holzernte illegal geschlagen.

Beim Verbau von H. als tragendes Bauteil muss der →Holzschutz nach DIN 68800 beachtet werden. Der →Konstruktive Holzschutz in Verbindung mit der Auswahl von resistentem H. (→Dauerhaftigkeitsklassen) kann den Einsatz von →Chemischem Holzschutz (→Holzschutzmittel) einschränken bzw. unnötig machen. Als chemische Holzschutzmittel sollten – wenn überhaupt – nur weitgehend unbedenkliche Präparate verwendet werden.

H. kann flüchtige organische Verbindungen (→VOC) emittieren, insbes. →Terpene, aus denen sich auch das flüchtige →Terpentinöl zusammensetzt. Aufgrund ihres vergleichsweise hohen Dampfdrucks gasen die Terpene leicht aus dem Holz aus und können u.U. zur Beeinträchtigung der Raumluftqualität führen. Besonders bedeutsam sind alpha- und beta-Pinen, D-Limonen und delta-3-Caren. Im Vergleich zu anderen heimischen Holzarten weist Kiefernholz die höchsten VOC-Emissionen auf. Bei Pinus sylvestris wurde eine flächenspezifische Emissionsrate von 3.700 µg/m^2h^{-1} gemessen, Picea abies emittierte 1.400 µg/m^2h^{-1}. Die TVOC-Emissionen der untersuchten Laubhölzer schwankten zwischen 30 (Buche) und 210 µg/m^2h^{-1} (Eiche) und bestanden vor allem aus →Carbonyl-Verbindungen (Risholm-Sundman et al., 1998). →Holzwerkstoffe emittieren im Unterschied zu naturbelassenem Holz auch →Aldehyde. →Formaldehyd kann auch aus trocknenden Hölzern in den Innenraum gelangen.

Unbehandeltes →Gebrauchtholz kann stofflich für →Holzwerkstoffe oder thermisch verwertet werden. Bei kunstharzbeschichteten Hölzern und niedrigen Verbrennungstemperaturen sind Emissionen polycyclischer aromatischer Kohlenwasserstoffe (→PAK), polychlorierter Biphenyle und polychlorierte Dibenzodioxine möglich; umweltverträgliche Oberflächenbeschichtungen wie natürliche Öle und Wachse verursachen keine erhöhten Schadstoffemissionen. Die Beseitigung von beschichtetem oder mit Holzschutzmittel behandeltem H. muss jedenfalls in Müllverbrennungsanlagen erfolgen. In einzelnen EU-Mitgliedstaaten existieren Regelungen zum Einsatz von Gebrauchtholz. So ist z.B. in Norwegen und Polen der Einsatz von Gebrauchtholz in Holzwerkstoffen nicht oder nur mit Stoffbeschränkungen erlaubt. In Deutschland müssen beim Einsatz von Gebrauchtholz die Werte der →Altholzverordnung eingehalten werden.

Holz-Alufenster H. sind zweischalige Konstruktionen, bei denen die jeweiligen Materialeigenschaften optimal genutzt werden: Holz als Rahmenmaterial mit seinen guten Wärmedämmeigenschaften und →Aluminium als wartungsfreier Wetterschutz auf der Außenseite. Rahmen und Flügel aus Holz sind nach innen sichtbar und bilden den tragenden Unterbau für die Außenschale aus stranggepressten Aluminiumprofilen. Die unterschiedliche thermische Dehnung der Aluprofile gegenüber Holz muss durch Bewegungsmöglichkeiten in den Halterungen aufgenommen werden können. Prinzipiell können zwei Typen von H. unterschieden werden, die sogenannte Verbundkonstruktion, bei der das Aluprofil die Funktion der Glashalteleiste übernimmt und ein etwas schwächer dimensioniertes Profil aufweist, sowie die Vorsatzrahmenkonstruktion, bei der das Aluprofil auf üblichen Holzfenstern befestigt wird. H. bedürfen einer vergleichsweise geringen Wartung und Oberflächenpflege. Sie sind vor allem für stark bewitterte Fenster und bei Einsatzbereichen, in denen eine Fensterinstandhaltung sehr aufwendig wäre (z.B. in Krankenhäusern), geeignet. Auch wenn aufwendige

Wiederholungsanstriche entfallen, ist eine regelmäßige Reinigung der Aluminiumoberfläche erforderlich. Bei langjähriger Nichtreinigung ist eine abrasive Reinigung als vorbeugender Korrosionsschutz notwendig.
Die Gewinnung des Hochleistungswerkstoffes Aluminium ist mit großen Umweltbelastungen verbunden. Im Gegensatz zum Aluminiumfenster ist der Aluminiumeinsatz jedoch viel geringer und nur der Wetterschutzfunktion angepasst. Die Trennung des Alurahmens vom Holzrahmen ist einfach möglich, Aluminium kann recycelt werden, Holz kann thermisch verwertet werden. Die Umweltleistungen von H. können den →EPS der Hersteller von Fenstern entnommen werden. →Fenster, →Holzfenster, →Aluminiumfenster

Holzaschelaugen H. sind ein durch Kochen von Holzasche mit Wasser im Verhältnis 1:2 (Volumen) erhaltenes Produkt. H. sind ein traditionelles, alternatives →Holzschutzmittel. Mit den H. werden die Holzteile ausgebürstet, sodass Pilzsporen und Gräue entfernt werden. Darüber hinaus wird die Resistenz (→Dauerhaftigkeitsklassen) des behandelten Holzes durch die Verminderung des Ligninanteils heraufgesetzt.

Holzböden H. können unterteilt werden in Massivholzböden, mehrschichtige H. und Bodenbeläge aus →Holzwerkstoffplatten (→Laminat-Bodenbeläge).
Massivholzböden sind fußwarm (wenn mit Öl oder/und Wachs behandelt), elastisch gegen Tritt und Stoß und haben bei einer materialgerechten Behandlung ein gutes antistatisches Verhalten. Weiterhin haben Massivholzböden eine lange Nutzungszeit und einen großen Gestaltungsspielraum. Zu den Massivholzböden zählen →Massivholzdielen, →Holzpflaster und →Massivparkett (→Stabparkette, →Riemenparkette, →Mosaikparkette, →Industrieparkette, →Lamparkette).
Die mehrschichtigen H. unterteilen sich in →Mehrschichtparkette und →Furnierböden, deren Vorteile in der geringeren Einbauhöhe und der höheren Formstabilität liegen. Nachteile sind die schlechteren Ökobilanzen, durch die Verwendung der Kleber und deren Emissionen.
Auch in Bezug auf die möglichen Verlegearten ist die Auswahl bei H. groß:
Das Vernageln auf eine nagelbare Unterlage wie Blindboden oder Lattenrost ist die älteste Parkettverlegeart.
Die vollflächige Verklebung erfordert einen ebenen, sauberen und trockenen Untergrund (Zementunterlagsboden, Anhydritunterlagsboden oder Holzwerkstoffplatten). →Parkettklebstoffe, →Emissionen
Bei der schwimmenden Verlegung wird das Parkett auf eine Zwischenlage als Trittschall- oder Wärmeisolation ohne feste Verbindung zum Untergrund verlegt, z.B. auf eine →Holzfaser-Dämmplatte mit Verlegeleiste.
Von den vielen möglichen Verlegemustern seien →Schiffboden-Verband, Englischer Verband, Fischgrat und Leitermuster genannt.
Die Eigenschaften von H. für Innenräume legt die Deckelnorm DIN EN 14342:2013-09 fest. Die Prüfnorm DIN EN 14342 „Parkett und Holzfußböden - Eigenschaften, Bewertung der Konformität und Kennzeichnung" regelt das Inverkehrbringen von Parkett und Holzfußböden. Gemäß der „Bauproduktenrichtlinie" haben die am Markt angebotenen Bauprodukte eine Reihe von Kriterien zu erfüllen, wenn sie mit der →CE-Kennzeichnung versehen sind. Die DIN EN 14342 ist der Schlüssel zu dieser CE-Kennzeichnung und ist seit dem 1.3.2010 verbindlich. In Bezug auf Gesundheit und Umweltschutz werden die biologische Dauerhaftigkeit, die Freisetzung von →Formaldehyd und die Freisetzung von →Pentachlorphenol (PCP) geregelt.
Da H. aus →Nachwachsenden Rohstoffen bestehen, sind sie grundsätzlich positiv zu beurteilen (außer H. aus →Tropenholz). Das Holz sollte aus nachhaltig bewirtschafteten regionalen Wäldern stammen. Für die Oberflächenbehandlung sollten möglichst umwelt- und gesundheitsverträgliche Produkte ausgewählt werden. Die zur →Parkettversiegelung oft eingesetzten →Polyurethan-Lacke, →Säurehärtenden Lacke und →Dispersionslacke können vor allem in den ersten Wochen flüchtige organische Verbindungen (→VOC) emittieren. Bei Laminatböden wurde zudem festgestellt, dass die Emission von VOC durch eine Fußbodenheizung gestiegen war. Durch die Parkettversiegelung wird eine strapazierfähige Oberfläche erreicht, es erfolgt aber zwangsläufig auch eine Versiegelung des Holzes mit einer Kunststoff-Lackoberfläche. Dagegen bleiben beim →Ölen und Wachsen des Massivholzbodens die Holzstruktur und die Diffusionsfähigkeit des Bodens erhalten. Moderne Öle und Wachse aus nachwachsenden Rohstoffen für

Fußböden haben eine sehr lange Standzeit und sind leicht zu überarbeiten. Parkettversiegelungen sind schlechter renovierbar als geölte/gewachste Oberflächen und müssen komplett abgeschliffen werden. Wer aus technischen/ästhetischen Gründen nicht auf eine Versiegelung verzichten möchte, sollte zu emissionsarmen Dispersionslacken greifen. Auf Biozidfreiheit des Mittels ist zu achten (→Biozide), da ein Schutz vor Holzschädlingen in Innenräumen völlig überflüssig ist (→Holzschutz). Bei mehrschichtigen H. können zusätzlich je nach Produktqualität Emissionen aus den →Holzwerkstoffen oder den →Klebstoffen zwischen den einzelnen Schichten auftreten. Bei großflächiger Verlegung ist selbst bei E1-Klassifikation (→Emissionsklassen) der Holzwerkstoffe eine erhöhte →Formaldehyd-Belastung der Raumluft nicht auszuschließen. Massiv-H. enthalten keine bis wesentlich geringere Klebstoffanteile als mehrschichtige H. Grundsätzlich können aber auch aus Holz selbst flüchtige organische Verbindungen (VOC) emittieren, insbes. →Terpene. Von den heimischen Holzarten weist Kiefernholz die höchsten VOC-Emissionen auf. Für sensibilisierte Personen ist daher die Verlegung harzarmer Holzarten oder harzfreier Laubhölzer empfehlenswebfrt (große Produktauswahl). Die Vernagelung bzw. Verschraubung auf Unterkonstruktion ist die umweltverträglichste Verlegeart, weil dabei keine Emissionen von Schadstoffen auftreten und der H. später sehr einfach und schonend ausgebaut werden kann. Beim Schneiden und Schleifen ist Vorsorge gegen das Einatmen von →Holzstaub zu treffen. Bei der Verklebung ist auf die verwendeten →Klebstoffe zu achten (→Parkettklebstoffe). Da H. in der Regel behandelt sind, muss die Beseitigung in Müllverbrennungsanlagen erfolgen. Umweltverträgliche Oberflächenbehandlungsmittel wie natürliche Öle und Wachse verursachen dabei keine erhöhten Schadstoffemissionen.

Besonders Massivholzböden sind langlebige Produkte, die ihr Aussehen über Jahre hinweg erhalten. Kein anderer Bodenbelag lässt sich besser renovieren. Ein sorgfältig ausgewählter H. erfordert wenig Pflege- und Reinigungsmittelbedarf.

Holzdielen →Massivholzdielen

Holzfaser-Dämmplatten (WF wood fibre) H. (SB.W nach DIN 68750: ρ = 230 bis 450 kg/m^3) bestehen aus mindestens 80 % Holzfasern. Als Rohstoffmaterial werden hauptsächlich Resthölzer aus Sägewerken, z.B. Schwarten oder Hackschnitzel, verwendet. Es gelten DIN EN 622-4 und DIN EN 13171. In der Herstellung unterscheidet man zwischen dem Nass- und dem Trockenverfahren. Die Rohdichte bewegt sich bei der im Nassverfahren hergestellten H. zwischen 130 und 300 kg/m^3, im Trockenverfahren zwischen 40 und 240 kg/m^3. H. sind →Poröse Holzfaserplatten, die aufgrund ihrer niedrigen →Wärmeleitfähigkeit als Wärmedämmstoffe und/oder Schalldämmung eingesetzt werden. Leichte flexible H. mit einem Gewicht von ca. 50 kg/m^3 werden vor allen in Innen- und Außenwänden, Decken und in der Dachdämmung eingesetzt. Unterwand- oder Unterdachplatten sind feuchtegeschützt ausgeführt. Als Trittschalldämmung können H. ebenfalls verwendet werden. Der Einsatzbereich ist rund ums Haus gegeben. H. werden von verschiedenen Herstellern zur Dämmung in →WDVS-Systemen angeboten, die sich durch größere Wärmespeicherfähigkeit auszeichnen und damit die Gefahr eines Befalls von Algen vermindern.

Holzfasereinblasdämmung H. wird aus sortenreinen Nadelholzfaserresten hergestellt. Die Zugabe von 8 Gew.-% Ammoniumphosphat und Boraten erfolgt zur Verbesserung des Brandschutzes und zur Verhinderung von Schimmel- und Schädlingsbefall. H. findet Verwendung als Einblasdämmung für Hohlräume, vorgefertigte Wand- und Dachelemente und im Sanierungsbereich zur nachträglichen Dämmung von Dach und Boden. H. ist nicht geeignet für den Einsatz als Perimeter-oder Flachdachdämmung sowie für erdberührte und spritzwassergefährdete Bauteile oder als Kerndämmung von zweischaligem Mauerwerk.

H. weist eine hohe Wärmespeicherfähigkeit auf und ist sorptionsfähig sowie diffusionsoffen und trägt somit zu einem baubiologisch optimalen Wohnklima bei. H. wird hinsichtlich der Baustoffklasse nach DIN 4102 als B2 normal entflammbar eingestuft. H. hat eine Wärmeleitfähigkeit λ von 0,040 bis 0,045 W/(m·K) und eine Rohdichte ρ von 29 bis 45 kg/m^3, der Wasserdampfdiffusionswiderstand μ liegt zwischen 1 und 2. H. gilt als nachhaltiger Naturdämmstoff und wird als ökologisch und umweltverträglich eingestuft und ist komplett recycelbar. Die Verarbeitung entspricht der von Celluloseeinblasdämmung, allerdings darf H. nur von lizenzierten Fachbetrieben verarbeitet werden.

Die Holzfasern werden in eine vorbereitete Schalung (Wand, Dach, Decke, Boden) eingeblasen. Aufgrund der Staubentwicklung müssen geeignete Atemschutzgeräte getragen und Sicherheitsvorkehrungen berücksichtigt werden. →Holzspänedämmung

Holzfaserplatten H. werden nach DIN EN 622 genormt. Im Teil 1 der Norm sind die allgemeinen Anforderungen formuliert. In den weiteren Teilen 2 bis 5 werden die harten, die mittelharten und porösen Faserplatten geregelt.

Tabelle H6: Verwendungsbereiche von Holzfaserplatten

Verwendungsbereich	Nichttragende Konstruktion			Tragende und/oder aussteifende Konstruktion			
	trocken	feucht	außen	trocken	feucht	trocken	feucht
Nutzungsklasse	1	2	3	1	2	1	2
Harte Faserplatten DIN EN 622-2:2004-07	HB	HB H	HB E	HB LA	HL A1		HL A2
Mittelharte Faserplatten DIN EN 622-3:2004-07	MBL MBH	MBL H MBH H	MBL E MBH E	MBH LA1	MBH HLS1	MBH LA2	MBH HL S2
Poröse Faserplatten DIN EN 622-4:2010-03	SB	SB H	SB E	SB	LS	SB HLS	
Platten nach Trockenverfahren DIN EN 622-5:2010-03	MDF L-MDF	MDF H MDF RWH		MDF LA	MDF HLS		

H. sind plattenförmige →Holzwerkstoffe, die aus Holzfasern im Trocken- oder Nassverfahren mit oder ohne Zugabe eines Bindemittels hergestellt werden. Die Bindung beruht auf der Verfilzung der Fasern und deren inhärenter Verklebungseigenschaft oder auf der Zugabe eines synthetischen Bindemittels. Als Rohstoff werden Rest-, Alt- und Schwachholz oder andere nachwachsende Rohstoffe wie Stroh eingesetzt. H., die im Nassverfahren hergestellt werden, enthalten i. d. R. nur sehr geringe, im Trockenverfahren gefertigte H. dagegen eher hohe Bindemittelanteile (je nach Platten bis zu 12 % Leimanteil). Im Nassverfahren hergestellte H. zeigen daher ein dem →Holz vergleichbares Emissionsverhalten, während das Emissionsverhalten von im Trockenverfahren hergestellten Platten mit jenem von →Spanplatten vergleichbar ist. Zu den Holzfaserplatten zählen →Hartfaserplatten, →MDF-Platten (Mitteldichte Faserplatten) und →Poröse H. bzw. →Holzfaser-Dämmplatten Die Ökobilanz ist je nach Herstellungsverfahren durch einen größeren Primärenergiebedarf gekennzeichnet.

Ökologische Bewertung MDF-Platte, 565 kg/m³, Bezug t_{atro} (Quelle: dataholz.eu)		
GWP [kg CO_2 Äqv.]	**AP [kg SO_2 Äqv.]**	**PEI ne [MJ]**
–1.040,0	4,1	11.900,0
PEI e [MJ]	**EP [kg PO_4 Äqv.]**	**POCP [kg C_2H_4 Äqv.]**
24.500,0	0,4	0,7

Ökologische Bewertung MDF-Platte, 780 kg/m³, Bezug t_{atro} (Quelle: dataholz.eu)		
GWP [kg CO_2 Äqv.]	**AP [kg SO_2 Äqv.]**	**PEI ne [MJ]**
–1.265,4	2,6	14.359,0
PEI e [MJ]	**EP [kg PO_4 Äqv.]**	**POCP [kg C_2H_4 Äqv.]**
25.128,2	0,3	0,3

Tabelle H7: Vergleich des Primärenergieaufwands zur Herstellung von H. gegenüber anderen Holzwerkstoffen (Quelle: dataholz.eu)

	Leim / Leimanteil	Energieaufwand
MDF	UF 12 %	10.550 MJ/m³
Spanplatte	UF 8 %	5.655 MJ/m³
Dreischicht-Platte	PVAc 5 %	4.320 MJ/m³
Sperrholz	PF 8 %	5.459 MJ/m³

Holzfenster H. werden aus Fensterkanteln (Vollholz-, lamellierte oder keilgezinkte Profile) hergestellt, wobei für den Fensterbau nur qualitativ hochwertiges Holz eingesetzt werden soll. Das Holz soll möglichst astfrei sein, einen geringen Harzgehalt aufweisen sowie ausreichend lange gelagert und getrocknet bzw. technisch getrocknet (heute Standard) sein. Die für den Fensterbau heute üblichen europäischen Holzarten sind: Nadelhölzer (→Fichte, →Tanne, →Kiefer, →Lärche), →Eiche, Oregon Pine und Hemlock. →Tropenholz wird seit Mitte der 1960er-Jahre als Rahmenmaterial verwendet.
Lamellierte Fensterprofile haben gegenüber Vollholzfenstern den Vorteil, dass Holzreste besser verwertet werden und sich durch die Mehrfachverleimung die Möglichkeit des Verziehens verringert. F. aus einheimischen Hölzern benötigen für eine lange Lebensdauer mehrfache Lackanstriche, generell sind in der Grundierung des Anstriches Bläueschutzmittel enthalten. Als Beschichtung wird meist ein lasierender Anstrich oder ein deckendes Anstrichsystem aufgebracht. Die Beschichtung ist abhängig von Einsatzgebiet, Eignung und Holzart, in der Regel werden →Acryllacke, →Alkydharzlacke bzw. Mischungen der beiden verwendet. Diese Lacktypen sind so weit diffusionsoffen, dass im Fensterbereich auftretendes Schwitzwasser durch die Holz/Glas-Stoßfuge im Falzbereich wieder austreten kann, andernfalls würde dies zur Abplatzung des Lackes führen. Im Fenstersanierungsbereich werden aus genanntem Grund hauptsächlich Alkydharzlacke und weniger Acryllacke verwendet.
In den vergangenen Jahren haben sich Alternativen zu den konventionellen Systemen durchgesetzt. Dazu gehören unter anderem konstruktive Lösungen wie die Holz-Alu-Rahmen (→Holz-Alufenster), aufgeklipste, abnehmbare Holzaußenschalen oder die Verwendung von Beschichtungsmaterialien auf Basis nachwachsender Rohstoffe. Ein hoher Pigmentanteil schützt die Holzoberfläche besser gegenüber UV-Strahlung als ein geringer. Wegen der hohen Temperaturen, die sich bei direkter Sonneneinstrahlung einstellen können, sind helle Farbtöne zu bevorzugen. Die Haltbarkeit der Anstriche hängt neben der Beschichtungsqualität wesentlich von der Bewitterungslage sowie Wartung und Instandsetzung ab. Bei Gebäuden, die regelmäßig kontrolliert und gewartet werden, ist eine Instandhaltung durch frühzeitiges Ausbessern kleiner Fehlstellen möglich und wird nach kleinflächigem Anschleifen bis auf das rohe Holz zumeist mit den Originalanstrichen erfolgreich durchgeführt. In der Wartung/Renovierung sind die wiederentdeckten modern hergestellten Ölfarben von Naturfarbenherstellern klar im Vorteil. Erfahrungswerten und Herstellerangaben zufolge können folgende Richtwerte für die Instandsetzungsintervalle angesetzt werden: Die heute üblicherweise eingesetzten Acrylabdecklacke müssen außen ca. alle sieben bis zehn Jahre, innen ca. alle 20 Jahre instandgesetzt werden; Lasuren außen ca. alle vier und innen ca. alle acht Jahre. Die Haltbarkeit von Beschichtungen aus nachwachsenden Rohstoffen ist gleich den konventionellen Systemen, wobei diese leichter zu überarbeiten sind. Eine Nachbearbeitung ist jederzeit ohne wesentliche Vorbehandlung durchführbar.
Eine Imprägnierung mit Holzschutzmittel-Wirkstoffen ist nicht notwendig. Neben dem →Chemischen Holzschutz gibt es konstruktive Maßnahmen und Möglichkeiten, das Holz ausreichend gegenüber Temperatur- und Feuchteeinwirkungen zu schützen. Bei Bewitterungsversuchen des Holzforschungsinstituts (Holzforschung Austria: Neue zukunftsorientierte Holzfenstersysteme. Beleg- und Arbeitsexemplar Abt. Holzhausbau und Fertigprodukte. Wien, Juli 1998) zeigten Biozidausrüstungen keinen erkennbaren Einfluss auf das Abwitterungsverhalten und damit auf die Lebensdauer der Beschichtung selbst, sodass laut Holzforschungsinstitut kein Anlass besteht, bei statisch nicht beanspruchten Holzteilen wie Fenstern an einer Schutzausrüstung gegen holzzerstörende Pilze weiter festzuhalten. Ein Bläueschutz gegen die in der Praxis immer wieder beobachteten Verblauungen wird vom Holzforschungsinstitut weiterhin als sinnvoll erachtet.

Holz hat eine geringe Wärmeleitfähigkeitszahl und ist damit ein relativ guter Wärmedämmstoff. Aus Holz lassen sich daher sehr gute wärmedämmende Fensterrahmen herstellen. Innovativ sind z.B. hochwärmedämmende H., deren Rahmen mit Holzfaser-Dämmplatten oder Kork anstatt mit Polyurethan gedämmt sind. Es ist sogar möglich, Passivhausfenster nur aus Vollholz ohne zusätzlichen Wärmedämmstoff herzustellen.
→Holz ist als →Nachwachsender Rohstoff grundsätzlich positiv zu beurteilen, inländisches Holz hat den Vorteil eines vergleichsweise geringen Transportaufwandes. Die nachhaltige Forstwirtschaft unterstützt die Erhaltung der Waldbestände im Rahmen der Raumordnung. Doch kann die moderne Holzwirtschaft derzeit noch viele Umweltbeeinträchtigungen verursachen. Die Anpflanzung der Bäume in Monokulturen macht den Wald sehr anfällig gegen Umwelteinflüsse. Dies bedingt den Einsatz von Insektiziden. Hierbei ist in den letzten Jahren ein Umdenken zu einer nachhaltigeren Forstwirtschaft zu sehen. Bei nicht-zertifizierten →Tropenhölzern ist ein Raubbau nicht auszuschließen.
Wichtig ist die richtige Wahl der Beschichtungsmittel für H. Die Lebensdauer von H. kann bei sachgerechter Pflege (Instandhaltung ca. alle fünf Jahre) mehr als 100 Jahre betragen. Eine Weiterverwertung von H. wird in Form von Holzschnitzeln für die Spanplattenindustrie oder als Ausgangsmaterial zur Energiegewinnung z.T. verwirklicht. Laut den Erkenntnissen des Holzforschungsinstituts sind die heute auf dem Markt befindlichen H.-Systeme in Müllverbrennungsanlagen, die dem Stand der Technik entsprechen, weitgehend problemlos thermisch verwertbar. →Fenster

Holzfeuchte Holzfeuchtigkeit (u) bezeichnet den prozentualen Wassergehalt von Holz, bezogen auf die Trockenmasse. Über die H. lassen sich die technologischen und mechanischen Eigenschaften von Holz beschreiben. H. hat einen großen Einfluss auf die Gefährdung durch Holzschädlinge wie Pilze und Insekten. Holz ist hygroskopisch und bewirkt eine Volumenveränderung, das Schwinden und Quellen des Holzes. Gem. DIN 18334 ist die Holzfeuchte von Nadelholz zum Zeitpunkt des Einbaus mit max. 20 % festgelegt. Bei Laubholz gilt ebenfalls die Regelung des „trockenen Einbaus". Allerdings ist es hier erforderlich, die H. in den Ausschreibungen (querschnittsabhängig) anzugeben. Feuchtestufen: 1. Darrtrocken (absolut trocken 0 % Feuchte), 2. Lufttrocken (mehrjährig trocken gelagertes Holz, 15 bis 18 % Feuchte), 3. Fasergesättigt (28 bis 32 % Feuchte), 4. Waldfrisch (Holz, das nach der Zwischenlagerung abtransportiert wurde, ca. 60 % Feuchte), 5. Wassergesättigt (100 % Feuchtegehalt). →Darrdichte

Holzfurniere →Furniere

Holz kleben Zum Kleben von Holz eignen sich →Leime wie →Holzleime, →Weißleime, →Anrührleime, →Polyurethan-Leime, →Kontaktklebstoffe. Holzböden können mit →Parkettklebstoffen verlegt werden.

Holz-Kunststoff-Verbundwerkstoffe →Wood-Plastic-Composites

Holzleime H. sind zum Verleimen von Holz eingesetzte →Leime (Leimholz, Leimholzplatten). Sie haben gegenüber dem früher üblichen Heißleim (z.B. Knochenleim) den Vorteil, dass sie kalt verarbeitet werden können. H. ziehen innerhalb von 15 Minuten an. Nach etwa 30 Minuten Presszeit ist das Werkstück stabil, aber noch nicht mit Gewicht belastbar. Nach etwa 12 Stunden ist es voll belastbar. Für Nassräume gibt es spezielle wasserfeste Holzleime. Bindemittel in H. sind entweder Kunstharze (insbes. →Melaminharze und Polyurethan-Klebstoffe, seltener →Polyvinylacetat und →Acrylharze), pflanzliche Leime auf der Basis von Dextrinen (Abbauprodukte von Stärke) und Stärke oder tierische Leime auf der Basis von →Kasein. In der Bauschreinerei werden bevorzugt Kasein-Leime verwendet (→Kasein-Klebstoffe). Neben den bisher genannten werden für wasserfeste Verklebungen auch H. auf der Basis von →Formaldehyd-Harzen eingesetzt, aus denen Formaldehyd ausgasen kann. Alle genannten H. sind praktisch immer weichmacherfrei. Als →Lösemittel können →Ester oder Ether bis zu 6 % enthalten sein, inzwischen werden aber meist aufstrichfertige lösemittelfreie Holz-Weißleime verwendet. Völlig ohne Kunststoffzusätze kommen →Anrührleime aus.

Holzmodifikation Die Veränderung der Holzeigenschaften ist eine Alternative zum Einsatz wirkstoffhaltiger →Holzschutzmittel und →Tropenhölzer. Folgende Verfahren sind in Erprobung bzw. bereits zur Praxisreife entwickelt:
<u>Hitzebehandlung</u>: Die Zellwandbestandteile des Holzes werden bei erhöhten Temperaturen (über 150 °C) chemisch verändert und dadurch die Was-

seraufnahmefähigkeit des Holzes verringert. Die Quellung und Schwindung des Holzes wird reduziert, Pilze können es schwerer befallen und die Dauerhaftigkeit wird deutlich verbessert. Die Hitzebehandlungsverfahren sind von allen Modifizierungsverfahren in Europa am weitesten entwickelt, hitzebehandelte bzw. „retifizierte“ Hölzer sind seit 1999 am Markt.

Acetylisierung: Durch die Reaktion von Holz mit Essigsäure-Anhydrid wird ein Teil der Hydroxylgruppen der Zellwand in Acetylgruppen überführt. Die dabei anfallende Essigsäure wird wieder in Essigsäure-Anhydrid zurückverwandelt. Der Prozess muss aufgrund der korrosiven Chemikalien in speziellen Anlagen aus Edelstahl durchgeführt werden. Bei der Acetylisierung wird die Dauerhaftigkeit gegenüber Pilzen (Braun-, Weiß- und Moderfäule) deutlich erhöht. Die optisch erkennbare Veränderung des Holzes ist ein Ausbleichen. Aber das Holz kann wie gewohnt gestrichen und auch ohne Umweltbelastungen verbrannt werden. Die Acetylisierung ist bereits sehr gut erforscht. Nachteilig sind die fast doppelt so hohen Kosten wie bei der konventionellen Kesseldruckimprägnierung. Acetyliertes Holz wird zurzeit in kleineren Mengen in Pilotanlagen in den Niederlanden und Schweden hergestellt.

Holzvernetzung: Bei der Holzvernetzung werden Stoffe eingesetzt, die in die Holzzellwände eindringen, dort polykondensieren und eine Quervernetzung der Zellwände herstellen. Die Zellwände werden dadurch in einem dauerhaft gequollenen Zustand fixiert. Für die Holzvernetzung werden verschiedene Chemikalien eingesetzt, die ihren Ursprung in der Textilindustrie haben, z.B. DMDHEU (Dimethylol-dihydroxy-ethylenharnstoff).

Melaminharztränkung: Melamin-Formaldehydharze härten in den Zellwänden bei Temperaturen zwischen 100 und 140 °C zu wasserunlöslichen Polymeren aus. Für die Melaminharzvergütung lässt sich die aus dem chemischen Holzschutz bekannte Anlagen- und Prozesstechnik zur Kesseldruckimprägnierung einsetzen. Das Verfahren kann eine Verbesserung der Dauerhaftigkeit, eine Erhöhung der Dimensionsstabilität mit Quell-Schwindverbesserungen bis zu 30 % erreichen. Der Befall durch holzzerstörende Pilze wird gehemmt. Der Angriff von Bläue- und Schimmelpilzen wird allerdings nur verzögert, sodass im Außenbereich ein Anstrich erforderlich bleibt, wenn eine dekorative Wirkung des Holzes gewünscht wird. Die Verbesserung der Eigenschaften ist ganz wesentlich von dem verwendeten Harz und der Beladung abhängig. Mögliche Formaldehydemissionen aus dem Bindemittel sind zu berücksichtigen.

Öl-Hitze-Behandlung: Bei diesem Verfahren werden die Zellwände des Holzes durch warme Pflanzenöle wie Lein- oder Hanföl vernetzt. Die Öl-Hitze-Behandlung kann mit den aus dem chemischen Holzschutz bekannten Anlagen und Prozesstechniken zur Kesseldruckimprägnierung erfolgen. Das in den Zelllumina imprägnierte Öl verzögert die Wasseraufnahme, ohne die rasche Wasserabgabe (Trocknung) zu hemmen. Durch die Hydrophobierung wird insbesondere das Stehvermögen verbessert. In Gebrauchsklasse 3 wirkt sich die Behandlung positiv auf die Dauerhaftigkeit gegen holzzersetzende Pilze aus. Mit der Öl-Hitze-Behandlung ergibt sich bei Gebrauchsklasse 3 (frei bewitterter Bereich außerhalb von Erdkontakt) eine dauerhaft niedrige Holzfeuchte, die das Wachstum von holzzerstörenden Pilzen nicht zulässt. Außerdem zeigen die behandelten Hölzer hohe Maßhaltigkeit, eine komplette Durchdringung des Querschnitts und Harzfreiheit.

Tabelle H8: Vor- und Nachteile bei verschiedenen Methoden der Holzmodifizierung (Quelle: Sachverständigenbüro für Holzschutz, http://www.holzfragen.de). Bei den Angaben in der Tabelle ist zu berücksichtigen, dass zu den Modifizierungsmethoden noch ein reges Forschungstreiben stattfindet.

Modifizierungsart	Vorteile	Nachteile	Anwendungsziel
Hitzebehandlung Thermische Modifizierung	• Ausgleichsfeuchte bleibt niedrig • Dimensionsstabilität steigt • Dauerhaftigkeit wird verbessert • preiswert	• Festigkeitsverluste • Schleifstaub gesundheitsschädlich, Schutzmaßnahmen wie bei Eiche/Buche • u.U. Verfärbung und unangenehmer Geruch	Außenbereich Außenmöbel, Fenster, GaLa-Bau

Tabelle H8: Vor- und Nachteile bei verschiedenen Methoden der Holzmodifizierung (Quelle: Sachverständigenbüro für Holzschutz. http://www.holzfragen.de). Bei den Angaben in der Tabelle ist zu berücksichtigen, dass zu den Modifizierungsmethoden noch ein reges Forschungstreiben stattfindet. (Forts.)

Modifizierungsart	Vorteile	Nachteile	Anwendungsziel
Acetylierung Chemische Modifizierung, mehrstufig	• Dimensionsstabilität steigt • Dauerhaftigkeit wird verbessert (RK 1) • UV-Stabilität erhöht • Härte	• Geruch • Korrosion • Verfärbungen • Umweltbelastung durch Modifizierungsprozess • hohe Kosten	Außenbereich Außenmöbel, GaLa-Bau
Harztränkung Einlagerung/Blockierung, chemische Modifizierung, mehrstufig	• mechanische Eigenschaften verbessert • Dimensionsstabilität steigt • Dauerhaftigkeit verbessert	• Rissbildungen • aufwendiger Prozess	Innen- und Außenbereich ohne Erdkontakt Bodenbeläge
Hydrophobierung mit pflanzlichen Ölen Hydrophobierung ohne Veränderung der Zellstruktur	• wasserabweisend • Ausgleichsfeuchte bleibt niedrig • Dimensionsstabilität steigt	• Dauerhaftigkeit wie unbehandeltes Holz • dunkle Verfärbungen • Öl schwitzt aus • Verleimungs- und Beschichtungsprobleme	Außenbereich ohne Erdkontakt GaLa-Bau
Verkieselungen/ Silylierungen Druckimprägnierung oder Oberflächenbehandlung mit Siliciumverbindungen	• Dauerhaftigkeit verbessert • Brandschutz	• Oberflächenhärte • Gewichtszunahme, 20 – 50 % • Verleimung und Beschichtung bilden Probleme • Verbau nicht im Freien oder mit Erdkontakt	Innen- und Außenbereich vorerst: Bauholz im Innenbereich

Verkieselung: Durch Verkieselung der Oberfläche wird das Holz für Schädlinge unkenntlich gemacht, lebende Larven werden „verkieselt“. Das Verfahren ist schon lange bekannt und wird vorbeugend gegen Pilz- und Insektenbefall, wachstumshemmend bei Bläuepilz und bekämpfend bei Holzwurmbefall eingesetzt. →Mineralische Holzschutzmittel

Holzmodifizierende Verfahren benötigen keine Insekten- oder Pilzgifte (→Insektizide, →Fungizide) und sind daher weit gesundheitsverträglicher als andere →Holzschutzmittel. Da viele der Verfahren noch in der Erforschung sind, müssen mögliche andere Umweltbelastungen aus den Verfahren noch untersucht werden.

Holzparkette →Parkettböden, →Massivparkett

Holzparkettklebstoffe →Parkettklebstoffe

Holzpflaster H. oder Hirnholzparkette bestehen aus scharfkantig geschnittenen Massivholzklötzen (ca. 80 × 80 mm), die mit der Hirnholzseite als Lauffläche verlegt werden und dadurch eine besondere optische Erscheinung zeigen. Da die Holzfaser vertikal zur Bodenfläche steht, wird H. nicht zu den Parketten gezählt. Holzarten: →Kiefer, →Eiche, seltener →Fichte, →Lärche. Normalverlegung: Das Pflaster wird mit einem Kleber auf den abgesperrten (Sperranstrich oder Sperrpappe), glatten Untergrund aufgeklebt. Pressverlegung: Die Pflasterklötze werden in Bitumen- oder Kunstharzkleber getaucht und auf dem Boden verlegt. Lättchenverlegung: Die Pflaster werden in den durch 4 mm starke Latten gebildeten Zwischenräumen verlegt. Die zurückbleibenden Fugen werden mit →Plastomerbitumen ausgegossen. Sandverlegung für einfache Nutzungen im Außenbereich:

Die Pflasterklötze werden in ein ca. 10 cm tiefes Sandbett gesetzt und die Zwischenräume mit Sand gefüllt. Ein Asphaltverguss (→Gussasphaltestrich) kann als oberer Abschluss dienen. H. ergeben stark beanspruchbare Flächen mit hoher Lebensdauer, die durch einfaches Auswechseln der beschädigten Klötze leicht zu reparieren sind. Sie sind außerdem sehr gut renovierbar. Nachteilig wirkt sich aus, dass das Holz senkrecht zur Faser um einen Faktor 10 stärker arbeitet und daher im jahreszeitlichen Wechsel stärker zur Fugenbildung neigt als Parkett. Das typische Einsatzgebiet für H. sind Werkstätten, Atrien. H. sind in DIN 68702 genormt. Emissionen je nach Verlegung aus →Parkettklebstoffen, →Heißbitumen oder Gussasphaltestrich. Zum Teil wurden früher auch Teerkleber verwendet, die durch ihren hohen Gehalt an →Polycyclischen aromatischen Kohlenwasserstoffen (mehrere Prozent) (→PAK) besonders problematisch sind. →Holzböden

Holzresistenz →Dauerhaftigkeitsklassen, →Resistenzklassen

Holzschädlinge Pflanzliche Holzschädlinge (Pilze)
Pilze benötigen eine Holzfeuchte von mindestens 20 % über einen längeren Zeitraum. Normalerweise beträgt die Holzfeuchte im Gebäudeinneren 6 bis 12 %, im Außenbereich unter Dach liegt sie im Allgemeinen bei 15 bis 18 %. Unter extremen Wettersituationen können kurzzeitig 20 % überschritten werden.
Pilze werden in „holzverfärbend" und „holzzerstörend" eingeteilt. Die holzverfärbenden Pilze führen zu einer Farbänderung des Holzes. Am häufigsten treten Bläuepilze (mehr als 100 verschiedene Arten) auf. Sie beeinträchtigen die Holzfestigkeit kaum, machen das Holz aber anfälliger für andere Pilze und Schädlinge. Holzzerstörende Pilze sind bei jeder Art von Schwammbefall, Vermodern usw. am Werk. Sie zerstören das Holz, indem sie entweder die Cellulose oder das Lignin abbauen. Cellulose abbauende Pilze hinterlassen eine dunkle, die ligninabbauenden eine helle Masse.
Die Gefahr durch holzzerstörende Pilze wird oft übertrieben. Die Ursache liegt vor allem in technischen Baumängeln oder zu kurzer Zeit für die Austrocknung eingebauter Materialien. Wird trockenes Holz eingebaut und bleiben alle Bauteile dauerhaft trocken, ist ein vorbeugender Holzschutz nicht notwendig.

Tierische Holzschädlinge
Die wichtigsten tierischen Holzschädlinge sind Käfer, daneben gibt es holzzerstörende Ameisen, Wespen, Termiten und Schmetterlinge. Die eigentlichen Schädlinge sind die Larven, die sich von der Holzsubstanz ernähren. Die Käfer legen die Eier in Risse und Spalten im Holz, aus denen dann die Larven schlüpfen und sich durch das Holz ins Freie nagen. Die Überlebensmöglichkeiten für holzzerstörende Insekten orientieren sich an der Umgebungstemperatur, Holzfeuchtigkeit und vor allem an der Holzart. Die Temperaturabhängigkeiten sind sehr unterschiedlich: Bestimmte Holzkäferlarven – Hausbock („großer Holzwurm"), Klopfkäfer und Nagekäfer („kleiner Holzwurm") – begnügen sich bereits mit Holzfeuchten von nur 10 %. Trockenholzinsekten können auch in verbautem, überwiegend lufttrockenem Holz, insbesondere in Dachstühlen, leben. Das Risiko eines Befalls durch Trockenholzinsekten ist in modernen Häusern sehr gering, da durch heutige Sägewerk-Einschnitt-Technik die Bauhölzer kaum Risse aufweisen und das Holz von Bauplatten oder Folien umhüllt wird, sodass die Holzinsekten kaum eine Eiablagemöglichkeit haben.
Frischholzinsekten (befallen das Holz nur im Wald) – zu ihnen gehören Holzwespen und Pilz züchtende Käfer wie der Borkenkäfer – benötigen dagegen eine besonders hohe Feuchtigkeit. Ihr Schädigungspotenzial liegt in den Bohrgängen, die den Wert des Holzes stark beeinträchtigen, nicht aber die Holzfestigkeit mindern.
Sonstige Holzschädlinge
Meerwasser enthält Holzschädlinge, die starke Schäden hervorrufen. Da sie zu ihrer Entwicklung einen Mindestsalzgehalt von 7 % benötigen, sind sie für unsere Breiten nicht von Bedeutung.
Wenn Witterungseinflüsse zu einer Feuchtigkeitsanreicherung im Holz führen, können Fäulnispilze auftreten und zur Holzzerstörung führen. Das Ausmaß möglicher Schäden hängt sehr von der Exposition und Konstruktion ab. Risse und offene Fugen bilden nicht nur Möglichkeiten für die Wasseraufnahme, sondern sind außerdem Eingangspforten für die Holzschädlinge.

Holzschaum Holzschäume aus fein zerkleinertem Holz sind leichte Holzwerkstoffe (40 bis 280 kg/m^3) mit einer offenporigen Struktur. Als Rohstoff für Holzschaumdämmstoffe werden heimische

H

Hölzer wie Fichte oder Buche sowie Durchforstungsholz oder Sägenebenprodukte verwendet. Die Hölzer werden zu feinen Partikeln zermahlen, bis eine zähflüssige Masse entsteht, die mit Gas aufgeschäumt wird und anschließend zu einem Schaum aushärtet und abschließend zu Hartschaumplatten oder zu einem elastischen Holzschaumstoff weiterverarbeitet wird. Aktuell ist der Holzwerkstoff industriell noch nicht verfügbar, zukünftige Anwendungsbereiche liegen u.a. in der Wärme- und Schalldämmung. →Dämmstoff, →Holzwerkstoffe

Holzschutz →Holz ist ein natürliches Material und unterliegt vor allem bei Witterungseinfluss oder im direkten Erdkontakt mit andauernder Feuchteeinwirkung der Zerstörungsgefahr durch Pilze und Insekten. Unter H. versteht man alle Maßnahmen, die eine Wertminderung oder Zerstörung von Holz oder Holzwerkstoffen verhindern bzw. verlangsamen. Auch Mittel zur Herabsetzung der Entflammbarkeit (→Flammschutzmittel) werden zum H. gerechnet (→Baustoffklassen), an dieser Stelle aber nicht behandelt. Zu unterscheiden sind vorbeugende und bekämpfende Maßnahmen (→Bekämpfender Holzschutz). Die maßgebenden Vorschriften für den H. sind in Deutschland in der DIN 68800, in Österreich in den ÖNORMEN B 3801-3804 „Holzschutz im Hochbau" festgehalten. Die Kenntnis über Vorkommen und Lebensbedingungen von Schädlingen ist wichtig, um gegen sie vorzubeugen und dabei unnötige Maßnahmen zu vermeiden. Maßnahmen des vorbeugenden H. sind:

Konstruktiver (Baulicher) H.: konstruktions-, bearbeitungs- und verarbeitungstechnische Vorkehrungen, die der Erhaltung von Holz und Holzwerkstoffen im Bauwesen dienen (v.a. gegen Pilzbefall und übermäßiges Quellen oder Schwinden). →Konstruktiver Holzschutz

Oberflächenbehandlungsmittel: Oberflächenbehandlungen bieten neben ihrer dekorativen Wirkung Schutz vor Witterung und Verschmutzung. Sie enthalten keine bioziden Wirkstoffe. →Lacke, →Lasuren, →Öle

Chemischer H.: Chemische →Holzschutzmittel schützen das Holz durch die Giftwirkung der enthaltenen Wirkstoffe vorbeugend oder auch nachträglich vor Pilzen und Insekten.

H. durch →Holzmodifikation: Die Veränderung der Holzeigenschaften – insbesondere durch thermische Verfahren – ohne biozide Wirkstoffe ist eine Alternative zum Einsatz von Holzschutzmitteln. Auf die Möglichkeiten der technischen Trocknung bei über 55 °C und der damit verbundenen Verbesserung der Dauerhaftigkeit von Hölzern wird schon in der DIN 68 800 hingewiesen.

Chemische Holzschutzmittel entfalten ihre Wirkung über →Biozide, giftige Stoffe, die in zu hoher Dosis oder bei falscher Anwendung für alle Organismen, niedere Lebensformen in Boden und Wasser ebenso wie Tiere und Menschen, gefährlich sein können. Vor der Verwendung von chemischen Holzschutzmitteln und/oder dem Einsatz von chemisch geschütztem Holz sind daher alle Möglichkeiten des konstruktiven Holzschutzes auszuschöpfen. Übersteigt die Holzfeuchte auf Dauer 20 % nicht, besteht keine Gefahr, dass holzzerstörende Pilze das Holz angreifen. Insekten befallen das Holz nicht, wenn die Holzfeuchte dauerhaft unter 10 % liegt. Bleibt das Holz offen und so in Bezug auf Insektenbefall kontrollierbar, kann man ebenfalls auf chemischen Holzschutz verzichten. In allen Fällen, wenn gewollt, können auch Hölzer mit tragender Funktion ohne chemischen Holzschutz verbaut werden. Zu beachten ist in diesem Zusammenhang, dass verschiedene Holzarten unterschiedlich gegen Witterung haltbar sind (→Dauerhaftigkeitsklassen, DIN EN 350:2016-12). Wenn kein chemischer Holzschutz vorgeschrieben ist, so stellt die Begiftung des Holzes sogar einen Mangel im Sinne der VOB dar, wenn sie trotzdem durchgeführt wird. In bewohnten Innenräumen sollte auf eine Anwendung von Holzschutzmitteln grundsätzlich verzichtet werden.

Holzschutzmittel. H. sind Zubereitungen zum vorbeugenden und →Bekämpfenden Holzschutz gegen holzzerstörende oder -verfärbende Pilze und Insekten. H. sind zulassungspflichtige Biozidprodukte, die→Biozide Wirkstoffe enthalten, und die Schadorganismen auf chemischem oder biologischem Weg unschädlich machen. Bei den Bioziden unterscheidet man zwischen Insektiziden und Fungiziden (gegen Pilze wie Bläuepilze). Einige Stoffe wirken gleichzeitig gegen Insekten und Pilze. H. sind mehr oder weniger giftige Stoffe, die in zu hoher Dosis oder bei falscher Anwendung für alle Organismen, niedere Lebensformen in Boden und

Wasser ebenso wie Tiere und Menschen, gefährlich sein können.
In welchen Bereichen ein besonderer Holzschutz erforderlich ist, ist durch Normen geregelt. Die spezifischen Gefährdungen werden in Gebrauchsklassen definiert. Das sind Stufen in den Klassifizierungssystemen der Gefährdung von Holz und Holzwerkstoffen durch holzzerstörende Organismen nach DIN EN 335.
Die Gebrauchsklassen (s. Tabelle H9) spiegeln die verschiedene Gebrauchsbedingungen wider. In der Neufassung der DIN 68800 ersetzen die Gebrauchsklassen die (alten) Gefährdungsklassen. Der Inhalt beider Begriffsbezeichnungen bleibt jedoch. Je nach biologischer Wirksamkeit werden H. mit den in Tabelle H9 genannten Prüfprädikaten gekennzeichnet.
Nach DIN 68800-1 bleibt als eine nur nationale Regelung die Gebrauchsklasse 0 (alte Gefährdungsklasse 0) erhalten. Diese Regelung gibt es nur in Deutschland.
Ist ein Holzbauteil bestimmungsgemäß mehreren Gebrauchsklassen zuzuordnen, so ist für die Auswahl von Schutzmaßnahmen jeweils die höchste in Betracht kommende Gebrauchsklasse maßgebend, es sei denn, es ist eine unterschiedliche Behandlung für einzelne Hölzer bzw. Holzbereiche eines Bauteils möglich (DIN 68800-1:2011-10, 5.1.4).
Anforderungen an das Holzschutzmittel:
Während in GK 1 (innen, Holzfeuchte max. 20 %) ein Holzschutzmittel mit insektenvorbeugender Wirksamkeit ausreichend ist, ist in allen anderen Gebrauchsklassen auch eine vorbeugende Wirksamkeit gegen einen Befall durch holzzerstörende Pilze erforderlich. Holzschutzmittel für im Freien verbaute Hölzer (GK 3.1 bis 5) müssen zudem witterungsbeständig sein, in GK 4 und 5 auch gegen Moderfäule wirken. In GK 5 muss das verwendete Holzschutzmittel zusätzlich eine vorbeugende Wirksamkeit gegenüber holzzerstörenden Meerwasserschädlingen aufweisen.
Nach ihrer Konstitution werden H. unterteilt in:
- Ölige Präparate (→Teerölpräparate)
- →Lösemittelhaltige H. (Imprägnierungen, Grundierungen, Lasuren, Lacke)
- →Wasserbasierte H. und H. mit wasseremulgierbaren Substanzen (Salze)

Tabelle H9: Mindestanforderungen an Holzschutzmittel in den Gebrauchsklassen nach DIN EN 335

Gebrauchsklassen und Gebrauchsbedingungen		
Gebrauchsklassen nach DIN EN 335	**Gebrauchsbedingungen**	
1	Bauteil im Innenbereich	nicht der Witterung und keiner Befeuchtung ausgesetzt
2	Bauteil unter Dach	nicht der Witterung (Regen, Schlagregen) ausgesetzt, gelegentliche, aber nicht andauernde Befeuchtung
3	Bauteil über dem Erdboden (allgemein)	der Witterung (Regen) ausgesetzt
3.1	Einbausituation: Wasser kann schnell ablaufen und austrocknen	nicht längere Zeit nass, Wasser wird sich nicht ansammeln
3.2	Einbausituation: Wasser kann nicht schnell ablaufen und austrocknen	kann länger nass bleiben, Wasser kann sich ansammeln
4	Bauteil mit (zeitweise) direktem Erdkontakt oder Kontakt mit Süßwasser	ständige Befeuchtung
5	Bauteil dauerhaft oder regelmäßig im Salzwasser (Meer- Brackwasser)	ständige Befeuchtung

Tabelle H10: Auswahl der Holzschutzmittel in Abhängigkeit von der Gebrauchsklasse (Quelle: in Anlehnung an Tabelle 1 von DIN 68800-3:2012-02)

Gebrauchsklasse (GK)	Anforderungen an das Holzschutzmittel	Kurzzeichen
0	Keine Holzschutzmittelverwendung	
1	Insektenvorbeugend	Iv
2[a,b]	Insektenvorbeugend, Pilzwidrig	Iv, P
3.1 [b] 3.2 [b]	Insektenvorbeugend, Pilzwidrig, Witterungsbeständig	Iv, P, W
4	Insektenvorbeugend, Pilzwidrig, Witterungsbeständig, Moderfäulewidrig	Iv, P, W, E
5	Wie für GK 4; zusätzlich Wirksamkeit gegen Holzschädlinge im Meerwasser	

a) Bei Holzbauteilen, für die keine Gefährdung durch Insektenbefall vorliegt, kann auf eine insektenvorbeugende Wirkung verzichtet werden.
b) Bei Gefährdung durch Bläuepilze an verbautem Holz in den Gebrauchsklassen 2 und 3 kann eine bläue widrige Wirksamkeit (Kurzzeichen B) zweckmäßig sein; hierfür ist eine besondere Vereinbarung erforderlich
Iv = Gegen Insekten vorbeugend wirksam
P = Gegen Pilze vorbeugend wirksam (Fäulnisschutz)
W = Witterungskontakt, ohne ständigen Erd- und Wasserkontakt
E = Ständiger Erd- und Wasserkontakt

Tabelle H11: GISCODE für Holzschutzmittel – Übersicht über die neuen Produktgruppen (Stand: März 2016)

Holzschutzmittel, wasserbasiert	
HSW10	Holzschutzmittel, wasserbasiert, organische Wirkstoffe
HSW13	Holzschutzmittel, wasserbasiert, Bor-Verbindungen
HSW20	Holzschutzmittel, wasserbasiert, reizend
HSW23	Holzschutzmittel, wasserbasiert, reizend, Bor-Verbindungen
HSW27	Holzschutzmittel, wasserbasiert, reizend, sensibilisierend
HSW30	Holzschutzmittel, wasserbasiert, ätzend
HSW33	Holzschutzmittel, wasserbasiert, ätzend, Bor-Verbindungen
HSW37	Holzschutzmittel, wasserbasiert, ätzend, sensibilisierend
HSW40	Holzschutzmittel, wasserbasiert, ätzend, Kupfer-Verbindungen
HSW50	Holzschutzmittel, wasserbasiert, Kupfer- und Chrom-Verbindungen

Holzschutzmittel, lösemittelbasiert	
HSL10	Holzschutzmittel, lösemittelbasiert, aromatenfrei
HSL17	Holzschutzmittel, lösemittelbasiert, aromatenfrei, sensibilisierend
HSL20	Holzschutzmittel, lösemittelbasiert, aromatenhaltig
HSL27	Holzschutzmittel, lösemittelbasiert, aromatenhaltig, sensibilisierend

Tabelle H12: GISCODE für Holzschutzmittel – Einstufungskatalog –

GISCODE	Produktgruppe	Kennzeichnung				Mögliche Inhaltsstoffe
		Gefahrenpiktogramme	Signalwort	H-Sätze	P-Sätze	
Holzschutzmittel, wasserbasiert						
HSW10	organische Wirkstoffe	GHS09	Achtung	H410 EUH208	P273, P501	*Anwendungsfertige Lösungen:* Dipropylenglykolmethylether bis 2,5%, Butylglykol bis 2,5% Biozide Wirkstoffe: Carbamate (z.B. IPBC) <1%, Triazole (z.B. Propiconazol) <1%, Pyrethroide (z.B.Permethrin) <1%
HSW13	Bor-Verbindungen	GHS08	Gefahr	H360FD	P202, P273, P280, P301+P330+P331, P303+P361+P353, P305+P351+P338, P314, P405, P501	*Konzentrate:* Biozide Wirkstoffe: Borsäure bis 55%, Borax bis 35%
HSW20	reizend	GHS07, GHS09	Achtung	H319, H410 EUH208	P273, P280, P301+P310, P305+P351+P338, P302+P352, P405, P501	*Konzentrate:* Butyldiglykol bis 50%, Benzylalkohol bis 5% Biozide Wirkstoffe: Pyrethroide (z.B. Permethrin) <1%, Triazole (z.B. Tebuconazol, Propiconazol) <1%
HSW23	reizend, Bor-Verbindungen	GHS07, GHS08	Gefahr	H319, H360FD	P201, P202, P273, P280, P301+P330+P331, P303+P361+P353, P305+P351+P338, P308+P313, P405, P501	*Anwendungsfertige Lösungen:* Diethylenglykol bis 10% Biozide Wirkstoffe: Dinatriumtetraborat >10%, Borsäure > 5,5%, Quat (z.B. Benzalkoniumchlorid) bis 20%
HSW27	reizend, sensibilisierend	GHS07, GHS09	Achtung	H315, H317, H319, H410	P261, P273, P280, P302+P352, P305+P351+P338, P310, P333+P313, P362, P501	*Konzentrate:* Glykolether (z.B. Dipropylenglykolmethylether (DPGME) bis 40%, Butyldiglykol bis 50%, Butylglykol bis 20%) Biozide Wirkstoffe: Carbamate (z.B. Fenoxycarb <0,05%), Triazole (z.B. Tebuconazol >1%, Propiconazol >1%), Pyrethroide (z.B. Permethrin >1%, Cypermethrin bis 1%)

Tabelle H12: GISCODE für Holzschutzmittel – Einstufungskatalog – (Forts.)

GISCODE	Produktgruppe	Kennzeichnung				Mögliche Inhaltsstoffe
		Gefahrenpiktogramme	Signalwort	H-Sätze	P-Sätze	
HSW30	ätzend	GHS05, GHS07, GHS09	Gefahr	H302, H314, H410	P260, P273, P280, P310, P301+P330+P331, P303 + P361+P353, P305+P351+P338, P405, P501	*Konzentrate:* Biozide Wirkstoffe: Quat (z.B. Benzalkoniumchlorid) bis 50% und/oder Ammoniumborate (z.B. Didecylpolyoxethylammoniumborat) bis 50% und/oder Fenoxycarb <0,05%
HSW33	ätzend, Bor-Verbindungen	GHS05, GHS07, GHS08, GHS09	Gefahr	H302, H314, H335, H360FD, H400	P202, P273, P280, P301+P330+P331, P303 + P361+P353, P304+P340, P305+P351+P338, P314, P405, P501	*Konzentrate:* 2-Aminoethanol bis 25% Biozide Wirkstoffe: Quat (z.B. Benzalkoniumchlorid) bis 20%, Borsäure > 5,5 bis 40%, Dinatriumtetraborat >5%
HSW37	ätzend, sensibilisierend	GHS05, GHS07, GHS09	Gefahr	H302, H314, H317, H410	P260, P273, P280, P303+P361+P353, P305+P351+P338, P310, P405, P501	*Konzentrate:* Biozide Wirkstoffe: Ammoniumborate (z.B. Didecylpolyoxethyl-ammoniumborat) bis 40%, Triazole (z.B. Propiconazol) >1%, Carbamate (z.B. IPBC) bis 2%, Pyrethroide (z.B. Permethrin) >1%
HSW40	ätzend, Kupfer-Verbindungen	GHS05, GHS07, GHS09	Gefahr	H302+H312+H332, H314, H335, H410	P260, P273, P280, P310, P301+P330+P331, P303+P361+P353, P305+P351+P338, P403+P233, P501	*Konzentrate:* 2-Aminoethanol bis 45%, Ethandiol bis 10% Biozide Wirkstoffe: Kupfer-Verb.(z.B. Kupferhydroxidcarbonat) bis 25%, Kupfer-HDO <5%, Quat <15%, Ammoniumborate (z.B. Didecylpolyoxethyl-ammoniumborat) bis 10%, Borsäure <5,5%
HSW50	Kupfer- und Chrom-Verbindungen	GHS05, GHS06, GHS08, GHS09	Gefahr	H301+H311, H314, H317, H330, H334, H335, H340, H350, H361f, H372, H410	P201, P202, P273, P280, P310, P301+P330+P331, P303+P361+P353, P304+P340, P305+P351+P338, P403+P233, P501	*Konzentrate:* Salpetersäure bis 10%, Chromtrioxid bis 60% Biozide Wirkstoffe: Kupfer-Verb. (z.B. Kupferoxid, Kupferhydroxid) bis 25%

Tabelle H12: GISCODE für Holzschutzmittel – Einstufungskatalog – (Forts.)

GISCODE	Produkt-gruppe	Kennzeichnung				Mögliche Inhaltsstoffe
		Gefahren-pikto-gramme	Signal-wort	H-Sätze	P-Sätze	
Holzschutzmittel, lösemittelbasiert						
HSL10	aroma-tenfrei	GHS08, GHS09	Gefahr	H304, H410 EUH208	P262, P273, P280, P301+P310, P331, P405, P501	*Anwendungsfertige Lösungen:* Kohlen-wasserstoff-Gemische (mit einem Aromatenanteil <1%) bis 100%, Dipropylenglykolmethylether bis 10%, Butyldiglykol bis 10%, Biozide Wirkstoffe: Pyrethroide (z.B. Permethrin, Cyper-methrin) <1%, Triazole (z.B. Tebuconazol < 2,5%, Propiconazol <1%), Carbamate (z.B. IPBC <1%)
HSL17	aroma-tenfrei, sensibili-sierend	GHS07, GHS08, GHS09	Gefahr	H304, H317, H410	P262, P273, P280, P301+P310, P331, P405, P501	*Anwendungsfertige Lösungen:* Kohlen-wasserstoff-Gemische (mit einem Aromatenanteil <1%) bis 100%, Butyldiglykol bis 10%, Biozide Wirkstoffe: Triazole (z.B. Propiconazol bis 2%), Carbamate (z.B. IPBC bis 2%)
HSL20	aroma-tenhaltig	GHS08, GHS09	Gefahr	H304, H410 EUH208	P262, P273, P280, P301+P310, P331, P405, P501	*Anwendungsfertige Lösungen:* Kohlen-wasserstoff-Gemische (mit einem Aromatenanteil 1%-25%) bis 100%, Dipropylenglykolmethylether bis10%, Butylglykol <10%, Ethyldiglykol <2,5% Biozide Wirkstoffe: ADBAC <5%, Carbamate (z.B. IPBC <1%), Pyrethroide (z.B. Permethrin <0,5%), Triazole (z.B. Propiconazol, Tebuco-nazol) < 1%
HSL27	aroma-tenhaltig, sensibili-sierend	GHS07, GHS08, GHS09	Gefahr	H304, H317, H319, H410	P262, P273, P280, P301+P330+P331, P315, P405, P501	*Anwendungsfertige Lösungen:* Kohlen-wasserstoff-Gemische (mit einem Aromatenanteil 1%-25%) bis 100%, Dipropylenglykol bis 5% Biozide Wirkstoffe: Carbamate (z.B. IPBC <5%), Triazole (z.B. Propiconazol >1%), Pyrethroide (z.B. Permethrin <1%)

Das nationale System bauaufsichtlicher Zulassungen ist durch die Regelungen der Biozidverordnung umgestellt worden. Auch das seit Juni 2002 gültige Biozidgesetz wurde von der europäischen

Regelung abgelöst. Seit dem 1.9.2013 werden mit der europäischen Biozidverordnung (EU) Nr. 528/2012 die Zulassung und das Inverkehrbringen von Biozid-Produkten auf dem europäischen Markt geregelt. Danach darf ein Biozid-Produkt, zu denen auch die Produktgruppe Holzschutzmittel gehört (PT 8), erst dann in den Verkehr gebracht werden, wenn die dafür zuständige Behörde ihre Zustimmung dazu erteilt hat, i.d.R. durch eine Zulassung, während einer übergangsphase durch eine Registriernummer. In Deutschland wurde mit der Änderung des Chemikaliengesetzes die Bundesanstalt für Arbeitsschutz und Arbeitsmedizin (BAuA) als Zulassungsstelle und als Einvernehmensstelle für die routinemäßige Bearbeitung von Anträgen auf Zulassung und gegenseitige Anerkennung von Biozid-Produkten in Deutschland benannt.

Es dürfen nur noch Holzschutzmittel eingesetzt werden, die von der BAuA als Biozidprodukt zugelassen sind (Produktgruppe 8, „Holzschutzmittel"). Die Liste steht zum Download unter *https://www.baua.de/DE/Themen/Anwendungssichere-Chemikalien-und-Produkte/Chemikalienrecht/Biozide/pdf/Holzschutzmittel.pdf?__blob=publicationFile&v=5* bereit.

Dabei werden auch die zugelassenen Anwendungsgebiete mit ausgewiesen.

Übergangsweise erhalten noch einige H. je nach Wirkstoffen eine bauaufsichtliche Zulassung durch das DIBt.

Die von der H.-Industrie betriebene „RAL-Gütegemeinschaft Holzschutzmittel" hat ihre Tätigkeit nach Übernahme der Zulassungen durch die BAuA eingestellt.

Technische Einbringverfahren für H. sind Streichen und Spritzen, Tauchen, Trogtränkung und Kesseldruckimprägnierung. Das Einbringverfahren und die Einbringmenge des H. werden durch die DIN 68800-3 in Abhängigkeit von der Gebrauchsklasse und dem Anwendungsgebiet vorgeschrieben bzw. sind abhängig von der Art des H. und den verwendeten Wirkstoffen.

- Streichen und Spritzen: Einsatz vor allem im handwerklichen Bereich. Zur Erzielung der geforderten Eindringtiefe der Wirkstoffe (2 bis 6 mm) sind meistens zwei Arbeitsgänge erforderlich. Hier ist der Verlust an H. und damit die Belastung der Umwelt und des Verarbeiters im Vergleich zu den anderen Einbringverfahren am höchsten. Die Verluste liegen beim Streichen bei 10 bis 20 %, beim Spritzen bei 20 bis 50 % (Ausnahme: Sprühtunnelverfahren). Spritzen und Sprühen ist außerhalb stationärer Anlagen unzulässig. C-Salze dürfen auf diese Weise überhaupt nicht zur Anwendung gelangen. Die Verfahren finden nur bei nachträglichen Schutzmaßnahmen Anwendung, z.B. nach einer Schädlingsbekämpfung.
- Tauchen: Das Holz schwimmt auf dem H. (Wendung zur allseitigen Behandlung). Die erzielten Eindringtiefen liegen in der gleichen Größenordnung wie beim Streichen. Für C-Salze ist dieses Verfahren nicht mehr erlaubt.
- Trogtränkung: Das Holz wird für Stunden im H. untergetaucht, was ein gleichmäßiges und tieferes Eindringen ermöglicht. Angewendet wird die Trogtränkung vor allem bei Schutzsalzimprägnierungen (für C-Salze verboten).
- Kesseldruckimprägnierung: Tränkung des Holzes durch Unter- oder Überdruck. Die Eindringtiefe ist abhängig von der Holzart. Eine Perforation des Holzes soll die Eindringtiefe erhöhen. Die Nachschaltung eines Schlussvakuums führt zu einer besseren Fixierung des H. im Holz und damit zu einer geringeren Freisetzung der Wirkstoffe.

In den 90er-Jahren setzte sich die Erkenntnis durch, dass in Wohnräumen keine Holzschutzmittel eingesetzt werden sollten. Das BgVV begründete dies mit der Vermeidung jeder unnötigen Belastung der Bevölkerung mit biologisch wirksamen Chemikalien. Großflächiges Ausbringen von Holzschutzmitteln in Innenräumen ist laut BgVV als unsachgemäße Anwendung von Holzschutzmitteln einzustufen, die zu gesundheitlichen Beeinträchtigungen des Anwenders führen kann.

Wichtige Warn- und Sicherheitshinweise für Verbraucher zum Umgang mit H. (Quelle: BMELV [2008] Verbraucherleitfaden zu Holzschutzmitteln):

- Keine H. in Wohn- und Aufenthaltsräumen verwenden.
- Vor Gebrauch stets Kennzeichnung und Produktinformation lesen – auch wenn früher schon einmal mit dem Produkt gearbeitet worden ist.
- Produkte vor Kinderhänden schützen.
- Produkte nur für den angegebenen Zweck verwenden.
- Möglichst im Freien oder in gut belüfteten Räumen arbeiten.
- H. nur streichen, nie spritzen oder sprühen.
- Haut und Augen schützen (Handschuhe, Schutzkleidung, bei Überkopfarbeiten Schutzbrille tragen).

- Holzstäube nicht einatmen (bei Schleifarbeiten z.B. nach Grundierung mit H. Mundschutz tragen).
- Essen, Trinken und Rauchen während der Anwendung von Holzschutzmitteln vermeiden.
- Keine Anwendung in unmittelbarer Gewässernähe.
- Holzschutzmittel dürfen nicht in den Boden, in Gewässer oder in die Kanalisation gelangen.
- Produkte nur in der Originalverpackung lagern.
- Entsorgung von H.-Resten ausschließlich über öffentliche Sammelstellen im Originalgebinde (z.B. Schadstoffmobil).
- Zur ordnungsgemäßen Entsorgung von imprägniertem Altholz kommunale Abfallbehörden ansprechen.

Infolge der in den 1970er- und 1980er-Jahren von den Herstellern propagierten Anwendung von H. auch in Innenräumen in Verbindung mit mangelnder staatlicher Kontrolle traten bei Betroffenen z. T. massive und langandauernde Gesundheitsschäden auf (→Holzschutzmittel-Prozess). Für eine erfolgreiche und dauerhafte Sanierung bei H.-Belastung sind grundsätzlich verschiedene Methoden geeignet:

- Beschichten und Bekleiden behandelter Bauteile
- Räumliche Trennung behandelter Bauteile
- Entfernung behandelter Bauteile
- Entfernung behandelter Bereiche von Bauteilen
- Entfernung oder Reinigung sekundär belasteter Materialien oder Gegenstände

Neuere Entwicklungen bewirken einen verbesserten Holzschutz durch →Holzmodifikation, z.B. durch Hitzebehandlung. →Konstruktiver Holzschutz

Holzschutzmittel-Prozess Bei dem sog. H., der 1984 begann, handelt es sich um das in Deutschland größte Umweltstrafverfahren (Az. 5/26 Kls 65 Js 8793/84). Aufgrund zahlreicher massiver Gesundheitsschäden durch →Pentachlorphenol-haltige →Holzschutzmittel nahm 1984 die Staatsanwaltschaft Frankfurt/M. das Ermittlungsverfahren gegen die verantwortlichen Geschäftsführer des Holzschutzmittel-Produzenten Desowag auf. Maßgeblichen Anteil an der Durchsetzung des Verfahrens hatten die Interessengemeinschaft der Holzschutzmittel-Geschädigten (→IHG) und die →Verbraucherinitiative e.V. In erster Instanz verurteilte die Große Strafkammer des Landgerichts Frankfurt die beiden Geschäftsführer der Fa. Desowag wegen fahrlässiger Körperverletzung und Freisetzung von Giften zu jeweils einem Jahr auf Bewährung sowie zu 120.000 DM Geldstrafe. Im Folgenden sind auszugsweise Feststellungen des Gerichts zur Toxizität von Holzschutzmittel-Wirkstoffen nach Anhörung der Sachverständigen wiedergegeben:

„Das Gericht ist nach dem Ergebnis der Beweisaufnahme davon überzeugt, dass die bioziden Wirkstoffe der Holzschutzmittel, und zwar nicht nur PCP, sondern insbesondere auch gamma-Hexachlorcyclohexan (bekannt unter dem Namen Lindan) wie auch Dichlofluanid oder Furmecyclox eine vegetative Funktionsstörung (Adynamie) verursachen und die körpereigene Immunabwehr herabsetzen, sodass die exponierten Personen häufiger, länger und schwerwiegender an allgemeinen Infektionskrankheiten leiden, als es ohne Exposition gegenüber den Giftstoffen der Fall gewesen wäre. Diese Überzeugung gründet sich auf die allgemeine Tatsache, dass die bezeichneten Biozide sämtlich hochwirksame Gifte sind (sog. generelle Kausalität), diese Gifte sich im Köper der Opfer in erheblicher Menge angesammelt haben (konkreter Giftnachweis) und schließlich auf die konkrete ärztliche Diagnose, dass die allgemein bekannten Symptome tatsächlich auf eine Gifteinwirkung im Körper zurückzuführen sind."

„Bei den Inhaltsstoffen des [...] im Innenraum angewandten Holzschutzmittels Xyladecor handelt es sich um Gifte im Sinne des § 330a StGB. Die chemischen Stoffe PCP und Lindan sind hochgiftige Stoffe, die dazu geeignet sind, auch in kleinen Mengen im Hinblick auf die besondere körperliche Beschaffenheit eines Opfers dessen Gesundheit zu zerstören. [...] Auch kleine Mengen von Holzschutzmitteln führen zu erheblichen Gesundheitsstörungen. [...]

Bei einer Gesamtschau der festgestellten Kenntnisse zur Toxizität der Holzschutzmittel-Inhaltsstoffe und deren konkreten Wirkmechanismen kann kein vernünftiger Zweifel mehr bestehen, dass die Produkte Xyladecor, Xylamon und Xyladecor 200 auch bei vorschriftsmäßiger Benutzung in Wohn-Innenräumen potenziell geeignet sind, gesundheitsschädliche Ursachen zu setzen."

„Bei den Inhaltsstoffen des [...] Holzschutzmittels Xyladecor handelt es sich um Gifte im Sinne des § 330a StGB. Die chemischen Stoffe PCP und Lindan sind hochgiftige Stoffe, die dazu geeignet sind, auch in kleinen Mengen im Hinblick auf die besondere körperliche Beschaffenheit eines Opfers dessen Gesundheit zu zerstören. [...] Die bioziden

Wirkstoffe, aber auch die regelmäßigen Begleitstoffe des technischen PCP (Dioxine und Furane) sind hochtoxische Stoffe mit breitem Wirkspektrum."

Das Urteil wurde aufgrund mehr formaler Gründe vom BGH aufgehoben und 1996 neu aufgerollt. Prof. Erich Schöndorf, früher Staatsanwalt und Ankläger im H., kommentiert die Aufhebung so: „Es hieß unter anderem, ein Gutachter der Anklage sei befangen gewesen. Tatsächlich hat der Bundesgerichtshof dem Druck der Chemieindustrie nachgegeben. Die Faktenlage, da bin ich sicher, reichte nicht aus, das Urteil aufzuheben. Die Branche hat sich mit aller Macht dagegen gewehrt, für die Gesundheitsschäden, die sie verursacht hat, strafrechtlich geradezustehen."

1996 wurde vor dem Frankfurter Landgericht ein Vergleich geschlossen. Die Verfahrensbeteiligten einigten sich darauf, dass die betroffenen Chemieunternehmen mit 4 Mio. DM einen neuen Lehrstuhl für Umweltschutz an der Universität Gießen finanzieren. Außerdem mussten die beiden angeklagten Ex-Manager der Holzschutzfirma Desowag jeweils 100.000 DM an die Staatskasse zahlen und die Kosten der Verteidigung und der Nebenkläger tragen. Sie gelten weiterhin als unschuldig im Sinne der Anklage.

Holzschutzmittelverzeichnis Zugelassene Holzschutzmittel sind auf der Homepage der Bundesanstalt für Arbeitsschutz und Arbeitsmedizin (BAuA) registriert. Es dürfen nur im H. der BAuA eingetragene Holzschutzmittel verwendet werden. Die „Liste der in Deutschland zugelassenen Biozidprodukte in der Produktart 8 (Holzschutzmittel)" kann tagesaktuell unter der Internetadresse des BAuA heruntergeladen werden: *https://www.baua.de/DE/Themen/Anwendungssichere-Chemikalien-und-Produkte/Chemikalienrecht/Biozide/pdf/Holzschutzmittel.pdf?__blob=publicationFile&v=4.*

Noch gültige Zulassungen für Holzschutzmittel durch das DIBt können bis zu deren Auslaufen auf der Homepage des DIBt eingesehen werden. Für ältere Bauzustände sind die entsprechend zugelassenen Holzschutzmittel den alten vom DIBt herausgegebenen Holzschutzmittelverzeichnissen zu entnehmen, deren Wirkstoffe vom Bundesinstitut für Risikobewertung (→BfR) und dem →Umweltbundesamt (UBA) geprüft wurden und die einer bauaufsichtlichen Zulassung bedurften, wenn sie zum Schutz von Bauteilen für tragende und/oder aussteifende Zwecke verwendet werden sollten.

Holzspäne H. fallen in Sägewerken und der holzverarbeitenden Industrie bei der Bearbeitung von Holz als Restprodukt an. Die H. werden für die Herstellung von →Spanplatten, als →Holzspänedämmung, →Holzfasereinblasdämmung sowie für die Herstellung von →Holzwolle-Leichtbauplatten, →Holzfaser-Dämmplatten, →Mineralisch ummantelten Holzspänen und als Brennstoff in Form von Holzpellets genutzt.

Holzspänedämmung Für die Herstellung von loser H. werden ausgesiebte und entstaubte Hobelreste von vornehmlich heimischen Nadelhölzern wie Fichten-, Kiefern- und Tannenholz in reiner Sortierung verwendet. H. hat eine Rohdichte ρ von 90 bis 140 kg/m^3 und einen Wasserdampfdiffusionswiderstand μ von 2 bis 5. Zur Verbesserung des Brandschutzes und zur Vermeidung von Pilzbefall erhalten die Holzspäne eine Imprägnierung mit Molke und Soda in Lebensmittelqualität. Die H. wird entsprechend der Baustoffklasse nach DIN 4102 als B2 normal entflammbar eingestuft. Die Holzspänedämmung ist für Dächer, Decken und Wände sowie für Gefache in Holzständerwerken für den Wärme- und Schallschutz im Holzbau geeignet. Die Späne werden entweder vollautomatisch eingebracht, geblasen oder von Hand geschüttet und verdichtet. Im Holzbau wirkt eine H. wie ein monolithischer Aufbau mit einer Wärmeleitfähigkeit λ von 0,045 bis 0,55 $W/(m \cdot K)$ und weist einen hohen winterlichen und sommerlichen Wärmeschutz sowie ausgeglichene Feuchtigkeitsprofile im Bauteilaufbau auf. H. ist für den Einsatz als Perimeter- oder Flachdachdämmung sowie für erdberührte und spritzwassergefährdete Bauteile oder als Kerndämmung von zweischaligem Mauerwerk nicht geeignet. H. ist aufgrund der natürlichen Zusätze komplett wiederverwendbar, wiederverwertbar, thermisch verwertbar oder natürlich kompostierbar.

Holzspan-Mantelsteine H. bestehen aus zementgebundenen Holzspänen. Die Holzspäne werden mit einem Mineralisierungsmittel vorbehandelt, damit eine ausreichende Oberflächenbindung zwischen Zementleim und Spänen erreicht wird. Zur Erhöhung der Frostbeständigkeit kann im Winter bei sehr kalten Außentemperaturen ein Additiv zugegeben werden (sehr geringer Prozentsatz). Für erhöhte Schallschutzanforderungen erfolgt bei den Schallschutzsteinen zusätzlich die Zugabe von Sand. Die Mantelsteine werden auf der Baustelle mit Kernbeton verfüllt. Das Volumenverhältnis von Kernbeton zu Mantelbeton beträgt je nach Steintypen zwischen 0,5 und 1. Als Rohstoff für die Holzspäne dienen im Allgemeinen Fichten- und Tannenholz aus Resten der Holz verarbeitenden Industrie sowie aus Durchforstungshölzern und →Gebrauchtholz aus dem Rückbau von Gebäuden. Die Holzspäne werden mittels elektrischer Schlagmühlen auf die richtige Größe zerkleinert, anschließend mit den Zusatzstoffen Zement und Wasser sowie mit abgebundenem Holzspanbeton (Schrot) versetzt. Die dabei entstehende formbare Holzspanbetonmasse wird schließlich in Formkästen zu Rohlingen geformt. Die allfällige Kerndämmung wird mit Maschinen in die Öffnungen hineingestanzt.

Die Verwendung von Restholz liefert einen wertvollen Beitrag zu einer nachhaltigen Rohstoffnutzung der Wälder. Die Mineralisierungsmittel haben (auch bezüglich der eingesetzten Menge) keine Umweltrelevanz. H. liefern aufgrund ihres hohen Gehalts an Holzspänen, die über Jahrzehnte im Produkt eingebunden sind, einen positiven Beitrag zum Treibhauspotenzial. Während der Nutzung ist mit keiner gesundheitsschädlichen Freisetzung von Schadstoffen zu rechnen. Sortenreine Reste von H. können recycelt und gemahlen der Neuproduktion zugeführt werden. Holzmantelbeton wird in Österreich in der taxativen Liste der deponierbaren Baurestmassen der →Deponieverordnung DepV (BGBL. I S 382) geführt. Somit kann Holzmantelbeton trotz des relativ hohen →TOC-Gehalts als Baurestmasse deponiert werden.

Holzstaub Bei Tätigkeiten mit Entstehung von H. sind folgende Gefahren zu beachten:

1. Krebserzeugende Wirkung:
   Tätigkeiten oder Verfahren, bei denen Beschäftigte Hartholzstäuben ausgesetzt sind, gelten als krebserzeugende Tätigkeiten oder Verfahren gemäß TRGS 906. Harthölzer nach Anhang I Nr. 5 der Richtlinie 2004/37/EG (Quelle: →IARC, Bd. 61) sind insbes. Afrikanisches Mahagony, Afrormosia, Ahorn, Balsa, Birke, Brasilianisches Rosenholz, →Buche, Ebenholz, →Eiche, →Erle, →Esche, Hickory, Iroko, →Kastanie, Kaurikiefer, Kirsch, Limba, Linde, Mansonia, Meranti, Nyaoth, Obeche, Palisander, →Pappel, Platane, Rimu (Red Pine), Teak, Ulme, Walnuss, →Weide und Weißbuche.

   Gem. →MAK-Liste sind Eichen- und Buchenholzstaub als krebserzeugend eingestuft. Alle anderen H. stehen gem. MAK-Liste im Verdacht, krebserzeugend zu sein. Diese Einstufungen beruhen auf Beobachtungen, dass bei Personen, die beruflich mit Holzarbeiten beschäftigt waren, gehäuft Nasenschleimhautkrebs auftrat. Als Berufskrankheit können Adenokarzinome der Nasenhaupt- und Nasennebenhöhlen bei nachgewiesener Exposition gegenüber Stäuben von Buchen- und Eichenholzstaub anerkannt werden. Unklar ist bisher, welche Bereiche der Holzwirtschaft besonders gefährdend sind und welchen Einfluss Holzinhaltsstoffe, Holzschutzmittel und weitere Faktoren auf die Krebsentstehung haben.

   Beim Abschleifen von Parkett und anderen Holzfußböden muss eine Gefährdung des Ausführenden und der Gebäudenutzer durch Einatmen von Schleifstaub auf jeden Fall verhindert werden. Auf technische Art und Weise ist die Freisetzung von H. selbst durch Schleifmaschinen mit integrierter Absaugung nur bedingt möglich. Für den Ausführenden ist das Tragen von Partikelfiltern (filtrierende Halbmaske der Schutzstufe FFP2, besser FFP3) beim Abschleifen von Parkett und anderen Holzfußböden unbedingt erforderlich. Es ist sicherzustellen, dass nach Beendigung der Arbeiten keine H. im Raum zurückbleiben, die zu einer Exposition der Raumnutzer führen können.
2. Sensibilisierende Wirkung:
   Bestimmte H. besitzen eine sensibilisierende Wirkung (→Sensibilisierung).
3. Bildung brennbarer oder explosionsfähiger Gemische zusammen mit Sauerstoff:
   H. und -späne können mit Luftsauerstoff brennbare oder explosionsfähige Gemische bilden. Gem. Technischer Regel für Gefahrstoffe TRGS 553 Holzstaub (08/2008) sind daher zusätzlich zu den Staubschutz- auch Brand- und Explosionsschutzmaßnahmen erforderlich.

Holztapeten Ursprünglich bestanden H. aus Holzfurnier, das auf →Tapetenpapier aufgeklebt wurde. Heute ist das Holzfurnier meistens durch bedruckte Polyvinylchlorid-Weichfolie ersetzt. Das →Polyvinylchlorid (PVC) enthält →Weichmacher, um es flexibel zu machen. So kann es zu länger anhaltenden Emissionen von Weichmachern (z.B. →Phthalate) kommen. PVC ist wegen des umweltfeindlichen →Lebenszyklus ein sehr problematischer Baustoff. H. können Schadstoffe aus den →Klebstoffen und Kunststoffen freisetzen. →Tapeten

Holzteer Der H. ist eine schwarzbraune, ölige Flüssigkeit, die bei der Aufarbeitung des aus Buchenholz gewonnenen Holzessigs anfällt. Aus einer Tonne Holz werden ca. 130 bis 140 kg H. gewonnen. Der Destillationsrückstand des H. ist das Holzpech. H. wird zum Schnellräuchern von Fleisch und in der Tierheilkunde verwendet. Weiterhin ist er als Dichtungsmittel bei Holzschiffen sowie zum Konservieren von Jutestricken und Fischernetzen geeignet. Seit dem Altertum wird H. zum Bestreichen von Schiffsböden eingesetzt. H. enthält eine Vielzahl chemischer Substanzen, von denen ein Großteil konservierende Wirkung hat. Der Gehalt an →Polycyclischen aromatischen Kohlenwasserstoffen ist sehr gering (im Gegensatz z.B. zu →Steinkohlenteer). H. und Holzteeröl fallen nicht unter die Verbote der →Chemikalien-Verbotsverordnung. Buchen-H. und Kiefern-H. werden noch als Anstrichmittel zum Schutz von Hölzern im Außenbereich vor Pilz- und Insektenbefall verwendet. →Terpentinöl, →Teere

Holzteeröle →Holzteer

Holzterpentinöl →Terpentinöl

Holzwachse Klassische H. bestehen aus →Bienen- oder Pflanzenwachsen (z.B. →Carnaubawachs), pflanzlichen Ölen (z.B. →Leinöl) und natürlichen Lösemitteln (z.B. →Citrusschalenöl) H. basieren heute aber auch oft auf Paraffinwachs und damit auf Erdölbasis. Die häufig in H.-Rezepturen zu findenden „Mikrowachse" sind spezielle Paraffinwachse. An den Inhaltsstoffen zu unterscheiden sind lack- oder lasurähnliche Produkte, die manche Hersteller auch als Wachse bezeichnen, die aber keine Eigenschaften herkömmlicher Wachse mehr haben. Je nach Wachsanteil werden Hartwachs, Wachsbalsam (→Balsame) und Wachslösung unterschieden. Heißwachse sind Hartwachse, die heiß auf das Holz aufgetragen werden. H. sind für alle Hart- und Weichhölzer geeignet. Die Dampfdiffusionsfähigkeit des Materials bleibt erhalten. Bei starker Beanspruchung muss der aufgetragene Film hin und wieder erneuert werden.

Der Lösemittelgehalt der H. variiert in einer großen Bandbreite von lösemittelfrei bis stark lösemittelhaltig. Von den Lösemitteln können Gesundheitsgefahren ausgehen. In H. können darüber hinaus Stoffe enthalten sein, die z.B. die Haut reizen oder zu Allergien führen können.

Holzweichfaserplatten Andere (alte) Bezeichnung für →Poröse Holzfaserplatten bzw. →Holzfaser-Dämmplatten nach DIN EN 622-4. →Holzfaserplatten

Holzwerkstoffe H. sind in der DIN EN 20000-1:2017-06 (Anwendung von Bauprodukten in Bauwerken – Teil 1: Holzwerkstoffe) geregelt. Diese Norm legt anwendungsbezogene Anforderungen an werksmäßig hergestellte Holzwerkstoffe nach DIN EN 13986:2015-06 fest, die in Bauwerken verwendet werden. Während Festlegungen zu mechanischen Eigenschaften ausschließlich für tragende Zwecke gelten, gelten die übrigen Festlegungen für die Verwendung der Holzwerkstoffe in den tragenden und nichttragenden Anwendungen.

H. sind großflächige Platten, die durch Verbinden von Fasern, Spänen, Wolle, Leisten, Stäbchen oder Furnieren aus Holz oder anderen lignocellulosehaltigen Rohstoffen, meist unter Zugabe von Bindemitteln, hergestellt werden. 2003 wurden in Europa 55,7 Mio. m^3 H. hergestellt, die sich wie folgt verteilen: →Spanplatten 66 %, →MDF-Platten 20 %, →Sperrholz-Platten 6 %, →Holzfaserplatten 4 %, →OSB-Platten 4 % sowie Massivholzplatten 4 % (Kraus & Oberdorfer, Holzforschung Austria, 1/2005). Eine Sonderform stellen die mit anorganischem Bindemittel gebundenen H. (→AHW) dar, die sich in ihren Eigenschaften stark von den hier beschriebenen, organisch gebundenen H. unterscheiden. Entsprechend des Einsatzbereiches werden H. nach der europäischen Produktnorm für H. DIN EN 13968 in drei Nutzungsklassen eingeteilt (s. Tabelle H13).

Für Holz und Holzprodukte sind in DIN EN 335 Gebrauchsklassen festgelegt, die verschiedene Gebrauchsbedingungen widerspiegeln. In der DIN 68800-1 (2011) haben die (neuen) Gebrauchsklassen die (alten) Gefährdungsklassen ersetzt. Inhaltlich ändert sich außer dieser Umbenennung nichts Wesentliches, daher wird der Begriff „Gefährdungsklassen" voraussichtlich noch eine Weile im Sprachgebrauch erhalten bleiben.

Nach DIN 68800-1 gilt als eine nur nationale Regelung die Gebrauchsklasse 0 (bisher Gefährdungsklasse 0), in der keine Notwendigkeit für Holzschutzmaßnahmen besteht. Diese fortschrittliche Regelung gibt es in Europa bislang nur in Deutschland.

Tabelle H9 (→Holzschutzmittel) veranschaulicht, welche H. für welchen Zweck zum Einsatz kommen sollten.

Tabelle H13: Holzwerkstoffklassen und Gebrauchsfeuchte (Quelle: DIN EN 13986:2015-06, DIN EN 13986:2004+A1:2015)

Nutzungsklasse	Beschreibung
NK 1	Innenbereich Typisches Raumklima 20 °C, 65 % Luftfeuchte, die nur wenige Wochen pro Jahr höher liegt
NK 2	Feuchtbereich Raumklima 20 °C, die Luftfeuchte liegt nur wenige Wochen pro Jahr über 85 %
NK 3	Außenbereich Höhere Holzfeuchten als im Raumklima der Nutzungsklasse 2

Für die Herstellung von H. werden vom Rundholz (wobei bis zu 60 % des in der Forstwirtschaft anfallenden Durchforstungsholzes eingesetzt werden können) über Schnittholz und Furniere bis zu Resthölzern aus der Holzindustrie und aus Hobelwerken alle möglichen Holzqualitäten herangezogen. Als Bindemittel kommen praktisch ausschließlich duroplastische Klebstoffe zum Einsatz (Ausnahme: PVAC-gebundene Massivholzplattenprodukte für nicht tragende Zwecke wie Möbelbau). An erster Stelle stehen Harze, die durch die Reaktion von →Formaldehyd mit Stoffen wie →Harnstoff, →Melamin, →Phenol, →Resorcin oder Kombinationen dieser Stoffe entstehen. Der Markt der Bindemittel für H. in Europa verteilt sich nach Schätzungen wie folgt:

Harnstoffharze: . . 75 %
Melaminharze:. . . 10 %
Phenolharze: . . . . 5 %
Isocyanate. . . . . . . 5 %
Sonstige: . . . . 5 %

Unter „Sonstige“ fallen Bindemittel auf Basis →Nachwachsender Rohstoffe wie Tannine und Proteine sowie anorganische Bindemittel wie →Zement und →Gips. Hilfs- und Zuschlagstoffe wie Härter und Beschleuniger, Formaldehyd-Fängersubstanzen, Hydrophobierungsmittel, Feuerschutzmittel, Fungizide und Farbstoffe werden nach Bedarf beigemengt.

H. weisen große Homogenität und Dimensionsstabilität auf. Das Arbeiten des Holzes (richtungsabhängiges Quellen und Schwinden bei Änderung der Holzausgleichsfeuchte) wird verringert. Nach ihrer Feuchtebeständigkeit wurden folgende H.-Typen für die unterschiedlichen Anwendungsbedingungen definiert, die noch für das Arbeiten im Bestand wichtig sind! Die Bezeichnungen werden ansonsten heute nicht mehr verwendet:

V-20: Verwendung für Möbel und Innenausbauteile, die nur in geringem Maße der Luftfeuchtigkeit ausgesetzt sind. Die verwendeten Leime (UF-Leime) neigen zur Abgabe von Formaldehyd.

V-100: Geeignet für den Einsatz mit erhöhter Luftfeuchtigkeit, z.B. für Fußböden, mit konstruktivem Holzschutz oder auch als Außenbeplankung ohne direkte Bewitterung. Die verwendeten Leime (v. a. PF-, MF-, MUPF- und Isocyanat-Leime) sind entweder formaldehydfrei oder neigen nur wenig zur Abgabe von Formaldehyd.

V-100 G: Geeignet für den Einsatz auch unter hoher Feuchtebelastung. Entsprechen den V-100-Platten und enthalten zusätzlich ein →Fungizid (→Chlornaphthaline). Da bisher nicht bekannt geworden ist, dass H. durch Insektenbefall in unzulässiger Weise geschädigt worden wären, werden →Insektizide in H. normalerweise nicht eingesetzt.

Die Plattentypen V-20 und V-100 nach DIN 68763 wurden mittlerweile durch sieben Plattentypen der DIN EN 312 ersetzt. Mit Holzschutzmittel ausgestattete V-100 G-Platten dürfen auch nicht mehr eingesetzt werden, finden sich aber in Gebäuden des Bestands.

Tabelle H14: Einsatzbereiche für Holzwerkstoffplatten (Quelle: Gesamtverband Deutscher Holzhandel, 2005)

Nutzungsklasse		Einsatzbereich		
		Nicht tragend	Tragend	Hoch belastbar
Trocken Nutzungsklasse 1	Spanplatten DIN EN 312	P1 + P2	P4	P6
	Bausperrhölzer DIN EN 636	DIN EN 636-1/G	DIN EN 636-1/S	
	OSB DIN EN 300	OSB/1	OSB/2	OSB/4 möglich

Tabelle H14: Einsatzbereiche für Holzwerkstoffplatten (Quelle: Gesamtverband Deutscher Holzhandel, 2005) (Forts.)

Nutzungsklasse		Einsatzbereich		
		Nicht tragend	Tragend	Hoch belastbar
	Massivholzplatten (SWP) DIN EN 13353	SWP ntr.	SWP/1 tr.	
	Furnierschichtholzplatten (LVL) EN 14279		LVL/1	
	MDF DIN EN 622-5	MDF	MDF.LA	
	Poröse Faserplatten (SB) DIN EN 622-4	SB	SB.LS	
	Mittelharte Faserplatten (MB) DIN EN 622-3	MBL + MBH	MBH.LA1	MBH.LA2
	Harte Faserplatten (HB) DIN EN 622-2	HB	HB-LA	
Feucht Nutzungsklasse 2	Spanplatten DIN EN 312	P3	P5	P7
	Bausperrhölzer DIN EN 636	DIN EN 636-2/G	DIN EN 636-2/S	
	OSB DIN EN 300		OSB/3	OSB/4
	Massivholzplatten (SWP) DIN EN 13353	SWP/2 ntr.	SWP/2 tr.	
	Furnierschichtholzplatten (LVL) EN 14279		LVL/2	
	MDF DIN EN 622-5	MDF.H	MDF.HLS	
	Poröse Faserplatten (SB) DIN EN 622-4	SB.H	SB.HLS	
	Mittelharte Faserplatten (MB) DIN EN 622-3	MBL.H + MBH.H	MBH.HLS1	MBH.HLS2
	Harte Faserplatten (HB) DIN EN 622-2	HB.H	HB-HLA1	HB-HLA2
Außen Nutzungsklasse 3	Bausperrhölzer DIN EN 636	DIN EN 636-3/G	DIN EN 636-3/S	
	Massivholzplatten (SWP) DIN EN 13353	SWP/3 ntr.	SWP/3 tr.	
	Furnierschichtholzplatten (LVL) EN 14279		LVL/3	
	Poröse Faserplatten (SB) DIN EN 622-4	SB.E		
	Mittelharte Faserplatten (MB) DIN EN 622-3	MBL.E + MBH.E		
	Harte Faserplatten (HB) DIN EN 622-2	HB.E		
	Zementgebundene Spanplatten DIN EN 634-2		Klasse 1+2	

H

Aufgrund des zunehmenden Umwelt- und Gesundheitsbewusstseins ist die Produktion von H. V-100 G nicht mehr zugelassen. Selbst von normativer Seite (z.B. DIN 68800 oder ÖNORM 3801-3804) wird heute versucht, durch →Konstruktiven Holzschutz einen weitestgehenden Verzicht auf chemische Holzschutzmittel (→Chemischer Holzschutz) zu erreichen. Statt V-100 G werden bei direkter Bewitterung und/oder dann, wenn die Holzfeuchtigkeit die vorgegebenen Grenzwerte langfristig überschreitet, z.B. in Schwimmbädern, Stallungen, belüfteten Hohlräumen über Erdreich oder als obere Beplankung von Dach- und Deckenelementen und Dachschalungen bei Flachdächern, auf wasserabweisende Holzweichfaserplatten zurückgegriffen oder konstruktiv andere Lösungen gewählt.

H. werden für vielfältige Zwecke im Innenausbau und für Möbel verwendet. Beispiele im Baubereich sind Wände (außen und innen), Decken, Zwischendecken, Fußböden (Fertigparkett), Fußleisten, Türblätter, Türzargen, Treppenstufen und Paneele („Holz"-Verkleidungen). Der ökologische Vorteil von H. gegenüber →Massivholz liegt in der besseren Ausnutzung des eingeschlagenen Holzes. Dieser Vorteil wird i.d.R. durch den Einsatz von Klebstoffen erkauft (Ausnahme ist z.B. die →Poröse Holzfaserplatte, die ohne Bindemittel hergestellt werden kann). Zum Teil wird auch Recyclingholz (Paletten, Dippelbäume, Dachstühle usw.) eingesetzt, wobei der Rohstoffqualitätssicherung besonderes Gewicht zukommt, damit keine unerwünschten Imprägnierungen oder bedenkliche chemische Holzschutzmittel eingeschleppt werden. In einzelnen EU-Mitgliedstaaten existieren Regelungen zum Einsatz von →Gebrauchtholz. So ist z.B. in Norwegen und Polen der Einsatz von Gebrauchtholz in H. nicht oder nur mit Stoffbeschränkungen erlaubt. In Deutschland müssen beim Einsatz von Gebrauchtholz die Werte der →Altholzverordnung eingehalten werden.

H. emittieren bei der Herstellung und Nutzung verschiedene organische Stoffe. Dies sind insbesondere:

- Formaldehyd (sofern formaldehydhaltige Leime eingesetzt werden)
- Sonstige Aldehyde (reaktiv freigesetzt)
- Terpene (Holzinhaltsstoffe)
- Kurzkettige Carbonsäuren, insbes. Essigsäure und Ameisensäure

Seit dem Aufkommen der Spanplatten in den 1950er-Jahren wird →Formaldehyd als Bestandteil von synthetischen Leimen (Bindemittel) für H. eingesetzt. In den 1960er- und 1970er-Jahren war die Verwendung von Formaldehyd für H.-Leime nicht reglementiert. Die damals vorwiegend im Innenausbau und für Möbel eingesetzten Spanplatten (V-20-Platten) enthielten Leime mit einer ausgeprägten Neigung, bereits unter dem Einfluss normaler Raumlufttemperatur und -feuchte erhebliche Mengen Formaldehyd freizusetzen. 1977 legte das ehemalige Bundesgesundheitsamt für die tolerable Formaldehyd-Konzentration in Innenräumen einen Richtwert von 0,1 ppm fest. 1980 wurde vom Ausschuss für Einheitliche Technische Baubestimmungen (ETB) die „Richtlinie über die Verwendung von Spanplatten hinsichtlich der Vermeidung unzumutbarer Formaldehydkonzentrationen in der Raumluft" herausgegeben. Danach werden die Spanplatten für den Baubereich je nach Formaldehydabgabe in →Emissionsklassen unterteilt. Mit Inkrafttreten der GefStoffV am 1.10.1986 durften nur noch Spanplatten und beschichtete Spanplatten in Verkehr gebracht werden, wenn sie den Emissionsgrenzwert von 0,1 ppm einhalten. Die Platten sind an der Bezeichnung E1 zu erkennen. Heute wird das Inverkehrbringen von Stoffen in der Chemikalien-Verbotsverordnung geregelt. Die Vorschriften für Spanplatten gelten nun auch für andere H.

In Österreich dürfen entspr. Bundesgesetzblatt vom 10.4.1990, 194. Verordnung (Formaldehydverordnung), H. nicht in Verkehr gesetzt werden, wenn sie in der Luft des Prüfraumes Ausgleichskonzentration von Formaldehyd über 0,1 ppm verursachen. Die Ausgleichskonzentration ist nach dem angegebenen Verfahren oder einem gleichwertigen, dem Stand von Wissenschaft und Technik entsprechenden Verfahren zu messen. Die einschlägigen Normen verweisen mit den sogenannten A-Abweichungen auf die durch nationale gesetzliche Anforderungen bedingten Abweichungen. Die tatsächliche Höhe der Formaldehydkonzentration in der Raumluft ist abhängig von folgenden Faktoren:

- Verhältnis der Fläche der verbauten formaldehydhaltigen H. zum Raumvolumen (Zunahme der Formaldehydkonzentration mit der Menge der H. im Raum)
- Art des für den H. verwendeten Leimes (siehe „Klassifizierung von →Spanplatten nach ihrer Feuchtebeständigkeit")

- Raumlufttemperatur
(Zunahme der Formaldehydkonzentration mit zunehmender Raumlufttemperatur)
- Luftfeuchte
(Zunahme der Formaldehydkonzentration mit zunehmender relativer Feuchte)
- Luftwechsel
(Abnahme der Formaldehydkonzentration mit zunehmender Frischluftzufuhr)

Es ist daher auch bei Verwendung von H., die den E1-Anforderungen entsprechen, die Einhaltung des Richtwertes von 0,1 ppm in realen Innenräumen nicht immer gewährleistet. Bei großflächiger Verlegung, hoher Luftfeuchte und niedrigem Luftwechsel können z.B. auch E1-H. zu erhöhten Raumluftkonzentrationen führen. Die Weltgesundheitsorganisation (WHO) oder Initiativen für →Umweltzeichen für Bauprodukte (→Blauer Engel, →natureplus, →Österreichisches Umweltzeichen) setzen daher strengere Grenzwerte für die Formaldehydemission an. Stichprobenartige Überprüfungen ergaben, dass vor allem importierte Ware den Grenzwert für die E1-Einstufung mitunter beträchtlich überschritten. H., deren Herstellung unter Verwendung formaldehyd*freier* Leime erfolgt, werden von den Herstellern auch mit der Aufschrift F0 gekennzeichnet. Üblich ist dann die Verwendung von Bindemitteln auf Basis von →Isocyanaten. Aber auch solche Platten können – wenn auch äußerst geringe – Formaldehyd-Emissionen aufweisen. Formaldehyd entsteht beim Trocknungsprozess der Holzspäne. Untersuchungen von Månsson & Roffael haben gezeigt, dass Holzspäne und Holzfasern unter der Einwirkung von Säuren und hohen Temperaturen Formaldehyd abgeben. Holzspäne zur Herstellung von Holzwerkstoffen werden vor dem Beleimen mit Bindemitteln einem Trocknungsprozess ausgesetzt. Dabei kommt es zur Bildung von Formaldehyd aus bestimmten Ligninstrukturen. Die Formaldehyd-Menge ist von der Holzart und den Trocknungsbedingungen abhängig; sie steigt mit zunehmender Trocknungstemperatur. Technisch getrocknete Kiefernholzspäne geben größere Mengen Formaldehyd ab wie Fichtenholzspäne. Dagegen wurde bei ungetrockneten Holzspänen keine Erhöhung der Formaldehyd-Emission festgestellt. Die Untersuchungsergebnisse zeigen, dass der Begriff „Formaldehydfrei wie gewachsenes Holz“, wie er in Anbieterschriften für formaldehydfrei-verleimte Holzwerkstoffe gerne verwendet wird, nicht korrekt ist.

Neben Formaldehyd emittieren H. weitere →Aldehyde. Diese bilden sich durch Oxidationsvorgänge bei der Trocknung von Spänen, Strands und Fasern aus Bestandteilen des Holzes. Im Vordergrund stehen Hexanal, Pentanal, Benzaldehyd, Heptanal und Furfural. Untersuchungen (Baumann et al.) zeigten, dass die durchschnittlichen Emissionsraten (nach 48 h) von H. zwischen 122 und 2.066 $\mu g/m^2h^{-1}$ schwankten – je nach H.-Typ und verwendeter Holzart. Die höchsten Emissionen wiesen Spanplatten aus Kiefernholz auf, die niedrigsten eine →MDF-Platte aus Laubholz. Ursächlich hierfür sind neben den Holzeigenschaften die verschiedenen Prozessbedingungen bei der Produktion von Holzwerkstoffen. Insbesondere →OSB-Platten, die in Deutschland praktisch ausschließlich aus Kiefernholz hergestellt werden, weisen – im Vergleich zu Spanplatten und MDF-Platten – ein deutlich erhöhtes VOC-Emissionspotenzial auf (Kuebart et al.: Gebäudeschadstoffe und Innenraumluft, Ausgabe 1.2017, Rudolf Müller Verlag, Köln, Mai 2017.)

Phenol-Formaldehyd-gebundene H. sind i. d. R. größere Emittenten von Essigsäure und Ameisensäure als Harnstoff-Formaldehyd- oder Polyharnstoff-gebundene H. Die Kenntnisse, in welchem Umfang thermische Herstellungs- und Bearbeitungsprozesse genutzt werden können, um die VOC-Emissionen zu senken, sind noch lückenhaft.

Holzwolle-Dämmplatten →Holzwolle-Leichtbauplatten

Holzwolle-Leichtbauplatten H. werden aus längsgehobelter Holzwolle entweder mit →Magnesiabinder (beige) oder →Zement (grau) als Bindemittel hergestellt. Der Gehalt an Bindemittel beträgt rund 65 M.-%. Als Mineralisierungsmittel werden ca. 0,2 M.-% Calciumchlorid beigegeben. Die Holzwolle wird z.B. aus schwachen Fichtenstämmen gewonnen. Für Akustikdeckenplatten wird aus optischen Gründen Lindenholzwolle (→Linde) verwendet. Die Holzwolle wird gewogen und auf dem Förderband mit dem Mineralisierungsmittel versetzt. Nach Beimengung des Zements wird die Masse in Form gepresst. Nach zwei Tagen werden Platte und Form getrennt, die Platten gestapelt und gelagert. Zur Herstellung der magnesitgebundenen Platten wird Magnesiumsulfat (getrocknetes Bittersalz) in heißem Wasser gelöst und in einem Mischer auf die Holzwolle aufgebracht. Danach wird eine aus Magnesiumsulfat und Magnesiumoxid (aus Magnesit = Magnesiumcarbonat) bestehende Suspension in den Mischer gegeben. Das Holzwolle-Magnesit-Gemisch wird anschließend gepresst. H. mit einseitig mineralisch gebundener, trittfester Oberfläche heißen Porenverschlussplatten. Neben den beschriebenen Produkten auf der Basis von Holzwolle und anorganischen Bindemitteln werden auch Mehrschichtplatten mit →Polystyrol-, →Polyurethan-, →Steinwolle- oder Schaumglas-Kern (Holzwolleverbundplatten) angeboten. H. werden als Putzträger mit zusätzlicher wärmedämmender Wirkung für Wand- und Deckenaufbauten sowohl innen als auch außen eingesetzt. H. sind nicht winddicht, haben geringe wärmedämmende Eigenschaften (→Wärmeleitfähigkeit: ca. 0,08 W/(m·K)), aber eine hohe Wärmespeicherungsfähigkeit. Sie sind beständig gegen Ungeziefer und schwerentflammbar (→Baustoffklasse B1).

Starker Staubanfall ist z.B. durch Schneiden/Besäumen möglich (durch Absauganlagen verringert). Gesundheitsbeeinträchtigende Emissionen während der Nutzungsphase sind nicht bekannt. Die Platten sind sehr langlebig. Sortenreine Abfälle von Platten und Produktionsabfälle können dem Herstellungsprozess wieder zugeführt werden. Diese Möglichkeit wird nur für werksinterne Produktionsabfälle genutzt. Die Entsorgung über Verbrennung ist wegen der dafür notwendigen hohen Temperaturen nicht sinnvoll. Die Entsorgung erfolgt als Baurestmasse.

Holzwolle-Verbundplatten H. sind →Holzwolle-Leichtbauplatten, die aus Holzwolle und Bindemittel bestehen, kombiniert mit einer Dämmstoffschicht aus →Polystyrol (→EPS-Dämmplatten), →Polyurethan-Hartschaumplatten, →Steinwolle oder →Schaumglas-Dämmplatten. Verbundplatten aus Holzwolle-Leichtbauplatten und Kunststoffen sind problematisch beim Recycling oder in der Entsorgung und sollten daher vermieden werden.

Hornblende H. ist eine Gruppe gesteinsbildender Minerale, die zu den →Amphibolen gehören. Faserige, langstrahlige und verfilzte Varietäten sind →Asbeste.

Hotmelts →Schmelzklebstoffe

HPL-Laminat Abk. für Hochdrucklaminate (High Pressure Laminat). →Laminat-Bodenbeläge

H-Stoffe Hautresorptive Stoffe im Sinne des Gefahrstoffrechts. Stoffe, die leicht durch die Haut in den Körper gelangen und zu gesundheitlichen Schäden führen können. Beim Umgang mit hautresorptiven Stoffen ist die Einhaltung des Luftgrenzwertes für den Schutz der Gesundheit der Beschäftigten nicht ausreichend. Durch organisatorische und arbeitshygienische Maßnahmen ist sicherzustellen, dass der Hautkontakt mit diesen Stoffen unterbleibt. →CLP-Verordnung

Hüttenaluminium H. ist Grundstoff für die Erzeugung von Produkten aus →Aluminium. Es wird aus →Bauxit gewonnen, aus dem mit Natronlauge das chemische Element Aluminium gelöst und zum Zwischenprodukt Aluminiumoxid (Tonerde) verarbeitet wird. Der konzentrierte Rest des Bauxits fällt dabei als Rotschlamm an. Die Tonerde wird auf dem Seeweg nach Europa und anschließend per Bahn zu den Elektrolyse-Anlagen transportiert. Mittels Schmelzflusselektrolyse einer 2 bis 8 %igen Lösung von Aluminiumoxid in geschmolzenem Kryolith (Kryolith-Tonerde-Verfahren) werden Aluminium und Sauerstoff getrennt (Temperatur ca. 950 °C). Aluminium wird an der Kathode im unteren Bereich der Zellen abgelagert, Sauerstoff reagiert mit dem Kohlenstoff der Graphitanode zu Kohlenmonoxid und -dioxid.

Die Gewinnung von H. erfordert hohen Flächen- und Materialbedarf: ca. 4 t Bauxit, 183 kg Natronlauge und 95 kg Kalkstein für 1 t Aluminium. Es fallen große Mengen an Rotschlamm (3.200 kg/t Aluminium) an, der deponiert werden muss, da eine wirtschaftliche Verwendungsmöglichkeit fehlt. Die Schmelzflusselektrolyse erfordert sehr hohen Strombedarf und führt zu hohen Abgaben von Luftschadstoffen wie Kohlenmonoxid, Schwefeldioxid und Fluorwasserstoff aus dem Fluorgehalt des Kryolith (äußerst schädlich für Nadelbäume). Dazu kommen Schadstofffrachten in Gewässer (vor allem Fluorid und Feststoffe).

Kryolith hat bei übermäßigem, oft berufsbedingtem Kontakt langfristig schädigende Wirkung auf den Skelettapparat (Fluorose). Die Aluminium-Staublunge gilt als Berufskrankheit. Zusätzlich werden seit Anfang der 1970er-Jahre zentralnervöse Veränderungen im Sinne einer Demenz und Störungen des Knochenmineralhaushaltes als aluminiumbedingt kontrovers diskutiert.

Hüttenbims Grobporige Gesteinskörnung aus →Hochofenschlacke, die dem Naturbims (→Bims) sehr ähnlich ist.

H. besteht zu 100 % aus der Schlacke der Roheisenerzeugung (→Hochofenschlacke). Die Schäumung bzw. Porosierung entsteht durch Eindüsung von Wasser während des Ausgießens der flüssigen Schlacke in Wannen mit einer Temperatur von ca. 1.450 °C. Anschließend wird das aufgeschäumte Material zur Abkühlung gelagert und dann gebrochen und gesiebt. Die Farbe von H. schwankt zwischen hellgrau bis grauschwarz. H. weist ein Porenvolumen von etwa 50 bis 85 Vol.-% auf und hat eine Druckfestigkeit von 2 bis 8 N/mm². Die Schüttdichte liegt zwischen 0,4 und 0,75 kg/dm³.
Das Mischen von Schlacke und Wasser führt zu sehr hohen Schwefelwasserstoff-Emissionen. H. ist wegen der meist grobporigen und ungünstigeren eckigen und kantigen Kornform zur Herstellung von Beton weniger geeignet, da er für die gleiche Festigkeit mehr Zementleim erfordert, was wiederum die Rohdichte des Betons erhöht. Die Verbindung zwischen dem Zementstein ist gut für raue Oberflächen, die Wasseraufnahme ist jedoch geringer und langsamer als bei Naturbims.

Hüttensand H. wird durch sehr feines Mahlen schnell abgekühlter →Hochofenschlacke, einem Nebenprodukt der Roheisenherstellung, gewonnen. H. ist ein latent →Hydraulisches Bindemittel, das zusammen mit Portlandzementklinker für →Portlandhüttenzement und →Hochofenzement verwendet wird. H. besteht vor allem aus Kalk, Kieselsäure, Aluminium- und Magnesiumoxid. Die genaue chemische Zusammensetzung ist abhängig von der Gangart und dem hergestellten Roheisen. H. gilt heute neben dem primären Produkt Roheisen als wichtiges Nebenprodukt, das für die Weiterverarbeitung auch bestimmten Qualitätsanforderungen genügen muss. Entsprechend wird bei modernen Hochöfen sowohl die Qualität des Roheisens als auch der Schlacke optimiert. Neben der chemischen Zusammensetzung ist auch die Auslaugbarkeit (Eluation) von umweltgefährdenden Inhaltsstoffen (insbesondere Schwermetalle) von Bedeutung. Hochofenschlacke in Form von Stückschlacke und Hüttensand ist bezüglich ihrer Eluatwerte als unbedenklich zu bezeichnen (Behandlung von Reststoffen und Abfällen in der Eisen- und Stahlindustrie. Gara, S. & S. Schrimpf, 1998. Monographien Band 92. Umweltbundesamt, Wien). Dies zeigen auch Feststoff- und Eluatanalysen der deutschen Bund-/Länderarbeitsgruppe „Vereinheitlichung der Untersuchung und Bewertung von Reststoffen“ (→LAGA), Unterarbeitsgruppe für die Erarbeitung einer Technischen Regel für die Verwertung von Schlacken aus der Eisen- und Stahlerzeugung. Die Verwendung von H. als Abfallstoff der Eisenindustrie schont die Rohstoffe und senkt den Energiebedarf sowie die Emissionen, wenn er anstelle von Portlandklinker bei der Zementherstellung eingesetzt wird, da kein eigener Brennprozess notwendig ist.

Hüttensandmehl H. wird durch Mahlen von Hüttensand hergestellt und hat →Latent hydraulische Eigenschaften. H. ist über die Bauregelliste A in Deutschland bauaufsichtlich als →Betonzusatzstoff eingeführt.

Hüttenzink H. wird für die Verzinkung von Stahlblech (→Verzinktes Stahlblech) eingesetzt.

Human-Biomonitoring H. bezeichnet Messungen in humanbiologischen Materialien wie Blut, Urin, Haaren, Zähnen. Die Analyseergebnisse dienen als Maß für die tatsächlich vom Organismus aufgenommene Schadstoffdosis über alle Aufnahmepfade.

HWL-Platten →Holzwolle-Leichtbauplatten

Hybrid-Elastik-Klebstoffe →MS-Klebstoffe

Hybridklebstoffe →MS-Klebstoffe

Hydraulische Bindemittel Bindemittel, die unter Wasseraufnahme an der Luft und unter Wasser steinartig erhärten und danach wasserbeständig sind. →Zement, →Trasskalk, →Hydraulische Kalkmörtel, →Hochhydraulische Kalkmörtel

Hydraulische Kalkmörtel →Kalkmörtel

Hydraulische Mörtel H. werden aus →Zement und/oder →Hydraulischen Kalken, feinen →Gesteinskörnungen, Zusätzen und Wasser hergestellt. Die Verwendung erfolgt für →Putze, Mauerwerk und →Estriche.

Hydraulischer Kalk H. wird durch Brennen von →Kalksteinmergel oder durch Mischen von Luftmörtel mit hydraulischen Zuschlägen (→Puzzolane, Stoffe mit hohem Anteil an sehr reaktionsfähiger Kieselsäure) hergestellt. Unter Einfluss von Wasser verbinden sich die Kalkanteile mit den Anteilen an Kieselsäure (Siliciumdioxid), Tonerde (Aluminiumoxid) und Eisenoxid. Dieser gleichmäßigen Härtung von innen läuft eine Carbonathärtung von außen her parallel. H. kann nach 5-tägiger Vorhärtung unter Wasser weiterhärten. →Kalk, →Baukalke, →Kalkhydrat

Hydrolyse H. ist die Zerlegung eines Stoffes unter dem Einfluss von Wasser. Zum Beispiel wird die Abspaltung von →Formaldehyd aus dem Bindemittel von Holzwerkstoffen (Spanplatten) durch hohe Luftfeuchtigkeit begünstigt (hydrolytische Spaltung).

Hydrophob Wasserabweisend; eine Hydrophobierung von Baustoffen kann durch Behandlung mit organischen oder anorganischen Ölen erreicht werden (z.B. Silikonöl, →Silikone).

Hydrophobierung Unter H. versteht man die wasserabweisende (oder wasserabstoßende) Imprägnierung von mineralischen Untergründen, insbesondere von Fassaden, Sichtmauerwerk und Beton, genauso wie die H. in der Masse, z.B. des Mörtels. H. bedeutet farblose nicht filmbildende Behandlung der Baustoffe. Da bei der H. die Poren offen bleiben, behält der Baustoff seine Atmungsaktivität bei. Es wird somit die Wasserdampfdurchlässigkeit nicht oder nur unwesentlich beeinträchtigt.
Die H. von Oberflächen verschiedenster Baustoffe beinhaltet drei wichtige Kriterien: Die Reduktion der Wasseraufnahme, die Eindringtiefe und der Abperleffekt kennzeichnen die Anforderungen an eine H. Je nach Art der Aufgabenstellung können →Hydrophobierungsmittel unterschiedlich verarbeitet werden, entweder durch eine werkseitige Oberflächenbehandlung des Baustoffes oder direkt am Objekt.

Hydrophobierungsmittel Die meisten am Markt befindlichen H. bestehen aus einem Gemisch mehrerer Wirkstoffe und diverser Hilfsstoffe (s. Tabelle H15) (Glatthor, A., www.baustoffchemie.de).

1. Alkoxysilane (vereinfacht oft „Silane" genannt)
   Unter Silanen werden im Bautenschutz die Alkylalkoxysilane verstanden, während „anhydrolisierte Silane" wiederum eher zu den Alkylalkoxysiloxanen gehören. Im Handel sind sie anzutreffen:
   - Gelöst in wasserfreien Alkoholen (z.B. Isopropanol)
   - Gelöst in aliphatischen Lösemitteln
   - Emulgiert in Wasser (z.B. das Triethoxyoctylsilan)
2. Alkoxysiloxane (oft einfach nur „Siloxane" genannt)
   Es gibt →Oligomere und →Polymere Siloxane. Im Handel sind sie anzutreffen:
   - Gelöst in aliphatischen Lösemitteln
   - Emulgiert in Wasser
   - Als Mikroemulsionskonzentrat (Silane und oligomere Alkoxysiloxane im Gemisch)

   Bei Silikon-Mikroemulsionskonzentraten (SMK) handelt es sich um ein 100%iges Silikonprodukt, das mit Wasser verdünnbar ist und dabei spontan eine Mikroemulsion bildet.
3. Silikonharze (Alkylpolysiloxane)
   Es handelt sich um polymere Siloxane, gelöst in aliphatischen Lösemitteln.
4. Alkalisilikonate
   Es handelt sich um hochalkalische Lösungen von Kaliumsilikonat, die, auf den Baustoff aufgetragen, mit dem Kohlendioxid der Luft reagieren, wobei ein Silanol als Zwischenstufe entsteht und dieses weiter zum Silikonharz reagiert. Dabei entsteht Kaliumcarbonat als Nebenprodukt, das sich dann als weißer Belag auf der Oberfläche störend bemerkbar machen kann und speziell bei Fassaden stören würde. Angewendet werden die Produkte daher vorwiegend zur werkseitigen Imprägnierung von Ziegeln, Gasbeton und ähnlichen Baustoffen, sind aber auch vielfach in Bohrloch-Injektions-Mitteln für nachträgliche Horizontalsperren enthalten (dort meist in Kombination mit Wasserglas). Die für Bohrloch-Injektions-Verfahren verwendeten Silikonate/Silikate sind je nach Verdünnungsgrad stark alkalisch und damit sehr ätzend bzw. reizend.

   Zum Teil werden auch Methoxysilane, -siloxane und -polysiloxane verwendet, die bei der hydrolytischen Spaltung durch Feuchtigkeit Methanol freisetzen und die selbst auch toxisch sind. Alle vier genannten Wirkstoffe ergeben letztendlich als Reaktionsprodukt ein Silikonharz auf der Baustoffoberfläche.

Hilfsstoffe sind neben dem Lösemittel noch Emulgatoren, Konservierungsmittel und Katalysatoren (→Zinnorganische Verbindungen). Übliche →Lösemittel sind →Testbenzine (aromatenhaltig oder aromatenfrei), →Isoalkane (Isoparaffine) und →Alkohole (Isopropanol, Isobutanol).
Zwischen wasserbasierten und lösemittelbasierten Systemen gibt es keine grundlegenden Unterschiede bei der Eindringtiefe oder Wirksamkeit. Die seit ca. 1990 auf dem Markt befindlichen wasserbasierten Systeme verdrängen jedoch mehr und mehr die umweltschädlichen lösemittelbasierten Systeme, die bis zu über 90 % Lösemittel enthalten. Manche Produkte sind völlig lösemittelfrei; sie be-

stehen zu 100 % aus Silanen/Siloxanen/Polysiloxanen.
Der Auftrag der H. auf Fassaden erfolgt i.d.R. im Niederdruckflutverfahren. Dabei wird die Flüssigkeit mit breitem Strahl auf die Fassade gespritzt. Der Wirkstoff bildet auf der Wand eine dünne, wasserabweisende Schicht, während sich das Lösemittel verflüchtigt. Der größte Teil des Lösemittels gelangt bei der Anwendung durch direktes Verdunsten in die Atmosphäre. Werden keine Maßnahmen getroffen, um die von der Wand ablaufende Flüssigkeit aufzufangen, versickert ein Teil des Lösemittels im Boden. Ein weiterer Teil kann in die bearbeitete Wand eindringen, dort zunächst verbleiben und schließlich nach außen und ggf. innen zeitverzögert ausgasen.

Tabelle H15: Übersicht Hydrophobierungsmittel (Glatthor, A., www.baustoffchemie.de)

Wirkstoffgruppe	Wirkstoffe (Beispiele)	Lösemittel	Untergrund	Bemerkungen
Silan	Anhydrolisiertes Silan (niedermolekulares Alkylalkoxysiloxan)	Wasserfreier Alkohol (Isopropanol)	Beton, KS, Naturstein, Putz, Ziegel	Aufgrund des Isopropanols speziell für Fassadenbauteile mit lösemittelempfindlichen Baustoffen wie z.B. Polystyrol, Bitumen, Bitumendachbahnen, Polymerbitumen
		Aliphatische Lösemittel		
	Octyltriethoxysilan	Emulsion in Wasser	KS, Naturstein, Putz, Ziegel, Porenbeton, Leichtbeton	
Siloxan	Oligomeres Alkylalkoxysiloxan	Aliphatische Lösemittel	Beton, KS, Naturstein, Putz, Ziegel	
Siliconharz	Polymere Siloxane	Aliphatische Lösemittel		
Siliconat	Kalium-Methylsiliconat	Wasser	Nachträgliche Hydrophobierung von z.B. Gipskarton- oder Gipswandbauplatte jedoch brauchbar	Stark alkalische Lösung (pH = 13); wird als Hydrophobierungsmittel so gut wie nicht eingesetzt, dafür umso öfter in Komb. mit Wasserglas als Bohrloch-Injektage-Mittel für Horizontalsperren
Silan-Siloxan-Gemisch	Silane und oligomere Alkoxysiloxane	Aliphatische Lösemittel	Beton, KS, Naturstein, Putz, Ziegel, auch frische hochalkalische Untergründe (Beton, Kalksandstein, frische Putze)	
		Emulsion in Wasser (Mikroemulsion)	Beton, KS, Naturstein, Putz, Ziegel	Konzentrat; muss vor der Anwendung mit Wasser verdünnt werden
		Emulsion in Wasser	Beton, KS, Naturstein, Putz, Ziegel	

Tabelle H15: Übersicht Hydrophobierungsmittel (Glatthor, A., www.baustoffchemie.de) (Forts.)

Wirkstoff-gruppe	Wirkstoffe (Beispiele)	Lösemittel	Untergrund	Bemerkungen
	Methylsiliconharz + Octyltriethoxy-silan oder Alkylalkoxysilan + Alkylalkoxy-siloxan	Pastöse Emulsion in Wasser	Beton, KS, Natur-stein, Putz, Ziegel	Als Pasten, keine fließende Lösung, aber trotzdem mit gutem Eindring-verhalten; der Vorteil gegenüber den Lösungen: Die Paste kann auch über Kopf verarbeitet werden.

Unter ungünstigen Umständen kann es im Innenraum zu so erheblichen Lösemittel-Belastungen kommen, dass die Nutzung des Gebäudes ausgesetzt werden muss (Bent & Zwiener, 1996: Lösemittelemissionen in einem Schulgebäude nach Einsatz von Bautenschutzmittel, Gesundheitswesen 58. S. 234 – 236).
Wasserbasierte Systeme lassen sich wie folgt unterteilen:

1. Wasserfreie Konzentrate mit verschiedenen Alkylalkoxysilanen, -siloxanen und -polysiloxanen; werden vor der Verarbeitung mit Wasser verdünnt
2. Wasserbasierte Hydrophobierungspasten (ähnlich 3., aber mit geringerem Wasseranteil). Wirkstoffe sind Alkyl-alkoxysilane, z.B. Triethoxyoctylsilan
3. Wassergemischte Alkylalkoxysilane, -siloxane oder -polysiloxane mit Alkoxy-Gruppen und einem Emulgator

Hylotox 59 H. ist der Markenname für ein bis 1989 in der DDR verwendetes →Holzschutzmittel, das die Wirkstoffe →DDT und →Lindan enthielt. Es war das in Innenräumen und auf Dachböden am häufigsten angewendete Holzschutzmittel.

Tabelle H16: Rezeptur von Hylotox 59

Stoff/Stoffgemisch	Gehalt [%]
Lösemittelgemisch	95,25 Laval 900 0,25 Terpentinöl 0,5 Isobornylacetat
Lindan	0,5
DDT	3,5

Andere H.-Präparate enthielten →Pentachlorphenol (PCP). DDT wurde in der Bundesrepublik 1972 verboten, wurde in der DDR aber noch bis 1989 für H. eingesetzt. 1990 trat das DDT-Verbot auch in den neuen Bundesländern in Kraft.
Eine H.-Verwendung ist häufig an dem auf das verwendete Lösemittelgemisch zurückzuführenden Geruch erkennbar. Zum Teil finden sich auf dem behandelten Holz auch raureifartige weiße DDT-Kristalle. Wegen seines niedrigen Dampfdrucks ($1{,}7 \times 10^{-5}$ Pa bei 20 °C) findet sich DDT vorwiegend im Hausstaub. Dagegen ist Lindan (Dampfdruck $1{,}2 \times 10^{-3}$ Pa bei 20 °C) vorwiegend gasförmig nachzuweisen.

Hyphen H. sind Zellfäden von Pilzen. Die einzelnen H. sind nur unter dem Mikroskop zu erkennen. Die Gesamtheit der H. bezeichnet man als →Myzel.

I

IARC Abk. für International Agency for Research on Cancer, eine Unterabteilung der →WHO. Die IARC nimmt u.a. Einstufungen von Chemikalien auf ihr krebserzeugendes Potenzial vor. Unterschieden werden:

Gruppe 1: Krebserzeugend beim Menschen
Gruppe 2A: Wahrscheinlich krebserzeugend beim Menschen
Gruppe 2B: Möglicherweise krebserzeugend beim Menschen
Gruppe 3: Nicht klassifizierbar hinsichtlich einer krebserzeugenden Wirkung beim Menschen
Gruppe 4: Wahrscheinlich nicht krebserzeugend beim Menschen

IBO Das Österreichische Institut für Baubiologie und -ökologie (IBO) wurde 1980 von Experten aus den Bereichen der Naturwissenschaften und des Bauwesens unter dem Eindruck des aufkommenden Umweltschutzgedankens gegründet. Die Zielsetzung des Vereins bestand in der Durchsetzung ökologischer Grundsätze im Bereich des Bauens und Wohnens. Nach jahrelanger Aufbauarbeit begann sich das IBO ab 1990 als wissenschaftliche Institution in diesem Bereich zu etablieren. Die Vielzahl der eigens aufgebauten und angebotenen Dienstleistungen führte 1997 zur Gründung einer Gesellschaft mbH gleichen Namens (IBO GmbH). 1995 erfolgte die Gründung des Zentrums für Bauen und Umwelt an der Donau Universität Krems, an der das IBO den Hauptanteil an Know-how und Mitarbeitern beitrug. Heute ist das IBO ein europaweit führendes Institut für umwelt- und gesundheitsverträgliches Bauen. Weitere Informationen unter www.ibo.at.

IHG Die Interessengemeinschaft Holzschutzmittel-Geschädigter (IHG) wurde 1983 als Notgemeinschaft gegründet. Die Mitglieder haben sich zur Aufgabe gemacht, Informationen über die Problematik der chronischen und akuten Gesundheitsschädigungen durch Holzschutzmittel-Inhaltsstoffe, Lösemittel und Formaldehyd zu sammeln und auszuwerten, den Betroffenen Hilfe zur Selbsthilfe und Hinweise zur Erkennung und zum Nachweis der Ursachen zukommen zu lassen sowie sie bei Fragen in medizinischer, toxikologischer, rechtlicher und steuerlicher Art und bei Sanierungsmaßnahmen zu beraten. Nach eigenen Angaben liegen der IHG Fallschilderungen und Krankenberichte aus mehr als 60.000 Anfragen von Ratsuchenden und Betroffenen vor, die bereits während der Verarbeitung von Holzschutzmitteln akute Gesundheitsschädigungen erlitten oder die durch jahrelange Ausgasungen von Holzschutzmittel-Inhaltsstoffen chronische Intoxikationen davongetragen haben. Die IHG hat maßgeblichen Anteil am →Holzschutzmittel-Prozess, einem der größten Umweltstrafverfahren in Deutschland.

Immission I. ist die Einwirkung von emittierten (abgegebenen) Stoffen, Energie oder Strahlung auf Menschen, Tiere, Pflanzen, Sachen. Vergleiche →Emission.

Imprägnieröle I. sind nicht-schichtbildende Anstrichmittel für Holz oder Stein, welche das Saugverhalten des Materials herabsetzen, die Oberflächenstruktur jedoch optisch und haptisch nicht verändern. Sie dringen in die Poren des Materials ein, ohne diese zu verstopfen. Das beschichtete Material bleibt diffusionsfähig.
Für die Herstellung von natürlichen I. werden ungesättigte →Öle wie →Leinöl verwendet, die aushärten bzw. trocknen, indem sie mit Luftsauerstoff reagieren (oxidative Trocknung). I. auf Kunstharzbasis haben ölmodifizierte →Alkydharze als Grundlage. Durch Zugabe von →Trockenstoffen („Sikkativen"), z.B. Kobaltsalzen, lässt sich die Trocknung beschleunigen (→Firnis). Als Hautverhinderungsmittel kann →Butanonoxim eingesetzt werden. Bei den Zweikomponentenölen werden Härter in Form von Isocyanaten zugegeben. Dadurch wird die oxidative Aushärtung beschleunigt und die Beständigkeit des Beschichtungssystems gesteigert. Von I. zu unterscheiden sind schichtbildende →Alkydharzlacke, welche ebenfalls ein sehr natürliches Oberflächenbild ergeben können und daher häufig missverständlich ebenfalls unter dem Oberbegriff Öl vertrieben werden.
Der Lösemittelgehalt der I. variiert in einer großen Bandbreite von lösemittelfrei bis stark lösemittelhaltig. Von den →Lösemitteln können Gesundheitsgefahren ausgehen. In I. können darüber hinaus Stoffe enthalten sein, die z.B. die Haut reizen oder zu Allergien führen können. Der Geruch von Öl auf großen Flächen oder im Inneren von Möbeln kann mitunter sehr lange und intensiv wahrnehmbar sein.
Ölgetränkte Tücher oder Schleifstaub können sich selbst entzünden. Sie sollten daher in verschließbaren Metallgefäßen aufbewahrt oder im Freien auf

nicht brennbarem Untergrund ausgebreitet getrocknet werden.

Imprägnierungen →Imprägnieröle

Industrieböden →Kunstharzbodenbeläge

Industrieparkette I. bestehen aus kleindimensionierten, massiven Hochkantlamellen, die mit Klebestreifen zu Einheiten verbunden sind. Sie werden auf planebenem Untergrund vollflächig verklebt, sind leicht austauschbar und besonders belastbar. Die Verlegeeinheiten werden mit durchlaufenden Kopf- und Längsfugen verlegt. Die Lamellenbreite beträgt 8 mm, gelegentlich bis 16 mm. I. sind sehr gut renovierbar (7- bis 9-mal abschleifbar) und für Fußbodenheizungen geeignet. I. sind ein Nebenprodukt aus der →Mosaikparkett-Produktion. →Massivparkette, →Holzböden, →Parkettklebstoffe, →Parkettversiegelung, →Ölen und Wachsen

Industrierestholz I. im Sinne der →Altholzverordnung sind die in Betrieben der Holzbe- und verarbeitung anfallenden Holzreste einschl. der in Betrieben der Holzwerkstoffindustrie anfallenden Holzwerkstoffreste sowie anfallende Verbundstoffe mit überwiegendem Holzanteil (> 50 M.-%). →Gebrauchtholz. I. sind gemäß Altholzverordnung (AltholzV) Althölzer und werden in die Altholzkategorien A I, A II, AII und A IV eingeteilt. Gemäß AltholzV sind abhängig von der Altholzkategorie folgende Verwertungsverfahren zulässig: 1.) Aufbereitung von Altholz zu Holzhackschnitzeln und Holzspänen für die Herstellung von Holzwerkstoffen, 2.) Gewinnung von Synthesegasen zur weiteren chemischen Nutzung, 3.) Herstellung von Aktivkohle/ Industrieholzkohle.

Industriestaubsauger Das Staubrückhaltevermögen von staubbeseitigenden Maschinen (Staubsaugern) wird gem. DIN EN 60335-2-69 Anh. AA durch den max. Durchlassgrad bzw. die Staubklasse beschrieben:

Staubklasse	Max. Durchlassgrad
L	< 1 %
M	< 0,1 %
H	< 0,005 %

Inertabfälle I. sind Abfälle, die keinen wesentlichen physikalischen, chemischen oder biologischen Veränderungen unterliegen, sich nicht auflösen, nicht brennen und nicht in anderer Weise physikalisch oder chemisch reagieren, sich nicht biologisch abbauen und andere Materialien, mit denen sie in Kontakt kommen, nicht in einer Weise beeinträchtigen, die zu nachteiligen Auswirkungen auf die Umwelt oder die menschliche Gesundheit führen könnte. Die gesamte Auslaugbarkeit und der Schadstoffgehalt der Abfälle und die Ökotoxizität des Sickerwassers müssen unerheblich sein und dürfen insbesondere nicht die Qualität von Oberflächen- oder Grundwasser gefährden. →Abfall

Inerte Betonzusatzstoffe I. sind inaktive →Betonzusatzstoffe des Typ I, die nicht mit Wasser und Zement reagieren und zur Verbesserung der Verarbeitbarkeit, des Wasserrückhaltevermögens und der Dichtigkeit des Betons beitragen. Hierzu gehören Quarz- und Kalksteinmehle. →Gesteinsmehle

Innenräume Definitionsgemäß sind I. Wohnungen mit Wohn-, Schlaf-, Bastel-, Sport- und Kellerräumen, Küchen und Badezimmern, Arbeitsräume bzw. Arbeitsplätze in Gebäuden, die nicht im Hinblick auf Luftschadstoffe arbeitsschutzrechtlichen Kontrollen unterliegen (so z.B. Büros, Verkaufsräume), öffentliche Gebäude (Krankenhäuser, Schulen, Kindergärten, Sporthallen, Bibliotheken, Gaststätten, Theater, Kinos und andere Veranstaltungsräume) sowie die Aufenthaltsräume von Kraftfahrzeugen und alle öffentlichen Verkehrsmittel.
Einflussfaktoren auf das Befinden in Innenräumen sind nach Heinzow:

- Physikalische Faktoren: Temperatur, rel. Luftfeuchte, Luftwechsel, Schall, Beleuchtung, Ionen
- Chemische Faktoren: Partikel/Stäube, Gase/ Dämpfe, Gerüche, Aerosole, Biozide
- Biologische Faktoren: Pilze, Bakterien, Bioeffluentien, Pollen, Exkremente
- Psychologische Faktoren: Psyche, Irritation

→Innenraum-Schadstoffe, →Gerüche

Innenraumluft-Grenzwerte/-Richtwerte/-Orientierungswerte Zur Beurteilung der Exposition gegenüber Innenraum-Schadstoffen gibt es in Deutschland kein umfassendes und verbindliches Regelwerk. Die Arbeitsplatz-Grenzwerte des Gefahrstoffrechts dienen der Beurteilung von Arbeitsplätzen, an denen gezielt Tätigkeiten mit Gefahrstoffen stattfinden. Diese Werte können auf Innenräume (Büros, Schulen, Kindergärten usw.) nicht angewandt werden. Da ein einheitliches Bewertungskonzept fehlt, werden zur Beurteilung der Innenraumluft Werte unterschiedlicher Art, Herkunft und rechtlicher Relevanz herangezogen.

Die existierenden Bewertungskonzepte für Luftverunreinigungen in Innenräumen lassen sich grundsätzlich in zwei Kategorien unterteilen:

1. Gesundheitlich begründete Grenzwerte und Richtwerte sowie hygienisch abgeleitete Beurteilungswerte und risikobasierte Leitwerte für Kanzerogene
   - Gesetzlich festgelegte Grenzwerte: Grenzwert für Tetrachlorethylen, 2. BImSchV
   - Baurechtlich festgelegte Richtwerte: Richtwerte der Asbest-Richtlinie, PCB-Richtlinie, PCP-Richtlinie
   - Richtwerte des AIR (Ausschuss für Innenraumrichtwerte)
   - Hygienisch abgeleitete Beurteilungswerte des AIR u.a. TVOC-Richtwerte, Kohlendioxid und Kohlenmonoxid, Feinstaub PM2,5
   - Risikobasierter Leitwert für Kanzerogene des AIR Trichlorethen
   - Sonstige Richtwerte ohne rechtlichen Bezug: Luftqualitätsleitwerte der WHO, CREL (Chronic Reference Exposure Level)
2. Nicht gesundheitlich begründete Referenzwerte und Orientierungswerte
   - Statistisch abgeleitete Referenzwerte

<u>1. Gesundheitlich begründete Grenzwerte und Richtwerte</u>

Grenzwerte und Richtwerte basieren auf einer toxikologischen Ableitung. Grenzwerte sind gesetzlich festgelegte, maximal zulässige Stoffkonzentrationen in der Innenraumluft, bei deren Überschreitung Maßnahmen zur Gefahrenabwehr ergriffen werden müssen. Mit Ausnahme des Grenzwertes für Tetrachlorethylen der 2. BImSchV existieren für die Anwendung in Innenräumen keine gesetzlich festgelegten Grenzwerte.

Gesundheitlich begründete Richtwerte sind allgemein anerkannte, durch Behörden oder Fachgremien festgelegte Stoffkonzentrationen. Richtwerte werden vielfach weiter differenziert in Vorsorgewerte und Interventionswerte. Vorsorgewerte beschreiben Stoffkonzentrationen, bei deren Erreichen auch bei lebenslanger Exposition keine gesundheitlichen Beeinträchtigungen zu erwarten sind. Interventionswerte dagegen markieren die Konzentration eines Stoffes in der Innenraumluft, bei deren Erreichen bzw. Überschreiten wegen einer möglichen gesundheitlichen Gefährdung unverzüglich Handlungsbedarf besteht. Aus Vorsorgegründen besteht auch im Konzentrationsbereich zwischen dem Vorsorgewert und dem Interventionswert Handlungsbedarf.

Mangels ausreichender Kenntnisse über das Zusammenwirken einzelner Stoffe sind die gesundheitsbezogenen Grenzwerte und Richtwerte immer einzelstoffbezogen festgelegt. Generell können beim Zusammenwirken mehrerer Stoffe aber sowohl synergistische (verstärkende) Effekte (z.B. Asbest + Tabakrauch) als auch antagonistische (abschwächende) Effekte auftreten.

Die toxikologische Ableitung von Grenzwerten und Richtwerten für Innenräume darf nicht darüber hinwegtäuschen, dass auch diese Werte vor der Festlegung auf ihre „Praxistauglichkeit" überprüft wurden. Neben toxikologischen Aspekten finden bei der Grenzwert/Richtwert-Festlegung immer auch pragmatische Gesichtspunkte Berücksichtigung. Dies gilt in besonderem Maße für →CMR-Stoffe wie →Asbest oder →Radon. Die unter dem gesundheitlichen Aspekt wünschenswerte Nullemission bzw. Nullexposition ist nicht realisierbar. Umso wichtiger ist es, dass Grenzwerte/Richtwerte durch pluralistisch zusammengesetzte Gremien unter Beteiligung auch kritischer gesellschaftlicher Gruppen und Institutionen erarbeitet, festgelegt und regelmäßig überprüft werden.

<u>2a. Referenzwerte</u>

Referenzwerte sind nicht gesundheitlich begründet, sondern statistisch abgeleitet. Sie beschreiben Stoffkonzentrationen, die aus einer Vielzahl möglichst repräsentativer Raumluftmessungen stammen und die statistisch ausgewertet wurden. Referenzwerte werden meist als 50- und 95- bzw. 90-Perzentile angegeben. Der 50-Perzentil ist der Wert, der von 50 % der Messwerte eines Wertekollektivs überschritten wird. Er beschreibt damit eine in Innenräumen vorkommende Stoffkonzentration (Normalwert). Der 95-Perzentil (90-Perzentil) ist der Wert, der von nur 5 % (10 %) der Messwerte eines Wertekollektivs überschritten wird. Überschreitungen des 95-Perzentils (90-Perzentils) gelten als auffällig (Auffälligkeitswert). In solchen Fällen kann es unter Vorsorgegesichtspunkten sinnvoll sein, die Quelle der Luftverunreinigung zu ermitteln und Minderungsmaßnahmen einzuleiten.

<u>2b. Orientierungswerte</u>

Orientierungswerte können nach unterschiedlichen Gesichtspunkten festgelegt werden. Je nach dem angestrebten Ziel können sie gesundheitlich begründet, statistisch abgeleitet oder auch nach technischen Gesichtspunkten definiert sein. Orientierungswerte können auch gezielt als Steuerungsinstrumente im Sinne einer angestrebten Vermeidung oder Förderung eingesetzt werden. Im Sinne der Minimierung von schädlichen Einwirkungen werden oft die technisch begründeten Bestimmungsgrenzen eines analytischen Verfahrens herangezogen. Mit Rücksicht auf den Stand der Fertigungstechnik zum jeweiligen Zeitpunkt bieten Orientierungswerte die Möglichkeit, in einem gestaffelten Prozess die Anforderungen kontinuierlich den veränderten Bedingungen anzupassen und somit einen Anreiz zur kontinuierlichen Verbesserung zu schaffen. Somit unterliegen Orientierungswerte individuellen Änderungen und Anpassungen. In diesem Sinne werden die Prüfparameter für freiwillige Kennzeichnungen (Label) auf der Grundlage von Orientierungswerten bewertet. Orientierungswerte sind nicht rechtlich verbindlich, können aber zur Begründung einer Einschätzung herangezogen werden.

Hinweis: Die im Folgenden aufgeführten Grenz- und Richtwerte sollten nur in Kenntnis der von den jeweiligen Institutionen gegebenen Erläuterungen und Begründungen angewendet werden.

1. Gesundheitlich begründete Grenz- und Richtwerte

1.1 Grenz- und Richtwerte verschiedener Herkunft (gesundheitlich begründet)

Tabelle I1: Grenz- und Richtwerte verschiedener Herkunft (gesundheitlich begründet)

Stoff/Stoffgruppe	Richt-, Grenzwert	Herkunft
Formaldehyd	0,1 ml/m^3 (ppm) 0,1 mg/m^3 (RW I)	ChemVerbotsV AIR
Tetrachlorethen (Per)	0,1 mg/m^3 [1)]	2. BImSchV
Radon	250 Bq/m^3	SSK
Asbest	Sanierungszielwert: Messwert: 500 F/m^3 u. o.P.: 1.000 F/m^3 Zielwert vorläufige Maßnahmen: Messwert: 1.000 F/m^3	Asbest-Richtlinien Bundesländer
PCB	300 ng/m^3 (Vorsorgewert) 3.000 ng/m^3 (Interventionswert)	PCB-Richtlinien Bundesländer
PCP	0,1 µg/m^3 (Wohnungen u.ä. Räume) 1,0 µg/m^3 (sonstige Räume)	PCP-Richtlinien Bundesländer
Naphthalin und Naphthalinähnliche Verbindungen	0,01 mg/m^3 (RW I), (v) 0,03 mg/m^3 (RW II), (v)	AIR
Toluol Xylol Ethylbenzol	3 mg/m^3 (RW II) 0,3 mg/m^3 (RW I) 0,8 mg/m^3 (RW II) 0,1 mg/m^3 (RW I) 2 mg/m^3 (RW II) 0,2 mg/m^3 (RW I) $R = \Sigma\, Ri = \Sigma ci/RWi < 1$	
C7-C8-Alkylbenzole (Summenrichtwert Toluol, Xylole und Ethylbenzol)	Da alle C7-C8-Alkylbenzole neurotoxisch sind, führt der Ausschuss eine Gesamtbewertung von Toluol, Ethylbenzol und Xylolen in der Innenraumluft durch. Dazu werden die Verhältnisse aus Konzentration und Richtwert jeder dieser Verbindungen aufsummiert. Die Gesamtrichtwerte I und II gelten als eingehalten, wenn die jeweilige Summe den Wert 1 unterschreitet.	AIR
Σ C9-C14-(Iso)alkane	0,2 mg/m^3 RW I) 2 mg/m^3 (RW II)	AIR
Monocyclische Terpene	1 mg/m^3 (RW I) 10 mg/m^3 (RW II)	AIR

Tabelle I1: Grenz- und Richtwerte verschiedener Herkunft (gesundheitlich begründet) (Forts.)

Stoff/Stoffgruppe	Richt-, Grenzwert	Herkunft
N-Methylpyrrolidon	0,1 mg/m³ (RW I) 1 mg/m³ (RW II)	AIR
C4-C11-Aldehyde (gesättigt, azyklisch, aliphatisch)	0,1 mg/m³ (RW I) 2 mg/m³ (RW II)	AIR
Zyclische Dimethylsiloxane D_3-D_6 (Summe)	0,4 mg/m³ (RW I) 4 mg/m³ (RW II)	AIR

1) 7-Tage-Mittelwert; in der Umgebung von Chemischen Reinigungen
2) Unzureichende Daten zur Geruchsschwelle
(v) = vorläufig;
SSK = Strahlenschutzkommission;
ChemVerbotsV = Chemikalien-Verbots-Verordnung
AIR = Ausschuss für Innenraumrichtwerte (vormals Ad-hoc-Arbeitsgruppe)

1.2 Richtwerte RW I und RW II des AIR (gesundheitlich begründet)

RW I und RW II sind wirkungsbezogene, begründete Werte, die sich auf die gegenwärtigen toxikologischen und epidemiologischen Kenntnisse zur Wirkungsschwelle eines Stoffes unter Einführung von Unsicherheitsfaktoren stützen.

Der RW I ist die Konzentration eines Stoffes in der Innenraumluft, bei der im Rahmen einer Einzelstoffbetrachtung nach gegenwärtigem Kenntnisstand auch bei lebenslanger Exposition keine gesundheitlichen Beeinträchtigungen zu erwarten sind. Eine Überschreitung ist mit einer über das übliche Maß hinausgehenden, hygienisch unerwünschten Belastung verbunden.

Der RW II stellt die Konzentration eines Stoffes dar, bei deren Erreichen bzw. Überschreiten unverzüglich Handlungsbedarf besteht, da diese geeignet ist, insbesondere für empfindliche Personen bei Daueraufenthalt in den Räumen eine gesundheitliche Gefährdung darzustellen. Je nach Wirkungsweise des betrachteten Stoffes kann der Richtwert II als Kurzzeitwert (RW II K) oder als Langzeitwert (RW II L) definiert werden.

Aus Vorsorgegründen besteht auch im Konzentrationsbereich zwischen RW I und RW II Handlungsbedarf.

Die Richtwerte beziehen sich auf Einzelstoffbetrachtungen und beinhalten keine Aussage über mögliche Kombinationswirkungen verschiedener Substanzen.

Tabelle I2: Richtwerte für die Innenraumluft vom Ausschuss für Innenraumrichtwerte (AIR), vormals von der Ad-hoc-Arbeitsgruppe IRK-AOLG

Stoffname	Richtwert II (RW II)	Richtwert I (RW I)	Jahr der Festlegung
Dichlormethan	2 mg/m³	0,2 mg/m³	1997
Styrol	0,3 mg/m³	0,03 mg/m³	1998
Quecksilber-Dampf	0,35 µg/m³	0,035 µg/m³	1999
Tris(2-chlorethyl-phosphat) Summe (TCEP+TCPP+ TBP+TBEP+ TEHP+ TPP)	0,05 mg/m³ 0,05 mg/m³	0,005 mg/m³ 0,005 mg/m³	2002
Bicyclische Terpene (Leitsubstanz alpha-Pinen)	2 mg/m³	0,2 mg/m³	2005

Tabelle I2: Richtwerte für die Innenraumluft vom Ausschuss für Innenraumrichtwerte (AIR), vormals von der Ad-hoc-Arbeitsgruppe IRK-AOLG (Forts.)

Stoffname	Richtwert II (RW II)	Richtwert I (RW I)	Jahr der Festlegung
Aromatenarme Kohlenwasserstoff-gemische (C_9-C_{14})	2 mg/m^3	0,2 mg/m^3	2005
Gesättigte azyklische aliphatische C4- bis C11-Aldehyde	Summenrichtwert 2 mg/m^3	Summenrichtwert 0,2 mg/m^3	2009
Benzaldehyd	0,2 mg/m^3 (v)	0,02 mg/m^3 (v)	2010
Benzylalkohol	4 mg/m^3	0,4 mg/m^3	2010
Zyklische Dimethylsiloxane (D3-D6)	Summenrichtwert II 4 mg Siloxane D3-D6/m^3	Summenrichtwert I 0,4 mg Siloxane D3-D6/m^3	2011
Monocyclische Monoterpene (Leit-substanz *d*-Limonen)	10 mg/m^3	1 mg/m^3	2010
2-Furaldehyd	0,1 mg/m^3	0,01 mg/m^3	2011
Phenol	0,2 mg/m^3	0,02 mg/m^3	2011
o-, m-, p-Kresol Kresol-Gemisch	0,05 mg/m^3	0,005 mg/m^3	2012
Ethylbenzol	2 mg/m^3	0,2 mg/m^3	2012
Isopropylbenzol Summe C9-C15-Alkylbenzole	1 mg/m^3	0,1 mg/m^3	2012
Methylisobutyl-keton (MIBK)	1 mg/m^3	0,1 mg/m^3	2013
Glykolether und Glykolester mit unzureichender Datenlage	0,05 ppm	0,005 ppm	2013
Ethylenglykolmonomethylether (EGME, CAS-Nr. 109-86-4)	0,2 mg/m^3[= 0,05 ppm]	0,02 mg/m^3	2013
Diethylenglykolmethylether (DEGME, CAS-Nr. 111-77-3)	6 mg/m^3 (v) [= 1 ppm]	2 mg/m^3 (v)	2013
Diethylenglykoldimethylether (DEGDME, CAS-Nr. 111-96-6)	0,3 mg/m^3[= 0,06 ppm]	0,03 mg/m^3	2013
Ethylenglykolmonoethylether (EGEE, CAS-Nr. 110-80-5)	1 mg/m^3[= 0,4 ppm]	0,1 mg/m^3	2013
Ethylenglykolmonoethylether-acetat (EGEEA, CAS-Nr. 111-15-9)	2 mg/m^3 [= 0,4 ppm]	0,2 mg/m^3	2013
Diethylenglykolmonoethylether (DEGEE, CAS-Nr. 111-90-0)	2 mg/m^3 (v) [= 0,4 ppm]	0,7 mg/m^3 (v)	2013
Ethylenglykolbutylether (EGBE, CAS-Nr. 111-76-2)	1 mg/m^3 [= 0,3 ppm]	0,1 mg/m^3	2013
Ethylenglykolbutyletheracetat (EGBEA, CAS-Nr. 112-07-2)	2 mg/m^3 (v) [= 0,3 ppm]	0,2 mg/m^3 (v)	2013
Diethylenglykolbutylether (DEGBE, CAS-Nr. 112-34-5)	1 mg/m^3 (v) [= 0,2 ppm]	0,4 mg/m^3 (v)	2013

Tabelle I2: Richtwerte für die Innenraumluft vom Ausschuss für Innenraumrichtwerte (AIR), vormals von der Ad-hoc-Arbeitsgruppe IRK-AOLG (Forts.)

Stoffname	Richtwert II (RW II)	Richtwert I (RW I)	Jahr der Festlegung
Ethylenglykolhexylether (EGHE, CAS-Nr. 112-25-4)	1 mg/m^3	0,1 mg/m^3	2013
2-Propylenglykol-1-methlylether (2PG1ME, CAS-Nr. 107-98-2)	10 mg/m^3	1 mg/m^3	2013
Dipropylenglykol-1-methylether (D2PGME, CAS-Nr. 34590-94-8; 13429-07-7; 20324-32-7; 13588-28-8; 55956-21-3)	7 mg/m^3 (v) [=1 ppm]	2 mg/m^3 (v)	2013
2-Propylenglykol-1-ethylether (2PG1EE, CAS-Nr. 1569-02-4)	3 [=0,5 ppm]	0,3 mg/m^3	2013
2-Propylenglykol-1-tertbutylether (2PG1tBE, CAS- Nr. 57018-52-7)	3 mg/m^3 [=0,5 ppm]	0,3 mg/m^3	2013
Ethylhexanol	vorläufig 1 mg/m3	vorläufig 0,1 mg/m3	2013
Naphthalin	0,03 mg/m^3	0,01 mg/m^3	2013
	RWII /RWI auch als Summenwert für die Gesamtgruppe der bi- und trizyklischen aromatischen Kohlenwasserstoffe		
Acetaldehyd	1 mg/m^3	0,1 mg/m^3	2013
1-Butanol	2 mg/m^3	0,7 mg/m^3	2014
1-Methyl-2-pyrrolidon	1 mg/m^3	0,1 mg/m^3	2014
Ethylacetat	6 mg/m^3	0,6 mg/m^3	2014
Butanonoxim	0,06 mg/m^3	0,02 mg/m^3	2015
Trichlorethen	Risikobasierter Leitwert von 0,02 mg/m^3		2015
Xylol (Dimethylbenzole)	0,8 mg/m^3	0,1 mg/m^3	2015
Formaldehyd	--	0,1 mg/m^3 auch kurzfristig 0,5 h	2016
C7-C8Alkylbenzole	Toluol 3 mg/m^3 Xylol 0,8 mg/m^3 Ethylbenzol 2 mg/m^3 $R = \Sigma Ri = \Sigma ci/RWi < 1$	0,3 mg/m^3 0,1 mg/m^3 0,2 mg/m^3 $R = \Sigma Ri = \Sigma ci/RWi < 1$	2016
Propylenglykol Propan-1,2-diol	0,6 mg/m^3	0,06 mg/m^3	2017
Tetrachlorethen	1 mg/m^3	0,1 mg/m^3	2017
Phenoxyethanol	0,1 mg/m^3	0,03 mg/m^3	2018
(v) = vorläufig			

2. Hygienisch begründete Richtwerte

2.1 TVOC-Konzept des AIR (nicht gesundheitlich begründet)

Wegen der Variabilität der Zusammensetzung des VOC-Spektrums in Innenräumen und der daraus resultierenden Vielfalt möglicher Wirkungsendpunkte lassen sich für TVOC-Belastungen in Innenräumen keine toxikologisch begründeten Schwellenwerte ableiten. Zur Abschätzung von Gefährdungspotenzialen sind Kenntnisse über Einzelstoffkonzentrationen unverzichtbar. TVOC-Konzentrationen eignen sich daher nicht als Kriterium für eine gesundheitliche Bewertung, sondern dienen lediglich als Indikator zur lufthygienischen Beurteilung einer Innenraumsituation. Zur Verdeutlichung der Unsicherheiten, die bei der Ableitung entstanden, wurden nicht einzelne Zahlenwerte, sondern Konzentrationsbereiche angegeben. Die u.g. Konzentrationsbereiche sind nicht als starr anzuwendende Bewertungsmaßstäbe zu verstehen, sie können jedoch zu einer ersten groben Einschätzung von Belastungssituationen in Innenräumen herangezogen werden. Die Erfahrung zeigt, dass mit steigender TVOC-Konzentration die Wahrscheinlichkeit für Beschwerdereaktionen und nachteilige gesundheitliche Auswirkungen zunimmt.

I

Tabelle I3: TVOC-Konzentrationsbereiche

TVOC-Konzentrationsbereiche [µg/m³]	Empfehlungen
10.000 – 25.000	Der Aufenthalt in derart belasteten Räumen ist allenfalls vorübergehend täglich zumutbar (derartige Konzentrationen können im Falle von Renovierungen vorkommen und müssen durch intensive Lüftungsmaßnahmen abgebaut werden)
1.000 – 3.000	Konzentrationsbereich, der in Räumen, die für einen längerfristigen Aufenthalt bestimmt sind, auf Dauer nicht überschritten werden sollte
200 – 300	Konzentrationsbereich, der im langzeitigen Mittel erreicht bzw. nach Möglichkeit sogar unterschritten werden sollte

<u>2.2 AGÖF-Orientierungswerte</u> (Referenzwerte, 2013, nicht gesundheitlich begründet)
Die Orientierungswerte der →AGÖF basieren auf einer statistischen Ableitung von Raumluftmesswerten und umfassen Hintergrund-, Normal- und Auffälligkeitswerte. Als Hintergrundwert wird dabei das 10-Perzentil der Messwerteverteilung verwendet, als Normalwert das 50-Perzentil und als Auffälligkeitswert das 90-Perzentil.
Hintergrundwert: Der Hintergrundwert beschreibt einen Zustand, der durch die konsequente Vermeidung von Emissionsquellen erreichbar und deswegen grundsätzlich anzustreben ist. Diese Hintergrundwerte liegen vielfach kleiner gleich der Nachweisgrenze der angewandten Methoden.
Normalwert: Der Normalwert stellt die durchschnittliche Belastungssituation des betrachteten Kollektivs vor, die im Allgemeinen auf Quellen im Innenraum zurückgeht. Bei diesen Werten können zwar Innenraumquellen angenommen werden, ein Handlungsbedarf lässt sich daraus üblicherweise jedoch nicht ableiten.
Auffälligkeitswert: Der Auffälligkeitswert beschreibt eine Überschreitung von in Innenräumen üblichen Konzentrationen und legt das Vorhandensein einer Schadstoffquelle nahe. Je nach Konzentration und Eigenschaften der Substanz sind weitere Untersuchungen zur Identifizierung der Quelle angezeigt. Unter Umständen ist eine Sanierung zu empfehlen.
In der Spalte „Hinweise" werden stoffbezogene Kenntnisse aus dem Erfahrungsbereich der AGÖF und der wissenschaftlichen Literatur angegeben.
<u>AGÖF-Orientierungswerte für Einzelstoffe (nicht gesundheitlich begründet)</u>
Erläuterung zur Liste der AGÖF-Orientierungswerte VOC
Spalte 1: Name der Substanz
Spalte 2: CAS-Nummer
Spalte 3: Anzahl n. Angegeben wird die Anzahl der Daten, die der statistischen Auswertung hinterlegt sind.
Spalte 4: Normalwert P 50. Der Normalwert stellt die „durchschnittliche" Belastungssituation im betrachteten Kollektiv dar. Er entspricht dem 50. Perzentilwert. Auch eine Luftkonzentration im Bereich des Normalwerts geht in der Regel auf eine oder mehrere Quellen zurück, jedoch wird im Allgemeinen kein ausreichendes Indiz für einen zwingenden Handlungsbedarf im Sinne einer Minimierung gesehen.
Spalte 5: Auffälligkeitswert. Der Auffälligkeitswert entspricht dem 90-Perzentilwert. Er beschreibt eine Überschreitung von in Innenräumen üblichen Konzentrationen und deutet damit auf die Existenz einer entsprechenden Emissionsquelle hin.

Spalte 6: Orientierungswert der AGÖF. Der Orientierungswert entspricht dem gerundeten Auffälligkeitswert beziehungsweise toxikologisch abgeleiteten Werten, wenn diese unter dem Auffälligkeitswert liegen. Aus Sicht der AGÖF ist bei einem Erreichen bzw. Überschreiten des Orientierungswertes zu prüfen, ob im Sinne einer vorbeugenden Minimierung der VOC-Belastung ein weiterer Handlungsbedarf besteht. Auch sollten hier die gesundheitliche Relevanz und Sanierungsnotwendigkeit geprüft werden. Der Umfang und das Vorgehen bei dieser Prüfung müssen weitestgehend dem Gutachter überlassen werden. Neben den Gegebenheiten bei der Prüfung sollte er dabei beachten, dass:

- verfahrenstechnische Unsicherheiten von VOC-Untersuchungen gegeben sind. Hinweise hierzu lassen sich unter anderem aus den Ringversuchen und Vergleichsuntersuchungen der AGÖF gewinnen;
- Schwankungen von VOC-Konzentrationen in Räumen in Abhängigkeit von klimatischen Bedingungen und Nutzungsgewohnheiten zu erwarten sind;
- je nach Emissionsquelle ein Rückgang der Belastung in Form eines Abklingverhaltens möglich ist.

Spalte 7: Hinweise. In dieser Spalte finden sich ergänzende Hinweise zu weiteren Bewertungsmaßstäben für einzelne Verbindungen oder Stoffgruppen wie toxikologische Richtwerte (RW II und RW I) der Ad-hoc-AG und weitere Richtwerte anderer Institutionen oder Einzelautoren. Auch Hinweise auf Substanzeigenschaften, die für die Bewertung relevant sein können wurden aufgenommen.

Die AGÖF bemüht sich um Aktualität, in Zweifelsfällen sollten die angegebenen Werte unter den genannten Links bzw. den Originalstellen überprüft werden.

Tabelle I4: AGÖF-Orientierungswerte für Einzelstoffe (nicht gesundheitlich begründet)

Stoffname	CAS	n	Normalwert P 50 [µg/m³]	Auffälligkeitswert P 90 [µg/m³]	Orientierungswert [µg/m³]	Hinweise
Alkane						
n-Hexan	110-54-3	3598	1,8	8,0	**8,0**	
2-Methylpentan	107-83-5	1734	1,0	7,0	**7,0**	
3-Methylpentan	96-14-0	1753	1,0	4,0	**4,0**	
n-Heptan	142-82-5	3624	2,0	9,0	**9,0**	
2-Methylhexan	591-76-4	1196	1,0	4,0	**4,0**	
3-Methylhexan	589-34-4	1832	1,0	6,3	**6,3**	
2,3-Dimethylpentan	565-59-3	750	<1	4,4	**4,4**	
n-Oktan	111-65-9	3616	1,0	5,0	**5,0**	
2-Methylheptan	592-27-8	738	<1	1,2	**1,2**	
3-Methylheptan	589-81-1	705	<1	1,3	**1,3**	
2,2,4-Trimethylpentan (Isooctan)	540-84-1	2952	<1	1,0	**1,0**	
n-Nonan	111-84-2	3626	<1	5,0	**5,0**	
2,3-Dimethylheptan	3074-71-3	1123	<1	<1		
n-Decan	124-18-5	3627	1,0	11,0	**11**	

I

Tabelle I4: AGÖF-Orientierungswerte für Einzelstoffe (nicht gesundheitlich begründet) (Forts.)

Stoffname	CAS	n	Normalwert P 50 [µg/m³]	Auffälligkeitswert P 90 [µg/m³]	Orientierungswert [µg/m³]	Hinweise
n-Undecan	1120-21-4	3624	2,0	14,0	**14**	
n-Dodecan	112-40-3	3625	1,0	9,0	**9,0**	
2,2,4,6,6-Pentamethylheptan	13475-82-6	2943	<1	4,8	**4,8**	
n-Tridecan	629-50-5	3624	1,0	5,0	**5,0**	
n-Tetradecan	629-59-4	3626	1,0	4,0	**4,0**	
n-Pentadecan	629-62-9	3622	1,0	3,0	**3,0**	
n-Hexadecan	544-76-3	3615	1,0	2,0	**2,0**	
2,2,4,4,6,8,8-Heptamethylnonan	4390-04-9	2826	<1	1,0	**1,0**	
n-Heptadecan	629-78-7	2292	<1	2,0	**2,0**	
n-Octadecan	593-45-3	2276	<1	1,0	**1,0**	
n-Nonadecan	629-92-5	2279	<1	<1		
n-Eicosan	112-95-8	2233	<1	<1		
n-Heneicosan	629-94-7	1186	<1	<1		
n-Docosan	629-97-0	1185	<1	<1		
Cycloalkane						
Cyclopentan	287-92-3	965	<1	4,0	**4,0**	
Cyclohexan	110-82-7	3606	1,0	9,0	**9,0**	BWG: vRW I = 400 µg/m³ vRW II = 4000 µg/m³
Methylcyclopentan	96-37-7	3633	<1	3,0	**3,0**	
Methylcyclohexan	108-87-2	3642	<1	4,0	**4,0**	
Dimethylcyclohexan	589-90-2	791	<1	<1		
trans-Decahydronaphthalin	493-02-7	986	<1	1,0	**1,0**	
Decalin	91-17-8	640	<2	2,7	**2,7**	
Alkene						
1-Hepten	592-76-7	1109	<1	2,0	2,0	
1-Octen	111-66-0	3438	<1,5	<2		
1-Nonen	124-11-8	1849	<2	<2		

Tabelle I4: AGÖF-Orientierungswerte für Einzelstoffe (nicht gesundheitlich begründet) (Forts.)

Stoffname	CAS	n	Normalwert P 50 [µg/m³]	Auffälligkeitswert P 90 [µg/m³]	Orientierungswert [µg/m³]	Hinweise
1-Decen	872-05-9	3440	<1,5	<2		
1-Undecen	821-95-4	1828	<1,5	<2		
1-Dodecen	112-41-4	1207	<2	<2		
1-Tridecen	2437-56-1	1141	<2	<2		
trimeres Isobuten	7756-94-7	2970	<1	<1,5		
Cyclohexen	110-83-8	964	<1	<1,5		
4-Vinylcyclohexen	100-40-3	2961	<1	<1		
4-Phenylcyclohexen	4994-16-5	3584	<1	<1		
Aromaten						
Benzol	71-43-2	3647	1,0	3,0	3,0	Kanzerogen (K1A) 39. BImSchV: Außenluftgrenzwert: 5 µg/m³ WHO: „no safe level"
Toluol	108-88-3	3664	7,0	30,0	30	Ad-hoc-AG: RW I = 0,3 mg/m³; RW II = 3 mg/m³ BWG: Summe C1-C4-Alkylbenzole vRW I = 300 µg/m³; vRW II = 3000 µg/m³, BMLFUW: WIR = 75 µg/m³ WHO: RW=260 µg/m³ (Toxizität), RW=1.000 µg/m³ (Geruch)
Ethylbenzol	100-41-4	3652	1,0	10,0	10	Ad-hoc-AG: RW I = 0,2 mg/m³; RW II = 2 mg/m³ BWG: Summe C1-C4-Alkylbenzole vRW I = 300 µg/m³; vRW II = 3000 µg/m³
m,p-Xylol	1330-20-7	3650	3,0	29,0	29	
o-Xylol	95-47-6	3643	1,0	9,0	9,0	
n-Propylbenzol	103-65-1	3639	<1	2,1	2,1	

Tabelle I4: AGÖF-Orientierungswerte für Einzelstoffe (nicht gesundheitlich begründet) (Forts.)

Stoffname	CAS	n	Normalwert P 50 [µg/m³]	Auffälligkeitswert P 90 [µg/m³]	Orientierungswert [µg/m³]	Hinweise
Isopropylbenzol	98-82-8	3635	<1	1,0	1,0	
2-Ethyltoluol	611-14-3	3608	<1	3,0	3,0	
3-Ethyltoluol	620-14-4	1826	1,0	6,7	6,7	
4-Ethyltoluol	622-96-8	1815	<1	3,0	3,0	
3/4-Ethyltoluol	620-14-4/622-96-8	1195	1,0	5,0	5,0	
1,2,3-Trimethylbenzol	526-73-8	3607	<1	2,6	2,6	
1,2,4-Trimethylbenzol	95-63-6	3639	1,0	10,9	11	
1,3,5-Trimethylbenzol	108-67-8	3640	<1	3,0	3,0	
n-Butylbenzol	104-51-8	2462	<1	<1		
1,2,4,5-Tetramethylbenzol	95-93-2	2842	<1	<1		
1,2,3,5-Tetramethylbenzol	527-53-7	1704	<1	<1		
o-Cymol	527-84-4	1125	<1	<1		
m-Cymol	535-77-3	1125	<1	1,0	1,0	
p-Cymol	99-87-6	3618	<1	2,0	2,0	
1-Ethyl-3,5-dimethylbenzol	934-74-7	940	<1	1,0	1,0	
1,3-Diisopropylbenzol	99-62-7	1380	<1	<1		
1,4-Diisopropylbenzol	100-18-5	1380	<1	<1		
1,3-/1,4-Diisopropylbenzol	99-62-7 /100-18-5	1074	<1	<1		
Phenyloctan	2189-60-8	615	<1	<1		
Styrol	100-42-5	3652	1,0	12,0	12	Ad-hoc-AG: RW I =0,03 mg/m³; RW II = 0,3 mg/m³ BMLFUW: WIR = 40 µg/m³ WHO: RW = 260 µg/m³ (Toxizität), RW = 30 µg/m³ (Geruch)

Tabelle I4: AGÖF-Orientierungswerte für Einzelstoffe (nicht gesundheitlich begründet) (Forts.)

Stoffname	CAS	n	Normalwert P 50 [µg/m³]	Auffälligkeitswert P 90 [µg/m³]	Orientierungswert [µg/m³]	Hinweise
Methylstyrol	98-83-9	1453	<1	<3		
2-Vinyltoluol	611-15-4	964	<1	<1		
3-Vinyltoluol	100-80-1	964	<1	<1		
4-Vinyltoluol	622-97-9	964	<1	<1		
Vinyltoluol	25013-15-4	615	<1	<1		
Phenylacetylen	536-74-3	1579	<1	<1		
Phenol	108-95-2	2598	<1	3,0	3,0	Ad-hoc-AG: RW I =0,02 mg/m³; RW II = 0,2 mg/m³
o-Kresol	95-48-7	465	<1	<1		
m/p-Kresol	108-39-4/106-44-5	464	<1	<1		
2,6-Di-tert.-butyl-4-methylphenol	128-37-0	2641	<1	<1		
Naphthalin	91-20-3	3619	<1	1,2	1,2 [Anm.1]	Kanzerogen (K2) Ad-hoc-AG: RW I = 0,01 mg/m³; RW II = 0,03 mg/m³ WHO: Belastungsobergrenze 0,01 mg/m³ im Jahresdurchschnitt BUI: Summe PAK über Toxizitätsfaktoren
1-Methylnaphthalin	90-12-0	1124	<0,1	<1		
2-Methylnaphthalin	91-57-6	1124	<0,1	<1		
Diisopropylnaphthalin	38640-62-9	1166	1,0	3,0	3,0	
1,2,3,4-Tetrahydronaphthalin	119-64-2	1231	<0,1	<1		
Inden	95-13-6	619	<1	<1		
Indan	496-11-7	2204	<1	1,0	1,0	
Halogenkohlenwasserstoffe						
Trichlormethan	67-66-3	1155	<1	<1		
Tetrachlormethan	56-23-5	1863	<1	<1,5		

Tabelle I4: AGÖF-Orientierungswerte für Einzelstoffe (nicht gesundheitlich begründet) (Forts.)

Stoffname	CAS	n	Normal-wert P 50 [µg/m³]	Auffällig-keitswert P 90 [µg/m³]	Orientie-rungs-wert [µg/m³]	Hinweise
1,2-Dichlor-ethan	107-06-2	2061	<1	<1		
Epichlorhydrin	106-89-8	1187	<1	<1		
1,1,1-Trichlor-ethan	71-55-6	3614	<1	<1		
Trichlorethen (Tri)	79-01-6	2501	<1	<1		Kanzerogen (K1B) WHO: „no safe level"
Tetrachlorethen (Per)	127-18-4	3615	<1	<1		2. BImSchV: 0,1 mg/m³ WHO: RW = 250 µg/m³ BMLFUW:WIR = 250 µg/m³
cis-1,2-Dichlor-ethen	156-59-2	1102	<1	<1		
Chlorbenzol	108-90-7	1099	<1	<1		
1,2-Dichlor-benzol	95-50-1	2718	<1	<1		
1,3-Dichlor-benzol	541-73-1	2713	<1	<1		
1,4-Dichlor-benzol	106-46-7	3548	<1	<1		
1-Chlor-naphthalin	90-13-1	1972	<1	<1		
2-Chlor-naphthalin	91-58-7	1281	<1	<1		
1,4-Dichlor-naphthalin	1825-31-6	1134	<1	<1		
1,5-Dichlor-naphthalin	1825-30-5	961	<1	<1		
1,3-Dichlor-2-propanol	96-23-1	1826	<1	<1		
Alkohole						
1-Propanol	71-23-8	1086	<1	18,0	**18**	
2-Propanol (Isopropanol)	67-63-0	1835	20,0	91,4	**91**	
1-Butanol	71-36-3	3556	8,0	35,0	**35**	
Isobutanol (2-Methyl-1-pro-panol)	78-83-1	3393	1,0	10,0	**10**	

Tabelle I4: AGÖF-Orientierungswerte für Einzelstoffe (nicht gesundheitlich begründet) (Forts.)

Stoffname	CAS	n	Normalwert P 50 [µg/m³]	Auffälligkeitswert P 90 [µg/m³]	Orientierungswert [µg/m³]	Hinweise
tert.-Butanol	75-65-0	627	<1	<1		
1-Pentanol	71-41-0	2459	<1	5,4	**5,4**	
2-Pentanol	6032-29-7	203	0,4	<1		
Isoamylalkohol	123-51-3	849	<1,5	<1,5		
1-Hexanol	111-27-3	2455	<1	1,0	**1,0**	
1-Heptanol	111-70-6	1759	<1	<1		
1-Octanol	111-87-5	1936	<1	<1		
2-Ethyl-1-hexanol	104-76-7	3592	3,0	13,0	**13**	Ad-hoc-AG: RW I = 0,1 mg/m³; vRW II = 1 mg/m³
1-Nonanol	143-08-8	1759	<1	<1		
1-Decanol	112-30-1	2397	<1	<1,5		
Cyclohexanol	108-93-0	617	<1	<1		
1-Octen-3-ol	3391-86-4	792	<0,4	0,5	**0,5**	
Benzylalkohol	100-51-6	3311	<1	4,6	**4,6**	Ad-hoc-AG: RW I = 0,4 mg/m³; RW II = 4 mg/m³
Diacetonalkohol	123-42-2	632	<1	<1		
Terpene						
alpha-Pinen	80-56-8	3591	4,0	68,0	**68**	
beta-Pinen	127-91-3	3593	1,0	8,7	**8,7**	
delta-3-Caren	13466-78-9	3574	1,0	25,9	**26**	
Limonen	138-86-3	3648	4,0	23,0	**23**	Ad-hoc-AG: Summe monozykl. Monoterpene RW I = 1 mg/m³; RW II = 10 mg/m³
beta-Linalool	78-70-6	2709	<1	<1		
Campher	76-22-2	2854	<1	<1,5		
Camphen	79-92-5	2320	<1	2,1	**2,1**	
Eucalyptol	470-82-6	2859	<1	<2		Ad-hoc-AG: Summe monozykl. Monoterpene RW I = 1 mg/m³; RW II = 10 mg/m³
Menthol	89-78-1	1756	<1	<1		

Tabelle I4: AGÖF-Orientierungswerte für Einzelstoffe (nicht gesundheitlich begründet) (Forts.)

Stoffname	CAS	n	Normalwert P 50 [µg/m³]	Auffälligkeitswert P 90 [µg/m³]	Orientierungswert [µg/m³]	Hinweise
alpha-Terpinen	99-86-5	3312	<1	<1,5		Ad-hoc-AG: Summe monozykl. Monoterpene RW I = 1 mg/m³; RW II = 10 mg/m³
gamma-Terpinen	99-85-4	712	<1,5	<1,5		
Longicyclen	1137-12-8	651	<1	<1		
Borneol	507-70-0	2134	<1	<1		Ad-hoc-AG: Summe bizyklische Terpene RW I = 0,2 mg/m³; RW II = 2 mg/m³
Isolongifolen/ Isolongicyclen	1135-66-6	2218	<1	<1,5		
Longifolen	475-20-7	3437	<1	2,0	**2,0**	
Verbenon	1196-01-6	2122	<1	<1		Ad-hoc-AG: Summe bizyklische Terpene RW I = 0,2 mg/m³; RW II = 2 mg/m³
beta-Caryophyllen	87-44-5	1750	<1	<1,5		
beta-Citronellol	106-22-9	1607	<1	<2		
beta-Myrcen	123-35-3	1383	<1	2,0	**2,0**	
alpha-Phellandren	99-83-2	416	<1	<1		
beta-Farnesen	28973-97-9	416	<1	<1		
Longipinen	5989-08-2	416	<1	<1		
alpha-Terpineol	98-55-5	988	<1	1,0	**1,0**	
Aldehyde						
Formaldehyd	50-00-0	2035	35,0	81,0	**30*** [Anm. 2,3]	Kanzerogen (K2) [Anm. 4] BGA: 0,1 ppm (≡ 120 µg/m³) Sagunski: vRWI = 0,03 mg/m³; vRW II = 0,1 mg/m³ [Anm. 3] WHO: 0,1 mg/m³ Höchstkonzentration innerhalb von 30 Minuten unter Nutzungsbedingungen

Tabelle I4: AGÖF-Orientierungswerte für Einzelstoffe (nicht gesundheitlich begründet) (Forts.)

Stoffname	CAS	n	Normalwert P 50 [µg/m³]	Auffälligkeitswert P 90 [µg/m³]	Orientierungswert [µg/m³]	Hinweise
Acetaldehyd	75-07-0	911	20,0	54,0	**54**	Ad-hoc-AG: RW I = 0,1 mg/m³; RW II = 1 mg/m³ B.A.U.CH. (b): Summe C2-C10 n-Aldehyde RW = 60 ppb
Propanal	123-38-6	891	4,0	14,0	**14**	BWG: vRW I = 20 µg/m³ BWG: Summe Alkanale C3-C6: vRW I = 100 µg/m³; vRW II = 1000 µg/m³ B.A.U.CH. (b): Summe C2-C10 n-Aldehyde RW = 60 ppb
n-Butanal	123-72-8	2948	2,0	10,0	**10**	Ad-hoc-AG: Summe gesättigte azyklische aliphatische Alkanale C4-C11: RW I = 0,1 mg/m³; RW II = 2 mg/m³ BWG: vRW I = 10 µg/m³ BWG: Summe Alkanale C3-C6: vRW I = 100 µg/m³; vRW II = 1000 µg/m³ B.A.U.CH. (b): RW = 44 µg/m³ B.A.U.CH. (b): Summe C2-C10 n-Aldehyde RW = 60 ppb
n-Pentanal	110-62-3	3598	4,0	20,3	**20**	Ad-hoc-AG: Summe gesättigte azyklische aliphatische Alkanale C4-C11: RW I = 0,1 mg/m³; RW II = 2 mg/m³ BWG: Summe Alkanale C3-C6: vRW I = 100 µg/m³; vRW II = 1000 µg/m³ B.A.U.CH. (b): RW = 53 µg/m³ B.A.U.CH. (b): Summe C2-C10 n-Aldehyde RW = 60 ppb

I

Tabelle I4: AGÖF-Orientierungswerte für Einzelstoffe (nicht gesundheitlich begründet) (Forts.)

Stoffname	CAS	n	Normalwert P 50 [µg/m³]	Auffälligkeitswert P 90 [µg/m³]	Orientierungswert [µg/m³]	Hinweise
3-Methyl-1-butanal	590-86-3	360	<1	<3		Ad-hoc-AG: Summe gesättigte azyklische aliphatische Alkanale C4-C11: RW I = 0,1 mg/m³; RW II = 2 mg/m³
n-Hexanal	66-25-1	3725	11,0	55,0	**55**	Ad-hoc-AG: Summe gesättigte azyklische aliphatische Alkanale C4-C11: RW I = 0,1 mg/m³; RW II = 2 mg/m³ BWG: vRW I = 20 µg/m³ BWG: Summe Alkanale C3-C6: vRW I =100µg/m³; vRW II = 1000µg/m³ B.A.U.CH. (b): RW = 61µg/m³ B.A.U.CH. (b): Summe C2-C10 n-Aldehyde RW = 60 ppb
2-Ethylhexanal	123-05-7	2313	<1	<2		Ad-hoc-AG: Summe gesättigte azyklische aliphatische Alkanale C4-C11: RW I = 0,1 mg/m³; RW II = 2 mg/m³
n-Heptanal	111-71-7	3632	2,0	6,7	**6,7**	Ad-hoc-AG: Summe gesättigte azyklische aliphatische Alkanale C4-C11: RW I = 0,1 mg/m³; RW II = 2 mg/m³ B.A.U.CH. (b): RW = 70 µg/m³ B.A.U.CH. (b): Summe C2-C10 n-Aldehyde RW = 60 ppb

Tabelle I4: AGÖF-Orientierungswerte für Einzelstoffe (nicht gesundheitlich begründet) (Forts.)

Stoffname	CAS	n	Normalwert P 50 [µg/m³]	Auffälligkeitswert P 90 [µg/m³]	Orientierungswert [µg/m³]	Hinweise
n-Octanal	124-13-0	3630	2,0	8,0	**8,0**	Ad-hoc-AG: Summe gesättigte azyklische aliphatische Alkanale C4-C11: RW I = 0,1 mg/m³; RW II = 2 mg/m³ B.A.U.CH. (b): RW = 79 µg/m³ B.A.U.CH. (b): Summe C2-C10 n-Aldehyde RW = 60 ppb
n-Nonanal	124-19-6	3637	6,0	19,0	**19**	Ad-hoc-AG: Summe gesättigte azyklische aliphatische Alkanale C4-C11: RW I = 0,1 mg/m³; RW II = 2 mg/m³ B.A.U.CH. (b): RW = 87 µg/m³ B.A.U.CH. (b): Summe C2-C10 n-Aldehyde RW = 60 ppb
n-Decanal	112-31-2	3622	2,0	7,0	**7,0**	Ad-hoc-AG: Summe gesättigte azyklische aliphatische Alkanale C4-C11: RW I = 0,1 mg/m³; RW II = 2 mg/m³ B.A.U.CH. (b): RW = 96 µg/m³ B.A.U.CH. (b): Summe C2-C10 n-Aldehyde RW = 60 ppb
n-Undecanal	112-44-7	2013	<1	1,0	**1,0**	Ad-hoc-AG: Summe gesättigte azyklische aliphatische Alkanale C4-C11: RW I = 0,1 mg/m³; RW II = 2 mg/m³
n-Dodecanal	112-54-9	1139	<1	1,0	**1,0**	

Tabelle I4: AGÖF-Orientierungswerte für Einzelstoffe (nicht gesundheitlich begründet) (Forts.)

Stoffname	CAS	n	Normalwert P 50 [µg/m³]	Auffälligkeitswert P 90 [µg/m³]	Orientierungswert [µg/m³]	Hinweise
Benzaldehyd	100-52-7	3684	4,0	15,0	**15**	Ad-hoc-AG: RW I = 0,02 mg/m³; RW II = 0,2 mg/m³
4-Methylbenzaldehyd	104-87-0	505	<1	<1,3		
Cuminaldehyd	122-03-2	978	<1	<1		
2-Methyl-2-propenal	78-85-3	601	<1	<3		
2-Butenal	4170-30-3	1313	<1	<2		
2-Pentenal	1576-87-0	693	<1	<1		
2-Hexenal	505-57-7	693	<1	<1		
2-Heptenal	2463-63-0	702	<1	<1		
2-Octenal	2363-89-5	693	<1	<1		
2-Nonenal	2463-53-8	694	<1	1,0	**1,0**	
2-Decenal	3913-71-1	693	<1	<1		
2-Undecenal	2463-77-6	693	<1	<1		
Acrolein	107-02-8	774	<5	<5		
Glutaraldehyd	111-30-8	761	<1	<3		
Furfural	98-01-1	1611	1,0	4,0	**4,0**	Ad-hoc-AG: RW I = 0,01 mg/m³; RW II = 0,1 mg/m³
5-Methylfurfural	620-02-0	288	<1	<4		
Ketone						
Aceton	67-64-1	606	42,0	161,0	**161**	
2-Butanon (Methylethylketon MEK)	78-93-3	3740	4,1	33,4	**33**	
Methylpropylketon	107-87-9	250	<2	<3		
2-Hexanon (Methylbutylketon MBK)	591-78-6	1892	<1	1,0	**1,0**	
3-Methyl-2-butanon	563-80-4	865	<1	<3		
4-Methyl-2-pentanon (Methylisobutylketon MIBK)	108-10-1	3642	<1	4,0	**4,0**	Ad-hoc-AG: RW I = 0,1mg/m³; RW II = 1mg/m³
Diisobutylketon	108-83-8	1681	<1	<2		

Tabelle I4: AGÖF-Orientierungswerte für Einzelstoffe (nicht gesundheitlich begründet) (Forts.)

Stoffname	CAS	n	Normalwert P 50 [µg/m³]	Auffälligkeitswert P 90 [µg/m³]	Orientierungswert [µg/m³]	Hinweise
2-Heptanon	110-43-0	1957	<1	1,9	**1,9**	
3-Heptanon	106-35-4	2411	<1	2,0	**2,0**	
3-Octanon	106-68-3	851	<0,5	<0,5		
Diisopropyl-keton	565-80-0	643	<1,5	<1,5		
Cyclopentanon	120-92-3	621	<1	<1		
Cyclohexanon	108-94-1	3697	1,0	5,0	**5,0**	
2-Methylcy-clopentanon	1120-72-5	618	<1	<1		
2-Methylcyclo-hexanon	583-60-8	617	<1	<1		
3,3,5-Tri-methyl-2-cyclo-hexen-1-on	78-59-1	239	<1	<2		
Acetophenon	98-86-2	3409	1,3	4,0	**4,0**	
Benzophenon	119-61-9	1032	<1	<1		
1-Hydroxy-aceton	116-09-6	617	<1	<1		
Ester ein- und zweiwertiger Alkohole						
n-Butylformiat	592-84-7	2847	<1	1,0	**1,0**	
Methylacetat	79-20-9	2029	1,0	6,0	**6,0**	
Ethylacetat	141-78-6	3636	3,0	22,9	**23**	
Vinylacetat	108-05-4	1008	<1	<1		
n-Propylacetat	109-60-4	2466	<1	<2		
Isopropylacetat	108-21-4	2474	<1	<1,5		
n-Butylacetat	123-86-4	3596	2,0	26,6	**27**	
Isobutylacetat	110-19-0	3613	<1	<2		
n-Pentylacetat	628-63-7	1616	<1	<2		
Isopentylacetat	123-92-2	639	<2	<2		
3-Methoxy-butylacetat	4435-53-4	1775	<1	<1		
n-Hexylacetat	142-92-7	976	<1	<1		
2-Ethylhexyl-acetat	103-09-3	619	<1	<1		
Tetradecan-säure-Isopro-pylester	110-27-0	887	<1	<1		

I

Tabelle I4: AGÖF-Orientierungswerte für Einzelstoffe (nicht gesundheitlich begründet) (Forts.)

Stoffname	CAS	n	Normalwert P 50 [µg/m³]	Auffälligkeitswert P 90 [µg/m³]	Orientierungswert [µg/m³]	Hinweise
4-tert-Butylcyclohexylacetat	32210-23-4	966	<1	<1		
Benzoesäuremethylester (Methylbenzoat)	93-58-3	1224	<1	<1		
Acrylsäuremethylester (Methylacrylat)	96-33-3	1807	<1	<1		
Acrylsäureethylester (Ethylacrylat)	140-88-5	1752	<1	<1		
Acrylsäurebutylester (Butylacrylat)	141-32-2	1807	<1	<1		
2-Ethylhexylacrylat	103-11-7	806	<1	<1		
Hexandioldiacrylat	13048-33-4	1587	<1	<1		
Methacrylsäuremethylester (Methylmethacrylat)	80-62-6	3619	<1	<1,5		BWG: vRW I = 100 µg/m³; vRW II = 1000 µg/m³
n-Butylmethacrylat	97-88-1	621	<1	<1		
Essigsäurebornylester	76-49-3	1712	<1	<1,5		
Glykolsäurebutylester	7397-62-8	615	<1	<1		
Ethylenglykolmonomethyletheracetat (EGMMA, 2-Methoxyethylacetat)	110-49-6	3474	<1	<1,5		Ad-hoc-AG: „Default"-RW I = 0,005 ml/m³; „Default"-RW II = 0,05ml/m³
Ethylenglykolmonoethyletheracetat (EGMEA, 2-Ethoxyethylacetat)	111-15-9	3519	<1	<2		Ad-hoc-AG: RW I = 0,2 mg/m³; RW II = 2 mg/m³

Tabelle I4: AGÖF-Orientierungswerte für Einzelstoffe (nicht gesundheitlich begründet) (Forts.)

Stoffname	CAS	n	Normalwert P 50 [µg/m³]	Auffälligkeitswert P 90 [µg/m³]	Orientierungswert [µg/m³]	Hinweise
Ethylenglykolmonobutyletheracetat (EGMBA, 2-Butoxyethylacetat)	112-07-2	3565	<1	<1		Ad-hoc-AG: vRW I = 0,2 mg/m³; vRW II = 2 mg/m³
Diethylenglykoldiacetat	628-68-2	975	<1	<1		
Propylenglykoldiacetat	623-84-7	618	<1	<1		
Propylenglykolmonomethyletheracetat (PGMMA, 1-Methoxy-2-propylacetat)	108-65-6	3472	1,0	7,8	**7,8**	
Propylenglykolmonoethyletheracetat	98516-30-4	1721	<1	<1,5		
Dipropylenglykolmonomethyletheracetat (DPGMMA)	88917-22-0	2267	<1	<1,5		
Diethylenglykolmonobutyletheracetat (DEGMBA)	124-17-4	3509	<1	<1,5		
Ethyl-3-ethoxypropionat	763-69-9	644	<2	<2		
TXIB (2,2,4-Trimethyl-1,3-pentandioldiisobutyrat)	6846-50-0	2921	<1	3,0	**3,0**	BWG: vRW II = 1000 µg/m³
Texanol	25265-77-4	3535	<1	2,0	**2,0**	
Dimethylsuccinat	106-65-0	2582	<1	<3		
Dimethylglutarat	1119-40-0	2582	<1	<2,5		

Tabelle I4: AGÖF-Orientierungswerte für Einzelstoffe (nicht gesundheitlich begründet) (Forts.)

Stoffname	CAS	n	Normalwert P 50 [µg/m³]	Auffälligkeitswert P 90 [µg/m³]	Orientierungswert [µg/m³]	Hinweise
Dimethyladipat	627-93-0	2584	<1	<2		
Diisobutyl-succinat	925-06-4	855	<2	<2		
Diisobutyl-glutarat	71195-64-7	898	<2	<2		
Adipinsäure-diisobutylester	141-04-8	1606	<1	<2		
Dibutylmaleinat	105-76-0	2840	<1	<2		
Diisobutyl-maleat	14234-82-3	628	<1	<1		
Fumarsäure-dibutylester	105-75-9	615	<1	<1		
Dimethyl-phthalat	131-11-3	3422	<1	<2		
Diethylphthalat	84-66-2	2198	<1	1,8	**1,8**	
Di(n-butyl) phthalat (DBP)	84-74-2	2180	<2	<7		
Diisobutyl-phthalat (DIBP)	84-69-5	2186	<2	<7		B.A.U.CH. (c): 2,8 µg/m³
Etylencarbonat	96-49-1	619	<1	<1		
Diethylcarbonat	105-58-8	963	<1	<1		
Mehrwertige Alkohole und deren Ether (Glykol und Glykolether)						
Ethylenglykol	107-21-1	2745	<1	<6		
1,2-Propy-lenglykol	57-55-6	3562	2,0	14,4	**14**	
1,4-Butandiol	110-63-4	618	<1	<1		
2-Methyl-2,4-pentandiol	107-41-5	1244	<5	<5		
Diethylenglykol	111-46-6	1759	<5	<10		
Dipropylen-glykol	25265-71-8	729	<1	<5		
Tripropylen-glykol	24800-44-0	1224	<1	<3		

Tabelle I4: AGÖF-Orientierungswerte für Einzelstoffe (nicht gesundheitlich begründet) (Forts.)

Stoffname	CAS	n	Normalwert P 50 [µg/m³]	Auffälligkeitswert P 90 [µg/m³]	Orientierungswert [µg/m³]	Hinweise
Ethylenglykolmonomethylether (EGMM, 2-Methoxyethanol)	109-86-4	3486	<3	<5		B.A.U.CH. (a): RW = 30 µg/m³ B.A.U.CH. (a): summarische Bewertung verschiedener Glykolderivate Ad-hoc-AG: RW I = 0,02 mg/m³; RW II = 0,2 mg/m³
Ethylenglykolmonoethylether (EGME, 2-Ethoxyethanol)	110-80-5	3531	<1	<2,5		B.A.U.CH. (a): RW = 90 µg/m³ B.A.U.CH. (a): summarische Bewertung verschiedener Glykolderivate Ad-hoc-AG: RW I = 0,1 mg/m³; RW II = 1 mg/m³
Ethylenglykolmonobutylether (EGMB, 2-Butoxyethanol)	111-76-2	3550	1,9	13,4	**13**	B.A.U.CH. (a): RW = 120 µg/m³ B.A.U.CH. (a): summarische Bewertung verschiedener Glykolderivate Ad-hoc-AG: RW I = 0,1 mg/m³; RW II = 1 mg/m³
Ethylenglykolmonophenylether (EGMP, 2-Phenoxyethanol)	122-99-6	3547	1,0	5,0	**5,0**	B.A.U.CH. (d): RW = 300 µg/m³ (Toxizität), RW = 100 µg/m³ (Geruch) Ad-hoc-AG: „Default"-RW I = 0,005 ml/m³; „Default"-RW II = 0,05 ml/m³
Diethylenglykolmonomethyl ether (DEGMM, Methyldiglykol)	111-77-3	2900	<5	<5		Ad-hoc-AG: (v)RW I = 2 mg/m³ ; (v)RW II = 6 mg/m³
Diethylenglykolmonoethylether (DEGME, Ethyldiglykol)	111-90-0	3361	<1	<7		Ad-hoc-AG: (v)RW I = 0,7 mg/m³ ; (v)RW II = 2 mg/m³

Tabelle I4: AGÖF-Orientierungswerte für Einzelstoffe (nicht gesundheitlich begründet) (Forts.)

Stoffname	CAS	n	Normalwert P 50 [µg/m³]	Auffälligkeitswert P 90 [µg/m³]	Orientierungswert [µg/m³]	Hinweise
Diethylenglykolmonobutylether (DEGMB, Butyldiglykol)	112-34-5	3540	<2	8,0	**8,0**	Ad-hoc-AG: (v)RW I = 0,4 mg/m³; (v)RW II = 1 mg/m³
1,2-Propylenglykolmonomethylether (1,2-PGMM, 1-Methoxy-2-propanol)	107-98-2	3548	2,0	14,0	**14**	Ad-hoc-AG: (v)RW I = 1 mg/m³ ; (v)RW II = 10 mg/m³
3-Methoxy-1-butanol	2517-43-3	826	<1,5	1,5	**1,5**	
Propylenglykolmonoethylether	1569-02-4	1715	<2	<2		Ad-hoc-AG: (v)RW I = 0,3 mg/m³; (v)RW II = 3 mg/m³
Propylenglykol-n-propylether	1569-01-3	749	<1	<1		
1,2-Propylenglykolmonobutylether (PGMB, 1-Butoxy-2-propanol)	5131-66-8	2904	<1	3,0	**3,0**	
1,2-Propylenglykolmonophenylether (PGMP, 1-Phenoxy-2-propanol)	770-35-4	2009	<1	<2		
Dipropylenglykolmonomethylether (DPGMM, D2PGME)	34590-94-8	2871	<1	7,0	**7,0**	Ad-hoc-AG: (v)RW I = 3 mg/m³ ; (v)RW II = 7 mg/m³
Dipropylenglykolmonobutylether (DPGMB)	29911-28-2	3526	<1	3,0	**3,0**	
Tripropylenglykolmonobutylether	55934-93-5	2900	<1	<4		
Ethylenglykoldimethylether	110-71-4	1679	<1	<1		
Ethylenglykoldiethylether	629-14-1	1636	<1	<1		

Tabelle I4: AGÖF-Orientierungswerte für Einzelstoffe (nicht gesundheitlich begründet) (Forts.)

Stoffname	CAS	n	Normalwert P 50 [µg/m³]	Auffälligkeitswert P 90 [µg/m³]	Orientierungswert [µg/m³]	Hinweise
Diethylenglykoldimethylether	111-96-6	1693	<1	<1		Ad-hoc-AG: (v)RW I = 0,03 mg/m³; (v)RW II = 0,33 mg/m³
Dipropylenglykolmonopropyl ether	29911-27-1	1295	<2	<2		
Dipropylenglykolmonopropylether	111109-77-4	1098	<1,5	<1,5		0,005 ml/m³; „Default"-RW II = 0,05 ml/m³
Triethylenglykolmonobuthylether	143-22-6	1118	<1	<1		
Diethylenglykoldiethylether	112-36-7	1076	<1	<1		
Dibutyldiglykol	112-73-2	1614	<1	<2,5		
Triethylenglykoldimethylether	112-49-2	1255	<2	<2		
2-(2-Hexoxyethoxy)-ethanol	112-59-4	1591	<1	<1		
2-Hexoxyethanol	112-25-4	1592	<1	<1		Ad-hoc-AG: (v)RW I = 0,1 mg/m³; (v)RW II = 1 mg/m³
Dipropylenglykolmonotert.-butylether	132739-31-2	615	<1	<1		
Tripropylenglykolmonomethylether	20324-33-8	615	<1	<1		
1,2-Propylenglykoldimethylether	7778-85-0	619	<1	<1		
TMDYD	126-86-3	1105	<1	<1		
2-Propoxyethanol	2807-30-9	618	<1	<1		
2-Methylethoxyethanol	109-59-1	615	<1	<1		
Siloxane						
Hexamethyldisiloxan	107-46-0	974	<1	<1		

Tabelle I4: AGÖF-Orientierungswerte für Einzelstoffe (nicht gesundheitlich begründet) (Forts.)

Stoffname	CAS	n	Normalwert P 50 [µg/m³]	Auffälligkeitswert P 90 [µg/m³]	Orientierungswert [µg/m³]	Hinweise
Hexamethyltricyclosiloxan (Siloxan D3)	541-05-9	2682	2,5	16,0	**16**	
Octamethyltetracyclosiloxan (Siloxan D4)	556-67-2	3610	1,0	7,0	**7,0**	
Decamethylpentacyclosiloxan (Siloxan D5)	541-02-6	3168	3,0	22,0	**22**	
Dodecamethylhexacyclosiloxan (Siloxan D6)	540-97-6	816	<3	10,8	**11**	
Alkansäuren						
Essigsäure	64-19-7	1863	24,0	87,8	**88**	
Propionsäure	79-09-4	1709	1,0	7,0	**7,0**	
Isobuttersäure	79-31-2	1706	<1	1,0	**1,0**	
n-Butansäure	107-92-6	1890	<1	2,0	**2,0**	
n-Pentansäure	109-52-4	1702	<1	2,0	**2,0**	
Pivalinsäure	75-98-9	1692	<1	<1		
n-Hexansäure	142-62-1	1890	<1	5,0	**5,0**	
n-Heptansäure	111-14-8	1703	<1	1,0	**1,0**	
2-Ethylhexansäure	149-57-5	1717	<1	1,0	**1,0**	
n-Octansäure	124-07-2	1885	<1	2,0	**2,0**	
Sonstige Verbindungen						
Di-n-butylether	142-96-1	1603	<1	1,8	**1,8**	
Methyl-tert.-butylether	1634-04-4	1797	<2	<2		
Dioktylether	629-82-3	1620	<1	<1,5		
2-Methylfuran	534-22-5	1682	<1	<1,3		
3-Methylfuran	930-27-8	872	<1	<1,3		
2-Pentylfuran	3777-69-3	1472	<0,8	2,0	**2,0**	
Tetrahydrofuran (THF)	109-99-9	3353	<1	1,0	**1,0**	
Butyrolacton	96-48-0	621	<1	1,0	**1,0**	
1,4-Dioxan	123-91-1	2380	<1	<3		
2-Butanonoxim	96-29-7	2507	<1	3,6	**3,6**	

Tabelle I4: AGÖF-Orientierungswerte für Einzelstoffe (nicht gesundheitlich begründet) (Forts.)

Stoffname	CAS	n	Normalwert P 50 [µg/m³]	Auffälligkeitswert P 90 [µg/m³]	Orientierungswert [µg/m³]	Hinweise
Acrylnitril	107-13-1	1019	<1	1,0	**1,0**	
Caprolactam	105-60-2	2560	<1	2,0	**2,0**	
N-Methyl-2-pyrrolidon	872-50-4	2870	<1	2,0	**2,0**	
Hexamethylen-tetramin	100-97-0	615	<1	<1		
Triethylamin	121-44-8	462	<1	<1		
5-Chlor-2-methyl-4-iso-thiazolin-3-on	26172-55-4	652	<1	<1		
2-Methyl-4-iso-thiazolin-3-on	2682-20-4	504	<1	<1		
Benzothiazol	95-16-9	2328	<1	1,0	**1,0**	
Triethyl-phosphat	78-40-0	646	<1	<1		
Tributyl-phosphat	126-73-8	715	<1	<1		Ad-hoc-AG: Summe RW I = 0,005 mg/m³; RW II = 0,05 mg/m³
TVOC		2505	360,0	1572,0	**1000** [Anm.6]	Seifert: Bewertungskonzept TVOC [Anm. 5] Ad-Hoc-AG: „Handreichung" [Anm. 6]

<u>AGÖF-Orientierungswert für die Summe VOC (nicht gesundheitlich begründet)</u>

Zielwert [µg/m³]	Normalwert [µg/m³]	Handlungswert [µg/m³]
100	360	1.000

Die Summe VOC wird auf Basis der in der VDI-Richtlinie 4300 Bl. 6 gegebenen Einzelstoffe erstellt.

<u>AGÖF-Orientierungswert Formaldehyd (nicht gesundheitlich begründet)</u>

Zielwert [µg/m³]	Normalwert [µg/m³]	Handlungswert [µg/m³]
10	35	30

Zielwert: Wert, der bei Verwendung schadstoffarmer Materialien erreicht werden kann.

Normalwert: Wert, der die durchschnittliche Belastungssituation des betrachteten Kollektivs vorgibt, die im Allgemeinen auf Quellen im Innenraum zurückgeht. Bei diesem Wert können zwar Innenraumquellen angenommen werden, ein Handlungsbedarf lässt sich daraus üblicherweise jedoch nicht ableiten.

Handlungswert: Wert, bei dessen Überschreitung Maßnahmen zur Minimierung der Belastung erforderlich sind.

<u>2.3 Referenzwerte der „500-Haushalte-Studie 1985/1986" (bei Messungen des BGA in 479 Wohnräumen ermittelte Verteilung der VOC-Konzentrationen; nicht gesundheitlich begründet)</u>

Die 50-Perzentile können als innenraumtypische Hintergrundbelastungen angesehen werden. Als auffällig gelten Werte, wenn die Konzentrationen deutlich über den 95-Perzentilen liegen (WaBoLu Hefte 4/1991, Umwelt-Survey Band III c Wohn-Innenraum: Raumluft).*

Tabelle I5: Referenzwerte der „500-Haushalte-Studie“

Stoff	50-Perzentil [µg/m³]	95-Perzentil [µg/m³]	Stoff	50-Perzentil [µg/m³]	95-Perzentil-[µg/m³]
Σ n-Alkane	49,0	193,1	3/4-Ethyltoluol	5,8	23,9
n-Hexan	7,4	22,2	1,2,3-Trimethylbenzol	2,4	9,0
n-Heptan	5,1	25,6	1,2,4-Trimethylbenzol	6,3	27,2
n-Oktan	3,1	15,0	1,3,5-Trimethylbenzol	2,3	10,5
n-Nonan	5,0	30,9	Naphthalin	2,2	4,9
n-Dekan	8,3	52,0	Σ chlorierte KW	19,3	119,2
n-Undekan	6,0	27,5	1,1,1-Trichlorethan	4,7	26,1
n-Dodekan	4,0	17,4	Trichlorethen	3,6	19,6
n-Tridekan	4,9	21,7	Tetrachlorethen	4,5	26,5
Σ Iso-Alkane	24,0	80,4	1,4-Dichlorbenzol	2,4	23,4
Σ Iso-Hexane	8,7	22,3	Σ Terpene	27,3	132,7
Σ Iso-Heptane	7,2	22,9	α-Pinen	6,8	26,6
Σ Iso-Oktane	3,3	19,1	β-Pinen	0,7	4,3
Σ Iso-Nonane	3,4	17,9	α-Terpinen	3,5	11,8
Σ Cycloalkane	13,6	42,7	Limonen	13,2	103,3
Methylcyclopentan	2,4	7,4	Σ Carbonyle	19,0	80,5
Cyclohexan	5,9	18,4	Ethylacetat	6,2	27,7
Methylcyclohexan	4,4	22,8	n-Butylacetat	3,2	19,0
Σ Aromaten	135,0	369,4	Iso-Butylacetat	1,0	5,9
Σ C8-Aromaten	28,8	101,0	Methyethylketon	4,6	13,0
Σ C9-Aromaten	23,5	92,1	4-Methyl-2-Pentanon	0,7	2,5
Benzol	7,2	22,3	Hexanal	0,7	2,3
Toluol	62,0	190,0	Σ Alkohole	4,7	14,2
Ethylbenzol	7,4	25,4	n-Butanol	0,7	4,1
m/p-Xylol	16,3	57,3	iso-Butanol	1,2	7,1
o-Xylol	5,0	17,5	Iso-Amylalkohol	0,7	2,3
iso/n-Propylbenzol	3,5	13,0	2-Ethylhexanol	0,7	4,0
Styrol	0,7	5,9	Σ VOC	328,6	928,4
2-Ethyltoluol	2,4	12,0			

Alle angegebenen Summenwerte sind aus der Häufigkeitsverteilung für die 479 Einzelanalysen entnommen und deshalb nicht mit dem Ergebnissen der Addition der Werte der zugehörigen Einzelverbindungen identisch.

* Anmerkung der Verf.: Das VOC-Spektrum hat sich seit Erhebung der o.g. Messwerte verändert, sodass die Werte nur noch bedingt als Beurteilungsmaßstab herangezogen werden können.

2.4 WHO-Luftqualitätsleitlinien für Europa – Air Quality Guidelines for Europe (gesundheitlich begründet)
Die Luftqualitätsleitlinien des Regionalbüros Europa der →WHO für eine Reihe wichtiger Schadstoffe können nach der Art ihrer (wirkungsbezogenen) Ableitung sowohl für die Außen- als auch für die Innenraumluft herangezogen werden. Die Ableitung stützt sich – sofern vorhanden – auf epidemiologische Erkenntnisse, wobei zum Schutz empfindlicher Bevölkerungsgruppen Sicherheitsfaktoren eingebracht sind. Für krebserzeugende Stoffe wird kein Konzentrationswert, sondern nur das →Unit risk genannt.
Erläuterung der WHO zur Anwendung der Air Quality Guidelines: Although the guidelines are considered to be protective to human health they are by no means a "green light" for pollution, and it should be stressed that attempts should be made to keep air pollution levels as low as practically achievable. In addition, it should be noted that in general the guidelines do not differentiate between indoor and outdoor air exposure because, although the site of exposure determines the composition of the air and the concentration of the various pollutants, it does not directly affect the exposure-response relationship.

Tabelle I6: Leitwerte der Weltgesundheitsorganisation für nichtkanzerogene Stoffe (Quelle: World Health Organization, 2010, Auszug)

Stoff	Leitwert [µg/m³]	Expositionsdauer
Kohlenmonoxid	100.000 35.000 10.000 7.000	15 min 1 h 8 h 24 h
Benzol	1 µg/m³	Unit risk für Leukämie = 6×10^{-6}
Naphthalin	10	1 Jahr
PAK (bezogen auf Benzo[a]pyren)	 0,0012 0,00012 0,000012	Risiko Krebs 1×10^{-5} 1×10^{-6} 1×10^{-7}
Stickstoffdioxid	200 40	1 h 1 Jahr
Ozon	100	8 h
Schwefeldioxid	500 20	10 min 24 h

Tabelle I6: Leitwerte der Weltgesundheitsorganisation für nichtkanzerogene Stoffe (Quelle: World Health Organization, 2010, Auszug) (Forts.)

Stoff	Leitwert [µg/m³]	Expositionsdauer
Dichlormethan	3.000 450	24 h 1 Woche
Formaldehyd	100	30 min
Schwefelkohlenstoff	100	24 h
Schwefelwasserstoff	100	24 h
Styrol	260 70	Woche Geruchsschwelle
Trichlorethylen	 230 23 2,3	Risiko Krebs 1×10^{-5} 1×10^{-6} 1×10^{-7}
Tetrachlorethen	250	1 Jahr
Toluol	260	1 Woche
Radon	300 Bq/m³ 10 mSv $0{,}6 \times 10^{-5}$/Bq 15×10^{-5}	1 Jahr Risiko Krebs: Nichtraucher Raucher

Innenraumlufthygiene-Kommission →IRK

Innenraum-Schadstoffe Mitteleuropäer halten sich im Schnitt zwischen 80 und 90 % des Tages in geschlossenen Räumen auf, deren Luft eingeatmet wird. Verunreinigungen der Innenraumluft sind daher von besonderer Bedeutung für die Gesundheit. Tatsächlich ist die Luft in →Innenräumen oftmals stärker mit Chemikalien belastet als die Außenluft. Die Ursachen hierfür sind vielfältig. Quellen für I. können sein:

- Bauprodukte
- Einrichtungsgegenstände, Heimtextilien
- Wasch-, Putz-, Reinigungs-, Körperpflegemittel, Kosmetika
- Sog. Luftverbesserer
- Schreibmaterialien (Filzschreiber u.Ä.)
- Hobby- und Bastelarbeiten
- Körperausdünstungen
- Schädlingsbekämpfung
- Arzneimittel
- Verbrennungsprodukte (Tabakrauch, Kerzen, Gasherd, Kamin usw.)

- Treibstoffkomponenten (Garage, Tiefgarage)
- Sekundäre Emissionsprodukte als Ergebnis chemischer Reaktionen in der Innenraumluft (→Sekundäremissionen)
- Büro- und Haushaltsgeräte
- Druckerzeugnisse
- Stoffwechselprodukte von Mikroorganismen (→MVOC)
- Essenszubereitung
- Außenluft
- Kontaminierter Untergrund

I. können →Anorganische Gase (z.B. Stickoxide) oder organische Gase (→VOC) sein. Die Wirkungen von I. auf die Gesundheit sind vielfältig. Die Beeinträchtigungen reichen von der einfachen Geruchsbelästigung oder Reizerscheinung der Atemwege bis zur gesundheitlichen Gefährdung durch toxische Effekte. Studien über Auswirkungen von I. auf die Produktivität von Beschäftigten in Büroräumen zeigen, dass eine Verbesserung der Raumluftqualität (in Büros) auch volkswirtschaftlich hohe Kosten einsparen hilft (Wargocki, Dänemark). Die Zahl der Gerichtsverfahren wg. nachgewiesener oder vermuteter Schadstoffbelastungen in →Innenräumen hat in den letzten Jahren erheblich zugenommen. Als Bezugsgrößen zur Beurteilung der Raumluft gelten Grenz-, Richt- oder Orientierungswerte (→Innenraumluft-Grenzwerte). Bei mietrechtlichen Auseinandersetzungen wg. I. kommt in der Rechtsprechung die „Sphärentheorie“ zur Anwendung. Sie besagt, dass es verschiedene Verantwortlichkeiten (Sphären) beim Eintrag von Schadstoffen in den Innenraum gibt. Bauliche Faktoren liegen i.d.R. in der Verantwortung des Eigentümers/Vermieters/Produktherstellers, während nutzungsbedingte Faktoren dem Verantwortungsbereich des Raumnutzers/-mieters zugerechnet werden. →Innenräume

Insektizide I. sind →Biozide Wirkstoffe gegen Insekten. Das Inverkehrbringen von solchen Wirkstoffen wird seit 2012 über die Biozidverordnung (BPR, Verordnung (EU) Nr. 528/2012) geregelt, beispielweise über Produktart 8 „Holzschutzmittel“ oder Produktart 18 „Produkte zur Bekämpfung von Gliedertieren“. Sie werden in der Land- und Forstwirtschaft, beim Holzschutz sowie im Hygienebereich verwendet. I. töten Lebewesen ab und wirken bei direktem Kontakt toxisch auf Mensch und Umwelt.

Da es fast ausgeschlossen ist, Insekten am Eindringen in Konstruktionen zu hindern, um die →Gebrauchsklasse 0 zu erreichen, ist bei Holzhäusern ein vorbeugender →Holzschutz erforderlich. Hierfür stehen Biozidprodukte zur Verfügung, deren Wirkstoffe in der Positivliste Anhang I der BiozidVO enthalten sind und ein Prüfverfahren der EU durchlaufen haben. Ist in einem Bestandsgebäude ein Befall mit holzzerstörenden Insekten aufgetreten, sind Wirkstoffe erforderlich, die eine höhere Wirksamkeit entfalten oder Begasungsverfahren mit erstickenden Gasen anzuwenden oder das →Heißluftverfahren, dessen Wärme mehrere Stunden einwirken muss.

Rund die Hälfte aller früher gebräuchlichen bioziden Wirkstoffe für den Holzschutz sind aufgrund der Toxikologie (z.B. DDT verboten) und Umwelteigenschaften (persistente Stoffe, z.B. →POP wie Lindan) nicht mehr auf dem Markt. Für andere Stoffe gibt es im Rahmen der Zulassung nach →Biozidverordnung Auflagen und Reglementierungen (z.B. für Stoffe mit reproduktionstoxischen Eigenschaften wie →Borax oder Borsäure). Die heutige wichtigste Gruppe sind die →Carbamate, mit →IPBC als z. Z. wichtigstem Vertreter der Holzschutzmittel, und die →Triazole mit z.B. →Propiconazol.

Um Bauhölzer wieder in den Kreislauf zurückführen zu können, ist eine weitgehende Biozidfreiheit des verwendeten Holzes anzustreben, was mit der Gebrauchsklasse 0 für den Innenbereich auch in konstruktiver Anwendung auch ohne Insekten vorbeugende Behandlung nach DIN 68800 möglich ist.

Inspektion Die Maßnahmen zur Feststellung des Istzustandes eines Objekts. Verfahren zur I. sind in der DIN 31051 „Instandhaltung“ eindeutig beschrieben.

Instandhaltung Gem. DIN 31051 ist I. ein Überbegriff, der Maßnahmen der →Wartung, →Inspektion und →Instandsetzung umfasst. Es ist daher sprachlich unpräzise, I. und Instandsetzung oder Wartung in einer Aufzählung hintereinander zu gebrauchen, wie dies häufig geschieht.

Instandsetzung Maßnahmen zur Wiederherstellung des zum bestimmungsgemäßen Gebrauch geeigneten Zustands eines Objekts (Sollzustand).

Internit-Platten I. ist die Handelsbezeichnung der Fa. Eternit für fest gebundene Asbestzement-Cellulose-Platten mit einem Asbestgehalt von ca. 7 %. →Asbest

Interventionswerte Im Rahmen der Beurteilung der Innenraumluft beschreiben I. (Eingreifwerte) ein Konzentrationsniveau, bei dem kurzfristig Maßnahmen zur Absenkung der Schadstoffbelastung ergriffen werden müssen. →Zielwerte, →Richtwerte, →Innenraumluft-Grenzwerte

Intuminenz-Anstrichstoffe →Brandschutzanstriche

Ionisations-Rauchmelder I. enthalten radioaktive Stoffe und unterliegen dem Strahlenschutzgesetz und der Strahlenschutzverordnung. Das früher verwendete radioaktive Radium-226 (Ra-226) ist in neueren Geräten durch das radioaktive Americium-241 (Am-241) ersetzt worden. Die Funktionsweise des I. beruht darauf, dass die vom Am-241 ausgesandten Alpha-Teilchen durch die Ionisation der Luft zwischen zwei Elektroden einen festgelegten Stromfluss in einem Messsystem erzeugen. Durch Rauchgase wird die Ionisation und damit der Messstrom verändert und eine Alarmmeldung ausgelöst.

Im Unterschied zu Ra-226 gibt Am-241 keine radioaktiven Folgeprodukte (→Radon) ab und emittiert vergleichsweise energiearme Gammastrahlung und Alphastrahlung. Es sind jedoch noch zahlreiche I. mit Ra-226 im Einsatz. Die Reichweite der Alphastrahlung in der Luft beträgt ca. 4 cm. Unbedingt vermieden werden muss eine Inkorporation von Am-241, da auf engstem Raum die gesamte Energie auf die umliegenden Körperzellen übertragen wird. Am-241 lagert sich meistens auf der Knochenoberfläche ab, wo sich die meisten blutbildenden, also risikoempfindlichen Organe befinden. I. können am Zeichen für radioaktive Stoffe (schwarzes Flügelrad auf gelbem Grund) erkannt werden, das auf der Rückseite des I. angebracht sein muss (kann aber auch in den Kunststoff eingegossen oder eingeprägt sein). Der Umgang und damit auch der Ausbau von I. aus Gebäuden bedarf der Genehmigung der zuständigen Behörde. →Ionisierende Strahlung

Ionisierende Strahlung Strahlung, die in Materie und damit auch im menschlichen Körper Ionen erzeugen kann, wird als I. bezeichnet. Bei der Kollision der „Energiepakete" der I. mit den winzigen Bausteinen (Molekülen) des menschlichen Körpers kommt es zu Beschädigungen der Moleküle. Die Strahlung schießt aus den Molekülen Elektronen heraus, wodurch Ionen (elektrisch geladene Teilchen) entstehen. Oder die Moleküle zerbrechen in zwei Teile. Die Molekültrümmer bezeichnet man als Radikale. Dies sind starke Gifte, die sofort nach ihrer Entstehung andere Zellmoleküle angreifen. Die durch die I. an Zellen hervorgerufenen Veränderungen können zu Gesundheitsschäden (Krebs) bei dem exponierten Menschen oder dessen Nachkommen führen.

Alle Menschen sind I. ausgesetzt. Unterschieden werden:

- Natürliche Strahlenexposition
- Kosmische Strahlenexposition
- Terrestrische Strahlenexposition
- Aufnahme (Ingestion und Inhalation) natürlich radioaktiver Stoffe in den Körper
- Zivilisatorisch veränderte, natürliche Strahlenexposition
- Radon in Gebäuden
- Kerntechnische Anlagen
- Anwendung ionisierender Strahlung und radioaktiver Stoffe in Medizin, Forschung, Technik und Haushalt
- Fall-out von Kernwaffenversuchen in der Atmosphäre
- Zivilisatorische Strahlenexposition
- Strahlenexposition durch den Unfall im Atomkraftwerk Tschernobyl

Die →Effektive Dosis der *natürlichen Strahlenexposition* beträgt im Mittel ca. 1,2 mSv pro Jahr. Neben der direkten kosmischen Komponente von 0,3 mSv und der direkten terrestrischen Komponente von 0,4 mSv trägt die Aufnahme natürlich radioaktiver Stoffe mit der Nahrung 0,3 mSv zur Strahlenexposition bei. Auch ein Teil der Exposition durch die radioaktiven Edelgase →Radon (Rn-222) und Thoron (Rn-220) einschließlich ihrer Folgeprodukte von etwa 0,2 mSv ist unvermeidbar und deshalb nicht zivilisatorisch bedingt. Die natürliche Strahlenexposition weist je nach Höhenlage des Aufenthaltsortes und der geologischen Beschaffenheit des Untergrundes deutliche Unterschiede auf.

Radon- und Thoronzerfallsprodukte in Wohnungen liefern über Inhalation den Hauptbeitrag zum *zivilisatorisch erhöhten Teil der natürlichen Strahlenexposition* mit einer durchschnittlichen effektiven Dosis von etwa 0,9 mSv pro Jahr.

Die mittlere effektive Dosis der *zivilisatorischen Strahlenexposition* beträgt ca. 1,9 mSv pro Einwohner und Jahr. Der größte Beitrag wird durch die Anwendung radioaktiver Stoffe und ionisierender Strahlen in der Medizin (Röntgendiagnostik) verursacht. Der Beitrag der Strahlenexposition durch kerntechnische Anlagen zur mittleren effektiven Dosis der Bevölkerung liegt unter 1 % der zivilisatorischen Strahlenexposition. Die Dosis durch die in den vergangenen Jahrzehnten in der Atmosphäre durchgeführten Kernwaffenversuche ist weiterhin rückläufig (2003: < 0,01 mSv). →Radioaktivität in Baumaterialien

IPBC I. ist ein Biozid aus der Gruppe der →Carbamate (3-Iod-2-propinylbutylcarbamat). I. wurde als Wirkstoff für →Holzschutzmittel (Produktart 8) bereits 2010, als →Topfkonservierungsmittel (Produktart 6) 2015 und als Schutzmittel für Kühlschmierstoffe (Produktart 13) 2016 genehmigt. Genehmigungen für weitere Anwendungsbereiche, z.B. als →Filmschutzmittel, stehen noch aus. I. ist in den letzten Jahren in Holzschutzmitteln zum wichtigsten eingesetzten Wirkstoff geworden, der im Anhang I der Richtlinie 98/8/EG auf der Liste der Wirkstoffe geführt wird, die auf EU-Ebene zur Verwendung in Biozidprodukten genehmigt wurden. I. ist in fast allen zugelassenen Holzschutzmitteln auf der Liste der BAuA geführt, deren Zulassung am 31.3. oder 30.6.2020 auslaufen. Der Ausschuss für Risikobewertung hat 2012 die Stellungnahmen für eine harmonisierte Einstufung und Kennzeichnung (CLP) auf Basis des CLP-Report aus Dänemark von Juni 2011 angenommen. Die endgültige Entscheidung über Einstufungen, Beschränkungen und Genehmigungen trifft die Europäische Kommission.
EU-GHS-Einstufung und Kennzeichnung: Akute Toxizität, Kategorie 4, Verschlucken; H302 Gesundheitsschädlich bei Verschlucken; Akute Toxizität, Kategorie 3, Einatmen; H331 Giftig bei Einatmen; Sensibilisierung der Haut, Kategorie 1; H317 Kann allergische Hautreaktionen verursachen; Schwere Augenschädigung, Kategorie 1; H318 Verursacht schwere Augenschäden; Spezifische Zielorgan-Toxizität (wiederholte Exposition), Kategorie 1; H372 Schädigt die Organe bei längerer oder wiederholter Exposition; Gewässergefährdend, Akut Kategorie 1; H400 Gewässergefährdend, Chronisch Kategorie 1; H410 Sehr giftig für Wasserorganismen mit langfristiger Wirkung.
Dazu P-Sätze: P 261, P 273, P 280, P 304, P 340, P 310, P 305, P 351, P 338, P 311, P 403, P233(Gestis, EGGBI 2017).

IPDI Isophoron-diisocyanat. →Isocyanate

Irdengutfliesen I. mit farbigen Scherben bestehen aus einer Mischung von →Ton, →Kaolin, →Quarzsand und →Kreide, die in Formen gepresst und bei einer Temperatur von ca. 1.000 °C gebrannt werden. Nach dem ersten Brand ist das Aufbringen einer Glasur möglich. I. und -Platten besitzen ein hohes Wasseraufnahmevermögen (>10 %). Sie können nur im Innenbereich zur Wand- und Bodenbekleidung verwendet werden, da sie nicht frostsicher sind. →Keramische Fliesen

IRK Die Innenraumlufthygiene-Kommission (IRK) ist eine Kommission des Umweltbundesamtes (UBA), die 1984 im damaligen Bundesgesundheitsamt (BGA) eingerichtet wurde. Nach Auflösung des BGA 1994 und Überführung des BGA-Instituts für Wasser-, Boden- und Lufthygiene in das →Umweltbundesamt 1994 wurde die IRK als UBA-Kommission fortgeführt. Die IRK berät den Präsidenten, die Präsidentin des Umweltbundesamtes zu allen Fragen der Innenraumlufthygiene. Für die Erarbeitung von Richtwerten für die Innenraumluft wurde im Dezember 1993 gemeinsam mit der Arbeitsgruppe Innenraumluft des Umwelthygieneausschusses der seinerzeitigen Arbeitsgemeinschaft der Leitenden Medizinalbeamten und -beamtinnen der Länder (AGLMB, jetzt: Arbeitsgemeinschaft der Obersten Landesgesundheitsbehörden (AOLG)) eine Ad-hoc-Arbeitsgruppe ins Leben gerufen.

ISO ISO (International Organization for Standardization) ist ein globales NGO-Netzwerk für internationale Normenarbeit. Mitglieder der ISO sind die Normungsorganisationen von über 160 Ländern (Stand: 2017).

Isoaliphate →Aliphatische Kohlenwasserstoffe

Isoalkane →Aliphatische Kohlenwasserstoffe

Isocyanate I. sind chemisch sehr reaktive Stoffe, die für die Herstellung verschiedener Bauprodukte eine große Bedeutung haben. Ihre Herstellung erfolgt aus (Di)Aminen und dem äußerst giftigen →Phosgen. Unterschieden werden I. mit einer und Di-I. mit zwei I.-Gruppen im Molekül. Di-I. sind Grundstoffe für Klebstoffe bei Holzwerkstoffen, Beschichtungen (z.B. PUR-Lacke) und →Montageschäumen. I. (im Folgenden für I. und Di-I. verwendet) sind äußerst reaktiv und reagieren schnell mit aktiven Wasserstoffatomen wie Wasser, Alkoholen und Aminen. Die Hydrolyse von I. mit Wasser führt zu primären Aminen. Bei der Reaktion mit Alkoholen entstehen Carbamate (= Urethane) und bei der Umsetzung mit Aminen Harnstoffderivate. →Polyurethane (PUR) werden durch Polyreaktion von Di-I. mit Diolen hergestellt. Technisch bedeutsame I. sind:

- Diphenylmethan-4,4'-diisocyanat (4,4'-Methylendiphenyldiisocyanat, MDI)
- Hexamethylendiisocyanat (HDI)
- 2,4-Toluylendiisocyanat (2,4-TDI)
- 2,6-Toluylendiisocyanat (2,6-TDI)
- Isophorondiisocyanat (IPDI)

Beim Umgang mit I greift die TRGS 430 Isocyanate: Gefährdungsbeurteilung und Schutzmaßnahmen von 3/2009. Bei Anwendungen von Produkten mit sehr giftigen und giftigen monomeren I. liegen hohe Gefährdungen vor.

I. können Atemwegserkrankungen hervorrufen. Dabei stehen chemisch-irritative und toxische Wirkungen im Vordergrund. In Konzentrationen von ca. 50 bis 100 ppb (µl/m^3) führen I. zu leichten, reversiblen Reizerscheinungen an Augen (Bindehautentzündung), Nase und im Rachenraum (Reizung bzw. Entzündung der Rachenschleimhaut). Bei Konzentrationen über 1 ppm treten starker Hustenreiz sowie Schmerzen im Brustraum verbunden mit Kurzatmigkeit auf. Bereits nach einer einmaligen Exposition gegen sehr hohe I.-Konzentrationen (z.B. nach einem Unfall) kann sich eine Überempfindlichkeit der Atemwege entwickeln. Aber auch eine geringergradige chronische Exposition oberhalb des MAK-Wertes kann zum I.-Asthma führen. Bereits Konzentrationen unter 5 ppb können ausreichen, um bronchospastische Zustände auszulösen. Auf die Haut wirken I. stark reizend und können allergische Hauterkrankungen auslösen. I. sind möglicherweise mutagen.

<u>Diphenylmethan-4,4'-diisocyanat (MDI):</u> AGW TRGS 900: 0,05 E mg/m^3; MAK-Wert: 0,05 E mg/m^3 in Kat. 4 (krebserzeugende Wirkung). EU-GHS-Einstufung und Kennzeichnung (EG) Nr. 1272/2008 CLP: Kanzerogeniztät Kategorie 2: Carc. 2, H351 Kann vermutlich Krebs erzeugen; Spezifische Konzentrationsgrenzen nach GHS-Einstufung von Gemischen: Augenreiz. 2; H319: Verursacht schwere Augenreizung C $\geq$ 5 %; Hautreiz. 2, H315: Verursacht Hautreizungen C $\geq$ 5 %; Sens. Atemw. 1, H334: Kann bei Einatmen Allergie, asthmaartige Symptome oder Atembeschwerden verursachen C $\geq$ 0,1 %; STOT SE 3 einm. 3, H335 Kann die Atemwege reizen C $\geq$ 5 %.

Für Methylendiphenyl-Diisocyanat (MDI) einschließlich der Isomeren 4,4'-Methylendiphenyl-Diisocyanat, 2,4'-Methylendiphenyl-Diisocyanat, 2,2'-Methylendiphenyl-Diisocyanat bestehen folgende Beschränkungen gemäß Anhang XVII der REACH-VO: Nicht zur Abgabe an die breite Öffentlichkeit in Gemischen, die diesen Stoff in einer Konzentration von $\geq$ 0,1 Gew.-% MDI enthalten; es sei denn, der Lieferant gewährleistet vor dem Inverkehrbringen, dass die Verpackung a) Schutzhandschuhe enthält (RL 89/686/EWG) und mit folgender Aufschrift versehen ist: Bei Personen, die bereits für Diisocyanate sensibilisiert sind, kann der Umgang mit diesem Produkt allergische Reaktionen auslösen. Bei Asthma, ekzematösen Hauterkrankungen oder Hautproblemen den Kontakt, einschließlich Hautkontakt, mit dem Produkt vermeiden. Das Produkt nicht bei ungenügender Lüftung verwenden oder Schutzmaske mit entsprechendem Gasfilter (Typ A1 nach EN 14387) tragen.

<u>Hexamethylendiisocyanat (HDI):</u> MAK-Wert: 0,005 ml/m^3 = 0,035 mg/m^3. Spezifische Konzentrationsgrenzen nach GHS-Einstufung von Gemischen: Sens. Atemw. 1; H334: C $\geq$ 0,5 % Kann bei Einatmen Allergie, asthmaartige Symptome oder Atembeschwerden verursachen C $\geq$ 0,5 %; Sens. Haut 1; H317 Kann allergische Hautreaktionen verursachen C $\geq$ 0,5 %.

<u>Toluylendiisocyanate:</u> Kat. 3A (Verdacht auf krebserzeugende Wirkung), Kanzerogenität Kategorie 2: Carc. 2; H351 Kann vermutlich Krebs erzeugen. Spezifische Konzentrationsgrenzen nach GHS-Einstufung von Gemischen: Sens. Atemw. 1; H334 Kann bei Einatmen Allergie, asthmaartige Symptome oder Atembeschwerden verursachen C $\geq$ 0,1 %.

<u>Isophorondiisocyanat (IPDI):</u> MAK-Wert: 0,005 ml/m^3 = 0,046 mg/m^3. Spezifische Konzentrationsgrenzen nach GHS-Einstufung von Gemischen: Sens. Atemw. 1; H334: Kann bei Einatmen Allergie, asthmaartige Symptome oder Atembeschwerden verursachen C $\geq$ 0,5 %; Sens. Haut 1; H317 Kann allergische Hautreaktionen verursachen C $\geq$ 0,5 %.

Anmerkung (GSH-Eistufung): Die angegebenen Konzentrationen der I. sind als Gewichts-% des freien Monomers, bezogen auf das Gesamtgewicht des Gemisches, zu verstehen.

Durch Hydrolyse (Reaktion mit Wasser) entstehen aus I. die entsprechenden Amine. Diese sind z. T. krebserzeugend (z.B. 4,4'-Methylendianilin (MDA) aus MDI). Bereits ausgehärtete Polyurethane sind dagegen unproblematisch.

Wegen der hohen Toxizität der I.-Monomere werden für Herstellungsprozesse überwiegend Poly-I. wie HDI-Biuret, HDI-Isocyanurat und PMDI (polymeres MDI) mit geringen Monomeranteilen eingesetzt. Allerdings wurden bei großflächig aufgetragenen lösemittelhaltigen PUR-Lacken →Präpolymer-Konzentrationen vergleichbar mit denen der I.-Monomere festgestellt. Vermutlich wird die Verdunstung der Präpolymere in Gegenwart der leichtflüchtigen Lösemittel erleichtert. Auch Präpolymere können asthmatische Beschwerden auslösen. Das großflächige Verstreichen von PUR-Lacken kann in den ersten Stunden zu einer erheblichen Belastung im Bereich der →MAK-Werte führen. Im Abstand von ca. 5 cm über einer HDI-haltigen-Lackschicht wurden in den ersten drei Std. Konzentrationen von 25 µg/m^3 an I.-Monomeren und 46 µg/m^3 an Präpolymeren gefunden. Unmittelbar nach einer Parkettversiegelung mit TDI-haltigen Lacken wurden Raumluftkonzentrationen von max. 180 µg/m^3 2,4-TDI bzw. 80 µg/m^3 2,6-TDI gemessen. Nach 24 Std. waren die I.-Konzentrationen auf 1 bzw. 2 µg/m^3 zurückgegangen. 14 Tage (Lacke) bzw. mehrere Stunden nach Anwendung (Montageschäume) können i.d.R. keine I.-Emissionen mehr nachgewiesen werden. Bei frisch verklebten →Spanplatten wurden 0,01 µg/m^3 MDI gemessen. Für die Einhaltung von Arbeitsplatzgrenzwerten bei Mehrfachexposition werden Arbeitsplatzgrenzwerte (AGW) oder Ersatzwerte (ELW), Expositionsbeurteilungswert (EBW) herangezogen. Als Expositionsleitwert (ELW) wurde ein Wert von 0,018 mg NCO/m^3 festgelegt. Nach Einbau von I.-gebundenen Spanplatten sind in der Raumluft keine I. nachweisbar. Im Brandfall erfolgt bei PUR-haltigen Materialien eine der Bildungsreaktion analoge Rückreaktion und größere Mengen I. werden freigesetzt. Beim Abschleifen alter Beschichtungen oder beim Anschleifen frisch angetrockneter PUR-Anstriche wird Feinstaub frei, der reaktionsfähige I.-Gruppen enthalten kann. Bei solchen Arbeiten müssen daher geeignete Schutzmaßnahmen ergriffen werden (siehe auch →Holzstaub).

Isolierfarben →Absperrfarben

Isoliergläser Unterschieden werden I. mit Beschichtung und I. mit Gasfüllung. I. bestehen aus zwei oder mehreren Floatglasscheiben, die mit einem oder mehreren Platzhaltern schubfest auf Abstand gehalten werden. Der dadurch entstehende Zwischenraum enthält eine Füllung aus trockener Luft und dient der Wärmedämmung. Durch Füllung des Scheibenzwischenraums (SZR) mit Edelgasen wie Argon, Krypton oder Xenon kann die Wärmeschutzwirkung gesteigert werden. Der SZR variiert in der Regel zwischen 8 mm und 16 mm. Im Randbereich werden die Gläser mit speziellen Abstandhaltern und Kleb- bzw. Dichtstoffen verbunden, die zur Stabilität und Dichtigkeit der Konstruktion beitragen. →Mehrscheiben-Isolierglas

Isolierung →Feuchteschutz, →Kabelisolierung, nicht zutreffend auch für →Wärmedämmung und Wärmedämmstoffe verwendet.

Isoprenoide I. sind Stoffe, deren Grundkörper aus Isopren (C_5H_8)-Bausteinen aufgebaut ist. Für die Innenraumluft bedeutend sind →Terpene wie alpha-Pinen, Limonen oder Campher.

Isoproturon I. (3-(4-isopropylphenyl)-1,1-dimethylurea) ist ein Wirkstoff aus der Gruppe der →Phenylharnstoffderivate bzw. →Algizide mit hoher Neigung, aus den Putzen und Anstrichstoffen ausgewaschen zu werden (→Beschichtungsschutzmittel), insbesondere in der nicht verkapselten Form (Wrangler 2012). Isoproturon wird auch als →Herbizid in der Landwirtschaft eingesetzt. I. gilt als Carc. 2, Aquatic Acute 1 und Aquatic Chronic 1. In Gewässern verweilt I. lange und ist in der EU-Wasserahmenrichtlinie als prioritärer Stoff gelistet. →Verkapselung

Isothiazolinone I. sind Wirkstoffe mit bakteriziden und fungiziden Eigenschaften und werden vielfältig eingesetzt, vor allem als Biozide in →Topfkonservierungsmitteln für Farben und Klebstoffe auf wässriger Basis, in Leder, Textilien, Befeuchtern von RLT-Anlagen und in der Papierherstellung. Die Anwendungszulassung von I. in Kosmetika (Haarwaschmittel, Flüssigseifen usw.) unterliegt der EU-Kosmetikverordnung. Unterschieden werden nicht chlorierte und chlorierte I. Wichtigste Vertreter der chlorierten I. sind 5-Chlor-2-Methyl-4-Isothiazolin-3-on (CMIT) und Dichloro-Ocytlisothiazolinon (DCOIT) und der nicht chlorierten I. das 2-Methyl-4-Isothiazolin-3-on (MIT), Benzylisothiazolinon (BIT) und Octylisothiazolinon (OIT; Octhilinon). In Dispersionsfarben häufig eingesetzt wurde das Gemisch CMIT/MIT (3:1) und seit einiger Zeit nun MIT/BIT.

I. gehören zu den bedeutenden Kontaktallergenen und sind stark haut- und schleimhautreizend. Einige I. können bei Menschen durch direkten Kontakt oder in Einzelfällen über die Luft eine Sensibilisierung der Haut herbeiführen. Unmittelbar nach Auftrag von mit CMI/MI konservierten Dispersionsfarben können in der Raumluft hohe I.-Konzentrationen auftreten (bis > 10 µg/m³). Solche Konzentrationen können bei sensibilisierten Personen eine luftübertragene Allergie auslösen. In den ersten Tagen nach dem Anstrich nimmt die CMI-Konzentration in der Raumluft etwa um den Faktor 10 ab. Das Emissionsverhalten von mit I. konservierten Anstrichstoffen variiert wegen der unterschiedlichen Stabilität und Dosierung in den verschiedenen Produkten stark. Deshalb müssen Produkte ab einer Konzentration von ≥ 0,05 % OIT, ≥ 0,05 % BIT und ≥ 0,0015 % CMI/MIT mit „hautsensibilisierend 1; H317" eingestuft bzw. gekennzeichnet werden (Hautsensibilisierung). Grenzwerte für die Innenraumluft von CMI: RWI (Vorschlag): 0,05 µg/m³, RWII (Vorschlag): 0,5 µg/m³. I. zeigen eine hohe potenzielle aquatische Toxizität, sind aber sehr schnell abbaubar (Halbwertszeiten DT50 < 36 Std.) und lassen sich daher in Abwasser und Gewässern kaum nachweisen.

Tabelle I7: Synonyme für CMI bzw. DMIT und MI bzw. MIT

Synonyme für CMI	Synonyme für MI
5-Chlor-2-methyl-4-isothiazolin-3-on	2-Methyl-4-isothiazolin-3-on
5-Chlor-2-methyl-2,3-dihydroisothiazol-3-on	2-Methyl-2,3-dihydroisothiazol-3-on
5-Chlor-2-methyl-3-isothiazolon	2-Methyl-3-isothiazolon
5-Chlor-2-methyl-3-isothiazolin-3(2H)-on	2-Methyl-4-isothiazolin-3(2H)-on

It-Dichtungen Asbesthaltige Flachdichtungen wurden auch als I. bezeichnet. Sie enthielten ca. 70 bis 80 % →Asbest und wurden zur Abdichtung von Rohrleitungen, Armaturen und Kesseln verwendet. I. waren auch zum Abdichten von Säuren (ItS) und Ölen (ItÖ) geeignet.

J

JGS-Anlagen JGS ist die Abkürzung für die folgenden in der Landwirtschaft anfallenden wassergefährdenden Stoffe: Jauche, Gülle, Silagesickersäfte (Gärsaft und belastetes Sickerwasser) und Festmist (auf Dungstätten) Diese Stoffe können nachhaltig die physikalische oder biologische Beschaffenheit des Wassers nachteilig verändern. J. müssen daher nach dem Wasserhaushaltsgesetz (§ 19 WHG) so beschaffen sein und so eingebaut, aufgestellt, unterhalten und betrieben werden, dass der bestmöglichste Schutz der Gewässer vor Verunreinigung oder sonstiger nachteiliger Veränderung ihrer Eigenschaften erreicht wird. Näheres wird in der „Verordnung über Anlagen zum Umgang mit wassergefährdenden Stoffen (AwSV)" geregelt.

Jute J. ist eine etwa eineinhalb bis zwei Meter lange Bastfaser, die aus den Stängeln der Corchorus-Pflanze gewonnen wird. Der Faserfarbton ist weißlich bis goldgelb, dabei stark seidenartig glänzend. An der Luft und besonders bei Einwirkung von Feuchtigkeit werden die Fasern dunkler, bisweilen tiefbraun. Jutefasern sind geschmeidig und neigen dazu, sich auszufasern. Die Gewinnung der Bastfasern erfolgt durch Wässerung der reifen Pflanzenstängel, durch Lösung, Spülung und Waschung im Wasser und abschließender Trocknung der Fasern. Durch ihre hohe Dehnfestigkeit mit niedriger Dehnbarkeit und Härte eignen sich Jutefasern besonders für die Herstellung grober, fester und widerstandsfähiger Garne und Gewebe. J.-Fasern lassen sich gut bleichen und färben, sind aber sehr empfindlich gegen Chlor und Mineralsäuren. J.-Fasern sind vollständig biologisch abbaubar, allerdings sehr fäulnisanfällig und streng riechend. →Naturfasertapeten, →Textiltapeten

Jutedämmplatten Da aus alten Kaffeesäcken produziert, sind J. ein Upcycling-Produkt. J. bestehen aus 5 bis 90 % Jutefasern, 8 bis 10 % biopolymerer Stützfaser aus PLA oder PET und 2 bis 5 % Soda als Brandschutzmittel. Die Wärmeleitfähigkeit beträgt zwischen 0,038 und 0,041 W/(m·K).

Jutetapeten →Naturfasertapeten, →Textiltapeten, →Tapeten

Juteteppich Häufig wird Jutegewebe als Trägermaterial für Teppich- und Linoleumböden verwendet. Bei den für Teppichböden verwendeten gesponnenen Garnen handelt es sich um spezielle Farbmelangen als 3-zweifach-Zwirn von höchster Drehung. Ähnlich wie bei →Kokosfasern und Sisal sind auch hier Farbabweichungen verschiedener Partien möglich. Bei Linoleum dient J. als Trägermaterial, auf das die Mischung der übrigen Rohstoffe aufkalandriert wird. Bei getufteten Teppichböden kommt das Gewebe auch als Doppel- oder Zweitrücken zum Einsatz, da es die horizontale Stabilität und die vertikale Dehnbarkeit erhöht und sich gut zum Verspannen eignet. Jutegewebe wird auch als textiler Zweitrücken bezeichnet. →Linoleum

K

Kabelisolierungen K. bestehen üblicherweise aus →Polyvinylchlorid (PVC), werden heute aber auch halogenfrei angeboten. Eine Beispielrezeptur für PVC-K. zeigt Tabelle K1.

Tabelle K1: Beispiel einer Rezeptur von PVC-Kabelmassen

Inhaltsstoff	Gewichts-%
PVC (K70)	42,0
Weichmacher (DINP/DEHP)	22,7
Tribase Bleisulfat	1,3
Bleistereat mit 28 % Blei	0,4
Calciumcarbonat	33,6

Bleistabilisatoren wurden weitestgehend durch Ca/Zn-Stabilisatoren ersetzt. In roten und gelben Kabeln können aber noch Bleipigmente enthalten sein. Die Zugabe von Flammschutzmittel wie 0,5 bis 2 M.-% Antimontrioxid oder 20 bis 30 % Aluminiumhydrat ist ebenfalls möglich. Die K. enthalten einen hohen Anteil an →Weichmacher (hauptsächlich →Phthalate), die in die Raumluft emittiert werden oder sich am Hausstaub anlagern. 11 % des gesamten PVC-Konsums werden in Europa für K. aufgewendet. Alternative Materialien für die Herstellung von K. wie →Polychloropren (CR, Chloropren-Kautschuk), chlorsulfoniertes Polyethylen (CSM) und Ethylentetrafluorethylen (ETFE) enthalten wie PVC →Halogene (Chlor oder Fluor). Halogenorganische Substanzen sind ökologisch problematisch, im Brandfall werden aus halogenierten K. giftige Gase wie polychlorierte →Dioxine und Furane freigesetzt. Halogenfreie K. sind z.B. auf der Basis von →Polyolefinen wie →Polyethylen oder Ethylen-Propylen-Copolymerisaten (Ethylen-Propylen-Kautschuk) aufgebaut. Die Ersatzprodukte enthalten außerdem im Gegensatz zu PVC-Kabeln keine Weichmacher. Da diese Kunststoffe leicht brennbar sind, werden →Flammschutzmittel zugesetzt, z.B. das unbedenkliche Aluminium- und Magnesiumhydroxid. Eine flammgeschützte halogenfreie K. weist gegenüber PVC-Kabeln im Brandfall eine stark verzögerte Brandweiterleitung auf.

Tabelle K2: Kabel- und Leitungstypen, die laut DIN-VDE-Normen zur Substitution der PVC-Typen geeignet sind

Typ PVC	Typ halogenfrei	Spannung	Verwendung
Kabel			
NYY NYCY	NHXHX NHXCHX	1 kV 1 kV	Innenraum, im Freien, in Beton (in Erde in Rohren)
NYSY NYSEY	(N)HXSH (N)HXSEH	6/10 kV	Innenraum, im Freien
N2XS2Y N2XSY	(N)2XSH	10/30 kV	Innenraum, im Freien, in Beton (in Erde in Rohren)
NYCY NYCWY	(N)2XCH	1 kV	Innenraum, im Freien
N2XY	N2XH	1 kV	Innenraum, im Beton, im Freien (in Rohren)
Leitungen			
NYM NO5VV	NHXMH	500 V	Innenraum, im Freien (geschützt), in Beton
NYMBY	(N)HXMBH	500 V	Innenraum, im Freien
HO7V-U HO7V-R HO7V-K	NHXA NHXAF	750 V	Verdrahtung, Verlegung in Rohren
NSGAÖU NSGAFÖU NSGAFCMÖU	NSHXA NSHXAF NSHXAFCM	1 – 6 kV	Schienenfahrzeuge, Omnibusse, trockene Räume, Verdrahtung

Tabelle K3: PVC-Alternativen für Kabel im Überblick (A = Aderisolation M = Mantel)

Kabel
Niederspannungskabel • Thermoplastische Elastomere (TPE) für A+M • Low Density Polyethylen (LDPE) für A+M • Polypropylen (PP) für A+M • Vernetztes Polyethylen (VPE) für A (Ethylenvinylacetat)
Starkstrom-Kabel • Vernetztes Polyethylen (VPE) für A • Ethylen-Propylen-Kautschuk (EPR) für A • Ethylen-Propylen-Terpolymer-Kautschuk (EPDM) für M • LDPE (Low Density Polyethylen) für M (Polypropylen Ethylvinylacetat)
Fernmelde- und Datenübertragungskabel • Polypropylen (PP) für A+M • Polyethylen (PE) für A+M
Zubehör
Elektrorohre (Hochbau) • Polyethylen (PE) • Polyphenylether (PPE) • Stahl
Kabelschutzrohre (Tiefbau) • Polyethylen (PE)
Kabelkanalsysteme • Div. halogenfreie Kunststoffe, z.B. Polyethylen (PE) • Stahl
Dosen, Aufputzgehäuse, Gehäuse etc. • Div. halogenfreie Kunststoffe, z.B. Polyethylen (PE) • Stahl

Kalk K. ist ein Sammelbegriff für alle möglichen kalkhaltigen Natursteine. Als K. wird sowohl der →Kalkstein (Calciumcarbonat) als auch der daraus durch Brennen hergestellte →Branntkalk (Calciumoxid) bezeichnet.
Der gebrannte Kalk wird nach verschiedenen Verfahren mit Wasser gelöscht. Das dabei entstehende →Kalkhydrat (Calciumhydroxid) wird als Bindemittel verwendet. Durch Reaktion mit dem Kohlendioxid der Luft entsteht beim Abbinden wieder Kalkstein (Calciumcarbonat). →Baukalke

Kalkfarben K. sind wässrige Aufschlämmungen von →Gelöschtem Kalk (Sumpfkalk oder Kalkhydrat, das vor der Verarbeitung ausreichend eingesumpft wurde). Sie dürfen kalkbeständige Pigmente bis zu 10 Gew.-% aufweisen (DIN EN 459-1 Baukalk – Teil 1). Dadurch sind nur pastellartige Farbtöne möglich. Mit Kunstharzbinder werden →Dispersionskalkfarben hergestellt, die als Ersatz für →Dispersionsfarben eingesetzt werden können. Durch Zusätze, wie →Kasein, Öl (z.B. →Leinölfirnis) oder Karbonatisierungshilfen (mineralische Pulver oder Feinsande), kann die Wischfestigkeit verbessert werden.
K. ergeben dampfdiffusionsoffene, wasser- und wetterfeste Anstriche, die auch größere Feuchtigkeits- und Temperaturschwankungen aushalten, aber auf Luftverschmutzung empfindlich reagieren. Schwefelwasserstoff in der Luft wandelt den Kalk (Calciumcarbonat) in Gips (Calciumsulfat) um, der durch den Regen abgewaschen wird. K. sind nicht wischbeständig. Die Verarbeitung ist im Vergleich zu anderen Farben arbeitsintensiv: K. sollten bei möglichst hoher Luftfeuchtigkeit in mehreren dünnen Schichten aufgetragen werden. Sie haften umso besser, je frischer und feuchter der Putz ist. Die Streichfähigkeit von K. ist ungewohnt, meist sind sie sehr dünnflüssig, Abhilfe kann Eindicken mit Xanthan schaffen. K. wurden an historischen Bauwerken weitgehend durch →Silikatfarben abgelöst.
→Kalk ist stark alkalisch und daher ätzend – beim Verarbeiten Haut- und Augenkontakt vermeiden. Kalk ist in ausreichenden Mengen lokal vorhanden. Die Zusätze →Kasein und →Leinöl werden aus natürlichen Rohstoffen gewonnen. K. enthalten keine problematischen Inhaltsstoffe wie Lösemittel und belasten daher die Raumluft nicht. Kalkanstriche wirken (zumindest zu Beginn der Nutzungsphase) desinfizierend sowie pilztötend. K. sind problemlos zu entsorgen.

Kalkgipsputze K. sind nicht wasserbeständige Innenputze aus 1 Raumteil Kalkteig oder →Kalkhydrat, 0,1 bis 0,2 Raumteilen →Stuckgips oder 0,2 bis 0,5 Raumteilen →Putzgipse und 3 bis 4 Raumteilen Sand. →Kalkputze, →Gipsputze

Kalkhydrat K. (Löschkalk, Calciumhydroxid) ist gelöschter →Branntkalk. Er wird in Form von Pulver oder Teig oder als Kalkmilch hergestellt. K. findet Verwendung für →Kalkmörtel, →Kalkputz und →Hydraulischen Kalk. →Baukalke
Der Großteil der Umweltbelastungen entsteht durch das energieintensive Brennen des →Kalk-

steins zu Branntkalk. Beim Brennvorgang werden Emissionen in die Atmosphäre frei, darunter Stickoxide (NO_x), Kohlenmonoxid (CO) und Kohlendioxid (CO_2). Die Emission von Schwefeloxid (SO_2) hängt vom eingesetzten Brennmaterial ab.
K. ist eine sehr starke Base und daher haut-, schleimhaut- und augenreizend. Fast alle Kalkarten enthalten außerdem geringe Mengen Chrom(VI) (sensibilisierend). Der häufige Umgang mit kalkhaltigen Produkten kann ein Hautekzem auslösen, das als Berufskrankheit anerkannt ist. Es ist ein ausreichender Schutz vorzusehen. Chrom(VI)-Verbindungen sind in der →Kandidatenliste Anhang XIV der REACH-Verordnung (EG) Nr. 1907/2006 und im Anhang XVII Nr. 28 - 30. Stoffe und Zubereitungen, die in den Verkehr gebracht werden und zum Verkauf an die breite Öffentlichkeit bestimmt sind, dürfen den Stoff nicht in einer Einzelkonzentration enthalten, wie sie in der Richtlinie 67/548/EWG bzw. Richtlinie 88/379/EWG angegeben ist.
K. hat gute Gebrauchseigenschaften und begünstigt das Innenraumklima. Er reguliert die Luftfeuchtigkeit, hat eine hohe →Sorptionsfähigkeit und Dampfdurchlässigkeit. K. nimmt während der Erhärtung Kohlendioxid aus der Luft auf und weist außerdem eine keimtötende Wirkung auf, die durch die Karbonatisierung abnimmt.

Kalk-Kaseinfarben K. sind →Kaseinfarben, die mit Kalk aufgeschlossenes Kasein als Bindemittel enthalten.

Kalkmergel Tonhaltiger Kalk, Ausgangsstoff für →Hydraulische Kalke.

Kalkmörtel K. dienen zur Herstellung von →Kalkputzen. Das Bindemittel bildet →Luftkalk, →Wasserkalk, →Hydraulischen Kalk oder →Hochhydraulischen Kalk. Für Luft- oder Wasser-K. dient Weißfeinkalk, →Dolomitkalk oder Wasserkalkhydrat als Bindemittel. →Kalkstein, →Mineralische Rohstoffe, →Branntkalk

Kalkputze Aus Kalkputzmörtel hergestellte Putzoberflächen. K. eignen sich zur Herstellung von Innenputzen. Im Außenbereich wird der Putz durch die Schwefeldioxidverunreinigungen der Außenluft angegriffen. Hydraulische und hochhydraulische K. sind widerstandsfähiger gegen Feuchtigkeit und haben höhere Festigkeiten als Luft- und Wasser-K. Sie kommen im Innen- und Außenbereich zur Anwendung. Zu den hochhydraulischen K. zählt der →Trasskalkmörtel.
K. regulieren die Luftfeuchtigkeit, weisen eine hohe →Sorptionsfähigkeit und Dampfdurchlässigkeit auf. K. nehmen während der Erhärtung Kohlendioxid aus der Luft auf und haben eine keimtötende Wirkung. Die Rohstoffe sind weit verbreitet und in ausreichender Menge vorhanden. K. können problemlos auf Inertstoffdeponien abgelagert werden.

Kalksandsteine K. sind natürlich vorkommende oder unter Dampfhärtung hergestellte →Sandsteine mit dem Bindemittel Kalk. Beispielrezeptur für industriell gefertigte K.: 88 M.-% Sand, 7 M.-% Branntkalk, ggf. bis zu 5 M.-% Recyclingmaterial aus der Produktion, ca. 5 M.-% Wasser. Die Rohstoffe werden intensiv miteinander gemischt. Durch Wasserzugabe löscht der Branntkalk zu →Kalkhydrat. Die Steinrohlinge werden in Pressen geformt. Im Autoklaven wird die Masse bei ca. 200 °C je nach Steinformat etwa vier bis acht Stunden gehärtet. Dabei wird durch heiße Wasserdampfatmosphäre Kieselsäure von der Oberfläche der Quarzsandkörner angelöst. Die Kieselsäure bildet mit dem Bindemittel Kalkhydrat kristalline Bindemittelphasen – die Calciumsilikathydraten(CSH)-Phasen –, welche auf die Sandkörner aufwachsen und diese fest miteinander verzahnen.
K. werden als Mauersteine, Vormauersteine und Verblender verwendet. Als Formate findet man alle gängigen Mauerstein-Formate: traditionelle, kleinformatige K. (Vollsteine, Lochsteine), Steine mit „Nut-und-Feder"-System und Plansteine ebenso wie großformatige K. und Bauplatten. Kalksandsteine sind vergleichsweise schwer (Rohdichte: 1.000 bis 2.200 kg/m^3) und sehr gut schalldämmend. Sie eignen sich besonders für mehrschichtige Außenwandkonstruktionen mit besonders gutem Wärmeschutz. K sind dampfdiffusionsoffen (μ-$Wert_{trocken/feucht}$ = 5/10). Spez. Wärmekapazität: 1,0 kJ/(kg·K).
K. sind Baustoffe mit einfacher Produktzusammensetzung und einfachem Herstellungsverfahren. Die Rohstoffe sind in ausreichender Menge vorhanden, bei der Gewinnung werden allerdings zwangsläufig lokale Umweltbelastungen verursacht (→Mineralische Rohstoffe, →Tagebau). Energiebedarf und Schadstoffemissionen bei der Herstellung sind vergleichsweise gering, K. zeigen gute Ergebnisse in Ökobilanzen. Während des Prozesses wird Kohlendioxid aus der Luft zum Abbinden aufgenommen. Produktionsabfälle können

wieder in den Herstellungsprozess zurückgeführt werden. Während Herstellung und Verarbeitung treten keine gesundheitlichen Belastungen auf. Die Wirkung auf das →Raumklima ist günstig. Kalksandsteine können gebrochen und wieder zu Kalksandsteinen verarbeitet werden. Die derart produzierten Steine haben ähnliche physikalische Eigenschaften wie Erstprodukte. Ansonsten ist gemahlener Kalksandsteinbruch als Zuschlagstoff für Betone geeignet. Die Beseitigung ist problemlos auf Inertstoffdeponien möglich.

Kalkspat K. (Calcit) ist ein natürlich vorkommendes Mineral; chemisch Calciumcarbonat (wie →Kreide). K. ist weit verbreitet und Hauptgemengeteil des dichten Kalksteins und des Marmors.

Kalkstein K. ist ein Sedimentgestein überwiegend organischen Ursprungs („organogener Kalkstein“) und kommt in fast allen geologischen Formationen vor. Die Zusammensetzung ist schwankend, z.T. mit anderen Mineralien gemischt. Je nach Gesteinsbezeichnung, Gefüge und Lagerstätte unterscheidet man z.B. Jurakalk, →Kalkspat, →Marmor, Kalktuff, →Kreide, Muschelkalke oder →Dolomit. Beim Brennen des Kalksteins bei ca. 1.000 °C entweichen das Kristallwasser und das im Kalk enthaltene Kohlendioxid, es entsteht →Branntkalk (Calciumoxid).

K. wird für Fliesen (Wände und Böden), Treppenstufen, Fensterbänke und Abdeckplatten weiterhin als Rohstoff für Bausteine und Bindemittel (→Kalk, →Baukalk) verwendet.

K. wird überwiegend im →Tagebau gewonnen. Da K. weit verbreitet ist, sind die Transportwege meist kurz und die Ressourcen noch auf lange Zeit gesichert. Er weist in der Regel nur geringe Radioaktivität auf, außer evtl. bei höheren Mergelgehalten oder bei Trasskalk (→Radioaktivität von Baustoffen). →Mineralische Rohstoffe

Kalksteinmergel →Kalkmergel

Kalkzementmörtel K. wird aus 1,5 Raumteilen Kalkteig oder 2 Raumteilen →Kalkhydrat, 1 Raumteil →Zement und 9 bis 11 Raumteilen Sand hergestellt. Er wird für Kalkzementputz (Innen- oder Außenputz) und Mauermörtel verwendet.

Durch die Zugabe von Zement ist die Herstellung von K. aufwendiger als jene von →Kalkmörteln oder →Trasskalkmörteln. Beim Umgang mit zementbasierendem K. müssen aufgrund der Alkalität und der mechanischen Reibwirkung Schutzmaßnahmen getroffen werden (feuchtigkeitsdichte Handschuhe, Hautschutzmaßnahmen). Da die Reduktionsmittel zur Herabsetzung des Chromatgehalts im Zement begrenzte Wirkungsdauer haben, ist das Verfallsdatum unbedingt zu beachten. →Kalkstein, →Mineralische Rohstoffe

Kalkzementputze K. werden aus →Kalkzementmörtel hergestellt und als Innen- und Außenputz eingesetzt. →Kalkputze, →Zementputze

Kaltdach Das K. (belüftetes Dach) ist die traditionelle Ausführung des Steildachs mit Be- und Entlüftung über der →Wärmedämmung. Bei nicht ausgebautem Dachboden kann der gesamte Dachraum zur Lüftung der auf dem Boden liegenden Wärmedämmung dienen. Bei bewohnten Dachräumen wird die Dachkonstruktion gedämmt. Dadurch wird eine zweite Lüftungsebene z.B. durch Anordnung eines Unterdachs zwischen Wärmedämmung und →Dachdeckung erforderlich. Die Lüftungsebenen befinden sich dann über und unter dem Unterdach. In der ersten Lüftungsebene (Luftspalt von min. 2 cm zwischen Dämmung und Unterdach) wird der durch die Wärmedämmung diffundierte Wasserdampf abgeführt. Voraussetzung für die Wirksamkeit eines K. sind ausreichend bemessene Belüftungsquerschnitte mit hindernisfreien Belüftungswegen. Die Luftzirkulation wird gewährleistet durch Öffnungen an First und Traufe. Damit die Hinterlüftung funktioniert, muss insbesondere im Bereich von Anschlüssen an Schornstein, Dachfenster oder Gauben sehr sorgfältig gearbeitet werden. Im Brandfall hat die Hinterlüftung den Nachteil, dass sie durch Kaminwirkung das Feuer zusätzlich anfacht. Obwohl die K.-Ausführung auch für Flachdächer gut geeignet ist, werden diese meist als Warmdach ausgeführt.

Kaltselbstklebebahnen →Bitumen-Kaltselbstklebebahnen

Kanada-Asbest K. ist eine Handelsbezeichnung für kanadischen →Chrysotil-Asbest. →Asbest

Kandidatenliste (kurz für: Candidate List of substances of very high concern for Authorisation) Eines der Ziele der →REACH-Verordnung ist es, die Verwendung der für Mensch und Umwelt gefährlichsten Stoffe möglichst zu vermeiden, indem sie verboten und durch weniger problematische Stoffe ersetzt werden. Diese Stoffe werden „besonders besorgniserregende Stoffe“ genannt, im Englischen →SVHC (substances of very high concern). Wird ein solcher Stoff in den Anhang XIV der REACH-VO aufgenommen, ist eine weitere Verwendung nur möglich, wenn für einzelne Anwendungen eine Zulassung erteilt wurde. Dieses Vorgehen soll dazu dienen, die Gefahren für Mensch und Umwelt zu reduzieren, die von diesen Stoffen ausgehen.

In einem ersten Schritt zeigt ein EU-Mitgliedsstaat oder die ECHA auf, dass ein Stoff solche besonders besorgniserregenden Eigenschaften aufweist. Dies wird zunächst in einem Kommentierungs- und Konsultationsverfahren überprüft. Bestätigt der Ausschuss diese Eigenschaften einstimmig, nimmt die ECHA den Stoff in die sog. Kandidatenliste auf. Erst durch die Aufnahme in diese Liste wird der Stoff offiziell zu einem SVHC-Stoff. REACH Art. 57 und der zugehörige Anhang XIII listet jene Kriterien auf, die ein „Kandidatenstoff" erfüllen muss. Diese Stoffe sind entweder karzinogen, mutagen und/oder reproduktionstoxisch (→CMR, Kategorien 1A oder 1B) oder persistent, bioakkumulativ und toxisch (pbt) oder sehr persistent und sehr bioakkumulativ (vpvb) oder zeigen mehrere dieser Eigenschaften. Zusätzlich können Stoffe als SVHC eingestuft werden, wenn von ihnen vergleichbare Gefahren wie oben genannt ausgehen („equivalent level of concern"). Die K. wird i. d. R. zweimal im Jahr ergänzt.

Entscheidend für die Aufnahme in die K. sind die Stoffeigenschaften. Produktionsmengen und Verwendungen spielen bei der Betrachtung keine Rolle. Nach Aufnahme in die K. ergeben sich für Hersteller und Verwender in der Lieferkette ihrer gewerblichen Kunden Informationspflichten, wenn einer der Stoffe der K. in einem Erzeugnis in einer Konzentration von mehr als 0,1 % enthalten ist. Darüber hinaus haben VerbraucherInnen hier bereits die Möglichkeit, beim Verkäufer vor ihrer Kaufentscheidung Informationen einzufordern (z.B. mit Musterbriefen). Die Inverkehrbringer sind innerhalb von 45 Tagen zur Antwort verpflichtet. Alternativ zu einer schriftlichen Anfrage mit Musterbrief können auch Apps genutzt werden, in denen die Verbraucher die Nummer unter dem Barcode angeben und auf einem Onlineformular abschicken. Dieses Auskunftsrecht gilt für SVHC-Stoffe in Erzeugnissen, umgangssprachlich Gegenständen, nicht für Stoffe oder Gemische. Für Produkte, bei denen andere gesetzliche Regelungen greifen, wie Arzneimittel oder Pflanzenschutzmittel, gilt diese Auskunftspflicht nicht.

Erst nach weiteren Prüfungen, in denen auch die Anwendungen der Stoffe und die Einsatzmengen berücksichtigt werden, können die Kandidatenstoffe schließlich in den Anhang XIV der REACH-Verordnung aufgenommen werden. Dies ist die Liste jener Stoffe, die einer Zulassungspflicht unterworfen werden. Ab einem für jeden Stoff individuell festgesetzten Datum (dem „sunset date") ist es dann verboten, diese Stoffe in Europa auf den Markt zu bringen und zu verwenden.

Ziel dieser Vorgehensweise ist es, schrittweise aus der Verwendung besonders besorgniserregender Stoffe auszusteigen und geeignete Alternativstoffe oder andere Technologien einzusetzen. Mit der Aufnahme eines Stoffes in den Anhang XIV muss jedes Unternehmen, das solch einen Stoff dennoch auf den Markt bringen oder verwenden will, für jede Verwendung eine Zulassung beantragen. Die EU-Kommission entscheidet, ob eine (zeitlich begrenzte) Zulassung erteilt wird oder nicht. Der Antragsteller muss in seinem Antrag zeigen, dass entweder die noch bestehenden Risiken angemessen beherrscht werden oder bei Stoffen ohne Wirkungsschwelle ist zu belegen, dass es für die beantragte Verwendung keine Ersatzstoffe gibt und der Nutzen für die Gesellschaft die Risiken überwiegt. Hierzu ist eine sog. sozio-ökonomische Analyse durchzuführen.

Trotz K. und Zulassungspflicht von besonders besorgniserregenden Stoffen bleibt der Grundsatz der REACH-VO unangetastet, dass die Verantwortung sowohl für die Risikobewertung von Stoffen als auch für die Definition der Kontrollmaßnahmen bei den Unternehmen liegt. Hersteller, Importeure und nachgeschaltete Anwender müssen die sichere Verwendung jedes ihrer hergestellten oder verwendeten Stoffe über den gesamten Lebensweg gewährleisten.

Umweltverbände kritisieren, dass bisher zu wenige Stoffe mit besonders besorgniserregenden Eigenschaften in die K. aufgenommen wurden (174/2017). In den Anhang XIV gelangten sogar nur 31 Stoffe (2016). Es wird vermutet, dass mindestens 2.000 Stoffe Eingang in die K. und wahrscheinlich auch in den Anhang XIV finden müssten. Im Rahmen einer sog. „SVHC-Roadmap" haben sich die EU-Mitgliedsstaaten verpflichtet, bis zum Jahr 2020 alle Stoffe, die die SVHC-Kriterien erfüllen, auf die K. zu bringen. Darüber hinaus gibt es bei einzelnen Stoffen berechtigte Kritik an der konsequenten Anwendung des Instrumentariums. So ist

das Flammschutzmittel →HBCD in →EPS-Platten nach langer Diskussion über die K. bereits 2013 in den Anhang XIV aufgenommen worden. Die Verwendung des Stoffes wurde trotzdem noch einmal für ein halbes Jahr verlängert, was mit wirtschaftlichen Gesichtspunkten begründet wurde, obwohl geeignete Ersatzstoffe zur Verfügung stehen.
Darüber hinaus gibt es weitere Wirkungskategorien von Stoffen, die mit den bisher verwendeten Kriterien noch nicht ausreichend erfasst sind, z.B. hormonell wirksame Stoffe, sensibilisierende und neurotoxische Stoffe. Hier gibt es die Möglichkeit, diese Stoffe als „ähnlich besorgniserregend" einzustufen (s.o.) und dadurch auf die Kandidatenliste zu bringen.
Neben dem Zulassungsverfahren existiert in REACH das Instrument der Beschränkung, das es bereits in der →Chemikalien-Verbotsverordnung gab. Während bei ersterem Verfahren alle Verwendungen verboten sind und für einzelne Verwendungen eine Zulassung beantragt werden kann, sind bei letzterem alle Verwendungen erlaubt – mit Ausnahme jener, die einer Beschränkung unterworfen sind. Die Stoffe, für die es solche Beschränkungen gibt, werden im Anhang XVII der REACH -VO genannt. Auch bei den Beschränkungen wird eine sozio-ökonomische Analyse in die Entscheidungsfindung einbezogen. In ihr werden die Risiken eines Stoffes und die wirtschaftlichen und sozialen Folgen einer angestrebten Regulierung beurteilt.

Kandidatenliste der ECHA Die Identifizierung von Stoffen als besonders besorgniserregende Stoffe (substances of very high concern, →SVHC) sowie ihre Aufnahme in Anhang XIV der →REACH-Verordnung durchläuft ein mehrstufiges Verfahren. Zunächst werden die Stoffe, die von den Mitgliedstaaten und der Kommission vorgeschlagenen sind, in eine sogenannte Kandidatenliste aufgenommen und ein umfangreiches Konsultationsverfahren eingeleitet. Stoffe, die auf der Kandidatenliste stehen, dürfen weiter hergestellt, verwendet oder in den Verkehr gebracht werden. jedoch bestehen für Hersteller oder Importeure eines Stoffes Informationspflichten (Artikel 7(2) und 33 REACH-VO). Die Entscheidung über die Aufnahme in den Anhang XIV erfolgt im Komitologieverfahren. Nach Aufnahme in diesen Anhang unterliegen die Stoffe jedoch einer Zulassungspflicht und dürfen erst dann in den Verkehr gebracht und verwendet werden, wenn sie für die jeweilige Verwendung zugelassen wurden. Besonders besorgniserregend sind gemäß REACH-Verordnung (Art. 57) Stoffe mit folgenden Eigenschaften: →CMR-Stoffe (Kategorie Carc. 1A oder 1B, Kategorie Muta. 1A oder 1B bzw. Kategorie Repr. 1A oder 1B), →PBT-Stoffe (persistente, bioakkumulierbare und toxische Stoffe), →vPvB-Stoffe (sehr persistente und sehr bioakkumulierbare Stoffe), Stoffe, die im Einzelfall Anlass zu vergleichbarer Besorgnis geben (z.B. endokrinen Eigenschaften).

Kanzerogen Krebserzeugend. →K-Stoffe, →CMR-Stoffe, →CLP-Verordnung

Kanzerogenitätsindex Der K. (KI) gem. TRGS 905 ist eine Kennzahl zur Beschreibung der kanzerogenen Potenz von lungengängigen glasigen →WHO-Fasern. Er stellt eine Korrelation zwischen der chemischen Zusammensetzung und der Biobeständigkeit der Fasern her:
$KI = Na_2O\ [\%] + K_2O\ [\%] + B_2O_3\ [\%] + CaO\ [\%] + MgO + BaO\ [\%] - 2 \times Al_2O_3\ [\%]$
Die Bewertung der lungengängigen glasigen WHO-Fasern erfolgt gemäß TRGS 905 nach den Kategorien für krebserzeugende Stoffe, früher in Anhang VI Nr. 4.2.1 der Richtlinie 67/548 EWG und jetzt nach Anhang VI der Verordnung (EG) 1272/2008 über die Einstufung, Kennzeichnung und Verpackung von Stoffen und auf der Grundlage des KI wie folgt:
a) Glasige WHO-Fasern mit einem $KI \leq 30$ werden in die Kategorie 2 (krebserzeugend) eingestuft
b) Glasige WHO-Fasern mit einem $KI > 30$ und < 40 werden in Kategorie 3 (krebsverdächtig) eingestuft
c) Für glasige WHO-Fasern erfolgt keine Einstufung als krebserzeugend, wenn deren $KI \geq 40$ beträgt („Freizeichnung").

Die Formel für den KI führt allerdings nicht in allen Fällen zu einer richtigen Einstufung von glasigen WHO-Fasern. Der Nachweis/Ausschluss einer krebserzeugenden Wirkung von Fasern kann auch durch tierexperimentelle Untersuchungen erfolgen. →Glaswolle →Künstliche Mineralfasern, →CMR-Stoffe

Kaolin K. ist ein natürliches Tonmineral (Porzellanerde) und wird vor allem als Füllstoff verwendet.

Kapasbest K. ist die Handelsbezeichnung für →Krokydolith-Asbest aus Südafrika. →Asbest

Kapillaraktive Dämmplatten K. sind Dämmplatten, die über eine hohe →Kapillarleitfähigkeit und einen relativ niedrigen →Dampfdiffusionswiderstand verfügen. Bei Feuchteüberschuss können K. die Feuchtigkeit durch die kapillaraktive Wirkung gleichmäßig in der Platte verteilen. Dadurch werden Tauwasserbildung und überhöhte relative Feuchte hinter der Dämmung während der Sommermonate verhindert. Die Platten können bis zur vollständigen Sättigung durchfeuchtet werden und bei wechselnden Klimabedingungen und vernünftiger Lüftung ohne Format- und Qualitätsverlust wieder austrocknen. Aufgrund dieser Eigenschaften eignen sich K. zur Innendämmung ohne Einsatz von →Dampfbremsen oder -sperren für Projekte, die z.B. aus Denkmalschutz-Gründen keine außenseitige Dämmung zulassen. Voraussetzung ist eine dauerhafte, kapillare Verbindung zwischen der Dämmplatte und dem Untergrund. Als Material kommt hauptsächlich zellstoffverstärktes Calcium-Silikat zum Einsatz (→Calciumsilikatplatten), aber auch spezielle →Holzweichfaserplatten und →Cellulose-Dämmplatten zeigen kapillar aktive Eigenschaften. K. haben gute Ergebnisse bei der Sanierung feuchten Mauerwerks, der Innendämmung und der Hausschimmelbekämpfung vorzuweisen. Trotzdem darf nicht übersehen werden, dass die Innendämmung eine bauphysikalische Herausforderung darstellt und die Bauphysik insgesamt stimmen muss. Untersuchungen zeigten z.B. eine wichtige Wechselwirkung zwischen Witterungsschutz und Innendämmung. Die Beratung durch Experten wird daher bei einer Innendämmung jedenfalls empfohlen.

Kapillare Wasserkapazität Der Feuchtegehalt von Baustoffen kann als Prozentangabe bezogen auf die Trockenmasse oder auf das Volumen ausgedrückt werden. Ein Kennwert für den Feuchtegehalt von Baustoffen ist die K. Sie bezeichnet die maximal aufgenommene Wassermenge bezogen auf das Volumen oder die Masse des Probekörpers in l/m^3 bzw. kg/m^3.

Kapillarleitfähigkeit Baustoffe mit Porengefüge (→Lehm, Baustoffe aus →Nachwachsenden Rohstoffen, →Ziegel usw.) können Wasser über →Kapillarleitungen transportieren (s.a. →Feuchtetransport). Ausgedrückt wird die K. eines Baustoffs durch den w-Wert in $kg/(m^2h^{0,5})$. Anschaulich gibt der w-Wert an, wie viel Kilogramm Wasser der Baustoff in der ersten Stunde der Nässung aufnimmt. Die aufgesaugte Wassermenge sinkt, je länger die Oberfläche mit Wasser in Berührung ist. Der w-Wert ist z.B. für Putze in Zusammenhang mit Schlagregenbeanspruchung ein wichtiger Kennwert. Außerdem charakterisiert der w-Wert, wie gut sich zeitweilige örtliche Anreicherungen von Feuchtigkeit im Baustoff ausgleichen können (s.a. →Kapillaraktive Dämmplatten).

Kapillarleitung Unter K. ist der Transport von Wasser in flüssiger Form über die Kapillaren poröser Baustoffe zu verstehen. Die K. wird durch Kräfte, die durch die Oberflächenspannung von Wasser in engen Poren entstehen, ausgelöst. Die K. wirkt in alle Richtungen von feucht nach trocken, d.h. auch entgegen der Schwerkraft.

Kasein K. ist als natürlicher Käsestoff in der Milch enthalten. Mit Lab wird es aus der Magermilch ausgefällt, wodurch Magerquark entsteht (K.-Gehalt 11 %). K. enthält mehr als 20 Aminosäuren. Es wird für →Kaseinfarben und →Kaseinklebstoffe eingesetzt. Die Bindekraft erhält K. durch den Zusatz von Kalk, Alkalien oder alkalisch wirkenden Salzen, wobei ein Kaseinleim von sehr großer Festigkeit entsteht.
K.-haltige Materialien können das geruchs- und geschmacksintensive o-Aminoacetophenon emittieren, das durch Abbau der Aminosäure Tryptophan entsteht. Dieser Stoff verursacht auch den typischen Geschmack von alter Kondensmilch.

Kaseinfarben K. sind Wand- und Deckenfarben für den Innenbereich. Das Bindemittel →Kasein wird aus Magerquark, der mit Borax oder Kalk aufgeschlossen wird, hergestellt. K. sind nicht auf die „Superweißkraft" des ökologisch aufwendig hergestellten →Titandioxids angewiesen: Die Zugabe von Kreide oder anderen weißen Erden genügt, um einen reinweißen Farbton (gedämpftes Altweiß) zu erreichen. Da Kaseinleime im alkalischen Milieu liegen, eignen sich zur Farbgebung vorwiegend Erd- und Mineralpigmente. Als Antiabsetz- und Quellmittel können →Kieselgur und Porzellanerde zugegeben sein. Die Zugabe von Öl (z.B. Sonnenblumenöl) kann die Nassabriebbeständigkeit erhöhen. Angerührte K. verderben relativ schnell, die meisten Naturfarbenhersteller bieten K. daher als →Pulverfarbe zum Anrühren an. Im ausgetrockneten Zustand bieten die Aufschlussmittel Borax und Kalk einen guten Schutz gegen Pilz- und Bakterienbefall. K. dürfen kurzzeitig nass werden und trocknen danach ohne Schäden aus.

K. sind am verarbeitungsfreundlichsten, wenn sie frisch sind. Durch längeres Stehen, wie auch durch langes Rühren, werden sie dünnflüssig. Während der Verarbeitung sind K. durchscheinend. Sie trocknen sehr schnell und ergeben einen sehr gut deckenden, hoch wisch- bis waschfesten diffusionsoffenen Anstrich. →Kalk-Kaseinfarben vernetzen das Kasein besser als Borax und setzen die Wasserfestigkeit nicht herab. Sie sind auch für die Anwendung im Außenbereich geeignet.
K. bestehen aus ausreichend verfügbaren, natürlichen Rohstoffen. Die Herstellung ist vergleichsweise umweltfreundlich, wenn die nährstoffreichen Abwässer der Kaseinproduktion ordnungsgemäß behandelt werden. Pulverförmige K. enthalten weder Lösemittel noch Konservierungsstoffe und sind daher auch für Menschen mit Allergien eine gute Alternative (wenn sie mögliche sonstige Naturstoffallergien beachten). Bei der Verarbeitung weisen K. einen typischen Geruch auf, der in trockener Umgebung mit der Zeit verschwindet. Mit gesundheitsgefährdenden Emissionen in die Raumluft ist nicht zu rechnen. K. sind problemlos zu entsorgen, sie sind zum Teil sogar kompostierbar.

Kaseinklebstoffe K. sind →Natur-Klebstoffe, die auf dem natürlichen Bindemittel →Kasein, das mit Kalkhydrat aufgeschlossen ist, basieren. Kaseinbinder haben eine sehr gute Klebkraft und wurden schon im Mörtel für Burgen und Stadtmauern eingesetzt. Als Füllstoffe kommen Marmorgrieß, →Talkum und Porzellanerde zum Einsatz. Zur Erhöhung der Anfangsklebkraft und Elastizität kann dem K. Leinölfirnis zugesetzt werden. K. eignen sich zum Verkleben von →Kork, →Linoleum und feuchteunempfindlichen Naturfaserteppichen. Bei letzteren und bei Holzverklebungen ist das Anlegen von Probeflächen ratsam. Spezielle K. eignen sich auch zum Verkleben von keramischen und Natursteinfliesen (→Fliesenklebstoffe). K. können sogar als Klebstoffe für tragende Holzbauteile (EN 12436) eingesetzt werden. K. werden als Klebstoffpulver angeboten, mit Wasser angerührt, mit einer glatten Spachtel aufgebracht und mit einer Zahnspachtel aufgekämmt. Nach dem Trocknen ist der K. wieder völlig wasserfrei und bedarf somit keiner Konservierungsstoffe. Auch Lösemittel müssen nicht eingesetzt werden.

Kaseintempera Wird zur →Kaseinfarbe Öl zugemischt, entsteht eine Öl-Wasser-Emulsionsfarbe (→Temperafarbe). Kasein dient dabei als Emulgator. Kleine Ölzugaben verbessern die Streichfähigkeit und Verarbeitungsqualität der Farbe. Je mehr Leinölfirnis zugegeben wird, desto mehr nähert man sich schließlich einer →Ölfarbe an.

Kastanie Überbegriff für eine Gattung, welcher 12 Arten zugeordnet werden können. Das Hauptverbreitungsgebiet ist die gemäßigte Klimazone. →Edelkastanie, →Rosskastanie

Kautschuk Kautschuk ist die Sammelbezeichnung für elastische →Polymere, aus denen Gummi hergestellt wird. →Naturkautschuk, →Synthesekautschuk

Kautschukbeläge →Gummi-Bodenbeläge

Kautschuk-Dichtungsbahnen K. ist die gebräuchliche Bezeichnung für Elastomerbahnen. Sie sind eine Untergruppe der →Kunststoff-Dichtungsbahnen. Die Elastizität kommt bei K. durch den Werkstoff selbst zustande, eine Zugabe von Weichmachern ist nicht erforderlich. Wichtige K. für den Flachdachbereich sind →EPDM-Dichtungsbahnen.

Kautschuk-Klebstoffe K. gibt es auf Basis von synthetischem Latex (→Synthesekautschuk-Klebstoffe) und auf Naturkautschukbasis (→Naturkautschuk-Klebstoffe).

KBE →Koloniebildende Einheit, →Schimmelpilze

Keramikfasern K., auch als Aluminiumsilikatwolle (refractory ceramic fiber, RCF) oder Aluminiumsilikatfasern bekannt, sind silikatische Fasern mit amorpher Struktur, die durch Schmelzen einer Kombination von Aluminiumoxid und Siliciumdioxid, üblicherweise im Gewichtsverhältnis 50:50, oder durch Schmelzen von kaolinhaltigem Ton hergestellt werden. K. gehören zur Gruppe der →Künstlichen Mineralfasern (KMF). Definition nach EU-Richtlinie 97/69/EG: Künstlich hergestellte, ungerichtete, glasige (Silikat-)Fasern mit einem Anteil an Alkali- und Erdalkalimetalloxiden ($Na_2O + K_2O + CaO + MgO + BaO$) von ≤ 18 %.
K. werden aus der Schmelze über Spinn- und Blasverfahren hauptsächlich aus Tonerde und Quarzsand hergestellt. Sie haben eine sehr gute Temperaturbeständigkeit (bis 1.600 °C). K. werden vorwiegend im industriellen Ofen- und Anlagenbau, in der Stahlindustrie sowie im Brandschutz eingesetzt. Im Baubereich haben K. nur geringe Bedeutung. Sie werden z.B. als feuerfestes Dichtmaterial in Türisolierungen und Deckensystemen verwen-

det. Darüber hinaus kamen K. in Wohngebäuden in Gasthermen, Heizkesseln, Türöffnungen von Kachelöfen und in Glaskeramikkochfeldern zum Einsatz. Die meist schneeweißen Produkte enthalten oft keinerlei Bindemittel und bestehen zum größten Teil aus lungengängigen Fasern. Der mittlere Faserdurchmesser der K. liegt zwischen 1 und 3 µm. Der Anteil Fasern mit kritischer Geometrie in den Produkten (< 3 µm) beträgt bis etwa 80 %. Im Zusammenwirken mit einer hohen Beständigkeit im biologischen Gewebe ergibt sich für Keramikfasern eine krebserzeugende Potenz, die der von Asbestfasern nahekommt. K. zeigen jedoch im Gegensatz zu Asbestfasern keine Längsspaltung. Beim Einsatz rekristallisieren die K. zu Cristobalit, einer Abart des →Quarzes. Dadurch werden die Fasern brüchiger, was zu einer höheren Staubentwicklung bei der Handhabung führt. Neben der krebserzeugenden Wirkung der K. ist bei temperaturbeanspruchten Produkten auch die Entstehung von Quarzstaub zu beachten (→Silikose).

EU-GHS-Einstufung nach Verordnung (EG) 1272/2008: Karzinogenität, Kategorie 1B; H350i, Kann bei Einatmen Krebs erzeugen. Anmerkung R: Die Einstufung als karzinogen ist nicht zwingend für Fasern, bei denen der längengewichtete mittlere geometrische Durchmesser abzüglich der zweifachen Standardabweichung größer ist als 6 µm.

Empfehlung der MAK-Kommission: Krebserzeugend: Kategorie 2 (Stoffe, die als krebserzeugend für den Menschen anzusehen sind, weil durch Ergebnisse aus Tierversuchen davon auszugehen ist, dass sie einen nennenswerten Beitrag zum Krebsrisiko leisten. Positive Inhalationsversuche).

→REACH-Verordnung (EG) Nr. 1907/2006 Anhang XVII, Nummer 28, Nummer 29 bzw. Nummer 30: Der Stoff darf nicht in Verkehr gebracht oder verwendet werden als Stoff, als Bestandteil anderer Stoffe oder in Gemischen, die zum Verkauf an die breite Öffentlichkeit bestimmt sind, wenn die Einzelkonzentration des Stoffs oder Gemischs die Konzentrationsgrenzwerte nach →CLP-Verordnung erreicht oder übersteigt. Beim Inverkehrbringen für gewerbliche Anwender muss der Lieferant gewährleisten, dass die Verpackung mit der Aufschrift „Nur für gewerbliche Anwender" versehen ist. Weitere Einzelheiten sind der Verordnung zu entnehmen.

Grundsätzlich ist für alle KMF-Abfälle eine grundlegende Charakterisierung gem. §8 Abs. 1 i.V. mit Abs. 2 DepV vorgeschrieben. Um in den Anwendungsbereich der POP-Abfall-ÜberwV zu fallen, sind gem. §2 der Verordnung nachfolgende Voraussetzungen notwendig:

§2 a) Abfälle müssen aus POP bestehen, diese enthalten oder durch sie verunreinigt sein

§2 b) Überschreitung der Grenzwerte der Verordnung (EG) Nr. 850/2004

§2 c) Einstufung nach AVV als nicht gefährlich

§2 d) Zuordnung der Abfallart zu den unter d) aufgeführten Abfallschlüssel, hier ggfs. relevant AVV 170604/ 170904

Eine Überprüfung der Abfälle ist demnach für eine entsprechende Zuordnung zur Entsorgung erforderlich.

Grundsätzlich sind Abfälle, die K. enthalten, gem. AVV in mehrere Gruppen untergliedert:

1) Abfälle von KMF mit Herstellungsdatum vor dem 1.10.2000 (AVV 170603*), dazu zählt „anderes Dämmmaterial, das aus gefährlichen Stoffen besteht oder solche enthält"

2) Abfälle von KMF ab dem 1.10.2000 (und ohne andere gefährliche Bestandteile), dazu zählt Dämmmaterial mit Ausnahme desjenigen, das unter 170601 oder 170603 fällt.

3) Baumischabfall AVV 170903* mit gefährlichen Stoffen

4) Baumischabfall AVV 170904 ohne gefährliche Stoffe

Keramische Fliesen K. werden eingeteilt nach dem Herstellungs- und Formgebungsverfahren sowie der Wasseraufnahme. Steinzeugfliesen haben z.B. eine Wasseraufnahme unter 2 %, Steingutfliesen von mehr als 10 %. Die Herstellung erfolgt trockengepresst oder stranggezogen. Die Höhe der Brenntemperatur bestimmt die Dichte des Scherbens und damit die Wasseraufnahme (Frostbeständigkeit). Je nach Ausgangsmaterial und Brenntemperatur erhält man Irdengut oder Steingut, das unterhalb, und Sinterzeug oder Steinzeug, das oberhalb der Sintergrenze gebrannt wurde. Rohmaterial für K. sind Feldspat, →Ton, →Kaolin, →Quarzsand (für Fliesen mit hoher Wasseraufnahme: →Kreide). K. werden mithilfe von →Fliesenklebstoffen im →Dünn-, →Mittel- oder →Dickbettverfahren verlegt.

K. werden nach ihrer Abriebfestigkeit gem. DIN EN 176 klassifiziert von Gruppe I (geringste Abriebfestigkeit) bis Gruppe V (höchste Abriebfestigkeit):

- Abriebgruppe I: Fliesen der Abriebgruppe I eignen sich als Belag für leicht beanspruchte Böden, die vorwiegend mit weich besohltem Schuhwerk begangen werden und keiner kratzenden Verschmutzung standhalten müssen. Hierzu zählen die Schlaf- und Sanitärräume im privaten Wohnbereich mit niedriger Begehungsfrequenz. Produkte dieser Beanspruchungsgruppe sind jedoch heute nur noch selten im Angebot.
- Abriebgruppe II: Fliesen der Abriebgruppe II widerstehen der Beanspruchung durch normales Schuhwerk unter geringer Einwirkung kratzender Verschmutzung und bei geringer Begehungsfrequenz. Einsatzbeispiele: privater Wohnbereich außer Küchen, Treppen, Terrassen und Loggien.
- Abriebgruppe III: Bei mittlerer Begehungsfrequenz im gesamten Wohnbereich einsetzbar sind glasierte Steinzeugfliesen der Gruppe III, die auch auf Balkonen verlegt werden können.
- Abriebgruppe IV: Noch stärker beanspruchbar sind Fliesen der Gruppe IV. Sie widerstehen der Beanspruchung durch normales Schuhwerk unter Einwirkung von hereingetragenem Schmutz auch bei stärkerer Begehungsfrequenz und eignen sich so ohne jede Einschränkung für den Einsatz im privaten Wohnungsbau wie auch öffentlichen Gebäuden sowohl innen als auch außen.
- Abriebgruppe V: Für Anwendungsbereiche mit sehr starkem Publikumsverkehr stehen Fliesen der Abriebgruppe V mit sehr hohem Verschleißwiderstand zur Verfügung. Sie werden in erster Linie in Ladenlokalen, Hotels, Gastronomiebetrieben und ähnlichen Bereichen eingesetzt.

Die Herstellung von K. ist im Vergleich zur Herstellung anderer Bodenbeläge mit einem hohen Energiebedarf verbunden. Je höher die Brenntemperatur und je länger die Brenndauer, desto höher ist der Energieaufwand. Die Emission von Schadstoffen und der Primärenergiebedarf sind je nach technischem Stand des Herstellerwerkes und Qualität des Ton-/Lehmgemisches sehr unterschiedlich, tendenziell aufgrund des Brennprozesses aber eher hoch. Insbesondere werden Schwefeldioxid und Fluorwasserstoff, das auf Pflanzen toxisch wirken kann, freigesetzt. Diesen Umweltbelastungen aus der Herstellung steht eine sehr lange technische Lebensdauer gegenüber. Wenn die Fliesen mit emissionsarmen Fliesenklebstoffen verlegt wurden, sind keine Schadstoffemissionen während der Nutzung zu erwarten. Gelegentlich können K. erhöhte radioaktive Eigenstrahlung aufweisen (→Radioaktivität von Baustoffen). Die Deponierung erfolgt auf Inertstoffdeponien. →Steingutfliesen, →Irdengutfliesen, →Steinzeugfliesen, →Klinker

Keramische Spaltplatten →Klinker

Kernholz K. ist der verkernte innere Holzteil von Kernholzarten. K. ist ringförmig vom Splintholz umgeben und im Wachstum abgeschlossen. Der Wassergehalt ist im Vergleich zu →Splintholz gering. K. ist von hoher Festigkeit, Dichte und Dauerhaftigkeit und wird daher bevorzugt als Bauholz (z.B. Fenster) verwendet.

Tabelle K4: Typen der Verkernung (Kernholz)

Verkernungstyp	Differenzierungsmerkmal	Baumart
Helle Verkernung	Zwischen Kern und Splint farblich kein Unterschied vorhanden	Tanne, Fichte, Birke, Buchsbaum, Weide, Linde
Verzögerte Verkernung	Verkernung erfolgt meist sehr spät im hohen Baumalter	Hagebuche, Ahorn, Erle, Rosskastanie
Fakultative Verkernung [Falschkern]	Auslösung durch exogene Faktoren, z.B. Verletzungen, Pilz- und Insektenbefall, Frost Verkernung erfolgt schubweise, bilden Falschkern Farblich wenig homogene Struktur	Buche, Erle, Esche, Pappel
Obligatorische Verkernung [Farbkern]	Einlagerung von färbenden Kernstoffen (Polyphenole), Verkernung erfolgt schrittweise, jahresringweise, bilden echtes Kernholz	Lärche, Douglasie, Eibe, Eiche, Kastanie, Kiefer, Nussbaum, Birne, Platane, Kirschbaum, Robinie, Ulme

K. hebt sich vom Splintholz oft durch eine dunklere Färbung ab. Während des Alterungsprozesses stellen die inneren Schichten des Baumes den Nährstoff- und Wassertransport ein, sterben ab und die sich darin befindlichen Holzzellen lagern Mineralstoffe wie Harze, Wachs, Gerb- und Farbstoffe ein und verhärten (verkernen). Durch das Verkernen erhöht sich die Dauerhaftigkeit des Holzes und K. ist widerstandsfähiger gegen Insekten- und Pilzbefall, besitzt einen geringeren Wassergehalt und weist eine höhere Festigkeit, Dichte und Dauerhaftigkeit auf. K. ist für die Verarbeitung von wesentlich größerem Wert als Splintholz. Bäume ohne Kernholz, d.h. ohne Kernverfärbung, werden als Reifholzbäume bezeichnet.
Es werden vier Typen der Verkernung differenziert (Tabelle K4).
Zu den einheimischen Kernholzbäumen zählen z.B. →Kiefer, →Eiche, Eibe, Lärche, Rotbuche und Ulme. →Splintholz, →Reifholz

Kesseldruckimprägnierung →Holzschutzmittel

Ketone K. wie Methylethylketon (MEK CAS 78-93-3) und Cyclohexanon sind Bestandteile vieler lösemittelhaltiger Zubereitungen, insbesondere Lacke Benzophenon und Cyclohexanon stellen Sekundäremissionen aus UV-gehärteten Lacksystemen dar K. sind häufig schon in niedrigen Konzentrationen an ihrem charakteristischen, durchdringend-fruchtigen Geruch erkennbar. K. sind neurotoxisch, wirken reizend auf die Augen und haben in höheren Konzentrationen eine narkotisierende Wirkung. MEK gemäß EU-GHS-Einstufung und Kennzeichnung: Augenreizung, Kategorie 2; H319 Verursacht schwere Augenreizung; Spezifische Zielorgan-Toxizität (einmalige Exposition), Kategorie 3; H336 Kann Schläfrigkeit und Benommenheit verursachen. Zur relativen Toxizität der K. →NIK-Werte: Je geringer der NIK-Wert, umso höher ist die Toxizität und umgekehrt.

Ketoxime →2-Butanonoxim

KI →Kanzerogenitätsindex

Kiefer →Splint- und →Kernholz sind farblich deutlich unterschieden. Das Splintholz ist gelblich-weiß bis rötlich-weiß, das Kernholz frisch rötlich-gelb, rötlich-braun bis rotbraun, nachdunkelnd. K. zeigt eine markante gestreifte bzw. gefladerte Zeichnung.
K. ist ein mittelschweres, mäßig hartes, harzhaltiges Holz mit guten Festigkeits- und Elastizitätseigenschaften, wenig schwindend und mit gutem Stehvermögen, die mittlere Rohdichte beträgt 520 kg/m^2. Eine Behandlung der Oberflächen ist unproblematisch. Das Kernholz ist gut dauerhaft, das Splintholz dagegen nicht witterungsfest und außerdem stark bläueempfindlich, jedoch leicht zu imprägnieren.
Bei der Verarbeitung ist auf Schutz vor →Holzstaub (krebsverdächtig) zu achten. K. ist ein stark harzhaltiges Holz. Die in den ätherischen Ölen enthaltenen →Terpene können zu erheblichen Emissionen in den Innenraum führen.
K. findet Verwendung als Bau- und Konstruktionsholz im Hoch, Tief- und Wasserbau, außerdem für Rammpfähle, Masten, Palisaden und Pfähle, ferner für Fenster, Türen, Tore und Fassadenelemente. Als Ausstattungsholz ist K. sehr beliebt für Möbel und im Innenausbau für Bekleidungen, Treppen und Fußböden. Andere bevorzugte Verwendungsbereiche sind Eisenbahnschwellen für U-Bahnen, Kisten und Gussmodelle. K. ist die wichtigste Holzart zur Herstellung von →Holzwerkstoffplatten. Aufgrund des hohen Harzgehaltes setzt Kiefer frisch eingebaut große Mengen →VOC frei.

Kiese K. sind natürliche Gesteine der Korngröße 4 bis 32 mm. Über 32 mm spricht man von Grobkies bzw. Schotter, unter 4 mm von →Sand. Die mineralische Zusammensetzung des Ausgangsmaterials und das Ausmaß seiner Verwitterung bestimmen in erster Linie, welche Minerale in den Kiesfraktionen enthalten sind. Die Nutzung der Kiesvorkommen erfolgt im →Tagebau (Trocken- oder →Nassabbau). Gewonnen wird sogenannter „Rohkies", der anschließend gewaschen und von unerwünschten Bestandteilen getrennt wird. Dann erfolgt in großen Siebmaschinen ein Aufteilen in verschiedene Korngrößen. K. wird als wichtiger Rohstoff für die Bauindustrie in großen Mengen benötigt: als Zuschlagstoff, Rollierung, Drainage oder Auflage auf Flachdächern.
Bei der Gewinnung von Sanden und Kiesen entstehen große, tiefe Gruben, die starke Eingriffe in Natur und Landschaft darstellen. Heute wird daher bereits bei der Genehmigung des Abbaus die Art der →Rekultivierung oder →Renaturierung nach Ende der Abbautätigkeit festgelegt. Die nutzbaren Ressourcen von K. und Sand sind erschöpft: Lediglich ein Drittel der K.-Vorkommen stehen irgendwann zum Abbau zur Verfügung. Vorgaben des Grundwasser- und Landschaftsschutzes oder eine

Bebauung stehen einer Nutzung der restlichen Vorkommen entgegen. Trotz großer theoretischer Vorkommen ist daher eine Substitution von Sanden und Kiesen durch Sekundärrohstoffe aus mineralischem Abbruchmaterial von großer Bedeutung. →Nassabbau und Abbau in ökologisch sensiblen Flusslandschaften sollte nach Möglichkeit vermieden werden. →Mineralische Rohstoffe, →Tagebau

Kieselgel →Steinfestiger

Kieselgur Ein natürliches Kieselgel, in Binnenseen oder Mooren hauptsächlich aus den Kieselschalen abgestorbener Diatomeen (Kieselalgen), aus organischen Bestandteilen und aus Sand entstandenes Sedimentgestein. Mit Aufkommen der Dampfzentralheizungen gegen Ende des 19. Jahrhunderts bis etwa 1950 wurde K. (Diatomeenerde) zur Isolierung von Heizungsleitungen verwendet. Vor Ort wurde zur Erhöhung der Festigkeit →Asbest beigemischt.

K

Kieselsäure K. ist eine sehr schwache Säure des Siliciums – oder anders ausgedrückt – die wasserhaltige Form von Siliciumdioxid. Siliciumdioxid kommt in der Natur als Sand oder →Quarz vor. K. ist ungiftig und wird z.B. als Füllstoff von Kautschuken oder als Zusatz in Zahnpasta verwendet. K. wird auch als mattierender Füllstoff (Mattierungsmittel) in Lacken eingesetzt. Eingeatmeter Feinstaub führt allerdings zu einer Verhärtung des Lungengewebes und zur →Silikose.

Kieselsäuretetraethylester →Tetraethylsilikat, →Steinfestiger

Kirsche Der schmale Splint ist gelblich bis rötlich weiß, das →Kernholz im frischen Zustand nur wenig dunkler, gelblich bis hellrötlich braun, unter Lichteinfluss jedoch zu einem warmen rötlichbraunen bis hellgoldbraunen Alterston nachdunkelnd. K. ist feinporig und mit zarter, bisweilen geflammter Zeichnung. Es ist ein besonders dekoratives, Eleganz ausstrahlendes Holz.
K. ist ein mittelschweres Holz mit guten Festigkeits- und Elastizitätseigenschaften und mäßig schwindend. Gedämpft ist K. ausgezeichnet zu biegen sowie gut zu polieren, zu beizen und zu färben. Die Oberflächenbehandlung ist problemlos. Das Holz ist nicht witterungsfest. Bei der Verarbeitung ist auf Schutz vor →Holzstaub (krebserzeugend gem. →TRGS 906) zu achten.
K. ist ein ausgesprochenes Ausstattungsholz und findet Verwendung massiv und als Furnier vorrangig im Möbelbau sowie im anspruchsvollen Innenausbau für Wand- und Deckenbekleidungen, Türen, Parkettböden (→Holzparkette), Treppen und Einbaumöbel von Geschäfts- und Repräsentationsräumen. Es ist ein beliebtes Drechsler- und Schnitzereiholz, insbesondere für kunstgewerbliche Gebrauchsartikel.

Kitte K. sind meist fester als →Klebstoffe, dienen vorrangig zum Verkleben von Materialien, füllen aber auch Risse, Sprünge und Löcher. Sie können nach ihren allgemeinen Bindungsmechanismen in drei Hauptgruppen eingeteilt werden: Schmelz-K. sind feste, beim Erwärmen schmelzende und ohne Substanzverlust wieder erstarrende Substanzen. Hierzu gehören z.B. Harz-, Wachs- und Asphalt-K. Bei Abdunst-K. sind die verbindenden, festen Kittsubstanzen in einem verdunstenden Lösemittel gelöst (z.B. alkoholische Schellacklösungen). Reaktions-K. sind teigige Stoffgemische, die aufgrund chemischer Reaktionen erstarren. Hierzu gehören z.B. Gips, Wasserglas-, Epoxid-Harz-, Silikon-, Polyurethan- und Polysulfid-K. Die Eigenschaften dieser K. lassen sich durch Additive (→Weichmacher, →Stabilisatoren u. a.) variieren. Nach den Hauptbestandteilen lassen sich K. wie folgt unterteilen: Leim-, Eiweiß-, Stärke-, Gummi arabicum-, Harz-, Wachs-, Kautschuk-, Leinöl-, Kalk-, Gips-, Magnesia-, Wasserglas- u.a. K. Nach dem Anwendungsbereich unterscheidet man z.B. Fenster-, Porzellan-, Leder- oder Horn-K. Bestimmten K. wurde früher zur Erhöhung der Festigkeit →Asbest zugesetzt (→Asbestkitte). →Leinölkitt, →Ölkitt

2-K-Lacke Zweikomponentige →Lacke, →Reaktionslacke

Klarlacke K. sind unpigmentierte →Lacke

Klebemörtel K. sind kunststoffvergütete →Zementmörtel. Der Kunststoff (Dispersionspulver) soll den Mörtel fließfähiger halten, der Anteil beträgt bis zu 30 %. Als Kunststoffe werden Vinylacetat-Ethylen-Copolymere oder →Acrylharze eingesetzt. Das Produkt enthält Zement: Beim Umgang mit K. müssen aufgrund der Alkalität und der mechanischen Reibwirkung Schutzmaßnahmen getroffen werden (feuchtigkeitsdichte Handschuhe, Hautschutzmaßnahmen). Der Chromat-Gehalt des nicht abgebundenen Zements kann allergische

Ekzeme (Zementekzeme) auslösen. Gem. EU-Richtlinie 2003/53/EG dürfen daher Zement und zementhaltige Zubereitungen nicht verwendet werden, wenn der Gehalt an löslichem Chrom VI (Chromat) mehr als 2 mg/kg (ppm) Trockenmasse des Zements beträgt. Da die Reduktionsmittel zur Herabsetzung des Chromatgehalts im Zement begrenzte Wirkungsdauer haben, ist das Verfallsdatum unbedingt zu beachten. Emissionen von Monomeren aus den Kunststoffmodifikationen sind möglich. →Dünnbettverfahren, →Mittelbettverfahren, →Dickbettverfahren

Klebeparkette K. sind kleine massive Holzstücke, die zu Verlegeeinheiten zusammengesetzt und dann roh vollflächig verklebt werden. Durch die vollflächige Verklebung auf den bauseitigen Untergrund von K. werden bessere bauakustische Eigenschaften erreicht. Anschließend werden sie geschliffen und oberflächenbehandelt. Das verbreitetste K. ist →Mosaikparkett, zunehmend findet auch →Industrieparkett Verbreitung. →Massivparkette, →Holzböden, →Parkettklebstoffe, →Parkettversiegelungen, →Ölen und Wachsen

Kleber K. ist eine auch in der Fachwelt eingebürgerte umgangssprachliche Bezeichnung für →Klebstoffe.

Klebstoffe K. sind flüssige, halbflüssige und pastenartige Werkstoffe, die verschiedene Teile aufgrund von Adhäsion (Flächenhaftung) oder Kohäsion (innere Verfestigung) verbinden, ohne dass sich das Gefüge der Körper wesentlich ändert. K. ist ein Oberbegriff und schließt andere gebräuchliche Begriffe für K.-Arten ein, z.B. →Leime, →Kleister, →Dispersions-K. usw. K. werden nach Bindemittel (z.B. Stärkekleister, Kunstharz-K.), Verarbeitungsbedingungen (z.B. Kaltleim, →Schmelz-K.) oder Verwendungszweck (z.B. →Holzleim, Metall-Klebstoffe, Tapetenkleister) gekennzeichnet. Nach dem Prinzip der Abbindung erfolgt die Einteilung der K. in physikalisch härtende K. (→Lösemittel-Klebstoffe oder →Dispersionsklebstoffe), chemisch härtende K. (→Reaktions-K.) und nichthärtende K. (→Haftklebstoffe).

Unter gesundheitlich-ökologischen Gesichtspunkten lassen sich die am Bau relevanten K.-Typen wie folgt unterteilen:

- Sehr stark lösemittelhaltige →Synthesekautschuk-K. mit über 65 % Lösemittelgehalt
- Stark lösemittelhaltige Kunstharz- und/oder Naturharz-K. mit bis zu 20 % Lösemittelgehalt

  Meist werden im Vergleich zu Lacken umweltbelastendere Lösemittel verwendet. Es kommen auch chlorierte Kohlenwasserstoffe, wie →Dichlormethan (krebsverdächtig, gesundheitsschädlich) zum Einsatz.
- Lösemittelhaltige K. (Lösemittelgehalt bis 10 %)
- Lösemittelarme Dispersions-K. (Lösemittelgehalt unter 5 %). Lösemittelarm sind auch die →Kontakt-K. auf wässriger Basis.
- Lösemittelfreie Dispersions-K. (insbes. für Bodenbeläge)
- Lösemittelfreie klebstoffbeschichtete Verlegeunterlagen in Form von Netzen, Fliesen und Klebebandmaterialien sowie Fixierungen (→Haftvliese, →Teppichbodenfixierungen)
- Reaktions-K. auf Basis von →Polyurethanen und →Epoxiden. Diese K. enthalten zwar keine Lösemittel, dafür aber bedenkliche Härter-Chemikalien und Bindemittelkomponenten.
- Tapetenkleister auf Zellulose- oder Stärkebasis, Wasser
- Klebstoffe auf Naturstoffbasis, z.B. Korkklebstoffe, Teppich- und Linoleumklebstoffe, Papierklebstoffe und Tapetenkleister

Die Eigenschaften der K. (Flexibilität, Hitzebeständigkeit, Viskosität, Härtungsvermögen, Haltbarkeit) werden noch durch Härter, Vernetzer, →Weichmacher, Füllstoffe, Haftvermittler, Verdicker, Aktivatoren, →Konservierungsmittel und →Alterungsschutzmittel beeinflusst. Härter und Vernetzer bewirken eine Vernetzung des Klebstoffes, Vernetzer sind allerdings auch am Aufbau der Polymerstrukturen beteiligt. Weichmacher (hauptsächlich Phthalsäureester) verleihen harten oder spröden Klebstoffschichten elastische Eigenschaften. Als Füllstoffe werden meist feste, anorganische Substanzen verwendet, wie Kieselsäure, Quarzmehl, Kreide, Leicht- und Schwerspat. Als Haftvermittler dienen vor allem niedermolekulare Stoffe, wie Titanate, Chlorsilane und Chromkomplexe ungesättigter Carbonsäuren. 30 % des Gesamtklebstoffverbrauches entfällt auf den Bausektor. Vor allem zum Kleben von Boden- und Wandbelägen werden große Mengen an K. benötigt, die jeden anderen Anwendungsbereich mengenmäßig weit übersteigen.

Die Chemie der Klebstoffe ist ein sehr umfangreiches Gebiet. Daher ist es beinahe unmöglich, auf alle Aspekte einzugehen. Die Umwelt- und Gesundheitsrelevanz der verschiedenen K. hängt vor allem von den verwendeten →Lösemitteln und

K

sonstigen Grundstoffen ab. Beim Kleben ist immer auf ausreichende Lüftung zu achten. Ein wichtiger Aspekt ist die Abgabe flüchtiger organischer Substanzen (→VOC) während der Verarbeitung und des Abbindens. Bei den Lösemittel-K. handelt es sich vorwiegend um eine Belastung durch die verwendeten Lösemittel. Die Raumluftkonzentrationen bei der Verarbeitung und danach können hohe Werte erreichen, insbesondere bei großflächigem Einsatz wie dem Verkleben von →Bodenbelägen. Für praktisch alle Anwendungsbereiche stehen lösemittelarme bzw. -freie Dispersions-K. zur Verfügung.

In Deutschland ist der Ersatz lösemittelhaltiger K. in der Technischen Regel für Gefahrstoffe 610 „Ersatzstoffe und Ersatzverfahren für stark lösemittelhaltige Vorstriche und Bodenbelagsklebstoffe für den Bodenbereich" (→TRGS) geregelt. Laut TRGS 610 sind klimatische Gründe (z.B. zu hohe Luftfeuchtigkeit) oder ein dichter oder feuchtigkeitsempfindlicher Untergrund keine ausreichende Begründung für die Verwendung stark lösemittelhaltiger Klebstoffe. Sowohl das Raumklima als auch der Untergrund können durch geeignete Vorbereitungen optimal für den Einsatz lösemittelarmer oder -freier Produkte verändert werden (Lüften oder Heizen, Spachteln des Unterbodens in ausreichender Dicke). Stark lösemittelhaltige Bodenbelagsklebstoffe können noch erforderlich sein bei PVC/Gummiprofilen, formvorgebenden Untergründen, z.B. Treppen, und in anderen besonderen Fällen, z.B. bei verformten Belagsfliesen. Es sollten dann zumindest toluolfreie (besser noch aromatenfreie) Produkte verwendet werden. Bei den Reaktions-K. werden hochreaktive gesundheitsgefährdende Monomere/Oligomere freigesetzt. Eine Aufnahme über die Atemwege oder die Haut ist möglich. Die Dispersions-K. stellen eine weitaus ungefährlichere Alternative dar, da sie lösemittelarm und weitgehend frei von →Restmonomeren sind. Allerdings ist hier, wie auch bei den Kleistern und Leimen, auf die eingesetzten Konservierungsmittel zu achten.

Aus gesundheitlicher Sicht sollten eingesetzt werden:

- Lösemittelfreie oder -arme Dispersions-K., bei denen die Grundstoffe in Wasser gelöst sind
- Natur-K. auf der Basis von Naturprodukten, wie Stärke, Kasein, Naturkautschuk
- Klebstoffe, die in Pulverform angeboten werden, benötigen weniger Konservierungsstoffe und erfordern keine Zugabe von organischen Lösemitteln (→Pulver-K.).

Es ist empfehlenswert, ausschließlich emissionskontrollierte K. zu verwenden (z.B. →EMICODE).

Kleister K. bestehen im Wesentlichen aus Stärke (→Stärkekleister) oder Celluloseethern (→Methylcellulose, →Cellulosekleister), die in Wasser gequollen werden. Zur Beständigkeitserhöhung der Verklebung gegen Wasser kann ein geringer Anteil Formaldehyd-Harz enthalten sein. Daneben enthalten die meisten K. →Konservierungsmittel, insbesondere →Formaldehyd (Formaldehyddepotstoffe). Die K. werden vor allem zum Verkleben von →Tapeten, verdünnt zum Vorkleistern (Grundieren) vor Anstrichen und als Farbbindemittel verwendet. Zum Verkleben von schweren, kaschierten Tapeten wie →Vinyltapeten und →Textiltapeten werden Spezialkleister, bei denen Dispersionen von →Polyvinylacetat die Klebkraft erhöhen, angeboten.

Fertig angerührte K. enthalten immer ein Konservierungsmittel, weil sie sonst im Gebinde zu schimmeln beginnen. Die meisten K. sind im Vergleich zu anderen →Klebstoffen umwelt- und gesundheitsverträglich. Aus ökologischer Sicht ist der Einsatz von Stärke- oder Cellulosekleistern ohne Kunstharze, Konservierungsmittel und sonstige Additive empfehlenswert. Bei den meisten dampfdiffusionsoffenen Tapeten reicht normaler Kleister ohne Zusätze völlig aus. Bei schweren →Papiertapeten hilft oft ein wasserärmeres Mischungsverhältnis (1:50 bis 1:20) und entsprechende Grundierung (→Flüssigmakulatur).

Klimamembran →Feuchteadaptive Dampfbremsen

Klinker K. und Spaltplatten gehören zu den grobkeramischen Produkten. Sie werden aus rot oder weiß brennenden Tonen mit einem hohen Anteil an Feldspat und gemahlener Schamotte im Strangpressverfahren geformt, getrocknet und bei ca. 1.200 °C im Tunnelofen gebrannt. Die zunächst paarweise Rücken an Rücken geformten Spaltplatten werden nach dem Brennen zu Einzelplatten gespalten. Die Oberflächen können glasiert werden. Die Wasseraufnahme von K. und Spaltplatten liegt unterhalb von 6 %. Spaltplatten und Spaltplattenformteile (z.B. Hohlkehlen, Kehlsockel, Schenkel) werden als frost- und säurebeständige Wand- und Bodenbeläge für den Schwimmbecken-, Fassaden- und Behälterbau verwendet.

KMF →Künstliche Mineralfasern

KMF-Produktfasern Gem. VDI-Richtlinie 3492 „Messen von Innenraumluftverunreinigungen – Messen anorganischer faserförmiger Partikel" werden Fasern in Gruppen eingeteilt:

- Asbest: Chrysotil und Amphibolasbeste
- Calciumsulfat (Gips)
- gegebenenfalls Produktfasern (z.B. KMF, organische Fasern)
- sonstige anorganische Fasern

In der Gruppe „Sonstige anorganische Fasern" werden alle Fasern zusammengefasst, die nicht als Asbest- oder Calciumsulfatfasern identifiziert werden können. →Künstliche Mineralfasern (KMF) sind eine Teilmenge der sonstigen anorganischen Fasern. Die Eingrenzung einer bestimmten Gruppe sonstiger anorganischer Fasern wie KMF ist nur dann möglich, wenn die Herkunft dieser Fasern auf ein bestimmtes, am Ort der Luftmessung vorhandenes Produkt zurückgeführt werden kann. Hierzu werden von den am Ort der Luftmessung vorhandenen Mineralfaser-Produkten Materialproben entnommen (Referenzproben). Von den in den Materialproben enthaltenen KMF (Produktfasern) werden EDX-Spektren erstellt und mit den auf dem Messfilter der Raumluftprobe gefundenen, sonstigen anorganischen Fasern verglichen. Stimmen die Elementspektren gemäß den Vorgaben der VDI-Richtlinie 3492 Bl. 2 miteinander überein, fließen diese unter Beachtung der Faserzählregeln und der Definition für lungengängige Fasern in die Berechnung des Wertes für die Konzentration der K. ein.

KMR-Stoffe Stoffe, die auf der Grundlage gesicherter wissenschaftlicher Erkenntnisse als krebserzeugend (K), erbgutverändernd (M = mutagen) oder fortpflanzungsgefährdend (R = reproduktionstoxisch) bewertet sind. Es liegen Bewertungen nach dem Gefahrstoffrecht und rechtlich unverbindliche Empfehlungen vor. (→CMR-Stoffe)

KNR Das bundesweit arbeitende Kompetenzzentrum Bauen mit Nachwachsenden Rohstoffen (KNR) ist im Handwerkskammer Bildungszentrum Münster (HBZ) angesiedelt. Hauptziel ist es, Kenntnisse zum Bauen mit →Nachwachsenden Rohstoffen zu vermitteln. Auf diese Weise soll ein Beitrag geleistet werden, die Bekanntheit und die Verwendung von Bauprodukten aus nachwachsenden Rohstoffen zu steigern. Das KNR wendet sich mit seinen Angeboten an Architekten, Handwerker, Baustoffhändler und Verbraucher und bindet auch Herstellerfirmen in seine Arbeit ein. Das KNR unterstützt das Qualitätszeichen für geprüfte Bauprodukte aus nachwachsenden Rohstoffen →natureplus.

Koalesziermittel →Filmbildehilfsmittel

Körperschall K. breitet sich im Gegensatz zu →Luftschall in festen Medien aus. Während sich Luftschall in der Luft stets als Longitudinalwellen ausbreitet, sind in Feststoffen auch Transversal- und Biegewellen möglich. K. kommt im Zuge der Schallausbreitung in Gebäuden eine maßgebliche Bedeutung zu. Damit K. im Rahmen bauakustischer Betrachtung zum Tragen kommt, ist der Übergang von Körperschall zum Luftschall notwendig. Erst dann kann das Schallfeld im menschlichen Ohr Schallwahrnehmung auslösen. →Trittschallschutz, →Schallschutz

Kohlendioxid K. ist ein wesentlicher Leitparameter für die Luftqualität in →Innenräumen und auch ein Maß für die Effektivität der Raumlüftung. Quelle für K. in Innenräumen ist der Mensch selbst mit K. als Produkt der Atmung. Bei normaler Bürotätigkeit gibt der Mensch ca. 20 l K./h ab. Weitere Quellen sind Verbrennungsprozesse wie Tabakrauch, das Abbrennen von Kerzen sowie der Betrieb von Heiz- und Kochgeräten mit offener Flamme. Bei unzureichender Lüftung und/oder hoher Belegung können in Innenräumen K.-Konzentrationen bis auf mehrere Vol.-% ansteigen, was 10-mal über der unteren Auffälligkeitsgrenze liegt. In Extremfällen kann sogar der (für Innenräume nicht anwendbare) →MAK-Wert in Höhe von 5.000 ml/m^3 = 0,5 % (= 9.100 mg/m^3) – entspricht dem geltenden Arbeitsplatzgrenzwert TRGS 900 – überschritten werden. Von der Ad-hoc-Arbeitsgruppe Innenraumrichtwerte des Umweltbundesamtes und der Obersten Landesgesundheitsbehörden (jetzt Ausschuss für Innenraumrichtwerte) wurde ein Leitwert für K. in der Innenraumluft festgelegt. Danach gelten Konzentrationen unter 1.000 ppm Kohlendioxid in der Raumluft als unbedenklich, Konzentrationen zwischen 1.000 und 2.000 ppm als auffällig und Konzentrationen über 2.000 ppm als inakzeptabel (Bundesgesundheitsblatt 2008).

Mit dem Anstieg der K.-Konzentration in der Raumluft geht auch ein Anstieg der Geruchsintensität anderer menschlicher Ausdünstungen einher. Daher eignet sich die K.-Konzentration der Raumluft als Indikator für die Feststellung und Bewertung von durch Personen bedingten Luftverunreinigungen. Folgende Stoffe wurden als Bestandteil von Körperausdünstungen festgestellt: Acetaldehyd, Allylalkohol Essigsäure, Amylalkohol, Diethylketon, Ethylacetat, Phenol und Toluol. Als hygienischer Richtwert in Innenräumen gilt ein Wert von 0,1 Vol.-% (1.000 ppm). Klagen über unzureichende Raumluftqualität beginnen jedoch häufig schon bei Konzentrationen zwischen 700 und 800 ppm. Die K.-Konzentration in der Außenluft ist in den letzten 100 Jahren von ca. 250 ppm auf ca. 380 ppm angestiegen und stellt die in Innenräumen anzutreffende Grundbelastung dar. Auf der internationalen Messstation auf Hawai wurde der Wert von 400 ppm 2015 erstmals überschritten. K. ist das wichtigste Treibhausgas und trägt mit über 50 % zum globalen Treibhauseffekt bei.

Tabelle K5: K.-Konzentrationen in der Außen- und Innenraumluft (Oettel, 1974)

Bereich	K.-Konzentration [Vol.-%]
Außenluft (Tag)	0,03
Außenluft (Nacht)	0,04
Stadtluft	0,04 – 0,05
Pettenkofer-Richtzahl unbedenklich	0,1
Richtwert für Innenräume Klassifizierung nach DIN EN 13779: 2007-09 IDA 1 hohe bis 4 niedrige Raumluftqualität	≤ 0,08 ppm (IDA 1) 0,14 ppm (IDA 4)
MAK-Wert	0,5
Exhalation (Ausatemluft)	3,0 – 5,0

Kohlenmonoxid (CAS 630-08-0) K. (Kohlenoxid, Kohlenstoffmonoxid) ist ein farbloses, geruchloses, geschmackloses und stark giftiges Gas. Es entsteht hauptsächlich bei unvollständiger Verbrennung kohlenstoffhaltiger Materialien. Der K.-Gehalt der Außenluft liegt in ländlichen Gegenden weit unter 1 mg/m^3, in Ballungsgebieten im Bereich von etwa 1 bis 2 mg/m^3 Spitzenwerte (während des Berufsverkehrs weit darüber). Wichtige Quellen in Innenräumen sind Gasherde, undichte Schornsteine und schlecht ziehende Öfen und Kamine. Tabakrauch führt ebenfalls zu einer erhöhten K.-Exposition. Deutlich erhöhte K.-Konzentrationen wurden in Indoorkarthallen gemessen. K. ist ein starkes Atemgift und wird ca. 220-mal stärker am Hämoglobin des Blutes gebunden als Sauerstoff. Je nach K.-Konzentration im Blut kommt es zu Sehstörungen, Kopfschmerz, Mattigkeit und Schwindel. Höhere Konzentrationen führen zu Lähmungen und schließlich zum Tod. MAK-Wert bzw. Arbeitsplatzgrenzwert TRGS 900: 30 ml/m^3 = 35 mg/m^3.

EU-GHS-Einstufung und Kennzeichnung: Akute Toxizität, Kategorie 3, Einatmen; H331 Giftig bei Einatmen; Reproduktionstoxizität, Kategorie 1A; H360D Kann das Kind im Mutterleib schädigen; Spezifische Zielorgan-Toxizität (wiederholte Exposition), Kategorie 1; H372 Schädigt die Organe bei längerer oder wiederholter Exposition; weitere Grenzwerte: →Innenraumluft-Grenzwerte. K. spielt außerdem bei der fotochemischen Bildung von bodennahem →Ozon im globalen und kontinentalen Maßstab eine bedeutende Rolle (→Sommersmog).

Kohlenwasserstoffe K. (Abk. KW) sind eine große Gruppe von Stoffen, die aus Kohlenstoff- und Wasserstoff-Atomen bestehen. Unterschieden werden u.a.: aliphatische K. (z.B. →Hexan, →Pentan,), aromatische K. (z.B. →Benzol, →Toluol), →Polycyclische aromatische K. (PAK) und Halogen-K. (→Chlorierte K. = CKW; Fluorchlor-K. = →FCKW; teilhalogenierte K. = →HFCKW). K. sind wichtige Ausgangs- bzw. Zwischenprodukte für zahlreiche Syntheseprodukte wie Kunststoffe und Kunstharze und sind Bestandteil vieler →Lösemittel. Kurzkettige aliphatische K. haben eine narkotische Wirkung. Ein Teil der aromatischen K. ist krebserzeugend. →Innenraumluft-Grenzwerte

Kokosfasern Die ca. 30 m hohe Kokospalme (Cocos nucifera) ist eine der nützlichsten Tropenpflanzen. Als K. (Coir) werden die braunen, leichten und widerstandsfähigen Hartfasern von der äußeren Schale der Kokosnuss bezeichnet. Die Faserschicht wird gleich nach der Ernte vom Steinkern entfernt und von den Plantagen zu den Küstenregionen transportiert, wo sie sechs bis neun Monate lang mit Steinen beschwert einem Röstprozess im Meerwasser ausgesetzt sind. Dabei zersetzen sich alle fäulnisanfälligen Stoffanteile („Rösten“). Danach wird das Fasergewebe in klarem Wasser gespült und mit Rundhölzern geklopft. Dadurch lösen sich die Fasern von anhängenden Gewebezellen und werden geschmeidig. Zur Gewinnung von 1 t Fasern müssen 13.000 Steinfrüchte aufgearbeitet werden. In den Philippinen werden die Fasern in einer Hammermühle-ähnlichen Maschine (Decorticator) gewonnen. Es entsteht Staub (ca. 65 %) und ein Fasergemisch „mixed fibers“. Abschließend trock-

nen die gewonnenen K. an der Sonne oder auch in mit landwirtschaftlichen Abfallprodukten beheizten Trocknern.
In Ländern wie Indien und Sri Lanka wird ein Großteil der Fasern durch maschinelles Auskämmen (Defibrator oder Sri Lanka Drum) der Faserhüllen gewonnen. Damit können die langen und dicken Fasern (bristle fibers) abgetrennt werden. Der Rest wird als „mattress fibers“ bezeichnet. Jährlich finden bis zu vier Ernten statt Vier Fünftel der gesamten Kokosnussernte auf den Philippinen sind für den Export bestimmt, besonders Kopra (getrocknetes Fleisch der Kokosnuss) wird als Tierfutter in den reichen Ländern benötigt. Die K. selbst lassen sich oft nicht verkaufen und werden als Brennstoff zum Trocknen der Kopra oder als Düngemittel verwendet. Nur eine sehr geringe Menge der anfallenden K. wird auch verwertet (z.B. auf den Philippinen: 15.000 von theoretischen 1,1 Mio. t pro Jahr).
Die K. sind elastisch, sehr strapazierfähig, scheuer- und verrottungsfest. K. werden zu Garnen versponnen und schließlich zu Stricken, Matten, Bürsten, Besen und →Teppichböden verarbeitet. Die Kurzfasern dienen als Polstermaterial z.B. für Matratzen. Kokosmatten werden als K.-Dämmstoffe eingesetzt. Produkte aus K. sind pflegeleicht, schalldämmend, antibakteriell und antistatisch. Bei starker Nässeeinwirkung dehnen sich die K. und schrumpfen beim Trocknen wieder zusammen. Dies kann bei Teppichböden zur Wellenbildung führen. Materialien aus K. haben oft einen stroh- oder heuähnlichen Geruch.
Der Baumbestand wird durch die Ernte nicht beeinträchtigt, jedoch sind viele Kokospalmenbestände überaltert und zusätzlich verseucht. Das neue Hybriden-Pflanzgut gedeiht nicht ohne Gebrauch von Kunstdünger und Pestiziden. Die Anpflanzung von Kokosplantagen bis ins Inselinnere führte zur Zerstörung von Wäldern und Böden und des Landschaftsbilds. Hinzu kommt die ökologische Problematik der Monokulturen, die starke soziale Abhängigkeit und schlechte Ernährungssituation der Kokos-anbauenden Länder durch eine einseitige Bebauung eines großen Teils der landwirtschaftlichen Nutzfläche mit einer ausgesprochenen Exportfrucht. Die Unfallgefahr bei der Ernte ist hoch, die Palmen werden meist ohne Sicherheitsgurte erklommen. Diese Umweltbedenken sind vor allem der Kopra zuzurechnen, da die K. nur ein Nebenprodukt, z.T. Abfallprodukt, der Kokosnussernte sind. Allerdings treten auch bei der Gewinnung der K. selbst Umweltbelastungen auf: Beim Rösten der K. werden Faulstoffe und toxische Materialien wie Schwefelwasserstoff-, Methan- und Phenolverbindungen in die Umwelt entlassen, die Pflanzen und Fauna schädigen. Studien zeigen, dass der pH-Wert von Wasser im Röstbereich deutlich niedriger ist als jener in unbelasteten Bereichen. Die Konzentration an Phosphaten, Nitraten und Schwefelwasserstoff ist höher. Die Anwesenheit von Schwefel verursacht eine schwarze Verfärbung des Wassers, welche die Lichtdurchlässigkeit erniedrigt und die Fotosynthese verhindert. Einen ökologischen Verrottungsprozess vorausgesetzt, sollte die Gewinnung der K. – im Fair-Trade-Handel – eine ökologische Alternative für die ansässige Bevölkerung sein. →Natur-Dämmstoffe

Kokosfaserplatten Kokosfaser-Dämmstoffe bestehen aus →Kokosfasern, die in sich vernadelt werden. Als Brandschutzmittel werden →Ammoniumpolyphosphat, →Borate oder →Wasserglas verwendet. Kunststoffdispersionen (meist auf Basis von →Polyvinylalkohol) oder Naturlatex können als Bindemittel enthalten sein. Die Kokosfasern werden auf Schiffe verladen und nach Europa transportiert. Für den weiten Schifftransport kann eine Behandlung mit in Europa nicht mehr zugelassenen Bioziden erfolgen.
K. zeigen eine hohe Feuchtebeständigkeit und sind sehr verrottungsfest (sie werden deswegen z.B. auch zu Geotextilien oder Fußabstreifern verarbeitet. Erfahrungswerte geben für den Zeitraum bis zur Verrottung von Kokosgewebe unter gemäßigten klimatischen Verhältnissen fünf bis zehn Jahre an). Sie verfügen über gute Wärmedämmung (→Wärmeleitfähigkeit ca. 0,045 W/(m·K), weisen aber auch sehr guten Trittschallschutz auf. K. werden daher vorzugsweise zur Trittschalldämmung eingesetzt. Ausreichend mit Brandschutzmittel versehene K. weisen die →Baustoffklasse B2 (normal brennbar) auf.
Die Gewinnung der Kokosfaser umreißt mehrere ökologische Fragestellungen, die hauptsächlich der als Tierfutter zum Export stehenden Kopra zuzurechnen sind. K. weisen einen stroh- oder heuähnlichen Geruch auf, beim Schneiden ist auf die Entstehung von Feinstaub zu achten, entsprechende Staubschutzmaßnahmen sind zu treffen. Die Anforderung eines aktuellen Prüfgutachtens bringt Sicherheit bezüglich allfälliger Pestizidbelastun-

gen. Die Verwertung ist möglich, wenn die K. weder nass noch durch Abnutzung oder Verschmutzung unbrauchbar geworden sind. Die Entsorgung erfolgt in Müllverbrennungsanlagen.

Kokosrollfilz K. ist ein aus →Kokosfasern hergestellter Dämmfilz. Wegen der leichten Entflammbarkeit (→Baustoffklasse B3) darf nur mit →Flammschutzmittel versehener K. als Dämmstoff in Gebäude eingebaut werden. Das als Flammschutzmittel meist verwendete Ammoniumsulfat ist gesundheitlich unproblematisch. →Kokosfaserplatten, →Wärmedämmung, →Natur-Dämmstoffe

Koloniebildende Einheit (KBE) Einheit, in der die Anzahl der anzüchtbaren (kultivierbaren) →Mikroorganismen ausgedrückt wird (DIN EN 13098). Eine KBE kann aus einem einzigen Mikroorganismus entstehen, einem Aggregat mehrerer Mikroorganismen oder aus Mikroorganismen, die an einem Partikel anhaften. Die Anzahl der gewachsenen Kolonien hängt von den Anzuchtbedingungen ab.

Kolophonium Der Name K. stammt von der Stadt Kolophon in Kleinasien, in der im Altertum Harz destilliert wurde. Beim Erhitzen von Kiefernharzen in geschlossenen Kesseln auf über 100 °C destillieren Wasser und →Terpentinöl, während die im Kessel zurückbleibende Schmelze bei der Abkühlung zu einer glasartigen Masse, dem K., erstarrt. Hauptbestandteil (bis zu 90 %) ist die Abietinsäure mit verschiedenen Isomeren (Dextropimarsäure, Laevopimarsäure usw.). Die Farbe von K. kann zwischen hellgelb bis fast schwarz schwanken. Ursprünglich wurde K. fast nur aus →Terpentin gewonnen, heute erhält man steigende Mengen von K. durch Extraktion von Wurzelholz (Wurzelharz) und als Nebenprodukt der Sulfatzellstoffkochung. Naturbelassenes K. oder der durch einen Verkochungsprozess gewonnene Glycerinester des K. werden von Naturfarbenherstellern als Bindemittel insbesondere für Anstrichstoffe verwendet. K. wird weiterhin für →Linoleum, als Zusatz zu Leimen und Papier sowie als Geigerharz genutzt. K. ist ein starkes Kontaktallergen.

Kolophonium-Glycerinester K. ist ein modifiziertes →Naturharz.

Komfortlüftungsanlagen K. sind →Lüftungsanlagen, die durch effiziente Wärmerückgewinnung einen möglichst geringen Energieverlust beim Lüften aufweisen. Meist wird die kalte Außenluft in einem Erdreich-Wärmetauscher (30 bis 40 m langes, in der Erde vergrabenes Rohr) vorgewärmt und gelangt zum Lüftungsgerät mit Luft/Luft-Wärmetauscher. Dort gibt der warme Abluftstrom aus Küche und Bad Wärme an die zugeführte Außenluft ab, die danach in einem Leitungsnetz als (warme, frische) Zuluft in die Aufenthaltsräume verteilt wird. Die im Wärmetauscher abgekühlte Abluft wird als Fortluft ins Freie geführt. In →Passivhäusern mit Heizleistungen von maximal 10 W pro m^2 Wohnnutzfläche genügt die K. für die Bereitstellung der benötigten Heizwärme. Lediglich an sehr kalten Tagen wird die Zuluft mit Nachheizregister oder Luft/Luft-Wärmepumpe auf maximal 50 °C erwärmt. Die positiven Aspekte einer kontrollierten Wohnraumlüftung sind:

- Gute Raumluft (auch bei Windstille oder bei geschlossenem Fenster im Schlafzimmer).
- Das Lüften geschieht automatisch.
- Zigarettenrauch und Gerüche werden abgeführt, ohne sich in Textilien festzusetzen.
- Die gefilterte Zuluft ist fast staubfrei. Allergiegefährdete Personen können Pollenfilter einsetzen.
- Lüftung ohne störenden Straßenlärm – ein unschätzbarer Gewinn in verkehrsreicheren Gebieten.
- Geringere Heizkosten, da die Lüftungswärmeverluste rückgewonnen werden und die Frischluft schon vorgewärmt wird.
- Geringe Schimmelgefahr.
- Im Sommer kann mit der Zuluft gekühlt werden.
- Keine Belästigung durch Insekten.
- Keine Zugluft beim Lüften.

Die negativen Aspekte von K. sind möglicherweise Lärmbelästigungen und erhöhter Stromverbrauch bei schlecht eingestellten Anlagen. Gute K. haben dagegen einen sehr niedrigen Stromverbrauch und verursachen weder unangemessenen Lärm noch Zugluft. In der Heizperiode sollten die Fenster aber möglichst geschlossen bleiben, sie können natürlich trotzdem geöffnet werden, wenn die K. ausreichend dimensioniert ist. Außerhalb der Heizperiode kann ganz auf Fensterlüftung umgestellt werden.

Kompositzement K. (CEM V) ist →Zement aus 20 bis 64 % Portlandzementklinker, 18 bis 49 % →Hüttensand und 18 bis 49 % →Puzzolanen und/oder →Flugasche.

Kondensat innerhalb der Konstruktion K. ist eine natürliche Konsequenz der →Dampfdiffusion durch die

Gebäudehülle, sobald die Temperatur den →Taupunkt unterschreitet. Wenn folgende Bedingungen erfüllt werden, richtet das anfallende Tauwasser keinen Schaden an:

- Die Baustoffe, die mit Tauwasser in Berührung kommen, dürfen nicht geschädigt werden (z.B. durch Korrosion oder Pilzbefall).
- Das während der Tauperiode (Winter bzw. Heizperiode) im Inneren des Bauteils anfallende Wasser muss während der Verdunstungsperiode (Sommer) wieder an die Umgebung und den Wohnraum abgegeben werden können.
- Die Tauwassermenge darf 1 kg/m^2 (DIN) bzw. 0,5 kg/m^2 (ÖN) nicht überschreiten. Tritt Tauwasser an der Grenzfläche von nicht kapillar saugenden Schichten auf, so darf die Tauwassermenge auch nach DIN den Betrag von 0,5 kg/m^2 nicht überschreiten. Die Tauwassermenge kann mit dem →Glaser-Verfahren bestimmt werden.
- Bei Holz ist eine Erhöhung des massebezogenen Feuchtegehalts um mehr als 5 %, bei Holzwerkstoffen um mehr als 3 % nicht zulässig.

Ursache für schädliches Kondensat in der Konstruktion ist meistens eine ungünstige Schichtenfolge der Baustoffe. An den stärker dampfbremsenden Baustoffschichten staut sich der Wasserdampf und fällt als Tauwasser aus. Bei der Planung und Herstellung von Bauteilen ist daher darauf zu achten, dass der →Dampfdiffusionswiderstand der einzelnen Materialien von innen nach außen abnimmt. Damit kann außen mehr Dampf abgeführt werden, als vom Innenraum zuströmt, und es entsteht kein schädliches Kondensat. Idealerweise werden die äußeren Schichten (ab Dämmstoffebene) diffusionsoffen ausgeführt (z.B. hinterlüftete Fassade), da derartige Konstruktionen ein sehr hohes Austrocknungspotenzial besitzen und damit bauphysikalisch sicher sind. Bei dickeren Innendämmungen wird schon unter ganz normalen Temperaturbedingungen der Taupunkt im Wandquerschnitt erreicht. Gegen die Wanddurchfeuchtung mit kondensiertem Wasserdampf hilft in diesem Fall nur eine →Dampfsperre, ein Dämmstoff mit hohem Diffusionswiderstand wie →Schaumglas-Dämmplatten oder ein Dämmstoff mit hoher →Kapillarleitfähigkeit (→Kapillaraktive Dämmplatten). →Feuchteschutz.

Kondensatoren K. bestehen aus einem System von elektrischen Leiterplatten, zwischen denen sich ein Isoliermaterial, das Dielektrikum, befindet.

Tabelle K6: Kennzeichnung PCB-haltiger Leuchtstoff-Lampen und Motoren-Kondensatoren (Quelle: ZVEI und Umweltamt Stadt Marburg)

Firma	Typenkennzeichnung	Tränkmittel-Kennzeichnung
AEG (Hydra)		3 CD 4 CD
Berliner Kondensatorenfabrik Baugatz	MB ... CpL ... Motostat ...	Cp CPA 40 3 CD 4 CD
Ducati	Siehe Thomson	
Electonicon RFT/Gera	0219.XXX	Chlordiphenyl
Elos	Siehe Thomson	
Frako	LR M ... RLB M ... RKB M ... RFB	3 CD A 30 4 CD A 40 Cp
Roederstein/Ero	LCX LCU MCX MCU	CD Cp
Siemens	B 13 311 ... B 13 312 ... B 13 314 ... (bis 1973) B 13 319 ... B 15 030 ...	
Süko	MCAL (bis 1970) 31 ... 260 bis 450 (bis 1982) CLA (bis 1970) CDA (bis 1970) 11/13 ... 220 (bis 1982) 12/14 ... 380 (bis 1982) 12/14 ... 420 (bis 1982)	CD
Thomson-CSF (Elos, Ducati)	LEUKO-LS XXX 250-420 MOTKO-16.60 XXXX DCT MOTKO-MS XX Elos	3 CD 3 DC

K

Die Aufgabe von K. besteht darin, elektrische Ladungen zu speichern und diese bei Bedarf wieder abzugeben. Leistungs-K. in →Leuchtstofflampen kompensieren induktive Blindleistung und steigern den Wirkungsgrad. Bis 1982 wurden als Dielektrikum →Polychlorierte Biphenyle (PCB, bis ca. 300 g PCB je K.) eingesetzt. PCB-haltige K. wurden auch in elektrischen Hausgeräten verwendet, z.B. in Waschmaschinen, Spülmaschinen, Pumpen, Lüftern.
Folgende Kürzel (Tränkmittel-Bezeichnungen) weisen auf ein PCB-haltiges Tränkmittel hin: C, C2, CP CD, 76C, A30, A40, C100, C125, C180, CAP40, 8D, 9D, 3LP sowie die Bezeichnungen Clophen und Chlordiphenyl (s. Tabelle K6). Durch Leckage oder Explosion PCB-haltiger K. kann es zu einer erheblichen Kontamination des Raumes kommen. Verbot der Verwendung PCB-haltiger Kondensatoren gem. GefStoffV:

- Mehr als 100 ml: 2010 bzw. bis zur Außerbetriebnahme
- Bis 100 ml: bis zur Außerbetriebnahme

Als Ersatzstoff für PCB in Klein-K. wird überwiegend Epoxidharz verwendet.

Kongenere Ein K. ist ein Mitglied derselben Art, Klasse oder Gruppe von Stoffen. K. haben alle dasselbe Molekül-Grundgerüst, unterscheiden sich aber in der Anzahl und/oder der räumlichen Anordnung der am Grundgerüst gebundenen Substituenten (Atome). Beispiel: Das Molekül-Grundgerüst der →Polychlorierten Biphenyle ist das Biphenyl. Die insgesamt 209 PCB-K. unterscheiden sich durch Anzahl und/oder Anordnung der Chlor-Atome am Biphenyl. Von den polychlorierten Dioxinen (PCD) existieren 75, von den entsprechenden Furanen (PCDF) 135 K.

Konkrete Gefahr Unter einer K. versteht man die „hinreichende Wahrscheinlichkeit eines Schadenseintritts, wenn gleichzeitig der zu erwartende Schaden sehr hoch ist" (Lebensgefahr). Zum Beispiel können schwach gebundene Asbestprodukte oder andere Gebäude-Schadstoffe eine K. im Sinne von § 3 der Landesbauordnungen darstellen. →Gefahr, →Gefährdungspotenzial, →Risiko

Konservierungsmittel K. in Anstrichstoffen sind Wirkstoffe, die zugegeben werden, um wässrige Anstrichstoffe gegen Befall durch Mikroorganismen wie Bakterien, Pilze und Algen zu schützen. K. können zum Schutz von wasserverdünnbaren Beschichtungsstoffen im Gebinde (Gebindekonservierung) oder zum Schutz von Beschichtungsfilmen (Filmkonservierung) zugegeben werden. Filmkonservierungsmittel werden bei Anstrichstoffen für den Außenbereich eingesetzt und sollen den Anstrich vor Pilzen und Algen schützen. →Topfkonservierungsmittel bzw. Gebindekonservierer sind im Sinne der Biozidverordnung (EU) Nr. 528/2012 Beschichtungsmittel der Hauptgruppe 2 und werden der Nummer PT 6 zugeordnet. Häufig verwendet werden allergisierende →Isothiazolinone, →Formaldehyd-Depotstoffe und Iodpropinylbutylcarbamat (→IPBC). Filmkonservierer werden der Gruppe PT 7 zugeordnet. Häufig verwendet werden Triazin-Derivate, Iodpropinylbutylcarbamat (IPBC), →Dichlofluanid, →Tolylfluanid und →Propiconazol.

Konsistenz →Nachhaltigkeitsstrategien. Auch Maß für die Verarbeitbarkeit von →Beton.

Konstruktionsvollholz K. (KVH) besteht aus Nadelschnittholz (→Fichte, Tanne, →Kiefer, Lärche und Douglasie), das der Sortierklasse S10 nach DIN 4074-1 (Tragfähigkeit) entspricht. Bei K. sind herzfrei bzw. herzgetrennte Einschnitte gehobelt und sowohl in Länge als auch in der Breite verleimt. K. gibt es auch in Längen von 5 bis 8 m unverleimt. Die Holzfeuchte beträgt 15 ± 3 %, es handelt sich also meist um technisch getrocknetes Holz. Schwindverformungen durch Nachtrocknen im Bauwerk sind geringer als bei Holz mit höherer Holzfeuchte und Kernanteilen. Wegen niedrigem Feuchtegehalt des Materials ist es möglich, auf vorbeugenden chemischen Holzschutz nach DIN 68800-2 zu verzichten. Es wird zwischen sichtbarem (KVH-Si) und nicht sichtbarem (KVH-nSi) KVH unterschieden. Durch kraftschlüssige Verbindung (gemäß DIN 1052-1: Schäften oder Keilzinken) kann beliebig langes KVH hergestellt werden. Die Balken werden allseitig gehobelt, abgelängt und evtl. paketweise foliert.

Ökologische Bewertung KVH, Bezugsgröße 1 m^3, Informationsmodul A1-3, Quelle: ÖKOBAUDAT, Thünen- Institut für Holzforschung

GWP [kg CO_2 Äqv.]	AP [kg SO_2 Äqv.]	PENRT [MJ]
–709,4	0,4823	513,1
PERT [MJ]	**EP [kg PO_4 Äqv.]**	**POCP [kg Ethen-Äqv.]**
9.407	0,1067	0,1024
ODP [kg R11-Äqu.]	**ADP elem. [kg Sb-Äqu.]**	**ADP fossil [MJ]**
2,505E-07	0,000687	1.074

Die Eigenschaften von K. wurden durch eine Vereinbarung zwischen der Vereinigung deutscher Sägewerksverbände und dem Bund deutscher Zimmermeister 1994 festgelegt. Erkennbar ist KVH am Gütezeichen der Überwachungsgemeinschaft Konstruktionsvollholz aus deutscher Produktion e.V., wobei auch österreichische Unternehmen solches Holz anbieten. →Holzstaub, →Holz

Konstruktiver Holzschutz →Holz unterliegt als organischer Baustoff dem Stoffkreislauf der Natur. Dennoch zeigt Holz gegenüber den meisten Schädlingen gute Beständigkeit, wenn die Holzfeuchte nicht langfristig über 20 % liegt. Dies kann in den meisten Fällen durch geeignete bauliche Maßnahmen des K. erreicht werden, der nach Norm gegenüber dem→Chemischen Holzschutz immer vorrangig zu berücksichtigen ist. Ausführliche Hinweise dazu gibt die DIN 68800-2:

- Planung und Ausführung bauphysikalisch einwandfreier, insbesondere dampfdiffusionsfähiger Konstruktionen. Dazu sind die Konstruktionsprinzipien nach DIN 68800-2 Abs. 7-9 sowie die Beispielkonstruktionen im Anhang A zu berücksichtigen.
- Auswahl geeigneter Holzarten: →Dauerhaftigkeitsklassen berücksichtigen.
- Schutz vor Feuchte bei Transport, fachgerechte Lagerung und geschützter Einbau des Konstruktionsholzes.
- Technisch getrocknetes Holz einbauen, über 55 °C getrocknet und vom Hersteller bestätigen lassen.
- Einbaufeuchte des Holzes in der Größenordnung, die in der Nutzungsphase zu erwarten ist, mindestens unter 20 %.
- Sichtbarer und kontrollierbarer Holzeinbau, der eine bekämpfende Reaktion bei Befall ermöglicht.
- Für Insekten unzugänglich verbauen, ist durch Konstruktionen nicht zu realisieren, sondern höchstens mit dicht schließenden Beschichtungen auf der Oberfläche.
- Witterungsschutz: Schutz vor Niederschlägen und Spritzwasser.
- Schutz vor nutzungsbedingter Feuchte, z.B. Spritzwasserschutz im Bad.
- Übertritt von Feuchten aus angrenzenden Bauteilen und Baustoffen durch Sperrschichten vermeiden.
- Unzuträgliche Feuchteerhöhung durch Tauwasser, z.B. durch Konvektionsströmungen innerhalb von Konstruktionen, vermeiden. Transport von Feuchte durch Thermik und Druckdifferenzen vorher kalkulieren und durch Trocknungsreserven vorbeugen. Der rechnerische Nachweis des Tauwasserschutzes ist zu führen.
- Holz vor Wasser schützen durch ausreichend große Dachüberstände, was allerdings in Windregionen nicht realisierbar ist.
- Wasser schnell ableiten: durch vertikalen Einbau des Holzes, gehobelte Oberflächen, Abdecken von Hirnholz mit Blechen oder Opferhölzern.
- Aufständerung: Zur Sicherstellung des Spritzwasserschutzes aus der Wasserebene 30 cm herausheben.
- Spritzwasserschutz kann bei Einsatz einer Kiesschüttung auf 15 cm reduziert werden.
- Behindertengerechter Zugang auch mit bodengleichem Einbau möglich, wenn eine 30 cm tiefe Rinne mit Gitterrost verlegt wird oder Rinne 15 cm mit Kiesschüttung und Gitterrost.
- Nach Norm 68800 sind sogar Holzböden zum Erdreich möglich, wenn genügend Abstand zum Boden gewährleistet wird und für ausreichenden Belüftungsquerschnitt gesorgt ist.
- Abschrägung liegender Flächen, Rundung von Kanten, sorgfältige Beschichtung z.B. von Fensterrahmen und Anschluss der Beschichtung an die Dichtstoffe, kurze Instandhaltungsrhythmen vereinbaren.
- An Konstruktionen mit offenen Bohrungen Verschluss von Zapfenlöchern und Schlitzen und gute Belüftung aller Konstruktionselemente.

Vor der Verwendung von →Chemischen Holzschutzmitteln und/oder dem Einsatz von chemisch geschütztem Holz nach →Bauproduktenverordnung sind alle Möglichkeiten des K. auszuschöpfen.

Daher ist beim Einbau von Hölzern der Dauerhaftigkeitsklasse 4, Tanne, Fichte und amerikanische Roteiche in der Gebrauchsklasse 1 bezüglich des möglichen Befalls mit holzzerstörenden Pilzen, kein Einsatz von Holzschutzmitteln erforderlich. Wird das Holz kontrolliert technisch getrocknet, sind neben Tanne und Fichte auch Kiefer, Douglasie, Lärche und Eiche ohne die Verwendung von Holzschutzmitteln in der GK 1 möglich. Insbesondere sind die verleimten Brettschicht- oder -sperrhölzer von Fichte Tanne, Kiefer und Douglasie gut in der GK 1 einsetzbar. Lärchen- und Douglasienkernholz mit hoher Dichte kann bis zur GK 3.1 eingesetzt werden.

Tabelle K7: Gebrauchsklassen nach DIN EN 335 und Gebrauchsbedingungen

Gebrauchs-klasse	Allgemeine Gebrauchs-bedingung	Holzfeuchte	Konstruktionsbeispiele	Hinweise zur konstruktiven Verbesserung
GK 0	Holz oder Holzprodukt unter Dach, nicht der Bewitterung und keiner Befeuchtung ausgesetzt, die Gefahr von Bauschäden durch Insekten kann ausgeschlossen werden.	Trocken (ständig < 20%)	• Sichtbar bleibende Hölzer in Wohnräumen. • Allseitig insektendicht abgedeckte Holzbauteile nach DIN 68800	
GK 1	Holz oder Holzprodukt unter Dach, nicht der Bewitterung und keiner Befeuchtung ausgesetzt		• Belüftete Dachräume, die nicht kontrollierbar sind. (Bei techn. getrocknetem Bauschnittholz gilt jedoch GK 0)	Konterlatten und Dachlatten sind so dimensioniert, dass Feuchtigkeit schnell wieder abtrocknen kann und keine Risse zur Eiablage durch Insekten möglich sind
GK 2	Holz oder Holzprodukt unter Dach, nicht der Bewitterung ausgesetzt, eine hohe Umgebungsfeuchte kann zu gelegentlichen, aber nicht dauernder Befeuchtung führen	Gelegentlich feucht (> 20 %)	• Fußschwellen • Unterkonstruktionen von nicht ausreichend belüfteten Vorhangschalen • Flachdächer ohne Feuchteschutznachweis	Fußschwellen können durch Kopfdämmung der Bodenplatte wärmer werden, geprüfte Luftdichtigkeit, alternativ Holzartenwahl Dauerhaftigkeitsklasse 1 bis 3
GK 3.1	Holz oder Holzprodukt nicht unter Dach, aber ohne ständigen Erd- und/oder Wasserkontakt, Anreicherung von Wasser im Holz, auch räumlich begrenzt, nicht zu erwarten.		Bewitterte Stützen mit ausreichendem Bodenabstand	Abdeckung von oben durch Überdeckung eines Daches vor der Witterung – 60 ° Regel (Vorderkante Überdeckung und Unterkante des Bauteils)
GK 3.2	Holz oder Holzprodukt nicht unter Dach, aber ohne ständigen Erd- und/oder Wasserkontakt mit Bewitterung; Anreicherung von Wasser im Holz, auch räumlich begrenzt, zu erwarten.	Häufig feucht (> 20 %)	• Außenbauteile ohne Erdkontakt • Bewitterte Balkonbalken und -stützen	Abdeckung der Holzteile oben Verwendung von Opferbrettern und/oder Hölzern der Dauerhaftigkeitsklasse 1 bis 2
GK 4	Holz oder Holzprodukt in Kontakt mit Erde oder Süßwasser und so bei mäßiger bis starker Beanspruchung) vorwiegend bis ständig einer Befeuchtung ausgesetzt.	Vorwiegend bis ständig feucht (> 20 %)	• Palisaden. • Zaunpfähle • Rebpfähle • Hölzer für Uferbefestigungen	Verwendung von Hölzern der Dauerhaftigkeitsklasse 1

In der GK 4 könnte nur Robinie oder resistente Tropenhölzer, z. B. Ipe, Greenheart, Bankirai, Bongossi, Garape und Teak, aus Nicht-Plantagenbau eingesetzt werden (die zum Schutz der Tropenwälder aber nicht eingeführt werden sollen), daher sollte ggf. auf Beton oder (Edel-)stahl zurückgegriffen werden. Genaueres zum Einsatz resistenter Holzarten in höheren Gebrauchsklassen regelt die DIN EN 350:2016-12, Ber. 2017-05.

Allerdings ist der Schutz vor Insekten wesentlich schwieriger, da Kiefer, Lärche, Eiche und sogar Robinie (Klasse S) gegen Angriffe von Anobien anfällig sind, während nur Brasilkiefer (Klasse S) als dauerhaft gegen den Angriff von Hylotrupes eingestuft ist.

Werden modifizierte Hölzer (→Holzmodifikationen) außerhalb der DIN 68800 eingesetzt, so ist diese Verwendung gesondert zu vereinbaren und die Materialien benötigen oder eine Zustimmung im Einzelfall.

Holzbau ohne Chemie ist nicht nur möglich, sondern auch prioritäre Pflicht für Planer und Ausführende. Weitere Informationen sind dem Informationsdienst Holz 2015: Holzschutz Bauliche Maßnahmen und holzfragen.de zu entnehmen.

Kontaktklebstoffe K. werden auf beide Werkstoffteile aufgebracht. Nach der Ablüftzeit werden die Teile für kurze Zeit zusammengepresst (z.B. mit Zwingen). Die Klebewirkung der K. beruht auf Autohäsion, bei dem der Klebstoff auch im trockenen Zustand mit sich selbst verklebt. Die Autohäsion funktioniert bei Klebstoffen auf Basis von →Naturkautschuk oder →Synthesekautschuk (→Styrol-Butadien-Kautschuk, →Polychloropren, →Polyisobutylen). K. sind besonders geeignet für undurchlässige Untergründe (z.B. PVC-Bodenbeläge). K. werden auch von Naturfarbenherstellern zum Verkleben von Papier, Karton, Holz, vielen Kunststoffen, Metall, Glas u. v. m. angeboten. →Naturkautschuk-Klebstoffe, →Synthesekautschuk-Klebstoffe

Kontrollierte Wohnraumlüftung K. mit Wärmerückgewinnung siehe →Komfortlüftungsanlagen. →Mechanische Lüftung, →Lüftungsanlage

Konvektion →Wärmekonvektion

Kopale Der Begriff K. umfasst eine große Gruppe von →Naturharzen aus tropischen und subtropischen Ländern. Es handelt sich um meist im Boden liegende, erhärtete Ausflüsse tropischer Bäume Hauptbestandteil der K. ist die Agathendisäure.

Kopalharze Der Begriff K. umfasst eine große Gruppe von →Naturharzen aus tropischen und subtropischen Ländern. Es handelt sich um meist im Boden liegende, erhärtete Ausflüsse tropischer Bäume. Hauptbestandteil der K. ist die Agathendisäure. K. werden in →Naturharz-Lacken eingesetzt.

Kopiergeräte →Laser-Drucker

Kork K. ist ein nachwachsender Rohstoff und wird aus der Rinde der Korkeiche (Quercus Suber) gewonnen. Die K.-Eichen werden hauptsächlich in Portugal sowie in weiteren westlichen Regionen des Mittelmeeres angebaut, da hier die idealen Wachstumsbedingungen mit einer jährlichen Regenmenge von 400 bis 800 mm und Temperaturen über 5 °C sowie permanentem Wind und Böden mit entsprechendem Gehalt an Stickstoff, Phosphor und Kalium vorherrschen. Die Schälung der K.-Eiche erfolgt traditionell von Hand, wobei immer nur Teile der Rinde entfernt werden. Die Schälung darf aufgrund gesetzlicher Vorgaben erstmals nach etwa 25 Jahren erfolgen. Diese sog. Jungfernrinde hat eine harte und unregelmäßige Struktur und innerhalb der nächsten 9 bis 10 Jahre bildet sich eine neue Korkschicht, die dann, ohne den Baum zu schädigen, wieder geerntet wird. Mit jeder weiteren Schälung nimmt die Qualität der Rinde zu.

Der bei den ersten beiden Entrindungen gewonnene K. wird für Baustoffe und andere Materialien verwendet. Mit zunehmender Qualität der Rinde wird der K. zur Herstellung weiterer Produkte von wissenschaftlicher und technischer Qualität genutzt, z.B. als Absorptionsmittel, für Kraftfahrzeugteile sowie für Schienen- oder Luftfahrtprojekte.

Die Rinde ist ein pflanzliches Gewebe mit einer wabenförmigen Struktur, das aus abgestorbenen Zellen besteht, die zu ca. 90 % mit Luft gefüllt sind und von mehreren Schichten Zellulose und Suberin umgeben sind. Aufgrund der Wabenstruktur weist K. eine hohe thermische Isolation sowie eine niedrige Leitfähigkeit mit guter Wärmespeicherung auf und eignet sich somit als natürlicher Wärmedämmstoff. K. ist alterungsbeständig und schalldämmend sowie aufgrund seiner Struktur diffusionsoffen, antistatisch und hochbelastbar. Durch die hohen Einlagerungen an Suberin ist Kork wasserabweisend und weist eine hohe Resistenz gegen Verrottung, Fäulnis und Schädlinge auf. →Backkork, →Presskork

Kork-Bodenbeläge Unterschieden werden zwei Arten von K.: zum einen die fest mit dem Untergrund zu verklebenden →Kork-Fliesen (Kork-Parkett), zum anderen Kork-Fertigfußböden (→Kork-Fertigparkette). K. werden aus →Presskork (mit einem Bindemittel verpresster →Kork) hergestellt. Eine Spezialform sind PVC-(→Polyvinylchlorid) beschichtete oder umhüllte K., die als →PVC-Bodenbeläge anzusehen sind. Kork-Fertigparkette enthalten eine →Holzwerkstoffplatte als stabilisierende Trägerplatte. Furnierte K. werden oft schon werkseitig mit stark lösemittelhaltigem Lack behandelt und enthalten produktionsbedingt mehr →Klebstoffe als einschichtige K.

Die Oberfläche wird entweder mit Kunstharzlack (häufig →Polyurethan-Lack), Naturharzlack, Ölen oder Wachsen beschichtet. Die Beschichtung wird werkseitig oder vor Ort aufgebracht. Wird die Oberfläche eines Korkbodens mit einem Kunststofflack versiegelt, gehen die positiven raumklimatischen Eigenschaften des Korks verloren. Besser und materialgerechter ist die Behandlung mit Öl und Wachs, die den natürlichen Charakter des Korks besser erhalten. Für farbige K. (Color) bietet jedoch nur Wachs oder Hartöl einen ausreichenden Schutz. Schadstoffarme →Lacke verursachen geringere Schadstoffbelastungen der Raumluft.

K. sind trittelastisch fußwarm und strapazierfähig. Sie weisen gute Wärme- und Schalldämmung auf. Zur Reinigung werden K. am besten nur feucht gewischt. Dem Wischwasser können Reinigungsmittel, jedoch keine alkalischen, zugegeben werden. Bei gewachsten Böden können dem Wischwasser spezielle Flüssigwachse in geringer Konzentration zugegeben werden. Sie verbessern die Reinigungswirkung und wirken leicht rückwachsend. Stark verschmutzte Korkböden können mit speziellen Grundreinigern gesäubert werden.

Die Herstellung von K. stellt eine sinnvolle Abfallverwertung dar, da kein eigenes Rohmaterial gewonnen werden muss, weil nur die ohnehin entstehenden Abfälle anderer Produktionen verwertet werden. In der Fachliteratur wird immer wieder über größere Mengen aromatischer Verbindungen in Kork-Platten berichtet; aktuellere Messungen stoßen allerdings selten auf diese Stoffe. Offensichtlich hat sich hier die Kontrolle der Produktion deutlich verbessert. Gelegentlich sind Geruchsbelästigungen bei empfindlichen Personen durch den eingesetzten Kleber und die während des Verarbeitungsprozesses zugesetzten Chemikalien möglich. Selten zeigen K. erhöhte Werte von →Furfural, wenn in der Herstellung die gepressten Blöcke aus Korkgranulat zu stark erhitzt wurden, um den Bindungsprozess zu beschleunigen. Dieser Schadstoff lässt sich bei sorgfältiger Herstellung vermeiden. Der Deutsche Kork-Verband e.V. lässt die K. seiner Mitglieder regelmäßig auf Qualität, Verarbeitung, Funktionalität und gesundheitliche Unbedenklichkeit prüfen (→Kork-Logo). Bei Verlegung mit Klebstoffen gem. EMICODE EC1-Kleber oder gleichwertigem Kleber ist mit keinen gesundheitsgefährdenden Emissionen aus den Klebstoffen zu rechnen.

Kork-Dämmplatten K. werden aus niedrig expandiertem Backkork hergestellt. Als Rohstoff wird →Kork aus der ersten Ernte (Virges) oder von Ästen (Falca) verwendet. Der Kork wird gemahlen und bei niedrigen Temperaturen (350 bis 380 °C) ohne Zusätze im überhitzten Wasserdampf expandiert. Der entstandene Korkblock wird mit Wasser abgekühlt und anschließend gelagert. Die Platten werden vor dem Versand in das gewünschte Plattenformat geschnitten und verpackt.

K. werden vor allem im →Wärmedämmverbundsystem eingesetzt. →Wärmeleitfähigkeit: ca. 0,042 W/(m·K), →Dampfdiffusionswiderstandszahl: 18, →Baustoffklasse: B2.

K. bestehen zu 100 % aus einem nachwachsenden Rohstoff. Nachteilig ist der aus mitteleuropäischer Sicht weite Transportweg aus Portugal. Der Expansionsprozess kann mit Geruchsemissionen verbunden sein. Es werden Wasserdampf, Kohlendioxid und flüchtige Kohlenwasserstoffe an die Luft abgegeben. Bei minderwertigen Backkorkprodukten, die bei zu hohen Prozesstemperaturen erzeugt wurden oder von denen die äußere, verkohlte Schicht nicht entfernt wurde, können Verschwelungsprodukte abgegeben werden. Polycyclische aromatische Kohlenwasserstoffe aus K. wurden in aktuellen Messungen nicht mehr festgestellt. Saubere Abbrüche aus K. können wiederverwertet oder thermisch entsorgt werden. Im Wärmedämmverbundsystem fallen die K. beim Abbruch mit mineralischem Putz und Kleber verunreinigt an. Die Verbrennung kann nur bei sehr hohen Temperaturen erfolgen und eine Verwertung ist nur sehr aufwendig möglich. Die Deponierung ist im Allgemeinen nicht mehr erlaubt. Ausnahme: in geringem Ausmaß als Teil des Bauschuttes. →Wärmedämmung, →Natur-Dämmstoffe

Kork-Fertigparkette K. bestehen aus einer Decklage aus →Presskork, die auf einen Träger (Presskorkplatte, →HDF-Platten, →MDF-Platten, teilweise auch

K

Kunststoffträgerschicht) kaschiert ist. Als Gegenzug wird häufig eine Korkschicht verwendet (dient gleichzeitig als zusätzliche Wärme- und Trittschalldämmung). K. sind schwimmend zu verlegende Fertigelemente mit einer ringsum laufenden Nut-und-Feder-Verbindung. Häufig sind sie mit Clickverbindung ausgestattet. Wie Holzböden quellen und schwinden Kork-Böden bei Feuchtigkeitsveränderungen. Bei der ökologischen Produktauswahl sollte darauf geachtet werden, dass Trägerschicht und Gegenzug ebenfalls aus nachwachsenden Rohstoffen bestehen und die Nutzschicht mindestens 4 mm dick ist, damit der K. nachgeschliffen werden kann. Aus Melamin- und Phenol-Formaldehydharz in den Holzwerkstoffplatten, der Verleimung, aber auch aus der Oberflächenversiegelung kann →Formaldehyd freigesetzt werden. Emissionen von →VOC und Formaldehyd können durch eine Fußbodenheizung erheblich steigen. →Kork-Bodenbeläge

Kork-Fliesen K. (auch Kork-Platten oder Kork-Parkette genannt) sind ein- oder zweischichtige Platten aus →Presskork. Sie werden unbehandelt, werkseitig furniert oder oberflächenbehandelt angeboten. Die Rückseite dieser Platten besteht aus Presskork. Eine Spezialform von K. sind Kork-Platten mit PVC-Verschleißschicht: Platten aus einem Presskorkrücken, ggf. an der Oberseite mit Holz- oder Kork-Furnier, und aufkaschierter homogener PVC-Verschleißschicht. Die Rückseite dieser Beläge ist mit einer PVC-Folie als Gegenzug versehen. Die PVC-Schicht ist äußerst widerstandsfähig, kann aber nie nachversiegelt oder erneuert werden. Diese PVC-K. sind nicht zu empfehlen: einerseits wegen der problematischen Produktlebenslinie von PVC, andererseits werden durch die vollständige Versiegelung die raumklimatisch vorteilhaften Eigenschaften von K. zunichtegemacht.

K. verklebt man vollständig mit dem Untergrund. Es empfiehlt sich ein geeigneter Kleber auf der Basis von Naturkautschuk, Kasein und Kolophoniumglycerinester, wie er von verschiedenen Naturfarbenherstellern angeboten wird, zumindest jedoch ein emissionsarmer lösemittelfreier Dispersionsklebstoff (z.B. →EMICODE EC1). Wenn eine lackierte Oberfläche gewünscht wird, ist es günstiger, K. unbehandelt zu verlegen und erst anschließend zu versiegeln, weil sonst die Plattenstöße unversiegelt bleiben. Oberflächenbehandlungen mit Wachs bzw. Hartöl können schon ab Werk vorhanden sein, vor Ort wird dann eine entsprechende Endimprägnierung durchgeführt. →Kork-Bodenbeläge

Kork-Linoleum Als K. wird →Linoleum bezeichnet, das unter Verwendung von gröberem Korkmehl (→Kork) in der Linoleumdeckmasse hergestellt wird. Dadurch ergibt sich eine bessere Fußwärme und →Schalldämmung.

Kork-Logo Das K. wird vergeben vom Deutschen Kork-Verband e.V., einem Zusammenschluss von Unternehmen, die Kork-Produkte herstellen und vertreiben. Nach eigenen Angaben repräsentieren diese Firmen – je nach Segment – eine Marktabdeckung zwischen 70 bis 90 % des Gesamtmarktes in Deutschland.

Das K. dokumentiert für →Kork-Bodenbeläge folgende Qualitätsmerkmale:

- Mindestdichte von 450 kg/m^3
- Kontrolle der Mindeststärke von Kork-Platten und -Dielen
- Einhaltung der europäischen Qualitätsnormen als Mindestanforderung
- Prüfung auf Emissionen

Korkment K. besteht aus linoxyngebundenem Korkmehl (→Leinöl). K. wird als schalldämmende Unterlage oder Trägerschicht für Linoleum oder andere →Bodenbeläge eingesetzt.

Kork-Parkette Andere Bezeichnung für →Kork-Fliesen.

Korkparkett-Klebstoffe →Parkettklebstoffe

Kork-Platten Andere Bezeichnung für →Kork-Fliesen.

Korkschüttung/ Korkschrot K. wird entweder aus der getrockneten und granulierten Korkrinde hergestellt (natur) oder es werden gebackene Abschnitte der Rohblöcke (s. →Backkork) zu Granulat weiterverarbeitet (expandiert). Die Kornung des Granulats beträgt je nach Ausgangsmaterial zwischen 3 und 5 mm (natur) sowie 2 und 9 mm (expandiert). Eigenschaften: K. weist gute schalldämmende Eigenschaften und eine hohe Wärmespeicherfähigkeit auf. Kork ist verrottungs- und fäulnisresistent. Das Material zeigt zum Teil starkes Setzungsverhalten, was es nicht für alle Anwendungsfälle einsetzbar macht. K. lässt sich als Einblasdämmung zwischen schwer zugänglichen Bauteilen einsetzen.

Korkstein Andere Bezeichnung für →Teerkork.

Kork-Tapeten K. werden aus Kork-Schrot hergestellt. Dazu wird der →Kork z.T. mit Kunststoffkleber auf Polyurethanbasis (→Polyurethane) auf das Trägermaterial verklebt. Die Korkoberfläche wird oft mit einer Kunststoffdispersion versehen, wodurch die positiven Eigenschaften des Korks stark gemindert werden (schlechtere Wasserdampfdiffusionsfähigkeit). Schadstoffe können aus den →Klebstoffen und Kunststoffen ausgasen. K. haben wärme- und schalldämmende Eigenschaften. Es sollten ausschließlich K. verwendet werden, die frei von Zusatzausrüstungen und Kunststoffoberflächenbehandlung sind.

Korrosionsinhibitoren K. sind Additive für Anstrichstoffe, welche nach Zusatz zum Anstrichstoff bereits in kleinen Mengen den Korrosionsangriff auf Metalle verlangsamen bzw. die Geschwindigkeit von Teilreaktionen des Korrosionsprozesses hemmen. Folgende Substanzklassen sind als K. besonders geeignet:

- Organische Säuren und deren Salze
- Basische Verbindungen wie organische Basen und Amine
- Oxidierend wirkende organische Verbindungen

Unterschieden wird zwischen Flugrostinhibitoren für den temporären Korrosionsschutz und Inhibitoren für den permanenten Schutz. Wichtige Flugrostinhibitoren sind 1-Amino-methoxy-propanol, basisches Ammoniumbenzoat, Barium- und Calciumsalz der Dodecylnaphthalinsulfonsäure, Alkylenadditionsverbindung, Organische Zink-Komplexe, aminneutralisierte 2-Mercaptobenzothiazolyl-bernsteinsäure. Wichtige Inhibitoren für den permanenten Korrosionsschutz sind: Aminocarboxylat (Metallsalz), Zinksalz der Nitroisophthalsäure, Zinksalz der Cyanursäure, Zink- und Magnesiumsalz der Dodecylnaphthalinsulfonsäure, Mercaptobenzothiazolyl-bernsteinsäure, Tridecylaminsalz der 2-Mercaptobenzothiazolylbernsteinsäure, Aminkomplex der Toluoylpropionsäure, Zirkonium-Komplex der Toluoylpropionsäure.

Korrosionsschutzanstriche K. (Rostschutzmittel) sind →Anstrichstoffe mit →Pigmenten, die durch Passivierung einen anodischen Schutz von Eisen und Stahl bewirken. In der Vergangenheit wurden fast ausschließlich →Bleimennige und Pigmente auf Chromat-Basis (→Blei, →Chrom) verwendet. Heute sind Chromatpigmente fast vollständig und Bleimennige zum großen Teil durch weniger toxisches Zinkphosphat, Bariummetaborat oder Zinkmolybdat ersetzt. Im Heimwerkerbereich werden nur noch chromatfreie und kaum noch bleihaltige K. angeboten. K. weisen aber noch immer hohe Lösemittelgehalte auf. Dabei gibt es aber auch K. auf Dispersionsbasis. Rostumwandler bestehen aus stark ätzenden Phosphorsäuren, die Eisenoxid in Eisenphosphat umwandeln sollen. Zusätzlich sind entfettende Substanzen, wie 1,1,1-Trichlorethan (→Chlorierte Kohlenwasserstoffe) enthalten, die sich im Organismus anreichern und dort chronische Schäden hervorrufen können. Auch Naturfarbenhersteller bieten sehr gut wirkende K. ohne Blei- und Chromatzusatz an. Die Wirkung dieser Farben beruht auf Eisenglimmer, das auf Stahl einen „schützenden Panzer" bildet (Schuppenpanzerfarbe). Schon der Eifelturm wurde mit Schuppenpanzerfarbe gegen Rost geschützt, früher wurden auch Dampflokomotiven und Waggons damit gestrichen. Gebräuchlich sind auch basische Pigmente in pflanzlichen Ölen, die als Schutzschicht Seifen bilden.

Beispielrezeptur eines K. auf Naturölbasis: →Leinöl-Standöl, Holzöl-Standöl, Balsamterpentinöl (→Terpentinöl), Eisenglimmer, Kieselsäure, →Talkum, bleifreie Trockenstoffe. Besser als K. anzuwenden, ist Rost erst gar nicht entstehen zu lassen, z.B. durch Verwendung von verzinktem Stahl für Gartenmöbel.

2-K-PUR-Lacke →Polyurethan-Lacke

Krapp K. ist der rote Farbstoff (Krapprot; arabisch Alizari) aus der Wurzel der vor allem in Südeuropa und im Iran beheimateten K. (Farbstoffgehalt ca. 1,9 %). Im Mittelalter waren K.-Lacke wegen ihrer Leuchtkraft. Farbtiefe und Beständigkeit als Künstlerpigmente geschätzt. K. wird von Naturfarbenherstellern als rotes Pflanzenfarben-Pigment verwendet.

Krebserzeugende Stoffe →CMR-Stoffe, →CLP-Verordnung

Kreide K. (chemisch Calciumcarbonat) ist ein erdiger weißer Kalkstein, der sich in der jüngeren Kreidezeit im Meer hauptsächlich aus winzigen Kalkschalen abgestorbener Foraminiferen (Einzeller mit Kalkgehäuse) gebildet hat. Abbauwürdige Lagerstätten finden sich an den Küsten Südschwedens, Südostenglands und Nordfrankreichs. K. findet Verwendung zum Kalkbrennen, als Weißpigment, für Zahnpasta, als Füllstoff und in Anstrichstoffen.

Als Lebensmittel-Zusatzstoff E170 ist Calciumcarbonat für Dragées und Verzierungen von Lebensmitteln zugelassen. →Leimfarben

Kreidefarben →Leimfarben

Kreiden Unter K. versteht man das Abfärben von →Anstrichstoffen. Es kann verschiedene Ursachen haben, tritt aber häufig bei alten, schon abgewitterten Anstrichen auf oder bei einer falschen Zusammensetzung der Anstrichbestandteile.

Kreislaufwirtschaft Die K. nimmt sich den Stoffkreislauf der Natur zum Vorbild, →Konsistenzprinzip. Durch Nutzung von →Erneuerbaren Ressourcen oder →Recyclingmaterialien, durch sanfte Produktion, intelligente Bedarfsdeckung und gute Recycelbarkeit der Produkte sollen die Stoffkreisläufe möglichst geschlossen bleiben. Statt der Produktlebenslinie wird der →Lebenszyklus zum Leitbild für die Produktbiographie. Die K. ist ein Idealbild einer Wirtschaft, von der unsere heutige Wegwerfgesellschaft weit entfernt ist (→Nachhaltigkeit). Unter K. im Sinne des →Kreislaufwirtschaftsgesetzes versteht man die Vermeidung und die Verwertung von Abfällen. Die Abfallbeseitigung ist keine Maßnahme der K.

Kreislaufwirtschafts- und Abfallgesetz Das Gesetz zur Förderung einer abfallarmen Kreislaufwirtschaft und Sicherung der umweltverträglichen Entsorgung von Abfällen löste in Deutschland das Abfallgesetz aus dem Jahr 1986 ab (KrW-/AbfG; als Beschlussempfehlung des Umweltausschusses des Deutschen Bundestages 1994) und wurde 2012 durch das →Kreislaufwirtschaftsgesetz ersetzt. Zweck des Gesetzes war die Förderung einer ressourcenschonenden, abfallarmen Kreislaufwirtschaft und die Sicherung der →Entsorgung nicht zu vermeidender Abfälle. Die Vermeidung von Abfällen in Form einer abfallarmen Kreislaufwirtschaft erhielt Vorrang vor der Abfallentsorgung.
Das K. regelte

1. die Vermeidung von Abfällen,
2. die Verwertung von Abfällen,
3. die Beseitigung von Abfällen.

Maßnahmen zur Vermeidung von Abfällen waren insbesondere die anlageninterne Kreislaufführung von Stoffen, die abfallarme Produktgestaltung sowie ein auf den Erwerb abfall- und schadstoffarmer Produkte gerichtetes Konsumverhalten. Abfälle, die nicht vermieden werden konnten, sollten einer möglichst hochwertigen →Verwertung zugeführt werden. →Stoffliche und →Energetische Verwertung wurden gleichwertig behandelt, Vorrang hatte die umweltverträglichere Verwertungsart. Die →Beseitigung von Abfällen war die letzte Alternative.

Kreislaufwirtschaftsgesetz Mit dem Kreislaufwirtschaftsgesetz (KrWG), das seit 1.6.2012 mit einigen Übergangsvorschriften in Kraft ist, wird die EU-Abfallrahmenrichtlinie (Richtlinie 2008/98/EG, AbfRRL) in deutsches Recht umgesetzt und das bestehende deutsche Abfallrecht umfassend modernisiert. Ziel des neuen Gesetzes ist eine nachhaltige Verbesserung des Umwelt- und Klimaschutzes sowie der Ressourceneffizienz in der Abfallwirtschaft durch Stärkung der Abfallvermeidung und des Recyclings von Abfällen. Kern des K. ist die neue fünfstufige Abfallhierarchie (§ 6 KrWG) und ihre Umsetzung im bisherigen Grundpflichtenmodell (§§ 6 bis 8 KrWG). Die neue Hierarchie legt die grundsätzliche Stufenfolge aus Abfallvermeidung, Wiederverwendung, Recycling und sonstiger, u.a. energetischer, Verwertung von Abfällen und schließlich der Abfallbeseitigung fest. Vorrang hat die jeweils beste Option aus Sicht des Umweltschutzes. Dabei sind neben den ökologischen Auswirkungen auch technische, wirtschaftliche und soziale Folgen zu berücksichtigen. Die Kreislaufwirtschaft wird somit konsequent auf die Abfallvermeidung und das Recycling ausgerichtet, ohne etablierte ökologisch hochwertige Entsorgungsverfahren zu gefährden.
Über die Vorgaben der AbfallrahmenRichtlinie AbfRRL hinaus soll national bis 2020 für Siedlungsabfälle insgesamt eine Recyclingquote von mindestens 65 % (statt der EU-Vorgabe von 50 % für Papier, Metall, Kunststoff und Glas) sowie für Bau- und Abbruchabfälle eine stoffliche Verwertungsquote von mindestens 70 % erreicht werden (§ 14 KrWG). Durch diese Quoten werden die nationalen Erfolge der Kreislaufwirtschaft gesichert und Impulse zur Fortentwicklung gegeben. Die - teilweise über den EU-Vorgaben liegenden - Quoten berücksichtigen sowohl das in Deutschland bereits bestehende Recyclingniveau als auch die wirtschaftliche Realisierbarkeit. Sie schaffen dabei für alle Beteiligten eine erhebliche Transparenz. In diesem Zusammenhang wollte die Bundesregierung bis Ende 2016 überprüfen, ob die Zielquote für Bau- und Abbruchabfälle noch gesteigert werden kann.

Das Recycling wird durch umfassende Getrennthaltungspflichten gefördert und gesichert. Neben den schon bislang festgelegten allgemeinen Getrennthaltungspflichten (§ 9 Abs. 1 und § 15 Abs. 3 KrWG) gilt für gefährliche Abfälle in Zukunft ein grundsätzliches Vermischungsverbot (§ 9 Abs. 2 KrWG). [BMUB 2012]
Zur Beschreibung der Maßnahmen im Sinne der Abfallhierarchie werden die folgenden Konkretisierungen formuliert:
(19) Kreislaufwirtschaft im Sinne dieses Gesetzes sind die Vermeidung und Verwertung von Abfällen.
(20) Vermeidung im Sinne dieses Gesetzes ist jede Maßnahme, die ergriffen wird, bevor ein Stoff, Material oder Erzeugnis zu Abfall geworden ist, und dazu dient, die Abfallmenge, die schädlichen Auswirkungen des Abfalls auf Mensch und Umwelt oder den Gehalt an schädlichen Stoffen in Materialien und Erzeugnissen zu verringern. Hierzu zählen insbesondere die anlageninterne Kreislaufführung von Stoffen, die abfallarme Produktgestaltung, die Wiederverwendung von Erzeugnissen oder die Verlängerung ihrer Lebensdauer sowie ein Konsumverhalten, das auf den Erwerb von abfall- und schadstoffarmen Produkten sowie die Nutzung von Mehrwegverpackungen gerichtet ist.
(21) Wiederverwendung im Sinne dieses Gesetzes ist jedes Verfahren, bei dem Erzeugnisse oder Bestandteile, die keine Abfälle sind, wieder für denselben Zweck verwendet werden, für den sie ursprünglich bestimmt waren.
(22) Abfallentsorgung im Sinne dieses Gesetzes sind Verwertungs- und Beseitigungsverfahren, einschließlich der Vorbereitung vor der Verwertung oder Beseitigung.
(23) Verwertung im Sinne dieses Gesetzes ist jedes Verfahren, als dessen Hauptergebnis die Abfälle innerhalb der Anlage oder in der weiteren Wirtschaft einem sinnvollen Zweck zugeführt werden, indem sie entweder andere Materialien ersetzen, die sonst zur Erfüllung einer bestimmten Funktion verwendet worden wären, oder indem die Abfälle so vorbereitet werden, dass sie diese Funktion erfüllen. Anlage 2 enthält eine nicht abschließende Liste von Verwertungsverfahren.
(24) Vorbereitung zur Wiederverwendung im Sinne dieses Gesetzes ist jedes Verwertungsverfahren der Prüfung, Reinigung oder Reparatur, bei dem Erzeugnisse oder Bestandteile von Erzeugnissen, die zu Abfällen geworden sind, so vorbereitet werden, dass sie ohne weitere Vorbehandlung wieder für denselben Zweck verwendet werden können, für den sie ursprünglich bestimmt waren.
(25) Recycling im Sinne dieses Gesetzes ist jedes Verwertungsverfahren, durch das Abfälle zu Erzeugnissen, Materialien oder Stoffen entweder für den ursprünglichen Zweck oder für andere Zwecke aufbereitet werden; es schließt die Aufbereitung organischer Materialien ein, nicht aber die energetische Verwertung und die Aufbereitung zu Materialien, die für die Verwendung als Brennstoff oder zur Verfüllung bestimmt sind.
(26) Beseitigung im Sinne dieses Gesetzes ist jedes Verfahren, das keine Verwertung ist, auch wenn das Verfahren zur Nebenfolge hat, dass Stoffe oder Energie zurückgewonnen werden.
→Abfall, →Deponieverordnung, →Abfallablagerungsverordnung(aufgehoben), →Abfallverzeichnisverordnung, →LAGA, →Abfallwirtschaftsgesetz, →Abfallrahmenrichtlinie

Kreosot Holzteerkreosot und Steinkohlenteerkreosot werden durch Pyrolyse, Destillation, Säureaufschluss und Basenbehandlung aus Holzöl und Steinkohlenteeröl gewonnen. Holzteerkreosot wird bis 225 °C destilliert und die Steinkohlenteerkreosote je nach Destillationstemperatur als Mittelfraktion, Schwerfraktion bis 270 °C und Anthracenöl bis 360 °C bezeichnet. Holzteerkreosot enthält Kresol und Guajacol. Die Mittelfraktion, früher als Karbolöl bezeichnet, enthält Phenole, Naphthalin und Kresole, die Schwerfraktion, das eigentliche Kreosotöl, enthält Naphthalin und Naphthole, das Anthracenöl Anthracen. →PAK (Polycyclische aromatische Kohlenwasserstoffe).
Das PAK-haltige Holzschutzmittel K. hat krebserregende Eigenschaften und ist in der Umwelt besorgniserregend, denn die Substanz hat langlebige, anreichernde und giftige Eigenschaften. Untersuchungen zeigen ein hohes Risiko für die Organismen bei der Verwendung für Hölzer, die direkt mit dem Erdreich oder Wasser in Kontakt kommen.
Deswegen ist K. als Holzschutzmittel in der →REACH-Verordnung EG/1907/2006 und der →Biozidverordnung geregelt. Die REACH-VO verbietet die Verwendung von K. für Verbraucherinnen und Verbraucher; eine Verwendung in Industrieanlagen und zu gewerblichen Zwecken ist unter bestimmten Voraussetzungen möglich. 2011 wurde beschlossen, K. ab dem 1.5.2013 in die Liste der EU-weit zulässigen Biozidprodukt-Wirkstoffe (Anhang I der EG-Biozid-Richtlinie) aufzunehmen (Richtlinie 2011/71/EU), jedoch mit Ein-

schränkungen: So ist die Genehmigung von K. als EU-weit zulässigem Biozidprodukt-Wirkstoff auf fünf Jahre befristet, zudem darf K. nur in Biozidprodukten verwendet werden, wenn keine geeigneten Alternativen verfügbar sind.

K.-haltige Biozidprodukte dürften im Rahmen von Übergangsregelungen ohne Zulassung nicht mehr auf dem Markt sein. K.-haltige Biozidprodukte mussten bis zum 30.4.2015 eine Zulassung erhalten; K.-haltige Biozidprodukte ohne Zulassung dürfen seit 1.5.2015 nicht mehr gehandelt werden. Mitgliedstaaten, die K.-haltige Biozidprodukte zulassen, mussten dies gegenüber der EU-Kommission bis spätestens Juli 2016 in einem Bericht begründen und u. a. darlegen, wie die Entwicklung von Alternativen gefördert wird. Vor einer Verlängerung der EU-weiten Wirkstoff-Genehmigung ist K. einer vergleichenden Bewertung mit anderen Holzschutzmitteln zu unterziehen. Altholz, das mit Teerölen als Holzschutzmittel behandelt worden ist, ist in Deutschland gemäß →Altholzverordnung in die Altholzkategorie A IV einzustufen. Es darf nur energetisch verwertet oder für die Herstellung von Synthesegas, Aktivkohle und Industrieholzkohle genutzt werden, ein Recycling als Holzwerkstoff ist ausgeschlossen. (UBA 2016)

Mit EU-Verordnung 2017/999 wurden Anthracenöl, Pech und das Hochtemperatur-Destillat in den Anhang XIV der REACH-Verordnung aufgenommen und sind damit zulassungspflichtig. Darüber hinaus wird die Genehmigung, K. als Biozidwirkstoff einzusetzen, voraussichtlich 2018 neu bewertet.

Kresol K. (Methylphenol, Hydroxytoluol; Isomere: o-, m-, p-Kresol) wird wie →Phenol als Ausgangsprodukt für die Herstellung von →Phenol-Formaldehyd-Harzen verwendet. K. ist als krebsverdächtig eingestuft (→MAK-Liste: 3A). Innenraumrichtwert RW II: 0,05 mg/m^3; RW I: 0,005 mg/m^3 (Arbeitsgruppe Innenraumrichtwerte 2012).

EU-GHS-Einstufung und Kennzeichnung: Akute Toxizität, Kategorie 3, Verschlucken; H301 Giftig bei Verschlucken; Akute Toxizität, Kategorie 3, Hautkontakt; H311 Giftig bei Hautkontakt; Ätzwirkung auf die Haut, Kategorie 1B; H314 Verursacht schwere Verätzungen der Haut und schwere Augenschäden.

Kristallwasser K. ist die Bezeichnung für Wasser, das im kristallinen Festkörper gebunden vorkommt. K. ist meist nur locker gebunden und entweicht beim Erhitzen. →Kalksandstein

Kritische Fasern K. (kritische Faserstäube, WHO-Fasern, lungengängige Fasern) sind wie folgt definiert:

Länge > 5 µm, Durchmesser < 3 µm, Verhältnis Länge zu Durchmesser (L:D) > 3:1 (1 µm = 0,001 mm).

Krokydolith K. ist die allgemeine Bezeichnung und der Handelsname für Krokydolith-Asbest, der eine fahlblaue, lavendelblaue oder blaugrüne Farbe aufweist. K. ist ein Vertreter der →Amphibol-Asbeste und gilt als besonders gefährlich, da er das unheilbare →Mesotheliom hervorrufen kann. Schwach gebundene K.-Produkte weisen ein ungünstiges Verstaubungsverhalten auf, d. h., sie setzen vergleichsweise leicht Asbestfasern frei. Eine sichere Identifizierung allein durch Augenschein ist nicht möglich, da es auch blau eingefärbte andere Asbest-Arten gibt (Materialanalyse). →Asbest

K-Stoffe Krebserzeugend sind Stoffe (→CMR-Stoffe) im Sinne des EU- und des nationalen Gefahrstoffrechts (→Gefahrstoffverordnung)

1. die in Anhang VI Teil 3 der Verordnung (EG) Nr. 1272/2008 (→CLP-Verordnung) in der jeweils geltenden Fassung als karzinogen eingestuft sind,
2. welche die Kriterien für die Einstufung als karzinogen nach Anhang I der Verordnung (EG) Nr. 1272/2008 erfüllen,
3. Gemische, die einen oder mehrere der unter 1. oder 2. genannten Stoffe enthalten, wenn die Konzentration dieses Stoffs oder dieser Stoffe die stoffspezifischen oder die allgemeinen Konzentrationsgrenzen nach der Verordnung (EG) Nr. 1272/2008 erreicht oder übersteigt, die für die Einstufung eines Gemischs als karzinogen festgelegt sind,
4. Stoffe, Gemische oder Verfahren, die in den nach § 20 Absatz 4 GefStoffV bekannt gegebenen Regeln und Erkenntnissen als krebserzeugend bezeichnet werden. (GISBau)

Gemäß GefstoffVO §10 ist bei Tätigkeiten mit krebserzeugenden Gefahrstoffen der Kategorie 1A oder 1B, für die kein Arbeitsplatzgrenzwert bekannt gegeben wurde, nach dem Minimierungsgebot (§ 7) ein risikobezogenes Maßnahmenkonzept anzuwenden.

Die alten Einstufungen wurden zurückgezogen:

- K1-Stoffe (Carc. Cat. 1), die auf den Menschen bekanntermaßen krebserzeugend wirken. Bsp.: →Asbest

- K2-Stoffe (Carc. Cat. 2), die als krebserzeugend für den Menschen angesehen werden sollten (kann Krebs erzeugen). Bsp.: →Künstliche Mineralfasern in „Altprodukten“ mit einem →Kanzerogenitätsindex < 30
- K3-Stoffe (Carc. Cat. 3), die wegen möglicher krebserzeugender Wirkung beim Menschen Anlass zur Besorgnis geben. Bsp.: →Polychlorierte Biphenyle

Seit Inkrafttreten der Verordnung (EG) Nr. 1272/2008 gelten folgende Kategorien karzinogener Stoffe:

- Carc. Karz. 1: Bekanntermaßen oder wahrscheinlich beim Menschen karzinogen. Ein Stoff wird anhand epidemiologischer und/oder Tierversuchsdaten als karzinogen der Kategorie 1 eingestuft. Die Einstufung eines Stoffes kann weiter differenziert werden:
  - 1A: Stoffe, die bekanntermaßen beim Menschen karzinogen sind; die Einstufung erfolgt überwiegend aufgrund von Nachweisen beim Menschen. Gefahrenhinweis: H350 Kann Krebs erzeugen oder H350i Kann beim Einatmen Krebs erzeugen.
  - 1B: Stoffe, die wahrscheinlich beim Menschen karzinogen sind; die Einstufung erfolgt überwiegend aufgrund von Nachweisen bei Tieren (H350 oder H350i). Die Einstufung in Kategorie 1A und 1B kann auch durch zusätzliche Hinweise aus epidemiologischen Studien abgeleitet werden (bekanntes Humankarzinogen) oder aus Tierversuchen stammen, deren Beweiskraft ausreicht, eine karzinogene Wirkung beim Tier (wahrscheinliches Humankarzinogen) nachzuweisen.
- Kategorie 2: Verdacht auf karzinogene Wirkung beim Menschen. Die Einstufung eines Stoffes in Kategorie 2 erfolgt aufgrund von Nachweisen aus Studien an Mensch und/oder Tier, die jedoch nicht hinreichend genug für eine Einstufung des Stoffes in Kategorie 1A oder 1B sind. Solche Nachweise können entweder aus Studien beim Menschen oder aus Tierstudien, die einen Verdacht auf karzinogene Wirkungen ergeben, stammen. Gefahrenhinweis: H351 „Kann vermutlich Krebs erzeugen“.

Verzeichnisse der Stoffe, die auf der Grundlage gesicherter wissenschaftlicher Erkenntnisse als krebserzeugend, erbgutverändernd oder fortpflanzungsgefährdend eingestuft sind:

1. Gefahrstoffrecht: Anhang I der RL 67/548/EWG (gemäß § 5 der GefStoffV) außer Kraft seit 1.6.2015 – abgelöst durch Verordnung (EG) Nr. 1272/2008 vom 16.12.2008 über die Einstufung, Kennzeichnung und Verpackung von Stoffen und Gemischen (CLP-Verordnung)
2. TRGS 905 (Verzeichnis krebserzeugender, erbgutverändernder oder fortpflanzungsgefährdender Stoffe). Ältere Versionen der TRGS 905 führten Stoffe auf, für die der AGS eine von der RL 67/548/EWG abweichende Einstufung beschlossen hatte. Die aktuelle TRGS enthält ein Verzeichnis von Stoffen, die auf der Grundlage gesicherter wissenschaftlicher Erkenntnisse gemäß § 2 Absatz 3 Nr. 3 GefStoffV als krebserzeugend, keimzellmutagen oder reproduktionstoxisch der Kategorien 1A, 1B oder 2 entsprechend den Kriterien des Anhangs I der Verordnung (EG) Nr. 1272/2008 (CLP-Verordnung) eingestuft sind. Die TRGS 905 ist eine nationale Ergänzung zu Anhang VI Teil 3 Tabelle 3.1 der CLP-Verordnung, wobei beide Listen zu beachten sind. Die in der TRGS enthaltenen nationalen Bewertungen erfolgen zum Schutz der Beschäftigten am Arbeitsplatz und der Einleitung von Schutzmaßnahmen durch den Arbeitgeber. Wichtig ist auch, fortlaufend Eintragungsänderungen für Stoffe im Anhang VI zu beachten, da im Zusammenhang mit der Registrierung nach REACH neue Erkenntnisse vorliegen können. Gemäß Anhang II Nr. 6 der GefStoffV gibt es für bestimmte, als besonders gefährlich krebserzeugend ausgewiesene Stoffe eine Herstellungs- und Verwendungsbeschränkung (2017: Liste mit 12 Stoffen)
3. TRGS 906 (Verzeichnis krebserzeugender Tätigkeiten oder Verfahren nach § 3 Abs. 2 Nr. 3 GefstoffV)
4. Empfehlungen: MAK- und BAT-Werte-Liste der Senatskommission zur Prüfung gesundheitsschädlicher Arbeitsstoffe innerhalb der Deutschen Forschungsgemeinschaft DFG, während AGW-Werte und BGW-Werte verbindlich sind, sowie WHO, IARC Monographs, Overall Evaluations of Carcinogenicity to Humans

→M-Stoffe, →R-Stoffe

Künstliche Mineralfasern (KMF) KMF sind Hauptbestandteil von Mineralwolle-Dämmstoffen, die im Baubereich umfangreiche Verwendung zur Wärmedämmung, zum Kälte- und Brandschutz sowie zur Schalldämmung finden. Im Bauwesen werden Mineralwolle-Erzeugnisse insbesondere verwendet in Form von Platten oder rollbaren Matten und Filzen sowie als Formteile z.B. zur Dämmung von Rohrleitungen. Mineralwolle-Matten werden auch zu Dämmzwecken in Elektro-Speicherheizgeräten eingesetzt. Zur Verstärkung und auch um das Freisetzen von Feinstaub zu vermindern, werden die Dämmfilze werkseitig häufig mit einer papierverstärkten Aluminiumfolie oder mit einem dünnen Glasfaservlies verklebt.

Bei Tätigkeiten mit Mineralfaser-Produkten können Faserstäube freigesetzt werden. Ein Teil dieser KMF ist so klein, dass er beim Einatmen bis in die Lunge gelangen kann. Die KMF der „alten" Mineralwolle-Erzeugnisse verfügten über eine vergleichsweise hohe →Biobeständigkeit. Solche Fasern können – nach dem gleichen Wirkprinzip wie →Asbest – Lungenkrebs erzeugen. Bereits 1980 wurden KMF mit Faserdurchmessern < 1 µm in der →MAK-Liste als „möglicherweise krebserzeugend" eingestuft. 1993 wurde diese Einstufung durch die MAK-Kommission verschärft und KMF als krebserzeugend bzw. krebsverdächtig eingestuft. Daraufhin wurde 1994 vom →AGS ein Bewertungskonzept auf Basis des →Kanzerogenitätsindexes (KI) vorgelegt, das anschließend in der TRGS 905 veröffentlicht wurde. Neben dem KI wurden zwei weitere Kriterien zur Beurteilung aufgenommen: die tierexperimentelle Untersuchung der Biobeständigkeit und die tierexperimentelle Untersuchung der krebserzeugenden Wirkung. 1993 wurde für lungengängige KMF ein →TRK-Wert von 500.000 F/m^3 als Grenzwert festgelegt, der dann auf 250.000 F/m^3 herabgesetzt wurde. 1996 wurden mit der TRGS 521 „Faserstäube" Umgangsbestimmungen für Mineralfaser-Produkte festgelegt. Am 10.11.1997 wurde gegen das Votum Deutschlands die Richtlinie 97/69/EG zur 23. Anpassung der Richtlinie 67/548/EWG verabschiedet. Seitdem sind Mineralwolle bzw. die in Mineralwolle-Erzeugnissen enthaltenen KMF der alten Generation nach CLP-Verordnung (EG) Nr. 1272/2008 eingestuft in Cat. 2 (früher K3) (krebsverdächtig) und hautreizend. Allerdings wurden in einer ergänzenden Anmerkung (Nota Q) Freizeichnungskriterien festgelegt, mit denen auch alte Mineralwolle vom Krebsverdacht freigesprochen werden kann. Deutsche Toxikologen und der AGS haben diese Kriterien als ungeeignet abgelehnt. Unter Berufung auf § 118a des EWG-Vertrages, der es erlaubt, national ein höheres Schutzniveau festzulegen, lehnte Deutschland die EU-Einstufung ab. Durch Einführung der Nr. 7 in Anhang V der GefStoffV wurde 1998 der Umgang mit KMF neu geregelt. Nach aktuellem deutschem Recht (TRGS 905, März 2016) ist Mineralwolle (glasige Mineralfaser) der alten Generation als krebserzeugend (Cat. 1B (früher K2); KI ≤ 30) oder krebsverdächtig (Cat.2 (früher K3); KI > 30 und < 40) eingestuft.

1996 hatten die Mineralwolle-Hersteller durch Rezepturänderungen begonnen, mithilfe biolöslicher Salze Produkte auf den Markt zu bringen, die frei von Krebsverdacht sind. Seit dem 1.6.2000 dürfen die „alten" (eingestuften) Mineralfaser-Produkte nicht mehr hergestellt, in Verkehr gebracht und verwendet werden. Die „Verbotsordnung" betrifft biopersistente (biobeständige) künstliche Mineralfasern für die Wärme- und Schalldämmung im Hochbau und für die technische Isolierung. Ein Wiedereinbau „alter" Mineralwolle ist lediglich für im Rahmen von Instandhaltungsarbeiten demontierte Materialien zulässig, unter der Voraussetzung, dass dabei keine oder nur eine geringe Faserbelastung zu erwarten ist. Abfälle „alter" Mineralwolle sind besonders überwachungsbedürftig. Bei Tätigkeiten mit „alter" Mineralwolle ist die TRGS 521 zu beachten.

„Neue" Mineralfaser-Erzeugnisse sind solche, die nach einem der drei o.g. Kriterien nach Gefahrstoffverordnung Anhang IV Nr. 22 freigezeichnet und damit weder krebserzeugend noch krebsverdächtig sind. Sie sind mit dem RAL-Gütezeichen ausgezeichnet, das auf toxikologischen Bewertungen der Biobeständigkeit beruht. Es wird für biolösliche Mineralwollen vergeben, die anhand von Tierversuchen als nicht krebserzeugend eingestuft sind. Seit Juni 2000 sind in Deutschland nur noch Mineralwolle-Dämmstoffe mit RAL-Siegel (GZ 338) auf dem Markt. Bei der Verarbeitung müssen Emissionen von Faserstäuben generell verringert werden. Die Fasern sind jedoch nicht krebserzeugend, daher sind lediglich allgemeine Mindestmaßnahmen zum Schutz vor Stäuben notwendig (TRGS 500). Diese Maßnahmen schützen vor Haut- und Augenreizungen, Allergien und vor Reizungen der Atemwege.

K. ohne RAL-Gütezeichen sind intakte Dämmungen aus Mineralwollen und Keramikfasern, die in aller Regel nicht entfernt werden müssen, da die Gefährdung bei ordnungsgemäßer Anbringung gering ist. Das ist der Fall, wenn die Dämmstoffe mit einer Dampfsperre aus Folie abgedeckt sind und hinter Gipskartonplatten, Holzpaneelen oder einer anderen dichten Verkleidung liegen. Auch bei einer Wärmedämmung an der Außenwand oder wenn die Dämmstoffe von einem zweischaligen Mauerwerk umschlossen sind, wurden keine erhöhten Konzentrationen von Mineralfasern im Innenraum festgestellt.

Bei bautechnischen Mängeln oder veralteten Konstruktionen kann es aber dauerhaft zu deutlich erhöhten Faserkonzentrationen kommen. Ein Beispiel sind Decken, die mit Mineralfasern abgehängt sind: Wenn sie nicht mit einem funktionsfähigen Rieselschutz aus Vlies versehen sind und ein Luftaustausch möglich ist, kann der angrenzende Innenraum belastet werden (meist nur mäßige Erhöhung der Faserkonzentration). Auch bei der Installation neuer Leitungen oder anderen baulichen Eingriffen können Fasern freigesetzt werden – diese Belastungen sind aber in der Regel nur vorübergehend. Bei der *Verarbeitung* muss die Emission von Faserstäuben soweit wie technisch möglich verringert werden (TRGS 521). Am sichersten ist es daher, eine Fachfirma zu beauftragen. Der Arbeitgeber muss vor den Arbeiten ermitteln, ob Faserstäube mit gefährlichen Eigenschaften freigesetzt werden können. Sind keine Angaben verfügbar, ist jeweils vom ungünstigsten Fall auszugehen. (Bayerisches Landesamt für Umwelt 2017)

Aber auch für neue Mineralwolle gilt: Die Produkte enthalten lungengängige KMF und sind zudem als reizend eingestuft. Das Einatmen von faserhaltigem Staub kann zu Gesundheitsschäden führen. Eine Berührung mit Augen und Haut ist zu vermeiden. Bei Arbeiten mit höheren Staubbelastungen bzw. Faserkonzentrationen und in engen, unbelüfteten Räumen wird Atemschutz empfohlen. Bei der Verarbeitung dürfen nur staubarme Arbeitsverfahren/-geräte eingesetzt werden.

Allerdings sind die Erkenntnisse zur kanzerogenen Wirksamkeit von KMF bis heute lückenhaft. Von der →MAK-Kommission der DFG werden aus Vorsorgegründen immer noch *alle* lungengängigen Glas- und Steinwollfasern als krebsverdächtig 1B oder 2 eingestuft. Aus den Studien lässt sich eine kanzerogene Wirkung von K. weder bestätigen noch widerlegen. (MAK-Liste 2016).

Seit 2011 werden kontinuierlich etwa 0,6 Mio.t/a Glas- und Steinwolleprodukte hergestellt. Für die Produktion von Steinwolle werden an Primärenergie 150 bis 400 kWh pro m^3 Dämmstoff benötigt und für Glaswolle 250 bis 500 kWh/m^3. Während Steinwolle bis ca. 1.000 °C temperaturbeständig ist, schmilzt Glaswolle bei ca. 700 °C und bietet dann im Brandfall keinen zusätzlichen Feuerwiderstand mehr.

Kultivierbare Schimmelpilze Unter K. versteht man den Anteil an der Gesamtzahl von →Schimmelpilzen, der unter den verwendeten Kultivierungsbedingungen angezüchtet werden kann. Die Kultivierbarkeit hängt z.B. von der Art des verwendeten Nährmediums und der Inkubationstemperatur (25 oder 37 °C) ab. Tote Sporen sind nicht kultivierbar und können nur durch mikroskopische Methoden (Partikelauswertung) nachgewiesen werden.

Kunstglas Als K. werden klare, durchsichtige Kunststoffe bezeichnet, z.B. sog. Acrylglas aus →Polymethylmethacrylat (Handelsname z.B. Plexiglas) oder Produkte auf der Basis von Polycarbonaten (Handelsname z.B. Makrolon). →EPD

Kunstharz-Dispersionsklebstoffe →Dispersionsklebstoffe

Kunstharzbodenbeläge K. sind flüssig aufgebrachte Beschichtungen auf Basis von →Reaktionsharzen, die zu einem fugenlosen, strapazierbaren Bodenbelag aushärten (→Fließbeschichtungen). Die Bodenbeläge gibt es in vielen Farben und Musterungen, die Oberflächen können von spiegelglatt bis rutschsicher ausgeführt werden.

Folgende Reaktionsharze sind in →Fließbeschichtungen für die Herstellung von K. gebräuchlich:

- →Epoxidharze (EP)
- →Methylmethacrylat (MMA)
- Polyurethanharze (PU)

Die Beschichtungssysteme bestehen aus einem Reaktionsharz-Härter-System, Farbpigmenten, Füllstoffen und eigenschaftssteuernden Additiven. Heutige Produkte sind in der Regel lösemittelfrei.

K. können in allen möglichen Bereichen eingesetzt werden. Typische Einsatzgebiete sind: Industrie, Küchen, Metzgereien, Bäckereien, Gewerbe, Handel, Parkhäuser, Tiefgaragen, Krankenhäuser, Schulen, Kindergärten, Flure. Die Verarbeitung von K. stellt hohe Anforderungen an die Fachkompetenz der Arbeiter und die einwandfreie Ausführung.

Beschichtungssysteme für K., die den Vorgaben der DIN EN 13813 entsprechen und in Aufenthaltsräumen eingesetzt werden, weisen derzeit in Deutschland eine allgemeine bauaufsichtliche Zulassung auf, die auch eine Emissionsprüfung und Bewertung von flüchtigen und schwer flüchtigen Verbindungen (VOC und SVOC) auf Basis des AgBB-Bewertungsschemas beinhaltet. Der frühere Hauptemittent dieser Produkte, Benzylalkohol, wurde für diese Anwendung eliminiert. Bei unsachgemäßer Verarbeitung können durch ungenügende oder chemisch unvollständige Aushärtung längerfristige, geruchsintensive Emissionen entstehen.

Kunstharze K. sind nach DIN 55958 synthetische Harze (→Polymere), die durch Polymerisations-, Polyadditions- oder Polykondensationsreaktionen hergestellt werden. Sie können durch Naturstoffe, z.B. pflanzliche oder tierische Öle bzw. natürliche Harze, modifiziert sein. K. bestehen i.d.R. aus mindestens zwei reaktiven Komponenten, Harz und Härter. Die Vermischung beider Teile ergibt die Harzmasse, bei deren Härtung die Viskosität ansteigt. Nach abgeschlossener Härtung liegt ein unschmelzbarer, duroplastischer Kunststoff vor.
Im Baubereich spielen K. eine wichtige Rolle, z.B. als Bindemittel von Holzwerkstoffen (→Harnstoff-Formaldehyd-Harze, →Phenol-Formaldehyd-Harze, →Melaminharze), weiterhin als →Epoxidharze, →Acrylharze, →Alkydharze, Silikonharze (→Silikone) oder →Polyesterharze. Die Monomere, insbes. die Härter-Komponenten, sind z.T. stark gesundheitsschädlich, sodass bei der Verarbeitung von K. Schutzmaßnahmen getroffen werden müssen. K. können auch nach dem Aushärten Monomere (→Restmonomere) abgeben, die im Innenraum zu gesundheitlichen Problemen bei den Gebäudenutzern führen können. →Kunststoffe

Kunstharzestriche Kunstharzestriche bestehen aus →Reaktionsharzen (häufig →Epoxidharz), mineralischen Füllstoffen und Pigmenten. Meistens werden K. im Verbund verlegt.

Kunstharzlacke K. sind →Lacke, die auf der Basis von synthetischen →Bindemitteln (→Kunstharzen) hergestellt sind. K. enthalten außerdem →Pigmente und Lackhilfsstoffe. Der durchschnittliche Lösemittelgehalt konventioneller Lacke liegt bei 40 %, zum Teil aber auch erheblich darüber. K. finden eine breite Anwendung für Innen- und Außenanstriche und weisen häufig eine hohe Oberflächenhärte auf. Zu den K. im Baubereich zählen →Acryllacke, →Alkydharzlacke, →Epoxidharzlacke, →Nitrolacke, →Polyesterlacke, →Polyurethan-Lacke, →Polyvinylharzlacke und →Säurehärtende Lacke.
K. werden aus Erdöl in komplizierten Prozessketten hergestellt, wobei Kuppel- und Abfallprodukte anfallen. Die Gesundheitsbelastungen während der Verarbeitung und Nutzung sind abhängig vom Lösemittelgehalt, den eingesetzten Lackhilfsstoffen und Pigmenten, den Reaktionsprodukten und dem Gehalt an →Restmonomeren. Als gesundheitsverträglichere K. werden emissionsarme →Dispersionslacke und →High-Solid-Lacke angesehen. Die umweltfreundliche Alternative sind →Naturharz-Lacke.

Kunstharzleime →Leime

Kunstharzpressholz (KP) →Konstruktionsvollholz

Kunstharzputze K. enthalten ein Bindemittel aus →Kunstharzen, meist Kunstharzdispersionen auf Acrylatbasis. Gelöste Bindemittel werden i.d.R. nur für Spezialanwendungen (z.B. für Natursteinputze) eingesetzt. Der Mindestgehalt an Bindemittel in K. beträgt je nach Typ und Größtkorn des Zuschlags 4,5 bis 8 M.-%. Die Zuschläge (Sande, Füllstoffe) sind die gleichen wie bei mineralischen Putzen. Zudem sind Zusatzmittel wie Hilfsstoffe zur Filmbildung, Entschäumer, Verdickungsmittel, Konservierungsstoffe und Wasser oder (selten) →Lösemittel zur Einstellung der Verarbeitungskonsistenz enthalten.
K. sind in erhöhtem Ausmaß für die Ansiedlung von Algen und Pilzsporen an schlecht austrocknenden Bereichen anfällig (hoher organischer Anteil, geringere Dampfdurchlässigkeit als mineralische Putze). Sie werden daher in der Regel bereits werksseitig algen- und schimmelpilzwidrig eingestellt.
K. werden als Oberputz auf mineralischen Unterputzen, als Deckschicht von Wärmedämmsystemen, zur Beschichtung von Fertigteilen (Großtafelbau) und Holzspanplatten (Fertighausbau) eingesetzt. Da K. dünn aufgetragen werden, setzen sie einen ebenen Untergrund voraus. K. sind nicht so dampfdiffusionsoffen wie mineralische Putze und brennbar. Gegen Regen und Schlagregen bieten sie einen wirksamen Schutz und lassen nur wenig Wasser in den Untergrund eindringen. Die Herstellung von Kunstharzen aus Erdöl ist ein umweltbelastender Prozess. Reste von K., die biozide

Wirkstoffe enthalten, sollten keinesfalls in die Umwelt gelangen. Emissionsmessungen der →BAM an K. in →Prüfkammern zeigten z.T. lang anhaltende VOC-Emissionen (→VOC) auf hohem Niveau. TVOC-Werte nach drei Tagen betrugen bis zu 200.000 µg/m³, nach 28 Tagen bis zu 34.000 µg/m³. In einer Probe wurde nach drei Tagen →Benzol in einer Konzentration von 11 µg/m³ festgestellt (Horn, 2. Fachgespräch zur Vorgehensweise bei der gesundheitlichen Bewertung der Emissionen von flüchtigen organischen Verbindungen (VOC) aus Bauprodukten. Berlin, 25.11.2004).

Kunstlicht →Licht, →Glühlampen, →Leuchtstofflampen, →Halogenlampen, →Energiesparlampen, →Vollspektrallampen, →LED-Lampen

Kunststoff-Additive Kunststoffe enthalten neben der Matrix (Kunststoffketten oder Netze) zur Modifizierung der Verarbeitungs- und Gebrauchseigenschaften Füllstoffe und Additive. Siehe Tabelle K8 und K9.

Tabelle K8: Typische Prozentgehalte der wichtigsten Kunststoff-Additive (Quelle: Leitfaden zur Anwendung umweltverträglicher Stoffe, Teil 3, Umweltbundesamt (Hrsg.), 2003)

Typ	Funktion	Max. Gehalt [%]	Produkte mit hohen Gehalten	Polymere mit hohen Gehalten
Produkthilfsstoffe	Füllstoffe	70	Keine spezifischen Schwerpunkte	
	Weichmacher	40 – 50	Bodenbeläge, Planen	Weich-PVC
	Flammschutzmittel – organisch – mineralisch	20 50	Transport, Bau, Elektro, Elektronik	PP, PE, PS, ABS, PA, PET, PU
	Farbstoffe		Keine spezifischen Schwerpunkte	
	UV-Stabilisatoren	5	Transport, Elektronik Diverses	PP, PA
	Antioxidantien		Kein Schwerpunkt	PP
	Antistatika	1	Elektronik, Transport, Haushaltsgeräte	Acetale
Produktionshilfsstoffe	Wärmestabilisatoren	5	Diverse	Weich-PVC
	Härter	3	Elektronik, Bau	Epoxyharze
	Treibmittel	10	Bau, Verpackung	LDPE, PS, PU
	Schmierstoffe	2	Kein Schwerpunkt	Hart-PVC, Harze

Tabelle K9: Freisetzungspotenzial von Weichmachern und Flammschutzmitteln gemessen am Dampfdruck (Quelle: Leitfaden zur Anwendung umweltverträglicher Stoffe, Teil 3, Umweltbundesamt (Hrsg.), 2003)

Potenzielle Freisetzung	Dampfdruck bei 20 °C [Pa]	Beispiele	Kürzel
Sehr hoch	$> 1 \times 10^{-3}$	Dibutylphthalat	DBP
	?*	Alkylsulfonsäurephenylester	ASPE
		Tetrabrombisphenol A	TBBA
		Tris(chlorpropyl)phosphat	TCPP
		Resorcinol-bis-diphenylphosphat	RDP
	?*	Roter Phosphor (mikroverkapselt)	RP
	?*	Ammoniumpolyphosphat	APP
	?*	Triethylhexyltrimellitat	TETM

Tabelle K9: Freisetzungspotenzial von Weichmachern und Flammschutzmitteln gemessen am Dampfdruck (Quelle: Leitfaden zur Anwendung umweltverträglicher Stoffe, Teil 3, Umweltbundesamt (Hrsg.), 2003) (Forts.)

Potenzielle Freisetzung	Dampfdruck bei 20 °C [Pa]	Beispiele	Kürzel
Hoch	$> 1 \times 10^{-4}$	Mittelkettige Chlorparaffine Diethylhexyladipat Acetyltributylcitrat Diisononyl-cyclohexan-dicarboxylat Tris(2-ethylhexyl)phosphat	MCCP DEHA ATBC DINCH TEHP
Mittel	$> 1 \times 10^{-5}$	Diethylhexylphthalat Hexabromcyclododecan Benzylbutylphthalat Diisononylphthalat Diisodecylphthalat	DEHP HBCD BBP DINP DIDP
Gering	$> 1 \times 10^{-6}$	Decabromdiphenylether	DeBDPE
Sehr gering	$< 1 \times 10^{-6}$	Aluminiumtrihydroxid Antimontrioxid	ATH ATO

* Im Sicherheitsdatenblatt fehlen präzisere Angaben.

Kunststoff-Dichtungsbahnen K. sind Bahnen aus →Thermoplasten oder →Elastomeren für die →Bauwerksabdichtung. K. aus Elastomeren werden häufig getrennt von den K. als Elastomerbahnen oder →Kautschuk-Dichtungsbahnen systematisiert. Neu auf dem Markt sind Kunststoffbahnen mit Photovoltaikmodulen. K. werden durch Kalandrieren, Extrudieren oder Streichen hergestellt. Die Kunststoffe können auch modifiziert oder armiert sein. Sie sind als trägerlose Bahnen oder Bahnen mit Verstärkungen und Einlagen aus Geweben und Vlies erhältlich. Einige K. enthalten auch Bitumenanteile. Bei →ECB-Dichtungsbahnen kann der Bitumenanteil bis zu 50 % betragen. Als gebräuchliche K. werden eingesetzt:
Thermoplaste: ECB (Ethylen-Copolymerisat-Bitumen), EVA (Ethylen-Vinylacetat-Copolymer), PEC (→Polyethylen chloriert), PIB (→Polyisobutylen), PVC (→Polyvinylchlorid), TPO (Thermoplastische →Polyolefine)
Elastomere: CR (Chloropren-Kautschuk), CSM (Chlorsulfoniertes Polyethylen), EPDM (Ethylen-Propylen-Terpolymer), IIR (Isopren-Isobutylen-Kautschuk, Butylkautschuk), NBR (Nitrilbutyl-Kautschuk, Nitrilkautschuk)
Alle diese Grundstoffe können mit →Weichmachern, Füllstoffen, →Stabilisatoren usw. modifiziert sein. K. werden hauptsächlich lose unter Auflast oder mechanisch befestigt auf einer Schutzschicht aus Kunststoffvlies verlegt. Dadurch können die hohe Flexibilität und Dehnbarkeit der Kunststoffbahnen genutzt werden. Für die wasserdichte Ausführung muss auf sorgfältige Naht- und Anschlussverbindungen geachtet werden. Als Nahtverbindungsmethoden kommen vor allem das Warmgasschweißen, Quellschweißen sowie die Verbindung mithilfe von Dichtungs- bzw. Abdeckbändern zum Einsatz. Bei Unverträglichkeiten zwischen K. und anderen Schichten sind Trennschichten vorzusehen. Die dauerhafte Verbindung mit bitumigen Abdichtungen ist – mit Ausnahme von ECB – nicht fachgerecht, da zwischen Kunststoffoberflächen und Bitumen nur Adhäsionshaftungen zustande kommen. Aus ökologischer Sicht sollte auf Weichmacher-modifizierte und chlorhaltige Werkstoffe verzichtet werden.
→ECB-Dichtungsbahnen, →EPDM-Dichtungsbahnen, →PVC-Dichtungsbahnen (→Polyvinylchlorid), →TPO-Dichtungsbahnen

Kunststoffe K. sind Materialien, deren Grundbestandteil synthetisch oder halbsynthetisch erzeugte →Polymere sind. Die meisten Kunststoffe werden aus →Erdöl hergestellt. Die vielfältigen Eigenschaften der K. beruhen auf ihrem strukturellen Aufbau, dem Grad der Vernetzung ihrer Grundbausteine (→Monomere) und ihrer chemischen Zusammensetzung. Vorteile der K. sind u.a. ihre geringe Dichte, das gute elektrische Isolationsvermögen, gute Schalldämpfungseigenschaften sowie die gute chemische und Korrosionsbeständigkeit. Die Wi-

derstandsfähigkeit gegenüber Umwelteinflüssen ist von Nachteil, wenn K. unkontrolliert in die Umwelt gelangen, da sie in der Natur so gut wie nicht abgebaut werden.
Manche Ausgangsstoffe für K. sind äußerst giftig, wie das zur Herstellung von →Polyvinylchlorid (PVC) eingesetzte →Vinylchlorid. Einen wesentlichen Einfluss auf die technischen Eigenschaften von K. haben die Additive. Hierzu gehören z.B. →Flammschutzmittel, →Weichmacher, →Stabilisatoren, →Alterungsschutzmittel und →Antioxidantien. Für →Schaumkunststoffe werden zudem →Treibmittel eingesetzt. Eine Reihe von Additiven wird unter human- und ökotoxikologischen Gesichtspunkten sehr kritisch beurteilt. In der Gebrauchsphase können Stoffe wie Flammschutzmittel oder Weichmacher aus K. austreten und in Innenräumen über die Atemluft oder den →Hausstaub in den menschlichen Organismus gelangen. Ökobilanzdaten können der Ökobaudat beim Bundebauministerium entnommen werden oder den →EPDs der Hersteller von kunststoffbasierten Produkten.

Kunststofffenster →PVC-Fenster

Kunststofftapeten K. sind doppelschichtige →Tapeten, deren Oberfläche aus einer ganzflächigen wasserabweisenden Kunststoffschicht besteht. Sie sind daher besonders für Feuchträume geeignet. Als Trägermaterial wird Papier, Glasgewebe oder Vlies eingesetzt. Die Oberfläche besteht aus PVC (→Vinyltapeten) oder PVC-freien Kunststoffen. K. gibt es bedruckt, glatt, oberflächenverformt oder geschäumt. Weitere unter Verwendung von Kunststoffen erzeugte Tapeten sind →Thermotapeten.
Durch die Kunststoff-Haut geht die Fähigkeit der Wände zur Feuchtigkeitsregulierung verloren. Im schlimmsten Fall kann es zu Schimmelproblemen an der Tapete und vor allem in Zimmerecken kommen. K. sind offensichtlich zuweilen am Entstehen des sogenannten „Fogging"-Phänomens beteiligt.
Die meisten K. müssen mit Spezialklebstoffen aufgeklebt werden, was erhöhte Schadstoffemissionen zur Folge haben kann. K. aus →PVC enthalten →Weichmacher, die über einen längeren Zeitraum freigesetzt werden können. Gefärbte K. können erhöhte Konzentrationen flüchtiger organischer Substanzen (→VOC) wie →Alkohole, →Ketone, →Ester und aliphatische →Kohlenwasserstoffe aufweisen. Umweltfreundlichere Alternativen sind z.B. →Papiertapeten, →Raufasertapeten oder →Naturfasertapeten.

Kunststoff-Wasserleitungen →Trinkwasserleitungen

Kupfer K. wird aus →Primärkupfer oder →Sekundärkupfer gewonnen. Im Bauwesen werden nur sauerstofffreie Sorten (SF-Cu) eingesetzt. Kupferteile lassen sich durch Falzen, Nieten, Schrauben, Kleben, →Weichlöten, →Hartlöten, Schweißen verbinden. Hafter und Nägel zur Befestigung müssen zur Vermeidung von elektrochemischer Korrosion ebenfalls aus K. sein. Bleche werden in Falztechnik verlegt. Querfalze bei flachen Dachneigungen, bei Durchdringungen usw. werden durch Löten, Nieten mit Dichteinlage oder doppeltes Falzen mit Dichtung verbunden. Beide Kupferteile müssen beim Löten mit einem →Flussmittel (→Lötpaste oder →Lötfett) dünn benetzt werden. K. ist sehr gut verform- und legierbar. Oberfläche: gebeizt (verdünnte Schwefelsäure), gebrannt, poliert oder farblos lackiert. K. hat eine große Korrosionsbeständigkeit an feuchter Luft durch Bildung einer grünen Schutzschicht (ungiftige Patina). Allerdings wird bei Kupferrohren durch weiches und saures Leitungswasser die Schutzschichtbildung weitgehend unterbunden, sodass Lochfraßkorrosion entsteht. K. findet Anwendung in Form von →Kupferblech, →Kupferrohren oder Kupferdrähten. Es wird für Dächer, Fassaden, Rinnen, als Band für bituminöse Abdeckungen, als elektrischer Leiter (hohe Leitfähigkeit für Wärme), für sonstige Bleche, Rohre und Kupferlegierungen verwendet. K. wird darüber hinaus verwendet als anorganischer Bestandteil von Wirkstoffkombinationen im chemischen Holzschutz (K.-Salze) sowie als Bestandteil wasseremulgierbarer Holzschutzmittel (→Kupfer-HDO).
Hohe Umweltbelastungen entstehen bei der Herstellung von →Primärkupfer. Die Umweltbelastungen bei der Herstellung von Sekundärkupfer sind vom Verfahren abhängig. Aus bewitterten Kupferteilen werden hohe Mengen an K. abgeschwemmt. Die großflächige Anwendung von K. im Außenbereich sollte daher vermieden oder es sollten Vorkehrungen getroffen werden, den Eintrag von K. in Boden und Gewässer zu vermeiden. Oral aufgenommene K.-Salze können allgemeine Schwäche, Erbrechen und Entzündungen im Verdauungstrakt verursachen. Bei Warmblütern sind akute K.-Vergiftungen allerdings selten, da K.-Salze zwangsläufig zu Erbrechen führen. Erhöhte K.-Konzentrationen im Trinkwasser stellen für Säuglinge eine große Gefahr dar. K.-Salze sind in die →Wassergefährdungsklassen 2 und 3 (wassergefährdend bis stark wassergefährdend) eingestuft.

K. lässt sich sehr gut und ohne Qualitätsverlust verwerten, die Recyclingrate liegt je nach Beurteilungsmethodik bei bis zu 95 %, auch Verbundmaterialien sind trennbar (Debonding-Verfahren). Der K.-Schrottpreis beträgt ca. 60 % vom Feinkupferpreis. Verhalten in Müllverbrennungsanlagen und auf Deponien problematisch (→Metalle, Umwelt- und Gesundheitsverträglichkeit). Besonders K. steht in Verdacht, bei der Verbrennung katalytisch die Entstehung von polychlorierten →Dioxinen und Furanen zu begünstigen.

Kupferbleche K. werden für die Dacheindeckung, Fassadenbekleidung und an Fensterbänken eingesetzt. Eine typische Mischung für die Herstellung von K. ist 60 % →Sekundärkupfer und 40 % →Sekundärkupfer. Das Rohmaterial wird im Stranggussverfahren zu sogenannten Brammen gegossen und danach an der Blocksäge auf die erforderliche Länge gebracht. Die Brammen werden in der ersten Verformungsstufe über einen Ofen auf 700 bis 1.100 °C vorgewärmt und in das Warmwalzwerk eingeführt, wo sie zu einem Warmbreitband gewalzt werden. Danach geht es zur Fräse, bevor sie auf einem weiteren Walzgerüst kaltgewalzt werden. Im Anschluss erfolgt eine Wärme- bzw. Glühbehandlung. Die Oberfläche des Bleches wird schließlich mit 15%iger Schwefelsäure mechanisch und chemisch gebeizt. Das fertig aufgerollte Blech (Coil) wird in einem letzten Bearbeitungsschritt an der Blechschere auf die gewünschten Maße zurechtgeschnitten. →Kupfer
K. sind sehr geschmeidig, bei Temperaturbewegungen besteht daher nicht so hohe Rissbildungsgefahr wie bei anderen Metallblechen. Gutes Korrosionsverhalten durch rasche Bildung von Kupferoxidschicht, Patinabildung je nach klimatischen Verhältnissen aus Kupfersulfat oder Kupfercarbonat in acht bis zwölf Jahren (Stadtluft) oder 30 Jahren (Gebirgsluft). Einfache Reparatur, hohes Schadenspotenzial an Anschlüssen, Durchdringungen und bei Luftundichtigkeiten wegen elektrochemischer Korrosion. Beständig gegen aggressive Wässer, im Bereich von Dungabwässern erfordert die Bildung tierschädlicher Salze einen Schutz durch bituminöse Isolierung. Voroxidierte, bräunlich anmutende Kupferplatten werden auch nach längerer Nutzung nicht mehr grün.
Hohe Umweltbelastungen entstehen bei der Herstellung von →Primärkupfer. Hohe Temperaturen sind für das Warmwalzen notwendig. Mögliche Gesundheitsbelastungen treten auf beim →Löten oder Kleben. Relevante Metalleinträge in die Umwelt werden ausgelöst durch Kupfer- und Zinkdächer: K. haben die höchste mittlere Abschwemmrate nach Titanzinkblechen. Besonders drastisch ist die Belastung der Ober- und Unterböden durch Dachabflusswasser: Bei der Muldenversickerung von Kupfer- und Zinkdachwässern sind die Bodensanierungswerte in zehn Jahren erreicht, bei Schacht- und Rigolenversickerung in 33 bzw. 39 Jahren. (UBA:17/05 Leitfaden für das Bauwesen, Reduktion von Schwermetalleinträgen aus dem Bauwesen in die Umwelt)

Kupfer-Dächer →Dächer mit Bauteilen aus Kupfer und Zink

Kupfer-HDO K. (chemisch Bis-(N-Cyclo-hexyldiazeniumdioxy)-Kupfer) ist ein in →Holzschutzmitteln eingesetztes →Fungizid. Dampfdruck bei Raumtemperatur (20 °C): 10^{-6} Pa. Das im Wasser wenig lösliche K. wird durch Komplexbildner wie Ethylendiamin oder Diethyltriamin (→Amine) in Wasser gelöst. Präparate mit K. als Wirkstoff werden als flüssige →Holzschutzmittel angeboten.

Kupferrohre K. werden für Kalt- und Warmwasserinstallationen, Heizungen, Öl- und Gasleitungen verwendet. Sie werden mittels →Weichlot, →Hartlot, Verschweißen, Verschrauben, Flansch oder Fittings verbunden. Bei Verwendung bleihaltiger →Lote können erhöhte Bleikonzentrationen in →Trinkwasserleitungen auftreten. In sauren Wässern kann auch eine erhöhte Kupferkonzentration auftreten, die besonders für Säuglinge gefährlich sein kann.

Kupferschrott →Sekundärkupfer

Kupferstein Vorprodukt der →Primärkupfer-Herstellung.

Kupfer-Wasserleitungen →Trinkwasserleitungen, →Kupferrohre

KVH →Konstruktionsvollholz

k-Wert Der k-Wert zur Beurteilung der Wärmedämmwirkung von Bauteilen wurde vom →U-Wert abgelöst, der in seiner Interpretation bis auf einige Ausnahmen (Wärmebrücken) vergleichbar ist.

Kyoto-Protokoll In dem im Dezember 1997 verabschiedeten K. haben die Industrieländer erstmals eine verbindliche Reduzierung ihrer Treibhausgasemissionen zugesagt. Neben den klassischen Treibhausgasen Kohlendioxid, Methan und Lachgas (Distickstoffmonoxid) wurden auch die fluorierten Treibhausgase HFKW, FKW (→FKW/HFKW) und →Schwefelhexafluorid wegen ihres zum Teil extrem hohen Treibhauspotenzials in das K. aufgenommen. Die EU-Mitgliedstaaten haben das Protokoll im Mai 2002 ratifiziert, insgesamt waren es 191 Staaten. Dazu gehörten wichtige Schwellenländer wie Brasilien, China, Indien und Südafrika, aber nicht die USA. Kanada ist im Jahr 2013 ausgetreten. In dem Protokoll verpflichteten sich die Industriestaaten, ihre gemeinsamen Emissionen der wichtigsten Treibhausgase im Zeitraum 2008 bis 2012 um mindestens 5 % unter das Niveau von 1990 zu senken. Dabei haben die Länder unterschiedliche Emissionsreduktionsverpflichtungen akzeptiert. Deutschland hatte sich verpflichtet, die Emissionen um 21 % zu reduzieren. In der zweiten Verpflichtungsperiode haben sich die Vertragsstaaten nach mehrjährigen Verhandlungsrunden auf der Klimakonferenz in Doha, Katar (COP 18/CMP 8) auf eine Verlängerung des Kyoto-Protokolls bis 2020 geeinigt. In diesem Rahmen verpflichteten sich die Annex B-Länder dazu, ihre Emissionen bis 2020 um insgesamt 18 % gegenüber 1990 zu reduzieren. Die Europäische Union hat sich zu einer Verringerung ihrer Emissionen um 20 % verpflichtet.

L

Label für Bauprodukte L. kennzeichnen Qualitätsmerkmale von Bauprodukten wie gesundheitliche Unbedenklichkeit, Umweltverträglichkeit und Gebrauchstauglichkeit. →Bauprodukt-Qualität, →Umweltzeichen für Bauprodukte, →Blauer Engel, →EPD

Lacke L. werden zur Beschichtung von Oberflächen aus Holz, Metall, Kunststoff und mineralischem Material verwendet. Im Vergleich zu Farben haben L. einen höheren Bindemittelgehalt. Es werden →Naturharz-Lacke und →Kunstharzlacke unterschieden. Das Bindemittel liegt im →Lösemittel gelöst (→Lösemittelhaltige L.), dispergiert in Wasser (→Dispersionslacke) oder als Vorprodukt (→Reaktionslacke) vor. Lacke enthalten außerdem Lackhilfsstoffe, wie Mattierungsmittel (Füllstoffe), Schwebe-, Verlaufs- oder Trockenmittel und →Pigmente.

Gesundheitsgefahren bei der Lackherstellung, der Verarbeitung und der Entlackung treten auf durch:

- Einatmen gesundheitsschädlicher Dämpfe und Stäube, die zu akuten oder chronischen Gesundheitsschäden führen können
- Hautkontakt, der zur Sensibilisierung, Verätzung und zur Aufnahme gesundheitsschädlicher Stoffe in den Körper führen kann
- Augenkontakt, der zu Augenschäden führen kann

Hauptverursacher der Gesundheitsgefährdungen sind Lösemittel, Reaktionsstoffe, Monomere und Additive. Während der Nutzungsphase können flüchtige und schwerflüchtige organische Verbindungen in die Raumluft abgegeben werden (→VOC, →SVOC).

Lackspachtel L. sind Ausgleichsmassen für unebene (Holz-)Untergründe. Konventionelle Produkte werden auf der Basis von Kunstharzen hergestellt. Naturfarbenhersteller bieten L. auf →Naturharz-Basis an.

Lärche Das →Splintholz ist von hellgelblicher bis rötlicher Farbe, das →Kernholz frisch rötlichbraun bis leuchtend rot, intensiv rotbraun nachdunkelnd, mit markanter gestreifter bzw. gefladerter Textur.

L. ist das schwerste und härteste einheimische Nadelholz und hat eine mittlere Rohdichte von 600 kg/m^3. Es ist harzhaltig und zeigt gute Festigkeits- und Elastizitätseigenschaften. L. ist mäßig schwindend und zeigt gutes Stehvermögen. L. ist schwer zu beizen und resistent gegenüber Chemikalien. Das Kernholz ist witterungsbeständig und unter Wasser von hoher, der →Eiche vergleichbarer Dauerhaftigkeit. Je nach Höhenlage des Standortes variiert die Dauerhaftigkeit beträchtlich. Zwischen 400 und 800 m ist die Dauerhaftigkeit am besten. Bei der Verarbeitung ist auf Schutz vor →Holzstaub (krebsverdächtig) zu achten. Schleifstaub reizt die Schleimhäute.

L. ist ein hervorragendes Bau-, Konstruktions- und Ausstattungsholz. Im Außenbereich wird es für Türen, Tore, Fenster, Bekleidungen und Schindeln verwendet, außerdem im Erd-, Brücken- und Wasserbau. Unbehandelte Lärchenverschalungen nehmen nach ein paar Jahren Bewitterung eine silbergraue Färbung an. Im Innenausbau wird L. u. a. für Wand- und Deckenkonstruktionen eingesetzt. Als Ausstattungsholz findet L. Verwendung für Möbel (Küchen- und Bauernstubenmöbel), Wand- und Deckenbekleidungen, Fußböden und Treppen. Lärchenharz wird für Produkte der →Pflanzenchemiehersteller verwendet. Es weist eine sehr gute Bindefähigkeit auf und macht →Anstrichstoffe geschmeidig und dicht.

LAGA Zielsetzung der Länderarbeitsgemeinschaft Abfall (LAGA) ist die Sicherstellung eines möglichst ländereinheitlichen Vollzugs des Abfallrechts in Deutschland. Mitglieder der LAGA sind die Abteilungsleiter der obersten Abfallwirtschaftsbehörden der 16 Bundesländer. Außerdem arbeiten das BMU und das UBA mit. Die LAGA erarbeitet Merkblätter, Richtlinien und Informationsschriften als Hilfsmittel zur Lösung abfallwirtschaftlicher Aufgabenstellungen. Des Weiteren erfolgt die Erarbeitung von Musterverwaltungsvorschriften für den Vollzug des Abfallrechts. Auf dem Gebiet der Gebäude-Schadstoffe sind folgende Mitteilungen von Interesse:

- Mitteilung 20: Anforderungen an die stoffliche Verwertung von mineralischen Reststoffen/ Abfällen – Technische Regeln
- Mitteilung 23: Entsorgung asbesthaltiger Abfälle
- Mitteilung 24 Teil 1: Merkblatt Reinigung und Entsorgung von Transformatoren mit PCB-haltiger oder PCB-kontaminierter, mineralölhaltiger oder synthetischer Isolierflüssigkeit; Teil 2: Merkblatt Entsorgung von PCB-haltigen Reststoffen und Abfällen

→Abfall, →Abfallverzeichnisverordnung, →Abfallschlüssel, →Abfallablagerungsverordnung, →Kreislaufwirtschaftsgesetz

Lagenhölzer Unter dem Begriff L. oder Lagenwerkstoffe werden →Brettsperrholz, →Sperrholz, →Furnierschichtholz (LVL) und →Mehrschicht-Massivholzplatten zusammengefasst. Zu den L. werden →Furniersperrhölzer (Bau-Furniersperrholz, Formlagenholz, Kunstharzpressholz), Schichthölzer (Brettschichtholz [SWP], Lamellenholz, Fensterkanteln) und →Parallam (PSL) gezählt. L. werden für tragende und aussteifende Funktionen in Wand-, Decken- und Dachkonstruktionen verwendet. Bei diesen oft als ökologisch bezeichneten Produkten ist die Auswahl von ausschlaggebender Bedeutung für die Qualität:

Als Leime werden →Harnstoff-Formaldehyd-Harze, →Phenol-Formaldehyd-Harze oder andere Kleber eingesetzt. Platten hochwertiger Qualität tragen nur unbedeutend zur Formaldehydkonzentration in Räumen bei, Materialien minderer Qualität (Leimharze meist auf der Basis von Harnstoff-Formaldehyd) können jedoch beträchtliche Mengen an →Formaldehyd abgeben.

Die Menge an eingesetztem Leim und damit die potenziellen Emissionen in die Innenraumluft hängen von der Menge der Klebstellen ab und sind umso höher, je kleinteiliger die Holzeinzelteile sind.

Statt des Einsatzes von Klebstoffen lassen sich die Schichten auch mit Holzdübeln aus Buche verschrauben, die vorher darrgetrocknet in die engen vorgebohrten Löcher geschraubt oder eingepresst werden und steife Wandelemente oder Deckenelemente entstehen lassen. Die Steifigkeit und Formstabilität wird zusätzlich durch eine um 90° gekreuzte Verlegung erreicht. Die dadurch entstehenden Massivholztafeln zeichnen sich durch eine niedrige Wärmeleitfähigkeit und ein gutes Wärmespeichervermögen aus. Dadurch verbessert sich der sommerliche Wärmeschutz vor allem gegenüber den leichten Holzständerkonstruktionen, weiterhin wird ein guter winterlicher Wärmeschutz gewährleistet. Im Holzbau werden diese Massivholztafeln in Dicken von ca. 18 bis 30 cm angeboten. Die Massivholztafeln überspannen Spannweiten von bis zu 6 m. Zusätzlich wurden Systeme entwickelt, wo Lagenhölzer durch keilförmige Nut- und Federverbindungen zusammengefügt werden. Durch diese schwalbenschwanzförmige Gratverbindung wird ebenfalls eine stabile und dauerhafte formschlüssige Verbindung erreicht. Beide Systeme werden aus ca. 6 cm dicken Einzellagen zusammengesetzt und sind formstabil, auch bei hygroskopischen Einflüssen. Durch den Verzicht auf bauchemische Bauprodukte für die Verleimung wird eine konstruktive Voraussetzung in der Primärkonstruktion geschaffen, welche eine schadstoffarme Bauweise zulässt. Es muss jedoch weiterhin auf eine mögliche Emission von Terpenen aus dem Holz geachtet werden.

- Besonders in Furnierschichtholz können nichtzertifizierte →Tropenhölzer verborgen sein.
- L., die →Fungizide enthalten, wurden in der Vergangenheit mit V-100 G gekennzeichnet. L. mit Fungiziden gibt es aufgrund der problematischen Substanzen in Europa nur noch bei Spezialanwendungen.

Ein ökologischer Vorteil der L. besteht darin, dass auch Holz minderer Qualität verarbeitet werden kann. Dadurch wird eine größere Materialausbeute erzielt. →Holz, →Holzwerkstoffe, →Furniere, →Emissionsklassen, →Formaldehyd

LAGetSi Berliner Landesamt für Arbeitsschutz, Gesundheitsschutz und technische Sicherheit.

LAI Länderausschuss für Immissionsschutz.

Laminat-Bodenbeläge L. bestehen aus einer Trägerschicht (→Spanplatte, →MDF-Platte oder →HDF-Platte), auf die eine Deckschicht mit einer oder mehreren dünnen Lagen eines faserhaltigen Materials (i.d.R. Papier) aufgebracht ist. Diese Papierlagen sind mit aminoplastischen, wärmehärtbaren Harzen imprägniert und werden durch gleichzeitige Anwendung von Hitze und Druck (Hochdrucklaminate – HPL, kontinuierlich gepresste Laminate – CPL) oder direkt auf das Trägermaterial verpresst (DPL). Als aminoplastisches Harz wird bei der obersten Nutzschicht (Overlay) hauptsächlich →Melaminharz verwendet. Je nach Laminattyp wird bei den darauffolgenden Papierschichten (Underlays) das preisgünstigere Phenolharz eingesetzt. Melamin- und Phenolharze entstehen durch die Umsetzung von Melamin und Phenol mit Formaldehyd. Die Trägerplatten können Chemikalien als Quellschutz (Kantenhydrophobierung) enthalten. Auf der der Deckschicht abgewandten Seite des Trägermaterials wird ein Gegenzug aufgebracht, um das Produkt auszugleichen und zu stabilisieren. Der Gegenzug besteht üblicherweise aus einem Hochdruck- oder kontinuierlich gepressten Laminat, imprägnierten Papieren oder Furnieren.

Aus den Melamin- und →Phenol-Formaldehyd-Harz gebundenen →Holzwerkstoffplatten, der Verleimung und der Oberflächenversiegelung kann →Formaldehyd freigesetzt werden. →Prüfkammermessungen des Wilhelm-Klauditz-Instituts für Holzforschung ergaben für L. Werte von 0,005 bis 0,03 ppm Formaldehyd. Emissionen von →VOC und Formaldehyd können durch eine Fußbodenheizung erheblich gesteigert werden. L. können hohe elektrostatische Oberflächenspannungen von weit über 2.000 V aufbauen. Ab 2.000 V wird ein Funkenschlag sichtbar. Unter Vorsorgegesichtspunkten sollte die Oberflächenspannung nicht über 500 V liegen. Als Flächenklebstoffe für L. sind gem. Technischem Merkblatt TKB2 „Kleben von Laminatböden" des Industrieverbands Klebstoffe e.V. ausschließlich für diesen Zweck empfohlene, lösemittel- und wasserfreie →Polyurethan-Klebstoffe zu verwenden (→Isocyanate). Die versiegelten Kunststoff-Oberflächen können das Raumklima nicht so gut regulieren wie geölte oder gewachste →Parkettböden. Die Beanspruchungsklassen von L. werden in der DIN EN 13329:2016-08 geregelt.

Lamparkette L. oder auch Dünnbrettparkette/ Stabparkette bestehen aus 200 bis 800 mm langen und 40 bis 55 mm (selten 70 mm) breiten Massivholz-Stäbchen mit 6 bis 15 mm Dicke (überwiegend 10 mm). Sie werden vollflächig auf planebenen Untergrund verklebt oder auf eine Holzunterkonstruktion verschraubt. In Abhängigkeit der Stab-Dimension sind alle Verbände möglich. Die Stäbe sind leicht austauschbar, die Renovierbarkeit ist gut (4- bis 5-mal abschleifbar). →Massivparkett, →Holzböden, →Parkettklebstoffe, →Parkettversiegelungen, →Ölen und Wachsen

Landesbauordnung Die Landesbauordnung der einzelnen Länder ist wichtiger Bestandteil des öffentlichen Baurechts und wird durch zugehörige Erlasse, Durchführungsbestimmungen sowie technische Baubestimmungen und bauaufsichtlich eingeführte Normen ergänzt.
→Musterbauordnung, →ARGEBAU

Landhausdielen L. sind meist fertig oberflächenversiegelte Fußbodenelemente, die entweder massiv (→Massivholzdielen) oder aus mehreren Schichten (→Mehrschichtparkette) hergestellt sind. Für Massivholzböden kann eine EPD mit der Deklarationsnummer EPD-DP-20150262-IHG1-DE abgerufen werden, diese generische Produktdeklaration beschreibt auch den Anwendungsbereich von Massivholzdielen.

Laser-Drucker Laser-Drucker und Kopierer emittieren während des Druckprozesses flüchtige organische Verbindungen (VOC) unterschiedlicher chemischer Klassen, Ozon und kleinste Partikel aus →Tonern und Papieren. Für die Nutzer von L. und Kopierern resultiert daraus eine mehr oder weniger hohe Exposition gegenüber einer Reihe von Substanzen, darunter auch solche mit gesundheitsschädlichem Potenzial. Hinsichtlich ihrer Emissionsraten unterscheiden sich die einzelnen Gerätetypen erheblich. Ob während des Betriebes der Geräte gesundheitlich bedenkliche Schadstoff-Konzentrationen im Raum entstehen, hängt von folgenden Faktoren ab: Art des Gerätes, Art des Toners, Raumgröße, Anzahl der Geräte, Druckintensität bzw. Tonerverbrauch pro Tag, Lüftungsverhalten, Abstand der exponierten Personen von den Geräten.

Lasuren L. sind farblose oder leicht eingefärbte, transparente, dünne Beschichtungen mit geringer Viskosität. Als Bindemittel werden →Kunstharze oder →Naturharze verwendet. Der Lösemittelanteil kann bis zu 50 % betragen, es werden aber auch lösemittelfreie bzw. -arme L. auf Dispersionsbasis angeboten. L. werden hauptsächlich für die Beschichtung von Holzoberflächen im Innen- und Außenbereich eingesetzt. Sie schützen das Holz gegen Witterungseinflüsse, Feuchtigkeit und Nässe. Wegen ihrer Dünnflüssigkeit dringen L. tief in den Untergrund ein, lassen ihn aber dennoch durchscheinen. Man unterscheidet zwischen gut penetrierenden Dünnschichtlasuren zum Imprägnieren und filmbildenden →Dickschichtlasuren zum Lackieren sowie die sehr stark imprägnierenden und filmbildenden →High-Solid-L. Im Außenbereich müssen L. regelmäßig erneuert werden. Die Bewertung der Umwelt- und Gesundheitsverträglichkeit von L. erfolgt analog zu →Kunstharzlacken bzw. →Naturharz-Lacken.

Latent hydraulische Betonzusatzstoffe L. sind pulverförmige →Betonzusatzstoffe, die verborgen (latent) hydraulisch wirkende Bestandteile aufweisen, die erst durch Zugabe einer zweiten Komponente (Anreger) mit Wasser reagieren und eine Erhärtung bewirken, z.B. →Hüttensand. Anreger für Hüttensand sind z.B. Calciumhydroxid $Ca(OH)_2$, Calciumsulfat $CaSO_4$ oder Alkalien.

Latentwärmespeicher L. können thermische Energie verborgen, verlustarm, mit vielen Wiederholzyklen und über lange Zeit speichern. Verwendet werden sog. Phasenwechselmaterialien (PCM), deren latente Schmelz-, Lösungs- oder Absorptionswärme wesentlich größer ist als die Wärme, die sie aufgrund ihrer normalen spezifischen Wärmekapazität (ohne den Phasenumwandlungseffekt) speichern können. Im Bauwesen werden mikroverkapselte PCM oder Paraffine als Zuschlagstoff in die verschiedenen Baumaterialien eingebunden.

Latexfarben L. sind →Dispersionsfarben für stark beanspruchte Wandflächen. Sie sind wasserabweisend, scheuerfest, sehr strapazierfähig und abriebfest. Die ursprünglichen L. enthielten Naturlatex (→Kautschuk) als Bindemittel, sind heute wegen der hohen Kosten jedoch kaum noch erhältlich. Moderne L. basieren auf Polyvinylacetat. Der Begriff L. wurde aus rein marketingtechnischen Gründen beibehalten. Kunstharzdispersionsfarben mit dekorativen Zusätzen wie Glitter werden ebenfalls als Latexfarben bezeichnet.

L

LCI Abk. für lowest concentration of interest. →NIK-Werte, →AgBB

LD_{50} Die LD_{50} wird in der Toxikologie zur Beschreibung der akuten Toxizität von Stoffen und Stoffgemischen verwendet. Es ist die letale (= tödliche) Dosis eines verabreichten Stoffes, bei der 50 % der am Versuch beteiligten Tiere sterben. Für die Einstufung von Chemikalien und Arzneistoffen nach dem Chemikalien- bzw. Arzneimittelrecht ist die Ermittlung der akuten Giftigkeit mittels der LD_{50} vorgeschrieben. Sie wird angegeben in Milligramm pro Kilogramm Körpergewicht der Versuchstiere. Eine hohe LD_{50} zeigt eine geringe akute Toxizität eines Stoffes an. Eine niedrige LD_{50} bedeutet, dass die geprüfte Substanz beim untersuchten Tier eine hohe akute Toxizität aufweist. Die Beurteilung der Toxizität eines Stoffes alleine auf Grundlage der LD_{50} ist nicht möglich. Wichtig sind weiterhin Angaben zur chronischen Toxizität sowie zu irreversiblen Wirkungen wie krebserzeugende, erbgutschädigende und reproduktionstoxische Wirkung.

Lebenszyklus Unter L. versteht man aufeinander folgende und miteinander verbundene Stufen eines Produktsystems von der Rohstoffgewinnung bis zur endgültigen Beseitigung (EN ISO 14040). Der Begriff L. ist die Übersetzung des englischen Begriffs „life cycle" und beschreibt besser als der im deutschen Sprachgebrauch auch übliche Begriff „Lebensweg" (s.a. EN ISO 14040 ff) den Anspruch an eine →Kreislaufwirtschaft, →EPD

Lecithin L. (Phosphatidylcholin) ist ein natürlicher Fettbegleitstoff, der in allen lebenden Zellen vorkommt, insbes. im Eigelb und in vielen ölhaltigen Pflanzen. L. wird vorwiegend aus ölhaltigen Pflanzen gewonnen, i.d.R. aus Sojabohnen. In der Lebensmittelindustrie wird die herausragende Eigenschaft des L. genutzt, Wasser und Öl, die sich normalerweise abstoßen, in einer stabilen Verbindung (Emulsion) zu halten.

LED Abkürzung für Light-Emitting Diode. Eine L. ist ein lichtemittierendes Halbleiter-Bauelement, dessen elektrische Eigenschaften einer Diode entsprechen. Fließt durch die Diode elektrischer Strom in Durchlassrichtung, so strahlt sie Licht, Infrarotstrahlung oder auch Ultraviolettstrahlung mit einer vom Halbleitermaterial und der Dotierung abhängigen Wellenlänge ab. Zunächst diente sie seit ihrer Erfindung 1962 als Leuchtanzeige und zur Signalübertragung. Durch technologische Verbesserungen folgten Ende der 1990er-Jahre Anwendungen als Leuchtmittel im Alltagsgebrauch. →Dispersionsfarben.

LEF Abk. für lösemittel- und emissionsfreie →Dispersionsfarben.

LEGEP L. ist ein Berechnungstool für die integrale Planung nachhaltiger Gebäude. Es nutzt die Ökomoduldatenbank →Ökobaudat. Neben der Ökobilanzierung können auch Lebenszykluskosten unterschiedlicher Entwürfe verglichen und ausgewertet werden. Ein Produktvergleich über die Integration von →EPDs ist möglich. Neben dem Programm →GaBi stellt L. eines der wenigen Tools für ganzheitliche Bilanzierung dar.

Legionärskrankheit →Legionellen

Legionellen L. sind Wärme liebende, gramnegative Bakterien. 1976 trat in Philadelphia bei einem Legionärstreffen eine zunächst mysteriöse Krankheit auf, an der mehr als 4.000 Teilnehmer an der sogenannten Legionärskrankheit, einer schweren Lungenentzündung, erkrankten und 29 verstarben. Seitdem wird diese durch L. verursachte Krankheit als Legionärskrankheit bezeichnet. Weitere Vorfälle ereigneten sich 1999 in Bovenkarspel/Niederlande, wo es anlässlich einer Blumenschau durch zwei Whirlpools zu 233 Erkrankungen mit 22 Todesfällen kam, und 2001 in Murcia/Spanien mit 805 Erkrankungen und drei Todesfällen durch Kühl-/Klimaanlagen.

Legionella pneumophila kommt gewöhnlich in Oberflächengewässern, in geringer Konzentration aber auch im Grundwasser vor. Gelangen die Mikroorganismen als Aerosol in die Lunge, z.B. durch Umlaufsprühbefeuchter, mobile Luftbefeuchtungsgeräte oder beim Duschen, kann es zur Erkrankung kommen.

L. vermehren sich bei Temperaturen von etwa 20 °C nur sehr langsam. Über 20 °C steigt die Vermehrungsrate allmählich an und ist etwa zwischen 30 und 45 °C optimal. Ab etwa 50 °C erfolgt meist kaum noch Vermehrung und bei etwa 55 °C kommt es langsam zum Absterben der L. Eine sichere Abtötung findet knapp oberhalb von 60 °C statt. In Wassererwärmern, die (in Einfamilienhäusern) im Niedertemperaturbereich (ca. 45 °C) betrieben werden, kann es unter ungünstigen Umständen zu vermehrtem L.-Wachstum und höheren Konzentrationen an Wasserbakterien kommen. Nach DVGW RL 551-553 muss der Trinkwassererwärmer so konstruiert sein, dass der Inhalt des gesamten Speichers einmal am Tag auf 60 °C erwärmt werden kann. Bei Solarthermischen Anlagen am besten erst gegen Abend, wenn die Sonne das Wasser ohnehin schon erwärmt und am besten auch schon ausreichend auf die Zieltemperatur gebracht hat.

Lehm L. ist ein durch Verwitterung verschiedener Gesteine, insbesondere von Granit, entstandenes Mineralgemisch. In den seit 2013 geltenden DIN 18945, DIN 18946 und DIN 18947 wird L. als „Verwitterungsprodukt“ natürlicher Gesteine bezeichnet, welches neben der für die Bindung wirksamen Tonfraktion schluffige und in der Regel auch sandige, kiesige bis steinige Bestandteile enthält. Kies, Sand und Schluff bilden das Mineralgerüst, der Ton übernimmt die Funktion des Bindemittels. Durch unterschiedliche Bestandteile an metallischen Verbindungen, zum Beispiel Eisen oder Mangan, erscheinen L. in verschiedenen Farbtönen, von weiß bis gelb, rot bis braun, blau bis grün, grau bis schwarz. Die Färbung hat keinen wesentlichen Einfluss auf die Qualität, kann jedoch für Gestaltungszwecke interessant sein.

Je nach Art und Anteil des Tones wird ein L. eher als fett (= hoher Tonanteil, hohe Bindigkeit) oder als mager (= geringer Tonanteil, geringere Bindigkeit) bezeichnet. Zusammengefasst wird die Qualität eines L. bestimmt durch:

- die Kornverteilung (Anteile der jeweiligen Korngrößenfraktionen),
- die Bindigkeit (abhängig von Art und Anteil des Tones und der Kornverteilung),
- die Plastizität (abhängig von Art und Anteil des Tones, der Kornverteilung und des Wassergehalts).

Je nach Anwendungsfall und nach Eigenschaften kann L. als →Baulehm verwendet werden. Aber auch eine Modifikation der Eigenschaften ist möglich, um den jeweils vorhandenen L. für eine entsprechende Anwendung zu einem →Lehmbaustoff zu formen oder ihn diesbezüglich zu optimieren. Gemäß den →Lehmbauregeln ist dies jedoch nur durch Zuschläge erlaubt, die ihrerseits organisch oder mineralisch sind. Hierunter fallen hauptsächlich Sande und Kiese zur Optimierung der Kornverteilung. Organische Fasern pflanzlicher oder tierischer Herkunft werden auch heute noch zu Armierungszwecken verwendet. Weitere Bindemittel sind nicht zulässig.

Die wichtigste Eigenschaft des L. ist, dass er durch Zugabe von Wasser an Plastizität gewinnt und dadurch verarbeitet werden kann. Ein nachfolgender Trocknungsprozess entzieht das überschüssige Wasser und gibt dem Lehmbauelement die notwendige Festigkeit. Dieser Vorgang kann beliebig oft wiederholt werden und darf nicht durch Beimischung oder sonstige Veränderung außer Kraft gesetzt werden. L. ist somit der einzige Baustoff, der ohne großen Aufwand immer wieder in seinen Ausgangszustand zurückversetzt werden kann. Mit dieser Eigenschaft ist L. der einzige zu 100 % recycelbare mineralische Baustoff. L. ist beim Bearbeiten hautverträglich und enthält keine gesundheitsschädlichen Bestandteile.

Da L. fast überall zu finden ist, fallen, je nach Organisation und Logistik, geringe Transportkosten an. Auch die im Vergleich zu anderen Bauprodukten relativ übersichtliche Prozesskette von der Gewinnung bis zum Einbau spart Kosten und Energie. Die Möglichkeit, auch heute noch viele Ausführungen im Handwerk zu betreiben, kann auch als sozialer Vorteil verstanden werden: Viele Techniken eignen sich, bei fachlicher Anleitung, zum Selbstbau.

L. weist viele positive bautechnische Eigenschaften auf:

- feuchtigkeitsabsorbierend
- dampfdiffusionsoffen

- wärmedämmend und wärmespeichernd
- nivellierend
- schalldämmend
- schadstoffabsorbierend
- geruchsabsorbierend und
- Holz konservierend.

Die →Holz konservierende Eigenschaft von L. beruht auf seiner niedrigen Gleichgewichtsfeuchte von 0,4 bis 6 %. Holz und andere organische Stoffe, die von L. umgeben sind, werden dadurch entfeuchtet bzw. trocken gehalten und Holzschädlingen die Lebensgrundlage entzogen. Wegen der Fähigkeit des L., Luftfeuchtigkeit aufzunehmen und bei Bedarf wieder abzugeben, kann er zur Feuchteregulierung in Innenräumen eingesetzt werden. Dies ist ein Beitrag zum gesunden Innenraumklima.

Lehmbau Als L. wird zunächst das Bauen mit →Lehmbaustoffen bezeichnet. Hierunter fällt die Ausübung sämtlicher →Lehmbautechniken, insbesondere der →Massivlehmbau, die Herstellung von gestampften oder gewellerten Lehmwänden, die Vermauerung von Massiv- und Leichtlehmsteinen und das Putzen mit Lehm. Als L. wird zudem ein Gebäude benannt, welches hauptsächlich durch die Anwendung von Lehmbautechniken und das Einbringen von Lehmbaustoffen errichtet wird.

Lehmbaunormen In den 50er-Jahren des 20. Jahrhunderts wurde bereits an Normen zum Bauen mit Lehm gearbeitet. Hintergrund war unter anderem, Grundlagen für einen effizienten, energie- und kostensparenden Wiederaufbau nach dem zweiten Weltkrieg zu schaffen. Folgende Regelwerke entstanden:

DIN 18951, Blatt 1 und 2: Lehmbauten – Vorschriften für die Ausführung (1/1951)

DIN 18951, Blatt 1 und 2: Lehmbauten – Vorschriften für die Ausführung – Erläuterungen (1/1951)

DIN 18952 (Entwurf): Lehm als Baustoff (5/1951)

DIN 18952 (Vornorm), Blatt 1: Baulehm – Begriffe und Arten (5/1956)

DIN 18952 (Vornorm), Blatt 2: Prüfung von Baulehm (10/1956)

DIN 18953 (Entwurf): Lehmbau, Eigenschaften, Bauarten, Anwendungsbereich (5/1951)

DIN 18953 (Vornorm), Blatt 1: Baulehm Lehmbauteile: Verwendung von Baulehm (6/1956)

DIN 18953 (Vornorm), Blatt 2: Baulehm Lehmbauteile: Gemauerte Lehmwände (5/1956)

DIN 18953 (Vornorm), Blatt 3: Baulehm Lehmbauteile: Gestampfte Lehmwände (5/1956)

DIN 18953 (Vornorm), Blatt 4: Baulehm Lehmbauteile: Gewellerte Lehmwände (5/1956)

DIN 18953 (Vornorm), Blatt 5: Baulehm Lehmbauteile: Leichtlehmwände in Gerippebauten (5/1956)

DIN 18953 (Vornorm), Blatt 6: Baulehm Lehmbauteile: Lehmfußböden (5/1956)

DIN 18954 (Vornorm): Ausführung von Lehmbauten, Richtlinien (5/1956)

DIN 18955 (Vornorm): Baulehm, Lehmbauteile, Feuchtigkeitsschutz (8/1956)

DIN 18956 (Vornorm): Putz auf Lehmbauten (8/1956)

DIN 18957 (Vornorm): Lehmschindeldach (5/1956)

Im Jahre 1971 wurden diese Normen (inkl. Entwürfe und Vornormen) ersatzlos zurückgezogen, da sie als technisch veraltet galten und ein wirtschaftliches Interesse nicht mehr erkennbar war. Mangels anderer Informationen wurden sie aber weiterhin als Grundlage für den →Lehmbau eingesetzt.

Annähernd zur gleichen Zeit wuchs in Deutschland ein Bewusstsein in Bezug auf Umweltzusammenhänge. Die 1972 auf einem Symposium in St. Gallen vorgestellte Studie „Grenzen des Wachstums“ (Meadows, Zahn, Willing – Club of Rome) mahnte zu dieser Zeit zu einem bewussteren Umgang mit (den Ressourcen) unseres Planeten. Die Ölkrise war mit ihren sonntäglichen Fahrverboten ein in weiten Teilen der Gesellschaft spürbares Zeichen.

Im Bauwesen erinnerten sich einige Menschen traditioneller Materialien und Bauweisen, für Sanierungsarbeiten aber auch den Neubau. Der Lehmbau wurde wiederentdeckt. Zunächst waren es Autodidakten, Interessierte, die sich die alten Techniken aneigneten. Im Falle von genehmigungspflichtigen Bauvorhaben bezog man sich auf die alten, zurückgezogenen Normen und verhandelte dementsprechend mit den Behörden. Es kam zu der Forderung nach neuen Normen oder Regelwerken, um in bestimmten Fällen eine höhere Qualitäts- und Rechtssicherheit zu erreichen.

Im Jahr 1999 wurde ein erster Schritt diesbezüglich erreicht: Eine Arbeitsgruppe des 1992 gegründeten →Dachverband Lehm verfasste die ersten →Lehmbauregeln, eine Zusammenstellung von Definitionen, Verfahren und Kennwerten, die im selben

L

Jahr in die Musterliste der Technischen Baubestimmungen des Deutschen Instituts für Bautechnik DIBt in Berlin aufgenommen und zur Einführung in den Bundesländern empfohlen wurde.
Der Ruf nach einer Norm wurde jedoch in den Folgejahren immer lauter, nach etlichen Diskussionen wurde beim Deutschen Institut für Normung DIN eine Arbeitsgruppe installiert, die binnen eines Jahres 3 Normenentwürfe in die Genehmigung brachte: Seit August 2013 gibt es wieder verbindliche Normen für den Lehmbau in Deutschland. Sie gelten für werksmäßig hergestellte →Lehmsteine, →Lehmmauermörtel und →Lehmputzmörtel. Das Bauen mit Lehm kann somit gleichwertig zu den bekannten Strukturen, Abläufen und Rechtsverhältnissen im Bauwesen eingesetzt werden. Folgende nationale Normen für im Werk hergestellte →Lehmbaustoffe sind bisher veröffentlicht worden:
DIN 18945:2013-08 Lehmsteine –Begriffe, Anforderungen, Prüfverfahren
DIN 18946: 2013-08 Lehmmauermörtel – Begriffe, Anforderungen, Prüfverfahren
DIN 18947:2013-08 →Lehmputzmörtel –Begriffe, Anforderungen, Prüfverfahren
DIN 18947/A1:2015-03 Lehmputzmörtel – Begriffe, Anforderungen, Prüfverfahren; Änderung A1

Lehmbauregeln Aufgrund des Wegfalls der DIN-Normen 1971 und einer ständig steigenden Nachfrage wurden vom →Dachverband Lehm e.V. die L. erarbeitet, im Jahr 1999 herausgegeben und mittlerweile mehrfach überarbeitet. Es war damals das erste, am aktuellen Stand der Technik orientierte Regelwerk im europäischen Raum, welches Wissen zusammenfasste und eine höhere technische und rechtliche Sicherheit in Planung und Ausführung im Bauen mit →Lehm ermöglichen sollte. Ausgehend von Begriffsdefinitionen werden hier die Prüfung von →Baulehm, die Zusammensetzung, Verwendung und Prüfung von →Lehmbaustoffen, die Konstruktion und Ausführung von Lehmbauteilen, Putzsysteme und der Trockenbau mit Lehmbaustoffen behandelt. Auch Stoff- und Bauteilwerte (u.a. Schall- und Brandschutz) sind hier zusammengefasst. Die L. sind eine wichtige Grundlage für die aktuell gültigen →Lehmbaunormen.

Lehmbaustoffe Als L. bezeichnet man ungeformte oder geformte Baustoffe aus ungebranntem →Lehm mit oder ohne Zuschlägen. Die Festigkeit erhalten sie lediglich durch Trocknung, durch Wasserzugabe können sie wieder formbar gemacht oder auch ohne Verlust in ihre Ausgangsbestandteile aufgelöst werden.

Lehmbautechniken Je nach vorhandenem Lehm, den klimatischen Bedingungen, den technischen Möglichkeiten und den baulichen Erfordernissen haben sich weltweit viele unterschiedliche Techniken entwickelt. Mit ihnen kann eine Vielzahl von Anwendungen im Außen- und Innenbereich von Gebäuden realisiert werden. Die Palette umfasst tragende Wände, Pfeiler, Kuppeln und Gewölbe, Treppen und nichttragende Wände, Putze, Estriche, Dekorationen, Öfen, Möbel und vieles mehr. L. unterscheiden sich vor allem durch den Aggregatzustand des →Baulehms oder →Lehmbaustoffs bei Herstellung oder Einbau. Dieser kann flüssig bis fest sein. Dadurch sind unterschiedliche Werkzeuge und Verfahren notwendig. Diese können rein manuell bzw. handwerklich ausgeprägt sein, aber auch mechanisiert bzw. industrialisiert. In den →Lehmbauregeln werden verschiedene Anwendungsfälle und L. aufgeführt und beschrieben. Wichtige L. sind:

- →Stampflehm
- →Wellerlehm
- Ausfachen und Verputzen mit Faserlehm bzw. →Strohlehm
- Mauern mit →Lehmsteinen
- →Leichtlehm
- Einbringen von →Lehmschüttungen
- Bekleidungen mit →Lehmplatten
- Mauern und Verputzen mit →Lehmmörtel

Lehmedelputze L. sind →Lehmputzmörtel aus Lehmen in vielfältigen Farbtönungen mit oder ohne Zugabe von Erdpigmenten. Aus gestalterischen Gründen können organische oder auch anorganische Bestandteile wie Pflanzenteile, Glimmer, Perlmutt u.a. zugegeben werden. L. werden zum Abschluss und Schutz von Oberflächen und als Dekorputze eingesetzt. Die Verarbeitung erfolgt manuell oder maschinell in Putzdicken von 2 bis 5 mm.

Lehmestrich L. wird aus →Stampflehm hergestellt und für Kellerböden (nicht wasserbeständig), Scheunen, Werkstätten, früher auch für nicht unterkellerte Wohnräume eingesetzt. L. wirkt durch seine hohe Masse feuchtigkeitsausgleichend, wärmespeichernd und hat eine hohe Sorptionsfähigkeit. L. bereitet keine Probleme bei der Entsorgung.

Lehmfarbe L. enthalten Ton als Bindemittel, häufig in Kombination mit Kaseinleim oder anderen natürlichen Leimen. Weitere typische Inhaltsstoffe sind Gesteinsmehle, Mineralpigmente und Zellulose. L. enthalten üblicherweise keine gesundheitsschädlichen Inhaltsstoffe und geben keine Schadstoffe an die Raumluft an. Die Entsorgung ist aufgrund der natürlichen Inhaltsstoffe unproblematisch.

Lehmmörtel L. sind meist feinkörnige, unter Zugabe von feinkörnigen und/oder faserigen Zuschlagstoffen aufbereitete →Baulehme. Je nach Einsatzzweck unterscheiden sich die Mischungsverhältnisse. L. werden eingesetzt: a) als Lehmmauermörtel zum Vermauern von →Lehmsteinen, werksmäßig hergestellt unterliegen sie der DIN 18946; b) →Lehmputzmörtel dienen zum Verputzen von Wänden und Decken, werksmäßig hergestellt müssen sie der DIN 18947 entsprechen. Eine große Vielzahl von Lehmputzmörteln ist auf dem Markt erhältlich; c) Lehmspritzmörtel zur Ausfachung von Fachwerkkonstruktionen, Deckenfüllungen, zur Erstellung von Vorsatzschalen und Innenwänden.
Aus L. können auch →Lehmestriche hergestellt werden.

Lehmplatten L. werden im Innenbereich und im witterungsgeschützten Außenbereich verwendet. Es sind plattenförmige →Lehmbaustoffe, die analog zum üblichen Trockenbau eingesetzt werden können. Speziell handelt es sich hierbei um Wand- und Deckenbeplankungen sowie um die Herstellung von leichten Trennwänden und Vorsatzschalen. Im Gegensatz zu entsprechenden Putzverfahren wird durch L. weniger Feuchte in den Bau eingebracht, der Bauablauf kann dadurch meist beschleunigt werden. Auch können feuchtigkeitsbedingte Risiken in der Konstruktion reduziert werden.
Für L. gibt es im Wesentlichen drei Herstellungsverfahren:

- Form- oder bandgestrichene Lehmplatten werden durch kontinuierlichen Auftrag des aufbereiteten Lehmbaustoffs in eine entsprechende Schalung oder auf ein entsprechendes Produktionsband hergestellt.
- Formgepresste L. entstehen durch Stampfen oder Pressen des Lehmbaustoffs in eine Form.
- Zur Herstellung von stranggepressten L. wird der aufbereitete Lehmbaustoff durch ein Mundstück in der gewünschten Breite zu Platten gepresst und in entsprechenden Längen abgeschnitten.

Bei der Bewehrung unterscheidet man in Kern- und Flächenbewehrung. Sie besteht meist aus organischem Material wie Jute, Hanf, Stroh, Schilf oder aus Glasfasergeweben. Die Kernbewehrung soll der L. ausreichende Stabilität bei Transport, Einbau und Nutzung geben, sie kann durch Stäbe, Gitter, Matten oder Gewebe erfolgen. Die Flächenarmierung soll den Oberflächen ausreichende Festigkeit verleihen. Zudem dient sie nach Verspachtelung der Plattenfugen oft bereits als fertige Oberfläche bzw. letzte Schicht vor Auftrag eines Oberflächenfinishes in Form von Fein- oder Spachtelputzen oder Anstrichen.

Lehmprüfungen L. dienen der Ermittlung der Eigenschaften von →Lehm, →Baulehm oder →Lehmbaustoffen. Es geht oft bereits im Vorfeld darum, die möglichen Anwendungsmöglichkeiten eines vorhandenen Lehmes zu ermitteln, den darauffolgend vorbereiteten Baulehm zu kontrollieren und die Endqualitäten eines Lehmbaustoffes zu prüfen. Bereits in den 1971 zurückgezogenen →Lehmbaunormen und Vornormen zum →Lehmbau wurden entsprechende L. beschrieben. Auch in den aktuellen Normen werden Prüfverfahren aufgeführt. Allgemein kann man unterscheiden in Feldprüfverfahren sowie Verfahren, für die eine entsprechende Laborausstattung notwendig ist (Laborprüfverfahren).
Mithilfe der Feldtestverfahren können erste Einschätzungen in Bezug auf einen vorgefundenen Lehm getroffen werden. Meist geht es darum festzustellen, ob ein ausreichender Tongehalt zu verzeichnen ist, der für eine Mindestbindung bei sämtlichen Lehmbautechniken erforderlich ist. Auch über die Korngrößenverteilung und Plastizität können erste Angaben gemacht werden. Getestet wird dabei durch Sichtung, auch mit unterschiedlichen Manipulationen bei zunehmender Wasserzugabe. Die Interpretation der Ergebnisse bedarf einer großen Erfahrung.
Im Labor können umfangreichere Tests durchgeführt werden. Auch hier ist eine große Erfahrung notwendig, allerdings haben die Ergebnisse durch den hohen labortechnischen Anteil weniger subjektive Anteile. Zusätzlich wird der Lehm auf die drei Aspekte Bindigkeit, Korngrößenverteilung und Plastizität untersucht.

Lehmputzmörtel L. werden aus Putzmörteln gefertigt, deren Bindung auf dem im →Lehm enthaltenen →Ton beruht. Die Putzmörtel werden aus mit Sand und organischen Faserstoffen (gehäckseltes Heu, Spreu usw.) gemagertem fetten Lehm hergestellt. Der Lehmmörtel wird in mehreren Schichten angeworfen, die letzte Schicht wird mit dem Reibbrett abgerieben und evtl. mit dünner Kalkschlämme o.Ä. überzogen (bessere Haftung des Anstrichs). L. wird hauptsächlich als Innenputz eingesetzt, bei Außenanwendungen ist guter konstruktiver Feuchteschutz und/oder eine Dichtung notwendig, da L. nicht wasserbeständig ist. L. haben eine hohe Kapillarleitfähigkeit und sorgen für ein gesundes Raumklima. L. bereiten keinerlei Probleme bei der Entsorgung. Sie können als einzige Putzart sogar wieder als Putz verwertet werden. Wer reine L. möchte, sollte darauf achten, dass nur Lehm (bzw. der darin enthaltene Ton) als Bindemittel eingesetzt wird.

Lehmschüttungen L. dienen der Verfüllung waagerechter Bauteile. Je nach Zuschlagsstoff spricht man von Sand-Lehmschüttungen, Holz-Lehmschüttungen, Holzleichtlehmschüttungen und Baulehmschüttungen ohne Zuschlag. Je nach Einsatzort sind unterschiedliche Rohdichten der Schüttungen vorab einstellbar. Da es bei den Anwendungen kein tragfähiges oder selbsttragendes Gefüge erforderlich ist, können auch →Baulehme zum Einsatz kommen, die eine geringere Bindigkeit aufweisen.

Lehmsteinbau Im L. werden →Lehmsteine oder Blöcke zu Bauteilen vermauert. Die Verbindung der Steine oder Blöcke geschieht mittels →Lehmmörtel analog der bekannten Regeln der Technik.

Lehmsteine L. sind meist quaderförmige, trockene →Lehmbaustoffe. Durch Variieren von Zuschlagstoffen und Lochungen werden auf jeden Anwendungsfall angepasste Rohdichten und Festigkeitsklassen erzielt. Als Herstellungsverfahren sind das manuelle Handstrichverfahren (auch „Patzen") zu nennen sowie die industriellen Verfahren des „Maschinenhandstrichs", des Pressens und des Strangpressens. Wichtig ist eine Unterscheidung zu den durch die Ziegelindustrie hergestellten, ungebrannten L. (→Grünlinge). Alle werksmäßig hergestellten L. folgen der DIN 18945. Der Markt bietet heutzutage eine große Vielfalt an deklarierten L. L. benötigen keinen energieintensiven Brennvorgang. Sie zeichnen sich durch hohe Wärmespeicherkapazität und Kapillarleitfähigkeit aus. Durch Aufnahme und Abgabe von Wärme und Feuchte wirken sie temperatur- und feuchteregulierend. L. bereiten keine Probleme bei der Nachnutzung. L. können durch Zugabe von ca. 4 bis 10 % →Zement feuchteresistenter und druckfester eingestellt werden. Die Herstellung erfolgt in der Regel durch spezielle Lehmsteinpressen. Allerdings wird durch den Zementanteil die Recycelbarkeit stark beeinträchtigt, da das Bindevermögen der →Tone verloren geht. Mit Zement stabilisierte L. entsprechen weder der DIN 18945 noch den →Lehmbauregeln.

Lehmverbundputze L. oder stabilisierte Lehmputze sind Putze, die neben →Lehm (bzw. dem darin enthaltenen →Ton) ein weiteres Bindemittel wie →Kalk, →Zement, →Gips oder Methylcellulose enthalten. L. können außerdem evtl. für Lehmprodukte untypische synthetische Zusatzstoffe enthalten. Je nach Menge der Bindemittel überwiegt entweder die Tonbindung oder die Bindung des Zweitbindemittels. Die Eigenschaften von L. können sich daher stark von Lehmputzen unterscheiden.

Lehmziegel L. ist ein fälschlicherweise gebrauchter Begriff für →Lehmsteine. Als →Ziegel bezeichnet man ein Element aus gebranntem →Ton!

Leichtbeton L. ist →Beton mit einer Rohdichte unter 2.000 kg/m^3. Die gegenüber gefügedichtem →(Normal) Beton aus dichten Gesteinskörnungen und dichtem Zementstein reduzierte Rohdichte kann auf unterschiedlichen Wegen erreicht werden. Dementsprechend unterscheidet man zellporigen →Porenbeton, →Porenleichtbeton, haufwerksporigen Beton aus poriger oder dichter Gesteinskörnung und gefügedichten Konstruktionsleichtbeton aus poriger Gesteinskörnung.
Die ersten drei L.-Arten werden vor allem zur Herstellung von Betonwaren, z.B. Wandbausteinen, eingesetzt. Gefügedichter Konstruktionsleichtbeton mit Rohdichten zwischen 800 kg/m^3 und 2.000 kg/m^3 findet z.B. auch Anwendung im Brückenbau. L. hat insbesondere den Vorteil geringerer Bauwerkslasten (auch geringeres Transport- und Montagegewicht) und höherer Wärmedämmung.
Die Verringerung der Rohdichte erfolgt durch Einsatz leichter Gesteinskörnungen mit hoher Kornporigkeit wie Naturbims, Hüttenbims, →Blähglas, →Blähton, →Blähschiefer und/oder durch gezielt zwischen der Gesteinskörnung verbleibende Hohlräume (Haufwerksporen). Bei diesem ‚Einkornbeton' werden die Körner mit möglichst wenig Zementleim verkittet. Eine weitere Möglichkeit ist der Einsatz von →Luftporenbildnern oder Schäumen.

Leichtlehm Als L. bezeichnet man einen →Lehmbaustoff, bei dem hohe Anteile an leichten, organischen und/oder anorganischen Zuschlägen mit →Lehm vermengt werden. Einer Lehmschlämme werden hierbei meist →Stroh oder Holzhackschnitzel, zuweilen auch →Hanffasern, →Flachsschäben, →Schilf und Recyclingkork beigemengt. Aufgrund des hohen Wassergehalts beim Verarbeiten muss auf günstige Trocknungsbedingungen geachtet werden, weil es sonst zu Zersetzungsprozessen der organischen Bestandteile und zu Schimmelbildung kommen kann. Diese Gefahr ist bei Verwendung von mineralischen Leichtzuschlägen, wie →Perlite, →Blähton, -schiefer oder →Blähglas nicht gegeben, somit kann hier auch in den späten Herbst- und Wintermonaten gearbeitet werden. Der bei der Herstellung in Form einer Schlämme hinzugegebene, möglichst fette Lehm dient dazu, jede Faser oder jeden Halm bzw. jedes mineralische Leichtzuschlagskorn zu ummanteln, um nach der Trocknung ein sich selbst tragendes Lehmbauteil zu erhalten. Aufgrund der reduzierten Rohdichten von ca. 500 bis ca. 1.200 kg/m^3 ergeben sich verbesserte Wärmedämmeigenschaften (geringere →Wärmeleitfähigkeit) zwischen 0,14 bis 0,47 W/(m·K). Neben dem Mischen und Einbauen vor Ort existieren auch zahlreiche bereits trockene L.-Produkte auf dem Markt.

Leichtlehmbau L. bezeichnet zum einen ein aus →Leichtlehm errichtetes Gebäude, zum anderen eine nicht tragende Bauweise. Zur Montage wird ein einfaches Hilfsgerüst aus →Holz benötigt, welches die zukünftige Dicke der Wand bestimmt, sowie ein einfaches Schalungssystem. Hier haben sich Kletterschalungen bewährt, die sofort nach beendeter Befüllung eines Abschnittes versetzt werden können. Dadurch wird ein schnelleres Austrocknen des frisch eingebrachten, sehr feuchten Materials erleichtert. Auch „verlorene Schalungen" werden eingesetzt: eine auf die Hilfskonstruktion montierte Schilfrohrmatte hält den eingebrachten Leichtlehm in Form. Die anschließende Austrocknung wird kaum behindert. Auch andere Materialien, wie →Holzfaserplatten, können eingesetzt werden, sofern es sich um sehr geringe Wanddicken und optimale Trocknungsbedingungen handelt. In beiden Fällen können nach kompletter Austrocknung des Leichtlehms die Oberflächen als Raumabschluss verputzt werden, vorzugsweise mit →Lehmmörtel. L. wird sowohl im Neubau als auch in der Bestandssanierung eingesetzt, z.B. als Innendämmung.

Leichtlehmsteine L. sind →Lehmsteine, die aus →Leichtlehm hergestellt werden. Gegenüber einem vor Ort hergestellten und eingebauten Leichtlehm weisen Wände aus L. deutliche geringere Trockenzeiten auf. L. werden im Neubau, aber auch sehr gern in der Fachwerksanierung eingesetzt, da sie durch die reduzierte →Wärmeleitfähigkeit bei fachgerechter Bemessung zu einer besseren Energiebilanz eines Bestandsgebäudes führen können, ohne bauphysikalische Probleme zu erzeugen. Bei günstigen Witterungsbedingungen und entsprechenden logistischen Möglichkeiten kann es durchaus interessant sein, L. vor Ort zu produzieren, trocknen zu lassen und zu verbauen.

Leichtmetalle L. sind Metalle mit einer Dichte unter 5,0 g/cm^3. Beispiel: →Aluminium.

Leichtmörtel L. sind →Mörtel mit leichten Zuschlägen wie →Blähton, →Blähschiefer, →Bims, →Blähglimmer, →Perlite oder Styroporkügelchen (→EPS) mit guten Wärmedämmeigenschaften. Meist werden L. aus →Zementmörtel unter Zugabe organischer Zusätze mit plastifizierender oder die Abbindung verzögernder Wirkung hergestellt. L. wird für gut wärmedämmendes Mauerwerk oder →Wärmedämmputze verwendet.

Leimbinder Als L. werden aus gehobelten Brettern verleimte Massivholzträger bezeichnet. Bedingt durch den niedrigen Leimanteil tragen diese Materialien in der Regel nur in geringem Ausmaß zur Belastung der Innenraumluft mit Schadstoffen bei. Von Holz werden flüchtige Holzinhaltsstoffe, vor allem Terpene wie alpha- und beta-Pinen, Limonen und delta-3-Caren an die Umgebungsluft abgegeben. Bei Raumtemperatur gibt Holz praktisch keinen freien Formaldehyd an die Raumluft ab.

Leimbinderfarben L. sind →Leimfarben mit Kunstharzdispersionen („Binder") als Bindemittel. Sie haben eine höhere Abriebfestigkeit als Leimfarben. Aus L. können aber im Gegensatz zu den echten Leimfarben →VOC oder →SVOC emittieren.

Leimdrucktapeten L. sind mit Leim bedruckte →Papiertapeten. Ihren Namen haben sie von dem Bindemittel Leim für die dabei verwendeten Farben (→Leimfarben). L. werden noch im traditionellen Rotationsdruckverfahren bedruckt. Dabei werden die Musterwalzen an ihren erhabenen Stellen über ein Filztuch eingefärbt. Für jede Farbe des Musters ist eine Druckwalze erforderlich. Für einfachere Muster werden heute Kunststoffwalzen verwendet, die nicht druckenden Teile sind ausgefräst.

Leime L. sind wässrige Lösungen von →Klebstoffen, die sehr dünnschichtig eingesetzt werden. Sie beruhen auf organischen Grundstoffen und werden unterteilt in synthetische, pflanzliche und tierische L. Grundstoffe für synthetische Leime sind →Acrylharze, →Polyvinylacetate, Polyvinylpyrrolidon oder →Formaldehyd-Harze (Kunstharzleime). Pflanzliche L. bestehen aus Cellulosederivaten (Zellleim, →Methylcellulose) oder aufgeschlossener Stärke (Stärkeleim), Mehlkleister oder Dextrin. Zu den tierischen L. zählen Glutin-L., →Kasein-L. und Blutalbumin als Grundstoffe. In der Möbelrestauration wird verstärkt Fischleim eingesetzt. Die auf Naturstoffen und Acrylsäurederivaten basierenden L. können →Konservierungsmittel (0,01 bis 0,3 %) enthalten.

Die Gesundheitsbelastung bei der Verarbeitung und während der Nutzungsphase ist abhängig von der Art und der Menge des Grundstoffes (bei pflanzlichen und tierischen L. sehr gering). Die meisten L. sind relativ unproblematisch, in Einzelfällen kann eine Belastung durch die eingesetzten Konservierungsmittel auftreten.

Leimfarben L. enthalten Leim als Bindemittel. Tierische Leime werden heute noch als Bindemittel für Kreide- und Halbölgründe in der Kunstmalerei sowie in der Vergolderei gebraucht. Sonst sind sie weitgehend durch Pflanzenleime, vor allem Methylcellulose, verdrängt worden. Weitere Bestandteile der L. sind Kreide, Pigmente und Talkum. Die klassische alte Leimfarbe ist oft nur →Kreide, die mit 5 bis 7 % Leim gebunden wird („Kreidefarbe"). Als Pigmente finden Kreide, Titandioxid, Schwerspat, Kaolin und bunte Erdpigmente Verwendung. L. weisen vor Zugabe des ökologisch nicht unproblematischen →Titandioxids eine altweiße Farbe auf, Titandioxid ergibt einen brilliantweißen Farbton. Wie →Kaseinfarben sind auch L. als →Pulverfarben erhältlich.

L. weisen eine gute Deckkraft auf und eignen sich für alle trockenen Innenräume. Sie sind nur wischfest. Die Wischbeständigkeit kann durch Kasein erhöht werden. Während der Verarbeitung ist die Farbe durchscheinend, weil sie nur physikalisch durch Trocknen abbindet. L. sollten immer mit demselben Fabrikat überstrichen werden, andernfalls können sie sich vom Untergrund ablösen. Sollen L. mit anderen Anstrichstoffen, z.B. →Dispersionsfarben, überstrichen werden, müssen sie vorher restlos abgewaschen werden.

Reine L. werden aus wenigen, natürlichen Rohstoffen hergestellt. Sie enthalten keine Kunstharze und keine Lösemittel. Für die Herstellung von Methylcellulose aus Fichtenholzzellstoff ist der Einsatz von Chlorchemie notwendig, was kritisch anzumerken ist. Die Anstriche sind sehr dampfdiffusionsoffen, mit gesundheitsgefährdenden Emissionen in die Raumluft ist nicht zu rechnen. L. lässt sich unter Feuchtigkeit vom Untergrund wieder ablösen, beeinträchtigt somit nicht das Recycling.

Leimholz L. gehört zur Gruppe der Lagenhölzer und besteht aus mehreren miteinander verleimten Brettern. Die Verleimung erfolgt häufig mit →Harnstoff-Formaldehyd-Harzen oder Mischharzen zusammen mit Melamin-Formaldehyd-Harz. Zum Teil werden auch tierische Leime auf der Basis von →Kasein verwendet. L. wird für vielfältige Zwecke in der Möbel- und Bauschreinerei verwendet. Die Bindemittelmenge für die Herstellung von L. ist wesentlich geringer als jene für z.B. →Spanplatten.

Leinöl L. ist das Samenöl der Flachspflanze (Lein; Linum usitatissimum). Es setzt sich aus verschiedenen ungesättigten und gesättigten Fettsäuren (Linolensäure, Linolsäure, Ölsäure, Palmetin- und Stearinsäure) zusammen. Die Flachspflanze gedeiht in den gemäßigten Zonen Europas, in Asien und Amerika und ist wegen ihres geringen Nitratbedarfs besonders gut für den Anbau in Wasserschutzgebieten geeignet. Der Fettgehalt der Samen beträgt 30 bis 45 %. Durch Kaltpressung erhält man das für Nahrungszwecke verwendete Leinsamenöl. Durch Warmpressung wird das Lackleinöl, durch eine anschließende Extraktion mit Lösemitteln das Rohleinöl gewonnen. Die Ölausbeute liegt bei ca. 36 %. Lackleinöl wird für →Imprägnieröle, →Alkydharzlacke, →Ölfarben und andere →Anstrichstoffe eingesetzt; Rohleinöl z.B. für die Herstellung von →Linoleum. Die beim Trocknungsprozess abspaltenden langkettigen →Aldehyde sind für den Geruch von leinölhaltigen Anstrichstoffen oder frischem Linoleum verantwortlich. Eine dünne L.-Schicht trocknet an der Luft innerhalb von ca. 4 Tagen. Ein Zusatz von Trockenmitteln (→Sikkative) verkürzt die Trocknungszeit auf 8 bis 16 Stunden. (→Leinölfirnis)

Leinölfirnis L. dient als Oberflächenschutz für Hölzer im Innenbereich. Zur Herstellung von L. wird →Leinöl bei ca. 150 °C mit →Trockenstoffen (Ca-, Co- oder Zr-Octoate) gekocht. Auf kaltem Weg kann L. hergestellt werden, indem man dem Leinöl dickflüssige Trockenstoffe (sog. Linoleate) beimischt (Kalt- oder Linoleatfirnisse). L. wird zur Herstellung von →Imprägnierölen und →Ölfarben und als Zusatzstoff in vielen Lacken und Lasuren verwendet.

Leinölkitt Für die Herstellung von L. wird dem natürlichen Bindemittel →Leinölfirnis →Kreide als Füllstoff zugesetzt. →Ölkitt

Leningrader Summenformel →Radioaktivität von Baustoffen

Leuchtstofflampen L. haben gegenüber normalen Glühlampen eine bis zu zehnmal höhere Lichtausbeute und eine sechs- bis achtfach höhere Lebensdauer. L. enthalten bis zu 80 mg metallisches →Quecksilber sowie im Leuchtstoff geringe Mengen →Cadmium-, →Antimon- und →Arsen-Verbindungen. Beim Betrieb der L. werden die Quecksilberatome durch Elektronenstöße angeregt und geben UV-Strahlung ab, die von dem auf die Innenwand des Röhrenglases aufgeschlämmten Leuchtstoff in sichtbares Licht umgewandelt wird. Wegen des Quecksilbergehaltes müssen L. unzerstört einer geordneten Entsorgung zugeführt werden. Da L. mit 50 Hz Wechselspannung betrieben werden, kommt es zu einem störenden Flimmern. Durch elektrische Vorschaltgeräte (Hochfrequenzwandler) kann ein flimmerfreies Licht erreicht werden (Betrieb bei 30.000 Hz). Dadurch starten die L. sofort, und es werden keine →Kondensatoren zur Blindstromkompensation benötigt. Im Gegensatz zu den herkömmlichen Startern hat ein häufiges Ein- und Ausschalten keinen Einfluss auf die Lebensdauer der L. Helligkeit und Lichtfarbe lassen sich durch Verwendung unterschiedlicher Leuchtstoffe variieren. L. wurden bis einschließlich 1983 mit PCB-haltigen Kondensatoren bestückt (→Polychlorierte Biphenyle). Durch Leckage von Kondensatoren kann das giftige PCB in die Lampenschale tropfen (meist honigfarbene Flecken). Eine Raumluftbelastung kann auch durch ein Verschmoren der Kondensatoren erfolgen. PCB-haltige Kondensatoren sind besonders überwachungsbedürftiger →Abfall. →Licht, →Halogenlampen, →Energiesparlampen, →Vollspektrallampen

Licht L. ist der sichtbare Anteil der elektromagnetischen Strahlung. Davon unterschieden werden u.a. ultraviolette Strahlung (UV) und Infrarot-Strahlung (IR, Wärmestrahlung). Für das Wohlbefinden ist natürliches L. unabdingbar. Es zeichnet sich aus durch

- einen geschlossenen Spektralbereich mit Wellenlängen zwischen 380 und 780 nm und damit einen lückenlosen und sanften Übergang der Farbzonen,
- jahreszeitliche Veränderung von Intensität, Lichtfarbe und Einstrahlwinkel,
- Tag-/Nachtrhythmus mit Veränderung von Intensität, Lichtfarbe und Einstrahlwinkel und
- wetterbedingte Veränderungen von Intensität und Lichtfarbe.

Von Menschen genutzte Räume sollten über eine ausreichende Tageslichtnutzung verfügen. Eine generelle Empfehlung einer bestimmten Kunstlichtquelle ist nicht möglich, da im Einzelfall zwischen den Anforderungen Lichtqualität und -intensität sowie Energieersparnis abgewogen werden muss. Jedes Objekt bedarf eines auf die Funktion und Bedürfnisse angepassten Beleuchtungskonzeptes. Fest steht, dass sich eine künstliche und monotone Beleuchtung z.B. durch herkömmliche Leuchtstoffröhren nachteilig auf das Wohlbefinden und die Gesundheit der Raumnutzer auswirkt. L. spielt bei der Planung von Gebäuden und bei der →Zertifizierung der nachhaltigen Gebäudequalität nach BNB und DGNB eine wichtige Rolle. →Energiesparlampen, →Glühlampen, →Halogenlampen, →Leuchtstofflampen, →Vollspektrallampen, →LED-Lampen

Lichtschutzmittel L. werden als Additive für Anstrichstoffe eingesetzt, die neben dekorativen Aufgaben häufig auch eine Schutzfunktion für das Substrat erfüllen müssen. Qualitätseinbußen beim Anstrich können entstehen durch UV-Licht, Sauerstoff, Feuchtigkeit und Luftschadstoffe. L. lassen sich wie folgt einteilen:

- UV-Absorber:
  Technisch wichtige Stoffklassen sind: 2-Hydroxyphenylbenztriazole (BTZ), Hydroxyphenyl-s-Triazine (HPT), 2-Hy-droxybenzophenone (BP) und Oxalanilide. Das Wirkprinzip der UV-Absorber besteht darin, dass sie das UV-Licht besser und schneller absorbieren als das zu schützende System, die aufgenommene Energie schnell wieder abführen und diesen Zyklus mehrfach durchlaufen können. Die größte

technische Bedeutung haben die Benztriazole, gefolgt von den Hydroxyphenyl-s-Triazinen.

- Quencher:
  Ein Quencher übernimmt die Energie der funktionellen Gruppe im Polymer (Chromophor) und gibt sie in Form von unschädlicher Wärme oder Strahlung ab. Quencher sind z.B. organische Nickelverbindungen.
- Radikalfänger:
  Eingesetzte Stoffgruppen sind zum einen sterisch gehinderte Amine (hindered amine light stabilizers, HALS) und zum anderen phenolische Antioxidantien, die die Kettenreaktion beim Polymerabbau unterbrechen.
- Peroxidzersetzer:
  Diese Stoffe zersetzen durch UV-Licht gebildete Hydroperoxide. Peroxidzersetzer, die auch als sekundäre Antioxidantien bezeichnet werden, sind Thioether und Phosphite.

  Ein Einsatz von Klarlacken auf Holz ist nur bei Stabilisierung mit UV-Absorbern und HALS möglich.

Lignin L. ist neben →Cellulose Hauptbestandteil (bis zu 20 %) von →Holz. Chemisch ist L. ein hochmolekulares Polymer verschiedener Zimtsäurederivate (Biopolymer). Es fixiert im Holz die Cellulosefasern und hat zudem die Funktion eines Imprägniermittels (schützt die nährstoffreichen Cellulosebestandteile vor mikrobiellem Befall). Inzwischen wurde begonnen, L. als natürliches Bindemittel für Holzwerkstoffe zu verwenden. L. steht als Abfallprodukt der Herstellung von Zellstoff in großen Mengen zur Verfügung. Der technische Einsatz von L. als Bindemittel steht allerdings noch am Anfang. Untersuchungen der Universität Hamburg zeigten, dass eingesetzte Ligninsulfonate nicht an die Eigenschaften von melamingebundenen Spanplatten heranreichten.

Ligninsulfonat L. entsteht beim chemischen Aufschluss von →Lignin. L. wird u.a. für die Herstellung von →Betonverflüssigern eingesetzt. Die Moleküle adsorbieren an die Zementoberfläche und dispergieren (d.h. vereinzeln) die Zementpartikel. Dadurch wird das Wasser, welches zwischen den agglomerierten Zementpartikeln eingeschlossen ist, freigesetzt und die Mischung verflüssigt sich bzw. wird leichter verarbeitbar. Die im Rohstoff vorhandenen Hemicellulosen, der Zucker, aber auch das L. selbst können zu einer verzögerten Festigkeitsentwicklung des Zements führen.

Limonen (CAS 5989-27-5) L. ist das in Nahrungspflanzen häufigste Monoterpen (→Terpene). Es kommt in zwei unterschiedlichen Formen (Molekülstrukturen), in einer D- und in einer L-Form, vor, die sich geruchlich unterscheiden. D-Limonen macht z.B. bis zu 95 % des Zitrusöls aus und ist Bestandteil von Fenchel- und Kümmelöl. Bedeutende Mengen D-Limonen finden sich auch in frischem Orangensaft. L. wird in vielen Farben und Lacken der Naturfarbenhersteller verwendet und kommt als beliebter Duftstoff über viele Produkte in die Innenraumluft. Monoterpene üben im Tierversuch eine antikanzerogene Wirkung aus, untersucht wurden hauptsächlich D-L. und D-Carvon. L. kann zu allergischen Reaktionen an der Haut und den hautnahen Schleimhäuten führen. Für das Gemisch D,L-Limonen lässt sich kein MAK-Wert (MAK-Liste: Sh eingestuft) erstellen, MAK-Wert für D-Limonen: MAK-Empfehlung und TRGS 900: 5 ml/m^3, 28 mg/m^3 und als Sh eingestuft, Kategorie II – Resorptiv wirksame Stoffe. Von der Ad-hoc-Arbeitsgruppe Innenraumrichtwerte wurde 2010 für alle monocyclischen Terpene mit der Leitsubstanz L. ein RW II von 10 mg/m^3 und ein RW I von 1 mg/m^3 festgelegt.
EU-GHS-Einstufung und Kennzeichnung (EG) Nr. 1272/2008 CLP: Entzündbare Flüssigkeiten Kategorie 1: Flam. Liq. 3; H226 Flüssigkeit und Dampf entzündbar; Reizwirkung auf die Haut Kategorie: Skin Irrit. 2; H315 Verursacht Hautreizungen; Sensibilisierung der Haut Kategorie 1: Skin Sens. 1; H317 Kann allergische Hautreaktionen verursachen; Akut gewässergefährdend AKUT! Aquatic Acute 1; H400 Sehr giftig für Wasserorganismen; Langfristig gewässergefährdend chronisch 1: Aquatic Chronic 1; H410 Sehr giftig für Wasserorganismen, mit langfristiger Wirkung.
→Terpentinöl, →Naturfarben

Lindan L. (gamma-Hexachlorcyclohexan, gamma-HCH), ein neurotoxisch wirkendes Insektizid, wird seit den 1950er-Jahren in der Land- und Forstwirtschaft sowie in der Veterinär- und Humanmedizin (z.B. zur Bekämpfung von Läusen oder Milben) eingesetzt. L. wurde in Deutschland früher in →Lösemittelhaltigen Holzschutzmitteln eingesetzt. Nach Verordnung (EG) Nr.850/2004 („POP-Verordnung"), Anhang I, ist L. ein verbotener persistenter organischer Schadstoff. Die Herstellung, das Inverkehrbringen und die Anwendung des Stoffes als solcher, in Zubereitungen oder als Bestandteil von Artikeln, ist verboten.

L. ist verunreinigt durch Spuren anderer giftiger Isomere des Hexachlorcyclohexans. Dampfdruck bei 20 °C: $1{,}2 \times 10^{-3}$ Pa. Maximaler Gehalt in →Holzschutzmitteln gemäß einer Empfehlung des ehem. BGA: 0,5 %. 1987/88 wurden 45 % aller Nutzhölzer mit L. imprägniert.
Akute Symptome einer L.-Vergiftung sind Kopfschmerzen, Muskelschmerzen, Übelkeit, Erbrechen, Durchfall, Schwäche, Zittern, Mattigkeit, Bluthochdruck, Tremor, Ataxie, Atemstörungen, Krämpfe und gesteigerte Atemtätigkeit. Das kritische Zielorgan der toxischen Wirkung ist das Zentralnervensystem. Bei chronischer Aufnahme kommt es zu Anämie, neurologischen Störungen, Schleimhautreizung und Leberschäden. L. ist sehr langlebig (persistent) und reichert sich über die Nahrungskette an (insbesondere im Fettgewebe). Der Stoff zählt zur Gruppe der besonders gesundheits- und umweltschädlichen persistenten organischen Schadstoffe (persistent organic pollutants, POP). L. ist als stark wassergefährdend eingestuft (→Wassergefährdungsklasse 3) und ist stark bienengefährdend. Einstufung gem. →MAK-Liste: Kat. 4.
EU-GHS-Einstufung und Kennzeichnung:
Gefahrenhinweise - H-Sätze: H301: Giftig bei Verschlucken. H312: Gesundheitsschädlich bei Hautkontakt. H332: Gesundheitsschädlich bei Einatmen. H362: Kann Säuglinge über die Muttermilch schädigen. H373: Kann die Organe schädigen bei längerer oder wiederholter Exposition. H410: Sehr giftig für Wasserorganismen mit langfristiger Wirkung.
Sicherheitshinweise - P-Sätze: P263: Berührung während Schwangerschaft und Stillzeit vermeiden. P273: Freisetzung in die Umwelt vermeiden. P280: Schutzhandschuhe/Schutzkleidung tragen. P301+P310: Bei Verschlucken: Sofort Giftinformationszentrum oder Arzt anrufen. P501: Inhalt/Behälter einer anerkannten Abfallentsorgungsanlage zuführen.
Das ehem. BGA hat einen empirisch begründeten Handlungsrichtwert zur Abwehr gesundheitlicher Gefahren (entsprechend RW II) in Höhe von 1 µg/m3 genannt. Formal ergibt sich daraus ein Sanierungszielwert (Vorsorgewert, entsprechend RW I) in Höhe von 0,1 µg/m3. *Hassauer & Kalberlah* schlagen bei einer langfristigen inhalativen Exposition gegenüber L. einen TRD-Wert (täglich resorbierbare Dosis) von 80 ng/kg Körpergewicht vor. Ein Umwandlungsprodukt von L. ist gamma-→Pentachlorcyclohexan.
Es wird geschätzt, dass bei der Herstellung von L. während sechzig Jahren weltweit zwischen vier und sieben Millionen Tonnen an Abfall angefallen ist. Dieser besteht zu rund 80 % aus α-HCH und zu einem geringeren Anteil aus β-HCH. In der ehemaligen DDR sind große Teile der Mulde- und Elbeauen im Raum Bitterfeld/Dessau stark mit Lindan-Rückständen belastet. Die Flächen werden seit einigen Jahren für fast 300 Mio Franken saniert und die Sanierung steht kurz vor dem Abschluss. Novartis zahlt die Sanierungskosten.

Linde L. ist von weißlicher bis gelblicher Farbe, dabei öfter etwas hell bräunlich oder rötlich getönt, zuweilen auch grünlich gestreift oder gefleckt. Das Holz ist feinporig, von gleichmäßiger, feiner Struktur und ohne deutliche Zeichnung.
L. ist mittelschwer und sehr weich, wenig fest und elastisch, stärker schwindend, nach Trocknung mit gutem Stehvermögen. Die Oberflächenbehandlung ist problemlos. Das Holz ist insbesondere gut zu polieren und ausgezeichnet zu beizen und einzufärben. Es ist nicht witterungsfest und nicht dauerhaft nach DIN EN 350 Klasse 5. Bei der Verarbeitung ist auf Schutz vor →Holzstaub (krebserzeugend gem. →TRGS 906) zu achten.
Hauptverwendungsbereiche sind die Bildhauerei, Schnitzerei und Drechslerei. Im Möbelbau findet das Holz Verwendung für geschnitzte Teile, Zierleisten und Kassettenfüllungen. Es wird auch als Imitationsholz für Nussbaum und Kirschbaum eingesetzt, weiterhin für →Holzwolle-Leichtbauplatten, Gießerei- und Architekturmodelle, Stiele für Flachpinsel und als Blindholz für Wendeltreppen.

Linoleum L. besteht aus einer „Linoleumdeckmasse", die unter hohem Druck auf ein Jutegewebe gepresst wurde. Die Deckmasse setzt sich zusammen aus ca. 35 % Linoleumzement, 29 bis 35 % Holz- oder Korkmehl (→Kork), 23 bis 28 % anorganischen Füllstoffen (v.a. →Kreide) und 6 % Pigmenten auf Calcium-, Eisen- oder Manganbasis. Der als Bindemittel fungierende Linoleumzement wird durch Polymerisation aus einer Mischung von ca. 75 bis 80 % →Leinöl und ca. 20 bis 25 % Baumharz (→Kolophonium, Kiefernharz) unter Zugabe von Trocknungsbeschleunigern (→Trockenstoffe) hergestellt. Die Reaktion wird durch einen Zink-Katalysator gestartet (ca. 0,01 % Zink bezogen auf die L.-Deckmasse). Bis in die 80-er Jahre wurden Trockenstoffe auf der Basis von Bleiverbindungen ein-

L

gesetzt. Während eines Zeitraums von zehn bis 14 Tagen oxidiert der L.-Zement in Metallbehältern bei ca. 35 °C nach. Durch Bestäuben mit Kalk wird ein zu starkes Verkleben des L.-Zements verhindert. Danach wird der L.-Zement zu einem Fell ausgewalzt und zusammen mit den restlichen Inhaltsstoffen der L.-Deckmasse in ein System aus mehreren Extrudern gegeben. Dabei entsteht das fertige L. in Form eines Granulates, das zu einem dicken Fell gewalzt wird und in wellenförmige Streifen geschnitten wird. Diese werden dachziegelartig übereinander geschoben und auf diese Weise wird das für L. typische Muster hervorgerufen. Anschließend wird das Fell mit dem Jutegewebe zusammengepresst. Die Beläge werden dann in Reifekammern unter Einblasen ca. 70 °C warmer Luft einem dreiwöchigen Reifeprozess unterworfen, wobei der Großteil des Leinöls in das kautschukartige Linoxyn übergeht. Abschließend wird das L. geschnitten und die Bahnen mit →Polyacrylat, →Polyvinylalkohol, ggf. auch mit →Polyvinylchlorid beschichtet. Bis etwa 1980 wurde →Carnaubawachs als Oberflächenbeschichtung verwendet. L. wird auch ganz ohne Oberflächenbeschichtung angeboten. Dann ist unmittelbar nach dem Verlegen eine Behandlung mit Wachs (z B. →Carnaubawachs-Emulsionen) notwendig.

Bei der Verlegung ist auf die Ausdehnung zu achten, der Belag ist vor der Verlegung mehrere Tage lose auf der Verlegefläche zu akklimatisieren und trittzubelasten. L. wird überwiegend mit lösemittelfreien oder -armen →Dispersionsklebstoffen geklebt. Auf nicht saugfähigen Untergründen werden auch Zement-→Pulverklebstoffe oder 2-K-Dispersions-/Zementpulver-Klebstoffe eingesetzt. Nach ausreichendem Abtrocknen des Klebstoffs werden die Fugen mit Schmelzdraht abgedichtet. Der Schmelzdraht kann mit einem Automaten oder mit einem Handschweißgerät mit aufgesteckter Schnellschweißdüse (5 mm) verarbeitet werden. Es sind nur Klebstoffe zu verwenden, die vom Hersteller für Linoleum freigegeben sind.

L. ist als Bodenbelag in allen Räumen mit normalem Feuchtigkeitsgehalt verwendbar (nicht in Bädern). Es ist feuchtigkeitsregulierend, unempfindlich gegen Abrieb und auch ohne Zusatz von Flammschutzmitteln schwer entflammbar.

Während der Reifung des L.-Zements werden durch den oxidativen Abbau des Leinöls Oxidationsprodukte, vor allem aliphatische →Aldehyde wie →Hexanal und höhere Aldehyde und Carbonsäuren, freigesetzt, die i.d.R. auch noch für die Geruchsbelastung von neuen Böden verantwortlich sind. Das Emissionsverhalten von L.-Böden ist von Produkt zu Produkt sehr unterschiedlich und hängt wesentlich vom Trocknungsprozess des Bodenbelags bei der Herstellung ab. Minderwertige Bodenbeläge emittieren oft →Acetaldehyd sowie aliphatische und aromatische Kohlenwasserstoffe. Bei hochwertigen Bodenbelägen sind während der weiteren Nutzung keine bedeutsamen Emissionen zu erwarten (z.B. →natureplus-zertifizierte Bodenbeläge). Bei Verlegung mit Klebstoffen gem. EMICODE EC1-Kleber oder gleichwertigem Kleber ist mit keinen gesundheitsgefährdenden Emissionen aus den Klebstoffen zu rechnen. Von →Pflanzenchemieherstellern werden außerdem Klebstoffe auf Naturstoffbasis angeboten.

L. kann wie alle anderen elastischen Bodenbeläge nicht wiederverwendet werden, da es sich aufgrund der vollflächigen Verklebung nicht unzerstört ausbauen lässt und mit der Zeit versprödet. Die Entsorgung erfolgt in Müllverbrennungsanlagen.

Bis in die 1950er-Jahre wurde L. auch unter Verwendung von →Asbest hergestellt. Es handelt sich um einfarbige, meist grüne, rote oder braune Beläge, die inzwischen sehr spröde sind. Der Weißasbest befindet sich mit Gehalten um 0,1 % in der Linoleum-Schicht, nicht jedoch im Juterücken.

Abgesehen von der Oberflächenbeschichtung besteht L. ausschließlich aus nachwachsenden und ausreichend verfügbaren, mineralischen Rohstoffen. Da auch keine toxikologisch bedenklichen Zusatzstoffe enthalten sind, stellen Bodenbeläge aus L. insgesamt gesehen eine baubiologisch sinnvolle Alternative zu den weit verbreiteten →PVC-Bodenbelägen dar, sofern geprüfte, Schadstoff- und emissionsarme Beläge zum Einsatz kommen und bei der Verklebung speziell für diese Bodenart abgestimmte, lösemittelfreie Kleber verwendet werden. Die günstige Ökobilanz kann in den →EPDs der Hersteller mit denen anderer Glattbeläge verglichen werden.

Linolsäure/Linolensäure →Fettsäuren

Lochvliesbahnen →Bitumen-Lochvliesbahnen

Lösemittel L. sind flüssige organische Stoffe und deren Mischungen, die dazu dienen, andere Stoffe zu lösen, zu verdünnen, zu emulgieren oder zu suspendieren, ohne sie chemisch zu verändern. L.

haben einen Siedepunkt unter 200 bzw. 250 °C (je nach Def.). Sie gehören sehr unterschiedlichen Stoffgruppen an, z.B. den →Aromatischen Kohlenwasserstoffen (z.B. →Toluol), →Chlorierten Kohlenwasserstoffen (z.B. →Dichlormethan) oder den →Alkoholen (z.B. →Methanol). Die meisten L. sind erdölbasiert und werden synthetisch hergestellt. L. können aber auch aus Naturstoffen gewonnen werden (z.B. →Terpentinöl, →Terpene). L. können Einzelstoffe (Reinstoffe) sein oder auch Gemische vieler verschiedener Stoffe (z.B. Benzine wie →Testbenzin). Die Einzelstoffe organischer Lösemittel werden auch als flüchtige organische Verbindungen (→VOC) bezeichnet. Sehr leicht flüchtige organische Verbindungen werden als VVOC bezeichnet.
In der Europäischen Richtlinie 2010/75/EU (IED-Richtlinie, Integrierte Vermeidung und Verminderung der Umweltverschmutzung) werden als VOCs solche organischen Stoffe bezeichnet, deren Dampfdruck 0,01 kPa oder mehr (bei Raumtemperatur T = 20 °C = 293,15 K) beträgt. Diese Definition ist nahezu deckungsgleich mit dem Lösemittelbegriff in der TRGS 610. Eine andere Definition wird durch die Europäische Richtlinie 2004/42/EG (→Decopaint-Richtlinie) gegeben. Danach sind als VOCs alle flüchtigen Stoffe anzusehen, deren Siedepunkt oder Siedebeginn 250 °C oder weniger (bei Normaldruck p = 101,3 kPa) beträgt. (GEV Emicode)
Im Baubereich werden L. insbesondere eingesetzt für bauchemische Produkte wie →Abbeizmittel, →Verdünner, →Primer, →Lacke, →Farben, Flüssig-Kunststoffe, →Klebstoffe, →Hydrophobierungsmittel oder →Steinfestiger.
Grundsätzlich sind Gesundheitsschäden durch L. möglich durch Einatmen, Verschlucken oder durch Haut- oder Augenkontakt.
Infolge gesetzlicher Beschränkungen für die Verwendung von L. in Bauprodukten und auch durch die Möglichkeit, für L.-arme Lacke und Farben das Umweltzeichen →Blauer Engel zu erhalten, sind viele Hersteller dazu übergegangen, L. z. T. durch Wasser und z. T. durch Stoffe mit Siedepunkten über 250 °C (schwerflüchtige Stoffe SVOC) zu ersetzen, die zwar nicht mehr unter die L.-Definition fallen, gleichwohl aber L.-Eigenschaften aufweisen. Solche Stoffe werden auch als Colöser oder Cosolventien bezeichnet. Es handelt sich häufig um →Glykolverbindungen. Die Stoffe haben gleichzeitig Eigenschaften als temporäre →Weichmacher. Die Verwendung von höher siedenden Stoffen hat zwar zu einer gesundheitlichen Entlastung der *Anwender* von Farben und Lacken geführt. Andererseits kann die Verwendung von Glykolverbindungen in Bauprodukten zu lang anhaltenden Emissionen in die Innenraumluft führen und ist damit problematisch für die *Nutzer.*
Entsprechend den verschiedenen Stoffgruppen ist auch die Toxizität der L. sehr unterschiedlich. Das Zentralnervensystem ist einer der gemeinsamen Angriffspunkte, daneben auch Leber und Nieren. L. können krebserzeugend, erbgutschädigend oder reproduktionstoxisch sein (→CMR-Stoffe). Insbesondere haben sich die →Glykolverbindungen DECME und DEGBE als reproduktionstoxisch erwiesen und sind 2010 in den Anhang XVII der →REACH-VO aufgenommen worden und dürfen in Gehalten über 0,1 % bzw. 3 % nicht mehr zur Abgabe an die breite Öffentlichkeit in den Verkehr gebracht werden. Anhaltspunkte zur relativen Toxizität von L. liefern die →NIK-Werte. Nach der letzten NIK-Bearbeitungsliste (3/2016) wird darüber diskutiert, VVOC, z.B. Ameisensäure, Ethylacetat, 2-Chlorpropan, Ethanol, Methanol, Pentan, in das →AgBB-Bewertungsverfahren aufzunehmen. Darüber hinaus werden die folgenden NIK-Werte an toxikologische Werte LCI angepasst:
NIK 1-30 Naphthalin 91-20-3, NIK 12-1 1,4-Dioxan 123-91-1, NIK 12-6 2-Butanonoxim 96-29-7.
Oft ist es nicht möglich, die Gefährlichkeit der flüchtigen Stoffe VOC, SVOC und VVOC einzeln zu beurteilen. Daher werden nach dem AgBB-Schema die entsprechenden Summenwerte TVOC und TSVOC verwendet oder auf das ältere TVOC-Konzept von Seifert zurückgegriffen.
Einstufung nach →GISCODE (Stand 4/15) für Verlegewerkstoffe, die oft hohe Gehalte an L. aufweisen und bei der →Zertifizierung von Gebäuden für die Beurteilung des erzielten Gesundheitsschutzes eine bedeutende Rolle spielen.
Lösemittel sind Stoffe mit einem Siedepunkt kleiner gleich 200 °C, die dazu verwendet werden, andere Stoffe zu lösen oder zu verdünnen, ohne sie chemisch zu verändern (entsprechend der TRGS 610). Produkte, die als Lösemittel Methanol enthalten, können nicht dem GISCODE zugeordnet werden. Toluol (Gefahr der Schädigung des Kindes im Mutterleib bei Überschreitung des Grenzwertes) wird nur noch in stark lösemittelhaltigen Verlegewerkstoffen verwendet.

Tabelle L1: Lösemittel-Produktgruppen

Produktgruppen	
GISCODE-Bezeichnung Lösemittelgehalt Dispersionsprodukte	
D 1 Verlegewerkstoffe	lösemittelfrei ≤ 0,5 %
D 2 Verlegewerkstoffe	lösemittelarm ≤ 5 %
D 3 Verlegewerkstoffe	lösemittelhaltig ≤ 10 %
Stark lösemittelhaltige Verlegewerkstoffe	
S 1 Stark lösemittelhaltige Verlegewerkstoffe	aromatenfrei > 10 %
S 2 Stark lösemittelhaltige Verlegewerkstoffe	aromatenhaltig > 10 %
MS-Polymere	
RS10 Produkte auf Basis silanfunktioneller Prepolymere	setzen Methanol frei!
Epoxidharze	
RE 0 Epoxidharzdispersionen < 5 %	
RE 1 Epoxidharz-Produkte, sensibilisierend	lösemittelfrei ≤ 0,5 %
RE 2 Epoxidharz-Produkte, sensibilisierend	lösemittelarm ≤ 5 %
RE 2,5 Epoxidharz-Produkte	lösemittelhaltig > 5 %
RE 3 Epoxidharz-Produkte, sensibilisierend	lösemittelhaltig > 5 %
Polyurethane	
RU 0,5 Polyurethan-Klebstoffe/-Vorstriche, kennzeichnungsfrei	lösemittelfrei ≤ 0,5 %
RU 1 Polyurethan-Klebstoffe/-Vorstriche	lösemittelfrei ≤ 0,5 %
RU 2 Polyurethan-Klebstoffe/-Vorstriche	lösemittelhaltig > 0,5 %

Innerhalb dieser Definitionen werden noch einmal Kohlenwasserstoffe je nach Aromatengehalt unterschieden. Aromatenfreie Produkte enthalten keine aromatischen Kohlenwasserstoffe, d. h. aber nur, der Aromatengehalt des verwendeten Kohlenwasserstoffgemisches ist kleiner als 1 %.

Die *Lösemittelgehalte* werden entsprechend der TRGS 610 in vier Gruppen eingeteilt:
Lösemittelfreie Produkte enthalten keine Lösemittel. Es wird ein Lösemittelrest beispielsweise in Additiven toleriert, sodass in lösemittelfreien Produkten maximal ein Gehalt von 0,5 % Lösemittel enthalten sein darf. Lösemittelarme Produkte enthalten maximal 5 % und lösemittelhaltige Produkte maximal 10 % Lösemittel. Bei stark lösemittelhaltigen Produkten beträgt der Lösemittelgehalt mehr als 10 %.
Bei Polyurethanprodukten mit einem Lösemittelgehalt über 0,5 % wird nicht zwischen lösemittelarm, lösemittelhaltig und stark lösemittelhaltig differenziert. Derartige Produkte werden nur in Ausnahmefällen verwendet.
Verlegewerkstoffe auf der Basis von Epoxidharzen werden den GISCODE-Gruppen RE 0 bis RE 3 zugeordnet. Allerdings werden in diese Gruppen nicht nur Verlegewerkstoffe, sondern auch Beschichtungen, Injektionsharze usw. erfasst. Weitere Informationen sind dem Einstufungskatalog für Epoxidharzprodukte zu entnehmen.
Produkte auf Basis von silanfunktionellen Prepolymeren sind Verlegewerkstoffe (Klebstoffe, Grundierungen) oder Dichtstoffe. Die Produkte enthalten Bindemittel, Haftvermittler und Trocknungsmittel mit Methoxysilan als reaktiver Gruppe. Die Produkte sind im Lieferzustand lösemittelfrei und nicht gekennzeichnet. Während der Verarbeitung wird von den Produkten giftiges Methanol freigesetzt.
Langfristige Strategie im Sinne von Umwelt und Gesundheit muss es sein, gefährliche L. nur noch in geschlossenen Anlagen zu verwenden und alle anderen L. aus den Produkten für Gewerbe, Handel und Verbraucher ganz zu substituieren.

Lösemittelhaltige Holzschutzmittel L. sind wirkstoffhaltige →Holzschutzmittel, die zum überwiegenden Teil aus →Lösemitteln wie Aromatenbenzinen oder Testbenzinen bestehen. Als Hilfslöser dienen unter anderem Glykole, verschiedene Glykolderivate und Phthalate. Gebräuchliche Bindemittel sind →Kunstharze. Der Wirkstoffanteil liegt in der Regel unter 5 %, meist unter 2 %. Es wird unterschieden:

- Imprägnierungen bestehen im Wesentlichen aus Lösemittel und Wirkstoffen, ggf. mit bis zu 4 % Bindemittel.
- Grundierungen enthalten zusätzlich Bindemittel bis etwa 10 %. Sie dienen im Allgemeinen

zugleich als Grundbehandlung für nachfolgende, filmbildende Anstriche.
- Von Imprägnierlasuren spricht man, wenn Grundierungen ein →Pigment zugegeben wird.
- Holzschutzlasuren enthalten bis zu 40 % Bindemittel und darüber (Lacklasuren) und Pigmentzusätze. Die damit verbundene gleichzeitig dekorative Holzoberflächenbehandlung hat in der Vergangenheit zu Missbrauch dieser Holzschutzmittel geführt.
- Lacklasuren zum Holzschutz entsprechen vom Aufbau den Holzschutzlasuren, enthalten aber zusätzlich →Pigmente.
- Holzschutzfarben sind wie Lacklasuren zusammengesetzt, aber mit höherem Feststoffanteil.

Bei Anwendung im Freien steht die Problematik der Umweltbelastung durch die →Biozide im Vordergrund. Als biozide Wirkstoffe dienen organische →Fungizide und →Insektizide. Häufig beigefügte Wirkstoffe sind Benzisothiazolinon (gesundheitsschädlich, allergieauslösend über die Haut, →Isothiazolinone), →Carbendazim (gegen Bläuepilze, schwer flüchtig, über gesundheitliche Auswirkungen gibt es kaum Kenntnisse), →Dichlofluanid (bläuewidriger Wirkstoff in lösemittelhaltigen Präparaten, als gesundheitsgefährlich eingestuft) und →Permethrin. Darüber hinaus sind die Lösemittel und die verwendeten Kunstharze gesundheitlich und ökologisch bedeutsam. Bis Anfang der 1980er-Jahre war das hochgiftige und krebserzeugende →Pentachlorphenol das am meisten verwendete Fungizid in chemischen Holzschutzmitteln. PCP ist in Deutschland und Österreich seit Inkrafttreten der PCP-Verbotsverordnung verboten (durch die Chemikalienverbotsverordnung ersetzt). Die hormonähnlich wirkenden Tributylzinnverbindungen (→Zinnorganische Verbindungen) werden nur noch in →Antifoulingfarben eingesetzt.

Tabelle L2: Holzschutzmittel in organischen Lösemitteln zum vorbeugenden Schutz von Holzbauteilen gegen holzzerstörende Pilze und Insekten

Schutzmitteltyp	Hauptbestandteile	Prädikat
Holzschutzmittel in organischen Lösemitteln	Organische Fungizide und Insektizide in organischen Lösemitteln, Xyligen AL, Permethrin, Deltamethrin, Dichlofluanid, Propiconazol, Tebuconazol, Tris(N-cyclohexyldiazenium-dioxy)-Aluminium	Iv P W
Holzschutzmittel in organischen Lösemitteln (ohne Wirksamkeit gegen Pilze)	Organische Insektizide in organischen Lösemitteln, Deltamethrin	Iv
Wasserverdünnbare Holzschutzmittel (ohne Wirksamkeit gegen Pilze)	Organische Insektizide in wässriger Emulsion, Fenoxycarb	Iv
Steinkohlenteer-Imprägnieröle	Steinkohlenteer-Imprägnieröl der Klassen WEI-Typ (B), C nach der Klassifizierung (WEI) mit einem Benzo[a]pyren-Gehalt bis zu höchstens 50 mg/kg (ppm)	Iv P W E
Sonderpräparate für Holzwerkstoffe, (Plattentypen der Holzwerkstoffklasse 100 G)	Anorganische Bor-Verbindungen, Kaliumfluorid oder Kalium-HDO	(P)

Grundsätzlich sind vor dem Einsatz von Holzschutzmitteln alle Möglichkeiten des →Konstruktiven Holzschutzes auszuschöpfen. Siehe →Holzschutz, →Dauerhaftigkeitsklassen. Eine Verwendung von biozidhaltigen L. für den Holzschutz in Innenräumen ist völlig überflüssig und kann zu schweren Gesundheitsschäden führen. Es sollten nur L., die im Holzschutzmittelverzeichnis aufgelistet sind, verwendet werden, was jedoch keinen Schutz vor gesundheitlichen Gefahren garantiert.

Lösemittelhaltige Lacke L. sind →Lacke, bei denen das Bindemittel in einem →Lösemittel gelöst vorliegt. Als Lösemittel werden →Toluol, →Xylol, Ethylacetat, Butanol, Isopropylalkohol oder →Testbenzin eingesetzt. Bei den Bindemitteln werden →Kunstharze (→Epoxidharze, →Acrylharze, →Polyurethane usw.) und →Naturharze (→Dammar, Naturlatex, →Kolophonium usw.) unterschieden. Die wichtigsten Vertreter der L. sind die →Alkydharzlacke (Lösemittelanteil: 10 bis 50 %) und die →Nitrolacke (Lösemittelanteil: ca. 70 %). →High-Solid-Lacke sind L. mit einem hohen Bindemittel- und Pigmentgehalt. L. mit max. 15 % Lösemittel können mit dem RAL-Umweltzeichen 12a (→Schadstoffarme Lacke) gekennzeichnet werden. Im Vergleich zu →Dispersionslacken ist aber auch dieser Lösemittelgehalt hoch. Umwelt- und Gesundheitsbelastungen können auch von →Restmonomeren oder von Lackhilfsstoffen, wie Weichmacher, Trockenstoffe oder Biozide, ausgehen. Wegen der hohen Gesundheitsgefahren wird der Einsatz von L. auch von Seiten der Gesetzgebung zurückgedrängt (→Lösemittelverordnung). Der Trend geht zu →Dispersionslacken und →Pulverlacken. →Reaktionslacke sind keine günstige Alternative.

Lösemittelhaltige Naturharzanstriche L. sind →Naturharz-Anstriche mit einem Lösemittelgehalt von bis zu 60 %. Als →Lösemittel enthalten sie entweder →Terpentinöl oder aliphatische Verbindungen (→Isoaliphate, Benzinfraktionen). Terpentinöle werden aus natürlichen Rohstoffen hergestellt und enthalten als Bestandteile Naturstoffe wie →Limonen, alpha-Pinen sowie weitere →Terpene. Zu ihnen zählen →Citrusschalenöl, →Terpentin, Kiefernharzbalsam und Eukalyptusöl.

Natürliche Terpene wirken in geringen Konzentrationen als geruchsverbessernde Stoffe. In hohen Raumluftkonzentrationen können sie Quelle von Geruchsbelästigungen sein. Bestandteile wie Eugenol, Geraniol, Citral, Pinen, Limonen gelten als sensibilisierende Substanzen. Es kann eine echte Kontaktdermatis ausgelöst werden. Eine schon lange bekannte Form der Kontaktdermatitis ist die Malerkrätze, die von dem Terpen delta-3-Caren verursacht wird. Durch Wahl geeigneter Harze lässt sich der Carengehalt drastisch senken, sodass kein allergenes Risiko mehr besteht. Durch Lichteinfall (UV) kann auch bei bereits abgetrockneten Teilen durch die Oxidation von Doppelbindungen eine Geruchsbelästigung auftreten, die auf die Bildung von Terpenaldehyden zurückzuführen ist. Gefährdete Personen sollten im Umgang mit Terpenen daher besondere Vorsicht walten lassen.

Neben der direkten Wirkung der Terpene können aus Terpentinölbestandteilen durch Oxidation mit Luftsauerstoff hautreizende Substanzen entstehen. So konnte nachgewiesen werden, dass Limonen und alpha-Pinen in Anwesenheit von Ozon im Tierversuch zu starken Schleimhautreizungen führen kann (synergistische Wirkung). Ähnliche Reaktionsmechanismen sind aufgrund der chemischen Doppelbindungen auch bei Leinöl oder Latex zu erwarten. Bei zu langsamer Oxidation – wenn das Öl/Harz in Spalten oder Ritzen gelangt bzw. wenn Schleifstaub als Fugenfüllmaterial verwendet wird – können geruchsintensive Zerfalls- und Zersetzungsprodukte wie organische Säuren und Aldehyde entstehen. Beschwerden werden besonders bei unsachgemäßer Verarbeitung (zu hohe Auftragsmengen, Einbringen in Bereiche ohne Möglichkeit der schnellen Auftrocknung) berichtet. Empfindliche Personen reagieren auf Naturstoffe häufig mit Befindlichkeitsstörungen und Beschwerden. Bei diesen Menschen fällt daher die Abwägung zwischen der zweifellos energie- und umweltschonenderen Herstellung von Naturprodukten wie Terpentinöl (nachwachsende Rohstoffe, Kreislaufwirtschaft) oder Leinöl und den potentiellen gesundheitlichen Nebenwirkungen schwer. Überempfindliche Personen sollten jedenfalls →Wasserverdünnbare Naturharz-Anstriche bzw. spezielle, für empfindliche Menschen geeignete Öle anwenden.

Lösemittel-Klebstoffe L. sind →Klebstoffe, welche durch Abdampfen des →Lösemittels härten. Sie bestehen im Wesentlichen aus Bindemittel und Lösemittel. Hauptsächlich eingesetzte Lösemittel (vorwiegend als Gemisch) sind →Terpentinöl (bei Naturharzklebstoffen), Alkohole (→Ethanol), →Ketone (Aceton), Methylacetat, →Testbenzin, →Toluol und →Xylol. Der Lösemittelanteil liegt zwischen 20 und 85 % (i.d.R. bei 50 %). Die eingesetzten Klebgrundstoffe können Naturharze (z.B. →Naturkautschuk), →Kunstharze (→Polyvinylacetat, →Polyurethane, Polyvinylacrylat, →Polyvinylchlorid, →Polyester, →Polystyrol) oder Kautschuk (→Styrol-Butadien-Kautschuk) sein. Als →Alterungsschutzmittel (Antioxidantien) wird vor allem Butylhydroxytoluol (BHT, allergen) in der Größenordnung von 0,01 bis 0,5 % eingesetzt. Der Weichmacheranteil (→Weichmacher) beträgt bis zu 50 %. Zu den L. gehören u.a. die Alleskleber, die →Synthesekautschuk-Klebstoffe, manche →Kontaktklebstoffe und →Polyurethanklebstoffe. Die L. werden zum Verkleben von →Bodenbelägen (außer Fliesen), von Kunststoffen, Holz und Furnieren verwendet. Lösen die Lösemittel die Fügeflächen an, so spricht man von anlösenden Klebstoffen (z.B. →Tetrahydrofuran-Klebstoffe). Den Klebstoff bildet dabei der gelöste Grundstoff. L. ha-

ben eine gute Anfangshaftung und werden im Gegensatz zu →Kontaktklebstoffen als Einseitklebstoff eingesetzt.
Das Lösemittel muss durch das Material entweichen können. Bei undurchlässigen, dichten Werkstoffen, wie Metall, Porzellan oder Hartkunststoff, muss die Klebefläche daher möglichst schmal und langgestreckt sein, damit das Lösemittel seitlich entweichen kann. Viele Kunststoffe werden von Lösemittelklebstoffen angegriffen oder aufgelöst. Deshalb sollte man bei der Verklebung von Kunststoffen immer auf die entsprechenden Packungshinweise achten.
Im Vordergrund der Beurteilung der Umwelt- und Gesundheitsverträglichkeit stehen die Lösemittelemissionen. Entsprechend den unterschiedlichen Stoffgruppen ist auch die Toxizität der L. sehr unterschiedlich. Das Zentralnervensystem ist einer der gemeinsamen Angriffspunkte, daneben auch Leber und Nieren. L. können krebserzeugend, erbgutschädigend oder reproduktionstoxisch sein (→CMR-Stoffe). Neben der Gefährdung des Verarbeiters kann eine Explosions- und Brandgefahr durch die Lösemitteldämpfe gegeben sein (Lösemitteldampfansammlungen in Bodennähe; besonders gefährlich bei Arbeiten in Kellerräumen oder Baugruben). Viele Lösemittel tragen außerdem zur Bildung von Fotooxidantien (→Sommersmog) bei. Auch die eingesetzten Grundstoffe können toxikologisch problematisch sein. Die eingesetzten Weichmacher können im Laufe der Zeit in die Umwelt freigesetzt werden (→Phthalate). Infolge gesetzlicher Beschränkungen für die Verwendung von L. in Bauprodukten geht der Trend zu lösemittelfreien →Dispersionsklebstoffen oder Pulverklebstoffen. Unter Einbeziehung des →Lebenszyklus sind insbesondere die →Natur-Klebstoffe der Naturfarbenhersteller eine umweltfreundlichere Alternative.

- Stark lösemittelhaltige Vorstriche und Klebstoffe über 10 % Lösemittelgehalt (GISCODE S 0,5 bis S 6)
- Lösemittelhaltige Vorstriche und Klebstoffe bis 10 % Lösemittelgehalt (GISCODE D 5 – D 7)
- Lösemittelarme Vorstriche und Klebstoffe bis 5 % Lösemittelgehalt (GISCODE D 2 – D 4)

Lösemittelrichtlinie Die EG-Lösemittelrichtlinie (1999/13/EG) über die Begrenzung von Emissionen flüchtiger organischer Verbindungen, die bei bestimmten Tätigkeiten und in bestimmten Anlagen bei der Verwendung organischer Lösungsmittel entstehen, wurde in allen EG-Mitgliedstaaten in nationales Recht umgesetzt. In Deutschland mit zwei Verordnungen zur Durchführung des Bundes-Immissionsschutzgesetztes (BImSchG): der „Verordnung zur Begrenzung der Emissionen flüchtiger organischer Verbindungen bei der Verwendung organischer Lösemittel in bestimmten Anlagen" (31. BImSchV) und der entsprechend novellierten „Verordnung zur Emissionsbegrenzung von leichtflüchtigen halogenierten organischen Verbindungen" (2. BImSchV).
Die L. ist ein wichtiger Teilschritt zur Verminderung der Vorläufersubstanz (für bodennahes Ozon) →VOC, die mit mehr als 50 % aus der Lösemittelverwendung stammt. Die L. stellt direkte Anforderungen an die einzelnen Anlagen der industriellen Lösemittelanwendung. Ziel ist es, die von einer Anlage ausgehenden Emissionen flüchtiger organischer Verbindungen zu vermindern und die möglichen Risiken für die menschliche Gesundheit zu verringern. Tätigkeiten sind z.B.: Klebeschichten, Oberflächenbeschichten, Oberflächenreinigen, Holzimprägnieren und Laminieren von Holz und Plastik.

Lösemittelverordnung Mit der L. (Verordnung zur Begrenzung der Emissionen flüchtiger organischer Verbindungen bei der Verwendung organischer Lösemittel in bestimmten Anlagen – 31. BImSchV) vom 21.8.2001 werden europäische Vorgaben zur Begrenzung der Emissionen flüchtiger organischer Verbindungen (→VOC) aus bestimmten Anlagen (Richtlinie 1999/13/EG des Rates vom 11.3.1999, siehe →Lösemittelrichtlinie) in deutsches Recht umgesetzt. Die L. wurde zuletzt durch Art. 5 V. vom 24.3.2017 geändert.
Betroffen sind Anlagen, in denen organische Lösemittel eingesetzt werden, sofern der jährliche Lösemittelverbrauch bestimmte Schwellenwerte überschreitet. Dazu gehören u.a. Beschichtungsanlagen für diverse Materialien und Produkte, Druckereien, Oberflächenreinigungsanlagen, Anlagen zur Umwandlung von Kautschuk sowie Anlagen zur Herstellung von Beschichtungsstoffen, Klebstoffen, Druckfarben und Arzneimitteln.
Die Verordnung schreibt die Einhaltung von Grenzwerten für die VOC-Konzentration in den Abgasen der Anlagen und/oder Grenzwerte für spezifische VOC-Gesamtemissionen vor. Alternativ zur Einhaltung der Grenzwerte kann der Betrei-

ber einen sogenannten „Reduzierungsplan" einsetzen, mit dem durch Reduzierung des VOC-Gehaltes in den Einsatzstoffen gegenüber der Einhaltung der Grenzwerte eine mindestens gleichwertige Emissionsminderung erzielt wird. Mit dieser Möglichkeit erhält der Betreiber Spielraum für kostengünstige, auf seinen Betrieb zugeschnittene Lösungen.
Die Anforderungen der L. gehen teilweise über die der EU-Richtlinie hinaus, wenn der Stand der Technik in Deutschland dies rechtfertigt. Die Verordnung gilt für Neu- und Altanlagen. Neuanlagen müssen die Anforderungen ab der Inbetriebnahme erfüllen, Altanlagen erhielten Übergangsfristen bis Oktober 2007. Zur Förderung des Einsatzes lösemittelarmer Produkte und zur Unterstützung insbes. von kleinen und mittleren Unternehmen des Handwerks hat das →UBA für Lacke, Farben, Klebstoffe, für die Oberflächenreinigung und die Druckindustrie eine Bestandsaufnahme über das Angebot an lösemittelarmen Produkten und den dafür verfügbaren Anwendungstechniken in einem Internet-„Wissensspeicher" umgesetzt. VOC-arme Lacke sind dort wie folgt definiert:

Art des Lackes	VOC-Gehalt
Industrielacke	< 250 g/l
Holzlacke	
– Spritzen	< 450 g/l
– Walzen	< 250 g/l
– Beizen	< 30 %
Schwerer Korrosionsschutz	< 30 %

Die chemikalienrechtlichen Begriffe der Verordnung werden in der Novelle vom 24.3.2017 an die Nomenklatur der Verordnung 1272/2008 des Europäischen Parlaments und des Rates vom 16.12.2008 (→CLP-Verordnung) angepasst. Zusätzlich werden die europaweit geltenden Grenzwerte für karzinogene, keimzellmutagene oder reproduktionstoxische flüchtige organische Verbindungen gemäß der Richtlinie 2010/75/EU (Industrieemissionsrichtlinie) als Regelung bei Freisetzung von Formaldehyd aufgenommen.
(Bundesanzeiger Verlag: Bundesgesetzblatt online Teil I/2017/Nr. 16 vom 4.4.2017)

Löten L. ist ein Verfahren zum Verbinden verschiedener metallischer Werkstoffe mithilfe eines geschmolzenen Zusatzmetalls (→Lote). Die Lote werden mit einer Lötlampe oder einem Lötkolben geschmolzen. Das verdampfende →Flussmittel und →Schwermetalle können teils erhebliche unangenehme Gerüche und Dämpfe erzeugen, die sich auch in Kopfschmerzen oder Übelkeit niederschlagen können. Gesundheitsgefährdungen beim L. gehen in der Hauptsache vom enthaltenen →Blei und →Cadmium sowie von den Emissionen aus dem Flussmittel (z.B. →Formaldehyd) aus. Während des L. ist auf eine gute Belüftung des Raumes zu achten. Nach spätestens 45 Minuten L. sollte eine Pause eingelegt werden. Gesundheitlich verträglicher als L. sind Nieten, Schrauben, Falzen, Stecken, Klemmen.

Lötfett L. und →Lötwasser sind aggressive →Flussmittel zum Löten auf Zinkchlorid-Basis. Bei L. handelt es sich um ein Mineralfett, in dem kleine Tröpfchen hoch konzentrierten Lötwassers (mit Wasser verdünnte Zinkchlorid-Lösung) eingebunden sind. L. wird überall dort verwendet, wo mit sehr dickem →Lot (bei dem große Wärme gewünscht wird) gelötet werden muss. Es reinigt die Lötstelle, sorgt für eine schnelle Wärmeverteilung im Lot und verhindert eine sofortige Oxidation an der Metalloberfläche beim →Löten. Das verdampfende L. kann gemeinsam mit den Schwermetalldämpfen aus dem Lot erhebliche unangenehme Gerüche und Dämpfe erzeugen, die sich auch in Kopfschmerzen oder Übelkeit niederschlagen können.

Löthonig L. ist ein aus Baumharzen gewonnenes, natürliches →Flussmittel zum →Löten von →Metallen (→Kolophonium in Alkohol gelöst). Es greift das Metall nicht an, sodass die Rückstände nach dem Löten nicht entfernt werden müssen. L. eignet sich nur für Arbeiten mit dem Lötkolben, nicht mit dem Gaslöter, da er bei Temperaturen über 300 °C verkohlt. Kolophonium ist ein starkes Kontaktallergen. Bei den üblichen Löttemperaturen zersetzt sich das Kolophonium. Dabei werden z.B. →Aldehyde (u.a. →Formaldehyd) emittiert.

Lötpasten L. sind eine Kombination aus →Flussmittel auf Zinkchlorid-Basis (→Lötfett) und →Lot. Sie werden zum Aufpinseln für kleinere Lötstellen verwendet mit dem Vorteil, dass das Lot gleichzeitig mit dem Flussmittel aufgetragen werden kann. →Löten

Lötwasser L. ist ein →Flussmittel aus wässriger Lösung von Zinkchlorid (und Salmiak) und wird zur

Entfernung von Oxidschichten beim →Weichlöten von →Stahl, →Eisen, →Kupfer oder →Messing verwendet. →Lötfett

Lötzinne L. sind →Weichlote aus Blei-Zinn-Legierungen mit hohem Zinnanteil. Der Anteil der Legierungspartner bestimmt den Schmelzpunkt. L. dienen zum →Löten von →Zink, →Blei, →Kupfer u.a.

log Pow Logarithmus des Verteilungskoeffizienten in Octanol/Wasser. Der L ist ein Maß für die Lipophilität eines Stoffes. Er spielt bei der Beurteilung des Dispersions- und Akkumulationsverhaltens von Stoffen in der Umwelt eine bedeutende Rolle. →POP und Stockholmer Abkommen.

LOP Abk. für Limonen-Oxidations-Produkte. →Limonen

Lote L. (mittelhochdeutsch lot = Blei) sind relativ niedrig schmelzende Metalllegierungen, die zum →Löten von Metallen geeignet sind. Je nach Zusammensetzung und Verwendung liegt die Schmelztemperatur bei ca. 185 bis 1.100 °C. Unterschieden werden →Weichlote (Schmelztemperatur < 450 °C) und →Hartlote (Schmelztemperatur > 450 °C).

Lucobit Handelsname für Ethylen-Copolymerisat-Bitumen (ECB). →ECB-Dichtungsbahnen

Lüftung Beim Aufenthalt von Personen in →Innenräumen muss kontinuierlich oder in regelmäßigen Abständen Frischluft zugeführt werden. Ansonsten steigen die →Kohlendioxid-Konzentration und der Wasserdampfgehalt in der Raumluft an. Mit zunehmender Kohlendioxid-Konzentration steigen erfahrungsgemäß auch die Geruchsbelastungen durch Körperausdünstungen. Die Kohlendioxidkonzentration der Raumluft eignet sich daher als Indikator für die Feststellung und Bewertung von personenbedingten Luftverunreinigungen. Pro Person und Stunde müssen ca. 20 bis 30 m^3 Frischluft zugeführt werden, damit eine gute Luftqualität erhalten bleibt. Eine zweite Funktion der L. ist die Fortleitung von Luftverunreinigungen und Feuchtigkeit. Diese Aufgabe besteht auch unabhängig vom Aufenthalt von Personen in Innenräumen. Insbes. in den ersten Wochen und Monaten nach Fertigstellung können bauwerksbedingte Feuchtelasten und erhöhte Emissionen von flüchtigen organischen Verbindungen (→VOC) vorliegen. Unterschieden werden →Stoßlüften und Dauerlüftung. Bei der Stoßlüftung werden i.d.R. gegenüberliegende Fensterflügel für einen Zeitraum zwischen 5 und 10 Min. komplett geöffnet. Die Stoßlüftung erfolgt mit dem Ziel, in kurzer Zeit einen teilweisen oder kompletten Luftaustausch zu erzielen. Diese Lüftungsart ist eine wirksame Methode insbesondere zur Fortleitung von nutzungsbedingten Emissionen (Gerüche, Wasserdampf, Kohlendioxid) und zur Zufuhr von Frischluft. Aus energetischer Sicht ist das Verfahren als ein sparsames Lüftungsverfahren anzusehen. Eine Dauerlüftung wird z.B. mit einer Kippstellung der Fenster erreicht. Diese kann bei vorliegenden Schadstoffbelastungen eine geeignete Minderungsmaßnahme bis zur Sanierung darstellen. Während der Heizperiode führt die Dauerlüftung zu erheblichen -Energieverlusten. Bei Dauerlüften nach einer Baumaßnahme kann in der kalten Jahreszeit die Temperatur so stark absinken, dass flüchtige organische Verbindungen nicht aus den eingebauten Bauprodukten ausgasen. Die Freisetzung beginnt dann erst beim Bezug des Gebäudes oder beginnender Heizperiode umso stärker. Im Winter ist also Intervalllüften besser geeignet, Emissionen aus den Produkten aus den Räumen fortzulüften.

Lüftungsanlagen L. sind mechanische Einrichtungen zur Sicherstellung des →Grundlüftungsbedarfs in einem Gebäude. Eine simple Luftabsaugung in einer Toilette stellt noch keine L. dar. L. müssen so ausgelegt sein, dass keine Zugluft wahrnehmbar ist. L. können mit Kohlendioxid- oder Feuchtesensor ausgestattet sein, welcher die L. automatisch einschaltet, sobald ein bestimmter Wert überschritten wird. Treten zusätzlich andere Schadstoffe in der Raumluft auf, müssen diese bei Bedarf über Fensterlüftung abgelüftet werden (→Stoßlüften). Ein Vorteil von L. liegt in der Kontrolle des Gesamtenergieverbrauchs, zumal meist die warme Abluft wieder zur Vortemperierung der einströmenden Frischluft genutzt wird (Wärmetauscher, →Komfortlüftungsanlagen). Besonders in Häusern, die modernen Energiestandards entsprechen und nahezu luftdicht ausgeführt sind, gehören L. zum Standard. L. sind keine Klimaanlagen: Während bei der Klimatisierung die Kühlung im Vordergrund steht, geht es bei der Lüftungsanlage um die Frischluftzufuhr. Im Winter kann die relative Luftfeuchte in den Räumen beim Einsatz von L. stark absinken, sodass eine kontrollierte Rückbefeuchtung erforderlich werden kann.

Lüftungswärmeverluste L. setzen sich zusammen aus den Wärmetransporten durch bewusst herbeigeführte Lüftung und unkontrollierter Lüftung durch Undichtigkeiten der Gebäudehülle. Bei Standardgebäuden sind die →Transmissionswärmeverluste in der Regel noch deutlich höher als die L. Je weiter die Transmissionswärmeverluste herabgesetzt werden, desto größer wird jedoch der Anteil des L. am Gesamtenergieverbrauch des Gebäudes. Aus energetischen Gründen ist es daher sinnvoll, die „Zufallslüftung" durch fugendichte Konstruktionen zu verhindern und die erforderliche hygienische Luftwechselrate durch bewusstes Lüften herbeizuführen (→Luftdichtheit von Gebäuden). L. können durch →Komfortlüftungsanlagen in Kombination mit einer Wärmerückgewinnung verringert werden. →Heizwärmebedarf, →Wärmeschutz

Luftbindemittel L. (nichthydraulische Bindemittel) erhärten nur an der Luft (→Luftkalke, →Lehm, →Gips, →Magnesiabinder). Sie sind im erhärteten Zustand nicht wasserbeständig.

Luftdichtigkeit von Gebäuden Durch Undichtigkeiten in der Gebäudehülle wie Ritzen und Fugen wird Luft zwischen innen und außen ausgetauscht. Dieser unkontrollierte Luftaustausch zeigt starke Wetter- und Jahresabhängigkeit: Bei starkem Wind kommt es im undichten Haus zu Zugerscheinungen – bei Windstille ist im selben Gebäude die Frischluftzufuhr unzureichend. Zudem wird in der warmen Jahreszeit übermäßig Raumluftfeuchte in die Konstruktion eingebracht, was zu Feuchtigkeitsproblemen bis hin zu Schimmelbildung führen kann. Da auch die Durchströmungsrichtung meist ungünstig ist, kann diese unkontrollierte Lüftung den erforderlichen hygienischen Luftaustausch nicht zufriedenstellend sicherstellen. Ein weiterer Nachteil ist der höhere Energieverbrauch in Folge von Lüftungswärmeverlusten. Die L. ist daher wichtige Voraussetzung für →Behaglichkeit und niedrigen →Heizwärmebedarf. Zur Messung der L. dient die Differenzdruckmethode (→Blower-Door-Test). Die L. ist grundsätzlich positiv zu beurteilen und behindert nicht die →Dampfdiffusion durch die Gebäudehülle. Der hygienisch und bauphysikalisch notwendige →Luftwechsel ist durch →Natürliche oder →Mechanische Lüftung sicherzustellen. Nach EnEV ist ein Luftwechsel von 1 vorgegeben, bei Passivhäusern 0,6 h^{-1}.

Luftfeuchte Die L. wird durch den in der Luft enthaltenen Wasserdampf bestimmt. Die Wasserdampfmenge je m^3 Luft wird als →Absolute L. bezeichnet. Die Luft kann nur eine begrenzte Menge Wasserdampf aufnehmen (→Sättigungsdampfmenge), die umso höher ist, je höher die Lufttemperatur ist. Den Prozentsatz Wasserdampf, den die Luft, bezogen auf die Sättigungsdampfmenge, enthält, gibt die →Relative L. an. Die L. ist ein Grundparameter zur Beschreibung und Beurteilung des →Raumklimas. In Innenräumen sollte eine rel. Feuchte zwischen ca. 40 und 60 % eingehalten werden. Durch Atmung, Ausdünstung, Pflanzen, Kochen, Duschen usw. wird Feuchte freigesetzt, die bei geschlossenen Fenstern und Türen nicht sofort entweichen kann. Dadurch erhöht sich die L. im Raum gegenüber der Außenluft. Sobald die absolute Luftmenge die Sättigungsdampfmenge der Luft erreicht (100 % relative L.), scheidet die Luft Feuchtigkeit aus, die sich an Stellen mit Temperaturen unterhalb der Raumluft wie kältere Wandoberflächen oder kalte Ecken niederschlägt (Schimmelgefahr!, →Oberflächenkondensat). Zu hohe L. ist nicht sichtbar, aber spürbar. Schimmelbildung wird daher am besten durch Fensterlüftung (bewusstes →Stoßlüften) oder automatische Lüftung über →Lüftungsanlagen vermieden (besonders wichtig ist das bei sehr strömungsdichten, modernen Fenstern). Dagegen kann in beheizten Wohnungen, in denen wenig Feuchte produziert wird und kontrolliert gelüftet wird, die relative L. auch unter 30 % sinken („trockene Luft"). Niedrige L. wird als besonders unangenehm empfunden, wenn der Staubanteil in der Luft hoch ist (z.B., wenn verschwelte Staubteilchen durch Zentralheizungen umgewirbelt werden). Einen Einfluss auf die L. übt auch die →Sorptionsfähigkeit der oberflächennahen Materialien im Raum aus (→Feuchteverhalten von Baustoffen). Durch sorptionsfähige Materialien wie z.B. →Lehm oder Holz können Feuchteschwankungen der Raumluft gedämpft werden. Aber auch hier muss die Feuchte abgelüftet werden.

Luftfiltergeräte →Luftreiniger

Luftgeschwindigkeit Die L. ist ein Grundparameter zur Beschreibung und Beurteilung des →Raumklimas. Die L. wird je nach Lufttemperatur, Aktivitätsgrad, Bekleidungszustand, →Luftfeuchte und Änderungsfrequenz der L. unterschiedlich empfunden. Personen empfinden eine erhöhte L. bei körperlicher Arbeit (Aktivitätsgrad) als weniger störend. Sie kann sogar zum Ausgleich der Wärmebilanz erforderlich sein. Unruhige (turbulente) Luftströme beeinträchtigen die Behaglichkeit, da L.-Schwankungen auf der Haut sehr sensibel als Temperaturschwankungen bzw. zentral als Warnsignal wahrgenommen werden. Eine unerwünschte Form der L. ist die Zugluft. Als sensible „Sensoren" gelten der menschliche Schulter-Nacken-Bereich und der Fußgelenk-Bereich sowie die rückwärtige Körperseite. Eine L. von weniger als 0,2 m/s wird normalerweise nicht wahrgenommen.

Luftkalk L. erhärtet, indem er Kohlensäure bindet, die sich aus dem Kohlendioxid der Luft und Wasser (meist Anmachwasser) bildet. Dabei carbonatisiert →Kalkhydrat wieder zu Calciumcarbonat, daher auch der Ausdruck Carbonathärtung. Die Carbonatisierung verläuft vor allem wegen des geringen CO_2-Gehalts der Luft (ca. 0,03 %) sehr langsam. Sie ist im Durchschnitt erst etwa nach einem Jahr weitgehend abgeschlossen. Das mit dem Mörtel in das Bauwerk eingebrachte Anmachwasser ist dagegen innerhalb von ein bis zwei Wochen verdunstet. Früher wurden durch das Aufstellen von Kokskörben erhöhte Mengen an Kohlendioxid zugeführt. Zu L. zählen →Weißkalk, Weißfeinkalk, →Dolomitkalk. L. werden vor allem für →Kalksandsteine und →Porenbeton-Steine eingesetzt. Früher wurde L. in Form von reinen Kalkschlämmen als Außenputz verwendet. Wegen der zeitintensiven Verarbeitung (mehrfaches Auftragen) wurde diese Art von Außenputz aber zunehmend verdrängt. →Kalk, →Baukalke, →Kalkstein

Luftkalkmörtel →Kalkmörtel

Luftporenbeton Zur Erzielung eines ausreichenden Frost-Tausalz-Widerstands müssen dem Beton →Luftporenbildner zugegeben werden, die im Frischbeton viele kleine gleichmäßig verteilte Luftporen erzeugen. Fahrbahndeckenbetone, die im Winter mit Tausalz beaufschlagt werden, müssen als Luftporenbeton hergestellt werden. Weitere Anwendungsgebiete sind z.B. Brückenkappen und Räumerlaufbahnen.

Luftporenbildner L. gehören zu den →Betonzusatzmitteln. L. erzeugen kleine kugelförmige Luftporen (Durchmesser ≤ 300 µm) im Beton (→Luftporenbeton) und erhöhen den Widerstand des Betons gegen Frost- und Frost-Tausalzangriffe. So reduzieren die mit Luft gefüllten kugeligen Poren das kapillare Wassersaugen und den Eisdruck, der im Winter durch das Gefrieren des in den Kapillarporen des Festbetons befindlichen Wassers entsteht. Risse und Abplatzungen werden dadurch vermieden.

Die Luftporen können auch durch ihren Kugellager-Effekt die Verarbeitbarkeit des Frischbetons verbessern und den Wasseranspruch vermindern. Wesentliche Grundstoffe der L. sind →Tenside und natürliche Wurzelharze.

Luftreiniger L. sind Geräte, die Innenraumluft ansaugen und nach Abscheidung der Zielstoffe wieder an den Raum abgeben (Umluftbetrieb). Sie können eingesetzt werden, um die Belastung der Raumluft durch Schadstoffe zu verringern oder um Partikel und Keime aus der Luft herauszufiltern, z.T. auch um vermeintlich nützliche Stoffe zu erzeugen. Sie sollen zudem häufig auch die Luftfeuchtigkeit erhöhen.

Hinsichtlich des Wirkprinzips lassen sich L. einteilen in solche, bei denen die Zielstoffe mechanisch über Filter aus der durchströmenden Luft entfernt werden, und solche, bei denen die Abscheidung durch elektrostatische Kräfte erfolgt.

Mechanische Abscheidung: Für die Adsorption organischer Schadstoffe wie PCB kommt i.d.R. Aktivkohle zum Einsatz. Die Abscheidung von Partikeln bzw. Allergenen erfolgt besonders wirksam über →HEPA-Filter mit einem Partikelrückhaltevermögen von 99,97 % für Partikel mit D = 0,3 µm. Mechanische Filter sind sehr effektiv und wartungsarm. Allerdings kann die infolge des Filterdrucks erforderliche Pumpleistung eine gewisse Lautstärke bewirken.

Elektrostatische Abscheidung: In Geräten mit elektrostatischer Abscheidung werden die Partikel positiv aufgeladen und an einer negativ geladenen Abscheideplatte gesammelt. Die Betriebskosten sind vergleichsweise niedrig. Allerdings ist auch die Effektivität der Reinigung im Vergleich zur mechanischen Abscheidung niedriger und der Wartungsaufwand höher.

Grundsätzlich haben die Entfernung von Schadstoff- oder Allergenquellen und die Reduktion der Allergengehalte in den Allergenreservoiren (insbes. Boden- bzw. Matratzenstaub) Vorrang vor dem Einsatz von L. Der Einsatz von L. kann aber sinnvoll sein, z.B. in der Übergangsphase bis zu einer Schadstoffsanierung oder als Übergangsmaßnahme zur Abscheidung von Tierepithelien nach Abschaffen des Haustieres bei hochgradiger Sensibilisierung (Engelhart & Exner). Die sorgsame

Wartung der Geräte ist aber für die Wirksamkeit absolut notwendig.
Die bei der Luftbefeuchtung mit L. auftretenden Nachteile der Keimbesiedlung und -freisetzung überwiegen in Haushalten praktisch immer die Vorteile einer Erhöhung der Luftfeuchte. Diese kann in gewissem Umfang auch durch Zimmerpflanzen und Verdunster an Heizkörpern erreicht werden, die ebenfalls kontrolliert werden müssen.

Luftschall Schall entsteht durch mechanische Anregung des Mediums. L. wird erzeugt, indem Schallquellen direkt das Medium Luft anregen. Beispiele sind schwingende Membrane (Lautsprecher, Stimmbänder usw.), Volumenänderungen (Explosionen, Implosionen, Kompressionen, Ansaug- und Auspufföffnungen von Motoren usw.) oder Reibungsprozesse. →Körperschall kann ebenso das Medium Luft anregen und so L. erzeugen, umgekehrt kann auch L. Körperschall erzeugen. →Luftschalldämmung, →Schallschutz

Luftschalldämmung Die L. eines Bauteils ist jene Eigenschaft, die verhindert, dass auf das Bauteil auftreffender Schall durch das Bauteil, durch Öffnungen oder durch flankierende Bauteile übertragen wird. Die Dämmwirkung eines Bauteils ohne Berücksichtigung der Nebenwege wird durch das Labor-Schalldämmmaß R gekennzeichnet, im Bau-Schalldämmmaß R' findet auch die Übertragung über Flankenbauteile Berücksichtigung. Das Schalldämmmaß eines Bauteils ist frequenzabhängig. Das bedeutet, dass eigentlich für jedes Frequenzband ein eigenes R angegeben werden muss. Durch die Einführung des bewerteten Schalldämmmaßes Rw bzw. R'w erreicht man durch eine frequenzabhängige Wertung (Bewertungskurve) eine Einzahlangabe des Schalldämmmaßes. Die Bewertungskurve versucht, auf sehr vereinfachte Weise die Empfindlichkeit des menschlichen Gehörs zu berücksichtigen. Höhere Werte für das bewertete Schalldämmmaß bedeuten besseren Schallschutz. Einschalige Bauteile haben im Allgemeinen eine umso bessere L., je schwerer sie sind. Für biegesteife Wände aus Mauerwerk, Bauplatten oder Beton kann daher aufgrund der Flächenmasse auf das Schalldämmmaß Rw geschlossen werden. Mehrschalige Bauteile aus zwei massiven Schalen mit einer dazwischen liegenden, weichfedernden Hohlraum- oder Dämmschicht lassen sich physikalisch näherungsweise durch ein System von zwei Massen, die über eine Feder gekoppelt sind, beschreiben. Sie können sowohl zur Verbesserung als auch zur Verschlechterung des Luftschallschutzes führen. Verkleidungen auf Materialien mittlerer Steifigkeit (z.B. →EPS-Dämmplatten) können die L. des gesamten Wandaufbaus um mehrere dB verschlechtern, biegeweiche Vorsatzschalen aus →Gipsplatten auf Materialien mit geringer Steifigkeit (z.B. Mineralwolle) um einige dB verbessern. →Schallschutz

Lufttemperatur →Raumlufttemperatur

Luftwechsel Unterschieden werden:

- Natürlicher L. bei geschlossenen Fenstern und Türen (allein baulich bedingt), →Luftdichtigkeit von Gebäuden, Lüftung durch Infiltration.
- L. bei geöffneten Fenstern und Türen (→Natürliche Lüftung)
- L. durch raumlufttechnische Systeme (→Mechanische oder kontrollierte Lüftung)

Unter raumlufthygienischen Gesichtspunkten ist eine Luftwechselrate von mindestens 0,5/h zu empfehlen. In modernen Gebäuden ergibt sich häufig ein Konflikt aus dem unter raumlufthygienischen Gesichtspunkten wünschenswerten Luftwechsel und den Maßnahmen zur Energieeinsparung. Mittels CO_2- oder feuchtekontrollierten Anlagen kann der L. zur Energieeinsparung abgesenkt werden, wenn die Raumbelegung gering ist und damit Energie gespart werden kann, ohne Verluste raumlufthygienischen Komforts. →Zertifizierung für nachhaltiges Bauen

L

M

Magic Dust →Schwarze Wohnungen

Magnesiabinder M. wird zur Herstellung von →Magnesiaestrich (→Steinholzestrich) und →Holzwolle-Leichtbauplatten verwendet. Durch Brennen von →Magnesit oder →Dolomit bei 800 bis 900 °C entsteht kaustische Magnesia (Magnesiumoxid), die durch Zugabe von Salzlösungen zweiwertiger Metalle (am gebräuchlichsten ist Magnesiumchlorid) zu einer marmorähnlichen, polierfähigen Masse härtet. Beim Erhärten bilden sich nadelförmige Kristalle, welche die Festigkeit des Mörtels bewirken. Im abgehärteten M. befindet sich noch freies Magnesiumchlorid, das die elektrochemische Korrosion stark fördert. Anstelle der Magnesiumchloridlösung wird bei Holzwolle-Leichtbauplatten daher Magnesiumsulfatlösung verwendet. M. mit Magnesiumsulfatlösung ergeben zwar geringere Festigkeiten, aber nur so ist es möglich, die Platten mit verzinkten Nägeln zu befestigen, ohne dass diese korrodieren.
Die Rohstoffe sind in ausreichender Menge vorhanden. Der Abbau erfolgt überwiegend im →Tagebau. M. verursacht bei fachgerechtem Einsatz keine Umwelt- oder Gesundheitsschäden. Während der Nutzungsphase sind keine schädlichen Auswirkungen bekannt. M. lässt sich problemlos entsorgen. →Mineralische Rohstoffe

Magnesiaestrich M. ist ein mit →Magnesiabinder gebundener Estrich. Füllstoffe sind Weichholzspäne, Textilfasern, Papiermehl, Korkmehl, Quarzsand und künstliche Hartstoffe. Mit organischen Füllstoffen bis Rohdichte 1.600 kg/m^3 wird M. als →Steinholzestrich bezeichnet. M. wird vorwiegend im Wohnungsbau verwendet. Mit entsprechenden mineralischen Zuschlägen ist er auch für Industrieböden geeignet, aber nicht für Feuchträume und Räume mit aufsteigender Feuchtigkeit. M. ist nach ca. zwei bis drei Tagen begehbar und nach ca. drei Wochen kann der Bodenbelag verlegt werden. Im feuchten Zustand wirkt M. korrosiv, daher müssen Metallteile geschützt werden (Bitumenanstrich). M. hat vor allem im Industriebau sein Einsatzgebiet. Die Rohstoffe sind in ausreichender Menge vorhanden. Die Möglichkeit der Deponierung ist abhängig von den Füllstoffen.

Magnesit Hauptbestandteil von M. (Bitterspat, Talkspat) ist Magnesiumcarbonat. Der Rohmagnesit dient zur Erzeugung von Sintermagnesit, dem Grundstoff für hochfeuerfeste Materialien, sowie von kaustisch gebranntem Magnesit, der in Dämm- und Baustoffen (→Magnesiabinder), in der Papierindustrie und in der Futtermittelherstellung Verwendung findet. M.-Gesteine kommen in zwei unterschiedlichen Gruppen vor:

1. Grobkristalline, metamorphe M.-Gesteine, die wahrscheinlich durch hydrothermale Verdrängung des Calciums aus →Kalk und →Dolomit entstanden sind. Sie weisen oft einen hohen Eisengehalt (Breunnerit) auf. Die Vorkommen liegen z.B. in den Alpen, in den Pyrenäen und im Ural. Sie werden sowohl im →Tagebau als auch unter Tage abgebaut. Die Vorkommen sind massig oder linsenförmig.
2. Dichte oder kryptokristalline Magnesitvorkommen, bei denen es sich wahrscheinlich um Umwandlungsprodukte basischer Gesteine (Serpentin u.Ä.) durch aufsteigendes Kohlensäurewasser handelt. Sie sind daher oft gangförmig und unregelmäßig abgelagert. Große Lagerstätten finden sich auf dem Balkan, in der Türkei, in Indien und dem südlichen Afrika. Der Abbau erfolgt vorwiegend im Tagebau.

→Mineralische Rohstoffe

Magnesitgebundene Holzwerkstoffe M. gehören zu den anorganisch-gebundenen Holzwerkstoffen (→AHW). Durch die Verwendung des mineralischen Bindemittels →Magnesit ist ein Verzicht auf synthetische Bindemittel wie Formaldehyd- oder Polyurethan-Harze (→Polyurethane) möglich und es können keine diesbezüglichen Ausgasungen in die Raumluft auftreten. Aufgrund des hohen Eigengewichts finden M. keine Verwendung im Möbelbau. M. werden im Baubereich verwendet, besonders als Putzträgerplatte. Durch Feuchteeinwirkung können die Magnesiumionen in angrenzende Bauteile auswandern und dort treibende Bauschäden hervorrufen. →Magnesiabinder, →Spanplatten, →Holzwerkstoffe

Magnesitsteine M. sind hochfeuerfeste Steine (bis 1.800 °C), die aus →Magnesit (Magnesiumcarbonat) bei über 1.500 °C bis zur Sinterung gebrannt werden. M. werden zum Auskleiden von Herden, Industrieöfen, Schornsteinen u.Ä. verwendet. M. weisen wegen der hohen Brenntemperatur einen hohen Energiebedarf auf. Die Entsorgung ist problemlos auf Inertstoff- bzw. →Baurestmassendeponien möglich, falls keine Schadstoffe aus den Feuerungsanlagen aufgenommen wurden.

Magnetit M. (Magneteisenstein) ist eine schwere Gesteinskörnung zur Herstellung von →Schwer- und →Strahlenschutzbetonen. Die Kornrohdichte liegt zwischen 4,7 und 4,9 kg/dm^3. Der Eisengehalt beträgt 60 bis 70 Gew.-%.

MAK-Kommission Die Senatskommission zur Prüfung gesundheitsschädlicher Arbeitsstoffe (M.) wurde 1986 vom Senat der Deutschen Forschungsgemeinschaft (DFG) eingesetzt und wird von der DFG finanziert. Die Mitglieder der M. sind Wissenschaftler aus der Hochschulforschung und der freien Forschung. Ihre Aufgabe ist es, die wissenschaftlichen Grundlagen zum Schutze der Gesundheit vor toxischen Stoffen am Arbeitsplatz zu erarbeiten. Die Kommission arbeitet in wissenschaftlicher Freiheit und Unabhängigkeit. Sie ist in der Auswahl und in der Prioritätensetzung der Prüfung von Arbeitsstoffen nicht an Weisungen gebunden. Die Empfehlungen der Kommission werden dem Bundesministerium für Arbeit und Sozialordnung übergeben, und dort wird über die weitere formelle Behandlung der Empfehlungen entschieden. Die M. veröffentlicht ihre Empfehlungen und Vorschläge zu Grenzwerten für gefährliche Arbeitsstoffe in der jährlich erscheinenden MAK- und BAT-Werte-Liste. →MAK-Werte, →BGW, →AGW

Makulatur Der Ausdruck M. bezeichnet in der Bautechnik eine Unterlage, die vor dem Anbringen von →Tapeten an die Wand aufgebracht wird. Die M. verändert die Saugfähigkeit des Untergrunds, sodass der →Tapetenkleister besser haftet, gleicht Unebenheiten in der Wand aus und erleichtert das spätere Ablösen der Tapete erheblich. Früher war es üblich, alte Zeitungen und Zeitschriften als Untertapete zu verwenden, heute gibt es Rollenmakulatur aus Papier (→Makulaturpapier) oder →Streichmakulatur zu kaufen. Ist der Untergrund nicht saugfähig genug, kann die „Rollenmakulatur" aufgetragen werden. Ist der Untergrund zu stark saugfähig, kann die Streichmakulatur zum Einsatz kommen.

Makulaturpapier M. oder Rollenmakulatur ist eine →Makulatur aus einfachem, unbedrucktem →Tapetenpapier. Dabei handelt es sich üblicherweise um Recyclingpapier oder holzhaltiges geleimtes Papier mit ausreichender Festigkeit auch im nassen Zustand mit einem Flächengewicht von 60 bis 120 g/m^2. M. wird eingesetzt, wenn der zu tapezierende Untergrund zu geringe Saugfähigkeit hat oder bei extrem glatten →Tapeten. Außerdem dient M. als Untergrund von durchscheinenden Tapeten wie →Gras- und Seidentapeten, von schweren Tapeten oder Tapeten, die beim Trocknen größere Spannungen verursachen. Früher wurden zur Verbesserung der Nassreißfestigkeit formaldehydhaltige Aminoplaste verwendet.

MAK- und BAT-Werte-Liste →MAK-Werte, →AGW, →BGW

MAK-Werte M. werden von der →MAK-Kommission erarbeitet und jährlich in der MAK- und BAT-Werte-Liste veröffentlicht. Der M. (maximale Arbeitsplatz-Konzentration) ist die höchstzulässige Konzentration eines Arbeitsstoffes als Gas, Dampf oder Schwebstoff in der Luft am Arbeitsplatz, die nach dem gegenwärtigen Stand der Kenntnis auch bei wiederholter und langfristiger, in der Regel täglich 8-stündiger Exposition, jedoch bei Einhaltung einer durchschnittlichen Wochenarbeitszeit von 40 Stunden im Allgemeinen die Gesundheit der Beschäftigten nicht beeinträchtigt und diese nicht unangemessen belästigt.

Grundsätzlich ist die Toxizität eines Stoffes für den Menschen umso höher anzusetzen, je niedriger sein M. ist.

M. dienen dem Schutz der Arbeitnehmer, die gezielt Tätigkeiten mit Gefahrstoffen ausführen. M. sind also nicht anwendbar zur Beurteilung der Luftqualität in →Innenräumen (z.B. Wohnungen, Schulen, Bürogebäude), wo Personen →Emissionen z.B. aus Bauprodukten oder Materialien der Innenausstattung ausgesetzt sind. Hierfür gibt es in Deutschland bisher kein geschlossenes Regelwerk (→Innenraumluft-Grenzwerte).

M. werden von der ständigen Senatskommission der Deutschen Forschungsgemeinschaft zur Prüfung gesundheitsschädlicher Arbeitsstoffe (MAK-Kommission) ausschließlich unter Berücksichtigung wissenschaftlicher Argumente (toxikologische und epidemiologische Erkenntnisse) und bestimmter Verfahrensregeln abgeleitet. Die Arbeitsergebnisse werden jährlich veröffentlicht (MAK- und BAT-Werte-Liste) und zugleich als Empfehlung dem Bundesarbeitsministerium bzw. dem ihm gemäß GefStoffV zugeordneten →Ausschuss für Gefahrstoffe (AGS) übergeben.

Krebserzeugende Stoffe werden nach fünf Kategorien differenziert eingestuft. Beim Menschen oder im Tierversuch nachgewiesene krebserzeugende Arbeitsstoffe werden in die Kategorie 1 oder 2 eingestuft und keine M angegeben, da bei solchen Stoffen keine Konzentrationsschwelle ermittelt werden kann, unterhalb derer ein solcher Stoff nicht krebserzeugend bzw. erbgutverändernd wirkt. Stoffe mit einem Verdacht auf eine krebserzeugende Wirkung werden in Kategorie 3 (3A, 3B) geführt und erhalten nur dann einen M., wenn der Stoff oder seine Metabolite nicht gentoxisch wirken. Substanzen mit krebserzeugenden Wirkungen, deren Wirkstärke anhand von Informationen bewertbar ist, werden in die Kategorie 4 oder 5 eingestuft und ein M. wird für eine definierte Arbeitsplatzexposition erstellt, bei der kein bzw. ein sehr geringer Beitrag zum Krebsrisiko für den Menschen zu erwarten ist. In der Kategorie 4 steht ein nicht-genotoxischer Wirkmechanismus im Vordergrund, die Zuordnung in Kategorie 5 erfolgt für genotoxische Stoffe mit geringer Wirkstärke.
Keimzellmutagene werden vergleichbar zu den Kategorien für krebserzeugende Stoffe in Kategorien (1, 2, 3A, 3B, 5) unterteilt und entsprechend M aufgestellt. Da einer Keimzellmutation eine genotoxische Wirkung zugrunde liegt, entfällt hier für Keimzellmutagene die entsprechende Kategorie 4 der krebserzeugenden Stoffe.
Die MAK-Liste ist wie folgt unterteilt:

<u>Maximale Arbeitsplatz-Konzentrationen</u>

- I. Bedeutung, Benutzung und Ableitung von MAK-Werten
- II. Stoffliste
- III. Krebserzeugende Arbeitsstoffe (Kategorien 1, 2, 3A, 3B, 4, 5) und besondere Stoffgruppen wie Pyrolyseprodukte aus organischem Material, Faserstäube u.a.
- IV. Sensibilisierende Arbeitsstoffe
- V. Aerosole
- VI. Begrenzung von Expositionsspitzen
- VII. Hautresorption
- VIII. MAK-Werte und Schwangerschaft
- IX. Keimzellmutagene
- X. Besondere Arbeitsstoffe

<u>Biologische Arbeitsstofftoleranzwerte</u>

- XI. Bedeutung und Benutzung von BAT-Werten
- XII. Stoffliste
- XIII. Krebserzeugende Arbeitsstoffe
- XIV. Biologische Leitwerte

Die M. werden oftmals ohne Änderung in die TRGS 900[1] übernommen und damit als AGW rechtlich verbindlich ausgewiesen.

Mantelverordnung Die M. liegt als Referentenentwurf für eine Verordnung vor, die die Anforderungen an den Einbau von mineralischen Ersatzbaustoffen in technische Bauwerke beschreibt, die in der →Ersatzbaustoffverordnung (EBV) eingeführt sind, die die Bundes-Bodenschutz- und Altlastenverordnung neu fasst, sowie Änderungen für die →Deponieverordnung (DepV) und die →Gewerbeabfallverordnung (GewAbfV) aufnimmt. Wesentliches Ziel dieser M. ist es, die bestmögliche Verwertung von mineralischen Abfällen nach §6 →Kreislaufwirtschaftsgesetz (KrWG) zu gewährleisten und die nachhaltige Sicherung und Wiederherstellung der Funktionen des Bodens im Sinne §1 des Bundes-Bodenschutzgesetzes (BBodSchG) näher zu bestimmen und an den Stand der Erkenntnis anzupassen. Da das KrWG nicht direkt in Bezug genommen wird, setzen die Stufen der Hierarchie zum Umgang mit den Reststoffen auch erst im Zusammenhang mit dem nachgeordneten Recycling und der Verwertung ein, statt die vorgelagerten Stufen Vermeidung von Abfällen und Vorbereitung zur Verwendung als Strategien zur Reduzierung der gegenwärtig 240 Mio. t mineralischer Abfälle umfänglich zu nutzen.
Mit Verwertung und ggf. Beseitigung der mineralischen Abfälle werden die Ziele der Agenda 2030 für nachhaltige Entwicklung der Vereinten Nationen, einem ressourceneffizienten Wirtschaften zu entsprechen, nicht zu erreichen sein, wenn produktionsintegrierter Umweltschutz und proaktive Abfallvermeidung strategisch nicht berücksichtigt werden. Die Industrie argumentiert mit der Gefahrenabwehr nach Abfall- und Bodenschutzrecht und lehnt die wasserrechtliche Vorsorge als Orientierung für die Geringfügigkeitsschwellen ab. Die Baustoffwirtschaftsverbände rechnen damit, dass 50 bis 70 Mio. t insbesondere an Boden sowie auch

1. Arbeitsplatzgrenzwerte werden vom Ausschuss für Gefahrstoffe (AGS) nach den Kriterien der BekGS 901 „Kriterien zur Ableitung von Arbeitsplatzgrenzwerten“ (GMBl. 2010, Nr. 32, S. 691) erarbeitet oder bewertet und in die TRGS 900 „Arbeitsplatzgrenzwerte“ übernommen. Als Quelle dienen die MAK-Werte der DFG-Senatskommission zur Prüfung gesundheitsgefährlicher Arbeitsstoffe die Arbeitsplatz-Richtgrenzwerte (OEL) der Europäischen Kommission internationale Grenzwerte (z.B. aus den Niederlanden).

an Bauschuttmaterial wegen gestiegener Kosten für die Güteüberwachung durch die M. deponiert würden und sagen verstärkten Rückgriff auf die Primärbaustoffe Sand, Kies und Splitt voraus. Bei einer Neuregelung müsse der Stoffstrom mineralischer Abfälle beginnend bei der Erfassung, Planung, Bewertung und Dokumentation des Abfalls über Getrennthaltung, qualitätsgesicherte Aufbereitung, Güteüberwachung und Verwendung als Ersatzbaustoff mit Abfall- oder Abfallendeeigenschaften geregelt werden (Recycling magazin 6.10.2017), was im Entwurf der M. jedoch schon genau so festgehalten ist. Ohne systematische Nutzung von Vermeidung und Verwertung wird man aber die von der EU-Abfallrahmen-RL (RL 2008/98 EG) geforderten Verwertungsquoten von 50 Ma.-% für Papier, Metall, Kunststoffe und Glas und von 70 Ma.-% für nicht gefährliche Bau- und Abbruchabfälle bis 2020 nicht erreichen können, was ja auch noch nicht die finalen Ziele auf dem Wege in eine Kreislaufwirtschaft der Agenda 2030 sind. Die Einführung der M. ist bisher am Einspruch der Länder gescheitert, nachdem der erste Entwurf für die Regelung der Verwertung mineralischer Abfälle schon 2007 vorgelegt und 2017 vom Kabinett verabschiedet worden ist. Ob damit das Ziel, die Akzeptanz von Ersatzbaustoffen zu verbessern, noch nicht ausreichend erreicht werden könne oder ob es der Wirtschaft in den Ländern mit der geforderten Güteüberwachung und Dokumentation der Massenströme und Einteilung in 18 Ersatzbaustoffklassen zu weit geht, ist nicht zu entscheiden. Wie wichtig die Regelung allerdings in Bezug auf nachhaltige Nutzung von Ressourcen nach Grundanforderung Nr. 7 der →Bauproduktenverordnung ist und weiterhin immer wichtiger werden wird, erkennt man an den Ergebnissen einer Studie der Bundesanstalt für Geowissenschaften und Rohstoffe (BGR) vom 23.2.2018, wonach erhebliche Versorgungsengpässe von wichtigen Baurohstoffen auf dem heimischen Markt zu erwarten sind. Andererseits signalisiert die zurückhaltende Reaktion der Abfallentsorgungsverbände, dass zahlreiche Grenzwerte für gefährliche Stoffe in der M. und in der Ersatzbaustoffverordnung vermutlich in vielen bisher zur Verfüllung von Tagebauen und in technischen Bauwerken verwendeten Bodenaushubmaterialien und mineralischen Reststoffen überschritten würden und tatsächlich das Potential dazu haben, Boden und Grundwasser nachhaltig zu schädigen, was wiederum an der positiven Reaktion der für die Versorgung mit sauberem Trinkwasser zuständigen Wasserversorgungsverbände (DVGW 31.10.2012) deutlich wird. Eine Zustimmung zum Entwurf der M. würde aber auch für die Rohstoffwirtschaft zumindest Rechtssicherheit schaffen, was vom Bundesverband Recyclingbaustoffe e.V. (BRB) am 30.10.2017 auch so betont wurde.

Marley-Platten Bezeichnung für asbesthaltige Bodenbeläge. →Floor-Flex-Platten, →Asbest

Marmor M. ist →Kalkstein mit hoher Dichte, der – poliert – eine glatte glänzende Oberfläche hat. Er kommt in den verschiedensten Farbtönen, von schneeweiß über gelblich bis rosarot, vor. Große M.-Vorkommen finden sich in Nordamerika und in Europa, z.B. in Österreich, Norwegen oder im italienischen Carrara. Schon die Griechen setzten M. als Material für Tempelbauten ein. Heutzutage wird M. vor allem in Form von Fliesen oder großen Platten auf allgemeinen strapazierten Flächen im Wohn- und Objektbereich eingesetzt. M. wird mit Fliesenkleber oder direkt auf den Estrich verklebt und bei Bedarf auch verfugt. Bei feuchter, färbender oder fetter Verschmutzung nimmt M. den Schmutz an. M. ist säureempfindlich: Zitronensaft, Essig, Wein oder manche Reiniger (auch viele hautfreundliche Seifen) verändern die Farbe des M. und können Flecken und raue Oberflächen hervorrufen, die sich nicht mehr beseitigen lassen. Wird M. in der Küche verwendet, muss daher eine Oberflächenbehandlung vorgenommen werden, die möglichst geringe Lösemittelgehalte aufweisen sollte.

Maschinengipsputze →Baugipse, →Gipsputze

Maßeinheiten Die Maßeinheiten zeigt Tabelle M1.

Tabelle M1: Maßeinheiten

1 ppm (parts per million) =	1 Teil in 1 Million Teile bzw.
	0,0001 % bzw.
	1 Milligramm (Tausendstel Gramm) pro Kilogramm (mg/kg) bzw.
	1 Milliliter pro Kubikmeter (ml/m^3)

Tabelle M1: Maßeinheiten (Forts.)

1 ppb (parts per billion) =	1 Teil in 1 Milliarde Teile bzw.
	0,000.000.1% bzw.
	1 Mikrogramm (Millionstel Gramm) pro Kilogramm (µg/kg) bzw.
	1 Mikroliter pro Kubikmeter (µl/m³)
1 ppt (parts per trillion) =	1 Teil in 1 Billion Teile bzw.
	0,000.000.000.1 % bzw.
	1 Nanogramm (Milliardstel Gramm) pro Kilogramm (ng/kg) bzw.
	1 Nanoliter pro Kubikmeter (nl/m³)
Milligramm (mg) = Tausendstel Gramm = 0,001 g	
Mikrogramm (µg) = Millionstel Gramm = 0,000.001 g	
Nanogramm (ng) = Milliardstel Gramm = 0,000.000.001 g	
Picogramm (pg) = Billionstel Gramm = 0,000.000.000.001 g	
Femtogramm (fg) = Billiardstel Gramm = 0,000.000.000.000.001 g	

Massenabfalldeponie Die M. ist ein Deponietyp gem. österreichischer →Deponieverordnung. Baurestmassen, die ohne Gesamtbeurteilung auf M. geeignet sind, siehe →Baurestmassendeponie. Der Anteil an organischem Kohlenstoff muss unter 5 % liegen, sofern es sich nicht um die taxativ aufgezählten Baurestmassen handelt. Die M. hat zumindest im Bereich der Aufstandfläche des Deponiekörpers über einen geologisch und hydrogeologisch möglichst einheitlichen, geringdurchlässigen Untergrund zu verfügen. Die Deponiebasisdichtung ist mit einer Kombinationsdichtung, bestehend aus einer mindestens dreilagigen mineralischen Dichtungsschicht von mindestens 75 cm Gesamtdicke und einer direkt aufliegenden PE-HD-Kunststoffdichtungsbahn mit einer Mindestdicke von 2,5 mm, herzustellen.

Massivholz M. ist →Holz, das wenigen Zerkleinerungsprozessen ausgesetzt wurde. Die Einteilung erfolgt gemäß DIN 4074-1:2012-06 in Latte, Brett, Bohle und Kantholz. →Holzpflaster, →Massivholzdielen, →Massivparkette, →Konstruktionsvollholz, →Schnittholz, →BSH, →Lagenhölzer

Massivholzböden →Holzböden aus Massivholz. →Massivparkette, →Massivholzdielen, →Landhausdielen

Massivholzdielen M. sind →Holzböden aus Massivholzbrettern in Raum- oder Kurzlängen mit Nut-Feder-Profilierung. M. werden in vielen verschiedenen Weich- oder Hartholzarten angeboten, u.a. →Fichte, →Tanne, →Kiefer, →Lärche, Pitchpine, seltener →Eiche, →Buche und Laubhölzer. Nadel- und Laubholzdielen sind Bretter mit Nut und Feder. M. werden mit Nägeln, Schrauben oder Klammern auf Polsterhölzern oder Blindboden verlegt. Die Oberfläche wird geschliffen und geölt und gewachst (Ölen und Wachsen) oder versiegelt (→Parkettversiegelung). Durch die mächtige Dimensionierung neigen M. zur Ausbildung von Fugen, die nicht selten mehrere mm breit sein können (je breiter die Dielen, desto wahrscheinlicher). Bei M. ist deshalb eine Holzfeuchte beim Einbau von max. 12 % (besser 8 bis 10 %) unbedingte Voraussetzung, um Fugen zu reduzieren. M. sind sehr gut renovierbar (5- bis 7-mal abschleifbar). Namensverwandtschaft besteht zu den sog. Landhausdielen, dabei handelt es sich aber häufig um →Mehrschichtparkette.

Da M. aus dem →Nachwachsenden Rohstoff Holz bestehen, sind sie grundsätzlich positiv zu beurteilen. Tropenhölzer werden für M. selten eingesetzt. Das Holz sollte aus nachhaltig bewirtschafteten, regionalen Wäldern stammen. M. werden mechanisch befestigt, daher entstehen keine Emissionen aus Klebstoffen. →Holzböden

Massivlehmbau Als M. bezeichnet man in der Regel →Lehmbautechniken, die zu selbsttragenden, meist monolitischen Bauteilen führen. Dazu gehören das Bauen mit →Lehmsteinen, mit →Stampflehm sowie die →Wellerbauweise.

Massivparkette M. sind Parkettböden aus Massivholz. M. sind in den unterschiedlichsten Ausführungen, Verlegemustern und Holzarten erhältlich. Zu den M. zählen →Mosaikparkette, →Industrieparkette, →Stabparkette, →Riemenparkette und →Lamparkette. M. sind immer schubfest mit dem Untergrund zu verbinden (schrauben, nageln oder kleben). M. weisen eine Lebensdauer von mind. 50 bis 100 Jahren auf, sind gut bis sehr gut renovierbar und zeigen sehr gute Schalldämmwerte. Je nach eingesetzter Holz- und Verlegeart besteht die Möglichkeit der Dimensionsveränderung (Quellen oder Schwinden) bei ungünstigen Umgebungsbedingungen. Von den M. zu unterscheiden sind die →Mehrschichtparkette (Fertigparkette).

Für M. werden meist Harthölzer aus Laubbäumen wie →Eiche, →Buche und →Ahorn oder →Tropenhölzer verwendet. Da eine Widerstandsfähigkeit des Tropenholzes bei der Verlegung im Innenraum nicht erforderlich ist, sollten für M. bevorzugt heimische Hölzer verwendet werden. Wer sich dennoch für ein M. aus Tropenholz entscheidet, sollte auf eine →FSC-Zertifizierung achten, durch die Raubbau ausgeschlossen wird. →Holzböden

Materialkreislauf Ein M. ist ein hoch effektives System vollkommen geschlossener Stoffkreisläufe. Innerhalb eines geschlossenen M. können die in Anspruch genommenen Komponenten und die dadurch gebundenen Materialien zeitversetzten Folgeprozessen wieder zur Verfügung gestellt werden. Das Design eines Produktes ist verantwortlich für die Materialströme in geschlossenen M. Der Fokus eines ökoeffektiven Designs liegt nicht an erster Stelle auf der Materialnutzung und der Lebensdauer, sondern auf dem „Nachgebrauch" und dem vollständigen Wiedereinsatz des Produktes. Nach *Braungart* werden geschlossene M. in biologische und technische Sphären unterteilt (Braungart, M.; McDonough, W.: Die nächste industrielle Revolution. Berlin, 2011). Die eingesetzten Materialien befinden sich in geschlossenen technologischen und biologischen Kreisläufen, ohne negative Einflüsse auf die Umwelt und ohne Verlust von Ressourcen. Geschlossene M. assoziieren den Bezug zu natürlichen Zyklen. Das Produktdesign und deren ökologische Qualität sorgen dafür, dass die Prozesse innerhalb der Biosphäre in einem überschaubaren Zeitraum vollständig assimiliert werden können, was als biologischer M. bezeichnet werden kann. Vollständig kompostierbare Verpackungen sind ein typisches Beispiel für ein ökoeffektives Produktdesign. Ein weiterer Kreislauf wird hinzugefügt, um die technischen industriellen Stoffumsätze in Stoffkreisläufen schließen zu können, was als technischer M. definiert wird. Werden die Kreisläufe vermischt, sind Lösungen nicht umkehrbar und können als „Monsterhybride" (Braungart, M.; McDonough, W. und Randow, G. von: Einfach intelligent produzieren. Cradle to cradle. Die Natur zeigt, wie wir die Dinge besser machen können. Berlin, 2005) definiert werden.

In der Baubranche sind überwiegend Massen an baulichen Komponenten vorhanden, die in der Technosphäre strömen. Aus einer ökoeffizient gestalteten Teppichbodenfliese kann ein gleichwertiges Produkt nach Gebrauch entstehen, wenn die Verbindung zu anderen Materialschichten eine Lösbarkeit zulässt und ein sortenreines Material entsteht. Folglich setzt die Schaffung eines M. in der Planung und Ausführung eine differenzierte Betrachtung von Nutzung und Konstruktion voraus. Insbesondere sind für die Schaffung geschlossener M. die Lebens- und Nutzungszyklen einzelner Materialien und Konstruktionen sowie die Instandhaltungsintervalle und Dauerhaftigkeiten zu beachten. Das Potenzial der Nachnutzung wird in einem M. über die die Fügung, die Flexibilität und das Recyclingpotential als dynamische Größe wiedergegeben. Über skalierbare Detailierungsstufen werden die für das Nachnutzungspotential bestimmten Ausprägungen auf Material- und Elementebene erfasst. Die Dokumentation der qualitativen und quantitativen Ausprägungen von Materialien und deren Einflüsse sind für geschlossene M. von wesentlichem Bestandteil, um eine Grundlage für dynamische Stoffströme zu schaffen und um diese dauerhaft erhalten zu können. Eine Dokumentation stellt als Transportmedium für eine Kreislauffähigkeit die Informationen zu den Materialien für geschlossene M. zur Verfügung.

Mauerziegel M. gibt es als Vollziegel, Lochziegel, Hochlochziegel, Langlochziegel, porosierte Ziegel (→Porosierter Hochlochziegel) und →Klinker (oberhalb der Sintergrenze gebrannt). Sie finden Verwendung für ein- und zweischaliges Mauerwerk, Hintermauerziegel, Vormauerziegel und Klinker (bei höherer Temperatur gebrannt, daher dichter und frostsicher) und auch als Sichtmauerwerk. Die Arten und Eigenschaften sind in der europäischen DIN EN 771 Mauersteine niedergelegt. Die Lebenszyklus-bezogenen Informationen können den →EPDs der Hersteller entnommen werden. →Ziegel

Maurerkrätze →Zementekzeme, →Zement, →Chromat

MBH (Medium hard board high density) Die mittelharte Faserplatte (früher HMF) nach DIN EN 622 mit einer Dichte von 400 kg/m³ bis 900 kg/m³ wird aus Fasern (z.B. aus Holz, Stroh, Bagasse) hergestellt. Für Bauzwecke sind nur Platten mit hoher Dichte (≥ 560 kg/m³) geeignet. Die Herstellung erfolgt vorwiegend nach dem Nassverfahren. Solcherart gefertigte Platten haben rückseitig eine Siebmarkierung, wohingegen Platten nach dem Trockenverfahren beidseitig glatte Oberflächen aufweisen. Die Bindung erfolgt größtenteils durch Verfilzung der Fasern und durch Zugabe geringer Mengen eines Bindemittels. Durch Zusätze (z.B. Hydrophobierungs-, Pilzschutz-, Feuerschutzmittel) und Nachbehandlungen lassen sich die Eigenschaften verbessern. Je nach Pressdruckhöhe erfolgt eine Einteilung in mittelharte Faserplatten mit geringer (MBH.LA 1/2) oder hoher (MBH.HLS 1/2) Dichte und daraus folgende die Einsatzmöglichkeiten. DIN EN 622-2, Brandschutzklasse D-s2, d0.

Tabelle M2: MBH-Plattentypen

Plattentyp	Anforderung	Nutzungsklasse DIN EN 1995-1-1
MBH.LA 1	tragende Zwecke, trocken	1
MBH. LA 2	tragende Zwecke, trocken, hochbelastbar	1
MBH.HLS1	tragende Zwecke, feucht	1 und 2
MBH.HLS 2	tragende Zwecke, feucht, hochbelastbar	1 und 2

MCCP (CAS 85535-85-9) Abk. für mittelkettige →Chlorparaffine, chlorierte Alkane mit einer Kettenlänge zwischen 14 und 17 Kohlenstoff-Atomen und einem Chlorierungsgrad von 40 bis 60 %. M. finden Verwendung als sekundäre Weichmacher in PVC. AGW nach TRGS 900: 6 mg/m³. EU-GHS-Einstufung und Kennzeichnung (EG) Nr. 1272/2008 CLP: Reproduktionstoxizität: Wirkungen auf/über Laktation: Lact., Kann Säuglinge über die Muttermilch schädigen; Akut gewässergefährdend AKUT! Aquatic Acute 1; H400 Sehr giftig für Wasserorganismen; Langfristig gewässergefährdend chronisch 1: Aquatic Chronic 1; H410 Sehr giftig für Wasserorganismen, mit langfristiger Wirkung. →Weichmacher

MCI (CAS 26172-55-4) 5-Chlor-2-methyl-4-isothiazolin-3-on; Synonyme: 5-Chlor-2-methyl-2,3-dihydroisothiazol-3-on, 5-Chlor-2-methyl-3-isothiazolon, 5-Chlor-2-methyl-3-isothiazolin-3(2H)-on. Konservierungsmittel in Dispersionsfarben und Kosmetika, auch in vielen Blaue-Engel-Produkten. Extrem hautsensibilisierend nach BfR 2013 und im Verdacht, krebserregend zu sein. CLP Kat. 2. Schon 1998 wurde für ein Gemisch aus MI/MCI ein RW II von 0,5 µg/m³ und ein RW I von 0,05 µg/m³ festgelegt. Der AIR hat einen vorläufigen Richtwert für die Innenraumluft bestimmt: vRW1 von 0,2 µg/m³ für die Summe BIT, MCI, MIT und OIT. →Isothiazolinone

MCS Abkürzung für Multiple Chemical Sensitivity. Der Begriff M. beschreibt gesundheitliche Beeinträchtigungen, die durch eine besondere chemische Sensitivität verursacht werden. Die Zahl der Patienten mit vermuteter MCS ist in den letzten Jahren beträchtlich angewachsen. Nach amerikanischen Untersuchungen sollen bis zu 15 % der Bevölkerung eine besondere chemische Sensitivität aufweisen. Bei den betroffenen Personen haben sich im Laufe der Zeit mannigfache Intoleranzen gegenüber einer Vielzahl chemisch nicht verwandter Fremdstoffe entwickelt. Bereits sehr geringe Expositionen, die von der Allgemeinbevölkerung ohne erkennbare gesundheitliche Probleme toleriert werden, führen bei diesen Menschen zu erheblichen gesundheitlichen Beeinträchtigungen, die häufig mit einer beträchtlichen Einschränkung der Lebensqualität und einem hohen Leidensdruck einhergehen. Als Fallkriterien von MCS gelten gemäß der Multizentrischen MCS-Studie (UFOPLAN 298 62 274):

- Initiale Symptome im Zusammenhang mit einer belegbaren Expositionssituation (jedoch ggf. auch einschleichender Beginn)
- Die Symptome werden bei der gleichen Person durch unterschiedliche chemische Stoffe bei sehr geringen Konzentrationen ausgelöst, auf die andere Personen i.Allg. nicht mit Gesundheitsbeschwerden reagieren.
- Die Symptome stehen mit der Exposition in erkennbarem Zusammenhang (Symptome durch

Exposition reproduzierbar; Besserung bei Expositionskarenz, z.B. wenn die →Topfkonservierer aus den →Wandfarben abgeklungen sind).

- Die Symptome treten in mehr als einem Organsystem auf (nicht in allen Falldefinitionen gefordert).
- Es handelt sich um eine länger anhaltende („chronische") Gesundheitsstörung.
- Die Beschwerden sind nicht auf bekannte Krankheiten zurückzuführen.

Allgemein anerkannte Diagnose- und Behandlungsmöglichkeiten bei MCS existieren bisher noch nicht umfassend, werden aber von Umweltmedizinischen Instituten erarbeitet.

MDA (CAS 101-77-9) 4,4'-Methylendianilin. Härter von Epoxidharzen. Seit 2008 auf der →Kandidatenliste der besonders besorgniserregenden Stoffe mit der Möglichkeit, in den Anhang XIV der →REACH-VO übernommen zu werden. →Isocyanate

MDF-Platten M. (**M**ittel**d**ichte **F**aserplatten oder auch **m**edium **d**ensity **f**iberboard) sind →Holzfaserplatten mit einer Rohdichte über 450 kg/m³ bis 800 kg/m³, die im Trockenverfahren aus Holzfasern unter Zusatz eines synthetischen Bindemittels hergestellt werden. Je nach Rohdichte unterscheidet man HDF (Hochdichte Faserplatten mit einer Rohdichte ≥ 800 kg/m³), leichte MDF (≤ 650 kg/m³) und ultraleichte MDF (≤ 550 kg/m³). Die Holzfasern stammen aus Resthölzern der Sägeindustrie und Durchforstungshölzern, vorzugsweise Nadelhölzer (meist Fichte und Kiefer, auch Lärche). Zusätzlich können zu einem geringen Anteil Fasern von Chinaschilf (Miscanthus) und Sisal beigefügt sein. Herkömmliche M., die v.a. für Möbel eingesetzt werden, werden mit →Harnstoff-Formaldehyd-Harz verleimt.

Basierend auf diesen Werkstoffen wurden die diffusionsoffenen M. entwickelt, die auch den höheren Anforderungen an Feuchtebeständigkeit im Bauwesen entsprechen. Die diffusionsoffenen M. enthalten als Bindemittel PMDI- oder Phenolformaldehydleim und einen höheren Paraffinanteil. Die niedrige →Dampfdiffusionswiderstandszahl wird durch geringere Rohdichten ermöglicht. Ferner werden in M. Härter und Formaldehydfänger sowie z.T. Feuerschutzmittel eingesetzt. Trockenverfahren nach EN 316 (ρ ≥ 600 kg/m³): Holzfasern werden ähnlich wie bei Spanplatten beleimt und unter Hitze (120 bis 160 °C) verpresst. Die Bindung beruht einerseits auf der Verfilzung der Fasern und ihren inhärenten Klebeeigenschaften, andererseits auf der Zugabe von synthetischen Bindemitteln. Einsatzbereiche sind nach EN 622-5 allgemeine und tragende Zwecke sowie trockene und feuchte Bereiche. M. enthalten einen hohen Bindemittelanteil und werden in einem -energieaufwendigen Prozess gefertigt. Der Einsatz von M. rechnet sich dort, wo aufgrund der technischen Eigenschaften (z.B. Winddichtigkeit) auf zusätzliche Schichten (z.B. Windsperre) verzichtet werden kann. →Holz, →Holzfaserplatten, →Holzwerkstoffe

MDI (CAS 101-68-8) MDI ist ein →Isocyanat von großer technischer Bedeutung. Reines, monomeres MDI (4,4'-Diphenylmethan-diisocyanat; Synonym: Methylendiphenyldiisocyanat) stellt nur ca. 5 % der insgesamt produzierten MDI-Mengen weltweit dar. Von erheblicher großtechnischer Bedeutung ist dagegen das technische MDI, das als polymeres MDI (PMDI) bezeichnet wird. AGW TRGS 900: 0,05 E mg/m³. Eine krebserzeugende Wirkung in Form von atembaren Aerosolen wird vermutet.

EU-GHS-Einstufung: Karzinogenität, Kategorie 2; H351 Kann vermutlich Krebs erzeugen. Spezifische Konzentrationsgrenzen (GSH): Augenreiz. 2; H319 C ≥ 5 %; Hautreiz. 2; H315: C ≥ 5 %; Sens. Atemw. 1; H334 C ≥ 0,1 %; STOT einm. 3; H335 C ≥ 5 %.

Mechanische Lüftung Mittels Ventilatoren wird ein künstlicher Druckunterschied erzeugt, der zur mechanischen Be- oder Entlüftung des Raumes führt. Bei →Komfortlüftungsanlagen, wie sie in →Niedrigenergie- und →Passivhäusern eingesetzt werden, wird die M. mit einer Wärmerückgewinnung aus der Abluft gekoppelt.

Mecoprop In wurzelfesten Bitumenbahnen werden chemische Durchwurzelungsschutzmittel, z.B. Ester der Herbizidwirkstoffe Mecoprop (MCPP) und 2-Methyl-4-chlorphenoxyessigsäure (MCPA), eingesetzt. Durch Hydrolyse oder mikrobiellen Abbau dieser Ester entsteht der jeweilige Wirkstoff, der mit dem abfließenden Niederschlagswasser ausgewaschen wird. Zu den Durchwurzelungsschutzmitteln gehören beispielsweise der racemische Polyglykolester von MCPP (Preventol B2), der enantiomerenreine 2-Ethylhexlyester von MCPP-P (Herbitect®, Tectogreen P), der enantiomerenreine n-Octylester von MCPP-P (Preventol B5, Tectogreen P-5) oder der racemische 2-Ethylhexlyester von MCPA (Tectogreen M). Gekennzeichnet sind geprüfte Bitumenbahnen mit „WF“ für die nachzuweisende Wurzelfestigkeit. Hohe Belastungen im Dachwasser wurden beim Einsatz des Durchwurzelungsschutzmittels Preventol B2, dem Glykolester von Mecoprop, nachgewiesen. Durch die Verwendung schwerer hydrolysierbarer Ester wird die Belastung bis um das 10- bis 20fache reduziert. Mecoprop-P und MCPA sind Wuchsstoffherbizide, die nur bei höheren Pflanzen (zweikeimblättrigen Pflanzen) eine spezifische Wirkung zeigen. Es handelt sich nicht um eine Anwendung als →Biozid, ggf. als Pflanzenschutzmittel. Als Pflanzenschutzmittel ist die Anwendung von Mecoprop-P und MCPA in der Landwirtschaft, auf Grünflächen (z.B. Sport- und Golfplätzen) oder in privaten Gärten verbreitet.

Medianwert Derjenige Wert aus einer Messreihe, unterhalb und oberhalb dessen jeweils 50 % der Messwerte liegen. →Perzentil

Mehrfachverglasung →Isoliergläser, →Wärmeschutzverglasungen

Mehrscheiben-Isolierglas →Isoliergläser, →Schwefelhexafluorid

Mehrschicht-Massivholzplatten M. werden aus drei oder fünf Brettlagen aus Nadel- oder Edelholz hergestellt, wobei die Lagen jeweils um 90° oder 45° verdreht werden. Die Verarbeitung quer zur Faser bewirkt eine Verminderung des Arbeitens (Quellen und Schwinden) des Holzes. Die Decklagen von Platten müssen für tragende Zwecke eine Mindestdicke von 5 mm aufweisen. Die Innenlagen dürfen keine offenen Fugen aufweisen. Als Bindemittel werden modifizierte Melaminharze und Phenolharze verwendet, der Bindemittelanteil ist bei Fünfschichtplatten relativ hoch. M. sind spezielle Sperrholzplatten nach DIN EN 636. Die optische Qualität wird in Erscheinungsklassen 0, A-C und S nach EN 13017-1:2000 und EN 13017-2:2000 unterteilt. Zusätzlich werden physikalische Anforderungen von M. in der DIN EN 13353:2011-07 definiert. →Lagenhölzer, →Holz, →Holzwerkstoffe, →Emissionsklassen, →Formaldehyd

Mehrschichtparkette M. sind →Holzböden mit zwei- oder dreischichtigem Elementaufbau, einer Nut- und Feder-Verbindung und einer werkseitig aufgetragenen Oberflächenbehandlung („Fertigparkett“). Fertigparkett-Elemente werden in DIN EN 13489 geregelt. Die Dicke der Nutzschicht muss größer als 2,5 mm sein, meist werden Sägefurniere aus Laubhölzern verwendet. Die Trägerschicht bildet in der Regel eine Mittellage aus massiven Nadelholzleisten, eine →Multiplexplatte (bei Zweischichtparketten), eine →Spanplatte oder eine Faserplatte (→MDF-Platten oder →HDF-Platten). M. können ohne großen Aufwand verlegt werden, durch die ab Werk fertig versiegelte Oberfläche entfällt eine Nachbehandlung vor Ort. Zweischichtparkette (Fertigparkett-Einzelstab) werden immer auf planebenem Untergrund verklebt. Wegen ihrer geringeren Einbauhöhen und höheren Formstabilität verdrängen sie vor allem im Neubau mehr und mehr das massive →Stabparkett. Bei Dreischichtparketten (Fertigparkett-Schiffboden-Diele oder Fertigparkett-Landhausdiele) wird auf der Unterseite des Trägermaterials ein Gegenzug aufgebracht, der das Produkt ausgleicht und stabilisiert. Dreischichtparkette können daher geklebt oder schwimmend verlegt werden. Die vollflächige Verklebung erhöht die Lebensdauer. Dreischichtparkette haben gegenüber →Massivparkett den technischen Vorteil, dass ein weitgehend fugenfreier Boden entsteht, der in größeren Breiten hergestellt werden kann, ohne dass mit Verwerfungen (konkav/konvex) zu rechnen ist. Sie lassen sich aber nur mäßig renovieren (2- bis 3-mal abschleifen). Die Gesamt-Lebensdauer (25 bis 50 Jahre) liegt deutlich unter jener des Massivparketts. Je stärker die Nutzschicht, desto länger die Lebensdauer.
Die Holzwerkstoffe der Trägerschicht können →Formaldehyd oder flüchtige organische Verbindungen (→VOC) aus den eingesetzten Bindemitteln emittieren. Eine weitere Emissionsquelle sind die werkseitige Oberflächenbeschichtung und die Klebstoffe zwischen den einzelnen Schichten. Bei M. werden oft →UV-härtende Lacke eingesetzt, die geruchsintensive Stoffe freisetzen können. Die Oberflächenbeschichtung von M. kann den antibakteriellen Wirkstoff →Triclosan enthalten. Bei der Verklebung ist auf die verwendeten →Klebstoffe zu achten, s. auch →Parkettklebstoffe.

MEK Abk. für Methylethylketon. →Ketone

MEKO Abk. für Methylethylketoxim. →2-Butanonoxim

Melamin (CAS 108-78-1) M. (1,3,5-Triamino-triazin, Cyanursäuretriamid) ist eine heterocyclische, aromatische Verbindung, die durch Trimerisisierung von Harnstoff gewonnen wird. Die reaktiven

Amin-Gruppen ermöglichen eine Vielzahl chemischer Reaktionen. Davon ist die Reaktion von M. mit →Formaldehyd zu Methylol-Melaminen die wichtigste. M. wird überwiegend zu Harzen weiterverarbeitet, insbes. zu Melamin-Harnstoff-Formaldehyd-Harzen (→Melaminharze, MUF), die als Bindemittel für →Holzwerkstoffe (z.B. →Spanplatten) und zur Verklebung von Dekorpapieren (z.B. Laminat) eingesetzt werden. Schwach wassergefährdend.

Melamin-Harnstoff-Formaldehyd-Harze →Melaminharze

Melaminharze M. werden seit den 1930er-Jahren hergestellt. Sie gehören zu den Duroplasten, ebenso wie die →Harnstoff-Formaldehyd-Harze (UF) und die →Phenol-Formaldehyd-Harze (PF). Ein wichtiger Einsatzbereich von M. im Baubereich sind Bindemittel für →Holzwerkstoffe. Während aus Kostengründen reine M. kaum für die Herstellung von Holzwerkstoffen eingesetzt werden, haben melaminverstärkte Harnstoff-Formaldehyd-Harze (MUF, Melaminanteil bis 10 %) und Melamin-Harnstoff-Formaldehyd-Harze (MUF, Melaminanteil bis 30 %) eine große Bedeutung. Mit diesen Bindemitteln werden Holzwerkstoffplatten mit besonders geringen Quellwerten oder Produkte für den Einsatz im Feuchtbereich hergestellt. Hierfür eignen sich auch Melamin-Harnstoff-Phenol-Formaldehyd-Harze (MUPF). M. haben auch Bedeutung für die Herstellung von verleimten Holzbauteilen.

MUF-Leimsysteme setzen sich zusammen aus der wässrigen Lösung des Melamin-Harnstoff-Formaldehyd-Kondensationsproduktes und einer ebenfalls wässrigen Lösung von Ameisensäure als Härter. Der saure Härter dient der Erhöhung der Abbindegeschwindigkeit. Beim Abbinden wird die während der Herstellung unterbrochene chemische Reaktion (Polykondensation) fortgesetzt und Wasser abgespalten. Im Ergebnis der fortschreitenden Vernetzung entsteht ein weiß- bis cremefarbenes Endprodukt, das nicht mehr löslich ist. Die Nachhärtezeit dauert in Abhängigkeit von der Raumtemperatur bis zu drei Tage.

M. werden auch für die Herstellung von →Betonverflüssigern und →Fließmitteln eingesetzt. Die Moleküle adsorbieren an die Zementoberfläche und dispergieren (d.h. vereinzeln) die Zementpartikel. Dadurch wird das Wasser, welches zwischen den agglomerierten Zementpartikeln eingeschlossen ist, freigesetzt und die Mischung verflüssigt sich bzw. wird leichter verarbeitbar. M. kommen sowohl als Betonverflüssiger als auch als Fließmittel zum Einsatz.

Mennige →Bleimennige

Mercaptane M. (Thioalkohole, Thiole) sind organische Schwefelverbindungen mit einem ausgesprochen unangenehmen Geruch, verbunden mit sehr niedrigen Geruchsschwellenwerten und hohen Flüchtigkeiten. M. treten in Innenräumen als Stoffwechselprodukte von Mikroorganismen auf (→MVOC).

Mergel →Kalkmergel

Mesotheliom Das M. ist ein vergleichsweise seltener Tumor des Bauch- und Rippenfells und gilt als Signaltumor für eine vorausgegangene Asbestbelastung. Das M. ist nicht heilbar und führt innerhalb kurzer Zeit zum Tode. →Asbest

Messing M. ist eine Legierung aus →Kupfer und →Zink. Je nach Mischungsverhältnis variiert die Farbe von goldrot (bei hohem Kupferanteil) bis hellgelb. Eine der am häufigsten verwendeten Legierungen ist CuZn37, die 37 % Zink enthält. M. ist härter als reines Kupfer. Die Schmelze ist dünnflüssig und lässt sich daher blasenfrei gießen. Einsatz im Bauwesen für Beschläge, Armaturen, Verkleidungen.

Messingbeschläge M. werden durch Gießen der flüssigen Legierung in Hohlformen hergestellt. →Messing

Metalle Im Bauwesen wird meist zwischen →Eisen und →Stahl auf der einen Seite und Nichteisenmetallen auf der anderen Seite unterschieden. Schwere Nichteisenmetalle sind →Blei, →Kupfer, →Nickel, →Zinn, leichte Nichteisenmetalle →Aluminium und Magnesium. Wichtige Faktoren bei der Metallerzeugung sind der Energieverbrauch und die Rückgewinnung von Wärme und Energie. Bei der Erzeugung der meisten M. aus →Primärrohstoffen entstehen Umweltbelastungen durch Emissionen von Staub, Metallen/Metallverbindungen und Schwefeldioxid (→Versauerung). Letztere vor allem dann, wenn Sulfidkonzentrate geröstet und geschmolzen werden oder wenn schwefelhaltige Brennstoffe oder andere schwefelhaltige Stoffe zum Einsatz kommen. Umweltschonender ist im Regelfall die Erzeugung von Metallen aus Sekundärrohstoffen. Aus M. wie Kupfer, →Verzinktes Stahlblech, →Zink, →Titanzink werden bei Bewitterung hohe Mengen an Material abgeschwemmt.

Dies spricht gegen den großflächigen Einsatz dieser M. im Außenbereich (z.B. als Dachdeckungen) bzw., falls dies nicht möglich erscheint, sollten Vorkehrungen getroffen werden, den Eintrag von M. in Boden und Gewässer so gering wie möglich zu halten. Aluminium und →Chromnickelstahl weisen praktisch keine Abschwemmung bei Bewitterung auf. Die meisten M. lassen sich sehr gut recyceln. Sie sollten nicht in die Müllverbrennungsanlage gelangen oder spätestens vor der Verbrennung aussortiert werden. Bei der Deponierung von M. ist die Schwermetall-Mobilisation problematisch. Gesundheitsbeeinträchtigende Emissionen sind beim →Löten und Kleben möglich.
Die energieintensive und umweltbelastende Herstellung und die mögliche Abschwemmung bei Bewitterung sollten zu einem bewussten Einsatz von M. führen (UBA). →Schwermetalle, →Chrom, →Cadmium, →Quecksilber, →Hausstaub

Metallbleche Im Baubereich werden M. aus →Aluminium, →Kupfer, →Verzinktem Stahl oder →Titanzink für vielfältige Anwendungsbereiche wie →Dachdeckungen, Fassadenbekleidungen, Tropfkanten und Z-Bleche eingesetzt.

Metallseifen →Trockenstoffe

Metalltapeten M. weisen als dekorative Oberseite eine Metallfolie oder metallbedampfte Kunststofffolie auf, die auf das →Tapetenpapier kaschiert ist. Die Oberfläche der M. wird vorwiegend in Handarbeit coloriert, geätzt, bedruckt oder oxidiert. Die entstehenden Strukturen weisen keine Wiederholungen auf, bei Metalltapeten sind die Stöße daher sichtbar. Der Untergrund muss besonders eben und gleichmäßig sein, da sich durch den Glanz Unebenheiten deutlich abzeichnen. M. sind fast dampfdicht und müssen mit fungizidhaltigem (pilztötendem) →Kleister geklebt werden, damit es zu keiner Schimmelpilzbildung an der Wand kommt. M. haben schlechte elektrostatische Eigenschaften. Die Entsorgung des Verbundmaterials ist sowohl in der Deponie als auch in der Müllverbrennungsanlage problematisch. Sie sollten aus diesen Gründen möglichst nicht verwendet werden.

Methanol (CAS 67-56-1) M. (Methylalkohol, Holzgeist) gehört zur Gruppe der Alkohole und ist eine klare, farblose, angenehm riechende, leicht entzündliche Flüssigkeit. M. ist ein wichtiges chemisches Grundprodukt. Im Unterschied zu dem chemisch eng verwandten →Ethanol ist M. ein starkes Gift. Es wird im menschlichen Körper über Formaldehyd zu Ameisensäure oxidiert. Durch den gebildeten Formaldehyd wird Eiweiß gefällt, und Oxidationsvorgänge im Körper werden blockiert. Da die Netzhaut der Augen einen hohen Sauerstoffbedarf hat, kommt es zu Sehstörungen, die zur völligen Erblindung führen können. Wiederholtes berufliches Einatmen von M.-Dämpfen führt zu Schleimhautreizungen, Benommenheit, Schwindel, Kopfschmerzen, Krämpfen, Verdauungs- und Blasenstörungen. Zur relativen Toxizität von M. →NIK-Werte: Je niedriger der NIK-Wert, umso höher ist die Toxizität des jeweiligen Stoffes. Der →AGW/TRGS 900: 200 ml/m^3 = 270 mg/m^3.
EU-GHS-Einstufung und Kennzeichnung (EG) Nr. 1272/2008 CLP: Entzündbare Flüssigkeiten Kategorie 2: Flam. Liq. 2; H225 Flüssigkeit und Dampf leicht entzündbar; Akute Toxizität Kategorie 3: Acute Tox. 3; H301 Giftig bei Verschlucken; H311 Giftig bei Hautkontakt; H331 Giftig bei Einatmen; Spezifische Zielorgan-Toxizität (einmalige Exposition) Kategorie 1: STOT SE 1; H370 Schädigt die Organe (bei Einatmen/ Hautkontakt/ Verschlucken).

2-Methoxyethanol (CAS 109-86-4) 2-M. oder Ethylenglycolmonomethylether (EGME) zählt zur Gruppe der →Glykolverbindungen. 2-M. ist als →SVHC (besonders besorgniserregender Stoff) eingestuft, in der →Kandidatenliste aufgrund der Reproduktionstoxizität (Article 57c) geführt und nach der EU-GHS-Einstufung und Kennzeichnung (EG) Nr. 1272/2008 CLP gekennzeichnet als reproduktionstoxisch AGW13,2 in die Kategorie 1B mit Rep. Tox 1B, H360FD Kann die Fruchtbarkeit beeinträchtigen; AGW TRGS 900: 1 ml/m^3 = 3,2 mg/m^3. Der →AIR hat für 2-M. einen Innenraumwert RW II von 0,2 mg/m^3 und einen RW I von 0,02 mg/m^3 abgeleitet. Zur relativen Toxizität der 2-M. →NIK-Werte: Je niedriger der NIK-Wert, umso höher ist die Toxizität des jeweiligen Stoffes. 2-M. kann bei bestimmten →Silikon-Dichtstoffen freigesetzt werden.

Methylalkohol →Methanol

Methylbenzoat (CAS 93-58-3) M. wird als Verdampferflüssigkeit in Wärmemengenzählern (Verdunstungsheizkostenzähler) zur Heizkostenberechnung eingesetzt. Bei der Messflüssigkeit handelt es sich um M. mit einem Wasseranteil von 0,01 bis 0,03 % und max. 50 ppm Benzoesäure. M. ist ein aromatischer Ester, der sowohl in der Natur vorkommt (u.a. im Tuberoseöl, Ylang-Ylang-Öl, Nelkenöl), als auch synthetisch hergestellt wird. Jährlich werden über 10.000 t M. verarbeitet. Es wird für Parfüm, Seifen und Geschmackskompositionen (in den USA z.B. zur Imitation von Erdbeeraroma) eingesetzt. Als naturidentischer Aromastoff ist sein Einsatz in Lebensmitteln zugelassen. Die Verdampferampullen enthalten ca. 2 g M., das im Verlauf eines Jahres zu etwa $^1/_3$ verdunstet. Eine gesundheitliche Gefährdung der Raumnutzer durch verdampfendes M. gilt als sehr unwahrscheinlich. Beim Bruch des Röhrchens werden allerdings höhere M.-Konzentrationen freigesetzt. In solchen Fällen können Reizungen der Augen, Nase und oberen Atemwege auftreten. Bei Berührungen mit der Haut oder den Augen sollten die betroffenen Stellen gründlich mit Wasser abgewaschen werden.

Methylcellulose M. ist ein Celluloseether, der durch Umsetzung von →Cellulose mit Methylierungsmitteln, wie Dimethylsulfat, Chlormethan oder Iodmethan, in Gegenwart alkalisch reagierender Substanzen hergestellt wird. M. wird in großem Umfang in Baustoffen verwendet, z.B. als Binde- und Klebemittel (→Tapetenkleister, →Leimfarben) in Mörtel und Putzen zur Verbesserung der Wasserrückhaltung und Viskosität oder als Dickungsmittel in Wandfarben. In der Lebensmittelindustrie wird M. als Verdickungsmittel (Lebensmittel-Zusatzstoff E461) eingesetzt. Die verwendeten Methylierungsmittel sind durchweg stark giftige Substanzen. M. selbst ist toxikologisch nicht giftig.

Methylenchlorid →Dichlormethan

Methylethylketon Abk. MEK. →Ketone

2-Methyl-4-isothiazolin-3-on (MI, MIT) (CAS 2682-20-4) 2-Methyl-4-isothiazolin-3-on; Synonyme: 2-Methyl-2,3-dihydroisothiazol-3-on, 2-Methyl-3-isothiazolon, 2-Methyl-4-isothiazolin-3(2H)-on. Biozid zur →Topfkonservierung mit bakterizider Wirkung aus der Gruppe der →Isothiazolinone. Der AIR hat einen vorläufigen →Richtwert für die Innenraumluft festgelegt: vRW1 von 0,0002 mg/m³ für die Summe BIT, MCI, MIT und OIT. Für die Kennzeichnung mit der EU-Blume muss der Gehalt bei unter 15 ppm CMIT/MIT liegen.

Methylmethacrylat M. (MMA, Methacrylsäuremethylester) ist eine farblose Flüssigkeit, die vornehmlich zur Herstellung von →Polymethylmethacrylat (PMMA) verwendet wird. M. wird vor allem aus Acetoncyanhydrin hergestellt, das mit Schwefelsäure zu Methacrylsäureamid umgesetzt und anschließend verestert wird. Acetoncyanhydrin wird aus Aceton und Cyanwasserstoff gewonnen. Ein neueres Verfahren („Alpha-Verfahren") geht von Ethylen als Rohstoff aus mit Methylpropionat als Zwischenprodukt, aus dem über einen speziellen Kontakt mit Formaldehyd MMA entsteht. M. ist leicht entzündlich, kann die Haut und die Atemwege reizen sowie allergische Hautreaktionen verursachen. Fälle von Hautsensibilisierung durch MMA-Harze werden jedoch selten beobachtet und treten nur bei intensivem Hautkontakt auf. M. hat einen stechend fruchtig-aromatischen Geruch mit niedriger Geruchsschwelle und ist in der Luft daher deutlich wahrnehmbar.

MFB (Melamin Faced Board, DIN EN 14322:2017-07) Kunststoffbeschichtete (ein- oder beidseitig) dekorative Holzfaser- und Holzspanplatten, oft auch als Flachpressplatten (P2 bis P7, ehemals FPY) bezeichnet, sind die größte und bekannteste Untergruppe der Holzspanwerkstoffe. Im Möbel- und Innenausbau wird vor allem die P2-Platte eingesetzt, die es auch als gebrauchsfertig kunststoffbeschichtete (Melaminharz) MFB EN 312 (P2)-Platte (ehemals KF-Platte) gibt. Einsatz als Wandverkleidung in Bädern und Küchen. MFB-Platten nach DIN 14322 weisen eine hohe Abrieb- und Chemikalienbeständigkeit sowie UV-Lichtbeständigkeit auf.

MI / MIT 2-Methyl-4-isothiazolin-3-on; Synonyme: 2-Methyl-2,3-dihydroisothiazol-3-on, 2-Methyl-3-isothiazolin-3-on, 2-Methyl-4-isothiazolin-3(2H)-on. →Isothiazolinone

MIBK (CAS 108-10-1) 4-Methyl-2-pentanon (Methylisobutylketon). Polares Lösemitttel für Lacke. AGW TRGS 900: 20 ppm (83 mg/m³); Möglicherweise krebserregend Klasse 2B (möglicherweise krebserregend für Menschen) nach IARC 2013.

EU-GHS-Einstufung und Kennzeichnung (EG) Nr. 1272/2008 CLP: Entzündbare Flüssigkeiten Kategorie 2: Flam. Liq. 2; H225 Flüssigkeit und Dampf leicht entzündbar; Akute Toxizität Kategorie 4: Acute Tox. 4; H332 Gesundheitsschädlich bei Einatmen; Augenreizung Kategorie 2: Eye Irrit. 2; H319 Verursacht schwere Augenreizung; Spezifische Zielorgan-Toxizität (einmalige Exposition) Kategorie 3: STOT SE 3; H335 Kann die Atemwege reizen. →T4MDD

M

Mikroorganismus Zelluläre oder nichtzelluläre mikrobiologische Einheit, die befähigt ist, sich zu vermehren oder genetisches Material zu übertragen, oder eine Einheit, die diese Eigenschaft verloren hat (DIN EN 13098). Zu den M. zählen z.B. Viren, Bakterien und →Schimmelpilze.

Mineraldämmplatten →Mineralschaumplatten, →Kapillaraktive Dämmplatten

Mineralfarben M. sind Wandfarben mit mineralischem Bindemittel, dazu gehören die →Silikatfarben und die →Kalkfarben sowie deren Modifikationen →Dispersionssilikatfarben und →Dispersionskalkfarben.

Mineralfasern Sammelbegriff für Fasern aus anorganischen Rohstoffen. Man unterscheidet natürliche Mineralfasern (z.B. →Asbest) und →Künstliche Mineralfasern (KMF).

Mineralische Holzschutzmittel M. gehören zu den Verfahren des Holzschutzes durch Holzmodifikation und wirken durch oberflächige Verkieselung von Holzbauteilen. Sie enthalten keine Insekten- oder Pilzgifte und sind daher weit gesundheitsverträglicher als andere →Holzschutzmittel. Ihre Wirkung beruht auf der Unkenntlichmachung des Holzes für Schädlinge. Lebende Larven werden im Eindringbereich des Holzschutzmittels "verkieselt" und am Schlüpfen mit nachfolgender Eiablage behindert. M. können vorbeugend gegen Pilz- und Insektenbefall, wachstumshemmend bei Bläue-Pilz und bekämpfend bei Holzwurmbefall eingesetzt werden. Vorhandener Pilzbefall (Mycel und Hyphen) wird durch die hohe Alkalität des Produktes vernichtet, Reste werden verkieselt und deren Zellstruktur damit mechanisch zerstört. Durch den Versteinerungsprozess bei der wasserglasbedingten Verkieselung können weiche Holzqualitäten erheblich verbessert und schon zerbröselndes Altholz wieder in schnittfeste Holzstruktur zurückgeführt werden. Die versteinerte Holzoberfläche hat eine erheblich bessere Brandschutzqualität, ihre Entflammbarkeit ist deutlich herabgesetzt. Der Anwendungsbereich ist auf den überdachten Außenbereich und Hölzer in Feuchträumen beschränkt, da der Verkieselungsprozess über Jahre dauert und die Wasserlöslichkeit solange bestehen bleibt. Zu beachten ist auch, dass das Verfahren durch die eingebrachten Modifizierungsstoffe wie →Wasserglas zu einer Gewichtszunahme von 20 bis 50 % führt. Die hohe Alkalität kann Farbbeschichtungen anätzen oder Harzbestandteile lösen und zu Holzverfärbungen führen (vorher auf geeigneter Musterfläche testen). Von manchen Herstellern werden M. auch als Absperrmittel gegen Schadstoffemissionen wie PCP, Lindan und DDT angepriesen. Nach Möglichkeit sollten stark schadstoffbelastete Hölzer aber ersetzt werden. Der Auftrag erfolgt durch Streichen, Spritzen, Tauchen bzw. Trogtränkung bei Umgebungs- und Oberflächentemperatur über 15 °C. Beispielrezeptur: Aluminiumoxid, Calciumoxid, Fruchtsäure, Kaliumpalmitat, Kieselerde, Kieselsäure, lasierende Pflanzenfarbstoffe, Magnesiumoxid, Soda, Kochsalz, Pflanzenfette, Pflanzenöle, Wasser, Lebensmittel-Konservierungsstoffe.

Mineralische Rohstoffe M. finden im Bauwesen in Form von →Beton, →Ziegeln, Kiesschüttungen usw. vielseitig Anwendung. Bei M. handelt es sich entweder um Findlinge (z.B. Quarzsand) oder um Natursteine, die im Steinbruch durch Sprengen gewonnen werden. Der Abbau erfolgt entweder im →Tagebau oder →Untertage, im Trockenbau oder →Nassabbau.

Die direkten Umweltwirkungen beim Abbau der M. beschränken sich in der Regel auf lokale Beeinträchtigungen: Lärm- und Staubemissionen und Belastung der Anrainer durch LKW-Transporte. Der Energieeinsatz ist gering, energieaufwendiger sind allenfalls die Aufbereitungsschritte, wie Mahlen, Brennen, Polieren und Schleifen. Im Vordergrund bei der ökologischen Beurteilung von M. stehen daher Fragen der Verfügbarkeit und des Naturschutzes. Der Eingriff in den Naturhaushalt soll so gering wie möglich gehalten werden. Dies bedeutet einen sparsamen Verbrauch von Flächen und eine möglichst vollständige Ausbeute der Rohstoffvorkommen, soweit nicht öffentliche Belange, wie jene der Wasserwirtschaft, der Land- und Forstwirtschaft, des Naturschutzes und der Landschaftspflege, dem entgegenstehen. Nassabbau sollte grundsätzlich nur im Ausnahmefall erfolgen. Das internationale Qualitätszeichen für zukunftsfähige Bauprodukte →natureplus setzt folgende Kriterien zur Beurteilung von M. an (Stand: 2015):

1. Bei der Verwendung von mineralischen Rohstoffen sollen vorrangig vorhandene oder erschließbare Sekundärrohstoffe (z.B. Rückbaustoffe, aufbereitetes Abbruchmaterial, REA-Gipse u.ä.) eingesetzt werden. Nicht erneuerbare natürliche Rohstoffe dürfen nur verwendet

werden, wenn für die Herstellung der zu zertifizierenden Produkte Sekundärrohstoffe innerhalb ökologisch vertretbarer Transportdistanzen nicht oder in nicht ausreichender Menge oder Qualität verfügbar sind. Der Hersteller muss seine Situation hinsichtlich der derzeitigen und möglichen künftigen Verfügbarkeit offen legen und ggf. konkrete Planungen vorlegen, wann und in welchem Umfang er natürliche Rohstoffe durch Sekundärrohstoffe ersetzen wird.

2. Beim Abbau von natürlichen mineralischen Rohstoffen müssen die gesetzlichen Bestimmungen zum Umwelt- und Naturschutz eingehalten werden. Der Hersteller hat hierfür entsprechende Bescheinigungen vorzulegen.
3. Durch den Abbau natürlicher mineralischer Rohstoffe (Primärrohstoffe) dürfen die Schutzziele von gesetzlich national oder international geschützten oder schützenswerten Gebieten nicht beeinträchtigt werden. natureplus hört dann, wenn die Produkte in bedeutendem Umfang aus Primärrohstoffen bestehen und Hinweise auf Naturschutzkonflikte vorliegen, die anerkannten Naturschutzverbände im Rahmen der Zertifizierung zu den Abbaubedingungen an.
4. Renaturierung: Der Hersteller erbringt den Nachweis von Vorkehrungen zum Schutz der Natur, des Grundwassers, der Oberfläche und zur Sicherung der Oberflächennutzung nach Beendigung der Abbautätigkeit. Die Renaturierung der Abbauflächen muss analog den Regelungen der europäischen Flora-Fauna-Habitat-Richtlinie, der Vogelschutz- und Wasserrahmen-Richtlinie (RL 92/43/EWG vom 21.5.1992; RL 79/409/EWG vom 2.4.1979; RL 2000/60/EG vom 23.10.2000) erfolgen. Es gilt insbesondere das Verschlechterungsverbot und die Verpflichtung zur Aufstellung eines Pflege- und Entwicklungsplanes. Die Einhaltung der Pflege- und Entwicklungsziele muss nachhaltig sichergestellt und der natürlichen Entwicklung angepasst werden, dies ist durch ein Gutachten nachzuweisen. Der Hersteller hat darzulegen, inwieweit durch Renaturierungsmaßnahmen der aufgelassenen Flächen ihre ökologische Qualität gegenüber dem Zustand vor dem Abbau verbessert wurde.

In einer gemeinsamen Erklärung zur Rohstoffnutzung in Deutschland von dem Naturschutzbund Deutschland e.V. (NABU), dem Bundesverband Baustoffe – Steine und Erden e.V. (BBS), der Industriegewerkschaft Bergbau, Chemie, Energie (IG BCE) und der Industriegewerkschaft Bauen-Agrar-Umwelt (IG BAU) im September 2004 wird unter anderem festgehalten:

- Rohstoffvorkommen sind standortgebunden und lassen sich naturgemäß nicht verlagern. Unbestritten ist jedoch die Tatsache, dass bei endlichen Ressourcen, wie den mineralischen Rohstoffvorkommen, der Vorrat im Laufe der Zeit auf jeden Fall kleiner wird. →Nachhaltigkeit kann hierbei nur bedeuten, so schnell wie möglich alternative Lösungen zu erforschen und umzusetzen und die begrenzten Vorräte so schonend wie möglich zu nutzen. Der Rohstoffabbau muss daher auf eine möglichst langfristige Nutzung ausgerichtet werden. Die Standortgebundenheit der Mineralgewinnung und die Endlichkeit der Rohstoffe sollten von allen Beteiligten bei eventuellen Nutzungskonflikten besonders berücksichtigt und beachtet werden.
- Eingriffe in die Natur durch Rohstoffabbau müssen nicht zwangsläufig zum Schaden für die Artenvielfalt sein. Oftmals ist es sogar der Fall, dass insbesondere Arten, die auf unbewachsene oder nur spärlich bewachsene Flächen oder auf Wasserflächen angewiesen sind, heute gerade auf Rohstoffabbauflächen vorkommen.
- Der Abbau von Rohstoffen greift nachhaltig in den Landschaftshaushalt ein und verändert diesen. Viele Eingriffe des Rohstoffabbaus in Wasserhaushalt, Boden, Vegetation und Tierwelt können zwar nicht kurzfristig, aber insbesondere beim Trockenabbau mittel- oder langfristig wieder ausgeglichen werden. Beim →Nassabbau können Eingriffe in manche Schutzgüter teilweise nicht wieder rückgängig gemacht werden. Andererseits können gerade auch durch offene Wasserflächen hochwertige Biotope entstehen.
- Viele stillgelegte Abbaustätten weisen einen hohen Naturschutzwert auf. Ganz entscheidend für den Naturschutzwert ist vor allem die Art der Folgenutzung. Die Bedeutung mancher Baggerseen ist für den Arten- und Biotopschutz aufgrund einer intensiven Freizeitnutzung als gering einzustufen. Gleiches gilt für ehemalige Trockenabbauflächen. Andererseits können

auch durch die Initiative der Betreiber höherwertigere Folgenutzungen im Sinne des Naturschutzes geschaffen werden. Zugleich gilt es zu bedenken, dass der Abbau selbst stets einen zeitlich begrenzten Eingriff in Natur und Landschaft darstellt.

- Der →Renaturierung ist aus Sicht des Naturschutzes Vorrang einzuräumen. Im Falle einer land- oder forstwirtschaftlichen →Rekultivierung sind besonders naturverträgliche Folgenutzungen anzustreben. Bei landwirtschaftlichen Rekultivierungen ist darauf zu achten, dass das Ertragspotenzial der Böden möglichst wiederhergestellt wird. Gleichzeitig sollte durch geeignete standortbezogene Maßnahmen (z.B. Hecken, Lesesteinhaufen, Streuobstwiesen) die Vielfalt der Landschaft wiederhergestellt oder verbessert werden.

NABU, BBS, IG BCE und IG BAU sind sich darüber einig, dass eine dezentrale Versorgung der Industrie mit Rohstoffen Transportwege und damit Umweltbelastungen minimiert. M. sind deshalb vor allem regional zu gewinnen und zu verarbeiten. Landestypische Naturwerksteine sind gegenüber weltweiten Importen zu bevorzugen und zu fördern. Weite Transportwege sind zu vermeiden und der Transport umweltschonend abzuwickeln. Dies bedeutet, dass eine ausreichende Eigenversorgung auf möglichst kurzem Wege gesichert werden muss.

Mineralischer Staub Das Einatmen von M. kann schwere Gesundheitsschäden verursachen (→Asbest, →Künstliche Mineralfasern, →Quarz). →Staub

Mineralisch ummantelte Holzspäne In einem speziellen Sprühverfahren wird jeder Holzspan mit einer gleichmäßigen, lückenlosen mineralischen Schicht aus Bindemitteln umhüllt, die ohne chemische Zusätze hergestellt wird. Bei der anschließenden Trocknung verfestigen sich die Mineralien. Zudem werden während des Herstellungsprozesses auch Mineralien im Holz selbst eingelagert, wodurch es zur Versteinerung des Holzes kommt. Der Widerstand gegen biotische Einflüsse, der Brandschutz und die guten mechanischen Eigenschaften werden dabei durch die mineralische Ummantelung und somit durch die Versteinerung des Holzes erreicht. Unter Zugabe von Lehm und mineralischen Bindemitteln werden sie als Wärme- und Schalldämmstoff im Holzbau verwendet. Einsatzbereiche sind Dächer, Decken und Wände.
Die Späne werden entweder vollautomatisch eingebracht, geblasen oder von Hand geschüttet und verdichtet. Die Ausgleichschüttung ist lastabtragend, trittschalldämmend und lagestabil, außerdem resistent gegen Schimmel und Ungeziefer. Die wärme- und schalldämmende Schüttung weist nachweislich keine chemischen Ausdünstungen auf und sorgt zudem durch ihre diffusionsoffenen Eigenschaften für ein angenehmes Wohnklima.
Der Dämmstoff ist vollständig wieder verwendbar, wiederverwertbar, thermisch verwertbar oder natürlich kompostierbar sowie beständig gegen Schimmelpilze und Schadinsekten. M. werden der Baustoffklasse B2 zugeordnet. Lose Nadelholzhobelspäne mit Lehm als Zusatzstoff weisen eine Wärmeleitfähigkeit von 0,045 W/(m·K) auf. Lose Schüttungen mit mineralischen Zusätzen erreichen Wärmeleitfähigkeiten von 0,055 bis 0,075 W/(m·K).

Mineralschaumplatten M. sind dampfgehärtete Dämmplatten aus Quarzsand, Kalk, Zement, Wasser und einem Poren bildenden Zusatzstoff. Das Herstellungsverfahren erfolgt analog jenem für →Porenbeton oder Kalksandstein. Aus den Komponenten wird eine leichte, ultraporöse Schaummasse hergestellt, die eine Konsistenz ähnlich wie Eierlikör hat. Der Schaumkuchen wird in Formen gereift, mit Drähten in einzelne Platten zerteilt und anschließend im Autoklaven „gebacken". Nach dem Schneiden und Beschichten werden die Platten bei 50 bis 60 °C auf 5 % Feuchte getrocknet. Zur Reduktion der Feuchtigkeitsaufnahme wird das Material über den gesamten Querschnitt hydrophobiert. Rohdichte: ca. 120 kg/m^3, Wärmeleitfähigkeitsgruppe WLG045. Die Platten sind wasserdampfdurchlässig und nicht brennbar. M. finden im →Wärmedämmverbundsystem als umweltfreundliche Alternative zu →EPS-Dämmplatten Verwendung. Außerdem gibt es Produkte für die unterseitige Deckendämmung in Keller und Tiefgarage, bei Massiv-Steildächern sowie bei vorgehängten, hinterlüfteten Fassaden. Ein besonderes Einsatzgebiet ist der Einsatz von faserdotierten M. als Innendämmung für Sanierungen (→Calciumsilikatplatten).
M. weisen sehr gute Ökobilanzergebnisse auf. Sie bestehen zu fast 100 % aus mineralischen Rohstoffen und sind daher aus ökologischer Sicht besonders für die Dämmung von mineralischen Tragkonstruktionen geeignet, da die Recyclingfähigkeit und Deponierbarkeit dabei nicht durch Vermi-

schen von organischen und anorganischen Materialien beeinträchtigt wird. Die Produkte enthalten keine Fasern und bei der Verarbeitung treten keine Reizerscheinungen auf. Die Platten sind dampfdiffusionsoffen, sodass aus dem Innenraum ausdampfendes Wasser nach außen abgegeben werden kann und nicht in der Wand kondensiert.

Minimierungsverpflichtung Die M. des Gefahrstoffrechtes besagt, dass beim Umgang mit Gefahrstoffen bzw. gefahrstoffhaltigen Materialien die Freisetzung der Gefahrstoffe durch geeignete Arbeitsverfahren und technische Maßnahmen so weit wie möglich zu minimieren ist. In der Rangfolge der Schutzmaßnahmen haben technische Maßnahmen Vorrang vor dem alleinigen Einsatz persönlicher Schutzausrüstung.

Mittelbettverfahren Das M. ist eine Mischung aus →Dünnbettverfahren und →Dickbettverfahren. Es wird hauptsächlich bei der frostfesten Verlegung von →Fliesen auf Freiflächen eingesetzt. Dabei wird wie bei der Dünnbettmethode →Klebemörtel auf den Boden aufgetragen und zusätzlich eine etwa zentimeterdicke Klebemörtelschicht auf die Rückseite der Fliese gegeben. Dadurch wird eine vollflächige Haftung der Fliesen am Boden erzielt. Hohlräume, in denen sich Wasser sammeln könnte, werden ausgeschlossen. Beim M. kommen spezielle Klebemörtel und ein Auftragswerkzeug gröberer Zahnung zum Einsatz.

MMA Abk. für →Methylmethacrylat

MMMF Abk. für Man Made Mineral Fibres = →Künstliche Mineralfasern.

Modernisierung Bauliche Maßnahme zur Erhöhung des Gebrauchswertes eines Objektes.

Möbellacke Aus optischen Gründen und zur Erhöhung der Gebrauchstauglichkeit werden Möbelwerkstoffe (Holzwerkstoffe, Massivholz) i.d.R. mit Beschichtungen versehen. Im Bereich der M. kommt eine Vielzahl unterschiedlicher Lacksysteme und Applikationstechniken zur Anwendung. In den letzten Jahren hat sich der Trend hin zu →Polyurethan-Lacken und UV-härtenden Lacken verstärkt, wobei der Einsatz von →Nitrocelluloselacken und →Säurehärtenden Lacken zurückging.

Möbelsprays M. können →Perfluorierte organische Verbindungen und →Lösemittel, →Glykolverbindungen enthalten. →VOC

Mörtel M. werden für die Herstellung von Mauerwerk, →Putz, →Estrich, Klebstoff (→Klebemörtel) oder als Fugenmaterial verwendet. Sie bestehen aus anorganischem Bindemittel (→Anhydrit, →Gips, →Kalk, →Zement), Zuschlägen, Anmachwasser sowie evtl. Zusatzmitteln. Beim Umgang mit zementbasierenden M. müssen aufgrund der Alkalität und der mechanischen Reibwirkung Schutzmaßnahmen getroffen werden (feuchtigkeitsdichte Handschuhe, Hautschutzmaßnahmen). Da die Reduktionsmittel zur Herabsetzung des Chromatgehalts im Zement begrenzte Wirkungsdauer haben, ist das Verfalldatum zu beachten (→Zementekzeme). Bei M. mit höheren Kunststoffzusätzen sind Emissionen möglich. →Putzmörtel, →Leichtmörtel, →Normalmörtel, →Anhydritmörtel, →Gipsmörtel, →Gipskalkmörtel, →Kalkzementmörtel, →Trasskalkmörtel, →Zementmörtel

Monomere Die Moleküle der →Polymere sind aus einer Vielzahl kleiner Moleküle, den M., zusammengesetzt. →Restmonomere

Montageschäume M. sind →Polyurethan-Schäume zum Einschäumen von Fensterrahmen, Türzargen sowie zum Füllen von Hohlräumen, z.B. Rollladenkästen, und Abdichten von Fugen. Der Großteil der verwendeten Montageschäume ist einkomponentig. M. enthalten in den meisten Fällen Diphenylmethandiisocyanat (→MDI) und Polyetherpolyole als Reaktivkomponenten. Die Verarbeitung erfolgt entweder mit einer einfachen Aerosoldose oder mit einer auf die Dose aufgesetzten Montagepistole. Die Pistolenschäume erlauben ein genaueres Arbeiten. Das Austreiben von einkomponentigem Schaum aus der Dose erfordert ein Treibmittel, das zum größten Teil während der Applikation emittiert. Nur ein geringer Teil verbleibt für maximal ein Jahr im Schaum. Zweikomponentige Schäume benötigen kein extra Treibmittel, sondern werden durch die Mischung der beiden Komponenten und die dadurch hervorgerufene chemische Reaktion ausgetrieben. Sie kommen aber nur in Frage, wenn der gesamte Doseninhalt bei einer Anwendung zügig verbraucht werden kann. Bereits nach wenigen Minuten erfolgt sonst die Aushärtung des Schaums in der Dose.
In Deutschland müssen M. die Anforderungen der Baustoffklasse B2 nach DIN 4102-1 erfüllen, d. h., im Baubereich eingesetzte Materialien dürfen nicht „leichtentflammbar", sondern müssen „normalentflammbar" sein. Als Flammschutzmittel wer-

M

den über 10 % Tris(2-chlorisopropyl)-phosphat (→TCPP, CAS: 13674-84-5, gesundheitsschädlich, Hinweise auf Mutagenität, Verdacht auf krebserzeugende Wirkung, →Organophosphate) oder polybromierte Diphenylether (→Polybromierte Flammschutzmittel) eingesetzt.
Als Treibmittel für M. werden Gemische aus leicht entzündlichen Kohlenwasserstoffen (Propan, Butan, Dimethylether) eingesetzt. Die Verwendung von HFKW als Treibmittel ist für die meisten Anwendungen verboten, s. auch →HFKW-freie Dämmstoffe. Der Verzicht auf HFKW erfordert jedoch einen höheren Einsatz von Flammschutzmitteln (bis zu 35 Gew.-%).
Die alternativen Treibmittel Propan und Butan sind HFKW zwar vorzuziehen, haben jedoch ein hohes Fotooxidantienbildungspotenzial und tragen so zum →Sommersmog bei.
Im Unterschied zu den →Polyurethan-Hartschaumplatten erfolgt bei der Verarbeitung von M. eine bedeutende Freisetzung von →Isocyanaten, die Atemwegserkrankungen hervorrufen können. Seit Mitte 2009 darf der bisherige Montageschaum wegen seines Gehalts an freien Isocyanaten nicht mehr in Selbstbedienung verkauft werden.
Gebrauchte PU-Dosen enthalten immer geringe Restmengen von nicht ausgehärtetem Polyurethanschaum und Treibmitteln und gelten somit als schadstoffhaltig.
Ein Hauptproblem beim Einsatz von M. liegt darin, dass sie aufgrund der einfachen Handhabung in jedes Loch und jede Fuge eingespritzt werden. Die Anwendung sollte dagegen nur, wenn sie wirklich notwendig erscheint und unter Beachtung strenger Sicherheitsvorkehrungen erfolgen. Es steht eine Reihe von Alternativen zur Verfügung. u.a.:

- Mauermörtel zum Verfüllen von Löchern, wenn keine Wärmeschutzanforderungen gestellt werden
- Mechanische Befestigung von Zargen, Fenstern usw. und Verfüllen der Hohlräume mit →Naturfaserbändern

Montmorillonit M. ist ein Natrium-Aluminium-Schicht-Silikat mit variablem Wassergehalt und Hauptbestandteil in →Bentonit. Als Tonbestandteil ist M. im Wesentlichen in tropischen Böden vorhanden. M. ist überwiegend für das Quellverhalten des →Lehms verantwortlich und mit einem beträchtlichen Vermögen Ionen auszutauschen ausgestattet.

Montrealer Protokoll Das M. über Stoffe, die zum Abbau der Ozonschicht führen, ist das wichtigste internationale Instrument zum Schutz der Ozonschicht. Es wurde im September 1987 von 25 Regierungen und der Kommission der Europäischen Gemeinschaft unterzeichnet. Mit dem Ratifikations-Gesetz vom November 1988 erlangten die dort formulierten Reduktionspflichten Rechtsverbindlichkeit in der Bundesrepublik Deutschland. Das M. war das Signal zum weltweiten Ausstieg aus der FCKW-Produktion und -Verwendung. Nach mehrjährigen Diskussionen ist es den Vertragsstaaten im Oktober 2016 gelungen, sich im M. auf einen Fahrplan zur Begrenzung von →HFKW zu einigen. Teilfluorierte Kohlenwasserstoffe (HFKW), die als Ersatzstoffe der inzwischen verbotenen Stoffe →FCKW und →HFCKW verwendet werden, tragen zwar nicht mehr zum →Ozonabbau in der Stratosphäre bei, weisen aber ein sehr hohes →Treibhauspotenzial GWP von bis zum 24.000-Fachen von CO_2. Diese Stoffgruppe lässt sich durch weniger klimaschädliche Stoffe ersetzen. Damit ist der Weg frei für eine internationale Regelung. Die EU hatte entsprechende Regelungen bereits 2014 mit Inkrafttreten 2015 eingeführt.
Der Beschluss von Kigali (Ruanda) verpflichtet Industrie- und Entwicklungsländer in unterschiedlichem Maß, die Produktion und die Verwendung der HFKW zunächst einzufrieren und in den Folgejahren zu vermindern. Während sich die Industrieländer bereits ab 2019 zu ersten Reduktionen verpflichteten, haben Entwicklungsländer deutlich mehr Zeit zum Ergreifen von Maßnahmen. Insgesamt ist der Beschluss vierstufig, da einigen Industrie- und einigen Entwicklungsländern nochmals längere Zeiträume zugestanden wurden. Zudem haben sich die Industrieländer verpflichtet, Entwicklungsländer durch zusätzliche Mittel über den Multilateralen Fonds des M. zu unterstützen. →Ozonabbau in der Stratosphäre, →Treibhauspotenzial

Morinol Handelsbezeichnung für eine bis Anfang der 1980er-Jahre in der DDR verwendete asbesthaltige Dichtungsmasse aus →Polyvinylacetat, Lösemitteln, Weichmacher und ca. 20 % →Asbest. Verwendung in Außenwänden an Fensterrahmen, Türen, Betonplatten.

Mosaikparkette M. werden aus Vollholzelementen mit einer Breite von 18 bis 25 mm und einer Länge bis 180 mm gebildet und sind in DIN EN 13488 geregelt. Die Elemente bestehen aus Massivholz-Lamellen, die auf Trägermaterial (Gitter, Papier) in verschiedenen Mustern (Würfel, →Schiffboden, Englischer Verband, Fischgrat u.a.) zusammengesetzt sind. M. werden vollflächig auf planebenem Untergrund verklebt. Die Renovierbarkeit ist gut (4- bis 5-mal abschleifbar). →Massivparkette, →Holzböden, →Parkettklebstoffe, →Parkettversiegelungen, →Ölen und Wachsen

Mottenschutzmittel M. werden im textilen Bereich für Bezugsstoffe aus Wolle sowie für Wollteppiche und Wollteppichböden eingesetzt. Diese können von Motten und Kreatin verdauenden Käferlarven befallen werden. Die M. sollen bestimmte Verdauungsfermente der Motte unwirksam oder die Wolle für die Schädlinge ungenießbar machen.
Um die Textilien langfristig vor solchen Fraßschäden zu schützen, werden sie mit permanent wirkenden, Insekten abtötenden Wirkstoffen ausgerüstet. Wirkstoffe sind u.a. →Permethrin (→Pyrethroide), Triphenylmethane, Sulfonamid-Derivate (Mitin), Dipehnyl-Harnstoff-Derivate und Phosphoniumsalze.
Als Wollschutzmittel wird heute fast ausnahmslos ein spezielles Pyrethroid verwendet, das Permethrin. Weltweit ist Permethrin laut Schätzungen in rund 300 Mio. m^2 Wollteppichböden enthalten. In Deutschland werden jährlich 2,6 t Permethrin in wollhaltige Bodenbeläge eingearbeitet. Am häufigsten wird dafür das Permethrinhaltige Mittel Eulan SPA eingesetzt. Der zugehörige Prozess wird als Eulanisierung bezeichnet. Eine wirksame Ausrüstung gegen Motten bzw. Käfer beträgt zwischen 35 und 100 mg Permethrin pro kg Wolle. Eine Kennzeichnung behandelter Wollprodukte ist nicht vorgeschrieben. Allerdings machen bestimmte Wollsiegel, zum Beispiel „Woolmark", „Wools of New Zealand" oder auch das „Teppichsiegel" bei Wollteppichen eine Ausrüstung mit M. zur Bedingung. Wollsiegel-Teppichware ist daher in der Regel mit Pyrethroiden behandelt. Nach der Behandlung enthalten die Teppiche bis zu 100 mg/kg Permethrin. Permethrin kann während der Nutzungsphase des Teppichbodens über Abrieb freigesetzt werden und sich an →Hausstaub binden.

MRK Früher verwendeter Begriff für „maximal duldbare Raumluftkonzentrationen". Der Begriff hat heute keine Bedeutung mehr.

MS-Klebstoffe M. (weitere Bezeichnungen: Hybrid-Elastik-Kleber, elastische Hybridklebstoffe) sind reaktive einkomponentige →Parkettklebstoffe, deren Klebwirkung auf MS-Polymer (Modifiziertem Silan) beruht. M sind neuere Entwicklungen der Parkettklebstoffe, die auch für feuchtigkeitsempfindliche Hölzer und Formate geeignet sind, da die lösemittel- und wasserfreien M. keine Quellung des Holzes verursachen. Die Klebstoffe sind lösemittel- und isocyanatfrei und bestehen hauptsächlich aus mineralischen Füllstoffen und 1 bis 5 % reaktivem Silan. Das Silan ist als entzündlich (R10) und als gesundheitsschädlich beim Arbeiten (R20) eingestuft. Beim Verarbeiten ist daher auf ausreichende Lüftung zu achten und es sind Schutzhandschuhe und Schutzbrille zu verwenden. Nach der Aushärtung sind gem. →EMICODE EC1 sehr emissionsarme Produkte geruchsneutral und gesundheitlich unbedenklich. Verbrauch: 1000 bis 1200 g/m^2. Über die Herstellung und die chemische Charakterisierung des modifizierten Silans wird derzeit nichts bekannt gegeben.

M-Stoffe Mutagene (früher: erbgutverändernde – heute: keimzellmutagene) Stoffe im Sinne des Gefahrstoffrechts (D, EU). Mutagene/Keimzellmutagene werden den Stoffen zugeordnet, die zu einer gesteigerten Mutationshäufigkeit, dauerhaften Veränderung des genetischen Materials einer Zelle und/oder Organismen führen. Die Begriffe genotoxisch und Genotoxizität werden bei Stoffen verwendet, die die DNA-Struktur verändern und/oder schädigen. In den Keimzellen von Menschen ausgelöste Mutationen werden auch an die Nachkommen weitergegeben. Einstufungen bis 1.6.2015 gemäß Anhang I der RL 67/548/EWG mit Muta. Kat. 1 und Muta. Kat. 2 und R46 entsprechen der geltenden →CLP-Verordnung (EG) Nr. 1272/2008 mit Muta. 1A bzw. Muta. 1B mit H340 „Kann genetische Defekte verursachen" sowie Muta. Kat. 3 und R68 entspricht Muta. 2 mit H341 „Kann vermutlich genetische Defekte verursachen". Die Liste der harmonisierten Einstufung und Kennzeichnung gefährlicher Stoffe aus Anhang I der RL 67/548/EWG wurde mit Wirkung zum 1.6.2017 aus der CLP-Verordnung (Verordnung (EG) Nr. 1272/2008) gestrichen. Bis zum Außerkrafttreten der RL 67/548/EWG wurden drei Kategorien für M. unterschieden:

- M1-Stoffe, die auf den Menschen bekanntermaßen erbgutverändernd wirken;
- M2-Stoffe, die als erbgutverändernd für den Menschen angesehen werden sollten;

- M3-Stoffe, die wegen möglicher erbgutverändernder Wirkung auf den Menschen Anlass zur Besorgnis geben. Aus geeigneten Mutagenitätsversuchen liegen einige Anhaltspunkte vor, die jedoch nicht ausreichen, um den Stoff in Kategorie 2 einzustufen.

Seit Inkrafttreten der CLP-Verordnung (Verordnung (EG) Nr. 1272/2008) gelten folgende Gefahrenkategorien:

- Keimzellmutagene Muta Kategorie 1: Stoffe, die bekanntermaßen vererbbare Mutationen verursachen oder die so angesehen werden sollten, als wenn sie vererbbare Mutationen an menschlichen Keimzellen auslösen. Stoffe, die bekanntermaßen vererbbare Mutationen in Keimzellen von Menschen verursachen.
- Muta 1A: positive Befunde aus epidemiologischen Studien an Menschen. Stoffe, die so angesehen werden sollten, als wenn sie vererbbare Mutationen an menschlichen Keimzellen auslösen. Gefahrenhinweis: H340 Kann genetische Defekte verursachen.
- Muta 1B: positive Befunde von In-vivo-Prüfungen auf vererbbare Keimzellmutagenität bei Säugern oder an Körper(Soma)zellen oder positive Befunde von Prüfungen, die mutagene Wirkungen an Keimzellen von Menschen zeigen, allerdings ohne Nachweis der Weitergabe an die Nachkommen. Gefahrenhinweis: H340 Kann genetische Defekte verursachen.
- Kategorie 2: Stoffe, die für Menschen bedenklich sind, weil sie möglicherweise vererbbare Mutationen in Keimzellen von Menschen auslösen können. Positiven Befunden bei Versuchen an Säugern und/oder in manchen Fällen aus In-vitro-Versuchen. Gefahrenhinweis: H341 Kann vermutlich genetische Defekte verursachen.

Verzeichnisse der Stoffe, die auf der Grundlage gesicherter, wissenschaftlicher Erkenntnisse als krebserzeugend, erbgutverändernd oder fortpflanzungsgefährdend eingestuft sind:

1. Gefahrstoffrecht:
   - außer Kraft seit 1.6.2015 Anhang I der RL67/548/EWG (gemäß § 5 der GefStoffV) – abgelöst durch Verordnung (EG) Nr. 1272/2008 vom 16.12.2008 über die Einstufung, Kennzeichnung und Verpackung von Stoffen und Gemischen (CLP-Verordnung)
   - TRGS 905 (Verzeichnis krebserzeugender, erbgutverändernder oder fortpflanzungsgefährdender Stoffe). Ältere Versionen der TRGS 905 führten Stoffe auf, für die der AGS eine von der RL 67/548/EWG abweichende Einstufung beschlossen hatte. (→CMR-Stoffe)
2. Empfehlungen: MAK- und BAT-Werte-Liste der Senatskommission zur Prüfung gesundheitsschädlicher Arbeitsstoffe innerhalb der Deutschen Forschungsgemeinschaft DFG sowie WHO, IARC Monographs, Overall Evaluations of Carcinogenicity to Humans

→K-Stoffe, →R-Stoffe

MUF Melamin-Harnstoff-Formaldehyd-Harze. →Melaminharze

Multiple Chemical Sensitivity →MCS

Mulitplexplatten Furniersperrholzplatten mit mind. 5 Lagen, die kreuzweise gegeneinander verleimt sind. Plattendicken über 12 mm werden auch als M. bezeichnet. →Sperrholz, →Holzwerkstoffe

MUPF Melamin-Harnstoff-Phenol-Formaldehyd-Harze. →Melaminharze

Musterbauordnung Die MBO ist eine Standard- und Mindestbauordnung mit dem Ziel der Vereinfachung des Verfahrens- und materiellen Bauordnungsrechts der Länder. Die M. wurde zuletzt am 13.5.2016 geändert. Die Landesbauordnungen (LBO) basieren auf der von den Ländern und vom Bund erarbeiteten M., die gemäß Vereinbarung die Grundlage für die möglichst einheitlich zu gestaltenden LBO bildet. Die LBO enthalten ordnungsrechtliche Anforderungen an die Ausführung baulicher Anlagen. Traditionell dient das Bauordnungsrecht mit seinen Anforderungen an Standsicherheit und Brandschutz der Aufrechterhaltung der öffentlichen Sicherheit.

Während das →Bauproduktengesetz wie auch die →Bauproduktenverordnung das *Inverkehrbringen* der Bauprodukte regelt, wird die *Verwendung* in der MBO und den darauf basierenden LBO festgelegt. In Bezug auf Gesundheits- und Umweltanforderungen regelt die MBO basierend auf dem Prinzip der vorbeugenden Gefahrenabwehr in § 3 Abs. 1: „Anlagen sind so anzuordnen, zu errichten, zu ändern und instand zu halten, dass die öffentliche Sicherheit und Ordnung, insbesondere Leben, Gesundheit und die natürlichen Lebensgrundlagen, nicht gefährdet werden, dabei sind die Grundanforderungen an Bauwerke gemäß Anhang I der Verordnung (EU) Nr. 305/2011 zu berücksichtigen". In § 13 spezifiziert die MBO den Schutz gegen schädliche Einflüsse und diese Anforderungen lauten wie folgt: „Bauliche Anlagen müssen so angeordnet, beschaffen und gebrauchstauglich sein, dass durch Wasser, Feuchtigkeit, pflanzliche und tierische Schädlinge sowie andere chemische, physikalische oder biologische Einflüsse Gefahren oder unzumutbare Belästigungen nicht entstehen. Baugrundstücke müssen für bauliche Anlagen geeignet sein."

In § 16a wird Bezug auf die Bauarten genommen: „Bauarten dürfen nur angewendet werden, wenn bei ihrer Anwendung die baulichen Anlagen bei ordnungsgemäßer Instandhaltung während einer dem Zweck entsprechenden angemessenen Zeitdauer die Anforderungen dieses Gesetzes oder aufgrund dieses Gesetzes erfüllen und für ihren Anwendungszweck tauglich sind."

Im dritten Abschnitt der MBO wird Bezug auf die Anforderungen für die Verwendung von Bauprodukten und Bauarten und CE-gekennzeichneten Bauprodukten genommen. § 16b definiert die allgemeinen Anforderungen für die Verwendung von Bauprodukten. „Bauprodukte dürfen nur verwendet werden, wenn bei ihrer Verwendung die baulichen Anlagen bei ordnungsgemäßer Instandhaltung während einer dem Zweck entsprechenden angemessenen Zeitdauer die Anforderungen dieses Gesetzes oder aufgrund dieses Gesetzes erfüllen und gebrauchtstauglich sind." § 16c „Ein Bauprodukt, das die CE-Kennzeichnung trägt, darf verwendet werden, wenn die erklärten Leistungen den in diesem Gesetz oder aufgrund dieses Gesetzes festgelegten Anforderungen für diese Verwendung entsprechen." In den Paragraphen §§ 17 bis 25 werden die Anforderungen hinsichtlich des Erbringen erforderlicher Unterlagen, wie Verwendbarkeitsnachweis, bauaufsichtliche Zulassung, Prüfzeugnisse, Übereinstimmungsnachweis, Herstellererklärung, aufgeführt.

Musterraumsanierung Durch eine M. im Vorfeld einer umfangreichen Schadstoffsanierung eines Gebäudes kann die Planungssicherheit erhöht werden in Bezug auf:

- Erreichen des Zieles/Zielwertes
- Eignung und Wirksamkeit der angewandten Verfahren
- Ablauf und Zeitbedarf
- Kosten

M. haben eine große Bedeutung insbesondere bei PCB-belasteten Gebäuden. →PCB

Mutagen Erbgutschädigend. →CMR-Stoffe

MVOC Flüchtige organische Verbindungen (→VOC) können auch mikrobiell verursacht sein. Insbesondere Schimmelpilze können beim Wachstum MVOC (microbial volatile organic compounds) bilden. Die MVOC umfassen ein breites Spektrum unterschiedlicher chemischer Stoffklassen, z.B. Aldehyde, Alkanole, Alkenole, Ester, Ether, Carbonsäuren, Ketone, schwefelhaltige Verbindungen, Terpene, Terpenalkohole und Sesquiterpene. Der Geruchseindruck reicht von modrig-muffig über sauer, stechend, fruchtig bis hin zu erdig und faulig. Die besten Indikatoren für einen mikrobiellen Befall sind die MVOC 3-Methylfuran, Dimethyldisulfid, 1-Octen-3-ol, 3-Octanon und 3-Methyl-1-butanol. Weniger spezifische Indikatoren sind Hexanon, Heptanon, 1-Butanol und Isobutanol, da diese auch aus Bauprodukten oder Anstrichen ausgasen können. Die Messung der charakteristischen MVOC kann in bestimmten Fällen dem Aufdecken von mikrobiell bedingten Bauschäden dienen. Mit →Ozon in der Innenraumluft finden diverse Oxidationsprozesse statt, die zu unterschiedlichen Produkten in der Innenraumluft führen können.

MVV TB Mit Verkündung des EUGH-Urteils C-100-13 von 2014 wurden die Mitgliedsstaaten verpflichtet, innerhalb von 2 Jahren die nationalen Regelungen zum Umgang mit bereits harmonisierten Bauprodukten, für die es eine harmonisierte Norm (hEN) gibt, anzupassen. Die bisherige Praxis, zusätzliche Leistungen, die nicht Eingang in die europäische Norm gefunden haben, durch nationale Regelungen und einer Kennzeichnung mit dem Ü-Zeichen einzufordern, ist nicht mit dem europäischen Recht vereinbar. Da die hEN alle Leistungen bereits enthalten sollen, sind zusätzliche nationale Anforderungen an die Bauprodukte nicht vorgesehen. Die gleichzeitige Kennzeichnung von Produkten mit der CE-Kennzeichnung nach →Bauproduktenverordnung und mit dem Ü-Zeichen sind also nicht mehr zulässig. Zur Umsetzung des EUGH Urteils mussten die →Bauregellisten geändert werden, ebenso wie die Landesbauordnungen. Dazu wurde die Grundlage zur Veröffentlichung einer neuen Musterbauordnung 3/2016 geschaffen, die mit einer neuen Verwaltungsvorschrift Technische Baubestimmungen (→VV TB), im Entwurf 6/2016, veröffentlicht wurde. In der M. mit Stand vom 20.07.2016 sind auch die Anforderungen an bauliche Anlagen bezüglich des Gesundheitsschutzes (ABG) formuliert. Die M. regelt die Umsetzung der Bauwerksanforderungen durch die Bekanntgabe von technischen Baubestimmungen und Bauwerksanforderungen. Die Vorschrift gliedert sich in vier Abschnitte:

Abschnitt A: Technische Baubestimmung, die bei der Erfüllung der Grundanforderungen an Bauwerke zu beachten sind.

- **A 1** Mechanische Festigkeit und Standsicherheit
- **A 2** Brandschutz
- **A 3** Hygiene, Gesundheit und Umweltschutz
- **A 4** Sicherheit und Barrierefreiheit bei der Nutzung
- **A 5** Schallschutz
- **A 6** Wärmeschutz

Abschnitt B: Technische Baubestimmungen für Bauteile und Sonderkonstruktionen, die zusätzlich zu den in Abschnitt A aufgeführten technischen Baubestimmungen zu beachten sind (ersetzt die Bauregelliste B).

- **B 1** Allgemeines
- **B 2** Technische Regelungen für Sonderkonstruktionen und Bauteile gem. § 85a Abs. 2 MBO
- **B 3** Technische Gebäudeausrüstungen und Teile von Anlagen zum Lagern, Abfüllen und Umschlagen von wassergefährdenden Stoffen, die die CE-Kennzeichnung nicht nach der Bauproduktenverordnung tragen
- **B 4** Bauprodukte und Bauarten, die Anforderungen nach anderen Rechtsvorschriften unterliegen für die nach § 85 Abs. 4 a MBO eine Rechtsverordnung erlassen wurde

Abschnitt C: Technische Baubestimmungen für Bauprodukte, die nicht die CE-Kennzeichnung tragen (bisher Bauregelliste A).

- **C 1** Allgemeines
- **C 2** Voraussetzungen zur Abgabe der Übereinstimmungserklärung für Bauprodukte nach § 22 MBO
- **C 3** Bauprodukte, die nur eines allgemeinen bauaufsichtlichen Prüfzeugnisses nach § 19 Absatz 1 Satz 2 MBO bedürfen
- **C 4** Bauarten, die nur eines allgemeinen bauaufsichtlichen Prüfzeugnisses nach § 16a Absatz 3 MBO bedürfen

Abschnitt D: Bauprodukte, die keines Verwendbarkeitsnachweises bedürfen (bisher Bauregelliste C).

- **D 1** Allgemeines
- **D 2** Liste nach § 85a Abs. 4 MBO
- **D 3** Technische Dokumentation nach § 85a Abs. 2 Nr. 6 MBO

Durch Änderung der Begriffe „allgemeine- und vorhabenbezogene Bauartengenehmigung“ wurde der Produktbezug aufgelöst und der Bauwerksbezug hergestellt. Zusätzliche Anforderungen an Gebäude dürfen von den Mitgliedsstaaten durchaus weiterhin formuliert werden und stehen nicht im Gegensatz zur BauPVO. Die europäische Kommission hat das gegen Deutschland laufende Vertragsverletzungsverfahren in Bezug auf Bauprodukte nach Mitteilung des BMUB vom 13.07.20017 eingestellt. Damit erkennt die Kommission an, dass das 2014 zur damals geltenden Bauproduktenrichtlinie (89/106/EWG) ergangene Urteil des Gerichtshofs der Europäischen Union (Rechtssache C-100/13) in Deutschland vollständig umgesetzt wird.

Die bisherigen Bauregellisten A und B und Liste C stellten im Wesentlichen nationale Verzeichnisse technischer Regeln dar. Die technischen Regeln der Liste A galten als sog. Technische Baubestimmungen und brauchten daher landesbaurechtlich nicht mehr als solche bekannt gemacht zu werden. Die Liste B enthielt die Bauprodukte nach Bauproduktenverordnung, für die es eine harmonisierte europäische Norm gibt. Die Liste C enthielt die nicht geregelten Bauprodukte, denen durch die an sie gestellten bauordnungsrechtlichen Anforderungen nur eine geringe Sicherheitsrelevanz zukommt. Für diese Bauprodukte gab es keine allgemein anerkannten Regeln der Technik oder technische Baubestimmungen; es entfielen der Verwendbarkeitsnachweis und infolgedessen auch der Übereinstimmungsnachweis. In Abschnitt B der M. sind die technischen Baubestimmungen für Bauteile und Sonderkonstruktionen aufgeführt, die zusätzlich zu den allgemeinen technischen Baubestimmungen zur Erfüllung der Grundanforderungen an Bauwerke zu beachten sind und nicht schon im Abschnitt A der M. genannt sind. Der Abschnitt B der M. regelt also die bisher in Bauregelliste B aufgeführten Bauprodukte.

Die alte Bauregelliste B Teil 1 war Bauprodukten vorbehalten, die aufgrund der Bauproduktenverordnung in Verkehr gebracht werden, für die es harmonisierte technische Spezifikationen und in Abhängigkeit vom Verwendungszweck Klassen und Leistungsstufen gibt.

Die bisherige Bauregelliste B Teil 1 wird in Folge des EUGH-Urteils aufgehoben, und die M. in Kraft treten. In die Bauregelliste B Teil 2 wurden Bauprodukte aufgenommen, die aufgrund der Vorschriften zur Umsetzung von Richtlinien der Europäischen Gemeinschaften mit der CE-Kennzeichnung in Verkehr gebracht werden und Grundanforderungen nach Artikel 3 Absatz 1 der Bauproduktenverordnung nicht berücksichtigen. Zusätzliche Verwendbarkeitsnachweise sind deshalb erforderlich.

Technische Baubestimmungen für Bauprodukte, die nicht die CE-Kennzeichnung tragen, sind in Kap. C der M. aufgeführt. Dieses enthält die Voraussetzungen zur Abgabe der Übereinstimmungserklärung für Bauprodukte sowie Angaben zu Bauarten und Bauprodukten, die nur eines allgemeinen bauaufsichtlichen Prüfzeugnisses bedürfen.

Unter C 1 wird Allgemeines behandelt: Bauprodukte dürfen nur verwendet werden, wenn bei ihrer Verwendung die baulichen Anlagen die bauaufsichtlichen Anforderungen erfüllen. Zur Konkretisierung der bauaufsichtlichen Anforderungen durch Technische Baubestimmungen werden im Einvernehmen mit den obersten Bauaufsichtsbehörden der Länder technische Regeln in Bezug genommen, die zu beachten sind (vgl. § 85a MBO).

Diese technischen Regeln für Bauprodukte, die nicht die CE-Kennzeichnung nach der Bauproduktenverordnung (Verordnung (EU) Nr. 305/2011) tragen, sind in Kapitel C 2 Spalte 3 niedergelegt. Der Hersteller hat die Übereinstimmung mit diesen technischen Regeln zu bestätigen und zwar durch Abgabe einer Übereinstimmungserklärung, die mittels Kennzeichnung der Bauprodukte mit dem Übereinstimmungszeichen (Ü-Zeichen) erfolgt. Kapitel C 2 legt gemäß § 85a Abs. 2 Nr. 5 MBO in Spalte 4 die Anforderungen fest, die an die Abgabe einer Übereinstimmungserklärung des Herstellers (§ 22 MBO) gestellt werden (ÜH, ÜHP oder ÜZ).

In der bisherigen Bauregelliste A Teil 1 wurden Bauprodukte, für die es technische Regeln gibt (geregelte Bauprodukte), die Regeln selbst, die erforderlichen Übereinstimmungsnachweise und die bei Abweichung von den technischen Regeln erforderlichen Verwendbarkeitsnachweise bekannt gemacht. Einzelne Einträge wurden mit Mitteilung von 10.10.2016 gestrichen! Dafür werden in der M. in Kapitel C 2 die bisher in Bauregelliste A Teil 1 getroffenen Regelungen fortgeführt.

Die Bauregelliste A Teil 2 galt für nicht geregelte Bauprodukte, die entweder nicht der Erfüllung erheblicher Anforderungen an die Sicherheit baulicher Anlagen dienen und für die es keine allgemein anerkannten Regeln der Technik gibt oder die nach allgemein anerkannten Prüfverfahren beurteilt werden. Für einzelne Bauprodukte im Anwendungsbereich von harmonisierten Spezifikationen nach Bauproduktenverordnung waren keine Verwendbarkeitsnachweise erforderlich. Einzelne Einträge wurden mit Mitteilung vom 10.10.2016 gestrichen!

Gibt es für Bauprodukte, die nicht die CE-Kennzeichnung nach der Bauproduktenverordnung tragen, keine Technische Baubestimmung und keine allgemein anerkannte Regel der Technik oder weicht das Bauprodukt von einer Technischen Baubestimmung wesentlich ab, dann ist eine Allgemeine bauaufsichtliche Zulassung (§ 18 MBO) oder eine Zustimmung im Einzelfall (§ 20 MBO) erforderlich.

Davon ausgenommen sind die in Kapitel C 3 aufgeführten Bauprodukte, für die die in Spalte 2 genannten anerkannten Prüfverfahren vorliegen und anstelle einer allgemeinen bauaufsichtlichen Zulassung nur eines allgemeinen bauaufsichtlichen Prüfzeugnisses (§ 19 MBO) bedürfen. In Spalte 4 werden gemäß § 85a Abs. 2 Nr. 5 MBO die Anforderungen festgelegt, die an die Abgabe einer Übereinstimmungserklärung des Herstellers im Hinblick auf das allgemeine bauaufsichtliche Prüfzeugnis gestellt werden.

Dafür werden in Kapitel C 3 der M. die bisher in Bauregelliste A Teil 2 getroffenen Regelungen fortgeführt.

Die Bauregelliste A Teil 3 galt entsprechend für nicht geregelte Bauarten. Einzelne Einträge wurden mit Mitteilung vom 10.10.2016 gestrichen!

Bauarten, die von Technischen Baubestimmungen wesentlich abweichen oder für die es allgemein anerkannte Regeln der Technik im Hinblick auf Planung, Bemessung und Ausführung nicht gibt, dürfen nur angewendet werden, wenn eine allgemeine Bauartgenehmigung oder eine vorhabenbezogene Bauartgenehmigung vorliegt.

Davon ausgenommen sind die in Kapitel C 4 aufgeführten Bauarten, für die anerkannte Prüfverfahren (Spalte 2) vorliegen und anstelle einer allgemeinen Bauartgenehmigung nur eines allgemeinen bauaufsichtlichen Prüfzeugnisses bedürfen. Der Anwender hat die Übereinstimmung der Bauart mit dem allgemeinen bauaufsichtlichen Prüfzeugnis durch Übereinstimmungserklärung zu bestätigen.

In Kapitel C 4 werden die bisher in Bauregelliste A Teil 3 getroffenen Regelungen fortgeführt.
Darüber hinaus sind Anwendungsnormen und Anwendungsregelungen für Bauprodukte und Bausätze nach technischen Spezifikationen (hEN, ETAG und ETA) nach der Bauproduktenverordnung in der Liste der Technischen Baubestimmungen enthalten Die MVV TB ist am 1.1.2018 in Baden-Württemberg als Verwaltungsvorschrift über technische Baubestimmungen (VwV TB) vom 20.12.2017 in Kraft getreten und konkretisiert die in der dortigen Landesbauordnung (LBO) verankerten Grundanforderungen an bauliche Anlagen, Bauprodukte und andere Anlagen und Einrichtungen. In Sachsen wurde die VwV TB am 15.12.2017 eingeführt. Es folgten Hamburg mit Erlass der Verwaltungsvorschrift Technische Baubestimmungen (VV TB) am 12.4.2018 und Berlin (VV TB Bln) am 19.4.2018). In den anderen Bundesländern ist die Bekanntgabe im Laufe des Jahres 2018 vorgesehen.

Mykotoxine →Schimmelpilze

Myzel Gesamtheit der →Hyphen von Pilzen. Das M. von →Schimmelpilzen ist meist mit bloßem Auge nicht sichtbar. Erst wenn es zur Bildung von Sporen kommt, werden die Schimmelpilze als z.T. gefärbte (z.B. grün, braun, schwarz) Beläge wahrgenommen.

M

N

Nachhaltige Bauprodukte N. sind Bauprodukte, deren →Lebenszyklus mit einer nachhaltigen Entwicklung verträglich ist. Strenggenommen gibt es nachhaltige Produkte nicht, da sich die Nachhaltigkeit immer erst im Kontext des daraus hergestellten Gebäudes erschließt. Kriterien für nachhaltige Bauprodukte werden z.B in den Vergaberichtlinien des internationalen Qualitätszeichens →natureplus definiert. →EPDs →Nachhaltigkeit

Nachhaltiges Bauen Unter N. versteht man im Allgemeinen die Planung, den Bau, den Betrieb, die Nutzung und den Rückbau von Bauwerken in einer Weise, die den Zielsetzungen nachhaltiger Entwicklung gerecht wird. Dabei sind ökologische, ökonomische und sozio-kulturelle Faktoren gleichermaßen zu berücksichtigen.

Nachhaltigkeit Von den Vereinten Nationen wurde 1983 die Weltkommission für Umwelt und Entwicklung (UNCED) gegründet. Durch den Abschlussbericht „Our Common Future“ (1987), der nach der norwegischen Vorsitzenden Gro Harlem Brundtland auch Brundtland-Report genannt wird, rückte erstmals der Begriff „sustainable development“ in den Mittelpunkt. „Sustainable development“ kann mit „nachhaltiger Entwicklung“ übersetzt werden und beinhaltet die Forderung nach einer „Entwicklung, die den Bedürfnissen der heutigen Menschen entspricht, ohne die Möglichkeiten künftiger Generationen zur Befriedigung ihrer eigenen Bedürfnisse zu gefährden“. An der UNCED-Konferenz 1992 in Rio de Janeiro wurde die →Agenda 21 verabschiedet, ein Programm für eine sozial, wirtschaftlich und ökologisch nachhaltige Entwicklung. N. wurde damit zum globalen Leitbild zukünftiger Entwicklung. Die Definition der N. lässt zahlreiche Interpretationen zu. Von nationalen und internationalen Organisationen sind daher zahlreiche Vorschläge für Kriterien und Indikatoren in unterschiedlicher Breite und Tiefe unterbreitet worden. Die Enquete-Kommission des deutschen Bundestages definierte in ihrem Abschlussbericht 1994 folgende vier Grundregeln für eine nachhaltige Entwicklung:

- Die Abbaurate →Erneuerbarer Ressourcen soll deren Regenerationsrate nicht überschreiten.
- Nicht erneuerbare Ressourcen sollen nur in dem Umfang genutzt werden, in dem ein gleichwertiger Ersatz an erneuerbaren Rohstoffen geschaffen werden kann.
- Stoffeinträge in die Umwelt sollen sich an der Belastbarkeit der Umweltmedien (Wasser, Luft, Erde, ...) orientieren.
- Das Zeitmaß anthropogener Einträge bzw. Eingriffe in die Umwelt soll das Reaktionsvermögen der Umwelt nicht überlasten.

→Nachhaltige Bauprodukte, →Kreislaufwirtschaft, →Zertifizierung

Nachhaltigkeitsstrategien Leitbilder der Nachhaltigkeit und der Stoffströme: Effizienz, Konsistenz und Suffizienz gehören zu den Strategien des Ressourcenschonenden Bauens innerhalb des ökologischen Bauens und sind damit Teil des Nachhaltigen Bauens.

<u>Effizienz:</u> E. befasst sich mit der Frage: Wie wirksam ist eine Maßnahme? Was ist wirtschaftlich? Ziel der Strategie ist es z.B., mit weniger Ressourceneinsatz mehr erreichen zu können. Der Ansatz der Effizienz beruht im Wesentlichen auf dem Prinzip der Optimierung bestehender Strukturen. Ihr Ansatzpunkt ist quantitativer Natur, d. h., die Effizienzstrategie setzt am ökonomisch und ökologisch gleichermaßen bedeutenden Verhältnis von Ertrag und Aufwand an. Die Optimierung des Ressourcenverbrauchs wird weitgehend mit technischem Einsatz realisiert, kann aber auch durch verändertes Nutzerverhalten erreicht werden.

Beispielhaft ist z.B. die Tröpfchenbewässerung. Hierbei werden die angebauten Produkte nicht „überflutet“ oder durch Gräben bewässert, sondern mithilfe eines Schlauchsystems. Entlang mehrerer Agrarprodukte verläuft ein Schlauch, der die Wurzeln der Pflanzen mit Wasser in Form kleiner Tropfen versorgt. Diese Form der Bewässerung spart Wasser und fördert die Fähigkeit der Pflanzen zur Wasserspeicherung. Zudem wird auf diese Weise der Verdunstungsgrad minimiert und die Versalzung der Böden verhindert. Der Ernteertrag wird dadurch nicht beeinflusst. Durch die abwechselnde Tröpfchenbewässerung beider Seiten kann über 80 % des Wassers eingespart werden. (Quelle: Kaya Kinkel)

Auf Baumaterialien bezogen ergeben sich z.B. folgende Möglichkeiten: Leichtbau mit Holz, materialreduziertes Bauen (geringer Materialeinsatz), intelligente Tragwerke und höhere Materialeffizienz, Wärmedämmung, kontrollierte Lüftung, Wassersparatmaturen und Gebäudetechnik.

N

Konsistenz: Im Kontext der Nachhaltigkeit beschreibt Konsistenz die Vereinbarkeit von Natur und Technik. Beispielsweise beim Lernen von der Natur in der bionischen Technik, in der Nutzung von Materialien, bei Konstruktionen und bei der Kreislaufführung von Reststoffen. In Anlehnung an die Naturstrategien sind dabei sparsamer Umgang, Schadstofffreiheit, Integration vieler Kreisläufe, Optimierung über viele Gesichtspunkte von zentraler Bedeutung. Der Hintergrund der Konsistenz in Bezug auf Ressourcenschonung ist, dass es in nachhaltigen Systemen keine Abfälle gibt, sondern nur Produkte, die als wiederverwertbare Ressourcen entweder als Zwischenspeicher oder als Baumaterial zur Verfügung stehen. Konsistenz befasst sich also mit der Frage, ob z.B. eine Konstruktion kreislauffähig ist oder ob die Materialien nach der Verwendung schadstofflos in die natürlichen Kreisläufe integriert werden können. Auf Baumaterialien bezogen werden Langlebigkeit, Einsatz nachwachsender Baustoffe, Kreislauffähigkeit, Schadstofffreiheit, Umnutzbarkeit, Drittverwendungsfähigkeit, Materialrecycling und Sanierung in den Mittelpunkt der Betrachtung gestellt. Zum Einsatz kommen umwelt- und schadstoffgerechte Stoffe und Leistungen, die dem Ökosystem nützlich sind und ihm nicht schaden.

Suffizienz: Die Suffizienz befasst sich mit der Frage, wie viel genug ist, was ausreichend ist oder was das rechte Maß ist. Die globalen Entwicklungen machen deutlich, dass die nachhaltige Bewohnbarkeit des Planeten nur mit allen dreien Strategien und insbesondere mit Suffizienz gesichert werden kann. Nach Huber (2000) und Schmidt (2008) setzt die Strategie der Suffizienz beim individuellen Verbrauch und dem Konsumanspruch an und stellt somit die Frage nach der Quantität der Ressourcen-Inanspruchnahme. Der Ansatz der Suffizienz fordert einen sparsamen Umgang bis zum Verzicht in der Nutzung von Ressourcen ein, um den globalen, regionalen und lokalen Anforderungen und Bedürfnissen der folgenden Generationen gerecht zu werden. Hinsichtlich des Faktors Zeit ist die Frage zulässig, ob durch „Verzicht üben ein zeitlicher Vorsprung zur Erschließung neuer Wege erkauft werden kann" (Huber, 2000). Dabei sind die Verlangsamung von Prozessen, das Halten in Kreisläufen, die Verzögerung von Freisetzungen, z.B. von Kohlendioxid, sicherlich geeignete Strategien, um eine nachhaltige Entwicklung zu fördern. Auf Bauwerke bezogen ist der Ressourcenverbrauch durch die Begrenzung von Dynamik zu reduzieren und nicht durch den Verbrauch. Zudem lässt sich bei sehr energiesparend gebauten Gebäuden durch den Bau massiver wärmespeichernder Wände erreichen, dass auf den Einbau von aufwendiger Gebäudetechnik weitgehend verzichtet werden kann. Auf Baumaterialien bezogen betrifft Suffizienz die Dimensionierung von Konstruktionen, die Materialzyklen, Materialkosten, Low Tech, die Komplexitätsreduktion von Bauteilen und eine Mehrfachnutzung.

Nachtstromspeicherheizungen →Elektrospeicherheizgeräte

Nachwachsende Rohstoffe Zu den N. zählen alle land- oder forstwirtschaftlich erzeugten Rohstoffe, die nach Aufbereitung einer technischen Anwendung zugeführt werden können. N. für die Energieumwandlung werden auch als →Biomasse bezeichnet. Nachwachsende Rohstoffe erneuern sich über kurze Zeit. Eine nachhaltige Nutzung von N. ist dann gegeben, wenn immer nur so viel der Umwelt entnommen wird, wie auch wieder nachwächst (→Nachhaltigkeit). Bei der Fotosynthese entziehen N. der Atmosphäre Kohlendioxid, die während der Nutzung als Baustoff auf lange Zeit gebunden bleibt. Die Verwendung von N. trägt somit zur Verminderung des Treibhauseffekts bei. Ökologische und sozioökonomische Vorteile der Nutzung von N. sind:

- Schonung endlicher Ressourcen (Erneuerung in überschaubaren Zeiträumen)
- Schließung von Stoffkreisläufen (→Kreislaufwirtschaft)
- Beitrag zum Klimaschutz (Bindung von Kohlendioxid)
- Geringerer Energiebedarf und Emissionen
- Verbesserung des produktintegrierten Umweltschutzes durch Ersatz umwelt- und gesundheitsbelastender Stoffe
- Beitrag zur Erhaltung der biologischen Vielfalt
- Beitrag zur Entwicklung einer nachhaltigen Wirtschaftsreform
- Chance für innovative Forschung und Entwicklung
- Stärkung der Wettbewerbsfähigkeit der Land- und Forstwirtschaft sowie der vor- und nachgelagerten Bereiche

Diesen Vorteilen stehen auch mögliche ökologische Grenzen gegenüber: Die landwirtschaftliche Produktion ist flächenintensiv, bei Überdüngung, insbesondere mit Nitraten und Phosphaten, können Gewässer belastet werden (→Eutrophierung), beim Anbau in Monokulturen besteht die Gefahr einer Reduktion der Artenvielfalt, durch Übernutzung (z.B. bei der Gewinnung von →Tropenhölzern) die Gefahr der unwiederbringlichen Zerstörung von Ökosystemen. Der konventionellen Land- und Forstwirtschaft steht der ökologische Landbau gegenüber. Im ökologischen Landbau werden keine Pestizide oder verbotene und umstrittene Tierarzneimittel und Futterzusatzstoffe benutzt, die Belastung der Gewässer ist meist geringer, die dauernde Bedeckung des Bodens verringert die Bodenerosion und die Düngung mit organischen Abfällen verringert den Energieverbrauch. Dies bedingt in der Regel jedoch geringere Erträge, höheren Arbeitsaufwand und damit geringere Wirtschaftlichkeit, die sich allerdings durch die Erzielung höherer Verkaufspreise relativieren kann. Für Produkte im Baubereich konnte sich der ökologische Landbau aufgrund der höheren Rohstoffpreise noch nicht durchsetzen. Die in Bauprodukten eingesetzten N. sind aber meist Abfall- bzw. Nebenprodukte der Land- und Forstwirtschaft (z.B. Schafwolle, Hanf, Flachs, Resthölzer), die so einer sinnvollen Nutzung zugeführt werden. Die Umweltbelastungen der Landwirtschaft können ihnen nicht oder nur anteilig angelastet werden. Angesichts der zu erwartenden zunehmenden Verknappung erdölbasierter Ressourcen werden N. – auch im Baubereich – eine immer wichtigere Rolle spielen. →Holz und →Holzwerkstoffe sind die am weitesten verbreiteten Bauprodukte aus N. Außerdem werden N. z.B. für →Dämmstoffe, →Naturfarben, Textile Bodenbeläge (Naturfaserteppiche) oder Tapeten (→Naturfasertapeten) eingesetzt. N. finden auch als Zusatzstoffe, z.B. als Stärkekleber, Anwendung. Für umwelt- und gesundheitsverträgliche Bauprodukte mit einem Anteil von mindestens 85 % N. bzw. ausreichend vorhandenen mineralischen Rohstoffen wurde das europäische Qualitätszeichen →natureplus geschaffen.

Tabelle N1: Nachwachsende Rohstoffe und daraus hergestellte Bauprodukte (Quelle: Beckmann Akademie, 1998)

Rohstoffpflanzen	Bauprodukte
Faserpflanzen (z.B. Flachs, Hanf)	Dämmstoffe, Seile, Dichtungsmaterial, Formpressteile, Faserzementplatten, Pressspanplatten, Zuschlagstoff für Fließestrich, Trockenmörtel, Tapeten
Cellulosepflanzen (z.B. Holz, Holzabfälle, Miscanthus, Schilf)	Papier, Pappe, Zellstoff, Tapeten, Span- und Faserplatten, zement- bzw. gipsgebundene Leichtbauplatten, Schalungen, Holzbetonsteine, Lehmsteine, Lehmplatten, Dachpappen, Fußbodenunterkonstruktionen
Stärkepflanzen (z.B. Kartoffeln, Weizen, Mais)	Papier, Pappe, Verpackungen, Dämmstoffe, Gips-Kartonplatten, Mineralfaser-Platten, Bindemittel, Folien, Klebstoffe, Abbindeverzögerer für Beton
Ölpflanzen (z.B. Raps, Sonnenblumen, Öllein)	Schalöle, Biodiesel als Treibstoff für Baumaschinen, Farben, Lacke, Firnis, Lasuren, Linoleum
Zuckerpflanzen (z.B. Zuckerrüben, Zichorie)	Folie, Bindemittel, Trennmittel, Abbindeverzögerer für Beton, Farbstoffe, Klebstoffe, Leime
Färberpflanzen (z.B. Resede, Wau, Krapp)	Farben, Lacke, Desinfektionsmittel, Holzschutzmittel
Nebenprodukte (z.B. Hanf-/Flachsschäben)	Bauplatten, Füllstoffe, Verbundstoffe

Der derzeitige Anteil von N. an der organisch chemischen Produktion in Deutschland liegt mit ca. 2,5 Mio. t bei mindestens 10 %. und hat sich nach einem Spitzeneinsatz von 3 Mio. t 2011 wieder leicht abgeschwächt. Die Entwicklung der Produktionskapazität für Kunststoffe aus N. zeigt, dass sich Biopolymere vom Nischendasein in Richtung Massenmarkt entwickeln. Die weltweite Produktionskapazität verfünffachte sich von 1999 bis 2004 auf etwa 0,25 Mio. t und bis zum Jahr 2015 auf 2 Mio. t, davon bioabbaubare Polymere 0,7 Mio. t. (Statista) Das Substitutionspotenzial von Biopolymeren wird innerhalb der EU auf 15,4 Mio. t geschätzt und entspricht damit etwa 33 % der heutigen Kunststoffproduktion (Festel et al., 2005, Nachrichten aus der Chemie, 53).

Bezogen auf die Anbaufläche haben die Energiepflanzen mit 2,42 Mio. ha fast 10-mal so viel Fläche belegt wie zum Anbau von Industriepflanzen mit nur 0,27 Mio. ha. Dabei dominieren die Pflanzen für die Gewinnung von Biogas mit 1,45 Mio. ha 2016 deutlich vor den Pflanzen für Biodiesel mit 0,76 Mio. ha und Bioethanol mit 0,20 Mio. ha Anbaufläche. (Fachagentur Nachwachsende Rohstoffe e.V. (→FNR))

Im Baubereich spielt die Verwendung von Holz eine bedeutende Rolle. 2011 hatte der Wert der verwendeten Baumaterialien aus Holz einen Gesamtwert von 14,4 Mrd. Euro. Schnittholz 4,15 Mrd. Euro, Holzwerkstoffe 4,07 Mrd. Euro, alle Bautischlerarbeiten für Fenster, Türen und Treppen sowie Schalungen für den Betonbau 3,8 Mrd. Euro. Erst dahinter reihen sich vorgefertigte Gebäude mit 2,1 Mrd. Euro ein, was sich aber in den kommenden Jahren ändern wird, da der Holzbau eine Renaissance erlebt. Ein kleiner, aber zunehmender Bereich von nachwachsenden Rohstoffen sind die Polymere auf Basis N., die fossile Rohstoffe ersetzen, aber erst einem Marktwert von 140 Mio. Euro entsprechen. Während bei Nadelschnittholz 2011 21,6 Mio. m^3 produziert wurden, lag der Anteil von Laubschnittholz knapp unter 1 Mio. m^3.

Tabelle N2: Tischlereiprodukte 2011 (FNR-Marktanalyse)

Türen		1,05 Mrd. Euro
Türen (aus Kunststoff)		0,37 Mrd. Euro
Fenster		0,89 Mrd. Euro
Fenster (aus Kunststoff)		3,1 Mrd. Euro
Brettschichtholz	1,4 Mio. m^3	0,48 Mrd. Euro

Tabelle N3: Holzwerkstoffe 2011 (FNR-Marktanalyse)

Spanplatten	5,735 Mio. m^3	1,54 Mrd. Euro
OSB Platten	1,14 Mio. m^3	0,29 Mrd. Euro
MDF Platte	3,8 Mio. m^3	0,94 Mrd. Euro
Sperrholz	0,12 Mio. m^3	0,31 Mrd. Euro
Laminat (wesentlicher Kunststoffanteil		0,87 Mrd. Euro
Furnierplatten		0,13 Mrd. Euro

Tabelle N4: Bodenbeläge 2011 (FNR-Marktanalyse)

Laminat (wesentlicher Kunststoffanteil)	80 Mio. m^2	0,87 Mrd. Euro
Parkett	20,7 Mio. m^2	0,22 Mrd. Euro
Linoleum	10 Mio. m^2	
Korkböden	5 Mio. m^2	
Textile Bodenbeläge	2,5 Mio. m^2	
Gesamt Wohnbereich aus N.	118 Mio. m^2	
Gesamtmarkt Wohnbereich	353 Mio. m^2	

Tabelle N5: Dämmstoffe 2011 (FNR-Marktanalyse)

Holzfaser	1,04 Mio. m^3
Cellulose	0,85 Mio. m^3
Hanf	0,11 Mio. m^3
Andere Dämmstoffe aus N.	0,04 Mio. m^3
Dämmstoffe gesamt auf Basis N.	2 Mio. m^3
Dämmstoffe gesamt	28,4 Mio. m^3

Die Verwendung von Dämmstoffen auf der Basis N. hat sich nach dem Thünen-Report 9 „Holzverwendung im Bauwesen" sehr positiv entwickelt, siehe Tabelle N6.

Tabelle N6: Verwendung von Dämmstoffen (lt. Thünen-Report 9)

Jahr	2003	2004	2005	2009	2011	2012
Mio. m^3	0,98	1,1	1,2	1,25	2.03	2,94
Marktanteil %	4			5	7,2	

N

Der Pro-Kopf-Verbrauch von Holz und Holzprodukten ist abgesehen vom Einbruch 2008 und 2009 von 1,1 m^3 (1995) auf 1,47 m^3 je Einwohner angestiegen. (Stat. Bundesamt Fachserie 3)
Der Anteil der genehmigten Wohngebäude in Holzbauweise, also weitgehend aus dem N. Holz gebaut, betrug 2011 15 % von 112.700 Wohngebäuden, also 17.000, und von genehmigten Nichtwohngebäuden 18,1 % von 32.100 Gebäuden, also 5824 mit einem Marktwert von 2,1 Mrd. Euro. In der Zeit von 2004 bis 2014 ist der Holzbau fertiggestellter Wohngebäude von 12,1 auf 15,2 % angestiegen (Stat. Bundesamt 2015) und 2015 auf ca. 16 % (BT-Drucksache 18/9322), was auch auf die geänderten Landesbauordnungen zurückzuführen ist. Dazu lassen sich Raumzellen in Holzbauweise sehr präzise vorfertigen und dann fertig ausgebaut auf die Baustelle transportieren, was die Bauzeiten relevant reduziert. So entstand 2017 in Hamburg ein Studierendenwohnheim mit 371 Studentenappartements auf 6 Geschossen. Die Produktion fand allerdings in Österreich statt, sodass ein langer Transportweg die ökologischen Vorteile etwas minderte. In der Hamburger Hafencity soll bis 2021 ein 18-geschossiges Holz-Hochhaus entstehen, dessen Treppenhauskerne aus Stahlbeton die Aussteifung übernehmen und eine Glashülle den Wetterschutz herstellen soll. Alle anderen tragenden Bauteile, wie Geschossdecken und Wände werden aus Holz- und Holzwerkstoffen hergestellt. Aufgrund der besonderen Vorzüge der stofflichen Verwendung von Holz für den Klimaschutz und der höheren Wertschöpfung wurde in der Marktstudie des Thünen-Instituts (2013) im Rahmen der „Charta für Holz" ein besonderer Akzent auf das Bauwesen als wesentliche Größe der stofflichen Holzverwendung gesetzt.

Nachweisverordnung Die Verordnung über die Nachweisführung bei der Entsorgung von Abfällen (NachwV) vom 20.10.2006 (BGBl. I S. 2298) ist eine Ausführungsbestimmung zum →Kreislaufwirtschaftsgesetz und bestimmt die Art und den Umfang des Nachweises der Entsorgung von Abfällen. Hierbei wird nach der Gefährlichkeit der Abfälle unterschieden. Die vom 1.5.2002 bis zum 31.1.2007 geltende Fassung (Verordnung über Verwertungs- und Beseitigungsnachweise) wurde durch eine neue, wesentlich veränderte Nachweisverordnung ersetzt. Wichtige Neuerungen sind u.a.:

- der Wegfall des vereinfachten Entsorgungsnachweises,
- die zwingend vorgeschriebene elektronische Abfallnachweisführung (elektronisches Abfallnachweisverfahren, kurz eANV) für gefährliche Abfälle seit dem 1.4.2010.

Die N. wurde durch Art. 12 G vom 18.7.2017 zuletzt geändert.

Nadelvlies-Bodenbeläge N. (früherer Name: Nadelfilz-Bodenbeläge) sind sehr strapazierfähige →Textile Bodenbeläge aus Faservlies, das mechanisch durch Nadeln und zusätzlich durch z.B. Kunststoffdispersionen verfestigt ist.
In der Nadelmaschine werden die Fasernutzschicht und die Faserpolsterschicht mit Nadeln verdichtet. Danach wird das Nadelvlies chemisch und thermisch (mit Wärme) verfestigt. Die Anzahl der Walzendurchläufe bestimmt die Festigkeit des Materials. Bei Bahnenware ist eine versteifende Rückenbeschichtung z.B. aus PVC möglich. Bei Fliesenware kommen als Rückenbeschichtungen je nach Anforderung unterschiedliche Verfahren zur Anwendung: Beschichtungen mit →Bitumen, Beschichtungen aus ataktischem Polypropylen (aPP) sowie hochgefüllte Latex-Beschichtungen. Die Beschichtung erhöht das Fliesengewicht und erfordert keine besondere Verlegetechnik (Vorteil ist z.B. das schnelle Auswechseln nach Beschädigung). Die am häufigsten eingesetzten Materialien sind Polyamid und Polypropylen oder eine Kombination der beiden Kunstfasern. Als Antistatika werden Fettsäureamide und als antimikrobielle Zusatzausrüstung quarternäre Ammoniumverbindungen eingesetzt (→Teppichzusatzausrüstungen). Eine Ausrüstung mit Flammschutzmitteln findet i.d.R. nicht statt.
Man unterscheidet drei Arten von N.:

- Einschichtige Nadelvliese entstehen in einem Arbeitsgang aus einem Vlies und werden in einer Stärke von 6 bis 7 mm hergestellt. Sie werden mit Farbe getränkt und sind daher durchgefärbt.
- Zweischichtige Nadelvliese entstehen durch die Verbindung einer hochwertigen Oberschicht und einer weniger anspruchsvollen Unterschicht.
- Zweischichtige Nadelvliese auf Trägermaterial entstehen durch die Verbindung einer hochwertigen Nadelfilzoberschicht mit einem Trägermaterial wie Jute.

N. sind rutschhemmend, fußwarm und trittschalldämmend. Elektrostatische Aufladungen sind möglich. Nadelvlies-Fliesen sind selbstklebend oder -liegend (SL-Fliesen). Nadelvlies ist preiswert, robust und im gewerblichen Bereich sehr populär. Häufiges Bürstsaugen führt zu einer Aufrauung der Oberfläche, was eine erhöhte Schmutzaufnahme und einen schnelleren Verschleiß zur Folge haben kann. Die Reinigung mit Teppichreinigungs-Pulvern ist für diesen Belag nicht geeignet, da aufgrund der Oberflächenstruktur das Pulver nicht vollständig abgesaugt werden kann. Auch das Garnpad-Verfahren ist aufgrund der hohen Mechanik nicht für N. geeignet. N. mit hohen Strapazierwerten weisen meist weniger gute Komfortwerte auf und umgekehrt.

N. gelten als nur schwach emittierend bzgl. der flüchtigen organischen Verbindungen (→VOC). Ausgasungen von →Formaldehyd und →Aromaten sind möglich. In manchen N. sind →Schwermetalle enthalten. N. sind ungeeignet für Hausstaub-Allergiker. Eine wirkungsvolle Reinigung solcher Teppichböden ist nur mit Spezialgeräten und Spezialreinigern möglich, die z.T. bedenkliche Inhaltsstoffe enthalten. Im Rahmen einer vom Umweltbundesamt veranlassten Studie wurden in 24 Objekten 134 Luftmessungen durchgeführt, um festzustellen, inwieweit von eingebauten Mineralwolle-Dämmstoffen Fasern freigesetzt und vom Bodenbelag gebunden werden. Als „besonders auffällig" wurde das Ergebnis der Messung in einem Bürogebäude mit N. bezeichnet. Dort wurden im Vergleich zu den übrigen Messungen vergleichsweise hohe Faserkonzentrationen festgestellt. Offenbar bilden die ineinander verkrallten Kunststofffasern des N. eine Art Senke für Staubpartikel, die dann bei Beanspruchung in großem Umfang wieder freigesetzt werden können. →Bodenbeläge

Naphtha N. oder Rohbenzin bezeichnet Fraktionen bei der Erdöl-Destillation mit Siedepunkten bei 30 bis 180 °C, 100 bis 200 °C (low boiling point N. überwiegend aus C5 bis C6 Kohlenwasserstoffverbindungen zusammengesetzt) oder noch höher. N. bzw. naphthenische Kohlenwasserstoffe werden als Lösemittel in Bauprodukten (z.B. →Abbeizmittel) eingesetzt.

N. low boiling point (CAS 8030-30-6) ist nach EU-GHS-Einstufung und Kennzeichnung (EG) Nr. 1272/2008 CLP gekennzeichnet als mutagen Kategorie 1B mit Muta. 1 B; H340 Kann genetische Defekte verursachen, und Karzinogen Kategorie 1B mit Carc. 1B; H350 Kann Krebs erzeugen, sowie mit Aspirationsgefahr Kategorie 1 mit Asp. Tox. 1; H304 Kann bei Verschlucken und Eindringen in die Atemwege tödlich sein.

Naphthalin (CAS 91-20-3) Ausgangsmaterial für die Herstellung von N. ist Teerkohle. Erdöl enthält ca. 1 % N., Steinkohlenteer dagegen ca. 10 % N. Verunreinigungen von N. sind Benzo[b]thiophen (Herstellung aus Steinkohlenteer) bzw. Methylindene (Herstellung aus Erdöl). N. findet Verwendung zur Herstellung von Kunststoffen auf Basis von Phthalsäureanhydrid, Azofarbstoffen und des Biozids 1-Naphthyl-N-methylcarbamat. N. war früher auch Bestandteil von Mottenkugeln. Emissionen in die Innenraumluft können erfolgen aus →Parkettklebstoffen auf Teerbasis, Teerasphalt(platten), Teeranstrichen und Teerkorkisolierungen. Weiterhin wird N. freigesetzt aus Tabakrauch und durch andere unvollständige Verbrennungsvorgänge. Auch aus Kautschuk-Bodenbelägen wurden erhebliche N.-Emissionen festgestellt. Die N.-Konzentration in der Innenraumluft liegt üblicherweise unter 1 µg/m^3. Die Kenntnisse zur Toxikologie, insbesondere zu Wirkungen nach inhalativer Langzeitexposition, sind lückenhaft. Die für die Risikoabschätzung wesentliche Wirkung von N. ist die im Tierversuch bei Inhalation nachgewiesene (lokal entzündliche) krebserzeugende Wirkung in den Atemwegen. Aussagefähige epidemiologische Befunde zur krebserzeugenden Wirkung beim Menschen liegen nicht vor. Die IARC hat N. in die Gruppe „2B" („possibly carcinogenic to humans") eingestuft (IARC, 2002). N. ist nach EU-GHS-Einstufung und Kennzeichnung (EG) Nr. 1272/2008 CLP geführt mit: Karzinogenität Kategorie 2: Carc. 2; H351 Kann vermutlich Krebs erzeugen; Akute Toxizität Kategorie 4: Acute Tox. 4; H302 Gesundheitsschädlich bei Verschlucken; Akut gewässergefährdend Akut 1: Aquatic Acute 1; H400 Sehr giftig für Wasserorganismen; Langfristig gewässergefährdend Chronisch 1 Aquatic Chronic 1; H410 Sehr giftig für Wasserorganismen, mit langfristiger Wirkung.

MAK: Kategorie 2 als krebserzeugend für den Menschen anzusehen (→MAK-Kommission). AGW-Schwellenwert 0,5 mg/m^3. RW II: 0,03 ml/m^3(v) 16.160 µg/m^3, RW I: 0,01 ml/m^3 (v) 5.353 µg/m^3. (2011) Der alte RW I von 2 µg/m^3 sollte auch ausreichenden Schutz vor geruchlichen Belästigungen gewährleisten. →Chlornaphthaline, →PAK

N

Naphthalinsulfonate N. und Naphthalinsulfonatformaldehyd-Kondensate (NSFK) werden vorwiegend in der Textilindustrie und als Betonverflüssiger und Fließmittel (→Betonzusatzmittel) eingesetzt. NFSK kommen zudem in Reinigungsmitteln für den Haushalt und in der Autopflege zum Einsatz. Der weltweite Jahresverbrauch für die erstgenannten Anwendungen wird auf je 150.000 t geschätzt. In der Bauindustrie zählen NFSK zu den mengenmäßig am häufigsten eingesetzten Betonzusatzstoffen. Die Mittel bestehen i.d.R. aus einer ca. 12 %igen wässrigen Lösung monomerer und →Oligomerer N.
In der Textilindustrie ist das Umweltgefährdungspotenzial sulfonierter Naphthaline seit längerem bekannt. Aufgrund ihres ionischen Charakters (gute Wasserlöslichkeit), ihrer Persistenz und ihrer weit verbreiteten Anwendung sind die Chemikalien in der aquatischen Umwelt ubiquitär verbreitet.
Laborversuche zeigen, dass nur kleine Mengen an N. aus Prüfkörpern ausgewaschen werden und dass das Auslaugen auf deren Oberfläche begrenzt ist. Die Situation ist jedoch anders, wenn nicht ausgehärtete, zementgebundene Werkstoffe mit Wasser in Berührung kommen, wie bei Baugrundverfestigungen im Lockergestein (Ruckstuhl, 2004, Diss. ETH Zürich). In Abbauversuchen wurden die meisten monomeren NSFK-Komponenten zu Kohlendioxid, Wasser und Sulfat abgebaut, wohingegen die Oligomere nicht abgebaut werden. Wassergefährdungsklasse 1 (schwach wassergefährdend). Nach Änderungsantrag zur Wasserrahmenrichtlinie der EU-Kommission von 2007 ist beabsichtigt, 1,5-Naphthalindisulfonat wegen seiner Persistenz und seinem bereits ubiquitären Vorkommen in Gewässern und Sedimenten in die Liste der prioritären oder sogar gefährlichen prioritären Stoffe aufzunehmen.

Naphthenate →Trockenstoffe

Naphthenisch →Naphtha

Nassabbau Der N. ist eine weit verbreitete Abbauform für →Kies und →Sand. Beim N. wird die schützende Deckschicht über dem Grundwasser vollkommen entfernt, durch Anschneiden des Grundwassers entsteht ein Baggersee. Beim N. ist in Verbindung mit den Landeswassergesetzen das Wasserhaushaltsgesetz ausschlaggebend, das ein Planfeststellungsverfahren vorschreibt. Im Rahmen des Planfeststellungsverfahrens sind in einer Umweltverträglichkeitsprüfung die Auswirkungen des Vorhabens auf die Schutzgüter Boden, Wasser, Luft, Menschen, Tiere und Pflanzen, Kultur- und sonstige Sachgüter nach vorgegebenen Kriterien zu untersuchen. Durch die freigelegte Grundwasseroberfläche können Verunreinigungen aus der Luft oder durch den Abbaubetrieb (Treibstoff, Öl) ungehindert in das Grundwasser gelangen. Oft wird das Grundwasser durch den Abbau abgesenkt. Darüber hinaus ist im Trockenabbau die Rekultivierung der Abbaufelder leichter durchführbar.
Der N. ist deshalb so weit wie möglich zu beschränken und der Trockenabbau dem N. vorzuziehen. Im Besonderen sollte bei Lagerstätten mit tiefer liegendem Grundwasserstand das Grundwasser nach Möglichkeit nicht angeschnitten werden und in ökologisch empfindlichen Teilräumen von Flussniederungen der Abbau von Kies und Sand vermieden werden.

Nassreißfestigkeit Unter N. versteht man bei →Tapeten die Reißfestigkeit im nassen Zustand. Zur Erzielung einer verbesserten N. bei Tapeten wurde früher →Formaldehyd eingesetzt.

Natürliche Lüftung Die N. von Gebäuden setzt sich zusammen aus der unkontrollierten Lüftung über Ritzen und Fugen – Infiltrationsluftwechsel – (→Luftdichtigkeit von Gebäuden) und der Lüftung über gezieltes Öffnen von Fenstern, Lüftungsventilen oder Türen. Die Effizienz der N. hängt stark von den meteorologischen Bedingungen ab. Darüber hinaus verlangt die N. vom Benutzer eine Strategie, die Raumluftqualität (z.B. Schadstoffabfuhr), Raumklima (passive Kühlung im Sommer), Heizenergiebedarf (Lüftungswärmeverluste im Winter) und Feuchteabfuhr optimiert. Die effizienteste Art der N. ist das →Stoßlüften. Gewährt die N. nicht den hygienisch erforderlichen Luftaustausch, ist der Außenlärmpegel zu hoch oder will man die Abwärme in der Abluft nutzen, wird eine →Mechanische Lüftung erforderlich.

Natürliche Mineralfasern N. sind silikatische Fasern, die in der Natur vorkommen (z.B. →Asbest) – im Unterschied zu →Künstlichen Mineralfasern, die aus Gestein oder Glas technisch hergestellt werden. Die Begriffe „natürlich" und „künstlich" sind nicht geeignet zur Beurteilung der Toxizität von Fasern.

Naturasphalt N. (auch Erdpech genannt) ist ein Gemisch aus →Bitumen (4 bis 6 %) und Mineralstoffen. Es entstand vor 70 Mio. Jahren aus Erdöl bzw. Vorgängerstoffen durch Verdunsten der leicht flüchtigen und Oxidation der schwerflüchtigen Bestandteile. N. wurde bereits vor 6.000 Jahren in Altmesopotamien als Mörtel verwendet. Heute wird fast ausschließlich nur noch synthetischer →Asphalt verwendet. Die N.-Mine in Travers (Schweiz) wurde 1986 stillgelegt und ca. 1 km der Stollen als Museum ausgestaltet. Der einzige N.-Untertagebau in Deutschland befindet sich im niedersächsischen Holzen (Eschershausen). Das größte N.-Vorkommen befindet sich im Pitch Lake auf Trinidad. 1990 wurden hier etwa 30.000 t produziert, die in die ganze Welt exportiert wurden. Bulldozer reißen die Oberfläche des Sees auf und laden die Asphaltbrocken auf Loren, die auf Schienen zu den Schmelztanks führen. Dort wird der N. bei 165 °C verflüssigt und 29 % der Masse in Form von Gas und Wasser verflüchtigt. Durch ein Sieb, das Vegetationsreste und andere Verunreinigungen zurückhält, fließt der Asphalt in dickwandige Kartonfässer und verfestigt sich innerhalb zwei Tagen zu einer harten, glänzenden Masse. Die 240 kg schweren Rollen werden gestapelt und bei Bedarf über eine Schwebebahn zum Pier hinunter befördert. Zur Umwelt- und Gesundheitsverträglichkeit siehe →Asphalt.

N

Naturbaustoffe Mit dem Begriff N. werden in der →Baubiologie Materialien bezeichnet, die ressourcenschonend aus nachwachsenden oder ausreichend verfügbaren mineralischen Rohstoffen möglichst ohne chemische Behandlung hergestellt werden. Der Begriff N. ist nicht ganz unproblematisch, da z.B. auch das Fasermineral →Asbest als N. bezeichnet werden kann. N. sollten daher ebenso wie alle anderen →Bauprodukte auf Umwelt- und Gesundheitsverträglichkeit über ihren gesamten →Lebenszyklus untersucht werden (→Ökologische Baustoffe). Das internationale Umweltzeichen →natureplus setzt für N. Kriterien wie geringen Energieverbrauch bei der Herstellung, kein Zusatz gesundheitsschädlicher Stoffe, Volldeklaration aller Einsatzstoffe, qualifizierte Verarbeitungshinweise und unbedenkliche Verarbeitung an. Weiterhin wird durch eine Laborprüfung die Emissionsarmut belegt. →Nachwachsende Rohstoffe, →Naturfarben, →Pflanzenchemiehersteller, →Natur-Dämmstoffe

Naturbitumen →Bitumen kommt in der Natur als Bestandteil von →Naturasphalten und Asphaltgesteinen vor, die sich in langen geologischen Zeiträumen nach Verdunsten der leichter siedenden Anteile des Erdöls gebildet haben. 1694 wurde die erste Fabrik zur Gewinnung von Bitumen aus Naturasphalt gegründet. 1832 wurde erstmals Bitumen durch Destillation aus Erdöl gewonnen, seit 1873 wurde das Verfahren industriell betrieben, heute wird im Bauwesen fast ausschließlich Bitumen aus der Mineralölverarbeitung eingesetzt. Im Orinoco-Becken (Venezuela) wird aus etwa 900 bis 1.000 m Tiefe N. gewonnen, das als Orimulsion, einer Emulsion von ungefähr 70 % Naturbitumen in 30 % Wasser, als Brennstoff eingesetzt wird. N. wird auch noch in →Naturfarben zum Färben von Lacken und Ölen und als Imprägnierung für →Holzweichfaserplatten verwendet. Im Straßenbau wird zu geringen Teilen auch Trinidad-Bitumen eingesetzt, das dort direkt aus den Lagerstätten gewonnen wird (siehe →Naturasphalt). Zur Umwelt- und Gesundheitsverträglichkeit: →Bitumen

Natur-Dämmstoffe Als N. werden Dämmstoffe bezeichnet, die aus →Nachwachsenden Rohstoffen oder aus ausreichend verfügbaren mineralischen Rohstoffen, denen keine bedenklichen Chemikalien zugegeben werden, hergestellt werden. Dazu zählen z.B. →Cellulose-Dämmflocken, →Cellulose-Dämmplatten, →Flachsdämmplatten, →Hanfdämmplatten, →Holzfaser-Dämmplatten, Holzspandämmung, →Kokosfaserplatten, →Kork-Dämmplatten, Roggendämmstoffe, →Schafwolle-Dämmstoffe, →Schilfrohrplatten, Strohplatten u.v.a., weiterhin mineralische Produkte wie →Blähglas, →Blähglimmer, →Blähperlite, →Blähschiefer, →Blähton, →Perlite-Dämmplatten, →Schaumglas-Dämmplatten und →Schaumglas-Schotter. Bei N. ist wie bei allen Dämmstoffen darauf zu achten, dass ein Nachweis der Gebrauchstauglichkeit geführt wurde (Einhaltung der Norm bzw. Technische Zulassung). →EPD, →Wärmedämmung

Natur-Dichtstoffe Von Naturfarbenherstellern werden Dichtstoffe bzw. Füllmassen auf Basis natürlicher Rohstoffe angeboten. Bestandteile sind z.B. Kork-Granulat, →Dammar, →Borate, Naturkautschukmilch, Milchkasein, Citrusschalenöl und Talkum (Füllstoff).

natureplus Das europäische Qualitätszeichen n. kennzeichnet Bauprodukte und Einrichtungsge-

genstände mit hohen Anforderungen an die gesundheitliche Unbedenklichkeit, die Umweltverträglichkeit und die Funktionalität (Gebrauchstauglichkeit). Dem Trägerverein natureplus e.V. gehören Umwelt- und Verbraucherorganisationen (z.B. →WWF, →BUND), Planer, Baustoffhandel (z.B. →BDB, →BHB) Hersteller und unabhängige Prüfinstitute an. Das Qualitätszeichen n. wird auch von der →FNR und der →AGÖF unterstützt.
Die Ziele des natureplus. e.V. sind:

- Einfache und verlässliche Orientierung für Verbraucher, Planer und Handwerker durch das Label n.
- Größere Marktakzeptanz und Marktdurchdringung für zukunftsfähige Bauprodukte
- Positionierung von Handel, Produzenten und Bauindustrie hinsichtlich zukunftsfähiger Bauprodukte

Die wichtigsten Kriterien für n.-geprüfte Bauprodukte sind:

- Anteil nachwachsender bzw. nachhaltig gewonnener mineralischer Rohstoffe mindestens 85 %
- Geringer Energieverbrauch bei der Herstellung
- Verbot gesundheitsschädlicher Stoffe
- Volldeklaration der Einsatzstoffe
- Qualifizierte Verarbeitungshinweise
- Unbedenkliche Verarbeitung
- Einhaltung strengster Emissionsgrenzwerte

Module der n.-Prüfung sind die Fertigungsstättenbegehung mit Probenahme, die Lebenszyklusbetrachtung einschl. Berechnung der ökologischen Kenndaten und die Laborprüfung. n. ist das umfassendste und strengste →Umweltzeichen für Bauprodukte, weitere Informationen unter www.natureplus.org.

Naturfarben Der Begriff N. wird in zweifacher Bedeutung verwendet: a) für die von der Natur produzierten Farben (→Naturfarbstoffe) und b) für die von den Naturfarbenherstellern angebotenen Produkte (→Naturharz-Anstriche).

Naturfarbstoffe N. sind in vielen Pflanzen (z.B. →Krapp, Reseda, →Catechu), in Tierkörpern und in Mikroorganismen (→Cochenille, →Schellack) enthaltene, von der Natur produzierte Farbstoffe. Die Bedeutung von N. zum Färben von Textilien, Leder und Anstrichfarben ist heute gering, wird aber zunehmend wiederentdeckt. Von Naturfarbenherstellern werden N. für die Formulierung von Farben und Lacken verwendet. Im Lebensmittel- und Kosmetiksektor haben N. nach wie vor große Bedeutung. →Sanfte Chemie

Naturfaserbänder N. aus Flachs-, Hanf-, Kokos- oder Schafwollefasern sind ein hochwertiges Füll- und Isoliermaterial für Hohl- und Zwischenräume aller Art. Sie sind speziell für den Einbau von Fenstern und Türen geeignet. Die Produkte sind nicht brandschutzbehandelt und frei von bioziden Wirkstoffen. N. sind eine umwelt- und gesundheitsverträgliche Alternative zu →Montageschäumen.

Naturfaser-Kunststoffe (NFK) Unter N. werden Werkstoffe verstanden, die aus einem Kunststoff bestehen, der seine Stabilität durch eingearbeitete →Naturfasern erhält. Bauteile aus N. weisen hohe Steifigkeiten und Festigkeiten sowie eine geringe Dichte auf. Das Haupteinsatzgebiet liegt in der Automobilindustrie.

Naturfasern Nach DIN 60001 sind N. „natürliche, linienförmige Gebilde, die sich textil verarbeiten lassen". Sie lassen sich einteilen in Pflanzenfasern, Tierfasern und Mineralfasern. Zu den pflanzlichen N. zählen Baumwolle, Jute, Hanf, Sisal, →Kokosfasern u.a. Tierische Fasern sind Wolle (insbesondere Schafwolle), Tierhaare und Seide. Zu den mineralischen N. gehört z.B. →Asbest. N. werden im Baubereich z.B. für →Dämmstoffe, →Textile Bodenbeläge (Naturfaserteppiche) oder Tapeten (→Naturfasertapeten) verwendet.

Naturfasertapeten N. bestehen aus →Tapetenpapier, auf dem verschiedene Naturfasern wie Bambus, Gräser, Leinen, Jute, Sisal, Wolle, Baumwolle oder Seide mit →Polyethylen aufkaschiert sind. Die Kunststoffkaschierung dient als Schutz für die Naturfasern, verschlechtert aber die Wasserdampfdiffusionsfähigkeit der Wand. N. werden naturbelassen oder eingefärbt angeboten.
N. können zum Schutz gegen mikrobiellen Befall insektizide und fungizide Wirkstoffe enthalten. N. in kräftigen roten, orangen und gelben Farben können evtl. giftige Chromate (→Chrom) als Farbpigmente enthalten. Chromate gelten als krebserzeugend. Durch ihre raue Oberfläche wirken N. als Staubfänger und sind somit für Hausstauballergiker problematisch. Einige Naturfasertapeten enthalten Mittel zum Schutz vor Insekten- oder Pilzbefall, die gesundheitsschädigend wirken können.

Naturfaser-Verbundwerkstoffe Eine Vielzahl verschiedener →Naturfasern lässt sich für die Produktion von N. einsetzen. Die Fasern unterscheiden sich teilweise stark sowohl in Form und Länge, als auch in chemischer Zusammensetzung und mechanischen

Eigenschaften. Dies wiederum hat großen Einfluss auf die Verarbeitungsmöglichkeiten der Fasern und auf die Eigenschaften der Verbundwerkstoffe. Die am häufigsten für die Produktion von N. eingesetzten Fasern sind heimische →Flachsfasern und →Hanffasern sowie subtropische und tropische Fasern wie →Jutefasern oder Sisalfasern. Auch →Holzfasern werden als Füll- und Verstärkungsmaterial in N. verwendet. In verschiedenen Verfahren werden die Fasern durch Ultraschall-Aufschluss so verändert, dass sie durch die standardisierbaren Bearbeitungsprozesse reproduzierbare technische Eigenschaften erhalten. Zur besseren Abgrenzung zu den anderen Naturfasern und aufgrund ihrer mengenmäßigen Bedeutung werden Verbundwerkstoffe mit Holz als Füll- oder Verstärkungsmaterial als →Wood-Plastic-Composites (→WPC) bezeichnet.

Naturgips Gips kommt in der Natur als →Gipsstein (Calciumsulfat-Dihydrat) und vereinzelt als →Anhydrit (kristallwasserfreies Calciumsulfat) vor. Die Lagerstätten sind in Deutschland vor 255 bis 230 Mio. Jahren entstanden. Der Zechstein im Norden hat einen höheren Gipsgehalt, der Keuper im Süden einen höheren Nebenanteil von Kalkstein. Für →Gipsbauplatten und →Gips-Wandbauplatten wird der Gipsgehalt von 80 bis 96 % im N. auf 99 % erhöht. Dabei werden insbesondere die durch die Abscheidung der Salze in sanften Meeresbuchten auskristallisierten Chloride und Magnesiumcarbonat abgetrennt, die bauschädigende Wirkung haben können. Andere Beimengungen wie Ton, Sand und Mergel sind dabei relativ leicht abtrennbar. Lagerstätten gibt es bei Nordhausen, Walkenried und Osterrode sowie an der nördlichen schwäbischen Alb, die schon seit langer Zeit abgebaut werden und auch noch beträchtliche Vorräte bieten.

In Zeiten schlechter Baukonjunktur in Deutschland wurde N. von →REA-Gips bis zu einem Rest von 0,3 Mio. t jährlich fast vom Markt verdrängt und die REA-Gips-Depots wuchsen an. Angeregt durch die steigende Nachfrage hat die Produktion von N. bis 2014 wieder auf 4 Mio. t zugenommen und wird je nach Ausstiegsszenario der Steinkohlenverstromung die Ressource REA-Gips von 7,1 Mio. t (2013) bis 2040 oder 2050 weitgehend ersetzen, obwohl REA-Gips von der OECD-Abfallliste gestrichen wurde und im Rahmen der von der EU-Kommission zur Novellierung der Abfallrahmen-Richtlinie untersuchten Beispiele als Produkt anerkannt ist (Knauf 2017). Damit würde die Nachfrage nach N. nach 2030 wieder auf über 8 Mio. t anwachsen (BGR-Rohstoffkonferenz 2017). Die Menge RC-Gips wird demgegenüber gleichzeitig nur langsam auf 0,5 Mio. t anwachsen aus ca. 1 Mio. t gipshaltiger Bauabfälle (Monitoring-Bericht 2014/2017) und kann damit die Ausfälle von REA-Gips durch den Kohleausstieg nicht kompensieren. Die Pilotanlage für das Recycling von Gipsbauplatten hat gerade eine Kapazität von 5000 t.

Die Rauchgasgipse aus der Braunkohlenverstromung werden wegen der hohen Sulfit-Anteile traditionell in den ausgeschöpften Tagebauen deponiert. Da auch der Abbau von Kalkstein zur Gewinnung von Kalkhydrat zur Entschwefelung von Rauchgasen mineralische Ressourcen verbraucht, ist die Verwendung von REA-Gips und Technischem Gips (Chemiegips) aus der Flusssäureherstellung oder Phosphorsäureherstellung zur Schonung der N.-Vorkommen geeignet. Die Anstrengungen zum Recycling von Bauabfällen müssten allerdings stark zunehmen. Um den Bauschutt weiterhin verwerten zu können, ist die Entfernung des Sulfatanteils aus dem mineralischen Stoffstrom unbedingt erforderlich. Da das Gipslager in Gebäuden zunimmt, ist mit einer Zeitverzögerung von ca. 35 Jahren mit dem Auftreten im Bauabfallstrom zu rechnen, der schwer zu kalkulieren ist, wenn Gips im Beton, Baugips und Gipsbauplatten mit unterschiedlichen Lebensdauern für die Abschätzung des Outputstroms zugrunde gelegt werden sollen. Die Schätzungen schwanken daher von 0,5 bis 5,4 Mio. t (Müller: Recycling magazin 9/2011).

Naturharz-Anstriche N. sind nach DIN 55945 Beschichtungsstoffe aus in der Natur entstandenen Komponenten, die nachträglich weder chemisch modifiziert noch in ihrer natürlichen Struktur verändert worden sind und die keine künstlich hergestellten Komponenten und/oder Zusatzstoffe enthalten. N. sind für vielfältige Anwendungen im Innen- und Außenbereich erhältlich.

Naturfarbenhersteller deklarieren die Inhaltsstoffe ihrer Produkte freiwillig in absteigender Reihenfolge ihrer Konzentration. Als Rohstoffe werden Stoffe auf pflanzlicher Basis, wie Harze und Öle, Schleimstoffe, Quellstoffe, Fasern, Gummis, Färberdrogen, sowie mineralische Pigmente (zum großen Teil →Erdfarben, aber auch Chrompig-

N

mente und →Titandioxid), Borsalze, →Talkum und Alkohol eingesetzt. Lösemittel sind hauptsächlich →Citrusschalenöl oder Balsam-→Terpentinöl. Weiterhin spielen Pflanzenöle, wie →Leinöl oder Rizinusöl, eine große Rolle. Als Bindemittel werden Harze, wie →Kolophonium, →Dammar, Mastix, →Schellack und →Copale, verwendet. Neben pflanzlichen Rohstoffen werden auch Rohstoffe tierischer Herkunft verarbeitet, z.B. Schellack, →Cochenille, →Bienenwachs und →Kasein. N. werden – wenn überhaupt – nur mit ätherischen Ölen konserviert. Die verwendeten Rohstoffe sind damit im Wesentlichen →Nachwachsend (siehe aber z.B. →Isoaliphate). Deren Verarbeitung erfolgt möglichst schonend, unter weitgehendem Verzicht auf synthetische Chemikalien. Wichtige Produktionsprozesse sind die wässrige Extraktion, die Destillation sowie das Mischen und Rühren. Die Produkte sind meist unproblematisch zu entsorgen. Da nur natürliche Bindemittel verwendet werden, können aus N. keine Restmonomere ausgasen.

Der Lösemittelgehalt variiert in N. in einer großen Bandbreite von lösemittelfrei bis stark lösemittelhaltig. Bei bestimmten N. kann der Lösemittelgehalt bis zu 60 % betragen (→Lösemittelhaltige N.), auch von den biogenen →Lösemitteln wie Citrusschalenöl oder Balsam-Terpentinöl können Gesundheitsgefahren ausgehen. Als Alternative stehen →Wasserverdünnbare N. zur Verfügung. In N. können Stoffe enthalten sein, die z.B. die Haut reizen oder zu Allergien führen. Bei den meisten N. besteht Selbstentzündungsgefahr wegen der eingesetzten trocknenden Öle, z.B. Leinöl: Zum Auftragen benutzte Lappen müssen daher glatt ausgebreitet werden und einzeln trocknen.

Zu den Naturfarben zählen →Kaseinfarben, →Leimfarben, →Naturharz-Dispersionsfarben, →Naturharz-Lacke, →Imprägnieröle,

Naturharz-Dispersionsfarben Bei N. bilden pflanzliche Harze, z.B. das Dammarharz, die Bindemittelkomponente. Sie formen gemeinsam mit den Füllstoffen Talkum, Glimmer und Buchenholzzellstoff das Anstrichgerüst. Neben Wasser als Hauptlösemittel sind geringe Mengen an Balsam-→Terpentinöl- und →Citrusschalenöl in N. enthalten. Als Topfkonservierer zur Verhinderung des Pilzbefalls während der Lagerung werden ätherische Öle, wie das aus Australien stammende Eukalyptusöl, verwendet. N. weisen ähnliche technische Eigenschaften wie Kunstharzdispersionen auf. Wie diese sind sie sehr widerstandsfähig und waschfest.

N. bestehen aus ausreichend verfügbaren, natürlichen Rohstoffen. Die in geringen Mengen natürlich enthaltenen Terpene können aber allergische Reaktionen auslösen. Nach der Verarbeitung von N. können im ungünstigen Fall über einen längeren Zeitraum Geruchsemissionen auftreten, wenn durch Lichteinfall Aldehyde abgespalten werden. Mit dem →natureplus-Qualitätssiegel ausgezeichnete Produkte enthalten unter 1 Gew.-% Lösemittel und sind emissionsarm.

Naturharz-Dispersionsklebstoffe →Natur-Klebstoffe

Naturharze N. sind natürliche Baumharze. Unterschieden werden rezente (von noch heute lebenden Bäumen), rezentfossile (aus früheren Vertretern von Baumarten entstanden, Kopalharze) bzw. halbfossile und fossile Harze (Bernstein). Rezente N. sind z.B. →Terpentin, Balsam, →Kolophonium und Mastix.

N. können durch physikalisch-chemische Verfahren modifiziert werden. Zur Gruppe der modifizierten N. gehören insbes. Kolophonium-Glycerinester, der durch längeres Erhitzen von Glycerin mit →Kolophonium bei 250 bis 290 °C unter Zusatz von Zinksalzkatalysatoren hergestellt wird, oder auch →Schellack-Ammoniumseifen.

Naturharz-Lacke →Naturlacke

Naturharz-Lackspachtel N. besteht aus →Naturharzen (z.B. →Dammar) als Bindemittel, Füllstoffen (z.B. →Kreide, →Talkum), →Pigmenten zur Farbgebung und eventuell →Kasein sowie →Methylcellulose als →Verdicker. N. sind in der Regel wasserverdünnbar. Sie werden als Fleckspachtel zur Behandlung kleinerer Schadstellen von Hölzern verwendet.

Naturharzlasuren N. sind Lacke auf Naturharzbasis für vielfältige Anwendungen im Innen- und Außenbereich. →Naturharz-Anstriche, →Lösemittelhaltige Naturharzanstriche, →Wasserverdünnbare Naturharz-Anstriche

Naturharz-Wandfarbe →Naturharz-Dispersionsfarben

Naturkautschuk Kautschuk (Kurzzeichen NR = natural rubber, cis-1.4-Polyisopren-Kautschuk) ist ein indianisches Wort (Peru) und bedeutet übersetzt „Tränender Baum“. Wissenschaftlich übersetzt: Polymer mit gummielastischen Eigenschaften. N. besteht aus polymerisiertem Isopren von sehr ein-

heitlicher Struktur (cis-1,4-Gehalt > 99 %) und wird aus Latex gewonnen, dem Milchsaft verschiedener tropischer Pflanzen, vor allem des Kautschukbaumes (Hevea brasiliensis).
Die Vulkanisation von N. mit Schwefel entdeckte Charles Goodyear. Vernetzter („vulkanisierter") N. ist u.a. unverzichtbarer Ausgangs- und Ergänzungsstoff für hochwertige Synthesekautschuke. Er zeichnet sich durch extreme Elastizität, Zugfestigkeit und Kälteflexibilität aus. Diese Eigenschaften konnten – trotz aller Versuche – bislang nicht künstlich erzeugt werden. Neben N. wurde in den letzten hundert Jahren eine Reihe von Synthesekautschuken entwickelt.

Naturkautschuk-Klebstoffe N. eignen sich zum Verkleben von →Kork-, →Linoleum- und →Textilen Bodenbelägen. N. sind eine natürliche, technisch hochwertige Alternative zu →Synthesekautschuk-Klebstoffen. Mit N. können dauerelastische, wasser- und stuhlrollenfeste Verbindungen hergestellt werden. Naturfarbenhersteller achten beim Einkauf des Natur-Rohstoffs Kautschuk darauf, die Kautschukzapfer im Amazonasgebiet in ihrer Lebensgrundlage zu unterstützen. Bei Allergien auf etherische Öle oder andere Naturstoffe sollte man die Rezeptur des N. auf Verträglichkeit prüfen (→Terpene). Beispielrezeptur: →Naturkautschuk, Wasser, →Dammar, feinstes Dolomitgesteinsmehl, →Talkum, →Kasein, →Borax, →Borsäure und als Konservierer Pinienöl.

Natur-Klebstoffe Für das Verkleben von Bodenbelägen, Holzbauteilen oder Kleinteilen werden leistungsstarke N. auf der Basis von →Naturkautschuk, →Kasein, →Stärke, →Gummi arabicum oder Tragant (eine Gattung innerhalb der Familie der Hülsenfrüchtler) in Kombination mit Naturharzen (meist →Dammar) angeboten. Die Produkte von Naturfarbenherstellern werden weitestgehend nach den Kriterien der →Sanften Chemie hergestellt. Bei Allergien auf etherische Öle oder andere Naturstoffe sollte man die Rezeptur des N. auf Verträglichkeit prüfen (→Terpene). Beispielrezeptur: Wasser, Dammar, Naturkautschuk, Borate, Xanthan, Kasein, etherische Öle, Orangenöl. →Naturkautschuk-Klebstoffe, →Kaseinklebstoffe

Naturlacke N. sind Lacke auf Naturharzbasis für vielfältige Anwendungen im Innen- und Außenbereich. →Naturharz-Anstriche

Naturlatex →Naturkautschuk

Natursteine N. ist die Sammelbezeichnung für alle Erstarrungs-, Sediment- und metamorphen Gesteine, die als Baustoffe verwendet werden. Eigenschaften sind hohe Dichte: 2.500 bis 3.000 kg/m^3, hohe Wärmeleitfähigkeit (kalte Oberfläche) und hohe Wärmekapazität. Bei der Herstellung und Verarbeitung treten bis auf →Stäube praktisch keine gesundheitlichen Belastungen auf (Ausnahme z.B. Marmorbruch von Hand). Manche Gesteine weisen erhöhte Radioaktivität auf (→Radioaktivität von Baustoffen). N. sind wiederverwertbar und problemlos zu deponieren. Umweltbelastungen treten bei der Gewinnung im →Tagebau auf. N. werden im Außenbereich für Fußbodenplatten, Fassadenverkleidung, Dacheindeckungen und Mauern verwendet, im Innenbereich für Fußböden, Fensterbänke, Treppenstufen und Wandverkleidungen. →Granit, →Marmor, →Schiefer

Natursteinputze N. werden aus →Kunstharzputzen mit gelöstem transparentem Kunststoffbindemittel hergestellt. Die Zuschläge aus farbigen Natursteinen, Marmorsplitt oder lichtecht gefärbten Quarzsteinen oder Natursteingranulate bleiben dadurch sichtbar. Sie werden für dekorative Sockel- oder Innenputze verwendet. Der Anteil an →Lösemitteln stellt eine Umweltbelastung und eine Gesundheitsbelastung für die Verarbeiter dar.

Naturwerkstofftapeten N. sind →Tapeten, die aus naturbelassenen Rohstoffen wie Kork, Gras, Glimmer, Bast, Sand oder ähnliche Materialien weitestgehend ohne Chemikalienzusatz produziert und verarbeitet werden. →Naturfasertapeten, →Grastapeten, →Kork-Tapeten

NAWARO Kurzwort für →Nachwachsende Rohstoffe

NC-Lacke →Nitrolacke

Nebelfluids N. für →Nebelmaschinen bestehen i.d.R. aus Mischungen von 1,2-Propylenglykol (Propandiol-1,2) und Wasser im Verhältnis 1:4 bis 1:1. Zusammensetzung und verwendete Chemikalien variieren von Hersteller zu Hersteller. Evtl. werden noch Riechstoffe zugesetzt. Bei falsch eingestellten Nebelmaschinen kann es zu einer Zersetzung des Propylenglykols und in der Folge zu gesundheitlichen Beeinträchtigungen durch die Zersetzungsprodukte kommen. Bei exzessivem Einsatz von N. kann sich ein schmieriger Film auf Oberflächen bilden. Je höher die Haltbarkeit in der Luft, desto höher ist i.d.R. der chemische Anteil. Ein Zusatz von Glycerin (Propantriol-1,2,3) verstärkt die

Haltbarkeit des Nebels. Das Glycerin kann sich, in Abhängigkeit von der Konstruktion der Nebelmaschine, spurenweise zu Acrolein zersetzen, das einen unangenehmen Geruch aufweist und zu Schleimhautreizungen führen kann. Propandiole sind weitgehend unbedenklich und werden u.a. als Feuchthaltemittel für Kosmetika und Tabak sowie als Trägersubstanz für Salben und Cremes und in Arzneimitteln verwendet.

Nebelmaschinen N. dienen der Erzeugung von künstlichen Nebeln in Diskotheken und bei Showveranstaltungen. Die Geräte bestehen aus einer Pumpe, die das →Nebelfluid aus dem Tank in den Verdampfer presst. In diesem verdampft das Fluid, wobei es sehr stark expandiert und sich unter Druck durch die Düse presst. Außerhalb der Maschine kondensiert das Fluid zu kleinen Tröpfchen, die den Nebel bilden. Ein Sensor, der ein Heizelement steuert, sorgt für eine gleichmäßige Verdampfertemperatur.

Neonröhren →Leuchtstofflampen

Neopren →Polychloropren

Neopren-Klebstoffe Andere Bezeichnung für →Synthesekautschuk-Klebstoffe

Neptungras N. (Posidonia oceanica) ist eine Pflanzenart aus der Familie der Neptungrasgewächse. Die Wasserpflanze gedeiht im Salzwasser. Abgestorbenes Neptungras wird im Winter und Frühjahr in Form von Seebällen an den Strand gespült und eignet sich als Dämmmaterial. N. weist einen guten Wärmedämmwert auf, ist aufgrund der silikathaltigen Faserstruktur nicht brennbar und resistent gegen Schimmelpilze. Der Dämmwert liegt bei ca. 0,041 bis 0,044 W/(m·K). Anwendung als Einblas-, Stopf- oder Schüttdämmung. →Naturdämmstoff, →Seegras

Neptunit N. ist der Handelsname für die anorganische, asbesthaltige Feuerschutzplatte der ehem. DDR nach TGL 29312 und 37478. Die Platten wurden bis 30.6.1982 mit 40 % →Asbest (TGL 29312) und danach mit 20 % Asbest (TGL 37478) hergestellt. Sie bestanden aus Asbest, Zement, Sikalit, Kaliwasserglas und Perlit (Hydrophobiermittel). Die Rohdichte betrug je nach Typ zwischen 500 und 700 kg/m^3. Durchschnittlich wurden jährlich ca. 80.000 m^2 der Platten hergestellt (maximal 200.000 m^2/Jahr). N.-Platten gelten gemäß →Asbest-Richtlinie unabhängig von ihrer Rohdichte als →Schwach gebundene Asbestprodukte. →Asbest

Netzmittel und Dispergiermittel N. u. D. dienen in pigmentierten Lacken der Benetzung der Pigmentteilchen, sodass diese möglichst fein und gleichmäßig verteilt werden. Es handelt sich um oberflächen- oder grenzflächenaktive Stoffe, die als Vermittler zwischen chemisch unterschiedlichen Stoffen fungieren, die in eine homogene Mischung gebracht werden sollen.

N. setzen die Oberflächenspannung von Lösungen bzw. Flüssigkeiten herab, sodass die festen Körper wie Füllstoffe und →Pigmente vollständig benetzt werden können. D. lagern sich an der Oberfläche von Pigmentteilchen an, erzeugen Abstoßungskräfte zwischen den einzelnen Teilchen und verhindern so, dass die dispergierten Pigmentteilchen sich wieder aneinander lagern. Als N. u. D. für Anstrichstoffe werden hauptsächlich kationische →Tenside eingesetzt.

Neusilber N. (auch als Nickelmessing bezeichnet) ist eine Legierung aus ca. 60 % Kupfer, 20 % Zink und 20 % Nickel mit silberähnlicher Farbe. N. ist leicht zu verarbeiten und hat einen hohen elektrischen Widerstand. Einsatz im Bauwesen für Beschläge, Armaturen, Wand- und Türenverkleidungen. Nickel-Allergie ist die häufigste Kontaktallergie. →Kupfer-→Zink-Legierungen

Neusilberbeschläge N. werden durch Gießen der flüssigen Legierung in Hohlformen hergestellt. →Neusilber

NFSK Naphthalinsulfonatformaldehyd-Kondensate. →Naphthalinsulfonate

Nicht erneuerbare Energieträger Energieträger aus Ressourcen, deren Vorräte durch Lagerstätten begrenzt sind. Zu den N. zählen →Fossile Rohstoffe (Erdöl, Erdgas, Stein- und Braunkohle) und nukleare Energieträger (Uran, Thorium und Plutonium).

Nicht ionisierende Strahlung Elektrische, magnetische sowie elektromagnetische Felder mit Wellenlängen von 100 nm und darüber, die i.d.R. keine Bildung von Ionen (Ionisierung) bewirken können. Vgl. →Ionisierende Strahlung.

Nicht rostende Stähle N. sind gegenüber chemisch angreifenden Stoffen besonders widerstandsfähige Stähle (→Stahl). Sie weisen Chromgehalte von mind. 12 % auf, häufig bis 20 %, sowie weitere Legierungsbestandteile wie Nickel, Molybdän, Titan, Vanadium und Niob. Chrom verbindet sich mit

N

Sauerstoff zu Chromoxid und bildet einen dünnen, für das Auge unsichtbaren Oxidfilm auf der Stahloberfläche. Zusätzlich zur Legierung werden die N. besonderen Vergütungsverfahren unterworfen. Handelsnamen sind V2A, Nirosta und Remanit. →Chrom, →Nickel
Chrom-Nickel-Stähle zeigen bei Bewitterung wesentlich geringere Metallabtragung als z.B. →Kupfer- oder →Titanzinkbleche. Chrom-Nickel-Molybdän-Stähle werden bei stark aggressiver Industrie- und Meeresatmosphäre eingesetzt.

Nickel N. zählt zu den Schwermetallen. In geringen Mengen ist es ubiquitär verbreitet. In der Natur ist N. häufig mit →Cobalt, →Antimon und →Arsen vergesellschaftet. N. ist gegen Luft und Wasser sehr beständig und bildet leicht Legierungen mit Eisen, →Kupfer, Mangan usw. aus. N. wird daher zur Stahlveredelung in legierten Stählen verwendet (Korrosionsschutz, Chrom-Nickel-Stähle). Ein weiterer Einsatzbereich von N. sind Batterien und Akkus. Der Mensch nimmt ca. 1 % des N. über die Atemluft und den Rest über Trinkwasser und Nahrung auf. Raucher haben mit dem im Zigarettenrauch enthaltenen Nickeltetracarbonyl eine zusätzliche Belastung. Für manche Organismen ist N. ein essenzielles Spurenelement. Ob und in welchen Konzentrationen N. für den menschlichen Körper lebensnotwendig ist, ist umstritten. Die Toxizität metallischen N. und seiner anorganischen Verbindungen ist gering. Bei empfindlichen Personen kann N. eine Allergie durch Hautkontakt (Schmuck, Textilien) auslösen. Schätzungsweise ca. 20 % der weiblichen Bevölkerung und 2 bis 4 % der männlichen Bevölkerung sind sensibilisiert. Wasserlösliche N.-Salze sind für den Menschen atemwegssensibilisierend.
Nickelmetall AGW (TRGS 900): 6 µg/m^3 und EU-GHS-Einstufung und Kennzeichnung (EG) Nr. 1272/2008 CLP Karzinogenität, Kategorie 2; H351 Kann vermutlich Krebs erzeugen; Spezifische Zielorgan-Toxizität (wiederholte Exposition), Kategorie 1; H372 Schädigt die Organe bei längerer oder wiederholter Exposition; Sensibilisierung der Haut, Kategorie 1; H317 Kann allergische Hautreaktionen verursachen; Langfristig gewässergefährdend chronisch: Aquatic Chronic 3; H412 Schädlich für Wasserorganismen, mit langfristiger Wirkung.
REACH-VO (EG) Nr. 1907/2006 Anhang XVII, Nummer 27: Nickel und Nickelverbindungen sind nicht zugelassen in Ertsteckern, die in durchstochene Ohren oder andere durchstochene Körperteile eingeführt werden, und in Produkten, die unmittelbaren und längeren Kontakt mit der Haut haben (z.B. Ohrringe, Halsketten, Ring).

Nickelmessing →Neusilber

Niedrigenergiehaus Mindestens ein Drittel des gesamten Endenergieverbrauchs wird in den deutschsprachigen Ländern für die Gebäudebeheizung verbraucht. Ein N. ist ein Gebäude, in dem der Einsparung von Heizenergie ein hoher Stellenwert zukommt. Es gibt keine allgemein gültige Definition für ein N. Als Richtwert kann ein spezifischer →Heizwärmebedarf unter 40 kWh pro m^2 Fläche und Jahr für Mehrfamilienhäuser und unter 60 kWh/(m^{2}a) für Einfamilienhäuser herangezogen werden. Vorreiter in der Entwicklung von N. waren Kanada und die skandinavischen Länder, insbesondere Schweden. Der Begriff N. bezeichnet einen Standard und keine Bauweise. Es erfolgt daher keine Festlegung von z.B. →U-Werten, Fensterflächenanteilen u.Ä. Grundsätzlich kann durch sorgfältige Planung der Details aus jedem Entwurf ein N. entstehen. Folgende Prinzipien führen in erster Linie zur Verringerung des Heizenergiebedarfs bis auf N.-Standard:

- Kompakte Gebäudeform
- Guter Wärmeschutz von opaken Bauteilen
- Sorgfältige Reduktion von Wärmebrücken
- Einsatz von →Wärmeschutzverglasung
- Ausnutzung von passiven solaren Gewinnen
- Anstreben von hoher →Luftdichtigkeit der Gebäudehülle
- Mechanische Belüftung mit Wärmerückgewinnung aus der Abluft (→Komfortlüftungsanlage)

Mit den in den Bauordnungen festgeschriebenen Mindest-U-Werten werden die Anforderungen an N. nicht erfüllt. Richtwerte für U-Werte zur Erreichung des N.-Standards sind:

- Außenwände und Decken, die beheizte Räume gegen die Außenluft abgrenzen: U ≤ 0,20 W/(m^2·K)
- Dachschrägen und Decken unter nicht beheizten Dachräumen: U ≤ 0,15 W/(m^2·K)
- Kellerdecken, Wände und Decken gegen unbeheizte Räume und gegen Erdreich: U ≤ 0,30 W/(m^2·K)

Bei durchdachter Planung können N. auch ohne bauliche Mehrkosten verwirklicht werden. Die konsequente Weiterentwicklung des N. ist das →Passivhaus und das →Nullenergiehaus.

Niedrigtemperaturasphalte Bei N. werden der normalen Asphalt-Rezeptur Zusätze in Form von Wachsen zugegeben, die es ermöglichen, den Asphalt bei niedrigeren Temperaturen einzubauen, ohne dass dabei seine Verarbeitungseigenschaften und seine Gebrauchseigenschaften beeinträchtigt werden. Dies hat eine Verringerung der gesundheitsgefährdenden Bitumendämpfe und -aerosole, einen niedrigeren Energieverbrauch und geringere CO_2-Emissionen zur Folge.

NIK-Werte Abk. für Niedrigste Interessierende Konzentration (lowest concentration of interest, →LCI). N. sind stoffbezogene Rechenwerte für einen VOC-, VVOC- oder SVOC-Einzelstoff zur Verwendung bei der gesundheitlichen Bewertung von Stoffemissionen aus Bauprodukten (AgBB-Schema), die von einer Arbeitsgruppe des →AgBB unter Mitwirkung von Industrie und Herstellerverbänden in Anlehnung an den ECA-Bericht Nr. 18 (European Collaborative Action „Indoor Air Quality and its Impact on Man" Evaluation of VOC Emissions from Building Products – Solid Flooring Materials) zunächst aus den Luftgrenzwerten für gewerbliche Arbeitsplätze (TRGS 900) abgeleitet werden. N. stellen die Konkretisierung der zur Abwehr von Gesundheitsgefahren durch VOC-/SVOC-Gemische baurechtlich geforderten Kriterien dar. Zur Berechnung von N. wurde der Beurteilungswert für den Arbeitsplatz (→AGW (TRGS 900) oder →MAK-Wert u.a.) des betreffenden Stoffes i.d.R. durch 100 dividiert (Ausnahme z.B. Reizgase). Bei Stoffen, die gemäß Verordnung (EG) Nr. 1272/2008 in Kategorie 2 (→CMR-Stoffe) als mögliche Kanzerogene eingestuft sind, wird durch 1.000 dividiert. →Reproduktionstoxische und →Mutagene Stoffe werden einer Einzelstoffbetrachtung unterzogen. Für nach 1A und 1B eingestufte Stoffe werden keine N. abgeleitet.

Seit 2015 sind die Kriterien zur NIK-Wert-Ableitung an die der EU-LCI-Werte (ECA-Report 29) angepasst. Ableitungsbasis bildet eine geeignete wissenschaftlich anerkannte Studie und unter Verwendung von Sicherheitsfaktoren in Anlehnung an die Leitlinien der europäischen Chemikalienbehörde ECHA wird die Stoffkonzentration ohne gesundheitlich nachteiligen oder toxischen Effekt ermittelt. Seit 2015 werden auch publizierte EU-LCI-Werte als NIK-Werte wenn möglich übernommen. N. können nur als Rechenwerte zur Bauproduktbewertung bzw. zur Bauproduktzulassung, nicht jedoch als raumlufthygienische Grenzwerte für Einzelstoffe herangezogen werden. In Relation der Stoffe untereinander gilt: Je größer der N. eines Stoffes, umso geringer ist dessen Toxizität und umgekehrt.

Tabelle N7: NIK-Werte-Liste, Stand: Februar 2015 (Quelle: AgBB, UBA)

	Substanz	CAS Nr.	NIK [µg/m³]	Bemerkungen
1	**Aromatische Kohlenwasserstoffe**			
1-1*	Toluol	108-88-3	**2.900**	Übernahme EU-LCI-Wert
1-2*	Ethylbenzol	100-41-4	**850**	Übernahme EU-LCI-Wert
1-3*	Xylol, Gemisch aus den Isomeren o-, m- und p-Xylol	1330-20-7	**500**	Übernahme EU-LCI-Wert
1-4*	p-Xylol	106-42-3	**500**	Übernahme EU-LCI-Wert
1-5*	m-Xylol	108-38-3	**500**	Übernahme EU-LCI-Wert
1-6*	o-Xylol	95-47-6	**500**	Übernahme EU-LCI-Wert
1-7*	Isopropylbenzol	98-82-8	**500**	MAK: 50.000 µg/m³
1-8*	n-Propylbenzol	103-65-1	**950**	Übernahme EU-LCI-Wert
1-9	1-Propenylbenzol (ß-Methylstyrol)	637-50-3	**2.400**	Read across von α-Methylstyrol
1-10*	1,3,5-Trimethylbenzol	108-67-8	**450**	Übernahme EU-LCI-Wert

Tabelle N7: NIK-Werte-Liste, Stand: Februar 2015 (Quelle: AgBB, UBA) (Forts.)

	Substanz	CAS Nr.	NIK [µg/m³]	Bemerkungen
1-11*	1,2,4-Trimethylbenzol	95-63-6	**450**	Übernahme EU-LCI-Wert
1-12*	1,2,3-Trimethylbenzol	526-73-8	**450**	Übernahme EU-LCI-Wert
1-13*	2-Ethyltoluol	611-14-3	**550**	Übernahme EU-LCI-Wert
1-14*	1-Isopropyl-2-methylbenzol (o-Cymol)	527-84-4	**1.000**	Übernahme EU-LCI-Wert
1-15*	1-Isopropyl-3-methylbenzol (m-Cymol)	535-77-3	**1.000**	Übernahme EU-LCI-Wert
1-16*	1-Isopropyl-4-methylbenzol (p-Cymol)	99-87-6	**1.000**	Übernahme EU-LCI-Wert
1-17*	1,2,4,5-Tetramethylbenzol	95-93-2	**500**	Übernahme EU-LCI-Wert
1-18*	n-Butylbenzol	104-51-8	**1.100**	Übernahme EU-LCI-Wert
1-19*	1,3-Diisopropylbenzol	99-62-7	**750**	Übernahme EU-LCI-Wert
1-20*	1,4-Diisopropylbenzol	100-18-5	**750**	Übernahme EU-LCI-Wert
1-21*	Phenyloctan und Isomere	2189-60-8	**1.100**	Übernahme EU-LCI-Wert
1-22*	1-Phenyldecan und Isomere	104-72-3	**1.100**	Read across von Ethylbenzol
1-23*	1-Phenylundecan und Isomere	6742-54-7	**1.100**	Read across von Ethylbenzol
1-24*	4-Phenylcyclohexen (4-PCH)	4994-16-5	**300**	Read across von Styrol
1-25*	Styrol	100-42-5	**250**	Übernahme EU-LCI-Wert
1-26*	Phenylacetylen	536-74-3	**200**	Read across von Styrol
1-27	2-Phenylpropen (α-Methylstyrol)	98-83-9	**2.500**	EU-OEL: 246.000 µg/m³
1-28	Vinyltoluol (alle Isomeren: o-, m-, p-Methylstyrole)	25013-15-4	**4.900**	AGW: 490.000 µg/m³
1-29*	Andere Alkylbenzole, sofern Einzelisomere nicht anders zu bewerten sind		**450**	Read across von Trimethylbenzol
1-30	Naphthalin	91-20-3	**5**	AGW: 500 µg/m³
1-31*	Inden	95-13-6	**450**	Übernahme EU-LCI-Wert
2	**Aliphatische Kohlenwasserstoffe (n-, iso- und cyclo-)**			
2-1	3-Methylpentan	96-14-0		VVOC
2-2	n-Hexan	110-54-3	**72**	EU-OEL: 72.000 µg/m³
2-3*	Cyclohexan	110-82-7	**6.000**	Übernahme EU-LCI-Wert
2-4*	Methylcyclohexan	108-87-2	**8.100**	Übernahme EU-LCI-Wert
2-5	–			1)
2-6	–			1)
2-7	–			1)
2-8	n-Heptan	142-82-5	**21.000**	EU-OEL: 2.085.000 µg/m³

Tabelle N7: NIK-Werte-Liste, Stand: Februar 2015 (Quelle: AgBB, UBA) (Forts.)

	Substanz	CAS Nr.	NIK [µg/m³]	Bemerkungen
2-9	Andere gesättigte aliphatische Kohlenwasserstoffe C6 bis C8		**15.000**	AGW: 1.500.000 µg/m³
2-10*	Andere gesättigte aliphatische Kohlenwasserstoffe C9 bis C16		**6.000**	Übernahme EU-LCI-Wert
2-11*	Andere gesättigte aliphatische Kohlenwasserstoffe C17 bis C22		**1.000**	SVOC Einzelstoffbetrachtung
3	**Terpene**			
3-1*	3-Caren	498-15-7	**1.500**	Übernahme EU-LCI-Wert
3-2*	α-Pinen	80-56-8	**2.500**	Übernahme EU-LCI-Wert
3-3*	ß-Pinen	127-91-3	**1.400**	Übernahme EU-LCI-Wert
3-4*	Limonen	138-86-3	**5.000**	Übernahme EU-LCI-Wert
3-5*	Terpene, sonstige		**1.400**	Übernahme EU-LCI-Wert (zur Gruppe gehören alle Monoterpene und Sesquiterpene und deren Sauerstoffderivate)
4*	**Aliphatische mono Alkohole (n-, iso- und cyclo-) und Dialkohole**			
4-1	Ethanol	64-17-5		VVOC
4-2	1-Propanol	71-23-8		VVOC
4-3	2-Propanol	67-63-0		VVOC
4-4*	tert-Butanol, 2-Methyl-2-propanol	75-65-0	**620**	Übernahme EU-LCI-Wert
4-5	2-Methyl-1-propanol	78-83-1	**3.100**	AGW: 310.000 µg/m³
4-6*	1-Butanol	71-36-3	**3.000**	Übernahme EU-LCI-Wert
4-7*	Pentanol (alle Isomere)	71-41-0 30899-19-5 94624-12-1 6032-29-7 584-02-1 137-32-6 123-51-3 598-75-4 75-85-4 75-84-3	**730**	Übernahme EU-LCI-Wert
4-8*	1-Hexanol	111-27-3	**2.100**	Übernahme EU-LCI-Wert
4-9*	Cyclohexanol	108-93-0	**2.000**	Übernahme EU-LCI-Wert
4-10*	2-Ethyl-1-hexanol	104-76-7	**300**	Übernahme EU-LCI-Wert
4-11	1-Octanol	111-87-5	**500**	Einzelstoffbetrachtung

Tabelle N7: NIK-Werte-Liste, Stand: Februar 2015 (Quelle: AgBB, UBA) (Forts.)

	Substanz	CAS Nr.	NIK [µg/m³]	Bemerkungen
4-12*	4-Hydroxy-4-methylpentan-2on (Diacetonalkohol)	123-42-2	**960**	Übernahme EU-LCI-Wert
4-13	Andere C4-C10 gesättigte n- und iso-Alkohole		**500**	Read across von 1-Octanol, ausgenommen sind die cyclischen Verbindungen
4-14	Andere C11-C13 gesättigte n- und iso-Alkohole		**500**	Read across von 1-Octanol, ausgenommen sind die cyclischen Verbindungen
4-15*	1,4-Cyclohexandimethanol	105-08-8	**1.600**	Einzelstoffbetrachtung
5	**Aromatische Alkohole (Phenole)**			
5-1	Phenol	108-95-2	**10**	Einzelstoffbetrachtung
5-2*	BHT (2,6-di-tert-butyl-4methylphenol)	128-37-0	**100**	Übernahme EU-LCI-Wert
5-3*	Benzylalkohol	100-51-6	**440**	Übernahme EU-LCI-Wert
6	**Glykole, Glykolether, Glykolester**			
6-1	Propylenglykol (1,2-Dihydroxypropan)	57-55-6	**2.500**	Einzelstoffbetrachtung
6-2	Ethylenglykol (Ethandiol)	107-21-1	**260**	AGW: 26.000 µg/m³
6-3*	Ethylenglykolmonobutylether	111-76-2	**1.100**	Übernahme EU-LCI-Wert
6-4*	Diethylenglykol	111-46-6	**440**	Übernahme EU-LCI-Wert
6-5*	Diethylenglykolmonobutylether	112-34-5	**670**	Übernahme EU-LCI-Wert
6-6*	2-Phenoxyethanol	122-99-6	**1.100**	Übernahme EU-LCI-Wert
6-7	Ethylencarbonat	96-49-1	**370**	Read across von Ethylenglykol
6-8	1-Methoxy-2-propanol	107-98-2	**3.700**	AGW: 370.000 µg/m³
6-9*	2,2,4-Trimethyl-1,3pentandiolmonoisobutyrat	25265-77-4	**600**	Übernahme EU-LCI-Wert
6-10	Glykolsäurebutylester (Hydroxyessigsäurebutylester)	7397-62-8	**550**	Read across von Ethylenglykol
6-11*	Butyldiglykolacetat (Ethanol, 2-(2-butoxyethoxy)acetat, BDGA)	124-17-4	**850**	Übernahme EU-LCI-Wert
6-12*	Dipropylenglykolmonomethylether	34590-94-8	**3.100**	Übernahme EU-LCI-Wert
6-13	2-Methoxyethanol	109-86-4	**3#**	EU-OEL: 3.110 µg/m³
6-14	2-Ethoxyethanol	110-80-5	**8**	EU-OEL: 8.000 µg/m³
6-15*	2-Propoxyethanol	2807-30-9	**860**	Übernahme EU-LCI-Wert
6-16*	2-Methylethoxyethanol	109-59-1	**220**	Übernahme EU-LCI-Wert
6-17*	2-Hexoxyethanol	112-25-4	**1.400**	Read across von Ethylenglykolmonobutylether

N

Tabelle N7: NIK-Werte-Liste, Stand: Februar 2015 (Quelle: AgBB, UBA) (Forts.)

	Substanz	CAS Nr.	NIK [µg/m³]	Bemerkungen
6-18	1,2-Dimethoxyethan	110-71-4	**4#**	Read across von 2-Methoxy-ethanol
6-19	1,2-Diethoxyethan	629-14-1	**10**	Read across von 2-Ethoxy-ethanol
6-20	2-Methoxyethylacetat	110-49-6	**5**	AGW: 4.900 µg/m³
6-21	2-Ethoxyethylacetat	111-15-9	**11**	EU-OEL: 11.000 µg/m³
6-22	2-Butoxyethylacetat	112-07-2	**1.300**	AGW: 130.000 µg/m³
6-23	2-(2-Hexoxyethoxy)-ethanol	112-59-4	**740**	Read across von Diethylenglykolmonobutylether
6-24*	1-Methoxy-2-(2-methoxyethoxy)-ethan	111-96-6	**28**	Übernahme EU-LCI-Wert
6-25*	2-Methoxy-1-propanol	1589-47-5	**19**	Übernahme EU-LCI-Wert
6-26*	2-Methoxy-1-propylacetat	70657-70-4	**28**	Übernahme EU-LCI-Wert
6-27	Propylenglykoldiacetat	623-84-7	**5.300**	Read across von Propylenglykol
6-28*	Dipropylenglykol	110-98-5 25265-71-8	**670**	Übernahme EU-LCI-Wert
6-29	Dipropylenglykolmonomethyletheracetat	88917-22-0	**3.900**	Read across von Dipropylenglykolmonomethylether
6-30	Dipropylenglykolmono-npropylether	29911-27-1	**740**	Read across von Diethylenglykolmonobutylether
6-31	Dipropylenglykolmono-nbutylether	29911-28-2 35884-42-5	**810**	Read across von Diethylenglykolmonobutylether
6-32	Dipropylenglykolmono-tbutylether	132739-31-2 (Gemisch)	**810**	Read across von Diethylenglykolmonobutylether
6-33*	1,4-Butandiol	110-63-4	**2.000**	Übernahme EU-LCI-Wert
6-34	Tripropylenglykol- monomethylether	20324-33-8 25498-49-1	**2.000**	Einzelstoffbetrachtung
6-35	Triethylenglykoldimethylether	112-49-2	**7**	Read across von 2-Methoxyethanol
6-36	1,2-Propylenglykoldimethylether	7778-85-0	**25**	Read across von 2-Methoxy-1-propanol
6-37*	2,2,4-Trimethylpentandiol-1,3diisobutyrat	6846-50-0	**450**	Übernahme EU-LCI-Wert
6-38*	Ethyldiglykol	111-90-0	**350**	Übernahme EU-LCI-Wert
6-39*	Dipropylenglykoldimethylether	63019-84-1 89399-28-0 111109-77-4	**1.300**	Übernahme EU-LCI-Wert
6-40	Propylencarbonat	108-32-7	**250**	Einzelstoffbetrachtung
6-41	Hexylenglykol (2-Methyl-2,4-pentandiol)	107-41-5	**490**	MAK: 49.000 µg/m³

N

Tabelle N7: NIK-Werte-Liste, Stand: Februar 2015 (Quelle: AgBB, UBA) (Forts.)

	Substanz	CAS Nr.	NIK [µg/m³]	Bemerkungen
6-42	3-Methoxy-1-butanol	2517-43-3	**500**	Einzelstoffbetrachtung
6-43	1,2-Propylenglykol-npropylether	1569-01-3 30136-13-1	**1.400**	Einzelstoffbetrachtung
6-44	1,2-Propylenglykol-n-butylether	5131-66-8 29387-86-8 15821-83-7 63716-40-5	**1.600**	Einzelstoffbetrachtung
6-45	Diethylenglykol-phenylether	104-68-7	**1.450**	Read across von 2-Phen-oxyethanol
6-46	Neopentylglykol (2,2-Dimethylpropan-1,3-diol)	126-30-7	**1.000**	Einzelstoffbetrachtung
7	**Aldehyde**			
7-1*	Butanal	123-72-8	**650**	VVOC Übernahme EU-LCI-Wert
7-2*	Pentanal	110-62-3	**800**	Übernahme EU-LCI-Wert
7-3*	Hexanal	66-25-1	**900**	Übernahme EU-LCI-Wert
7-4*	Heptanal	111-71-7	**900**	Übernahme EU-LCI-Wert
7-5*	2-Ethylhexanal	123-05-7	**900**	Übernahme EU-LCI-Wert
7-6*	Octanal	124-13-0	**900**	Übernahme EU-LCI-Wert
7-7*	Nonanal	124-19-6	**900**	Übernahme EU-LCI-Wert
7-8*	Decanal	112-31-2	**900**	Übernahme EU-LCI-Wert
7-9	2-Butenal (Crotonaldehyd, cistrans-Gemisch)	4170-30-3 123-73-9 15798-64-8	**1#**	Einzelstoffbetrachtung
7-10	2-Pentenal	1576-87-0 764-39-6 31424-04-1	**12**	Read across von 2-Butenal, aber keine EU-Mutagenitäts-einstufung
7-11	2-Hexenal	16635-54-4 6728-26-3 505-57-7 1335-39-3	**14**	Read across von 2-Pentenal
7-12	2-Heptenal	2463-63-0 18829-55-5 29381-66-6	**16**	Read across von 2-Pentenal
7-13	2-Octenal	2363-89-5 25447-69-2 20664-46-4 2548-87-0	**18**	Read across von 2-Pentenal
7-14	2-Nonenal	2463-53-8 30551-15-6 18829-56-6 60784-31-8	**20**	Read across von 2-Pentenal

N

Tabelle N7: NIK-Werte-Liste, Stand: Februar 2015 (Quelle: AgBB, UBA) (Forts.)

	Substanz	CAS Nr.	NIK [µg/m³]	Bemerkungen
7-15	2-Decenal	3913-71-1 2497-25-8	**22**	Read across von 2-Pentenal
		3913-81-3		
7-16	2-Undecenal	2463-77-6 53448-07-0	**24**	Read across von 2-Pentenal
7-17	Furfural	98-01-1	**20**	Einzelstoffbetrachtung
7-18	Glutaraldehyd	111-30-8	**2#**	AGW: 200 µg/m³
7-19	Benzaldehyd	100-52-7	**90**	WEEL (AIHA): 8.800 µg/m³
7-20*	Acetaldehyd	75-07-0	**1.200**	VVOC Übernahme EU-LCI-Wert
7-21	Propanal	123-38-6		VVOC
7-22*	Formaldehyd	50-00-0	**100**	VVOC Einzelstoffbetrachtung
8	**Ketone**			
8-1*	Ethylmethylketon	78-93-3	**5.000**	Übernahme EU-LCI-Wert
8-2*	3-Methyl-2-butanon	563-80-4	**7.000**	Übernahme EU-LCI-Wert
8-3	Methylisobutylketon	108-10-1	**830**	AGW: 83.000 µg/m³
8-4*	Cyclopentanon	120-92-3	**900**	Übernahme EU-LCI-Wert
8-5*	Cyclohexanon	108-94-1	**410**	Übernahme EU-LCI-Wert
8-6	2-Methylcyclopentanon	1120-72-5	**1.000**	Read across von Cyclopentanon
8-7*	2-Methylcyclohexanon	583-60-8	**2.300**	Übernahme EU-LCI-Wert
8-8*	Acetophenon	98-86-2	**490**	Übernahme EU-LCI-Wert
8-9	1-Hydroxyaceton (1-Hydroxy-2-propanon)	116-09-6	**2.400**	Read across von Propylenglykol
8-10*	Aceton	67-64-1	**1.200**	VVOC AGW: 1.200.000 µg/m³
9	**Säuren**			
9-1	Essigsäure	64-19-7	**1.250**	Einzelstoffbetrachtung
9-2*	Propionsäure	79-09-4	**310**	Übernahme EU-LCI-Wert
9-3	Isobuttersäure	79-31-2	**370**	Read across von Propionsäure
9-4	Buttersäure	107-92-6	**370**	Read across von Propionsäure
9-5	Pivalinsäure	75-98-9	**420**	Read across von Propionsäure

Tabelle N7: NIK-Werte-Liste, Stand: Februar 2015 (Quelle: AgBB, UBA) (Forts.)

	Substanz	CAS Nr.	NIK [µg/m³]	Bemerkungen
9-6	n-Valeriansäure	109-52-4	**420**	Read across von Propion-säure
9-7	n-Capronsäure	142-62-1	**490**	Read across von Propion-säure
9-8	n-Heptansäure	111-14-8	**550**	Read across von Propion-säure
9-9	n-Octansäure	124-07-2	**600**	Read across von Propion-säure
9-10*	2-Ethylhexansäure	149-57-5	**150**	Übernahme EU-LCI-Wert
10	**Ester und Lactone**			
10-1	Methylacetat	79-20-9		VVOC
10-2	Ethylacetat	141-78-6		VVOC
10-3	Vinylacetat	108-05-4		VVOC
10-4*	Isopropylacetat	108-21-4	**4.200**	Übernahme EU-LCI-Wert
10-5*	Propylacetat	109-60-4	**4.200**	Übernahme EU-LCI-Wert
10-6*	2-Methoxy-1-methylethylacetat	108-65-6	**2.700**	Übernahme EU-LCI-Wert
10-7	n-Butylformiat	592-84-7	**2.000**	Read across von Methyl-formiat (AGW: 120.000 µg/m³)
10-8	Methylmethacrylat	80-62-6	**2.100**	AGW: 210.000 µg/m³
10-9	Andere Methacrylate		**2.100**	Read across von Methyl-methacrylat
10-10*	Isobutylacetat	110-19-0	**4.800**	Übernahme EU-LCI-Wert
10-11*	1-Butylacetat	123-86-4	**4.800**	Übernahme EU-LCI-Wert
10-12*	2-Ethylhexylacetat	103-09-3	**350**	Read across von 2-Ethyl-1-hexanol
10-13*	Methylacrylat	96-33-3	**180**	Übernahme EU-LCI-Wert
10-14*	Ethylacrylat	140-88-5	**210**	Übernahme EU-LCI-Wert
10-15*	n-Butylacrylat	141-32-2	**110**	Übernahme EU-LCI-Wert
10-16*	2-Ethylhexylacrylat	103-11-7	**380**	Übernahme EU-LCI-Wert
10-17*	Andere Acrylate (Acrylsäureester)		**110**	Übernahme EU-LCI-Wert
10-18*	Adipinsäuredimethylester	627-93-0	**50**	Übernahme EU-LCI-Wert
10-19*	Fumarsäuredibutylester	105-75-9	**50**	Übernahme EU-LCI-Wert
10-20*	Bernsteinsäuredimethylester	106-65-0	**50**	Übernahme EU-LCI-Wert
10-21*	Glutarsäuredimethylester	1119-40-0	**50**	Übernahme EU-LCI-Wert
10-22*	Hexandioldiacrylat	13048-33-4	**10**	Übernahme EU-LCI-Wert

Tabelle N7: NIK-Werte-Liste, Stand: Februar 2015 (Quelle: AgBB, UBA) (Forts.)

	Substanz	CAS Nr.	NIK [µg/m³]	Bemerkungen
10-23*	Maleinsäuredibutylester	105-76-0	**50**	Übernahme EU-LCI-Wert
10-24	Butyrolacton	96-48-0	**2.700**	Einzelstoffbetrachtung
10-25	Glutarsäurediisobutylester	71195-64-7	**100**	Einzelstoffbetrachtung
10-26	Bernsteinsäurediisobutylester	925-06-4	**100**	Einzelstoffbetrachtung
11	**Chlorierte Kohlenwasserstoffe**			
	Derzeit nicht belegt			
12	**Andere**			
12-1	1,4-Dioxan	123-91-1	**73**	AGW: 73.000 µg/m³
12-2*	Caprolactam	105-60-2	**300**	Übernahme EU-LCI-Wert
12-3	N-Methyl-2-pyrrolidon	872-50-4	**400**	EU-OEL: 40.000 µg/m³
12-4*	Octamethylcyclotetrasiloxan (D4)	556-67-2	**1.200**	Übernahme EU-LCI-Wert
12-5*	Methenamin, Hexamethylentetramin (Formaldehydabspalter)	100-97-0	**30**	Übernahme EU-LCI-Wert
12-6	2-Butanonoxim	96-29-7	**20**	Einzelstoffbetrachtung
12-7	Tributylphosphat	126-73-8		SVOC
12-8	Triethylphosphat	78-40-0	**75**	Read across von Tributylphosphat (MAK: 11.000 µg/m³)
12-9*	5-Chlor-2-methyl-4isothiazolin-3-on (CIT)	26172-55-4	**1#**	Übernahme EU-LCI-Wert
12-10*	2-Methyl-4-isothiazolin-3-on (MIT)	2682-20-4	**100**	Übernahme EU-LCI-Wert
12-11	Triethylamin	121-44-8	**42**	AGW: 4.200 µg/m³
12-12	Decamethylcyclopentasiloxan (D5)	541-02-6	**1.500**	Read across von Octamethylcyclotetrasiloxan
12-13	Dodecamethylcyclohexasiloxan (D6)	540-97-6	**1.200**	Read across von Octamethylcyclotetrasiloxan
12-14	Tetrahydrofuran	109-99-9	**1.500**	AGW: 150.000 µg/m³
12-15	Dimethylformamid	68-12-2	**15**	AGW: 15.000 µg/m³
12-16*	Tetradecamethylcycloheptasiloxan (D7)	107-50-6	**1.200**	Read across von Octamethylcyclotetrasiloxan
12-17*	N-Ethyl-2-pyrrolidon	2687-91-4	**430**	Einzelstoffbetrachtung

* Neuaufnahme / Änderungen 2015
# Erst ab einer gemessenen Emission von 5 µg/m³ findet eine Bewertung im Rahmen des NIK-Werte-Konzepts statt.
1) Um die Kompatibilität zur Auswertungsmaske ADAM zu wahren, können vormals belegte laufende Nummern der NIK-Liste bei Wegfall oder Umsortierung von Stoffen oder Stoffgruppen nicht mehr neu belegt werden.

Tabelle N8: Neuaufnahmen in der NIK-Liste 2015

Substanz	CAS Nr.	NIK (µg/m³)
2-11 Andere gesättigte aliphatische Kohlenwasserstoffe C17 bis C22		1.000
4-15 1,4-Cyclohexandimethanol	105-08-8	1.600
7-1 Butanal	123-72-8	650
7-20 Acetaldehyd	75-07-0	1.200
7-22 Formaldehyd	50-00-0	100
8-10 Aceton	67-64-1	1.200
12-16 Tetradecamethylcycloheptasiloxan (D7)	107-50-6	1.200
12-17 N-Ethyl-2-pyrrolidon	2687-91-4	430

Tabelle N9: NIK-Bearbeitungsliste (Stand: März 2016)

	Substanz	CAS Nr.	Bisheriger NIK-Wert [µg/m³]	Neuer NIK-Wert [µg/m³]	Bemerkungen
	VVOC z.B.: Ameisensäure, Ethylacetat, 2-Chlor-propan, Ethanol, Methanol, Pentan				Aufnahme in das AgBB-Bewertungsverfahren wird diskutiert
Neu	Propanal	123-38-6		750	VVOC
Neu	Propenal	107-02-8			VVOC Überprüfung der Datenlage
Neu	1-Dodecen	112-41-4			Antrag für die Aufstellung eines NIK-Wertes liegt vor; Überprüfung der Datenlage
Neu	Neodecansäure	26896-20-8			Antrag für die Aufstellung eines NIK-Wertes liegt vor; Überprüfung der Datenlage
NIK 1-30	Naphthalin	91-20-3	5	10	Übernahme EU-LCI Wert
NIK 12-1	1,4-Dioxan	123-91-1	73	400	Übernahme EU-LCI Wert
NIK 12-6	2-Butanonoxim	96-29-7	20	15	Übernahme EU-LCI Wert

N

Nitrocelluloselacke →Nitrolacke

Nitrocellulosespachtel →Nitrospachtel

Nitrolacke N. (Nitrocelluloselacke, Cellulosenitratlacke) sind →Anstrichstoffe, die aus in →Lösemitteln gelöster Nitrocellulose, →Weichmachern (→Phthalaten), →Pigmenten und weiteren →Kunstharzen (z.B. →Alkydharzen) bestehen. Der Lösemittelgehalt kann bis zu 70 % betragen. N. sind schnell trocknende Lacke mit sehr guten optischen Eigenschaften. Anwendungsgebiete sind Holzlacke insbesondere in der Möbelindustrie, Metalllacke, Papierlacke, Lederlacke und Textillacke. Der Verbrauch an N. ist in den letzten Jahren kontinuierlich gesunken.
N. haben unter den Lacken den höchsten Lösemittelgehalt und zählen zu den Anstrichstoffen mit dem höchsten umwelt- und gesundheitsschädlichen Potenzial. Lösemittel sind →Toluol, →Xylol, →Ketone, →Ester und →Alkohole. Bei der Anwen-

dung sind Schutzmaßnahmen erforderlich, da es aufgrund hoher Lösemittelkonzentrationen in der Luft zu gesundheitlichen Beeinträchtigungen (Schwindel, Übelkeit u. a.) kommen kann (ggf. auch Explosionsgefahr). Während der Nutzungsphase können die Phthalate austreten. Werden →Formaldehyd-Harze verwendet, kann →Formaldehyd freigesetzt werden. Ihre Entsorgung ist wegen des hohen Lösemittelgehaltes problematisch. →Verdünner

Nitrosamine N. sind stark krebserzeugende Stoffe. Die Belastung des Menschen durch N. erfolgt aus verschiedenen Quellen. N. können im Magen-Darm-Trakt aus Lebensmitteln entstehen (Nitrit + Amine). Eine wesentliche Quelle ist der →Tabakrauch bzw. der Passivrauch. Bei der Vulkanisation von →Styrol-Butadien-Kautschuk entstehen N. aus den Vulkanisationsbeschleunigern (setzen die Amine frei) und den nitrosen Gasen (aus der Luft, adsorbiert oder gelöst in Zusatzstoffen). Eine Abgabe von N. während der Nutzungsphase aus Gummimaterialien (z.B. →SBR-Bodenbeläge) ist möglich. Kühlschmierstoffe stellen an Arbeitsplätzen der Metall verarbeitenden Industrie eine bedeutende N.-Quelle dar.

Nitrospachtel N. wird aus →Nitrolack durch Zugabe von Füllstoffen erzeugt. N. wird in der Fahrzeugrestauration zum Füllen von Kratzern und Steinschlägen und im Modellbau verwendet.

Nonanal Muffig bzw. ranzig riechender gesättigter C9-Aldehyd (Geruchsschwelle 13,5 µg/m^3, Scholz & Santl), der bei der Zersetzung (Abbau) von →Ölsäure entsteht. N. hat vermutlich einen maßgeblichen Anteil am muffigen Geruch von →Hausstaub. →Aldehyde

Nonansäure →Fettsäuren

4-Nonylphenol (CAS 104-40-5) 4-N. (NP) ist das Vorprodukt für →Nonylphenolethoxylate (NPE), der wichtigsten Untergruppe der →Alkylphenolethoxylate (APEO). In der Umwelt werden NPE wieder zu giftigem NP abgebaut. NP besitzt eine hohe aquatische Toxizität (R50/53) und Bioakkumulationsfähigkeit. Die Chemikalie ist biologisch schwer abbaubar und wird z.B. in Sedimenten von Gewässern angereichert. Gelangt NP in den Körper, ahmt es das weibliche Sexualhormon Östrogen nach. In der Leber stimuliert es ein Enzymsystem, das mit Estriol seinerseits die Produktion eines ähnlichen Hormons erhöht. Östrogen und Estriol wurden mit Brustkrebs in Verbindung gebracht. Bei Untersuchungen an Mäusen wurde die krebserzeugende Wirkung von NP nachgewiesen. Wissenschaftler der University of Texas gehen davon aus, dass ein langfristiger Kontakt mit NP beim Menschen zu einem deutlich erhöhten Brustkrebsrisiko führen könnte. Seit 2012 wegen seiner hormonellen Wirkung auf der REACH-→Kandidatenliste. In der EU sind etliche 4-Nonylphenol und 4-N.- ethoxylate u. a. in Wasch- und Reinigungsmitteln verboten. EU-Wasserrahmenrichtlinie (WRRL): als prioritär gefährlicher Stoff eingestuft und Einträge in die Umwelt sind zu minimieren.

Nonylphenolethoxylate N. (NPEO) sind – bezogen auf die Produktionsmenge – die mit Abstand wichtigste Gruppe der →Alkylphenolethoxylate. Nonylphenol- und Octylphenolethoxylate wirken nachweislich auf das Hormonsystem von Fischen (endokrine Disruptoren) und sind als →SVHC beurteilt. 4-tert-Octylphenolethoxylat (Alkylphenol) wurde von der ECHA 2014 wegen seiner hormonellen Wirkung zur Aufnahme in Anhang XIV der REACH-→Kandidatenliste vorgeschlagen. 4-tert-Octylphenolethoxylat ist in wasserbasierten Farben enthalten und wird für die Chemikalienherstellung verwendet.

Normalbeton N. ist gefügedichter →Beton mit einer Dichte von 2.000 bis 2.600 kg/m^3.

Normalmörtel →Mörtel mit einer Trockendichte ≥ 1.500 kg/m^3. Durch die hohe →Wärmeleitfähigkeit können im Mauerwerk Wärmebrücken entstehen, die die Dämmwirkung der Mauersteine unterbrechen.

Normalwerte N. (Gegenteil: →Auffälligkeitswerte) beschreiben Stoffkonzentrationen, die üblicherweise in der Innenraumluft gemessen werden und damit als „normal" gelten. N. sind nicht gesundheitlich begründet, sondern aus einem Wertekollektiv möglichst repräsentativer Raumluftmessungen abgeleitet (Referenzwerte). Als „normal" gilt der 50-Perzentil, also der Wert, der von 50 % der Messwerte eines solchen Wertekollektivs überschritten wird. →Innenraumluft-Grenzwerte

Normtrittschallpegel →Trittschallschutz

NP →4-Nonylphenol

NPEO →Nonylphenolethoxylate

Nullenergiehäuser N. sind Gebäude, die autark (ohne äußere Energiezufuhr) betrieben werden sollen.

Im N. wird der aktiven Nutzung von Sonnenwärme und Wärmespeicherung gegenüber Passivmaßnahmen wie Verlustminimierung und passivsolarer Nutzung der Vorzug gegeben. Der →Wärmeschutz der realisierten Bauten ist daher nicht unbedingt so gut wie derjenige von →Passivhäusern. Der →Heizwärmebedarf kann durch im Sommer gesammelte und in entsprechend dimensionierte Speicher geladene Sonnenenergie gedeckt werden. Aufgrund der im Vergleich zu den Energieeinsparungen hohen Herstellungskosten (insbesondere der Wärmespeicher) ist an eine breite Anwendung dieses Typs in mitteleuropäischen Klimaten derzeit eher nicht zu denken. Nichtsdestotrotz könnte dieses Konzept – die Entwicklung billiger Wärme- und Stromspeichertechnologien vorausgesetzt – mittelfristig auch für eine breitere Anwendung verfügbar sein.

Nussbaum Das 5 bis 10 cm breite →Splintholz ist grauweiß bis rötlichweiß gefärbt, das →Kernholz hellgrau bis mausgrau und dunkelbraun oder violettbraun, dabei oft mit Farbstreifen („gewässert"). Es zeigt eine unregelmäßige Aderung, mit schöner Flader- bzw. Streifenzeichnung, teils auch mit geriegelter oder geflammter Textur. N. ist relativ grobporig.
N. ist mittelschwer bis schwer, mit guten Festigkeitseigenschaften, vor allem äußerst biegefest. Das Holz ist mäßig schwindend mit gutem Stehvermögen, leicht und glatt zu bearbeiten, insbesondere gut zu profilieren, zu drechseln, schnitzen und polieren. Die Oberflächenbehandlung ist problemlos. N. ist mäßig witterungsfest („anfällig S" nach DIN EN 350). Bei der Verarbeitung ist auf Schutz vor →Holzstaub (krebserzeugend gem. →TRGS 906) zu achten.
N. wird wie →Kirsche verwendet. Es ist ein ausgesprochenes Ausstattungsholz und wird gleich Kirsche als Massivholz und Furnier vorrangig für Möbel, Musikinstrumente (Klaviere) und im anspruchsvollen Innenausbau für Bekleidungen, Türen und Treppen eingesetzt. N. ist begehrt für Drechsler- und Schnitzarbeiten aller Art. Besonders schön sind die gemaserten Furniere aus Wurzelstöcken.

Nutzungsklassen N. orientieren sich an den Klimabedingungen, denen Holzbauteile nach dem Verbau im Gebrauch ausgesetzt werden sollen und dienen zur Berechnung des Nachweises der Standsicherheit (Statik). NKL nach EC5/ DIN EN 1995-1-1.
NKL 1 ist gekennzeichnet durch einen Feuchtegehalt in den Baustoffen, der einer Temperatur von 20 °C und einer relativen Luftfeuchte der umgebenden Luft entspricht, die nur für einige Wochen pro Jahr einen Wert von 85 % übersteigt. In NKL 1 übersteigt der mittlere Feuchtegehalt der meisten Nadelhölzer nicht 12 %. Der Anwendungsbereich liegt in z.B. allseitig geschlossenen und beheizten Bauwerken. Die zu erwartende Holzfeuchte beträgt u = 5 bis 15 %. Entspricht Gebrauchsklasse GK1 nach DIN 68800.
NKL 2 ist gekennzeichnet durch einen Feuchtegehalt in den Baustoffen, der einer Temperatur von 20 °C und einer relativen Luftfeuchte der umgebenden Luft entspricht, die nur für einige Wochen pro Jahr einen Wert von 65 % übersteigt. In NKL 2 übersteigt der mittlere Feuchtegehalt der meisten Nadelhölzer nicht 20 %. Der Anwendungsbereich liegt in z.B. überdachten, offenen Bauwerken. Die zu erwartende Holzfeuchte beträgt u = 10 bis 20 %. Entspricht Gebrauchsklasse GK2 nach DIN 68800.
NKL 3 erfasst Klimabedingungen, die zu höheren Feuchtegehalten als in NKL 2 führen. Anwendungen z.B. für Konstruktionen, die der Witterung ausgesetzt sind. Die zu erwartende Holzfeuchte beträgt u = 12 bis 24 %. Entspricht Gebrauchsklasse GK3.2 nach DIN 68800.

Nylon N. (Handelsname) war die erste synthetische Faser und wurde 1939 von der Fa. Du Pont auf den Markt gebracht. N. ist, wie Dralon (Handelsname), chemisch ein →Polyamid. N. wird nach dem Schmelzspinn- oder Extrusionsverfahren hergestellt. Die Faser zeichnet sich durch eine hohe Reiß- und Verschleißfestigkeit, aber auch sehr geringe Wasseraufnahme aus.

O

Oberflächenkondensat Liegt die Oberflächentemperatur unter der Taupunkttemperatur, kann Kondenswasser anfallen (siehe auch →Luftfeuchte). Dadurch entstehen ideale Bedingungen für das Wachstum von →Schimmelpilzen (schon ab 80 % relativer Luftfeuchte). Besonders gefährdete Stellen für Oberflächenkondensat sind geometrische Wärmebrücken (Übergang Dach-Außenwand, Gebäudeecken) oder konstruktive Wärmebrücken (z.B. durchgehende Balkonplatten aus Stahlbeton). Eine gute →Wärmedämmung erhöht die Oberflächentemperaturen und verringert die Gefahr von O. →Luftfeuchtigkeit von Gebäuden

Oberflächenschutzsysteme O. für die Betoninstandsetzung werden nach der Instandsetzungs-Richtlinie des DAfStb in Klassen von OS 1 bis OS 13 klassifiziert. Für Parkhausbeschichtungen sind die Oberflächensysteme OS 8, OS 11 und OS 13 maßgeblich. Zur Materialität der Systeme siehe →Flüssigfolien und →Kunstharzbodenbeläge.

Octadecansäure (CAS 57-11-4) →Fettsäuren

Octamethylcyclotetrasiloxan (D4) (CAS 556-67-2) Monomer für die Produktion von Silikonen, Harzen und anderen siliciumorganischen Verbindungen. Verdacht auf persistent, bioakkumulierend und toxisch (→PBT) und sehr persistent und sehr bioakkumulierend (vPvB). Gemäß EU-GHS-Einstufung und Kennzeichnung (EG) Nr. 1272/2008 CLP eingestuft als Reproduktionstoxisch Kategorie 2: Repr. 2; H361f Kann vermutlich die Fruchtbarkeit beeinträchtigen; Langfristig gewässergefährdend in Kategorie Chronisch: Aquatic chronic 4; H413 Kann für Wasserorganismen schädlich sein, mit langfristiger Wirkung. Innenraumluftrichtwerte: RW II 4 mg/m^3 und RW I 0,4 mg/m^3 (Ad-hoc-Arbeitsgruppe Innenraumrichtwerte 2011).
→Siloxane

Octansäure (CAS 124-07-2) Gemäß EU-GHS-Einstufung und Kennzeichnung (EG) Nr. 1272/2008 CLP: Reizwirkung auf die Haut Kategorie 1C: Skin Corr. 1C; H314 Verursacht schwere Verätzungen der Haut und schwere Augenschäden; Langfristig gewässergefährdend Chronisch 3 Aquatic Chronic 3; H412 Schädlich für Wasserorganismen, mit langfristiger Wirkung.
→Fettsäuren, →Biozidverordnung

Octoate →Trockenstoffe

N-Octylisothiazolinon (CAS 26530-20-1) Abk. OT, Anwendung zur Topf- und Filmkonservierung. Gemäß EU-GHS-Einstufung und Kennzeichnung (EG) Nr. 1272/2008 CLP: Akute Toxizität Kategorie 3: Acute Tox. 3; H311 Giftig bei Hautkontakt; Akute Toxizität Kategorie 4: Acute Tox. 4; H302 Gesundheitsschädlich bei Verschlucken; Reizwirkung auf die Haut Kategorie 1B: Skin Corr. 1B; H314 Verursacht schwere Verätzungen der Haut und schwere Augenschäden; Sensibilisierung der Haut Kategorie 1: Skin Sens. 1; H317 Kann allergische Hautreaktionen verursachen; Akut gewässergefährdend Akut 1: Aquatic Acute 1; H400 Sehr giftig für Wasserorganismen; Langfristig gewässergefährdend Chronisch 1 Aquatic Chronic 1; H410 Sehr giftig für Wasserorganismen, mit langfristiger Wirkung.
→Isothiazolinone, →Biozidverordnung

ODP →Ozonabbaupotenzial in der Stratosphäre

Ökobaudat Die Ö. ist eine vom BMI (Bundesministerium des Innern, für Bau und Heimat) zur Verfügung gestellte Baustoffdatenbank für die Ökobilanzierung von Bauwerken. Mit mehr als 1.300 Datensätzen zu Baumaterialien, Bau- und Transportprozessen bietet sie eine vereinheitlichte Datenbasis für das Bewertungssystem Nachhaltiges Bauen (BNB) des Bundes sowie für kommerzielle Lebenszyklusberechnungswerkzeuge wie →LEGEP. Die Ö. enthält sowohl generische Datensätze als auch firmen- und verbandsspezifische →EPD-Datensätze.

Ökologische Baustoffe Die Bauwirtschaft hat als der größte Wirtschaftszweig unserer Volkswirtschaft einen bedeutenden Anteil an den lokalen, regionalen und sogar globalen Umweltbelastungen. Gewinnung, Herstellung, Transport und Entsorgung von Baumaterialien verursachen entlang der Lebenslinie Rohstoff- und Energieverbrauch, Luft- und Wasserverschmutzung, Lärm, Abfälle, mikroklimatische und landschaftliche Veränderungen sowie Bodenversiegelung. Im Rahmen der →Bauökologie kommt der Baustoffwahl daher eine zentrale Bedeutung zu. Als ökologisch kann ein Baustoff bezeichnet werden, wenn die Belastung der Umwelt und die gesundheitlichen Auswirkungen entlang des gesamten →Lebenszyklus so weit wie möglich minimiert sind. Im Einzelnen bedeutet dies:

- Umwelt- und gesundheitsverträgliche Rohstoffgewinnung und Herstellung
- Schadstoffarmes Material
- Einfache stoffliche Zusammensetzung
- Einfache und gesundheitlich unbedenkliche Verarbeitbarkeit
- Emissionsarm beim Gebrauch
- Günstiger Einfluss auf das Raumklima
- Hohe Gebrauchstauglichkeit und Lebensdauer
- Demontierbarkeit und sortenreine Trennbarkeit
- Gute Recycling-Möglichkeiten
- Umweltverträgliche Entsorgung

Zwar ist die Handlungsbereitschaft für ökologisches Bauen bei vielen Bauherren und Architekten vorhanden, die Situation am Baustoffmarkt ist aber nach wie vor und insbesondere nach dem →EuGH-Urteil unübersichtlich. Es fehlt an verlässlichen, ökologischen Kenndaten. Informationen sind widersprüchlich und die Datenqualität nicht transparent. Groß ist nach wie vor die Zahl der Baustoffe, die bedenkliche Chemikalien enthalten. Dringend erforderlich ist eine Volldeklaration aller Inhaltsstoffe von Bauprodukten, wie sie z.B. für die →Pflanzenchemiehersteller und andere Hersteller von Anfang an selbstverständlich war. Um die Umweltrelevanz eines Baustoffs in ihrer Komplexität beurteilen zu können und zu einer fundierten Gesamtaussage zu kommen, ist es erforderlich, die Umweltauswirkungen entlang des gesamten Produktlebenszyklus von der Rohstoffgewinnung bis hin zur Nachnutzung darzustellen und zu bewerten (→Produktlinienanalyse). →Umweltzeichen, die von unabhängigen Stellen nach umfassenden Kriterien vergeben werden, können gemeinsam mit einer Volldeklaration eine gute Entscheidungshilfe bei der Baustoffwahl sein. Bei der Beurteilung von Innenausstattungsmaterialien hat die Frage nach gesundheitlich bedenklichen Inhaltsstoffen und dem Ausgasungsverhalten eine wesentliche Bedeutung (→Bauprodukte – Grundsätze zur gesundheitlichen Bewertung von Bauprodukten in Innenräumen). Siehe →EPDs, →WECOBIS, Broschüre: Ökologische Baustoffauswahl, BBSR 2016.

Ökologische Produktprüfung Der Begriff der Ö. wurde in den 1980er-Jahren durch das Katalyse Institut und das ECO-Umweltinstitut eingeführt. Die Ö. befasst sich mit der Prüfung von Bau- und anderen Produkten unter gesundheitlichen und Umweltaspekten. Inzwischen haben diese Gesichtspunkte zunehmend Eingang in die nationalen und europäischen Regelwerke zur Zulassung von Bauprodukten (→Bauprodukte – Grundsätze zur gesundheitlichen Bewertung von Bauprodukten in Innenräumen) gefunden. Damit setzt sich mehr und mehr ein ganzheitliches Qualitätsverständnis durch, das neben der technischen Qualität auch die gesundheitliche und die umweltbezogene Qualität von (Bau-)Produkten umfasst.

Ökologischer Fußabdruck Unter dem Ö. wird die Fläche auf der Erde verstanden, die notwendig ist, um den Lebensstil und Lebensstandard eines einzelnen Menschen dauerhaft zu ermöglichen. Das schließt Flächen ein, die zur Produktion von Kleidung und Nahrung oder zur Bereitstellung von Energie notwendig sind. Aber auch die Entsorgung oder das Recycling des von ihm erzeugten Mülls oder zum Binden des durch seine Aktivitäten freigesetzten Kohlendioxids fließen in die Berechnung ein. Das Global Footprint Network definiert jedes Jahr den Earth Overshoot Day, den Tag, an dem die Menschheit die natürlichen Ressourcen eines ganzen Jahres erschöpft hat. 2017 war Earth Overshoot Day am 2. August.

Ökologisches Bauen →Bauökologie

Öko-Zentrum NRW Das Ö. wurde gemeinsam initiiert vom Land Nordrhein-Westfalen und der Stadt Hamm. Mit seinen Aktivitäten, Gebäuden und Anlagen soll es das ökologische Bauen fördern. Es versteht sich als eine Art „joint venture" der öffentlichen Hand (Stadt, Region, Bundesland) und von Körperschaften des Bauwesens. In der Betreibergesellschaft haben sich 17 Projektträger zusammengeschlossen.

Um seine Aufgabe zu erfüllen, setzt das 1993 eröffnete und zur Internationalen Bauausstellung Emscher Park gehörende Zentrum auf mehreren Ebenen an. Mittlerweile als GmbH agierend, besteht sein Dienstleistungsangebot aus den Hauptsäulen Weiterbildung, Beratung und Ingenieurleistungen. Das zweite „Standbein" des Ö. ist ein gleichnamiger Gewerbepark als Modell für zeitgemäße Gewerbeansiedlung und die Neunutzung ehemaliger Industrieflächen.

OEL OEL sind Grenzwerte für die berufsbedingte Exposition (occupational exposure limits) der EU. Die OEL werden vom SCOEL (Wissenschaftlicher Ausschuss für Grenzwerte berufsbedingter Exposition) erarbeitet. Der SCOEL umfasst 21 Mitglieder aus den Bereichen Chemie, Toxikologie, Epidemiologie, Arbeitsmedizin und Arbeitshygiene aus allen Mitgliedstaaten und berät die EU-Kommission bei der Festlegung von gesundheitsbasierten Arbeitsplatzgrenzwerten (AGW). Dabei kann es sich um den über acht Stunden gewichteten Durchschnittswert (TWA) handeln, um Kurzzeitgrenzwerte/Exkursionsgrenzen (STEL) und um biologische Grenzwerte.

Die EU-Arbeitsplatzgrenzwerte werden in folgenden Schritten festgelegt:

1. Evaluierung der wissenschaftlichen Daten
2. Empfehlung eines forschungsbasierten Arbeitsplatzgrenzwertes durch den SCOEL an die Kommission
3. Entwicklung eines Vorschlags für einen AGW durch die Dienststellen der Kommission
4. Konsultation mit dem Beratenden Ausschuss für Sicherheit, Arbeitshygiene und Gesundheitsschutz am Arbeitsplatz
5. Annahme der Durchführungsrichtlinie

Die Arbeit des Ausschusses wurde durch den Beschluss der Kommission 2014/113/EU vom 3.3.2014 neu geregelt und richtet sich nach den Bestimmungen der Kommission für Expertengruppen. Die Ernennung der Mitglieder für die aktuelle Amtszeit des SCOEL erfolgte im Rahmen eines öffentlichen Aufrufs zur Interessenbekundung, der von der Kommission am 21.10.2014 im Amtsblatt der Europäischen Union veröffentlicht wurde.

Öle Ö. sind Fette, die bei Raumtemperatur flüssig sind. Trocknende Ö. sind die ältesten bekannten Bindemittel für Anstrichmittel (→Ölfarben). Im Bauwesen wird unter „Ölen" die Imprägnierung von Holz- oder Steinoberflächen verstanden (→Imprägnieröle, →Ölen und Wachsen).

Das in der Bauchemie am meisten verwendete pflanzliche Öl ist →Leinöl bzw. Leinöl-Standöl. Es kommen aber auch andere ungesättigte pflanzliche Öle, wie Mohn-, Walnuss- und Sonnenblumenöl, Rosmarinöl, →Safloröl, Rizinus-Standöl, Holzöl und →Tallöl zur Anwendung.

Ölen und Wachsen Im Gegensatz zur →Parkettversiegelung bleiben beim Ö. eines Holzbodens die typische Holzstruktur und die Diffusionsfähigkeit in hohem Maß erhalten. Die Oberfläche erhält eine seidenmatte Optik und bleibt tastsympathisch. Das →Imprägnieröl (Grundierung) dringt in die Poren des Holzes ein und setzt das Saugverhalten stark herab, die Oberflächenstruktur des Holzes bleibt jedoch spürbar. Durch den Auftrag des →Fußbodenwachses und das folgende Polieren wird eine hauchdünne Schutzschicht aufgebracht, welche die Oberflächenhärte und mechanische Strapazierfähigkeit steigert. Der wasserabweisende Effekt des Wachses schützt den Boden vor Feuchtigkeit. Imprägnierungen durch Ö. bieten nicht den gleichen strapazierfähigen und dauerhaften Schutz des Parketts, zeichnen sich aber durch die naturnahe Oberfläche aus. Die Beschichtung kann durch Nachölen und Nachwachsen immer wieder aufgefrischt werden. Die behandelten Holzoberflächen lassen sich in Teilbereichen reparieren, ohne dass man die Übergänge sehen kann.

Ölfarben In Ö. werden die Pigmente mit Ölen, wie →Leinöl, Hanföl, Sonnenblumenöl, Rizinusöl, gebunden. Die Öle werden mit →Trockenstoffen versehen, um die lange Trocknungszeit herabzusetzen. →Leinölfirnis ist das gebräuchlichste Bindemittel in Ö. Als →Verdünnungsmittel dienen u.a. →Testbenzin und natürliche Lösemittel wie Balsamterpentinöl (→Terpentinöl).

Ö. trocknen und härten nicht durch Verdunsten aus, sondern verseifen durch Aufnahme von Sauerstoff (Oxidation). Sie sind nur langsam trocknend. Der richtige Schichtaufbau ist „von mager nach fett". Ö. werden heute vor allem in der Kunstmalerei eingesetzt, sie eignen sich aber auch hervorragend als Korrosionsschutz auf Metallen, ebenso wie als lange haltbarer Holzschutz für den Innen- und Außenbereich. Ö. dringen gut in das Holz ein und sind dampfdiffusionsoffen. Ö. enthalten meist einen hohen Anteil an Lösemitteln.

Ölimprägnierungen →Imprägnieröle

Ölkitt Ö. wird zum Verkitten von Fenstern eingesetzt. Der klassische Ö. ist →Leinölkitt. Teilweise sind auch kunststoffmodifizierte Ö. im Einsatz. Ö. darf nicht bei Mehrfachverglasung eingesetzt werden. Er erhärtet und versprödet mit der Zeit, wodurch Wasser eindringen und Anstriche und Holz zerstören kann. Die Ö.-Falze müssen dann entfernt und die Verkittung neu ausgeführt werden. Das Überstreichen mit Lacken ist problemlos möglich. Die Umwelt- und Gesundheitsverträglichkeit wird im Wesentlichen durch die verwendeten Rohstoffe bestimmt. Ö. ist in der Regel problemlos zu entsorgen.

Öllackfarben →Ölfarben

Ölsäure Ö. ist die bedeutendste ungesättigte →Fettsäure und praktisch in allen pflanzlichen und tierischen Ölen und Fetten in meist hohen Anteilen enthalten. Bei der Zersetzung (Abbau) von Ö. entsteht Nonanal, ein ranzig bzw. muffig riechender →Aldehyd, dessen Geruchsschwelle 13,5 µg/m³ beträgt (Scholz & Santl). Nonanal hat vermutlich einen maßgeblichen Anteil am muffigen Geruch von →Hausstaub.

ÖNORM Österreichische Norm. Bei der Erstellung einer Ö. wirken alle betroffenen Kreise (Erzeuger, Verbraucher, Behörden, Wissenschaft) mit. Sie kann nur mit Einstimmigkeit angenommen werden.

Österreichisches Institut für Baubiologie und -ökologie →IBO

Österreichisches Institut für Bautechnik Das Ö. (OIB) ist die Koordinierungsplattform der österreichischen Bundesländer auf dem Gebiet des Bauwesens, insbesondere im Zusammenhang mit der Umsetzung der →Bauproduktenrichtlinie.
Gleichzeitig ist das Institut Zulassungsstelle für die Erteilung europäischer technischer Zulassungen und Akkreditierungsstelle für Prüf-, Überwachungs- und Zertifizierungsstellen für Bauprodukte. Das OIB nimmt Aufgaben auf internationaler und nationaler Ebene wahr.

Österreichisches Normungsinstitut →ÖNORM

Österreichisches Umweltzeichen Produkte mit dem Umweltzeichen müssen eine Reihe von Umweltkriterien erfüllen und deren Einhaltung durch ein unabhängiges Gutachten nachweisen. Ausgezeichnet werden nur jene nachgewiesen umweltschonenden Produkte, die auch eine angemessene Gebrauchstauglichkeit und Qualität aufweisen. Das Ö. wird verliehen vom Ministerium für Land- und Forstwirtschaft, Umwelt und Wasserwirtschaft. Die Richtlinienentwicklung und Administration erfolgt durch den Verein für Konsumenteninformation (VKI). Mit dem „Österreichischen Umweltzeichen für Produkte" sind mittlerweile mehr als 4.000 Produkte ausgezeichnet. Von den Richtlinien des Ö. beziehen sich folgende auf Produktgruppen, die als Baumaterialien Relevanz besitzen:

- Lacke, Lasuren und Holzversiegelungslacke (UZ 1)
- Holz- und Holzwerkstoffe (UZ 7)
- Wandfarben (UZ 17)
- Mineralisch gebundene Bauprodukte (UZ 39)
- Hartschaumdämmplatten aus polymeren Rohstoffen (UZ 43)
- Wärmdämmstoffe aus nachwachsenden Rohstoffen (UZ 44)
- Mineralische Wärmedämmstoffe (UZ 45)
- Tapten und Raufaser überwiegend aus Papier-Recycling (ZU 53)
- Fußbodenbeläge (UZ 56)

Offenporige Anstriche Als O. werden Oberflächenanstriche bezeichnet, die den Feuchtigkeitsaustausch zwischen dem Untergrund (z.B. Holz) und dessen Umgebung ermöglichen. Solche Anstrichstoffe werden auch als diffusionsoffen oder wasserdampfdiffusionsoffen bezeichnet. Sie verzögern Kondensat und damit die Gefahr der Schimmelpilzbildung. O. wirken positiv auf das →Raumklima. Für Holzoberflächen sind z.B. →Imprägnieröle, →Wachse, →Wachsöle und →Naturharzlasuren, für Wände beispielsweise →Kaseinfarben und →Kalkfarben geeignet.

OIB Abk. für →Österreichisches Institut für Bautechnik.

OIT N-Octylisothiazolinon. →Isothiazolinone

Oligomere Oligomere sind – ähnlich den →Polymeren – Makromoleküle, die aus strukturell gleichen oder ähnlichen Einheiten aufgebaut sind. Die Anzahl dieser Einheiten ist jedoch erheblich kleiner als bei den Polymeren und beträgt meistens zwischen 10 und 30.

ON Abk. für Österreichisches Normungsinstitut. →ÖNORM

ONR ON-Regeln (ONR) sind normative Dokumente, die erstmals 1998 vom Österreichischen Normungsinstitut herausgegeben wurden. ONR weisen ein geringeres Maß an Konsens auf als Normen, und bei ihrer Erarbeitung müssen nicht alle betroffenen Kreise beteiligt sein. Es genügt, wenn mindestens zwei Marktpartner teilnehmen. Dadurch ist die Bearbeitungszeit wesentlich kürzer, die ONR haben aber auch einen geringeren Status als →ÖNORMEN.

Organophosphate O. (organische Phosphorsäure-Ester, Ester der Orthophosphorsäure) werden in erheblichem Umfang in Produkten für den Innenraum eingesetzt. Unterschieden werden halogenierte O. (insbes. Organochlorphosphate; →Tris(2-chlorethyl)phosphat) und halogenfreie O. Wichtigster Vertreter der halogenhaltigen O. ist das TCPP (→Tris(chlorpropyl)phosphat). Halogenfreie O.

verzeichnen eine zunehmende Bedeutung, da der Einsatz von halogenierten O. – insbes. von bromierten Stoffen – aufgrund ihrer Toxizität weiter zurückgeht.

Tabelle 01: Stoffnamen und Abkürzungen von Organophosphaten

Stoff	Abkürzung
Tris(2-chlorethyl)phosphat	TCEP
Tris(chlorpropyl)phosphat	TCPP
Tris(dichlorisopropyl)phosphat	TDCPP
Tri-n-butylphosphat	TBP
Tris(2-butoxyethyl)phosphat	TBEP

Stoff	Abkürzung
Tris(2-ethylhexyl)phosphat	TEHP
Diphenyl-(2-ethylhexyl)-phosphat = Diphenyloctylphosphat	DPEHP
Trikresylphosphat	TKP
Triphenylphosphat	TPP

Tabelle 02: Organophosphate im Hausstaub

Stoff	n	50-Perz.	90-Perz.	95-Perz.	Max.	Autor
TBP	65	0,4	–	1,5	5,7	Kersten & Reich (2003) 1)
	28	2,5	–	34,4	49,3	Nagorka & Ullrich (2003) 3)
TBP	65	5,0	–	40	120	Kersten & Reich (2003) 1)
	28	16,1	–	162	210	Nagorka & Ullrich (2003) 3)
TCEP	59	0,9	–	8,4	94	Sagunsky et al. (2001)
	356	0,60	4,0	8,8	64	Ingerowsky et al. (2001) 2)
	541	0,60	4,0	7,5	121	Ingerowsky et al. (2001) 2)
	86	0,77	5,8	12	94	Ingerowsky et al. (2001) 2)
	65	1,6	–	6,2	9,5	Kersten & Reich (2003) 1)
	28	2,50	–	6,33	6,84	Nagorka & Ullrich (2003) 3)
TCPP	216	0,40	2,0	3,4	33	Ingerowsky et al. (2001) 2)
	147	0,60	4,7	8,8	36	Ingerowsky et al. (2001) 2)
	73	0,70	4,1	5,6	375	Ingerowsky et al. (2001) 2)
	63	1,4	–	12	27	Kersten & Reich (2003) 1)
TDCPP	62	1,2	–	6,8	35	Kersten & Reich (2003)
	28	1,69	–	12,4	18,3	Nagorka & Ullrich (2003) 3)
TEHP	62	0,2	–	0,9	2,0	Kersten & Reich (2003) 1)
	28	0,80	–	22,4	37,5	Nagorka & Ullrich (2003) 3)
TKP	65	2,2	–	15	36	Kersten & Reich (2003) 1)
TPP	65	2,9	–	16	56	Kersten & Reich (2003) 1)
	28	6,51	–	19,5	22,9	Nagorka & Ullrich (2003) 3)

1) Analyse eines Staubsaugerbeutels (< 63 µm-Fraktion)
2) Analyse eines Staubsaugerbeutels (Gesamtstaub)
3) Analyse von Wischproben (Staubniederschlag)

Tabelle 03: Organophosphate in der Innenraumluft

Stoff	n	50-Perz.	Bereich	Autor
TBP	5	–	0,010 – 0,064	Carlsson et al. (2003)
TBEP	13	–	< 0,010 – 0,03	Hansen et al. (2001)
	5	–	0,001 – 0,006	Carlsson et al. (2003)
TCE	50	0,10	< 0,005 – 6	Ingerowsky et al. (2001)
	14	0,38	< 0,010 – 3,9	Hansen et al. (2001)
	5	–	0,011 – 0,25	Carlsson et al. (2003)
TCPP	5	–	0,019 – 0,058	Carlsson et al. (2003)
TEHP	5	–	< 0,001 – 0,010	Carlsson et al. (2003)
TKP	7	–	< 0,010	Hansen et al. (2001)
TPP	5	–	< 0,001	Carlsson et al. (2003)
	13	–	< 0,010	Hansen et al. (2001)

Tabelle 04: Flächenspezifische Emissionsraten für TCPP aus verschiedenen Produkten (Kemmlein et al., 2003)

Material	SER_A [µg/m^{3}h^{-1}]
Dämmplatte (80 g/l)	0,21
Dämmplatte (30 g/l)	0,60
PU-Schaum (poröse Oberfläche, neu)	70
PU-Schaum (poröse Oberfläche, gealtert)	140
PU-Schaum (glatte Oberfläche, neu)	50
PU-Schaum (glatte Oberfläche, gealtert)	50
Polsterschaum	77

Aufgrund der physikalisch-chemischen Eigenschaften können O. sowohl als →Weichmacher als auch als →Flammschutzmittel in verschiedenen Kunststoffprodukten eingesetzt werden, u. a. in Schallschutz- und Wärmedämmplatten, in Polster- und Montageschäumen sowie in Kunststoffen für Gerätebauteile (PCs, Drucker, Monitore). Hauptanwendungsbereich der O. (z.B. TCPP) sind →Polyurethan-Schäume. Acrylierte Phosphorsäureester (z.B. TPP) werden insbes. für Kunststoffteile von elektrischen und elektronischen Geräten eingesetzt. Daneben finden sich O. auch in Bodenpflegemitteln (z.B. TBP, TBEP). Die jährliche Produktion des am meisten verwendeten chlorierten O. TCPP in der EU betrug 2008 etwa 46.000 t.

TCEP ist nach der Verordnung (EG) Nr. 1272/2008 als karzinogen der Kategorie 2, mutagen und reproduktiopnstoxisch der Kategorie 1B eingestuft und wird seit 2001 in der EU nicht mehr hergestellt. Die Innenraumrichtwerte RW II mit 50 µg/m^3 und RW I mit 5 µg/m^3 werden trotzdem beibehalten, weil der Stoff immer noch in der Innenraumluft zu finden ist. TCEP, TCPP und TDCP dürfen in Kinderspielzeug nicht in Konzentrationen über 5 mg/m^3 enthalten sein. (EU 2014/79) O. sind in der →REACH-VO Anhang XIV im Verzeichnis der zulassungspflichtigen Stoffe aufgeführt sowie in der →Kandidatenliste der besonders besorgniserregenden Stoffe.

Die unterschiedliche Verwendung von O. als Flammschutzmittel oder Weichmacher spiegelt sich im O.-Gehalt wider:

- O. als Flammschutzmittel: Gehalt im Produkt ca. 5 bis 20 %
- O. als Weichmacher: Gehalt im Produkt < 5 %

Ihre flammhemmende Wirkung entfalten O. durch thermische Zersetzung zu Phosphorsäure, die zur Carbonisierung des Substrats führt. Als Expositionspfad steht die inhalative Aufnahme im Vordergrund. Allerdings sind auch dermale und orale Aufnahme möglich.

O. sind z. T. →CMR-Stoffe, reproduktionstoxisch, krebserzeugend und dazu neurotoxisch. Infolge der Anwendung in Bauprodukten und Materialien der Innenausstattung finden sie sich in der Luft und im →Hausstaub von Innenräumen. Bei Untersuchungen von Kindergartenkindern wurden neben den beschränkten chlorhaltigen O. auch die als Ersatzstoffe verwendeten chlorfreien O. nachgewiesen. (LANUV NRW 2017)

Organo-Silikatfarben Andere Bezeichnung für →Dispersionssilikatfarben.

Organozinnverbindungen →Zinnorganische Verbindungen

Orientierungswerte Zur Begrenzung bzw. zur Beurteilung von Schadstoff-Konzentrationen in der Innenraumluft werden Grenzwerte, Richtwerte und O. bzw. Referenzwerte festgelegt bzw. abgeleitet. Wesentliche Merkmale bzw. Unterschiede dieser Werte sind im Folgenden beschrieben:

	Merkmal	Toxikologisch begründet	Gesetzlich festgelegt
Grenzwerte	Max. zulässige Konzentration eines Schadstoffs	Ja	Ja
Richtwerte	Konzentration eines Schadstoffs, bei deren Überschreitung unter dem Gesichtspunkt der Gesundheitsvorsorge bzw. der Gefahrenabwehr Maßnahmen ergriffen werden sollten	Ja	Nein Festlegung durch Behörden oder Fachgremien, allgemein anerkannte Werte
Orientierungswerte **Referenzwerte**	Konzentration eines Schadstoffs, wie sie bei statistischen Erhebungen festgestellt wurde	Nein	Nein

Ortschäume O. sind direkt an der Verwendungsstelle (vor Ort) hergestellte Schäume für die Wärme- und Kältedämmung. Die Verarbeitung erfolgt mit Schäummaschinen. →Polyurethan-O. (auch als Polyiso-cyanurat-O. (→Polyisocyanurate) bezeichnet) enthalten das leicht flüchtige →Isocyanat TDI (Toluylendiisocyanat) als Präpolimer. →Harnstoff-Formaldehydharz-O. emittieren in großen Mengen Formaldehyd.

OSB-Platten (Oriented Strand Boards) O. bestehen aus langen, schlanken Holzspänen (Strands), die i. A. dreischichtig mit PU-Harz in der Mittelschicht und MUPF-Harzen in den Deckschichten (Anteil etwa 8 %) verklebt und mit einer Paraffinwachsemulsion beschichtet sind. Die Späne der Außenschichten sind zu den Plattenkanten ausgerichtet (oriented), die Späne der Mittelschicht können zufällig oder im rechten Winkel zur Außenschicht angeordnet sein. Als Rohstoff dienen i. d. R. hochwertige Waldholzsortimente. Aus den aus Rundholz hergestellten Spänen von 12 bis 15 cm Länge werden nach dem Trocknen die Feinteile (ca. 20 %) ausgesiebt. Die mit Bindemittel benetzten Späne werden in modernen Anlagen meistens in kontinuierlich arbeitenden Pressen zu Platten von 8 bis 40 mm Dicke verarbeitet, anschließend besäumt und geschliffen. O. werden für Decken-, Dach- und Wandbeplankungen, für tragende und aussteifende Elemente, als Stege für zusammengesetzte Querschnitte, für Innenverkleidungen, Bodenplatten und Verlegeplatten eingesetzt. Da sich die Festigkeiten in Längs- und Querrichtung deutlich unterscheiden, ist beim Verlegen sorgsam auf die Ausrichtung zu achten. Nach DIN EN 300 werden sie nach Beanspruchungs- bzw. Witterungsbeständigkeit in Verwendungsklassen 1 bis 4 eingeteilt.

O. werden in Deutschland praktisch ausschließlich aus Kiefern- und Fichtenholz hergestellt. Sie weisen im Vergleich zu →Spanplatten und →MDF-Platten ein deutlich erhöhtes VOC-Emissionspotenzial auf. Unterscheiden lassen sich flüchtige Holzinhaltsstoffe (insbes. →Terpene) und reaktiv freigesetzte →VOC (hauptsächlich →Aldehyde). Die Aldehyde bilden sich durch Oxidationsvorgänge bei der Trocknung der Strands. Ausschlaggebend für die Höhe der Emission sind die Holzeigenschaften und die Prozessbedingungen bei der Produktion der O. Die Anforderungen an die Formaldehyd-Klassen E1 und E2 regeln sich nach der DIN EN 13986:2015-06.

Tabelle 05: Anwendungsbereiche und Nutzungsklassen von OSB-Platten

Plattentyp nach DIN EN 300	Nutzungsklasse	Beanspruchungsklasse	Beschreibung der Anwendungsbereiche
OSB/1	1	nicht beanspruchbar	Platten für den Innenausbau (einschl. Möbel) zur Verwendung im Trockenbereich
OSB/2	1	beanspruchbar	Platten für tragende Zwecke zur Verwendung im Trockenbereich
OSB/3	2	beanspruchbar	Platten für tragende Zwecke zur Verwendung im Feuchtebereich
OSB/4	2	hoch beanspruchbar	Hochbelastbare Platten für tragende Zwecke zur Verwendung im Feuchtebereich

Tabelle 06: Emissionen aus OSB-Platten (Emissionsprüfkammer, ausgewählte Stoffe, q = 1, LWZ = 1, Beladung = 1, Messung nach 28 Tagen; Quelle: ECO-Umweltinstitut)

Produkt	Pentanal	Hexanal	Heptanal	Oktanal	Nonanal	Furfural	Hexansäure	alpha-Pinen	beta-Pinen	delta-3-Caren	Limonen	TVOC[1)]
	[$\mu g/m^3$]											
A	27	100			7		54	3	1	3		228
B	10	62			5		14	5				107
C	120	640	15	18	11		38	79	21	31		1.080
D	32	120					25	20		11		218
E	11	52			6		36	10		5		146
F	32	120	6	7			9	32		19		262
G	67	170			22	4	160	72	12	50	5	634
H	68	180			13	2	180	120	28	100	10	725
I	44	140			10	4	27	72	8	52	4	370

1) Die Werte für den TVOC beinhalten zusätzlich die Konzentrationen weiterer gemessener Stoffe, die hier nicht im Einzelnen aufgeführt sind.

Im Jahr 2013 wurde eine Untersuchung der VOC-Emissionen aus Grobspanplatten (OSB-Platten) vom der Bundesanstalt für Materialforschung veröffentlicht. Die Bewertung nach dem AgBB-Schema ergab, dass viele OSB-Platten wegen hoher Emissionen die AgBB-Bewertung nicht bestehen. Dies ist insbesondere auf die hohen Emissionen ungesättigter Aldehyde zurückzuführen, vgl. UMID 2012. →Holz, →Holzwerkstoffe

OSPAR Die seit 1992 existierende OSPAR-Konvention der „Kommission zum Schutz der Meeresumwelt des Nordatlantiks" (Oslo-Paris-Abkommen) ist das derzeit zuständige Instrument für internationale Kooperation zum Schutz der Meeresumwelt im Nordatlantik. Die Vertragsparteien der OSPAR-Konvention beschlossen 1998 in Portugal eine langfristige Strategie für gefährliche Stoffe. Bis zum Jahr 2020 sollen Einleitungen, Emissionen und Verluste von gefährlichen Stoffen so weit vermindert werden, dass für natürliche Stoffe die Hintergrundwerte und für anthropogene, synthetische Stoffe Umweltkonzentrationen nahe null erreicht werden. Als gefährliche Stoffe werden definiert: Stoffe, die toxisch, persistent und bioakkumulierbar sind (PBT- und →POP-Stoffe) und Stoffe, die über ein vergleichbares Gefährdungspotenzial verfügen, jedoch nicht alle oben genannten Eigenschaften aufweisen (zum Beispiel endokrine Stoffe).

Oxidationsbitumen O. entsteht bei Oxidation von →Destillationsbitumen (Biturox-Verfahren). →Bitumen

Oxime →2-Butanonoxim

Ozon O. (O_3) ist eine besondere Form von Sauerstoff. Das natürliche O. kommt in der Troposphäre in einer Konzentration zwischen 40 bis 80 µg/m³ Luft vor. Darüber hinaus wird es aus O.-Vorläufersubstanzen (→Stickstoffoxide, →VOC) im Zusammenspiel mit Sonnenlicht gebildet (→Sommersmog). Zur O.-Bildung in einem globalen Maßstab tragen auch Methan und →Kohlenmonoxid bei. O. bildet sich verstärkt bei sommerlichem Hochdruckwetter (hohe Temperaturen, starke Sonneneinstrahlung, Windstille und trockene Luft). Da hohe Sonneneinstrahlung die O.-Bildung unterstützt, treten hohe Werte vor allem mittags und nachmittags auf. O. ist ein hochgiftiges Gas von stechendem Geruch und starker Reizwirkung. Es kann besonders bei Kindern und Kranken brennende Augen, Husten, Heiserkeit und entzündete Atemwege auslösen oder die Lungenfunktion schwächen. Bei manchen Pflanzenarten führen bereits kurzfristig erhöhte O.-Konzentrationen zu Schädigungen der Blattorgane, bei langfristiger Belastung treten Wachstums- und Ernteverluste auf. Das Ozonbildungspotenzial (→Fotooxidantienbildungspotenzial) ist daher eine wichtige Wirkkategorie in der Ökobilanz. Troposphärisches O. ist außerdem eines der bedeutendsten Treibhausgase, das allerdings nicht im Kyoto-Protokoll geregelt ist. Das in der Stratosphäre (15 bis 30 km) vorhandene O. dagegen schützt Lebewesen auf der Erde vor der von der Sonne einfallenden UV-Strahlung (→Ozonabbau in der Stratosphäre).

O. wird als Desinfektionsmittel für Trinkwasser und zur Zerstörung von geruchsaktiven Verbindungen nach Bränden aktiv eingesetzt. O. kann außerdem beim Betrieb von Laserdruckern und Kopiergeräten durch die elektrische Entladung an den Hochspannungseinrichtungen zur latenten Bilderzeugung oder durch Laser und UV-Strahler gebildet werden. Inzwischen werden aber praktisch nur noch Geräte angeboten, die über eine O.-Adsorptionsstrecke (Aktivkohlefilter) verfügen. Für das Auftreten von O. in Innenräumen ist daher die Außenluftqualität von wesentlich größerer Bedeutung. Das Verhältnis der O.-Konzentration in der Innenraumluft zur Außenluft beträgt zwischen ca. 10 und 70 % und hängt stark von den Lüftungs- und Nutzungsbedingungen ab. Vor allem in den Sommermonaten hat troposphärisches O. große Bedeutung auch für die Innenraumluft-Qualität Typische O.-Konzentrationen in der Innenraumluft liegen zwischen < 10 bis ca. 500 µg/m³. O. ist gem. TRGS 905 als krebsverdächtig (Kat. 2) eingestuft.

→Biozidverordnung

Ozonabbau in der Stratosphäre Das in der Stratosphäre (15 bis 30 km) vorhandene Ozon schützt Lebewesen auf der Erde vor der von der Sonne einfallenden UV-Strahlung. Dieses für die Menschheit überlebensnotwendige Ozon geht aber derzeit mit einer Rate von mehreren Prozent pro Dekade verloren. Die dadurch vermehrt zur Erdoberfläche durchdringende ultra-violette Strahlung fördert Hautkrebs und grauen Star. Außerdem werden Schäden an Feldfrüchten und Phytoplankton, die Basis der Nahrungskette im Meer, verursacht. Für die Ausdünnung der stratosphärischen Ozonschicht sind in erster Linie Fluorchlorkohlenwasserstoffe (→FCKW) verantwortlich, deren Konzentration in der Atmosphäre seit Beginn der 1950er-Jahre steil angestiegen ist. Diese verhalten sich in der unteren Atmosphäre wie Edelgase und daher völlig inert. Wegen dieser Reaktionsträgheit gelangen sie unverändert in die Stratosphäre, wo sie von der starken ultravioletten Strahlung gespalten werden. Die dabei freigesetzten Chloratome können Ozon abbauen, indem sie seine Umwandlung in normalen Luftsauerstoff katalysieren. Da Katalysatoren chemische Reaktionen beschleunigen, selbst aber nahezu unverändert wieder daraus hervorgehen, kann ein einziges Chloratom schließlich viele tausend Ozonmoleküle zerstören. Selbst wenn die FCKW-Emissionen heute schlagartig aufhörten, würde der Ozongürtel in der Stratosphäre erst in 40 bis 60 Jahren wieder den heutigen Zustand erreicht haben.

Seit Beginn 1995 sind Produktion und Verwendung von FCKW in der Europäischen Union grundsätzlich verboten. Die Verordnung 1005/2009/EG, zuletzt geändert im März 2017, die auch für Deutschland unmittelbar geltendes Recht ist, enthält Bestimmungen zur Herstellung, der Ein- und Ausfuhr, für das Inverkehrbringen, die Verwendung, die Rückgewinnung, das Recycling, und die Aufarbeitung und Vernichtung von Stoffen, die zum Abbau der Ozonschicht beitragen. Die Verordnung ist u.a. auf das Montrealer Protokoll von 1987 über Stoffe, die zum Abbau der Ozonschicht führen, gestützt. Mit der Verordnung wurde ein Stufenprogramm für den Ausstieg für teilhalogenierte Fluorchlorkohlenwasserstoffe (HFCKW) festgelegt. Bereits 2001 wurde der wesentliche Ein-

O

satz abgelöst. Seit dem 1.1.2010 ist auch die Verwendung von unverarbeiteten HFCKW zur Instandhaltung und Wartung bereits existierender Kälte- und Klimaanlagen verboten. Das generelle HFCKW-Verbot gilt seit dem 1.1.2015.

Die von der Verordnung erfassten Stoffe werden als geregelte Stoffe bezeichnet. Diese sind

- Fluorchlorkohlenwasserstoffe (FCKW – Gruppe I des Anhangs I) einschließlich ihrer Isomere,
- andere vollhalogenierte Fluorchlorkohlenwasserstoffe (Gruppe II des Anhangs I) einschließlich ihrer Isomere,
- Halone (Gruppe III des Anhangs I) einschließlich ihrer Isomere,
- Tetrachlorkohlenstoff (Gruppe IV des Anhangs I),
- 1,1,1-Trichlorethan (Gruppe V des Anhangs I),
- Brommethan (Gruppe VI des Anhangs I),
- teilhalogenierte Fluorbromkohlenwasserstoffe (Gruppe VII des Anhangs I) einschließlich ihrer Isomere,
- teilhalogenierte Fluorchlorkohlenwasserstoffe (Gruppe VIII des Anhangs I) einschließlich ihrer Isomere und
- Chlorbrommethan (Gruppe IX des Anhangs I)

entweder in Reinform oder in einem Gemisch, ungebraucht, nach Rückgewinnung, Recycling oder Aufarbeitung. Diese Stoffe haben jeweils ein bestimmtes Ozonabbaupotenzial (ODP), das die potenzielle Auswirkung eines jeden geregelten Stoffes auf die Ozonschicht angibt (Anhang I der Verordnung). Bezugsgröße ist FCKW R11, dessen ODP-Wert mit 1 festgesetzt ist. Unter Berücksichtigung der Verweilzeit und der vorausgesagten Immissionskonzentration werden die Ozonabbaupotenziale bezogen auf die Substanz FCKW R11 bestimmt.

Tabelle 07: Geregelte Stoffe (Anhang I der Verordnung Nr. 1005/2009/EG)

Gruppe	Stoff			Ozonabbaupotenzial[1]
Gruppe I	$CFCl_3$	FCKW-11	Trichlorfluormethan	1,0
	CF_2Cl_2	FCKW-12	Dichlordifluormethan	1,0
	$C_2F_3Cl_3$	FCKW-113	Trichlortrifluorethan	0,8
	$C_2F_4Cl_2$	FCKW-114	Dichlortetrafluorethan	1,0
	C_2F_5Cl	FCKW-115	Chlorpentafluorethan	0,6
Gruppe II	C_2F_3Cl	FCKW-13	Chlortrifluormethan	1,0
	C_2FCl_5	FCKW-111	Pentachlorfluorethan	1,0
	$C_2F_2Cl_4$	FCKW-112	Tetrachlordifluorethan	1,0
	C_3FCl_7	FCKW-211	Heptachlorfluorpropan	1,0
	$C_3F_2Cl_6$	FCKW-212	Hexachlordifluorpropan	1,0
	$C_3F_3Cl_5$	FCKW-213	Pentachlortrifluorpropan	1,0
	$C_3F_4Cl_4$	FCKW-214	Tetrachlortetrafluorpropan	1,0
	$C_3F_5Cl_3$	FCKW-215	Trichlorpentafluorpropan	1,0
	$C_3F_6Cl_2$	FCKW-216	Dichlorhexafluorpropan	1,0
	C_3F_7Cl	FCKW-217	Chlorheptafluorpropan	1,0
Gruppe III	CF_2BrCl	Halon-1211	Bromchloridfluormethan	3,0
	CF_3Br	Halon-1301	Bromtrifluormethan	10,0
	$C_2F_4Br_2$	Halon-2402	Dibromtetrafluorethan	6,0
Gruppe IV	CCl_4	CTC	Tetrachlormethan (Tetrachlorkohlenstoff)	1,1
Gruppe V	$C_2H_3Cl_3$[2]	1,1,1-TCA	1,1,1-Triclorethan (Methylchloroform)	0,1
Gruppe VI	CH_3Br	Methylbromid	Brommethan	0,6

Tabelle 07: Geregelte Stoffe (Anhang I der Verordnung Nr. 1005/2009/EG) (Forts.)

Gruppe	Stoff			Ozonabbaupotenzial[1]
Gruppe VII	$CHFBr_2$	HFBKW-21 B2	Dibromfluormethan	1,00
	CHF_2Br	HFBKW-22 B1	Bromdifluormethan	0,74
	CH_2FBr	HFBKW-31 B1	Bromfluormethan	0,73
	C_2HFBr_4	HFBKW-121 B4	Tetrabromfluorethan	0,8
	$C_2HF_2Br_3$	HFBKW-122 B3	Tribromdifluorethan	1,8
	$C_2HF_3Br_2$	HFBKW-123 B2	Dibromtrifluorethan	1,6
	C_2HF_4Br	HFBKW-124 B1	Bromtetrafluorethan	1,2
	$C_2H_2FBr_3$	HFBKW-131 B3	Tribromfluorethan	1,1
	$C_2H_2F_2Br_2$	HFBKW-132 B2	Dibromdifluorethan	1,5
	$C_2H_2F_3Br$	HFBKW-133 B1	Bromtrifluorethan	1,6
	$C_2H_3FBr_2$	HFBKW-141 B2	Dibromfluorethan	1,7
	$C_2H_3F_2Br$	HFBKW-142 B1	Bromdifluorethan	1,1
	C_2H_4FBr	HFBKW-151 B1	Bromfluorethan	0,1
	C_3HFBr_6	HFBKW-221 B6	Hexabromfluorpropan	1,5
	$C_3HF_2Br_5$	HFBKW-222 B5	Pentabromdifluorpropan	1,9
	$C_3HF_3Br_4$	HFBKW-223 B4	Tetrabromtrifluorpropan	1,8
	$C_3HF_4Br_3$	HFBKW-224 B3	Tribromtetrafluorpropan	2,2
	$C_3HF_5Br_2$	HFBKW-225 B2	Dibrompentafluorpropan	2,0
	C_3HF_6Br	HFBKW-226 B1	Bromhexafluorpropan	3,3
	$C_3H_2FBr_5$	HFBKW-231 B5	Pentabromfluorpropan	1,9
	$C_3H_2F_2Br_4$	HFBKW-232 B4	Tetrabromdifluorpropan	2,1
	$C_3H_2F_3Br_3$	HFBKW-233 B3	Tribromtrifluorpropan	5,6
	$C_3H_2F_4Br_2$	HFBKW-234 B2	Dibromtetrafluorpropan	7,5
	$C_3H_2F_5Br$	HFBKW-235 B1	Brompentafluorpropan	1,4
	$C_3H_3FBr_4$	HFBKW-241 B4	Tetrabromfluorpropan	1,9
	$C_3H_3F_2Br_3$	HFBKW-242 B3	Tribromdifluorpropan	3,1
	$C_3H_3F_3Br_2$	HFBKW-243 B2	Dibromtrifluorpropan	2,5
	$C_3H_3F_4Br$	HFBKW-244 B1	Bromtetrafluorpropan	4,4
	$C_3H_4FBr_3$	HFBKW-251 B1	Tribromfluorpropan	0,3
	$C_3H_4F_2Br_2$	HFBKW-252 B1	Dibromdifluorpropan	1,0
	$C_3H_4F_3Br$	HFBKW-253 B1	Bromtrifluorpropan	0,8
	$C_3H_5FBr_2$	HFBKW-261 B2	Dibromfluorpropan	0,4
	$C_3H_5F_2Br$	HFBKW-262 B1	Bromdifluorpropan	0,8
	C_3H_6FBr	HFBKW-271 B1	Bromfluorpropan	0,7
Gruppe VIII	$CHFCI_2$	HFCKW-21[3]	Dichlorfluormethan	0,040
	CHF2CI	HFCKW-22[3]	Chlordifluormethan	0,055
	CH_2FC_I	HFCKW-31	Chlorfluormethan	0,020
	C_2HFCI_4	HFCKW-121	Tetrachlorfluorethan	0,040

Tabelle 07: Geregelte Stoffe (Anhang I der Verordnung Nr. 1005/2009/EG) (Forts.)

Gruppe	Stoff			Ozonabbaupotenzial(1)
	$C_2HF_2Cl_3$	HFCKW-122	Trichlordifluorethan	0,080
	$C_2HF_2Cl_3$	HFCKW-122	Trichlordifluorethan	0,080
	$C_2HF_3Cl_2$	HFCKW-123(3)	Dichlortrifluorethan	0,020
	C_2HF_4Cl	HFCKW-124(3)	Chlortetrafluorethan	0,022
	$C_2H_2FCl_3$	HFCKW-131	Trichlorfluorethan	0,050
	$C_2H_2F_2Cl_2$	HFCKW-132	Dichlordifluorethan	0,050
	$C_2H_2F_3Cl$	HFCKW-133	Chlortrifluorethan	0,060
	$C_2H_3FCl_2$	HFCKW-141	Dichlorfluorethan	0,070
	CH_3CFCl_2	HFCKW-141b(3)	1,1-Dichlor-1-fluorethan	0,110
	$C_2H_3F_2Cl$	HFCKW-142	Chlordifluorethan	0,070
	CH_3CF_2Cl	HFCKW-142b(3)	1-Chlor-1,1-difluorethan	0,065
	C_2H_4FCl	HFCKW-151	Chlorfluorethan	0,005
	C_3HFCl_6	HFCKW-221	Hexachlorfluorpropan	0,070
	$C_3HF_2Cl_5$	HFCKW-222	Pentachlordifluorpropan	0,090
	$C_3HF_3Cl_4$	HFCKW-223	Tetrachlortrifluorpropan	0,080
	$C_3HF_4Cl_3$	HFCKW-224	Trichlortetrafluorpropan	0,090
	$C_3HF_5Cl_2$	HFCKW-225	Dichlorpentafluorpropan	0,070
	$CF_3CF_2CHCl_2$	HFCKW-225ca(3)	3,3-Dichlor-1,1,1,2,2-Pentafluorpropan	0,025
	CF_2ClCF_2CHClF	HFCKW-225cb(3)	1,3-Dichlor-1,1,2,2,3-Pentafluorpropan	0,033
	C_3HF_6Cl	HFCKW-226	Chlorhexafluorpropan	0,100
	$C_3H_2FCl_5$	HFCKW-231	Pentachlorfluorpropan	0,090
	$C_3H_2F_2Cl_4$	HFCKW-232	Tetrachlordifluorpropan	0,100
	$C_3H_2F_3Cl_3$	HFCKW-233	Trichlortrifluorpropan	0,230
	$C_3H_2F_4Cl_2$	HFCKW-234	Dichlortetrafluorpropan	0,280
	$C_3H_2F_5Cl$	HFCKW-235	Chlorpentafluorpropan	0,520
	$C_3H_3FCl_4$	HFCKW-241	Tetrachlorfluorpropan	0,090
	$C_3H_3F_2Cl_3$	HFCKW-242	Trichlordifluorpropan	0,130
	$C_3H_3F_3Cl2$	HFCKW-243	Dichlortrifluorpropan	0,120
	$C_3H_3F_4Cl$	HFCKW-244	Chlortetrafluorpropan	0,140
	$C_3H_4FCl_3$	HFCKW-251	Trichlorfluorpropan	0,010
	$C_3H_4F_2Cl_2$	HFCKW-252	Dichlordifluorpropan	0,040
	$C_3H_4F_3Cl$	HFCKW-253	Chlortrifluorpropan	0,030
	$C_3H_5FCl_2$	HFCKW-261	Dichlorfluorpropan	0,020
	$C_3H_5F_2Cl$	HFCKW-262	Chlordifluorpropan	0,020
	C_3H_6FCl	HFCKW-271	Chlorfluorpropan	0,030
Gruppe IX	CH_2BrCl	BCM	Chlorbrommethan	0,12

(1) Diese Ozonabbaupotenziale sind Schätzungen aufgrund derzeitiger Erkenntnisse; sie werden anhand der von den Vertragsparteien gefassten Beschlüsse regelmäßig überprüft und revidiert.
(2) Diese Formel bezieht sich nicht auf 1,1,2-Trichlorethan.
(3) Kennzeichnet die kommerziell gängigsten Stoffe entsprechend dem Protokoll.

Ozonbildungspotenzial POCP (Photochemical Ozone Creation Potential) Das O. gibt den potenziellen Beitrag eines Stoffs zur photochemischen Oxidantienbildung und Bildung von bodennahem Ozon (Sommersmog) an. Standardvergleichssubstanz ist Ethen [kg Ethen-Äqv.], die Grundsubstanz zur Herstellung von Polyethylen PE. Dieses spielt im Bauwesen eine bedeutende Rolle in Form von Folien, Rohren und Profilen.

Je mehr UV-Strahlung wegen der Zerstörung der Ozonschicht durch die Atmosphäre in die unteren Luftschichten gelangt, umso höher wird die Konzentration bodennahen Ozons. Beim Menschen führen erhöhte Ozonkonzentration in der Luft häufig zu Reizerscheinungen der Augen, Atemwege und Schleimhäute sowie zu Einschränkungen der Leistungsfähigkeit. Bei Flora und Fauna sind Ernteverluste und schwerwiegende Veränderungen in Ökosystemen zu beobachten.

Ozonschichtabbaupotenzial ODP (Ozone Depletion Potential) O. ist ein Umweltindikator, der im Rahmen der Ökobilanzierung (LCA) ermittelt wird. Er beschreibt das Abbaupotenzial der stratosphärischen Ozonschicht und wird in [kg R11 Äqv.] angegeben. Die Ozonschicht in der Stratosphäre in 15 bis 50 km Höhe entsteht, wenn kurzwellige UV-Sonnenstrahlen auf Sauerstoff-Moleküle treffen. Ozon nimmt diese kurzwellige UV-Strahlung auf und gibt sie mit größerer Wellenlänge in alle Richtungen wieder ab, sodass nur ein Teil der gefährlichen Strahlung auf die Erde trifft. Die Ozonschicht erfüllt für uns eine lebenswichtige Filterfunktion.

Bestimmte vom Menschen verursachte Emissionen führen zum Abbau der Ozonschicht. Dies trägt einerseits zur Erwärmung der Erdoberfläche bei, zum anderen reagieren Organismen besonders empfindlich auf UV-A- und -B-Strahlung. Beim Menschen kann dies zu Hautkrebs und Augenerkrankungen führen. UV-Strahlung schädigt auch Baumaterialien wie Fassadenelemente, insbesondere Kunststoffe.

Für den Abbau von Ozon sind im Wesentlichen zwei Stoffgruppen verantwortlich: Fluorchlorkohlenwasserstoffe (FCKW) und Stickoxide (NO_X). Als Referenzstoff für die Normierung dient das FCKW-Kältemittel Trichlorfluormethan (R11). Es gilt ODP (R11) = 1.

Ozonschichtschädigende Gase gelangen während der vielfältigen Herstellungsprozesse in die Atmosphäre. Vor allem die Herstellung von Polymeren, zum Beispiel chlorhaltiger Kunststoffe, trägt zu einem hohen Ozonabbaupotenzial bei.

P

PAH Abk. für polycyclic aromatic hydrocarbons (→Polycyclische aromatische Kohlenwasserstoffe).

PAK Abk. für →Polycyclische aromatische Kohlenwasserstoffe.

PAK-Hinweise Die „Hinweise für die Bewertung und Maßnahmen zur Verminderung der PAK-Belastungen durch Parkettböden mit Teerklebstoffen in Gebäuden (PAK-Hinweise)" sind ein Leitfaden für Gebäudeeigentümer und -nutzer sowie Baufachleute, wie das Auftreten von →Polycyclischen aromatischen Kohlenwasserstoffen (PAK) bei Parkettböden mit Teerklebstoffen in Gebäuden gesundheitlich zu bewerten ist, wie Maßnahmen zur Verminderung der PAK-Belastung (expositionsmindernde Maßnahmen) durchgeführt werden können, welche Schutzmaßnahmen dabei beachtet werden müssen und wie die Abfälle und das Abwasser zu entsorgen sind (Mitteilungen des Deutschen Instituts für Bautechnik, Heft 4/2000). Mittlerweile ergänzt durch andere Leitfäden, z.B. Gefährdungsbeurteilung und Kategorisierung bei Kinderspielzeug von 2012.

PAN Das Pesticide Action Network (PAN) ist ein 1982 in Malaysia gegründetes Netzwerk von heute über 600 Nicht-Regierungsorganisationen und Einzelpersonen in über 60 Ländern. Ziel von PAN ist es, gefährliche Pestizide durch langfristig tragfähige Alternativen zu ersetzen. 1985 startete das internationale P. die Kampagne „Das Dreckige Dutzend". Durch diese Kampagne wurde anhand ausgewählter Pestizide die Problematik des Pestizideinsatzes aufgezeigt. „Das Dreckige Dutzend" der Pestizide ist beispielhaft dafür, dass Pestizide bezüglich ihrer akuten Giftigkeit extrem gefährlich sein können und dadurch zu Gesundheitsschädigungen und Todesfällen führen, vor allem in den Ländern der Dritten Welt. „Das Dreckige Dutzend" zeigt aber auch, dass Pestizide extrem langlebig sein können und sich aufgrund dieser Eigenschaft in der Umwelt anreichern. Heute sind sie eine Belastung für jedes Lebewesen. Mit der Unterzeichnung der „Stockholm Convention on Persistant Organic Pollutants" durch die zuständigen Minister der Vertragsstaaten im Mai 2001 in Stockholm – daher hat die Konvention ihren Namen – begann ein Prozess, an dessen Ende das weltweite Verbot der Produktion, des Handels, der Anwendung und der Lagerung von bestimmten extrem gefährlichen, langlebigen organischen Schadstoffen stehen soll. (PAN: Die Stockholm Konvention, 2001)

Papiertapeten Bei P. besteht die Bahn aus einer oder mehreren Lagen Papier. Als Papiere zur Herstellung von P. kommen drei Materialgruppen zum Einsatz:

- Holzfreie Papiere aus Zellstoff und mineralischen Füllstoffen
- Holzhaltige Papiere aus einer Mischung aus gebleichten, chemisch aufbereiteten Zellstoffen und Holzschliff
- Recyclingpapiere mit überwiegendem Anteil aus Altpapier

Zweilagige P. bestehen aus einer oberen Zellstoffschicht aus holzfreiem Papier und Recyclingpapier, die auf der Trägerbahn aus Recyclingfasern oder holzhaltigem Papier aufgebracht wird. Die Schichten werden meist direkt auf der Papiermaschine auf zwei Sieben gemeinsam hergestellt und getrocknet. Vor dem Bedrucken wird auf die P. eine lichtbeständige, durchgehende Farbe aufgetragen, um das Vergilben zu verhindern („Fondtapete"). Alternativ kann das verwendete Papier auch selbst eine dünne Beschichtung als Papierstrich aufweisen. Die Muster werden mit Flexo-, Tief-, Sieb- oder auch noch mit Leimdruck (→Tiefdrucktapeten, →Leimdrucktapeten) aufgetragen.

P. stellen mengenmäßig den größten Anteil an →Tapeten dar. Es gibt sie glatt oder →Gaufriert (geprägt oder gerillt). Die Vorderseite ist farblich bedruckt und in vielen Designs erhältlich. Mittlerweile sind Papiertapeten auch als →Prägetapeten erhältlich, sodass man aus optischen Gründen nicht mehr auf die geschäumten →Vinyltapeten angewiesen ist. Selbst die Reliefstrukturen von Glasfasertapeten gibt es bereits als Papierversion. Leichte P. wiegen zwischen 90 und 120, mittelschwere zwischen 120 und 150 und schwere über 150 g pro m^2 Rohpapier. P. haben eine hohe „Atmungsaktivität" (s_d-Wert = 0,013 bis 0,032).

P. bestehen zu 80 bis 90 % aus chemisch und mechanisch aufbereiteten Cellulosefasern. Damit die eingekleisterten P. nicht völlig durchfeuchten und reißen, werden (kunst-)harzhaltige Leimungs- und Nassfestmittel zugesetzt. Den restlichen Anteil bilden Füllstoffe (meist hochwertige Porzellanerde), welche Gewicht, Dichte und Bedruckbarkeit des Papiers bestimmen. Die Oberfläche kann unbedruckt oder mit Farbe auf Kunststoffdispersions-

basis bedruckt sein. Die Druckfarben sind meist auf der Basis von →Polyvinylacetaten, Aminoplasten oder →Alkydharzen aufgebaut. P. können auch mit einer Kunststoffbeschichtung ausgerüstet sein (→Kunststofftapeten).
Als flüchtige organische Substanzen (→VOC) kommen →Lösemittel aus den Farbaufdrucken in Betracht. Da die Behandlung von P. mit Formaldehyd-haltigen Harzen heute nicht mehr üblich ist, sind keine Formaldehydemissionen mehr zu erwarten. P. mit gelben Farbanteilen (Bleichromat) können in Bestandsbauten erhöhte Konzentrationen an →Blei und →Chrom aufweisen. Grundsätzlich sind unbedruckte P. ohne Kunststoffbeschichtung am emissionsärmsten. Auf kunststoffbeschichtete Tapeten und kunststoffhaltige Tapetenkleister sollte man schon wegen der Beeinträchtigung der Wasseraufnahmefähigkeit der Wand verzichten.
Im Bereich der Cellulosefasererzeugung wurden in den letzten Jahren deutliche Umweltverbesserungen erzielt, dennoch ist die Herstellung von Cellulosefaser aufwendig und mit Abwasserbelastungen verbunden. P. sollten daher einen möglichst hohen Anteil an Recyclingfasern enthalten. Umweltzeichen (RAL-Umweltzeichen, →natureplus) fordern einen Recyclingpapieranteil von mindestens 60 %. Der Einsatz von Glyoxal oder →Formaldehyd ist nicht erlaubt. Als Farbmittel dürfen keine →Azofarbstoffe eingesetzt werden, die krebserzeugende Amine abspalten können. Bei der Aufarbeitung der Altpapiere muss auf Chlor, halogenierte Bleichchemikalien und biologisch schwer abbaubare Komplexbildner wie Ethylendiamintetraessigsäure (EDTA) und Dieethylentriaminpentaessigsäure (DTPA) vollständig verzichtet werden. natureplus unterzieht P. außerdem einer strengen Laborprüfung. Bei Beachtung dieser Punkte bestehen P. zum Großteil aus umweltfreundlichen Materialien.

Pappel P. (Populus, EN-Kurzzeichen: PONG) ist ein Holz mit gleichfarbigem, gräulichweißem bis gelblichweißem →Splint- und →Kernholz, Weiß- und Schwarzpappel mit breitem, weißlichem Splintholz und schwach rötlichbraunem bis bräunlichem Kernholz. Es ist feinporig und kaum gezeichnet (schlichtes Holz).
P. ist ein leichtes bis mittelschweres (Darrdichte 450 kg/m^3), sehr weiches Holz (Brinellhärte 10 bis 11 N/mm^2) und hat eine Rohdichte von 450 bis 490 kg/m^3. Es zeigt nur geringe Festigkeit, jedoch einen relativ hohen Abnutzungswiderstand. P. ist mäßig schwindend, mit gutem Stehvermögen. Die Oberflächenbehandlung bereitet keine Schwierigkeiten. Es ist gut beizbar, aber unbefriedigend polierbar. P. ist nicht witterungsfest. Bei der Verarbeitung ist auf Schutz vor →Holzstaub (krebserzeugend gem. →TRGS 906) zu achten. P. weist meist einen säuerlichen Geruch auf.
P. ist ein Spezialholz für Zündhölzer, Holzschuhe sowie Prothesen und wird im Saunabau für Sitz- und Liegebänke verwendet, weiterhin für Obst- und Gemüsesteigen, Spankörbe, Käseschachteln, Geschenkverpackungen, Kisten, Paletten und als leichtes Füllholz für Container, Zeichenbretter sowie als Schnitzholz. Im Möbelbau wird P. als Blindholz eingesetzt. Es ist zudem ein typisches Industrieholz für Faserplatten.

Parallam® (PSL) P. (Parallel Strand Lumber) ist ein →Furnierstreifenholz, das aus 16 mm breiten, ca. 3 mm dicken und bis 1 m langen, parallel zur Balkenlängsachse ausgerichteten und mit Phenolharzklebstoff verleimten Schälfurnierstreifen aus Douglasie oder Sumpf-Kiefer besteht. P. darf für alle Konstruktionen verwendet werden, die nach DIN EN 335 für →Brettschichtholz in der Gebrauchsklasse 1 bis 3 erlaubt sind oder in der Nutzungsklasse 1 und 2 nach DIN EN 1995-1-1 (Eurocode 5). P. weisen eine konstante und niedrige Holzfeuchte, extreme Belastbarkeit, gute Biegefestigkeit und große Maßhaltigkeit durch gleichbleibende Eigenschaften auf. P. wird für statische Konstruktionen (Balken, Pfetten, Unterzüge, Stützen, Fachwerkträger, Stürze) verwendet. Durch den hohen Verarbeitungsgrad der Furnierstreifen und den Einsatz von Phenolformaldehydharzen zur Verleimung ist der Primärenergieverbrauch zur Herstellung gegenüber anderen →Holzwerkstoffen relativ hoch. →Lagenhölzer

Parkettböden P. sind →Holzböden für Innenräume, die aus kleinen Stücken zusammengesetzt werden. Bei P. liegen die Holzfasern i. d. R. horizontal zur Bodenfläche. Eine Ausnahme stellen Hirnholzparkettböden dar. Hirnholz-P. haben eine senkrechte Holzfaserausrichtung. Wegen des Aufbaus aus kleinteiligen Holzstücken benötigen P. im Gegensatz zu →Massivholzdielen einen tragfähigen Untergrund. P. gibt es in den unterschiedlichsten Qualitäten, Verlegemustern und Verlegearten. Ursprünglich wurden unter P. →Massivparkette in ihren verschiedenen Ausformungen verstanden.

Heute werden im Neubau vor allem →Mehrschichtparkette verlegt.
Bei Verlegung mit Fußbodenheizungen sollten P. mit nicht zu hohen Holzstärken (bis zu 15 mm) gewählt werden und die P. vollflächig verklebt werden. Hohe Lebensdauer und gute Renovierbarkeit trotz geringer Holzstärke ermöglichen Massivparkette. Zur Orientierung für den Härtegrad des Holzes gilt die Angabe in der →Brinell-Härte nach ISO.

Parkettklebstoffe Als P. werden folgende Arten von Klebstoffen eingesetzt
→Dispersionsklebstoffe:
Eignen sich zum Verkleben spannungsarmer, quellunempfindlicher Parkette, wie →Mosaikparkette, →Industrieparkette, →Mehrschichtparkette, selten →Stabparkette; können durch die Abgabe von Wasser beim Abbinden das Holz zum Quellen bringen, was zu Haftungsproblemen führen kann (besonders bei Buche, Ahorn, Esche). Klebwirkung ist relativ gering, dafür sehr emissionsarm (auf →EMICODE EC11- bzw. EC1plus-Einstufung achten) und günstig im Preis. Von Naturfarbenherstellern werden P. auf Naturbasis angeboten (→Naturkautschuk-Klebstoffe). Fünf bis zehn Tage Trocknungsdauer.
→Lösemittel-Klebstoffe:
Universell einsetzbar mit guter Klebwirkung, auch für Buche, Ahorn. Esche; starke Abgabe von Lösemitteln während der Aushärtung und bei falscher Anwendung (zu dicker Auftrag, Verspachtelung von Hohlräumen mit Klebstoff, zu schnelle Versiegelung nach dem Verlegen usw.) auch noch lange danach. Die Lösemittel bringen, je nach Art, Anteil und Klebstoffverbrauch, Parketthölzer zum Quellen, jedoch meist etwas geringer als Dispersionsklebstoffe. Vier bis sieben Tage Trocknungsdauer.
→Reaktionsklebstoffe/→Polyurethan-Klebstoffe:
Universell einsetzbar mit hoher Klebwirkung auch für feuchteempfindliche Parkette wie Buche, Ahorn, Esche und Exoten; 24 bis 48 Stunden Trocknungsdauer; Reaktionsharzklebstoffe enthalten in mindestens einer Komponente Gefahrstoffe, die entsprechende Arbeitsschutzmaßnahmen erfordern. Ohne technische Notwendigkeit sollen sie daher nicht zum Einsatz kommen. Polyurethanbzw. Reaktionsharzklebstoffe sind im Sinne der TRGS 610 keine ökologisch geeigneten Ersatzstoffe für stark lösemittelhaltige Klebstoffe (Industrieverband Klebstoffe e. V., TKB1).
→Pulverklebstoffe:
Eignen sich zum Verkleben spannungsarmer Parkette, wie →Mosaikparkette, →Industrieparkette, →Mehrschichtparkette, selten →Stabparkette. Sie sind lösemittel- und weichmacherfrei.
→MS-Klebstoffe:
Zur schubfest-elastischen Verklebung fast aller Parkette, wie →Mosaikparkette, →Industrieparkette, →Mehrschichtparkette, →Stabparkette, Massivholzdielen, Holzpflaster bis 40 mm.
Grundsätzlich ist ein Vernageln des Parketts dem Kleben vorzuziehen, da auch bei Pulverklebstoffen und Dispersionsklebstoffen die Emission gesundheitsschädlicher Substanzen nicht ausgeschlossen werden kann. Ist aufgrund technischer und allgemein ökologischer Überlegungen (z.B. Nutzungsdauer) die Verklebung die beste Lösung, sollten EMICODE EC 1- bzw. EC1plus-eingestufte Pulver- oder Dispersionsklebstoffe eingesetzt werden.
Bis in die 1950er-Jahre wurden zum Verkleben von Parkettböden →Teerklebstoffe verwendet. Seit Mitte der 1970er-Jahre wurden Teerklebstoffe in Deutschland nicht mehr produziert und mussten für diese Zwecke aus dem Ausland importiert werden. Für Stabparkett wurden Klebstoffe auf Teerbasis vereinzelt noch bis spät in die 1970er-Jahre eingesetzt. Bis etwa 1981 konnten auch in Bitumenklebern noch bedeutsame Teerbestandteile enthalten sein. Nach 1981 spielte die Verwendung von Bitumenklebern in Westdeutschland technisch so gut wie keine Rolle mehr. Seitdem wurden hier – von Ausnahmen abgesehen – nur noch P. auf Kunststoffbasis eingesetzt.

Parkettversieglung Grundsätzlich muss zwischen einer Versiegelung und einer Imprägnierung (Fußbodenpflegemittel) von →Holzböden unterschieden werden. Die Versiegelung erfolgt mit →Reaktionslacken wie →Polyurethan-Lacken oder →SH-Lacken. Bei der Verwendung von SH-Lacken (Formaldehydbasis) ist mit einer Belastung durch →Formaldehyd zu rechnen. Beim Einsatz von Polyurethan-Lacken ist zumindest bei der Verarbeitung eine Belastung mit →Isocyanaten und →Lösemitteln und →VOC nicht auszuschließen. Alternativ könnten hier u.U. Parkettversieglungen auf der Basis von →Acryllacken auf Dispersionsbasis verwendet werden. Grundsätzlich wird durch eine P. zwar ein strapazierfähiger und dauerhafter Schutz erreicht, es erfolgt allerdings auch zwangsläufig eine bauökologisch abzulehnende Versiegelung des Holzes. Beim →Ölen und Wachsen des Bodens bleiben dagegen die Holzstruktur und die Diffusionsfähigkeit des Bodens erhalten. P. sind außerdem schlechter renovierbar als geölte/gewachste Oberflächen.

Partikelschaum In aufgeschäumten →EPS-Dämmplatten sind die einzelnen Schaumperlen gut erkennbar. Deshalb wird dieser Schaumstoff auch als Partikelschaum bezeichnet.

Passivhaus Das P. beschreibt Gebäude, in denen eine hohe thermische →Behaglichkeit im Winter und im Sommer auch ohne eigenes Heizsystem (und Kühlsystem) erreicht werden kann – das Haus „heizt" und kühlt sich zum Großteil rein passiv. Der geringe Restheizenergiebedarf von weniger als 15 kWh pro m^2 Nutzfläche und Jahr kann über die →Komfortlüftungsanlage zugeführt werden. Beim P. sind die Wärmeverluste durch Wärmeschutzmaßnahmen und eine mechanische Belüftung mit hocheffizienter Wärmerückgewinnung so stark verringert, dass allein die immer vorhandene innere Wärme (Personenwärme und elektrischer Haushaltsstrom) und die passiv solare Energieeinstrahlung beinahe den gesamten →Heizwärmebedarf decken können. Dabei werden die gleichen bewährten passiven Prinzipien angewandt wie im →Niedrigenergiehaus, jedoch weiter verbessert: Die Dämmstoffstärken liegen für die Außenbauteile von Einfamilienhäusern über 35 cm, somit ungefähr ca. doppelt so dick wie für Niedrigenergiehäuser. Alle Durchdringungen der Dämmstoffebene wie Dübel oder Holzlatten wirken sich in diesem Dämmniveau bereits sehr negativ auf den Wärmeschutz aus. Die konsequente Vermeidung von Wärmebrücken ist daher unerlässlich. Bei sorgfältiger Planung sind die Mehrkosten gegenüber einem konventionellen Neubau nur geringfügig höher. Für den nachhaltigen Wohnbau stellt das P. in Zukunft wohl den ebenso wünschenswerten wie unausweichlichen Gebäudestandard dar. Details können dem IBO Passivhaus-Bauteilkatalog entnommen werden.

PBB Abk. für →Polybromierte Biphenyle.

PBDE Abk. für →Polybromierte Diphenylether. →Decabromdiphenylether

PBT-Stoffe/vPvB-Stoffe Chemische Stoffe sind besonders besorgniserregend, wenn sie persistente, bioakkumulierbare und toxische (PBT) oder sehr persistente und sehr bioakkumulierbare (vPvB) Eigenschaften aufweisen. PBT- und vPvB-Stoffe sind als ein langfristig nicht vorhersehbares Risiko für die menschliche Gesundheit und die Umwelt einzuschätzen. Solche Stoffe sollen nicht in die Umwelt freigesetzt werden. Gemäß Anhang XIII REACH-VO (Verordnung (EU) Nr. 253/2011 vom 15. März 2011):

1. Kriterien zur Identifizierung von PBT-Stoffen und vPvB-Stoffen:

1.1. PBT-Stoffe

Ein Stoff, der die Persistenz-, Bioakkumulations- und Toxizitätskriterien der Abschnitte 1.1.1, 1.1.2 und 1.1.3 erfüllt, gilt als PBT-Stoff.

1.1.1. Persistenz

Ein Stoff erfüllt das Kriterium ‚persistent' (P), wenn mindestens eine der folgenden Situationen gegeben ist:

a) die Abbau-Halbwertszeit in Meerwasser beträgt mehr als 60 Tage;

b) die Abbau-Halbwertszeit in Süßwasser oder Flussmündungswasser beträgt mehr als 40 Tage;

c) die Abbau-Halbwertszeit in Meeressediment beträgt mehr als 180 Tage;

d) die Abbau-Halbwertszeit in Süßwassersediment oder Flussmündungssediment beträgt mehr als 120 Tage;

e) die Abbau-Halbwertszeit im Boden beträgt mehr als 120 Tage.

1.1.2. Bioakkumulation

Ein Stoff erfüllt das Kriterium ‚bioakkumulierbar' (B), wenn der Biokonzentrationsfaktor (bioconcentration factor – BCF) in Wasserlebewesen höher als 2.000 ist.

1.1.3. Toxizität

Ein Stoff erfüllt das Kriterium ‚toxisch' (T), wenn mindestens eine der folgenden Situationen gegeben ist:

a) Die Langzeit-NOEC (long-term no-observed effect concentration – langfristige Konzentration, bei der keine Wirkung beobachtet wird) oder EC10 für Meeres- oder Süßwasserlebewesen liegt unter 0,01 mg/l;

b) der Stoff erfüllt die Kriterien für die Einstufung als karzinogen (Kategorie 1A oder 1B), keimzellenmutagen (Kategorie 1A oder 1B) oder reproduktionstoxisch (Kategorie 1A, 1B oder 2) gemäß der Verordnung (EG) Nr. 1272/2008;

c) es gibt andere Belege für chronische Toxizität, die darin bestehen, dass der Stoff die Kriterien für die Einstufung spezifische Zielorgan-Toxizität, wiederholte Exposition, (STOT RE Kategorie 1

P

oder 2) gemäß der Verordnung (EG) Nr. 1272/ 2008 erfüllt.
1. 2 Kriterien zur Identifizierung von vPvB-Stoffen
Ein Stoff, der die Persistenz- und Bioakkumulationskriterien der Abschnitte 1.2.1 und 1.2.2 erfüllt, gilt als vPvB- Stoff.
1.2.1 Persistenz
Ein Stoff erfüllt das Kriterium ‚sehr persistent' (vP), wenn mindestens eine der folgenden Situationen gegeben ist:
a) Die Abbau-Halbwertszeit in Meeres- oder Süßwasser oder Flussmündungswasser beträgt mehr als 60 Tage;
b) die Abbau-Halbwertszeit in Meeres- oder Süßwasser oder Flussmündungssediment beträgt mehr als 180 Tage;
c) die Abbau-Halbwertszeit im Boden beträgt mehr als 180 Tage.
1.2.2 Bioakkumulation
Ein Stoff erfüllt das Kriterium ‚sehr bioakkumulierbar' (vB), wenn der Biokonzentrationsfaktor in Wasserlebewesen höher als 5.000 ist.

PCAD Polychloro-2-amino-diphenylether. →Eulan, →Mottenschutzmittel

PCB Abk. für →Polychlorierte Biphenyle.

PCB-Altholz Altholz, das der →PCB/PCT-Abfallverordnung entspricht und nach deren Vorschriften zu entsorgen ist, insbesondere Dämm- und Schallschutzplatten, die mit Mitteln behandelt wurden, die polychlorierte Biphenyle (→PCP) enthalten. Beispiele sind mit Steinkohlenteeröl imprägnierte Masten, Bahnschwellen, Dämmplatten. Die Beseitigung erfolgt auf einer geeigneten Sonderabfall-Deponie. →Altholzverordnung

PCB/PCT-Abfallverordnung Verordnung über die Entsorgung polychlorierter Biphenyle, polychlorierter Terphenyle und halogenierter Monomethyldiphenylmethane (PCPAbfallV) vom 26.6.2000

PCB-Richtlinie Innerhalb der →ARGEBAU erarbeitet die Projektgruppe Schadstoffe technische Regeln zum Erkennen, Bewerten und Sanieren von Schadstoffbelastungen in bestehenden Gebäuden. In bestehenden Gebäuden können →Polychlorierte Biphenyle (PCB) von belasteten Baustoffen und Bauteilen in die Atemluft freigesetzt werden und beim Menschen Gesundheitsschädigungen auslösen. Als Technische Baubestimmung wurde neben anderen die „Richtlinie für die Bewertung und Sanierung PCB-belasteter Baustoffe und Bauteile in Gebäuden (PCB-Richtlinie)“ bauaufsichtlich eingeführt. Die P. enthält Hinweise für Gebäudeeigentümer und -nutzer sowie Baufachleute, wie Bauprodukte, die polychlorierte Biphenyle (PCB) enthalten, gesundheitlich zu bewerten sind, wie Sanierungen durchgeführt werden können, welche Schutzmaßnahmen dabei beachtet werden müssen, wie die Abfälle und das Abwasser zu entsorgen sind und wie sich der Erfolg einer Sanierung kontrollieren lässt. Die Verantwortung für die Durchführung der erforderlichen Untersuchungen und eventueller Sanierungsmaßnahmen obliegt den jeweiligen Eigentümern bzw. Verfügungsberechtigten der betroffenen Gebäude. →Schadstoff-Richtlinien

PCCH Abk. für →Pentachlorcyclohexan.

PCM Abkürzung für Phase Change Materials. →Latentwärmespeicher

PCMC →Chlorkresol

PCP →Pentachlorphenol

PCP-Richtlinie Innerhalb der →ARGEBAU erarbeitet die Projektgruppe Schadstoffe technische Regeln zum Erkennen, Bewerten und Sanieren von Schadstoffbelastungen in bestehenden Gebäuden. Im Hinblick auf Verwendungsumfang und mögliche gesundheitliche Nebenwirkungen kommt dem →Holzschutzmittel →Pentachlorphenol (PCP) eine besondere Bedeutung zu. Als Technische Baubestimmung wurde neben anderen die „Richtlinie für die Bewertung und Sanierung PCP-belasteter Baustoffe und Bauteile in Gebäuden (PCP-Richtlinie)“ bauaufsichtlich eingeführt. Die P. enthält Hinweise für Gebäudeeigentümer und -nutzer sowie Baufachleute, wie Bauprodukte, die PCP enthalten, gesundheitlich zu bewerten sind, wie Sanierungen durchgeführt werden können, welche Schutzmaßnahmen dabei beachtet werden müssen, wie die Abfälle und das Abwasser zu entsorgen sind und wie sich der Erfolg einer Sanierung kontrollieren lässt. Die Verantwortung für die Durchführung der erforderlichen Untersuchungen und eventueller Sanierungsmaßnahmen obliegt den jeweiligen Eigentümern bzw. Verfügungsberechtigten der betroffenen Gebäude. →Schadstoff-Richtlinien

PCSD Polychloro-2-(chlormethylsulfon-amid)-diphenylether, →Eulan, →Mottenschutzmittel

PCT P. (Polychlorierte Terphenyle) sind Verwandte der PCB (→Polychlorierte Biphenyle). Sie zeichnen sich durch eine hohe thermische Beständigkeit und einen hohen Siedepunkt aus. Chlorierte Terphenyle, von denen es eine große Zahl von Congeneren gibt, wurden als Hochtemperaturschmiermittel und Wärmeübertragungsmittel sowie als Zusatzstoff in Klebstoffen und Anstrichmitteln verwendet. Da PCT und PCB jedoch nur sehr schwer abbaubar sind, zählen sie heute zu den weitverbreitetsten Umweltschadstoffen. Über die Nahrungskette reichern sie sich im Organismus an und können nach längerer Anreicherung in Extremfällen zu Leber-, Milz- und Nierenschäden führen. Ihre Verwendung wurde deshalb durch die PCB-, PCT-, VC-Verbotsverordnung vom 18.07 1989 weitgehend verboten. Diese besagt, dass Stoffe, Zubereitungen oder Erzeugnisse mit einem PCT- bzw. PCB-Gehalt von mehr als 50 mg/kg nicht hergestellt, in Verkehr gebracht oder verwendet werden dürfen. (VDB Baubiologie-Lexikon)

Die PCB/PCT-Abfallverordnung vom 26.6.2000 (BGBl. I S. 932), die zuletzt durch Artikel 5 Absatz 21 des Gesetzes vom 24.2.2012 (BGBl. I S. 212) geändert worden ist, wurde 2016 ergänzt durch die VO zur Umsetzung der abfallrechtlichen Gefährdungskriterien. Laut Anhang XVII der REACH-VO Beschränkung der Herstellung, des Inverkehrbringens bestimmter Gefährlicher Stoffe, Gemische und Erzeugnisse: P darf in Gemischen und Altölen nicht in Verkehr gebracht werden, die Konzentrationen größer als 0,005 Gew.-% P. enthalten.

Pechlacke P. wurden früher aus bestimmten Steinkohlenteerpechen (Teere) hergestellt.

PEFC Das Zertifizierungssystem für nachhaltige Waldbewirtschaftung PEFC (Programme for the Endorsement of Forest Certification Schemes) basiert inhaltlich auf Beschlüssen, die auf den Ministerkonferenzen zum Schutz der Wälder in Europa (Helsinki 1993, Lissabon 1998) von 37 Nationen im Pan-Europäischen Prozess verabschiedet wurden. Vorrangiges Ziel von PEFC ist die Dokumentation und Verbesserung der nachhaltigen Waldbewirtschaftung im Hinblick auf ökonomische, ökologische sowie soziale Standards. Holz und Holzprodukte, die den Anforderungen von PEFC genügen, können mit dem PEFC-Gütesiegel gekennzeichnet werden, wenn ein glaubwürdiger Produktkettennachweis (Chain of Custody) sichergestellt ist.

Der PEFC-Prozess wurde im August 1998 von skandinavischen, französischen, österreichischen und deutschen Waldbesitzern zusammen mit Vertretern der Holzwirtschaft initiiert. Aktuell sind 40 nationale PEFC-Gremien Mitglieder des PEFC. Einige Mitgliedsländer durchlaufen noch ein Anerkennungsverfahren und haben noch kein anerkanntes System national aufgebaut. Das wichtigste deutsche Gremium ist der Deutsche Forst-Zertifizierungsrat (DFZR), in dem Vertreter des Privat-, Staats- und Körperschaftswaldes, der Holzindustrie, des Holzhandels, der Umweltverbände, der Gewerkschaften, der Berufsvertretungen, der forstlichen Lohnunternehmer sowie weiterer gesellschaftlicher Gruppen vertreten sind. Der DFZR wird von den Mitgliedern von PEFC Deutschland e.V. gewählt. In Deutschland ist eine Waldfläche von ca. 7 Mio. ha durch PEFC zertifiziert.

Im Februar 2001 stellte das nordrhein-westfälische Umweltministerium (MUNLV) bei der Vergabe des PEFC-Zeichens eine unzureichende Transparenz fest.

Der Sachverständigenrat für Umweltfragen hat 2012 Kritik an den PEFC-Kriterien formuliert, vgl. Umweltgutachten 2016, Kap. 6 „Umweltgerechte Waldnutzung". →FSC, →Nachhaltigkeit

PEI Abk. für →Primärenergieinhalt.

Pentachlorcyclohexen Gamma-Pentachlorcyclohexen (gamma-PCCH) ist ein Umwandlungsprodukt des →Lindan. Lindan-belastete Raumluft enthält i.d.R. auch PCCH (s. auch Tabelle P1). P. entsteht als Metabolisierungsprodukt des Lindan, wobei das Epoxid mit der kanzerogenen und mutagenen Wirkung in Verbindung gebracht.

Ausreichende toxikologische Daten liegen zu gamma-PCCH nicht vor. In einer ersten Näherung kann infolge der Strukturähnlichkeit mit Lindan für PCCH ein ähnliches toxisches Potenzial wie für Lindan vermutet werden. In der Konsequenz müsste zur Bewertung von Lindan-Raumluftkonzentrationen die Summe aus Lindan und PCCH herangezogen werden.

Pentachlorphenol (CAS 87-86-5; 131-52-2) Abk. PCP. Bei der Kontamination von Bauteilen mit →Holzschutzmitteln steht die frühere Verwendung des Wirkstoffs P. im Vordergrund. PCP lag in vielen Holzschutzmitteln häufig gemeinsam mit dem Insektizid →Lindan in einem Mengenverhältnis von ca. 10:1 vor. Das für die Herstellung der Holzschutzmittel meist verwendete technische PCP ist mit anderen Stoffen verunreinigt, von denen insbesondere die →Dioxine und Furane von Bedeutung sind. Der Einsatz PCP-haltiger Holzschutzmittel erfolgte:

a. Mit dem Ziel der Vorbeugung
   - Tragende und aussteifende Hölzer, insbesondere im Dachstuhlbereich, Holztreppen und Holzgeländer
   - Holzfenster und Außentüren als holzschützende Grundierungen und Lasuren
   - Großflächig an Holzverkleidungen, Vertäfelungen, Schallschutzdecken, mitunter Holzfußböden u. Ä.; häufig auch zu dekorativen Zwecken
b. Mit dem Ziel der Bekämpfung
   - Schwammsanierungen
   - Bekämpfung von Hausschwamm im Mauerwerk (z. T. durch Injektion, z. T. großflächig, z. T. im Verputz)
   - Insektenbefall, insbesondere im Dachstuhlbereich. Die Gelegenheit der Schutzbehandlung wurde genutzt, neben dem für die Insektenbekämpfung erforderlichen Insektizid zugleich als vorbeugende Maßnahme PCP als Fungizid gegen einen eventuell später möglichen Pilzbefall zusätzlich einzubringen.

Eine weitere Quelle für die Kontamination mit Holzschutzmitteln kann der vorübergehende Schutz heller Importhölzer während Lagerung und Transport im Herkunftsland sein. Im Rahmen der Bearbeitung (z.B. zu Profilbrettern) wurde der PCP-haltige Bereich allerdings weitestgehend entfernt. In Einzelfällen können auch PCP-haltige Späne zu Spanplatten verarbeitet worden sein, oder das Holz wurde in der Nähe von PCP-haltigen Hölzern gelagert und weist dadurch Spuren von PCP auf.

P

Tabelle P1: Lindan und gamma-PCCH in der Raumluft von Innenräumen mit Verdacht auf Holzschutzmittel-Belastung (Quelle: Arguk, 2003)

	Probenanzahl	Mittelwert [ng/m³]	Median [ng/m³]	Minimum	Maximum [ng/m³]
Lindan	38	78,2	33,5	< 1	457
gamma-PCCH	38	38,1	29,5	< 1	226
Summe Lindan + gamma-PCCH	38	110	61,5	< 1	683

Wirkstoffe in den Holzschutzmitteln Xylamon und Xyladecor der Fa. Desowag, Marktführer der 1960er- und 1970er-Jahre sind:

Markenname	Wirkstoffe
Xylamon-Echtbraun	5,4 % PCP 0,5 % Lindan 10,0 % Chlornaphthalin
Xylamon-Braun (ab 1978 ohne PCP)	5,4 % PCP 2,0 % Carbamat 10,0 % Chlornaphthalin
Xyladecor	5,0 % Tetra-/Pentachlorphenol-Gemisch 0,55 % Lindan 0,4 % Dichlofluanid
Xyladecor 200 (1978 – 1983)	1,0 % Furmecyclox 0,4 % Lindan 0,6 % Dichlofluanid
Xyladecor 200 (ab 1984)	1,0 % Furmecyclox 0,1 % Permethrin 0,6 % Dichlofluanid

Beschränkungen und Verbote für PCP-haltige Holzschutzmittel:

Jahr	Art des Verbotes/der Beschränkung
1978	Einführung einer Kennzeichnungspflicht für PCP-haltige Zubereitungen Verbot der Anwendung PCP-haltiger Holzschutzmittel mit Prüfzeichen in Aufenthaltsräumen durch das Institut für Bautechnik
1986	Verbot der Anwendung PCP-haltiger Holzschutzmittel in Innenräumen (Gefahrstoffverordnung)
1989	Verbot des Inverkehrbringens und der Verwendung von PCP und von PCP-haltigen Produkten (> 0,01 % PCP) und von Holzteilen mit mehr als 5 mg PCP/kg (PCP-Verbotsverordnung; heute Chemikalien-Verbotsverordnung)

Im behandelten Holz sind die Wirkstoffe sehr ungleichmäßig verteilt. PCP ist bei den früher üblichen Anwendungsverfahren in hohen Konzentrationen (bis über 1.000 mg PCP/kg Holz) nur bis maximal etwa 1 cm Tiefe eingedrungen (Kiefernsplintholz), z. T. auch nur im Millimeterbereich nachweisbar (Fichte/Tanne, Kiefernkernholz). Über 90 % der Belastung liegen in den äußeren 3 bis 5 mm vor. Unmittelbar nach der Anwendung lagen die PCP-Gehalte im Holz deutlich höher.

PCP zählt wegen seiner weiten Verbreitung in der Umwelt, seiner Toxizität und seiner Dioxin-Verunreinigungen zu den bedeutenden Umweltchemikalien. PCP und Lindan können auch heute noch aus den behandelten Hölzern ausgasen und die Innenraumluft belasten. Die Stoffe können über die Atemluft, die Haut und über kontaminierte Nahrung aufgenommen werden. Bei zahlreichen Menschen, in deren Wohnungen PCP-haltige Holzschutzmittel eingesetzt wurden, traten z. T. schwerwiegende und lang andauernde gesundheitliche Beeinträchtigungen auf. Beobachtete akute Symptome sind u. a. raschere Ermüdbarkeit, verminderte Konzentrationsfähigkeit, erschwerte Auffassung, motorische Ungeschicklichkeit, Infekthäufung, Kopfschmerzen, Reizbarkeit und Ruhelosigkeit. PCP ist krebserzeugend (TRGS 905: 1B), mutagen (TRGS 905: 2) und entwicklungsschädigend, kann das Kind im Mutterleib schädigen (TRGS 905: RD1B).

Die Schadstoffkonzentration in der Raumluft ist abhängig von der Art und Menge der eingesetzten Holzschutzmittel sowie den klimatischen Bedingungen im Raum. Bei PCP wird zudem zwischen Primär- und Sekundärquellen unterschieden. Primärquellen sind Bauteile oder Gegenstände, die gezielt mit PCP-haltigen Mitteln behandelt wurden und aus denen PCP in die Raumluft freigesetzt wird. Sekundärquellen sind Bauteile oder Gegenstände, die PCP meist über längere Zeit aus der durch Primärquellen belasteten Raumluft aufgenommen haben und ihrerseits das auf der Oberfläche angelagerte PCP nach und nach wieder in die Raumluft freizusetzen vermögen. Das vom Holz abdampfende PCP lagert sich teilweise auch an den im Raum befindlichen Staub an. Unmittelbau nach Holzschutzmittel-Anwendungen wurden PCP-Raumluftkonzentrationen von 5 bis 25 µg/m^3, z. T. sogar noch höhere Konzentrationen gemessen. Heute liegen die in Räumen mit behandelten Bauteilen gemessenen PCP-Konzentrationen deutlich niedriger, meist unter 1 µg/m^3.

Die „Richtlinie für die Bewertung und Sanierung Pentachlorphenol-(PCP-)belasteter Baustoffe und Bauteile in Gebäuden“ (PCP-Richtlinie) enthält Regelungen und Hinweise, wie Bauprodukte, die PCP enthalten, gesundheitlich zu bewerten sind, wie Sanierungen durchgeführt werden können, welche Schutzmaßnahmen dabei beachtet werden müssen, wie die Abfälle und das Abwasser zu entsorgen sind und wie sich der Erfolg einer Sanierung kontrollieren lässt.

Gem. PCP-Richtlinie gelten folgende Richtwerte bei Anwendung PCP-haltiger Holzschutzmittel zur Beurteilung einer möglichen Gesundheitsgefährdung:

a) In Aufenthaltsräumen ist von einer möglichen gesundheitlichen Gefährdung auszugehen, wenn die im Jahresmittel zu erwartende Raumluftkonzentration über 1 µg PCP/m^3 Luft liegt.

b) Bei Wohnungen oder bei anderen Räumen, in denen sich Personen über einen längeren Zeitraum regelmäßig mehr als acht Stunden am Tag aufhalten und in denen nutzungsbedingt auch Expositionen über Staub und Lebensmittel etc. zu erwarten sind, wie z.B. in Kindertagesstätten oder Heimen, ist jedoch eine gesundheitliche Gefährdung schon dann möglich, wenn die im Jahresmittel zu erwartende Raumluftkonzentration unter 1 µg PCP/m^3 Luft, aber über 0,1 µg PCP/m^3 Luft liegt und gleichzeitig im Blut eine PCP-Belastung von mehr als 70 µg PCP/l (Serum) oder im Urin eine PCP-Belastung von mehr als 40 µg PCP/l vorliegt.

Für eine erfolgreiche und dauerhafte Sanierung sind verschiedene Methoden geeignet:

- Beschichten und Bekleiden behandelter Bauteile
- Räumliche Trennung behandelter Bauteile
- Entfernung behandelter Bauteile
- Entfernung behandelter Bereiche von Bauteilen
- Entfernung oder Reinigung sekundär belasteter Materialien oder Gegenstände

Der Erfolg der Sanierung (Unterschreitung des Vorsorgewertes) wird durch eine Raumluftmessung überprüft.

Außerhalb des Holzbereiches wurde PCP auch als Konservierungsstoff für Leder eingesetzt und kann z.B. in Sitzmöbeln enthalten sein. Weitere Einsatzgebiete waren u. a. Teppichböden, Pappe und Klebstoffe.

PCP kann durch →Schimmelpilze in →Chloranisole umgewandelt werden, die (mit)verantwortlich für den vielfach in Fertighäusern und Pavillonbauten auftretenden intensiven muffigen Geruch sein können.

Nach →Chemikalien-Verbotsverordnung ist in Erzeugnissen ein Grenzwert von 5 mg/kg PCP und in Zubereitungen von 100 mg/kg einzuhalten; gilt nicht für Holzbestandteile von Gebäuden und Möbeln sowie für Textilien, die vor dem 23.12.1989 in den Verkehr gebracht wurden und nicht für Altholz, welches nach der Altholzverordnung (Oktober 2006) verwertet wird. Deutschland regelt schärfer im Vergleich zu den Vorschriften in der EU, dies wird von der EU-Kommission akzeptiert. Gemäß Anhang XVII →REACH-VO besteht ein Grenzwert von 0,01 Gew.-% bzw. 1.000 mg/kg in chemischen Stoffen und Gemischen. Erzeugnisse sind nicht geregelt. Gefahrstoff-VO vom 29.3.2017 (BGBl. I S 626).

EU-GHS-Einstufung und Kennzeichnung (EG) Nr. 1272/2008 CLP: Akute Toxizität Kategorie 2: Acute Tox. 2; H330 Lebensgefahr bei Einatmen; Akute Toxizität Kategorie 3: Acute Tox. 3; H301 Giftig bei Verschlucken; H311 Giftig bei Hautkontakt; Reizwirkung auf die Haut Kategorie 2: Skin Irrit. 2; H315 Verursacht Hautreizungen; Augenreizung Kategorie 2: Eye Irrit. 2; H319 Verursacht schwere Augenreizung; Spezifische Zielorgan-Toxizität (einmalige Exposition) Kategorie: STOT SE 3; H335 Kann die Atemwege reizen; Kanzerogenität Kategorie 2: Carc. 2; H351 Kann vermutlich Krebs erzeugen; Akut gewässergefährdend Akut 1: Aquatic Acute 1; H400 Sehr giftig für Wasserorganismen; Langfristig gewässergefährdend Chronisch 1 Aquatic Chronic 1; H410 Sehr giftig für Wasserorganismen, mit langfristiger Wirkung.

Pentadecansäure (CAS 1002-84-2) →Fettsäuren

Pentan (CAS 109-66-2) P. ist eine farblose, hochentzündliche, fast geruchlose Flüssigkeit und gehört zur Gruppe der gesättigten aliphatischen Kohlenwasserstoffe. Innerhalb dieser Stoffgruppe zählt P. zu den vergleichsweise weniger toxischen Stoffen (vgl. z.B. →Hexan). Die Dämpfe von P. können Schläfrigkeit und Benommenheit verursachen. P. ist als umweltgefährdend eingestuft. AGW-Wert (TRGS 900) (→MAK-Liste): 1.000 ml/m^3 = 3.000 mg/m^3. Als FCKW-Ersatz wird P. in Kühlschränken und Klimaanlagen zur Kälteerzeugung eingesetzt. In Deutschland ist P. zudem das meistverwendete Treibmittel für →Polyurethan-Hartschäume und Polystyrolschäume.

EU-GHS-Einstufung und Kennzeichnung (EG) Nr. 1272/2008 CLP: Entzündbare Flüssigkeiten Kategorie 2: Flam. Liq. 2; H225 Flüssigkeit und Dampf leicht entzündbar; Spezifische Zielorgan-Toxizität (einmalige Exposition) Kategorie: STOT SE 3; H336 Kann Schläfrigkeit und Benommenheit verursachen; Aspirationsgefahr Kategorie 1: Asp. Tox. 1; H304 Kann bei Verschlucken und Eindringen in die Atemwege tödlich sein; Langfristig gewässergefährdend Chronisch 2 Aquatic Chronic 2; H411 Giftig für Wasserorganismen, mit langfristiger Wirkung.

Pentanal (CAS 110-62-3) P. (Valeraldehyd) ist ein gesättigter →Aldehyd, der reizend auf die Augen und Schleimhäute wirkt. Entstehen oft durch oxidativen Abbau von Holzinhaltsstoffen und andereren zellulosebasierten nachwachsenden Rohstoffen. OSB-Platten und andere →Holzwerkstoffe sind wichtige Quellen für P. und andere höhere →Aldehyde. Innenraumrichtwerte: RW II von 2 mg/m^3 und zum Schutz vor Geruchsbelästigungen ein RW I von 0,1 mg/m^3. Zur relativen Toxizität von P. →NIK-Werte: Je niedriger der NIK-Wert, umso höher ist die Toxizität des jeweiligen Stoffes. →Holzwerkstoffe

1,5-Pentandial →Glutaraldehyd

Perfluoralkane →Perfluorierte organische Verbindungen

Perfluorierte organische Verbindungen P. (fluorinated organic compounds, FOC) sind synthetische organische Chemikalien mit äußerst stabilen Kohlenstoff-Fluor-Bindungen. FOC weisen daher eine höhere thermische und chemische Stabilität auf als die entsprechenden Kohlenwasserstoffverbindungen. FOC lassen sich unterteilen in

Perfluoralkane (PFC):

Die niedermolekularen PFC werden als Kältemittel eingesetzt. Ein bedeutsamer Vertreter der hochmolekularen PFC ist das Polytetrafluorethylen (PTFE, Teflon). Hochmolekulare PFC werden verwendet in der Kfz-, Flugzeug-, Chemie-, Elektronik- und Bauindustrie, in der Medizintechnik, in kosmetischen Produkten und als Antihaftbeschichtung in Kochgeschirr.

Perfluortenside (PFT):

PFT sind oberflächenaktive Stoffe. Die chemische Struktur mit der hydrophoben poly- oder perfluorierten Kohlenstoffkette und einer hydrophilen Kopfgruppe (z.B. Sulfonat und Carboxylat bzw. deren Salze) bewirkt eine starke Verminderung der Oberflächenspannung von Wasser, wobei die hydrophile Kopfgruppe mit wässrigen Phasen in Wechselwirkung tritt, während die hydrophobe Kette Wasser, Öl und Fett abweisend ist.

PFT können unterteilt werden in:

Perfluorierte Alkylsulfonate (PFAS):
Ein wichtiger Vertreter der PFAS ist Perfluoroctansulfonat (PFOS). PFOS ist wasserlöslich, hat einen niedrigen Dampfdruck und ist nicht flüchtig. PFOS wird hauptsächlich zur Oberflächenmodifizierung, Papierveredelung und in der Spezialchemie eingesetzt. Einsatzgebiete sind Textilien, →Textile Bodenbeläge, Ledermöbel, Papier, Verpackungen, Anstrichstoffe, Reinigungsmittel, Kosmetika, Pflanzenschutzmittel, Feuerlöscher und hydraulische Flüssigkeiten. Die Produktionsmenge weltweit wird für das Jahr 2000 auf 3.665 t geschätzt, davon in den USA 3.250 t. Auf Druck der →EPA wurde im Jahr 2000 PFOS – jahrzehntelang aktiver Bestandteil für die Scotchguard-Produkte der Fa. 3M – vom Markt genommen und die Herstellung eingestellt.
Perfluorierte Alkylcarbonsäuren (PFCA):
Ein wichtiger Vertreter der PFCA ist die Perfluoroktansäure (PFOA). PFOA ist wasserlöslich, hat einen niedrigen Dampfdruck und ist nicht flüchtig. PFOA wird hauptsächlich bei der Produktion von →Polytetrafluorethylen (PTFE) und Polyvinylidenfluorid (PVDF) eingesetzt.
Fluortelomeralkohole (FTOH):
FTOH sind wasserunlöslich, haben höhere Dampfdrücke als PFOS und PFCA und gelten als flüchtig. FTOH wird bei der Herstellung fluorierter Polymere eingesetzt.
PFT sind mit den Handelsnamen Teflon, Goretex, Stainmaster, Scotchguard und SilverStone Bestandteil vieler Alltagsprodukte. Dazu gehören antihaftbeschichtetes Kochgeschirr, Schmutz abweisende Teppiche, Möbel und →Tapeten, Fett abweisende Lebensmittelverpackungen (Fast Food), wasserdichte, atmungsaktive Funktionskleidung (Hosen, Jacken, Schuhe), Sprays für Möbel, Kleidung und Schuhe, Wandfarben und Haushaltsreinigungsmittel.
PFOS gelten als krebserzeugend beim Menschen. Sie reichern sich in der Umwelt an und gelten als bioakkumulativ. Natürliche Quellen für PFT existieren nicht. Erstmals wurden PFT in den 1970er-Jahren in der Umwelt festgestellt. Heute gelten die Chemikalien als ubiquitär. Sie werden weltweit in Gewässern, der Atmosphäre sowie im Gewebe und Blut von Menschen und allen untersuchten Wildtieren Europas gefunden. Über die Verteilung von Klärschlämmen auf Äcker gelangen sie ins Grundwasser und damit auch ins Trinkwasser, worauf sie im Blut langfristig gespeichert werden. (UBA: Per- und Polyfluorierte Chemikalien 2009) Dort reichern sie sich bis 25 µg PFOA pro l bzw. 20 µg PFOS pro l Blut an. (Studie der Umweltprobenbank 2005) Nach Düngemittelverordnung sind die Gehalte auf 100 µg/kg Trockenmasse begrenzt. PFOS und PFOA sind weder aerob noch anaerob abbaubar. Sie erfüllen damit die Kriterien für →POP, in die diese 2010 aufgenommen wurden. Aufgrund des Vorkommens von PFOS im Blut und in menschlichen Organen in Verbindung mit kanzerogenen und reproduktionstoxischen Eigenschaften wird die Chemikalie besonders kritisch bewertet. (Quelle: Fricke & Lahl, 2005, Z. Umweltchem. Ökotox. 17 (1) S. 36 – 49). Zu PFOA und PFOS sind human-toxikologische Bewertungen durch die Kommission Human-Biomonitoring des Umweltbundesamtes (UBA) und zu weiteren PFC durch die LAWA-LABO-Arbeitsgruppe „Ableitung von Geringfügigkeitsschwellenwerten für PFC" erfolgt. Zur Bewertung von Trinkwasserbelastungen stehen durch das UBA Trinkwasser-Leitwerte bzw. Gesundheitliche Orientierungswerten (GOW) zur Verfügung. Die reproduktionstoxischen Eigenschaften von Perfluoroktansäure PFOA und Perfluoroktalsulfonsäure PFOS sind mittlerweile im Tierversuch nachgewiesen. Die Verwendung und das Inverkehrbringen der PFOS wurden aufgrund ihrer Bewertung als sog. →PBT-Stoff (persistent, bioakkumulierend und toxisch) stark eingeschränkt (EU-Richtlinie 2006/122/EG, umgesetzt mit 11. Verordnung zur Änderung chemikalienrechtlicher Verordnungen v. 12.10.2007; seit 27.6.2009 beschränkt durch Nr. 53 des Anhangs XVII der REACH-Verordnung). Seit dem 27.6.2008 dürfen nicht mehr in den Verkehr gebracht werden:

- Stoffe oder Gemische mit einem PFOS-Gehalt > 0,005 %
- neue Erzeugnisse mit einem PFOS-Gehalt von 0,1 % oder mehr
- neue Textilien oder Werkstoffe mit einem Gehalt von 1 µg/m^2 oder mehr.

Es gelten einige Ausnahmen.
Das Bayerische Landesamt für Umwelt hat 2015 Leitlinien zu vorläufigen Bewertung von PFC-Verunreinigungen in Wasser und Boden herausgegeben. Mit Wirkung vom 20.6.2013 wurde PFOA als →SVHC-Stoff (Substances of very high concern) in die →Kandidatenliste nach Artikel 59 der →REACH-VO aufgenommen. Durch die Verordnung (EU) Nr. 1342/2014 vom 17.12.2014 wurde die

Verordnung (EG) Nr. 850/2004 über persistente organische Schadstoffe hinsichtlich der Anhänge IV und V geändert. Sie trat am 18.06.2015 in Kraft. In den Anhang IV der Liste der Stoffe, die den Abfallbewirtschaftungsbestimmungen gemäß Artikel 7 unterliegen, wurde Perfluoroctansulfonsäure (PFOS) und ihre Derivate mit der Konzentrationsgrenze gemäß Artikel 7 Absatz 4 Buchstabe a von 50 mg/kg neu aufgenommen. Als vorläufiger Schwellenwert wurde für PFOS ein Wert von 0,23 µg/l und für die Summe ein Wert von 0,3 µg/l festgesetzt. Die EU hat am 12.8.2013 die Richtlinie 2013/39/EU zur Überarbeitung der Liste der prioritären Stoffe der WRRL verabschiedet. Im Zuge dieser Überarbeitung wurde für PFOS eine Umweltqualitätsnorm (UQN) von 0,65 ng/l als Jahresdurchschnittswert (JD-UQN) und 36 µg/l als zulässige Höchstkonzentration (ZHK-UQN) für Oberflächengewässer auf der Basis „Menschlicher Fischverzehr" als empfindlichstes Schutzgut an Oberflächengewässern festgelegt. Diese Werte wurden im Rahmen der Überarbeitung der OGewV 2016 in nationales Recht umgesetzt. Darüber hinaus wurden P. 2017 im REACH-Anhang XVII veröffentlicht und die Beschränkungen treten spätestens in drei Jahren in Kraft. Ihre Einhaltung ist dann allerdings erst ab 2027 erforderlich.

Perfluoroktansäure (CAS 335-67-1) Abk. PFOA. P. ist ein wichtiger Vertreter der Perfluorierten Alkylcarbonsäuren (PFCA); MAK-Wert (→MAK-Liste) P. und ihre anorganischen Salze: 0,005 E mg/m^3. P. ist als →SVHC (besonders besorgniserregender Stoff) eingestuft, in der →Kandidatenliste als persistent, bioakkumulierbar und toxisch (→PBT-Stoff, Artikel 57 d) sowie als reproduktionstoxisch (Artikel 57c) geführt. Ab 2020 gilt in der EU ein Verbot für die Herstellung, Verwendung, das Inverkehrbringen sowie den Import von P., deren Salze sowie von Substanzen, die zu P. abgebaut werden können, sogenannte Vorläuferverbindungen. Nach BfR 2008 sollte P. in Lebensmitteln nicht langfristig toleriert werden. Werden P., deren Salze oder Vorläuferverbindungen als Bestandteil eines anderen Stoffes, in einem Gemisch oder Erzeugnis, wie z.B. in Imprägniersprays, Textilien, Lebensmittelverpackungen eingesetzt, gelten Grenzwerte von 25 µg/l für P. und deren Salze sowie 1.000 µg/l für Vorläuferverbindungen. Übergangsfristen für: Latexdruckfarben und Ausrüstung für die Fertigung von Halbleitern (5 Jahre), Arbeitsschutztextilien (6 Jahre), Membranen für medizinische Textilien sowie für die Filterung bei der Wasseraufbereitung, bei Herstellungsverfahren und bei der Abwasserbehandlung (6 Jahre), Plasmananobeschichtungen (6 Jahre), Medizinische Produkte (ausgenommen implantierbare Materialien) (15 Jahre). Generelle Ausnahmen u. a. für Feuerlöschschaumgemische, die vor dem 4.7.2020 auf dem Markt waren. →Perfluorierte organische Verbindungen.

EU-GHS-Einstufung und Kennzeichnung (EG) Nr. 1272/2008 CLP: Akute Toxizität Kategorie 4: Acute Tox. 4; H302 Gesundheitsschädlich bei Verschlucken; H332 Gesundheitsschädlich bei Einatmen; Augenreizungen Kategorie 1: Eye Dam. 1; H318 Verursacht schwere Augenschäden; Kanzerogenität Kategorie 2: Carc. 2; H351 Kann vermutlich Krebs erzeugen; Reproduktionstoxizität Zusatzkategorie für Wirkungen auf/über Laktation: Lact.; H362 Kann Säuglinge über die Muttermilch schädigen; Spezifische Zielorgan-Toxizität (wiederholte Exposition) Kategorie Kategorie 1: STOT RE 1; H372 (Leber) Schädigt das Organ bei längerer oder wiederholter Exposition; Reproduktionstoxizität Kategorie 1B: Repr. 1B; H360D Kann die Fruchtbarkeit beeinträchtigen.

Perfluoroktanylsulfonat P. ist ein wichtiger Vertreter der Perfluorierten Alkylsulfonate (PFAS). 2009 in die →POP-Liste aufgenommen und daher in der Verwendung eingeschränkt. P. reichert sich anders als die meisten POPs nicht im Fettgewebe an, sondern an Blut- und Leberproteinen. (UBA Österreich 2010) Breitere öffentliche Aufmerksamkeit erlangten die P. durch die Kontamination von Grund- und Flusswasser nach Ausbringung stark belasteter Klärschlämme. (LANU NRW 2007) →Perfluorierte organische Verbindungen

Perfluortenside →Perfluorierte organische Verbindungen

Perimeterdämmung Unter P. wird die Dämmung erdberührter Gebäudeflächen verstanden. Sie gewinnt im Rahmen der Nutzung von Kellerräumen zunehmend an Bedeutung. Perimeterdämmplatten müssen hohe Feuchtebeständigkeit aufweisen, eingesetzt werden können →XPS-Dämmplatten, →EPS-Automatenplatten mit Sperrschicht oder →Schaumglas-Dämmplatten.

Perlite P. sind eine Familie von wasserhaltigen, glasigen Gesteinen. Sie entstehen durch Vulkantätigkeiten mit Wasserkontakt (unterseeisch oder unter Eis). Vorkommen gibt es in Ungarn, Griechenland, der Türkei, Sizilien, Rumänien, Bulgarien und der

Ukraine. Rohstoffe sind ausreichend vorhanden und werden durch tätige Vulkane laufend ergänzt. P. werden zu →Blähperlit verarbeitet.

Perlite-Dämmplatten Bei P. handelt es sich um druckfeste und temperaturbeständige Dämmplatten, die aus gemahlenem →Blähperlit, Cellulosefasern, gebunden mit Stärke, und Bitumenemulsion bestehen. Sie bieten Wärme-, Brand- und Schallschutz für Flachdächer, Decken, Fußböden, Tore und Klimaanlagen. P. neuer Entwicklung sind aus Perlite, Kieselsäure, Stärke und werden vor allem für die Innendämmung eingesetzt. Die Rohdichte beträgt 150 bis 210 kg/m^3, die Wärmeleitfähigkeit 0,045 bis 0,060 W/(m·K). P. sind je nach Zusammensetzung schwer bis nicht brennbar.

Permethrin P. ist ein Insektizid (→Biozid) aus der Gruppe der →Pyrethroide und für die Produktarten PA 8 (Holzschutzmittel) und PA 18 (Insektizid) genehmigt. Ein wesentlicher Einsatzbereich von P. ist die Mottenschutz-Ausrüstung →Textiler Bodenbeläge aus Wolle (→Mottenschutzmittel), aber auch die Anwendung in Moskitonetzen, Bekleidung oder →Holzschutzmitteln. Ein weiterer Anwendungsbereich von P. ist die Schädlingsbekämpfung in Innenräumen. P. gelangt beispielsweise durch den Abrieb von Teppichfasern in den →Hausstaub, der wiederum durch Aufwirbelung eingeatmet werden kann. Die Gesundheitsgefahr für den Menschen durch die Aufnahme von P. aus Wollteppichböden wird kontrovers diskutiert. Eine Studie aus der in Tabelle P2 genannten BMBF-Publikation kommt zu folgendem Ergebnis:

- Steigt die P.-Konzentration in den Teppichfasern, ist auch eine Zunahme der Konzentration im Hausstaub erkennbar.
- Im Vergleich zur Teppichfaserausrüstung kann sich das P. im Hausstaub anreichern. Das heißt, die im Hausstaub gefundene Konzentration kann höher sein als die in den Teppichfasern.
- Der Hausstaub aus Wohnungen mit behandelten (eulanisierten) Teppichen weist im Vergleich zu Studien, die die „Hintergrundbelastung" des Hausstaubs erfassen, eine deutlich höhere P.-Belastung auf.
- P. in der Raumluft ist auf einen geringen kontinuierlichen Abrieb kleinerer Teppichfasern zurückzuführen.
- Zwischen der Konzentration von P. in der Raumluft und im Hausstaub ist kein signifikanter Zusammenhang erkennbar.
- Die Konzentrationen von P.-Metaboliten im Urin sind vergleichbar mit jenen der Allgemeinbevölkerung.
- Der Anteil der Kinder, bei denen Metaboliten im Urin gefunden wurden, war größer als der bei Erwachsenen, jedoch nicht signifikant

P. ist vermutlich krebserregend Car. Cat. 2 und mit Hinweisen auf endokrines Schädigungspotenzial als EDC 2 eingestuft. Damit ist es ein Kandidat für die →Cut-off-Liste der aus der Verwendung ausgeschiedenen bioziden Wirkstoffe. ADI-Wert (WHO): 50 µg/kg Körpergewicht und Tag.

Tabelle P2: Permethrin-Konzentration in Teppichfasern und Hausstaub (BMBF, 2001, Pyrethroidexposition in Innenräumen; 80 Wohnungen, die mit Wollteppichen bzw. -teppichböden ausgestattet waren)

Permethrin-Konzentration [mg/kg]	Min.	Max.	Median	90-Perzentil
In Teppichfasern	< 0,1	244,9	37,4	136,0
Im Hausstaub	< 1,0	659,2	9,65	129,1

Persistent Ein Stoff wird als persistent bezeichnet, wenn er in der Umwelt nicht oder nur schwer abbaubar ist. Eine hohe Persistenz haben insbesondere →Chlorierte Kohlenwasserstoffe (Bsp.: →DDT, →PCB, →Dioxine). →POP, →Hausstaub

Persönliche Schutzausrüstung Persönliche Schutzausrüstung (PSA) sind Vorrichtungen und Mittel, die Gefahren für die Sicherheit oder die Gesundheit abwehren oder mindern und am Körper oder an Körperteilen gehalten oder getragen werden. Die folgenden Ausführungen geben Hinweise für P. im Heimwerkerbereich (nach BUG Hamburg):

Schutzhandschuhe:

Handschuhe aus Leder/Textil für Gartenarbeiten und schmutzige Arbeiten, schützen nur gegen geringe mechanische Gefahren und niedrige Temperaturen (max. 50 °C). „Gummihandschuhe" schützen nur gegen schwach aggressive Reinigungsmittel wie Spülmittel oder Waschmittel.

Angaben: CE-Kennzeichnung, EN 420, Handschuhbezeichnung, Name oder Handelsmarke des Herstellers, Größenbezeichnung

Einweg-Atemschutzmasken:

Bestehen meist vollständig aus Filtermaterial, bedecken Mund und Nase und können ein Ausatem-

ventil haben, schützen gegen Partikel sowie feste und bestimmte wässrige Aerosole. Der Schutz ist aber nicht 100%ig, da es zwangsläufig zu Leckagen am Übergang zum Gesicht, am Ausatemventil und durch das Filtermaterial selbst kommt. Angaben zur Leckage FFP1 (max. 22 % im Durchschnitt) bis FFP3 (max. 2 % im Durchschnitt) befinden sich auf den Masken. Eine FFP3-Maske lässt also am wenigsten durch, hat aber auch den höheren Atemwiderstand.
Angaben: EN 149, Name oder Markenzeichen, FFP1, FFP2 oder FFP3 plus Buchstabe S (gegen Partikel) oder SL (gegen Partikel und wässrige Aerosole)
Schutzbrillen:
Korbschutzbrillen bestehen aus Tragkörper (Gestell) und Sichtscheibe (zwei- oder einteilig). Beide Komponenten müssen bis auf definierte Belüftungsöffnungen dicht am Gesicht abschließen.
Angaben CE-Kennzeichnung, EN 166, Identifikationszeichen (z.B. Markenzeichen) des Herstellers, Anwendungsbereich, optische Klasse und mechanische Festigkeit in Form von Ziffern und Buchstaben auf Gestell bzw. Scheibe
Gehörschutz:
Einsetzen mindestens bei einem Schallpegel oberhalb von 85 dB(A). Beispiele: Motorkettensägen ca. 110 dB(A), Winkelschleifmaschinen ca. 100 dB(A). Bei Maschinen ab Baujahr 1995 müssen die Geräuschemissionswerte in der Betriebsanleitung angegeben sein.
Angaben: Der SNR-Wert (single number rating) gibt die allgemeine Schalldämmung über das gesamte Frequenzspektrum an. Der H-, M- und L-Wert gibt die allgemeine Schalldämmung bei hohen, mittleren und niedrigen Frequenzen an. Je höher der angegebene Wert in Dezibel ist, desto höher ist die Schalldämmung.
Unterschieden werden Kapselgehörschützer (sog. Micky-Mäuse) und Stöpselgehörschützer, die in den Gehörgang eingeführt werden. Stöpselgehörschützer sind sehr klein, deshalb darf die Kennzeichnung auf Verpackung und Benutzerinformation angebracht werden. Kapselgehörschützer: CE-Kennzeichnung, EN 352-1, Name oder Handelsmarke, Modellbezeichnung, ggf. zusätzliche Angaben: vorne/hinten, links/rechts
Grundsätzlich gilt: Die Verwendung von P. ist kein „Allheilmittel". Beim Umgang mit gefährlichen Stoffen bzw. Zubereitungen oder bei der Durchführung gefährlicher Arbeitsverfahren ist zuerst immer zu prüfen, ob nicht andere weniger gefährliche Stoffe oder Zubereitungen eingesetzt bzw. weniger gefährliche Arbeitsverfahren angewendet werden können. Als nächstes ist zu prüfen, ob durch technische (z.B. verbesserte Lüftung) und organisatorische Maßnahmen (z.B. Verkürzung der gefährlichen Tätigkeit) der Gesundheitsschutz zu erreichen bzw. erheblich zu verbessern ist.

Perzentil Positionswert in der Statistik. Er gibt rechnerisch den Punkt einer Messreihe an, der von einem bestimmten Prozentsatz der Messergebnisse nicht überschritten wird. Beispiel: 95-Perzentil ist der Wert, den 95 % der Messwerte unterschreiten (und nur 5 % der Messwerte überschreiten). 50-Perzentile können als innenraumtypische Hintergrundbelastungen angesehen werden. Als auffällig gelten Konzentrationen, die (deutlich) über den 95-Perzentilen bzw. den 90-Perzentilen liegen. Das 50-Perzentil entspricht dem Median.

PE-Schaum Trittschalldämmungen aus geschlossenzelligem, unvernetztem PE-Schaum (Polyethylenweichschaum) werden unter schwimmendem Estrich verwendet. Sie sind wasserundurchlässig, leicht, robust und elastisch. Die Schalldämmverbesserung beträgt ca. 20 dB bei 5 mm Dicke.
Der Rohstoff →Polyethylen ist petrochemischen Ursprungs. Die Produktion von PE erfordert einen hohen Energieverbrauch und ist mit Kohlenwasserstoffemissionen verbunden. PE gilt aber im Vergleich zu anderen →Kunststoffen (z.B. →Polyvinylchlorid oder →Polyurethan) als relativ umweltverträglich (direkte Gewinnung der Monomere ohne toxikologisch problematische Zwischenprodukte). PE ist in der Einbau- und Nutzungsphase toxikologisch nicht relevant. Laut Herstellerangaben sind P. zu 100 % recycelbar. Die Entsorgung erfolgt über Verbrennung in Müllverbrennungsanlagen. P. enthält i.d.R. →Flammschutzmittel. Die Verbrennung von mit →Polybromierten Flammschutzmitteln ausgerüstetem P. kann zur Emission von polybromierten Furanen und Dioxinen führen.

Petrolether P. ist die Sammelbezeichnung für ein Gemisch von →Aliphatischen Kohlenwasserstoffen.

Pettenkofer-Zahl Der Hygieniker Max von Pettenkofer hat bereits vor über 100 Jahren auf den Tatbestand der „schlechten" Luft beim längeren Aufenthalt in Wohnräumen und Lehranstalten hingewiesen und das →Kohlendioxid als wichtige Leitkomponente

P

für die Beurteilung der Raumluftqualität identifiziert. Lange Zeit galt die P., ein CO_2-Richtwert von 0,1 Vol.-% (1.000 ppm), in Innenräumen als Maßstab. Der CO_2-Gehalt der Außenluft beträgt demgegenüber ca. 350 ppm (in Städten an manchen Stellen auch bis ca. 500 ppm). Als hygienischer Richtwert gilt in Deutschland nach DIN 1946-2 ein CO_2-Wert von 0,15 Vol.-% (= 1.500 ppm).

PF →Phenol-Formaldehyd-Harze

PFAS Perfluorierte Alkylsulfonate. →Perfluorierte organische Verbindungen

PFC Perfluoralkane. →Perfluorierte organische Verbindungen

PFCA Perfluorierte Alkylcarbonsäuren. →Perfluorierte organische Verbindungen

Pflanzenchemiehersteller P. fühlen sich der nachhaltigen Produktion verpflichtet und verwenden für ihre Produkte vor allem Rohstoffe auf pflanzlicher und mineralischer Basis. Der Pflanzenchemieproduktion liegt ein grundsätzlich anderes Verständnis der Stoffe zugrunde; sie ist ein Teilbereich der →Sanften Chemie. Produkte der P. sind in Bezug auf Umweltverträglichkeit, ökologische Erneuerbarkeit, gesundheitliche Unbedenklichkeit („evolutionserprobt"; z.T. aber grundsätzliche Problematik der Lösemittel) und sinnliche Behaglichkeit den meisten konventionellen Produkten entlang der gesamten Produktlebenslinie von der Rohstoffgewinnung, -aufbereitung und -verarbeitung über die Verwendung der Produkte bis hin zur Entsorgung der anfallenden Abfälle hoch überlegen. →Nachhaltigkeit

Pflanzenfarben →Naturharz-Anstriche, →Naturfarben

Pflaume →Zwetschge

PFOA Perfluoroktansäure, ein wichtiger Vertreter der Perfluorierten Alkylcarbonsäuren. →Perfluorierte organische Verbindungen

PFOS Perfluoroktanylsulfonat, ein wichtiger Vertreter der Perfluorierten Alkylsulfonate. →Perfluorierte organische Verbindungen

PFT Abk. für Perfluortenside. →Perfluorierte organische Verbindungen

Phenol (CAS 108-95-2) P. ist ein wichtiges industrielles Zwischenprodukt. Wegen seiner bakteriziden Wirkung wurde es früher als Desinfektionsmittel eingesetzt. Die Herstellung erfolgt durch Spaltung von Cumolhydroperoxid, das durch Luftoxidation von Cumol erhalten wird (Cumolhydroperoxid-Verfahren). Große Bedeutung hat P. heute als Ausgangsprodukt für Phenol-Harze, insbesondere →Phenol-Formaldehyd-Harze. Darüber hinaus wird P. für die Herstellung von →Bisphenol A. verwendet, das zu →Epoxidharzen und Thermoplasten weiterverarbeitet wird. P. kann aus Korkbelägen austreten, die mit Phenol-Formaldehydharzen geklebt oder beschichtet sind.
P. führt bei Inhalation zu Schleimhautreizungen und verursacht bei Hautkontakt Verätzungen. AGW (TRGS 900) 8 mg/m^3. Das BfR arbeitet an einer Neubewertung der Risiken, die von P. im Zusammenhang mit Lebensmitteln und Bedarfsgegenständen ausgehen können. Hier liegen für die Transferfaktoren neuere Ergebnisse vor. Bei chronischen Vergiftungen treten Leber- und Nierenschäden sowie Blutveränderungen auf. P. steht im Verdacht auf erbgutschädigende Wirkung (CLP) und auf krebserzeugende Wirkung (MAK-Liste Kat. 3B, Anhaltspunkte). Innenraumrichtwert RW II: 0,2 mg/m^3; RW I: 0,02 mg/m^3 (2011 Ad-hoc-Arbeitsgruppe Innenraumrichtwerte). Zur relativen Toxizität von Phenol →NIK-Werte: Je niedriger der NIK-Wert, umso höher ist die Toxizität des jeweiligen Stoffes.
EU-GHS-Einstufung und Kennzeichnung (EG) Nr. 1272/2008 CLP: Akute Toxizität Kategorie 3: Acute Tox. 3; H301 Giftig bei Verschlucken; H311 Giftig bei Hautkontakt; H331 Giftig bei Einatmen; Reizwirkung auf die Haut Kategorie 1: Skin Corr. 1B; H314 Verursacht schwere Verätzungen der Haut und schwere Augenschäden; Reizwirkung auf die Haut Kategorie 2: Skin Irrit. 2; H315 Verursacht Hautreizungen; Spezifische Zielorgan-Toxizität (wiederholte Exposition) STOT RE 2; H373 Kann die Organe schädigen bei längerer oder wiederholter Exposition; Mutagenität Kategorie 2: Muta. 2; H341 Kann vermutlich genetische Defekte verursachen.

Phenol-Formaldehyd-Harze P. (PF) entstehen durch Polykondensation von →Phenol oder einem Phenolderivat mit →Formaldehyd. Ein wichtiger Einsatzbereich sind P. als Bindemittel für →Holzwerkstoffe wie Span-, Faser-, Sperrholz- und →OSB-Platten. Vorteilhaft sind die hohe Feuchte- und Witterungsbeständigkeit bei geringer Dickenquellung von Platten mit P.-Bindung und die geringe Neigung zur Abgabe von Formaldehyd. Dafür müssen allerdings längere Aushärtezeiten und dunkle Leimfugen in Kauf genommen werden. Flachpressplatten für den Feuchtebereich P5 und P7 können mit P. geklebt sein sowie dunkle Sperrholzschalungsplatten, die sogar dem stark basischen Betonwasser gewachsen sind. →Harnstoff-Formaldehyd-Harze, →Melaminharze

Phenol-Resorcin-Formaldehyd-Harze P. (PRF) entstehen durch →Polykondensation von →Phenol mit →Resorcin und →Formaldehyd. Die rotbraunen PRF-Harze setzen sich zusammen aus der wässrigen Lösung eines Phenol-Resorcin-Formaldehyd-Kondensationsproduktes und dem pulverförmigen Härter auf der Basis von Paraformaldehyd (polymere Form des →Formaldehyds). Durch Zugabe des Härters entsteht wie auch beim MUF-Harz eine →thixotrope Leimflotte, deren Aushärtung in ein unlöslich vernetztes Polykondensat erfolgt.

Phenone Benzophenon und Hydroxyacetophenone sind als →Fotoinitiatoren Bestandteile von strahlenhärtenden Beschichtungssystemen. Sie sind sehr gifttig für Wasserorganismen mit langfristiger Wirkung. Nach BfR 2010 wirken Benzophenon-Metabolite östrogen und antiandrogen. Sie sind damit hormonwirksam.

Phenoplaste →Phenol-Formaldehyd-Harze

4-Phenylcyclohexen (CAS 4994-16-5) 4-P. kann sich in einer Additionsreaktion aus überschüssigem →Styrol und →Butadien bei →Styrol-Butadien-Kautschuk (SBR) bilden. Es handelt sich um einen äußerst geruchsintensiven Stoff, der z.B. aus SBR-Rückenbeschichtungen →Textiler Bodenbeläge in die Innenraumluft freigesetzt wird und für den Neugeruch verantwortlich ist. Vgl. →4-Vinylcyclohexen. →Innenraumluft-Grenzwerte

Phenylderivate Wirkstoffgruppe von →Algiziden, zu der die Biozide →Diuron und →Isoproturon zählen, die daraufhin untersucht werden, ob sie in die →Cut-off-Liste der aus der Verwendung ausgeschiedenen bioziden Wirkstoffe aufgenommen werden sollen. Sie hemmen das Photosynthese II-System. Algen reagieren besonders empfindlich. Beide P. gelten als prioritäre Stoffe in der EU-Wasserrahmenrichtlinie aufgrund ihrer geringen Abbaubarkeit und weiten Verbreitung in Gewässern.

PHMP P. (1-Phenyl-2-hydroxy-2-methyl-propan-1-on) ist als →Fotoinitiator Bestandteil von strahlenhärtenden Beschichtungssystemen. Infolge einer Fragmentierungsreaktion entsteht aus P. das geruchsintensive Spaltprodukt →Benzaldehyd. Weitere Sekundärprodukte sind z.B. Benzil und →Aceton.

Phosgen (CAS 75-44-5) P. ist eine äußerst giftige Chemikalie mit heuartigem Geruch. Es wird hergestellt durch Reaktion von Kohlenmonoxid und Chlor an Aktivkohle als Katalysator bei gering erhöhter Temperatur. Durch Reaktion von P. mit Ammoniak entsteht Harnstoff, der als Düngerbestandteil und für die Herstellung von Kunstharzen (Formaldehyd-Harze) benötigt wird. Durch Reaktion von Aminen und P. erhält man →Isocyanate. P. wurde auch bei dem Chemieunfall in Bophal (1985) freigesetzt, wo es zur Herstellung von Methylisocyanat diente. Diese Chemikalie war Ursache für einen großen Teil der Vergiftungen in Bophal. Im 1. Weltkrieg wurde P. als Kampfgas eingesetzt. In der Lunge setzt es hydrolytisch Salzsäure frei, die das Lungengewebe verätzt.

Wassergefährdungsklasse 2, MAK-Wert 0,41 mg/m^3.

EU-GHS-Einstufung und Kennzeichnung (EG) Nr. 1272/2008 CLP: Reizwirkung auf die Haut Kategorie 1: Skin Corr. 1B; H314 Verursacht schwere Verätzungen der Haut und schwere Augenschäden; Akute Toxizität Kategorie 2: Acute Tox. 2; H330 Lebensgefahr bei Einatmen.

Phosphorgips P. entsteht bei der Phosphorsäure-Herstellung im Nassverfahren durch Reaktion der Phosphaterze mit Schwefelsäure. Bei P. können Urankonzentrationen von 200 bis 400 mg/kg erreicht werden. Aufgrund der dadurch bedingten erhöhten Radioaktivität hatte P. als Rohstoff für die Gipsindustrie zwischenzeitlich keine Bedeutung mehr. Durch Waschanlagen können die Radionuklide ausgewaschen werden, sodass auch P. in Bauprodukten eingesetzt werden kann. Allerdings ist die Entfernung der Radionuklide aus dem Abwasser ein Problem, sodass diese ins Meer eingeleitet werden. (→Radioaktivität von Baustoffen).

Phosphororganische Flammschutzmittel →Organophosphate

Phosphorsäureester →Organophosphate

Phosphorsäuregips →Phosphorgips

Photo... →Foto...

Phthalate P. (Phthalsäureester) sind Ester der 1,2-Benzoldicarbonsäure (ortho-Phthalsäure). Hauptanwendungsbereich der P. ist die Weichmachung

von Kunststoffen. P. sind sog. äußere Weichmacher, da sie mit dem Kunststoff keine feste chemische Bindung eingehen.
Der wichtigste Vertreter war bisher das Di-(2-ethylhexyl)-phthalat (DEHP) mit einer Jahresproduktion von weltweit ca. 2 Mio. t. DEHP, DINP und Diisodecylphthalat (DIDP) erreichten einen Marktanteil von mehr als 80 % bei den produzierten Phthalaten. Seit 2015 ist DEHP nach →REACH-VO zulassungspflichtig, damals die erste Einstufung nach dem europäischen Chemikalien-Reglement.
Ca. 90 % des DEHP-Verbrauchs in Westeuropa gingen in die PVC-Herstellung, insbesondere für Bodenbeläge und Kabelummantelungen. Weitere Anwendungsbereiche der P. im Baubereich sind Vinyltapeten, Betonzusatzstoffe, Klebstoffe, Farben/Lacke und Dichtungsmassen. P. finden weiterhin Verwendung für Körperpflegemittel, Textilien, Spielzeug, Lebensmittelverpackungen, Infusions- und Dialysebeutel, Handschuhe, Kontaktlinsen, Dielektrika in Kondensatoren, Entschäumer bei der Papierherstellung, Emulgatoren für Kosmetika, Hilfsstoffe in Pharmaka, Beschichtungssysteme, Formulierungsmittel in Pestiziden usw.

Tabelle P3: Übersicht wichtiger Phthalate

Name	Abkürzung
Dimethylphthalat	DMP
Diethylphthalat	DEP
Dibutylphthalat	DBP
Butylbenzylphthalat	BBP
Di-(2-ethylhexyl)-phthalat	DEHP
Di-n-octylphthalat	DOP (DNOP)
Di-iso-nonylphthalat	DINP
Di-iso-decylphthalat	DIDP
Di-pentyl-phthalat	DPP – Anhang XIV REACH-VO

Tabelle P4: Verwendung wichtiger Phthalate (Angerer)

Phthalat	Verwendung
DMP	Körperpflegemittel, Parfums, Deodorants, Pharmazeutische Produkte
DEP	Körperpflegemittel, Parfums, Deodorants, Pharmazeutische Produkte

Tabelle P4: Verwendung wichtiger Phthalate (Angerer) (Forts.)

Phthalat	Verwendung
BBP	PVC (z.B. Transformatoren, Bodenbeläge, Rohre und Kabel, Teppichböden, Wandbeläge), Dichtmassen, (Lebensmittel-)Verpackungen, Kunstleder, Lebensmitteltransportbänder
DBP	Pharmazeutische Produkte (time-release Medikamente), PVC, Cellulose-Kunststoffe, Dispersionen, Lacke/Farben (auch Nagellacke), Klebstoffe (v.a. Polyvinyl-Acetate), Entschäumer und Benetzungsmittel in der Textilindustrie
DBP	Körperpflegemittel, Parfums, Deodorants, (Lebensmittel-)Verpackungen
DEHP	PVC (z.B. Bodenbeläge, Rohre und Kabel, Teppichböden, Wandbeläge, Schuhsohlen, Vinyl-Handschuhe, Kfz-Bauteile), Dispersionen, Lacke/ Farben, Emulgatoren, Verpackungen
DOP	PVC-Produkte (wie DEHP)
DiNP	PVC (z.B. Bodenbeläge, Rohre und Kabel, Teppichböden, Wandbeläge, Schuhsohlen, Kfz-Bauteile), Dispersionen, Lacke/Farben, Emulgatoren, (Lebensmittel-)Verpackungen
DiDP	PVC (z.B. Bodenbeläge, Rohre und Kabel, Teppichböden, Wandbeläge), Dispersionen, Lacke/Farben, Emulgatoren, (Lebensmittel-)Verpackungen

Tabelle P5: Anwendungsgebiete von Weichmachern (ca. 1 Mio. t Produktion in Westeuropa) für PVC in Westeuropa (AGPU 2006)

Kabel	25 %
Folien, Dachbahnen	22 %
Bodenbeläge	14 %
„Extrudierte" Artikel – z.B. Schläuche und andere endlos geformte Kunststoff-Profile	11 %
Beschichtetes Gewebe	10 %
Plastisole – pastenartige Anwendungen, z.B. Kfz-Unterbodenschutz	9 %
Sonstiges	9 %

P

Der Eintrag von P. in die Umwelt erfolgt bei der Produktion und Distribution, während der Herstellung der Endprodukte, aber zu 95 % beim Gebrauch und bei der Entsorgung. P. sind inzwischen ubiquitär, d. h. in allen Umweltkompartimenten, im Außenbereich und im Innenraum sowie im menschlichen Organismus zu finden. Mengenmäßig am häufigsten treten in eingebauten Produkten DEHP, DBP und BBP auf. Zu diesen P. liegen Expositionsdaten und Kenntnisse zur Toxikologie in befriedigendem Umfang vor. Dagegen sind sie für die anderen P. äußerst lückenhaft oder fehlen vollständig. 2007 forderte das UBA, Weichmacher auf Basis von P. zu ersetzen: Die Phthalate DEHP, BBP und DBP sind als reproduktionstoxisch klassifiziert. Vor allem über Weich-PVC-Produkte gelangen sie weiter in die Umwelt. Das UBA vertritt die Auffassung, dass diese reproduktionstoxischen Stoffe generell nicht in die Umwelt gelangen sollten.

Die P. zeigen im Tierexperiment bei subchronischen und chronischen Fütterungsversuchen Veränderungen an den Organen Leber, Niere und Testes sowie ein vermindertes Körpergewicht. Im Mittelpunkt der Diskussion stehen die endokrinen (hormonähnlichen) und reproduktions- bzw. entwicklungstoxischen Wirkungen der P. DEHP, DBP und BBP sind als reproduktionstoxisch der Kategorie 1B (früher 2). gem.(EG) Nr. 1272/2008 CLP-Verordnung und als giftig (T) (früher: Richtlinie 67/548/EWG) eingestuft. Bei sehr kurzkettigen P. wie DEP und sehr langkettigen wie DIOP ist diese Wirkung weniger ausgeprägt. P. stehen weiterhin im Verdacht einer krebserzeugenden Wirkung. Nach IARC ist DEHP in die Kat. 2B der möglicherweise krebserregenden Stoffe aufgenommen, nach CLP Kat 2 für Verdacht auf krebserregende Wirkung. DEHP wurde am 28.10.2008 aufgrund seiner fortpflanzungsschädigenden Eigenschaften auf Vorschlag Schwedens in die →REACH-Kandidatenliste der SVHC-Stoffe aufgenommen und 2011 auch in die Liste der zulassungspflichtigen Stoffe (REACH Anhang XIV). Seit 21.2.2015 darf DEHP innerhalb der EU nicht mehr ohne Zulassung verwendet werden. Aufnahmegründe: fortpflanzungsgefährdend (Artikel 57c), ebenso besorgniserregend, wahrscheinlich schwerwiegende Wirkungen auf die Umwelt wegen endokriner Disruptor-Wirksamkeit (Artikel 57f). Nach einem dänischen Vorschlag bestätigte der Ausschuss der Mitgliedstaaten nur einstimmig die hormonähnlichen (endokrinen) Wirkungen in der Umwelt als weiteren Besorgnisgrund. Die Weichmacher DBP und BBP sind 2014 in die Kandidatenliste aufgenommen worden.

DEHP war lange Zeit das am häufigsten verwendete Phthalat. Wegen seiner fortpflanzungsgefährdenden Eigenschaften und der diesbezüglichen öffentlichen Diskussion ersetzte die Industrie in den vergangenen Jahren DEHP teilweise durch die reproduktionstoxisch weniger bedenklichen Phthalate DINP und DIDP, die aber lebertoxische Eigenschaften haben und ein hohes Potenzial zur Bioakkumulation aufweisen, das heißt, sie können sich in der Umwelt anreichern. Es lässt sich zudem nicht ausschließen, dass sie langlebig in Boden und Sediment verbleiben. Die Strukturähnlichkeit mit DEHP und die hohen Verwendungsmengen für Weich-PVC lassen eine bedenkliche Ausbreitung in der Umwelt erwarten. Die strukturelle Verwandtschaft macht es darüber hinaus wahrscheinlich, dass sie – gemeinsam mit anderen Phthalaten – in der Umwelt und im menschlichen Körper zu schädlichen Wirkungen beitragen könnten. Das UBA plädiert dafür, auch den Eintrag von DINP und DIDP in die Umwelt zu vermeiden. (UBA 2007: Die nützlichen Weichmacher mit den unerwünschten Eigenschaften)

DINP und DIDP sind gegenwärtig die in Westeuropa am meisten verwendeten Weichmacher. Bei ungefähr gleichbleibendem Weichmachergesamtverbrauch stieg ihr Anteil von 35 % im Jahr 1999 auf 67 % im Jahr 2008. Der Anteil von DEHP fiel nach Angaben der Aktionsgemeinschaft PVC und Umwelt im selben Zeitraum von 42 % auf 17,5 %. (BfR 2013)

Die Aufnahmesituation des Menschen wird i. Allg. wesentlich durch die Zufuhr über Nahrungsmittel geprägt. Die aus den Umweltmedien resultierende Aufnahme wird im Vergleich als weniger bedeutend eingeschätzt. Allerdings können besondere Immissionssituationen bzw. Innenraumluft- oder Hausstaubbelastungen neben dem Lebensmittelpfad zu einer deutlichen Zusatzbelastung führen. Die vorliegenden Daten zur Belastung der Bevölkerung mit P. sind allerdings noch sehr lückenhaft. Zur Belastung in Innenräumen liegen derzeit nur äußerst begrenzt aussagekräftige Untersuchungsergebnisse vor. Insgesamt zeigt sich, dass insbesondere im Hausstaub mit hohen P.-Konzentrationen zu rechnen ist.

Tabelle P6: NOAEL-Werte, TDI-Werte (tolerable daily intakes) und RfD (Referenzdosis der EPA) für einige Phthalate (übernommen von CSTEE, 1998)

Phthalat	NOAEL [mg/kg × Tag]	Tolerable daily intake [µg/kg × Tag]	Referenzdosis [µg/kg × Tag]
DINP	15	150	k.A.
DNOP	37	370	k.A.
DEHP	3,7	37	20
DIDP	25	250	k.A.
BBP	20	200	200
DBP	52	100	100

Tabelle P7: Phthalate im Hausstaub und in der Innenraumluft (Bayer. Landesamt für Gesundheit und Lebensmittelsicherheit, 2004)

Autor	Anzahl der Proben	DEHP		DBP	
		Median	95-Perzentil	Median	95-Perzentil
	Hausstaub [mg/kg]				
B.A.U.CH., 1991	12	470	3.065	30	301
Oie et al., 1997	38	640 [1]	–	100 [1]	–
Pöhner et al., 1997	172	450	2.000	87	370
Butte et al., 1999/2001	286	730	2.500	49	230
Mattulat, 2001	600	699	3.470	48	311
UBA, 2002	199	416	1.190	42	160
Rudel et al., 2003	102 [2]	340	–	20	–
Wilson et al., 2003	9	–	–	1,2 [1]	–
Kersten & Reich, 2003	65	600	1.600	47	180
Becker et al., 2004	252	515	1.840	–	–
Bornehag et al., 2004	346	770	–	150	–
Fromme et al., 2004	30	703	1.542	47	130
	Innenraumluft [ng/m3]				
B.A.U.CH., 1991	40	482	1.647	2.994	11.201
Sheldon et al., 1994	125	140	–	630	–
Rudel et al., 2003	102 [2]	77	–	220	–
Adibi et al., 2003 [3]	30	370	–	2.300	–
Adibi et al., 2003 [4]	25	220	–	400	–
Wilson et al., 2003	9	–	–	288 [1]	–
Otake et al., 2004	27	111	–	390	–
Fromme et al., 2004 (Wohnungen)	59	156	390	1.083	2.453
Fromme et al., 2004 (Kindergärten)	74	458	1.510	1.180	7.376

[1] Arithmetisches Mittel; [2] Für DBP ist n = 120; [3] Krakau; [4] New York

Untersuchungen im Rahmen des Kinder-Umwelt-Surveys des UBA zeigten, dass sich im Zeitraum 2003 bis 2006 in nahezu allen Urinproben Abbauprodukte von Phthalaten nachweisen ließen. Bei 1,5 % der Kinder war die Konzentration so hoch, dass eine gesundheitliche Beeinträchtigung nicht mehr mit ausreichender Sicherheit auszuschließen war. Die Expositionsschätzungen des BfR aus dem Jahr 2012 bestätigten diese Ergebnisse. (BfR 2013)
Der Einsatz von P. in Beißspielzeug für Kinder bis drei Jahre ist in Deutschland 1999 verboten worden. Die fortpflanzungsgefährdenden P. DEHP, DBP und BBP sind in der EU seit 2005 generell in Babyartikeln und Spielzeug verboten. Weitere besorgniserregende P., die oft als Alternativen zu den bereits genannten eingesetzt werden, wie DINP, DIDP und DNOP, sind in Spielzeug und Babyartikeln, die von Kindern in den Mund genommen werden können, nicht zulässig. (BfR 2013)
Wird eine Kombination aus einem alkalisch wirkenden Material und P. (Phthalsäureestern) feucht, dann führt dies zu einer Verseifung der Phthalsäureester und es bilden sich verschiedene Alkohole wie Ethanol, Methanol, 2-Ethyl-1-hexanol, Isopropanol, Butanole sowie Phthalsäureanhydrid und Säuren, wie die geruchsintensive Buttersäure. Dies führt zu gesundheitlichen Beeinträchtigungen wie pelzige Zunge, Brennen der Schleimhäute, Übelkeit, teilweise Nasenbluten. Beschwerdeauslösend sind vermutlich nicht die Alkohole, sondern die Phthalsäuren (Lorenz et al., 1998). Auf den auf noch nicht ausreichend abgebundenen Zementestrichen ausgelegten oder geklebten Glattbelägen aus PVC oder Teppichböden mit Kunststoffweichschäumen können sich die Weichmacher zersetzen und große Mengen 2-Ethyl-1-hexanol in die Innenraumluft abgeben. Dabei kann es auch zur vollständigen Zerstörung der Rückseitenbeschichtungen kommen.
Als Alternativen zur Verwendung von fortpflanzungsgefährdenden P. gibt es zahlreiche toxikologisch weniger bedenkliche Stoffklassen. Eingeschränkt sind hier Phthalate wie DINP und DIDP zu nennen, die einen höheren TDI (tolerierbare tägliche Aufnahme) haben, d. h. die Menge, die ein Leben lang täglich ohne Gesundheitsrisiko aufgenommen werden kann, ist deutlich höher als bei dem Phthalat DEHP. Dies trifft auch für zahlreiche Weichmacher aus anderen Stoffklassen zu, wie epoxydierte Sojabohnenöle, Adipate, Citrate, Adipinsäurepolyester oder Cyclohexanoate. (BfR 2013)
P. stehen aber weiterhin im Fokus der europäischen Chemikalienagentur ECHA und der regelsetzenden Gremien. So wurden die P. DIPP (Diisopentylphthalat), DPP (Dipentylphthalat), Bis(2-methoxyethyl)phthalat und n-Pentyl-isopentylphthalat im Juni 2017 von der →Kandidatenliste in den Anhang XIV der REACH-VO der zulassungspflichtigen →SVHC-Stoffe hochgestuft.

Phthalsäureester →Phthalate

Pigmente P. sind aus Teilchen bestehende, im Anwendungsmedium praktisch unlösliche Stoffe. Anorganische P. haben eine wesentlich größere Bedeutung als organische P. Sie werden eingesetzt insbesondere bei →Kunststoffen, Farben und →Lacken, zement- und kalkgebundenen Baustoffen sowie zum Einfärben von Gläsern und keramischen Glasuren.
P. für Kunststoffe: Die anorganischen P. sind in der Kunststoffmatrix fest eingebunden. Gehalte liegen meist über 1 %. →Cadmiumpigmente, →Bleipigmente
P. für zement- und kalkgebundene Baustoffe: Hauptbestandteile der Pigmente sind üblicherweise Eisenoxide und -hydroxide, Chrom-, Titan- und Manganoxide, komplexe anorganische Oxide und Hydroxide, z.B. Kombinationen obiger Oxide und Hydroxide mit Cobalt-, Nickeloxiden und -hydroxiden, Ultramarine, Phthalocyaninblau und -grün sowie Kohlenstoff (anorganisch). Für Beton sind nur anorganische P. geeignet. Die eingesetzten P. bestehen oft aus →Schwermetallen, die jedoch in oxidisch gebundener Form oder anderen stabilen Verbindungen vorliegen, weshalb nicht mit ihrer Mobilisierung zu rechnen ist.
Beim Abschleifen von alten Lackierungen kann es zur Inhalation von P. kommen. P., die selbst weitgehend ungiftig sind, können evtl. mit Schadstoffen verunreinigt sein. Hierzu gehören insbes. →Schwermetalle, aromatische Amine oder polychlorierte Dibenzodioxine oder -furane (→Dioxine und Furane).

Piperonylbutoxid P. (3,4-Methylendioxy-6-propylbenzyl-n-butyl-diethylen-glycolether) gehört zur Gruppe der Glykolether. Der Stoff wird zur Verstärkung der insektiziden Wirkung von →Pyrethrum und →Pyrethroiden eingesetzt. P. sorgt dafür, dass die genannten insektiziden Wirkstoffe langsamer abgebaut werden und es verbessert die Aufnahme der Insektizide durch die Zellmembran hindurch. Die Warmblütertoxizität von P. ist gering. P. ist untoxisch für Bienen und Fische.

EU-GHS-Einstufung und Kennzeichnung: Gewässergefährdend, Akut Kategorie 1; H400; Gewässergefährdend, Chronisch Kategorie 1; H410 (sehr giftig für Wasserorganismen mit langfristiger Wirkung).

PIR →Polyisocyanurat

PIR-Schäume →Polyurethan-Ortschaum, →Polyisocyanurat

Pisé →Stampflehmbau

Pistolenschäume →Polyurethan-Ortschäume zum Füllen und Abdichten von Fugen. Sie dienen auch zur Dämmung, können aber die Anforderungen an Luftdichtheit nicht dauerhaft erfüllen.

Plakatfarben →Kaseintempera, →Temperafarbe

Plastomerbitumen P. zeichnet sich durch plastisches Verhalten (hohe Flächenstabilität), verbesserte Kälteflexibilität, hohe Wärmestandsfestigkeit und lange Lebensdauer mit hoher Witterungs- und Alterungsbeständigkeit aus. Es wird aus Plastomer (ataktischem Polypropylen) modifiziertem →Destillationsbitumen erzeugt. P.-Bahnen werden i. d. R. als Schweißbahnen hergestellt, da sie nicht zufriedenstellend vergossen und verklebt werden können. Der Kunststoffanteil von höchstwertigen Schweißbahnen liegt bei bis zu 40 % des Bitumenanteils. P.-Bahnen können aufgrund der UV- und Infrarotstabilität bei Dächern eingesetzt werden, die der direkten Sonnenbestrahlung ausgesetzt sind. Eine (werkseitige) Beschieferung der Bahnen ist dennoch empfehlenswert. P.-Schweißbahnen mit geringem Kunststoffanteil gleichen eher den →Elastomerbitumen-Schweißbahnen. Das Kürzel für P.-Bahnen ist PYP. →Polymerbitumen

Plexiglas® →Acrylglas, →Polymethylmethacrylat

Plusenergiehäuser Plusenergiehäuser sind Gebäude, die aus allen ihren Energiedienstleistungen (warme Räume, Warmwasser, strombetriebene Dienste) in der Jahresbilanz insgesamt mehr Energie erzeugen als sie verbrauchen. Anders ausgedrückt: P. liefern netto mehr an Nachbarn oder Energieversorger, als sie an Brennstoffen und Strom benötigen. Dazu ist in mitteleuropäischen Klimata der Einsatz einer Reihe von aktiven Energietechnologien auf der Basis von Sonne und Wind notwendig. P. sind noch keine energieautarken Häuser.

PMDI Polymeres MDI. →Isocyanate

PMMA →Polymethylmethacrylat

POCP Photochemical ozone creation potential. →Fotooxidantienbildungspotenzial, →Sommersmog

Polteppiche P. bestehen aus einer Trägerschicht, allenfalls mit Rückenbeschichtung, und einem senkrecht auf diesem Grundgewebe stehenden, fest verankerten Pol als Nutzschicht. Diese Polschicht haben gewebte, getuftete, gewirkte, gepresste und beflockte →Teppichböden (Boucle, Velours).

Polyacrylamid P. ist das Polymerisationsprodukt des →Acrylamids. Einsatzbereiche für P. siehe →Acrylamid. P. darf gem. Gefahrstoffrecht max. 0,1 % monomeres Acrylamid enthalten. Andernfalls müssten die Produkte als krebserzeugend (K3) eingestuft und entsprechend gekennzeichnet werden. P. gilt als schwer abbaubar.

Polyacrylate →Acrylharze

Polyacrylnitril Die Herstellung von P. (PAN) erfolgt aus dem krebserzeugenden Acrylnitril. Die →Polymerisation erfolgt unter Einsatz von Dibenzoylperoxid als Initiator in Anwesenheit von Eisen(III)-Ionen. P.-Fasern (z.B. Dralon) enthalten produktionsbedingt noch geringe Restmengen der verwendeten Lösemittel →Dimethylformamid (DMF) oder →Dimethylacetamid (DMAC). Der Restgehalt an DMF beträgt i. Allg. < 1 %, in Einzelfällen bis zu 2 %. Der Restgehalt an DMAC beträgt bis zu 0,3 %.

Polyaddition P. ist die chemische Verknüpfung einfacher chemischer Verbindungen (Monomere) durch Reaktion zwischen funktionalen Gruppen zu polymeren Molekülen (Makromolekülen). →Kunststoffe

Polyamide P. (PA) sind thermoplastische Kunststoffe. Die Herstellung erfolgt durch Polykondensation zwischen einer Carboxylgruppe und einer Aminogruppe. Synthetische Polyamide haben eine hohe Festigkeit, Steifigkeit und sehr gute chemische Beständigkeit. Handelsnamen sind u. a. Nylon und Perlon.

Polyamid-Folien Die →Feuchteadaptiven Dampfbremsen aus →Polyamid (im Textilbereich auch als Nylon bekannt) wurden in der Lebensmittelindustrie entdeckt. Dort werden die aroma- und sauerstoffdichten, verschweißbaren Folien in Kombination mit einer Polyethylen-Folie gegen rasche Austrocknung von Lebensmitteln und wegen ihrer hohen Temperaturbeständigkeit als Bratfolie oder Wursthaut verwendet. P. können ihre Dampfdurchlässigkeit hervorragend an wechselnde Feuchtebedingungen anpassen. Im Winter wirken sie als →Dampfbremse, im Sommer fördern sie das Austrocknen der Konstruktion. Dieses Verhalten ist auf ihre Struktur zurückzuführen. Sind die Moleküle trocken, bilden sie ein dichtes, wasserdampfundurchlässiges Gefüge. Bei Berührung mit Feuchte quillt die Struktur auf und Wassermoleküle können zwischen die Polyamidmoleküle dringen. Zudem haben P. eine etwa dreimal so große Reißfestigkeit wie PE-Folien und eine Sperrwirkung gegen organische Substanzen, z.B. Holzschutzmittel.

Polybromierte Biphenyle →Polybromierte Flammschutzmittel

Polybromierte Diphenylether →Polybromierte Flammschutzmittel

Polybromierte Flammschutzmittel P. sind eine unter technischen wie auch gesundheitlich-ökologischen Gesichtspunkten bedeutsame Gruppe von Umweltchemikalien. Flammschutzmittel dienen dazu, die Entzündung brennbarer Kunststoffe, Textilien oder Holz hinauszuzögern und die Flammausbreitung zu verlangsamen. Bromierte Flammschutzmittel sind relativ kostengünstig und mit einer breiten Palette von Kunststoffen gut kombinierbar. In einem voll entwickelten Brand brennen aber auch flammgeschützte Gegenstände und es können hochgiftige bromierte Dioxine und Furane entstehen. (UBA REACH Informationsportal). Die strukturelle Ähnlichkeit der P. mit den entsprechenden Chlorverbindungen weist auf vergleichbare toxikologische und ökotoxikologische Eigenschaften hin. Die Vermutung, dass einige ältere P. besorgniserregende Eigenschaften haben, hat sich bestätigt und so sind einige polybromierte Diphenylether und →Hexabromcyclododecan über die →Kandidatenliste schon in den Anhang XIV der →REACH-VO aufgenommen worden. Da P. ubiquitäre Verbreitung haben, sind manche von ihnen auch als persistente, bioakkumulative und toxische →PBT-Stoffe eingestuft.
Hierzu gehören:

- Polybromierte Diphenylether (PBDE) mit Penta-, Octa- und Decabromdiphenylether
- Polybromierte Biphenyle (PBB)
- →Hexabromcyclododecan (HBCD)
- →Tetrabrombisphenol A (TBBPA)
- Hexabrombenzol (HBB)
- BTBPE (Bis(tribromphenoxy)ethan)
- DBDPE (Decabromdiphenylethan)
- Polybrom-Styrol-Butadien-Copolymer

Bei den technisch angewandten PBDE und PBB handelt es sich nicht um einzelne Verbindungen, sondern – bedingt durch den Herstellungsprozess – um bromhomologe Mixturen, die sich aus verschiedenen Isomeren und Kongeneren (maximal 209) zusammensetzen. Von besonderem kommerziellen Interesse waren die PBDE, weil sie unter technischen Gesichtspunkten sehr gut geeignet waren, ihre Funktion zu erfüllen und dazu noch gut zu den Kunststoffen passen, die sie flammhemmend ausrüsten sollen. Allerdings sind Pentabromdiphenylether (PentaBDE), Octabromdiphenylether (OctaBDE) bereits seit 2004 und →Decabromdiphenylether (DecaBDE) seit Februar 2017 verboten und in den Anhang XVII der REACH-VO zur Beschränkung zur Herstellung, des Inverkehrbringens und Verwendens bestimmter gefährlicher Stoffe, Gemische und Erzeugnisse aufgenommen, die aber erst im März 2019 in Kraft treten. Die Polybromierten Biphenyle (PBB) sind mit Hexabrombiphenyl (HexaBB), Octabrombiphenyl (OctaBB) und Decabrombiphenyl (DecaBB) die halogenorganischen Analoge zu den →Polychlorierten Biphenylen (PCB), die schon lange nach der Chemikalien-Verbotsverordnung verboten sind. Daher war deren Gefährlichkeit auch bei den PBB zu befürchten. Dies wurde bereits nachgewiesen und PBB in die Liste der REACH-VO Anhang XVII aufgenommen und deren Inverkehrbringen verboten.
Der weltweite Verbrauch an P. betrug schätzungsweise 300.000 t, davon ca. 30.000 t in Europa. Der mengenmäßig mit Abstand wichtigste Vertreter der PBDE war Decabromdiphenylether (DecaBDE) mit 94 % der in Europa eingesetzten Diphenylether. Das Bromine Science and Environmental Forum (BSEF) berechnete für 1999 eine Gesamtmenge von 54.800 t für DecaBDE, das in Kunststoffen, Textilien und in Formulierungen für Schutzüberzüge eingesetzt wurde. Die Verbrauchsmenge an OctaBDE lag nach BSEF für 1999 bei 3.825 t. OctaBDE wird hauptsächlich als additiver Flammschutz in ABS-Applikationen eingesetzt. Die Produktionsmenge für PentaBDE betrug 1999 nach BSEF 9.500 t. Einsatzbereiche sind insbesondere Textilien und Polyurethanschaum in der Polster- und Möbelindustrie.
P. haben hohe Siede- bzw. Zersetzungspunkte (300 bis 400 °C), vergleichsweise niedrige Dampfdrücke

und sind chemisch äußerst stabil. Diese anwendungstechnisch vorteilhaften Eigenschaften sind aber nachteilig, wenn die Stoffe auf verschiedenen Wegen, wie Produktions- und Anwendungsprozesse sowie insbesondere Emission während der Gebrauchsphase und Abfallentsorgung, in die Umwelt gelangen. P. sind in der Umwelt nur schwer biologisch abbaubar, weisen ein hohes Bioakkumulationspotenzial auf und belasten damit letztlich den Menschen als Endglied der Nahrungskette. P. finden sich in verschiedenen Umweltkompartimenten wie Klärschlamm, Sediment, Kuh- und Muttermilch, Fisch, Luft. PBDE-Gehalte in der Muttermilch haben in den letzten Jahrzehnten exponentiell zugenommen und verdoppeln sich alle fünf Jahre. Das Umweltbundesamt stellte vor einigen Jahren zu P. fest: „Das Wissen um das Abbauverhalten in der Umwelt sowie der Öko- und Humantoxikologie ist gering und mögliche Langzeitfolgen für Mensch und Umwelt sind derzeit nicht einschätzbar“, (UBA-Texte 55/2003). Das hat sich in den letzten Jahren gründlich geändert. Nachgewiesene Hormonwirksamkeit und die neurotoxischen Eigenschaften ergänzen die Grundlage für die Einstufung als SVHC-Stoff, gehören aber bisher nicht zu den Kriterien für die Einstufung.

Tabelle P8: Zusammensetzung kommerzieller PBDE (Quelle: Emissionen von Flammschutzmitteln aus Bauprodukten und Konsumgütern, UBA-Texte 55/2003)

Produkt	Zusammensetzung							
	Tri-BDE	Tetra-BDE	Penta-BDE	Hexa-BDE	Hepta-BDE	Octa-BDE	Nona-BDE	Deca-BDE
DecaBB							0,3 – 3 %	97– 98 %
OctaBB				10 – 12 %	43 – 44 %	31 – 35 %	9 – 11 %	0 – 1 %
HexaBB	0 – 1 %	24 – 38 %	50 – 62 %	4 – 8 %				

Tabelle P9: Zusammensetzung kommerzieller PBB (Quelle: Emissionen von Flammschutzmitteln aus Bauprodukten und Konsumgütern, UBA-Texte 55/2003)

Produkt	Zusammensetzung						
	TetraBB	PentaBB	HexaBB	HeptaBB	OctaBB	NonaBB	DecaBB
DecaBB					0,3 %	3 %	97 %
OctaBB				1 %	31 %	49 %	8 %
HexaBB	2 %	11 %	63 %	14 %			

Der *pentabromierte Diphenylether (Penta-BDE)* ist darüber hinaus als persistent, bioakkumulierend und toxisch und damit als PBT-Stoff eingestuft (prioritär gefährlicher Stoff) und spielt in Europa wegen des Verbots kommerziell keine Rolle mehr, dafür aber noch eine sehr lange Zeit in der Umwelt. Gemäß →Gefahrstoffverordnung dürfen Penta-BDE und OctaBDE sowie Stoffe und Zubereitungen mit einem Massengehalt von insgesamt mehr als 0,1 % dieser Stoffe nicht mehr verwendet werden, abgesehen von einigen Ausnahmen für Zubereitungen in Notevakuierungssystemen von Flugzeugen.

Die Produktion von *HexaBB* ist in den USA (als Folge eines Unfalls) wg. erheblicher Gesundheitsrisiken schon seit 1976 verboten, seit 1980 auch in Europa. Die Verwendung von PBB für Textilien, die in Berührung mit der Haut kommen, ist in Deutschland seit 1983 verboten. Für die Produktion von DecaBB lag in Frankreich eine zeitlich begrenzte Ausnahme bis zum Jahr 2000 vor. Im Rahmen der Europäischen Gemeinschaft in Ergänzung zur WEEE-Richtlinie (Waste Electrical and Electronic Equipment) müssen Kunststoffe, die P. enthalten, aus getrennt gesammelten Elektro- und Elektronik-Altgeräten entfernt werden. Schweden sah ein Verbot für PBDE vor, wohingegen z.B. die USA und Großbritannien aufgrund bestehender Brandschutzanforderungen den Einsatz von P. weiterhin befürworten. 1986 haben der Verband der chemischen Industrie (VCI), der Verband der Kunststoff erzeugenden Industrie (VKE)

P

und der Verband der Textilhilfsmittel-, Lederhilfsmittel-, Gerbstoff- und Waschrohstoff-Industrie TEGEWA den freiwilligen Verzicht zur Verwendung und Produktion von PBDE erklärt. Nachdem eine EU-weite Verbotsrichtlinie zu den PBDE immer noch nicht durchsetzbar war, wurde 1993 in Deutschland das Inverkehrbringen dieser Stoffe indirekt über die →Chemikalien-Verbotsverordnung geregelt. Im Rahmen dieser Richtlinie wurden Grenzwerte für Dioxine und Furane in Stoffen, Erzeugnissen und Zubereitungen festgelegt, wodurch indirekt eine Verwendung von PBDE ausgeschlossen wird. Seit dem 1.1.2006 ist in der EU der Einsatz von PBB und PBDE in neu in Verkehr gebrachten Elektro- und Elektronikgeräten verboten. Die Polybromierten Biphenyle (PBB) sind wegen ihrer schädlichen Stoffeigenschaften inzwischen vom Markt verschwunden. Bis 2009 galt das Verbot der EU-Verbots-RL. Jetzt sind sie in den Anhang XVII der REACH-VO aufgenommen und die Verwendung zulassungspflichtig und für Textilien mit Hautkontakt eingeschränkt. Die PentaBDE-Formulierung erfüllt die Kriterien zur Aufnahme in die →POP-Liste und wurde nach Diskussion auf dem dritten Treffen der United Nations Economic Commission for Europe (UNECE) im Juni 2002 als weiterer POP-Kandidat 2010 in die POP-Liste aufgenommen, was Abfall-rechtlich von besonderer Bedeutung ist. Vergleichbares gilt für OctaBDE, der 2016 in die Liste aufgenommen wurde.

Bis 2010 dominierten bei den P. Deca-Bromdiphenylether (DecaBDE), Hexabromcyclododecan (HBCD) und Tetrabrombisphenol A (TBBPA) den Markt. HBCD ist bereits auf der Kandidatenliste geführt und in den Anhang XIV der REACH-VO aufgenommen. Das Umweltbundesamt registriert mit Besorgnis, dass momentan Marktverlagerungen innerhalb der Stoffgruppe stattfinden. So wird seit einiger Zeit beispielsweise OctaBDE in Gehäusekunststoffen durch TBBPA (Tetrabrombisphenol A), BTBPE (Bis(tribromphenoxy)ethan), DecaBDE und DBDPE (Decabromdiphenylethan) ersetzt.

Decabromdiphenylether (DecaBDE) ist sehr persistent und reichert sich in Lebewesen an. Der Stoff steht in Verdacht, langfristige neurotoxische Wirkungen zu haben und sich langsam zu niedriger bromierten, stärker toxischen Verbindungen abzubauen. DecaBDE zeigt keine Überschreitung der schädlichen Umweltkonzentrationen, obwohl es der wichtigste PBDE war. Die Verwendung des DecaBDE in Elektro- und Elektronikgeräten, die nach der europäischen RoHS-Richtlinie zunächst verboten war, dann aber wieder erlaubt wurde, war rechtlich lange umstritten. Am 1.4.2008 hat der Europäische Gerichtshof entschieden, dass DecaBDE ab dem 1.7.2008 nicht mehr als Flammschutzmittel in neu auf den Markt gebrachten Elektro- und Elektronikgeräten enthalten sein darf.

Das zuständige Expertengremium der EU hat ihn wegen seiner Stoffeigenschaften als PBT-Stoff bewertet und 2012 wurde DecaBDE als SVHC-Stoff in die Kandidatenliste aufgenommen und durch Aufnahme in den Anhang XVII der REACH-VO im Februar 2017 das Herstellen, Inverkehrbringen und Verwenden verboten, was aber erst 2019 in Kraft tritt.

→*Hexabromcyclododecan (HBCD)* ist persistent, sehr bioakkumulierend (reichert sich also stark in Lebewesen an) und giftig für Gewässerorganismen. Darüber hinaus besteht – wegen der hohen Akkumulationsneigung – die Gefahr langfristiger Schäden an der menschlichen Gesundheit und in Ökosystemen. HBCD zeigt sowohl lokale Risiken an einzelnen Produktionsstandorten als auch indirekte Risiken wegen der möglichen Aufnahme über die Nahrungskette. Das zuständige Expertengremium der EU hat HBCD als PBT-Stoff bewertet und in den Anhang XIV der REACH-VO aufgenommen und damit verboten. Aus wirtschaftlichen Gesichtspunkten wurde die begrenzte weitere Verwendung im Anwendungsbereich →EPS-Dämmstoffe befristet bis 2017 zugelassen, obwohl es Ersatzstoffe gibt. Neben den Regelungen unter REACH wurde HBCD aufgrund seiner problematischen Eigenschaften auf internationaler Ebene als sogenannter „persistenter organischer Stoff" (engl. POP – persistent organic pollutant) unter der Stockholm-Konvention untersucht und 2013 ein weltweites Verwendungsverbot beschlossen (DIBt Newsletter 3/2015).

Tetrabrombisphenol A (TBBPA) ist ebenfalls sehr persistent und reichert sich in Lebewesen an. Es ist toxisch für Gewässerorganismen, nicht oder noch nicht bekannt für Menschen. Bei TBBPA bestehen lokale Risiken, da die Umweltkonzentrationen an einzelnen Produktionsstandorten die Schwellenwerte für mögliche Umweltschäden überschreiten. Ersatzstoffe mit weniger schädlichen Wirkungen auf Mensch und Umwelt sind in unterschiedlichem Maße verfügbar und geeignet, denn die drei

Flammschutzmittel sind mal mehr und mal weniger fest an den Kunststoff gebunden. Daher ist ein differenziertes, zeitlich abgestuftes Vorgehen für PBDE, HBCD und TBBPA in den einzelnen Flammschutzmittelanwendungen sinnvoll:

- Für DecaBDE und HBCD, die schon verboten sind, und TBBPA in Gehäusekunststoffen von Elektro- und Elektronikgeräten gibt es weniger problematische Substitute. Ein vollständiger Ersatz ist daher möglich. Alternativen sind in der Regel halogenfreie, phosphororganische Flammschutzmittel.
- Für die Verwendung von DecaBDE und HBCD in Textilien, etwa Vorhängen oder Möbelbezugsstoffen, liegen ebenfalls genügend weniger problematische Alternativen vor. Geeignet sind Fasern aus Glas oder schwer entflammbaren Kunststofftypen sowie Fasern mit fest eingebundenen Flammschutzmitteln. Auch hier ist ein vollständiger Umstieg möglich.
- Für die Verwendung von HBCD in Dämmstoffen aus Polystyrol ist ein alternatives Flammschutzmittel auf Basis von polybromiertem Styrol-Butadien-Copolymer bekannt; allerdings erfüllen auch andere Dämmstoffe in den meisten Anwendungsfeldern die gleiche Funktion. Wegen der positiven Umweltwirkungen der Wärmedämmung ist eine befristete Weiterverwendung von HBCD als Flammschutzmittel durchgesetzt worden, was trotz strenger Emissionskontrolle während der Herstellung und Verarbeitung sowie gleichzeitiger Entwicklung geeigneter Ersatzstoffe nicht vertretbar ist, weil der Stoff nach der Nutzung das Recycling des Polystyroldämmstoffs behindert und die Freisetzung des P. nicht verhindert werden kann.
- Für die Verwendung von TBBPA in elektronischen Leiterplatten liegen marktreife Alternativen vor. Leider setzen die Hersteller diese nur in geringem Umfang ein. Der Ersatz von TBBPA ist mittelfristig anzustreben. Kurzfristig sind technische Maßnahmen zur Emissionskontrolle während der Herstellung, Verarbeitung und Entsorgung sinnvoll.

Zurzeit sind Tetrabrombisphenol A (TBBPA) und Hexabromcyclododecan (HBCD) die weltweit meistverbrauchten bromierten Flammschutzmittel. Sie stehen im Fokus wissenschaftlicher und politischer Diskussionen, weil die Konzentrationen dieser Stoffe weltweit sowohl in Sedimenten und Stäuben als auch in vielen Tieren wie Greifvögeln (und deren Eiern), Krustentieren, Fischen, Eisbären, Robben oder Füchsen steigen. Rückstände können über die Nahrungskette auch den Menschen erreichen und wirken dort möglicherweise während der besonders empfindlichen Lebensphasen der embryonalen und frühkindlichen Entwicklung.

DecaBDE, TBBPA, HBCD sind mit den Standardtests zur Risikobewertung nur unzureichend zu beurteilen, da die geringe Wasserlöslichkeit und die Größe der Flammschutzmittelmoleküle teilweise zu Testproblemen führen. Die hohe Persistenz und die Anreicherung in Organismen geben jedoch ausreichend Anlass zur Sorge über das langfristige Risikopotenzial dieser Stoffe. Daher hat die EU-Kommission weitere Forschung zur Aufklärung des Umweltverhaltens gefordert. Unter anderem dient das EU-Forschungsprogramm „FIRE3“ zur Aufklärung des Wirkpotenzials auf das Hormonsystem bei Säugetieren.

Bei DecaBDE bestanden dagegen noch lange wissenschaftliche Unsicherheit über die langfristig schädlichen Wirkungen und mögliche toxische Abbauprodukte, sodass die Fachwelt die Erfüllung der PBT-Kriterien kontrovers beurteilte. Aus Sicht des Umweltbundesamtes waren ausreichend Hinweise auf schädliche Wirkungen vorhanden, die eine Einstufung von DecaBDE als PBT-Stoff erforderlich machten. Im Februar 2017 wurde DecaBDE nun endlich in die Liste XVII der REACH-VO aufgenommen, die die Herstellung, Inverkehrbringen und Verwendung bestimmter gefährlicher Stoffe, Gemische und Erzeugnisse beschränkt.

PBT-Stoffe im Allgemeinen sind unter REACH schrittweise ab 2009 zulassungspflichtig. Das bedeutet, PBT-Stoffe dürfen nur noch unter ganz bestimmten, strengen Auflagen zum Einsatz kommen, und auch nur solange keine geeigneten Ersatzstoffe oder Ersatzprodukte vorhanden sind. (UBA 2008, UBA 2014)

BTBPE (Bis(tribromphenoxy)ethan) wird schon seit den 70er-Jahren in den USA als additives Flammschutzmittel in Polystyrol und anderen Thermoplasten eingesetzt. Aufgrund seiner großen verbrauchten Menge ist es in allen Umweltkompartimenten und im Hausstaub zu finden. Mittlerweile ist es auch als Stoff der urbanen Räume als permanenter Hintergrund zu messen. Dabei sind die

Konzentrationen im Sommer 3- bis 10-mal höher als im Winter. (Mitt. Umweltchem Ökotox. 2015 Nr. 3)

DBDPE (Decabromdiphenylethan) wird in Polymeren wie Polystyrolen (EPS und XPS), Polyolefinen oder Elastomeren als Ersatzstoff des in der RoHS-Richtlinie bzw. der schweizerischen Chemikalien-Risikoreduktions-Verordnung (Verordnung zur Reduktion von Risiken beim Umgang mit bestimmten besonders gefährlichen Stoffen, Zubereitungen und Gegenständen (Chemikalien-Risikoreduktions-Verordnung, ChemRRV) vom 18.5.2005) stark eingeschränkten Decabromdiphenylethers verwendet. Zur Umweltrelevanz und Gefahren: Decabromdiphenylethan wurde in den Umweltmedien, in Organismen, in der Luft und abgelagert in Sedimenten, Klärschlamm und Hausstaub gefunden. 2012 hat Großbritannien die Auswirkungen von DBDPE auf menschliche Gesundheit und Umwelt im Rahmen der Stoffbewertung unter REACH geprüft. 2014 wurde durch die ECHA der Beschluss gefasst, dass weitere Daten erforderlich sind, bevor die Substanz abschließend bewertet werden kann. 2016 wurde die Entscheidung verschoben und eine erneute Prüfung für 2019 anberaumt.

Polybrom-Styrol-Butadien-Copolymer: Bromierter Styrol-Butadien-Kautschuk ist ein nachträglich bromiertes polymeres Flammschutzmittel, das eine gute Mischbarkeit mit EPS aufweist und damit ein geeigneter Alternativstoff für das verbotene HBCD darstellt. Als polymeres Flammschutzmittel pFR (polymer flame retardant) fällt es definitionsgemäß nicht unter die Regelungen der REACH-VO, obwohl es in der Umwelt hohe persistente Eigenschaften hat. Bedingt durch die geringe Wasserlöslichkeit hat es wohl auch keine prüfbaren toxischen Eigenschaften, jedoch könnten die Abbauprodukte wiederum toxisch relevante Eigenschaften haben.

Die Geschichte der bisherigen Verbote im Umgang mit P. zeigt, dass es jeweils viel zu lange dauert, bis ein Stoff über die Kandidatenliste bis in die Verbotsliste Anhang XIV der REACH-VO gelangt. DecaBDE wurde z.B. einer zehnjährigen EU-Risikobewertung unterzogen, in deren Verlauf über 1.100 Studien evaluiert wurden. Darüber hinaus müsste es schon bei einigen wenigen Anhaltspunkten ausreichen, einen Stoff aus Vorsorgegründen in die Liste aufzunehmen, anstatt erst dann, wenn dessen Gefährlichkeit zweifelsfrei nachgewiesen wurde. Dadurch sind diese Stoffe bereits in beträchtlichen Mengen in die Umweltkompartimente emittiert und verteilt. Wegen der Persistenz der Stoffe ist daher mit einem langen und irreversiblen Aufenthalt der Stoffe in der Umwelt zu rechnen.

Polycarboxylate P. bzw. Polycarboxylatether (PCE) werden in hochwirksamen →Betonverflüssigern und →Fließmitteln für →Beton eingesetzt. Die Ursache für die hohe Wirksamkeit dieser Polymere liegt in der gleichzeitigen elektrostatischen und sterischen Stabilisierung der Zementsuspension. P. erlauben eine gleichzeitige elektrostatische, sterische und elektrosterische Dispergierung der Zementpartikel und eine sehr lange Konsistenzhaltung. Sie kommen insbesondere bei der Herstellung von Hochleistungsbetonen wie →Selbstverdichtenden, →Hochfesten und →Ultrahochfesten Betonen zum Einsatz.

Polychlorierte Biphenyle Durch Chlorierung von Biphenyl entstehen komplexe Gemische von Chlorbiphenylen bzw. polychlorierte Biphenyle (PCB), deren Einzelstoffe sich durch Anzahl und räumliche Anordnung der Chloratome unterscheiden. Diese theoretisch insgesamt 209 Einzelsubstanzen werden als PCB-Kongenere bezeichnet. Technische Eigenschaften der PCB sind insbes. die geringe Wasserlöslichkeit, gute elektrische Isoliereigenschaften, hohe chemische Stabilität, gute Weichmachereigenschaften und Schwerentflammbarkeit.

PCB wurden seit 1929 hergestellt und für vielfältige Zwecke eingesetzt. Die äußere Beschaffenheit der technischen Gemische reicht von fast farblosen öligen Flüssigkeiten bis zu hellgelben Weichharzen. Mit steigendem Chlorgehalt nehmen Dichte und Zähflüssigkeit (Viskosität) stark zu, während die ohnehin geringe Wasserlöslichkeit und die Flüchtigkeit abnehmen. Im Jahr 1973 empfahl der Rat für wirtschaftliche Zusammenarbeit und Entwicklung (OECD), PCB nicht mehr in offenen, sondern nur noch in geschlossenen Anwendungen (Transformatoren, Kondensatoren) einzusetzen. Im Jahr 1978 setzte die Bundesregierung diese Empfehlung in deutsches Recht um. Seit 1983 werden PCB in der Bundesrepublik Deutschland nicht mehr hergestellt und seit 1989 nach PCB, PCT, VC-Verbotsverordnung nicht mehr in den Verkehr gebracht. Die produzierte Gesamtmenge weltweit wird auf

ca. 1,5 bis 2 Mio. t geschätzt, davon für die offene Anwendung in Deutschland ca. 24.000 t.
In Bauprodukten erfüllten die PCB im Wesentlichen Funktionen als Weichmacher und Flammschutzmittel. Einsatzbereiche im Gebäudebestand sind:

- Dauerelastische Dichtungsmassen als Weichmacher
- Anstriche (Wandanstriche), Heizkörperlacke
- Deckenplatten (Typ Wilhelmi, bis 1972), Holzpaneele, Mobiliar
- Papiere, Leder, Stoffe, als Flammschutzmittel und wasserabweisendes Mittel
- Buntsteinputz
- Bodenbelagsklebstoffe
- Verdunkelungsrollos
- Kondensatoren, Transformatoren als Dielektrikum
- Kabelummantelungen (Telekom) als Flammschutz und Weichmacher
- Schalöle im Betonbau, Kontamination von Trennmitteln

Bei PCB-haltigen Dichtungsmassen handelt es sich um Materialien auf Basis eines Polysulfidpolymers (sog. Thiokol-Dichtmassen; →Polysulfid-Dichtstoffe). Der Einbau PCB-haltiger Fugenmassen erfolgte zwischen 1955 und etwa 1975 mit einem Verwendungsmaximum von 1964 bis 1972. Zum Teil wurden PCB-haltige Fugenmassen auch noch bis in die 1990er-Jahre verwendet. Der Marktanteil für Thiokol-Dichtstoffe betrug 80 bis 90 %. PCB wurden den Dichtmassen in Mengen bis ca. 60 % zugegeben. Richtrezeptur: 35 % PCB, Füllstoffe, Haftmittel, Schwefelpolymer, Stearinsäure und Härtepasten. PCB-haltige Produkte sind von PCB-freien Thiokol-Dichtungsmassen durch Inaugenscheinnahme nicht voneinander zu unterscheiden. Allerdings sind durch auswanderndes PCB in den angrenzenden Beton die angrenzenden Beschichtungen oft als klebrig und dadurch leicht verschmutzt erkennbar.
Holzfaser-Deckenplatten der Fa. Wilhelmi wurden bis 1972 mit einem PCB-haltigen Flammschutzanstrich (→Chlorkautschuklack) versehen. Der PCB-Gehalt im raumseitigen Anstrich betrug ca. 15 % (Clophen A60). Besonders relevant sind hier die großflächige Anwendung des Schadstoffs, der daher leicht in die Raumluft übergehen kann, und der hohe Gehalt an →Dioxinen.
Aus PCB-haltigen Kondensatoren kann durch Leckage flüssiges PCB in die Lampenschale von Leuchtstofflampen (honigfarbene Flecken) bzw. auf den Boden tropfen und damit zu einer Kontamination des Raumes führen, die leicht über das ganze Gebäude verteilt werden kann.
Kennzeichnung von Kondensatoren mit PCB sind: CL, CD, CP, A30 A40 bis Herstellungsdatum 1983. Bei Deklarationen: MP, MKK, MKP, MPP, MKV, MFV, MPK, LK, LP kann davon ausgegangen werden, dass sich keine PCB in den Kondensatoren oder Blindstromkompensatoren befinden, insbesondere ab dem Herstellungsdatum 1983.
In Gebäuden können PCB von belasteten Bauprodukten und Bauteilen in die Atemluft freigesetzt werden und beim Menschen zu schweren Gesundheitsschäden führen.

Tabelle P10: PCB-Leitkongenere

Nummer (nach Ballschmiter & Zell)	Chemische Bezeichnung
PCB 28	2,4,4'-Trichlorbiphenyl
PCB 52	2,2',5,5'-Tetrachlorbiphenyl
PCB 101	2,2',4,5,5'-Pentachlorbiphenyl
PCB 138	2,2',3,4,4',5'-Hexachlorbiphenyl
PCB 153	2,2',4,4',5,5'-Hexachlorbiphenyl
PCB 180	2,2',3,4,4',5,5'-Heptachlorbiphenyl

Tabelle P11: Hauptverwendungsbereiche der Clophen-Typen A30 bis A60

PCB-Typ	Verwendung			
	Kondensatoren	Fugenmassen	Anstrichstoffe	Buntsteinputz
Clophen A30	X	(X)	–	–
Clophen A40	X	X	–	–
Clophen A50	X	X	(X)	–
Clophen A60	X	X	X	X

Bei vorhandenen Quellen ist die Höhe der PCB-Raumluftkonzentration abhängig von

- Art der PCB (Clophen-Typ)
- Menge und Beschaffenheit PCB-haltiger Produkte

P

- Flächenverhältnis der Anwendung zum Raumvolumen
- PCB-Gehalt der Quellen (Primär-/Sekundärquellen)
- Klimabedingungen, relative Luftfeuchte, Raumtemperatur
- Luftwechselrate im Raum

Unterschieden werden Primär- und Sekundärquellen.

- Primärquellen:
  Produkte, denen PCB gezielt zugesetzt wurden. Solche Produkte enthalten in der Regel mehr als 0,1 % PCB.
- Sekundärquellen:
  Bauteile, Ausbauteile oder Gegenstände (z.B. Bodenbeläge, Mobiliar), die PCB aus der belasteten Raumluft aufgenommen haben. Sie vermögen die in die Oberfläche eingelagerten PCB nach und nach wieder in die Raumluft freizusetzen. Großflächige Sekundärkontaminationen können – selbst nach vollständigem Entfernen der Primärquellen – weiterhin erhöhte PCB-Raumluftkonzentrationen aufrechterhalten.

PCB sind herstellungsbedingt mit polychlorierten Furanen (PCDF) und polychlorierten Dioxinen (PCDD) verunreinigt.

Tabelle P12: Verunreinigungen technischer PCB-Gemische mit PCDF/D (Hagenmeier, 1987)

PCB-Gemisch	Σ PCDF/D [mg/kg]
Clophen A30	0,89
Clophen A40	2,23
Clophen A50	10,36
Clophen A60	48,73

Das gesundheitliche Risiko steigt mit der PCB-Konzentration in der Raumluft, der Nutzungsart und der Aufenthaltsdauer der Nutzer im Raum. Gemäß PCB-Richtlinien der Bundesländer gelten folgende Richtwerte

- Raumluftkonzentrationen < 300 ng PCB/m³ Luft: Vorsorgewert/Sanierungszielwert, langfristig tolerabel
- Raumluftkonzentrationen zwischen 300 und 3.000 ng/m³: PCB-Quelle ist aufzuspüren und mittelfristig zu beseitigen
- Raumluftkonzentrationen > 3.000 ng PCB/m³: Interventionswert für Sofortmaßnahmen

Nach der Empfehlung der Ad-hoc-Arbeitsgruppe 2007 (jetzt Ausschuss für Innenraumrichtwerte AIR) gilt ein RW II-Gefahrenwert von ebenfalls 3.000 ng/m³ für PCB gesamt, wenn es sich um niedrig chlorierte PCB handelt. Bei höher chlorierten PCB, die dioxinähnlich sind, gilt für das extra zu bestimmende Kongener 118 ein RW II von 10 ng/m³.

Tabelle P13: PCDF/D-Raumluftkonzentrationen in Abhängigkeit vom Clophen-Typ im Material (Balfanz et al., 1993)

PCB-Quelle	Clophen-Typ	PCDF/D-Konzentration [pg WHO-TEQ/m³]
Fugenmassen	A40	0,04 0,08 0,08
Fugenmassen	A50	0,10
Deckenplatten mit PCB-haltigem Anstrich	A60	1,67 2,62

Für die Beschäftigung werdender Mütter wurde ein Richtwert von 900 ng/m³ (8-stündige Arbeitszeit) festgelegt (z.B. Gewerbeaufsichtsamt Stuttgart), der über dem Sanierungszielwert liegt!

Besondere Risiken liegen gem. PCB-Richtlinie NRW vor bei großflächigen hochchlorierten Primärquellen (Wandanstriche, Deckenplatten) wegen:

- Möglichkeit der Direktaufnahme über die Haut und inhalativ durch kontaminierte Partikel aus Abrieb
- Hochchloriertes Kongenerenmuster mit vergleichsweise hohem toxischen Potenzial in der Raumluft
- Höherer PCDF/D-Anteil im kontaminierten Material

PCB wurden erstmals 1966 in der Umwelt festgestellt. 1968 kam es zu einer Massenvergiftung in Japan infolge einer Leckage in einer Reiszubereitungsanlage (PCB floss in einen Reisöltank). Durch den Verzehr des Reisöles erkrankten etwa 2.000 Menschen („Yusho-Krankheit"). 1979 kam es erneut zu einer Massenvergiftung durch PCB in Taiwan.

Die akute Toxizität der PCB ist vergleichsweise gering. Bedeutsam sind insbesondere die hohe Persistenz der PCB und ihre Fettlöslichkeit, die bei kontinuierlicher Aufnahme zur Anreicherung im

Körper führt. Eine Langzeitaufnahme größerer PCB-Mengen kann zu chronischen Gesundheitsschäden führen. PCB ist neuro- und immuntoxisch. Gem. TRGS 905 ist PCB als krebsverdächtig (Carc. Cat, 2, früher K3) und reproduktionstoxisch (R_E2, R_F2, früher R2) und neurotoxisch eingestuft. Der Arbeitsplatzgrenzwert AGW gemäß TRGS 900 wurde 2013 zurückgezogen durch Bekanntmachung des BMAS. Der MAK-Wert liegt bei 3 µg/m³ für höher chlorierte PCB ab 4 Chloratome und berücksichtigt auch dioxinähnliche PCB.

PCB spielen am Arbeitsplatz heute kaum noch eine Rolle, da es sich grundsätzlich um verbotene Arbeitsstoffe handelt.

Unter Berücksichtigung der dioxinähnlichen PCB empfahl die damalige Ad-hoc-Arbeitsgruppe in ihrer Stellungnahme von 2007 folgende Ergänzungen:

Wenn Fugenmassen mit niederchlorierten PCB vorliegen, werden die Gesamt-PCB auf der Basis der sechs Indikator-Kongenere wie bisher für die Bewertung herangezogen. Bei Überschreiten von 3.000 ng/m³ sind umgehend expositionsmindernde Maßnahmen zu prüfen. Fand die Messung unter ungünstigen Bedingungen statt, sollen zum Abschätzen der Langzeitbelastung und als Grundlage für das Veranlassen weiterer Maßnahmen Kontrollmessungen unter normalen Nutzungsbedingungen mit angemessener Lüftung durchgeführt werden. Falls Deckenplatten oder Anstriche mit höherchlorierten PCB vorhanden sind oder wenn keine genaueren Kenntnisse zum Chlorierungsgrad vorliegen, werden zunächst wieder die Gesamt-PCB betrachtet. Liegen sie über 1.000 ng/m³, wird zusätzlich die PCB-118-Konzentration herangezogen, die den Orientierungswert von 10 ng/m³ einhalten sollte. Bei einem Überschreiten dieses Wertes sind expositionsmindernde Maßnahmen und Kontrollmessungen wie oben beschrieben durchzuführen. (Bundesgesundheitsblatt 2007, 50/11)

In der PCB-Richtlinie der ARGEBAU von 1994 (2010 Verschärfung in der Liste technischer Baubestimmungen) wird für PCB-Primärquellen, die nur oder auch dioxinähnlich sind, wie Deckenplatten oder Anstriche, sowie nicht sicher einzuordnende PCB-Quellen berücksichtigt, die zusätzliche Bestimmung der Raumluftkonzentration des Kongeners 118 gefordert, wenn die PCB-Konzentration über 1.000 ng/m³ Luft liegt. Bei einer Raumluftkonzentration > 10 ng/m³ Luft sind umgehend expositionsmindernde Maßnahmen erforderlich.

Im Rahmen der toxikologischen Beurteilung werden die nicht dioxinähnlichen PCB und die dioxinähnlichen PCB unterschieden:

Dioxinähnliche PCB sind solche PCB-Kongenere, bei denen an den ortho-Kohlenstoffatomen keine Chlorsubstituenten vorhanden sind. Dadurch sind die beiden Phenylringe gegeneinander frei drehbar und eine planare Molekülgeometrie (vergleichbar den PCDD/F) leicht möglich. Auch bei den mono-ortho-substituierten PCB ist eine planare Konformation noch möglich. Die Toxizität solcher nicht-ortho- und mono-ortho-substituierten PCB ähnelt derjenigen der hochtoxischen polychlorierten Dibenzodioxine (→Dioxine und Furane) und Dibenzofurane. Sie sind Tumorpromoter, immuntoxisch, reproduktionstoxisch und zeigen hormonähnliche (endokrine) Wirkungen. Vergleichbar den 17 2,3,7,8-substituierten PCDD- und PCDF-Kongenere wurden von der WHO für vier nicht-ortho- und acht mono-ortho-substituierte PCB-Kongenere Toxizitätsäquivalenzfaktoren (TEF) festgelegt, welche die dioxinähnliche Wirksamkeit (Potenz) bestimmter PCB relativ zum 2,3,7,8-TCDD gewichten.

Tabelle P14: PCB-Konzentrationen in der Raumluft und der Außenluft

Gebäude mit PCB-Primärquellen	Bis mehrere 10.000 ng/m³
Gebäude ohne PCB-Primärquellen (diffuse Quellen)	Bis ca. 100 ng/m³
Außenluft	Bis wenige ng/m³, abhängig von PCB-Quellen im Außenbereich wie z.B. Shredder-Anlagen und verschiedene Industrie- und Feuerungsanlagen

Nicht dioxinähnliche PCB schädigen im Tierexperiment das Nervensystem und führen zu Verhaltensstörungen. Aber auch hier wurden tumorpromovierende, reproduktionstoxische und immuntoxische Wirkungen festgestellt. Das Kongener 126 Pentachlorbiphenyl wird dabei als giftigster Vertreter in Bezug auf 2,3,7,8 TCDD angesehen.

P

Tabelle P15: TEF für dioxinähnlich wirkende PCB-Kongenere in Bezug auf 2,3,7,8-TCDD (WHO, Berg, van den, 2000)

Nicht-ortho-substituierte PCB		WHO-TEF
PCB 81	3,4,4',5-Tetrachlorbiphenyl	0,0001
PCB 77	3,3',4,4'- Tetrachlorbiphenyl	0,0001
PCB 126	3,3',4,4',5-Pentachlorbiphenyl	0,1
PCB 169	3,3',4,4',5,5'-Hexachlorbiphenyl	0,01
Mono-ortho-substituierte PCB		
PCB 105	2,3,3',4,4'-Pentachlorbiphenyl	0,0001
PCB 114	2,3,4,4',5-Pentachlorbiphenyl	0,0005
PCB 118	2,3',4,4',5-Pentachlorbiphenyl	0,0001
PCB 123	2',3,4,4',5-Pentachlorbiphenyl	0,0001
PCB 156	2,3,3',4,4',5-Hexachlorbiphenyl	0,0005
PCB 157	2,3,3',4,4',5'-Hexachlorbiphenyl	0,0005
PCB 167	2,3',4,4',5,5'-Hexachlorbiphenyl	0,00001
PCB 189	2,3,3',4,4',5,5'-Heptachlorbiphenyl	0,0001

Ansätze für Neubewertungen:
Die Toxizität der PCB ist nicht abschließend geklärt. Im Ergebnis verschiedener Erkenntnisse und Hypothesen ergeben sich unterschiedliche Ansätze für Neubewertungen und Richtwertvorschläge:

- Vorschläge für toxikologisch begründete PCB-Raumluftkonzentrationen durch FoBiG (NRW, LUA-Materialien Nr. 62)

Nutzungsdauer	Zielwert	PCB-Konzentration [ng/m³]
≤ 7 Stunden/Tag	RW I	20
	RW II	200
> 7 Stunden/Tag	RW I	10
	RW II	70
RW I: Vorsorgewert RW II: Interventionswert		

- Die WHO schlägt vor, die Bewertung von Raumluftbelastungen auf die Toxizitätsäquivalenzfaktoren (TEF) der koplanaren (dioxinähnlichen) PCB zu stützen.
- Raumluftmessungen durch das LfU Bayern in Räumen mit hochchlorierten PCB-Quellen (Wilhelmi-Deckenplatten) ergaben einen Gehalt von 4,9 pg WHO-TEQ/m³ für die dioxinähnlichen PCB (Körner & Kerst, LfU 2003). Die größten Beiträge hierzu hatten die Kongenere 156 (41 %), 126 (30 %) und 118 (23 %). Die PCDD/F-Konzentration betrug 1,0 pg WHO-TEQ/m³. Daraus ergibt sich eine Gesamtbelastung durch dioxinähnliche PCB und PCDD/F von 5,9 pg WHO-TEQ/m³. Unter Zugrundelegung eines TDI von 1 pg TEQ/kg KG (inhalative Aufnahme, Erwachsener 70 kg KG, Atemvolumen 20 m³, 24 Std. Aufenthalt, Resorptionsfaktor 0,75) ergibt sich für die Raumluftkonzentration ein Vorsorgewert von 0,47 pg TEQ/m³ und ein Gefahrenwert von 4,7 pg TEQ/m³. Unter Berücksichtigung der dioxinähnlichen PCB bedeutet dies eine Überschreitung des Gefahrenwertes für PCB, obwohl der Interventionswert für Gesamt-PCB gem. PCB-Richtlinie von 3.000 ng/m³ noch weit unterschritten ist (siehe hierzu auch die Aussagen der PCB-Richtlinie NRW). Sollten noch alte Deckenplatten gefunden werden oder solche, für die keine begleitenden Bauunterlagen vorliegen, ist ein Ausbau und eine ordnungsgemäße Entsorgung sowie anschließender Einbau neuer Platten immer die einfachste Lösung.
- Erkenntnisse aus dem Human-Biomonitoring weisen darauf hin, dass die Resorption der PCB im menschlichen Körper deutlich überschätzt wird. Trotzdem gilt es, nicht nur in einem Industrieland wie Deutschland mit einer hohen

Grundbelastung, alle Maßnahmen zu ergreifen, die weitere Verteilung von PCB in den Umweltmedien zu verhindern.

Die Abgabe von PCB an die Umwelt aus diffusen Quellen wie Kleinkondensatoren, Abfall, Klärschlamm und nicht sachgerechter Entsorgung wird voraussichtlich noch lange andauern und für weite Teile der Welt eher noch an Bedeutung gewinnen (Ballschmiter, 2003). Gemäß dem Stockholmer Abkommen zum Verbot von grenzüberschreitenden Emissionen →POP-Verordnung (EG) Nr. 850/2004 gilt weltweit für PCB folgender Zeit- und Maßnahmenplan:

- Bis spätestens 2025 müssen alle PCB aus Gerätschaften entfernt sein, die in Europa schon seit 2010 nicht mehr in Geräten verwendet werden dürfen, es sei denn, die Menge ist unter 0,1 L
- Bis 2028 müssen alle PCB entsorgt sein, wobei Untertagedeponie keine Entsorgungsmaßnahme darstellt.

Erzeugnisse mit weniger als 50 ppm PCB gelten als nicht gefährlich und fallen nicht unter die Konventionen der Verordnung. Die Einstufung von Materialien und Gemischen erfolgt nach →CLP-Verordnung (EG) Nr. 1272/2008.

Arbeiten mit PCB bei Sanierungen gelten grundsätzlich als „besonders gefährliche Arbeiten" nach BaustellenVO. Dabei müssen Primärquellen entfernt werden und dürfen nur in Ausnahmefällen beschichtet werden. Auch für Sekundärquellen wird empfohlen, diese auszubauen, es ist aber auch eine Beschichtung möglich oder die räumliche Trennung von Quelle und Raumluft. Die Sanierungsunternehmen müssen Sachkunde nach TRGS 524 nachweisen, die Sanierungsmaßnahme ist den Behörden anzuzeigen. Der Erfolg der Sanierungsmaßnahme ist zu überprüfen auf Einhaltung des Sanierungszielwertes für Oberflächen VdS 2357 << 100 µg/m². Zur Entsorgung sind die Einstufungen als gefährlicher Abfall nach POP-Verordnung (EG) Nr. 850/2004 und PCB/PCT-Abfallverordnung mit 50 mg/kg zu berücksichtigen. Holzhackschnitzel mit einem PCB-Gehalt von 5 mg/kg dürfen für die Herstellung von Holzwerkstoffen eingesetzt werden. Die Zuordnungswerte Bauschutt werden gemäß LAGA-Mitteilung 20 genauer festgelegt. Bei Abrissmaßnahmen ist ein sehr sorgfältiger Rückbau der PCB-Quellen erforderlich, um keine Kontamination der bisher weitgehend unbelasteten Baurestmassen und des Bauschutts zu riskieren, was mit hohen Kosten für die Entsorgung großer Mengen Bauschutt verbunden sein könnte. PCB können in Sondermüllverbrennungsanlagen verbrannt werden oder das Chlor wird mit elementarem Natrium vorher aus der Verbindung entfernt, was aber nur mit den PCB-Ölen möglich ist, die aus Kondensatoren, Motoren und Geräten sorgsam zurückgewonnen werden und nicht in mineralischen Bauschutt verteilt vorliegen. Es wird noch eine lange Zeitspanne vergehen, bis Muttermilch und Umweltmedien arm am globalen Schadstoff PCB sein werden.

Polychloropren P. (CR), ein chloriertes Polymer, entsteht durch Polymerisation von →Chloropren und wird auch als Chloroprenkautschuk (Neopren) bezeichnet. Die technischen Eigenschaften von P. entsprechen etwa denen von natürlichem Gummi (→Naturkautschuk). P. ist jedoch beständiger gegen Chemikalien. Der Kautschuk findet Verwendung zur Herstellung von Schläuchen, Kabelummantelungen, Dichtungsprofilen und -bahnen sowie für Klebstoff. Bei der thermischen Zersetzung von P. entstehen vorwiegend Salzsäure, →Kohlenmonoxid, →Kohlendioxid und Chloropren.

Polycyclische aromatische Kohlenwasserstoffe P. (PAK, PAH) bilden eine Gruppe von mehreren hundert Stoffen, die aus mehreren zusammenhängenden Kohlenstoffsechsringen bestehen. Naphthalin aus zwei zusammenhängenden Ringen ist der einfachste Vertreter der Stoffgruppe. Zählt man die Verbindungen hinzu, die durch Ersatz der Wasserstoffatome unterschiedliche Seitenketten haben, sind es 10.000 verschiedene Stoffe. PAK haben natürlichen und anthropogenen („menschengemachten") Ursprung. Die natürliche Bildung von PAK erfolgt durch Vulkanausbrüche, Waldbrände und Inkohlungsprozesse bei der Torf-, Braunkohle-, Steinkohle- und Erdölentstehung. Auch mikrobielle Aktivitäten können zur PAK-Bildung führen. Anthropogene Emissionen entstehen insbesondere bei der Verbrennung von Kohle, Holz, Öl, Benzin u. ä. Energieträgern, außerdem durch Kfz-Verkehr, insbesondere Dieselfahrzeuge und industrielle Produktionsprozesse. Verbrennungstemperaturen unter 1.000 °C (Hausbrand) führen überwiegend zur Bildung 3- bis 4-kerniger PAK (Kerne = Anzahl der Benzolringe), während oberhalb von 1.000 °C (Verbrennungsmotoren) hauptsächlich 5- bis 7-kernige PAK entstehen.

→Bitumen enthält nur geringe PAK-Konzentrationen (max. mehrere 10 mg/kg), Teer sehr viel höhere. Zahlreiche Vertreter der PAK, wie Benzo[a]pyren, Benzo[b]fluoranthen, Benzo[k]fluoranthen, Benzo[a]anthracen, Chrysen, Dibenzo[a,h und a,c]anthracen, Indeno[1,2,3-c,d]pyren sowie PAK-Gemische sind nachweislich krebserzeugend. Das fünfkernige Benzo[a]pyren ist der am besten untersuchte Vertreter der PAK und wird daher in vielen Fällen als Leitsubstanz bei der gesundheitlichen Bewertung einer PAK-Exposition verwendet.

PAK verbreiten sich in der Atmosphäre weltweit mit Rauch, Flugstaub und Rußpartikeln und sind daher in der Umwelt ubiquitär verbreitet. (UBA: Hintergrund PAK: Umweltschädlich, giftig, unvermeidbar? 2016)

PAK können über die Atemluft, die Nahrung oder durch Hautkontakt aufgenommen werden. PAK-Quellen in der Innenraumluft sind Tabakrauch (oft die Hauptquelle) und Verbrennungsprozesse (Öfen, Kerzen). In der Innenraumluft liegen die Benzo[a]pyren-Konzentrationen üblicherweise unter 1 ng/m^3. In Räumen mit PAK-Quellen wurden PAK-Konzentrationen bis weit über 100 ng/m^3 gemessen. Bauprodukte mit hohen PAK-Gehalten sind alle teerbasierten Materialien, die etwa bis Mitte der 1970er-Jahre Verwendung fanden: Dachbahnen, sperrende Teeranstriche, Carbolineum (Holzschutz) und Teerklebstoffe (→Parkettklebstoffe). Beim Grillen, Braten und Räuchern entstehen ebenfalls PAK. Werden Teeröle als Weichmacher in Kunststoffen verwendet, können die in den Ölen enthaltenen PAK vom Menschen aufgenommen werden. Früher wurden die bei der Kohleverkokung anfallenden Steinkohlenteeröle im Straßenbau eingesetzt. Wird der Aufbruch solcher Straßen erneut zum Unterbau der sanierten Straße verwendet, können die PAK mobilisiert und freigesetzt werden. Sofern keine besonderen Quellen im Innenraum vorhanden sind, erfolgt die PAK-Aufnahme vorwiegend über Lebensmittel, Tabakrauch (auch Passivrauch), Kfz-Abgase und industrielle Emissionsquellen. Mit zunehmender Zahl der Kohlenstoffkerne nimmt die ohnehin schlechte Wasserlöslichkeit weiter ab, dafür nimmt die Fettlöslichkeit entsprechend zu. Unter Sonneneinstrahlung können sich durch photochemische Oxidation oder im Organismus bei Abbauprozessen von PAK Epoxide bilden, die ebenfalls krebserregend und auch besser wasserlöslich sind.

Da bei der Analytik nicht alle PAK-Vertreter erfasst werden können, wird das Benzo[a]pyren (BaP) oder bestimmte definierte Kombinationen wie z.B. die 16 EPA-PAK als Indikatoren zur Beurteilung einer PAK-Belastung herangezogen. Allerdings ist der Wirkungsanteil des Benzo[a]pyrens am krebserzeugenden Gesamtpotenzial matrixabhängig und kann daher erheblich differieren. Insbesondere gab es Kritik an der alleinigen Bezugnahme des BaP bei Nahrungsmitteln. Daher wird zur Risikobewertung ein Summenparameter anhand der Wirkungsäquivalente von 4 ausgewählten PAK verwendet. Das sind Benzo[a]pyren, Benzo[a]anthracen, Benzo[b]fluoranthen und Chrysen, die alle ein kanzerogenes Potenzial aufweisen.

Zur Bewertung des krebserzeugenden Potenzials PAK-belasteter Innenraumluft wurde vom Bremer Umweltinstitut das Konzept der Kanzerogenen Äquivalenz-Summe (KE_{sum}) entwickelt (Zorn et al., Proceedings Indoor Air 2005). Zur Berechnung von KE_{sum} werden die Toxizitäts-Äquivalenzfaktoren (TEF) für die 16 EPA-PAK mit den gemessenen PAK-Konzentrationen in der Luft multipliziert und die so erhaltenen Produkte aufsummiert.

Bei Gewinnung, Transport und Verarbeitung von Kohle und Erdöl können große Mengen PAK in die Umwelt gelangen. Durch die unkontrollierte Erdölförderung im Nigerdelta sind in den vergangenen 60 Jahren vermutlich 1,5 Mio. t Öl in die Umwelt gelangt und verseuchen die Umwelt und vergiften die Menschen. Das entspricht 3.000 bis 100.000 t PAK, die die Umwelt langfristig schädigen. Bei Lecks an Land ist die Reichweite der Verschmutzung vergleichsweise begrenzt. Treten wie bei der Explosion der BP-Plattform Deepwater Horizon 2010 im Golf von Mexiko die in den ca. 0,6 Mio. t ausgelaufenen Erdöls enthaltenen bis zu 45.000 t giftiger PAK in die mobile Wasserphase ein, werden Umwelt und die Nahrungskette auch für den Menschen dauerhaft und sehr großflächig geschädigt.

Die Weltgesundheitsorganisation (WHO) sieht aber vor allem in der Luftverschmutzung (durch Feuerungsanlagen und Verkehr), im Rauch von offenen Feuerstellen sowie im Tabakrauch Risiken für den Menschen, mit PAK in Kontakt zu kommen (WHO, 2010). Allein im Jahr 2004 wurden weltweit 530.000 t der 16 EPA-PAK in die Luft ausgestoßen.

Tabelle P16: Regelungen zu PAK für verschiedene Umweltmedien

Medium	Bewerteter Stoff	Grenzwert/Richtwert/Einstufung	Referenz
Trinkwasser	Benzo[b]fluoranthen Benzo[k]fluoranthen Benzo[a]pyren Indeno[1,2,3-c,d]pyren Benzo[g,h,i]perylen	0,00010 mg/l (Summe der fünf Stoffe)	Trinkwasserverordnung, zuletzt geändert 3.1.2018 (BGBl. I S. 99)
Hausstaub	Benzo[a]pyren	Expositionsmindernde Maßnahmen empfohlen, wenn: • > 10 mg Benzo[a]pyren/kg im Frischstaub in Wohnungen und wohnungsähnlichen Räumen • > 100 mg Benzo[a]pyren/kg im Frischstaub in Aufenthaltsräumen	ARGEBAU, DIBt, 2000
Erzeugnisse/ Materialien	Benzo[a]pyren	Krebserzeugend, wenn > 50 mg BaP/kg	Gefahrstoffrecht

Spitzenreiter ist China mit 114.000 t, gefolgt von Indien mit 90.000 t und den USA mit 32.000 t (Zhang and Tao, 2009). 2010 wurden in Deutschland 191,5 t der vier PAK Benzo[a]pyren, Benzo[b]fluoranthen, Benzo[k]fluoranthen und Indeno[1,2,3-cd]pyren in die Luft emittiert, davon ca. 93 % von kleinen und mittleren Feuerungen in Haushalten und im Gewerbe. Knapp 5 % kommen aus Industrieprozessen, der Rest aus Großfeuerungsanlagen und dem Verkehr. Dabei hat die Belastung für die Menschen in den letzten Jahrzehnten und insbesondere in den neuen Bundesländern deutlich abgenommen. Allerdings sind – gemessen mittels des Stoffwechselprodukts 1-Hydroxypyren – die Belastungen für Kinder immer noch etwas höher als für Erwachsene, was mit dem relativ geringeren Körpergewicht zusammenhängt. Dabei könnten die Belastungen weiter reduziert werden, wenn die billigen Weichmacheröle in diversen Kunststoffen wie PVC oder in Synthesegummi ersetzt würden oder auf andere Produkte ausgewichen würde. Da die Produkte oft Kontakt zur Haut der Nutzer haben, ist die Aufnahme der PAK über die fettige Haut sehr direkt.

PAK-haltige Weichmacheröle wurden bis zum Jahr 2009 legal in Autoreifen eingesetzt. Seit dem 1.1.2010 gilt jedoch ein EU-weiter Grenzwert für PAK-haltige Weichmacheröle in Autoreifen. Dieser wurde durch eine Beschränkung in der Europäischen Chemikalienverordnung →REACH (EG) Nr. 1907/2006 eingeführt. Die Beschränkung verbietet, Weichmacheröle für die Herstellung von Autoreifen oder Reifenteilen zu verwenden, wenn sie mehr als 1 mg/kg Benzo[a]pyren enthalten oder der Gehalt aller aufgeführten PAK zusammen mehr als 10 mg/kg beträgt. Überschreiten die hergestellten Reifen und Profile die angegebenen Grenzwerte, so dürfen sie seit Anfang 2010 auch für die Runderneuerung nicht mehr in den Verkehr gebracht werden. Diese Beschränkung gilt allerdings nicht für Reifen von Fahrrädern und Kinderspielgeräten. (UBA 2016) Diese Beschränkung reduziert das Problem der Freisetzung durch Abrieb, aber ca. 20 % der Altreifen werden recycelt und die PAKs der Reifen vor 2010 verbleiben im Rezyklat und werden zu Bodenbelägen verarbeitet. Seit mehreren Jahren gibt es aber Zulassungsanforderungen durch das Deutsche Institut für Bautechnik (DIBt) an Bodenbeläge in Aufenthaltsräumen, die eine solche Verwendung, zumindest in vielen Innenräumen, ausschließen bzw. den Einsatz nur unter Deckschichten aus anderen Materialien zulassen, z.B. als Trittschalldämmung unter Estrichen. Bodenbeläge, die dauerhaft in Aufenthaltsräumen verlegt werden sollen, benötigen aber eine bauaufsichtliche Zulassung durch das Deutsche Institut für Bautechnik und dürfen nur in Ausnahmefällen Altreifengranulat in der Unterschicht des Bodenbelags enthalten. In diesem Fall gelten 50 mg PAK pro Kilogramm und 5 mg Benzo[a]pyren pro Kilogramm als Obergrenze für das Recyclingmaterial. Sinken die PAK-Gehalte im Altreifengranulat als Folge der EU-Beschränkung mit der Zeit, dann ist es ebenfalls möglich die Grenzwerte für Bodenbeläge abzusenken. Heute beträgt der durchschnittliche PAK-Gehalt im Altreifengranulat noch etwa 40 mg/kg. Beim Abbruch eines Gebäudes sollte eine separate Entsorgung der Bodenbeläge aus Altreifengranulat erfolgen, damit PAK-haltige Bauteile und Feststoffe nicht in den Bauschutt verschleppt werden. Generell sollte versucht werden, die Rauchgasabzüge beim Rückbau der Gebäude getrennt abzubauen und die kontaminierten Bauelemente oder Mauersteine dem Sondermüll zuzuführen, damit man beim restlichen Bauschutt ziemlich sicher sein kann, dass die Grenzwerte für die Einstufung als gefährlicher Abfall die Summe der 16 EPA-PAK von 1 g/kg nach Gefährlichkeitsmerkmal H7 gemäß Abfallverzeichnis-Verordnung unterschritten werden und eine teure Entsorgung des gesamten Bauschutts damit vermieden werden kann.

Die Ergänzung der REACH-Verordnung trat am 27.12.2013 in Kraft. Damit sind Erzeugnisse mit einem Gehalt von mehr als 1 mg/kg eines der acht krebserregenden PAK seit dem 27.12.2015 verboten. Für Spielzeug und Babyartikel gilt der Grenzwert 0,5 mg/kg. Die Beschränkung gilt auch für Importartikel. Hersteller und Importeure müssen seit 2015 sicherstellen, dass die neuen Grenzwerte eingehalten werden. Seit Juni 2016 stehen 8 PAK in der REACH-Kandidatenliste, darunter Benzo[a]pyren und Benzo[def]chrysen. Durch EU-Verordnung 2017/999 sind Anthracenöl, Hochtemperatur-Kohlenteeröl und Pech, die PAK enthalten, in den Anhang XIV der REACH-Verordnung aufgenommen und damit zulassungspflichtig.

Da PAK auf Organismen wie Pilze giftig wirken, werden PAK auch als Wirkstoffe in →Holzschutzmitteln verwendet. Besonders weit verbreitet ist dabei →Kreosot, das aus Kohlenteer gewonnen wird. Als Holzschutzmittel wirkt es giftig auf Holzschädlinge; zudem verhindert es ein Austrocknen des Holzes. In Gärten, in Parks, auf Spielplätzen und in Innenräumen ist der Einsatz von mit Kreosot behandelten Hölzern verboten. Es darf jedoch noch für die Behandlung von Bahnschwellen, Telefon- und Strommasten sowie für Zäune und landwirtschaftliche Zwecke (z.B. Baumstützen, Hopfen- oder Rebstangen) verwendet werden. Die Genehmigung, Kreosot als Wirkstoff nach Biozidverordnung einzusetzen, wird voraussichtlich 2018 auslaufen.

Auch mit Kreosot behandelte Eisenbahnschwellen geben während ihrer durchschnittlichen Einsatzdauer von 26 Jahren ungefähr ein Drittel des Kreosots an die Umwelt ab, das nicht abgebaut wird (Kohler et al., 2000). Gebrauchte Bahnschwellen und mit Kreosot behandelte Althölzer dürfen nach →Altholzverordnung daher nicht für andere Zwecke verwendet werden und sollen thermisch verwertet werden.

Bis in die 1950er-Jahre wurden außerdem Parkettböden mit Teerklebstoffen mit bis zu 8 g Benzo[a]pyren pro Kilogramm verklebt. Dies hatte erhöhte Innenraumbelastungen zur Folge. Dort, wo solche Schadstoff-belasteten Parkettböden noch vorhanden sind, müssen die Gebäude auch heute noch saniert werden. Die „Hinweise für die Bewertung und Maßnahmen zur Verminderung der PAK-Belastung durch Parkettböden mit Teerklebstoffen in Gebäuden" (DIBt- Mitteilungen, 2000) enthalten einen Leitfaden für die Bewertung von PAK, die in Teerklebstoffen von Parkettböden eingesetzt werden. Außerdem beschreibt dieser, wie die PAK-Belastung in Gebäuden, in denen solche Parkettböden verlegt wurden, durch Renovierungen vermindert werden kann. Gussasphaltestriche enthielten sogar bis 1984 PAK-haltige Bindemittel, was bei der großen Menge eingebrachten Materials zu beträchtlichen Mengen an PAK führen konnte. Diese müssen sorgsam rückgebaut und eingesammelt werden, um im Sanierungsfall das Gebäude von dieser relevanten Schadstoffquelle zu befreien und im Totalabrissfall die Kontamination des restlichen Bauschutts dringend zu vermeiden (Quelle: Bossemeyer, Zwiener: Schadstoffe im Baubestand 2016).

Dächer wurden vor allem in den Jahren von 1970 bis 1980 häufig mit Teer versiegelt, da →Teer aufgrund seiner chemischen Eigenschaften guten Schutz gegen Nässe und die ultraviolette Strahlung der Sonne bietet. Die damals erhältlichen Teerpappen waren zudem einfach anzubringen und haltbar. Dachteere sind meist Mischungen aus Pech und gefiltertem Anthracenöl. Teer und Teerpappen kommen heute kaum noch bei der Dachdichtung zum Einsatz, seitdem die krebserregende Wirkung des PAK-haltigen Teers bekannt wurde. (ECHA 2009) (UBA 2016)

Bei Sanierung von Dächern ist darauf zu achten, dass sich alte teerbasierte Dachdichtungsbahnen nicht mit den heute üblichen Bitumen-basierten DD-Bahnen vertragen und sich mittelfristig auflö-

sen. Die alten Bahnen müssen daher sorgfältig entfernt werden und nach Abfallverzeichnis-VO 2001, Abfallschlüssel 17 03 03 (Teerhaltige Produkte), als gefährlicher Abfall der Sondermüllverbrennung zugeführt werden.
Nach REACH-Verordnung ist die Abgabe krebserzeugender, erbgutverändernder oder fortpflanzungsgefährdender Stoffe an Endverbraucher generell untersagt. Die Einträge 26-30 des Anhangs XVII der REACH-Verordnung betreffen PAK. Die Regelung schließt also die acht PAK mit ein, die schon als →CMR-Stoffe eingestuft sind. Da REACH aber nur Stoffe oder Gemische betrifft, aber keine Erzeugnisse, sind Farben und Kreosot zwar eingeschlossen, aber Produkte nicht. Ausnahmen, z.B. Druckimprägnierung zur Behandlung von Bahnschwellen, Telefonmasten, und Rebpfählen, werden nach Eintrag 31 des Anhangs XVII der REACH-VO geregelt.
Einstufung der Schadwirkung von Pyrolyseprodukten aus organischem Material (Teer und Teeröle u. v. a. m.) nach →CLP-Verordnung (EG) Nr. 1272/2008 als: Carc: Cat 1B: wahrscheinlich krebserregend, dazu sehr giftig für Wasserorganismen mit langfristiger Wirkung und für den Menschen gesundheitsschädlich beim Verschlucken.
Um den Eintrag in Umweltmedien aus grenzüberschreitenden Luftverschmutzungen zu minimieren, sind PAK im Protokoll der →POP-Verordnung (EG) Nr. 850/2004 geregelt. Um die schädlichen Auswirkungen von PAK in der Luft, auf die menschliche Gesundheit und auf die Umwelt zu verringern, hat die EU außerdem einen Zielwert festgelegt, der bis Ende 2012 erreicht werden sollte. (Richtlinie 2004/107/EG über Arsen, Cadmium, Quecksilber, Nickel, und PAK in der Luft). Die Einhaltung wird mit einem flächendeckenden Messprogramm überwacht.
→PAK-Hinweise, →Teerhaltige Bauprodukte

Polyester P. (PES) sind Polymere mit Esterbindungen, die prinzipiell natürlichen wie synthetischen Ursprungs sein können. Im Allgemeinen versteht man unter P. (thermoplastische) Kunststoffe wie Polycarbonate (z.B. Polyethylenterephthalat PET).
Bei der Verbrennung von P. entstehen die Hauptprodukte →Kohlenmonoxid, →Kohlendioxid, Kohlenstoff (Ruß) und Wasser, weiterhin geringe Mengen Phenole (z.B. →Phenol, →Alkylphenole, →Kresole), Kohlenwasserstoffe (z.B. Methan, Propylen, Butan, Buten), Aldehyde (→Formaldehyd, →Acetaldehyd usw.) und →Ketone (→Aceton usw.).

Polyesterharze Unterschieden werden gesättigte P. und ungesättigte P. Beide Gruppen werden zur Herstellung von Anstrichstoffen eingesetzt. Bei den gesättigten P. handelt es sich um mehrfunktionelle Alkohole (z.B. Ethylenglykol, 1,2-Propandiol) und Carbonsäuren (z.B. Terephthalsäure, Adipinsäure). P. werden überwiegend in →Reaktionslacken mit Aminoplasten und Polyisocyanaten (→Isocyanate) kombiniert. Polyester-Polyisocyanat-Kombinationen zählen zu den →Polyurethan-Lacken.
Ungesättigte P. (UP-Harze) bestehen aus ungesättigten und gesättigten Dicarbonsäuren (z.B. Maleinsäure, Fumarsäure, Adipinsäure, Phthalsäure) und Alkoholen (z.B. Ethylenglykol, 1,2-Propylenglykol). Die ungesättigten P. sind z. T. in Monomeren wie →Styrol gelöst (→Polyesterlacke). Neben dem wichtigsten Mononomer Styrol werden auch Acrylsäureester und Methacrylsäureester eingesetzt. Die Härtung der P. erfolgt über eine radikalische Polymerisation. Die Erzeugung der reaktiven Startsubstanzen (Radikale) erfolgt durch Zusatz von Peroxiden und speziellen Beschleunigern oder durch Zusatz von →Fotoinitiatoren und anschließender Bestrahlung mit UV-Licht.
P. reizen Augen und Haut und haben eine sensibilisierende Wirkung. Beim Anmischen und Auftragen der P. entstehen gesundheitsschädliche Styrol- und Härterdämpfe.

Polyesterlacke P. sind Mehrkomponentenlacke aus ungesättigten →Polyesterharzen (UP-Harze). Die Polyesterharze sind in →Styrol gelöst, das bei der chemischen Reaktion in den Lackfilm eingebaut wird. Der Styrolanteil im Harz liegt zwischen 30 und 50 Gew.-%. Häufig werden P. mit einer weiteren Lösung aus Polyisocyanat und Lösemitteln wie Butylacetat kombiniert (s. auch →Polyurethan-Lacke). Die Reaktion wird durch Zugabe des Härters (organische Peroxide) ausgelöst und durch eine geringe Menge Cobaltnaphthenat beschleunigt. Der Füllstoff (Pulver) ist eine Zubereitung aus mineralischen Stoffen (Quarzmehl/-sand, Kohlenstoff, Glas). Da der Sauerstoff in der Luft den Prozess behindert, gibt man den P. Paraffin bei, das sich bei beginnender Vernetzung an der Oberfläche sammelt und dadurch einen Schutzfilm bildet, der das Verdunsten des Styrols verhindert. Nach dem Aushärten wird die Paraffinschicht abgeschliffen und die Fläche mit Tuchscheiben auf Hochglanz gebracht.

P. gehören zu den Duroplasten. Wenn sie einmal ausgehärtet sind, erweichen oder schmelzen sie auch bei stärkerer Temperaturerhöhung nicht. Beschichtungen aus P. ähneln einer Kunststoffbeschichtung. Durch den hohen Feststoffgehalt ergeben sich relativ hohe Schichtdicken. Die Beschichtung ist hart, abriebfest und chemikalienbeständig, allerdings schlag- und stoßempfindlich und bekommt sehr leicht Kratzer.

Ausgehärtete P. gelten als gesundheitlich unbedenklich. Erhebliche Gesundheitsgefahren bestehen aber beim Umgang mit dem flüssigen Polyesterharz. Beim Anmischen und Auftragen der P. entstehen gesundheitsschädliche Styrol- und Härterdämpfe. Es muss auch mit dem Auftreten von atembaren Harztröpfchen gerechnet werden. Vorübergehende Beschwerden wie Schwindel, Kopfschmerzen, Konzentrationsstörungen können auftreten. Bei höheren Konzentrationen können Atem- und Herz-Kreislaufstillstand auftreten. Eine fruchtschädigende Wirkung von Styrol wird vermutet. P. entwickeln außerdem Dämpfe, die schwerer als Luft sind und mit Luft explosionsfähige Gemische bilden können. Überdies bestehen Gesundheitsgefahren durch direkten Hautkontakt mit dem flüssigen Harz. P. reizen Augen und Haut und haben eine sensibilisierende Wirkung. Als Härter wird z.B. 2-Butanonperoxid (Methylethylketonperoxid) verwendet, das ätzend auf die Haut und Schleimhäute wirkt und bei direktem Kontakt schwere Augenschäden verursacht.

Die →GISBAU behandelt die Polyesterharze in der Branchenregelung Säureschutzbau. Unterschieden werden:

- GISCODE SB-STY10 Styrolhaltige Reaktionsharze, gesundheitsschädlich
- GISCODE SB-STY20 Styrolhaltige Reaktionsharze, gesundheitsschädlich, sensibilisierend
- GISCODE SB-STY30 Styrolhaltige Reaktionsharze, gesundheitsschädlich, sensibilisierend, krebsverdächtige Einzelkomponente

Wegen der Risiken für die Gesundheit sind P. heute weitgehend vom Markt verschwunden, allenfalls Spezialanwender, z.B. im Klavierbau, verwenden den Lack noch. Darüber hinaus werden P. noch im Säureschutzbau und bei Kanalsanierungen eingesetzt. Synonyme von P.: UP-Lacke, PEL-Lacke

Polyethylen Der Kunststoff P. (PE) wird durch →Polymerisation von Ethen (Ethylen) hergestellt und gehört zur Gruppe der →Polyolefine. Neben PVC (→Polyvinylchlorid) ist P. einer der vielseitigsten thermoplastischen Kunststoffe. Zwei Haupttypen werden unterschieden:

- Hochdruck-PE (LD-PE oder Weich-PE geringer Dichte) ist weich und besonders flexibel. Es ist kältebeständig bis –50 °C und wärmebeständig bis maximal +60 °C.
- Niederdruck-PE mit katalytischer Unterstützung (HD-PE oder Hart-PE hoher Dichte) ist steifer und abriebfester als Weich-PE. Es zeichnet sich durch eine Kältebeständigkeit bis zu –50 °C und eine Wärmebeständigkeit von maximal +90 °C aus.

P. ist physiologisch unbedenklich und praktisch geruchlos und geschmacksneutral. Daher eignet es sich besonders für die Lebensmittelindustrie und die Trinkwasserversorgung. P. findet Verwendung bei der Herstellung von Rohr- und Schlauchleitungen, Folien, Zahnrädern und als Isoliermaterial in der Kabelindustrie.

P. zählt – wie die anderen Polyolefine – zu den vergleichsweise umweltverträglichen Kunststoffen.

Die Verarbeitung ist schwierig, da P. nicht geklebt werden kann, da es völlig unpolar ist. Nur nach Anätzen ist ein Verkleben möglich.

Polyethylenbahnen PE-Bahnen werden im Bauwesen hauptsächlich als Dampfbremsen eingesetzt. Eigenschaften: reißfest, weich, widerstandsfähig, alterungsbeständig. →Polyolefin-Bahnen

Polyethylenvliese →Polyolefin-Bahnen

Polyharnstoff P. entsteht durch Reaktion von (überschüssigen) PMDI (polymeres 4,4'-Diphenylmethan-diisocyanat) mit Wasser bei der Herstellung von →Holzwerkstoffen. →Isocyanate

Polyisobutylen P. (PIB), ein thermoplastischer Kunststoff aus der Gruppe der →Polyolefine, wird durch Polymerisation von Isobutylen hergestellt. PIB ist gummielastisch, plastisch bis etwa 50 °C. P. findet im Bauwesen z.B. Verwendung als Dichtung bei Fensterscheiben, für Dachbahnen, Kabelisolierungen (oft in Kombination mit →Polypropylen), als Folie und zur Herstellung von Schläuchen, Dichtmassen und Klebebändern. Im Vergleich zu anderen Kunststoffen (z.B. →Polyvinylchlorid PVC) gilt P. als vergleichsweise umweltverträglich.

Polyisocyanurat Um →Polyurethanen eine hohe Hitzebeständigkeit zu verleihen, kann man sie mit einem Überschuss →Isocyanat versetzen. Die überzähligen Isocyanat-Moleküle reagieren beim Aushärten des Schaumstoffs weiter zu einem höher vernetzten, sogenannten P., abgekürzt PIR.

Polyisocyanurat-Schäume →Polyurethan-Ortschaum. →Polyisocyanurat

Polykondensation P. ist die chemische Verknüpfung einfacher chemischer Verbindungen (Monomere) unter Abspaltung von Wasser oder anderen kleinen Molekülen zu polymeren Molekülen (Makromolekülen). →Kunststoffe

Polymerbitumen P. wird durch chemische Vernetzung von Destillationsbitumen mit ca. 10 M.-% Styrol-Butadien-Elastomeren (SBS), →Styrol-Isopren-Elastomeren (SIS) oder ataktischem Polypropylen (aPP) hergestellt. Dadurch wird die Temperaturempfindlichkeit bei der Nutzung verringert und das elastoviskose Verhalten von Bitumen verändert, die Witterungs- und Alterungsbeständigkeit erhöht. P. werden unterschieden in Elastomerbitumenbahnen (PYE) und Plastomerbitumenbahnen (PYP).

P. wird zur Bautenabdichtung in Bereichen mit höheren Anforderungen eingesetzt (vor allem als Dachdichtungen). Etwa die Hälfte des produzierten P. wird für Bitumenbahnen verwendet. Etwa 5 bis 10 % finden im Straßenbau Anwendung. Bei wurzelfesten P. für Anwendungen im Gründachbereich werden entweder Metalleinlagen eingearbeitet oder ein Herbizid zugegeben.

Polymerbitumenbahnen P. sind →Bitumenbahnen, die beidseitig mit →Polymerbitumen statt mit →Oxidationsbitumen beschichtet sind. Polymerbitumen hat im Vergleich zu Oxidationsbitumen u. a. folgende besondere Leistungseigenschaften:

- hervorragendes Langzeitverhalten und Alterungsbeständigkeit,
- Wurzelfestigkeit →Mecoprop,
- erhöhte Wärmestandsfestigkeit,
- erhöhtes Kaltbiegeverhalten sowie erhöhte Kälteflexibilität.

In Kombination mit Polyestervlieseinlagen zeigen P. außerdem sehr gute mechanische Eigenschaften (Zugverhalten, Dehnfähigkeit und Perforationssicherheit). Die P. unterteilen sich in Elastomerbitumenbahnen und Plastomerbitumenbahnen. Elastomerbitumenbahnen müssen mit einem Oberflächenschutz wie Bekiesung oder Begrünung gegen Strahlung geschützt werden. Hochvergütete Plastomerbitumenbahnen können aufgrund ihrer UV- und Wärmestabilität bei Dächern eingesetzt werden, die der direkten Sonnenbestrahlung ausgesetzt sind. Plastomerbitumenbahnen werden in der Regel als Schweißbahnen hergestellt. Bezeichnung der P. gem. DIN z.B.: PYE- oder PYP- (Elastomerbitumen oder Plastomerbitumen), G (Trägereinlage aus Glasgewebe) 200 (Gewicht der Trägereinlage in g/m^2) S4 (Schweißbahn). Polymerbitumen-Dachdichtungsbahnen siehe →Bitumen-Dachdichtungsbahnen, Polymerbitumen-Schweißbahnen siehe →Bitumen-Schweißbahnen.

Polymere P. sind synthetische oder natürliche (Bio-P.) Stoffe, deren Moleküle aus einer Vielzahl miteinander zu langen Ketten oder Raumnetzen verknüpfter kleiner Moleküle, den Monomeren, bestehen. Natürliche P. sind z.B. Holz, natürliche Harze oder Naturkautschuk. Synthetisch hergestellte P. sind die Kunststoffe und Synthesekautschuke. Laut UBA stellen von der Gesamtabfallmenge Polyethylen (PE) mit 2,29 Mio. t oder 38,7 %, Polypropylen (PP) mit 0,99 Mio. t oder 16,8 % und Polyvinylchlorid (PVC) mit 0,67 Mio. t oder 11,3 % die drei mengenmäßig wichtigsten Kunststoffe im Kunststoffabfall dar. Kunststoffrezyklate in Neuprodukten sind hauptsächlich Bauprodukte und Verpackungen.

Polymer FR Polymeres →Polybromiertes Flammschutzmittel, das als Ersatzstoff des zulassungsbeschränkten Flammschutzmittels →HBCD seit 2015 in →Polystyrol-Dämmstoffen zur Anwendung kommt. Der polybromierte Kunststoff stützt seine flammhemmende Wirkung FR (flame retardant) ebenfalls auf die Anwesenheit von Brom in der Kohlenstoffkette, die allerdings in dem Butadien-Styrol Copolymer sehr viel länger ist als im alicyclischen HBCD, das ein PBT-Stoff ist. Dadurch hat der Stoff auch einen 100-fach geringeren Dampfdruck. P. wird allerdings nicht durch die →REACH-VO registriert oder reglementiert, weil die europäische Chemikalienverordnung Polymere ausklammert. So ist P. wahrscheinlich nicht bioakkumulativ, aber sicher persistent, sodass zu hoffen ist, dass dadurch nicht ein →POP Stoff gegen einen anderen ersetzt wurde, was hoffentlich auch nicht für die möglichen Abbauprodukte von P. gilt. Bedingt durch die fehlende Aufnahmemöglichkeit des Polymers in den Organismus wird davon ausgegangen, dass P. nicht toxisch ist. Allerdings sind die potentiell gefährlichen Eigenschaften mit den bisher verwendeten Testmethoden auch nicht überprüfbar. Um die vergleichbaren Flammschutzeigenschaften zu erbringen, muss P. mit 1 % dem EPS-Dämmstoff zugesetzt werden gegenüber 0,7 % beim beschränkten HBCD.

Polymerisatfarben P. sind lösemittelhaltige →Fassadenfarben auf Polymerisatharzbasis (z.B. Reinacrylate oder Copolymerisate). Als Lösemittel werden →Aliphatische und →Aromatische Kohlenwasserstoffe wie →Testbenzin eingesetzt. Als Schutz vor Algenbefall setzt man →Filmkonservierungsmittel ein.

P. dringen sehr tief in den Untergrund ein und bilden sehr dünne matte Farbschichten. Da Polymerisatfarben wasserfrei sind, können sie auch bei Minusgraden verarbeitet werden. Bevorzugte Einsatzgebiete von P. sind Anstriche auf Sichtbeton, Faserzement, zementhaltigem Putz oder Kunstharzputz. Aufgrund der bei der Verarbeitung frei werdenden Lösemittel werden P. aber nur noch in Spezialfällen eingesetzt. Typische Anwendungsfälle für P. sind Betonsanierung, Industriebauten und Winterbaustellen. Für P. gibt es eigene GISBAU-Produkt-Codes, wobei „M-FL01 Polymerisatharzfarben, entaromatisiert" die geringsten arbeitshygienischen Risiken aufweist. Weniger umweltbelastende Produkte siehe →Fassadenfarben.

Polymerisation P. ist die Zusammenlagerung einfacherer chemischer Stoffe (Monomere) zu kettenförmigen Großmolekülen (Makromoleküle, Polymere), z.B. Ethylen zum Kunststoff →Polyethylen.

Polymethylmethacrylat P. (PMMA, Polymethacrylsäureester; Handelsname Plexiglas) ist ein transparenter Acrylat-Kunststoff auf der Basis von →Methylmethacrylat. Es handelt sich um einen kratzfesten und klarsichtigen Werkstoff mit sehr hoher Steifigkeit und guter Witterungsbeständigkeit. Im Bauwesen wird P. eingesetzt für die Herstellung von Polymerbeton, →Flüssigfolien, →Kunstharzbodenbelägen, Verglasungen (→Acrylglas) sowie Sanitär- und Einrichtungsbauteilen. P. ist ein wichtiges Polymer zur Sanierung von Betonschäden durch Rissverpressung.

Die Hauptbestandteile von Beschichtungssystemen auf PMMA-Basis sind →Methylmethacrylat und Comonomere, wie 2-Ethylhexylacrylat, sowie geringe Mengen an Diisopropanol-p-toluidine als Härtungsbeschleuniger. Als Härter dienen pulverförmige organische Peroxide (üblicherweise Dibenzoylperoxid. Industriell (für die Herstellung von →Acrylglas) wird PMMA fast ausschließlich durch radikalische Polymerisation von MMA hergestellt. Als Starter werden meist Peroxide verwendet.

Polyolefin-Bahnen P. bestehen aus →Polyethylen oder →Polypropylen und werden als →Dampfbremsen, →Windsperren, Dachbelagsbahnen oder →Abdichtungsbahnen eingesetzt. Die Kunststoffe enthalten als Zusatzstoffe Stabilisatoren (Lichtschutzmittel, UV-Absorber, Konservierungsmittel), Antioxidantien, gegebenenfalls Flammschutzmittel und Pigmente. Für Dachbahnen wird Hochdruckpolyethylen (PE-LD) eingesetzt, Niederdruckpolyethylen (PE-HD) eignet sich vor allem als Dampfsperre. Kalandriertes Material wird für Polyolefin-Dampfsperren eingesetzt. Der Kalander besteht aus einem speziellen Extruder, in den PE-Granulat eingefüllt, durch die Schneckenpresse und Heizelemente zum Schmelzen gebracht und auf einer Walzenbahn (Kalander) in Folienform ausgewalzt wird. Für Spinnvliese, z.B. Dampfbremsen oder Winddichtungen, werden Fasern erzeugt, indem Polyethylen bzw. Polypropylen in einem Lösemittel aufgeschmolzen und in diesem Zustand durch Spinndüsen gepresst wird. Das Lösemittel wird verdampft und rückgeführt, übrig bleiben Endlosfasern, die stapelweise abgelegt werden und das Vlies bilden.

Da P. weichmacherfrei sind, verspröden sie nicht durch Verflüchtigung oder Auswanderung eines Weichmachers wie bei äußerlich weichgemachten Thermoplasten (→Polyvinylchlorid). Durch Einarbeitung von 2 bis 3 % Ruß als UV-Stabilisator kann die Lebensdauer 10- bis 15-fach erhöht werden. Bei farblosen Stabilisatoren ist der Verlängerungsfaktor 2 bis 4.

Die Rohstoffe sind petrochemischen Ursprungs. Die Produktion von Polyethylen und Polypropylen erfordert einen hohen Energieverbrauch und ist mit Kohlenwasserstoffemissionen verbunden. Zur Erzielung spezifischer technischer Eigenschaften müssen verschiedene Additive beigegeben werden. Polyolefine gelten aber im Vergleich zu anderen →Kunststoffen (z.B. →Polyvinylchlorid oder →Polyurethan) als relativ umweltverträglich (direkte Gewinnung der Monomere ohne toxikologisch problematische Zwischenprodukte, keine Zugabe von →Weichmachern notwendig, humantoxikologisch auch im Bereich der Monomere relativ unproblematisch, Entsorgung ebenfalls unproblematisch). Polyolefine sind in der Einbau- und Nutzungsphase toxikologisch nicht relevant. Polyolefine zeigen eine gute Verwertbarkeit.

Bei der Pyrolyse werden die Kunststoffe bei Temperaturen von 400 bis 800 C° unter Sauerstoffabschluss in ihre Rohstoffe zerlegt. Die Kunststoffe können dafür bis zu 20 % verunreinigt sein. Sauberes Material kann durch Reinigung, Shreddern, Trennen nach Sorten und Wiedereinschmelzen direkt verwertet werden, wobei man dann geringe Abstriche an der Qualität machen muss. Abfälle von P. werden beispielsweise zu Rohren oder Parkbänken verarbeitet. Die Beseitigung erfolgt über Verbrennung in Müllverbrennungsanlagen (Heizwert: ca. 46 MJ/kg). Die Verbrennung von mit bromierten Flammschutzmitteln ausgerüsteten Folien kann zur Emission von polybromierten Furanen und Dioxinen führen. Die Beseitigung auf Deponien ist im Allgemeinen nicht mehr erlaubt. Ausnahme: als geringer Anteil im Bauschutt.

Polyolefin-Bodenbeläge Als P. werden →Bodenbeläge bezeichnet, die auf der Basis von →Polyethylen oder →Polypropylen hergestellt werden. In Deutschland werden pro Jahr mehr als 1 Mio. m^2 P. produziert. Dies entspricht einer Produktionsmenge von mehr als 4 Mio. t. Zusammensetzung: ca. 30 % Bindemittel, ca. 70 % Füllstoffe (Gesteinsmehle wie →Kreide oder →Kaolin), ca. 1 % Antistatikum auf der Basis von Fettsäuren und ca. 1 % Pigmente. Das Bindemittel setzt sich zusammen aus ca. 75 % Ethylen-Vinylacetat-Copolymerisat, ca. 20 % Polypropylen, 1 bis 5 % Ethylen-Propylen-Dien-Monomer (EPDM) und bis zu 5 % Polyethylen (LDPE). Durch Zugabe eines Copolymers wie Ethylenvinylacetat (EVA, innerer Weichmacher) wird die Elastizität des Belags erreicht. Als Farbstoffe werden Pigmente auf der Basis von Eisenoxid (rot), Eisenhydroxid (gelb), Titandioxid (weiß), Ruß (amorpher Kohlenstoff, schwarz), Polysulfid-Natrium-Silicoaluminat (blau) und Kupfer-Phthalo-cyanin (blau) eingesetzt. Den Oberflächenschutz bildet meistens eine Schicht aus Acryldispersion oder Polyurethan. Die Herstellung erfolgt durch Verpressen des Kunststoffgranulats auf einer Walze unter Einwirkung von Temperatur und Druck. Da →Polyolefine leicht entflammbar sind, werden auch Flammschutzmittel eingesetzt. Das mengenmäßig wichtigste Flammschutzmittel für P. ist →Aluminiumhydroxid.

P. werden vollflächig verklebt. Die Nähte werden durch Verschweißen mittels Polyolefinschnüren geschlossen. P. sind hochbeständig gegen Hitze, Licht und Oxidation, nicht feuchtigkeitsregulierend, nicht fußwarm, aber trittsicher. Die Verklebung führt immer wieder zu Problemen, P. verkratzen leicht.

Bedeutsame Emissionen während der Nutzungsphase sind nicht bekannt. Ein →Recycling ist möglich, hat in der Praxis allerdings bisher keine Bedeutung.

Polyolefine P. (PO) sind Kunststoffe, die durch Polymerisation von Alkenen (Olefinen) hergestellt werden. Zu den PO zählen →Polyethylen (PE), →Polypropylen (PP), Polybuten (PB, PBT), Polyisobutylen (PIB) und Poly-4-methylpenten (PMP). PO gelten gesundheitlich-ökologisch als vergleichsweise unproblematisch.

Bei der Verbrennung von PO entstehen die Hauptprodukte Kohlenmonoxid, Kohlendioxid, Kohlenstoff (Ruß) und Wasser. Weiterhin können entstehen: Alkane, Alkene, Alkohole (z.B. Methanol), Aldehyde (insbes. →Formaldehyd u. Acrolein), Ketone, Carbonsäuren (Ameisensäure, Essigsäure usw.) sowie aromatische Kohlenwasserstoffe (Benzol, Toluol).

Polypropylen P. (abgekürzt PP) ist ein thermoplastisches Polymer, das durch Polymerisation von Propylen (Propen) hergestellt wird. P. gehört zur Gruppe der →Polyolefine und ist härter als das verwandte →Polyethylen. Es wird verwendet für Rohre, Folien und Elektroartikel. Wegen der guten Beständigkeit gegen Temperatureinflüsse und aggressive Substanzen findet P. auch im Apparatebau Verwendung. P. wird darüber hinaus als Teppichrückenbeschichtung und für →Polyolefin-Bodenbeläge verwendet. Für Produkte mit einer hohen Schlag- und Kälteschlagzähigkeit werden Copolymerisate aus Propylen und Ethylen verwendet. Im Vergleich zu anderen Kunststoffen (z.B. →Polyvinylchlorid PVC) gilt P. als vergleichsweise umweltverträglich und ist gut recycelbar. Die Produktion in Deutschland betrug 2011 1,8 Mio. t von weltweit insgesamt 10,6 Mio. t.

Polypropylenbahnen →Polyolefin-Bahnen

Polypropylenvliese →Polyolefin-Bahnen

Polysiloxane →Silikone

Polystyrol P. (PS) ist ein weit verbreiteter klarsichtiger Werkstoff, der durch →Polymerisation von →Styrol hergestellt wird. P. weist eine hohe Steifigkeit und Härte auf. Die Eigenschaften des Kunststoffes lassen sich durch Copolymerisation mit anderen Stoffen stark beeinflussen. Viele Gebrauchsartikel und Verpackungen werden aus P. gefertigt, unter anderem Kleiderbügel, Wäscheklammern und CD-Hüllen. Ein wichtiger Anwendungsbereich von P. sind Hartschaum-Produkte wie →EPS-Dämmplatten (Handelsname z.B. Styropor) und →XPS-Dämmplatten (Handelsname z.B. Styrodur). Frische P.-Produkte emittieren geringe Mengen Styrol. Bei P.-Deckendekorplatten wurden außer Styrol auch Emissionen von Ethylbenzol, →Acetophenon, →Benzaldehyd und anderen substituierten Aromaten festgestellt. Die Emissionen sind i.d.R. nur gering und klingen meist im Lauf der Zeit ab. Acetophenon und Benzaldehyd sind Zerfallsprodukte des für den Polymerisationsprozess verwendeten Initiatorsystems.

Bei der Verbrennung von PS entstehen die Hauptprodukte →Kohlenmonoxid, →Kohlendioxid, Kohlenstoff (Ruß) und Wasser, weiterhin Styrol, Aldehyde (→Formaldehyd, Benzaldehyd, Salicylaldehyd usw.), Alkene (z.B. Ethylen, Propylen, Buten, Isobuten) und Aromaten (→Benzol, →Toluol, Ethylbenzol, →Naphthalin usw.).

Polystyrol-Hartschaum →EPS-Dämmplatten, →XPS-Dämmplatten

Polystyrolplatten Dämmplatten, die aus extrudiertem oder expandiertem →Polystyrol erzeugt werden. →XPS-Dämmplatten, →EPS-Dämmplatten oder →EPS-Automatenplatten

Polysulfid-Dichtstoffe Einkomponentige P. („Thiokol-Dichtstoffe") sind schon seit über 60 Jahren bekannt. Sie härten unter Aufnahme von Luftfeuchtigkeit mit einer Durchhärtegeschwindigkeit von lediglich ca. 1 mm pro Tag. Eine wesentlich größere Bedeutung als die einkomponentigen Systeme haben die zweikomponentigen bei der Herstellung von Isolierglasfenstern. Die beiden Scheiben einer Isolierglaseinheit werden mit speziellen P. zusammengeklebt bzw. abgedichtet.

Die organischen Polysulfide werden in einem mehrstufigen Prozess gewonnen. Durch Umsetzung von Ethylenchlorhydrin mit →Formaldehyd gelangt man in einer ersten Stufe zum Bis(2-chloroethyl)formal, das mit Natriumpolysulfid (unter Zusatz eines trifunktionalen Vernetzers) das aliphatische Polysulfid ergibt.

Über die endständigen Mercaptogruppen kann das zähflüssige →Präpolymer (Komponente 1) leicht oxidativ mit dem Härter (Komponente 2) – meist Mangandioxid (ca. 10 bis 25 %), aber auch mit Bleidioxid – vernetzt werden und ergibt ein gummielastisches Produkt. Als Vulkanisationsbeschleuniger werden →Thiram (< 2,5 %) und →Diphenylguanidin (1 bis 2 %) eingesetzt.

Das ausgehärtete Polysulfidcompound zeigt eine gute Witterungsstabilität, hohe Resistenz gegenüber Treibstoffen und vielen anderen Chemikalien, geringe Gasdurchlässigkeit und eine gewisse Relaxation bei unter mechanischer Spannung stehenden Verklebungen bzw. Abdichtungen. Diese Eigenschaften sind der Grund für die breite Verwendung von Polysulfidkleb- und Dichtstoffen, z.B. bei der Herstellung von Isolierglaseinheiten (Hauptverwendung), Dichtstoffen für die Luftfahrt, Tankstellenabdichtungen, chemikalienfesten Beschichtungen und Dichtstoffen für den Hoch- und Tiefbau.

P. enthalten →Weichmacher wie →Phthalate oder →Chlorparaffine, früher auch →Polychlorierte Biphenyle (PCB). PCB-haltige P. sind als Altlasten Anlass für Schadstoff-Sanierungen von Gebäuden.

Polytetrafluorethylen P. (PTFE) ist ein fluorierter, thermoplastischer Kunststoff, der durch →Polymerisation von Tetrafluorethylen hergestellt wird. Bei der Verbrennung von PTFE entstehen die Hauptprodukte →Kohlenmonoxid, →Kohlendioxid, Kohlenstoff (Ruß) und Wasser, weiterhin Fluorwasserstoff und Spuren von Carbonylfluorid, niederen Fluorkohlenwasserstoffen (insbesondere Tetrafluorethylen, Hexafluorpropylen und Octafluorisobutylen. Siehe auch →Fluorierte Treibhausgase.

Polyurethan-Dichtstoffe Im handwerklichen und industriellen Bereich werden P. sehr universell eingesetzt, da sie sowohl dichtende als auch (elastisch) klebende Funktionen aufweisen. P. können ein- oder zweikomponentig sein. Die einkomponentigen P. gelangen gebrauchsfertig auf die Baustelle und härten unter dem Einfluss von Luftfeuchte unter Abspaltung von Kohlendioxid. Der Vorteil zweikomponentiger Produkte ist die höhere Aushärtungsgeschwindigkeit im gesamten Fugenquerschnitt. P. enthalten reaktive →Isocyanat-Gruppen. Bei 2-K-Systemen wird vor der Verarbeitung ein Härter (Polyisocyanat) mit einer Polyolkomponente vermischt. 1-K-Produkte enthalten ein modifiziertes Polyisocyanat, sodass die chemische Reaktion erst unter dem Einfluss von Luftfeuchtigkeit erfolgt. P. können Kohlenwasserstoffgemische, Ester, Ketone oder Glykole als →Lösemittel in Konzentrationen bis 0,5 % enthalten. Monomere →Isocyanate sind sensibilisierende Stoffe, auf die sensibilisierte Personen schon in sehr geringen Konzentrationen reagieren. Die Monomertypen MDI und TDI sind als krebserzeugend (EG-Kategorie 3; H351) eingestuft.

Polyurethane P. (PUR) entstehen durch Umsetzung (Polyaddition) von Diisocyanaten (→Isocyanate) mit zwei- und höherwertigen Alkoholen und/oder Polyolen. PUR können schaumartig oder fest, hart, spröde, aber auch weich und elastisch sein. Duromeres oder elastomeres PUR finden breite Anwendung für Lacke, Elastomere, Schaumstoffe, Klebstoffe und „Kunstleder". Klebstoffe können für die Herstellung von Holzwerkstoffplatten statt der formaldehydbasierten Klebstoffe eingesetzt werden, die nur noch sehr wenig →Formaldehyd emittieren. Da die Produktionslinie der Diisocyanate sehr giftiges Phosgen enthält, ist der alternative Einsatz in OSB-Platten umstritten.

Bei der Verbrennung von PUR entstehen die Hauptprodukte →Kohlenmonoxid, →Kohlendioxid, Kohlenstoff (Ruß) und Wasser, weiterhin Cyanwasserstoff, →Ammoniak und Stickstoff sowie geringe Mengen von Aminen (z.B. Methylamin), →Isocyanaten, Nitrilen, →Harnstoff, Methylharnstoff, →Kohlenwasserstoffen, Alkoholen und Aldehyden (→Formaldehyd, →Acetaldehyd usw.).

Polyurethan-Hartschäume P. sind überwiegend geschlossenzellige harte Schaumstoffe, die mithilfe von Katalysatoren und Treibmitteln durch die chemische Reaktion von Polyisocyanaten mit Polyolen und/oder durch Trimerisierung von Polyisocyanaten erzeugt werden. In Gegenwart spezieller Katalysatoren können →Isocyanate auch miteinander reagieren. Dabei bilden sich neben den PUR- auch Polyisocyanurat (PIR)-Strukturen in der Matrix, die ein verbessertes flammschutztechnisches Verhalten zeigen.

Das Aufschäumen von P. kann ausschließlich durch prozessbedingtes CO_2 erfolgen. Aus der Reaktion von Wasser, das in kleinen Mengen in der Polyolformulierung enthalten ist, mit Isocyanat entsteht CO_2, das als „chemisches" Treibmittel genutzt wird. Da das CO_2 in P. sehr schnell aus den von ihm geformten Schaumzellen diffundiert, trägt es zum Dämmvermögen nicht bei. In Anwendungen, bei denen es auf hohe Wärmedämmung ankommt, wird dem bei der Schäumung gebildeten chemischen Treibmittel CO_2 ein „physikalisches" Treibmittel zugegeben, das in den Schaumzellen verbleiben soll. Statt des früher universell verwendeten physikalischen Treibmittels FCKW-11 wird außerhalb von Deutschland und Österreich HFCKW-141b eingesetzt, teilweise auch das HFCKW-Gemisch 22/142b. Die Einsatzmenge beträgt ca. 9 % des Schaumgewichts. Abweichend davon ist die Situation in Deutschland. Nachdem seit dem 1.1.1995 gemäß der →FCKW-Halon-Verbotsverordnung keine vollhalogenierten →FCKW mehr eingesetzt werden durften, ist in Deutschland das meistverwendete Treibmittel für P. kein HFKW, sondern der halogenfreie Kohlenwasserstoff →Pentan.

Der Marktanteil dieser Produkte liegt etwa bei 95 %. Seit 2002 werden neben Pentan auch die fluorierten Treibmittel HFKW-365mfc, HFKW-227ea sowie HFKW-245fa eingesetzt. Während die Herstellung von PUR-Schäumen mit Treibmittelemissionen verbunden ist, sind Emissionen aus dem fertigen Produkt während der Nutzungsphase vergleichsweise gering. Die heute eingesetzten teilfluorierten Kohlenwasserstoffe haben im Vergleich zu früher ein deutlich reduziertes Treibhauspotenzial. Jedoch ist es immer noch größer als jenes von Kohlenstoffdioxid. Pentan hingegen ist kein Treibhausgas. Für die Herstellung von Polyurethan-Dämmstoffen mit dem pure-life-Siegel der ÜGPU e.V. (Überwachungsgemeinschaft Polyurethan-Hartschaum e.V.) dürfen keine halogenhaltigen Treibmittel verwendet werden.

Bei Haushaltsgeräten wird ausschließlich Pentan als Treibmittel verwendet, bei flexibel beschichteten Dämmplatten aus kontinuierlicher Fertigung wird es zu mehr als 90 % eingesetzt. Pentan verbleibt wie HFCKW in den Schaumzellen und trägt dadurch zur Wärmedämmung bei.

Auf Grundlage der EG-Verordnung Nr. 2037/2000 war die Einfuhr von Kühlcontainern in die EU seit dem 1.1.2004 verboten, wenn die verwendeten Dämmstoffe mit dem HFCKW-141b geschäumt und nach dem 31.12.2003 hergestellt worden sind [Wild 2008]. Seit Inkrafttreten der Verordnung (EG) Nr. 1005/2009 des Europäischen Parlaments und des Rates vom 16.9.2009 über Stoffe, die zum Abbau der Ozonschicht führen (Neufassung der Verordnung (EG) Nr. 2037/2000) ist die Einfuhr von mit HFCKW-141b geschäumten Kühlcontainern in die EU generell verboten. Inzwischen werden Kühlcontainer ausschließlich in China hergestellt. Hier unterlag der HFCKW-141b je-

doch bis 2013 keiner Kontrolle und ein vollständiger Ausstieg ist erst für 2030 vorgesehen [Wild 2008; WorldCargo News 2010]. Seit Ende 2009 begann man aber auch in China damit, eine Technologie einzusetzen, die Cyclopentan als Treibmittel verwendet. Somit ist es nun möglich, Kühlcontainer aus China zu beziehen, die frei von dem HFCKW-141b sind [WorldCargo News 2010].
Insgesamt gesehen ist der Einsatz von HFKW als Treibmittel für PUR-Hartschäume nicht notwendig. Mit Pentan oder prozessbedingtem CO_2 stehen aus technischer Sicht geeignete Alternativen als Treibmittel zur Verfügung, deren Einsatz für die überwiegende Mehrzahl der Anwendungen zu gleichwertigen Ergebnissen führt. Für die wenigen Ausnahmen, bei denen der Einsatz von HFKW eine technische Begründung hat, sind alternative Produkte erhältlich, die gut eingeführt und in der Praxis erprobt sind. (Quelle: Fluorierte Treibhausgase vermeiden –Wege zum Ausstieg-UBA 2010).

Tabelle P17: Übersicht über Substitutions- und weitere Emissionsminderungsmöglichkeiten (Quelle: Fluorierte Treibhausgase vermeiden – Wege zum Ausstieg; UBA 2010)

Funktion Anwendung	F-Gase	Substitutionsmöglichkeiten Stoffersatz und Ersatzverfahren
Treibmittel		
Hartschäume zur Wärmedämmung (XPS, PUR)	HFKW: 134a, 152a, 365mfc, 245fa, 227ea	CO_2, CO_2/ Ethanol, c-Pentan, i-Pentan, n-Pentan, andere Dämmmaterialien
PUR-Weichschäume		CO_2
PUR-Integralschäume	HFKW: 134a, 245fa 365mfc, 227ea	CO_2 Pentan
Montageschaum	HFKW: 134a, 152a (teilweise verboten)	290, n-Butan, DME, Systeme ohne Treibgas

Wegen der leichten Entflammbarkeit werden für →Polyurethan-Hartschaumplatten →Flammschutzmittel eingesetzt. Vor dem Jahr 2000 wurde in Polyurethanschäumen häufig →TCEP als Flammschutzmittel verwendet. Danach erfolgte in Europa zunehmend eine Umstellung auf das Flammschutzmittel →TCPP. TCEP ist als →SVHC nach →REACH eingestuft und wird in Hartschäumen kaum noch verwendet. Polyurethan-Dämmstoffe mit dem pure-life-Siegel der ÜGPU enthalten neben weiteren Anforderungen kein TCEP als Flammschutzmittel. Die gegenwärtig eingesetzten Flammschutzmittel TCPP (Tris(2-Chlorisopropyl)phosphat) und TEP (Triethylphosphat) sind beide als gesundheitsschädlich bei Verschlucken (H302) eingestuft. TEP ist halogenfrei. TCPP ist in der →Kandidatenliste der besonders besorgniserregenden Stoffe aufgeführt.
Eine Alternative stellt Blähgraphit dar. Im Brandfall expandiert der Blähgraphit durch Hitzeeinwirkung auf das Mehrhundertfache des ursprünglichen Volumens und bildet eine Intumeszenzschicht auf der Materialoberfläche. Dies stoppt oder verlangsamt die Brandausweitung und wirkt den für den Menschen gefährlichsten Brandfolgen, nämlich der Ausbreitung toxischer Gase und Rauch, entgegen.
Gemäß Stellungnahme des Industrieverbands Polyurethan-Hartschaum vom 20.9.2016 zur Herstellung von Polyurethan-Dämmstoffen kamen nie das Flammschutzmittel HBCD oder andere als SVHC klassifizierte Stoffe zum Einsatz. Die Änderung der Verordnung (EU) 2016/460 der Kommission vom 30.3.2016 über persistente organische Schadstoffe hat keine Auswirkung auf die abfallrechtliche Einstufung von PU-Abfällen. Abfallschlüsselnummer: AVV 170604. Eine Umwelt-Produktdeklaration nach ISO 14025 und EN 5084 für PU-Dämmplatten mit Mineralvlies-Deckschicht liegt seit dem 20.1.2015 vor und ist gültig bis zum 19.1.2020. →EPD
Mit Wegfall der Ü-Kennzeichnung für harmonisierte Dämmstoffe haben deren Hersteller entschieden, ihre Produkte auch zukünftig durch unabhängige Stellen überwachen und zertifizieren zu lassen. Gemeinsam mit dem FIW München hat die ÜGPU ein freiwilliges Zertifizierungsprogramm entwickelt, das die Anforderungen an eine Typ-5-Zertifizierung nach DIN EN ISO/ ICE 17067 erfüllt. Es ist als Produktzertifizierung zu verstehen, bei der für jeden Produkttyp alle zertifizierten Ei-

genschaften an einer entnommenen Produktprobe geprüft und erfüllt sein müssen.
PUR-Hartschäume werden unterteilt in:

- Konstruktionsschaum (d.h. die technische Isolierung von Kühlmöbeln oder Warmwasserspeichern)
- Bandschaum (PUR-Hartschaum-Verbundelemente mit flexiblen Deckschichten aus Aluminium, Folie, Papier oder auch aus Glasvlies)
- Blockschaum (kontinuierlich hergestellter PUR-Hartschaum, der zu →Polyurethan-Hartschaumplatten geschnitten wird, oder diskontinuierlich hergestellter PUR-Hartschaum, der in Blöcken für verschiedene technische Anwendungen, aber auch im Bauwesen eingesetzt wird)
- Sandwichelemente, (Verbundelemente) überwiegend mit Deckschichten aus Stahl
- Ortschaum (Spritz- oder Gießschaum, der z.B. für die Isolierung von Dächern eingesetzt wird), →Polyurethan-Ortschaum
- Rohrdämmungen (z.B. für Fernwärme)

Zur Umwelt- und Gesundheitsverträglichkeit siehe →Polyurethan, →Polyurethan-Schäume, →Polyurethan-Hartschaumplatten.

Polyurethan-Hartschaumplatten P. sind plattenförmige →Dämmstoffe aus →Polyurethan-Hartschaum, der sich bei einer Polyaddition von Diphenylmethan-diisocyanat (→MDI) mit Polyolen (mehrwertigen Alkoholen) bildet. P. für den Hochbau werden heute ganz überwiegend mit →Pentan geschäumt. Der Marktanteil dieser Produkte in Deutschland beträgt nach Angaben des Herstellerverbands (IVPU) etwa 95 %. Als weiteres Treibmittel wurde bisher vor allem der HFCKW-141b eingesetzt, dessen Verwendung in Deutschland aber seit 2004 nicht mehr erlaubt ist. Die Wahl des Treibmittels hat vor allem ökonomische Gründe. Daher ist eine Entwicklung hin zum Einsatz von neuen HFKW nicht zu erwarten, da diese HFKW erheblich teurer als die bisher eingesetzten Treibmittel sind. In Österreich ist die Aufschäumung mit →HFKW seit 1.1.2005 verboten.

Als Flammschutzmittel werden →Phosphorsäureester beigegeben. Vor dem Jahr 2000 wurde in Polyurethanschäumen häufig TCEP (Tris(2-Chlorethyl)phosphat) als Flammschutzmittel eingesetzt. Danach erfolgte in Europa zunehmend eine Umstellung auf das Flammschutzmittel TCPP (Tris(2-Chlorisopropyl)phosphat). TCEP und TCPP sind beide in der REACH-→Kandidatenliste der besonders besorgniserregenden Stoffe aufgeführt. Als weiteres Flammschutzmittel wird TEP (Triethylphosphat) eingesetzt, es ist als gesundheitsschädlich bei Verschlucken (H302) eingestuft. TEP ist halogenfrei.

Eine Alternative stellt Blähgraphit dar. Im Brandfall expandiert der Blähgraphit durch Hitzeeinwirkung auf das Mehrhundertfache des ursprünglichen Volumens und bildet eine Intumeszenzschicht auf der Materialoberfläche. Dies stoppt oder verlangsamt die Brandausweitung und wirkt den für den Menschen gefährlichsten Brandfolgen, nämlich der Ausbreitung toxischer Gase und Rauch, entgegen.

Im Polyurethan-Handbuch sind darüber hinaus folgende mögliche Additive angeführt: tertiäre Amine und/oder →Zinnorganische Verbindungen als Katalysatoren, Tenside zur Verbesserung der Mischbarkeit, Füllstoffe, Alterungsschutzmittel, Pigmente, Antistatika, Biozide und Trennmittel. Die Platten sind meist mit Aluminiumfolien, Glasvlies, Mineralvlies oder Spezialpapier beschichtet. Zur Herstellung wird das Reaktionsgemisch aus MDI, den Polyolen und den Zusatzstoffen zwischen zwei sich kontinuierlich bewegende Transportbänder aufgebracht. Von diesen wird eine flexible Deckschicht, z.B. Bitumenpapier oder Alufolie, auf den Schaum abgerollt. Das Treibmittel schäumt das Reaktionsgemisch durch die frei werdende Reaktionswärme auf. Der Abstand zwischen oberen und unteren Bändern bestimmt die Dicke der gefertigten Platten. Die Platten werden dann mechanisch abgelängt und konfektioniert. Die Produktionsabfälle werden in der Alkoholyse oder für Klebepressplatten verwertet.

P. verfügen über eine ausgezeichnete Wärmedämmung (→Wärmeleitfähigkeit: 0,025 bis 0,030 W/(m·K)). Im Hochbau werden P. überwiegend als Aufsparrendämmung in Steildächern und in Geschossdecken im mehrgeschossigen Wohnbau eingesetzt. Die Schallschutzeigenschaften von P. sind wegen der hohen dynamischen Steifigkeit mäßig bis schlecht. Sie sind normal oder schwer entflammbar. Durch die hohe Qualmbildung kann im Brandfall die Orientierung beeinträchtigt und damit die Flucht erschwert werden. P. haben einen vergleichsweise hohen →Dampfdiffusionswiderstand (→Dampfdiffusionswiderstandszahl: 30 bis 100 bei diffusionsoffener Beschichtung, dampfdicht bei Alukaschierung). Durch den geschlossenzelligen Aufbau nehmen P. auch bei lang anhaltender Lagerung unter Wasser nur wenig Wasser auf.

Bei der Herstellung von →Polyurethan handelt es sich um einen komplexen mehrstufigen Prozess, der mit einer Reihe von gesundheitsgefährdenden Zwischen- und Nebenprodukten wie →Phosgen, Diphenylmethandiisocyanat (→MDI, →Isocyanate), Diphenylmethandiamin (→MDA, →Isocyanate), →Benzol, Anilin und Chlorgas verbunden ist. Ein Großteil der Treibgase verbleibt im Werkstoff und diffundiert im Laufe seiner Lebenszeit aus (Ozonbildungspotenzial). Trotz der üblicherweise deutlichen Unterschreitung der →AGW-Werte in medizinischen Untersuchungen sind Erkrankungen der isocyanatexponierten Arbeitnehmer feststellbar. Nach Angaben eines Herstellers gilt dies aber nicht für die Dämmplattenproduktion. Das Endprodukt P. ist als toxikologisch unbedenklich einzustufen. Allerdings ist das Durchschleppen von eventuell giftigen Komponenten möglich. Untersuchungen dokumentieren Spuren des gefährlichen Chlorbenzols in P. Es sollten daher nur Produkte von Herstellern mit regelmäßiger Qualitätskontrolle verwendet werden.

Das zurzeit mengenmäßig bedeutendste Recyclingverfahren ist die Herstellung von Klebepressplatten: Dazu werden saubere Polyurethan-Abfälle zerkleinert und mittels Polyurethan-Kleber unter Druck verpresst. Pentan-geschäumte Produkte können in Müllverbrennungsanlagen verbrannt werden (Heizwert ca. 25 MJ/kg). Bei der Verbrennung entsteht Salzsäure, die stark korrosiv wirkt und daher besonders schädlich für Pflanzen ist. Die Ökotoxizität der Rauchgase kann auch durch die Entstehung von halogenierten →Dioxinen und Furanen verstärkt werden, die langfristig stabil bleiben. P. können im Allgemeinen nicht mehr deponiert werden. Ausnahme: als geringer Anteil im Bauschutt. Die Deponierung ist auch wegen der nicht komprimierbaren Massen problematisch. Besonders nachteilig ist die Entsorgung von alukaschierten P., da →Aluminium sowohl als Bestandteil von Müllverbrennungsschlacken als auch auf Deponien problematisch wirkt. P. sollten aus ökologischer Sicht nur dann eingesetzt werden, wenn aufgrund der zulässigen Dicken kein anderer Dämmstoff einsetzbar ist. →Dämmstoffe, →Wärmedämmung

Polyurethan-Integralschäume P. oder Strukturschaumstoffe sind nach DIN EN ISO 472:2013-06 Schaumstoffe, die zwar über den gesamten Querschnitt chemisch identisch sind, deren Dichte von außen nach innen aber kontinuierlich abnimmt. Typisch für Integralschäume sind ein weicher Kern und eine nahezu massive Randzone. Die Herstellung erfolgt durch eine Formverschäumung (reaction injection moulding, RIM). Dabei wird das zu verschäumende Reaktionsgemisch unter Hochdruck vermischt und in flüssiger Form in kalte Formen eingebracht, die es nach Beendigung der Verschäumungsreaktion vollständig ausfüllt. Die chemische Reaktion zum →Polyurethan findet also im Werkzeug statt. Das beim Verschäumungsprozess eingestellte Temperaturgefälle vom Formeninneren zur Formenwand bewirkt eine unterschiedliche Ausdehnung des verdampfenden Treibmittels über den Formenquerschnitt und damit die Dichteunterschiede, die zu der beschriebenen Struktur von Integralschäumen führen. Durch die Wahl der Reaktionsbedingungen lässt sich ein weiterer Bereich von Härtegraden abdecken. Weiterentwicklungen oder Spezialverfahren des RIM sind das RRIM (reinforced reaction injection moulding) und das SRIM (structural reaction injection moulding). Beim RRIM werden die Flüssigkomponenten mit Feststoffen (z.B. Glaskugeln oder künstlichen Mineralfasern) vermengt. Beim SRIM werden Verstärkungsmatten (z.B. aus Glasfasern) in das Formwerkzeug eingelegt, die dann zum Verbundwerkstoff ausgehärtet werden. Diese im Materialgefüge eingebetteten Verstärkungen verbessern die mechanischen Eigenschaften der Kunststoffteile. P. werden eingesetzt für:

- Möbelherstellung (Sitz- und Formpolster)
- Fahrzeugindustrie (Sitz- und Formpolster, Armlehnen, Kopf- und Fußstützen, Schutzpolster; Schaltknäufe, Armaturenbretter usw.)
- Schuhe und Sportartikel (Sohlen, Dämpfungselemente, Schutzpolster)
- Koffer und Werkzeugeinsätze
- Elektrogeräte (insbesondere Hart-Integralschäume)
- Formteile in vielen weiteren Anwendungen

Aufgrund der leichten Entflammbarkeit werden z.B. für Polstermöbel →Flammschutzmittel eingesetzt.

Nach dem Verbot des Einsatzes von →FCKW werden für (Hart- und Halbhart-)P. neben dem prozessintegrierten Treibmittel CO_2 heute vor allem →HFKW und HKW als Treibmittel eingesetzt. Dies gilt sowohl für die deutschen als auch für die

europäischen Hersteller von P. Als Alternativen kommen entweder →Pentan oder der HFKW-365mfc, auch in Mischung mit dem HFKW-227ea, infrage.
Der Einsatz von HFKW zur Herstellung von Hart-Integralschäumen oder Halbhart-Integralschäumen ist aus technischer Sicht nicht notwendig. Für den Pentan-Einsatz besteht eine Investitionsbarriere und keine technische Barriere: Die Sicherheitsanforderungen an die Produktion mit Pentan sind in den vielen kleinen und mittleren Betrieben, die Integralschäume herstellen und verarbeiten, aus wirtschaftlichen Gründen nicht ohne Probleme umzusetzen. Wenn aus wirtschaftlichen Gründen Pentan nicht eingesetzt werden kann oder soll, steht als Treibmittel-Alternative das Verfahren mit prozessbedingtem CO_2 aus der Reaktion mit Wasser zur Verfügung. (Quelle: Fluorierte Treibhausgase vermeiden –Wege zum Ausstieg; UBA 2010).
In Österreich ist bereits seit Juli 2003 der Einsatz von fluorierten Treibmitteln zur Produktion von Integralschäumen verboten (Bipro 2008).

Polyurethan-Klebstoffe P. sind ein- oder zweikomponentige →Reaktionsklebstoffe auf der Basis von →Polyurethanen. Bei den 1-K-Systemen härtet das Polyurethan unter Einwirkung der Luftfeuchtigkeit über Harnstoffbrückenbindung aus. Bei den 2-K-Systemen erfolgt die Aushärtung der Polyisocyanatkomponente Toluylendiisocyanat (→TDI) oder Diphenylmethandiisocyanat (→MDI) mit der Polyolkomponente (Adipinsäure, Ethandiol, Polyetherpolyole) zum Polyurethan (Restmonomergehalt ca. 0,5 %). Die Komponenten liegen gelöst in Ethylacetat (→Ester), Aceton oder Methylethylketon (→Ketone) vor. Als Katalysatoren werden tertiäre →Amine (1,5 bis 2,5 %), als →Stabilisatoren Polycarbodiimid (2 bis 4 %) zugesetzt. P. zeigen ausgezeichnete Festigkeiten. Sie finden Verwendung bei der Herstellung von Sandwichelementen sowie zur Herstellung von →Span- und →Holzfaserplatten.
Die Verarbeitung von P. stellt aufgrund des Isocyanatgehalts eine Gesundheitsgefährdung dar. Die Monomertypen MDI und TDI sind als krebserzeugend (EG-Kategorie 3, H351) eingestuft. →Isocyanate sind sehr sensibilisierende Stoffe, auf die sensibilisierte Personen schon in sehr geringen Konzentrationen reagieren. Durch hohe Expositionen beim Einatmen, aber auch durch massiven Hautkontakt kann ein Isocyanat-Asthma entstehen. Hautkontakt kann zu einem allergischen Hautekzem führen. Da P. durch Spachteln aufgetragen werden und MDI einen sehr geringen Dampfdruck besitzt, entstehen gem. →GISBAU bei der Verarbeitung zumindest keine atembaren Aerosole. Gesundheits- und Umweltgefahren können auch von eingesetzten Lösemitteln ausgehen. Gem. →GISBAU werden P. nach ihrem Lösemittelgehalt in folgende →GISCODE-Produktgruppen unterteilt:
RU1: Lösemittelfreie Polyurethan-Verlegewerkstoffe
RU2: Lösemittelarme Polyurethan-Verlegewerkstoffe
RU3: Lösemittelhaltige Polyurethan-Verlegewerkstoffe
RU4: Stark lösemittelhaltige Polyurethan-Verlegewerkstoffe
Die Gesundheitsgefahren steigen mit aufsteigender Nummer. Allgemein ist das Gefährdungspotenzial bei Polyurethan-Klebstoffen deutlich höher als bei →Dispersionsklebstoffen, →Pulverklebstoffen oder →Holzleimen. Polyurethan- bzw. Reaktionsharzklebstoffe sind im Sinne der TRGS 610 keine Ersatzstoffe für stark lösemittelhaltige Klebstoffe (Industrieverband Klebstoffe e.V., TKB1).

Polyurethan-Lacke P. sind →Anstrichstoffe auf Basis von →Polyurethanen und gehören zu den →Reaktionslacken. P. sind besonders hart, abriebfest und beständig gegen Wasser, Öle und Chemikalien. Sie werden daher vielfältig zur Beschichtung von Holz (→Holzparkett), Beton, Kunststoffen und Metallen verwendet. Sie finden als 1-Komponentenlack (1-K-Systeme) und als 2-Komponentenlack (2-K-Systeme) Verwendung. Bei 2-K-Systemen wird vor der Verarbeitung das Polyisocyanat mit einer Polyolkomponente vermischt. 1-K-Produkte enthalten ein modifiziertes Polyisocyanat, das erst unter Einfluss von Luftfeuchtigkeit reagiert. Als Lösemittel können z.B. Kohlenwasserstoffgemische (Siedebereich ab ca. 145 °C), Ester, Ketone oder Glykole bis maximal 0,5 % enthalten sein. Weiterhin werden oft Weichmacher, z.B. Tris-octylphosphat, zugesetzt. P. enthalten monomeres →Isocyanat, ein sehr sensibiliserender Stoff. Die Monomertypen MDI und TDI sind als krebserzeugend (EG-Kategorie 3, H351) eingestuft. Durch hohe Expositionen beim Einatmen, aber auch durch massiven Hautkontakt kann ein Isocyanat-Asthma entstehen. Hautkontakt kann zu einem allergischen Hautekzem führen. Isocyanat-sensibilisierte Personen können schon auf sehr geringe Konzentrationen reagieren und sollten deshalb keinen weiteren Kontakt mit diesem Produkt haben. Die →GISCODES für Polyurethansysteme sprechen ab einem Isocyanatgehalt von 1 % von einem sensibilisierenden P. Aber auch bei Einhaltung der Grenzwerte für die Monomeren kann eine Gesundheitsgefährdung z.B. durch Aerosole der Prepolymere nicht ausgeschlossen werden. P. können außerdem hohe Lösemittelgehalte aufweisen. Gerade die guten Verarbeitungseigenschaften (dickere und schneller härtende Einzelschichten) bewirken, dass die Lösemittel in solchen Beschichtungen relativ fest eingeschlossen werden und u.U. erst nach Monaten restlos entwichen sind. Selbst nach 10 Tagen wurden Lösemittel noch im Bereich von einigen g/m³ gemessen. Gesundheitsgefährdungen können auch von den Aminen (Härter) ausgehen. Gem. GISBAU werden folgende P.-Systeme unterschieden:

- GISCODE PU10: PU-Systeme, lösemittelfrei (enthalten reaktive Isocyanatgruppen unterhalb der Kennzeichnungspflicht für sensibilisierende Eigenschaften)
- GISCODE PU20: PU-Systeme, lösemittelhaltig
- GISCODE PU30: PU-Systeme, lösemittelhaltig, gesundheitsschädlich
- GISCODE PU40: PU-Systeme, lösemittelfrei, gesundheitsschädlich, sensibilisierend
- GISCODE PU50: PU-Systeme, lösemittelhaltig, gesundheitsschädlich, sensibilisierend
- GISCODE PU60: PU-Systeme, Reaktionskomponente auf Aminbasis, lösemittelfrei, gesundheitsschädlich, sensibilisierend

Bei der Verarbeitung von P. sind also umfangreiche Schutzmaßnahmen für den Verarbeiter anzuwenden. Wenn der Einsatz von PU-Systemen erforderlich ist, sind lösemittelfreie, nicht als sensibilisierend gekennzeichnete Systeme zu bevorzugen (GISCODE PU10). Bei der Verarbeitung durch Rollen oder Streichen ist von einer geringen bis mittleren Dampfbildung und einer sehr geringen Aerosolbildung auszugehen. Gem. GISBAU sind Airless-Spritzverfahren gegenüber anderen Spritzverfahren zu bevorzugen, da die dabei entstehenden Sprühnebel i. d. R. weniger alveolengängige Anteile haben. P. sollten aus Gründen des ArbeitnehmerInnenschutzes nur in technisch begründeten Fällen zum Einsatz kommen.

Polyurethanleime P. (PU-Leime) werden vor allem dann eingesetzt, wenn beschichtete, lackierte oder bereits mit altem →Leim durchdrungene Holzteile miteinander verklebt werden sollen, da →Weißleim auf solchen Teilen nicht mehr hält. Die noch feuchten Überreste von P. müssen sofort mit geeignetem Lösemittel (z.B. Aceton) entfernt werden, da sie sich nach dem Trocknen nur schwer entfernen lassen. →Polyurethan-Klebstoffe

Polyurethan-Montageschäume →Montageschäume

Polyurethan-Ortschaum P. wird unmittelbar am Einsatzort durch Spritzen oder durch Gießen erzeugt. P. kann für die Wärme- und Kältedämmung eingesetzt werden. Er ist dampfdicht, fäulnisresistent und verrottungsfest. Ein wichtiger Anwendungsbereich für P. im Hochbau ist vor allem die Isolierung oder Sanierung von Flachdächern im Gebäudebestand („Dachspritzschaum").

P. härten im Gegensatz zu →Harnstoff-Formaldehydharz-Ortschäumen chemisch. Beim Spritzverfahren wird ein stark aktiviertes Reaktionsgemisch unter Luft- oder Flüssigkeitsdruck über Düsen eines Mischkopfes auf eine mit einer Dämmung zu versehende Fläche in fein verteilter Form aufgespritzt, wo es sofort aufschäumt und dann als Schaumstoff erhärtet.

Beim Gießverfahren wird ein flüssiges Reaktionsgemisch über Schlauchleitungen aus einem Mischkopf in für die Dämmung vorgesehene Hohlräume eingegossen, wo es nach kurzer Zeit aufschäumt und als Schaumstoff erhärtet. Die Rohdichte musste nach DIN 18159-1 im trockenen Zustand mindestens 37 kg/m³, bei der Verwendung für Kälteanlagen mindestens 40 kg/m³ betragen. Bei der Dämmung von Kälteanlagen sind umso höhere Rohdichten zu wählen (auch über 40 kg/m³), je niedrigere Betriebstemperaturen vorgesehen sind. Die DIN 18159-1:1991-12 Schaumkunststoffe als Ortschäume im Bauwesen; Polyurethan-Ortschaum für die Wärme- und Kältedämmung; Anwendung, Eigenschaften, Ausführung, Prüfung wurde zurückgezogen und ersetzt durch die Normenreihe DIN EN 14315-1 und -2 sowie DIN EN 14318-1 und -2 Wärmedämmstoffe für das Bauwesen, und DIN EN 14319-1 sowie DIN EN 14320-1 und -2 Wärmedämmstoffe für die technische Gebäudeausrüstung und für betriebstechnische Anlagen in der Industrie.

Die Anteile der als Treibmittel eingesetzten →HFKW unterscheiden sich bei den Spritz- und Gießschäumen. Von den gespritzten Schäumen werden die Spritzschäume zu 100 % und die Dachspritzschäume zu 95 % mit HFKW geschäumt. Für die restlichen 5 % wird alternativ CO_2 verwendet.

Bei den Gießschäumen beträgt der Anteil, der mit CO_2 geschäumt wird, mehr als 95 %. Ansonsten kommen Mischungen von HFKW (als Stützgas) und CO_2 zur Anwendung. Die für die Schäumung von Ortschäumen relevanten HFKW sind HFKW-365mfc in Mischung mit HFKW-227ea und HFKW-245fa (Bipro 2008).

Das HFKW-freie Treibmittel →Pentan ist aufgrund seiner hohen Entzündlichkeit keine Alternative. Beim Auftragen von Ortschäumen handelt es sich um offene Anwendungen, weshalb hierfür aus Sicherheitsgründen schwer entflammbare flüssige Treibmittel verlangt werden [Schwarz, Leisewitz 1999]. Insbesondere bei Innenverschäumungen ist Pentan ungeeignet, da sich in den Räumen schnell explosive Konzentrationen aufbauen können. Dieses Problem besteht jedoch bei CO_2 nicht, sodass hiermit ein HFKW-freies Treibmittel zur Verfügung steht (Bipro 2008).

Bei der Verwendung von CO_2 als Treibmittel erhöht sich allerdings die Gefahr eines Kernbrandes durch Wärmestau aufgrund der höheren Rohdichte sowie der vermehrten Schaummengen, die zum Erreichen einer besseren Wärmedämmung nötig sind. Laut Expertenaussagen sind Kernbrände bei sorgfältiger Arbeit allerdings vermeidbar (Bipro 2008).

Eine für P. vorgelegte Ökobilanz zeigt keinen eindeutigen Vorteil von HFKW-haltigen Treibmitteln. Insgesamt gesehen ist der Einsatz von P. mit HFKW-haltigen Treibmitteln verzichtbar, da alternative Produkte (z.B. HFKW-freie →Polyurethan-Hartschaumplatten, →XPS-Dämmplatten) oder Verfahren bekannt und in der Praxis erprobt sind. (Quelle: Fluorierte Treibhausgase vermeiden – Wege zum Ausstieg; UBA 2010) In Österreich ist der Einsatz von HFKW als Treibmittel in P. verboten.

P. enthält Additive wie →Weichmacher und →Stabilisatoren. Im Unterschied zu den Hartschaumplatten erfolgt bei der Verarbeitung eine bedeutsame Freisetzung von →Isocyanaten.

Polyurethan-Schäume P. werden durch Polyaddition von →Isocyanaten und Polyolen erzeugt. Unterscheiden lassen sich:

- →Polyurethan-Hartschäume
- →Polyurethan-Weichschäume
- →Polyurethan-Integralschäume

Die schaumige Struktur entsteht durch das Einschließen von Gasen: Kohlendioxid, das bei der chemischen Reaktion entsteht, sowie Treibmittel, die dem Reaktionsgemisch beigefügt sind. Wasserunterschuss und langkettige bewegliche Polyole ergeben weichen, flexiblen Schaumstoff (Polyurethan-Weichschaum), kurzkettige Polyole und höhere Vernetzungsdichte ergeben Polyurethan-Hartschaum. Treibmittel werden vor allem bei der Herstellung von Polyurethan-Hartschaum eingesetzt. Die zunächst eingesetzten →FCKW wurden wegen ihrer hohen Umweltproblematik verboten (sehr hohes →Ozonschichtabbaupotenzial), ebenso die Ersatzprodukte →HFCKW (hohes Ozonabbaupotenzial, sehr hohes →Treibhauspotenzial). Vor allem in →Polyurethan-Ortschäumen und →Polyurethan-Montageschäumen werden →HFKW in Mischungen als Treibmittel eingesetzt (sehr hohes Treibhauspotenzial, in Österreich verboten seit 1.1.2006), HFKW-freie P. werden vor allem mit →Pentan hergestellt (→HFKW-freie Dämmstoffe). Rohstoffbasis für die Herstellung von Isocyanaten ist Erdöl.

Polyurethan-Weichschäume P. sind offenzellige Schaumstoffe mit homogener Struktur und unterscheiden sich von den →Polyurethan-Hartschäumen dadurch, dass sie sich bei Druckbelastung leicht verformen lassen. P. haben ein sehr breites Anwendungsspektrum; es reicht von Kissen und Matratzen über Schaumpolster im Möbelsektor oder für den Automobilbau bis hin zu Spielwaren, Sportartikeln, Schallabsorbern oder Verpackungsmaterialien. Weichschäume sind offenzellige Schaumstoffe mit homogener Struktur, guten Rückstelleigenschaften und auch guten akustischen Dämpfungseigenschaften.

Bereits seit 1990 wurden Verfahren entwickelt und erprobt, die eine Herstellung von P. ohne den Einsatz von →FCKW ermöglichen. Beim VPF-Verfahren (Variable-Pressure-Foaming-Verfahren) wird in einer vollkommen geschlossenen Produktionsanlage der atmosphärische Druck so weit gesenkt, dass das bei der Reaktion von Isocyanat und Wasser entstehende CO_2 als Treibmittel ausreicht, um P. mit Raumgewichten von 10 kg/m^3 bis 70 kg/m^3 Rohdichte herzustellen. Die Produktion unter definiert atmosphärischen Bedingungen erlaubt es zudem, den Rohstoffeinsatz zu optimieren und die Qualität der Produkte zu verbessern

In der Diskussion um →HFKW als Treibmittel spielen PUR-Weichschäume keine Rolle: Sie werden mit prozessbedingtem CO_2 aus der Reaktion mit Wasser getrieben. Bereits seit dem Verzicht auf FCKW werden in Deutschland keine halogenierten Treibmittel für Weichschäume mehr eingesetzt, und es bestehen auch keine technischen Gründe oder andere Überlegungen für den Einsatz von HFKW. (Quelle: Fluorierte Treibhausgase vermeiden –Wege zum Ausstieg; UBA 2010).

Polyvinylacetat P. (PVAC) ist das Polymerisationsprodukt des →Vinylacetats. P. weist eine hohe Licht- und Witterungsbeständigkeit auf und wird für Klebstoffe (→Dispersionsklebstoffe), →Dispersionsfarben, →Lacke sowie für Spachtelmassen und Verpackungsfolien verwendet. Die Verarbeitung von P. erfolgt meist in Form von wässrigen Dispersionen. Mischpolymerisate mit Polyvinylpropinat weisen eine bessere Beständigkeit insbesondere gegen Kalkwasser auf und finden als pulverförmige Baukleber Verwendung.

Polyvinylalkohol P. wird u.a. in gipsbasierten Spachtelmassen eingesetzt. P.-Fasern werden als Ersatz für Asbestfasern (→Asbest) in →Asbestzement-Produkten eingesetzt. Sie werden durch einen Spinnprozess aus Lösungen hergestellt und in einem anschließenden Vernetzungsprozess unlöslich gemacht. P. sind nicht lungengängig. In der Medizin wird P. als „Filmbildner“ in Augentropfen eingesetzt.

Polyvinylbutyral P. wird durch Reaktion von →Polyvinylalkohol mit Butyraldehyd hergestellt und gehört zur Gruppe der Polyvinylacetale. P. ist amorph und transparent. Es wird u.a. als Klebefolie für Sicherheitsverbundglas verwendet.

Polyvinylchlorid PVC ist der mengenmäßig bedeutendste chlororganische Kunststoff und Gegenstand zahlreicher kontroverser umweltpolitischer Diskussionen. In Deutschland wurden Ende der 1990er-Jahre ca. 1,5 Mio. t PVC produziert und zu Produkten verarbeitet. 2014 waren es 1,84 Mio. t, wovon 1,56 Mio. t verarbeitet wurden. Das sind 17,5 % (2013) der Gesamtmenge produzierter Kunstoffe. Davon ist ca. ein Drittel Weich-PVC, zwei Drittel werden zu Hart-PVC-Produkten verarbeitet. Ausgangsstoff für die Herstellung von PVC ist →Vinylchlorid. PVC besteht zu 57 M.-% aus Chlor. Die Herstellung erfolgt durch Chloralkali-Elektrolyseprozesse nach einem von drei Verfahren: Amalgamprozess mit Quecksilberkathoden, Diaphragmaprozess, früher mit Asbestdiaphragma, Membranprozess.

Tabelle P18: PVC-Anwendungen in Deutschland

Anwendungsbereich	Anteil (ca.)
Baubereich • Hochbau: Fensterprofile, Rollläden, Lichtkuppeln, Fußbodenbeläge, Tapeten, Türen, Elektrokabel, Dachdichtungsbahnen • Tiefbau: Rohre für Abwasser und Trinkwasser, Kabelkanal- und Kabelschutzrohre sowie Elektroinstallationsrohre	> 70 %
Verpackungen	10 – 20 %
Gebrauchgegenstände (Kfz, Möbel, Apparate- u. Anlagenbau, Konsumartikel, Medizin)	20 – 30 %

Tabelle P19: PVC-Produktbereiche in Deutschland 1993 (UBA)

Lebensdauer der Produkte	Produkt	Verbrauchte Menge
Kurz	Verpackungen, Pharma-Verpackungen	120.000
Mittel	Weichfolien (Möbel, Bücher, Freizeitartikel, Baufolien)	90.000
	Technische Folien, Hartfolien	70.000
	Sonstige Weich-PVC-Anwendungen (Tapeten, Planen, Unterbodenschutz)	ca. 24.000 (1992)
Mittel bis lang	Kunstleder	ca. 36.000 (1992)
	Fußbodenbeläge	69.000
	Kabelisolierungen	94.000
Extra lang	Rohre	315.000
	Fensterprofile	160.000
	Sonstige Profile	130.000

Tabelle P20: PVC-Verarbeitung nach Produktgruppen Deutschland 2013 (Quelle; PlasticsEurope/AGFU/BKV 2014)

Verpackungen	12%	187 200 t
Weichfolien	4%	62 400 t
Planen, Schläuche, sonstige PVC-Prod.	17 %	265 000 t
Unterbodenschutz	2 %	31 200 t
Dach- und Dichtungsbahnen	2 %	31 200 t
Fußbodenbeläge	3 %	46 800 t
Kabelisolierungen	3%	46 800 t
Rohre	15%	218 400 t
Fensterprofile	28%	436 800 t
Andere Profile	14 %	218 400 t

Bezogen auf die Anwendungsbereiche der PVC-Verarbeitung hat der Baubereich einen Anteil von 73,2 % (2013), weit vor Verpackung mit 12,4 %, Möbel 3 %, Fahrzeuge 2,8 %, Elektroelektronik 1,4 %, Haushaltswaren 1,3 % und Sonstiges mit 5,9 %.

Der Feststoff PVC selbst ist toxikologisch und ökotoxikologisch unbedenklich. Mit seiner Herstellung, Verarbeitung, Verwendung und Entsorgung ist jedoch eine Reihe von Stoffströmen mit Gefährdungspotenzial verbunden, insbesondere:

- Freisetzung von krebserzeugendem Vinylchlorid (VC) aus diffusen Quellen bei der Herstellung von VC und PVC
- Freisetzung von Weichmachern aus PVC-Bodenbelägen
- Emissionen von schädlichen Stoffen bei der Entsorgung
- Bildung und Freisetzung von →Dioxinen und Furanen, u.a. bei der Herstellung (Chlor-Alkali-Elektrolyse, Oxidchlorierung), bei bestimmten thermischen Prozessen und im Brandfall.

PVC wird wie kein anderer Massenkunststoff zur Erzielung der Gebrauchstauglichkeit in einem hohen Maß mit (kritischen) Zusatzstoffen versetzt. Die wichtigsten sind:

- Stabilisatoren: Schwermetalle, darunter →Blei (läuft aus, nur noch in Alt-PVC), →Cadmium (nur noch in Alt-PVC), →Zinnorganische Verbindungen, Leichtmetallsalze (Calcium)
- Weichmacher (→Phthalate, z.B. niedermolekulare: DEHP, DBP, DIBP und BBP, hochmolekulare: DINP, DIDP; Weichmacher auf Basis Adipinsäure, Terephthalate, ...)
- Flammschutzmittel: →Chlorparaffine als Sekundär-Weichmacher und →Flammschutzmittel
- Gleitmittel, polymere Hilfsstoffe zur Verbesserung des Verarbeitungsverhaltens
- Pigmente und Füllstoffe

Dabei ist der Anteil an Bleistabilisatoren von 100.000 t (2007) auf unter 1000 t (2016) aufgrund einer Selbstverpflichtung geschrumpft. Die niedermolekularen Weichmacher DEHP, DBP und BBP sind zum größten Teil durch die hochmolekularen Weichmacher DINP und DIDP ersetzt. Der Anteil niedermolekularer Weichmacher reduzierte sich von 30 % (2005) auf 12 % (2014).

Bis in die 1980er-Jahre wurden PVC-Bodenbeläge unter Verwendung von →Asbest hergestellt (→Floor-Flex-Platten, →Cushion-Vinyl-Bodenbeläge). Für das Verkleben von →PVC-Bodenbelägen wurden teilweise PCB-haltige Kleber verwendet. Die Zinnorganischen Verbindungen, der Weichmacher DIHP und die Gruppe der kurzkettigen Paraffine SCCP in Weich-PVC sind auf der Kandidatenliste der →SVHC-Stoffe geführt, DEHP ist schon in den Anhang XIV der →REACH-VO aufgenommen. Alle Inhaltsstoffe einschließlich der bereits ersetzten oder verbotenen oder zulassungsbeschränkten, wie Cadmium und DEHP, werden beim rohstofflichen oder werkstofflichen Recycling mit im Kreise geführt. Dafür musste sogar eine europäische Verordnung geändert werden, die den Gehalt an Cadmium in neuen Produkten so beschränkte, dass ein Recycling Cadmium-haltiger Fensterprofile nicht möglich gewesen wäre. Auch das in Anhang XVII der REACH-VO aufgeführte Biozid →Triclosan befindet sich in altern PVC-Bodenbelägen und wird über das Waschwasser in die Kläranlagen eingetragen. Dort stört es die Biologie der Abwasserklärung zusammen mit dem hormonwirksamen DEHP, das die Geschlechterzusammensetzung von Populationen ändert.

Die PVC-Abfallmenge lag im Jahr 2013 bei 647.300 t gegenüber 563.000 t 2007. Die Menge der Nachgebrauchsabfälle betrug 520.300 t gegenüber 407.000 t 2007. Davon wurden 140.000 t (77.000 t 2007) werkstofflich oder rohstofflich recycelt (27 % Recyclingrate). Erst, wenn man die Produktionsabfälle, also die Regenerate, von ca. 100.000 t hinzu rechnet, erhöht sich die stoffliche Verwer-

P

tungsquote auf 37 %. Ein steigender Anteil geht davon in die Herstellung von Abwasserrohren, wo das PVC sinnvoll unter der Erde ohne UV-Strahlungseinfluss lange Zeit gut nachgenutzt werden kann.

Bei der Verbrennung von PVC entstehen die Hauptprodukte Kohlenmonoxid, Kohlendioxid, Kohlenstoff (Ruß), Wasser und Chlorwasserstoff, weiterhin geringe Mengen Chlorkohlenwasserstoffe (insbes. Vinylchlorid), aliphatische und aromatische Kohlenwasserstoffe (z.B. Methan, Propylen, n-Butan, Buten, Benzol, Toluol, Xylol), Aldehyde und Ketone (Formaldehyd, Acetaldehyd, Benzaldehyd, Salicylaldehyd, Aceton usw.), →Phosgen sowie →Dioxine und Dibenzofurane (PCDF). Diese werden insbesondere bei der gleichzeitigen Anwesenheit von Kupferionen gebildet, die aus den Kabeln freigesetzt werden, insbesondere wenn das „Recycling" der Kupferkabel in Afrika an offenen Feuern realisiert wird und mit hohen Dosen Dioxinen für die zumeist jugendlichen Abfallverwerter verbunden ist.

Da bei der Verbrennung nur 11 MJ/kg Energie frei werden gegenüber 19 MJ/kg bei Braunkohle, stört PVC eher die Verbrennung, als dass es sie fördert. Insbesondere ist die Verbrennung in Drehrohröfen zur Zementherstellung wegen der darin eingebrachten Chloridionen schädlich, da sie die Chloridfracht in den Zement erhöht, die dann im fertigen →Beton die Bewehrung aus Stahl zur Korrosion bringen. Bestandteile aus PVC werden daher vor der Verbrennung aus dem Stoffstrom entfernt, wie auch bei den meisten anderen Recylingverfahren, weil PVC die Prozesse behindert. Hier wäre es sinnvoll, ein rohstoffliches Recycling anzustreben, das aus den Kunststoffabfällen durch cracking einen flüssigen Rohstoff macht, der dann wieder zu Kunststoffen verarbeitet werden oder nach Abtrennung der Chlorfraktion auch als Heizöl verwendet werden könnte. Gleichzeitig wäre es auch möglich, die störenden Begleitstoffe wie Cadmium und Blei aus dem Stoffstrom auszuschleusen (Plastoilverfahren in der Schweiz).

Bewertung von PVC in einer stoffstromorientierten Betrachtung (UBA, gekürzt)

- *Handlungsfeld 1: Verringerung des Materialaufwandes*
  Da mehr als 70 % der PVC-Produkte eine Nutzungsdauer von mehr als zehn Jahren haben, nimmt angesichts steigender Produktion der Anteil von PVC im technischen Gebrauch ebenso zu wie die Abfallmengen. Unter der Annahme einer steigenden Produktion bis zu einer Sättigungsgrenze von 2 Mio. t pro Jahr, wäre im Jahr 2050 in der technischen Anwendung eine PVC-Menge von circa 60 Mio. t zu erwarten. Angesichts dieser Zahlen sind Überlegungen notwendig, wie man den Mengenstrom verringern will.
- *Handlungsfeld 2: Verringerung des stofflichen Ressourcenverbrauchs*
  Erdöl und Erdgas sind die Kohlenstoffquellen für PVC. Die Unterschiede zwischen PVC und anderen Kunststoffen sind in dieser Hinsicht nicht wesentlich. Eine Verminderung der energetischen Nutzung von Erdöl/Erdgas ist für die Schonung der Ressource aber weitaus vordringlicher.
- *Handlungsfeld 3: Verringerung des Energieeinsatzes*
  PVC weist bei einem Vergleich mit anderen Kunststoffen in der Energiebilanz Vorteile auf, wenn man nur die Produktion betrachtet. Dies wird bei einer energetischen Verwertung des PVC nach dem Gebrauch allerdings kompensiert. Die günstigste Verwertung von Altkunststoffen ist das werkstoffliche Recycling. Eine Verbesserung der PVC-Energiebilanz bei der Produktion lässt sich durch rasche Umstellung des Amalgamverfahrens auf das energetisch günstige Membranverfahren bei der Chlor-Alkali-Elektrolyse erzielen.
- *Handlungsfeld 4: Höhere Gebrauchstauglichkeit von Produkten*
  Durch den Zusatz von Stabilisatoren ist PVC für Produkte mit langfristiger Nutzungsdauer geeignet. Weich-PVC kann durch Ausgasen der Weichmacher im Laufe der Zeit allerdings seine Flexibilität – und damit seine guten Gebrauchseigenschaften – verlieren.
- *Handlungsfeld 5: Verbesserung der umweltverträglichen Verwertung*
  Es wurden wesentliche Fortschritte für ein werkstoffliches Recycling von PVC-Produkten erzielt. Allerdings werden zurzeit nur weniger als 30 % Alt-PVC auf diese Weise verwertet. Prinzipiell besteht die Möglichkeit der Wiederverwertung von PVC ähnlich wie bei anderen Massenkunststoffen. Weich-PVC und Verbundwerkstoffe sind nur eingeschränkt oder gar nicht verwertbar. Erhebliche Anstrengungen zur Verbesserung der Sammel- und Verwertungslogistik sind erforderlich. Dafür ist

P

eine Kennzeichnung von Kunststoffprodukten anzustreben. Sicherzustellen ist, dass keine Schadstoffverschleppung, z.B. von Cadmium und PCB, stattfindet. Ist der energetische Aufwand für das Sammeln und Sortieren zu hoch, kann die Monoverbrennung von PVC in besonderen Anlagen mit direkter Salzsäure-Rückführung eine geeignete Alternative sein. PVC-Mischabfälle können in Abfallverbrennungsanlagen verbrannt werden, beeinflussen aufgrund ihres hohen Chloranteils allerdings die Menge des notwendigen Neutralisationsmittels und der entstehenden, untertage zu deponierenden Verbrennungsabfälle. PVC eignet sich aufgrund seines Chloranteils nur bedingt für eine energetische Verwertung, z.B. in der Zementindustrie oder in Hochöfen. Bei diesen Anlagen lässt der Vollzug bei der Umsetzung der Anforderungen der 17. Bundes-Immissionsschutzverordnung (BImSchV) Spielräume zu. Deshalb sind solche Verwendungen häufig kritisch zu beurteilen. Die Deponierung von PVC ist gemäß der Technischen Anleitung (TA) Siedlungsabfall ab 2005 nicht mehr möglich und aufgrund von Langzeitrisiken auch abzulehnen.

- *Handlungsfeld 6: Minimierung der Emissionen*
  In Europa sind Maßnahmen zur Minderung des Schadstoffausstoßes bei Herstellung und Verarbeitung von PVC nach dem Stand der Technik weitgehend realisiert.
- *Handlungsfeld 7: Verringerung der Komplexität von Stoffströmen*
  Wegen der großen Zahl der verarbeiteten kritischen Stoffe weist der PVC-Stoffstrom einen erhöhten Kontrollbedarf auf. In Industrieländern werden diese Risiken i. d. R. gut beherrscht. Dies gilt jedoch nicht in Ländern mit niedrigeren Sicherheitsstandards, in denen die PVC-Produktion zunehmend angesiedelt wird.

  Differenziert ist das kontrovers diskutierte Brandverhalten von PVC zu bewerten: PVC ist zwar selbst schwerer entflammbar als andere Polymere; dieser Vorteil wird bei Weich-PVC aufgrund der Weichmacher größtenteils wieder aufgehoben. Im Brandfall beeinflusst PVC die Rauchgasdichte ungünstig. Dadurch entstehen mehr toxische Brandruße, die auch – abhängig von den Brandbedingungen – erhöhte Mengen an Dioxinen und Furanen enthalten können. Allerdings überwiegt bei der toxikologischen Beurteilung von Brandrückständen in den meisten Fällen das Risiko durch PAK, die nicht PVC-spezifisch sind. Ferner entsteht bei Bränden von PVC-Produkten Chlorwasserstoff in den Brandgasen, der die Atemwege reizt und durch Korrosion zu zusätzlichen Materialschäden führen kann. Das UBA empfiehlt die Verwendung chlorfreier Materialien in brandgefährdeten Bereichen mit hoher Personendichte und hohen Sachwerten.
- *Handlungsfelder 8 und 9: Risikoreduktion bei ökotoxischen und toxischen Stoffen und Entwicklung von Stoffen mit umwelt- und gesundheitsverträglichem Eigenschaftsprofil*
  PVC selbst ist inert (nicht reaktiv, nicht wirksam) und untoxisch. Es ist zwar persistent, verteilt sich jedoch nicht irreversibel in der Umwelt. Stoffliche Risiken sind daher nicht mit dem Polymer selbst, sondern mit den Zusatzstoffen verbunden, die in PVC in höherem Ausmaß enthalten sind als in anderen Massenkunststoffen.

  Als Stabilisatoren werden immer noch Cadmiumverbindungen in Produkte eingeschleust. Die seit langem angekündigte vollständige Substitution des Cadmiums ist bisher nicht erfolgt. Bleistabilisatoren sollten nach Selbstverpflichtung 2015 ausgelaufen sein, werden aber im Kreislauf verschleppt. Auch kritisch zu beurteilende Organozinnverbindungen spielen eine erhebliche Rolle (circa 5.000 t/a). Die kurzfristige vollständige Substitution des Cadmiums und des Bleis und eine Nichtausweitung des Organozinnverbrauchs bis zur Klärung der noch offenen Fragen zur Wirkung und zur Exposition sind notwendig. Als Alternative stehen für viele Bereiche Systeme auf Calcium-/Zinkbasis und Barium/Zink zur Verfügung.

  Im Gegensatz zu Stabilisatoren sind Weichmacher nur locker an die PVC-Matrix gebunden. Es dominieren die Phthalsäureester. Sie gelangen überwiegend in der Nutzungsphase durch Ausgasung oder Auswaschung aus Weich-PVC-Produkten in die Umwelt. DEHP aus verbrauten Altprodukten ist unter Umweltbedingungen langlebig und reichert sich in Organismen an. Phthalate sind auch gesundheitlich bedenklich. Da sich Phthalate wohl nur sehr eingeschränkt durch weniger kritische Weichmacher ersetzen lassen und sich die Emission in der Nutzungsphase technisch nicht reduzieren lässt, ist eine schrittweise Substitution der Weich-PVC-Anwendungen durch weniger bedenkliche Stoffe erforderlich.

Kurzfristiger ist ein Ersatz von Chlorparaffinen notwendig, die zur Flammhemmung und ebenfalls Weichmachung in manchen PVC-Produkten enthalten sind. Meist sind es mittelkettige Chlorparaffine, die in PVC zugesetzt werden, jedoch stellen diese sowohl aufgrund ihres ökologischen als auch gesundheitlichen Eigenschaftsprofils ein nur wenig geringeres Risiko dar als die kurzkettigen Vertreter dieser Stoffgruppe (SCCP).

Sollte die Verwendung von PVC-Produkten weiter ansteigen und eine Rate von 2 Mio. t/a erreichen, dann sind von 1993 ca. 18 Mio. t. bis 2050 ca. 60 Mio. t PVC-Produkte in der technischen Nutzung im Bestand. Die Fokussierung auf den einen Nachnutzungszweck „Kanalrohre" macht das Problem deutlich, dass neue Verwertungswege erschlossen werden müssen, um den zurücklaufenden Baurestmassen PVC Herr zu werden.

Polyvinylether P. entstehen bei der Polymerisation von Vinylethern. Sie sind toxikologisch weitgehend unbedenklich und werden u. a. für die Herstellung von Bedarfsgegenständen, die mit Lebensmitteln in Kontakt kommen, verwendet. P. eignen sich u. a. als rheologische Hilfsmittel für zementäre Baumassen (speziell Fliesenkleber) und zementfreie Rezepturen wie Spachtelmassen, Putze und Farben mit Gips oder Wasserglas als Bindemittel.

Polyvinylharzlacke Als P. werden Anstrichstoffe bezeichnet, die durch Polymerisation von Monomeren mit endständigen Vinylgruppen hergestellt werden. Dazu gehören Polyvinylester (→Polyvinylacetat), →Polyvinylchlorid, →Polyolefine, →Polystyrol und Copolymerisate aus ihnen (s. auch →Acrylharze und →Acryllacke). P. werden als →Dispersionslacke und als →Lösemittelhaltige Lacke verarbeitet. Die Eigenschaften werden durch die Art der P. bestimmt.

Je nach Art des Anstrichstoffes werden unterschiedliche Mengen an flüchtigen organischen Substanzen (→VOC) freigesetzt. Bei Polyvinylacetat-Anstrichen können vergleichsweise hohe Konzentrationen an →Restmonomeren (→Vinylacetat; bis zu 0,3 %) enthalten sein. Bei Styrol-Acrylat-Anstrichen beträgt der Restmonomergehalt bis zu 0,1 % (→Acrylate, →Styrol), bei Styrol-Butadien-Anstrichen bis zu 0,08 % (→Butadien). Gesundheitsgefährdungen können auch von den eingesetzten Lackhilfsstoffen, bei Dispersionslacken z.B. von den →Konservierungsmitteln (→Topfkonservierer) ausgehen.

POP-Konvention POP. (persistent organic pollutants) sind eine Gruppe besonders umwelt- und gesundheitsschädlicher Stoffe. Sie werden weit von ihrem Ursprungsort über internationale Grenzen hinweg transportiert, verbleiben in der Umwelt und reichern sich über die Nahrungskette an.

UBA: „Wegen ihrer gefährlichen Eigenschaften gibt es zu persistenten organischen Schadstoffen verschiedene internationaler Umwelt-Abkommen. Das Stockholmer Übereinkommen ist ein globales Abkommen zur Beendigung oder Einschränkung der Produktion, Verwendung und Freisetzung von POPs. Es fordert entweder die konsequente Eliminierung eines Stoffes (Aufnahme in Anhang A) oder es schränkt seine Produktion und Verwendung ein (Aufnahme in Anhang B). Abfälle, die POPs enthalten oder damit kontaminiert sind, müssen so entsorgt werden, „dass die darin enthaltenen persistenten organischen Schadstoffe zerstört oder unumkehrbar umgewandelt werden, sodass sie nicht mehr die Eigenschaften persistenter organischer Schadstoffe aufweisen oder auf andere Weise umweltgerecht entsorgt werden, wenn ihre Zerstörung oder unumkehrbare Umwandlung nicht die unter Umweltgesichtspunkten vorzuziehende Möglichkeit darstellt".

Die POP-Liste der Stockholm Konvention umfasst derzeit folgende Stoffe:

POPs, die eliminiert werden sollen (Anhang A): Aldrin, Chlordan, Chlordecone, Dieldrin, Endrin, Heptachlor, Hexabrombiphenyl, Hexa- und Heptabromdiphenyl Ether, Hexachlorbenzol, Alpha Hexachlorcyclohexan, Beta Hexachlorcyclohexane, →Lindan, Mirex, Pentachlorbenzol, polychlorierte Biphenyle (PCB), technisches Endosulfan, Tetrabromdiphenyl Ether und Pentabromdiphenyl Ether, Toxaphen, Hexabromcyclododecan (HBCD).

POPs, die beschränkt werden sollen (Anhang B): DDT, Perfluoroctansulfonsäure (PFOS), deren Salze sowie Perfluoroctansulfonylfluorid (PFOSF).

POPs als unerwünschte Nebenprodukte (uPOP) (Anhang C): polychlorierte Dibenzo-p-dioxine und Dibenzofurane (PCDD/PCDF), polychlorierte Biphenyle (→PCB), Pentachlorbenzol, Hexachlorbenzol (HCB)

Im Mai 2015 erfolgte die Aufnahme von Hexachlorbutadien (HCBD), Pentachlorphenol (PCP) und von Polychlorierten Naphthalinen (PCN).

P

Die europäische Verordnung 850/2004 hat diese Grundforderung übernommen und die Formulierung „auf andere Weise umweltgerecht entsorgt" präzisiert.
Die besonderen Eigenschaften der POPs erfordern spezielle Entsorgungsmethoden, die die oben genannten Forderungen erfüllen. Diese Entsorgungsmethoden werden näher beschrieben in allgemeinen (POPs) und speziellen (z.B. PCB) technischen Richtlinien, die im Rahmen des Basler Übereinkommens erarbeitet wurde. In Deutschland wird hauptsächlich die Hochtemperaturverbrennung und die dauerhafte Ablagerung in Untertagedeponien angewendet.

Porenbeton P. gehört wie →Kalksandstein zu den hydrothermal gehärteten (dampfgehärteten) Baustoffen. Weil er keine Zuschlagstoffe enthält, gehört er trotz seines Namens nicht zu den Betonen. Chemisch besteht P. aus den Oxiden Kieselsäure, Calciumoxid und Aluminiumoxid und gebundenem Wasser, mineralisch besteht sein Feststoffskelett zu 50 bis 80 M.-% aus Calciumsilikathydraten (CSH) und einem Anteil an Restquarz. Die Herstellung erfolgt aus Quarzsand oder anderen quarzhaltigen Zuschlagstoffen (→Flugasche, →Hochofenschlacke, Ölschieferasche), ggf. Zusatzstoffen, Bindemittel, Treibmittel und Wasser (Beispielrezeptur: 67 M.-% Quarzsand, 30 M.-% Zement und/oder Kalk, 2 M.-% Gips/Anhydrid, 0,1 M.-% Aluminiumpulver oder -paste). Neben den →Primärrohstoffen enthält die Mischung auch sortenreines Recyclingmaterial aus der Produktion oder von der Baustelle. Die Grundstoffe werden fein gemahlen, zu einer wässrigen Suspension gemischt und in Gießformen gefüllt. Das Wasser löscht unter Wärmeentwicklung den Kalk, und das Aluminium reagiert in der Mischung mit dem alkalischen Wasser. Dabei wird gasförmiger Wasserstoff frei, der die Rohmischung auftreibt und ohne Rückstände entweicht. Der Rohblock wird in Form geschnitten und danach im Autoklaven bei etwa 190 °C und einem Druck von 12 bar sechs bis zwölf Stunden dampfgehärtet. Dabei bilden sich die CSH-Phasen, die für die gute Bindung verantwortlich sind. Für bewehrte Bauteile werden Bewehrungskörbe in einem angegliederten Prozess hergestellt. Die Bewehrung wird mit einem Korrosionsschutz aus Zementschlämme, →Bitumenemulsionen oder →Dispersionslack versehen. Die fertigen Bewehrungskörbe werden vor dem Gießen in die Formen eingebaut.

Die P.-Produktpalette erstreckt sich über Plansteine bzw. -blöcke, Planelemente, Planbauplatten bis zu geschosshohen Wandelementen. Technische Daten von P.-Steinen: Rohdichte 300 bis 1.000 kg/m^3, Wärmeleitfähigkeit: 0,09 W/(m·K) bis 0,16 W/(m·K), →Dampfdiffusionswiderstandszahl: 5 – 10 (dampfdiffusionsoffen). Sorptionsfähigkeit: mittel, Wärmespeicherfähigkeit (ca. 90 kJ/(m^2·K)) und Schallschutz: gering bis mittel. Zwischen der Wärmeleitfähigkeit und der Rohdichte (dem Porenanteil) des P. besteht ein linearer Zusammenhang: P. mit geringer Rohdichte verfügen über sehr gute Wärmedämmeigenschaften (Wärmeleitfähigkeit: 0,09 W/(m·K)) und können auch monolithisch (ohne zusätzliche Wärmedämmung) eingesetzt werden. Im Passivhausbau können P.-Steine zur Reduktion von Wärmebrücken im Anschluss Wände/Kellerdecke und im Attikabereich eingesetzt werden.
P. wird in einem vergleichsweise emissions- und energiearmen Verfahren ohne Produktionsabfälle hergestellt und weist gute Ökobilanzergebnisse auf. Umweltbelastungen stammen vorwiegend aus den Vorprodukten →Zement und →Branntkalk. Im Vordergrund der ökologischen Diskussion stehen der Einsatz von Aluminiumpulver sowie Risiken durch silikogene Stäube. Für das Aluminiumpulver wird üblicherweise hochwertiges Recyclingaluminium eingesetzt, das während der Reaktion in Tonerde umgesetzt und dadurch einem höherwertigen Stoffrecycling entzogen wird. Bei Umgang mit Aluminiumpulver besteht erhöhte Brand- und Explosionsgefahr. Das Aluminiumpulver kann in Aluminiumpasten und -pellets so eingebunden werden, dass die Bildung eines explosiblen Aluminiumpulver-Luft-Gemisches nicht mehr stattfinden kann. Der Unternehmer hat dafür zu sorgen, dass die Atemluft an den Arbeitsplätzen möglichst frei von silikogenem Staub ist (Gefahr einer Steinstaublunge oder Siliko-Tuberkulose).
Die Wiederverwertung von P. ist mehrfach im Kreislauf möglich. Abbruchmassen und Baustellenabfälle können im Porenbetonwerk wiederverwendet werden. Beträgt der Anteil an mineralischen Fremdstoffen, wie Putz- und Mörtelresten, im aufbereiteten P. max. 10 M.-%, ist eine Zugabe bis zu 15 M.-% der Trockenrezeptur möglich. Darüber hinaus kann P.-Bruch als Granulat für Schüttungen oder als Sekundärrohstoff für Öl- und Flüssigkeitsbinder, Hygienestreu, Abdeckmaterial, Ölbinder, Klärschlammkonditionierung usw. wei-

terverarbeitet werden. Die Beseitigung erfolgt auf Inertstoffdeponien. Staubbelastung kann auch beim Bearbeiten der Steine auftreten.

Porenleichtbeton Unter P. oder Schaumbeton versteht man Beton mit planmäßig erhöhtem Luftporengehalt, i. d. R. > 30 Vol.-%. Ausgangsstoffe sind →Zement, Wasser, →Gesteinskörnung (< 2 mm) sowie Schaumbildner oder Schaum. P. eignet sich für alle Anwendungsfälle, in denen gute Fließfähigkeit, geringes Gewicht bzw. gute Wärmedämmung des Betons gefordert sind: Verfüllungen im Hoch- und Tiefbau (z.B. Tanks, Rohrleitungen, Kanäle, Gräben, Stollen), Ausgleichsschichten (z.B. Flachdächer), Aufbetone auf bestehende Tragwerke, Wärmedämmschichten (z.B. Altbausanierung) usw.

Poröse Holzfaserplatten P. sind →Holzfaserplatten mit Rohdichten < 400 kg/m^3 (SB nach DIN EN 622-4). P. werden auch als weiche Holzfaserplatten bezeichnet. Sie werden aus Resthölzern der Sägeindustrie und Durchforstungshölzern (meist Weichhölzer wie Fichte, Tanne und Kiefer) hergestellt. Zur Aktivierung des holzeigenen Harzes Lignin und zur Verbesserung des Flammschutzes wird Aluminiumsulfat (ca. 0,5 M.-%) -beigegeben, die Hydrophobierung erfolgt mit Wachsemulsionen wie Paraffin (max. 1 M.-%). Platten mit einer Dicke über 2,5 cm werden mit Weißleim geklebt (ca. 0,8 M.-%). Ein Schutz gegen Feuchtigkeit und Nässe (Unterdachplatte) wird ggf. durch eine Imprägnierung mit →Bitumen oder Naturlatex (z.B. 10 %) erreicht.

P. werden meist nach dem Nassverfahren hergestellt. Dazu werden die Resthölzer zerkleinert und mit Wasserdampf zu Holzfasern aufgeschlossen, zerfasert und mit viel Wasser und evtl. Zusatzstoffen zu einem Brei angerührt. Das Produktionswasser wird mittels Vakuum abgesaugt, die Feuchte von 40 % bei 120 bis 190 °C im Etagentrockner auf ca. 2 % Restfeuchte reduziert. Dickere Platten werden aus dünneren Platten verleimt. Als Bindemittel dienen lediglich die holzeigenen Harze.

Im Trockenverfahren hergestellte P. enthalten dagegen einen relativ hohen Bindemittelanteil aus →Polyurethan-Klebstoff oder →Bikomponenten-Kunststofffasern. Dabei werden die Hackschnitzel im Refiner zu Fasern aufgeschlossen, mit Polyurethan-Klebstoff benetzt und unter Druck und Hitze zu homogenen Platten gebunden. Dickere Platten können in einem Arbeitsgang gefertigt werden.

P. finden Verwendung als Holzwerkstoff oder als Dämmstoff (Holzfaser-Dämmplatten). Als Holzwerkstoffplatten eingesetzte P. sind üblicherweise dünner und schwerer als Holzfaser-Dämmplatten und dienen z.B. als Trittschalldämmungen oder als Unterdachplatten. Mit →Bitumen imprägnierte P. werden für wasserabweisende Unterdächer und Schutzschichten auf der Außenseite von Holzständerwänden bei gleichzeitiger Verbesserung der Wärme- und Schalldämmung eingesetzt. P. haben eine hohe Wärmespeicherfähigkeit bei gleichzeitig guten Wärmedämmeigenschaften, gute Schallschutzeigenschaften und sind diffusionsoffen und winddicht. Wegen der guten Wärmespeicherfähigkeit werden P. von diversen Herstellern als Dämmstoff für WDVS-Systeme angeboten. Weitere Informationen zu Holzfaserdämmplatten wurden in herstellerspezifischen EPDs veröffentlicht.

Im Nassverfahren hergestellte P. werden ausschließlich aus lokal verfügbaren Resthölzern (nachwachsender Rohstoff) hergestellt, Zusatzstoffe sind nur in sehr geringen Mengen enthalten, weite Transportwege entfallen. Der Nachteil liegt im relativ hohen Energiebedarf zum Trocknen bei der Herstellung. Im Trockenverfahren hergestellte P. enthalten dagegen relativ hohe Bindemittelanteile, der Energiebedarf bei der Produktion ist allerdings geringer. P. sind verrottbar und kompostierbar (sofern kein Bitumen zugesetzt ist). Die Entsorgung erfolgt über Müllverbrennungsanlagen. →Holzstaub, →Holz, →Holzwerkstoffe

Porosierte Hochlochziegel P. sind gebrannte Tonziegel mit senkrecht zur Lagerfläche verlaufenden Lochkanälen. Hochlochziegel (HLz) weisen einen Lochanteil von über 15 % auf. Dem Ton können vor dem Brand Sand oder Ziegelmehl zum Zwecke der Magerung zugemischt werden. Porosierungsmittel (i.d.R. Sägemehl oder EPS) dienen der Verbesserung des Wärmeschutzes. Möglich ist auch die Porosierung mittels im Ton enthaltener Kohle. Ggf. werden Mittel zur gezielten Beeinflussung von Eigenschaften zugesetzt. Das Rohstoffgemisch wird einer Homogenisierung unterzogen. Danach werden – evtl. unter Zusatz von Wasser – Ziegel-Rohformlinge gepresst, die in der Abluft der Brennöfen getrocknet werden. Das Brennen der Ziegel erfolgt im Tunnelofen bei Temperaturen bis ca. 1.000 °C, wobei das Porosierungsmittel verbrennt und feine Poren hinterlässt.

Sägemehl ist ein Reststoff aus der Holz verarbeitenden Industrie, der in der Ziegelindustrie verwertet wird. Kontrovers diskutiert wird der Einsatz von →EPS als Porosierungsmittel. EPS wird einerseits mit hohem Umweltaufwand hergestellt und kann andererseits in sauberer Form sehr gut stofflich verwertet werden. Wird Recycling-EPS als Porosierungsmittel eingesetzt, wird es einer höherwertigen Recyclingschiene und damit dem Stoffkreislauf entzogen. Besonders fraglich ist der Einsatz von Neu-EPS, das eigens hergestellt werden muss, um in der Ziegelindustrie verbrannt zu werden. Andererseits können gerade mit Neu-EPS aufgrund der homogenen Körner die am besten wärmedämmenden Ziegel hergestellt werden. Eine erhöhte Schadstoffbelastung in die Atmosphäre durch die Verbrennung von EPS wurde nicht festgestellt. In den fertigen Steinen sind wegen des Brennvorgangs keine Schadstoffe aus EPS vorhanden, die zu einer Ausgasung führen können.→Ziegel

Portlandflugaschezement F. ist →Zement aus 65 bis 94 % Portlandzementklinker und 6 bis 35 % →Flugasche als weiterem Hauptbestandteil. Bei richtiger Verarbeitung und Nachbehandlung können Flugaschen die Festigkeit und Dichtigkeit positiv beeinflussen und insbesondere bei massigen Bauteilen die Wärmeentwicklung bei der Erhärtung des Betons reduzieren. Nicht zuletzt werden durch die Substitution des Portlandzementklinkers gegenüber reinem Portlandzement die Umweltbelastungen herabgesetzt.
Die Verwendung von Flugasche im Bauwesen ist grundsätzlich sinnvoll. Durch geeignete Grenzwerte und Kontrollen muss aber sichergestellt sein, dass evtl. enthaltene Schadstoffe bei einer vorgesehenen Verwendung zu keinen Gesundheitsgefahren führen können.

Portlandhüttenzement P. ist ein hüttensandhaltiger →Zement aus 65 bis 94 % Portlandzement und 6 bis 35 % →Hüttensand. Höhere Gehalte an Hüttensand enthält →Hochofenzement. Hüttensandhaltige Zemente gehören aufgrund ihrer günstigen Eigenschaften und ihrer Ökobilanz inzwischen zu den im deutschsprachigen Raum am häufigsten eingesetzten Zementen.

Portlandkalksteinzement P. ist →Zement aus 65 bis 94 % Portlandzementklinker und 6 bis 35 % →Kalkstein als weiterem Hauptbestandteil.

Portlandkompositzement P. (CEM II) ist →Zement aus 65 bis 94 % Portlandzementklinker und 6 bis 35 % anderen Hauptbestandteilen wie →Hüttensand, →Puzzolanen, →Flugasche, →Silikastaub, gebranntem →Schiefer oder →Kalkstein. Der zweite Hauptbestandteil bestimmt die genaue Bezeichnung des Zements, z.B. ist Hüttensand der zweite Hauptbestandteil von →Portlandhüttenzement.

Portlandpuzzolanzement P. ist →Zement aus 65 bis 94 % Portlandzementklinker und 6 bis 35 % →Puzzolan als weiterem Hauptbestandteil. →Portlandflugaschezement, →Trasszement

Portlandschieferzement P. wird aus 65 bis 94 % Portlandzementklinker und 6 bis 35 % Ölschiefer hergestellt.

Potrtlandsilicastaubzement P. wird aus 65 bis 94 % Portlandzementklinker und 6 bis 35 % →Silicastaub hergestellt.

Portlandzement P. (CEM I) besteht aus fein gemahlenem →Portlandzementklinker und max. 5 % →Gips und/oder →Anhydrit, die als Erstarrungsregler zugegeben werden. P. wird als Bindemittel für →Beton, →Putzmörtel, Mörtel und →Zementestriche eingesetzt. Wegen des hohen Gehaltes an Kalkhydrat (basisch) wirkt P. als guter Korrosionsschutz für den eingebetteten →Betonstahl (→Stahlbeton).
Der Begriff P. geht auf den Engländer Aspdin zurück, der 1824 ein Patent auf die Herstellung von Zement aus Kalk und Ton erhielt. Der von Aspdin gebrannte Zement hatte eine ähnliche Farbe wie der natürliche Kalkstein auf der Halbinsel Portland.

Portlandzementklinker P. ist ein hydraulischer Stoff, der im Wesentlichen aus Calciumsilikaten besteht. P. wird durch Mahlen und Brennen der Rohstoffe Kalkstein oder Kreide und Ton hergestellt und ist der wichtigste Hauptbestandteil aller Normzemente.

POV Phosphororganische Verbindungen. →Organophosphate

ppb, ppm, ppt →Maßeinheiten

Prägetapeten P. sind →Papiertapeten mit eingeprägten Strukturen. Die Kollektionen enthalten verschiedene Reliefmuster wie Putzstrukturen, Flecht-, Gewebe- und Ornamentmuster. P. weisen große Qualitätsunterschiede auf, die der Tapetenrolle beim Kauf nicht anzumerken sind. Erst nach der Tapezierung und dem anschließenden Trocknen stellt sich heraus, ob die Struktur der Tapete überhaupt noch sichtbar ist oder ob durch den Trocknungsprozess das Papier mitsamt ihrer Prägestruktur an die Wand gesaugt wurde. Qualitativ hochwertige P. werden aus mindestens zwei Papierbahnen erzeugt, die mit einem wasserhaltigen Klebstoff miteinander verklebt und dann noch feucht zwischen einer Oberwalze mit negativem Prägemuster und einer Unterwalze, die das gleiche Prägemuster als positives Relief besitzt, gepresst werden (duplierte P.). Das Oberpapier besteht meist aus einem 70 oder 80 g/m² schweren, holzfreien Rohpapier, das im Tiefdruck bedruckt wird. In einem zweiten Maschinengang wird ein holzhaltiges Unterpapier (zwischen 90 und 100 g/m² je nach Qualität) unterkaschiert und dann verformt. Es handelt sich bei den Prägemustern in der Regel um sehr tiefe Prägungen, woraus der Name „Hochpräge" resultiert. Mit diesem Verfahren werden besonders stabile Prägungen erreicht, die auch nach dem Tapezieren und Trocknen auf der Wand ihre Struktur noch weitgehend erhalten. Eventuell kann auch noch eine dritte Papierlage mit glatter Rückseite aufgetragen werden, dadurch wird die Tapete leichter verarbeitbar und weist noch höhere Prägestabilität auf. Je nach verwendeten Papiersorten, Verfahrensschritten und Klebstoffen variieren auch unter den duplierten P. die Qualitäten sehr stark. P. können 200 bis 220 g/m² wiegen. Es gibt sie zum Überstreichen oder mit fertiger Oberfläche.

Präpolymere Ein aus wenigen →Monomeren gebildetes Molekül, das als Vorstufe für ein vernetztes Polymer dient (Bsp.: →Isocyanate).

Pressglas P. (Bauhohlglas) wird im maschinellen Pressverfahren aus Glasmasse hergestellt. Es wird verwendet als Betonglas, für Glasbausteine und Glasdachsteine. Die Hohlräume in den Glasbausteinen bewirken eine Energieeinsparung und Schalldämmung. Betonglas wird für tragende Betonteile, Glasstahlbeton (statische Beanspruchung) für Wände, Decken, Dächer und für Lichtschachtabdeckungen eingesetzt. Glasbausteine finden Verwendung für nichttragende Wände sowie für lichtdurchlässige, wärme- und schalldämmende Innen- und Außenwände. Glasdachsteine dienen der Belichtung von Dachräumen. →Glas

Presskork Als P. werden mit Harzen gebundene Platten aus →Kork bezeichnet. Als Bindemittel dienen heute nur noch formaldehydfreie Kleber, z.B. →Polyurethan-Klebstoffe oder Kardolharze (aus der Cashewnuss gewonnenes →Naturharz). Das Kork-Schrot/Bindemittel-Gemisch wird unter Hitzeeinwirkung zu Blöcken gepresst. Nach einer Lagerzeit werden die Blöcke aufgeschnitten, nochmals mehrere Tage gelagert. Daraus werden die endgültigen Kork-Platten geschnitten und geschliffen. Auch Altmaterial kann für die Herstellung von P. eingesetzt werden. →Kork-Bodenbeläge

PRF →Phenol-Resorcin-Formaldehyd-Harze

Primäraluminium →Hüttenaluminium

Primärenergieinhalt Als P. (abgekürzt PEI, auch Primärenergieverbrauch bzw. -bedarf) wird der zur Herstellung eines Produktes oder einer Dienstleistung erforderliche Gesamtverbrauch an energetischen Ressourcen bezeichnet. Der P. beinhaltet also z.B. auch die Energieaufwendungen für die Rohstoffgewinnung oder Energieverluste durch Abwärme. Er wird aufgeschlüsselt nach →Nicht erneuerbaren Energieträgern (Erdöl, Erdgas, Braun- und Steinkohle, Atomkraft) und Energieträgern aus →Erneuerbaren Ressourcen (→Biomasse, Wasserkraft, Sonnenenergie und Windenergie). Der P. wird meist aus dem oberen Heizwert aller eingesetzten energetischen Ressourcen berechnet. Ein Vergleich von PEI-Angaben ist wegen unterschiedlicher Berechnungsgrundlagen oft nicht möglich. Zum Teil wird nur der Energiebedarf zur Herstellung des eigentlichen Produktes zugrunde gelegt. Die in der Literatur und von Herstellern angegebenen Daten sind zudem nicht immer verlässlich. Wichtig ist in jedem Fall, bei der Beurteilung von PEI-Daten auch die Menge des eingesetzten Materials, seine Dauerhaftigkeit, Nutzungssicherheit, Wirtschaftlichkeit und das Energieeinsparungspotenzial (z.B. Dämmstoffe) zu berücksichtigen.

Primärkupfer Wichtige Kupfererze sind Kupferkies ($CuFeS_2$), Kupferglanz (Cu_2S) und Rotkupfererz (Cu_2O); bedeutende Lagerstätten liegen in Süd- und Nord-Amerika, Asien und Australien. Der Abbau erfolgt vorwiegend im Tagebau in bis zu 800 m tiefen, amphitheaterförmigen Minen. Der Kupfergehalt der Erze liegt unter 1 %. Die Erze werden mittels Flotation (Schwimmverfahren) auf 20 bis 30 % Cu aufbereitet. Durch Rösten im Flammofen wird das Kupfer weiter zu Kupferstein (30 bis 50 % Cu) angereichert. Durch Einblasen von Luft im Konverter wird zu Rohkupfer mit 97 bis 99 % Cu reduziert. Bei Raffination in Flammöfen und weiterer Reduktion entsteht Hüttenkupfer mit 99,5 bis 99,9 % Cu-Gehalt. Mittels elektrolytischer Raffination kann Elektrolytkupfer mit mindestens 99,9 % Cu hergestellt werden (für elektrotechnische Anwendungen). Im Bauwesen wird ausschließlich sauerstofffreies, phosphatarmes Kupfer mit besserer Schweiß- und Hartlötbarkeit eingesetzt.

Rohstoffverfügbarkeit von Kupfererz bei gleichbleibendem Verbrauch ca. 35 Jahre. Hoher Flächen- und Materialverbrauch: für 1 t Kupfer bis zu 140 t Erz, hoher Transportaufwand, hoher Energiebedarf für das Aufkonzentrieren. Emission schwermetallhaltiger Stäube, organische Verbindungen und großer Mengen Schwefeldioxid (→Versauerung). Bei den Prozessen Schmelzen und Konvertieren fallen beträchtliche Mengen an Schlacke an (im Straßenbau zur Herstellung witterungsbeständiger Pflastersteine eingesetzt oder auf Deponien entsorgt). Abwasseranfall (Metallverbindungen) bei Flotationsprozessen, Kupfersalze werden als wassergefährdend bis stark wassergefährdend eingestuft (WGK 2 und 3), Akut Kategorie 1; H400, Chronisch Kategorie 3; H412 Sehr giftig für Wasserorganismen mit langfristiger Wirkung. →MAK-Wert für Kupfer und seine anorganischen Verbindungen (als einatembare Fraktion): 0,1 mg/m^3. 0,01 mg/m^3, gemessen als alveolengängiger Anteil.

Primärquellen P. sind Bauteile/Gegenstände, die gezielt mit einem schadstoffhaltigen Mittel (z.B. →Holzschutzmittel, →Polychlorierte Biphenyle) behandelt wurden und aus denen der Schadstoff in die Raumluft freigesetzt wird. Dagegen sind Sekundärquellen Bauteile/Gegenstände, die den Schadstoff meist über längere Zeit aus der belasteten Raumluft oder durch direkten Kontakt aufgenommen haben und ihrerseits nach und nach wieder in die Raumluft freizusetzen vermögen.

Primärrohstoffe P. sind neue, meist aus der Natur gewonnene Stoffe, die einem Produktionsprozes zugeführt werden (z.B. Kalk). →Mineralische Rohstoffe, →Erneuerbare Ressourcen, →Fossile Rohstoffe

Primer P. sind Voranstriche bzw. Grundanstriche, die ein hohes Penetrier- bzw. Haftvermögen auf den zu bearbeitenden Untergründen haben. Sie werden z.B. eingesetzt als Haftvermittler auf Fugenflanken. P. sind vielfach 2-komponentige Reaktionsharze (z.B. →Epoxidharze) in →Lösemittel.

Produktarten (PA) →Biozidprodukte

Produktlinienanalyse Die P. (PLA) ist ein Verfahren, das Produkte im Hinblick auf ihre →Nachhaltigkeit analysiert und kritisch reflektiert. Bei der P. werden wie bei der Ökobilanz sämtliche Auswirkungen von der Rohstoffbeschaffung über Herstellung, Verarbeitung, Transport, Verwendung bis zur Nachnutzung (Recycling) inkl. Entsorgung (Abfall) erfasst (→Lebenszyklus). Im Unterschied zur Ökobilanz umfasst die P. aber auch ökonomische und soziale Aspekte als weitere Kriterien. Im Mittelpunkt der P. stehen der Nutzenaspekt eines Produkts und die Auswahl von Alternativen. Die Kriterien werden in Form einer Betrachtungsmatrix zusammengefasst. Bei der Erstellung der Kriterien ist darauf zu achten, dass die große Vielfalt der zu erhebenden Information, gekoppelt mit der Komplexität ihrer Bewertungen, nicht zur Undurchführbarkeit führt. Die P. gilt als die umfangreichste und alle Einflüsse betrachtende Methodik. Die in der Regel sehr erstaunlichen Ergebnisse von P. können sowohl von Verbrauchern als auch von Unternehmen als Sach- und Wertorientierung für ihre Konsum- und Produktionsentscheidungen genutzt werden. Während die Notwendigkeit zur Erstellung von P. allgemein anerkannt wird, ist die Diskussion über akzeptable Durchführungsmethoden und Deutungskriterien noch in den Anfängen. Gesetzliche Vorschriften, die eine verbindliche Verpflichtung zur Durchführung einer produktorientierten ökologischen Bilanzierung von auf dem Markt befindlichen Produkten oder von Neuentwicklungen beinhalten, existieren daher zurzeit noch nicht.

Promabest P. war der Handelsname für →Asbesthaltige Leichtbauplatten der Fa. Promat, die in den alten Bundesländern für vielfältige Zwecke verwendet wurden. P.-Platten enthalten in der Regel →Chrysotil und →Amosit. Der Asbestgehalt beträgt mehr als 40 %. P.-Platten fallen als →Schwach gebundene Asbestprodukte in den Geltungsbereich der →Asbest-Richtlinie. Die Platten werden in Kategorie I „Art der Asbestverwendung" des Formblattes der Asbest-Richtlinie je nach Größe und Verbauart mit 5, 10 oder 15 Punkten bewertet (maximal mögliche Punktzahl: 20).

Promatect P. ist der Handelsname für asbestfreie Brandschutzplatten der Fa. Promat.

Propanal (CAS 123-38-6) P. (Propionaldehyd, Acrolein) ist ein ungesättigter Aldehyd. Er tritt u. a. bei der thermischen Zersetzung von Fetten auf (Küchendunst). In höheren Konzentrationen reizt P. die Augen und die Atmungsorgane.

EU-GHS-Einstufung und Kennzeichnung (EG) Nr. 1272/2008 CLP: Entzündbare Flüsssigkeiten

P

Kategorie 2: Flam. Liq. 2; H225 Flüssigkeit und Dampf leicht entzündbar; Augenreizung Kategorie 2: Eye Irrit.; H319 Verursacht schwere Augenreizung; Reizwirkung auf die Haut Kategorie 2: Skin Irrit. 2; H315 Verursacht Hautreizungen; Spezifische Zielorgan-Toxizität (einmalige Exposition) Kategorie 3: STOT SE 3; H335 Kann die Atemwege reizen.

Propenal →Acrolein

Propiconazol P. gehört zur Gruppe der Triazole, fungizide Wirkstoffe, die im Pflanzenschutz und als bläuewidrige Wirkstoffe in Holzschutzmitteln eingesetzt werden. P. ist als umweltgefährlich eingestuft.

Propionaldehyd →Propanal

Propoxur (CAS 114-26-1) →Biozid aus der Gruppe der →Carbamate.
EU-GHS-Einstufung und Kennzeichnung (EG) Nr. 1272/2008 CLP: Akute Toxizität Kategorie 3: Acute Tox. 3; H301 Giftig bei Verschlucken; Akut gewässergefährdend Akut 1: Aquatic Acute 1; H400 Sehr giftig für Wasserorganismen; Langfristig gewässergefährdend Chronisch 1: Aquatic Chronic 1; H410 Sehr giftig für Wasserorganismen, mit langfristiger Wirkung. →Hausstaub

Prüfkammer Die Emissions-P. dient der Messung insbes. von →VOC-Emissionen aus Bau- und anderen Produkten. Eine P. ist ein abgeschlossener, klimatisierter Versuchsraum mit einem Volumen von einigen Litern bis zu mehreren Kubikmetern, in dem sich die Einflussgrößen Temperatur, relative Feuchte, Luftwechsel und Luftgeschwindigkeit produkt- und anwendungsbezogen regeln lassen. Dadurch ist eine praxisnahe Simulation der Umgebungseinflüsse auf das Emissionsverhalten z.B. eines Bauproduktes möglich. Die vom Prüfstück freigesetzten Stoffe werden meist mittels hochauflösender chromatographischer Verfahren analysiert. DIN EN ISO 16000-9 beschreibt die Arbeitsweise bei Verwendung einer P. bzw. einer →Prüfzelle. In Teil 11 werden die Probenahme, Lagerung der Proben und die Vorbereitung der Prüfstücke beschrieben.
Wichtige Kenngrößen sind:

- Konzentration eines Stoffes (VOC_x) in der P.: C [$\mu g/m^3$]
- Produktbeladungsfaktor: L [m^2/h]
- Luftaustauschrate (Luftwechsel pro Stunde): n [h^{-1}]
- Luftdurchflussrate (hier: flächenspezifisch): q = n/L [m^3/m^2h]
- Emissionsrate (hier: flächenspezifisch): SER_a: [$\mu g/m^2h$]

Es gilt: $C_x = SER_a \times A / n \times V = SER_a/q$ bzw.
$SER_a = C_x \times q$
(A = Produktfläche)

Prüfzelle Die Emissions-P. ist eine tragbare Vorrichtung zur Messung von →VOC, die von Bau- und anderen Produkten emittiert werden. Die P. wird auf der Oberfläche des Prüfstücks angebracht, sodass dieses zu einem Teil der P. wird. Für inhomogene Produkte (z.B. aus Holz) sind P. wenig geeignet. →Prüfkammer

PSA →Persönliche Schutzausrüstung

Pulverfarben P sind pulverförmige Farbformulierungen, die erst kurz vor der Verarbeitung in Wasser angerührt werden. P. haben eine Reihe ökologischer Vorteile: Sie benötigen keine Konservierungsmittel, keine Lösemittel und sind lange haltbar. Es muss kein Wasser unnötig transportiert werden und als Verpackung reichen einfache Papiersäcke. Als P. sind z.B. →Kaseinfarben und →Leimfarben erhältlich.

Pulverklebstoffe P. werden schon seit langem zum Verkleben von →Fliesen verwendet (→Fliesenklebstoffe). Neuere Entwicklungen haben P. auch für die Verklebung von →Linoleum oder spannungsarmen →Parkettböden, wie →Mosaikparkette, →Industrieparkette, →Mehrschichtparkette, selten →Stabparkette hervorgebracht. Gerade beim Verkleben von Parketten sind P. eine umwelt- und gesundheitsverträgliche Alternative, da die Quellwirkung auf das Holz im Vergleich zu →Dispersionsklebstoffen deutlich reduziert ist. Hauptbestandteile von P. sind ein Polymer, Zement und mineralische Füllstoffe. Beispielrezeptur: P. auf Basis von Spezialzementen (→Zement), Calciumsulfat, Kreide sowie Dispersionspulver auf Basis von →Polyvinylacetat. P. werden vor der Verarbeitung mit Wasser angemischt (ca. 2 l Wasser auf 4 kg Pulver). Sie sind sehr ergiebig, schnell härtend und garantieren sehr schnelle Fertigstellungszeiten (Verbrauch ca. 500 g Pulver/m^2). Durch den Vertrieb in Pulverform wird der unnötige Transport von Wasser vermieden, es müssen keine Konservierungsstoffe zugesetzt werden und der Klebstoff ist lange haltbar.

Das Produkt enthält Zement: Beim Umgang mit P. müssen aufgrund der Alkalität und der mechanischen Reibwirkung Schutzmaßnahmen getroffen werden (feuchtigkeitsdichte Handschuhe, Hautschutzmaßnahmen). Der Chromat-Gehalt des nicht abgebundenen Zements kann allergische Ekzeme (Zementekzeme) auslösen. Gem. EU-Richtlinie 2003/53/EG dürfen daher Zement und zementhaltige Zubereitungen nicht verwendet werden, wenn der Gehalt an löslichem Chrom VI (Chromat) mehr als 2 mg/kg (ppm) Trockenmasse des Zements beträgt. Da die Reduktionsmittel zur Herabsetzung des Chromatgehalts im Zement begrenzte Wirkungsdauer haben, ist das Verfallsdatum unbedingt zu beachten. Chromatarme P. sind eine technisch und ökologisch sinnvolle Alternative für die Parkettverklebung.

Pulverlacke P. sind pulverförmige, lösemittelfreie Lacksysteme mit einem Festkörperanteil von 100 %. Es handelt sich dabei um →Reaktionslacke. Durch Vernetzung der Reaktionspartner entsteht Wärme. Die ersten P. basierten auf →Epoxidharz-Systemen. Mit der Entwicklung der Hybrid-P. aus Epoxidharz und →Polyesterharz als Bindemittel wurden kürzere Aushärtzeiten und eine konstantere Qualität erreicht. Polyester-P. (→Polyesterlacke) sind resistent gegen UV-Strahlung und deshalb für den Außenbereich geeignet. Polyurethan-P. (→Polyurethan-Lacke) bieten eine ausgezeichnete Witterungs- und Chemikalienbeständigkeit und werden gerne im Bereich der Anti-Graffiti-Beschichtung eingesetzt. Die Zusammensetzung von P. unterscheidet sich nicht von konventionellen Lacken. Sie bestehen aus Bindemittel, Additiven, Pigmenten und Füllstoffen. Charakteristisch ist das Fehlen von Lösemitteln. Als Additive werden Polyacrylate (als Verlaufsmittel), Entgasungsadditive wie Benzoin, Wachse und Strukturmittel eingesetzt.

Ursprünglich war die Verwendung von P. auf Metallsubstrate (z.B. bei Büromöbeln) beschränkt. Durch die Einführung von Infrarotlampen, die das Substrat weniger erhitzen, können P. inzwischen auch bei mitteldichten Faserplatten (MDF) und Kunststoffsubstraten eingesetzt werden. Anwendungsgebiete von P. im Baubereich sind Metallbeschichtungen, Fassadenbeschichtungen und die Möbellackierung.

PU-... →Polyurethan-...

PUR-... →Polyurethan-...

Putzarmierung Die P. dient der Rissbegrenzung auf ein unschädliches Maß. Es werden Gewebe aus korrosionsgeschütztem Draht oder aus mit Kunstharzen überzogenen Glasfasern verwendet. Kunststoffgewebe werden wegen der besseren technischen Eigenschaften der Glasgewebe kaum mehr eingesetzt. In der baubiologischen Bauweise wird auch Jutegewebe als Armierungsgewebe eingesetzt.

Putze Putze sind Beschichtungen an Wänden und Decken, die aus →Putzmörteln oder →Trockenputzen in einer oder mehreren Lagen hergestellt werden. Sie dienen der Oberflächengestaltung und erfüllen je nach Einsatzgebiet bestimmte bauphysikalische Eigenschaften (Brandschutz, Schallschutz, Luftdichtigkeit usw.). →Anhydritputze, →Gipsfaserplatten, →Gipskartonplatten, →Gipsputze, →Gipskalkputze, →Kalkputze, →Kalkgipsputze, →Kalkzementputze, →Kunstharzputze, →Lehmverbundputze, →Silikatputze, →Silikonharzputze, →Zementputze

Putzgipse P. sind ein Gemisch aus Calciumsulfat-Halbhydrat und Calciumsulfat (Mehrphasengips). Die Herstellung erfolgt durch Dehydratation (Brennen) von →Gipsstein im Nieder- und Hochtemperaturbereich (ab 200 °C; keine Zusätze). Sie finden Verwendung für Innenputze wie →Gipsputze, →Gipskalkputze, →Kalkgipsputze, auch als Gipssandputze und für Rabitzarbeiten (Drahtputz). Die Versteifung beginnt schneller als bei →Stuckgips. Durch die Anhydritanteile erfolgt ein langsameres Abbinden, d. h., P. sind länger bearbeitbar. P. sind nicht für Feuchträume geeignet. →Baugipse

Putzmörtel P. dienen zur Herstellung von →Putzen. Sie bestehen aus einem oder mehreren Bindemitteln, Zuschlagstoffen, Wasser und ggf. Zusatzstoffen, systematisiert werden sie nach der Art des Bindemittels. Es werden P. mit mineralischen Bindemitteln (→Anhydritmörtel, →Gipsputze, →Gipskalkmörtel, →Kalkmörtel, →Kalkgipsputze, →Kalkzementmörtel, →Lehmputze, →Lehmverbundputze, →Silikatputze, →Zementmörtel) und synthetischen Bindemitteln (→Kunstharzputze, →Silikonharzputze) unterschieden.

Natürliche Sande sind die häufigsten Zuschlagstoffe für P. Kreide, Schiefermehl und Feinstsande als Zuschlagstoffe werden als Füllstoffe bezeichnet. Leichtzuschläge wie Bims, Schaumlava, →Hüttenbims, →Blähton und →Blähschiefer können die Wärmedämmfähigkeit von Putzen erhöhen. →Bläh-

perlite, →Blähglimmer und expandiertes Polystyrol (→EPS) sind leichte Zuschläge für →Wärmedämmputze.
Als Zusatzmittel gelangen zum Einsatz:

- Luftporenbildner (Naturharzseifen, Alkylarylsulfonate oder Polyglykolether, nur in Sonderfällen eingesetzt z.B. bei Sanierputz)
- Erstarrungsverzögerer (Phosphate, Carbonsäuren bzw. deren Salze Sulfonate, Glukonate, Silikate, Borate und Kalilauge; bei zementgebundenen Putzen)
- Erstarrungsbeschleuniger (bei zementgebundenen Putzen; Carbonate, Aluminate, Silikate oder organische Stoffe auf Harnstoffbasis)
- Dichtungsmittel (hydrophobierend: Dichtungsmittel auf Oleat- und Stearatbasis, porenverstopfend: Dichtungsmittel mit Eiweißstoffen, Poren vermindernd: silikatische Stoffe)
- Verflüssiger (Ligninsulfonate oder Polymere)
- Haftungsmittel (häufig Kunstharzdispersionen)
- Stabilisatoren (bei Werkmörteln)

Putzprofile An Gebäudeecken und Kanten werden im modernen Hochbau Putzprofile aus verzinktem Stahl ohne oder mit zusätzlichem Kunststoffkantenschutz (im Außenbereich) verwendet. Für Anschlüsse an andere Bauteile (z.B. Fenster) werden Metall- oder PVC-Profile eingesetzt. In der Lehmbautechnik hat sich noch die Verarbeitungsweise ohne Profile bewahrt.

Putzträger Die ältesten bekannten P. aus Schilfstukkatur (mit Drahtgewebe verbundenes Schilfrohr) sind heute weitestgehend durch schneller aufzubringende Produkte wie →Streckmetall, →Drahtziegelgewebe oder Armierungen abgelöst worden. Schilfstukkatur kommt noch als P. für Lehmputz zum Einsatz. Im Holzleichtbau werden häufig →Holzwolle-Dämmplatten als Putzträger verwendet.

Puzzolane P. sind natürliche oder künstliche Stoffe, deren kieselsäure- und tonerdehaltige Bestandteile in Anwesenheit von Wasser mit Calciumhydroxid reagieren und zementsteinähnliche, wasserunlösliche Verbindungen bilden. Natürliche P.: →Trass, Diatomeenerde, bestimmte Tone und Schiefermehle, getempertes Phonolith-Gesteinsmehl, gebrannt oder ungebrannt. Künstliche P.: Steinkohlen-→Flugasche, Silikastaub.

PVAC →Polyvinylacetat

PVC →Polyvinylchlorid

PVC-Bodenbeläge P. sind elastische Bodenbeläge auf Basis von →Polyvinylchlorid (PVC) für den Wohn- und Objektbereich. P. lassen sich in geschäumte und kalandrierte („kompakte") Beläge unterscheiden. Die kalandrierten Beläge werden wiederum in homogene und heterogene P. unterteilt. Für hohe Beanspruchungen werden hauptsächlich homogene Beläge (durchgehend gleiche Materialzusammensetzung) eingesetzt. Heterogene Beläge bestehen aus einer Nutzschicht von mindestens 0,3 mm Dicke, die vollflächig auf eine gefüllte Unterschicht anderer Zusammensetzung aufgebracht ist. Geschäumte P. (→Cushion-Vinyl-Bodenbeläge) enthalten ein eingebettetes Glasfaservlies, auf das eine PVC-Schaumschicht aufgebracht ist. P. gibt es mit und ohne Trägerschicht. Als Trägerschicht wird hauptsächlich PVC-Schaum, Glas- und Polyestervlies, →Kork oder Jutefilz eingesetzt. Zu 90 % werden P. werkseitig durch eine Schicht aus →Polyurethan oder →UV-härtende, lösemittelfreie →Acryllacke versiegelt.
P. müssen vollflächig verklebt werden. Als Klebstoffe kommen →Dispersionsklebstoffe (in der Regel auf Basis von →Polyvinylacetat), →Lösemittel-Klebstoff oder →Kautschuk-Klebstoffe zum Einsatz. Feuchtigkeit von oben schadet dem Bodenbelag nicht, er kann daher auch in Feuchträumen eingesetzt werden. Feuchtigkeit von unten ist zu vermeiden, da P. wie eine Dampfsperre wirken. Probleme können insbesondere bei Holzuntergründen auftreten. PVC-Beläge sind pflegeleicht und gegenüber Alkalien beständig. Gegenüber lösemittelhaltigen Reinigungs- und Pflegemitteln sind sie jedoch empfindlich. Die Reinigung erfolgt durch Feuchtwischen. Meist werden zur leichteren Pflege Oberflächenbeschichtungen aufgebracht, die in regelmäßigen Zeitabständen mit aggressiven Grundreinigern abgenommen und neu aufgetragen werden müssen.
P. bestehen nur ungefähr zur Hälfte aus PVC. Die andere Hälfte sind Zusatzstoffe wie →Stabilisatoren, →Flammschutzmittel, Antistatika, Füllstoffe, Pigmente und →Weichmacher zur Erreichung der gewünschten Eigenschaften wie Elastizität und Beständigkeit gegen Licht und Temperatureinflüsse. Als Zusatzstoffe werden die in Tabelle P21 dargestellten Substanzklassen eingesetzt. Es sind bis zu 50 % Weichmacher (vor allem →Phthalate) notwendig, um aus dem ursprünglich spröden PVC ein biegeweiches Material zu machen, das für die Herstellung des Bodenbelags benötigt wird. Der

wichtigste Weichmacher war Di-(2-ethylhexyl)-phthalat (→DEHP = DOP). Wegen der gesundheitlichen und ökologischen Risiken von DEHP und der Aufnahme in den Anhang XIV der REACH-VO werden vermehrt →Diisononylphthalat (DINP) und langkettige Phthalate eingesetzt. Eine geringere Bedeutung haben Ester der Adipinsäure, Ester der Zitronensäure und Alkylsulfonsäureester. Die in P. eingesetzten Weichmacher sind nur locker ohne chemische Bindung an die PVC-Matrix gebunden. Die Freisetzung der schwerflüchtigen Weichmachermoleküle findet durch Migration der Moleküle an die Belagoberfläche und anschließende Emission statt. Die Weichmacher lagern sich nach dem Austritt aus dem Material an größere Teilchen, z.B. an den →Hausstaub, an. Pro Jahr emittiert etwa 1 % der Gesamtmenge an Weichmachern aus P. Im Jahr 1991 wurden in Innenräumen bei der Untersuchung von 40 Raumluftproben aus Berliner Haushalten in der Raumluft Phthalate gemessen. Dabei lag die Konzentration des hauptsächlich eingesetzten Weichmachers Di-(2-ethylhexyl)-phthalat (DEHP) im Mittel bei 480 ng/m^3 und bei Dibutylphthalat (DBP) bei 3.000 ng/m^3. Als Höchstwerte wurden 2.200 ng/m^3 DEHP und 33.000 ng/m^3 DBP gemessen. Der Einsatz von Phthalaten als Primärweichmacher und mittelkettigen Chlorparaffinen (C14 – C17) als Sekundärweichmacher wird als sehr kritisch beurteilt. DEHP und DBP sind als reproduktionstoxisch der Kat.: 1B (früher Kategorie 2) nach CLP-VO und als giftig (T) gem. Richtlinie 67/548/EWG eingestuft. Die Einstufung von Butylbenzylphthalat (BBP) als reproduktionstoxisch und als →SVHC-Stoff haben ihn zusammen mit DEHP, DBP und DIBP schon zur Aufnahme in den Anhang XIV der REACH-VO gebracht. Durch die Migration in das Wischwasser erfolgt ein zusätzlicher Eintrag von Weichmachern über die Kläranlagen mit dem Klärschlamm in die Umwelt. Bedingt durch den hohen Gehalt an Weichmachern in Weich-PVC sind überhaupt erst Flammschutzmittel in Produkten erforderlich.

→Stabilisatoren werden dem PVC zugesetzt, um es gegen Zersetzung durch Temperatureinfluss, Sauerstoff und Licht zu schützen. Zum Einsatz kommen hauptsächlich Stabilisatoren aus Barium-Zink, vereinzelt Calcium-Zink oder →Zinnorganische Verbindungen (SVHC-Stoff in der Kandidatenliste). Cadmium- und bleihaltige Stabilisatoren finden in der EU gar nicht oder kaum noch Verwendung. Die schwermetallhaltigen Verbindungen können über den Abrieb des P. in die Raumluft gelangen.

VOC-Emissionen können aus den Klebstoffen, der Oberflächenbeschichtung und dem Belag selber emittiert werden. Laut Baglioni & Piardi (1990, Costruzione e salute, Franco Angeli, Milano) variieren die maximalen VOC-Emissionen je nach Bodenbelag zwischen 40 und mehreren hundert µg/m^2h. Die am häufigsten auftretenden VOC-Emissionen aus P. sind: Phenol, 2-Ethyhexanol, 1-Butanol, Toluol, 1,2,4-Trimethylbenzol, Ethylbenzol, o-, m-, p-Xylol, Decan, Formaldehyd, Diethylenglycolmonobutylester, DEHP und TXIB (2,2,4-Trimethyl-1,3-Pentanediol-Diisobutyrat) und Ammoniak.

Bei der Verbrennung von PVC werden vor allem Kohlenmonoxid und das ätzende und korrosive Gas Chlorwasserstoff frei. Die damit verbundene extrem starke Rauchentwicklung erschwert die Rettungsmaßnahmen der Feuerwehr ebenso wie die Flucht der Menschen. Langwierige Sanierungsmaßnahmen durch die Korrosion am Bewehrungsstahl und hohe Kosten sind die Folgen.

P. werden gesammelt und das daraus gewonnene Feinmahlgut bei der Produktion neuer Produkte zugesetzt. Die Rücklaufquoten sind niedrig, aber ansteigend. In Europa ist die Menge Weichbeläge inkl. Dachbahnen zwischen 2004 und 2014 von unter 10.000 bis über 100.000 t angestiegen und ist neben Fensterrahmenmaterialien der zweitgrößte Sektor der insgesamt 481.000 t registrierten Recyclingmengen (AGPU 2015). Die Angaben werden aber kritisiert, weil Produktionsabfälle, die als Regenerat bezeichnet werden, kein wirkliches Recycling durchlaufen und Verbrennung ja eine Art stofflichen Verwertens und strenggenommen auch kein Recycling ist. Es sei denn, das anfallende Chlorid wird tatsächlich für die Neuherstellung von Vinylchlorid verwendet. Grundsätzlich können aus gesammelten PVC-Abfällen in Abhängigkeit der Sortenreinheit nur minderwertigere Produkte hergestellt werden.

PVC ist nach wie vor stark umstritten. Die Herstellung mittels Chlorchemie, das Monomer Vinylchlorid als krebserzeugende Substanz, die Migration der Weichmacher, die Freisetzung giftiger Substanzen im Brandfall (polychlorierte →Dioxine) sowie die Probleme der Entsorgung sind dabei Hauptdiskussionspunkte. In vielen Kommunen gibt es bereits seit längerem einen Beschluss, keine

P. mehr zu verlegen. Als Alternativen stehen je nach Einsatzzweck alle möglichen Arten von →Elastischen Bodenbelägen, →Linoleum, Gummi, →Kork, →Holzböden, Dielenböden, Parkettböden, Holzpflasterböden, →Laminat-Bodenbeläge, →Fliesen, Naturstein und →Textile Bodenbeläge zur Verfügung. →Floor-Flex-Platten

Zur Beschaffung von Hintergrundinformationen stehen folgende qualitätssichernde Instrumente zur Verfügung:

- GUT Prüfsiegel für Teppichböden
- RAL 128 (Blauer Engel textile Bodenbeläge)
- RAL 120 (Blauer Engel elastische Bodenbeläge, nicht jedoch PVC!)
- Das Korklogo für Korkfußböden

Die o. g. Instrumenten zugrunde liegenden Vergaberichtlinien sehen Emissionsprüfungen vor, die derjenigen nach AgBB entsprechen oder ähneln (einzelne Teilprüfungen fehlen usw.):

- RL 2009/967 EG (Euro-Blume, textile Bodenbeläge)
- Natureplus Vergaberichtlinie 1201, Linoleum-Bodenbeläge
- Oeko-Tex Standard 100 (Produktgruppe IV) für textile Boden- und Wandbeläge

Für diese Instrumente sind Emissionsprüfungen vorgesehen, die sich deutlich vom Vorgehen nach AgBB unterscheiden (keine Einzelstoffprüfung über NIK- und R-Wertbildung sowie andere, teilweise grundsätzliche Abweichungen). (UBA-Texte 18/2011 CMR und andere problematische Stoffe in Produkten)

Tabelle P21: Additive und ihre Funktion in PVC-Bodenbelägen (Quelle: Gesundheits- und Umweltkriterien bei der Umsetzung der EG-Bauprodukten-Richtlinie, UBA-Texte 06/05) in Bestandsprodukten oder in Neuprodukten

Additiv	Funktion	Verwendete Substanzklassen
Weichmacher	Sicherung der Elastizität	Phthalsäureester: Di-(2-ethylhexyl)-phthalat (DEHP) Diisononylphthalat (DINP) Dibutylphthalat (DBP) Butylbenzylphthalat (BBP) Diisodecylphthalat (DIDP) Di(n)octylphthalat (DNOP) Diisopentylphthalat (DIPP) Weitere Weichmacher: Adipinsäureester z.B. Bis(2-ethylhexyl)adipat Zitronensäureester z.B. Acetyltributylcitrat Cyclohexandicarbonsäureester Alkylsulfonsäureester Dipropylenglykoldibenzoat (DGD) Trimethylpentandioldiisobutyrat (TXIB) Sebacetate Acellate Chlorparaffine
Stabilisatoren	Stabilisierung gegen Licht- und Temperatureinflüsse	Cadmium-Stabilisatoren Blei-Stabilisatoren Organozinn-Stabilisatoren Calcium-Zink-Stabilisatoren Barium-Zink-Stabilisatoren
Pigmente	Einfärben von Kunststoffen	Anorganische Pigmente (z.B. Titandioxid, Eisen-, Chromoxid, Eisenblau-, Ultramarin- und Rußpigmente), Bleichromat Organische Pigmente (z.B. Azopigmente), Polycyclische Pigmente wie Anthrachinon, Metallkomplexpigmente wie Kupferphthalocyanin

Tabelle P21: Additive und ihre Funktion in PVC-Bodenbelägen (Quelle: Gesundheits- und Umweltkriterien bei der Umsetzung der EG-Bauprodukten-Richtlinie, UBA-Texte 06/05) in Bestandsprodukten oder in Neuprodukten

Additiv	Funktion	Verwendete Substanzklassen
Füllstoffe	Verbesserung der Verarbeitbarkeit und des Gebrauchsverhaltens (Einsatz bis zu 50 % des PVC-Materials)	Calciumcarbonat (Kreide) Hydratisiertes Magnesiumsilikat (Talkum) Schwerspat
Flammschutz-mittel	Erhöhung der Flammfestigkeit	Aluminiumtrihydrat (ATH) Phosphorsäureester Antimontrioxid (ATO) Chlorparaffine
Gleitmittel	Verbesserung des Fließverhaltens bei der thermoplastischen Verarbeitung (Einsatz bis zu 3 % des PVC-Materials)	z.B. Wachse
Antistatika	Verringerung der elektrischen Aufladung	z.B. Perchlorate
Netzmittel	Herabsetzung der Oberflächenspannung	z.B. Ester langkettiger Alkohole
Armierung	Verstärkung bei geschäumten PVC-Bodenbelägen	z.B. Glasfasern
Konservie-rungsstoffe		Triclosa (Biozid) (UBA- Texte 18/2011)

Weitere Informationen sind den technischen Begleitunterlagen der Hersteller zu entnehmen. Die meisten Hersteller haben auch Umweltproduktdeklarationen (→EPD) für ihre Produkte erstellt und von einem unabhängigen Gremium prüfen lassen. Darin sind die Sachbilanzdaten entlang der Lebenslinie beschrieben und die Ergebnisse in einer Interpretation eingeordnet.

PVC-Dichtungsbahnen P. sind seit etwa 1950 bekannt. Als Werkstoff wird hauptsächlich weiches →Polyvinylchlorid (PVC-P) eingesetzt. Die heutigen Bahnen sind i. d. R. mit Vlies- oder Gewebe armiert. Der Weichmachergehalt in P. beträgt etwa 600 g/m^2. Bereits bei kleinem Transfer ins Dachwasser gelangen hohe Weichmacher-Gehalte in den Abfluss. Nach Schätzungen der Branche (European Council of Plasticisers and Intermediates) betragen die →Phthalat-Emissionen etwa 0,8 % des jährlichen Verbrauchs, etwa 3/4 davon bei der Nutzungsphase im Außenbereich. (Arx, U. von, 1999, Bauprodukte und Inhaltsstoffe, BUWAL). Phthalate sind inzwischen ubiquitär, also auch im menschlichen Organismus zu finden. Im Mittelpunkt der Diskussion stehen die endokrinen (hormonähnlichen) und reproduktions- bzw. entwicklungstoxischen Wirkungen der Phthalate. DEHP und DBP sind bereits als →SVHC-Stoffe in den Anhang XIV der REACH-VO aufgenommen und damit zulassungsbeschränkt. DEHP ist als Repro. Cat.2 (R60-61) und als giftig T eingestuft und DBP ist als Repro. Cat.2 (R 61) und als giftig T eingestuft. Daher wird DEHP in neuen P. auch nicht mehr eingesetzt, ist aber in allen P. im Bestand enthalten. Die Weichmacheremissionen verursachen außerdem technische Probleme bei direktem Kontakt mit Bitumen oder Wärmedämmung. Die als Stabilisatoren eingesetzten Bleiverbindungen sind sogar als Repro Cat.1 (R60) und als giftig T eingestuft. Der Marktanteil von PVC-Bahnen ist innerhalb der Kunststoffgruppe mit ca. 55 % noch am größten. Mittelfristig werden sich jedoch chlor- und weichmacherfreie →Kunststoff-Dichtungsbahnen wie →ECB-Dichtungsbahnen, →EPDM-Dichtungsbahnen oder →TPO-Dichtungsbahnen durchsetzen. Die geforderte Eigenschaft Wurzelfestigkeit wird nicht nur von den P. erfüllt.

<u>Ökologische Aspekte</u>: Dachbahnen sind ein Außenbauteil. Ihr Emissionsverhalten ist daher in der Regel für Innenräume nicht relevant. Anders sieht es aus bei Emissionen in die Umgebungsluft: Aus PVC-Dachbahnen können flüchtige Monomer-Weichmacher in die Umwelt entweichen. Dachbahnen werden während der Nutzung kaum strapaziert, es sei denn, es handelt sich um begehbare Dächer oder Dachterrassen. Die wichtigsten Kriterien für eine ökologische Bewertung beziehen sich

daher auf Herstellung, Verarbeitung und Entsorgung der Materialien. Neben den in einer Ökobilanz ermittelbaren Umweltauswirkungen, z.B. Primärenergiebedarf und Verbrauch nicht erneuerbarer Ressourcen, sind vor allem die folgenden Kriterien maßgebend:

- Umgang mit toxischen Stoffen während der Produktion, z.B. Di-/Triisocyanate zur Produktion von PUR-Klebern, Bahnenbeschichtungen oder Unterspannbahnen aus Polyurethan;
- stoffliche Anteile von umweltgefährdenden Halogenkohlenwasserstoffen, insbesondere bromierte und chlorierte KW, z.B. bromierte Flammschutzmittel in Kunststoffen oder halogenierte Kunststoffe wie PVC;
- stoffliche Anteile von toxischen oder umweltgefährdenden Schwermetallen, z.B. →Cadmium oder →Blei als Kunststoffstabilisatoren oder Cadmium, Cobalt und Chrom in Farbpigmenten;
- stoffliche Anteile organischer Fungizide gegen die Verpilzung in Dachbahnen.

Tabelle P22: Übersicht häufig verwendeter Dachbahnen-Materialien (Auswahl)

Hochpolymerbahnen	
Polyvinylchlorid mit monomeren Weichmachern	PVC-P
Polyvinylchlorid mit polymeren Weichmachern	PVC-P
Polyisobutylen	PIB
Polyolefin (Polypropylen/Polyethylen)	PO
Ethylen-Copolymerisat-Bitumen	ECB
Chloriertes Polyethylen	CPE
Elastomerbahnen	
Ethylen-Propylen-Terpolymer-Kautschuk	EPDM
Chlorsulfoniertes Polyethylen	CSM
Polychloropren	CR
(Isobutylen-Isopren-Kautschuk)	IIR
Laminatbahnen	
Chloriertes Polyethylen/Polyvinylchlorid	PEC
Ethylen-Vinylacetat/Polyvinylchlorid	VAE
Polymerbitumenbahnen	
APP-ataktisches Polypropylen/Bitumen	PYP
SBS – Styrol-Butadien-Styrol/Bitumen	PYE

Je geringer die Anteile toxischer Stoffe in den verwendeten Materialien sind, desto besser für Umwelt und Verarbeiter.
Neben Kriterien, die sich auf das Material selbst beziehen, sind eine Reihe technischer Aspekte wichtig für die ökologische Bewertung des Bauteiles „Flachdach". Generell sind zu empfehlen:

- materialsparendes, reststoffarmes Bauen – erreichbar durch Materialsysteme, die möglichst wenig Nebenprodukte und Formteile erfordern und einen geringen Verschnitt produzieren;
- Maximierung der technischen Nutzungsdauer eines Flachdaches – erreichbar durch reparaturfähige Konstruktionen mit geringstmöglichem Instandhaltungsaufwand;
- recyclinggerechte Konstruktion und Produktauswahl – erreichbar durch lösbare Verbindungen (keine Verklebungen) und einen homogenen Materialaufbau.

Recycling: Die Hersteller von PVC-, PO- und Elastomerdachbahnen bieten eine Rücknahme von Verarbeitungsresten an. In die Rücknahmebereitschaft eingeschlossen sind Altdachbahnen, wobei derzeit bei modernen PO- und Elastomerdachbahnen noch keine Altmaterialien anfallen. Insgesamt muss das Angebot zum „Post-consumer-Recycling" als Vorgabe ohne praktische Konsequenzen betrachtet werden. Verklebte, inhomogene Dachdichtungen sind auf der Baustelle nicht trennbar, enthalten Klebstoff- und Dämmstoffreste. Metalle und weitere Kunststoffe – als Zusatzstoffe dem Basismaterial beigefügt – erschweren das Recycling, der Materialmix ist wirtschaftlich kaum wiederzuverwenden. Technisch ist für weichmacherarme bzw. -freie Produkte wie PO, PIB und Elastomerdachbahnen ein Recycling möglich. Voraussetzung allerdings ist die Trennbarkeit der Materialien auf der Abrissbaustelle. Für Dachbahnen aus Polymerbitumen und aus PIB werden keine Recyclingkonzepte angeboten. Beide Materialien werden als deponiefähig bezeichnet. Alternativen zu PVC-Dachbahnen: halogenfreie Materialien, Kunststoffdachbahnen, siehe Tabelle P23.
Polymerbitumenbahnen sind ebenfalls halogenfrei hergestellt. Jedoch ist bei PYE-Polymerbitumenbahnen aus Styrol-Butadien-Styrol (SBS) mit 70 bis 80 % Oxidationsbitumen mangels Fraktionierbarkeit ein Recycling für Altmaterial nicht erkennbar, genauso wie für APP-Polymerbitumendachbahnen aus ataktischem Polypropylen und 70 bis 80 % Destillationsbitumen ein Recyclingkonzept bisher fehlt.

Tabelle P23: Kunststoffdachdichtungsbahnen (Quelle: Matthias Gliech 1997)

Bahnentyp	PO	PIB	ECB
Bestandteile	Ethylen-Ethylacrylat-Copolymer, Ethylen-Propylen-Mischung, mineral. Füllstoffe	ca. 20 % Polyisobutylen, 40 % mineral. Füllstoffe, 15 % Aluminiumsilikat	Ethylen-Butylacrylat-Copolymer (50 bis 60 %), Bitumen (40 bis 50 %), keine Weichmacher
Halogene	–	–	–
Verstärkungen, Metallfolien	Glasfasergewebe	–	Polyester-/Glasfasergewebe
Befestigung	mechanisch, Heißluftschweißen, verkleben	mechanisch, chem. Schweißen (Quellschweißen = anlösen), verkleben in Streifen oder Flächen	mechanisch, Heißluftschweißen, Verklebung mit Heißbitumen
Hilfsprodukte, Kleber, Lösemittel, Lösung	Kontaktkleber (Toluol, Benzin), Dispersionskleber	Nähte mit Klebestreifen, Benzin, PIB-Lösung in Benzin, lösemittelh. Kontaktkleber, PUR-Kleber	Heißbitumen, Randanschlüsse über kaschierte Bleche
Fraktionierbar, Recycling	bei mechanischer Befestigung fraktionierbar, werkstoffliches Recycling	bei mechanischer Befestigung fraktionierbar, kein Recyclingkonzept bekannt	bei mechanischer Befestigung fraktionierbar, kein Recyclingkonzept bekannt

Mit Kennzeichnung der Produkte und getrenntem Ausbau sowie sortenreiner Trennung wäre ein Recycling durchaus erreichbar. Bei den elastomeren Dachbahnen aus EPDM Ethylen-Propylen-Terpolymer-Kautschuk ist bei mechanischer Befestigung oder Auflast das Produkt fraktionierbar und ein werkstoffliches Recycling möglich. Wenn die EPDM-DD-Bahn allerdings mit PUR-Kleber oder lösemittelhaltigem Kontaktkleber geklebt ist, dann ist wegen der anhaftenden Dämmstoffmaterialien und der Klebstoffreste ein Recycling bisher nicht möglich. Weitere Kriterien für die Materialauswahl sind einfache Verarbeitung bei verschiedenen Dachformen, Verlegbarkeit auf unterschiedlichen Dämmstoffen und auf Bestandsbitumenbahnen, Langlebigkeit, hohe thermische und mechanische Beanspruchbarkeit, Widerstandfähigkeit gegenüber UV-Strahlung, gutes Reflexionsvermögen gegenüber Wärmestrahlung, Dampfdiffusionsfähigkeit, passende Anschlusslösungen für Durchdringungen und Anschlüsse und leicht verständliche Verlegeanleitungen. Weitere Informationen sind den technischen Begleitunterlagen der Hersteller zu entnehmen. Die meisten Hersteller haben auch Umweltproduktdeklarationen (→EPD) für ihre Produkte erstellt und von einem unabhängigen Gremium prüfen lassen. Darin sind die Sachbilanzdaten entlang der Lebenslinie beschrieben und die Ergebnisse in einer Interpretation eingeordnet.

PVC-Fenster Kunststofffenster bilden mit 28 M.-% vor den PVC-Rohren (15 M.-%) und anderen Profilen (14 M.-%) das drittgrößte Einzelsegment des PVC-Gesamtmarktes aus. 50 % der in Deutschland verarbeiteten Fensterrahmen bestehen aus PVC. PVC-Fensterrahmen sind preisgünstig, relativ widerstandsfähig gegen Verkratzen, so gut wie wartungsfrei und unempfindlich gegen Verunreinigungen am Bau durch Kalk, Gips oder Zement, allerdings kann UV-Bestrahlung zu Verfärbungen führen.

P. bestehen aus PVC-Hohlkammerprofilen mit drei, vier oder mehr Kammern, welche teilweise ausgeschäumt werden und Stahlprofilen zur Aussteifung. Die durchschnittliche Zusammensetzung eines PVC-Fensters zeigt Tabelle P24.

Weichmacher, die in Weich-PVC-Produkten wie →PVC-Bodenbelägen und →Kabelisolierungen in hohen Mengen eingesetzt werden, sind zur Herstellung von P. nicht notwendig. Die toxikologisch sehr problematischen Stabilisatoren aus Cadmium, die 1990 noch in großen Mengen eingesetzt wurden, wurden durch Blei- oder Ca/Zn-Stabilisatoren ersetzt. Bleistabilisatoren haben ebenfalls ein hohes

Toxizitätspotenzial. Im Rahmen der freiwilligen Selbstverpflichtung Vinyl 2010 wurden für den Ersatz von Bleistabilisatoren folgende Reduktionsziele angegeben: 15 % bis 2005, 50 % bis 2010 und 100 % bis 2015. Die Umstellung von Bleistabilisatoren auf Ca/Zn-Stabilisatoren und Ba/Zn-Stabilisatoren ist weitgehend erfolgt.

Tabelle P24: Durchschnittliche Zusammensetzung eines PVC-Fensters

	(1)	(2)
PVC	59,3 %	78,1 %
Stabilisatoren		
– Bleistabilisatoren	1,8 %	
– Ca/Zn-Stabilisatoren	5,5 %	
Weichmacher		
Füllstoffe (Kalksteinmehl)	3,65 %	5,1 %
Pigment (Titandioxid)	2,54 %	3,4 %
Stahl	19,76 %	
Aluminium	3,49 %	
Gummi	4,38 %	6,8 %
Nitrile oder PVC	4,01 %	
Sonstige (Wachse, Fettsäureester)	1,12 %	1,1 %

Nach:
(1) ENTEC UK Limited, Ecobalance UK, 2000, Life cycle assessment of Polyvinylchloride and Alternatives: Summary report for consultation. Department of Environment, Transport and the Regions. London
(2) Kreißig, J., Baitz, M., Betz, M. & W. Straub, 1998, Ganzheitliche Bilanzierung von Fenstern und Fassaden. Quelle: Life Cycle Assessment of PVC and of principal competing materials. PE Europe et al. Commissioned by the European Commission, April 2004

Aufgrund der problematischen Eigenschaften von →Polyvinylchlorid (Herstellung mittels Chlorchemie über das krebserzeugende Monomer Vinylchlorid, Zusatz bedenklicher Additive, Transporte gefährlicher Stoffe, problematisches Brandverhalten, problematische Entsorgung) entlang seiner Produktlebenslinie haben viele Kommunen einen Verzicht auf den Einsatz von P. vollzogen (z.B. Wien für alle geförderten großvolumigen Wohnbauten). Mit dem Scheitern der alternativen Kunststofffenster auf ABS-(Acrylnitril Butadien Styrol)- und Polypropylen-Basis ist die Diskussion um die ökologische Bewertung von P. neu entbrannt. Tatsache ist, dass die PVC-Industrie hohe Summen in Studien und Marketing investiert, um die ökologische Unbedenklichkeit von P. nachzuweisen. Unbestritten sind ökologische Verbesserungen an der modernen P.-Generation im Vergleich zu früheren Fenstern zu verzeichnen. Unbeantwortet bleiben bei all den Studien aber nach wie vor die wichtigen Fragen der Volkswirtschaftlichkeit und der Risikoabschätzung durch die Einbringung von chlororganischen Verbindungen in die Umwelt. Bisher wurde PVC-Abfall deponiert oder verbrannt. Mit der Deponieverordnung von 2009, geändert 2016, ist dies nicht mehr möglich. Der größte Teil des eingesetzten PVC ist noch im Bestand gebunden und wird erst in den nächsten Jahren als Abfall anfallen. Es wird erwartet, dass der Anfall in der EU auf 6,2 Mio. t pro Jahr bis 2020 ansteigen wird (1999 waren es 3,6 Mio. t). In Europa ist die Menge P. zwischen 2004 und 2014 von unter 10.000 auf über 200.000 t angestiegen und ist neben Weichbelägen für Böden und Dachdichtung der größte Sektor der insgesamt 481.000 t registrierten Recyclingmengen. (AGPU 2015, Quelle: VinylPlus Fortschrittsbericht 2015) Die Angaben werden aber kritisiert, weil Profilverschnitt der Rahmenhersteller, in der Größenordnung von 75.000 bis 80.000 t, der als Regenerat bezeichnet wird, kein wirkliches Recycling durchläuft und Verbrennung eine Art stofflichen Verwertens und strenggenommen kein Recycling ist. Es sei denn, das anfallende Chlorid wird tatsächlich für die Neuherstellung von Vinylchlorid verwendet Ein hochwertiges Alt-PVC-Fenster-Recycling zu neuen P. wird derzeit nur geringfügig durchgeführt. Dabei wurden laut Angaben 27.000 t Rahmenmaterial (2015) zu neuen Fensterrahmen und Rolltoren eingesetzt (Rewind0 2016). Inwieweit der Einsatz von Recycling-PVC in P. in Zukunft eine wichtige Rolle spielen wird, ist noch fraglich: Laut AEA Technology (Economic Evaluation of PVC Waste Management, 2000) betragen die Kosten für das Recycling von Hart-PVC (Fensterrahmen, Rohre) 200 bis 300 Euro/t. Obwohl die Hersteller die Initiative mittragen, sind die daraus hergestellten Fenster teurer als aus frischem PVC.

PVC verursacht höhere Aufwendungen in der Müllverbrennung für die Abgasbehandlung der Salzsäureneutralisation und der Abtrennung problematischer Inhaltsstoffe wie Cadmium- und Bleistabilisatoren. Die durchschnittlichen Kosten für die Verbrennung von 1 t gemischter Abfälle betragen rund 250 Euro. Die spezifischen Kosten für

P

die Verbrennung von reinem PVC betragen 250 Euro, welche sozusagen durch den anderen Abfall mitgetragen werden. Dabei sind die jeweiligen Logistikkosten noch nicht berücksichtigt und der Wert der zurückgewonnenen Stahlprofile noch nicht gegengerechnet. Das werkstoffliche Recycling kostet dagegen 1500 Euro/t oder mehr gegenüber 500 Euro Frisch-PVC. Da sich nach (VFF 2013) noch 21 Mio. Fenstereinheiten einscheibenverglaster Fenster im Gebäudebestand befinden, für die sich ein Austausch bei einem U-Wert von 4,7 energetisch lohnt, aber auch Verbund- oder Kastenfenster (48 Mio. Einheiten) mit einem U-Wert von 2,4, außerdem unbeschichtete Isolierverglasungen 220 Mio. Fenstereinheiten ausmachen, ist der Bedarf an neuen oder Recyclingfenstern sehr groß.

→Holzfenster haben im Wohnungsbau einen Marktanteil von15,7 % und kosten 607 Euro, →Holz-Alufenster mit einem Anteil von 8,3 % kosten 759 Euro, während Kunststofffenster nur mit 465 Euro zu Buche schlagen. Die Aluminiumfenster, die im Wesentlichen in Bürogebäuden eingesetzt werden, kosten 926 Euro und haben einen Marktanteil von 18,4 %.

Informationen zu den ökologischen Eigenschaften der Produkte kann man den →EPDs der Produkte entnehmen, die über das Institut für Bauen und Umwelt (IBU) zu beziehen sind.

PVC-Tapeten P. bestehen aus geschäumtem und eventuell eingefärbtem →Polyvinylchlorid (PVC), das auf einer Papierbahn aufgebracht wird. P. gehören zu den →Vinyltapeten.

Pyrethrine →Pyrethrum

Pyrethroide P. sind Insektizide, die dem natürlichen Chrysanthemen-Inhaltsstoff →Pyrethrum synthetisch nachgebaut sind, mit dem natürlichen Vorbild durch zahlreiche Veränderungen der chemischen Struktur inzwischen aber nur noch entfernt verwandt sind. P. sind Nachfolger der toxikologisch und ökologisch besonders bedenklichen Organochlorverbindungen wie →DDT und →Lindan. P. sind seit den 1950er-Jahren auf dem Markt, von denen das Allethrin (Estergemisch aus Allethonol und Chrysantemumsäure) als erstes in größerem Maßstab hergestellt wurde. Heute gehören P. zu den am häufigsten verwendeten Insektiziden. P. weisen gegenüber dem Naturstoff Pyrethrum eine größere Stabilität in der Umwelt und eine vielfach höhere insektizide Wirksamkeit auf. Nach ihrer chemischen Struktur und unter toxikologischen Gesichtspunkten lassen sich die P. einteilen in

- Typ I-P. (ohne CN-Gruppe), z.B. →Permethrin, Allethrin, Bioresmethrin
- Typ II-P. (mit CN-Gruppe), z.B. Cypermethrin, →Deltamethrin, Fenvalerat, Cyfluthrin

Je nach Beständigkeit in der Umwelt wird zudem unterschieden zwischen:

- Kurzzeit-P., die eine Wirksamkeit von nur einigen Stunden bis Tagen aufweisen
- Langzeit-P. mit einer Wirksamkeit von mehreren Wochen, z.B. Permethrin, Cypermethrin, Cyfluthrin, Deltamethrin. Grundsätzlich sind Stoffe mit Langzeitwirkung gesundheitlich kritischer zu bewerten als solche, die schnell abgebaut werden, weil sie in →Innenräumen gesundheitliche Probleme verursachen können.

Bislang wurden weltweit rund 1.000 verschiedene P. synthetisiert; etwa 20 werden im Innenraum eingesetzt. Dazu zählen die Wirkstoffe Cyfluthrin, Cypermethrin, Deltamethrin, Permethrin, Allethrin und Bioallethrin. Sie können in Form von Sprays, Gel, Insektenstrips, Stäubemitteln oder in Elektroverdampfern angewendet werden. Zum Teil werden sie auch in Kombination mit anderen Stoffen wie →Organophosphaten (Chlorpyrifos) eingesetzt. Einsatzbereiche von P. (bzw. Pyrethrum) in Innenräumen bzw. im häuslichen Bereich:

- →Holzschutzmittel (PA 8)
- Ausrüstung von Textilien, z.B. Wollteppichen, gegen Larven von Motten oder Teppichkäfern (Eulanisierung), →Mottenschutzmittel
- Elektroverdampfer (gegen Fliegen und Mücken)
- Insektensprays und -strips (gegen Schaben, Pharao- und Hausameisen)
- Flohmittel (gegen Tierflöhe)
- Mittel gegen Kopfläuse (Goldgeist forte®, Quellada P®)
- Entwesung in Flugzeugen bei Flügen in bestimmte Zielländer (WHO-Empfehlung)

P. verfügen über einen gleichen Wirkmechanismus wie Pyrethrum. Sie wirken als Kontaktgifte und blockieren die spannungsabhängigen Natriumkanäle in den Nervenmembranen, sind also in erster Linie neurotoxisch. In der Folge kommt es bei den Insekten zu einer starken Erregung, Lähmung und schließlich zum Tod. Seitens der chemischen Industrie wurde lange der Eindruck suggeriert, P. seien für Warmblüter bzw. den Menschen völlig harmlos. Bis 1989 ein chinesisches Ärzteteam 573

Fälle akuter P.-Vergiftung in China feststellte. 229 der Fälle ließen sich auf Expositionen beim Besprühen landwirtschaftlich genutzter Felder mit P. zurückführen, 344 Fälle wurden durch Unfälle, im Wesentlichen durch versehentliche orale Aufnahme, verursacht.
Die Aufnahme der P. erfolgt hauptsächlich über die Haut, z.B. durch Kontakt mit belastetem →Hausstaub oder andere Materialien, die bei der Anwendung kontaminiert wurden. Besonders effektiv gelangen sie auf inhalativem Weg über die Lunge in den Körper. Die Resorption im Magen-Darm-Trakt ist eher schlecht, die Ausscheidung erfolgt zu etwa gleichen Teilen über Urin und Kot. Die Halbwertzeiten liegen für die verschiedenen P. zwischen sieben und 55 Stunden in Blut bzw. Plasma und 17 Stunden bis 30 Tagen im Fettgewebe. Eine Anreicherung im Körper erfolgt nicht. Schon geringe P.-Konzentrationen können beim Menschen zu akuten Gesundheitsstörungen führen.

Tabelle P25: Mögliche Symptome nach Kontakt mit Pyrethroiden (BMBF, Pyrethroidexposition in Innenräumen, 2001)

Private und gewerbliche Anwendung (Dosierung laut Anwendungshinweis): Symptome: Stechen, Jucken oder Brennen der exponierten Haut. Taubheitsgefühle, Überempfindlichkeit des Atemtraktes, allgemeines Unwohlsein mit Schwindel, Kopfschmerz, Ermüdung, Übelkeit
Unfall oder selbstmörderische Absicht (stark erhöhte Dosis): Symptome: Atemlähmung, Herzrhythmusstörungen, Bewusstseinsstörungen bis zur Bewusstlosigkeit, Lungenödem, Muskelkrämpfe

Pyrethrum und P. weisen zudem eine lokale Wirkung als Kontaktallergen auf, die vermutlich durch Verunreinigungen mit Sesquiterpenlactonen verursacht wird. Aus der Arbeitsmedizin wird auch über ein sog. Pyrethrumasthma berichtet.
Insbes. für Neugeborene und Kleinkinder ist ein hohes Gefährdungspotenzial gegenüber P. anzunehmen. Gleichwohl werden immer noch Elektroverdampfer, die P. (z.B. Transfluthrin) in konstanten und relativ hohen Konzentrationen freisetzen, gerade in Kinderzimmern zum Vernichten von Fliegen und Mücken eingesetzt.

Die ADI-Werte der WHO lauten: Pyrethrum 50 µg/kg, Permethrin 50 µg/kg, Deltamethrin 10 µg/kg.

Pyrethrum P. ist der natürliche, insektizide Wirkstoff bestimmter Chrysanthemen-Arten, z.B. Chrysanthemum cinerariaefolium, Chrysanthemum roseum und Chrysanthemum coccineum. Es ist das älteste bekannte Insektizid und wurde schon von den Römern als „persisches Insektenpulver" gegen Flöhe und Läuse verwendet. Seit Beginn des 19. Jh. wurden die getrockneten und gemahlenen Blüten im Haushalt gezielt gegen Ungeziefer eingesetzt. P. hat eine geringe Warmblütertoxizität. Trotzdem ist es kein selektiv wirksames Insektizid, sondern wirkt auch bei Nützlingen schädlich. Der Anbau erfolgt hauptsächlich in Kenia. P. ist ein Substanzgemisch aus sechs insektiziden Einzelstoffen, hauptsächlich Pyrethrin I und II, weiterhin Cinerin I und II sowie Jasmolin I und II. Der Wirkstoffgehalt der Blüten beträgt zwischen 0,2 und 3 %. Durch die Verwendung des Wirkungsverstärkers Piperonylbutoxid (PBO), der den Abbau im Schadorganismus verlangsamt, konnte die Wirksamkeit des P. um das 30fache erhöht werden. Nach gängiger Auffassung wird P. sehr schnell unter Licht- und Sauerstoffeinwirkung zersetzt und damit unwirksam. Untersuchungen des Bremer Umweltinstituts zeigten dagegen, das in Einzelfällen noch ein Jahr nach der Bekämpfungsmaßnahme P.-Konzentrationen im Hausstaub von bis zu 170 mg/kg gefunden wurden. Proben von Oberflächen zeigten P.-Konzentrationen bis über 9.000 µg/m^2. Langzeitbelastungen sind insbesondere auch bei nicht fachgerecht ausgeführten Maßnahmen zu erwarten.

Tabelle P26: Bewertung von Pyrethrumkonzentrationen auf Oberflächen (Quelle: Bremer Umweltinstitut, 2002)

Pyrethrum-Konzentration [µg/m^2]	Bewertung
< 10	Spuren
10 – 100	Geringe Belastung
100 – 1.000	Mittlere Belastung
1.000 – 10.000	Hohe Belastung
> 10.000	Sehr hohe Belastung

P

Der natürliche Chrysanthemen-Wirkstoff ist ein anspruchsvolles und vergleichsweise teures Insektizid. Daher wurden durch chemische Synthese dem P. – vom chemischen Aufbau her – ähnliche Wirkstoffe hergestellt, die →Pyrethroide. Die Pyrethroide sind weitaus stabiler als das P., weisen aber auch eine wesentlich höhere akute Toxizität auf und sind sehr viel schwerer abbaubar.

Pyrithion-Zink P. ist ein vielfältig eingesetzter biozider Stoff mit antimykotischen und antibakteriellen Eigenschaften. P. wird wegen der geringen Wasserlöslichkeit und hohen fungiziden Wirksamkeit in wässrigen Beschichtungen (Farben, Putzen) als →Topfkonservierung (Produktart 6), ebenso eingesetzt wie als →Filmschutzmittel (PA 7, Beschichtungsmittel) und Schutzmittel für Mauerwerk (PA 10). Um die Umkomplexierung, d. h. den Austausch von Zink durch andere Kationen (z.B. Kalzium) zu unterdrücken, wird in Beschichtungen P. üblicherweise mit Zinkoxid kombiniert eingesetzt, sodass Zinkionen im Überschuss vorhanden sind. Weil P. in Beschichtungen nicht alkalibeständig ist, ist die →Verkapselung weit verbreitet. P. wird in der Medizin für die Behandlung von Hautschuppen und Pilzerkrankungen verwendet. Da sich die Wirkungen aber auch auf die Genetik und den Stoffwechsel vieler Zellarten erstrecken, hat die US-Umweltbehörde EPA bereits 2004 auf die starke Giftwirkung auf Fische, wirbellose Tiere und Wasserpflanzen hingewiesen und insbesondere Bedenken in der Verwendung als Schutzanstrich für Schiffe angemeldet. Es wird für möglich gehalten, dass P. als endokriner Disruptor mit hormonartigen Wirkungen eingestuft werden muss. Neben den R-Sätzen 20 „gesundheitsschädlich beim Einatmen“ und R 41 „Gefahr ernster Augenschäden“ ist der R50/53 „sehr giftig für Wasserorganismen mit längerfristig schädlichen Wirkungen“ im damit zusammenhängenden S-Satz 61 „Freisetzung in die Umwelt vermeiden“ besonders problematisch, da bei Außenanwendung eine Freisetzung gar nicht vermieden werden kann. Das Verfahren zur harmonisierten Einstufung als reproduktionstoxisch 1B nach →REACH läuft gerade und die Konsultationen zu P. wurden im Juli 2017 beendet. Gleichzeitig soll die akute inhalative Toxizität von 3 auf 2 verschärft und der M-Faktor für die akute Wassergefährdung von 100 auf 1000 erhöht werden. Hinweise auf teratogene Eigenschaften sind schon seit 1999 bekannt und in Fischtests bei P.-haltigen Antischuppenshampoos nachgewiesen. (Goka 1999, zitiert nach Oelmann Z. Umweltchemie Ökotox 15/2003) Im Falle der Änderung der Klassifizierung wird von Herstellerseite ein Auslaufen der Anwendung von P. erwartet.
Einstufung nach →CLP: Akute Toxizität 3; H301 Giftig beim Verschlucken; Akute Toxizität 4; H332 Augenirritation 1; H318 Verursacht schwere Augenschäden; Aquatische akute Toxizität 1; H400 Sehr giftig für Wasserorgansimen; Aquatische chronische Toxizität 1; H410 Kann in Gewässern längerfristig schädliche Wirkungen haben.

Q

Qualitätsstähle Q. sind solche, bei denen keine Anforderung an den Reinheitsgrad (nichtmetallische Einschlüsse) gestellt wird. Es sind unlegierte und legierte Sorten, die nicht durch die Merkmale des Grund- und Edelstahls erfasst werden.

Qualmbildungsklassen →Baustoffklassen in Österreich

Quarz Q. ist eine kristalline Modifikation des Siliciumdioxids. Weitere kristalline Modifikationen sind Cristobalit und Tridymit. Q. ist das zweithäufigste Mineral in der Erdkruste. Es kommt in nicht unerheblichen Anteilen in vielen Gesteinen und infolgedessen auch in den daraus durch Verwitterung entstandenen Böden vor.

Die alveolengängige Staubfraktion des kristallinen Siliciumdioxids in den Modifikationen Quarz und Cristobalit ist als krebserzeugend (K1) eingestuft. Tridymit konnte wg. unzureichender Datenlage bisher nicht abschließend bewertet werden.

Arbeitsbedingte Gefahrenquellen bestehen durch Staubentwicklung bei der Gewinnung, Be- oder Verarbeitung insbesondere von Sandstein, Quarzit, Grauwacke, Kieselerde (Kieselkreide), Kieselschiefer, Quarzitschiefer, Granit, Gneis, Porphyr, Bimsstein, Kieselgur und keramischen Massen. Zu nennen sind insbesondere

- die Natursteinindustrie bei der Gewinnung, Verarbeitung und Anwendung von Festgesteinen, Schotter, Splitten, Kiesen, Sanden,
- das Gießereiwesen – insbesondere beim Aufbereiten von Formsanden und Gussputzen,
- die Glasindustrie (Glasschmelzsande),
- die Emaille- und keramische Industrie (Glasuren und Fritten, Feinkeramik),
- die Herstellung feuerfester Steine sowie
- die Schmucksteinverarbeitung.

Weiterhin wird Q.-Sand bzw. Q.-Mehl als Füllstoff (Gießharze, Gummi, Farben, Dekorputz, Waschpasten), als Filtermaterial (Wasseraufbereitung) und als Rohstoff, z.B. für die Herstellung von Siliciumcarbid, Silikagel, Silikonen und bei der Kristallzüchtung, eingesetzt, zudem als Schleif- und Abrasivmittel (Polier- und Scheuerpasten) und als Strahlmittel.

Bei beruflicher Exposition gegenüber Q.-haltigen Stäuben stehen Lungenveränderungen an erster Stelle. Nach Langzeit-Exposition werden →Silikose und das Auftreten von Lungentumoren festgestellt. Daneben gibt es Hinweise auf ein vermehrtes Auftreten von Tumoren, die auf das Abschlucken inhalierter Quarzpartikel zurückgeführt werden. Allgemein wächst die Gefährdung mit der Zunahme des alveolengängigen Anteils an der Staubfraktion, mit dem Gehalt an kristallinem Siliciumdioxid sowie der Expositionszeit.

Beim Schleifen mineralischer Oberflächen wie Estrich gelangt Q.-Staub in die Atemluft. Reicht die Absaugung an der Schleifmaschine nicht aus, muss Atemschutz getragen werden.

Quarzsand Sande sind Endprodukte der verschiedenen Verwitterungsprozesse, die sich in praktisch allen Formationen der Erdgeschichte bildeten. Reine Q.-Vorkommen sind allerdings seltener. Die drei häufigsten Formen von kristallinem Siliciumdioxid sind Quarz (CAS-Nr. 14808-60-7), Cristobalit (CAS-Nr. 14464-46-1) und Tridymit (CAS-Nr. 15468-32-3). Quarz ist das zweithäufigste Mineral. Q. besteht überwiegend aus kristallinem Siliciumdioxid mit einem Gehalt von mindestens 96 %. Q. mit einem Gehalt von mindestens 99,9 % wird zur Glaserzeugung und in der Gießereiindustrie sowie für feuerfeste Produkte eingesetzt. Q. wird auch in der Beschichtungsindustrie (Putze), der chemischen Industrie, der Bauindustrie, für Golf- und Sportplätze und vieles mehr verwendet. Die Gewinnung erfolgt im Tagebau (in Tiefen bis zum Grundwasserspiegel) mittels großer Hochlöffelbagger. Durch Be- und Verarbeiten von Stoffen, Zubereitungen und Erzeugnissen, die kristallines Siliciumdioxid enthalten, kann quarzhaltiger Staub freigesetzt werden. Quarzhaltiger Staub (silikogener Staub) ist Mischstaub, der in der alveolengängigen Staubfraktion (A-Fraktion, A-Staub) bis zu 100 % Quarzfeinstaub in den Modifikationen Quarz, Cristobalit oder Tridymit enthalten kann und für die gesundheitlichen Auswirkungen verantwortlich ist. Quarzfeinstaub kommt in der Umwelt vor und tritt bei zahlreichen berufsbedingten Tätigkeiten (u.a. Steinbrüchen, Bergbau, Steinbrech- und Steinmetzarbeiten, Gießerei, Ziegelei, Fliesenherstellung, Bauarbeiten mit Stein, Beton, Ziegel und bestimmten Dämmplatten) auf. Alveolengängiger Quarzfeinstaub kann dosisabhängig zu einer dauerhaften Schädigung der Bronchien, chronischen Atemwegsentzündungen mit Lungenfunktionseinschränkungen führen sowie Krebserkrankungen der Atemwege

verursachen. Im Vordergrund gesundheitlicher Auswirkungen steht die Silikose (Staublunge) als eine der ältesten und auch tödlich verlaufenden Berufskrankheiten. Hierbei kommt es zu Ablagerungen alveolengängiger Partikel aus kristallinem Siliziumdioxid in der Lunge.
Die IARC (2012) hat kristallines Siliciumdioxid in Form von Quarz- oder Cristobalitstaub als krebserzeugend für den Menschen nach Gruppe 1 bewertet. Von der →MAK-Kommission der DFG sind Quarz, Cristobalit und Tridymit in die Kategorie 1 beim Menschen krebserzeugend eingestuft (2017). Seit 2006 gibt es keinen →Arbeitsplatzgrenzwert (AGW) für kristallines Siliciumdioxid mehr. Tätigkeiten oder Verfahren, bei denen Beschäftigte alveolengängigen Stäuben aus kristallinem Siliciumdioxid in Form von Quarz und Cristobalit ausgesetzt sind, gelten nach TRGS 906 als krebserzeugend. Eine Einstufung nach TRGS 905 liegt nicht vor. Der Arbeitgeber hat bei Expositionen gegenüber quarzhaltigem Staub (silikogenem Staub) ein System zum Gesundheitsschutz der Arbeitnehmer gemäß →Gefahrstoffverordnung und TRGS 559 vorzusehen. Es wird davon ausgegangen, dass die Vermeidung einer Silikose auch das Krebsrisiko senkt. Im Mai 2016 wurde für kristallines Siliciumdioxid in Form von Quarz- oder Cristobalitstaub ein verbindlicher Arbeitsplatzgrenzwert (Binding Occupational Exposure Limit Values – BOELV) in Höhe von 0,1 mg/m^3 in Bezug auf die Europäische Richtlinie 2004/37/EG über Kanzerogene und Mutagene (Krebsrichtlinie) durch die EU-Kommission vorgeschlagen. Das EU-Parlament stimmte im Oktober 2017 dem Vorschlag zu.
Für Quarz bzw. Quarzstaub ist in der Verordnung (EG) 1272/2008 (GHS) keine harmonisierte Einstufung nach Anhang VI festgelegt. Das bedeutet, dass bezüglich des Inverkehrbringens von Quarz keine Legaleinstufung besteht, jedoch bei Tätigkeiten mit Quarz Maßnahmen nach der Gefahrstoffverordnung für krebserzeugende Stoffe anzuwenden sind. In Verkehr gebrachtes kristallines Siliciumdioxid unterliegt der Einstufungspflicht gemäß der Verordnung (EG) Nr. 1272/2008 und bei relevanten A-Staub-Anteilen ist Quarz in Abhängigkeit von der Produktzusammensetzung dann zu kennzeichnen. Von den Herstellern werden dafür unterschiedliche Einstufungen angegeben. Quarz ohne Anteile an A-Staub ist nicht kennzeichnungspflichtig. →Mineralische Rohstoffe

Quaternäre Ammonium-Verbindungen Q. (Quat-Präparate, Quats) sind eine im Bereich Holzschutz eingesetzte Wirkstoffgruppe mit fungiziden und bakteriziden Eigenschaften, die durch eine (polare) Ammoniumgruppe gekennzeichnet ist, deren vier Wasserstoffatome alle durch organische Reste, häufig mehr oder weniger lange Fettsäuren (apolare Gruppen), ersetzt sind, z.B. N,N-Didecyl-N-methyl-poly-(oxethyl)-ammoniumpropionat oder Dimethyl-benzyl-(C12-C14)-alkylammoniumchlorid.
Q. haben eine oberflächenaktive Wirkung und sind damit kationische →Tenside und werden als Desinfektionsmittel PT2 eingesetzt. Die bioziden Eigenschaften (→Biozide) beruhen auf der Fähigkeit der Q., die Zellmembranen lebender Organismen zu schädigen. Q. zeichnen sich durch ein breites Wirkungsspektrum gegen Bakterien, Pilze, Hefe und Algen aus (→Biozidverordnung). Q. gelten als vergleichsweise wenig humantoxisch. Sorge bereitet allerdings die aquatische Toxizität von Q.
Holzschutzmittel auf Basis von Q. sind fixierende, wasserverdünnbare Flüssigkeiten. Die Produkte enthalten Q. bis 70 % sowie Lösevermittler wie Glykole (z.B. Dipropylenglykol, Ethylenglykol) bis max. 10 %. Zusätzliche Wirkstoffe wie 3-Iod-2-propinylbutylcarbamat (→IPBC) bis 1 % können im anwendungsfertigen Produkt enthalten sein. Die Holzschutzmittel werden vorbeugend eingesetzt gegen Insekten- und/oder Pilzbefall bei Bauteilen aus Holz und Holzwerkstoffen, die tragende oder aussteifende Funktion in baulichen Anlagen haben. Eine umfassende Risikobewertung wurde 2005 vom österreichischen Umweltbundesamt herausgegeben, worin insbesondere auf die Gefahren für das Funktionieren von Kläranlagen hingewiesen wird. EU-GHS-Einstufung und Kennzeichnung: Akute Toxizität, Kategorie 3, Verschlucken; H301 Giftig bei Verschlucken; Ätzwirkung auf die Haut, Kategorie 1B; H314 Verursacht schwere Verätzungen der Haut und schwere Augenschäden; Gewässergefährdend, Akut Kategorie 1; H400; Chronisch Kategorie 1; H410 Sehr giftig für Wasserorganismen mit langfristiger Wirkung. GISBAU-Produktcode HSM-W 50.

Quecksilber Q. ist ein silberglänzendes, flüssiges Metall und gehört zu den →Schwermetallen. Es hat einen (für ein Metall) hohen Dampfdruck und verdampft bereits bei Zimmertemperatur. Q. wird eingesetzt u.a. in Thermometern, Batterien,

Schaltern und Leuchtstofflampen. In der Medizin wird es zur Wunddesinfektion und in der Zahnmedizin zur Herstellung von Amalgam, einer Legierung von Q. mit anderen Metallen, verwendet. 1993 wurden in Deutschland 72,9 t Q. verwendet (UFOPLAN-Bericht 106 01 047), in der EU 2017 allein 70 t nur durch den Einsatz von Q. in Amalgamfüllungen. In die Umwelt gelangt Q. durch vulkanische Aktivitäten, Verbrennung von Kohle, Heizöl und Müll, Verhüttung und industriellen Verbrauch sowie als Folge von Re-Emissionen und Re-Mobilisationen. Bei kohlegefeuerten Kraftwerksanlagen (Stein-/Braunkohle) fallen beim Verbrennungsprozess und den nachgelagerten Rauchgasreinigungsschritten (Entstaubung, nasse oder trockene Entschwefelung, Entstickung) insbesondere auch Flugaschen und Gips aus der Rauchgasentschwefelung (REA-Gips) an.

Im →REA-Gips wird ein Teil des im Abgas befindlichen Q. eingebunden (zwischen 0,1 mg und 1,3 mg Hg/kg) und an Flugaschepartikel wird Q. abgeschieden. Sowohl REA-Gips als auch Flugaschen werden umfassend verwertet, →Gips vor allem in →Gipskartonplatten, Putzgips oder Estrichen und →Flugasche im →Zement. Nach Schadstofffreisetzungs- und Verbringungsregister (EG 166/2006) werden in Deutschland pro Jahr 7,5t Q. freigesetzt.

Aus anorganischen Q.-Verbindungen kann in verunreinigten Gewässern durch Mikroorganismen das besonders toxische Methyl-Q. gebildet werden. Solche OrganoQ.-Verbindungen werden in Wasserorganismen, z.B. Fischen, angereichert und gelangen auf diese Weise in die menschliche Nahrung.

Eintragspfade für den Menschen bestehen über die Inhalation von Q.-Dampf aus Zahnamalgam, elementares Q. aus der Luft sowie Zigarettenrauch. Über den oralen Pfad werden besonders organisches Q. durch Fischkonsum aufgenommen. Gesundheitseffekte durch Q. betreffen insbesondere Nieren- und Lebereffekte sowie das Nervensystem. Im Gegensatz zur oralen oder dermalen Aufnahme wird gasförmiges Hg nach Inhalation gut resorbiert und im Körper zu Hg^{2+} oxidiert und akkumuliert. Seit dem 1.7.2018 (Verordnung (EU) 2017/852 des Europäischen Parlaments und des Rates vom 17. Mai 2017 über Quecksilber) dürfen Zahnärzte grundsätzlich bei Milchzähnen, bei Kindern unter 15 Jahren und bei Schwangeren oder Stillenden kein Dentalamalgam mehr verwenden.

Q.-Vergiftungen äußern sich in Nerven- und Nierenschäden. Zu einer folgenschweren Massenvergiftung kam es in Japan durch den Verzehr von Q.-verseuchtem Fisch. In die Minamata-Bucht wurden von einem Chemiebetrieb jahrelang Q.-haltige Abwässer geleitet. Das Q. reicherte sich in den Fischen an. Zwischen 1955 und 1959 wurde nahezu jedes dritte Kind in Minamata mit schweren geistigen und körperlichen Schäden geboren.

Die Q.-Gesamtdepositionen in Deutschland lagen im Jahr 2010 im Bereich von 12 bis 30 µg Hg/m². In Europa stammen etwa 40 bis 80 % der gesamten Q.- Depositionen von außerhalb der EU. Aufgrund der (Öko)Toxizität von Q. und seinen Verbindungen wurden in der Bundesbodenschutzverordnung (BBodSchV) verschiedene Vorsorge-, Prüf- und Maßnahmenwerte festgelegt und als zulässige Zusatzfracht für Q. sind 1,5 g Hg pro ha und Jahr über alle Eintragspfade maßgeblich. Der Entwurf zur Mantelverordnung sieht eine Absenkung auf 1,0 g Hg/ha und Jahr vor. Die Wasserrahmenrichtlinie (WRRL) legt für Fische eine Umweltqualitätsnorm für Q. von 20 µg/kg FG in Fischen fest. Bereits in den frühen 1990er-Jahren und auf Basis des 1998er Aarhus Protokoll über Schwermetalle wurden in Deutschland unterschiedliche Maßnahmen zur Q.-Reduktion umgesetzt. Aufgrund der Q.-Toxizität wurden vielfach bereits ab etwa 1970 Ersatzstoffe verwendet. Mit der Verordnung (EU) 2017/852 des Europäischen Parlaments und des Rates vom 17. Mai 2017 über Quecksilber werden die Ein- und Ausfuhr bestimmter Q.-Verbindungen und -Gemische sowie die Herstellung und das Inverkehrbringen neuer Q.-haltiger Produkte verboten (Umsetzung des Minamata-Übereinkommens).

Auf Basis der Verordnung (EG) Nr. 166/2006 des Europäischen Parlaments und des Rates vom 18.1.2006 über die Schaffung eines Europäischen Schadstofffreisetzungs- und -verbringungsregisters werden zu Q. emissionsseitige Daten durch Branchenbetriebe (berichtspflichtig bei mehr als 10 Kilogramm Q. pro Jahr) gemeldet, durch das UBA in der Datenbank dem Schadstofffreisetzungs- und -verbringungsregister PRTR (Pollutant Release and Transfer Register) gesammelt, an die Europäische Kommission weitergeleitet und frei zugänglich veröffentlicht unter www.thru.de. Für das Berichtsjahr 2015 wurden insgesamt 6837 kg

Q./Jahr in Luft freigesetzt. Hiervon entfielen auf den Energiesektor relativ 73,9 %, auf die Metallindustrie 12,3 %, die Mineralverarbeitende Industrie 9,64 %, die Chemische Industrie 3,6 % und auf die Abfall- und Abwasserbewirtschaftung 0,598 %. Die Kohleverbrennung ist damit die wichtigste Emissionsquelle für das Q. In den Jahren 2007 bis 2015 lag in Bezug auf Q.-emissionen in die Luft die jährliche Anzahl gemeldeter Wärmekraftwerke und anderen Verbrennungsanlagen an das PRTR zwischen 48 und 55 und die jährlichen Emissionen bei rund 5 t Q. Im Jahr 2015 betrug die Betriebsanzahl 51, von denen 13 Betriebe zwischen > 10 und 20 kg Q., 27 Betriebe zwischen 21 und 100 kg Q., 10 Betriebe zwischen 101 und 500 kg Q. und ein Betrieb mehr als 500 kg Q. freisetzten.

Für das Umweltmedium Wasser müssen nach PRTR-Verordnung Freisetzungen oberhalb von 1 kg Q. berichtet werden und im Jahr 2015 lagen die Emissionen insgesamt bei 293 kg Q./Jahr. Hiervon entfielen auf die Abfall- und Abwasserbewirtschaftung 95,9 % durch 27 Betriebe, die Chemische Industrie 3,64 % mit 4 Betrieben und den Energiesektor 0,502 % mit einem Betrieb. Der Schwellenwert für das Umweltmedium Boden nach PRTR-Verordnung beträgt 1 kg Q. und hierzu wurde im Jahr 2015 keine Freisetzung berichtet.

Q. aus zerstörten Q.-haltigen Fieberthermometern oder Kontaminationen in ehemaligen Zahnarztpraxen können zu erheblichen Q.-Belastungen in der Innenraumluft führen. Amalgam ist eine Legierung aus etwa gleichen Teilen Quecksilber und einem Pulver aus ca. 70 % Silber und 30 % Zinn, Kupfer und Zink. Thermometer können Q.-Gehalte von 0,5 bis 3,0 g, Barometer von 1 bis 3 g sowie ältere Blutdruckmessgeräte etwa 150 g und Leuchtstoffröhren bis zu 15 mg Quecksilber haben. Hingegen weisen Kompaktleuchtstofflampen (Energiesparlampen) zwischen 1,5 mg und 4 mg Q. auf. Mit der Verordnung (EU) 2017/852 über Q. sind seit 31.12.2010 Ausfuhr, Einfuhr und Herstellung Q.-haltiger Barometer, Hygrometer, Manometer und Thermometer sowie Blutdruckmessgeräte untersagt.

Gemäß der RoHS-Richtlinie (Richtlinie 2002/95/EG des Europäischen Parlaments und des Rates vom 27.1.2003 zur Beschränkung der Verwendung bestimmter gefährlicher Stoffe in Elektro- und Elektronikgeräten. ABl. L 37 vom 13.2.2003) dürfen seit September 2010 die Q.-Gehalte von Kompaktleuchtstofflampen nicht höher als 5 mg sein und der Q.-Gehalt ist auf der Verpackung auszuweisen. Seit 1.1.2012 enthalten Lampen mit weniger als 50 W höchstens 3,5 mg Q. und seit 1.1.2013 Lampen mit weniger als 30 W maximal 2,5 mg Q. Mit der Verordnung (EU) 2017/852 über Q. sind Ausfuhr, Einfuhr und Herstellung von Kompaktleuchtstofflampen für allgemeine Beleuchtungszwecke mit weniger als 30 W und einem Q.-Gehalt von mehr als 2,5 mg bzw. von mehr als 3,5 mg je Brennstelle ab 31.12.2018 verboten. Auch für lineare Leuchtstofflampen und Hochdruck-Q.-dampflampen gelten ab 31.12.2018 entsprechende Verbotsregelungen. Veröffentlichungen des Bayerischen Landesamts für Umwelt (2011) zur Freisetzung von Q. und Amalgamen nach Zerbrechen aus Kompaktleuchtstofflampen zeigen, dass unter ungünstigen Lüftungsbedingungen maximale Raumluftgehalte von 380 bis 910 ng Hg/m^3 (Raumtemperatur: 14 bis 18 °C) bzw. von 680 bis 10.300 ng Hg/m^3 (21 bis 22 °C) sowie bei älteren Lampen deutlich höhere maximale Werte erreicht werden. Durch Beseitigung der Bruchstücke und durch Lüftung fällt die Q.-Belastung in der Raumluft ab und unter diesen Voraussetzungen sind gesundheitliche Effekte beim Bruch von Kompaktleuchtstofflampen dann nicht zu erwarten. Q.-haltige Gasentladungslampen zur Hintergrundbeleuchtung finden sich in älteren LCD-Geräten, in Fernsehgeräten können über 50 Q.-haltige Lampen enthalten sein.

RW I-Wert 0,035 µg/m^3 und 0,35 µg/m^3 für metallischen Q.-Dampf in der Raumluft, Bundesgesundheitsblatt 2-1999. Ausnahmsweise ist der RW II hier nicht als Eingriffswert zu verstehen, sondern eine Überschreitung stellt einen Hinweis auf eine relevante Quelle im Innenraum dar. →Innenraumluft-Grenzwerte

Arbeitsplatzgrenzwert gemäß TRGS 900 für Q. und Q.-Verbindungen mit 0,02 mg/m^3.

Die MAK-Kommission (DFG) hat eine maximale Arbeitsplatz-Konzentration (MAK-Wert) in Höhe von 0,02 mg Hg/m^3 ausgewiesen.

HMW = Halbstundenmittelwert (ab 1.1.2016), TMW = Tagesmittelwert (ab 1.1.2016), JMW = Jahresmittelwert (ab 1.1.2019)

Mit der →REACH-Verordnung (Verordnung (EG) Nr. 1907/2006) gilt seit dem 10.10.2017 ein Verbot der Herstellung, des Inverkehrbringens und der Verwendung von quecksilberhaltigen Katalysatoren bei der Produktion von →Polyurethan. Die

Verordnung sieht auch seit 1.1.2018 ein Verbot für quecksilberhaltige Herstellungsprozesse für Alkoholate vor. Die REACH-Verordnung enthält ein Verbot zur Verwendung von Q.- Verbindungen zum Holzschutz und zur Imprägnierung bestimmter Textilien.

Tabelle Q1: Emissionsbegrenzende Anforderungen für Q. im Immissionsschutzrecht (Quelle: 2. Bericht der Ad-hoc-AG LAWA, LAI, LABO betreffend Hg-Belastungen)

Regelung	Regelungsbereich	Emissionsgrenzwerte
13. BImSchV (BGBl. I S. 1021, 1023, 3754)	Großfeuerungs-, Gasturbinen- und Verbrennungsmotoranlagen	HMW: 0,05 mg/m^3 TMW: 0,03 mg/m^3 JMW: 0,01 mg/m^3 (bei Einsatz von festen Brennstoffen, ausgenommen naturbelassenem Holz)
17. BImSchV (BGBl. I. S. 1021, 1044, 3754)	Verbrennung und Mitverbrennung von Abfällen	HMW: 0,05 mg/m^3 TMW: 0,03 mg/m^3 JMW: 0,01 mg/m^3
TA Luft (Technische Anleitung zur Reinhaltung der Luft – TA Luft) vom 24. Juli 2002 (GMBl. S 511)	Genehmigungs-bedürftige Anlagen (soweit nicht durch 13. oder 17. BImSchV abgedeckt) Herstellung von Chlor oder Alkalilauge (Altanlagenregelung)	staubförmig: 0,25 g/h oder 0,05 mg/m^3 1,0 bis 1,2 g je Tonne genehmigter Chlorproduktion, Dynamisierung auf den Stand der Technik

Nach dem Batteriegesetz (2009) ist das Inverkehrbringen von Batterien, die mehr als 0,0005 Gew.-% Q. enthalten, verboten. Knopfzellen dürfen noch bis zu zwei Prozent (20 Gramm pro Kilogramm) Quecksilber enthalten, die vor dem 1.10.2015 erstmalig in Verkehr gebracht wurden. Für Batterien und Akkumulatoren, die mehr als 0,0005 Gew.-% Q. enthalten, besteht nach der Verordnung (EU) 2017/852 über Quecksilber nach dem 31.12.2020 ein Verbot zu Ausfuhr, Einfuhr und Herstellung.

Bei der Feuerbestattung von Toten mit Amalgamfüllungen entweicht Q. gasförmig. Nur wenige Krematorien sind mit geeigneten Filtern ausgestattet. Amalgamfüllungen von erdbestatteten Toten setzen im Laufe der Zeit im Boden Q. frei.

Q.-haltige Abfälle sind stets als gefährliche Abfälle eingestuft. Q.-haltige Abfälle a) aus der Chloralkaliindustrie, b) aus der Reinigung von Erdgas, c) aus der Förderung von Nichteisenmetallen und der Verhüttung, d) aus der Extraktion aus Zinnobererz in der EU dürfen nach der Verordnung (EU) 2017/852 über Q. keinerlei Rückgewinnung von Q. mit sich bringen. Q.-haltige Abfälle müssen dauerhaft in geeigneter Form von der Umwelt ferngehalten und in tauglichen Behältern abgelagert werden. In Deutschland bieten sich Untertagedeponien an, oberirdisch dürfen gemäß Deponieverordnung nur geringe Mengen abgelagert werden. Mit der Verordnung (EU) 2017/852 über Q. ist festgelegt, dass ab dem 1.1.2019 Betreiber zahnmedizinischer Einrichtungen Amalgamabscheider einsetzen, die Q.-reste aus Flüssigkeiten und Abwässern sicher auffangen. Mit Inkrafttreten des Gesetzes über das Inverkehrbringen, die Rücknahme und die umweltverträgliche Entsorgung von Elektro- und Elektronikgeräten (ElektroG) müssen Elektrogeräte getrennt gesammelt werden. Die Mengen der eingesammelten Gasentladungslampen lag im Jahr 2014 bei 6.801 t, die Recyclingquote der Altlampen beträgt 93 %. Seit 2012 sinken die Mengen der gesammelten und recycelten Gasentladungslampen. Bei Gasentladungslampen beträgt die einzuhaltende Wiederverwendungs- / Recyclingquote mindestens 80 % des durchschnittlichen Gewichts. Im Entsorgungsprozess wird Q. abgeschieden und kann mittels Vakuumdestillation sehr rein erhalten werden, um es etwa in der Herstellung neuer Lampen einzusetzen. Bei der weiteren Verwertung darf gemäß ElektroG der Q.-Gehalt in verwertbarem Altglas nicht mehr als 0,0005 Gew.-% enthalten sein. Generell gilt laut novellierter RoHS-Richtlinie, dass homogene Werkstoffe nicht mehr als 0,1 Gew.-% Q. enthalten dürfen.

Bei der Verwertung von Klärschlamm, Kompost und Düngemitteln auf landwirtschaftlich genutzten Böden muss der maximal zulässige Q.-Gehalt

der Klärschlammverordnung, Bioabfallverordnung bzw. der Düngemittelverordnung eingehalten werden. →Schwermetalle (Quecksilber: Gift fürs Gehirn, Greenpeace 2015)
→Hüttensand, Steinkohlenflugasche oder Klärschlamm werden teilweise als Abfälle zur Herstellung von →Zement, →Ziegel und →Beton genutzt. Die Musterverwaltungsvorschrift Technische Baubestimmungen (→MVV TB) (→Musterbauordnung) legt fest, dass bei baulichen Anlagen oder Teilen von baulichen Anlagen, die in Boden und Grundwasser eingebaut sind, sicherzustellen ist, dass mit den Anforderungen bezüglich der Auswirkungen auf Boden und Gewässer (A 3.2.3 ABuG) keine schädlichen Boden- und Grundwasserverunreinigungen durch Q. ausgehen. Kommen Q.-haltige Abfälle in Bauprodukten zur Anwendung, ist für den Q.-Gehalt im Feststoff eine Obergrenze von 5 mg Q./kg vorgeschrieben. Rezyklierte Gesteinskörnungen müssen Q.-Konzentrationen im Eluat in Höhe von 2 µg/l als Obergrenze erfüllen. Für industriell hergestellte →Gesteinskörnungen aus Kesselasche aus Steinkohlekraftwerken mit Müllverbrennung beträgt die Obergrenze für die Q.-Konzentration im Eluat 1 µg/l und für Gesteinskörnungen aus gebrochenem Altglas 2 µg/l. Die Feststoffgehalte für Q. industriell hergestellter Gesteinskörnungen aus Stahlwerksschlacke, Kesselasche aus Steinkohlekraftwerken mit Müllverbrennung, Schlacke aus der Kupfererzeugung, Gießereisand sowie Gesteinskörnungen aus gebrochenem Altglas haben jeweils 5 mg/kg bzw. 0,22 mg/m^2 einzuhalten. Die Q.-Gehalte im Feststoff und im Eluat siliciumreicher Flugasche für Beton dürfen die Obergrenze von 5 mg/kg bzw. 0,22 mg/m^2 nicht überschreiten. Für Q.-Gehalte im Beton, der aus Sulfathüttenzement oder Calciumsulfatzement hergestellt ist, beträgt die Obergrenze im Eluat 0,22 mg Q./m^2. Die Anforderungen an die Q.-Eluatkonzentration und den Q.-Gehalt von Glasmehl für Schüttungen aus Schaumglasschotter betragen 1 µg/l bzw. 1,5 mg/kg jeweils als Obergrenze.

Quellton →Bentonit

R

Radioaktivität Alle Materie ist aus Atomen aufgebaut. Der weitaus größte Teil der Atome ist stabil. Ein Teil der Atome ist dagegen instabil, d.h. radioaktiv. Radioaktive Atomkerne haben das Bestreben, sich in stabile Atomkerne umzuwandeln. Bei diesem Umwandlungsvorgang (radioaktiver Zerfall) senden die Atomkerne energiereiche Strahlung aus. Der Zerfall bzw. die Umwandlung instabiler Atomkerne unter Aussendung von Strahlung wird als R. bezeichnet. Die ausgesandte Strahlung wird üblicherweise als radioaktive Strahlung bezeichnet (obwohl die Strahlung selbst nicht radioaktiv ist). Es sind dies im Wesentlichen: Alphastrahlung, Betastrahlung und Gammastrahlung, die unter dem Begriff →Ionisierende Strahlung zusammengefasst werden.
Die Geschwindigkeit, mit der Atome sich umwandeln (zerfallen), wird als Aktivität bezeichnet und in Becquerel (Bq) angegeben. 1 Bq ist ein Atomzerfall pro Sekunde.
Die Zeit, in der sich jeweils die Hälfte einer vorhandenen Menge eines radioaktiven Stoffs umwandelt, wird als physikalische Halbwertszeit bezeichnet. Die Zeitspanne, in der die Hälfte einer inkorporierten radioaktiven Substanz wieder ausgeschieden ist, bezeichnet man als biologische Halbwertszeit.

Radioaktivität von Baustoffen Baumaterialien enthalten eine mehr oder weniger große Menge an natürlich vorkommenden radioaktiven Stoffen. Von Bedeutung sind insbes. die Isotope Kalium-40 (K-40), Radium-226 (Ra-226) und Thorium-232 (Th-232). Zur Bewertung von Baumaterialien unter dem Gesichtspunkt der →Radioaktivität wird vielfach die Leningrader Summenformel herangezogen. Danach ergibt sich die Bewertungszahl B wie folgt:
$B = R/370 + T/259 + K/4810$
Es bedeuten:
K = spezifische Aktivität von K-40
R = spezifische Aktivität von Ra-226
T = spezifische Aktivität von Th-232
Unter strahlenbiologischen Gesichtspunkten soll mindestens gelten: $B < 1$.

Tabelle R1: Mittelwerte der Strahlenexposition durch natürliche Radionuklide in Baumaterialien und Bewertungszahl nach Leningrader Summenformel

Material	Radium-226 [Bq/kg]	Thorium-232 [Bq/kg]	Kalium-40 [Bq/kg]	Bewertungszahl B
Kies, Sand, Kiessand	15	16	380	0,18
Kalksandstein	15	10	200	0,12
Porenbeton	15	10	200	0,12
Beton	30	23	450	0,26
Ziegel, Klinker	50	52	700	0,48
Ton, Lehm	< 40	60	1.000	0,55
Tuff, Bims	100	100	1.000	0,86
Natürlicher Gips, Anhydrit	10	< 5	60	0,06
REA-Gips	20	< 20	< 20	0,14
Granit	100	120	1.000	0,94
Gneis	75	43	900	0,56
Diabas	16	8	170	0,11
Basalt	26	29	270	0,24
Granulit	10	6	360	0,13
Kupferschlacke	1.500	48	520	4,35
Braunkohlenfilterasche	82	51	147	0,45

Die spezifischen Aktivitäten natürlicher Radionuklide weisen von Material zu Material und auch innerhalb einer Materialart große Unterschiede auf. Unter den Natursteinen haben kieselsäurereiche Magmagesteine, insbes. Granite, vergleichsweise hohe Konzentrationen an natürlichen Radionukliden. Der Mittelwert der von den Baustoffen ausgehenden gamma-Ortsdosisleistung (ODL) in Gebäuden Deutschlands beträgt rund 80 nSv/h. Werte der ODL über 200 nSv/h sind selten. Von besonderem Interesse ist das durch radioaktiven Zerfall aus Radium-226 entstehende →Radon-222. In den wichtigen in Deutschland verwendeten Baustoffen wie Beton, Ziegel, Porenbeton und Kalksandstein wurden Radium-226-Konzentrationen gemessen, die i.d.R. so gering sind, dass sie nicht zu Überschreitungen der von der EU-Kommission empfohlenen Richtwerte für die Radonkonzentration in Wohnungen führen.

In einigen Rückständen aus industriellen Verarbeitungsprozessen reichern sich die natürlichen radioaktiven Stoffe an. Bei unkritischer Verwendung dieser Rückstände z.B. als Sekundärrohstoff sind erhöhte Strahlenexpositionen möglich. In Anlage XII der StrlSchV sind die Rückstände genannt, bei deren Verwertung oder Beseitigung der Strahlenschutz beachtet werden muss. Bei der Einhaltung der dort genannten Überwachungsgrenzen für die Verwertung dieser Materialien als Baustoff ist sichergestellt, dass der Richtwert der effektiven Dosis von 1 mSv pro Person und Jahr nicht überschritten wird (vgl. Anforderungen an Hygiene, Gesundheit und Umweltschutz der →Bauproduktenrichtlinie).

Radon R. ist ein natürlich vorkommendes radioaktives Edelgas, das beim radioaktiven Zerfall aus dem Radium, vor allem im Erdboden, entsteht. Besonders häufig kommt R. im Bereich der Mittelgebirge vor, typischerweise in Bereichen, in denen Granit im Untergrund vorhanden ist. Durch undichtes Mauerwerk (Keller) kann R. aus dem Untergrund in Gebäude eindringen und zu einer Belastung der Innenraumluft führen. Auch Bauprodukte können aufgrund der verwendeten Rohstoffe und deren geologischen Ursprungs natürliche Radionuklide enthalten. Natürliche Baustoffe wie Granit, Tuff- und Bimsgestein sowie Ton und Lehm weisen in Abhängigkeit ihrer ursprünglichen Herkunft eine spezifische Radioaktivität auf und können gegebenenfalls zu einer erhöhten R.-Konzentration in der Raumluft beitragen. R. und seine ebenfalls radioaktiven Zerfallsprodukte gelangen dann mit der Atemluft in die Lunge und führen dort zu einer Strahlenbelastung, die die Entstehung von Lungenkrebs begünstigt. Nach Angaben des BfS verursacht Radon in Wohnungen in Deutschland etwa 1.900 Todesfälle pro Jahr. R. wurde 1980 von der IARC als Karzinogen für den Menschen eingestuft. (Radon-Handbuch der WHO)

Grundsätzlich lassen sich aus den vorliegenden Untersuchungen folgende Aussagen zum R.-Risiko treffen:

- Der Mittelwert der R.-Konzentration in Wohnräumen beträgt in Deutschland ca. 50 Bq/m^3.
- R. mit seinen Zerfallprodukten macht im Mittel etwa 30 % der Strahlenexposition der deutschen Bevölkerung aus.
- Ein statistisch signifikantes zusätzliches Lungenkrebsrisiko zeigt sich bei R.-Konzentrationen ab 140 Bq/m^3.
- Das Lungenkrebsrisiko steigt um etwa 10 %, wenn sich die R.-Konzentration in der Innenraumluft um 100 Bq/m^3 erhöht. Neuere amerikanische Studien deuten sogar auf 15 % hin.
- In Deutschland beträgt der Anteil der Bevölkerung mit häuslichen R.-Expositionen über 250 Bq/m^3 weniger als 1 % (ca. 800.000 Personen). Für die betroffene Bevölkerungsgruppe muss mit einer relativen Erhöhung des Lungenkrebsrisikos von mehr als 20 % gerechnet werden.

Die R.-Konzentration in Wohnräumen kann prinzipiell durch vermehrte →Lüftung oder Belüftung gesenkt werden. Dabei erhöht sich aber insbesondere im Winter der Wärmeverlust. Mit der EU-Richtlinie 2013/59/EURATOM des Rates vom 5.12.2013 zur Festlegung grundlegender Sicherheitsnormen für den Schutz vor den Gefahren einer Exposition gegenüber ionisierender Strahlung ist die Exposition gegenüber Radon auch für private und öffentliche Aufenthaltsräume reguliert und ein Referenzwert in Höhe von bis zu 300 Bq/m^3 vorgegeben [EU RL 2013/59/EU]. Die Umsetzung ist mit dem Gesetz zur Neuordnung des Rechts zum Schutz vor der schädlichen Wirkung ionisierender Strahlung (BGBl 2017, Teil I Nr. 42, 3.7.2017) erfolgt. Ziel ist die nachhaltige Senkung der R.-Exposition und damit des Risikos, an Lungenkrebs zu erkranken. Der Referenzwert bezieht sich auf bestehende Expositionssituationen und legt einen Wert fest, der als Maßstab für die Prüfung der Angemessenheit von Maßnahmen dient.

Der Referenzwert ist kein Grenzwert. Auch für Arbeitsplätze ist ein zu kontollierender Referenzwert in Höhe von 300 Bq/m^3 ausgewiesen, bei dessen Überschreitung jedoch Maßnahmen zur Einhaltung vorheschrieben sind (§128). Für neu zu errichtende Gebäude ist keine einzuhaltende R.-Konzentration vorgesehen, sondern der R.-Zutritt soll verhindert oder erschwert werden. Fachgerechte Isolierungen und radondichte Baumaterialien sollen einen Schutz bieten. Auch für die durch ein Bauprodukt ausgehende Strahlung ist ein Referenzwert in Höhe von 1 mSv im Kalenderjahr vorgesehen, wobei bezeichnete Bauprodukte, die mineralische Rohstoffe und Rückstände aufweisen, hinsichtlich bestimmter Radionuklide zukünftig zu untersuchen sind.

Schweden legt für bestehende und neue Gebäude einen Grenzwert von 200 Bq/m^3 fest. Bis 2020 sollen alle bestehenden Gebäude so saniert werden, dass sie diesen Grenzwert einhalten. In Schweden wurden inzwischen ca. 35.000 Häuser saniert. Großbritannien fordert für Schulen, Kindergärten und öffentliche Gebäude die Einhaltung eines Grenzwertes von 200 Bq/m^3. Für Wohnungen gilt ein Richtwert von 200 Bq/m^3. Andere Länder wie Belgien, Griechenland, Estland, Österreich, Litauen orientieren sich an der EU-Empfehlung von 1990, die für bestehende Gebäude einen Wert von 400 Bq/m^3 und für neu zu errichtende Gebäude einen Wert von 200 Bq/m^3 vorsieht. Gemäß WHO entsprechen für Nichtraucher 300 Bq/m^3 in Innenräumen einem Lebenszeit-Lungenkrebsrisiko von $2 \cdot 10^{-3}$ (1:500) und empfiehlt einen Wert in Höhe von 100 Bq/m^3. Für die Allgemeinbevölkerung orientiert sich der Sachverständigenrat für Umweltfragen (SRU) an einem Risiko in Höhe von 10^{-5}, die WHO gibt einen Bereich von 10^{-4} bis 10^{-6} an und die ECHA legt ein Risiko von 10^{-6} zugrunde. Der Ausschuss für Innenraumrichtwerte (AIR) spricht sich für einen Referenzwert in Höhe von 100 Bq/m^3 aus.

RAL Das RAL – Deutsches Institut für Gütesicherung und Kennzeichnung e.V. – wurde 1925 als Reichs-Ausschuss für Lieferbedingungen in einer gemeinsamen Initiative der Privatwirtschaft und der Regierung der Weimarer Republik gegründet. Ursprünglich bestand die Aufgabe des RAL in der Vereinheitlichung präziser technischer Lieferbedingungen mit dem Ziel der Rationalisierung. Heute gilt RAL als anerkannte Kompetenz für die Kennzeichnung von Produkten und Dienstleistungen. RAL ist u.a. die Vergabestelle für das Umweltzeichen →Blauer Engel und das Europäische Umweltzeichen (Euro Margerite) in Deutschland.

Rauch R. ist ein Gemisch von festen Stoffen in Gasen, z.B. Luft, verteilt (Aerosole). R. bildet sich bei thermischen Prozessen (z.B. Schweißrauch, Ruß, Flugasche, →Zigarettenrauch) oder chemischen Prozessen (z.B. Reaktion von Ammoniak mit Chlorwasserstoff). Bei der Verbrennung von Stoffen und Materialien entstehender Rauch gefährdet durch seine toxischen Bestandteile, zu denen insbesondere Ruß-Partikel zählen, die u.a. organische (schädliche) Stoffe wie →PAK oder →Dioxine aufweisen. Brandgase enthalten zudem →Kohlendioxid und -monoxid sowie Stickoxide, Chlorwasserstoff, u.a. aus Kunststoffquellen, Zyanide sowie Blausäure aus Quellen wie Teppiche, Kleidung, Dämmmaterialien. Schweißrauche sind aufgrund ihrer kleinen Partikelgröße (ultrafeine Partikel) alveolengängig. Sie können auch krebserzeugende Gefahrstoffe wie Nickeloxide oder →Chrom-(VI)-Verbindungen freisetzen. Bei entsprechenden Tätigkeiten muss zusätzlich die TRGS 560 (Luftrückführung beim Umgang mit →Krebserzeugenden Gefahrstoffen) beachtet werden. Über die Atmung aufgenommener Rauch kann zu Schädigungen unterschiedlicher Ausprägung und Ausmaß der Atmungsorgane führen. Neben irritativen Effekten können fibroseerzeugende, tumorerzeugende, allergisierende u.a. Wirkungen auftreten. Je nach Größe der Einzelpartikel unterscheidet man den einatembaren Staub (E-Staub) und den alveolengängigen Staub (A-Staub). Gesundheitliche Wirkungen von Partikeln sind insbesondere durch deren Größe, Masse Anzahl, Form, Oberfläche, chemische Zusammensetzung und Reaktivität, Löslichkeit und weitere Einflussfaktoren bestimmt.

Rauchen →Tabakrauch

Rauchmelder →Ionisations-Rauchmelder

Raufasertapeten R. sind die ältesten und immer noch am häufigsten verwendeten Strukturtapeten. Fast jede dritte Tapete ist heute eine R. Sie lassen sich leicht tapezieren und mehrfach überstreichen, sind kostengünstig und kaschieren kleine Unebenheiten im Untergrund. R. gehören eigentlich nicht zu den →Tapeten, sondern zu den überstreichbaren →Wandbelägen, die je nach gewünschter Oberfläche mit verschiedenen Wandfarben gestrichen werden. Die bereits fertig gestrichenen R., die es

mittlerweile ebenfalls am Markt gibt, werden nur selten eingesetzt.
R. gibt es in verschiedenen Strukturen, von fein- bis grobkörnig. Die Struktur erhalten sie durch in Papiermasse eingebundene Holzfasern und -späne, die zwischen zwei Papierschichten eingearbeitet werden (Duplex-Raufaser). Die Papierschichten bestehen meist zum Großteil aus Recyclingpapier. Seltener sind Einschicht-R. (Simplex-R.) mit nur einer Papierschicht und darauf verteilten Holzfasern. Je nach Größe der Holzspäne unterscheidet man feine, mittlere und grobe Qualitäten. Als Hilfsstoffe werden Leimungs- und Nassreißfestigkeitsmittel eingesetzt. R. sind meist schon vorgestrichen erhältlich, sodass ein einziger deckender Anstrich genügt. Sie verfügen über eine hohe Dampfdurchlässigkeit, die allerdings bei öfterem Überstreichen mit →Dispersions- oder →Latexfarben beeinträchtigt werden kann.
R. gelten als umweltfreundliche und biologisch verträgliche Wandbeläge, da zu ihrer Herstellung vorwiegend Recycling-Papiere und strukturbildende Holzfasern verwendet werden. Die Verwendung formaldehydhaltiger Kunstharze ist heute nicht mehr üblich, sodass Formaldehydemissionen nicht zu erwarten sind. Beim Anstrich ist auf diffusionsoffene und emissionsarme Wandfarben zu achten. Bei vorgestrichenen R. können u.U. gesundheitsbeeinträchtigende Emissionen aus dem Anstrich freigesetzt werden. Gebrauchte R. dürfen nicht als Altpapier entsorgt werden. →Tapetenpapier
Im Bereich der Cellulosefasererzeugung wurden in den letzten Jahren deutliche Umweltverbesserungen erzielt, dennoch ist die Herstellung von Cellulosefaser aufwendig und mit Abwasserbelastungen verbunden. Produkte mit Umweltzeichen enthalten einen Mindestanteil an umweltfreundlichem Recyclingpapier von 80 % (RAL-Umweltzeichen) bzw. 90 % (→natureplus). Außerdem gelten Grenzwerte für gesundheits- bzw. umweltschädliche Stoffe.

Raumklima Das R. wird durch die vier Grundparameter →Raumlufttemperatur, →Luftfeuchte, →Luftgeschwindigkeit und Wärmestrahlung beschrieben. Personenbezogene Parameter sind weiterhin Arbeitsaktivität, Bekleidungssituation, Akklimatisierung und Gesundheitszustand. Es werden drei klimatische Empfindungsbereiche unterschieden: Behaglichkeitsbereich, Erträglichkeitsbereich und Unerträglichkeitsbereich.
Die thermische Behaglichkeit ist gem. DIN EN 16798-3/EN ISO 7730 wie folgt definiert: „Thermische Behaglichkeit ist gegeben, wenn der Mensch Lufttemperatur, Luftfeuchte, Luftbewegung und Wärmestrahlung in seiner Umgebung als optimal empfindet und weder wärmere noch kältere, weder trockenere noch feuchtere Raumluft wünscht."

Raumluft →Innenräume, →Innenraumluft-Grenzwerte

Raumlufttemperatur Die R. ist die Temperatur der den Menschen umgebenden Raumluft ohne Einwirkung von Wärmestrahlung. Die R. ist ein Grundparameter zur Beschreibung und Beurteilung des →Raumklimas. →Raumtemperatur

Raumtemperatur Die R. ist eine zusammenfassende Temperaturgröße aus der →Raumlufttemperatur und den Strahlungstemperaturen der einzelnen Umgebungsoberflächen („Oberflächentemperaturen"). Die Oberflächentemperaturen der raumumschließenden Bauteile und die Raumlufttemperatur sind also, vom menschlichen Wärmeempfindungsvermögen her gesehen, in Grenzen gegeneinander austauschbar. In Grenzen deshalb, weil

- in beschatteten Körperbereichen (z.B. Füße unter Schreibtisch) und
- im Atemtrakt und Lunge

nur die Lufttemperatur wirkt. Aus wohnhygienischen und ökologischen Gründen ist aber einer Absenkung der Raumlufttemperatur und einer relativen Erhöhung der Oberflächentemperaturen Vorzug zu geben.
Die Temperaturdifferenz zwischen Innenoberflächen- und Raumlufttemperatur von Außenbauteilen ist vor allem vom Wärmeschutz dieser Bauteile abhängig. Als Reaktion auf kalte Innenoberflächen wird meist die Raumlufttemperatur erhöht. Umgekehrt werden schon verhältnismäßig niedrige Raumlufttemperaturen als behaglich empfunden, wenn die umgebenden Oberflächentemperaturen hoch sind (und keine Verschattung der Infrarotstrahlung vorliegt). Wird nun die Heizung entsprechend dem subjektivem Wärmeempfinden geregelt, so kann in Gebäuden mit qualitativ hochwertigem Wärmeschutz eine niedrigere Raumlufttemperatur gewählt werden als in Gebäuden mit schlechter Wärmedämmung.

RCF Abk. für refractory ceramic fibres = →Keramikfasern.

REACH-Verordnung Die in den letzten Jahren in Europa geführte Debatte über Reformen in der Chemikalienpolitik hat zu einer Sensibilisierung der Öffentlichkeit für die Defizite des Gesundheits- und Umweltschutzes geführt sowie die Notwendigkeit eines nachhaltigeren Chemikalienmanagements zur Verbesserung des Gesundheitsschutzes – auch im Hinblick auf schädliche Stoffe in Bauprodukten – offensichtlich gemacht. Seit 2007 ist eine Verordnung (EG) Nr. 1907/2006 zur Registrierung, Evaluierung, Beschränkung und Autorisierung von Chemikalien (REACH) in Kraft. Mit der R. sollen vor allem die im Bereich der Altstoffe bestehenden Wissenslücken über deren human- und ökotoxikologische Eigenschaften geschlossen und Maßnahmen zu deren Reglementierung eingeleitet werden. Ca. 100.000 Altstoffe (Stoffe, die vor 1981 in Europa auf dem Markt waren) sind in der EU gelistet. Davon werden etwa 30.000 in einer Menge von mehr als 1 t/a auf den Markt gebracht. Im Rahmen des Altstoffprogramms ist es in ca. zehn Jahren gerade einmal gelungen, das Gesundheits- und Umweltrisiko von circa 100 Stoffen zu bewerten. Mit R. wurde in einem 10-jährigen Stufenprozess gefordert, dass in Europa jeder Hersteller/Importeur ab einer Herstellungsmenge von 1 t/a Daten differenziert nach Tonnage 1.000 t, 100 t und 1 t und Risikopotenzial über die Eigenschaften des jeweiligen Stoffes bei der Chemikalienagentur im Rahmen eines Registrierungsdossiers vorlegen muss. Nach heftigem Widerstand der Industrie hat sich der Industrieausschuss des EU-Parlaments 2005 darauf geeinigt, zu Stoffen, die in Mengen bis zu 10 t/a hergestellt und vermarktet werden, erheblich weniger Daten einzufordern als ursprünglich geplant. Am Beispiel der besonders umwelt- und gesundheitsschädlichen →Perfluorierten organischen Verbindungen (Produktionsmenge < 10 t/a) hat das Bundesumweltministerium (Lahl, 2005) gewarnt, dass Wirkungen wie im Fall der PFT unerkannt bleiben würden und ein bioakkumulativer und krebserzeugender Stoff wie →PFOS als unbedenklich registriert werden könnte. So wurden die in den Anhang XVII der Verordnung aufgenommenen PFOS mit 3. Änderungsverordnung 2011 aus der Liste auch wieder gestrichen.

R. soll ein hohes Schutzniveau für die menschliche Gesundheit und die Umwelt sicherstellen. Sie soll gleichzeitig den freien Verkehr von Chemikalien auf dem Binnenmarkt gewährleisten und Wettbewerbsfähigkeit und Innovation fördern. R. beruht auf dem Grundsatz, dass Hersteller, Importeure und nachgeschaltete Anwender die Verantwortung für ihre Chemikalien übernehmen. Sie müssen sicherstellen, dass Chemikalien, die sie herstellen und in Verkehr bringen, sicher verwendet werden. Das Kürzel „REACH" leitet sich aus dem englischen Titel der Verordnung ab: Regulation concerning the Registration, Evaluation, Authorisation and Restriction of Chemicals. Die R. gilt als eines der strengsten Chemikaliengesetze der Welt und baut auf den Erfahrungen des vorherigen Chemikalienrechts auf. Nach altem Recht mussten die Behörden die Sicherheit von Chemikalien prüfen. Über die meisten Chemikalien, nämlich die Altstoffe, die vor 1981 auf dem europäischen Markt waren, lagen keine systematischen Informationen vor. Die Hersteller wurden erst dann verpflichtet, fehlende Informationen vorzulegen, wenn eine Stoffbewertung der Behörden Informationslücken nachwies oder Hinweise auf eine Gefährdung von Umwelt oder Gesundheit vorlagen. Das Verfahren stellte sich als langsam und schwerfällig heraus. Diesen Missstand soll R. beheben. Die Hersteller und Importeure von Chemikalien müssen nun mit der obligatorischen Registrierung Daten vorlegen und die von den Stoffen ausgehenden Risiken selbst bewerten. Es gilt: „keine Daten – kein Markt". Das heißt, ohne Registrierung dürfen Chemikalien nicht in Verkehr gebracht werden. Die Behörden unterstützen die Akteure bei der Prüfung der Eigenschaften und führen die Registrierungen und die Regulierung von Stoffen mit besonders besorgniserregenden Eigenschaften →SVHC oder von Stoffen, die Risiken für die Umwelt mitbringen, durch. Mit R. wurde nun ein Recht für Verbraucherinnen und Verbraucher eingeführt, Informationen über Chemikalien in Produkten zu erhalten, das diese allerdings selber einfordern müssen. Die Weitergabe von Daten innerhalb der Lieferkette ist in beide Richtungen geregelt und die Substitution besonders besorgniserregender Stoffe wird gefördert. Das Zulassungsverfahren schafft eine weitere Möglichkeit, Chemikalien zu regulieren. (Quelle: Umweltbundesamt 2012)

Für Chemikalien, die im Verdacht stehen, krebserregend, erbgutverändernd oder fruchtbarkeitsschädigend (→CMR) wirken zu können, ist ein Verfahren vorgegeben, die Stoffe nach eingehender Prüfung und über die Aufnahme in eine →Kandidatenliste dann in den Anhang XIV der R. aufzunehmen, der Beschränkungen der Verwendung ermöglicht, wenn die Konzentration der Stoffe in Produkten mehr als 0,1 % beträgt. Hersteller, Händler und Importeure müssen über besonders besorgniserregende Chemikalien in Produkten Auskunft geben, wenn Verbraucher eine entsprechende Anfrage stellen – unabhängig vom Kauf. Mit dem Online-Formular auf www.reach-info.de ist eine Anfrage schnell gestellt. Das Umweltbundesamt hat ein Online-Formular entwickelt, in das man den Strichcode des Produktes eintragen kann. Die Anfrage wird dann automatisch an den Hersteller geschickt. Die europäische Chemikalienverordnung R. verpflichtet diesen, innerhalb von 45 Tagen kostenlos zu antworten. (UBA 2013)

Die R. hat eine größere Zahl von Anhängen, in denen Einzelheiten der Durchführung und Listen von Chemikalien geführt werden. Besonders wichtig ist der Anhang XIV: Verzeichnis der zulassungspflichtigen Stoffe, der bei Aufnahme von Stoffen immer zu einer Änderung der Verordnung führt, was ziemlich umständlich ist. Dieser Anhang enthält bisher 31 Stoffe (2017), was von Verbänden vielfach kritisiert wird, da es viel zu wenig Stoffe sind und es vermutlich 2.000 Stoffe sein müssten, die dort in Anlehnung an den ehemaligen Anhang VI der Gefahrstoffverordnung aufgenommen werden müssten.

Bis 2016 ist die R. durch Änderungen des Anhangs viermal geändert worden:

1. Änderung des Anhang XIV: Die ersten 6 Stoffe werden in Anhang XIV aufgenommen: Verordnung (EU) Nr. 143/2011 Berichtigung zur Änderung des Anhang XIV: Richtigstellung der Termine:
Berichtigung der Verordnung (EU) Nr. 143/2011 zur Änderung von Anhang XIV der Verordnung (EG) Nr. 1907/2006
2. Änderung des Anhang XIV: Aufnahme von weiteren 8 Stoffen in Anhang XIV: Verordnung (EU) Nr. 125/ 2012
3. Änderung des Anhang XIV: Aufnahme von weiteren 8 Stoffen in Anhang XIV: Verordnung (EU) Nr. 348/2013
4. Änderung des Anhang XIV: Aufnahme von weiteren 9 Stoffen in Anhang XIV: Verordnung (EU) Nr. 895/2014

Im Anhang XVII werden die Beschränkungen aufgeführt:

1. Änderung des Anhang XVII: Neue (zusätzliche) Beschränkungen und formale Berichtigungen: Verordnung (EG) Nr. 552/2009 zur Änderung des Anhang XVII Berichtigung der 1. Änderung des Anhang XVII (eine Ausnahme geändert): Berichtigung der Verordnung (EG) Nr. 552/2009 zur Änderung des Anhang XVII
2. Änderung des Anhang XVII: Neue (zusätzliche) Beschränkungen (Lampenöle und flüssige Grillanzünder, zinnorganische Verbindungen, **Dichlormethan**): Verordnung (EU) Nr. 276/2010 zur Änderung des Anhang XVII
3. Änderung des Anhang XVII: Streichung von zwei Stoffen (**Pentabromdiphenylether und PFOS**): Verordnung (EU) Nr. 207/2011 zur Änderung des Anhang XVII
4. Änderung des Anhang XVII: Aufnahme von **Acrylamid**: Verordnung (EU) Nr. 366/2011 zur Änderung des Anhang XVII
5. Änderung des Anhang XVII: Präzisierung der **Cadmium-Beschränkung**: Verordnung (EU) Nr. 494/2011 zur Änderung des Anhang XVII Berichtigung der 5. Änderung des Anhang XVII: Gültigkeitsdatum geändert:
Berichtigung der Verordnung (EG) Nr. 494/2011 zur Änderung der Verordnung (EG) Nr. 1907/2006
6. Änderung des Anhang XVII: Neue und geänderte Beschränkungen: Verordnung (EU) Nr. 109/ 2012 zur Änderung des Anhang XVII
7. Änderung des Anhang XVII: Aufnahme von **Dimethylfumarat** (DMF): Verordnung (EU) Nr. 412/2012 zur Änderung des Anhang XVII
8. Änderung des Anhang XVII: Änderung des Umfangs der **Cadmium-Beschränkung**: Verordnung (EU) Nr. 835/2012 zur Änderung des Anhang XVII
9. Änderung des Anhang XVII: Aufnahme von **Blei**: Verordnung (EU) Nr. 836/2012 zur Änderung des Anhang XVII
10. Änderung des Anhang XVII: Aufnahme von **Quecksilber in Messinstrumenten**: Verordnung (EU) Nr. 847/2012 zur Änderung des Anhang XVII
11. Änderung des Anhang XVII: Aufnahme von fünf **Phenylquecksilberverbindungen**: Verordnung (EU) Nr. 848/2012 zur Änderung des Anhang XVII
12. Änderung des Anhang XVII: Neue und geänderte Beschränkungen: Verordnung (EU) Nr. 126/ 2013 zur Änderung des Anhang XVII
13. Änderung des Anhang XVII: Neue Beschränkung (**PAK in Erzeugnissen**): Verordnung (EU) Nr. 1272/2013 zur Änderung des Anhang XVII

14. Änderung des Anhang XVII: Neue Beschränkung (**Chrom(VI) in Leder**): Verordnung (EU) Nr. 301/2014 zur Änderung des Anhang XVII
15. Änderung des Anhang XVII: Geänderte **Beschränkungen (CMR-Stoffe)**: Verordnung (EU) Nr. 317/2014 zur Änderung des Anhang XVII
16. Änderung des Anhang XVII: Aufnahme von **Dichlorbenzol (DCB) als Lufterfrischer** oder Deodorant Verordnung (EU) Nr. 474/2014 zur Änderung des Anhang XVII
17. Änderung des Anhang XVII: neue Analysemethode Verordnung (EU) 2015/326 zur Änderung von Anhang XVII
18. Änderung des Anhang XVII: **Blei in Konsumentenprodukten** Verordnung (EU) 2015/628 zur Änderung von Anhang XVII
19. Änderung des Anhang XVII: **Benzolkonzentration in Erdgas** Verordnung (EU) 2015/1494 zur Änderung von Anhang XVII
20. Änderung des Anhang XVII: **Nonylphenolethoxylate in Textilerzeugnissen** Verordnung (EU) 2016/26 zur Änderung von Anhang XVII
21. Änderung des Anhang XVII: **Cadmium in Anstrichfarben und Lacken** Verordnung (EU) 2016/217 zur Änderung von Anhang XVII

Ergänzende Verordnungen zu R.:

- Prüfmethoden-Verordnung Verordnung (EG) Nr. 440/2008, letzte Änderung 2016
- Durchführungs-Verordnung über die gemeinsame Vorlage und Nutzung von Daten für Registrierungen: Durchführungsverordnung (EU) 2016/9

REA-Gips R. ist ein synthetischer →Gips, der bei der nassen Rauchgasentschwefelung in Großfeuerungsanlagen anfällt. R. aus Steinkohleverbrennungsanlagen (1,95 Mio. t) ist vollständig verwendbar, R. aus Braunkohleverbrennungsanlagen (4,85 Mio t) dagegen wird deponiert. Als Ressourcenbelastung ist der Abbau von Kalkstein anzusehen, der nach Brennen für die Ausfällung des Schwefeldioxids in der Rauchgaswäsche verwendet wird. Der R. ist je nach Führung der Anlage von sehr hoher Qualität und fast frei von Nebenbestandteilen. Er kann in der Bautoffindustrie für die Herstellung von Gipswerkstoffen, Bauplatten, →Gipsputz und →Gipsestrichen sowie als Zumahlstoff für die →Zementherstellung verwendet werden. Bei Schließung von Kohlekraftwerken aus Klimaschutzgründen wird mittelfristig die Menge an Steinkohlen-R. abnehemen. Dafür könnten dann andere Quellen erschlossen werden, z.B. Gips aus der Metallurgie.

Reaktionsharze R. bestehen aus einer, zwei oder mehreren reaktiven Komponenten, die chemisch miteinander reagieren und einen unreaktiven, ausgehärteten Kunststoff bilden. Gängige Reaktionsharze in der Bauchemie sind →Polymethylmethacrylat (PMMA), →Polyurethan (PUR), →Epoxidharze (EP) und ungesättigte →Polyesterharze (UP).

Reaktionsharzestriche →Kunstharzestriche

Reaktionsklebstoffe R. sind →Klebstoffe, die durch chemische Reaktion aushärten. R. sind meistens zweikomponentig (Binder und Härter). Werden die beiden Komponenten in Berührung gebracht, beginnt die Reaktion. Einkomponentige R. erhalten einen nicht aktiven Härter. Die Reaktion wird erst durch Luftfeuchtigkeit, UV-Licht oder Luftsauerstoff gestartet. Bei der Reaktion bildet sich der klebende Stoff. R. sind überwiegend auf Polyurethan- (→Polyurethan-Klebstoffe) und Epoxidbasis (→Epoxidharz-Klebstoffe) aufgebaut und lösemittelfrei. Weiterhin gehören zu den R. →Silikonklebstoffe, MS-Klebstoffe und das vergleichsweise umweltfreundliche →Wasserglas. Zu den Reaktionsklebstoffen gehören die →Sekundenklebstoffe und →Zweikomponentenklebstoffe (bestehend aus Harz und Härter). Neben Binder und Härter enthalten R. Weichmacher, Füllstoffe, Verdickungsmittel, Metallpulver, Harze und ggf. →Polymere.

R. eignen sich besonders für die Verklebung von Werkstoffen mit einer porösen Oberfläche oder wenn eine Beständigkeit gegen Belastungen durch Wasser oder gegen erhöhte Wärmebelastung verlangt wird. Darüber hinaus bilden R. eine feste Verbindung von Stahl, Beton oder Hartschaumstoffen mit harten Untergründen. R. werden auch zum Verkleben von →Teppichen, →Gummi-Bodenbelägen, →Fliesen, silikatischen Werkstoffen, Metallen und Kunststoffen eingesetzt.

Die Verarbeitung von R. stellt hohe Anforderungen an die Fachkompetenz der Arbeiter und die einwandfreie Ausführung. R. weisen ein erhebliches Gefahrenpotenzial auf: Der Härter kann zu Verätzungen der Haut, Reizungen der Atemwege und Augen und mitunter auch zu Allergien führen. Emissionen von Monomeren während des Abbindens sind wahrscheinlich. Es handelt sich um →Epichlorhydrin bei den Epoxidharzklebstoffen und um →Isocyanate bei den R. auf Polyurethanbasis (Polyurethan-Klebstoffe). Bei Verwendung von R. auf der Basis von Formaldehyd-Harzen kann es zur Ausgasung von →Formaldehyd kommen. Ohne technische Notwendigkeit sollen sie daher nicht zum Einsatz kommen. Polyurethan- bzw. Reaktionsharz-Klebstoffe sind – auch in lösemittelfreier Ausführung – keine Ersatzstoffe für stark lösemittelhaltige Klebstoffe im Sinne der TRGS 610.

Reaktionslacke R. sind →Anstrichstoffe, die nach dem Auftragen durch chemische Reaktion mit der Luft und/oder der Komponenten untereinander („chemisch") härten. Sie werden in Form von ein, zwei- oder mehrkomponentigen Lacken angeboten. R. ergeben harte Oberflächen und sind hochbeständig gegen mechanische und chemische Beanspruchungen. R. werden für →Parkettversiegelungen, Möbelbeschichtungen und gewerbliche Anstriche auf Holz verwendet. Zu den R. werden →Polyesterlacke, →Epoxidharzlacke, →Polyurethan-Lacke, Lacke auf Basis von →Methylmethacrylaten und →Formaldehyd-Harzen gezählt. Bei 2-Komponenten(K)-R. enthält das eine Gebinde das Monomer oder Präpolymer mit Zusatzstoffen und das andere den Härter, Beschleuniger oder den anderen Reaktionspartner. R. haben zum Teil einen hohen Gehalt an →Lösemittel (bis 50 %), sind häufig aber auch lösemittelfrei.

Die Verarbeitung von R. stellt hohe Anforderungen an die Fachkompetenz der Arbeiter und die einwandfreie Ausführung. Bei unsachgemäßem Umgang sind akute und chronische Gesundheitsschäden möglich: Während der Verarbeitung kommt es zu Emissionen von Monomeren, wie →Isocyanaten (→Polyurethan-Lacke), →Epichlorhydrin (→Epoxidharzlacke), →Styrol (ungesättigte →Polyesterlacke), →Formaldehyd (→Säurehärtende Lacke). Gesundheitsgefährdungen gehen häufig auch von den Härtern (Amine, organische Peroxide) aus. R. sollten daher nicht ohne technische Notwendigkeit zum Einsatz kommen. Sie sind – auch in lösemittelfreier Ausführung – keine Ersatzstoffe für stark lösemittelhaltige Klebstoffe im Sinne der TRGS 610.

Reaktionsprodukte →Sekundäremissionen

Reaktivverdünner R. in Bautenanstrichstoffen sind viskositätssenkende Stoffe, die bei Trocknung oder Härtung eines Beschichtungsstoffes chemisch in den Film eingebaut werden. →UV-härtende Lacke

Recycling R. ist die →Stoffliche Verwertung von Abfällen, evtl. unter Einsatz von Energie und neuen Rohstoffen. Die Grenzen für ein ökologisch und ökonomisch sinnvolles R. liegen dort, wo der Aufwand für Sammlung, Reinigung und Aufbereitung der Abfälle ein höheres Ausmaß an Umweltbelastungen nach sich zieht als der Einsatz von →Primärrohstoffen. Neben der reinen stofflichen Verwertung sind auch Mischformen aus stofflicher und →Energetischer Verwertung möglich. Es ist zu unterscheiden zwischen Verwertung auf gleichwertigem Niveau (R. im eigentlichen Sinne) und der Verwertung zu Materialien oder Produkten minderer Qualität (→Downcycling) oder höherer Qualität (Upcycling). Folgende Hierarchiestufen des R. können unterschieden werden:

1. Wiederverwendung:
   Produkt wird so lange wie möglich für den ursprünglich beabsichtigten Zweck eingesetzt (lange Nutzungsdauer).
2. Weiterverwendung:
   Produkt wird für einen anderen Zweck eingesetzt.
3. Verwertung:
   Produkt wird als Rohstoff für die Herstellung von qualitativ gleichwertigen Produkten des ursprünglichen Zwecks (Wiederverwertung) oder anderen Zwecks (Weiterverwertung) eingesetzt.
4. Downcycling/Upcycling:
   Produkt wird als Rohstoff für die Herstellung qualitativ minderwertigerer/höherwertigerer Produkte eingesetzt.

Zur Fertigung qualitativ hochwertiger Recyclingprodukte ist sortenreines, möglichst unverschmutztes Material erforderlich. So macht die Sortenvielfalt der verwendeten Kunststoffe ein wirtschaftliches und ökologisch sinnvolles R. heute fast unmöglich, obwohl es theoretisch erreichbar wäre. VDI 2243, →Abfall, →Bau- und Abbruchabfälle, →Kreislaufwirtschaftsgesetz, →Verwertung von Baustellen- und Abbruchabfällen, →Wiederverwendung, →Weiterverwendung

Recyclingaluminium Aus Neu- und Altschrotten hergestellte Guss- und Knetlegierungen, Vorlegierungen und →Aluminium für Desoxidationszwecke. →Sekundäraluminium

Recycling-Baustoffverordnung Die R. ist am 29.6.2015 im österreichischen Bundesgesetzblatt (BGBl II Nr. 181/2015) bekannt gemacht worden und trat zum 1.1.2016 in Kraft. Zugleich ist die Verordnung über die Trennung von bei Baumaßnahmen anfallenden

R

Materialien, BGBl Nr. 259/1991, außer Kraft getreten. Das Ziel der R. ist insbesondere die Sicherstellung einer hohen Qualität von bei Bau- und Abbruchtätigkeiten anfallenden Abfällen, um das Recycling dieser Abfälle zu fördern. Die Verordnung legt Anforderungen fest, die beim Abbruch von Bauwerken zu erfüllen sind, wie die Durchführung einer Schadstoff- und Störstofferkundung und ein geordneter sowie verwertungsorientierter Rückbau von Bauwerken. Diese Maßnahmen führen zu einer besseren Eignung der Abfälle für die Herstellung von Recycling-Baustoffen. Darüber hinaus enthält die Verordnung Bestimmungen für die weitere Behandlung von Bau- und Abbruchabfällen, Qualitätsvorgaben für die herzustellenden Recycling-Baustoffe und vorgegebene Einsatzbereiche für Recycling-Baustoffe. Dadurch kann eine hohe Umweltqualität der Recycling-Baustoffe erreicht werden. Die Verordnung sieht zudem für Recycling-Baustoffe der höchsten Qualität vor, dass sie unter Einhaltung bestimmter Voraussetzungen ihre Abfalleigenschaft vorzeitig verlieren können. →Abfall, →Deponieverordnung, →Abfallverzeichnisverordnung, →LAGA, →Abfallwirtschaftsgesetz, →Abfallrahmenrichtlinie

Reet R. ist die Bezeichnung für einen Naturbaustoff, der aus den Halmen von Schilfrohrpflanzen gewonnen wird. R. wird jährlich geerntet und wächst innerhalb eines Jahres auf eine Höhe von 3 bis 4 m wieder nach. Die hohlen Rohrhalme sind durch Knoten segmentiert und weisen eine geringe Rohdichte, eine hohe Elastizität sowie eine hohe Festig- und Tragfähigkeit auf. In getrocknetem Zustand wird R. vorwiegend in norddeutschen Küstengebieten als Dacheindeckung verwendet und ist aufgrund seiner Eigenschaften resistent gegen Witterungs-, Klima- und Gebäudeeinflüsse. In der Hohlkammer des Rohres ist Luft eingeschlossen, dadurch sorgt Reet für einen guten sommerlichen Wärmeschutz und gute Wärmedämmung im Winter, zudem gibt es durch die elastische Eindeckung Vorteile im Bereich des Schallschutzes. Überjähriges Reet weist eine schlechtere Biegsamkeit auf und neigt zum Brechen, daher eignet sich altes Reet nicht als Dacheindeckung.

Das Reetdach kann als geschraubtes, genähtes oder gebundenes Kaltdach mit Hinterlüftung hergestellt werden. Die Länge der Reetbunde liegt je nach Dachneigung, Sparrenlänge und geplanter Schichtdicke zwischen 1,40 m und 2,00 m. Die Reetbündel werden auf den Dachlatten verteilt und entsprechend verschoben, sodass die unteren Reethalmenden eine schräge einheitliche, durchgehende ca. 35 cm dicke Dachfläche bilden. Die Firstabdeckung erfolgt je nach Region durch Grassoden oder Heidekrautlagen. Die Dachneigung sollte zur besseren oberflächennahen Wasserableitung über 45° liegen. Durch die Hinterlüftung wird in den Schichten auftretende Feuchtigkeit abgeführt und somit die Lebensdauer (30 bis 50 Jahre) des Daches erhöht. Durch konstruktive oder bauphysikalische Mängel kann es zu Feuchtigkeitsanreicherungen in tieferen Dachschichten kommen. Die guten wärmeisolierenden Eigenschaften des R. verhindern ein Abtrocknen dieser Stellen, sodass es zur Überfeuchtung der Eindeckung und durch Anreicherung von Mikroorganismen zu Verrottungsvorgängen kommt und somit die Standzeit des Daches insgesamt verringert wird. Im Hochsommer kann durch starke Sonneneinstrahlung eine starke Austrocknung des Daches erfolgen und somit eine erhöhte Feuergefährdung bewirken.

R.-Dächer werden aufgrund ihrer Beschaffenheit und Feuergefährdung als Weichdächer bezeichnet, sodass bauaufsichtliche Mindestabstände zu beachten sind. Der R.-Abbau in Deutschland ist aus Umweltschutzgründen nahezu eingestellt und die Belieferung erfolgt zu 85 % aus den angrenzenden Nachbarländern. →Schilf

Regenerative Ressourcen →Erneuerbare Ressourcen

Reifholz Als R. wird der Kern des Holzes bezeichnet, der sich farblich nicht vom →Splintholz unterscheidet, jedoch wasserärmer und verkernt ist und der Härte des Kernholzes entspricht. Sowohl bei Nadel- als auch Laubhölzern gibt es Reifholzbäume, dazu zählen u.a. Fichte, Tanne, Feldahorn, Linde, Birnbaum, Buche.

Reinacrylate →Acrylharze

Rekultivierung R. bezeichnet die Herrichtung und Wiedernutzbarmachung von Abbauflächen, Deponien oder sonstiger zerstörter Landschaftsteile für die Land- und Forstwirtschaft. Im Gegensatz zur →Renaturierung stellt die R. die Bewirtschaftung in den Vordergrund. Die R. besteht in der Regel darin, dass die Abbauflächen mit für den Abbauzweck ungeeignetem Gesteinsmaterial ganz oder teilweise verfüllt werden, Rohboden aufgebracht und dieser bepflanzt wird.

Relative Luftfeuchte Die R. gibt an, wie viel Prozent Wasserdampf die Luft, bezogen auf die →Sättigungsdampfmenge, enthält. Die R. hat eine große Bedeutung für die →Behaglichkeit in →Innenräumen. Übliche Werte der R. in Wohn- und Arbeitsräumen liegen im Behaglichkeitsbereich zwischen 40 und 60 %. Im Winter kann die R. auch unter 30 % sinken. →Luftfeuchte

Relieftapeten R. sind →Tapeten, die eine fühlbare Oberflächenstruktur aufweisen. Diese Struktur kann durch Prägen (→Prägetapeten) oder durch Schäumen (Profilschaumtapeten) hergestellt sein. Prägetapeten sind die ökologisch bessere Alternative.

Renaturierung Unter R. versteht man die Wiederherstellung von naturnahen Lebensräumen an vom Menschen bewirtschafteten oder veränderten Standorten (z.B. Steinbrüche, Sandgruben, kultivierte Bodenflächen, begradigte Flüsse). Die größten Schwierigkeiten liegen meist darin, dass die zu renaturierenden Böden in der Regel stark verdichtet und oft mit Chemikalien, Schwermetallen oder Öl verseucht sind. Wichtig ist vor allem die Entsiegelung des Bodens, also die Rückgängigmachung der Flächenversiegelung. Danach wird versucht, durch Besiedelung mit heimischen Pflanzen und Tieren eine dem natürlichen Standort angepasste vielfältige Lebensgemeinschaft zu entwickeln. Viele Pflanzen- und Tierarten, z.B. Orchideen, Neuntöter, Flussregenpfeifer und Kreuzkröte, die man in renaturierten Steinbrüchen antrifft, sind in der Kulturlandschaft selten geworden. Steinbrüche können so wertvolle Rückzugsräume bieten, die mithelfen, das Überleben vieler Lebewesen dauerhaft zu sichern.

Reproduktionstoxisch Fortpflanzungsgefährdend. →R-Stoffe, →CLP-Verordnung

Resistenzklassen Beschreiben die eigene Widerstandsfähigkeit von Holz gegen einen Angriff durch holzzerstörende Organismen. Begriff aus der alten europäischen Norm DIN 68800 und später durch den Begriff →Dauerhaftigkeitsklasse (DIN EN 350-2) ersetzt und in weiteren Details wie Tränkbarkeit und Seewasserfestigkeit genauer beschrieben, verbunden mit einer Neuregelung der Klassen und der Holzarten gem. DIN EN 350, überarbeitet 5/2017. Die Dauerhaftigkeitsklassen sind im Anhang B der Norm enthalten.

Einige Bäume lagern im Kernholz Inhaltsstoffe ein, die auf Schadorganismen toxisch wirken. Die R. gaben den Grad der Beständigkeit des ungeschützten Holzes gegen Befall durch holzzerstörende Pilze bei lang anhaltender Holzfeuchtigkeit oder bei Erdkontakt an. Die Auswahl natürlich dauerhafter Holzarten bietet sich als Maßnahme des →Konstruktiven Holzschutzes zur Vermeidung von →Chemischem Holzschutz an. Da Splintholz bei allen Holzarten nicht dauerhaft resistent ist (ehemals Resistenzklasse 5, jetzt Dauerhaftigkeitsklasse 5), müssen splintfreie Hölzer verwendet werden. Von den heimischen Hölzern sind nur Robinie, Eiche und gebirgsresistente Lärche für statisch relevante Konstruktionen im Freien zulässig.

Resorcin R. ist das 1,3-Dihydroxybenzol. Die beiden anderen isomeren Hydroxybenzole sind das Brenzcatechin (1,2-Dihydroxybenzol) und das Hydrochinon (1,2-Dihydroxybenzol). Dihydroxybenzole reizen Augen, Haut und Atemwege und sind als gesundheitsschädlich beim Verschlucken eingestuft. R. ist sehr giftig für Wasserorganismen und daher als umweltgefährlich eingestuft. R. wird u.a. zur Herstellung von Bindemitteln für →Holzwerkstoffe verwendet.

Restmonomere Die Moleküle der Kunststoffe (Polymere) sind aus einer Vielzahl kleiner Moleküle, den Monomeren, zusammengesetzt. Da bei der Herstellung von Kunststoffen nie eine 100 %ige Umsetzung der Reaktionspartner erreicht werden kann, verbleibt in den Polymeren ein geringer Teil an Monomeren. Diese R. können z.B. aus Bauprodukten oder Produkten der Inneneinrichtung in die Raumluft übertreten. Beispiele für solche R. sind Styrol, →Butadien, Acrylnitril, →Vinylchlorid, →Isocyanate, →Formaldehyd und →Phenole. Die (natürlichen) Biopolymere wie Naturharze sind nach anderen Prinzipien aufgebaut und geben keine Monomere ab.

Reststoffdeponie R. ist ein Deponietyp gemäß österr. →Deponieverordnung, auf dem anorganische Reststoffe mit geringer Auslaugbarkeit ohne Gesamtbeurteilung abgelagert werden können. Der Anteil an organisch gebundenem Kohlenstoff (TOC) muss unter 3 % liegen. Eine Immobilisierung ist für Reststoffe meist unumgänglich. Die R. hat zumindest im Bereich der Aufstandfläche des

Deponiekörpers über einen geologisch und hydrogeologisch möglichst einheitlichen, geringdurchlässigen Untergrund zu verfügen. Die Deponiebasisdichtung ist mit einer Kombinationsdichtung bestehend aus einer mindestens dreilagigen mineralischen Dichtungsschicht von mindestens 75 cm Gesamtdicke und einer direkt aufliegenden PE-HD-Kunststoffdichtungsbahn mit einer Mindestdicke von 2,5 mm herzustellen.

Reststoffe Stoffe, die bei der Energieumwandlung oder bei der Herstellung, Bearbeitung oder Verarbeitung von Stoffen anfallen, ohne dass der Zweck des Anlagenbetriebes hierauf gerichtet ist („Summe aller unerwünschten Outputs des Produktionsprozesses").

Retentionsbereich Die Trennung organischer Stoffgemische zum Zweck der Analyse erfolgt vielfach mittels Gaschromatographie (GC). Die zu untersuchende Probe wird zunächst verdampft und in ein strömendes Trägergas geleitet. Die Probenteilchen (Moleküle) durchströmen anschließend eine Säule, an deren Wandung sich ein festes oder flüssiges Trägermaterial befindet. Die Probenteilchen haften unterschiedlich fest am Säulenmaterial, wodurch eine Trennung des Stoffgemisches erfolgt. Am Ende der Säule erreichen die Probenteilchen einen Detektor, der die Verweildauer auf der Säule (Retentionszeit) und die Menge der Probenteilchen registriert. Die Retentionszeit ist charakteristisch für das jeweilige Probenteilchen und trägt zu seiner Identifikation bei. Der Bereich zwischen den Retentionszeiten zweier Stoffe wird als R. bezeichnet.

Retentionsmittel →Hautverhinderungsmittel

Rezyklierte Gesteinskörnungen R. entstehen durch die Aufbereitung anorganischen Materials, das zuvor als Baustoff eingesetzt wurde. Je nach Anteil der Bestandteile (Beton, Ziegelmauerwerk, Kalksandstein usw.) werden vier Typen unterschieden:

Typ 1: Betonsplitt, Betonbrechsand
Typ 2: Bauwerkssplitt/ Bauwerksbrechsand
Typ 3: Mauerwerkssplitt/ Mauerwerksbrechsand
Typ 4: Mischsplitt/ Mischbrechsand

Für rezyklierte Gesteinskörnungen mit einer Kornrohdichte ≥1.500 kg/m^3 gelten in Deutschland DIN EN 12620:2008-07 (Gesteinskörnungen in Beton) in Verbindung mit DIN 4226-101:2017-08 (Typen und geregelte gefährliche Substanzen) und DIN 4226-102:2017-08 (Typprüfung und Werkseigene Produktionskontrolle).

Ihre Verwendung in Beton nach DIN EN 206-1/ DIN 1045-2 ist in der DAfStB-Richtlinie „Beton nach DIN EN 206-1:2001-07 und DIN 1045-2:2008-08 mit rezyklierten Gesteinskörnungen nach DIN EN 12620 geregelt.

R. müssen nach DIN EN 12620 bezeichnet und gekennzeichnet werden. Eine Leistungserklärung sowie CE-Kennzeichnung gemäß BauPVO mit Verweis auf DIN 4226-101 sind erforderlich.

In DIN 4226-101 werden R. >2 mm entsprechend ihrer stofflichen Zusammensetzung in vier Typen eingeteilt (siehe oben). In Beton nach DIN EN 206-1/ DIN 1045-2 dürfen nur die Gesteinskörnungen Typ 1 und Typ 2 verwendet werden.

Bauteile für Außenwände aus Beton, der unter Verwendung von R. hergestellt wird, dürfen nur eingebaut werden, wenn die R. folgende Anforderungen erfüllt:

- Als Eingangsmaterialien in einer Bauschuttrecyclinganlage dürfen zur Herstellung der rezyklierten Gesteinskörnung nur Abfälle angenommen werden, die bei Bautätigkeiten (z.B. Rückbau, Abriss, Umbau, Ausbau, Neubau und Erhaltung von Hoch- und Tiefbauten, Straßen, Wegen, Flugplätzen und sonstigen Verkehrsflächen) angefallen sind und zuvor als natürliche oder künstliche mineralische Baustoffe in gebundener oder ungebundener Form im Hoch- und Tiefbau eingesetzt waren. Die Abfälle müssen den in der Tabelle A-2 (Anhang A) genannten Abfallarten entsprechen. Vor Umbau, Rückbau oder Abriss eines Bauwerkes ist zunächst durch Inaugenscheinnahme und Auswertung vorhandener Unterlagen festzustellen, ob mit einer Schadstoffbelastung des dabei anfallenden Materials gerechnet werden muss. Wenn eine Schadstoffbelastung über den in der Tabelle A-3 aufgeführten Parameterumfang hinaus bestehen könnte, ist das Material gesondert abfallrechtlich zu bewerten. Kontaminierte Baustoffe und Bauteile sind während des Rückbaus eines Bauwerks zu separieren und einer geordneten Entsorgung zuzuführen. Dies betrifft insbesondere Brandschutt, Bauteile mit Isolierungen und Anstrichen auf Pechbasis, Innenwandungen von Industrieschornsteinen, asbest- und PCB-haltige Stoffe, mit Schadstoffen kontaminierte Gebäudeteile von Gaswerken, Tankstellen, Galvanikbetrieben und Produktionsanlagen der chemischen Industrie.

- Die Stoffkonzentrationen im Eluat gemäß DIN EN 12457-4:2003-01 der rezyklierten Gesteinskörnung müssen die Obergrenzen gemäß Tabelle A-3 (Anhang A) einhalten.
- Die Stoffgehalte im Feststoff der rezyklierten Gesteinskörnung müssen die Obergrenzen gemäß Tabelle A-3 (Anhang A) einhalten.
- Für Beton nach DIN 1045-2 muss die stoffliche Zusammensetzung der rezyklierten Gesteinskörnung den Liefertypen gemäß der DAfStb-Richtlinie „Beton nach DIN EN 206-1 und DIN 1045-2 mit rezyklierter Gesteinskörnung nach DIN EN 12620" entsprechen.

Tabelle R2: Anforderungen an den Feststoffgehalt von Abfällen für den Einsatz in Bauprodukten gemäß Tabelle A-1 in MVV TB

Parameter		Obergrenze
Feststoffgehalt		
	Arsen (As)	150 mg/kg
	Blei (Pb)	700 mg/kg
	Cadmium (Cd)	10 mg/kg
	Chrom, gesamt (Cr)	600 mg/kg
	Kupfer (Cu)	400 mg/kg
	Nickel (Ni)	500 mg/kg
	Quecksilber (Hg)	5 mg/kg
	Thallium (Tl)	7 mg/kg
	Zink (Zn)	1.500 mg/kg
	PAK16	30 mg/kg
	PCB6	0,5 mg/kg

Tabelle R3: Anforderungswerte an die Eluationskonzentration und die Feststoffgehalte von rezyklierten Gesteinskörnungen gemäß Tabelle A-3 in MVV TB

Parameter		Obergrenze
Eluatkonzentration		
	Arsen (As)	50 µg/l
	Blei (Pb)	100 µg/l
	Cadmium (Cd)	5 µg/l
	Chrom, gesamt (Cr)	100 µg/l
	Kupfer (Cu)	200 µg/l
	Nickel (Ni)	100 µg/l
	Quecksilber (Hg)	2 µg/l
	Zink (Zn)	400 µg/l
	Chlorid (Cl–)	150 mg/l
	Sulfat (SO42–)	600 mg/l
	Phenolindex	100 µg/l
	pH-Wert	7,0 bis 12
	Leitfähigkeit	3.000 µS/cm
Feststoffgehalt		
	Kohlenwasserstoffe	1.000 mg/kg
	PAK16	25 mg/kg
	PCB6	1 mg/kg

Richtlinien für Schadstoffe →Schadstoff-Richtlinien

Richtwerte Zur Begrenzung bzw. zur Beurteilung von Schadstoff-Konzentrationen in der Innenraumluft werden Grenzwerte, R., risikobasierte Leitwerte (Kanzerogene) und Orientierungs- bzw. Referenzwerte festgelegt bzw. abgeleitet. Wesentliche Merkmale bzw. Unterschiede dieser Werte sind in Tabelle R4 beschrieben.

Tabelle R4: Merkmale und Unterschiede von Richt- und Grenzwerten

	Merkmal	Toxikologisch begründet	Gesetzlich festgelegt
Grenzwerte	Max. zulässige Konzentration eines Schadstoffs	Ja	Ja
Richtwerte	Konzentration eines Schadstoffs, bei deren Überschreitung unter dem Gesichtspunkt der Gesundheitsvorsorge bzw. der Gefahrenabwehr Maßnahmen ergriffen werden sollten	ja	Nein Festlegung durch Behörden oder Fachgremien, allgemein anerkannte Werte

Tabelle R4: Merkmale und Unterschiede von Richt- und Grenzwerten (Forts.)

	Merkmal	Toxikologisch begründet	Gesetzlich festgelegt
Orientierungswerte Referenzwerte	Konzentration eines Schadstoffs, wie sie bei statistischen Erhebungen festgestellt wurde	Nein	Nein
Risikobasierter Leitwert	Konzentration eines kanzerogenen Stoffes, die mit einem Krebsrisiko (theoretisches Lebenszeitrisiko) von 10^{-6} bei einer lebenslangen Exposition verbunden ist	ja	Nein (AIR)

Ried →Schilfrohrplatten

Riemenparkette R. bestehen aus Massivholzriemen mit 350 und 2.200 mm Länge und 45 und 100 mm Breite. Die Riemen werden durch eine angehobelte Feder untereinander verbunden. R. werden entweder vollflächig verklebt oder auf eine Unterkonstruktion geschraubt oder genagelt (früher). Sie sind sehr gut renovierbar (5- bis 7-mal abschleifbar). In jüngster Zeit werden auch Fertigparkette mit zwei oder drei verklebten Schichten als Riemenparkette bezeichnet. →Massivparkette, →Holzböden, →Parkettklebstoffe, →Parkettversiegelungen, →Ölen und Wachsen

Risiko R. ist die Möglichkeit eines Schadens.

Robinie (Robinia pseudoacacia, EN-Kurzzeichen: ROPS). R. zählt zu den Kernholzbäumen. Das →Splintholz ist gelblich-weiß bis hellgelb oder gelblichgrün, das →Kernholz von gelblichgrüner bis grünlichbrauner oder hellbrauner Färbung, unter Lichteinfluss goldbraun oder schokoladenbraun nachdunkelnd, matt glänzend. Das Holz ist grobporig und mit gestreifter bzw. gefladerter Textur. In frischen Zustand riecht R. unangenehm.
R. ist schwer (Darrdichte 730 kg/m^3) und hart (Brinellhärte 48 N/mm^2). Das Holz zeigt ausgezeichnete Festigkeitseigenschaften, hohe Elastizität, große Zähigkeit, hohes Durchbiegungsvermögen und hohen Abnutzungswiderstand. Es ist wenig schwindend mit gutem Stehvermögen. Die Oberflächenbehandlung ist problemlos; das Holz ist sehr gut zu polieren. Der Witterung ausgesetztes Kernholz ist von ausgesprochen hoher Dauerhaftigkeit, ebenso in Erd- und Wasserkontakt.
Wegen des geringen mengenmäßigen Anfalls und der meist schlechten Stammform, die oft keine längeren fasergeraden Abschnitte zulässt, wird das Holz lediglich als Werkholz eingesetzt. Es findet Verwendung als Pfahlholz, für Werkzeugstiele, Leitersprossen, im Tief- und Brückenbau, für Parkett (→Holzparkett), Terrassen, Treppenstufen, Fenster und Türen. R. ist ein gutes Drechslerholz.
Die Informationszentrale gegen Vergiftungen der Universität Bonn weist auf die giftige Wirkung von Toxalbuminen hin, die vorwiegend in der Rinde enthalten sind. Kinder, die Rinde oder Samen kauen, sind im Besonderen gefährdet. Die ersten Symptome einer Vergiftung können schon nach der Aufnahme von 4 Samen nach ca. 1 Stunde auftreten. Es kommt zu Übelkeit und Erbrechen, Magenschmerzen, Krämpfen und Durchfall. Der Patient leidet unter Schwindel und starker Müdigkeit, auch die Pupillen können sich weiten. Beim Bearbeiten des Holzes kann es durch Einatmen des Staubes auch zu Vergiftungen kommen. Trotz allem sind Vergiftungen mit der Robinie recht selten.

Roggen Biogener Rohstoff. →Getreide

Roggengranulat Aus Roggenschrot, Roggenkleie und Molke, kombiniert mit mineralischen Zusätzen wie Kalk und →Wasserglas, entsteht der Dämmstoff R. Er kann in geschlossene Hohlräume eingeschüttet oder eingeblasen werden. →Getreide

Rohaluminium R. wird als Primäraluminium (→Hüttenaluminium) oder →Sekundäraluminium bereitgestellt. Die Abgrenzungen zwischen Primär- und Sekundäraluminium wird mit den sich verändernden Schrottströmen zunehmend verwässert: Immer mehr Hüttenproduzenten setzen heute zusätzlich zu dem im Elektrolyseprozess hergestellten Primäraluminium auch noch Schrotte oder aus Schrotten umgeschmolzene sogenannte Sows zur Auffüllung der Gießereikapazität ein. →Aluminium, →Bauxit

Roheisen Die Eisenerze werden hauptsächlich im Tagebau (Skandinavien, Brasilien, Kanada, Australien) gewonnen. Sehr feine Erze werden entweder durch Pelletieren (mit Bentonit, einem natürlich vorkommenden Tonmineral) oder Sintern (mit

Koks, Hochofenstaub und Kalkstein) stückig gemacht. Ausgangsmaterial (Deutschland 1991): 60 % Sinter, 31 % Pellets, 9 % Stückerze. Der Hochofen wird schichtweise mit Erz, Zuschlag und Koks (Brennmaterial und Reduktionsmittel) beschickt. Das metallische geschmolzene R. wird abgestochen und zu Barren gegossen. Als Zuschläge kommen Kalk, Olivin, Dolomit sowie Bauxit, Flussspat und Quarz zur Anwendung. Die Zuschläge reduzieren die hohen Schmelztemperaturen von 1.700 bis 2.000 °C der Gangart der Erze und der Asche des Kokses auf 1.300 bis 1.400 °C. Die abgeschreckte Hochofenschlacke wird als Bestandteil in Kompositzementen eingesetzt und reduziert damit die klimawirksamen Emissionen der Zementherstellung für den Einsatz in Betonen.

Die Rohstoffverfügbarkeit von Eisenerz bei gleich bleibendem Verbrauch beträgt noch ca. 80 Jahre. Hoher Flächenverbrauch bei der Gewinnung; hoher Koksverbrauch: in Deutschland durchschnittlich 390 kg Koks pro t R.; hoher Transportaufwand; Bildung von →Dioxinen und Furanen und anderen Schadstoffen (v. a. →Schwermetalle) bei der Sinterung sowie hohe Kohlendioxidemissionen. Eingeatmete eisenhaltige Stäube und Rauche von Eisenoxiden (Magnetit, Hämatit und Limonit) verursachen die Rote Eisenlunge (Speicherung der Stäube und Rauche in der Lunge, Siderosen). Die Schweißerlunge ist eine Eisenoxid-Speicherlunge.

Rohgips →Gipsstein

Rohkupfer Vorprodukt der →Primärkupfer-Herstellung

Rohrkolben R. (Typha) zählen zu der Gattung der Süßgrasartigen und sind weltweit verbreitete Wasser- und Sumpfpflanzen. R. sind schnellwachsende, unempfindliche und natürliche Monokulturen, die jedes Jahr 15 bis 20 t Biomasse pro Hektar hervorbringen und zudem zur Gewässerreinigung, CO_2-Senkung, Erosionsreduzierung, Wasserretention und Biotopbildung beitragen. Die Blätter besitzen durch die Kombination von zugfesten Längsfasern und einer Füllung aus elastisch-offenzelligen Schwammgewebes gute statische und dämmende Eigenschaften. R. sind als Sumpfpflanze und aufgrund des hohen Gerbstoffgehalts von Natur aus feuchtigkeitsunempfindlich und schimmelresistent. Aufgrund der besonderen Struktur des Blattgewebes und der positiven Eigenschaften lässt sich R. zu druckfesten und biegesteifen Dämmstoffplatten oder Einblas- bzw. Schüttdämmstoffen weiterverarbeiten. Für die relativ energiearme Herstellung von Dämmplatten werden die Blätter längs in stabförmige Partikel aufgetrennt und anschließend auf etwa 7 cm gekürzt. Die Blattpartikel werden regellos, aber parallel zur Plattenebene mit einem mineralischen Kleber (Magnesit) gebunden und zu Platten gepresst, die vollständig kompostierbar sind. Die relativ diffusionsoffenen Dämmplatten verfügen über eine Wärmeleitfähigkeit von λ 0,045 bis 0,055 W(m · K) und bieten einen guten Brand-, Schall- und Wärmeschutz.

R. kann vielseitig als Dämmstoff verwendet werden. Außer für die Dämmung von Außenwänden und Dächern eignet sich das leichte Material durch seine Biegesteifigkeit und seine bauphysikalischen Eigenschaften besonders für die energetische Ertüchtigung historischer Holzfachwerkkonstruktionen. Hier kann es als Gefachdämmung zugleich aussteifend wirken. Aus Typha lassen sich zudem Leichtbausandwichelemente für Fußböden und Zwischendecken fertigen. Die Rohdichte ρ beträgt ca. 220 bis 320 kg/m^3, die Druckfestigkeit 0,30 bis 0,80 N/mm^2. R. ist in die Baustoffklasse B2 nach DIN 4102 eingeordnet.

Romankalk R. ist ein Begriff für italienische Kalksorten, die wie Trasskalk hydraulisch erhärten. Er wird durch Brennen aus kalkarmem Mergel hergestellt. →Hochhydraulischer Kalk, →Kalkmergel

Rosskastanie →Splint- und →Kernholz sind von mehr oder weniger gleicher heller, gelblichweißer bis schwach rötlicher oder bräunlicher Färbung, teilweise auch unterschiedlich stark streifig durchzogen. R. ist sehr feinporig, von homogener, feinfaseriger Struktur und ohne deutliche Zeichnung. Das Holz ist schlicht, bei welligem Faserverlauf jedoch geflammt.

R. ist mittelschwer und ziemlich weich. Das Holz ist von geringer Festigkeit und Elastizität, mäßig schwindend mit gutem Stehvermögen, Beizen, Farben und Lacke problemlos annehmend, gut polierbar, aber nicht witterungsfest. Bei der Verarbeitung ist auf Schutz vor →Holzstaub (krebserzeugend gem. TRGS 906) zu achten.

Da das Holz der R. meist drehwüchsig ist, vielfach fehlerhaft und von schlechter Stammform, ist die Verwendung begrenzt. Es wird für Verpackungen eingesetzt und von der Span- und Faserplattenindustrie aufgenommen. Gute Qualitäten werden für gröbere Drechsler- und Schnitzarbeiten, Holzschuhe und Bürstenstiele, als Blindholz sowie massiv für einfache Möbel verwendet.

Rostschutzmittel →Korrosionsschutzanstriche

R-Stoffe R. sind reproduktionstoxische Stoffe im Sinne des Gefahrstoffrechts (D, EU). R-Stoffe beeinträchtigen die Sexualfunktion und Fruchtbarkeit beim Menschen und/oder führen zu Entwicklungsschäden bei den Nachkommen. Beeinträchtigungen der Laktation oder über die Laktation gehören auch zur Reproduktionstoxizität und werden zu Einstufungszwecken gesondert behandelt, um stillende Mütter mit einem besonderen Hinweis vor dieser Wirkung zu warnen. In der →CLP-Verordnung (Verordnung (EG) Nr. 1272/2008) erfolgt die Einstufung mit Reproduktionstoxizität Zusatzkategorie für Wirkungen auf/über Laktation.

Bis zum Außerkrafttreten der Stoff-RL 67/548/EWG wurde für R. unterschieden zwischen einer Beeinträchtigung der Fortpflanzungsfähigkeit (Fruchtbarkeit, R_F) und einer Fruchtschädigung (Entwicklungsschädigung, R_E). Es wurden drei Kategorien für R. unterschieden:

- R_F1/R_E1: Stoffe, die beim Menschen die Fortpflanzungsfähigkeit (Fruchtbarkeit) beeinträchtigen/die beim Menschen bekanntermaßen fruchtschädigend (entwicklungsschädigend) wirken;
- R_F2/R_E2: Stoffe, die als beeinträchtigend für die Fortpflanzungsfähigkeit (Fruchtbarkeit) des Menschen angesehen werden sollten oder als fruchtschädigend (entwicklungsschädigend);
- R_F3/R_E3: Stoffe, die wegen möglicher Beeinträchtigung der Fortpflanzungsfähigkeit (Fruchtbarkeit) des Menschen zur Besorgnis Anlass geben oder wegen möglicher fruchtschädigender (entwicklungsschädigender) Wirkungen.

Seit Inkrafttreten der CLP-Verordnung (Verordnung (EG) Nr. 1272/2008) gelten folgende Gefahrenkategorien:

- Reproduktionstoxisch Repr. Kategorie 1: Stoffe, die beim Menschen bekanntermaßen die Sexualfunktion und Fruchtbarkeit oder die Entwicklung beeinträchtigen oder wenn Befunde aus Tierstudien, möglichst ergänzt durch weitere Informationen, vorliegen, die die deutliche Annahme erlauben, dass der Stoff die Fähigkeit hat, die menschliche Fortpflanzung beeinträchtigen zu können. Differenzierung aufgrund von Befunden beim Menschen nach Kategorie 1A oder bei Tieren nach Kategorie 1B. Gefahrenhinweise für Repr. 1A bw. Repr. 1B: H360 Kann die Fruchtbarkeit beeinträchtigen oder das Kind im Mutterleib schädigen, H360F Kann die Fruchtbarkeit beeinträchtigen, H360D Kann das Kind im Mutterleib schädigen, H360FD Kann die Fruchtbarkeit beeinträchtigen. Kann das Kind im Mutterleib schädigen.
- Repr. 1A: Bekanntermaßen reproduktionstoxischer Stoff. Die Einstufung eines Stoffes in die Kategorie 1A beruht weitgehend auf Befunden vom Menschen.
- Repr. 1B: Wahrscheinlich reproduktionstoxischer Stoff. Die Einstufung eines Stoffes in die Kategorie 1B beruht weitgehend auf Daten aus Tierstudien. Solche Daten müssen deutliche Nachweise für eine Beeinträchtigung der Sexualfunktion und Fruchtbarkeit sowie der Entwicklung bei Fehlen anderer toxischer Wirkungen ergeben.
- Kategorie 2: Vermutlich reproduktionstoxischer Stoff. Befunde beim Menschen oder bei Versuchstieren vorliegen, die eine Beeinträchtigung der Sexualfunktion und Fruchtbarkeit oder der Entwicklung nachweisen, diese Nachweise aber nicht stichhaltig genug für eine Einstufung in Kategorie 1 sind. Gefahrenhinweis für Repr. 2: H361 Kann vermutlich die Fruchtbarkeit beeinträchtigen oder das Kind im Mutterleib schädigen, H361f Kann vermutlich die Fruchtbarkeit beeinträchtigen, H360d Kann vermutlich das Kind im Mutterleib schädigen, H360fd Kann vermutlich die Fruchtbarkeit beeinträchtigen. Kann das Kind im Mutterleib schädigen.

Am 31.5.2015 trat die Stoffrichtlinie 67/548/EWG außer Kraft und am 1.6.2017 wurde Tabelle 3.2 zur Liste der harmonisierten Einstufung und Kennzeichnung gefährlicher Stoffe aus Anhang I der Richtlinie 67/548/EWG mit Wirkung zum 1.6.2017 aus der CLP-Verordnung (Verordnung (EG) Nr. 1272/2008) gestrichen.

Verzeichnisse der Stoffe, die auf der Grundlage gesicherter wissenschaftlicher Erkenntnisse als krebserzeugend, erbgutverändernd oder fortpflanzungsgefährdend eingestuft sind:

1. Gefahrstoffrecht:
   - Außer Kraft seit 1.6.2105 Anhang I der RL 67/548/EWG (gemäß § 5 der GefStoffV) – abgelöst durch Verordnung (EG) Nr. 1272/2008 vom 16.12.2008 über die Einstufung,

R

Kennzeichnung und Verpackung von Stoffen und Gemischen (CLP-Verordnung).
- TRGS 905 (Verzeichnis krebserzeugender, erbgutverändernder oder fortpflanzungsgefährdender Stoffe). Ältere Versionen der TRGS 905 führten Stoffe auf, die nicht im Anhang I der Richtlinie 67/548/EWG genannt waren, sowie Stoffe, für die der AGS eine von der RL 67/548/EWG abweichende Einstufung beschlossen hatte. Die aktuelle TRGS enthält ein Verzeichnis von Stoffen, die auf der Grundlage gesicherter wissenschaftlicher Erkenntnisse gemäß § 2 Absatz 3 Nr. 3 GefStoffV als krebserzeugend, keimzellmutagen oder reproduktionstoxisch der Kategorien 1A, 1B oder 2 entsprechend den Kriterien des Anhangs I der Verordnung (EG) Nr. 1272/2008 (CLP-Verordnung) eingestuft sind. Die TRGS 905 führt Stoffe auf, die nicht im Anhang VI Teil 3 Tabelle 3.1 der CLP-Verordnung genannt sind, sowie Stoffe, für die der AGS eine von der CLP-Verordnung abweichende Einstufung beschlossen hat. (→CMR-Stoffe)

2. Empfehlungen: MAK- und BAT-Werte-Liste der Senatskommission zur Prüfung gesundheitsschädlicher Arbeitsstoffe innerhalb der Deutschen Forschungsgemeinschaft DFG sowie WHO, IARC Monographs, Overall Evaluations of Carcinogenicity to Humans

→M-Stoffe, →K-Stoffe

R-Symbol Das R. der Arbeitsgemeinschaft kontrolliert deklarierte Rohstoffe e.V. (ARGE kdR) kennzeichnet die für ein Bauprodukt verwendeten Ressourcen. In einer 10er-Skala im R. werden grün die nachwachsenden Anteile, gelb die mineralischen und rot die fossilen Produktanteile ausgewiesen. Die „Ressourcen-Symbolik" soll eine Grundlage für zukünftige Produktentwicklungen schaffen und die Umstellung auf →Nachwachsende Rohstoffe fördern. Das R. basiert auf den von den Herstellern gemachten Angaben. Analysen zur Umwelt- und Gesundheitsverträglichkeit (z.B. Emissionsanalysen) finden nicht statt. Das R. ist kein Umweltlabel, sondern versteht sich als ein ergänzendes Kennzeichnungssystem. →Label für Bauprodukte, →natureplus, →Blauer Engel

Rüster (Ulme) U. (Ulmus, EN-Kurzzeichen: ULGL) gehört zu den Kernreifholzbäumen. Das →Splintholz ist hellgelb bis gelblichweiß, das →Kernholz je nach Art und Standort hellbraun über rotbraun bis schokoladenbraun gefärbt, unter Lichteinfluss nachdunkelnd. Es ist grobporig und mit markanter gestreifter bzw. gefladerter Textur.

R. ist mittelschwer (Darrdichte 640 kg/m^3) und ziemlich hart (Brinellhärte 30 N/mm^2), hat gute Festigkeitseigenschaften und ist sehr elastisch und zäh. Es ist mäßig schwindend mit gutem Stehvermögen. Das Holz ist schwer spaltbar und je nach Art und Wuchsbedingung mäßig bis gut zu bearbeiten. Gedämpft ist R. gut zu biegen. Die Behandlung der Oberflächen bereitet keine Schwierigkeiten, Trocknungsstörungen bei SH-Lacken möglich; es ist gut polierbar. Unter Wasser und im Boden ist R. von hoher Dauerhaftigkeit, jedoch weniger gut witterungsbeständig.

Bei der Verarbeitung ist auf Schutz vor →Holzstaub (krebserzeugend gem. →TRGS 906) zu achten. Unangenehmer Geruch ist möglich.

Durch das sogenannte Ulmensterben sind die Vorkommen stark dezimiert, sodass das Holz nicht in den gewünschten Mengen verfügbar ist. Da nach DIN EN 350 wenig dauerhaft, findet R. Verwendung im Möbelbau für Massivholzmöbel, im Innenausbau für dekorative Wand- und Deckenbekleidungen, Treppen, Parkett (→Holzparkett), Türen und Einbaumöbel.

Rutschsicherheit Bodenbeläge müssen in vielen Einsatzbereichen eine gewisse Rutschsicherheit bieten. Für öffentliche und gewerbliche Bereiche sind die Anforderungen in den berufsgenossenschaftlichen Regeln DGUV-R 108-003 (Deutschland) zusammengefasst. Die Regeln weisen die Räume aus, für die Anforderungen bestehen z.B. Räume mit nutzungsbedingter Rutschgefahr in Schulen, Einrichtungen der Gesundheits- und Wohlfahrtspflege, Schalterräumen, gewerbliche Bereiche.

Die Bodenbeläge werden in Rutschklassen R 9 bis R 13 eingeteilt. Ergänzend gibt es Klassen für Verdrängungsräume (offene Hohlräume zwischen oberen Geh- und Entwässerungsebenen) bei profilierten Bodenbeläge V 4 bis V 10. Letztere spielen praktisch nur bei keramischen Bodenbelägen eine Rolle. Elastische Bodenbeläge erreichen in der Regel die Klassen R 9 und R 10, seltener R 11.

R 9: Sehr geringe Anforderungen (Eingangsbereiche, Treppen, OP-Räume, Laborräume)

R 10: Geringe Anforderungen (Toiletten, Waschräume, Teeküchen, Werkräume in Schulen, Lehrküchen in Schulen)

R 11: Ein Verdrängungsraum ist nicht vorgeschrieben (z.B. Küchen für Gemeinschaftsverpflegung)
R 12: Hohe Anforderungen, vorgeschriebener Verdrängungsraum (z.B. Kühlräume für unverpackte Ware)
R 13: Sehr hohe Anforderungen, vorgeschriebener Verdrängungsraum (z.B. Mayonnaiseherstellung)
Die Prüfung der Rutschsicherheit erfolgt am unbehandelten Bodenbelag im Labor. Sie muss aber auch während der Nutzung eingehalten werden. Es sind also nur Reinigungssubstanzen zu wählen, die die Rutschsicherheit des Bodenbelages nicht negativ beeinflussen.

Die Rutschsicherheit hängt nicht nur vom Bodenbelag, sondern auch von dem Sohlenmaterial ab. Deshalb sollen in Räumen mit Rutschgefahr auch entsprechend geeignete Schuhe getragen werden. Die Rutschfestigkeit wird durch die Strukturierung der Oberfläche erreicht – dadurch wird aber die Reinigung erschwert. Daher müssen die Erfordernisse an die Rutschfestigkeit genau überprüft werden.

RW Richtwerte für die Innenraumluft (RW I und RW II). →Innenraumluft-Grenzwerte

R-Wert →AgBB-Schema

R

S

Sättigungsdampfdruck Der Dampfdruck ist der Partialdruck des Wasserdampfes am Gesamtluftdruck. Er ist von der Temperatur der Luft abhängig: Warme Luft kann deutlich mehr Wasserdampf aufnehmen als kalte. Ab einem bestimmten Dampfdruck kann die Luft keinen weiteren Wasserdampf mehr aufnehmen und das evtl. überschüssige Wasser kondensiert aus. Man spricht in diesem Zusammenhang vom Sättigungsdampfdruck.

Sättigungsdampfmenge Die Luft kann nur eine begrenzte Menge an Wasser in Dampfform aufnehmen, in diesem Fall spricht man von der S. Diese Wasserdampfmenge ist umso höher, je höher die Lufttemperatur ist. →Luftfeuchte

Säurehärtende Lacke S. (SH-Lacke) bestehen aus einem Aminoharz (→Harnstoff-, →Melamin- oder →Phenol-Formaldehyd-Harz), denen →Alkyd- oder →Acrylharze beigegeben sind. Als Härterbeschleuniger werden Säuren (Phosphor- oder Alkylphosphorsäure, p-Toluolsulfonsäure) verwendet. Sie wirken als Katalysator für die chemischen Reaktionen und sind für die Härte der Beschichtung verantwortlich. Die Grundstoffe sind in →Lösemitteln gelöst. Es werden 1- und 2-Komponenten-S. unterschieden. S. werden in der Möbelindustrie, zur Versiegelung von Holzböden (→Parkettversiegelung) und als Einbrennlack in der Automobilindustrie verwendet. Im deutschsprachigen Raum sind diese Lacke jedoch nur noch in geringen Mengen im Einsatz.
Nach der Anwendung von S. wird der gesundheitsbezogene Grenzwert für →Formaldehyd in der Regel maßgeblich überschritten. Gesundheitsgefährdungen können auch von den verwendeten Lösemitteln und Lackhilfsstoffen ausgehen. Die Konzentration verschiedenster Substanzen, z.B. des Reizstoffes iso-Butanol, kann gegenüber unbelasteten Räumen stark erhöht sein.

Saflor-Öl S. ist ein aus dem fetten Samenöl des Saflors (Färber-Distel) hergestelltes trocknendes Öl, das – zum gilbungsarmen Bindemittel verdickt – in Produkten der Naturfarbenhersteller verwendet wird. S. ist reich an ungesättigten Fettsäuren und wird auch als Speiseöl (Distelöl) geschätzt. Der Saflor wird in Indien, dem Iran, Nordafrika und Nordamerika angebaut.

Salmiakgeist Eine 10 %ige →Ammoniaklösung in Wasser wird als S. bezeichnet.

Samttapeten →Velourstapeten

Sand Als S. werden die körnigen mineralischen Bestandteile des Bodens mit einer Korngröße von maximal 4 mm bezeichnet. Die Korngrößen von 4 bis 32 mm werden als →Kies bezeichnet. Feiner als S. ist Schluff mit einer Korngröße 0,002 bis 0,06 mm. S. entsteht bei der Verwitterung vieler Gesteine. Die mineralische Zusammensetzung des Ausgangsmaterials und das Ausmaß seiner Verwitterung bestimmen in erster Linie, welche Minerale in den Sandfraktionen enthalten sind. Quarzsand: fast reines Siliciumdioxid ohne Beimengungen; Flusskiessand: glatte runde Körner ohne Beimengungen; Grubensand: kantige Körner, meist →Lehm als Beimengung (Ablagerung von Eiszeitgletschern); Lösssand: sehr feinkörnig mit Ton- und Kalkbeimengungen (Windablagerung). Die Gewinnung der S.-Vorkommen erfolgt im Trocken- oder →Nassabbau. S. wird im Hochbau als Schüttungen in Decken, als feine →Gesteinskörnung in Betonen, Mauersteinen und Mörteln und als Rohstoff z.B. für die Herstellung von →Porenbeton, →Kalksandstein und →Glaswolle eingesetzt.
Bei der Gewinnung von S. und Kiesen entstehen große, tiefe Gruben, die starke Eingriffe in Natur und Landschaft darstellen. Heute wird daher bereits bei der Genehmigung des Abbaus die Art der →Rekultivierung oder →Renaturierung nach Ende der Abbautätigkeit festgelegt. Die nutzbaren Ressourcen von Kies und S. sind erschöpft: Lediglich ein Drittel der Kiesvorkommen stehen irgendwann zum Abbau zur Verfügung, den restlichen Vorkommen stehen Vorgaben des Grundwasser- und Landschaftsschutzes oder eine Bebauung der Nutzung entgegen. Trotz großer theoretischer Vorkommen ist daher eine Substitution von S. und Kiesen durch Sekundärrohstoffe aus mineralischem Abbruchmaterial von großer Bedeutung. Nassabbau und Abbau in ökologisch sensiblen Flusslandschaften sollte nach Möglichkeit vermieden werden. →Mineralische Rohstoffe, →Tagebau

Sandsteine S. sind natürlich vorkommende Sedimentgesteine aus Sandkörnchen, die durch Diagenese (chemische Vorgänge in Verbindung mit Verdichtung des Gefüges) zu Festgestein umgebildet wurden. Die Kornbindung wird durch ein Bindemittel bewirkt, das karbonatisch, tonig, quarzitisch (kieselig) oder eine Kombination dieser drei sein kann. Die Bildung des Bindemittels erfolgt durch Ausfällung der gelösten Stoffe aus der Porenlösung. S. können einen sehr vielfältigen Mineralbestand haben. S., deren Komponenten zu mehr als 90 % aus Quarzkörnern bestehen, werden als Quarzsandstein bezeichnet. →Kalksandsteine sind S. aus den Hauptgemengeteilen Calcit und Quarz (mindestens 50 % Quarzanteil). Sie werden auch industriell gefertigt.

Das Bindemittel hat einen wesentlichen Einfluss auf die Festigkeit und sonstige technische Eigenschaften des Gesteins. Bei geringem Bindemittelanteil ist das Gestein mürbe und „sandet". S. mit hohem Bindemittelanteil weisen ein geringeres Porenvolumen und damit geringeres Wasseraufnahmevermögen auf. S. mit kieseligem Bindemittel sind sehr widerstandsfähig und wetterbeständig. S. mit tonigem Bindemittel sind gegen Feuchtigkeit empfindlich (Anhauchen erzeugt Lehmgeruch). S. mit kalkigem Bindemittel sind empfindlich gegen saure Industrieabgase (Schwefeldioxid, Stickoxide). S. bestehen zumeist aus vergleichsweise weichem Gesteinsmaterial und sind deshalb leicht zu bearbeiten. Sie werden für Massivbausteine, Verblendmauerwerk, als Pflastersteine und für Steinmetzarbeiten verwendet.

Sanfte Chemie Der Begriff der S. wurde von Hermann Fischer zusammen mit Chemiker-Kollegen geprägt. Bei diesem Konzept geht es um Nachhaltigkeit, also um den Einsatz regenerierbarer Rohstoffe, die Nutzung dieser Rohstoffe unterhalb der Regenerationsrate und um eine sanfte, ökologische Technik bei der Verarbeitung und Nutzung dieser Rohstoffe. Hermann Fischer hat dazu neun Kernthesen aufgestellt (Die neun Kernthesen einer Sanften Chemie. In: Plädoyer für eine Sanfte Chemie, C. F. Müller Verlag, Karlsruhe, 1993).

Fischer nimmt folgende Abstufung von Stoffen und Produkten vor:

1. Klasse: Naturprodukte im allerengsten Sinne: Produkte dieser Klasse werden allein von der Natur geschaffen, ohne Einwirkung des Menschen. Hierzu gehören z.B. Holz, Kieselsteine oder Quellwasser, das von selbst zutage tritt.

2. Klasse: Kultivierte Naturprodukte: Stoffe dieser Klasse werden unter maßvoller Einwirkung des Menschen auf natürliche Prozesse bzw. auf die Rohstoffe gewonnen. Eine solche Einwirkung besteht z.B. im Einritzen von Bäumen zur Gewinnung von Kautschukmilch oder im Ausgraben von Mineralien. Weiterhin gehören hierzu Naturprodukte, die durch den Menschen einer rein physikalischen Verarbeitung unterworfen werden, z.B. die Gewinnung von Balsamterpentinöl durch Destillation von Kiefernharzbalsam. Schließlich werden hierzu auch Produkte gezählt, bei denen der natürliche Rohstoff einer einfachen chemischen Umwandlung unterzogen wurde. Voraussetzung ist ein weitgehender Strukturerhalt. Ein Beispiel ist die Herstellung von Bienenwachs-Ammoniumseife durch Verseifung von Bienenwachs mit Ammoniaklösung (Netzmittel für Farbenpigmente).

3. Klasse: Degenerierte Naturprodukte: Stoffe dieser Klasse werden unter erheblicher Einwirkung des Menschen auf die natürlichen Rohstoffe gewonnen. Hierzu gehören Produkte, zu deren Herstellung zwar auch natürliche Stoffe zum Einsatz kommen, diese aber einer erheblichen Strukturveränderung unterworfen werden. Ein Beispiel sind die Alkydharze, die aus einem Pflanzenöl (Leinöl) und einer Chemikalie als zweiter Komponente hergestellt werden.

4. Klasse: Vollsynthetische Produkte: Stoffe dieser Klasse werden vollsynthetisch hergestellt. Hierzu zählen auch synthetisch hergestellte Substanzen, die Naturstoffen in der chemischen Struktur entsprechen. Insbesondere sind es aber Stoffe, die von ihrer chemischen Struktur her keine natürlichen Vorbilder haben. Beispiele sind Polystyrol-Schaumstoffe.

Sanierung →Schadstoff-Sanierung

Sanierungszielwert Mit S. wird das Konzentrationsniveau bezeichnet, das nach Abschluss von Sanierungsarbeiten erreicht werden sollte. →Schadstoff-Richtlinien, →Schadstoff-Sanierung

Sanitärsilikon →Silikon-Dichtstoffe

Sauerkrautplatten Umgangssprachlicher Ausdruck für →Holzwolle-Leichtbauplatten. →Magnesitgebundene Holzwerkstoffe

SBR →Styrol-Butadien-Kautschuk

SBS →Sick-Building-Syndrom

Schadstoffarme Bauprodukte Der Begriff S. ist nicht verbindlich definiert. S. erfüllen hohe Anforderungen hinsichtlich gesundheitlicher Qualität und Umweltqualität. Sie enthalten keine Stoffe natürlicher oder synthetischer Herkunft und keine Verunreinigungen, die bei der Verwendung, dem Gebrauch und der Entsorgung des Bauproduktes problematisch für die Gesundheit oder die Umwelt sind. Siehe →natureplus, →Blauer Engel. (EGGBI: Bewertung von Gütezeichen und Kennzeichnungen für Bauprodukte mit erhöhten Anforderungen an die Wohngesundheit 09/2017)

Schadstoffarme Lacke →Lacke, →Schadstoffarme Bauprodukte, →Umweltzeichen

Schadstoffe in Innenräumen →Innenraum-Schadstoffe

Schadstoff-Messungen S. dienen der Feststellung von Schadstoffen in →Innenräumen bzw. deren Beurteilung (s. Tabelle S1).

Tabelle S1: Analysematrices und deren Aussagekraft zur Schadstoff-Belastung in Innenräumen

Probenart/ Matrix	Aussagekraft
Material	Quantitativer (ggf. nur qualitativer) Schadstoffnachweis in Materialien Identifizierung von Schadstoffquellen
Hausstaub	Allgemeiner Schadstoffnachweis Halbquantitative Abschätzung der Quellstärke Abschätzung der Schadstoffaufnahme (oral) durch Kleinkinder
Raumluft	Feststellung der Schadstoff-Konzentration in der Raumluft Abschätzung der Exposition (für Inhalation) Grundlage zur Feststellung der Sanierungsnotwendigkeit (nicht bei →Asbest)

Schadstoff-Richtlinien Aus § 3 der Landesbauordnungen leitet sich die Notwendigkeit eines bauordnungsrechtlichen Handelns zum Schutz vor Luftverunreinigungen in Gebäuden ab: „Anlagen sind so anzuordnen, zu errichten, zu ändern und instand zu halten, dass die öffentliche Sicherheit und Ordnung, insbesondere Leben, Gesundheit und die natürlichen Lebensgrundlagen, nicht gefährdet werden.“ Ist in Bezug auf Schadstoffe aus Bauprodukten ein baurechtliches Handeln erforderlich, wird die allgemeine Vorgehensweise länderübergreifend koordiniert. Innerhalb der →ARGEBAU ist dafür die Projektgruppe Schadstoffe zuständig. Diese erarbeitet technische Regeln zum Erkennen, Bewerten und Sanieren von Schadstoffbelastungen in bestehenden Gebäuden. Als Technische Baubestimmungen wurden bisher folgende S. eingeführt:

- Richtlinie für die Bewertung und Sanierung schwach gebundener Asbestprodukte in Gebäuden (Asbest-Richtlinie)
- Richtlinie zur Bewertung und Sanierung PCB-belasteter Baustoffe und Bauteile in Gebäuden (→PCB-Richtlinie)
- Richtlinie zur Bewertung und Sanierung PCP-belasteter Baustoffe und Bauteile in Gebäuden (→PCP-Richtlinie)
- ETB-Richtlinie zur Begrenzung der Formaldehydemission in die Raumluft bei Verwendung von Harnstoff-Formaldehydharz-Ortschaum

Darüber hinaus wurden von der Projektgruppe die „Hinweise für die Bewertung und Maßnahmen zur Verminderung der PAK-Belastungen durch Parkettböden mit Teerklebstoffen in Gebäuden (→PAK-Hinweise)“ erarbeitet.

Schadstoff-Sanierung Maßnahmen zur Entfernung, Beschichtung, räumlichen Trennung oder chemischen Umwandlung von Schadstoffen bzw. von schadstoffhaltigen Bauteilen zur Herstellung eines Objektzustands, bei dem von dem/den betreffenden Schadstoff/en für die Nutzer keine gesundheitliche Gefahr mehr ausgeht.

Die Feststellung der Dringlichkeit einer S. erfolgt anhand:

- Raumluftmessung (Bsp.: Formaldehyd, PCB, PCP)
- Checkliste (Bsp.: Asbest)
- Baulicher Zustand, Hausstaub (Bsp.: PAK-haltige Parkettkleber)
- Baulicher Zustand (Bsp.: KMF)

Ziel der S. ist die Unterschreitung eines unter Vorsorgegesichtspunkten festgelegten Grenz-/Richtwertes (→Schadstoff-Richtlinien). Dies kann erreicht werden durch:

- Entfernen schadstoffbelasteter Bauteile
- Beschichten und Bekleiden schadstoffbelasteter Bauteile. Das Beschichten asbesthaltiger Bauteile ist verboten.
- Räumliche Trennung schadstoffbelasteter Bauteile
- Entfernen schadstoffbelasteter Bereiche von Bauteilen
- Chemische Behandlung, chemische Bindung
- Entfernen oder Reinigen sekundärbelasteter Materialien oder Gegenstände

Die Erfolgskontrolle der S. erfolgt i.d.R. durch eine Raumluftmessung. Schutzmaßnahmen bei S. werden getroffen zum Schutz
- der Beschäftigten des Sanierungsunternehmens,
- der Gebäudenutzer,
- des Gebäudes,
- der Umwelt.

Die Schutzmaßnahmen werden unterteilt in:
- Organisatorische Schutzmaßnahmen, z.B.
  - Mitteilung an die Behörde (Tätigkeiten mit Asbest)
  - Leitung und Aufsicht durch fachlich geeignete Person
  - Betriebsanweisung und Unterweisung
- Technische Schutzmaßnahmen, z.B.
  - Technischer Luftwechsel/Unterdruck
  - Einhausung, Personal- und Materialschleuse
  - Geeignete Sauggeräte
  - Sammlung der Abfälle in geeigneten Behältern
- Hygienische Schutzmaßnahmen, z.B.
  - Persönliche Schutzausrüstung
  - Umkleide, Waschgelegenheit
  - Arbeitsmedizinische Vorsorgeuntersuchung

Schafwolle S. zählt zu den organischen Dämmstoffen und ist ein jährlich nachwachsendes Nebenprodukt der Tierhaltung und Weidewirtschaft. Die Schafe werden ein- bis zweimal im Jahr geschoren und dabei wird ca. 7 kg ungewaschene Rohwolle pro Schaf gewonnen. Die S. wird gewaschen, bis zu einem Restgehalt von max. 0,5 % entfettet und von Stäuben sowie organischen Fremdstoffen befreit. Anschließend wird ggfs. unter Beimengung von synthetischen oder naturbasierten Fremdfasern in der Krempelanlage ein dünnes Primärvlies hergestellt, das bis zum Erreichen des notwendigen Gewichtes je Quadratmeter in verschiedenen Verfahren geschichtet wird. S. ist nicht resistent gegenüber Mottenbefall, daher ist ein Mottenschutz erforderlich. Als Alternative zu den bislang verwendeten, jedoch gesundheitlich bedenklichen →Pyrethroiden (Nervengift), Borsalz (zwischenzeitliche Einstufung von Bor als reproduktionstoxisch) oder der in der EU nicht mehr zugelassenen Mottenschutzmittel Mittin FF (Sulcufuron) und Thorlan IW, steht seit 2016 ein permanenter biozidfreier Wollschutz auf plasmaionischer Basis fraßhemmend modifiziert zur Verfügung.

S. ist diffusionsoffen und geruchsneutral, antistatisch und schmutzabweisend, feuchtigkeitsregulierend sowie resistent gegen Schimmelpilze. Die S.-Faserne weisen eine geschuppte Oberflächenstruktur auf und sind trotz der umhüllenden Wachsschicht stark hygroskopisch: Bei der Aufnahme von Feuchtigkeit vergrößert Schafwolldämmung ihr Volumen und kann ohne Beeinträchtigung der Dämmwirkung bis zu 33 % ihres Eigengewichts an Feuchtigkeit aufnehmen, im Faserinneren binden und wieder abgeben. Aufgrund des wolleigenen Eiweißproteins Keratin und der darin enthaltenen Aminosäuren ist S. hochgradig bio-reaktiv und hat die Eigenschaft, zahlreiche Schadstoffe wie Formaldehyd oder Ozon dauerhaft zu binden bzw. abzubauen. Die Bindung erfolgt je nach Schadstoff unterschiedlich.

Dämmvliese eignen sich zur Wärmedämmung von Dächern, Wänden, Decken und Außenfassaden sowie zur technischen Dämmung von Kühlanlagen und als Schalldämmung von Klima- und Lüftungsanlagen. S. in Form von Nadelfilz wird als Trittschalldämmung sowie als Stopfwolle oder Hohlraumdämpfung verwendet. →Schafwolle-Dämmstoffe

S. hat eine Wärmeleitfähigkeit von 0,035 und 0,046 W/(m·K), die Rohdichte beträgt 18 bis 30 kg/m^3, der μ-Wert: 1 – 2. S. hat eine Entzündungstemperatur von 580 bis 600 °C und der Stickstoffgehalt wirkt flammhemmend, daher findet die Verwendung von →Flammschutzmitteln nur bei sehr leichten oder mit Stützfasern verfestigten Produkten Anwendung. S. ist nach DIN 4102 in die Baustoffklasse B2 bzw. nach DIN EN 13501 in die Baustoffklasse E eingeordnet.

Schafwolle-Dämmstoffe S. sind Dämmstoffe aus Schafwolle, die für Wärme- und Schallschutzzwecke eingesetzt werden. Die Schafe werden ein- bis zweimal pro Jahr geschoren. Pro Schaf und Jahr werden ca. 7 kg Rohwolle gewonnen. Für Dämmstoffe wird meist regional anfallende Schafwolle verwertet, manche Hersteller beziehen ihre Rohstoffe auch am Wollmarkt. Die geschorene Wolle wird zu Ballen komprimiert und der Wäscherei zugeführt, wo Verunreinigungen wie Wollfett, Schmutz und Schweiß mit Kernseife und Soda entfernt werden und üblicherweise das →Mottenschutzmittel aufgebracht wird. Die Dämmstoffe sollten im Gegensatz zu Schafwollteppichen auch aus ökologischer Sicht mit einem nicht ausgasenden Mottenschutz behandelt sein, da bei unbehandelten oder falsch behandelten S. bereits mehrmals Mottenbefall auf-

S

getreten ist, der großen (auch ökologischen) Schaden anrichten kann. Schafwolle ist von Natur aus schwer entflammbar und entzündet sich erst bei ca. 560 °C. Nur bei sehr leichten Produkten – die auch geringeren Wärmeschutz aufweisen – finden daher →Borate als Flammschutzmittel Einsatz.

S. werden in Form von Dämmmatten, Dämmbahnen, Dämmvlies, Flocken, Stopfwolle, Dichtungszöpfen oder -schnüren eingesetzt. Filze mit Natronkraftpapier oder PE-Bahnen tragen zur Trittschallverbesserung unter Parkettböden bei. S. eignen sich auch für technische Isolierungen und als Schalldämmung. Zur Sanierung formaldehydbelasteter Innenräume stehen spezielle Schafwollvliese zur Verfügung, deren Wirksamkeit vom →ECO-Umweltinstitut in Zusammenarbeit mit dem Deutschen Wollforschungsinstitut (DWI) nachgewiesen wurde. →Formaldehyd ist als sehr reaktives Molekül in der Lage, mit den Aminosäuren der Schafwolle zu reagieren. Es bilden sich stabile und unschädliche Verbindungen, die zu irreversiblen Vernetzungen zwischen den Peptidketten der Schafwollfasern führen. Das in der Schafwolle enthaltene Keratin bindet somit Luftschadstoffe dauerhaft in der Faser ein und baut diese dann ab.

S. sind üblicherweise in →Baustoffklasse B2 (einige Produkte auch in B1) eingestuft, die →Wärmeleitfähigkeit beträgt ca. 0,04 W/(m·K), die Rohdichte liegt zwischen 13 und 120 kg/m^3.

Die Nachfrage an Schafwolle aus der Textilindustrie ist in den letzten Jahrzehnten stark gesunken. In Form von Dämmstoffen fand Schafwolle einen sinnvollen, neuen Einsatz, der unterstützt werden sollte. Die extensive Schafhaltung, wie sie in Mitteleuropa üblich ist, trägt wesentlich zur Erhaltung der Kulturlandschaft bei. Bei der Gewinnung mitteleuropäischer Wolle erfolgt kein massiver Chemieeinsatz oder Überweidung wie in den riesigen Schafzuchtfarmen in Australien oder Neuseeland. Im deutschsprachigen Raum werden mittlerweile nur S. mit überwiegend europäischer Schafwolle erzeugt. Schafwolle enthält keine gesundheitsgefährdenden Faserstäube und zeigt eine gute feuchtigkeitsregulierende Wirkung.

Die am häufigsten eingesetzten Mottenschutzmittel in S. basieren auf dem Wirkstoff Sulcofuron, ein Harnstoffderivat, das nicht aus der Wolle ausgast und seit Jahrzehnten in der Textilindustrie eingesetzt wird. Das Mottenschutzmittel dient vor allem als Schutz vor dem Einbau. Das Einwandern von keratinverdauenden Insektenlarven von außen in die Schafwolldämmung sollte konstruktiv verhindert werden. Ohne synthetisches Mottenschutzmittel ist ein patentierter S. aus Schurwolle, Naturkautschukmilch (nicht vulkanisiert, nicht stabilisiert), Borsalz und weiteren Zusatzstoffen unter 1 % (Eisenoxid, Kalk und Tonerde) am Markt. Die Motten- und Teppichkäferbeständigkeit wurde laut Herstellerangaben von der Eidgenössischen Materialprüfungsanstalt bestätigt.

S. sind sehr gut weiterverwendbar, evtl. sollte der Mottenschutz erneuert werden; nicht mehr benötigte Schafwolle wird von den Herstellern zurückgenommen und zu Stopfwolle oder Dämmplatten verarbeitet. Die Entsorgung erfolgt über Verbrennung in Müllverbrennungsanlagen. →Wärmedämmung, →Natur-Dämmstoffe

Schalldämmmaß →Luftschalldämmung

Schalldämmstoffe S. sind Baustoffe, die infolge ihres Federungs- und Schallabsorptionsvermögens zur Erhöhung der Luft- und/oder Trittschalldämmung (meist in Verbindung mit anderen Baustoffen) und/oder zur Schallschluckung oder zur →Schalldämpfung in Räumen und Hohlräumen herangezogen werden können. Eine wichtige Kenngröße von Dämmstoffen, Schall zu absorbieren, ist der spezifische Strömungswiderstand. Je größer der Strömungswiderstand, desto besser kann Schall absorbiert werden. Faserdämmstoffe wie beispielsweise Mineralwolle oder →Schafwolle haben einen hohen Strömungswiderstand und sind daher gut zur Hohlraumdämpfung oder in Versatzschalen zur Schallabsorption geeignet (→Luftschalldämmung). Belastbare Dämmstoffe für den →Trittschallschutz, z.B. unter schwimmenden Estrichen verlegte S., müssen ein ausreichendes Federungsvermögen, d.h. eine möglichst geringe dynamische Steifigkeit aufweisen. Bei der Dämmstoffauswahl sind schalldämmende und wärmedämmende Eigenschaften immer gemeinsam zu betrachten und entsprechend dem Einsatzort und der Verwendungsart zu bewerten. →Wärmedämmverbundsysteme können die Schalldämmung einer Wand durch Resonanz verschlechtern, darauf sollte vor allem bei Sanierungen geachtet werden. Im Neubau wird dieser Effekt bei den Schallschutznachweisen einberechnet.

Schalldämmung S. ist die Verhinderung bzw. die Behinderung der Schallwellenfortpflanzung durch eine Trennfläche. →Schallschutz, →Luftschalldämmung, →Trittschallschutz

Schalldämpfung Die S. ist eine Schallabsorption mit offenporigem bzw. faserigem Dämmmaterial und dient dem Abbau, nicht aber der völligen Absorption von Schall. →Schalldämmstoffe, →Schalldämmung

Schallschutz Als Schall werden für den Menschen hörbare Schwingungen bezeichnet, die sich vom Ort der Entstehung, der Schallquelle, durch feste, flüssige und gasförmige Stoffe wellenförmig ausbreiten. Ihre Weiterleitung im Stoff ist abhängig von dessen Beschaffenheit. Werden Schallwellen durch Luft übertragen, spricht man von →Luftschall, bei Übertragung durch feste Stoffe von →Körperschall bzw. Trittschall (→Trittschallschutz), eine für den S. in Gebäuden wichtige Sonderform des Körperschalls. Unter aktivem S. versteht man die Bekämpfung von Lärm am Entstehungsort, unter passivem S. die Dämmung bereits entstandenen Lärms. Die wesentlichen Vorschriften für den S. im Hochbau sind in der DIN 4109 zusammengefasst.

Schalöle →Betontrennmittel

Schaltafeln S. (Schalplatten) bestehen aus Nadelholz und sind mit mechanischer Verbindung und mit oder ohne Stahlprofilschutz der Hirnkanten versehen. Sie sind wasserfest verleimt und meistens mit Kunstharz oberflächenbehandelt.

Schaumglas-Dämmplatten S. sind geschlossenzellige, gas- und dampfdichte, wasserundurchlässige und vollkommen feuchteunempfindliche Wärmedämmstoffe aus aufgeschäumtem Glas. Da sie zusätzlich sehr druckfest sind, liegen die Hauptanwendungsgebiete bei erdberührten Bauteilen (Perimeterdämmung, Bodenplattendämmung, Flachdachdämmung) sowie allen druckbelasteten Anwendungen. Infolge Dampfdichtheit sind sie auch für Innendämmungen ohne zusätzliche Dampfbremse geeignet. Den größten Rohstoffanteil nimmt mittlerweile →Altglas ein (mehr als 50 % nach Herstellerangaben). Weitere Rohstoffe sind Glasrohstoffe wie Quarzsand, Feldspat, Soda, Kalkstein sowie die Zusatzstoffe Eisenoxid und Manganoxid.

Aus den Glasrohstoffen wird eine Glasschmelze hergestellt, die extrudiert, zerkleinert und zu Glaspulver vermahlen wird. Das Blähmittel Kohlenstoff kann in Form von Koks, Magnesiumcarbonat, Calciumcarbonat, Zucker, Glycerin und Glykol zugegeben werden. Danach wird das Gemisch auf ca. 1.000 °C erhitzt. Beim Oxidieren des Kohlenstoffs entstehen Gasblasen, die in der abgekühlten Masse eingeschlossen werden. Nebenbestandteile der Gasfüllung sind Schwefelwasserstoff (0,7 %) und Stickstoff (0,2 %). S. werden entweder mit Kaltklebern oder in Heißbitumen vollflächig und vollfugig mit dem Baukörper verklebt oder trocken direkt in Feinsplitt, Sand oder Frischbeton verlegt. →Wärmeleitfähigkeit: 0,045 bis 0,06 W/(m·K); nicht brennbar (→Baustoffklasse A1); nicht für Schallschutzmaßnahmen geeignet; fäulnisfest, resistent gegen Ungeziefer, alterungsbeständig, aber unkaschiert nicht frostresistent. S. ermöglichen eine wärmebrückenfreie Umhüllung des Gebäudes bei Anwendung unter flächig lastabtragenden Gründungsplatten.

Hoher Energiebedarf bei der Herstellung. Durch die Verwendung von Altglas konnte der Energiebedarf für die Produktion aber deutlich gesenkt werden, da der Schmelzpunkt des Altglases unter jenem des Rohstoffgemisches liegt. Bei der Verarbeitung von Schaumglas in →Heißbitumen können Belastungen mit →Polycyclischen aromatischen Kohlenwasserstoffen und Bitumendämpfen auftreten. Für das Kaltkleben sollten →Bitumenemulsionen eingesetzt werden. Bei Beschädigung von S. können Teile der Gasfüllung freigesetzt werden, die gesundheitlich unbedenklich sind, aber wegen des Schwefelwasserstoffgehalts nach faulen Eiern riechen. Beim Verarbeiten sind Augenreizungen durch Glasstaub möglich. Da S. häufig im Außenbereich eingesetzt und dadurch bitumenverklebt ist, ist es praktisch nicht wiederverwendbar. In Sandbett verlegte Platten dagegen können weiterverwendet oder als Schotter im Straßenbau verwertet werden. S. sind problemlos deponierbar.

Schaumglas-Schotter S. wird in einem Doppelschäumungsprozess aus gemahlenem Altglas erzeugt. Er ist geschlossenzellig, frostsicher und kann in Qualitäten mit hoher Druckfestigkeit erzeugt werden. Im Hochbau kann S. als Leichtzuschlag für →Beton, als Wärmedämmung gegen das Erdreich und auf unterkellerten, befahr- oder begehbaren Gebäudeteilen (→Wärmeleitfähigkeit: 0,07 bis 0,17 W/(m·K)) verwendet werden. Im Tiefbau findet S. vielseitige Anwendungsmöglichkeiten, z.B. als Längs- und Querentwässerung von Straßen oder als Schüttung direkt auf dem Rohplanum.

Schaumstoffe →Schaumkunststoffe

Schaumkunststoffe S. sind nach DIN EN ISO 472 Werkstoffe, deren Dichte durch die Anwesenheit zahlreicher, in seiner Masse verteilter, kleiner offe-

ner oder geschlossener Hohlräume (Zellen) verringert ist.
Schaumkunststoffe aus organischen Polymeren lassen sich aufteilen in Hartschäume, Weichschäume und Integralschäume. Die technisch wichtigsten Basis-Polymere für Hartschäume sind →Polystyrol, →Polyurethane und →Polyisocyanurate (PIR); daneben haben auch →Polyolefine, Formaldehyd-Harze und →Polyvinylchlorid eine gewisse Bedeutung. Charakteristische Eigenschaften von Hartschäumen sind ein hohes Dämmvermögen, eine gute Feuchtigkeitsbeständigkeit und eine relativ hohe mechanische Festigkeit. Polymer-Basis für Weichschäume sind in den meisten Anwendungen Polyurethane.
Integralschäume, auch als Strukturschaumstoffe bezeichnet, sind Schaumkunststoffe, die zwar über den gesamten Querschnitt chemisch identisch sind, deren Dichte von außen nach innen aber kontinuierlich abnimmt. Sie sind gekennzeichnet durch einen weichen oder porösen Kern und eine nahezu massive Randzone. Auch für Integralschäume ist die Polymer-Basis meist Polyurethan.
Nach Anwendungsgebieten lassen sich unterscheiden:

- Dämmschäume:
  Polyisocyanurat-Schäume, →Polystyrol-Schäume (EPS = expandiertes Poylstyrol; XPS = Extrudiertes Polystyrol), Dämmschäume auf Kautschuk-Basis, Polyethylen-Dämmschaum
- Montage-Schäume:
  Polyurethan-Schäume
- Schäume für Polstermöbel und Matratzen:
  Polyurethan-Schäume

Die Schaumstruktur der S. entsteht auf zwei unterschiedliche Weisen:

1. Einsatz eines „chemischen" Treibmittels, das aufgrund von chemischen Reaktionen bei der Polymerisation selbst entsteht. Bsp.: Verschäumung von Polyurethan. Sind bei der →Polyaddition Wasser oder Carbonsäuren zugegen, reagieren diese mit den →Isocyanaten unter Abspaltung von Kohlendioxid, das auftreibend und schaumbildend wirkt.
2. Einsatz eines „physikalischen" Treibmittels. Hierbei werden Stoffe oder Zubereitungen als Blähmittel zugesetzt, die während der Polymerisation entweder aus flüssiger Lösung verdampfen oder sich bei Erreichen einer bestimmten Temperatur unter Gasbildung (Kohlendioxid, Stickstoff) zersetzen. Als physikalische Treibmittel geeignet sind z.B. leichtflüchtige organische Verbindungen wie →Pentan, aber auch mittlerweile nicht mehr oder z.T. nicht mehr zugelassene →FCKW, →HFCKW oder HFKW (→FKW/HFKW).

Vorteile beim Einsatz physikalischer Treibmittel:

- Es gelangen keine zusätzlichen Komponenten in die Schaum-Matrix.
- Die verdampfenden Treibmittel sorgen für eine Kühlung der unter Energieabgabe ablaufenden Polyadditionsreaktionen bei Schäumen auf Polyurethanbasis.
- Durch eine geeignete Auswahl kann das Treibmittel als Zellgas für eine Verbesserung der wärmedämmenden Eigenschaften des Schaums sorgen.

Aufgrund dieser Vorzüge ist das Verschäumen mit physikalischen Treibmitteln in vielen Anwendungen das dominierende Verfahren.
Allen S. ist gemeinsam, dass sie für die praktische Anwendung mit additiven →Flammschutzmitteln ausgerüstet werden. Dies sind in alten Schäumen insbesondere →Polybromierte Diphenylether (PBDE), →Polybromierte Biphenyle (PBB), →Hexabromcyclododecan (HBCD), die nicht mehr zugelassen sind und →Tetrabrombisphenol A (TBBPA), das persistent ist und Chlorparaffine (CP) sowie halogenierte und nicht halogenierte →Organophosphate. Um das Auswandern zu verhindern, werden als Flammschutz mittlerweile polybromierte Polymere, wie bromiertes Polystyrolbutadien-Kopolymer in die Polymermatrix integriert, das nach bisheriger Erkenntnis toxikologisch unbedenklich ist, aber eine hohe Persistenz aufweist. Darüber hinaus unterfallen die Polymere auch nicht den Reglementierungen von →REACH, was eine Beurteilung der Risiken einschränkt.

Schaumtapeten →Vinyltapeten

Schellack S. wird aus den Ausscheidungen der asiatischen Lackschildlaus hergestellt. Dazu werden die Harzkrusten von den Baumzweigen gelöst, heiß durch Tücher filtriert und gebleicht. Lackschildläuse werden vom Menschen seit über 4.000 Jahren gehegt. S. wird als Bindemittel für Lacke verwendet. Er ist gesundheitlich unbedenklich, einzelne Fälle von allergischen Reaktionen nach Anwendung von Lippenstiften oder Wimperntusche wurden veröffentlicht.

Schellack-Ammoniumseife S. ist ein modifiziertes →Naturharz. S. wird durch Einrühren von Schellack in kalte, wässrige Ammoniak-Lösung und anschließendes Erwärmen auf 50 bis 60 °C hergestellt.

Schellack-Klarlacke S. zählen zu den →Naturharz-Lacken. Als Bindemittel wird →Schellack verwendet. Schellack kann in Alkohol (Ethanol) gelöst werden, bei manchen S.-Produkten kann auch →Citrusschalenöl als Lösemittel enthalten sein (Herstellerdeklaration beachten). Beispiel-Rezeptur für einen glänzenden Schellack-Klarlack eines Naturfarbenherstellers: Alkohol (Ethanol), →Schellack, Kopalharz, →Kieselsäure, →Lecithin, →Carnaubawachs.

Schichtholz →Furnierschichtholz, →Brettschichtholz

Schiefer Unterschieden werden kristalline S. (Glimmerschiefer) und schwach metamorphe, blaugraue bis rötliche oder schwarze Tonschiefer. S. besteht hauptsächlich aus Silikaten; es existieren aber auch S. aus Carbonaten (Kalk-S.) oder Oxiden (z.B. Hämatit).

Schieferimitat Als S. werden schieferplattenähnliche Fassaden- oder Dachplatten bezeichnet, die früher aus →Asbestzement (heute asbestfrei) hergestellt wurden. S. ist an den zementgrauen Kanten zu erkennen. Von intakten asbesthaltigen S.-Platten geht im Regelfall keine Gefährdung aus. →Asbest

Schieferplatten S. bestehen aus silikatisierten und entwässertem Tonschiefer. Die gespalteten Platten müssen frei von Schwefelkies, →Kalk, →Ton, →Bitumen und Kohle sein. S. sind wetterfest, frostbeständig, hitzebeständig, wasserfest und lochbar, d.h. leicht zu bearbeiten. S. von hoher Qualität werden in Deutschland nur noch selten abgebaut (Import aus Spanien, Portugal, Brasilien, weite Transportwege). S. sind in der Regel nicht radioaktiv belastet und auch sonst frei von Schadstoffen; sie können problemlos deponiert werden. Schieferimitate können aus Kunststoffen hergestellt werden und sind dem Recycling zuzuführen. →Schiefer

Schiffboden →Holzboden, der im Schiffverband verlegt wurde. Die Stäbe werden dabei parallel zueinander verlegt, die Ansatzstellen in jeder Reihe aber etwas verschoben, sodass sich ein bewegtes, aber dennoch ruhiges Bild ergibt. Beim Englischen Verband dagegen bilden die Ansatzstellen durchlaufende Linien, die jeweils eine Reihe überspringen. Da →Massivholzdielen meist im S.-Verband verlegt werden, wird S. häufig auch synonym mit Massivholzdielen gebraucht. Ausschließlich im S.-Verband wird Parkettriemen verlegt.

Schilf Schilfrohr (Phragmites australis) ist eine Uferpflanze (Rhizom-Geophyt), die an Ufern europäischer Binnenseen und Teichen in Monokulturen wächst. S. zählt zu der Familie der Süßgräser und erreicht eine Höhe von 3 bis 4 m. Zur Pflege der Kulturlandschaft wird das S. jährlich im Winter geschnitten und als Naturbaustoff weiterverwendet. S. findet Anwendung in Form von →Reet für Dacheindeckungen, mehrschichtigen →Schilfrohrplatten. →Schilf wird darüber hinaus als Putzträger und Baumaterial für den Lehmbau verwendet. Schilfrohrdämmplatten können auch als Trittschalldämmung unter Trockenestrichsystemen eingebaut werden.
S. kommt als Brut- und Lebensraum vieler Vogelarten eine wichtige ökologische Bedeutung zu, daher ist der heimische Schilfabbau zur Herstellung von Baustoffen stark eingeschränkt.
Der Schilfgürtel ist ein wichtiges Ökosystem. Bei nachhaltiger Nutzung ist die Weiterverarbeitung des bei der Pflege ohnehin anfallenden S. sinnvoll. S. ist ein Naturprodukt ohne Chemikalienzusätze (keine Emissionen bei Herstellung und Nutzung). Es entstehen keine Produktionsabfälle. S. ist unproblematisch in Müllverbrennungsanlagen zu entsorgen. Im Bereich des Garten- und Landschaftsbau findet S. Anwendung bei der Bepflanzung von Pflanzenkläranlagen.
Wichtige Einsatzgebiete der Dämmung aus Schilf sind Innen- und Außendämmung, Dachdämmung (Untersparren-Aufsparren- und Zwischensparrendämmung) sowie Trittschalldämmung bei Decken und Böden. Dünne Schilfrohrmatten finden Anwendung als Schutz gegen Wind und Sonne, auf Balkonen, Pergolen oder im Garten. Das Schilf nimmt keine Feuchtigkeit auf und verrottet daher nur langsam, es ist stabil und aufgrund seiner griffigen Oberflächenstruktur ein sehr guter Putzgrund. Die Kombination von Schilfrohr mit Kalkputz ist eine seit Jahrhunderten angewandte Putztechnik. S. haben mittlere Wärme- und Schalldämmeigenschaften. →Reet, →Rohrkolben

Schilfrohrplatten Zur Herstellung von S. werden lange, kräftige Schilfrohre verwendet, da diese wegen der großen Luftkammern im Rohr besonders gute Dämmeigenschaften aufweisen. Die Schilfrohre werden quer zur Produktionsrichtung in einen Schacht gefüllt. Dort werden sie auf die gewünschte Plattendicke (i.d.R. 2 bis 15 cm) zusammengefasst und über unten und oben angeordnete

Läuferdrähte aus verzinktem Metalldraht (in manchen Fällen auch Edelstahldraht) mit Drahtklammern zusammengebunden. Die Endlosplatten werden anschließend auf das gewünschte Längenmaß (meist 1,25 m) zugeschnitten. Eine weitere Verbindungsmöglichkeit ist das Verkleben mit Weißleim. Bei der Herstellung von Schilfrohrplatten werden keine weiteren Zusatzstoffe eingesetzt. Das Produkt kann daher sortenrein wieder- oder weiterverwendet und recycelt werden. Die Wärmeleitfähigkeit beträgt 0,038 bis 0,065 W/(m·K), die Rohdichte 190 bis 225 kg/m^3, der μ-Wert: 1 – 2. S. sind nach DIN 4102 in die Baustoffklasse B2 eingestuft.

Schimmelentferner Das Entfernen von Schimmel in Gebäuden sollte durch Fachleute erfolgen. Die Beseitigung von Schimmel-Wachstum muss immer an den Ursachen ansetzen. Kleine Schimmelflecken können in Eigenregie gereinigt und desinfiziert werden, z.B. bei trockenen Flächen mit 70 %igem →Ethanol bzw. bei feuchten Flächen mit 80 %igem Ethanol. Handelsübliche S. enthalten als Wirkstoffe z.B. das vergleichsweise ökologisch verträgliche →Tensid →Benzalkoniumchlorid oder auch das gesundheitlich bedenklichere Natriumhypochlorit („Aktivchlor"). Eingeatmete Sprühnebel können Schäden an Atemwegen und Lunge verursachen. Außerdem besteht die Gefahr der Entstehung von Chlorgas. (UBA: Schimmelpilzleitfaden 2017)

Schimmelpilze S. ist ein Sammelbegriff für Pilze, die typische Pilzfäden und Sporen ausbilden können und dadurch als – oft farbiger – Schimmelbelag sichtbar werden. S. können als heterotrophe Organismen nicht wie andere Pflanzen Licht zur Erzeugung von Energie nutzen, sondern ernähren sich von organischem Material. Sie sind ein natürlicher Teil der Umwelt und kommen daher auch in →Innenräumen vor. S. in Innenräumen können entweder aus der Außenluft in den Innenraum gelangt sein oder aus Quellen im Innenraum stammen. Auch Biotonnen und Kompostieranlagen spielen eine Rolle bei der Aufnahme biogener Allergene.

Das Umweltbundesamt definiert im neuen Schimmelleitfaden folgendermaßen: Das mit bloßem Auge sichtbare Wachstum von Mikroorganismen an Inventar, Wänden oder anderen Bauteilen wird üblicherweise Schimmel (englisch: mould) genannt. Schimmelbefall wird hervorgerufen durch Schimmelpilze, Hefen und Bakterien. Zum Nachweis von Schimmelbefall sind Schimmelpilze die Leitorganismen.

S. benötigen zum Wachstum →Feuchtigkeit, Nährstoffe und eine von der Spezies abhängige Temperatur. Für die meisten S. liegt das optimale Pilzkeimwachstum in Gebäuden bei ca. 23 bis 25 °C. Einzelne Aspergillus-Arten wachsen dagegen bei 37 °C optimal, weshalb diese nach Aufnahme in den menschlichen Körper für mögliche Infektionen besonders relevant sind. Sporen und Stoffwechselprodukte (Mykotoxine) von S. können – über die Luft eingeatmet – eine allergene, toxische (reizende) und infektiöse Wirkung entfalten. Bekannte Toxine von Pilzsporen sind z.B. Aflatoxin, Ochratoxin, Gliotoxin oder Satratoxin. Die von S. produzierten und den typischen Schimmelgeruch verursachenden flüchtigen organischen Verbindungen werden als MVOC (Microbial Volatile Organic Compounds) bezeichnet. Es handelt sich dabei um ein Gemisch aus verschiedenen Stoffen wie →Alkoholen, →Terpenen, →Ketonen, →Estern und →Aldehyden. Toxische Wirkungen der MVOC sind nach heutigem Kenntnisstand aufgrund der vergleichsweise geringen MVOC-Konzentrationen nicht relevant.

Die wichtigste Voraussetzung für S.-Wachstum ist das Vorhandensein von Feuchtigkeit. Ursachen hierfür sind meist bauliche Mängel und/oder falsches bzw. nicht gebäudeangepasstes Nutzerverhalten. Bei Feuchtigkeit im Keller, die oft Anlass für S.-Belastungen ist, sollte vorzugsweise im Winter gelüftet werden. Bei Lüftung im Sommer (insbes. am Tag) ist zu beachten, dass es beim Eintritt warmer Außenluft in den kühleren Kellerräumen zum Anstieg der rel. Luftfeuchte bzw. an kühleren Kellerinnenwänden zu Tauwasserbildung kommen kann.

Zur Bewertung einer im Innenraum gemessenen Luftkeimkonzentration muss parallel eine Außenluftmessung erfolgen. Zur Beurteilung einer S.-Belastung ist eine Differenzierung der S.-Arten eine wichtige Voraussetzung.

Die Beseitigung von S.-Wachstum muss immer an den Ursachen ansetzen. Übergangsweise können befallene Stellen evtl. gereinigt werden, z.B. bei trockenen Flächen mit 70 %igem →Ethanol bzw. bei feuchten Flächen mit 80 %igem Ethanol. Beim Umgang mit S. sind insbesondere die →Biostoffverordnung und die ihr zugeordneten Technischen Regeln für Biologische Arbeitsstoffe zu beachten.

Von einer Exposition der Raumnutzer ist dann auszugehen, wenn Schimmelpilzbefall von einem Schadensausmaß der Kategorie 2 oder 3 vorliegt und Bestandteile wie Myzelstücke und Sporen oder Stoffwechselprodukte in die Raumluft freigesetzt werden können.

Tabelle S2: Bewertung von Schadensstellen in Innenräumen (UBA-Schimmelleitfaden 2017)

	Kategorie 1	Kategorie 2	Kategorie 3
Schadensausmaß (sichtbare und nicht sichtbare Materialschäden)	Keine bzw. sehr geringe Biomasse (z.B. geringe Oberflächenschäden < 20 cm²)	Mittlere Biomasse; oberflächliche Ausdehnung < 0,5 m², tiefere Schichten sind nur lokal begrenzt betroffen	Große Biomasse; große flächige Ausdehnung > 0,5 m², auch tiefere Schichten können betroffen sein

[1)] Für die Einstufung in die nächsthöhere Bewertungsstufe reicht die Überschreitung einer Forderung. Beispiel: Ein Befall mit geringer Oberfläche ist nach Kategorie 2 oder 3 einzuordnen, wenn zusätzlich auch tiefere Materialschichten betroffen sind.

Beurteilung von Schimmelpilzen in der Raumluft

Pilzsporen können in der Umgebungsluft grundsätzlich in größeren Mengen nachgewiesen werden. Die Ursache hierfür liegt in allgemeinen mikrobiologischen Prozessen der Natur, z.B. natürlichen Fäulnisprozessen von Pflanzen. Der Pilzsporengehalt der Umgebungsluft schwankt je nach Luftfeuchtigkeit, Wärme, Windeinflüssen und Jahreszeit in ganz erheblichem Ausmaß. Pilzsporen der natürlichen Außenluft können auch innerhalb von Gebäuden nachgewiesen werden. Daraus ergibt sich, dass die Bewertung von Raumluftproben auf Pilzsporengehalt nur unter Berücksichtigung der Sporenbelastung der Außenluft oder von Vergleichsräumen erfolgen kann. Für die Erfassung von Innenraumquellen kommt der Spezies-Zusammensetzung eine wesentlich größere Bedeutung zu als der Gesamtkonzentration. Durch die Analyse der Artenzusammensetzung kann festgestellt werden, ob verstärkt Pilzarten mit einer Indikation für Bauschäden auftreten.

Die Feststellung einer Schimmelquelle im Innenraum darf nicht mit einer akuten Gesundheitsgefährdung der Raumnutzer gleichgesetzt werden. Das Ausmaß eines Gesundheitsrisikos durch Schimmel in Innenräumen ist abhängig von der Empfindlichkeit und Exposition der Raumnutzer und der Art des Schadens.

Da aus epidemiologischen Studien jedoch hervorgeht, dass mit Feuchteschäden und Schimmelwachstum im Innenraum gesundheitliche Beeinträchtigungen einhergehen können, sollte Schimmelwachstum im Innenraum als hygienisches Problem angesehen und nicht hingenommen, sondern fachgerecht beseitigt werden.

Es gilt das Vorsorgeprinzip, nach dem potenziell gesundheitsschädliche Expositionen zu minimieren sind, bevor es zu Erkrankungen kommt. [UBA: Leitfaden zur Vorbeugung, Erfassung und Sanierung von Schimmelbefall in Gebäuden („Schimmelleitfaden") Dessau/Roßlau 2017]

Tabelle S3: Bewertungshilfe für Feuchteschäden in Fußbodenaufbauten: Handlungsempfehlung des Umweltbundesamtes (2017)

Kein Befall Hintergrundbelastung	Geringer Befall	Geringer Befall	Eindeutiger Befall	Verunreinigung*
Kultivierung < 10^4 KBE/g und **Mikroskopie** vereinzelt oder keine Sporen, Myzel, Sporenträger	**Kultivierung** 10^4-10^5 KBE/g und/ oder **Mikroskopie** mäßig viele Sporen, Myzel, Sporenträger	**Kultivierung** > 10^5 KBE/g und < 10^6 KBE/g und/oder **Mikroskopie** mäßig viele Sporen, Myzel, Sporenträger	**Kultivierung** > 10^5 KBE/g und/oder **Mikroskopie** viele/sehr viele Sporen, Myzel Sporenträger	**Kultivierung** 10^4-10^5 KBE/g und/ oder **Mikroskopie** mäßig viele Sporen ohne Myzel und, Sporenträger

* in Fußbodenkonstruktionen werden Kontaminationen von > 10^5 KBE/g ohne Wachstum aufgrund der schlechten Zugänglichkeit der Materialien in der Regel nicht erreicht

S

Tabelle S4: Bewertungshilfe für Luftproben, Gesamtsporenauswertung (UBA-Schimmelleitfaden 2017)
Die fünf Zeilen der Tabelle sind nicht als eigenständige Kriterien gedacht, sondern sind in einer umfassenden Auswertung gemeinsam zu betrachten. Die Angaben beziehen sich auf Luftproben, die unter normalen Bedingungen gezogen wurden (keine gezielte Staubaufwirbelung).

Sporentyp	Hintergrundbelastung, Innenraumquelle unwahrscheinlich	Innenraumquelle möglich	Innenraumquelle wahrscheinlich
Sporentypen, die in der Außenluft erhöhte Konzentrationen erreichen z.B. Typ *Ascosporen*, Typ *Alternaria/Ulocladium*, Typ *Basidiosporen*, Typ *Cladosporium*	Die Zählung dieser Sporen ist für das Aufdecken von Schimmelpilzquellen nicht relevant. Allerdings kann man i.d.R. anhand der Konzentration dieser Sporen den Außenlufteinfluss erkennen und dadurch eine Plausibilitätsprüfung der angegebenen Probenherkunft (Außenluft, Innenraum, Lager, Keller) durchführen. Diese Kategorien können bei der Überprüfung von Feinreinigungen (z.B. nach einer Sanierung) sinnvoll sein.		
Typ Penicillium/Aspergillus	Wenn die Differenz der Konzentration zwischen Innenraumluft und Außenluft nicht über 300 Sporen/m³ liegt $I_{\Sigma P+A} \leq A_{\Sigma P+A} + 300$	Wenn die Differenz der Konzentration zwischen Innenraumluft und Außenluft über 300 Sporen/m³ und bis zu 800 Sporen/m³ liegt $A_{\Sigma P+A} + 300 < I_{\Sigma P+A} \leq A_{\Sigma P+A} + 800$	Wenn die Differenz der Konzentration zwischen Innenraumluft und Außenluft über 800 Sporen/m³ liegt $I_{\Sigma P+A} > A_{\Sigma P+A} + 800$
Andere typische Sporen aus Feuchtigkeitsschäden Typ *Scopulariopsis*, Typ *Acremonium murorum*, Typ *Paecilomyces*, Typ *Microascus*, Typ *Ascotricha*, (Typ *Alternaria*, Typ *Ulocladium*)	Wenn die Differenz der Konzentration zwischen Innenraumluft und Außenluft nicht über100 Sporen/m³ liegt $I_{\Sigma Typ} \leq A_{\Sigma Typ} + 100$	Wenn die Differenz der Konzentration zwischen Innenraumluft und Außenluft über 100 Sporen/m³ und bis zu 300 Sporen/m³ liegt $A_{\Sigma Typ} + 100 < I_{\Sigma Typ} \leq A_{\Sigma Typ} + 300$	Wenn die Differenz der Konzentration zwischen Innenraumluft und Außenluft über 300 Sporen/m³ liegt $I_{\Sigma Typ} > A_{\Sigma Typ} + 300$
Typ *Chaetomium*, Typ *Stachybotrys*, Typ *Chromelosporium*, Typ *Pyronema*	Wenn in der Innenraumluft nicht mehr Sporen als in der Außenluft vorliegen $I_{Chaetom} \leq A_{Chaetom}$	Wenn die Differenz der Konzentration zwischen Innenraumluft und Außenluft über 1 Spore/m³ und bis zu 20 Sporen/m³ liegt $A_{Chaetom} < I_{Chaetom} \leq A_{Chaetom} + 20$	Wenn die Differenz der Konzentration zwischen Innenraumluft und Außenluft über 20 Sporen/m³ liegt $I_{Chaetom} > A_{Chaetom} + 20$
Myzelstücke	Wenn die Differenz der Konzentration zwischen Innenraumluft und Außenluft nicht über 150 Sporen/m³ liegt $I_{Myzel} \leq A_{Myzel} + 150$	Wenn die Differenz der Konzentration zwischen Innenraumluft und Außenluft über 150 Sporen/m³ und bis zu 300 Sporen/m³ liegt $A_{Myzel} + 150 < I_{Myzel} \leq A_{Myzel} + 300$	Wenn die Differenz der Konzentration zwischen Innenraumluft und Außenluft über 300 Sporen/m³ liegt $I_{Myzel} > A_{Myzel} + 300$

A = Konzentration in der Außenluft in Anzahl Sporen/m³
I = Konzentration in der Innenraumluft in Anzahl Sporen/m³
ΣP+A = Summe der Sporen vom Typ *Aspergillus* und *Penicillium*
ΣTyp = Summe anderer typischer Sporen aus Feuchtigkeitsschäden
Chaetom = Summe der Sporen vom Typ *Chaetomium sp.*
Stachy = Summe der Sporen vom Typ *Stachybotrys chartarum*
divers = Summe diverser uncharakteristischer Sporen, die nicht dem Typ Ascosporen, Typ *Alternaria/Ulocladium*, Typ Basidiosporen oder *Cladosporium sp.* angehören

S

Tabelle S5: Bewertungshilfe für kultivierbare Schimmelpilze in der Luft (UBA-Schimmelleitfaden 2017)
Die fünf Zeilen der Tabelle sind nicht als eigenständige Kriterien gedacht, sondern sind in einer umfassenden Auswertung gemeinsam zu betrachten. Die Angaben beziehen sich auf Luftproben, die unter normalen Bedingungen gezogen wurden (keine gezielte Staubaufwirbelung).

Parameter	Innenraumquelle unwahrscheinlich	Innenraumquelle nicht auszuschließen	Innenraumquelle wahrscheinlich
Cladosporium sowie andere Pilzgattungen, die in der Außenluft erhöhte Konzentrationen erreichen können (z.B. sterile Myzelien, Hefen, *Alternaria, Botrytis*)	Wenn in der Innenraumluft nicht mehr Sporen einer Gattung als in der Außenluft vorliegen $I_{typ\,A} \leq A_{typ\,A}$	Wenn die Konzentration einer Gattung in der Innenluft über dem 1-fachen und bis zum 2-fachen der Außenluft liegt $A_{typ\,A} < I_{typ\,A} \leq A_{typ\,A} \times 2$	Wenn die Konzentration einer Gattung in der Innenluft über dem 2-fachen der Außenluft liegt $I_{typ\,A} > A_{typ\,A} \times 2$
Summe der KBE aller untypischen Außenluftarten	Wenn die Differenz der Konzentration zwischen Innenraumluft und Außenluft nicht über 150 KBE/m³ liegt $I_{\Sigma untyp\,A} \leq A_{\Sigma untyp\,A} + 150$	Wenn die Differenz der Konzentration zwischen Innenraumluft und Außenluft über 150 KBE/m³ und bis zu 500 KBE/m³ liegt $A_{\Sigma untyp\,A} + 150 < I_{\Sigma untyp\,A} \leq A_{\Sigma untyp\,A} + 500$	Wenn die Differenz der Konzentration zwischen Innenraumluft und Außenluft über 500 KBE/m³ liegt $I_{\Sigma untyp\,A} > A_{\Sigma untyp\,A} + 500$
eine Gattung (Summe der KBE aller zugehörigen Arten) der untypischen Außenluftarten	Wenn die Differenz der Konzentration zwischen Innenraumluft und Außenluft nicht über 100 KBE/m³ liegt $I_{Euntyp\,G} \leq A_{Euntyp\,G} + 100$	Wenn die Differenz der Konzentration zwischen Innenraumluft und Außenluft über 100 KBE/m³ und bis zu 300 KBE/m³ liegt $A_{Euntyp\,G} + 100 < I_{Euntyp\,G} \leq A_{Euntyp\,G} + 300$	Wenn die Differenz der Konzentration zwischen Innenraumluft und Außenluft über 300 KBE/m³ liegt $I_{Euntyp\,G} > A_{Euntyp\,G} + 300$
eine Art der untypischen Außenluftarten **mit vielen, gut flugfähigen Sporen**	Wenn die Differenz der Konzentration zwischen Innenraumluft und Außenluft nicht über 50 KBE/m³ liegt $I_{Euntyp\,A} \leq A_{Euntyp\,A} + 50$	Wenn die Differenz der Konzentration zwischen Innenraumluft und Außenluft über 50 KBE/m³ und bis zu 100 KBE/m³ liegt $A_{Euntyp\,A} + 50 < I_{Euntyp\,A} \leq A_{Euntyp\,A} + 100$	Wenn die Differenz der Konzentration zwischen Innenraumluft und Außenluft über 100 KBE/m³ liegt $I_{Euntyp\,A} > A_{Euntyp\,A} + 100$
eine **Art** der untypischen Außenluftarten **mit geringer Sporenfreisetzungsrate**, z.B. *Phialophora sp., Stachybotrys chartarum*	Wenn die Differenz der Konzentration zwischen Innenraumluft und Außenluft nicht über 30 KBE/m³ liegt $I_{Euntyp\,AGS} \leq A_{Euntyp\,AGS} + 30$	Wenn die Differenz der Konzentration zwischen Innenraumluft und Außenluft über 30 KBE/m³ und bis zu 50 KBE/m³ liegt $A_{Euntyp\,AGS} + 30 < I_{Euntyp\,AGS} \leq A_{Euntyp\,AGS} + 50$	Wenn die Differenz der Konzentration zwischen Innenraumluft und Außenluft über 50 KBE/m³ liegt $I_{Euntyp\,AGS} > A_{Euntyp\,AGS} + 50$

KBE = Koloniebildende Einheiten
I = Konzentration in der Innenraumluft in KBE/m³
A = Konzentration in der Außenluft in KBE/m³
typ A = typische Außenluftarten bzw. -gattungen (wie z.B. *Cladosporium*, sterile Myzelien, ggf. Hefen, ggf. *Alternaria*, ggf. *Botrytis*)
untyp A = untypische Außenluftarten bzw. -gattungen (z.B. Pilzarten mit hoher Indikation für Feuchteschäden wie *Acremonium sp., Aspergillus versicolor, A. penicillioides, A. restrictus, Chaetomium sp., Phialophora sp., Scopulariopsis brevicaulis, S. fusca, Stachybotrys chartarum, Tritirachium (Engyodontium) album, Trichoderma sp.*)
Σuntyp A = Summe der untypischen Außenluftarten (andere als typ A)
Euntyp A = eine Art, die untypisch ist in der Außenluft und gut flugfähige Sporen besitzt
Euntyp AGS = eine Art, die untypisch ist in der Außenluft mit geringer Sporenfreisetzung
Euntyp G = eine Gattung, die untypisch ist in der Außenluft

S

In Materialproben von Putz wurde bei einer Studie des Landesgesundheitsamtes Baden-Württemberg (Fischer, Guido [LGA Baden-Württemberg]: Hintergrundkonzentrationen von Schimmelpilzen in Baumaterialien im Hinblick auf Sanierungsempfehlungen, Stuttgart 2013) in Bestandsbauten *ohne* Schimmelpilzschäden eine *Hintergrundbelastung* von $8{,}3 \cdot 10^4$ KBE/g nachgewiesen. Wenn diese Größenordnung in einer Materialprobe nicht überschritten wird, ist demnach nicht von einem relevanten Schimmelpilzbefall im Putz auszugehen.

Schlacken S. werden unterteilt in Eisenhütten-S., Schmelzkammergranulat, Metallhütten-S. und Müllverbrennungs-S. Eisenhütten-S. entstehen bei der Produktion von Roheisen (→Hochofenschlacke) und Stahl (Stahlwerks-S.). Stahlwerks-S. fallen bei der Erzeugung von Rohstahl an und werden nach dem jeweiligen Stahlerzeugungsverfahren bezeichnet als LD-S. (Linz-Donawitz-Verfahren) oder EO-S. (Elektroofen-Verfahren). In Europa wurden im Jahr 2000 ca. 25 Mio. t Hochofen-S. und ca. 16,8 Mio. t Stahlwerks-S. erzeugt. In Deutschland wurden 2014 8,15 Mio. t Hochofen-S. und noch einmal 5,8 Mio. t Stahlwerks-S. produziert, die bis auf ca. 6 % fast vollständig der Wiederverwertung zugeführt wurden. Fast 70 % des →Hüttensands fanden Verwendung bei der Zementherstellung (2000, D). Die stückige Hochofen-S. wird im Straßenbau und als Betonzuschlag verwendet. Ca. 60 % der Stahlwerks-S. werden als Baustoffe verwertet, vor allem im Straßen-, Wege- und Wasserbau.

- Schmelzkammergranulat entsteht bei der Verbrennung von Steinkohle in Schmelzkammerfeuerungsanlagen. Die Begleitgesteine der Kohle werden durch Einleiten in Wasser schockartig abgekühlt und erstarren glasig als Granulat.
- Metallhütten-S. entsteht beim Schmelzen von Blei-, Ferrochrom-, Kupfer-, Nickel- oder Zinkerzen sowie bei der Gewinnung von Zinkoxid. Je nach Abkühlungszeit entstehen kristalline Stück-S. oder ein glasiges, feinkörniges Granulat.
- Hausmüllverbrennungs-S. (HMV-S.) entsteht bei der Verbrennung von Siedlungsabfällen. Gem. Definition LAGA-Mitteilung 20 besteht die HMV-Roh-S. aus einem Gemenge von gesinterten Verbrennungsprodukten, Eisenschrott, Glas- und Keramikscherben, anderen mineralischen Bestandteilen sowie unverbrannten Resten, rund 5,2 Mio. t (UBA Texte 50/2010). Die aufbereitete und abgelagerte Roh-S. wird als HMV-S. bezeichnet. Müllverbrennungs-S. wird in Deutschland hauptsächlich im Tiefbau (ungebundene Tragschichten) verwendet.

Stahlwerks-S. und Schmelzkammergranulat weisen in einigen Fällen gegenüber natürlichen S. erhöhte Schwermetallgehalte bei →Chrom, →Kupfer, →Quecksilber und Vanadium auf. Die Schwermetallbelastung von Schmelzkammergranulat ist vom eingesetzten Brennstoff abhängig. →Gesteinskörnungen

Schlackenfaser S. ist eine künstliche Mineralfaser, die als Abfallprodukt bei Verbrennungsprozessen anfällt. Die Herstellung von S. erfolgt aus Hochofenschlacken der Stahl- und Buntmetallindustrie, denen →Kalkstein, →Dolomit, →Quarz, →Ton und →Diabas zugesetzt wird. S. ist insbesondere mit →Schwermetallen und →Arsen belastet und kommt im Baubereich heute praktisch nicht mehr zum Einsatz. Durch Zerblas- oder Schleuderverfahren wurden die Fasern in Form von Schlackenwolle (Hüttenwolle) zu Vlies verarbeitet. Das Vlies kann durch Zugabe von Bindemitteln verfestigt werden.

Schlackenwolle S. zählt zu den Mineralwolle-Dämmstoffen. Die Fasern gehören zur Gruppe der →Künstlichen Mineralfasern. Die Herstellung von S. erfolgt aus Hochofenschlacken der Stahl- und Buntmetallindustrie, denen →Kalkstein, →Dolomit, →Quarz, →Ton und →Diabas zugesetzt wird. S. ist insbesondere mit →Schwermetallen und →Arsen belastet und kommt im Baubereich heute praktisch nicht mehr zum Einsatz. S. wurde als erste Mineralwolleart in größerem Umfang schon Ende des 19. Jh. bzw. Anfang des 20. Jh. hergestellt. Bei der Herstellung von S. kam es zu einer Erhöhung von Lungenkrebsfällen, für die vermutlich auch der Arsengehalt verantwortlich war. Aufgrund der enthaltenen Schwermetalle und der krebsverdächtigen Faserstäube wird S. heute nur noch selten zur Wärmedämmung eingesetzt. Sie wird aber noch zur Anschlussdichtung genutzt. S. diente in unterschiedlichen Aufmachungsformen für Isolierungen aller Art, vor allem als Dämmstoff, dessen Anwendung gleichzeitig eine hohe Temperaturbeständigkeit erfordert. Die Eigenschaften von S.-Dämmstoffen sind mit denen von anderen Mineralfaser-Produkten vergleichbar, S. ist nicht brennbar, besitzt gute Wärmedämmeigenschaften, ist schallabsorbierend, wasserunlöslich und elastisch.

Schlämmkreide S. ist in Wasser angesumpfte →Kreide zum Anstreichen (Schlämmen) von Wänden.

Schmelzkammergranulat →Schlacken

Schmelzklebstoffe S. sind →Klebstoffe in festem Zustand (Pulver oder Folie), die bei der Verarbeitung erwärmt und dabei aufgeschmolzen werden. Sie werden mittels geheizter Handwerkzeuge oder Maschinen flüssig aufgetragen und erstarren durch Abkühlen nach kurzer Zeit bei geringem Andruck. S. gibt es für Holz, Pappe, Kunststoffe, Metalle. Basispolymere für S. sind →Ethylen-Vinyl-Acetat, →Polyolefin, →Polyamid, →Polyurethan, →Polyester, Pre-Polymere (→Isocyanate, (→Polyurethan-Klebstoffe). Viele Systeme sind physikalisch und chemisch härtend (→Reaktionsklebstoffe) realisierbar. S. sind lösemittelfrei. Als →Additive werden Antioxidantien (v.a. Butylhydroxytoluol BHT, allergen) eingesetzt (Radikal-Fänger). Synthetische Harze oder Naturharze erhöhen die Klebrigkeit des Klebstoffs. Im Baubereich werden S. bei Verklebungen von Kunststoffbahnen, Dichtungsbahnen (→Bitumen-Dichtungsbahnen) und Dichtprofilen mit anderen Baustoffen eingesetzt.

Schnelllote S. sind →Weichlote aus 60 % →Zinn, →Blei und →Kolophonium als Flussmittel, besonders für elektronische Schaltungen. →Lötzinn

Schnittholz Ausgangsmaterial für S. ist Rundholz. Hauptprodukte:

- S. sägerau, luftgetrocknet: Latten, Holzschalung
- S., sägerau, technisch getrocknet: Konstruktiv verwendetes Bauholz, z.B. Sparren
- S. technisch getrocknet, gehobelt: Außen- oder Innenverkleidung
- Kuppelprodukte: Sägespäne, Hackschnitzel, Kapphölzer usw. (Nutzung für Holzwerkstoffe, Papierindustrie, Ziegelherstellung)

Herstellung: Entrinden der Hölzer, Einschnitt mittels Gatter, Bandsäge oder Spaner, Trocknung, Hobeln, Zusammenbinden mit Stahlbändern. Die technische Trocknung erfolgt meist in Frischluft/Ablufttrockner, teilweise in Kondensations- oder Vakuumtrockner. Die technische Trocknung erfordert einen relativ hohen Energiebedarf, jedoch werden meist relativ umweltfreundliche Energieträger wie im Sägewerk anfallende Abfälle verwendet. Bei einem Vergleich der LCA-Indikatoren von frischem und getrocknetem Nadelschnittholz ergibt sich primärenergieseitig für PE gesamt (PERT erneuerbar und PENRT nichterneuerbar) ein 111 % höherer Wert und ein ca. 65 % höherer Wert für die Umweltwirkung Globales Erwärmungspotenzial (GWP). Die Angaben beziehen sich auf die Informationsmodule A-C, stoffliche und thermische Gutschriften wurden nicht mit einbezogen und würden für beide Indikatoren negative Werte (Gutschriften) ausweisen. →Holzstaub, →Holz

Schuppenpanzerfarbe →Korrosionsschutzanstriche

Schutzgüter S. sind belebte (Menschen, Tiere) und unbelebte Güter (z.B. Gewässer, Meere, Wald, Gebäude).

Schutzhandschuhe S. (Arbeitshandschuhe) aus Leder können gesundheitsschädliches Chrom(VI) enthalten (→Chrom, →Chromat). S. werden heute zum größten Teil importiert. Nur etwa 10 % der Gesamtimporte entfallen auf EU-Staaten; ca. 90 % aller eingeführten S. aus Leder werden aus Drittländern bezogen, insbes. aus Pakistan, China und Indien.

Zur Ledergerbung werden in großem Umfang Chrom(III)-Salze eingesetzt. Durch Herstellungsverfahren, die nicht modernen Qualitätsstandards entsprechen, kommt es im Verlauf der Gerbung häufig zur Bildung von löslichen Chrom(VI)-Verbindungen.

Gemäß DIN EN 420 soll ein Chrom(VI)-Gehalt von 10 mg/kg Leder nicht überschritten werden. Allerdings fallen S. im Rahmen der amtlichen Lebensmittelüberwachung immer wieder durch erhöhte Chrom(VI)-Gehalte auf.

Untersuchungsergebnisse des Instituts für Bedarfsgegenstände Lüneburg (IfB LG) aus dem Jahr 2005 zeigen, dass die Chromgerbung bei 14 von 35 Paar untersuchten S. nicht nach dem international akzeptierten Stand der Technik erfolgt ist. Bei 14 S. wurden Chrom(VI)-Gehalte von 12,2 bis 50,7 mg/kg Leder festgestellt, bei vier S. Gehalte von 10 bis 20 mg/kg, bei sieben S. Gehalte von 21 bis 30 mg/kg und bei drei S. Gehalte von 31 bis 50 mg/kg. Von den 35 untersuchten Einzelproben wiesen lediglich elf S. einen Chrom(VI)-Gehalt von unter 10 mg/kg auf und bei nur zehn untersuchten S. war kein Chrom(VI) nachweisbar. Arbeitshandschuhe aus Gummi können →PAK enthalten und diese lassen sich nach kurzer Zeit auf der Haut der Hände nachweisen. Die Obergrenze von 0,5 mg PAK /kg S. reicht zum vorbeugenden Schutz vor Krebserkrankungen nicht aus. Bestimmte PAK – darunter →Benzo[a]pyren – sind in Erzeugnissen

EU-weit gesetzlich geregelt (EU Nr. 1272/2013). Damit sind Erzeugnisse mit einem Gehalt von mehr als 1 mg/kg (0,0001 %) eines der acht krebserregenden PAK verboten. Für Spielzeug und Babyartikel gilt ein Grenzwert von 0,5 mg/kg (0,00005 %) nach Anhang XVII der europäischen Chemikalienverordnung →REACH. Für andere gummi- oder kunststoffhaltige Erzeugnisse, wie Gartenhandschuhe oder Mousepads, ist 1 mg/kg zulässig. (UBA Hintergrund: Polyzyklische aromatische Kohlenwasserstoffe, Umweltschädlich, giftig, unvermeidbar? 2016)

Schutzziel Unter dem S. versteht man die Schutzintensität, d.h. das Ausmaß des Schutzes von Schutzgütern, z.B. der menschlichen Gesundheit.

Schwach gebundene Asbestprodukte S. sind solche mit einer Rohdichte < 1.000 kg/m^3. Sie sind relativ weich, ihr Asbestgehalt beträgt ca. 20 bis 100 %. S. wurden überwiegend zum Brand- und Wärmeschutz eingesetzt. Dazu gehören z.B. Spritzasbest, Asbestputz, Asbestschnüre, asbesthaltige Leichtbauplatten ("Promabest") und Asbestpappen. Diese Bauprodukte fallen in den Geltungsbereich der →Asbest-Richtlinie.

Von S. in Gebäuden können durch Alterung und äußere Einwirkung, z.B. Luftbewegungen, Erschütterungen, Temperaturänderungen und mechanische Beschädigungen, Asbestfasern in die Raumluft freigesetzt werden. Die Faserabgabe in die Raumluft vergrößert sich mit der Verschlechterung des baulichen Zustandes der Produkte. Auch derzeit noch inaktive Produkte verschlechtern sich erfahrungsgemäß im Laufe der Zeit. Asbestfasern können eingeatmet werden und beim Menschen schwere Erkrankungen auslösen. Da eine gesundheitlich unbedenkliche Konzentration (Schwellenwert) für →Asbest nicht angegeben werden kann, muss aus Gründen des Gesundheitsschutzes entsprechend der Sanierungsdringlichkeit die Faserfreigabe in die Raumluft unterbunden und dadurch die Asbestfaserkonzentration minimiert werden. Das Gesundheitsrisiko steigt insbesondere mit der Höhe der Asbestfaserkonzentration im Raum, mit der Dauer der Einwirkung auf die Nutzer und mit der Lebenserwartung. Diese Einflussgrößen liegen der Bewertung nach Abschnitt 3.2 der Asbest-Richtlinie zugrunde. Die Verwendung von S. im Baubereich ist bis auf wenige Ausnahmen (Brandschutzklappen) seit 1982 verboten, vgl. →Fest gebundene Asbestprodukte.

Schwarzanstriche →Bitumenanstriche

Schwarze Wohnungen Bei dem ab etwa Mitte der 1990er-Jahre beobachteten Phänomen der S. handelt es sich um plötzlich auftretende, großflächige schwarze Ablagerungen, die in →Innenräumen meist von Neubauten oder nach Modernisierungen/Renovierungen mit Beginn der Heizperiode auftreten. Schadensbilder befinden sich häufig über Heizkörpern und anderen Wärmequellen wie Bildschirmen oder Lampen, aber auch an Kunststoffoberflächen wie Fensterrahmen. Die Entstehung der Schwarzstaubablagerungen ist bis heute nicht abschließend geklärt.

Nach einer Hypothese von Grün (eco-Luftqualität + Raumklima GmbH, Köln; Thermophorese Modell) lassen sich die Prozesse bei der Entstehung von Schwarzfärbungen mit Thermophorese, Diffusion und Konvektion erklären. Die Abscheidung von sehr kleinen Partikeln (D < 1 µm) ist eine notwendige Voraussetzung für die Schwarzfärbung von Oberflächen. Quellen erhöhter Partikelemissionen sind Außenluft, Tabakrauch, Kochen ohne Dunstabzug, Abbrand von Kerzen und offenen Kaminen. Insbesondere in den Wintermonaten bei Inversionswetterlagen ist eine starke Zunahme kleinster Partikel in der Außenluft festzustellen. In Innenräumen entsprechen die Partikelkonzentrationen weitgehend den Außenluftwerten. Der Mechanismus der Partikelabscheidung an Raumflächen beruht auf Thermophorese. Darunter versteht man eine gerichtete Partikelbewegung in einem Temperaturgradienten. Die Partikel auf der Seite, die der höheren Temperatur zugewandt ist, erhalten häufiger und heftiger Stöße von Gasmolekülen (Luft) als auf der Seite mit der geringeren Temperatur. Bei ungedämmten Außenwänden (Altbauten) besteht der Temperaturgradient zwischen der Raumlufttemperatur und der deutlich kälteren Raumumschließungsfläche. Schwarzfärbungen machen sich im Bereich von Mauerwerksfugen oder materialbedingten Wärmebrücken bemerkbar. Bei Neubauten (WSVO 95) und modernisierten Altbauten treten Schwarzfärbungen insbesondere über Heizkörpern auf. Die von Heizkörpern vertikal aufsteigende Luft (Konvektion) hat eine Temperatur von 30 bis 35 °C. Die Oberflächentemperaturen der angrenzenden Wand liegen üblicherweise ca. 10 K niedriger. Aufgrund dieses Temperaturgradienten ist an den Flächen Thermophorese möglich. Da jedoch die

Schwarzfärbungen selbst bei baugleichen Wohnungen oft nur in einzelnen Wohnungen oder Räumen auftreten, sind weitere Faktoren beteiligt, die Einfluss haben auf Richtung, Geschwindigkeit und Dauer der Konvektion. Dies sind zum einen Lage und Größe des Heizkörpers und zum anderen das Heiz- und Lüftungsverhalten der Nutzer. Eine zu geringe Dimensionierung von Heizkörpern bedingt verlängerte Ventilöffnungszeiten am Heizkörper und damit verstärkte Konvektion. Auch aus dem Nutzerverhalten können sich Situationen ergeben, die eine Partikelablagerung begünstigen:

- Die Innentüren der Wohnung sind geöffnet, nur einzelne Heizkörper sind in Betrieb.
- Die Ventilstellung der Heizkörper innerhalb der Wohnung ist aufeinander abgestimmt, die Wohnungslüftung erfolgt immer nur über ein Fenster (z.B. häufige Kippstellung).
- Die Wohnung wird nur für wenige Stunden täglich aufgeheizt, während der Zwischenphasen wird dauergelüftet.
- Die Heizkörper in den Raumecken oder an den Innenwänden sind mit Mobiliar verstellt, sodass keine Wärmestrahlung in den Raum gelangt.

Nach einer Hypothese von Moriske (Umweltbundesamt; SVOC-Modell) lagern sich →SVOC unter bestimmten Bedingungen an die in der Raumluft vorhandenen Schwebstaubpartikel an, die dann zu größeren Teilchen „zusammenbacken" und sich als schmierige Beläge an Raumflächen ablagern. Bei den SVOC handelt es sich vorwiegend um →Weichmacher (→Phthalate, →Hausstaub), langkettige Alkane, Alkohole, →Fettsäuren und Fettsäureester. Diese Stoffe sind enthalten u.a. in Anstrichstoffen, Fußbodenklebern, →PVC-Bodenbelägen, →Vinyltapeten, Kunststoff-Dekorplatten, Holzimitat-Paneelen und sonstigen Kunststoff-Oberflächen z.B. von Möbeln.

Ablagerungen sind häufig dort festzustellen, wo Oberflächen direkt von Luft angeströmt werden, z.B. über Heizkörpern, Lampen und oberhalb von Fußbodenleisten. Neben dem Vorhandensein von SVOC in der Raumluft müssen aber noch andere Bedingungen erfüllt sein, damit sich Schwarzstaubablagerungen bilden. Insgesamt lassen sich die Bedingungen nach Moriske wie folgt unterteilen:

- Bauliche Gegebenheiten:
- Kältebrücken
- Schadhafte Isolierungen
- Durchsottete Schornsteine und Kamine
- Ausstattung der Wohnung:
- Vorhandensein zahlreicher kunststoffhaltiger Materialien, die zusätzlich Weichmacher abgeben können
- Laminatfußböden
- Hartschaumdekorplatten
- Latexwandfarben, Vinyltapeten
- Teppichböden (Natur-/synthetische Fasern)
- Raumnutzung:
- Regelmäßige Verwendung zusätzlicher Emissionsquellen für SVOC (Öllämpchen, Kerzen)
- Verbrennungs- und sonstige Vorgänge, die zusätzlichen Staub produzieren
- Lüftungsverhalten

Neben den genannten Bedingungen für das Auftreten von Schwarzstaubablagerungen können auch elektrostatische Effekte eine Rolle spielen, insbesondere bei Bauteilen und Einrichtungsgegenständen mit Kunststoffoberflächen wie Fensterrahmen oder Möbel.

Die SVOC-Hypothese wird nach 20 Jahren Erfahrung jedoch von vielen Gutachtern in Frage gestellt. Es hat sich bisher nicht nachweisen lassen, dass SVOC-Emissionen aus Bau- und Bauhilfsstoffen in nennenswerter Weise an der Bildung der Schwarzverfärbung in Wohnungen beteiligt sind. Daher wird auch nicht empfohlen, zeit- und kostenintensive Untersuchungen zur Quellensuche von SVOC-haltigen Materialien vorzunehmen. Nach Wesselmann (AGÖF Kongress 2016) ist der wesentlichere Aspekt ein erhöhtes Partikelaufkommen, das sich ändern lässt, z.B. durch Änderungen im Wohnverhalten und Einsatz von Filtersystemen. Zudem scheint es erfolgversprechend zu sein, dass die Vorlauftemperaturen der Heizungen verringert werden und dass die Räume konstant beheizt werden.

Schwebstaub S. ist der Anteil des Staubes, der wegen seiner geringen Partikelgröße nicht oder nur sehr langsam sedimentiert und auch über die Atmung aufgenommen wird. Die Charakterisierung von S. (Particulate matter, PM) erfolgt üblicherweise anhand der Massenkonzentration und der Größe der Partikel:

TSP: Gesamtschwebstaub, dabei wird der Großteil der luftgetragenen Partikel erfasst

PM10: Particulate matter (Feinstaub) mit einem aerodynamischen Durchmesser kleiner gleich 10 µm

PM2,5: Particulate matter (Feinstaub) mit einem aerodynamischen Durchmesser kleiner gleich 2,5 µm

→Hausstaub, →Feinstaub, →Staubschutzmasken

S

Schwefeldioxid S. (SO_2) entsteht vor allem bei der Verbrennung von Kohle und Heizöl. Da S. die Atemwege reizen kann, sind Personen, die an Atemwegserkrankungen wie Asthma oder Allergien leiden, durch erhöhte S.-Konzentrationen besonders gefährdet. In hohen Konzentrationen schädigt S. außerdem Tiere und Pflanzen; die Oxidationsprodukte führen zu „Saurem Regen", welcher Ökosysteme, Gebäude und Materialien schädigen kann (→Versauerung). Partikelförmige Sulfate tragen zur großräumigen Belastung durch →Feinstaub bei. Die S.-Immissionen werden stark von der Witterung beeinflusst; bei lang anhaltender, kalter Winterhochdruckwetterlage kann S. über weite Strecken verfrachtet werden. In →Innenräumen kommt S. i.d.R. nur in sehr geringen Konzentrationen vor. Höhere S.-Konzentrationen können in Wohnungen mit Kohleheizungen auftreten, insbes. wenn schwefelhaltige Braunkohle verbrannt wird (neue Bundesländer, Berlin). Eine weitere Quelle für S. in der Raumluft kann Textilentfärber mit Natriumdithionit sein, wenn dieser in offenen Systemen (z.B. Eimer) angewendet wird. Für S. gelten seit dem 1.1.2005 europaweit Grenzwerte zum Schutz der menschlichen Gesundheit. Der 1-Stunden-Grenzwert beträgt 350 $\mu g/m^3$ und darf höchstens 24mal im Jahr überschritten werden. Der Tagesgrenzwert von 125 $\mu g/m^3$ darf nicht öfter als dreimal im Kalenderjahr überschritten werden. Zum Schutz der Vegetation beträgt der kritische Wert als Jahres- und als Wintermittelwert (Oktober bis März) 20 $\mu g/m^3$. Durch Einsatz der Rauchgasentschwefelung ist die Emission von S. in den letzten 20 Jahren drastisch gefallen. Demgegenüber sind die sauren Emissionen von Stickoxiden vor allem aus Kraftfahrzeugen nach wie vor sehr hoch.

Schwefelhexafluorid S. (SF_6) zählt zu den bedeutsamen →Fluorierten Treibhausgasen. Seit 1975 wird S. zur Erhöhung der Schalldämmung in den Scheibenzwischenraum als Mehrscheibenisoliergas gefüllt. S.-Emissionen entstehen bereits in der Herstellung und in der Nutzphase. Der überwiegende Teil der Emissionen tritt aber erst bei der Entsorgung auf. Die Herstellung von Isolierglasscheiben erfolgt in Deutschland überwiegend dezentral in klein- und mittelständischen Betrieben (etwa 400 Hersteller). Die Lebensdauer der Scheiben beträgt durchschnittlich 25 Jahre (Schwarz & Leisewitz, 1999).

Wegen der Besonderheiten des Prüfverfahrens nach der zurückgezogenen Norm DIN 52210-4 für die Schalldämmung von Bauteilen wurden Isolierglasscheiben mit S.-Füllung für den praktischen Einsatz gegen Straßenverkehrslärm in der Vergangenheit deutlich zu gut beurteilt. Zwar wird die Schalldämmung von Mehrscheiben-Isolierglas durch das in den Scheibenzwischenraum gefüllte S. oder Gemisch aus dem Edelgas Argon und S. gegenüber luftgefüllten Isolierglasscheiben im „bauakustisch festgelegten Frequenzbereich" um 2 bis 5 dB verbessert. Und dementsprechend ist das im Prüfzeugnis der Scheibe angegebene, verkaufswirksame Schalldämmmaß R_w um 2 bis 5 dB höher. Der deutlichen Verbesserung des Dämmverhaltens bei hohen Frequenzen steht aber eine Verschlechterung der Schalldämmung bei tiefen Frequenzen gegenüber.

Auch ohne S.-Füllung lassen sich Isolierglasscheiben mit hoher Schalldämmung fertigen. Die zusätzlich entstehenden Kosten sind gering. Zudem führt der Einsatz von S. in Mehrscheiben-Isolierglas-Fenstern zu einer Verminderung der Wärmedämmung der Scheibe. Berechnungen ergeben, dass die geringen Mehrkosten für eine hohe Schalldämmung ohne S. durch Einsparungen bei den Heizkosten ausgeglichen werden können.

Seit 2007 ist die Verwendung von S. als Gas in Schallschutzscheiben für Wohnhäuser europaweit verboten. In Österreich ist die Verwendung von S. als Füllgas bereits seit dem 1.7.2003 verboten (HFKW-FKW-SF_6-Verordnung). Eine Rückgewinnung der mehr als 2.000 t S., die sich heute in Deutschland in bereits verbauten Isolierglasscheiben befinden, wäre zwar wünschenswert, ist aber aus technischen/logistischen und wirtschaftlichen Gründen nicht praktikabel. (Quelle: Fluorierte Treibhausgase in Produkten und Verfahren – Technische Maßnahmen zum Klimaschutz, UBA 2004).

Es gibt zahlreiche weitere Anwendungen laut Ergebnisbericht Statistisches Bundesamt 2011. Abgabe 1131 t des 23900-mal klimarelevanteren Gases als Kohlendioxid! Nach der Elektrotechnik ist die Aluminiumgießerei der zweitwichtigste Abnehmer. Nach Kyoto-Protokoll sind die Industriestaaten verpflichtet, ihre Klimagasemissionen zu reduzieren. Der Verbrauch an S. steigt aber an.

Schwerbeton. Schwerbeton ist ein Beton mit einer Trockenrohdichte > 2,6 kg/dm^3. Die hohe Rohdichte wird durch Verwendung von →Gesteinskörnungen mit hoher Kornrohdichte erreicht (z.B. →Baryt, →Magnetit, →Hämatit) oder auch durch Einsatz von Stahlsand oder -granulat. S. kommt zum Einsatz bei Bauteilen mit erhöhten Schallschutzanforderungen, Bauteilen, bei denen eine erhöhte Ballastierung erforderlich ist, Strahlenschutzbauten und Tresoren.

Schwerflüchtige organische Verbindungen (SVOC) →SVOC sind bei einer gesundheitlichen Beurteilung der Innenraumluft bzw. der Emissionen von →Bauprodukten besonders zu beachten, da sie nicht nur vorübergehend nach der Fertigstellung des Bauwerks oder nach einer Renovierung auftreten, sondern langfristig die Innenraumluft belasten können. →VOC, →Glycolverbindungen

Schwermetalle S. sind Metalle mit einer Dichte über 5,0 g/cm^3. Das ist der größte Teil der Metalle. Zu den S. zählen u.a. →Chrom, →Eisen, →Kupfer, Mangan, →Zink, →Blei, →Quecksilber, →Cadmium, →Nickel und →Zinn. S. finden ihren natürlichen Ursprung im anstehenden Tiefengestein bzw. im Gestein unter der Bodendeckschicht und werden wie das Thallium im Zement bei der Gewinnung der Rohstoffe zutage gefördert.
Es gibt lebensnotwendige (essenzielle) S. (z.B. Zink, Eisen, Mangan, Kupfer) und solche, die bereits in geringen Konzentrationen toxisch sind (z.B. Blei, Cadmium, Quecksilber). S. werden verwendet z.B. zur Herstellung von Kunststoffen (früher: Cadmium und Blei für →Polyvinylchlorid), zur Metallveredelung (Chrom und Nickel für Stähle), für →Trinkwasserleitungen (Kupfer, Eisen, Zink, früher: Blei) oder für Akkumulatoren (Blei, Nickel, Zink). Quecksilber wird in geringen Mengen für →Leuchtstofflampen und die nach dem gleichen Prinzip arbeitenden Energiesparlampen verwendet. S. sind nicht abbaubar und können sich in der Nahrungskette anreichern (z.B. Quecksilber in Fischen, Cadmium in Wurzelgemüse und Innereien). Kupfer im Abfall von Müllverbrennungsanlagen begünstigt als Katalysator die Entstehung polychlorierter →Dioxine und Furane. Zur Toxizität der S. siehe unter den entsprechenden Stichworten. Das Standardwerk „Metalle in der Umwelt – Verteilung, Analytik und biologische Relevanz“ von E. Merian wurde schon 1984 herausgegeben.
Dabei schadet der Abbau der Rohstoffe der Umwelt in zunehmendem Maße (VZ NRW: Rohstoffabbau schadet Menschen und Umwelt). Für die Herstellung von Steuergeräten für die TGA werden mittlerweile fast alle Metalle des Periodensystems genutzt. Besonders bekannt ist die Gewinnung von Kobalt aus Nickelerzen und Tantal aus dem Mineral Coltan im Kongo, was zu Kriegen führt, die Menschen ausbeutet und die Kinder in den Minen der Radioaktivität aussetzt
In Zement wird auch der Gehalt an Vanadin kontrolliert, das mit 190 mg/kg in der gleichen Größenordnung in den Rohstoffen enthalten ist wie Zink, Chrom und Kupfer. Es handelt sich um einen gefährlichen Stoff mit der Keimzellmutagenität M 2A (früher: K2) und Reproduktionstoxizität R 2A (früher K2) und der Einstufung H411 Giftig für Wasserorganismen, mit langfristiger Wirkung (früher: Wassergefährdungsklasse 3); H302 + H332 Gesundheitsschädlich bei Verschlucken oder Einatmen; H335 Kann die Atemwege reizen; H341: Kann vermutlich genetische Defekte verursachen; H361d Kann vermutlich das Kind im Mutterleib schädigen; H372 Schädigt die Organe (Atmungsapparat) bei längerer oder wiederholter Exposition.
Bei ca. 3 Mrd. t Zement, die z.Z. weltweit pro Jahr hergestellt werden, befördert die Rohstoffbeschaffung eine große Menge potentiell gefährlicher Schwermetalle in die Technosphäre. Hierbei ist zu berücksichtigen, dass Schwermetalle nicht abgebaut werden können, sondern höchstens in Sedimenten zwischengelagert werden, wo sie aber immer wieder freigesetzt werden könnten. Für die Nutzung biozider Wirkstoffe bewusst eingesetzte giftige Schwermetalle wie Kupfer, Chrom und Arsen, die während oder nach der Nutzung in die Umwelt gelangen, sind die Vorgaben der →Biozidverordnung maßgebend. Für metallische Werkstoffe für Dachdeckungen, Fassadenelementen und Regenrinnen sollten Schwermetallfilter zum Einsatz kommen. (UBA: Leitfaden für das Bauwesen; Reduktion von Schwermetalleinträgen aus dem Bauwesen in die Umwelt 17/05)

Schwerspat S. (Baryt, chemisch Bariumsulfat $BaSO_4$) ist das häufigste Bariummineral. Es findet insbesondere Verwendung zur Herstellung von Weißpigment (Lithopone) und von Schutzplatten gegen ionisierende Strahlung, außerdem als Röntgenkontrastmittel. Schwere Gesteinskörnung zur Herstellung von →Schwer- und →Strahlenschutzbetonen. Die Kornrohdichte liegt zwischen 4,0 und 4,3 kg/dm^3.

Seegras S. (zostera marina) wächst in einer Tiefe von bis zu 14 m in Wiesen im Wasser. Im Herbst stirbt das S. ab und wird in großen Massen an den Küsten der Ostsee angespült. S. wurde seit Jahrhunderten

S

vor allem als Polstermaterial und auch für Dacheindeckungen und zum Dämmen verwendet. S. ist aufgrund des hohen Silikatanteils verrottungsresistent, schimmel- und ungezieferresistent und nicht brennbar. S. wird aus dem Ufergewässer und vom Küstenstreifen aufgenommen und auf Wiesen verteilt. Dort ist es einer bestimmten Menge Regen ausgesetzt, der das Meersalz abwäscht. Das S. ist dann kaum noch salzig und damit auch nicht mehr hygroskopisch (wasserziehend). Nachdem es in Wind und Sonne getrocknet ist, wird es genau wie Heu und Stroh zu Rundballen gepresst und ohne weitere Zusätze an die Baustellen ausgeliefert. Die Fasern bleiben weitgehend lang und ganz, somit wird die Stabilität in der Dämmschicht gewährleistet. Die S.-Fasern können in die Hohlräume von Dächern, Wänden und Decken eingebracht und anschließend von Hand gestopft werden. Die Wärmeleitfähigkeit beträgt 0,043 bis 0,045 W/(m·K), der μ-Wert: 1 – 2. S. ist nach DIN 4102 in die Baustoffklasse B2 eingeordnet. Seegras hat sehr gute Schallschutzwerte.

Sekundäraluminium Die meisten aluminiumhaltigen Abfälle müssen nach der Erfassung zunächst aufbereitet werden, da sich Legierungselemente auf metallurgischem Wege nur in begrenztem Umfang und aufwendig aus der Schmelze entfernen lassen. Vor dem Einschmelzen muss der Schrott daher in Knet- und Gusslegierungen sortiert werden oder es können daraus nur höher legierte Gusslegierungen erschmolzen werden. Nach der Aufbereitung stehen für das Einschmelzen Mischschrotte zur Verfügung, aus denen S. in Barrenform oder als Flüssigaluminium gewonnen wird. Die Schrotte können mit oder ohne Salz eingeschmolzen werden. Als Schmelzaggregate finden salzbetriebene Drehtrommelöfen oder salzlos betriebene Herdöfen Anwendung. Vereinzelt werden auch noch Induktionsöfen verwendet. Im Drehtrommelofen werden vor allem solche Schrotte eingeschmolzen, bei denen ohne diese Hilfsmittel erhebliche Metallverluste durch Oxidation zu befürchten wären. Das zunächst reine Salzgemisch wandelt sich während des Prozesses in eine Schlacke, die überwiegend aus Natriumchlorid (NaCl), Kaliumchlorid (KCl) und Aluminiumoxid besteht. S. und Sekundärlegierungen werden zu einem großen Teil im Aluminiumformguss (Gusslegierungen) verwendet.
Da bei der Aufbereitung der Aluminiumschrotte Abfälle bzw. andere Produkte anfallen können und dem S. eventuell Legierungselemente zugefügt werden müssen, handelt es sich um einen offenen Recycling-Kreislauf. Die Entfallmenge an Salzschlacke beträgt etwa 0,6 t/t Aluminium. Die Salzschlacke wird in Deutschland mittlerweile zu einem großen Teil aufbereitet. Bei den Abgasreinigungsanlagen der Schmelzprozesse fallen Filterstäube als Reststoffe an. Aufgrund ihres reaktiven Verhaltens dürfen sie gemäß Stand der Technik nicht ohne weitergehende Behandlung auf obertägigen Deponien abgelagert werden. Beim Schmelzen von S. entstehen luftverunreinigende Stoffe wie Staub, Schwefel- und Stickstoffoxide, Kohlenmonoxid, unverbrannte Kohlenwasserstoffe, halogenierte Verbindungen wie →Dioxine und Furane sowie anorganische Chlor- und Fluorverbindungen. Anlagen, die S. erzeugen, sollten daher mit einer effizienten Rauchgasreinigungsanlage nach dem Stand der Technik ausgestattet sein, insbesondere zur Verminderung der Dioxin- und Furanemissionen. Eine konsequente Schrottvorbehandlung ermöglicht den Einsatz des aufbereiteten Schrottes im jeweils am besten geeigneten Schmelzaggregat. Dadurch können Emissionen in die Luft und der Abfallanfall minimiert werden. Ein Vergleich der S.- mit der →Hüttenaluminium-Erzeugung zeigt eine Energieeinsparung von bis zu 85 % und zumindest um eine 10er-Potenz geringere atmosphärische Emission und feste Rückstände.
Aufgrund des höheren Absatzes an Aluminium ist in Zukunft mit größeren Mengen an Aluminiumschrotten zu rechnen. Die fast ausschließliche Erzeugung von Gusslegierungen aus Aluminiumschrotten, wie sie heute in Deutschland die Regel ist, dürfte daher in Zukunft zu Absatzproblemen führen. Es müssen neue Recyclingkreisläufe für verschiedene Aluminiumlegierungen aufgebaut werden. Die Produktion von Aluminium steigt nach der Depression 2009 laut Das Statistik Portal langsam wieder an. Dabei wächst die Produktionsmenge Primäraluminium schneller als die von S. 2014 wurden 530 Mio. t Primäraluminium gegenüber 600 Mio. t Sekundäraluminium hergestellt.

Sekundärbrennstoffe S. oder Ersatzbrennstoffe sind Brennstoffe, die aus Abfällen gewonnen werden. Mit zunehmender ökonomisch-ökologischer Bedeutung der →Nachhaltigkeit wächst ihr Anteil an der Rohstoffwirtschaft kontinuierlich. Verwertet werden S. z.B. in der Zementindustrie. Geeignete S. sind Altreifen, Kunststoffe, Klärschlamm, Industrie- und Gewerbeabfälle sowie Tiermehl und Tierfette. Ziel ist nicht nur die Einsparung fossiler Brennstoffe, sondern durch einen hohen biogenen Anteil einen Beitrag zur Reduzierung von CO_2-

S

Emissionen und damit zum Klimaschutz zu leisten.

Sekundäremissionen Unter S. (sekundäre Emissionsprodukte) versteht man Stoffe, die nicht Bestandteile von Bauprodukten und Materialien der Raumausstattung sind, aber als Ergebnis von chemischen Reaktionen in der Innenraumluft anzutreffen sind. S. entstehen insbesondere

- durch Zerfall gezielt eingesetzter reaktiver Stoffe; z.B. Entstehung des geruchsintensiven Stoffes →Benzaldehyd aus →Fotoinitiatoren in der Oberfläche von Materialien mit UV-härtenden Beschichtungssystemen,
- durch Reaktion mehrerer Stoffe unter dem Einfluss von Oxidantien, Wärme, Feuchtigkeit oder Licht; z.B. Entstehung des äußerst geruchsintensiven 2-Ethyl-1-hexanol aus dem in PVC-Fußbodenbelägen enthaltenen Weichmacher →DEHP im Zusammenhang mit frischem Estrich (Hydrolyse des DEHP unter alkalischen Bedingungen),
- durch Gasphasenreaktion mehrerer in der Innenraumluft vorhandenen Stoffe, z.B. Entstehung von →Aldehyden aus der Reaktion von →Terpenen mit →Ozon oder aus der Reaktion von organischen Säuren (Ölsäure, Linolensäure, Linolsäure) mit Luftsauerstoff.

S. können durch ihren intensiven Geruch oder durch ihre irritative Wirkung schon in geringen Konzentrationen das menschliche Wohlbefinden beeinflussen und tragen vermutlich erheblich zum →Sick-Building-Syndrom (SBS) bei.

Tabelle S6: Mögliche Reaktionsprodukte und reaktive Komponenten in der Innenraumluft mit potenziellen Emissionsquellen und Vorläufersubstanzen (Salthammer, Verunreinigung der Innenraumluft durch reaktive Substanzen – Nachweis und Bedeutung von Sekundärprodukten, Handbuch für Bioklima und Lufthygiene, Verlag ecomed-Medizin)

Quelle	Vorläufersubstanz	Reaktive Verbindung/Reaktionsprodukt
Textile Bodenbeläge	Styrol/Butadien cis-/trans-Butadien	Styrol, 4-Phenyl-cyclohexen (4-PC), 4-Vinyl-cyclohexen (4-VCH)
Kork	Pentosen	Furfural, Ameisensäure, Essigsäure, Hydroxymethylfurfural
Wässrige Beschichtungssysteme	T4MDD	MIKB, 3,5-Dimethyl-1-hexyn-3-ol
UV-Lacke	PHMP	Benzaldehyd, Benzil, Aceton, Pinacol, 1-Phenyl-2-methyl-1,2-propandiol
UV-Lacke	HCPK	Benzaldehyd, Benzil, Cyclohexanon
Weichholz, Terpentin		alpha-Pinen, beta-Pinen, delta-3-Caren, Longifolen, beta-Phellandren, Camphen, Myrcen, Carvon
Linoleum NC-Lacke Öko-Lacke (Alkydharze)	Ölsäure	Heptanal, Octanal, Nonanal, Decanal, 2-Decenal
	Linolensäure	2-Pentanal, 2-Hexanal, 3-Hexanal, 2-Heptanal, 2,4-Heptedienal, 1-Penten-3-on
	Linolsäure	Hexanal, Heptanal, 2-Heptenal, Octanal, 2-Octenal, 2-Nonenal, 2-Decenal, 2,4-Nonadienal, 2,4-Decadienal
Acrylbeschichtungen		Butylacrylat, HDDA, TPGDA, 2-Ethylhexylacrylat, Methylmethacrylat
Reaktivlöser		Styrol, Vinyltoluol, n-Vinylpyrrolidon, 2-Phenyl-1-propen
PUR-Beschichtung		Hexamethylendiisocyanat (HDI)
Montageschäume		4,4'-Diphenylmethan-diisocyanat (MDI) 2,6-/2,4-Toluylen-diisocyanat (2,4/2,6-TDI)

Sekundärkupfer Kupfer lässt sich wie →Aluminium praktisch ohne Qualitätsverlust recyceln. Es kann sowohl aus Altmetall und Legierungen als auch aus Schlacke, Flugstäuben, Asche, Rückständen und Schlämmen zurückgewonnen werden. Zum Recycling wird der Kupferschrott gemeinsam mit Kohle und Eisenschrott unter Einblasen von Luft im Altmetallkonverter eingeschmolzen. S. kann energiesparend gemeinsam mit →Primärkupfer gewonnen werden. So wird die Reaktionswärme im Konverterprozess dazu genutzt, Altmetalle einzuschmelzen und gemeinsam mit dem Kupferstein zu raffinieren.

Bei der Aufbereitung von S. stellt die Bildung von →Dioxinen ein Problem dar. Anlagen, die S. erzeugen, sollten daher mit einer effizienten Rauchgasreinigungsanlage nach dem Stand der Technik ausgestattet sein, insbesondere zur Verminderung der Dioxin- und Furanemissionen.

Sekundärquellen →Primärquellen, →Sekundäremissionen

Sekundenklebstoffe S. sind einkomponentige →Reaktionsklebstoffe auf der Basis von Cyanacrylaten mit sehr kurze Abbindezeit (→Cyanacrylat-Klebstoffe). Man setzt dabei Methyl-, Ethyl- und Butylester der Cyanacrylsäure unter Zugabe von Weichmachern ein. S. härten sofort nach dem Auftragen mithilfe der Luftfeuchtigkeit aus.

Selbstverdichtender Beton S. ist →Beton, der ohne Einwirkung zusätzlicher Verdichtungsenergie allein unter dem Einfluss der Schwerkraft fließt, entlüftet sowie die Bewehrungszwischenräume und die Schalung vollständig ausfüllt. Voraussetzung für die hohe Fließfähigkeit und die dabei erforderliche Sedimentationsstabilität sind vor allem Feinststoffleime mit hohem Mehlkorngehalt und der Einsatz von hochwirksamen →Fließmitteln auf →Polycarboxylatether-Basis.

Sensibilisierung S. ist der Erstkontakt gegenüber einem Allergen, der bei erneutem Kontakt zu einer allergischen Reaktion führt. →Allergie

SER →Spezifische Emissionsrate

Serpentin-Asbest Mit S. wurde früher die faserförmige Form von Serpentingestein bezeichnet. Heute werden mit dem Begriff S. faserförmige Arten von Mineralien bezeichnet, von denen der Chrysotil-Asbest die mit Abstand wichtigste Bedeutung hat. →Asbest

SH-Lacke →Säurehärtende Lacke

Sicherheitsdatenblatt Ein S. ist ein Informationssystem über eine Chemikalie oder ein Gemisch von Chemikalien. Gemäß Artikel 31 der →REACH-Verordnung ((EG) Nr. 1907/2006) muss der Lieferant eines Stoffes oder eines Gemisches dem Abnehmer ein Sicherheitsdatenblatt zur Verfügung stellen, wenn der Stoff die Kriterien für die Einstufung, Kennzeichnung und Verpackung als gefährlich gemäß der →CLP-Verordnung (EG) Nr. 1272/2008 erfüllt oder wenn das Gemisch die Kriterien für die Einstufung als gefährlich gemäß der Zubereitungs-Richtlinie 1999/45/EG erfüllt, differenziert in der TRGS 200, die seit dem 25.8.2017 nicht mehr gültig ist, oder der Stoff persistent, bioakkumulierbar und toxisch (PBT) oder sehr persistent und sehr bioakkumulierbar (vPvB) gemäß den Kriterien des Anhangs XIII der REACH-VO ist oder der Stoff in die Kandidatenliste Anhang XIV (gemäß Artikel 59 REACH-VO) als →SVHC-Stoff aufgenommen wurde. In erster Linie ist das S. dafür vorgesehen, dem berufsmäßigen Verwender zu ermöglichen, die notwendigen Maßnahmen für den Gesundheits- und Umweltschutz und für die Sicherheit am Arbeitsplatz zu ergreifen. Ein Anwender kann außerdem ein Sicherheitsdatenblatt für ein Gemisch anfordern, wenn die Kriterien zur Einstufung als gefährlich zwar nicht erfüllt sind, aber mindestens ein gesundheitsgefährdender oder umweltgefährlicher Stoff, ein PBT- oder vPvB-Stoff oder ein Stoff, der in die Kandidatenliste (gemäß Artikel 59) aufgenommen wurde, in einer festgelegten Konzentration unterhalb der Einstufungsgrenze enthalten ist oder ein Stoff enthalten ist, für den es gemeinschaftliche Grenzwerte für die Exposition am Arbeitsplatz gibt. Das S. hat insbesondere folgende Angaben zu enthalten:

- Bezeichnung des Stoffes bzw. Gemisches und des Unternehmens
- Mögliche Gefahren, Einstufung und Kennzeichnung
- Zusammensetzung/Angaben zu Bestandteilen
- Erste-Hilfe-Maßnahmen
- Maßnahmen zur Brandbekämpfung
- Maßnahmen bei unbeabsichtigter Freisetzung
- Handhabung und Lagerung
- Begrenzung der Exposition und persönliche Schutzausrüstungen
- Physikalisch-chemische Eigenschaften
- Stabilität und Reaktivität
- Toxikologische Angabem

S

- Umweltbezogene Angaben
- Hinweise zur Entsorgung
- Angaben zum Transport
- Rechtsvorschriften
- Sonstige Angaben

S. enthalten nur die gemäß Gefahrstoffrecht erforderlichen Angaben. Eine vollständige Angabe der Inhaltsstoffe erfolgt nicht. Überprüfungen bei gefährlichen Produkten ergaben erhebliche Mängel bei der Ausführung der S. Daher überprüfen die EU-Behörden in einem Vollzugsprojekt die S.

Sicherheitsglas S. soll die Verletzungsgefahr durch Splitter vermindern und die Sicherheit bei Gewaltanwendung erhöhen. Unterschieden werden Verbund-S. und Einscheiben-S. Für Verbund-S. werden zwei oder mehrere Spiegel- oder Fensterglasscheiben mittels Kunststofffolie verbunden. Die Folie aus →Polyvinylbutyral ist splitterbindend. Verbund-S. kann als Alarmglasscheibe eingesetzt werden (durch eingelegte dünne Metalldrähte wird bei Bruch Alarm ausgelöst).
Einscheiben-S. wird auf über 600 °C erhitzt und anschließend abgeschreckt. Dabei wird die Außenseite schneller abgekühlt als der Kern und es entsteht eine innere Spannung. Einscheiben-S. verfügen über eine höhere Biegefestigkeit und Beständigkeit gegen Temperaturwechsel als normales Glas und zerfallen bei Bruch splitterfrei. S. wird z.B. bei Über-Kopf-Verglasungen oder für Balkon- und Treppengeländer eingesetzt. Als →Verbundstoff lässt sich S. schlecht recyceln.

Sicherheits- und Gesundheitsschutzplan →Baustellenverordnung

Sick-Building-Syndrom (SBS) Der Begriff SBS wurde von der Weltgesundheitsorganisation (WHO) für Befindlichkeitsstörungen und gesundheitliche Beeinträchtigungen geprägt, die vorwiegend in modernen, vor allem klimatisierten Gebäuden beobachtet werden (s. Tabelle S7).

Tabelle S7: Symptome des Sick-Building-Syndroms (Heinzow)

Augen	Augenbrennen, Bindehautreizung
Nase	Nasen- und Nebenhöhlenreizung, Rhinitis
Rachen	Halskratzen, Heiserkeit
Lunge	Bronchitis, Asthma

Tabelle S7: Symptome des Sick-Building-Syndroms (Heinzow) (Forts.)

Haut	Trockenheit, Brennen, Ausschlag
Zentrales Nervensystem (ZNS)	Kopfschmerz, Müdigkeit, Konzentrationsstörung

Nach Angaben der WHO haben Gebäude, in denen über SBS geklagt wird, oft folgende gemeinsame Eigenschaften:

- Leichtbauweise
- Gute Abdichtung (oft mit nicht zu öffnenden Fenstern)
- Raumlufttechnische Anlage für das gesamte Gebäude oder größere Bereiche, häufiger Betrieb der RLT-Anlage mit hohem Umluftanteil
- Relativ hohe Raumtemperaturen bei gleichzeitigem homogenen thermischen Umfeld
- Großflächige Ausstattung mit Textilien, einschließlich textiler Bodenbeläge

Die Faktoren, die mit dem Auftreten von SBS in Verbindung gebracht werden, lassen sich in vier Gruppen einteilen (→Innenräume):

- Physikalische Faktoren
- Chemische Faktoren
- Biologische Faktoren
- Psychologische Faktoren

Siebdruckplatten S. werden häufig im Fahrzeugbau und als strapazierfähige Nutzböden eingesetzt, z.B. für Anhängerböden oder Containerböden. Die Platten bestehen aus wetterfest verleimten Furniersperrholzplatten, die beidseitig mit einem Phenolharz beschichtet sind. Dieser ist mit einer einseitigen Sieb- oder Gitterstruktur versehen und daher sehr rutschhemmend. Wesentliche Merkmale der S. sind die Verschleißfestigkeit (wasserfest), die hohe Stabilität und die Tragkraft.

Siebelpappen Verbundprodukte aus →Bleiblechen und Bitumendachbahnen zur Feuchteisolierung und im Dachdeckerhandwerk eingesetzt. Bei der Entsorgung entstehen Probleme (problematisches Verhalten in Müllverbrennungsanlagen und auf Deponien). (UBA: Leitfaden für das Bauwesen; Reduktion von Schwermetalleinträgen aus dem Bauwesen in die Umwelt 17/05)

Siedlungsabfälle Abfälle aus privaten Haushaltungen sowie andere Abfälle, die aufgrund ihrer Beschaffenheit oder Zusammensetzung den Abfällen aus

Haushalten ähnlich sind. →Abfall, →Abfallablagerungsverordnung, →Kreislaufwirtschaftsgesetz

Siegellacke →Reaktionslacke

Signifikant In der Statistik genutzter Begriff. Ergebnisse statistischer Berechnungen gelten als signifikant, wenn sich bestimmte Zusammenhänge zwischen den untersuchten Daten selbst nach der Berücksichtigung möglicher Beobachtungs- oder Messfehler nicht allein durch Zufälle erklären lassen.

Sikkative →Trockenstoffe

Silikatstaub S. ist fein verteiltes, amorphes Siliciumdioxid, das als Nebenprodukt des Schmelzprozesses zur Herstellung von Siliciummetall und Ferrosilicium-Legierungen gesammelt wird. S. wird fast ausschließlich bei Hochleistungsbeton eingesetzt und ersetzt dort 4 bis 8 % des Betons (bezogen auf Zement). Die Schwermetallgehalte liegen bei S. durchschnittlich weit niedriger als bei Portlandzement. →Zement

Silicium →Quarz

Siliciumdioxid →Quarz

Siliciumorganische Verbindungen →Silikone, →Hydrophobierungsmittel

Silikatfarben S. sind →Anstrichstoffe, die wässrige Kaliwasserglaslösung als Bindemittel enthalten („Wasserglasfarben"). Da S. stark alkalisch sind, werden keine →Konservierungsmittel benötigt; es können aber nur alkalibeständige →Pigmente (z.B. →Titandioxid, Eisenoxid) verwendet werden. Mineral-S. sind immer Zweikomponenten-Anstriche, bei denen das Farbpulver und das Wasserglas erst kurz vor der Verarbeitung gemischt werden. Da das Wasserglas auch im geöffneten Gebinde verkieselt, sollte immer nur so viel Farbe angerührt werden, wie am gleichen Tag verarbeitet werden kann. Echte S. enthalten keine organischen Bestandteile. S., die mit Kunstharzdispersionen versetzt sind, welche die Verarbeitung erleichtern, werden als →Dispersionssilikatfarben bezeichnet. S. werden als Innen- und Außenanstriche auf mineralischen Untergründen sowie für die Renovierung alter Silikat- und Mineralfarbenanstriche verwendet. Sie sind besonders gut für Bereiche mit hohen hygienischen Anforderungen oder starken Beanspruchungen wie Feuchträume und Küchen geeignet und können auch im Spritzwasserbereich eingesetzt werden. S. bilden einen sehr beständigen, wetterfesten, wasserdampfdurchlässigen und lang haltbaren Anstrich. Im Unterschied zu →Kalkfarben sind S. auch gegen aggressive Luftverschmutzung gut beständig. Glas (auch Brillenglas), Klinker, Fliesen und Metallteile werden von der Kieselsäure angegriffen (sorgfältig abdecken!).
Die Rohstoffe sind in ausreichendem Maße vorhanden, die Gewinnung erfolgt bergmännisch. Die Herstellung von Wasserglas ist aufwendig. Bei der Verarbeitung von S. muss die starke Alkalität beachtet werden (Haut-, Augenkontakt). Konservierungsmittel sind nicht erforderlich. Mit dem Qualitätssiegel →natureplus ausgezeichnete Produkte enthalten maximal 5 Gew.-% organische Anteile und sind emissionsarm.
Beispiel für die Zusammensetzung einer Dispersions-S.: 29 % Wasserglas (ca. 30%ig), 7 % Kunststoffdispersion (ca. 50%ig), 34 % Füllstoffe, 6 % Pigmente, 24 % Wasser und Additive.

Silikatleichtschaum S. wird aus Quarzmehl, Kalkhydrat, Zement und Wasser mit einem Schäummittel hergestellt. Er besteht aus feinen mineralischen Kügelchen, die mittels Einblas- oder Schüttverfahren zum Ausfüllen von Hohlräumen insbesondere bei der Altbausanierung verwendet werden. S. ist hydrophob, brand- und verrottungsbeständig und kann als Kerndämmung von Fassaden oder Dämmung von Decken und Fußböden eingesetzt werden. Die Wärmeleitfähigkeit liegt zwischen 0,034 und 0,070 W/(m·K), die Rohdichte beträgt 90 bis 140 kg/m^3, der μ-Wert: 3 – 6. S. ist nach DIN 4102 in die Baustoffklasse A1 und A2 eingeordnet.

Silikatputze S. werden aus Mörtel, die wässrige Kaliwasserglas-Lösung (→Wasserglas) mit Kunstharzdispersionszusatz (ca. 5 M.-%) als Bindemittel enthalten, hergestellt. Die Dispersion erleichtert die Verarbeitbarkeit und technischen Eigenschaften. Da S. stark alkalisch sind, benötigen sie keine Topfkonservierer; als Schutz vor Algenbefall auf Fassaden können evtl. Algen- und Schimmelpilzmittel (Filmkonservierer) angeboten werden. Es können nur alkalibeständige →Pigmente (z.B. →Titandioxid, Eisenoxid) verwendet werden. Besonderen Farbwünschen wird mit zusätzlichen Anstrichen aus →Silikatfarben nachgekommen. S. können zusätzlich hydrophob eingestellt werden.

Das Wasserglas verkieselt mit dem mineralischen Untergrund zu einer sehr beständigen, wetterfesten, wasserdampfdurchlässigen und lange haltbaren Deckschicht. Wegen der notwendigen Verkieselung funktionieren S. nur auf silikatischen bzw. entsprechend vorbehandelten Untergründen (z.B. sandhaltige Putze). S. werden besonders als diffusionsoffener Putz im Außenbereich z.B. im Denkmalschutz eingesetzt. Aufgrund ihrer Unbrennbarkeit bekommen sie zunehmend Bedeutung als Deckschicht von Wärmedämmverbundsystemen. In der Anfangsphase schützt die Alkalität der S. die Oberfläche vor Algenbefall, nach ca. sechs Monaten ist sie allerdings so weit abgebaut, dass sie nicht mehr ausreichend schützt. Algizide Wirkstoffe können durch die alkalischen Bestandteile angegriffen werden: Die Wirkstoffe werden schneller wasserlöslich und bei Beregnung schneller ausgewaschen.
Beispielrezeptur für einen Silikat-Außenputz: Kaliwasserglas, Polymerdispersion, Weißpigmente, anorganische Pigmente, Calciumcarbonat, Talkum, anorganische Füllstoffe, Wasser, Aliphate, Glykolether, Additive.
Die Rohstoffe sind in ausreichendem Maße vorhanden, die Gewinnung erfolgt bergmännisch. Die Herstellung von Wasserglas ist aufwendig, jedoch nicht so sehr wie z.B. die Herstellung von Acryldispersionen. Bei der Verarbeitung von S. muss die starke Alkalität beachtet werden: Augen und Hautflächen sowie die Umgebung der Beschichtungsflächen, insbesondere Glas, Keramik, Klinker, Naturstein, Lack und Metall schützen. Reste von S., die biozide Wirkstoffe enthalten, sollten keinesfalls in die Umwelt gelangen. Entsorgung von Abbruchmaterial auf Baurestmassendeponie bzw. Inertstoffdeponie.

Silikon-Dichtstoffe S. (→Silikone) sind →Dichtstoffe aus Polysoloxanen, die unter dem Einfluss von Luftfeuchtigkeit aushärten und dabei Stoffe, die bei der Vernetzungsreaktion frei werden, emittieren. Sie lassen sich wie folgt einteilen:

- Acetat- oder Acetoxy-Systeme:
  Diese sauer vernetzenden Systeme spalten beim Aushärten →Essigsäure ab. Essigsäure zeigt eine reizende Wirkung.
- Amin/Aminoxysysteme:
  Diese alkalisch vernetzenden Systeme setzen beim Aushärten Amine wie Butylamine oder Cyclohexylamin frei. Diese Stoffe sind hautresorptiv und als gesundheitsschädlich eingestuft.
- Oxim-Systeme: Diese neutral vernetzenden Systeme setzen →2-Butanonoxim (Verdacht auf krebserzeugende Wirkung, sensibilisierend) frei.
- Alkoxysysteme:
  Diese ebenfalls neutral vernetzenden Systeme setzen →Methanol oder →2-Methoxyethanol (reproduktionstoxisch) frei.

Weitere mögliche gruppenspezifische Emissionen sind Siloxane, z.B. Octamethyltrisiloxan, Decamethylcyclopentasiloxan, Octamethyltetracyclosiloxan.
Die Aushärtung dauert insgesamt meist einige Tage, während derer die S. die o.g. Stoffe in die Luft abgeben. Die Menge der freigesetzten Stoffe beträgt bei Essigsäure bis zu 5 % bezogen auf die Masse des verwendeten Dichtstoffs. Unter ungünstigen Bedingungen (kleiner Raum, keine Lüftung) wird der für gewerbliche Verarbeiter festgelegte Luftgrenzwert für Essigsäure deutlich überschritten. Die Essigsäure zeigt allerdings vor allem eine reizende Wirkung, während die Gefährdungen bei den anderen Vernetzungssystemen durch die dabei frei werdenden Chemikalien schwerwiegender zu beurteilen sind. Die meisten S. enthalten →Fungizide („Sanitärsilikon") und weitere Additive, wie Antioxidantien und Lichtschutzmittel. Der Einsatz kennzeichnungspflichtiger →Zinnorganischer Verbindungen ist Stand der Technik. S. können geringe Anteile an Lösemitteln enthalten (in der Regel < 5 %).
S. finden insbes. Anwendung im Metall- und Glasbau, in Küchen, im Sanitärbereich, auf Balkonen und Terrassen. Neutralhärtende Silikone können universell im Hochbau eingesetzt werden. Bei sauer vernetzenden Systemen besteht wegen der Freisetzung von Essigsäure die Gefahr der Korrosion von Metallen bzw. der Neutralisationsreaktion auf alkalischen Untergründen (z.B. Beton).

Silikone S. (Polysiloxane, Polyorganosiloxane) sind die wichtigsten anorganischen →Polymere. Aufgrund der sehr festen Bindungen zwischen Silicium und Sauerstoff sind S. äußerst stabil. Zur Herstellung wird staubfeines Silicium mit →Chlorierten Kohlenwasserstoffen und Kupfer als Katalysator bei 300 °C zur Reaktion gebracht und die so erhaltenen Methyl- oder Phenylchlorsilane getrennt. Die anschließende Hydrolyse liefert direkt oder über Cyclosiloxane die S. Je nach Wahl der Ausgangsstoffe und Zwischenprodukte sowie nach der Art der Weiterverarbeitung entstehen:

- Silikonöle (flüssig): Hochmolekulare Siloxane, kettenförmige, nicht vernetzte Makromoleküle mit mäßiger Kettenlänge
- Silikonkautschuk (gummiartig): Die Viskosität nimmt mit wachsender Kettenlänge zu, gering vernetzte Ketten
- Silikonharze (feste Massen, harzartig): Hochmolekulare, stark vernetzte Siloxane

S. finden Anwendung in der Medizin (plastische Chirurgie, Katheder, Kontaktlinsen u. a.), in der Pharmazie (Bestandteil von Salbengrundlagen, Gleitmittel u. a.) und in vielen Industriezweigen. Im Baubereich werden S. für →S.-Dichtstoffe und →Hydrophobierungsmittel verwendet.

Die Herstellung von S. ist ein umweltbelastender Prozess der Chlorchemie. Im Verlauf der Produktion werden chlorierte Kohlenwasserstoffe freigesetzt. Toxikologisch sind „reine" S. als unproblematisch einzustufen. →Siloxane

Silikonharze Beschichtungsmittel für →WDVS, →Silikone.

Silikonharz-Fassadenfarben Silikonharze sind anorganische Polymere. Sie stellen ca. 50 % des Bindemittels für S. Zur anderen Hälfte besteht das Bindemittel aus Kunstharz-Dispersion, weil eine Fassadenfarbe, die nur auf Silikonharz basiert, zu stark kreiden würde.

S. sind wasserdampfdurchlässig, aber auch wasserabweisend und resistent gegen Luftschadstoffe. Sie eignen sich deshalb besonders als →Fassadenfarben. Im Gegensatz zu den rein mineralischen →Silikatfarben sind sie aber brennbar. Als Schutz gegen Befall vor Mikroorganismen, insbesondere vor Algen und Moos, werden sie häufig algizid und fungizid ausgerüstet.

Unter dem Namen S. laufen häufig auch Dispersionsfarben, die mit Silikonharzen versetzt sind. Der Silikonharzzusatz in diesen „silikonisierten Dispersionsfarben" verbessert die wasserabweisende Wirkung deutlich, die Dampfdiffusionsfähigkeit dagegen nicht im selben Ausmaß.

Die Herstellung von Silikonharzen ist ein umweltbelastender Prozess der Chlorchemie. Silikonharze sind als gesundheitlich unproblematisch einzustufen.

Silikonharzlacke S. sind →Lacke, die auf Polysiloxanen als Bindemittel basieren. Als weitere Bestandteile enthalten sie Lösemittel, Pigmente, Füllstoffe und Additive. Als Lösemittel kommen v. a. →Aromaten und Ester, in beschränktem Umfang →Ketone und Aliphaten zur Anwendung. →Halogenierte Kohlenwasserstoffe kommen ebenfalls als Lösemittel in Frage, ihr Einsatz ist aber wegen ihrer problematischen Eigenschaften stark rückläufig. Heute sind auch wasserverdünnbare Systeme am Markt. S. werden hauptsächlich in Bereichen, die eine hohe Temperaturbeständigkeit erfordern, z.B. bei Öfen, eingesetzt. Die Dauerwärmebeständigkeit ausgehärteter Silikonharzfilme liegt bei 200 bis 600 °C (je nach verwendeter Harztype). Silikonharzemulsionen werden für Fassadenbeschichtungen verwendet (→Silikonharz-Fassadenfarben).

Gesundheitsgefährdungen können durch die zum Teil in sehr hohen Konzentrationen enthaltenen →Lösemittel auftreten. Besonders problematisch sind →Aromaten (→Xylol) und →Chlorierte Kohlenwasserstoffe.

Silikonharzputze S. nehmen eine Brückenfunktion zwischen den organischen und den mineralischen →Putzen ein: Das Bindemittel basiert auf einem mineralischen, auf Silicium aufbauenden, in Wasser emulgierten Silikonharz (→Silikone), das beim Erhärten zu einer quarzähnlichen Struktur reagiert, in Kombination mit einer Kunstharzdispersion. S. werden in der Regel bereits werksseitig algen- und schimmelpilzwidrig eingestellt.

S. sind wasserdampfdurchlässig, aber auch wasserabweisend und resistent gegen Luftschadstoffe. Sie eignen sich deshalb besonders für Fassaden. Im Gegensatz zu den rein mineralischen Außenputzen sind sie aber brennbar.

Beispielrezeptur: Polymerdispersion, Silikonharzemulsion, Weißpigmente, Anorganische Pigmente, Calciumcarbonat, Aluminiumhydroxid, silikatische Füllstoffe, Wasser, Aliphaten, Glykolether, Additive, Konservierungsmittel.

Silikonklebstoffe S. sind synthetische →Klebstoffe auf Basis von →Silikonen. S. reagieren je nach Typ unter Abspaltung von Essigsäure, Alkohol, Aminen oder Butanonoxim (→Silikon-Dichtstoffe).

Silikose Als S. bezeichnet man eine mit Bindegewebsneubildung (Vernarbung des Lungengewebes) einhergehende Staublungenerkrankung, die nach Langzeit-Exposition mit lungengängigem kristallinen →Quarz auftritt. Symptome sind eine Verringerung des Gasaustausches und des Blutflusses in der Lunge. Die Latenzzeit der S. beträgt mehrere Jahre. Meist ist sie schon weit fortgeschritten, wenn sie sicher diagnostiziert werden kann. S. ist eine progressive Erkrankung und eine anerkannte Berufskrankheit. →Asbestose

Siloxane S. zählen zu den organischen Silicium-Verbindungen; sie sind die Monomere, aus denen Polysiloxane (→Silikone) hergestellt werden. S. finden sich in zahlreichen Verbraucherprodukten, z.B. Körperpflegemittel, Kosmetika, Wasch- und Reinigungsmittel, Möbelpolituren, Schnuller, Backformen, Textilien, Papier, sowie in Bauprodukten, u. a. Fugendichtmassen, Farben, Lacke. S. dienen als Lackadditiv (z.B. Decamethylcyclopentasiloxan (D5) in Möbellacken) zur Verminderung der Grenzflächenspannung, zur Verbesserung des Verlaufs und der Pigmentnetzung sowie zur Erhöhung der Kratzfestigkeit. S. weisen einen sehr hohen Geruchsschwellenwert auf. Zur relativen Toxizität der S. →NIK-Werte. Bei den zyklischen Siloxanverbindungen wie Hexamethylcyclotrisiloxan (D3), Octamethylcyclotetrasiloxan (D4) und Decamethylcyclopentasiloxan (D5) handelt sich um geruchsarme Stoffe mit Siedepunkten von etwa 170 bis 220 °C. D4 und D5 sind schwer abbaubar und bioakkumulierend und reichern sich in lebenden Organismen an. D4 und D5 sind als →vPvB-Stoffe (very persistent, very bioaccumulative) durch die europäische Chemikalienagentur ECHA bewertet. Daten über gesundheitliche Wirkungen zeigen für D4 mögliche reproduktionstoxische Effekte sowie die Wirksamkeit als endokrine Disruptoren (Wechselwirkungen mit Hormonen). Innenraumluftrichtwerte als Summenwert für D3 bis D6 RW II 4 mg/m^3 und RW I 0,4 mg/m^3 (Ad-hoc-Arbeitsgruppe Innenraumrichtwerte 2011).

Sink-Effekt Der S. beschreibt das Phänomen, dass schwer flüchtige Substanzen (→VOC), die in →Innenräumen aus Bauprodukten oder Einrichtungsgegenständen emittieren, im Gegensatz zu leichter flüchtigen Substanzen nicht aus dem Innenraum entweichen, sondern sich an Materialien der Umgebung anlagern (die Geschwindigkeitskonstante der Adsorption ist größer als die der Desorption). Dies führt zu einer kontinuierlichen Anhebung der Konzentration dieser Stoffe in der Raumluft. Die Dauer der Raumluftbelastung kann dadurch erheblich (um Jahre) verlängert sein. →Cosolventien

SNAP Abk. für Systematik für Nachhaltigkeitsanforderungen in Planungswettbewerben. Hierbei handelte es sich um ein Forschungsprojekt des BMVBS aus dem Jahre 2013 mit dem Ziel, eine Methodik zu entwickeln, die gewährleistet, dass vorentwurfsrelevante Nachhaltigkeitskriterien bereits frühzeitig in Planungswettbewerben der öffentlichen Hand und gleichermaßen bei kommunalen oder privaten Verfahren Berücksichtigung finden können. Eine Grundlage für S. bildete eine Untersuchung vorhandener Methoden, wie das Schweizer System →SNARC.

SNARC Systematik zur Beurteilung der Nachhaltigkeit von Architekturprojekten für den Bereich Umwelt aus der Schweiz (SIA D 0200). Die vornehmliche Entwicklung realisierte die Zürcher Hochschule Winterthur im Jahre 2001. S. stellt das erste umfassende Instrument dar, das Projekte in der Konzeptphase vergleichend beurteilen kann. Vorrangiges Ziel war die Forderung nach einem einfachen und verbindlichen Instrument mit wenigen Kriterien, welches die Anwendung im Architekturwettbewerb praktikabel halten sollte. Zudem sollten Unsicherheiten in der Nachhaltigkeitsfrage reduziert und die ökologische Bewertung objektiviert werden. Ein vergleichbares System mit dem Namen →SNAP wurde 2013 für das BMVBS erstellt.

Sokalit S. ist der Handelsname für einen bestimmten Typ einer →Asbesthaltigen Leichtbauplatte der ehem. DDR nach TGL 24452 (Leichtbauplatte MFK Sokalit; Rohdichte < 1.200 kg/m^3). S.-Platten enthalten 12 bis 15 % Asbest sowie Magnesiumoxid und →Künstliche Mineralfasern. Die S.-Platten wurden im Baubereich u. a. für mobile Trennwände, Trockenfußböden, Fertighäuser, im Ofen- und Heizungsbau sowie für Garagen und Bungalows verwendet. In Berlin und anderen Neubaugebieten wurden vorgefertigte Küche-Bad-Zellen aus S. eingebaut. Unter Einwirkung von Feuchtigkeit kommt es zu einer starken Verminderung der Festigkeit der S.-Platten, wodurch Asbestfasern freigesetzt werden. Ausblühungen dürfen unter Beachtung der einschlägigen Vorschriften nur von Fachfirmen entfernt werden. Die S.-Platte gilt gemäß Asbest-Richtlinie unabhängig von ihrer Rohdichte als →Schwach gebundenes Asbestprodukt. →Asbest

Solnhofer Plattenkalk S. ist in vielen Schichten sedimentierter, daher leicht spaltbarer →Kalkstein. Verwendung als Wand- und Fußbodenbelag. Der Name leitet sich aus dem Abbaugebiet in der Nähe der Ortschaft Solnhofen in Bayern ab.

Sommersmog S. in Städten und ihrer näheren Umgebung wird durch die Bildung von Fotooxidantien in der unteren Troposphäre verursacht. Darunter wird jene Mischung aus gesundheitsschädlichen, reaktionsfreudigen Gasen verstanden, die sich bildet, wenn Sonnenstrahlung auf anthropogene Emissionen (insbesondere Stickstoffoxidverbindungen und Kohlenwasserstoffe aus Autoabgasen) trifft. Die reaktiveren Substanzen reagieren innerhalb weniger Stunden in der Nähe der Emissionsquelle, die reaktionsträgeren Komponenten können sich weiter ausbreiten, bevor sie Oxidantien bilden. →Ozon ist das wichtigste Produkt dieser fotochemischen Reaktion und auch die Hauptursache für smogbedingte Augenreizungen und Atemprobleme sowie für Schäden an Bäumen und Feldfrüchten. →Fotooxidantienbildungspotenzial

Sondergläser S. werden aus gezogenem →Flachglas hergestellt. Je nach Bearbeitung unterscheidet man zwischen Mattglas, Überfangglas und Eisblumenglas. Zur Herstellung von Mattglas wird das Glas mit einem Sandstrahl aufgeraut, durch die Mattierung wird das Licht vollständig gebrochen. Für Überfangglas wird das Glas während der Verarbeitung mit einer getrübten oder farbigen Glasschicht überzogen. Für die Herstellung von Eisblumenglas wird das Glas wie Mattglas mit einem Sandstrahl aufgeraut und zusätzlich mit heißem →Holzleim überzogen (Aussplittern der Oberfläche). S. werden für Fenster, Türen und Trennwände eingesetzt. Überfangglas ist durch die doppelte Glasschicht massiver und wird daher zur Verglasung von Fenstern sowie für Verkleidungs- und Brüstungselemente verwendet. Mattglas (Kunststoffschicht) ist ebenso wie Eisblumenglas (Holzleim) für ein Recycling nur wenig geeignet. Beim Sandstrahlen entstehen sehr hohe Quarzfeinstaubkonzentrationen, die wirksame Arbeitsschutzmaßnahmen erfordern (→Silikose).

Sonnenschutzverglasungen S. werden bei großflächigen Glasfassaden v.a. in Büro- und Verwaltungsbauten eingesetzt, um ein Überhitzen der Innenräume zu vermeiden. Sie sollten bei ausreichender Lichtdurchlässigkeit eine möglichst geringe Gesamtenergiedurchlässigkeit aufweisen. Der Gesamtenergiedurchlassgrad g von S. beträgt ca. 20 bis 40 % (dazu im Vergleich der g-Wert von Wärmeschutzverglasungen: 50 bis 70 %). Dies wird erreicht durch:

- Absorptionsgläser:
  In der Masse durchgefärbte Glastafeln (meistens grün/grau/bronze), wandeln Sonnenstrahlung in Wärme um, die überwiegend nach außen hin abgegeben wird. Nachteil: nicht farbneutral (besonders die grauen und bronzefarbenen Gläser absorbieren mehr im sichtbaren als im Infrarot-Bereich).
- Spiegelnde Gläser (Reflexionsgläser):
  Metalloxid-Beschichtung mit hoher Spiegelwirkung, meistens silberfarben reflektierend. Nachteil: häufig keine farbneutrale An- und Durchsicht, kein selektives Verhalten
- Bedampfung mit Edelmetall (meist Silber):
  Neutrale Ansicht, gute bis sehr gute Farbwiedergabe, hohe Selektivität (Bevorzugung des sichtbaren Lichts), sehr guter Wärmeschutz durch Reflexion des IR-Anteils (siehe →Wärmeschutzverglasungen). Nachteil: müssen im Scheibenzwischenraum geschützt werden.

Weitere Entwicklungen im Bereich der S. sind richtungsselektive Verglasungen, die nur diffuse Strahlung durchlassen, und schaltbare Verglasungen. Es werden folgende Möglichkeiten zur Schaltung unterschieden (Nitz, P. & A. Wagner: BINE-Informationsdienst, themeninfo I/02 – Schaltbare und regelbare Verglasungen. Fachinformationszentrum Karlsruhe, Gesellschaft für wissenschaftlich-technische Information mbH (Hrsg.)):

- Elektrochrome Schichten:
  Schaltung (Abdunklung) durch elektrischen Strom
- Gasochrome Schichten:
  Schaltung (Abdunklung) durch Kontakt mit Gas
- Photochrome Schichten:
  Schaltung (Abdunklung) durch Bestrahlung
- Thermochrome Schichten:
  Schaltung (Farbwechsel oder Eintrübung) ab Schwellentemperatur
- Polymer-Dispersed Liquid Crystal (PDLC)-Systeme:
  Schaltung (Aufklaren) durch Orientierung von Licht streuenden Flüssigkristallen bei Anlegen einer elektrischen Spannung

- Suspended-Particle-Devices (SPD): Schaltung (Aufklaren) durch Orientierung optisch anisotroper absorbierender Teilchen bei Anlegen einer Spannung
- Schaltbare Spiegel auf Metallhydridbasis: Übergang von metallischem Spiegel zu transparentem Halbleiter durch Kontakt mit einem Gas

S. sind energie- und schadstoffintensiver in der Herstellung und weniger für das Recycling geeignet als andere Gläser. Eingefärbte und beschichtete Gläser verändern das Farbspektrum im Raum und können durch Reflexion nach außen störend auf Fauna und Flora wirken. Der großflächige Einsatz von Glasfassaden, wie er heute bei Büro- und Verwaltungsgebäuden üblich ist, bewirkt in der Regel keine Energieeinsparungen, sondern führt im Gegenteil zu einem hohen Energiebedarf für die Kühlung. Daran kann auch der Einsatz von S. nichts Wesentliches ändern. Manche S. (z.B. PDLC-Systeme) benötigen Strom für den aufgeklarten Zustand.

Sorelzement Andere Bezeichnung für →Magnesiabinder nach dessen Erfinder.

Sorption Feuchtespeicherung bei hygroskopischen Baustoffen. →Sorptionsfähigkeit

Sorptionsfähigkeit S. bezeichnet die Fähigkeit eines Stoffes, Wasserdampf aufzunehmen und wieder abzugeben (Feuchteabsorption, Feuchtedesorption). Bei ausreichend langer Lagerung eines Baustoffes in konstanter →Relativer Luftfeuchte und Temperatur stellt sich ein bestimmter Feuchtegehalt als Gleichgewichtszustand ein („Ausgleichsfeuchte"). Die Dauer bis zu diesem Zustand kann viele Wochen, sogar Monate dauern. Zum Beispiel stellt sich bei Holz der hygrische Gleichgewichtszustand nur sehr langsam ein. Daher muss Parkettholz ausreichend lange bei der Luftfeuchte lagern, die später in dem Raum herrscht, in dem es eingebaut wird. Lehm dagegen erreicht sehr rasch seine Gleichgewichtsfeuchte. Die S. eines Stoffes wird im Wesentlichen von der Porengröße und Porenform sowie von der Häufigkeit, mit der die Porengeometrien im Baustoff vorkommen, bestimmt. Die Abhängigkeit der S. von der relativen Luftfeuchte wird in Form von stoffspezifischen Sorptionskurven dargestellt. Nicht hygroskopische Baustoffe, wie Glas oder Metall, haben keine S. →Feuchteverhalten von Baustoffen

Spachtelmassen Als S. werden hochgefüllte und pigmentierte Beschichtungsstoffe bezeichnet, die im Verarbeitungszustand plastisch, im Endzustand ebenfalls plastisch oder hart sind. Sie werden zum Ausgleichen von Unebenheiten auf Untergründen verwendet. Anforderungen sind gute Haftung am Untergrund und Härtung ohne Schrumpfung und Rissbildung. S. werden nach ihrem Anwendungszweck (z.B. Wandspachtel, Holzspachtel), dem Bindemittel (z.B. →Zement-S., →Gips-S.) oder nach dem Auftragsverfahren (z.B. Ziehspachtel, Streichspachtel) unterschieden. Als Bindemittel können anorganische Substanzen wie →Gips, →Zement oder organische Materialien wie Kunststoffe oder Kunstharze verwendet werden. Meistens bestehen S. aus Kombinationen beider Bindemittelarten. Aus den enthaltenen Kunstharzen können toxische →Restmonomere (z.B. →Epichlorhydrin, →Vinylacetat) ausgasen. Nach Möglichkeit sollten S. ohne Kunststoffzusätze wie Stück- oder →Putzgips oder sehr emissionsarme Produkte gem. →EMICODE EC1 verwendet werden. Beim Umgang mit zementären S. müssen aufgrund der Alkalität und der mechanischen Reibwirkung Schutzmaßnahmen getroffen werden (feuchtigkeitsdichte Handschuhe, Hautschutzmaßnahmen). Da die Reduktionsmittel zur Herabsetzung des Chromatgehalts im Zement begrenzte Wirkungsdauer haben, ist das Verfallsdatum unbedingt zu beachten. Wand- und Fugen-S. werden auch von →Pflanzenchemieherstellern angeboten. Beispiel-Rezeptur: Naturgips, →Titandioxid, Buchenholzcellulose, →Talkum.

Spaltplatten →Klinker

Spanplatten S. sind →Holzwerkstoffe aus Holzspänen bzw. holzartigen Faserstoffen aus einjährigen Pflanzen, die mit Bindemittel verpresst sind. Als Bindemittel werden vor allem →Harnstoff-Formaldehyd-Harze (UF), Melamin-Harnstoff-Formaldehyd-Harze (MUF; →Melaminharze), →Phenol-Formaldehyd-Harze (PF) und Diphenylmethandiisocyanat-Oligomere (PMDI) eingesetzt. Der Kunstharzgehalt beträgt ca. 6 bis 10 M.-% bei formaldehydhaltigen Harzen und ca. 3 bis 5 M.-% bei Polyurethanharzen. Mit anorganischen Bindemitteln gebundene S. siehe →AHW. Bei der Verwendung von Aminoplasten als Bindemittel wird Ammoniumchlorid, Ammoniumsulfat oder Ammoniumpersulfat als Härter eingesetzt (0,5 bis 4 M.-% des Kunstharzanteils). Als Hydrophobierungsmittel dient Paraffin (0,3 bis 2 M.-% bezogen auf das Trockengewicht der Platten). Bei älteren S. mit der Kennzeichnung V-100 G wurden Schutzmittel gegen Schimmelpilze eingesetzt. Diese alten Spanplatten müssen dem Abfallschlüssel 03 01 04 zugeordnet werden und entsprechen der Altholzkategorie A III. Die Oberflächen können mit Furnieren, PVC-Folien, kunstharzimprägnierten Papieren (Laminaten) oder flüssigen Lacken beschichtet werden.

95 % aller Spanplatten sind im Flachpressverfahren hergestellt (Späne parallel zur Plattenebene orientiert). Als Rohstoff für Späne dienen i. Allg. Resthölzer der Holz verarbeitenden Industrie und Durchforstungshölzer. Mit Bindemittel benetzte Späne werden durch Streumaschinen zu Formlingen aufgestreut (Spänekuchen) und in beheizten hydraulischen Pressen zu S. verpresst, anschließend besäumt und geschliffen. S. werden zumeist aus drei oder fünf Schichten zusammengesetzt: bei Dreischichtplatten wird die Mittelschicht aus gröberen Spänen mit feinen strukturierten Deckschichten beplankt, Fünfschichtplatten haben zusätzliche Ausgleichsschichten, die sich zwischen Mittelschicht und Deckschichten befinden. Bei Flachpressplatten mit stetigem Übergang wird die Spanstruktur durch separierende Spanstreuung hervorgerufen: grobe Späne gelangen in die Mitte des Plattenquerschnitts, nach außen zur Oberfläche hin wird das Spanmaterial stetig feiner strukturiert.

Einsatzbereiche sind nach DIN EN 312 allgemeine und tragende Zwecke sowie trockene und feuchte Bereiche. S. sind vielseitig für Wand-, Decken- und Bodenaufbauten sowie im Möbelbau und zur Herstellung von S.-Produkten wie Türen verwendbar. Nach ihrer Feuchtebeständigkeit werden nach DIN EN 312:2010-12 S.-Typen für die unterschiedlichen Anwendungsbedingungen definiert (s. Tabelle S8).

Tabelle S8: Spanplatten-Typen nach DIN EN 312

Plattentyp	Farbkennzeichnung	Nutzungsklasse	Anforderung
P1	Weiß, weiß, blau	NKL 1 trocken	Allgemeine Zwecke, trocken
P2	Weiß, blau	NKL 1 trocken	Inneneinrichtung, trocken
P3	Weiß, grün	NKL 2 feucht	Nichtragende Zwecke, feucht
P4 (ehem. V-20)	Gelb, gelb, blau	NKL 1 trocken	Tragende Zwecke, trocken
P5 (ehem. V-100)	Gelb, gelb, grün	NKL 2 feucht	Tragende Zwecke, feucht
P6	Gelb, blau	NKL 1 trocken	Tragende Zwecke, hoch belastbar, trocken
P7	Gelb, grün	NKL 2 feucht	Tragende Zwecke, hoch belastbar, feucht

Vor 2012 wurden die S. gemäß der unten aufgeführten Merkmale klassifiziert, diese Klassifizierung ist <u>nicht</u> mehr gültig.

V-20: Verwendung für Möbel und Innenausbauteile, die nur in geringem Maße der Luftfeuchtigkeit ausgesetzt sind. Die verwendeten Leime (UF-Leime) neigen zur Abgabe von Formaldehyd.

V-100: Geeignet für den Einsatz mit erhöhter Luftfeuchtigkeit, z.B. für Fußböden, mit konstruktivem Holzschutz z.B. auch als Außenbeplankung ohne direkte Bewitterung. Die verwendeten Leime (v. a. PF-, MF-, MUPF- und Isocyanat-Leime) sind entweder formaldehydfrei oder neigen weniger zur Abgabe von Formaldehyd.

V-100 G: Geeignet für den Einsatz auch unter hoher Feuchtebelastung; entsprechen den V-100-Platten, bis ca.1980 eingebaut und enthielten zusätzlich ein →Fungizid (→Chlornaphthaline) gegen Schimmelbefall, das mittlerweile verwendungsbeschränkt ist. Chlornaphthaline sind am süßlich-muffigen Geruch auch in geringen Konzentrationen in Fertighäusern und Containern erkennbar, sodass die AGÖF einen Auffälligkeitswert von 1 µg/m^3 festgesetzt hat. Beim Recycling von Spanplatten könnten die enthaltenen Biozide wieder in die Produkte gelangen, was nach →MVV TB-Anforderungen an bauliche Anlagen bezüglich des Gesundheitsschutzes und § 7 Abs. 3 KrWG nicht erfolgen darf.

S. sind die bedeutendsten Quellen von →Formaldehyd in Innenräumen. Die Emissionen aus den Leimen können durch eine Beschichtung aus formaldehydhaltigen Lacken verstärkt werden. Etwa 90 % der S. für den →Innenraum sind mit Harnstoff-Formaldehyd-Harz (UF-Harz) gebunden. Bei der chemischen Reaktion von →Harnstoff und Formaldehyd verbleibt ein kleiner Anteil an nicht gebundenem Formaldehyd. UF-verleimte Platten neigen daher am ehesten zur Abgabe von Formaldehyd, während Phenol-Formaldehyd-verleimte Platten nur sehr wenig Formaldehyd abgeben. S. (und andere Holzwerkstoffe) dürfen nicht in den Verkehr gebracht werden, wenn sie unter Prüfbedingungen mit mehr als 0,1 ppm Formaldehyd zur Innenraumbelastung beitragen (→Emissionsklasse E1). Diese Klassifizierung garantiert aber noch nicht die Einhaltung einer maximalen Konzentration von 0,1 ppm Formaldehyd im Innenraum (BGA-Richtwert). Wenn große Flächenteile der inneren Raumhülle oder der Möblierung aus unbeschichteten oder in ihrer Beschichtung beeinträchtigten Holzwerkstoffen (z.B. Bohrungen) ausgeführt werden, ist eine Überschreitung des BGA-Richtwertes möglich (E1-S. können im Prüfraum Werte bis zu 0,17 ppm Formaldehyd ergeben). S., deren Herstellung unter Verwendung formaldehyd*freier* Leime erfolgt, werden von den Herstellern auch mit der (nichtoffiziellen) Aufschrift F0 gekennzeichnet. Üblich ist dann die Verwendung von Bindemitteln auf Basis von →Isocyanaten.

Da S. zu ca. 60 % aus Rückstandsholz und Schwachholz hergestellt werden, können sie als Recyclingprodukt angesehen werden. Ein Recycling zu neuen Faser- oder Spanplatten ist ebenfalls möglich. S. haben wie Holz einen hohen Heizwert. Die Entsorgung erfolgt in Müllverbrennungsanlagen. →Holz, →Holzwerkstoffe, →Holzstaub

Spanstreifenholz (Laminated Strand Lumber – LSL) S. wird aus ca. 30 cm langen, 2,5 bis 4 cm breiten und 0,9 mm dicken Spänen hergestellt. Nach der allseitigen Beleimung werden die Langspäne faser- und flächenparallel, aber längenversetzt, geordnet und verleimt. Plattengrößen von bis zu 2.440 mm Breite, 10.700 mm Länge und 32 bis 89 mm Stärke werden hergestellt. Anwendungsbereiche sind der Innenausbau und der konstruktive Holzbau.

Ökologische Bewertung von Spanstreifenholz, Bezug t_{atro} (Quelle: dataholz.eu)

GWP [kg CO_2 Äqv.]	AP [kg SO_2 Äqv.]	PEI ne [MJ]	PEI e [MJ]	EP [kg PO_4 Äqv.]	POCP [kg C_2H_4 Äqv.]
–1.723,2	2,0	12.741,0	29.512,2	0,9	0,5

Sperrholz Derzeit regelt die DIN EN 636:2015-05 die Anforderungen an Sperrholz für allgemeine oder tragende Zwecke zur Verwendung im Trocken-, Feucht- oder Außenbereich. S. besteht aus mindestens drei Lagen kreuzweise verleimter Holzfurniere. Furniersperrholz besteht ausschließlich aus Furnierschichten, Stab- und Stäbchensperrholz (früher Tischlerplatte) enthält eine Mittellage aus Stäben oder Stäbchen. Als →Leime sind vorwiegend Formaldehyd-Harze in der Anwendung, bei wetterfestem S. üblicherweise →Phenol-Formaldehyd-Harz. S.-Formteile finden v.a. im Möbelbau Verwendung. S. gem. DIN EN 636 wird mit mind. 5 Lagen für tragende – nach DIN EN 14080 (früher DIN 1052, 2010 zurückgezogen) – und mit mind. 3 Lagen für aussteifende – nach DIN EN 14080 – Elemente im Innen- und Außenbau verwendet. S. gem. DIN EN 636 wird für Möbel und für die Herstellung von Formteilen, z.B. Sitzschalen, verwendet.

Die DIN EN 636:2015-05 legt Anforderungen an Sperrholz fest, z.B.:

7 Anforderungen an Sperrholz zur Verwendung im Trockenbereich
7.1 Qualität der Verklebung
7.2 Biologische Dauerhaftigkeit
8 Anforderungen an Sperrholz zur Verwendung im Feuchtbereich
8.1 Qualität der Verklebung
8.2 Biologische Dauerhaftigkeit
9 Anforderungen an Sperrholz zur Verwendung im Außenbereich
9.1 Qualität der Verklebung
9.2 Biologische Dauerhaftigkeit

In einem neuen Anhang B werden die Gebrauchsklassen für einen biologischen Befall aus der zurückgezogenen DIN EN 335-3:1995-09 dargestellt.

Die alten *Beanspruchungsklassen* werden heute nicht mehr verwendet. Da die Produkte in Bestandgebäuden verbaut sein können, wird die Tabelle S9 mit den bisherigen Beanspruchungsklassen hier abgebildet. Zur Differenzierung der neuen Einteilung siehe →Gebrauchsklassen.

Tabelle S9: Darstellung der alten Beanspruchungsklassen (nicht mehr gültig)

Beanspruchungsklasse DIN EN 636	Verleimungsklasse DIN EN 314-1	Verwendungsbereich
1	1	Verwendung im Trockenbereich mit Innenverleimung. Bedingungen entsprechen Nutzungsklasse 1 gem. DIN EN 1995-1-1
2	2	Verwendung auch im mit Feuchte beständiger Verleimung und den biologischen Gefährdungsklassen 1 und 2 nach ehemals DIN EN 335-3. Bedingungen entsprechen Nutzungsklasse 2 gem. DIN EN 1995-1-1
3	3	Verwendung im Außenbereich mit wasser- bzw. witterungsbeständiger Verleimung und den biologischen Gefährdungsklassen 1 bis 3 nach ehemals DIN 335-3. Bedingungen entsprechen Nutzungsklasse 3 gem. DIN EN 1995-1-1

→Lagenhölzer (Lagenwerkstoffe). →Holz, →Vollholzplatten, →Holzwerkstoffe, →Furniere, →Emissionsklassen, →Formaldehyd, →Verklebungsklassen

Sperrschichten S. sind überall erforderlich, wo Bauteile gegen Wasserdampf oder Wasser abgedichtet werden müssen. Richtig angebracht verhindern sie die Wasseraufnahme in das Bauteil, die →Kapillarleitung von Wasser und die Wasserdampfdiffusion (→Dampfdiffusion) durch das Bauteil. S. werden zur Abdichtung gegen Bodenfeuchtigkeit, nicht drückendes oder drückendes Wasser und zur Abdichtung bei Dächern eingesetzt. Bei Altbauten fehlen die S. meist oder ihre Funktion ist weitestgehend aufgehoben. S. zur möglichst vollständigen Abdichtung gegen Wasserdampfdiffusion werden →Dampfsperren genannt. →Abdichtungsbahnen, →Bitumenbahnen, →Kunststoff-Dichtungsbahnen, →Aluminium-Folien

Spezialkleister →Kleister

Spezifische Emissionsrate (SER) Die SER beschreibt als Materialkenngröße das produktspezifische Emissionsverhalten für flüchtige organische Verbindungen (→VOC) bzw. für TVOC. Sie beschreibt die Masse an VOC, die von dem Produkt (z.B. Bauprodukt) pro Zeiteinheit zu einem bestimmten Zeitpunkt nach Beginn der Prüfung in einer →Prüfkammer/→Prüfzelle emittiert wird. Die SER erlaubt einen unmittelbaren Vergleich des Emissionsverhaltens verschiedener Materialien. Je nach äußerer Form des Prüfstücks und der Prüfaufgabe werden unterschieden:

- Flächenspezifische Emissionsrate SER_a, angegeben in µg/m²h
- Volumenspezifische Emissionsrate SER_v, angegeben in µg/m³h
- Stückspezifische Emissionsrate SER_u, angegeben in µg/Stck.h
- Längenspezifische Emissionsrate SER_l, angegeben in µg/mh

Spiritus Der auch als Brennspiritus bezeichnete S. (lat. Atem, Geist, Sinn) besteht aus ca. 90 % →Ethanol, der durch Vergällungsmittel zum Genuss unbrauchbar gemacht ist.

Splintholz S. ist das Holz des äußeren, zwischen Bast und Kern liegenden Ringes des Stammquerschnittes. Der Splint ist der Teil des Baumes, der aus wasserführenden Holzzellen ohne Kernstoffeinlagerungen besteht. S. ummantelt das Kernholz und weist meistens eine Schichtdicke von 30 bis 50 mm sowie eine hellere Färbung auf. S. ist weich, hell und qualitativ minderwertig. S. ist nicht dauerhaft und damit immer in der Dauerhaftigkeitsklasse 5 eingestuft. S.-Bäume (Berg- und Spitzahorn, Weißbuche, Aspe, Erle und Birke) haben kein Kernholz und kein Reifholz sondern nur Splintholz mit durchgehend gleichmäßiger Härte. →Kernholz

Sporen Zusammenfassender Begriff für alle Verbreitungseinheiten (Vermehrungs- und Dauerformen) bestimmter Mikroorganismen, z.B. von →Bakterien und →Schimmelpilzen. Im Gegensatz zu Bakterien-S. sind Schimmelpilz-S. keine Dauerformen und können durch Austrocknung abgetötet werden.

Spritzasbest S. besteht aus 50 bis 65 % →Krokydolith (Blauasbest) und einem Bindemittel, meist →Portlandzement. S. zählt gem. →Asbest-Richtlinie zu den →Schwach gebundenen Asbestprodukten. Die Verwendung erfolgte zu Zwecken des Feuer-, Wärme- und Schallschutzes in Gebäuden, insbesondere im Stahlhochbau. S. wurde im Bauwesen der BRD ab 1955 verwendet. Das Material wurde unter katastrophalen Arbeitsplatzbedingungen auf den zu beschichtenden Untergrund maschinell aufgespritzt, was in der Folge bei zahlreichen Beschäftigten der Isolierbranche zu Krebserkrankungen führte. Erst 1979 erfolgte das Verbot der Verwendung von S. In der DDR war die Anwendung von S. eng begrenzt, vorwiegend im Schiffbau bzw. für bestimmte Großbauten, z.B. den Palast der Republik. S. wird in Kategorie I „Art der Asbestverwendung" des Formblattes der Asbest-Richtlinie mit der maximal möglichen Punktzahl (20 Punkte) bewertet. →Asbest

Spritztapeten →Flüssigtapeten

Stabilisatoren S. sind Additive bei der Herstellung von →Kunststoffen, um deren Zersetzung durch Temperatur (insbesondere bei der Verarbeitung), Sauerstoff und Licht zu vermeiden und damit eine lange Brauchbarkeit der Erzeugnisse zu gewährleisten. →Blei- und cadmiumhaltige S. wurden ausschließlich zur Stabilisierung von PVC eingesetzt. Die Cadmiumgehalte in PVC-S. betrugen < 10 %, die Bleigehalte < 50 %. In den PVC-Produkten beträgt der Stabilisatorgehalt i.d.R. zwischen 1 und 4 %. In aller Regel wird eine Kombination aus S., einem Basis-S. und einem oder mehreren Co-S., verwendet. Große Bedeutung für die PVC-Stabilisierung haben Kombinationen von Barium-, Calcium- und Zink-Carboxylaten und früher mit →Cadmium- und verschiedenen Bleiverbindungen (Sulfate, Phosphite, Phthalat, Stearate, Carbonat). Daneben spielen schwefelfreie und schwefelhaltige Zinn-S. sowie unterschiedliche organische Verbindungen als S. und Co-S. eine wichtige Rolle. Die Gehalte der S. in den Fertigerzeugnissen liegen i.d.R. bei 1 bis 4 %.

<u>Cadmium-S.:</u>

Seit den 1950er-Jahren wurden mit dem Anstieg des PVC-Verbrauchs zunehmend Cadmium-S. für unterschiedlichste Verwendungen eingesetzt. Um 1980 war dieses Einsatzgebiet in der BRD mit etwa 500 t Cadmium (fast 30 % des Gesamtverbrauchs) knapp hinter den →Cadmiumpigmenten der zweitwichtigste Verwendungsbereich. Ende der 1970er-Jahre setzten die Bemühungen zur Substitution von Cadmium-S. ein. Mitte der 1980er-Jahre hatte sich der Verbrauch von Cadmium-S. in der BRD gegenüber dem Spitzenwert um 1980 trotz gestiegenem PVC-Verbrauch fast halbiert. 75 % der verbliebenen Verwendungen dienten der Herstellung von Fensterprofilen, der Rest fast ausschließlich für andere Bauprodukte mit Außenanwendung wie sonstige Profile und Dachfolien. 1999 betrug der Cadmiumverbrauch für Fenster- und Bauprofile unter 50 t. Für die Herstellung von Batterien wurden 2001 über 600 t Cadmium benötigt.

Mit Verordnung der (EU) Nr. 494/2011 zur Änderung der Verordnung (EG) Nr. 1907/2006 (REACH) hinsichtlich des Anhangs XVII Beschränkungen der Herstellung, des Inverkehrbringens und der Verwendung bestimmter gefährlicher Stoffe, Gemische und Erzeugnisse (Cadmium) wurde eine Berichtigung dieser Änderungsverordnung veröffentlicht. Danach ist Cadmium in jeder Art von Kunststoff seit 10.12.2011 verboten. Die Verordnung aber unterstützt gleichzeitig die Verwendung von Recycling-PVC in zahlreichen Bauprodukten, sofern ihr Cd-Gehalt 0,1 Gew.-% des Kunststoffs nicht übersteigt. Das gilt für: a) Profile und Hart-PVC-Platten für den Einsatz im Bauwesen, b) Türen, Fenster, Fensterläden, Wände, Jalousien, Zäune und Dachrinnen, c) Boden- und Terrassenbeläge, d) Kabelführungen, e) Wasserrohre, ausgenommen Trinkwasserrohre, sofern das Recycling-PVC in der mittleren Schicht eines mehrschichtigen Rohrs verwendet wird und vollständig mit einer Schicht von neu hergestelltem PVC nach Absatz 1 überzogen ist.

<u>Blei-S.:</u>

Bleihaltige S. hatten in Deutschland und Europa auch mengenmäßig die mit Abstand größte Bedeutung sowohl für Hart- als auch für Weich-PVC-Produkte.

S

Tabelle S10: Verbrauch von Stabilisator-Systemen in Europa (EU-Länder zuzüglich Norwegen und Schweiz) in t (Angaben nach ESPA, 2002) (Quelle: Leitfaden zur Anwendung umweltverträglicher Stoffe, Teil 5, Umweltbundesamt (Hrsg.), 2003)

Stabilisator-Systeme	1997	1998	1999	2000
Mit chemischen Zusätzen versehene Blei-Stabilisatoren (Bauprofile und -rohre, Elektrokabel) – darin Blei (Schätzwert)	111.920 54.000	112.383 52.000	117.995 53.400	120.421 54.000
Mit chem. Zusätzen versehene cadmium-haltige Festkörperstabilisatoren (nur Bauprofile) – darin Cadmium	1.401 71	940 33	259 21	242 24
Cadmiumhaltige Flüssigstabilisatoren (Hart- und Weich-PVC-Anwendungen) – darin Cadmium	368 33	230 17	148 10	146 9
Mit chem. Zusätzen versehene Mischmetall-Festkörperstabilisatoren (z.B. Ca/Zn, auch Lebensmittel- und Medizinalanwendungen)	Statistisch nicht erfasst	14.494	16.701	17.579
Flüssigstabilisatoren (Ba/Zn oder Ca/Zn; Weich-PVC-Anwendungen)	16.168	16.404	16.527	16.709
Zinn-Stabilisatoren (primär Hart-PVC, auch für Kontakt mit Lebensmitteln)	14.886	15.241	15.188	14.666

Tabelle S11: Verbrauch von Stabilisator-Systemen im Jahr 1999 für die mengenmäßig wichtigsten Einsatzgebiete in Europa in t (Angaben nach ESPA) (Quelle: Leitfaden zur Anwendung umweltverträglicher Stoffe, Teil 5, Umweltbundesamt (Hrsg.), 2003)

Stabilisator-Systeme	Einsatzgebiete		
	Rohre	Kabel	Profile
Mit chem. Zusätzen versehene Blei-Stabilisatoren	37.630	20.235	58.721
Mit chem. Zusätzen versehene Cadmium-Festkörperstabilisatoren	0	0	202
Mit chem. Zusätzen versehene Mischmetall-Festkörperstabilisatoren (z.B. Ca/Zn)	1.426	6.276	8.470
Zinn-Stabilisatoren	302	0	247

Es ergeben sich derzeit folgende Entwicklungen:

- Steigende Verwendung von Blei-Stabilisatoren bei PVC-Rohren und -Profilen
- Zunehmender Verzicht auf Cadmium-S.
- Wachsende Bedeutung anderer metallhaltiger S. bei Rohren und Profilen
- Verringerung der spezifischen Bleimengen in Blei-S. durch Veränderung der Rezepturen (Verdoppelung des Verbrauchs von Blei-S. zwischen 1990 und 1994 bei Erhöhung des Bleiverbrauchs hierfür um knapp 1/3)
- Verzichtserklärungen der Industrie:
- Einsatz cadmiumhaltiger S. bis März 2001
- Einsatz bleihaltiger S. bis max. 2015

In den skandinavischen Ländern und den Niederlanden sind (zumindest für bestimmte Produkte) wesentlich frühere Termine für den Verzicht auf Blei-S. vorgesehen.

Bei der Müllverbrennung gelangen über 80 % der Cadmium- und 1/3 der Bleigehalte des Mülls vorwiegend als Chlorid oder Oxid in den Flugstaub. Die zulässigen Emissionen wurden durch die 17. Blm-SchV (Änderung 2001) bzw. durch die EU-Richtlinie 2000/76/EG erheblich gesenkt.

Gem. einer freiwilligen Vereinbarung „Selbstverpflichtung der PVC-Branche zur nachhaltigen Entwicklung“, die im März 2000 von den vier Hauptverbänden der PVC-Branche (ECVM, ECPI, ESPA und EuPC) unter dem Namen “Vinyl 2010“ verabschiedet wurde, verpflichtete sich die Bran-

S

che u.a. zu folgenden Maßnahmen: Verzicht auf Cadmium-S. (bis März 2001), Risikoabschätzung für Blei-S. (bis 2004), schrittweiser Verzicht auf Blei-S. (bis 2015).

Barium/Zink- und Calcium/Zink-S.:

Diese sind in Aufbau und Funktion den Barium/Cadmium-S. ähnlich und wurden daher in den 1980er-Jahren zunehmend als Substitute für Cadmium-S. eingesetzt. Heute sind Calcium/Zink-S. für alle wichtigen Einsatzgebiete von Blei-S. (Hart- und Weich-PVC) die bevorzugte Alternative.

Der Zinkgehalt der Ca/Zn-S. beträgt 0,5 bis 3 %, in Ausnahmefällen (Automobilkabel) bis zu 10 %. Damit liegt der Metallgehalt erheblich unter dem bleihaltiger S., bei denen heute der Mittelwert bei 45 % Bleianteil liegt, teilweise aber noch wesentlich höhere Bleigehalte erreicht werden. Außerdem zählt Zink zwar zu den Schwermetallen, es ist jedoch im Gegensatz zu Cadmium und Blei nicht in der Liste der prioritären Stoffe gemäß Art. 16 der Wasserrahmenrichtlinie enthalten, da es ökotoxisch wesentlich weniger kritisch einzustufen ist. Von den eingesetzten Co-S. ist Kalkhydrat als ätzend gekennzeichnet (Verarbeitungs-Kennzeichnung), im verarbeiteten Kunststoff ist es jedoch ausreagiert und damit unkritisch. Organische Bestandteile der Stabilisierungssysteme diffundieren aufgrund ihrer geringen Gehalte während der Nutzung nicht aus den Produkten aus (sie müssen in das Material eingebunden bleiben, um den Stabilisierungseffekt zu erhalten). →Zinnorganische Verbindungen

Stabparkette S. sind →Massivparkette aus 250 und 800 mm langen und 45 und 80 mm breiten Parkettstäben aus Vollholz (DIN EN 13226). Sie werden vollflächig auf planebenen Untergrund verklebt. Die Stäbe werden untereinander entweder durch Hirnholzfedern (Querholzfedern) oder durch eine angehobelte Feder verbunden. Die Verlegerichtlinien sind in der DIN 18356 vorgeschrieben. S. sind sehr gut renovierbar (5- bis 7-mal abschleifbar). S. werden im Neubau zunehmend durch Fertigparkett-Einzelstäbe (→Mehrschichtparkette) verdrängt. Eine CE-Kennzeichnung wird seit dem 1.3.2010 für alle Holzfußböden vorgeschrieben. →Holzböden, →Parkettklebstoffe, →Parkettversiegelungen, →Ölen und Wachsen

Stärke S. ist ein geschmackloses Polysaccharid (Mehrfachzucker) und besteht aus langen Ketten oder verzweigten Gebilden von Traubenzucker (Glukose). S. ist der Stoff, in dem Pflanzen ihre überschüssige Energie als Reserve speichern. S. ist das wichtigste Kohlenhydrat für die menschliche Ernährung und ist in vielen Lebensmitteln wie Brot und Backwaren, Teigwaren, Reis-, Getreide- und Kartoffelprodukten enthalten. Die Gewinnung von S. erfolgt in unseren Breiten i.d.R. aus Kartoffeln (21 % S.) oder Getreide (Weizen: 58 bis 64 % S.). Unter Hitzeeinwirkung kann S. ein Vielfaches ihres Eigengewichtes an Wasser physikalisch binden, aufquellen und verkleistern. Bei Überhitzung von S., z.B. beim Backen, Braten, Rösten, Grillen oder Frittieren S.-haltiger Lebensmittel, kann das krebserzeugende →Acrylamid entstehen.

Stärkekleister S. sind →Kleister aus in Wasser gequollener →Stärke. Sie werden als Tapetenkleister und zur Egalisierung der Saugfähigkeit von Neuputzen als Grundierung eingesetzt (→Streichmakulatur). Spezialkleister enthalten in der Regel Kunstharzzusätze, →Konservierungsmittel und weitere Additive. Bei den meisten dampfdiffusionsoffenen →Tapeten reicht normaler Kleister ohne Zusätze völlig aus.

Stahl Eisen-Kohlenstoff-Legierungen mit einem Kohlenstoffgehalt ≤ 2 M.-% werden als S. bezeichnet. Baustähle enthalten 0,1 bis 0,6 % Kohlenstoff. Weitere Legierungselemente sind nicht-metallische wie Silicium, Phosphor und Schwefel und metallische wie Mangan, →Chrom, →Nickel, Molybdän. Unlegierter S. enthält Legierungselemente unterhalb der in DIN EN 10021 festgelegten Grenzen. Je nach Eigenschaft, Legierung und Korrosionsverhalten wird zwischen →Grundstählen, →Qualitätsstählen und →Edelstählen unterschieden.

S. wird aus Erzen und durch Rückführung von Schrott erzeugt. Anteile Schrott 2000 in Deutschland: Oxygenstahlverfahren: 20 bis 30 %, Elektrostahlverfahren: 100 %. Insgesamt: 42 %. Gießereiindustrie: 88 %.

S.-Produktion nach dem LD-Verfahren (Blasstahl): Die Eisenschmelze wird in eine Stahlbirne umgefüllt, Sauerstoff wird eingebracht und oxidiert die nicht erwünschten Roheisen-Begleitelemente. Kohlenstoff entweicht als Kohlenmonoxid, Verunreinigungen gehen mit dem Schlackenbildner (vor allem Kalk) in die Schlacke über. Der flüssige S. wird aus dem Ofen in die Pfanne ausgegossen und mit den gewünschten Legierungselementen verschmolzen. Neuere Verfahren sind Schmelz-Re-

duktions- und Direkt-Reduktionsverfahren, Schrottaufbereitung mittels Elektrolichtbogenverfahren = Elektrostahl.
Hoher Wasserverbrauch zum Kühlen und Abwasserbelastung; durch Verwendung von Koks und anderen Brennstoffen Emissionen von →Benzol, →Polycyclischen aromatischen Kohlenwasserstoffen (PAK), Schwefelwasserstoff und Ammoniak bei S.-Erzeugung; Anfall zahlreicher Nebenprodukte: Hüttensand und →Hüttenbims; Arbeitsplatzbelastung vor allem durch Stäube, Schwermetalle und Hitze. Feinstaub enthält bis zu 10 % Schwermetalle.

Stahlbeton S. ist ein Verbundwerkstoff aus den beiden Komponenten →Beton und →Bewehrungsstahl. Beton hat im Vergleich zur Druckfestigkeit nur eine geringe Zugfestigkeit (ca. 1/15 der Druckfestigkeit). Stahl besitzt dagegen eine hohe Zugfestigkeit. Im S. werden daher Zugspannungen über die Stahlbewehrung abgetragen, während die Druckspannungen im Wesentlichen vom Beton aufgenommen werden. Der →Betonstahl ist i.d.R. gerippt oder profiliert. Die Zugkräfte in den Stahlstäben werden über Haftung, Reibung und Oberflächenverbund an den umhüllenden Beton übertragen.

Stahlfenster S. haben nur einen sehr geringen Marktanteil und werden hauptsächlich im Industrie- und Gewerbebau verwendet. S. sind durch Korrosion gefährdet, daher ist eine regelmäßige Oberflächenbehandlung (→Rostschutzmittel, Korrosionsschutz) erforderlich. →Stahl hat eine hohe Wärmeleitfähigkeit, was durch thermisch getrennte Profile ausgeglichen werden kann. S. kommen wegen der hohen Festigkeit des Materials mit geringerem Profilquerschnitt als →Aluminiumfenster aus. Um eine lange Lebensdauer zu gewährleisten, müssen die Anstriche regelmäßig erneuert werden. S. können über den Schrotthandel recycelt werden. Metallfenster zeigen in Ökobilanzen die höchsten Belastungen über die Lebensdauer. Durch Erhöhung des Recyclinganteils könnten die Umweltaufwendungen zur Herstellung reduziert werden. →Fenster

Stampfasphalt Stampfasphalt ist gepulverter, bituminöser, durch Erhitzen vom Wasser befreiter Kalkstein, der auf einer 15 bis 20 cm starken Zementbetonschicht 7 cm stark aufgetragen und durch Walzen, Stampfen und Bügeln mit heißen Eisen auf 5 cm verdichtet wird (Brockhaus, 1906). Die Verwendung von S. erfolgte in Berlin erstmals 1869 und begründete den Beginn des modernen Asphaltstraßenbaus. →Asphalt, →Bitumen

Stampfasphaltplatten →Asphaltplatten

Stampflehmbau S. ist die Bezeichnung für eine monolithische Lehmbauweise, die durch lagenweises manuelles oder pneumatisches Verdichten (= Stampfen) von geeignetem erdfeuchten →Baulehm in Schalungen i.d.R. vor Ort durchgeführt wird. Von Fall zu Fall ist es auch möglich, größere Bauelemente wettergeschützt zu produzieren und dann zum jeweiligen Einsatzort zu transportieren. Die Rohdichten einer trockenen Wand betragen zwischen 1.700 und 2.200 kg/m^3. Aufgrund des Ausgangsmaterials und der Herstellungsart können mit S. tragende Bauelemente erstellt werden. Traditionell waren Gebäude aus S. über die ganze Welt verbreitet, auch heute noch wird vielerorts in traditioneller Manier gearbeitet. Der französische Maurermeister und Bauunternehmer Francois Cointeraux (1740-1830) brachte zu seiner Zeit 72 Hefte über die in Frankreich Pisé (piser = stampfen) genannte Bauweise heraus, die in der Folge in vielen Ländern, auch in Deutschland, übersetzt wurden und zu einer großen Verbreitung dieser Technik im 18. und 19. Jh. führten. Auch das relativ anspruchslose Ausgangsmaterial, welches oft nicht oder kaum aufbereitet werden muss, war ein Grund dafür. Die archaische Technik erfreut sich aufgrund der Wärmespeichereigenschaften und auch der speziellen Ästhetik der Oberflächen mittlerweile auch in modernen Bauten steigender Beliebtheit.

Standardbeton →Beton nach Zusammensetzung, dessen Zusammensetzung in einer am Ort der Verwendung des Betons gültigen Norm vorgegeben ist.

Standöl Als S. werden durch Wasserentzug eingedickte Pflanzenöle bezeichnet (z.B. Leinöl-Standöl, Rizinus-Standöl). Die Eindickung erfolgte früher über eine relativ lange „Stand“-Zeit. Dazu wurden mit Öl gefüllte Gefäße in wärmeleitenden Kupferschüsseln längere Zeit an die Sonne gestellt. Heute wird die Standzeit durch Erhitzen unter Luftabschluss verkürzt.

Standölfarbe →Ölfarben, →Standöl

Staub →Hausstaub, →Schwebstaub, →Holzstaub, →Industriestaubsauger, →Mineralischer Staub, →Feinstaub

Staubklassen →Industriestaubsauger

Staubschutzmasken S. – auch für den Heimwerkerbereich – müssen Anforderungen des Gerätesicherheitsgesetzes und des Produktsicherheitsgesetzes erfüllen. In Restemärkten, Import-/Exportshops, aber auch im Fachhandel werden häufig ungeeignete S. (Untersuchungen des →LAGetSi) angeboten. Diese Masken bestehen aus Material, das keine Filterwirkung aufweist. Die auf der Verpackung bzw. auf dem Gerät angebrachten Prüfzeichen (GS = geprüfte Sicherheit; CE = Communauté Européenne, bedeutet Übereinstimmung mit europäischen Sicherheitsanforderung) sind zu Unrecht angebracht. Sichere Anzeichen für normgerechte S. sind:

- CE-Kennzeichnung mit Kennnummer
- Schriftliche Gebrauchsanweisung in deutscher Sprache

Steinfestiger S. dienen zur Verfestigung von verwitterten, absandenden und abbröckelnden mineralischen Fassaden, z.B. Sandstein, Ziegel, historische Putze.
Unterschieden werden

- Steinfestiger OH: Produkte ohne Hydrophobierung (ausschließlich Verfestigung des mineralischen Untergrundes)
- Steinfestiger H: Produkte mit Hydrophobierung (Verfestigung und Hydrophobierung)

Wirkstoff von S. ist →Tetraethylsilikat, ein organischer Kieselsäureester. S. werden anwendungsfertig als Konzentrat mit einem Wirkstoffgehalt bis 99 % oder als lösemittelverdünntes Produkt bzw. lösemittelverdünnbares Konzentrat angeboten. Lösemittel (bis über 90 %) sind →Testbenzin oder →Ketone (z.B. →Aceton, →Methylethylketon, Butanon). Zur Beschleunigung der Verfestigungsreaktion enthalten S. bis 3 % →Zinnorganische Verbindungen (Dibutylzinndilaurat, Dibutylzinncarboxylat) als Katalysator.
Nach dem Auftragen dringt der S. in den Untergrund, wo der Kieselsäureester durch die Alkalität des Mauerwerkes und die Luftfeuchtigkeit gespalten wird. Dabei bilden sich amorphes, wasserhaltiges Siliciumdioxid (Kieselgel) und Ethanol. Das Kieselgel, ein naturidentisches Steinbindemittel, ersetzt das durch Verwitterung verlorengegangene ursprüngliche Bindemittel und verleiht dem Stein neue Festigkeit. Die Lösemittel und der frei werdende Alkohol verdunsten nach dem Aufbringen des S.
Da die verfestigten Flächen weiterhin den zerstörenden Umwelteinflüssen ausgesetzt bleiben, erfolgt nach der Verfestigung i. d. R. eine Hydrophobierung mit einem →Hydrophobierungsmittel (Steinfestiger OH). Alternativ zum S. OH kann auch ein Steinfestiger H eingesetzt werden, wodurch die separate Hydrophobierung entfällt.
Tetraethylsilikat ist reizend und kann zu Schädigungen der Lunge und des Kehlkopfs führen. Gesundheitsgefahren gehen außerdem von den Lösemitteln und dem zinnorganischen Katalysator aus.

Steingutfliesen S. mit weißen oder leicht getönten, feinporigen Scherben bestehen aus einer Mischung von Ton, →Kaolin, →Quarzsand und →Kreide, die in Formen gepresst und bei einer Temperatur von ca. 1.000 °C gebrannt wird. S. werden meist mit Glasur hergestellt, die nach dem ersten Brand aufgebracht und durch einen weiteren Brand (Glattbrand) gesintert wird. S. und Steingutplatten haben eine hohe Wasseraufnahme (> 10 %). Da die Fliesen nicht frostsicher sind, können sie nur zur Wand- und Bodenbekleidung für den Innenbereich verwendet werden. →Keramische Fliesen

Steinholzestriche S. sind →Magnesiaestriche, die durch Zuschlag von anorganischen und organischen Füllstoffen eine Rohdichte bis zu 1.600 kg/m^3 aufweisen. Bindemittel ist Magnesiumoxid, das mit Magnesiumchlorid (selten Magnesiumsulfat) gehärtet wird. Ein Überschuss an Magnesiumchlorid verursacht ein Feuchtwerden des S. durch Anziehen von Luftfeuchtigkeit (Hygroskopizität). Als Füllstoffe werden Weichholzspäne, Papiermehl, Textilfasern, Korkmehl, Quarzsand und andere mineralische Füllstoffe verwendet. S. werden als Verbundestriche oder als schwimmende →Estriche ausgeführt. Sie können ein- oder zweischichtig mit poröser Unterschicht und gefügedichter Nutzschicht aufgetragen werden. S. werden u.a. als widerstandsfähige Industrieböden verwendet. S. weisen eine gute Wärme- und Schalldämmung auf. Da S. chloridhaltig und somit korrosiv sind, müssen Metallteile (Spannbeton) durch →Bitumenanstrich geschützt werden. Sowohl die Nutzschicht wie auch die Tragschicht wurden früher unter Verwendung von →Asbest hergestellt. S. wurde im privaten Wohnungsbau bis etwa 1960 eingebaut.

Steinkitt Zusammensetzung analog den →Silikatfarben. S. wird als Dichtstoff für Steingut oder Einfachverglasungen, die in Eisenrahmen gesetzt werden sollen, verwendet. Der S. geht mit dem Glas eine feste Verkieselungsverbindung ein. →Wasserglas

Steinkohlenteeröl S. wird bei der Destillation des bei der Steinkohleverkokung zurückbleibenden Steinkohlenteeres gewonnen. Der Einsatz von S. ist wegen seines hohen Gehalts an →Polycyclischen aromatischen Kohlenwasserstoffen (PAK) verboten. →Teere, →Teerölpräparate

Steinkohlen-Teerpechplatten →Teerpechplatten

Steinwolle S. zählt zu den Mineralwolle-Dämmstoffen. Die Fasern gehören zur Gruppe der →Künstlichen Mineralfasern. Rohstoffe sind Sediment oder magmatische Gesteine, insbesondere Diabas und Basalt. Als Zusatzstoffe werden ca. 4 M.-% Bindemittel und unter 1 M.-% Hydrophobierungmittel zugegeben. Das Gestein wird gemeinsam mit Koks, Recyclingwolle und geringen Mengen von Kalk in wassergekühlten Kupolöfen geschmolzen und im Schleuder- oder Blasverfahren zu Fasern verzogen. Die Fasern werden mit Bindemittel und Imprägnieröl versehen und zu einem Vlies weiterverarbeitet. Das Vlies wird anschließend im Härteofen erhitzt, sodass das Bindemittel polymerisiert. Anschließend werden die Platten kompaktiert und ggf. mit Papier, Aluminium oder Kunststoff-Folie kaschiert.

Beim Einatmen der Fasern, bei Haut- oder Augenkontakt können u.a. Reizungen der Atemwege, Juckreiz und Hautrötungen auftreten. Seit die →MAK-Kommission 1980 und die Internationale Agentur für Krebsforschung der Weltgesundheitsorganisation (WHO/IARC) künstliche Mineralfasern als krebsverdächtig einstuften, wird die krebserzeugende Wirkung von KMF kontrovers diskutiert. Fasern mit einer kritischen Dimension werden als 'WHO-Fasern' bezeichnet und für die krebserzeugende Wirkung verantwortlich gemacht. Die Geometrie solcher Fasern ist gegeben durch eine Länge von größer 5 µm, einen Durchmesser kleiner 3 µm und einem Länge- zu Durchmesser-Verhältnis von größer 3:1. Fasern dieser Dimension sind in der Lage, beim Einatmen bis in die Lungenbläschen (Alveolen) vorzudringen. 1994 führt der Ausschuss für Gefahrstoffe zusätzlich zu den geometrischen Verhältnissen den →Kanzerogenitätsindex KI als Maß für die Biolöslichkeit der Mineralfasern (Löslichkeit von glasigen, silicatischen Fasern im Lungengewebe) ein, was bei Steinwollefasern (andersartige Zusammensetzung) im Gegensatz zu →Glaswollefasern zu Schwierigkeiten bei der Einstufung führte. Denn das Aluminiumoxid in diesen neuentwickelten biolöslichen Steinwollfasern erhöht – im Gegensatz zum Aluminiumoxid in anderen Fasern – deren Biolöslichkeit, was durch den KI-Index nicht zu beschreiben ist. Der Kanzerogenitätsindex KI ergibt sich für die jeweils zu bewertenden WHO-Fasern aus der Differenz zwischen der Summe der Massengehalte (in v.H.) der Oxide von Natrium, Kalium, Bor, Calcium, Magnesium, Barium und dem doppelten Massengehalt (in v.H.) von Aluminiumoxid. Der KI-Index wird somit nur für glasige (amorphe) WHO-Fasern verwendet. Die Beurteilung der Biolöslichkeit von Steinwollefasern erfolgt daher in Tierversuchen, wobei nachzuweisen ist gemäß a) dem Inhalationstest, dass die Halbwertszeit der Fasern mit einer Länge von über 20 µm weniger als 10 Tage oder b) dem Intratrachealtest, dass die Halbwertszeit der Fasern mit einer Länge von über 20 µm weniger als 40 Tage beträgt. Bei einer Biobeständigkeit von weniger als 40 Tagen bzw. weniger als 10 Tagen (Halbwertszeit) ist nicht von einer krebserzeugenden Wirkung auszugehen. Die Bewertung der WHO-Fasern erfolgt nach den Kategorien für krebserzeugende Stoffe in Anhang I der →CLP-Verordnung, wobei gemäß TRGS 905 die Einstufung von WHO-Fasern durch einen Kanzerogenitätsversuch mit intraperitonealer Applikation oder durch Bestimmung der in vivo-Biobeständigkeit nach intratrachealer Instillation erfolgen. In Deutschland erfolgt die Umsetzung durch das →Chemikaliengesetz (ChemG), die →Gefahrstoffverordnung (GefStoffV) und die TRGS 905. Zum Nachweis der gesundheitlichen Unbedenklichkeit muss eine Prüfung nach Gefahrstoffverordnung bzw. →Chemikalien-Verbotsverordnung und nach europäischem Recht gemäß der CLP-Verordnung erfolgt sein und die Kriterien für eine Freizeichnung erfüllt sein. Seit 1998 gibt es ein nationales RAL-Gütezeichen für Mineralfaserprodukte, die die Kriterien für die Freizeichnung erfüllen und seit 2000 auch ein europäisches EUCEB. Mineral Wool Products Siegel. →Glaswolle

Steinzeugfliesen S. sind durch ihre feinkörnigen, kristallinen und dicht gesinterten Scherben gekennzeichnet. Sie werden bei einer Temperatur von ca. 1.200 °C gebrannt. S. können glasiert oder unglasiert hergestellt werden. S. weisen eine niedrige Wasseraufnahme (max. 3 Gew.-%) auf und sind dadurch frostsicher. Die niedrige Wasseraufnahme wird durch Beimischung von Feld- und Flussspaten erreicht, die wegen ihrer niedrigen Schmelzpunkte den Porenraum des Scherbens ausfüllen und der Fliese damit eine höhere Dichte und mechanische Festigkeit verleihen. S. haben eine extrem hohe Verschleißfestigkeit und hohe chemische Widerstandsfähigkeit. Sie sind für den Innen- und Außenbereich geeignet. Eine noch geringere Wasseraufnahme von deutlich unter 1 Gew.-% weisen die vollkommen dichten gesinterten, unglasierten Fein-S. auf. →Keramische Fliesen

Stickstoffdioxid S. (NO_2) ist ein rotbraunes Gas mit süßlichem bis stechendem stickigem Geruch, das vorwiegend als Folge von Verbrennungsprozessen entsteht. Quellen sind im Außenbereich Kraftwerke, Fernheizung, Industrie, Hausbrand und Kfz, im Innenraum Gas-, Kohle- und Ölheizungen und Kochstellen sowie das Abbrennen von Kerzen und →Tabakrauch. Die S.-Konzentrationen der Außenluft sind meist erheblich höher als in der Innenraumluft. Durch Eintrag über die Außenluft können in Innenräumen S.-Konzentrationen auftreten, die unter gesundheitlichen Aspekten nicht mehr akzeptabel sind. Die S.-Außenluft-Belastung muss daher weiter reduziert werden. Erhöhte S.-Konzentrationen führen insbesondere zu einer Reizung der Atemwege (Asthmatiker). Gem. MAK-Liste besteht für S. Verdacht auf krebserzeugende Wirkung (Kat. 3B). WHO-Luftqualitätsleitwerte: 200 $\mu g/m^3$ (1 h), 40 $\mu g/m^3$ (a). →Stickstoffoxide, →Versauerung

Stickstoffoxide Als S. (NO_x) wird die Summe von Stickstoffmonoxid und →Stickstoffdioxid bezeichnet. Stickstoffoxide werden zu 90 bis 99 % als gesundheitlich weniger problematisches Stickstoffmonoxid (NO) emittiert, aus dem aber in weiterer Folge NO_2 durch chemische Umwandlungsprozesse gebildet wird. Besonders schnell erfolgt die Oxidation von NO zu NO_2 unter Einfluss des hochreaktiven →Ozons (O_3). Aus der Luft wird NO_2 beseitigt, indem es mit Wassermolekülen in der Atmosphäre eine saure Lösung bildet, die entweder durch trockenes Absetzen an Oberflächen (trockene Deposition) oder Auswaschen durch Regen (feuchte Deposition) entfernt wird. →Versauerung, →Innenraumluft-Grenzwerte

Stoffliche Verwertung S. ist die ökologisch zweckmäßige Behandlung von Abfällen zur Gewinnung von Rohstoffen für die Substitution von →Primärrohstoffen oder von aus Primärrohstoffen erzeugten Produkten, ausgenommen, die Abfälle oder die aus ihnen gewonnenen Stoffe werden einer →Energetischen Verwertung zugeführt. Eine S. liegt vor, wenn nach einer wirtschaftlichen Betrachtungsweise, unter Berücksichtigung der im einzelnen Abfall bestehenden Verunreinigungen, der Hauptzweck der Maßnahme in der Nutzung des Abfalls und nicht in der Beseitigung des Schadstoffpotenzials liegt. →Abfall, →Verwertung von Bau- und Abbruchabfällen, →Kreislaufwirtschaftsgesetz, →Abfallwirtschaftsgesetz

Stoßlüften S. ist die einfachste Sofortmaßnahme bei feuchter oder schadstoffbelasteter Raumluft, besonders bei niedrigen Außentemperaturen oder Wind. Fenster und Türen (am besten einander gegenüberliegende) werden für kurze Zeit (5 bis 10 Minuten) weit geöffnet. Die Raumluft wird durch (meist sauberere) Außenluft ausgetauscht. Diese Lüftungsart ist eine wirksame Methode insbesondere zur Fortleitung von nutzungsbedingten Emissionen (Gerüche, Wasserdampf, Kohlendioxid) und zur Zufuhr von Frischluft. Die Abstände, in denen gelüftet werden sollte, richten sich nach der Raumbelegung (→Grundlüftungsbedarf). Richtwert: bei mäßiger Belegung ca. alle ein bis zwei Stunden S. Aus energetischer Sicht ist das Verfahren als ein sparsames Lüftungsverfahren anzusehen. Gekippte Fenster bei aufgedrehten Heizkörpern sind dagegen Energieverschwendung. →Luftwechsel

Strahlenhärtende Lacke →UV-härtende Lacke

Strahlenschutzbeton Strahlenschutzbeton bzw. Abschirmbeton ist ein →Schwerbeton mit Trockenrohdichten zwischen 2,6 und rd. 5,9 kg/dm^3, der im Reaktorbau, bei Röntgenanlagen und als Strahlenschutz in Medizin und Forschung verwendet wird. Je höher die Trockenrohdichte des Betons und je dicker das Betonbauteil, desto größer ist die Schutzwirkung gegen radioaktive Strahlung.

Strahlung S. lässt sich unterteilen in →Ionisierende Strahlung und →Nicht ionisierende Strahlung. Zur ionisierenden Strahlung zählen die beim radioaktiven Zerfall entstehenden Strahlenarten Alpha-, Beta- und Gammastrahlung. Nicht ionisierende Strahlung ist u.a. sichtbares Licht, UV-Strahlung,

Wärmestrahlung (Infrarot) und die elektromagnetischen Felder (→Elektrosmog).

Streckmetall S. besteht aus Bandstahl in unterschiedlichen Ausführungsarten (blank, verzinkt, lackiert usw.) und wird als Putzarmierung verwendet. →Stahl

Streichmakulatur S. ist eine →Makulatur aus →Kleister (häufig →Stärkekleister), →Kalk (ca. 50 M.-%) und fein zerrissenem Papier oder Holzfasern. Nach dem Anmischen mit Wasser kann die Makulatur auf den rohen Putz aufgestrichen werden. Durch die Fasern weist das ausgehärtete Material hohe Festigkeit bei geringem Gewicht auf. Ein Ersatz für gekaufte Makulatur ist selbst zerrissenes Papier, mit Tapetenkleister gemischt. S. eignet sich besonders bei zu rauem Putz. Unter →Vinyltapeten, die aus ökologischer Sicht ohnehin nicht empfehlenswert sind, darf S. nicht eingesetzt werden. Die Haupteinsatzstoffe sind umwelt- und gesundheitsverträglich, meist werden aber auch noch Konservierungsmittel (→Formaldehydabspalter, →Isothiazolinone) und →Fungizide eingesetzt. Nach Möglichkeit sollten Produkte ohne diese Zusatzstoffe gewählt werden. Im →Sicherheitsdatenblatt sollten keine Gefahrstoffe deklariert sein.

Stroh →Baustroh

Strohlehm S. oder Faserlehm wird ein →Lehmbaustoff genannt, der zur Reduzierung des Schwindverhaltens und der damit einhergehenden Rissbildung des fertigen Bauteils stark mit Fasern versetzt ist. Verwendet werden meist pflanzliche Fasern aus →Stroh oder →Flachs, zuweilen werden auch Tierhaare verwendet. S. ähnelt von der Zusammensetzung und auch der Rohdichte, ca. 1.500 bis 1.700 kg/m^3, dem →Wellerlehm. Im Gegensatz dazu wird er jedoch sehr plastisch eingestellt. Somit eignet er sich zur Ausfachung von Fachwerk, für Deckenfüllungen, aber auch als Ausgangsmaterial für entsprechende →Lehmsteine und →Lehmplatten.

Strohlehmplatten →Lehmplatten

Strukturtapeten Neben Motivtapeten gibt es auch zahlreiche S. wie →Raufasertapeten, →Glasfasertapeten, →Grastapeten oder Wandbekleidungen aus Faservlies. Dreidimensionale Tapetenstrukturen zeigen Hochprägetapeten (→Prägetapeten) und Profilschaumtapeten (Wandbeläge mit geschäumtem Relief).

Stuckgips S. wird durch Brennen von →Gipsstein bei Temperaturen von 120 bis 180 °C gewonnen (Niederbrand-Gips). S. besteht hauptsächlich aus Calciumsulfat-Halbhydrat. Bei der Verarbeitung härtet S. verhältnismäßig rasch aus. Er wird für →Gipskartonplatten, →Gipsfaserplatten, Gipswand- und -deckenelemente, →Gipsputz, →Gipskalkputz und →Kalkgipsputz sowie meist in Verbindung mit Kalkmörtel für Stuck-, Form- und Rabitzarbeiten im Innenbereich verwendet.
Der Energieverbrauch zur Herstellung von S. unterscheidet sich je nach Ofenart und Art des hergestellten Gipses. Als Primärenergieträger kommt in 76 % der Werke in Deutschland Erdgas zum Einsatz, die restlichen verwenden leichtes Heizöl als Brennstoff. Im Vergleich zu anderen als Bindemittel einsetzbaren Stoffen ist der Energiebedarf zur Herstellung von S. gering. Es entstehen keine prozessbedingten Emissionen. →Baugips, →Putzgips

Stuckmörtel S. wird aus zehn Raumteilen →Stuckgips, 1 Raumteil Weißkalkteig und ca. 7 Raumteilen Wasser hergestellt. Er wird zum Ziehen von Gesimsen im Innenbereich verwendet.

Stückkalk Gebrannter, ungelöschter →Kalk in Stücken (nur noch wenig im Handel). →Branntkalk, →Baukalk

Styrol S. ist eine farblose Flüssigkeit, die durch katalytische Dehydrierung von Ethylbenzol hergestellt wird. Technisches S. enthält bis 0,3 % Ethylbenzol und andere Phenylalkane bzw. -alkene als Verunreinigung und bis ca. 45 ppm Stabilisatoren. S. gehört mit einer Weltproduktion von ca. 20 Mio. t (2012) zu den wichtigsten Grundchemikalien. In Deutschland wird ca. 1 Mio. t. S. hergestellt. S. kommt in geringer Konzentration im Harz des Amberbaumes und in verschiedenen Früchten vor. S. dient zur Herstellung von →Polystyrol, von Copolymeren von Acrylnitril und Butadien (→Styrol-Butadien-Kautschuk) sowie als Lösemittel und Reaktionspartner für ungesättigte Polyesterharze und -lacke. Bekannte Anwendungen von Polystyrol sind geschäumte Dämmplatten für Wärmedämmungen von Gebäuden, Verpackungsmaterial und Einweggeschirr. Polyester wird in großem Umfang für wasserdichte Beschichtungen im Bootsbau oder von Gebäuden eingesetzt.
Wegen des Gehaltes an Restmonomeren können Polystyrolhartschaum-Produkte (z.B. zur Wärme- u. Trittschalldämmung oder zu Dekorationszwe-

S

cken) sowie Teppichböden, Lacke, Haushaltsgeräte S. abgeben. Auch Polystyrolhohlblocksteine geben zunächst S. ab. Bei EPS-Deckendekorplatten wurden außer S. auch Emissionen von Ethylbenzol, Acetophenon, Benzaldehyd und anderen substituierten Aromaten festgestellt. Die Emissionen sind i.d.R. allerdings nur gering und klingen meist im Lauf der Zeit ab. Erhöhte Konzentrationen in der Raumluft sind möglich, wenn S. enthaltende Kunstharze nicht vollständig aushärten. In Einzelfällen wurde der Eintritt von S. durch eine undichte Gebäudehülle in die Innenraumluft festgestellt. S. entsteht auch bei Verbrennungsprozessen (z.B. Kfz, Tabakrauch). Der Rauch einer Zigarette gibt ca. 18 bis 48 µg S. ab. S.-Konzentrationen in der Innenraumluft liegen i.d.R. unter 10 µg/m^3. Höhere Konzentrationen treten auf, wenn sich bedeutsame S.-Quellen im Raum oder in der unmittelbaren Umgebung befinden. S.-Außenluftkonzentrationen abseits von S.-Emittenten sowie von Deponien liegen i.d.R. unter 1 µg/m^3. Die Konzentration von S. in der Innenraumluft liegt häufig wesentlich höher.

S. weist einen unangenehm-süßlichen Geruch auf. S. ist gesundheitsschädlich beim Einatmen oder Verschlucken und reizt Haut, Atemwege, Verdauungswege und Augen (z.B. Husten, Atemnot, Augentränen, Brennen). Vorübergehende Beschwerden wie Kopfschmerzen, Übelkeit, Schwindel, Konzentrationsstörungen, Müdigkeit können auftreten. Hohe Konzentrationen und langzeitige Einwirkung können zu einer Schädigung des Nervensystems führen. Der Geruchsschwellenwert beträgt ca. 20 µg/m^3. S. kann über die Atemluft und über die Haut aufgenommen werden und verteilt sich insbesondere in fettreichen Körpergeweben. S. ist plazentagängig. Wirkungen bei Exposition gegenüber S. sind Neurotoxizität (umstritten) und irritative Wirkungen an der Augenbindehaut und auf den Atemtrakt. Unterhalb des Arbeitsplatz-Grenzwerts scheint das Auftreten von Schleimhautreizungen unwahrscheinlich. Kombinationswirkungen (Hemmung des Stoffwechselabbaus von S.) sind bekannt für →Ethanol (Alkohol-Konsum), →Toluol u. a. Chemikalien. Eine reproduktionstoxische Wirkung von S. ist umstritten. Gesichert ist das gentoxische Potenzial von Styrol-7,8-oxid. Das Epoxid ist mutagen und erzeugt bei der Maus Krebs. Von der IARC ist S. als wahrscheinliches Humankanzerogen eingestuft (Kat. 2A). MAK-Werte: 20 ml/m^3 = 85 mg/m^3 und in Kategorie 5. Innenraumluftrichtwerte: RW II 0,3 mg/m^3 und RW I 0,03 mg/m^3 (Ad-hoc-Arbeitsgruppe Innenraumrichtwerte 1998).

→Innenraumluft-Richtwerte, →NIK-Werte

Styrol-Butadien-Kautschuk S. (Abk. SBR = Styrol-Butadien-Rubber) ist der bedeutendste Vertreter der →Synthesekautschuke. S. wird durch Copolymerisation von →Butadien und →Styrol im Verhältnis von ca. 3:1 hergestellt. Der S. fällt in Wasser unter Mitwirkung vieler Hilfsstoffe als Emulsion (Latex) an. Als Radikalbildner werden Peroxide zusammen mit Eisensalzen eingesetzt. Die Vulkanisation erfolgt mit Schwefel, Vulkanisationsbeschleunigern (→Amine, Schwefel-Verbindungen) und einem Zusatz von Zinkoxid und Stearinsäure. Weitere Additive sind →Flammschutzmittel, Aktivierungsmittel, →Alterungsschutzmittel, →Weichmacher, →Pigmente, Füllstoffe, Haftmittel und Vulkanisationshilfsmittel. S. ist gummielastisch, witterungs- sowie säure- und laugenbeständig. S. wird zur Herstellung von elastischen Bodenbelägen (→SBR-Bodenbeläge, Schaumrücken von →Teppichböden), Reifen, Kabelisolierungen, Schläuchen und Dachabdeckungen verwendet.

Bei der Vulkanisation entstehen →Nitrosamine, die stark krebserzeugend sind. Die Nitrosamine entstehen aus Vulkanisationsbeschleunigern, welche die →Amine freisetzen, und nitrosen Gasen (aus der Luft oder in Zusatzstoffen adsorbiert bzw. gelöst). Eine Raumluftbelastung durch Nitrosamine in den Produktionsstätten, im Bereich der Lager und beim Endverbraucher ist möglich.

S. ist in den meisten Fällen für den unangenehmen „Neugeruch“ von textilen Bodenbelägen mit Schaumrücken verantwortlich. Bei der Produktion des SBR wird die Polymerisation bei einem Umsatz von < 90 % gestoppt und anschließend die →Restmonomere →Styrol und →Butadien destillativ entfernt. Aus verbleibenden Monomeren können sich durch chemische Reaktion die geruchsintensiven Verbindungen →4-Phenylcyclohexen (Styrol + cis-Butadien) und →4-Vinylcyclohexen (cis-Butadien + trans-Butadien) bilden. Geruchsstoffe entstehen auch durch die als Polymerisationshilfsstoffe zugesetzten alkylierten Dithiocarbamate (C2 – C6), die unter sauren Bedingungen intermediär die freie Thiosäure bilden, die wiederum zum Amin und dem nach faulen Eiern riechenden Schwefelkohlenstoff zerfällt (Salthammer).

S

Styropor Styropor ist der Handelsname der BASF für →Polystyrol.

Suffizienz →Nachhaltigkeitsstrategien

Sumpfkalk S. ist in einer Sumpfgrube abgelagerter →Gelöschter Kalk.

Super-Kleber →Cyanacrylat-Klebstoffe

Sustainable Development →Agenda 21, →Nachhaltigkeit, →Zertifizierung

SVHC-Liste (Candidate List of Substances of Very High Concern for Authorisation) S. steht für „Liste der für eine Zulassung in Frage kommenden besonders besorgniserregenden Stoffe", kurz auch →Kandidatenliste genannt.

SVHC sind chemische Verbindungen, die besonders gefährliche Eigenschaften haben und aufgrund dessen unter REACH entsprechend identifiziert wurden. Diese Stoffe können schwerwiegende Auswirkungen auf die menschliche Gesundheit oder auf die Umwelt haben. Die Auflistung einer Substanz als SVHC durch die Europäische Chemikalienagentur ECHA ist der erste Schritt für die Zulassung und Beschränkung von Chemikalien und Aufnahme der Stoffe in den Anhang XIV der REACH-VO (Liste der zulassungspflichtigen Stoffe). Die erste S. wurde am 28.10.2008 veröffentlicht und wird seitdem in der Regel zweimal im Jahr ergänzt. Die gelisteten Stoffe der S. nennt man Kandidaten, weil vorgesehen ist, dass sie einer Zulassungspflicht unterworden werden. Diese zulassungspflichtigen Stoffe werden in den Anhang XIV von REACH aufgenommen. Die Identifizierung von besonders besorgniserregenden Stoffen ist ein mehrstufiger Prozess. Bei der Einstufung als SVHC sind nur die Stoffeigenschaften von Bedeutung. Bei der Entscheidung, welche der Kandidatenstoffe als erste einer Zulassungspflicht unterworden werden, gibt es drei Prioritätsgruppen:

- PBT-Substanzen und vPvB-Substanzen;
- Substanzen, welche bei der Verwendung weit verteilt werden;
- Substanzen, welche in großen Mengen verwendet werden.

Hinweise auf potentielle besorgniserregende Stoffe ergeben sich aus den Registrierungsdossiers der Stoffe. Seit dem 1.12.2010 müssen alle Stoffe, die in über 1.000 t/a in der EU hergestellt oder importiert werden, registriert sein. Das gilt auch für Stoffe, die umweltgefährliche Eigenschaften haben (eingestuft als umweltgefährdend), wenn sie mit mehr als 100 t/a gehandelt werden. Insbesondere CMR-Stoffe, die in mehr als 1 t/a hergestellt werden, müssen ebenfalls registriert sein. Für diese Stoffe liegen bei der ECHA umfangreiche Daten zu Eigenschaften und Verwendungen vor, die zum Großteil auch öffentlich sind. Da die Daten in den Registrierungsdossiers oft von schlechter Qualität sind, werden bei der Entscheidung, ob ein Stoff ein SVHC-Stoff ist, auch zusätzliche Daten aus der Literatur herangezogen.

Die Kriterien, bei deren Erfüllung ein Stoff als besonders besorgniserregend gilt, sind in Artikel 57 der REACH-VO und dem zugehörigen Anhang XIII angegeben. Ein Stoff kann zur Aufnahme in die Kandidatenliste vorgeschlagen werden, falls er eines oder mehrere der in Tabelle S12 aufgeführten Kriterien erfüllt oder wissenschaftliche Beweise für das Vorliegen gefährlicher Eigenschaften existieren.

Tabelle S12: Kriterien zur Prüfung potentiell besonders besorgniserregender Stoffe lt. REACH-VO

Wirkungspotential	Artikel REACH-VO	Gefahrenklasse	Kategorie	Verordnung
Karzinogen	§ 57 a	Karzinogenität	1A 1B	CLP
Mutagen	§ 57 b	Keimzellmutagenität	1A 1 B	CLP
Reproduktionstoxisch	§ 57 c	Reproduktionstoxizität	1A 1 B	CLP
Persistent, bioakkumulativ, toxisch	Anh. XIII §57 d	PBT-Substanzen		
Sehr persistent, Sehr bioakkumulativ	Anhang XIII § 57 e	vPvB-Substanzen		
Neurotoxisch endokrine Disruptoren	§ 57 f	Neurotoxizität Hormonwirksame Stoffe		

S

Ein Stoff, der eines oder mehrere dieser Kriterien erfüllt, wird dann in die Kandidatenliste aufgenommen, wenn er von einem EU-Mitgliedsstaat als →SVHC-Stoff bewertet wurde und diese Bewertung von der Kommission bestätigt wurde. Dies ist bis jetzt noch nicht für alle Stoffe geschehen, die mind. eines dieser Kriterien erfüllen. Etliche dieser Substanzen unterliegen bereits Beschränkungen, die im Anhang XVII der REACH-VO gelistet sind. Für identifizierte SVHC gelten besondere Informationspflichten innerhalb der Lieferkette.
Mit Stand September 2017 sind 174 Stoffe/Stoffgruppen in der S. aufgeführt nach: Substanzname, EG-Nummer, CAS-Nummer, Grund und Datum der Aufnahme. Die vollständige S. kann man auf der Website der ECHA einsehen.

SVHC-Stoffe (Substances of Very High Concern) S. sind gemäß →REACH-VO besonders besorgniserregende Stoffe

- mit krebserzeugenden, erbgutverändernden oder fortpflanzungsgefährdenden Eigenschaften (→CMR-Stoffe Art. 57 Abs. a bis c),
- mit persistenten, bioakkumulierenden und toxischen Eigenschaften (→PBT-Stoffe, Art. 57 Abs. d),
- mit sehr persistenten und sehr bioakkumulierenden Eigenschaften (→vPvB-Stoffe, Art. 57 Abs. e) und
- Stoffe mit endokrinen Wirkungen (Art. 57 Abs. f).

SVL S. (Structural Veneer Lumber) ist ein Furnierschichtholz, dessen Furnierlagen (Schichtdicke ca. 2,5 mm) in eine Richtung, hochkant verlaufend, verleimt sind. Durch die Verleimung entsteht eine sehr hohe Festigkeit. Zudem hat das Holz dadurch ein sehr gutmütiges Schwind- und Quellverhalten. S. gibt es ausschließlich in der Holzart Douglas Fir (Oregon Pine), aufgrund der sehr guten Eigenschaften und der hohen Verfügbarkeit unterschiedlicher Furnierstärken. Das Furnier als Grundmaterial wird aus jungen, nachwachsenden Stämmen und Beständen nachhaltiger Forstwirtschaft produziert. Alte und unersetzliche Erdstämme kommen nicht zum Einsatz. Verwendung für den konstruktiven Baubereich und im Möbel- und Innenausbau.

SVOC Abk. für semivolatile organic compounds (= →Schwerflüchtige organische Verbindungen). Def.: Verbindungen im →Retentionsbereich oberhalb von C_{16} bis C_{22}. Nach einer Def. der WHO handelt es sich um Verbindungen im Siedepunktbereich zwischen 240 und 260 °C und 380 bis 400 °C (siehe auch VDI-Richtlinie 4300 Bl. 6).
S. werden in Innenräumen mit der Entstehung von Schwarzstaubablagerungen (→Schwarze Wohnungen) in Verbindung gebracht. →VOC, →AgBB-Schema

Synergismus S. ist die gegenseitige Wirkungsverstärkung z.B. von Chemikalien oder Medikamenten. Die Gesamtwirkung ist größer als die Summe der Einzelwirkungen. Gegenteil: Antagonismus

Synthesekautschuk →Styrol-Butadien-Kautschuk, →Kunststoffe

Synthesekautschuk-Klebstoffe S. sind →Kontaktklebstoffe aus Lösungen von synthetischem Latex (in der Regel Polychloropren) in chemischen Lösemitteln. Sie enthalten 65 bis 85 % Lösemittel, sind daher feuergefährlich und gasen große Mengen Lösemitteldämpfe aus. S. werden im Baubereich nur noch für wenige Verwendungen eingesetzt, z.B. zur Verklebung von Sockelleisten und Treppenstufen. S. werden auch als Neopren-Klebstoffe bezeichnet (Neopren = Warenzeichen für Polychlorbutadien, →Polychloropren). Auf Basis von →Naturkautschuk werden →Naturkautschuk-Klebstoffe angeboten.

T

T4MDD Abk. für 2,4,7,9-Tetramethyl-5-decin-4,7-diol. Der Stoff findet Verwendung als Filmbildner und Entschäumer in Beschichtungssystemen auf Wasserbasis. T4MDD führt durch Zersetzung zur Bildung von 4-Methyl-2-pentanon (→MIBK) und 3,5-Dimethyl-1-hexin-3-ol (Salthammer).

Tabakrauch T. ist eine Hauptbelastungsquelle für die Innenraumluft. In T. wurden mehr als 4.000 Stoffe identifiziert, von denen eine Vielzahl krebserzeugend, erbgutschädigend und reproduktionstoxisch ist. Passivrauchen ist nachweislich krebserzeugend (Einstufung in Kategorie K 1A gem. TRGS 905).

Tagebau Tagebau ist eine Methode des Bergbaus, bei welchem →Mineralische Rohstoffe in offenen Gruben gefördert werden. T. eignet sich vor allem für den Abbau von Rohstoffen, die dicht unter der Erdoberfläche lagern, wichtige Grundmaterialien für Baustoffe wie →Kies, →Sand, →Ton, →Lehm, →Kalk und →Gips werden im T. gewonnen. Man unterscheidet zwischen Trocken- und →Nassabbau. Beim Trockenabbau wird oberhalb der Grundwasserlinie, beim Nassabbau unterhalb der Grundwasserlinie abgebaggert. Der Abbau erfolgt meist mittels sehr groß dimensionierter Maschinen, z.B. Bagger, Schaufelradbagger oder Abraumbrücken.

Durch T. kommt es zu verschiedenen Umweltbelastungen:

- Landschaftsveränderung: Vor allem bei großflächigem und langjährigem T. geht eine einschneidende Landschaftsveränderung einher, da oft bis zu mehr als hundert Meter tiefe Gruben entstehen.
- Durch T. kann es zu einer massiven Absenkung des Grundwasserspiegels kommen, die sich wiederum auf die umliegenden Landschaften auswirkt. Grundwasser wird abgepumpt und in die umliegenden Flüsse eingeleitet. Dabei kann es zu Verunreinigung der Gewässer durch Feinteile der abgebauten Mineralien oder durch den Betrieb der Abbau- und Fahrmaschinen kommen.
- Lärmemissionen durch Sprengungen, Maschinenlärm und Materialtransporte sind bei Nachbarschaft zur Bebauung relevant und können zur Beeinträchtigung wild lebender Tiere führen.
- Staubbelastung: Betrifft hauptsächlich den Arbeitsschutz und ist durch geeignete Maßnahmen zu begrenzen (Nassbearbeitung, Atemschutz).
- Zerstörung der Lebensräume von Pflanzen und Tieren: Kann durch Naturschutzauflagen begrenzt werden (z.B. durch Unterbrechen des Abbaus an Brutplätzen der Uferschwalbe während der Brutzeit).

Positive Aspekte des T. sind:

- Gewinn geologischer Erkenntnisse in Aufbrüchen
- Entdeckung historischer und fossiler Funde
- Entstehung neuer Lebensräume für z.B. Pionierarten, Ackerwildkräuter, Amphibien, Uferschwalben
- Teile von Steinbrüchen oder ganze alte Anlagen werden als ökologische Rückzugsgebiete bedrohter Arten erhalten.

Nach Beendigung des T. erfolgt meist eine →Rekultivierung unter Herstellung von Agrarland oder Naherholungsgebieten. Erhebliche Mittel wurden in den letzten Jahren für die →Renaturierung ehemaliger T. aufgewendet.

Talkum T. wird durch Pulverisieren des Minerals Talk hergestellt. Talk (in dichter Form Speckstein) ist ein weißes, grünliches, gelbliches oder graues Magnesiumsilikat mit Schichtstruktur, das sich fettig anfühlt. T. in fein gepulverter Form findet wegen seines hydrophoben (wasserabweisenden) Charakters und seines guten Adsorptionsvermögens für organische Stoffe weit verbreitete Verwendung z.B. in Arzneimitteln und Kosmetika (Körperpuder), in der Keramikindustrie, bei der Herstellung von Tapeten, in Kitt- und Füllmassen sowie als T.-Puder im Sport. T. wird auch in Lacken und Farben als Füllstoff und Schwebemittel verwendet. Es verbessert die Haftfähigkeit des Anstrichs.

T. kommt in einigen Lagerstätten mit anderen Mineralien vergesellschaftet vor, die asbesthaltig sind (→Asbest). Je nach Herkunft kann T. bedeutsame Konzentrationen an Asbest enthalten. Gemäß →Chemikalien-Verbotsverordnung, zuletzt geändert 2017, dürfen keine Erzeugnisse und Zubereitungen in Verkehr gebracht werden, die mehr als 0,1 % Asbest enthalten. Dieser Grenzwert erscheint aufgrund des hohen Gefahrenpotenzials, das von Asbestfasern ausgeht, als hoch. Nach dem deutschen Arzneibuch (DAB) „muss Talkum frei von mikroskopisch sichtbaren Asbestfasern sein“. Weitere Regelungen zu Asbest sind im Anhang II der →Gefahrstoffverordnung aufgeführt.

Tallöl T. ist ein harzhaltiges fettes Öl, das bei der Zellstoffherstellung aus Nadelholz (besonders Kiefern, *schwedisch:* tall = Kiefer) in verseifter Form anfällt und sich nach Säurezusatz abscheidet. Durch Destillation werden aus T. Harz- und Fettsäuren für die Lack-, Seifen- und Leimindustrie gewonnen. T. wird auch als flüssiges →Kolophonium bezeichnet und kann ebenfalls Allergien auslösen.

Tanne Das Holz ist gelblich weiß bis fast weiß, des Öfteren mit grauviolettem oder bläulichem Schimmer. Es ist ohne Glanz, mit gestreifter bzw. gefladerter Textur. →Splint- und →Kernholz sind farblich nicht zu unterscheiden.
T. ist der →Fichte vergleichbar, sodass im Handel zumeist nicht zwischen den beiden Holzarten unterschieden wird. Das Holz ist leicht bis mittelschwer und weich, mit guten Festigkeits- und Elastizitätseigenschaften, mäßig schwindend und mit gutem Stehvermögen, die mittle Rohdichte beträgt 460 kg/m^3. Die Behandlung der Oberflächen bereitet keine Probleme. Gegenüber Chemikalien ist T. überdurchschnittlich beständig. Das Holz ist nur wenig witterungsfest.
Bei der Verarbeitung ist auf Schutz vor →Holzstaub zu achten. Bei frischem T.-Holz ist ein unangenehmer Geruch möglich. Wird als Bau- und Konstruktionsholz, Bautischlerholz (mit Ausnahme von Fußböden) und Industrieholz zu gleichen Zwecken wie Fichte eingesetzt.

T

Tapeten Vor der Verordnung zum Mindestwärmeschutz von Gebäuden nach DIN 4108 hatten die Oberflächen von Steinhäusern in der kalten Jahreszeit sehr niedrige Temperaturen, an denen sich die Feuchte der Räume niederschlug. Damit das Wasser nicht die Wände herunterlief, wurden die Wände mit textilen Belägen behängt oder mit Leder verkleidet. Erst später kam als Material Papier hinzu, das neben den technischen Eigenschaften, Wasser aufzunehmen und bei trockenerer Luft wieder an den Raum abzugeben, auch leichter zu Dekorationszwecken bedruckt werden konnte. Durch die Verkleidung der Oberfläche wurde überdies die Oberflächentemperatur geringfügig angehoben.
Heute sind durch dicke Dämmschichten in Neubauten, aber auch bei sanierten Bestandsbauten die Oberflächentemperaturen so hoch, dass Kondensation normalerweise nicht mehr auftritt. Seitdem können die früher üblichen T. aus den Naturmaterialien Textil, Kork und Papier durch Wandbeläge aus vielen Materialien ersetzt werden, die vielfach ganz oder zumindest zum Teil aus Kunststoffen bestehen. Das bedarf aber vor dem Hintergrund der Anforderung Nr. 3 Hygiene, Gesundheit und Umweltschutz nach →Bauproduktenverordnung einer sorgsamen Beurteilung, denn die Flächen der Wände und evt. sogar einschließlich der Decken nehmen einen hohen Anteil der raumumschließenden Flächen ein, die keine kritischen Stoffe an die Innraumluft abgeben dürfen. Daher gibt es für bestimmte Tapetentypen →Bauaufsichtliche Zulassungen (abZ) oder für Wandbeläge aus Kunststoffen oder Glasfasern und Fototapeten seit dem 1.1.2014 nach EN 15102:2011-12 das Ü-Zeichen oder für sonstige Tapeten das RAL-Zeichen (RAL-GZ 479) für umweltverträgliche Produkte mit dem Blauen Engel, in denen die →Schwermetalle →Arsen, →Blei, →Cadmium, →Chrom (VI), →Quecksilber und Selen nicht enthalten sein dürfen.
Darüber hinaus werden technische Anforderungen formuliert, die von den T. eingehalten werden müssen, wie Mindestwasserbeständigkeit, Abwaschbarkeit, Feuchtebeständigkeit, Farbbeständigkeit gegenüber UV-Strahlung und Licht, Stoßwiderstand, Kennzeichnung durch Symbole, Brandverhalten. Hinzu kommen für bestimmte T. hohe Festigkeitsanforderungen sowie Scheuerbeständigkeit. Da heute viele T. aus Kunststoffen oder Trägerschichten aus Kunststoffen bestehen und vielfach →PVC verwendet wird, sind in den →Vinyltapeten, Schaumtapeten, →Velourstapeten oft →Weichmacher und Stabilisatoren enthalten. Manchmal wissen die Hersteller von T. gar nicht, dass z.B. Zinnstabilisatoren in den Tapeten enthalten sein können, die auch über die Vorprodukte in die T. eingetragen werden, wie sich bei der Kommunikation nach einem ÖkoTest über Tapeten 2010 herausstellte. Daher scheint es geeignet, die Hersteller jeweils nach der Qualitätssicherung der Produkte zu fragen, ob denn nach DIN EN 12149 die Migration von Schwermetallen und Weichmachern untersucht worden ist und ob die Gehalte an

monomerem →Vinylchlorid, welches krebserzeugend ist, sowie →Formaldehyd, welches vermutlich krebserzeugend ist, bestimmt worden sind.
Mit der Indoor Air Quality-Zertifizierung, heute Greenguard-Zertifizierung, wird untersucht, ob sich das Produkt für die Verwendung in Innenräumen eignet. In textilen Belägen könnten sich auch →Mottenschutzmittel befinden oder in allen anderen T. auch →Fungizide gegen das Wachstum von Schimmel, z.B. →Isothiazolinone, die sehr starke Allergene sind. Zusätzlich können in T. emittierende und gesundheitsschädigende Flammschutzmittel (→PBDE, →PBB, →HBCD oder →TCEP) enthalten sein. Neben grafischen und bedruckten Papier-T. sind die Struktur- und Raufaser-T. weit verbreitet. Aber auch Stein-T. und →Holz-T auf einer kunststoffbasierten Trägerschicht nehmen an Bedeutung zu. Möglichkeiten zur Information finden sich in den Produktinformationen der Hersteller (→EPD), der Datenbank Wecobis des Bundesbauministeriums und der Datenbank Greenbuildingproducts.eu für bewertete Produkte nach DGNB und LEED sowie im Falle von Sanierungen nach Schimmelbefall in den Informationen des Österreichischen Instituts für Bauökologie „Leitfaden zur Vorbeugung, Erfassung und Sanierung von Schimmelbefall in Gebäuden 01.2018" und im Schimmelleitfaden des UBA von 12.2017.

Tapetengrundiermittel Soweit es der jeweilige Untergrund zulässt, sollten aus Gründen der Arbeitssicherheit und des Umweltschutzes wasserverdünnbare Grundanstrichstoffe eingesetzt werden. →Kleister und →Streichmakulatur auf Kleisterbasis sind unbedenkliche T., wenn auf Kunstharzzusätze und →Biozide verzichtet wird Tapetengrund farblos und pigmentiert sind wasserbasierte T. auf Basis von feinteiliger Kunstharzdispersion zur Oberflächenverfestigung und zur Regulierung der Saugfähigkeit des Untergrundes vor dem Tapezieren. Die weiße Pigmentierung dient zur farblichen Vereinheitlichung des Untergrundes. Flüssiger Tapetenwechselgrund ist eine wasserbasierte, streichfähige Emulsion mit Kunstharzzusätzen, der angewendet wird, wenn die Tapezierung auf tragfähigem, saugfähigem und glattem Untergrund später trocken wieder abgezogen werden soll, ohne dabei den Untergrund zu beschädigen. Trockenfertigmischungen enthalten Redispersionspulver (nach dem Mischen mit Wasser gleiche Eigenschaften wie Kunstharzdispersion) als Bindemittel. Je nach Kunstharzdispersion können toxische →Restmonomere (z.B. →Epichlorhydrin, →Vinylacetat) freigesetzt werden. T. auf der Basis von Kunststoffdispersion kann die Dampfdiffusionsfähigkeit des Bauteils verschlechtern.

Tapetenkleister →Kleister

Tapetenpapier T. wird als Trägermaterial bei fast allen →Tapeten verwendet und enthält meistens einen hohen Altpapieranteil. Um die Nassreißfestigkeit von T. zu erhöhen, wurden früher Kunstharze auf Formaldehydbasis verwendet (bei Produkten im deutschen Sprachraum nicht mehr bekannt).

Tauben Verwilderte Haustauben sind ein Problem vieler Städte. Der Ausbau von Dachgeschossen zu Wohnungszwecken ist gerade in Städten eine wichtige Maßnahme und wird finanziell gefördert. Zugängliche Dachböden u.Ä. werden aber von Stadttauben vielfach als Brutplätze genutzt, sodass ein enger Kontakt zum Lebens- und Arbeitsbereich von Menschen entsteht. Stadttauben können Krankheitserreger übertragen. In den Wohn- und Arbeitsbereich des Menschen können von den T. eine Reihe von Schädlingen und Lästlingen überwechseln, die in den T.-Nestern vorkommen. Für den Menschen von Bedeutung sind die Rote Vogelmilbe, die T.-Zecke und die Larven des Speckkäfers als Vermittler von allergieauslösenden Stoffen. Auch Feder- und Kotstaub der T. können →Allergien auslösen. T.-Zecken können auch den Menschen belästigen. Sie saugen nachts an der T. und ggf. auch am Menschen und verbergen sich danach wieder in Ritzen und Fugen. T.-Zecken überdauern auch mehrere Jahre ohne Blutaufnahme. Durch den Stich der T.-Zecke kommt es am nächsten Tag zu juckenden Hautreaktionen mit Schwellungen, ggf. auch zu allergischen Reaktionen mit Fieber und Übelkeit. Es ist nicht auszuschließen, dass die Parasiten beim Stich auch Erreger der Zeckenencephalitis oder der Lyme-Borreliose übertragen können. Vor dem Ausbau von Dachgeschossen sollte eine Überprüfung auf aktuellen oder früheren T.-Besatz erfolgen. Ggf. ist in Abstimmung mit dem örtlichen Gesundheitsamt eine Bekämpfungsmaßnahme erforderlich. Wegen der Verbergeorte der T.-Zecken sind Bekämpfungsmaßnahmen zu einem späteren Zeitpunkt äußerst aufwendig und kostenintensiv. Die von den T.-Schwärmen in Städten produzierten Kotmengen führen durch ihren Gehalt an ätzender Harnsäure zu großen Schäden an Gebäuden und Denkmälern.

Taupunkt T. ist jene Temperatur, bei welcher der in der Luft enthaltene Wasserdampf als flüssiges Wasser kondensiert (Tauwasserbildung). Haben Oberflächen in einem Raum eine Temperatur unterhalb der T.-Temperatur, so fällt auf ihnen so lange Kondensat aus, bis die →Absolute Luftfeuchte im Raum die T.-Temperatur dieser Oberflächentemperatur hat. →Luftfeuchte →Glaser-Verfahren

TBBPA →Tetrabrombisphenol A

TBDPO 2,4,6-Trimethyl-benzoyl-diphenylphosphinoxid. →Fotoinitiatoren

TBTN Abk. für Tributylzinnnaphthenat. →Zinnorganische Verbindungen

TBTO Abk. für Tributylzinnoxid. →Zinnorganische Verbindungen

TCDD Abk. für das Ultragift 2,3,7,8-Tetrachlorodibenzo[1,4]dioxin. Das TCDD ist der giftigste Vertreter der insgesamt 75 Dioxin-→Kongenere und wurde als Seveso-Dioxin bekannt. →Dioxin

TCEP Abk. für Tris(2-chlorethyl)phosphat, ein →Flammschutzmittel und Weichmacher aus der Gruppe der →Organophosphate. T. wird aufgrund seiner problematischen Eigenschaften in Deutschland nicht mehr produziert. T. und andere chlorierte Organophosphate fanden Anwendung bei der Produktion von PUR-Schäumen für Polstermöbel und Matratzen, für PUR-Hartschäume und →Montageschäume. T. ist als karzinogen der Kategorie 2 und als reproduktionstoxisch der Kategorie 1B eingestuft. T. ist in der →REACH-VO Anhang XIV im Verzeichnis der zulassungspflichtigen Stoffe und in der REACH-→Kandidatenliste der besonders besorgniserregenden Stoffe (→SVHC) aufgrund fortpflanzungsgefährdender Eigenschaften (Artikel 57c) aufgeführt. T. darf seit 21.8.2015, nach einer 6-jährigen Verhandlungsphase, in der EU ausnahmslos nicht mehr produziert und in Umlauf gebracht werden. Innenraumluftrichtwerte RW II 0,05 mg/m^3 und RW I 0,005 mg/m^3 (Ad-hoc-Arbeitsgruppe Innenraumrichtwerte 2002).
EU-GHS-Einstufung und Kennzeichnung (EG) Nr. 1272/2008 CLP: Akute Toxizität Kategorie 4: Acute Tox. 4; H302 Gesundheitsschädlich bei Verschlucken; Kanzerogenität Kategorie 2: Carc. 2; H351 Kann vermutlich Krebs erzeugen; Reproduktionstoxizität Kategorie 1B: Repr. 1B; H360F Kann die Fruchtbarkeit beeinträchtigen; Langfristig gewässergefährdend Chronisch 2: Aquatic Chronic 2; H411 Giftig für Wasserorganismen, mit langfristiger Wirkung.

TCPP (CAS 13674-84-5) →Tris(chlorpropyl)phosphat

TDI Tolerable daily intake, tolerierbare tägliche Aufnahme.

2,4-TDI/2,6-TDI 2,4- bzw. 2,6-Toluylen-di-isocyanat. →Isocyanate

Tebuconazol T. (1-(4-chlorophenyl)-4,4-dimethyl-3-(1,2,4-triazol-1-ylmethyl)pentan-3-ol) gehört zur Gruppe der →Triazole: fungizide Wirkstoffe, die im Pflanzenschutz und als bläuewidrige Wirkstoffe in →Holzschutzmitteln (PA 8, →Biozidprodukte) und Holzfarben (PA 7; →Behandelte Ware) eingesetzt werden. T. ist für die Anwendungen in PA 7 und PA 8 seit 2015 genehmigt. T. gilt als zu ersetzender Stoff im Sinne von Artikel 10 Absatz 1 Buchstabe d der Verordnung (EU) Nr. 528/2012. T. ist gekennzeichnet durch Repr. 2, Acute Tox 4 und Aquatic Chronic 2.
EU-GHS-Einstufung nach Verordnung (EG) 1272/2008: Akute Toxizität, Kategorie 4, Verschlucken; H302 Gesundheitsschädlich bei Verschlucken; Reproduktionstoxizität, Kategorie 2; H361d Kann vermutlich das Kind im Mutterleib schädigen; Gewässergefährdend, Akut Kategorie 1; H400 Gewässergefährdend, Chronisch Kategorie 1; H410 Sehr giftig für Wasserorganismen mit langfristiger Wirkung.

Teerasphaltestrich T. sind Estriche mit →Teer als Bindemittel. Von teerhaltigen Produkten kann wegen ihres hohen PAK-Gehalts eine Gesundheits- und Umweltgefahr ausgehen (→Polycyclische aromatische Kohlenwasserstoffe). T. wurde bis Mitte der 1960er-Jahre verwendet. Danach wurde auf die weniger umwelt- und gesundheitsgefährdenden Bitumenasphaltestriche (→Asphaltestriche) umgestellt. Eine genaue zeitliche Datierung reiner Bitumenprodukte ohne schädliche PAK-Gehalte ist nicht möglich.

Teerasphalt-Fußbodenplatten →Teerpechplatten

Teere T. sind flüssige, zähe, tiefschwarze oder braune Produkte, die durch Schwelen, Vergasen oder Verkoken von Steinkohle, Braunkohle, Holz, Torf u. ä.

fossilen Materialien hergestellt werden. T. enthalten ca. 10.000 Einzelstoffe, die chemische Zusammensetzung ist je nach Herkunft unterschiedlich. Weltweit die größte Bedeutung hat der Steinkohlen-T., der größtenteils als Chemikaliengrundstoff verarbeitet wird. Durch fraktionierte Destillation von Steinkohlenteer entstehen Teeröle (→Teerölpräparate).
T. fanden vielseitige Verwendung im Straßenbau und für Hochbauprodukte (→Parkettklebstoffe, Asphaltestrich, Dichtungsbahnen, Anstriche). In den 1970er-Jahren wurde T. im Bausektor praktisch vollständig durch das weniger toxische →Bitumen ersetzt. Geringe Mengen teerhaltiger Bitumina wurden bis ca. 1984 noch unter der Firmenbezeichnung „Carbobitumen" im Straßenbau der BRD verwendet. Für die Herstellung von Dach- und Dichtungsbahnen werden seit 1979 nur noch Bitumen und polymermodifizierte Bitumina eingesetzt.
Die TRGS 551 untersagt heute die Verwendung von Steinkohlenteerpech, Braunkohlenteerpech, Carbobitumen oder sonstigen Substanzen mit einem Benzo[a]pyren-Gehalt von über 50 mg/kg als Bindemittel im Straßenbau sowie den Einsatz von PAK-haltigen Fugenvergussmassen. Ausnahmen sind die Wiederverwertung von Straßenbelägen im Kaltverfahren unter Beachtung spezieller technischer Maßnahmen und die Reparatur bereits eingebauter PAK-haltiger Fugenvergussmassen auf Flughäfen.
Die Umwelt- und Gesundheitsverträglichkeit von T. wird durch den hohen Gehalt an →Polycyclischen aromatischen Kohlenwasserstoffen (PAK) geprägt. Bei der Erfassung von PAK in Baustoffen ist zwischen dem Risiko der gesundheitlichen Gefährdung und der abfallrechtlichen Relevanz zu unterscheiden. Von PAK aus T. geht ein besonders hohes Krebsrisiko aus. Von abfallrechtlicher Relevanz sind alle teerhaltigen Produkte, wie teerhaltige Fußböden, alte Gussasphalte und Stampfasphaltplatten, teergetränkte Folien und Pappen als Dachbahnen, Trennschichten im Aufbau von schwimmendem Estrich oder zur Abdichtung im Kellerbereich, teerhaltige Anstriche, teerölgetränkte Hölzer, teergebundener Kork, teerhaltige Kleber für Fußbodenbeläge (Parkett, Floor-Flex-Platten, teerbeschichtete Rohre und Kabelhüllen.

Teerhaltige Bauprodukte Den Einsatz teerhaltiger Produkte im Baubereich (ergänzt nach Rühl & Kluger: Handbuch der Bauchemikalien) zeigt die Tabelle T1. →Teere, →Polycyclische aromatische Kohlenwasserstoffe

Tabelle T1: Einsatzbereiche teerhaltiger Bauprodukte

Einsatzbereich	Verwendungszeitraum
Straßenbau Beläge Fugenvergussmassen	bis ca. 1984
Bauwerksabdichtungen Dachbahnen Anstriche	bis ca. 1965
Teergebundene Korkdämmplatten	bis ca. 1965
Holz- und Bautenschutz	bis ca. 1991
Klebstoffe für Parkett und Holzpflaster Stabparkett Mosaikparkett Holzpflaster	 bis ca. 1979 bis ca. 1965 z.T. noch bis 1995
Asphalt-Fußbodenplatten	
Asphalt-Estrich	
Binde- und Imprägniermittel für feuerfeste Baustoffe	bis heute
Korrosionsschutzanstriche (Stahlwasserbau, Druckrohrleitungen, Betonbeschichtungen)	teilw. bis 2000
Teergetränkte Trennlagen (unter Estrichen, Pohlmann-Decken)	
Teergetränkte Papierkaschierungen von Mineralwolle-Matten	

Teerklebstoffe Zum Verkleben von Parkettböden wurden bis in Ende der 1990er-Jahre üblicherweise T. verwendet. Zum Einsatz kamen sowohl „heiß streichbare Klebstoffe" oder „Heißklebstoffe" als auch die bereits im Jahr 1942 in der DIN 281 erwähnten „kalt streichbaren Parkettmassen", beide auf der Basis von Steinkohlenteerpech (→Teere) oder auch →Bitumen. Beim Verlegen des Parketts wurden die Heißklebstoffe direkt auf die Rohdecke gegossen und die Parkettstäbe in die zähe Masse eingedrückt. Kalt streichbare Parkettmassen dagegen wurden häufig bei folgenden Bodenaufbauten verwendet:

- Sandausgleich auf Rohdecke:
  Bituminierte Spanplatte, „Torfoleumplatte“ (Torfplatte mit Bitumen gebunden) oder Bitumenkorkplatte,
  vollflächige Verklebung mit Parkett
- Estrich auf Rohdecke:
  Bitumenfilz oder Bitumenkorkfilz,
  vollflächige Verklebung mit Parkett
- Estrich auf Rohdecke:
  vollflächige Verklebung mit Parkett ohne Ausgleichsschicht

T. für Parkettböden enthalten – wie andere Teerprodukte auch – hohe PAK-Konzentrationen (→Polycyclische aromatische Kohlenwasserstoffe) bis in den Prozent-Bereich, von denen Gesundheitsrisiken ausgehen können. Der Gehalt der Leitsubstanz Benzo[a]pyren (BaP) beträgt bis zu mehreren tausend mg/kg.

Eine PAK-Belastung aus T. kann auf zwei Wegen entstehen:

1. Durch Ausgasen von PAK in flüchtiger Form aus dem Klebstoff in die Raumluft und Anlagerung an Staubteilchen
2. Im Laufe der Nutzung des Bodens können feine Partikel des T. auf die Parkettoberfläche gelangen, die sich dann mit dem Staub auf dem Parkettboden vermischen.

PAK können über die Atemluft, die Nahrung oder durch Hautkontakt aufgenommen werden. Auf dem Boden spielende Kinder können PAK-belasteten Bodenstaub zudem über den Mund aufnehmen. Sie sind daher besonders gefährdet. Maßgebend für die PAK-Belastung durch T. ist vor allem der Zustand des Parkettbodens sowie der Zustand und der PAK-Gehalt des darunter liegenden Klebstoffs. Anzeichen für eine erhöhte PAK-Belastung können offene Fugen, lose Parkettbestandteile und versprödete Klebstoffe sein. Zur Gefährdungsbeurteilung und um festzustellen, ob Minderungs- bzw. Sanierungsmaßnahmen notwendig sind, hat die →ARGEBAU die „Hinweise für die Bewertung und Maßnahmen zur Verminderung der PAK-Belastung durch Parkettböden mit Teerklebstoffen in Gebäuden (PAK-Hinweise)“ erarbeitet.

Ab den 1950er-Jahren wurden die T. insbesondere bei dem zu dieser Zeit aufkommenden Mosaikparkett nach und nach durch die noch heute üblichen Klebstoffe auf Polymerbasis ersetzt. Grund für die Umstellung waren technische Probleme beim Verlegen. Bei Stabparkett (Schiffsboden, Fischgrät oder Würfelgerade) dauerte die Umstellung auf Kunstharz-Klebstoffe länger, da hier das Verlegen mit T. aus technischer Sicht als unproblematisch angesehen war. Seit Mitte der 1970er-Jahre wurden T. in Deutschland nicht mehr produziert und mussten für diese Zwecke aus dem Ausland importiert werden. Für Stabparkett wurden T. vereinzelt noch bis spät in die 1970er-Jahre eingesetzt. Bis etwa 1981 konnten auch in Bitumenklebern noch bedeutsame Teerbestandteile enthalten sein. Seitdem wurden im Wesentlichen nur noch Klebstoffe auf Kunststoffbasis eingesetzt. Im Sanierungsbau muss ermittelt werden, ob eine Belastung mit PAK in den Bodenaufbauten vorliegt, was anhand des Klebers ermittelt werden kann und dieser mehr als 10 mg PAK/kg Klebstoff enthält, oder die Untersuchung des Hausstaubs mehr als 100 mg PAK/kg Haustaub zutage fördert.

Teerkork T. kam früher als Wärme- und Schallisolierung zum Einsatz. Kleine Korkbruchstücke wurden dabei mit einem Bindemittel aus PAK-haltigem Steinkohleteerpech oder Bitumen fest miteinander verklebt. T. wurde in der Regel als Platte auf den jeweiligen Untergrund zur flächenhaften Isolierung heiß verklebt. Als Kleber diente ebenfalls Steinkohleteerpech. Darüber hinaus kam T. auch als Formstück, z.B. Rohrschalen, zum Einsatz. Die Ummantelung der Rohrschalen bestand unter anderem aus Gewebebinden, die ebenfalls mit Teerpech behandelt wurden oder das Gewebe selbst war asbesthaltig. Aufgrund seiner wasserabweisenden Eigenschaften ist T. häufig in Feuchträumen (z.B. Kühlräumen) oder erdberührten Bereichen angewandt worden. Eine zeitliche Eingrenzung der Verwendung von T. mit Steinkohlenteerpech-Matrix bzw. Bitumenmatrix ist nicht möglich. Erfahrungsgemäß ist T. auf Bitumenbasis (mit vergleichsweise geringen PAK-Belastungen) wenig verbreitet. Da er jüngeren Produktionsdatums ist, gab es zum Zeitpunkt seiner Anwendung bereits Baustoff-Alternativen mit vergleichbaren Eigenschaften, aber zu einem wesentlich günstigeren Preis (z.B. Polystyrol, Hartschäume). Der stark PAK-haltige Teerkork mit Steinkohleteerpech ist vor allem in älteren Gebäuden zu finden. Anwendungsbereiche: Rohrisolierung aus Teerkork, Isolierung unter Estrichen und Wandputzen in Nassräumen, als Dämmschicht im

T

Dachbereich. Für die Erkundung verdeckt eingebauter Teerkorkisolierungen sind Kernbohrungen erforderlich. Bei betroffenen Kühlräumen ist davon auszugehen, dass alle Wände, der Boden und die Decke isoliert sind. Sichtbarer T. ist durch Abtrennen (Sägen, Schneiden, Brechen) zu beproben. Die Entsorgung ergibt sich aus dem PAK-Gehalt und wird nach den jeweiligen Abfallschlüsseln festgelegt. (BayLfU 2004-3/8)
Die TRGS 524 regelt die Schutzmaßnahmen bei Tätigkeiten in kontaminierten Bereichen, hier die 2.3 Arbeiten in kontaminierten Bereichen (13) Abbruch-, Sanierungs- Instandhaltungs- und Umbauarbeiten in Verbindung mit b) teerhaltigen Materialien im Hochbau. (Quelle: BAuA) →PAK →Korkstein, →Teerhaltige Bauprodukte

Teerölpräparate T. sind →Holzschutzmittel, die durch Streichen, Spritzen oder Tauchen vorbeugend gegen Insekten- und Pilzbefall aufgebracht werden. Hunderte von Jahren angewandt wurde →Steinkohlenteeröl. Das bekannteste T. ist Carbolineum, leicht erkennbar an seinem stechenden Geruch.
Wegen ihres hohen Gehalts an →Polycyclischen aromatischen Kohlenwasserstoffen (PAK) untersagt die Chemikalien-Verbotsverordnung das Inverkehrbringen von T., bis auf wenige industrielle und gewerbliche Anwendungen (Holzschutzmittel für Bahnschwellen, Strommasten). Teerölhaltige Holzschutzmittel dürfen nicht in Innenräumen verwendet werden. Gebrauchte teerölhaltige Erzeugnisse, wie alte Bahnschwellen, dürfen nicht auf Spielplätzen, in Gärten und Parks sowie als Behälter für lebende Pflanzen verwendet werden. Vor der Chemikalien-Verbotsverordnung regelte die deutsche Teerölverordnung vom 27.5.1991 das Inverkehrbringen, den Umgang und die Entsorgung von Teerölen und Teerölprodukten. Für „Teer und andere Pyrolyseprodukte aus organischem Material" wurden eigene Technische Regeln für Gefahrstoffe, die TRGS 551 herausgegeben. Öle aus →Holzteer, die einen vergleichsweise geringen PAK-Gehalt aufweisen, sind für Großanwender noch erhältlich. Sie riechen intensiv und eignen sich nur für den Außenbau. →Teere

Teerpechplatten T. wurden bis in die 1960er-Jahre hergestellt. Sie enthielten etwa 10 % Steinkohlenteerpech (→Teere) als Bindemittel, der Rest waren mineralische Stoffe. Teerpech-Fußbodenplatten wurden vorwiegend in Industriebauten, nur selten in Wohnhäusern verwendet. Von teerhaltigen Produkten kann wegen ihres hohen PAK-Gehalts eine hohe Gesundheits- und Umweltgefahr ausgehen (→Polycyclische aromatische Kohlenwasserstoffe). Heute wird statt Teer das weniger umwelt- und gesundheitsgefährdende →Bitumen als Bindemittel eingesetzt (→Asphaltplatten).

Teilfluorierte Kohlenwasserstoffe (HFKW) →Fluorierte Treibhausgase

Temperafarben T. sind Farben, deren Pigmente mit einem Bindemittel aus einer Wasser-Öl-Emulsion gebunden sind. Als ölige Phase kommen trocknende Öle (Lein-, Mohn-, Walnuss- oder Sonnenblumenöl), deren Standöle, →Alkydharze, →Terpentinöle oder →Wachs zum Einsatz. Je mehr Öl zugegeben wird, desto mehr nähert man sich schließlich einer →Ölfarbe an.
T. finden hauptsächlich in der Kunstmalerei Verwendung. Früher wurde Temperamalerei für die Tafelmalerei auf Holz und für Wandmalerei auf Verputz angewandt. T. haben eine große Leuchtkraft und Tontiefe und haften sehr fest. Fertig abgemischte T. verderben rasch und können nur mit Konservierungsmitteln begrenzt haltbar gemacht werden. Sie werden deshalb üblicherweise selber hergestellt. →Kaseintempera

Temperatur →Raumtemperatur

Tenside T. sind chemische Verbindungen, die in der Lage sind, die Grenzflächenspannung herabzusetzen. Es werden vier Gruppen unterschieden: Anionische Tenside (mit Carboxylat-, Sulfat- oder Sulfonat-Gruppen), kationische Tenside (quartäre Ammonium-Gruppe), nichtionische Tenside (z.B. Polyether-Gruppen) und Amphotenside (enthalten sowohl anionische als auch kationische Gruppen).
Besonders umweltrelevant sind die →Alkylphenolethoxylate (APEO), die zu den nichtionischen T. gehören. Wichtige Anwendungsbereiche der T. sind die Bereiche Wasch- und Reinigungsmittel, die Verwendung als Additiv in Lacken und Farben, in der Metallbehandlung, Bauchemie, Papierherstellung und -verarbeitung sowie für Kunststoffe (Emulsionspolymerisation) und Pflanzenschutzmittel.
Eine wichtige Funktion der T. ist die Herstellung und insbesondere Stabilisierung von Emulsionen, d.h. von Systemen mit zwei oder mehreren nicht mischbaren Flüssigkeiten. Hier werden die T. als Emulgatoren bezeichnet.

T. werden auch als Luftporenbildner in Beton eingesetzt (→Betonzusatzmittel). Die Dosierung beträgt ca. 0,05 bis 1 % bezogen auf das Zementgewicht. In den Produkten liegen die Wirkstoffgehalte zwischen 2 und 20 %.

Teppichbodenfixierungen T. sind pulverförmige →Klebstoffe zum Verlegen von →Textilen Bodenbelägen, die ähnlich wie Tapetenkleister (→Kleister) mit Wasser angerührt werden. Nach einer halben Stunde Quellzeit und nochmaligem kräftigem Umrühren sind diese Mischungen gebrauchsfertig. Die Verlegung mittels T. erfolgt wie bei allen anderen Einseitklebern. Der textile Bodenbelag sollte allerdings unmittelbar im Anschluss an das Auftragen der T. in das Kleberbett eingelegt werden. Außerdem sollten Teppichkanten und Nahtstellen beschwert werden. Mit T. befestigte textile Bodenbläge können später relativ leicht entfernt werden. →Haftvlies

Teppichböden T. sind →Textile Bodenbeläge, die im Web- oder →Tuftingverfahren hergestellt werden. Sie setzen sich aus drei verschiedenen „Schichten" zusammen:

- Die Nutzschicht besteht aus Flor- bzw. Polmaterial und einem Träger. Der Flor besteht bei mehr als 80 % der textilen Bodenbeläge aus →Polyamid. Wolle wird, mit zunehmendem Trend, für ca. 10 % der T. verwendet (Schafwollteppiche). Weitere Materialien sind Kunstfasern wie →Polypropylen, →Polyacrylnitril und →Polyester (Kunstfaserteppiche) oder Naturfasern wie Jute, →Kokosfasern, Sisal, Seide und Baumwolle (Naturfaserteppiche). Ebenso sind Mischgarne möglich (Polyamid und Schurwolle).
- Die Mittelschicht besteht zumeist aus einer Klebermasse, mit deren Hilfe die Faserkonstruktion im Trägergewebe fixiert wird. Als Trägermaterial werden i.d.R. →Polypropylen und Polyester entweder als Gewebe- oder Spinnvlies, vereinzelt auch Jutegewebe, eingesetzt. Als Kleber dient synthetischer SBR-Latex, (→Styrol-Butadien-Kautschuk), aber auch Naturlatex (→Naturkautschuk) wird eingesetzt. Häufig verbindet eine zweite Schicht Kleber das Rückenmaterial mit der Nutzschicht. Außer SBR- und Naturlatex kommt hierfür auch noch →PVC zur Anwendung. Zur besseren Verarbeitung kann diese Fixiermasse diverse Hilfsstoffe enthalten.
- Die Rückenschicht besteht aus folgenden Materialien (in % Marktanteil):
  - ca. 80 % Textilrücken aus Gewebe oder Vlies
  - ca. 10 % Schaumrücken aus Syntheselatex (Styrol-Butadien-Kautschuk, SBR)
  - ca. 10 % Schwerbeschichtung aus →Bitumen, PVC oder →Polyurethanschaum.

Rückenschichten aus Syntheselatex oder Naturlatex können dabei bis zu 75 % mineralische Füllstoffe (z.B. Kreide, →Aluminiumhydroxid) enthalten, wobei Aluminiumhydroxid auch gleichzeitig als →Flammschutzmittel dient.

Zur Farbgebung des getufteten Teppichs wird die Fasernutzschicht, die mit dem Trägermaterial vernadelt ist, entweder gefärbt oder bedruckt. Zur Farbgebung können anorganische und organische Pigmente sowie organische Farbstoffe eingesetzt werden, die zum Teil →Schwermetalle enthalten. Neben den Farbmitteln werden auch Färbereihilfsmittel sowie Antistatika eingesetzt. Zur Färbung von Polyesterfasern (selten als Polmaterial) finden auch chlororganische Farbbeschleuniger (Carrier) als Hilfsmittel Verwendung, die eine schnellere Diffusion der Farbstoffe in die Faser und eine gesteigerte Farbstoffaufnahme bewirken. Bei bedruckten Teppichen werden Druckpasten verwendet, die ebenfalls anorganische und organische Pigmente oder organische Farbstoffe sowie Verdickungsmittel und Chemikalien zum Fixieren der Färbemittel auf der Faser enthalten. Druckereihilfsmittel sind Entschäumer oder Netzmittel.

Für T. sprechen einige Komfortkriterien:

- T. verfügen über eine fußwarme und weiche Oberfläche.
- T. verbessern die Schalldämmung des Bodens (je schwerer und dicker der Teppich, desto günstiger der Schalldämmwert).
- T. verringern das Verletzungsrisiko beim Fallen.
- T. sind trittelastisch und wärmeisolierend.

Nachteilig sind je nach eingesetztem Material und Qualität mögliche Geruchsbelästigungen und Schadstoffemissionen, die aufwendige Reinigung und die problematische Entsorgung.

Technische Kriterien an T. stellt das →Teppichsiegel; gesundheitlich-ökologische Anforderungen mit zusätzlichen Kriterien wie Umweltverträglichkeit oder Auswirkungen auf das Raumklima überprüfen →natureplus, →GuT, →Österreichisches Umweltzeichen. Für emissionsarme →Textile Bodenbeläge gibt es das Umweltzeichen der →Blaue Engel RAL-ZU 128.

Teppiche T. sind →Textile Bodenbeläge, die nicht fest mit dem Gebäude (dem Untergrund) verbunden sind und nicht die gesamte Fläche des Raumes bedecken (Stückware). Sie zählen daher zu den Einrichtungsgegenständen und sind über die Hausratsversichtung abgesichert.

Teppichschaumrücken T. bestehen meist aus →Styrol-Butadien-Kautschuk (SBR). Sie werden durch Einschlagen von Luft in den Schaum unter Zuhilfenahme von oberflächenaktiven Substanzen hergestellt. Die so erhaltenen SBR-Schäume werden durch Vulkanisation mit Schwefel oder Vernetzung mit →Melaminharzen (nur noch von geringer Bedeutung) gummielastisch und damit gebrauchsfähig. Der Compound enthält z.B. folgende Bestandteile: Styrol-Butadien-Kautschuk, Schwefel, Aktivator (Zinkoxid, Fettsäuren), Beschleuniger (meist Kombinationen von Dithiocarbamaten, Xanthogenaten, Thiuramen, Thiazolen, Aldehydaminen, Guanidin, Amine u.a), Alterungsschutzmittel (Phenole, Amine) und weitere Vulkanisationshilfsmittel. Als Flammschutzmittel in der Textilrückenbeschichtung werden in Deutschland und Europa bei ca. 80 % der Teppichböden, die für den Objektbereich oder für Automobile bestimmt sind, Aluminiumhydroxid und Ammoniumpolyphosphat eingesetzt. Daneben kamen in Deutschland und auch in Europa die nicht mehr zugelassenen halogenbasierten Flammschutzmittel Decabromdiphenylether (→Polybromierte Flammschutzmittel), →Hexabromcyclododecan (HBCD) und Tris(chlorpropyl)phosphat (→Organophosphate) sowie längerkettige →Chlorparaffine plus →Antimontrioxid in Textilrücken zur Anwendung.

In der Luft von Lagerhallen mit SBR wurden stark krebserzeugende →Nitrosamine festgestellt, die sich bei der chemischen Reaktion der Synthesekautschuk-Rezeptur-Komponenten bilden. Anders als bei einigen Naturlatex-Rezepturen ist es bei der Herstellung von SBR-Kautschuk bis heute nicht möglich, durch Rezepturänderungen die Bildung der Nitrosamine völlig zu verhindern. Bei Prüfkammeruntersuchungen wurden v.a. aromatische Kohlenwasserstoffe, höhere Aldehyde und Ketone festgestellt. →Textile Bodenbeläge

Teppichsiegel Das T. ist ein geschütztes Markenzeichen der Europäischen Teppichgemeinschaft, in der rund 40 europäische Hersteller von →Teppichböden zusammengeschlossen sind. Die Qualitätsvoraussetzungen sind das Polgewicht über Teppichgrund oder die Noppenzahl oder die Pol-Rohdichte. Daneben gibt das T. Auskunft über die möglichen Einsatzgebiete des →Teppichs. Symbole informieren gesondert über zusätzliche Eigenschaften (Stuhlrollen-, Treppen-, Feuchtraum-geeignet, antistatisch ausgerüstet, geeignet für Fußbodenheizung). Das Siegel integriert ein Balkendiagramm, das die Höhe des Strapazier- und Komfortwertes in je vier Abstufungen angibt. Die Vergabe des T. beruht ausschließlich auf technischen Anforderungen. Kriterien wie Umweltverträglichkeit oder Auswirkungen auf das Raumklima werden berücksichtigt bei →natureplus, →GuT, RAL-Umweltzeichen, →Österreichisches Umweltzeichen. →Permethrin

Teppichzusatzausrüstungen Konventionelle Teppiche werden mit einer Vielzahl sogenannter Ausrüstungen versehen. Dabei handelt es sich zum großen Teil um den Zusatz von Chemikalien. Antistatika sollen die elektrische Aufladung von Chemiefasern verhindern. Dies wird hauptsächlich durch den Einsatz von leitfähigen Teppichrücken, leitfähigen Fasern (Kupferfasern) oder Sprühausrüstungen wie Ameisensäure oder Ammoniumverbindungen erreicht. Eine antimikrobielle Zusatzausrüstung soll den Teppichbelag vor einem Befall durch Mikroorganismen schützen (→Triclosan). Antisoilings sollen die Teppichfasern vor Verschmutzung schützen. Die Fasern werden dazu mit →Perfluortensiden, →Glykolverbindungen oder organischen Siliciumverbindungen beschichtet. →Mottenschutzmittel sollen den Teppich vor Befall durch Motten und den sog. Teppichkäfer schützen. Dies wird durch den Einsatz von Bioziden (→Pyrethroide) erreicht.

Teratogen Die teratogene Wirkung ist Teil der Reproduktionstoxizität, früher (R_E). Teratogene sind Stoffe (Chemikalien, Arzneimittel) oder ionisierende Strahlen, die durch Einwirkung auf den Embryo zu Fehl- oder Missbildungen oder zum Tod des heranwachsenden Lebens führen können. →R-Stoffe

Terbutryn T. (2-(Ethylamino)-4-(tert-butyl-amino)-6-(methylthio)-1,3,5-triazin) ist ein Wirkstoff aus der Gruppe der →Triazine. Bis 2007 wurde T. als Herbizid in der Landwirtschaft eingesetzt. Heute ist T. ein verbreitetes Biozid in →Beschichtungsschutzmitteln für Putze und Fassaden-/Dachfar-

T

ben, in denen es als →Algizid wirken soll. Mit dem Regenwasser kann T. ausgewaschen werden, vor allem wenn es nicht verkapselt eingesetzt wird (→Verkapselung). Gegenüber den →Phenylharnstoffderivaten ist die Auswaschung geringer. T. gilt als Acute Tox 4, Skin Sens. 1B, Aquatic Acute 1 und Aquatic Chronic 1. Von der →EPA ist T. als möglicherweise krebserzeugend eingestuft. Bei Tieren wurde eine →Teratogene Wirkung festgestellt. T. wird daher als endokriner Disruptor eingestuft EDC1 (EC (2004) Comm. stuff working document SEC 2004.

EU-GHS-Einstufung und Kennzeichnung: Augenreizung, Kategorie 2; H319 Verursacht schwere Augenreizung; Gewässergefährdend, Akut Kategorie 1; H400 Sehr giftig für Wasserorganismen.

Terpene T. gehören zur Gruppe der Isoprenoide (Terpene und Steroide) und sind aus Einheiten von 2-Methyl-butan und 2-Methyl-1,3-butadien (Isopren) zusammengesetzt. Bei den T. handelt es sich um geruchsintensive Naturstoffe, die in Hölzern, Blüten und Früchten vorkommen. Wegen ihres angenehmen Geruchs finden T. Verwendung u. a. in Kosmetika (etherische Öle), Reinigungsmitteln, sog. Luftverbesserern, Anstrichstoffen und Ölen. Pinene und delta-3-Caren sind Bestandteile des →Terpentinöls und werden von entsprechenden Produkten wie Naturfarben, Ölen und Wachsen sowie von (Weich-)Holz (insbes. Kiefer) abgegeben. Dagegen ist Limonen der wichtigste Bestandteil des Citrusschalenöls und außerdem als Duftstoff in vielen Reinigungsmitteln enthalten. Diverse Terpenalkohole und Terpenketone (z.B. Geraniol, Campher) werden mit Duftstoffen in die Raumluft eingebracht.

- Monoterpene (C10, 2 Isopren-Einheiten): α-Pinen, β-Pinen, Limonen, delta-3-Caren
- Sesquiterpene (C15, 3 Isopren-Einheiten): β-Carophyllen, Longifolen

Harzreiche Weichhölzer wie Kiefer und Fichte sind starke Emissionsquellen für Monoterpene. In →Prüfkammer-Untersuchungen wurden unmittelbar nach Einbringen von Kiefern-Vollholz T.-Konzentrationen über 5.000 µg/m^3 gemessen, davon alpha-Pinen mit ca. 3.800 µg/m^3 und delta-3-Caren mit ca. 1.050 µg/m^3. Innerhalb einer Woche gingen die Konzentrationen auf etwa ein Viertel des Ausgangswertes zurück. Nach sieben Monaten wurde eine Gesamtkonzentration an T. von ca. 220 µg/m^3 gemessen (Salthammer).

T. sind reaktive Verbindungen, die zu Befindlichkeitsstörungen der Nutzer von Innenräumen führen und in Zusammenhang mit dem →Sick-Building-Syndrom benannt werden. Reaktionsprodukte von T. – entstanden durch Gasphasenreaktion in der Innenraumluft – sind z.B. Pinonaldehyd (aus alpha-Pinen), →Formaldehyd, →Aceton, Nopinon und Cyclohexanon (aus beta-Pinen), Formaldehyd, 4-Acetyl-1-methylcyclohexen (AMCH), Cyclohexanon und Limonenaldehyd (aus d-Limonen), 3-Caronaldehyd (aus delta-3-Caren). Die Terpene Pinen und delta-3-Caren weisen eine allergene Wirkung auf. T. sind heute mit einem Anteil von ca. 50 % die mit Abstand wichtigste Gruppe bei den in der Innenraumluft festgestellten Substanzen. Erfahrungsgemäß sinken die Pinen- und Caren-Konzentrationen in der Innenraumluft mit zunehmendem Gebäudealter, während die Limonen-Konzentration keine eindeutige Zeitabhängigkeit aufweist. Mitunter findet man in der Innenraumluft auch Campher, der als Riech- und Geschmacksstoff z.B. in Mottenschutzstreifen sowie in Arzneimitteln enthalten sein kann.

Oxidationsprodukte von T. (z.B. von Limonen) enthalten Stoffe, die für Augenreizungen (Irritation) und andere Gesundheitsbeeinträchtigungen verantwortlich gemacht werden. Ein wichtiges Oxidationsprodukt ist Methacrolein. T.-Oxidationsprodukte entstehen aus T. in Anwesenheit von Oxidantien wie Ozon. Die Wirkung der T.-Oxidationsprodukte nimmt mit abnehmender rel. Luftfeuchte zu.

Tabelle T2: Terpen-Konzentrationen in Wohnhäusern (Beprobungen zwei Jahre nach Fertigstellung der Häuser; Heisel et al., 1994)

Terpen	Terpen-Konzentration [µg/m^3] (Mittelwerte)	
	Konventionelle Fertighäuser (n = 5)	Häuser mit viel Holz (n = 5)
alpha-Pinen	49,2	182
beta-Pinen	108	364
delta-3-Caren	5,3	25,3
Limonen	14,4	41

Innenraumluftrichtwerte: Terpene bicyclisch (Leitsubstanz α-Pinen) mit RW II 2 mg/m^3 und RW I 0,2 mg/m^3 (Ad-hoc-Arbeitsgruppe Innenraumrichtwerte 2003). Monocyclische Monoterpene (Leitsubstanz d-Limonen) mit RW II 10 mg/m^3 und RW I 1 mg/m^3 (Ad-hoc-Arbeitsgruppe Innenraumrichtwerte 2010).

Terpentine Die Balsame der Nadelbäume (v.a. Kiefern) werden T. genannt. T. bestehen aus →Harz und etherischen Ölen und werden durch Anritzen der Bäume gewonnen. Das Harz und die Öle, die man →Terpentinöl nennt, können durch Destillation voneinander getrennt werden. Das Harz enthält danach noch reichlich Wasser, welches ihm durch Umschmelzen entzogen wird. Das Ergebnis ist →Kolophonium. Terpentin ist als gesundheitsschädlich und umweltgefährdend eingestuft.

Terpentinersatz →Testbenzin

Terpentinöl T. (auch Balsamterpentinöl oder Kienöl) wird durch Destillation aus →Terpentin gewonnen. Es hat einen balsamischen Geruch und ist eine farblose bis hellgelbliche Flüssigkeit. Wurzelstöcke von Nadelbäumen, welche Balsam liefern, enthalten ebenfalls noch etherische Öle, welche dem T. verwandt sind, aber sich von den Balsam-T. durch ihren scharfen, stechenden Geruch unterscheiden und selten farblos sind.
T. eignet sich hervorragend als Lösemittel und Verdünner für die Herstellung von Lacken und Ölen, da es die meisten Harze löst und sich mit etherischen und fetten Ölen mischt.
Hauptbestandteile von T. sind die Terpene alpha-Pinen, beta-Pinen und delta-3-Caren, welche mit der sogenannten Terpentinallergie (Ekzem auslösende Kontaktallergie) in Zusammenhang gebracht werden. Sensibilisierte Personen können schon auf sehr geringe Konzentrationen an Terpentinöl reagieren. T. wurde daher in die MAK-Werte-Liste der sensibilisierenden Stoffe aufgenommen. T. ist außerdem haut- und augenreizend und als gesundheitsschädlich eingestuft. Die Gehalte der einzelnen Terpene variieren stark in Abhängigkeit von Art und Wuchsort der für die T.-Gewinnung verwendeten Kiefern. Als „Terpentinersatz" lässt sich →Testbenzin oder Universalverdünnung einsetzen, wobei die Universalverdünnung meist gesundheitlich bedenkliche →Aromatische Kohlenwasserstoffe wie →Xylol und →Toluol enthält.

Terpolymer Ein T. ist ein →Polymer (Kunststoff), das durch Polymerisation von drei verschiedenen →Monomeren hergestellt wird. Bsp.: Acrylnitril-Butadien-Styrol-Copolymerisat (ABS), Ethylen-Propylen-Dien-Mischpolymerisate (EPDM) zur Herstellung von Glattbelägen und Dachdichtungsbahnen.

Terrazzo T. ist ein farbiger Estrich aus farbigem oder weißem Zement mit ausgewählten Zuschlägen. Die Oberfläche der Beläge kann den Anforderungen entsprechend rau oder glatt hergestellt werden.

Testbenzin T., eine farblose, brennbare Flüssigkeit (auch unter der Bezeichnung Terpentinersatz im Handel), wird bei der fraktionierten Destillation von Erdöl aus Rohbenzin gewonnen. Je nach Temperatur des Vorlaufs wird unterschieden zwischen Petrolether (25 bis 80 °C), Testbenzin (60 bis 140 °C) und Siedegrenzbenzin (140 bis 200 °C). T. besteht hauptsächlich aus →Aliphatischen Kohlenwasserstoffen, die nicht so problematisch sind wie →Aromatische Kohlenwasserstoffe. Es gibt auch aromatenfreies T.

Tetrabrombisphenol A (CAS 79-94-7) T. (TBBA) ist das mengenmäßig bedeutendste bromierte →Flammschutzmittel weltweit (Verbrauch 1999: 121.000 t, UBA-Texte 25/01). TBBA wird insbes. eingesetzt als reaktives (chemisch gebundenes) Flammschutzmittel in Polymeren, zudem auch als additives Flammschutzmittel (mit dem Polymer vermischt). Der Brom-Gehalt beträgt ca. 59 %. Einsatzbereiche: Epoxidharze für Leiterplatten (ca. 70 %), High Impact Polystyrol (15 %), Weiterverarbeitung in TBBA-Derivaten (10 %), additiv in sonstigen Polymeren (5 %) wie ABS (Acrylnitril-Butadien-Styrol-Copolymer), PET (Polyethylenterephthalat).
Beim Einsatz als reaktives Flammschutzmittel erfolgt nur eine geringe Freisetzung in die Umwelt. Dagegen führt der Einsatz als additives Flammschutzmittel zum Eintrag in Umweltmedien und Nahrungsketten. TBBA ist persistent und ist als umweltgefährlich eingestuft (Gefahrensymbol N). In der Innenraumluft und im →Hausstaub wurden hohe TBBA-Konzentrationen festgestellt. Die Humantoxizität ist nicht ausreichend untersucht. Untersuchungen zur Kanzerogenität fehlen. Von großer Bedeutung ist der Nachweis von TBBA in der Muttermilch. Akute Effekte auf Schleimhäute wurden beobachtet. Im Brandfall entstehen nur geringe Mengen polychlorierter →Dioxine und Furane. Vom Umweltbundesamt wird TBBA wie folgt bewertet: TBBA additiv: Anwendungsver-

zicht empfohlen; TBBA reaktiv: Minderung sinnvoll, Substitution anzustreben. TBBA steht auf der →OSPAR-Liste der Stoffe, die potenziell Anlass zur Besorgnis geben. →Polybromierte Flammschutzmittel. Seit 2012 auf der →SVHC-Liste der besonders besorgniserregenden Stoffe nach REACH eingeordnet. Die Ergebnisse der Risikobewertung wurden 2008 im EU-Amtsblatt veröffentlich und sind bei der ECHA im fortlaufenden Aktionsplan der Gemeinschaft (CoRAP), nachdem Dänemark 2015 ein Bewertungsdokument vorgelegt hatte. UBA Bericht 4/2008 über bromierte Flammschutzmittel, in dem auch →HBCD behandelt wird.
EU-GHS-Einstufung und Kennzeichnung (EG) Nr. 1272/2008 CLP: Akut gewässergefährdend Akut 1: Aquatic Acute 1; H400 Sehr giftig für Wasserorganismen; Langfristig gewässergefährdend Chronisch 1 Aquatic Chronic 1; H410 Sehr giftig für Wasserorganismen, mit langfristiger Wirkung.

Tetrachlorethen (CAS 127-18-4) T. (TCE, Perchlorethylen (PER), Tetrachlorethylen) ist eine fettlösliche, farblose, nicht brennbare, leichtflüchtige Flüssigkeit, die z.T. noch in Chemischen Reinigungen verwendet wird (oder durch →Testbenzin ersetzt wurde).
Im Ergebnis einer Studie (LAI 2000) lagen die Jahresmittelwerte in der Außenluft an nicht durch spezielle Emittenten beeinflussten Messorten i.d.R. unter 1 µg/m³, lokal traten Mittelwerte bis zu 5 µg/m³ auf. 98 % der Werte lagen unter 10 µg/m³. Zusammenfassend ergaben sich in ländlichen Gebieten Konzentrationen von 0,1 bis 0,3 µg/m³, in städtischen Gebieten 0,2 bis 2,5 µg/m³. Die bedeutendste Ursache erhöhter T.-Konzentrationen in nicht gewerblich genutzten →Innenräumen ist der Übertritt aus unmittelbar benachbarten Chemischen Reinigungen. Wesentliche Eintrittswege sind Spalten und Risse im Mauerwerk und die Diffusion durch massive Mauern. Auch kontaminierte Kleidung kann eine T.-Quelle in Innenräumen darstellen. Angaben zur Geruchsschwelle schwanken zwischen 7 mg/m³ (ca. 1 ppm) und 32 mg/m³ (ca. 5 ppm).
Die akute Toxizität von T. ist mäßig. Neurotoxische, nieren- und lebertoxische sowie kanzerogene Effekte stellen die kritischen Effekte dar. Bei Beschäftigten wie auch bei Anrainern von Chemischen Reinigungen wurden klare Hinweise auf Beeinträchtigungen des Nervensystems und kognitiver Prozesse festgestellt.
Gem. 2. BImSchV vom 1.3.1991 ist die Immissions-Konzentration durch T. in der Umgebung von Chemischen Reinigungen auf 0,1 mg/m³ begrenzt. Der österreichische Wirkungsbezogene Innenraumrichtwert (WIR) beträgt 250 µg/m³ (Wochenmittel). Bei Überschreitung des Richtwertes sind Maßnahmen zur Reduktion der T.-Raumluftkonzentration einzuleiten. Die WHO hat einen Leitwert für die Innenraumluft in Höhe von 0,25 mg/m³ abgeleitet (2010). Nach MAK liegen für T. Anhaltspunkte für eine krebserzeugende Wirkung vor und ist deshalb in die Kategorie 3 B eingestuft. AGW (TRGS 900): 20 ml/m³ = 138 mg/m³.
EU-GHS-Einstufung und Kennzeichnung (EG) Nr. 1272/2008 CLP: Kanzerogenität Kategorie 2: Carc. 2; H451 Kann vermutlich Krebs erzeugen; Langfristig gewässergefährdend: Chronisch 2 Aquatic Chronic 2; H411 Giftig für Wasserorganismen, mit langfristiger Wirkung.

Tetrachlormethan (CAS 56-23-5) Aufgrund der hohen Toxizität ist die gezielte Herstellung von T. (Tetrachlorkohlenstoff) verboten und darf nach Chemikalien-OzonschichtVO nicht mehr verwendet werden. Verdacht auf krebserzeugende Wirkung Carc. 3 und ozonzerstörendes Potential, Verordnung (EG) Nr. 1005/2009 über Stoffe, die zum Abbau der Ozonschicht führen Anhang I zu Artikel 3: Der Stoff darf nicht produziert, in Verkehr gebracht oder verwendet werden. →REACH-VO (EG) Nr. 1907/2006 Anhang XVII, Nummer 32 bis Nummer 38: Der Stoff darf in anderen Stoffen oder Zubereitungen, die für den Verkauf an die Öffentlichkeit und/oder zur Anwendung in Formen in den Verkehr gebracht werden, bei denen eine Freisetzung nicht ausgeschlossen ist (z.B. Reinigung von Textilien, Oberflächenreinigung), nicht in Konzentrationen größer oder gleich 0,1 Gew.-% enthalten sein. MAK: Krebserzeugend Kategorie 4 eingestuft; AGW (TRGS 900): 0,5 ml/m³ = 3,2 mg/m³; Innenraumrichtwert RW II 1 mg/m³ und RW I 0,1 mg/m³ (AIR 2017).
EU-GHS-Einstufung und Kennzeichnung (EG) Nr. 1272/2008 CLP: Akute Toxizität Kategorie 3: Acute Tox. 3; H 301 Giftig bei Verschlucken; H311 Giftig bei Hautkontakt; H331 Giftig bei Einatmen; Karzinogenität Kategorie 2: Carc. 2; H351 Kann Krebs erzeugen; Spezifische Zielorgan- Toxizität

(wiederholte Exposition) Kategorie 1: STOT RE 1; H372 Schädigt die Organe bei längerer oder wiederholter Exposition; Langfristig gewässergefährdend Chronisch 3 Aquatic Chronic 3; H412 Schädlich für Wasserorganismen, mit langfristiger Wirkung; Die Ozonschicht schädigend Kategorie 1: Ozone 1; H420 Schädigt die öffentliche Gesundheit und die Umwelt durch Ozonabbau in der äußeren Atmosphäre.

Tetradecansäure →Fettsäuren

Tetraethylsilikat (CAS 78-10-4) T. (Kieselsäuretetraethylester) gehört zur Gruppe der siliciumorganischen Verbindungen. Der Stoff wird eingesetzt in →Steinfestigern, bei der Herstellung von Zweikomponenten-Silikonkautschuken (RTV-2) und zur Herstellung von Zinksilikat-Anstrichen. T. ist als reizend eingestuft und kann zu Schädigungen der Lunge und des Kehlkopfes führen. Der →MAK-Wert beträgt 10 ml/m³ (86 mg/m³).
EU-GHS-Einstufung und Kennzeichnung (EG) Nr. 1272/2008 CLP: Entzündbare Flüssigkeit Kategorie 3: Flam. Liq. 3; H226 Flüssigkeit und Dampf entzündbar; Akute Toxizität Kategorie 4: Acute Tox. 4; H332 Gesundheitsschädlich bei Einatmen; Augenreizung Kategorie 2: Eye Irrit. 2; H319 Verursacht schwere Augenreizung; Spezifische Zielorgan- Toxizität (einmalige Exposition) Kategorie 3: STOT SE 3; H335 Kann die Atemwege reizen.

Tetrahydrofuran-Klebstoffe T. sind anlösende →Lösemittel-Klebstoffe für PVC-Muffen oder zum Verkleben der Überlappungsflächen von PIB- oder →PVC-Dichtungsbahnen. Sie werden durch Lösen des Grundstoffes (z.B. PVC für T. zur Verklebung von PVC-Produkten) in Tetrahydrofuran (THF) hergestellt. THF ist ein reizender Stoff mit begründetem Verdacht auf krebserzeugendes Potenzial (Kat. 3). Einatmen, Verschlucken oder Aufnahme über die Haut kann zu Gesundheitsschäden führen. Langzeitexposition kann Nieren- oder Leberschäden hervorrufen. THF bildet an der Luft, begünstigt durch Licht, Peroxide (Explosionsgefahr). Handelsprodukte werden daher durch Zusätze wie 2,6Di-tert.-butyl-p-cresol oder Hydrochinon stabilisiert. Die Peroxid-Bildung wird dadurch jedoch nicht ganz verhindert. THF löst auch Hochpolymere, z.B. PVC, Polyacrylate und Methacrylate, Polybutadien, Polystyrol oder Polyurethane, und wird daher als Lösemittel für Lacke, Klebstoffe oder Abbeizer eingesetzt. Der Arbeitsplatzgrenzwert für THF beträgt 150 mg/m³. Beim Kleben von PVC-Dichtungsbahnen mit T. wurden Konzentrationen bis 500 mg/m³ ermittelt. Bei der Verklebung von PVC-Bahnen konnte lange nicht auf T. verzichtet werden, mittlerweile sind auch THF-freie Klebstoffe am Markt, bei denen das PVC-Polymer in Lösemitteln gelöst ist, die weniger gesundheitsschädlich sind.

Tetramethrin →Biozid aus der Gruppe der →Pyrethroide. →Hausstaub

2,2,4-Trimethyl-1,3-pentandiolmonoisobutyrat (CAS 25265-77-4) T. (Handelsname Kodaflex) ist ein als Lösemittel und Weichmacher verwendeter Stoff, der im Baubereich zunehmende Bedeutung erlangt. T. wurde auch in der Innenraumluft gefunden. Da über die Substanz weder humantoxikologische Daten noch gesicherte Daten aus Tierversuchen bzgl. der Toxizität bei inhalativer Exposition vorliegen, ist eine gesundheitliche Bewertung der in Gebäuden gemessenen Raumluftkonzentrationen derzeit nicht möglich. Ein →NIK-Wert liegt vor. Orientierungswerte der AGÖF 3 µg/m³ (2013).

Textile Bodenbeläge T. sind →Bodenbeläge aus natürlichen oder synthetischen Fasern. Nach dem Herstellungsverfahren wird unterschieden zwischen →Nadelvlies-Bodenbelägen einerseits und →Webteppichen oder im →Tuftingverfahren hergestellten →Teppichböden andererseits. Sie können aus synthetischen Fasern (Kunstfaserteppiche) oder aus Naturfasern (Naturfaserteppiche) bestehen. Der größte Anteil, außer Nadelvlies, wird im europäischen Ausland wie Belgien, Dänemark und Großbritannien produziert (203 Mio. m²).
Nadelvliesbeläge werden aus Polyamid (PA) und Polypropylen (PP) sowie Mischungen aus beiden oder seltener Polyesterfasern (PES) hergestellt. Für die Rückenschicht wird Syntheselatex (Styrol-Butadien oder Styrol/Acrylat-Copolymer) oder Polyurethanschaum eingesetzt. Durch entsprechende Zusätze in der Imprägnierung und als Flammschutz (Aluminiumtrihydrat, Magnesiumhydroxid, Ammoniumpolyphosphate oder Melaninderivate) kann der Belag antistatisch, schwer entflammbar oder schmutzabweisend ausgerüstet werden. (→Flammschutzmittel) Eine Übersicht über Substanzklassen, die in getufteten T. enthalten sind, gibt Tabelle T4.

T

Tabelle T3: Absatz textiler Bodenbeläge (Quelle: Parkett, Linoleum, PVC, Kautschuk, Kork oder Laminat. http://www.bauzentrale.com/news/2004/0823.php4)

	Absatz 2003 [Mio. m^2]	Anteil am Gesamtabsatz [%]
Textile Beläge	256	53,89
Davon:		
Tuftingware	165	34,74
Nadelvlies	66	13,89
Webware	25	5,26

- Loses Auslegen (ohne Randbefestigung oder mit doppelseitigem Klebeband)
- Spannen
- Fixieren mit →Haftvlies oder →Teppichbodenfixierung (→Haftklebstoffe)
- Vollflächiges Verkleben (mit →Lösemittel- oder →Dispersionsklebstoffeen)

Tabelle T4: Übersicht über Substanzklassen für getuftete textile Bodenbeläge (Quelle: Gesundheits- und Umweltkriterien bei der Umsetzung der EG-Bauprodukten-Richtlinie, UBA-Texte 06/05)

Bestandteil	Funktion	Verwendete Substanzklassen
Nutzschicht	Fasern	• Kunstfaserteppiche: Polypropylen, Polyamid, Polyacrylnitril (hauptsächlich bei abgepassten Teppichen), Polyester • Naturfaserteppiche: Schurwolle, Kokos, Sisal, Jute, Baumwolle
Grundschicht	Trägermaterial für Fasern	Polypropylen, Polyethylen, Baumwolle, Jute oder Leinen
	Fixierung der Fasern auf dem Trägermaterial	Syntheselatex oder Naturlatex
	Rückenschicht	Textilien, Syntheselatex oder Naturlatex, Jute, Polyurethanschaum, Bitumen, PVC
	Herstellung Syntheselatex: Vulkanisationsbeschleuniger Vulkanisationsverzögerer	Xanthogenate, Dithiocarbamate, Thiurame, Benzothiazole, Guanidine, Thioharnstoffderivate, Amin-Derivate, Organische Säuren (Benzoe- oder Salicylsäure), Phthalsäureanhydrid
	Additive (Syntheselatex)	Antioxidantien (Alterungsschutz), Emulgatoren, Schwefel, Netzmittel, Acrylatverdicker, Kreide (Füllstoff und Deckmittel)
	Flammschutzmittel	Aluminiumtrihydrat (ATH), Ammoniumpolyphosphat (APP), Chlorparaffine plus Antimontrioxid (ATO), Decabromdiphenylether (DeBDE), Hexabromcyclododecan (HBCD), Tris(chlorpropyl)phosphat (TCCP)
Chemische Ausrüstung	Verringerung der Schmutzempfindlichkeit	Perfluortenside
	Verringerung der elektrischen Aufladung bei Kunstfaserteppichen	Kaliumformiat, Ammoniumverbindungen
	Schutz gegen Motten- und Käferfraß bei Wollteppichen	Permethrin

T

Tabelle T4: Übersicht über Substanzklassen für getuftete textile Bodenbeläge (Quelle: Gesundheits- und Umweltkriterien bei der Umsetzung der EG-Bauprodukten-Richtlinie, UBA-Texte 06/05) (Forts.)

Bestandteil	Funktion	Verwendete Substanzklassen
Farbgebung	Färbemittel für gefärbte Teppiche	Anorganische Pigmente (z.B. Titandioxid, Eisen-, Chromoxid, Eisenblau-, Ultramarin- und Rußpigmente), Organische Pigmente (z.B. Azopigmente, polycyclische Pigmente wie Anthrachinon, Metallkomplexpigmente wie Kupferphthalocyanin) Organische Farbstoffe wie z.B. Azofarbstoffe und Metallkomplexfarbstoffe
	Färbereihilfsmittel	Farbstofflösungs-, -dispergier-, -fixier- und -reduktionsmittel, Netz-, Gleit- und Egalisiermittel, Antistatika Chlororganische Farbbeschleuniger (Carrier; Einsatz nur bei Polyesterfasern)
	Druckpasten für bedruckte Teppiche	Anorganische Pigmente (z.B. Titandioxid, Eisen-, Chromoxid, Eisenblau-, Ultramarin- und Rußpigmente) Organische Pigmente (z.B. Azopigmente, polycyclische Pigmente wie Anthrachinon, Metallkomplexpigmente wie Kupferphthalocyanin) Organische Farbstoffe wie z.B. Azofarbstoffe und Metallkomplexfarbstoffe Verdickungsmittel, Chemikalien zum Fixieren der Färbemittel auf der Faser, Komplexbildner
	Druckereihilfsmittel	Entschäumer, Netzmittel (anionische Tenside)

Beim Kleben ist grundsätzlich mit →VOC-Emissionen zu rechnen. Die Schadstoffemissionen können verringert werden durch Verwendung emissionsarmer →Dispersionsklebstoffe (→EMICODE EC1). Außer dem losen Auslegen ist das Spannen von T. die umweltfreundlichste Methode, wenn auch vergleichsweise aufwendig. Sonstige Schadstoffbelastungen hängen von den eingesetzten Materialien ab (siehe dort), T. mit →Teppichschaumrücken sollten wegen möglicher Schadstoffemissionen jedenfalls vermieden werden: Im Rahmen einer Studie des Instituts für Umwelt und Gesundheit (IUG) wurden bei Prüfkammermessungen von T. aromatische Kohlenwasserstoffe wie →Benzol, →Styrol, →Toluol, m-, p-Xylol (→Xylole) und 2-Ethyltoluol festgestellt, die in der Rückenschicht aus Syntheselatex enthalten sind. Diese VOC emittieren i.d.R. in kurzen Zeiträumen. Eine Freisetzung der flüchtigen n- und Cycloalkane (z.B. n-Hexan, n-Heptan bis n-Hexadecan, Cyclohexan) aus T. konnte ebenfalls festgestellt werden. Weiterhin wurden geringe Mengen →Formaldehyd gemessen. Höhere →Aldehyde und Ketone (z.B. →Acetaldehyd, Propionaldehyd, Butyraldehyd, →Aceton, Cyclohexanon), die ebenfalls gefunden wurden, gelangen über trocknende Öle, die in Bindemitteln in Bodenbelägen eingesetzt werden, in die Raumluft. Weiterhin wurden Emissionen von aliphatischen Kohlenwasserstoffen wie Pentadecan, Tetradecan und Heptadecan nachgewiesen. In T. aus Naturfasern wurde eine Freisetzung von →Essigsäure festgestellt. Essigsäure wird bei der Farbgebung von Teppichböden als pH-Regulant eingesetzt. Zu den geruchsintensiven Stoffen aus T., die über einen längeren Zeitraum freigesetzt werden können, gehören insbes. Cyclohexen-Derivate aus der Rückenschicht aus Syntheselatex.

Die Stoffe →4-Phenyl-cyclohexen (4-PCH), →4-Vinyl-cyclohexen (4-VCH) und 2-Ethyl-1-hexanol können als Nebenprodukte bei der Herstellung von Syntheselatex aus den Monomeren Styrol und

Butadien entstehen. 4-PCH und 4-VCH weisen einen sehr unangenehmen Geruch auf und haben zudem eine niedrige Geruchsschwelle von ca. 2 µg/m³. Diese Stoffe werden nur langsam freigesetzt und können oft noch nach Jahren sensorisch ermittelt werden. In einer Untersuchung der Bundesanstalt für Materialforschung und Prüfung (BAM) von 14 T. emittierten zehn Prüfmuster nach 28 Tagen noch zwischen 1 und 18 µg/m³ 4-PCH. Weitere geruchsintensive Stoffe sind Dodecene, die aus Dodecylmercaptan, einem Regler für die Reaktion von Styrol mit Butadien, entstehen. Einen charakteristischen Geruch weisen auch Ethylacetat und n-Butylacetat aus der Gruppe der Essigsäureester auf, wobei n-Butylacetat ebenfalls eine geringe Geruchsschwelle aufweist.

Um bestimmte Eigenschaften zu erzielen, erhalten T. i.d.R. eine chemische Ausrüstung. Kunstfaserteppiche, die im privaten Bereich eingesetzt werden, werden zur Verringerung der Schmutzempfindlichkeit i.d.R. mit teflonartigen Fluorverbindungen (→Perfluorierte organische Verbindungen) imprägniert, bis 2000 wurde vor allem Perfluoroctansulfonat verwendet, das nun als →POP-Schadstoff eingestuft ist. T. für den Objektbereich verfügen aufgrund der professionellen Reinigung in der Regel über keine derartige Ausrüstung. Zur Verringerung der elektrischen Aufladung können Sprühausrüstungen als Antistatika eingesetzt werden.

Das bei T. aus Wolle vielfach eingesetzte Insektizid →Permethrin kommt aufgrund des sehr geringen Dampfdrucks in der Raumluft hauptsächlich partikelgebunden vor und gelangt durch den Abrieb von Teppichfasern in den →Hausstaub, der wiederum durch Aufwirbelung vom Menschen eingeatmet werden kann. Die Gesundheitsgefahr für den Menschen durch die Aufnahme von Permethrin wird kontrovers diskutiert.

Umstritten ist auch die Eignung von T. für Allergiker: Während manche Innenraumluftspezialisten von der Verwendung von T. für Allergiker abraten, sehen andere kurzflorige, leicht zu säubernde T. als durchaus auch für Hausstauballergiker geeignet an, da T. den Hausstaub eine Zeit lang binden.

Für T. werden z.T. →Flammschutzmittel eingesetzt. Besonders kritisch zu beurteilen sind die in der EU noch zugelassenen polybromierten Diphenylether, von denen etliche als POP bewertet sind (→Decabromdiphenylether DeBDE). Obwohl DeBDE immer weniger in T. eingesetzt wurde, hätte entsprechend dem Trend, mehr Polypropylenfaser in Teppichen einzusetzen, künftig – ohne Substitution – auch einen erhöhten Einsatz von bromierten Flammschutzmitteln mit sich gebracht. Im deutschen Zulassungsbereich verbaten die DIBt-Zulassungsgrundsätze Innenraum den Einsatz von polybromierten Diphenylethern in Bodenbelägen, da im Brandfall polybromierte →Dioxine und Furane freigesetzt werden konnten. Dieses Verbot wird im DIBt bereits seit 1986 für alle zugelassenen Bauprodukte praktiziert. In Deutschland haben ebenfalls 1986 auf freiwilliger Basis der TEGEWA (Fachverband der Hersteller von Textilhilfsmitteln, Gerbstoffen und Waschrohstoffen) und der Verband der Kunststoff erzeugenden Industrie (VKE) den Verzicht auf polybromierte Diphenylether vereinbart. Tetra-, Penta-, Hexa- und HeptaBDE sowie OctaBDE unterliegen der POP-Verordnung (EG Nr. 850/2004). DecaBDE als besonders besorgniserregender Stoff (→SVHC) wurde 2017 in den Anhang XIV der REACH-VO aufgenommen und darf gemäß Restriktion 67 Anhang XVII REACH-VO nach dem 2.3.2019 als Stoff selbst weder hergestellt noch in den Verkehr gebracht werden.

T. werden auch unter Verwendung von →Bitumen hergestellt. Reine Bitumina enthalten nur Spuren an →Polycyclischen aromatischen Kohlenwasserstoffen bzw. deren krebserzeugende Leitsubstanz →Benzo[a]pyren. Nach den DIBt-Zulassungsgrundsätzen Innenraum darf Benzo[a]pyren nicht aktiv eingesetzt werden. Da BaP jedoch in Bitumen enthalten ist, wird in den Zulassungsgrundsätzen der Gehalt auf 5 mg BaP/kg Bitumen beschränkt. Dieser Wert ist von reinen Bitumina ohne Probleme einzuhalten und stellt sicher, dass keine teerölhaltigen Verschnittbitumina zum Einsatz kommen.

Da die T. großflächig in Innenräumen verlegt werden, ist es wesentlich, auf emissionsarme Produkte zu achten. Die Musterverwaltungsvorschrift Technische Baubestimmungen (→MVV TB, siehe auch →Musterbauordnung) konkretisiert die Anforderungen, die es gilt einzuhalten. Zur bauwerksseitigen Beschränkung gesundheitsschädlicher Emissionen in Aufenthaltsräumen gegenüber T. besteht die Technischen Regel „Textile Bodenbeläge: 2017-05“ (Anhang 9 der MVV TB). Danach erfolgt die Prüfung und Bewertung insbesondere der Inhaltsstoffe und der Emissionen flüchtiger organischer Verbindungen. Die Emissionsmessungen auf →VVOC, →VOC und →SVOC erfolgen gemäß

T

der Norm DIN prEN 16516:2015-07 (zukünftig DIN EN 16516:2018-01) und die Bewertungen anhand der Anforderungen an bauliche Anlagen bezüglich des Gesundheitsschutzes (ABG). Beim Einsatz von bitumenhaltigen Schwerbeschichtungen ist die Prüfung des PAK-Gehaltes des Bitumens erforderlich. Der analytische Nachweis der →PAK erfolgt nach Vorgaben der Environmental Protection Agency (EPA) in Anlehnung an AfPS GS 2014:01 PAK. Der Gehalt an BaP als Leitsubstanz wird auf 5 mg/kg und für PAK auf 50 mg/kg beschränkt. Der Blaue Engel zum Zeichen RAL-UZ 128 Emissionsarme textile Bodenbeläge (2016) stellt weitergehende Anforderungen, u.a. keine halogenierten Flammschutzmittel und Durchführung einer Geruchsemissionsprüfung.→Bodenbeläge

Textile Glasfasern Als T. werden silikatische Fasern bzw. →Künstliche Mineralfasern bezeichnet, die im Baubereich insbesondere als Glasfaserarmierungen oder Glasfaserzusatz zur Verstärkung anderer Materialien, z.B. von Putzen oder Kunststoffen, eingesetzt werden. T. dienen als endlos gesponnene Fasern auch zur Herstellung von Vorhängen und Glasfasertapeten. Die Fasern weisen einen gegenüber →KMF vergleichsweise großen Durchmesser auf (6 bis 15 µm) und sind damit nicht lungengängig (und damit auch nicht krebserzeugend).

Textiltapeten T. sind →Tapeten aus einer Trägerschicht, auf die textile Stoffe aus Natur- oder Synthesefasern aufgetragen werden. Als Naturfasern werden u.a. Baumwolle oder Jute, als Synthesefaser wird hauptsächlich →Polyacrylnitril verwendet. Mögliche Trägermaterialien sind einschichtiges Papier, mehrschichtiges Papier (spaltbar), Kreppapier (einschichtig), Styropor oder Synthetik-Vlies. Bei Kettfadentapeten sind die Fäden nur in Längsrichtung aufkaschiert, bei Gewebetapeten kreuzen sich Kett- und Schussfaden. Ebenfalls zu den T. gehören die →Velourstapeten, die sich im Aussehen jedoch stark unterscheiden.
T. wurden teilweise mit Formaldehyd-Harzen behandelt, um eine verbesserte Nassreißfestigkeit zu erreichen (bei deutschen Produkten nicht mehr bekannt). Wollfasern können mit →Formaldehyd als Faserschutz versehen sein. Mehrschichtige T. bieten den Vorteil, dass die Tapete bei der Entfernung mit der obersten Schicht abgezogen werden kann.
Mit →Kunstharzen versehene oder mit Kunstharzklebstoffen verlegte T. verschlechtern die Wasserdampfdiffusionsfähigkeit der Wand (→Raumklima). Für Hausstauballergiker sind T. problematisch, da sie Staubfänger sind. Kritisch zu beurteilen ist auch die mögliche fungizide (pilztötende) Ausrüstung von T.

Thermoplaste T. sind →Kunststoffe, die durch Wärmeeinwirkung verformbar sind. T. sind z.B. die Polyolefine wie →Polyethylen und →Polypropylen und die Polyvinylverbindungen.

Thermotapeten T. bestehen aus einer dünnen Dämmschicht aus →Polystyrol, →Polyurethan oder →Kork. Bei manchen Produkten ist auf die Dämmschicht eine Aluminium-Folie kaschiert. Sie wird häufig in Mietwohnungen als Wärmedämmung für feuchte und kalte Wände eingesetzt. Dies sind allerdings in der Regel falsche Sanierungsversuche, weil sich Kondensationszonen bilden, die den Schimmelbefall eher fördern. Häufig fällt der →Schimmel hinter der T. an, dadurch sind die Flecken zwar nicht sichtbar, aber die gesundheitsschädlichen Sporen werden trotzdem in den Raum abgegeben. Bleibt die →Feuchtigkeit hinter der Tapete, weil die Ursache mangelnde Luftzirkulation nicht behoben wurde, löst sich die Tapete ab. Der Wärmedämmeffekt ist ohnehin gering. Günstig kann die Alu-kaschierte Dämmschicht hinter Heizkörpern angebracht, die Strahlungswärme in den Raum reflektieren und die Wärmeverluste an dieser Stelle reduzieren.

ThermoTimber →Holzmodifikation

Thermowood →Holzmodifikation

Thiocyanate T. sind als →Fotoinitiatoren Bestandteile von strahlenhärtenden Beschichtungssystemen.

Thiokol Handelsbezeichnung für →Polysulfid-Dichtstoffe, die früher unter Zugabe von →Polychlorierten Biphenylen (PCB) hergestellt wurden.

Thioplaste Handelsbezeichnung für →Polysulfid-Dichtstoffe, die früher unter Zugabe von →Polychlorierten Biphenylen (PCB) hergestellt wurden und bis in die 1970-er Jahre in großen Mengen im Stahlbetonfertigteilbau eingesetzt wurden und Anlass für umfangreiche Sanierungsarbeiten bieten.

Thiram (CAS 137-26-8) T. (TMTD, Tetramethylthiuramdisulfid) gehört zur Gruppe der Dithiocarbamate, das sind Ester und Salze der Dithiocarba-

minsäure. T. findet überwiegend Verwendung in der gummiverarbeitenden Industrie als Vulkanisationsbeschleuniger in →Polysulfid-Dichtstoffen, Hartgummi (Autoreifen, Griffen), Heißluftvulkanisaten, transparenten Gummiartikeln, Gummihandschuhen und Gummiklebern.
Dithiocarbamate werden auch als Fungizide, Herbizide und Insektizide – meist in Form von Spritzpulvern – eingesetzt. T. wird auch als Repellens gegen Kaninchen oder Wühlmäuse gebraucht.
Von T. gehen akute oder chronische Gesundheitsgefahren aus. Der Stoff reizt die Haut, die Augen und die Atemwege. Ein wiederholter oder länger andauernder Kontakt kann eine Sensibilisierung auslösen. Im Tierversuch wurden eine Beeinträchtigung der Fortpflanzungsfähigkeit und eine erbgutschädigende Wirkung festgestellt. T. ist als umweltgefährlich eingestuft. (Zulassungsbericht Bundesamt für Verbraucherschutz und Lebensmittelsicherheit 2009) Sehr giftig für Wasserorganismen, Zulassung läuft Ende 2019 aus. →Biozidverordnung
EU-GHS-Einstufung und Kennzeichnung (EG) Nr. 1272/2008 CLP: Akute Toxizität Kategorie 4: Acute Tox. 4; H302 Gesundheitsschädlich bei Verschlucken; H332 Gesundheitsschädlich bei Einatmen; Reizwirkung auf die Haut Kategorie 2: Skin Irrit. 2; H315 Verursacht Hautreizungen; Augenreizung Kategorie 2: Eye Irrit. 2; H319 Verursacht schwere Augenreizung; Spezifische Zielorgan-Toxizität (wiederholte Exposition) Kategorie 2: STOT RE 2; H373 Kann die Organe schädigen bei längerer oder wiederholter Exposition; Akut gewässergefährdend Akut 1: Aquatic Acute 1; H400 Sehr giftig für Wasserorganismen; Langfristig gewässergefährdend Chronisch 1 Aquatic Chronic 1; H410 Sehr giftig für Wasserorganismen, mit langfristiger Wirkung.

Thixotrop Gelartig. Bsp.: T.-Lasuren sind im Gebinde gelartig, d.h., die Lasur kann als kompakte Masse mit dem Pinsel aufgenommen werden, ohne dass sie tropft. Erst durch die Streichbewegung des Pinsels wird sie flüssig (vorteilhaft beim Überkopf-Streichen).

Tiefdrucktapeten Tiefdruck ist neben dem Siebdruck eine der heute gebräuchlichsten Druckverfahren für →Tapeten. Die Tiefdrucktechnik ermöglicht es, Muster fotografisch getreu wiederzugeben. Die Farbauszüge werden dabei auf fotomechanischem Wege gerastert auf die Druckzylinder und von dort auf das Papier übertragen. Mit dem Tiefdruckverfahren können →Papier-, →Kunststoff- und auch →Metalltapeten bedruckt werden. Die Druckfarben für T. sind heute im deutschsprachigen Raum überwiegend wasserbasierend.

Tiefgrund T. dient der Untergrundvorbereitung zur Verbesserung der Haftung von →Anstrichstoffen und →Tapeten. Aus anwendungstechnischen Gründen sollen die Mittel die gleichen Bestandteile wie das gewählte Anstrichmittel enthalten, da es sonst zu Schäden beim Anstrich kommen kann. T. wird auf stark saugenden, wenig festen, mineralischen Untergründen eingesetzt. Er dient auch zur Absperrung von Rauch-, Wasser- und Ölflecken (→Absperrfarben). Damit das Mittel tief in den Untergrund einwirken kann, beträgt der Lösemittelanteil teilweise bis zu 85 %. Ölhaltiger T. enthält →Alkydharzlacke und Öllacke. Ölfreier T. ist auf der Basis von →Kunstharzen (z.B. →Polyvinylacetat, Chlorkautschuk, →Polyurethane, →Phenol-Formaldehyd-Harz) aufgebaut.
Wegen des sehr hohen Lösemittelgehaltes müssen Schutzmaßnahmen während der Verarbeitung getroffen werden. Die verschiedenen Lösemittel (z.B. →Alkohole, →Testbenzin, →Aromaten, →Chlorierte Kohlenwasserstoffe) stellen zudem eine Umweltbelastung dar. Bei Phenol-Formaldehyd-Harzen kann →Formaldehyd freigesetzt werden. Je nach Kunstharz muss mit dem Ausgasen von →Restmonomeren gerechnet werden. Reste des T. sind als Sondermüll zu entsorgen und dürfen nicht in das Abwasser gelangen. →Haftgrund

Tischlerplatten Als T. werden nach DIN EN 636 Stab- und Stäbchensperrholzplatten bezeichnet. Die Platten bestehen aus einer Mittellage von Holzstäben oder Stäbchen, die beidseitig mit einem Deckfurnier verleimt ist. →Sperrholz

Titandioxid T. ist das wichtigste Weißpigment. Beschichtungsmaterialien sind mit rund 60 % Marktanteil die wichtigste Anwendung von T.
Bei der Herstellung von T. nach dem Sulfatverfahren entsteht verdünnte Schwefelsäure, die sich wiederverwenden lässt. In einigen Ländern wird diese Dünnsäure aber noch zum Teil in Flüsse und Meere geleitet oder abgelassen („Dünnsäureverklappung"). Titanoxid kann auch nach dem Chloridverfahren gewonnen werden. Das verwendete Chlor wird dabei weitgehend im Prozesskreislauf geführt, dennoch fallen nicht unwesentliche Men-

gen an Chlorabfällen an (bis zu 300 kg/t T.-Pigment und darüber). In beiden Verfahren entstehen als Nebenprodukt Eisensalze, die unter anderem zur Chromat-Reduktion in Zementen, Abwasserbehandlung und in Biogas-Anlagen eingesetzt werden. Der Energiebedarf ist für beide Verfahren hoch. Die Richtlinien für die T.-Produktion wurden 2010 in die Industrieemissions-Richtlinie (2010/75/EU) integriert. Die Richtlinie verbietet u. a. die Einleitung von Dünnsäure aus T. produzierenden Anlagen in Gewässer, Meere oder Ozeane und legt Grenzwerte für die Emissionen in Wasser und Luft fest.

T. wird zunehmend in Form von Nanopartikeln eingesetzt, die kleiner als 100 Nanometer sind und sehr viel kleiner als die Pigmente und über eine wesentlich größere Oberfläche verfügen. In dieser Form ist es farblos und fotokatalytisch aktiv. Bei der Fotokatalyse können Schadstoffe wie Stickoxide und organische Verbindungen abgebaut werden. Welche Gefahr T.-Nanopartikel für Mensch und Umwelt darstellen, ist jedoch noch unzureichend erforscht und bislang sind unter REACH nanospezifische Anforderungen für Nanomaterialien nicht klar geregelt. Erst ab 2020 werden mit der geänderten REACH-Verordnung für die Registrierung nanoskaliger Substanzen detaillierte Daten zu Materialien und deren Nanoformen von Herstellern, Importeuren und nachgeschalteten Anwendern eingefordert.

Der Ausschuss für Risikobeurteilung (RAC) der Europäischen Chemikalienbehörde ECHA hat empfohlen, T. in Kategorie 2 als Stoff mit Verdacht auf krebserzeugende Wirkung beim Menschen durch Einatmen einzustufen (9.6.2017) und dies im Januar 2018 bestätigt. Er folgte damit nicht dem Vorschlag der französischen Behörde ANSES, T. als carc 1B, wahrscheinlich krebserregend, einzustufen. Dabei ist noch nicht geklärt, ob es sich bei den Ergebnissen aus einer Tierstudie zur Inhalation um den stofflichen oder einen Partikeleffekt handelt. Eine Entscheidung der zuständigen Behörden der Mitgliedsstaaten (CARACAL, Competent Authorities for REACH and CLP) steht noch aus. 2010 hatte die IARC T. in die Kategorie 2B möglicherweise krebserregend für den Menschen eingestuft.

Titanweiß →Titandioxid

Titanzink T. (seit 1965 auf dem Markt) ist eine Legierung von elektrolytisch gewonnenem Feinzink mit geringen, genau definierten Zusätzen von Titan und Kupfer (Reinheitsgrad von 99,995 % Zn). Die Titanbeigabe senkt die Sprödigkeit des wesentlich billigeren →Zinks und reduziert die Umwandlungstemperatur zur nichtmetallischen Modifikation von Zink, das früher die Zinkblecke im Außenbereich zerstörte (Zinkpest). Es hat dadurch eine verbesserte Dauerstandfestigkeit und geringere Wärmedehnung. T. wird z.B. für Bleche, Dachrinnen, Regenfallrohre und Klempnerprofile verwendet. Zinkblech wird heute im Bauwesen nur mehr in Form von →Titanzinkblech angeboten. Ökobilanzaspekte sind in der →EPD nachzulesen.

Titanzinkblech T. wird vor allem als Dachdeckungsmaterial eingesetzt. Barren aus →Titanzink werden in einem Walzwerk zu Blechen gewalzt und zugeschnitten. Der geringe Anteil an Titanmetall reicht aus, um die Umwandlungstemperatur von Zink zu reduzieren, damit das Bauteil nicht bei niedrigen Außentemperaturen durch Übergang in den nichtmetallischen Zustand zerstört wird. Zink ist ein →Schwermetall, Titan ein Übergangsmetall. Die Oberflächenbehandlung erfolgt durch Chromatieren (verdünnte Chromsäure), Phosphatieren (Schwermetall-Phosphatlösungen), galvanische Überzüge aus verschiedenen Metallen, farblose Lackschichten oder pigmentierte Beschichtungen. T. muss längere Zeit angewittert sein oder mit Sandpapier angeraut bzw. mit einem Primer grundiert werden, bevor ein Anstrich aufgetragen wird. Fettreste müssen vorher mit einem organischen →Lösemittel entfernt werden. Bei erhöhtem Schwefeldioxidgehalt der Luft erhöhen Anstriche die Lebensdauer. Verbindungen werden durch Weichlöten, Kleben, Falzen, Nieten, Schrauben hergestellt. Die Befestigung erfolgt mit feuerverzinkten Haftern oder Stiften. T. wird als relativ unedles Metall durch elektrochemische Korrosion von anderen Metallen angegriffen und sollte von diesen getrennt verwendet werden.

Hohe Umweltbelastungen bei der Herstellung von →Zink. Mögliche Gesundheitsbelastungen beim →Löten oder Kleben. Gesundheitlich verträglicher: Nieten, Schrauben, Falzen, Stecken, Klemmen. Zink wird von Dächern, Rinnen usw. abgeschwemmt und belastet somit Böden, Abwasser und Klärschlamm. T. hat die höchsten mittleren Abschwemmraten aller Baumetalle, gefolgt von →Kupferblechen. Besonders drastisch ist die Belastung der Ober- und Unterböden durch Dachabflusswasser: Bei der Muldenversickerung von Kupfer- und Zinkdachwässern sind die Bodensanierungswerte in zehn Jahren erreicht, bei Schacht- und Rigolenversickerung in 33 respektive 39 Jahren. Die Materialbeständigkeit hängt in erster Linie von der Verarbeitung ab. Der Korrosionsmaterialverlust von Zink ist wegen der Anfälligkeit gegenüber Weißrost und der Gefahr von Kontaktkorrosion besonders hoch. Laub in Dachrinnen fördert den Zinkabbau zusätzlich. T. lassen sich sehr gut recyceln: T.-Hersteller im Bereich Bedachungen und Fassaden nennen Recyclingquoten von über 90 %, allerdings gerechnet ab eingesammelten Altmetalls im Container. Der Energieaufwand für das Recycling entspricht etwa 5 % des Primärenergieaufwandes für die Neuherstellung. Messingschrott ist eine der größten Recyclingmöglichkeiten für Zink. Verhalten in Müllverbrennungsanlagen und auf Deponien problematisch (→Metalle). [UBA Leitfaden für das Bauwesen 17/05: Reduktion von Schwermetalleinträgen aus dem Bauwesen in die Umwelt] →EPD der Hersteller

TMTD →Thiram

TOC Total organic carbon = gesamter organischer Kohlenstoff; ein Analyseparameter, z.B. zur Bestimmung von organischen Anteilen in mineralischen Abfällen.

Toluol (CAS 108-88-3) T. gehört zur Gruppe der aromatischen Kohlenwasserstoffe (→Aromaten). Die Herstellung erfolgt durch fraktionierte Destillation von Erdöl oder Steinkohlenteer. T. wird in der chemischen Industrie als Ausgangssubstanz für viele Synthesen verwendet. Im Bausektor wird T. als →Lösemittel in →Anstrichstoffen (v. a. →Nitrolacke) eingesetzt, findet sich in manchen →Klebstoffen oder ist Bestandteil von →Verdünnern. T. trägt als Kohlenwasserstoff bei Anwesenheit von Stickoxiden zum fotochemischen Sommersmog bei. Außer aus Bauprodukten wird die Innenraumluft auch durch →Tabakrauch und frische Druckerzeugnisse mit T. verunreinigt. Die Geruchsschwelle beträgt ca. 0,6 bis 3 mg/m^3. T. ist neurotoxisch und steht im Verdacht auf reproduktionstoxische Wirkung (EU: R_E3, CLP Kat. 2). →Innenraumluft-Richtwerte RW I: 0,3 mg/m^3, RW II: 3 mg/m^3 (AIR 2016). MAK-Wert: 50 ml/m^3 = 190 mg/m^3, NIK 1,9 mg/m^3.
Gemäß →REACH-VO Anhang XVII eingestuft mit: Darf nicht in Konzentrationen von ≥ 0,1 Gew.-% in für die Abgabe an die breite Öffentlichkeit bestimmten Klebstoffen und Farbsprühdosen in Verkehr gebracht oder verwendet werden.
EU-GHS-Einstufung und Kennzeichnung (EG) Nr. 1272/2008 CLP: Entzündbare Flüssigkeit Kategorie 2: Flam.Liq. 2; H225 Flüssigkeit und Dampf leicht entzündbar; Reizwirkung auf die Haut Kategorie 2: Skin Irrit. 2; H315 Verursacht Hautreizungen; Aspirationsgefahr Kategorie 1: Asp. Tox. 1; H304 Kann bei Verschlucken und Eindringen in die Atemwege tödlich sein; Spezifische Zielorgan-Toxizität (einmalige Exposition) Kategorie 3: STOT SE 3; H336 Kann Schläfrigkeit und Benommenheit verursachen; Spezifische Zielorgan-Toxizität (wiederholte Exposition) Kategorie 2: STOT RE 2; H373 Kann die Organe schädigen bei längerer oder wiederholter Exposition; Reproduktionstoxizität Kategorie 2: Repr. 2; H361d Kann vermutlich das Kind im Mutterleib schädigen.

Tolylfluanid (CAS 731-27-1) T. (1,1-Dichlor-N-((dimethyl-amino)sulfonyl)-1-fluor-N-(4-methylphenyl) methansulfenamid) ist ein →Fungizid und gehört mit Dichlofluanid zur Gruppe der Sulfonamide. Im Pflanzenschutz werden die Stoffe als Blatt-Fungizide eingesetzt. T. und Dichlofluanid gehören zu den am meisten verwendeten bläuewidrigen Wirkstoffen in lösemittelhaltigen Grundierungen und Lasuren (z.B. Holzfenster). T. ist toxischer als Dichlofluanid. Gefahrstoffrechtliche Einstufung: giftig, reizt die Augen, Atmungsorgane und die Haut, Sensibilisierung durch Hautkontakt möglich, umweltgefährlich.
EU-GHS-Einstufung und Kennzeichnung (EG) Nr. 1272/2008 CLP: Reizwirkung auf die Haut Kategorie 2: Skin Irrit. 2; H315 Verursacht Hautreizungen; Augenreizung Kategorie 2: Eye Irrit. 2; H319 Verursacht schwere Augenreizung; Sensibilisierung der Haut Kategiorie 1: Skin Sens. 1; H317 Kann allergische Hautreaktionen verursachen; Spezifische Zielorgan-Toxizität (einmalige Exposition) Kategorie 3: STOT SE 3; H335 Kann die Atemwege reizen; Akut gewässergefährdend Akut 1: Aquatic Acute 1; H400 Sehr giftig für Wasserorganismen.
Nach Durchführungsverordnung (EU) 2016/1087 der EU-Kommission vom 5.7.2016 ist T. als alter Wirkstoff zur Verwendung von Biozidprodukten der Produktart 7 genehmigt.

Ton T. ist das Bindemittel im →Lehm. Mit T. können entweder Gesteinspartikel bestimmter Größe oder ein bestimmtes Mineral bezeichnet werden. Das Gesteinspartikel T. ist durch eine Korngröße von maximal 0,002 mm gekennzeichnet.

Tonmineralien sind aus der Verwitterung von feldspathaltigen Gesteinen entstanden. Sie sind die Hauptbestandteile des T. Es sind meist Hydrosilikate von Aluminium, aber auch von Magnesium und Eisen mit geringen Alkalianteilen. Tonmineralien zeigen einen schichtförmigen Aufbau aus plättchenförmiger Struktur. Die Abstände zwischen diesen Schichten sind je nach Tonart fest oder veränderlich. Das bedeutet, dass bei Wasseraufnahme zum Teil erhebliche Volumenveränderungen auftreten können. Als unveränderliches Tonmineral gilt das →Kaolin, welches aufgrund dieser Eigenschaft auch in der Porzellanherstellung wichtig ist. Als weitere Tonmineralien sind das leicht veränderliche Illit sowie das äußert expansive →Montmorillonit zu nennen.
T. besteht aus reinen Tonmineralien mit geringen Verunreinigungen. In reiner Form ist T. weiß, die unterschiedlichen Färbungen erhält er durch geringfügige Verunreinigungen. T. enthält Strukturwasser, Kohäsionswasser (Oberflächenschicht um jedes Tonplättchen) und Porenwasser (frei bewegliches Wasser dazwischen). Das molekular gebundene Strukturwasser wird erst bei einer Hitzeeinwirkung ab 500 °C ausgetrieben (Brennen des T.). Dieser Vorgang kann nicht rückgängig gemacht werden. Kohäsions- und Porenwasser können dagegen beliebig oft aufgenommen und abgegeben werden. Durch diese einfache Umkehrbarkeit ist ungebrannter T. nicht wasserbeständig. Bauten aus →Lehm bzw. mit Putzen und Vermörtelungen aus Lehm müssen daher vor Feuchtigkeit, insbesondere vor Niederschlägen, geschützt werden.
Kann sich T. in Wasser langsam absetzen, so richten sich die Tonplättchen in horizontaler Richtung aus. Hierdurch wirkt Lehm bzw. T. sperrend für Wasser in senkrechter Richtung zu der Plättchenstruktur. Durch diese Eigenschaft wirken Lehmschichten im Erdreich undurchlässig für Wasser.
Nach Hartgesteinen, Sand und Kies steht die Fördermenge von T. an dritter Stelle unter den mineralischen Rohstoffen in der Welt. T. bildet das Bindemittel in Produkten aus Lehm und wird gebrannt für →Mauerziegel, →Dachziegel keramische →Fliesen, →Blähton und Schamotte eingesetzt.

Toner Toner für →Laser-Drucker oder Kopierer setzen sich im Wesentlichen wie folgt zusammen:

- Styrolacrylatcopolymer oder Polyester (Bindemittel)
- Farbpigmente (bei schwarzen Tonern Eisenoxid oder Ruß)
- Hilfsstoffe, z.B. Wachse und Kieselsäuren

Genaue Rezepturen sind aber nicht bekannt. Hinweise auf gesundheitliche Beeinträchtigungen durch T. gibt es aus dem arbeitsmedizinischen Bereich. Betroffene klagen vor allem über allergische Symptome: Die Nase läuft, Augen und Rachen schmerzen, zum Teil tritt asthmaähnlicher Husten auf. Durch Ärzte wurden dem →BfR ca. 90 Fälle gemeldet, in denen nach der Benutzung von Laser-Druckern und Kopierern überwiegend allergische Reaktionen aufgetreten sind. Wissenschaftliche Studien, die sich mit der Wirkung von T.-Staub auf den Menschen beschäftigt haben, fehlen bis heute. Neben den Inhaltsstoffen der T. müssen auch andere aus dem Druckprozess freigesetzte Stoffe wie etwa Papierstäube oder der Materialabrieb der Maschinen berücksichtigt werden. Durch die LGA wurden 85 verschiedene schwarze T. auf ihren Schwermetallgehalt untersucht. In einigen wenigen Proben wurden im Vergleich zu durchschnittlichem →Hausstaub leicht erhöhte →Nickel- und →Cobalt-Konzentrationen festgestellt. T. enthalten jedoch z.T. erhebliche Mengen des stark krebserzeugenden →Benzols. Bei Untersuchungen in Emissionsprüfkammern zeigten 11 von 65 Laser-Druckern und Kopierern Benzol-Immissionsraten zwischen 0,1 und 25 µg/min (Jungnickel, 2003). Unter ungünstigen räumlichen Verhältnissen ist mit deutlich erhöhter Benzol-Raumluftkonzentration zu rechnen. Auch →Styrol und →TVOC sind in manchen T. stark erhöht und können bei empfindlichen Personen zu Befindlichkeitsstörungen führen.
Für besonders emissionsarme Laser-Drucker und Kopierer kann der →Blaue Engel (RAL-ZU 62 bzw. RAL-UZ 85) verliehen werden.

Tabelle T5: Untersuchung von 100 Toner-Proben auf Styrol, Benzol und TVOC (Headspace-Analysen; Quelle: Jungnickel & Kubina. http://www.lga.de/de/aktuelles/veroeffentlichungen_emissionen_laserdrucker.shtml)

Stoff	Proben-Anzahl	Maximalwert [mg/kg]	Arithm. Mittelwert [mg/kg]	Medianwert [mg/kg]
Styrol	137	860	75	32
Benzol	137	120	3	< 0,1
TVOC	102	1.330	256	170

Tonerdezement T. (CAC-Zement) besteht zu ca. 70 bis 80 % aus Calciumaluminaten (kalkärmere, kein Tricalciumaluminat). Die Herstellung erfolgt aus Kalkstein und →Bauxit im Schmelzfluss bei 1.500 bis 1.600 °C. Wegen des hohen Schmelzpunktes wird T. als feuerfester Baustoff verwendet. Er ist nicht für bewehrte, tragende Bauteile zugelassen, da kein Korrosionsschutz gegeben ist (kein Calciumhydroxid). Wegen der hohen Herstellungstemperatur ist der Energiebedarf höher als bei anderen →Zementen.

Topfkonservierungsmittel Wässrige Anstrichmittel wie →Dispersionsfarben oder wasserbasierte Lacke bilden einen idealen Nährboden für Mikroorganismen. Damit diese Produkte nicht vorzeitig verderben, werden ihnen →Biozide beigegeben. Durch den Zusatz in Farbe und Verputz werden die Produkte zu einer →Behandelten Ware. Ihre Funktion erfüllen diese Biozide nur im Farbeimer bzw. in der Lackdose und werden daher als T. (Produktart 6 (PA 6)) bezeichnet. Nach dem Verstreichen des Anstrichs verdampfen sie und gelangen damit in die Raumluft. Folgende Stoffe werden eingesetzt:

- Formaldehyd bzw. Formaldehydabspalter, z.B. N-Formale (z.B. Methylolharnstoffe, Dimethyloldimethylhydantoin. Trimethylolallantoin), O-Formale (z.B. Phenylmethoxymethanol, 2.5-Dioxahexa-1.6-diol)
- Gemisch aus 5-Chlor-2-Methy1-4-isothiazolin-3-on (CMIT)/2-Methyl-4-isothiazolin-3-on (MIT)
- Gemisch aus 2-Methyl-2(H)-isothiazol-3-on/ 1.2-Benzisothiazol-3 (2H)-on Silberchlorid (BIT)
- 3-Iod-2-propinyl-butylcarbamat

Im Mittelpunkt der Diskussion stehen die (chlorierten) Isothiazolinone und Formaldehyd bzw. Formaldehydabspalter. Bei der Verarbeitung von Wandfarben, die Formaldehydabspalter enthalten, muss sowohl bei der Verarbeitung als auch bis zu zwei Wochen später mit →Formaldehyd in der Raumluft gerechnet werden. Dies kann zu Schleimhautreizungen besonders der Augen führen. Die Konzentrationen nehmen aber schnell ab. Bei der Gruppe der →Isothiazolinone ist es vor allem die Stoffkombination 2-Methyl-4-isothiazolin-3-on und 5-Chlor-2-methyl-4-isothiazolin MIT/CMIT, die zu gesundheitlichen Beeinträchtigungen führen kann. In den ersten Tagen nach dem Anstreichen enthält die Raumluft gesundheitlich bedenkliche Konzentrationen an MIT/ CMIT. Hautkontakt und selbst ein Kontakt über die Luft kann bei sensibilisierten Menschen akute Hautekzeme hervorrufen. Der Einsatz von MIT/CMIT und Formaldehydabspaltern ist auch für emissionsarme Wandfarben mit dem Umweltzeichen RAL-UZ 102 (→Blauer Engel) nicht verboten. Die Stoffgehalte sind für solche Produkte allerdings begrenzt. MIT/CMIT kommt mittlerweile weniger zum Einsatz und wird durch BIT und Pyrithionzink ersetzt.

Toxizitätsäquivalent T. (TEQ) dienen der Abschätzung der Giftigkeit einer Stoffgruppe, indem die Einzelwirkungen summiert und auf die Wirkung eines Einzelstoffs bezogen werden. Anwendung finden T. insbes. bei den polychlorierten →Dioxinen. Man geht davon aus, dass die verschiedenen Dioxine die gleichen toxischen Wirkungsmechanismen haben und sich nur in der Stärke ihrer Wirkung unterscheiden. Diese unterschiedliche Wirkungsstärke wird mit einem Faktor, dem T.-Faktor (TEF), berücksichtigt. Dabei bewertet man die relative Giftwirkung der einzelnen Verbindungen im Vergleich zu dem hochgiftigen 2,3,7,8-TCDD. Dieses hat den Faktor 1. Die toxische Wirkung wird dann über die Gehalte der Einzelverbindungen und dem zugehörigen Faktor als sogenanntes T. (TEQ) errechnet und addiert. Der TEQ-Wert entspricht dann der toxischen Wirkung einer vergleichbaren Menge des 2,3,7,8-TCDD. Bei rechtlichen Regelungen im Umweltbereich wird derzeit am häufigsten die I-TEF-Liste von 1988 zur Ermittlung eines I-TEQ verwendet (I-TEF auch TEF nach NATO/ CCMS). Eine Fortentwicklung dieser Liste stellen die von der WHO 1998 aufgestellten TEF-Werte dar. Hier werden auch die zwölf coplanaren →Polychlorierten Biphenyle (PCB) in den TEQ-Wert mit einbezogen, da sie durch ihre dioxinähnliche chemische Struktur auch eine dioxinähnliche toxische Wirkung zeigen und damit zur Gesamtbelastung durch Dioxine und dioxinähnliche Verbindungen beitragen.

TPO-Dichtungsbahnen T. sind spezielle →Kunststoff-Dichtungsbahnen für den bekiesten oder begrünten Flachdach-Bereich (Umkehrdach, Duodach, ...). Die Grundlage für TPO (Thermoplastische Polyolefine nach SIA V 280) bildet zumeist →Polypropylen (PP), in dem fein verteilt Elastomerparti-

T

kel mit mehr oder weniger starker Vernetzung eingebettet sind. Eine zusätzliche chemische Vernetzung ist dabei nicht erforderlich. Mit einem Massenanteil von rund 97 % ist Polypropylen der Hauptbestandteil, die restlichen 3 % setzen sich aus der Elastomerkomponente, Farbpigmenten und Stabilisatoren (Wärme-, UV-Beständigkeit) zusammen. Verschiedene Hersteller und Verbände bezeichnen TPO auch als FPO (Flexible Polyolefine) oder FPA (Flexibles Polyolefin Alloy). Die Folien werden je nach Einsatzzweck unarmiert oder mit Polyestergewebe, Polyestervlies oder Glasvliesarmierung hergestellt.

T. haben sowohl thermoplastische Eigenschaften (thermisch verformbar) als auch Kautschuk-Eigenschaften (elastisch):

- TPO hat eine chemisch eingebaute Elastizität, im Gegensatz zu Thermoplasten, bei denen die „Elastizität" durch physisches Auseinanderziehen der Polymerketten erzeugt wird.
- TPO hat ein breites Fließverhalten, wohingegen die reinen →Kautschuk-Dichtungsbahnen überhaupt kein Fließverhalten haben.

T. zeichnen sich durch hohes Dehnvermögen, leichte Verarbeitung und lange Haltbarkeit aus. Sie sind bitumenverträglich und verträglich mit →Polystyrolplatten. Sie gelten im Bahnenquerschnitt als wurzelfest. Die Verlegung erfolgt einlagig, entweder lose und mit Auflast versehen, mechanisch fixiert oder partiell und/oder vollflächig verklebt. Die Bahnen werden mit Heißluft homogen verschweißt. Dicke: ca. 1,2 bis 3 mm.

Durch den Verzicht auf Chlor und Weichmacher sind T. eine umweltverträgliche Alternative zu →PVC-Dichtungsbahnen. T. geben während ihrer Nutzungsdauer keine umweltschädlichen Chemikalien ab. Sie sind recycelbar, bei der Verbrennung von T. entstehen keine gefährlichen Stoffe.

Tränkmittel Dielektrische Flüssigkeit in →Kondensatoren

Transfluthrin (CAS 118712-89-3) Insektizid aus der Gruppe der →Pyrethroide, das in Innenräumen in →Elektroverdampfern zum Abtöten von Fliegen und Mücken eingesetzt wird.

EU-GHS-Einstufung und Kennzeichnung (EG) Nr. 1272/2008 CLP: Reizwirkungen auf die Haut Kategorie 2: Skin Irrit. 2; H315 Verursacht Hautreizungen; Akut gewässergefährdend Akut 1: Aquatic Acute 1; H400 Sehr giftig für Wasserorganismen; Langfristig gewässergefährdend Chronisch 1 Aquatic Chronic 1; H410 Sehr giftig für Wasserorganismen, mit langfristiger Wirkung.

→Biozidverordnung

Transmissionswärmeverluste T. setzen sich zusammen aus den einzelnen Verlusten über die Bauteile, die das beheizte Volumen umfassen. Bestimmend für die Größe des Verlustes ist der →U-Wert. Neu hinzugekommen bei der Betrachtung der Transmissionswärmeverluste ist die Berücksichtigung und Einberechnung von Wärmebrücken. →Lüftungswärmeverlust, →Heizwärmebedarf, →Wärmedämmung

Transparente Wärmedämmung Die Grundlage der T. (TWD) ist das „Eisbärprinzip": Das Licht tritt ungebremst durch das Eisbärfell und trifft auf die dunkle Haut, wo es in Wärme umgewandelt wird. Gegen Wärme aber wirkt das Fell trotz seiner Transparenz isolierend. Die T. hebt den Temperaturunterschied zwischen Wohnraum und Außenklima durch die Nutzung der Solarstrahlung auf. An der Außenseite der Wand wandelt die T. die Solarstrahlung um und schafft so eine warme Zone rund um das Haus. Dem Haus wird sozusagen eine warme Klimazone vorgespielt. T.-Systeme verwenden Glas, Kartonwaben, Kunststoffwaben oder -röhrchen oder Kunststofffasern zwischen Glasscheiben oder Folien. Die TWD benötigt im Sommer keine Abschattung, da der Sonnenstand in dieser Zeit zu steil ist, um tief genug in das System eindringen zu können. Das Resultat der T. sind relativ dünne Außenwände, die je nach Himmelsrichtung praktisch keine Wärme mehr nach außen durchlassen. Das bedeutet aber auch einen Gewinn an Raumfläche bei gleichzeitiger Einsparung an Baumaterialien. Weitere Vorteile des Systems sind Wartungsfreiheit, Werterhaltung, Schallschutz und die ansprechende Optik der Glasfassade, die auch in unterschiedlichen Farben gestaltet werden kann. Kann auf Ost- oder Westseite von Gebäuden angebracht, wegen der tiefstehenden Morgen- und Abendsonnen im Sommer zu Überhitzungen führen, da die Selbstverschattung der Elemente nicht ausreicht, statt die Strahlungswärme in der Wärmedämmung zu belassen, sie nach innen ins Gebäude abgibt.

Transportbeton →Beton, der in frischem Zustand durch eine Person oder Stelle geliefert wird, die nicht der Verwender ist. Transportbeton ist auch vom Verwender außerhalb der Baustelle hergestellter Beton und auf der Baustelle nicht vom Verwender hergestellter Beton.

Trass T. ist gemahlenes vulkanisches Auswurfgestein, das neben anderen Materialien vor allem aus reaktionsfähiger Tonerde (Aluminiumoxid) und →Kieselsäure (Siliciumdioxid) besteht. Wird T. fein gemahlen, ist er in der Lage, mit einem Anreger, z.B. →Kalkhydrat, hydraulisch (zementartig) abzubinden. Er wirkt porenverschließend, ohne die Dampfdiffusionsfähigkeit herabzusetzen, und erhöht die Festigkeit im Mörtel. Wegen seiner hervorragenden Eigenschaften wird er u. a. als Zusatzstoff oder in Form von →Trasszement oder →Trasskalk in Mörteln für die Verlegung von verfärbungsempfindlichen Natursteinplatten eingesetzt. Je nach Herkunft ist eine erhöhte Radioaktivität möglich (→Radioaktivität von Baustoffen). T. wird im Tagebau gewonnen. In Deutschland gibt es zwei ausgeprägte Trass-Lagerstätten: in der Eifel (Rheinischer Trass) und bei Harburg auf der Schwäbischen Alb (Bayerischer Trass).

Trasskalk T. gehört zu den hydraulischen Kalksorten, welche auch unter Wasser abbinden können („Naturzement"). Er besteht aus einem Gemisch von →Trass mit gelöschtem Kalkpulver oder mit hydraulischem Kalk. Er wird als Bindemittel bei →Trasskalkmörtel eingesetzt. T. ist auch im Außenbereich einsetzbar und wird häufig bei der Sanierung alter Häuser verwendet.

Trasskalkmörtel T. sind hochhydraulische →Kalkmörtel, die aus →Trasskalk hergestellt werden. Sie ergeben sehr dichte, ausblühungsfreie Putze. T. eignen sich gut zum Verputzen oder zum Verfugen von Verblendern aus Naturstein oder Ziegel.

Trasszement T. (→Portlandpuzzolanzement) wird aus →Portlandzement und →Trass hergestellt. Trass macht →Zement beständig gegen Säuren und Laugen. T. ist daher zu empfehlen, wenn der Zement besonders aggressiven Stoffen ausgesetzt ist oder immer mit Wasser in Berührung kommt. Bei Verwendung von T. bei Platten- und Steinverlegearbeiten können deutliche Verminderungen von Ausblühungen erzielt werden. Ein weiterer Vorteil ist eine starke Gelbildung, wodurch sich der Mörtel besser verarbeiten lässt.

TRBA Abk. für Technische Regel für Biologische Arbeitsstoffe. Die TRBA stellen das technische Regelwerk zur →Biostoff-Verordnung dar.

Treibhausgase T. sind klimarelevante Spurengase in der Atmosphäre, die durch ihre Wärmeabsorptionseigenschaften einen Beitrag zum Treibhauseffekt leisten. Ohne T. würden die mittlere Oberflächentemperaturen auf der Erde nur etwa –18 °C betragen, ein Leben auf der Erde wäre unter diesen Bedingungen fast undenkbar. Zusätzliche, durch den Menschen verursachte Emissionen von Treibhausgasen haben jedoch in den letzten 100 Jahren zu einer Temperaturzunahme geführt (Anthropogener Treibhauseffekt). →Kohlendioxid trägt mit ca. 55 % zum anthropogenen Treibhauseffekt bei. Weitere T. sind Methan (15 % Beitrag), halogenierte und teilhalogenierte Kohlenwasserstoffe (24 %), →Ozon und Distickstoffoxid (6 %) sowie Wasserdampf.

Treibhauspotenzial GWP Das T. (Global Warming Potential) ist ein Maß/Umweltindikator für die relative Klimawirksamkeit eines Gases. Bezugsgröße ist das wichtigste →Treibhausgas →Kohlendioxid, dessen GWP-Wert mit 1 festgelegt ist. Die GWP-Werte hängen von der Wärmeabsorptionseigenschaft der Gase und ihrer Verweildauer in der Atmosphäre ab. Das Treibhauspotenzial kann für verschiedene Zeithorizonte (20, 100 oder 500 Jahre) bestimmt werden. Der kürzere Integrationszeitraum von 20 Jahren ist entscheidend für Voraussagen bezüglich kurzfristiger Veränderungen aufgrund des erhöhten Treibhauseffekts, wie sie für das Festland zu erwarten sind. Die Verwendung der längeren Integrationszeiten von 100 und 500 Jahren demgegenüber ist angebracht für die Evaluation des langfristigen Anstiegs des Wasserspiegels der Weltmeere und dient beispielsweise dazu, die Treibhausgase unter der Begrenzung des totalen, anthropogen verursachten Temperaturanstiegs auf z.B. 2 °C zu gewichten. Tabelle T6 zeigt das T. verschiedener Treibhausgase. Durch dynamische Prozesse werden diese Stoffe aber auch wieder aus der Atmosphäre entfernt und zum Beispiel im Meerwasser gespeichert. Deshalb ist die Länge der betrachteten Zeiträume für die Einschätzung des Potenzials wichtig. Werden nachwachsende Rohstoffe wie Holz verwendet, kann sogar ein negativer T.-Wert bilanziert werden, da Holz Kohlenstoff und damit CO_2 bindet. Während des Wachstums nehmen Pflanzen CO_2 auf und speichern dieses in Form von Kohlenstoffverbindungen. Sie senken somit den CO_2-Gehalt. Das aufgenommene CO_2 emittiert erst bei Verrottung oder Ver-

brennung wieder in die Atmosphäre – und schließt damit den Kreislauf.
Bei einer Vielzahl von Herstellungsprozessen werden Treibhausgase produziert. Eine Optimierung der Herstellungsprozesse von Baustoffen hin zu einer emissionsarmen Produktion und die Verwendung nachwachsender Ressourcen mit geringem T. können zu einer Verminderung des T. führen.

Tabelle T6: Treibhauspotenzial verschiedener Treibhausgase

Treibhausgas	GWP 100 Jahre (1994) in kg CO_2-Äquivalent
Kohlendioxid	1
Methan	24,5
Dichlormethan	9
Trichlormethan	5
Tetrachlormethan	1.400
HFKW R134a	1.300
HFKW R152a	150
HFCKW R141b	630
HFCKW R142b	2.000
Schwefelhexafluorid	24.900
Lachgas (N_2O)	320

Treibmittel →FCKW, →FKW/HFKW, →Ozonabbau in der Stratosphäre, →Polyurethan-Schäume, →Montageschäume, →EPS-Dämmplatten, →XPS-Dämmplatten

Tremolith Faserförmiger Vertreter der Amphibol-Asbest-Gruppe. →Asbest

TRGS Die Technischen Regeln für Gefahrstoffe (TRGS) geben den Stand der sicherheitstechnischen, arbeitsmedizinischen, hygienischen sowie arbeitswissenschaftlichen Anforderungen an Gefahrstoffe hinsichtlich Inverkehrbringen und Umgang wieder. Sie konkretisieren die Paragraphen der →Gefahrstoffverordnung. Sie werden vom Ausschuss für Gefahrstoffe (→AGS) aufgestellt und der Entwicklung angepasst. Die →Gefahrstoffverordnung vom 1.1.2005 enthielt keine Übergangsbestimmungen für das technische Regelwerk TRGS, die jedoch bis zur Einführung des neuen Regelwerks weiter Gültigkeit behielten. Im Jahr 2015 sind alle Übergangsfristen der Verordnung über die Einstufung, Kennzeichnung und Verpackung von Stoffen und Gemischen (EG) Nr. 1272/2008 (CLP-Verordnung) auch als EU-GHS-Verordnung bezeichnet, abgelaufen. Die bisherigen TRGS mussten dementsprechend an die →CLP-Verordnung angepasst werden. In diesem Sinne wurden alle bisherigen Bezüge zur Stoffrichtlinie und zur Zubereitungsrichtlinie angepasst, die damit am 1.6.2015 außer Kraft gesetzt werden konnten. Außerdem wurden die TRGS an die Gefahrstoffverordnung von 2016 angepasst und aktualisiert. Gemische mit alter Kennzeichnung, die vor dem 1.6.2015 verpackt und gekennzeichnet waren, durften noch bis 1.6.2017 verkauft bzw. abgegeben werden. In der Bekanntmachung GS 408 „Anwendung der GefstoffV und TRGS mit dem Inkrafttreten der CLP-Verordnung" sind die Hinweise zur Unterstützung der Arbeitgeber im Umstellungsprozess differenziert dargestellt. In den Anhängen wurde ein neuer Anhang 1 „Informationsquellen zur Einstufung von Stoffen und Gemischen" ergänzt. In einer Tabelle werden dort die wichtigsten Informationsquellen benannt und beschrieben. Die bisherige Anlage 1 wurde als neuer Anhang 2 „Vereinfachte Einstufung bei Informationsdefiziten" gefasst. Der AGS hat die bisherigen TRGS weitgehend überarbeitet. Die bisherigen Festlegungen von Auslöseschwellen krebserzeugender Stoffe und den TRK-Werten wurden mit Gefahrstoffverordnung am 1.1.2005 aufgehoben, die TRK-Werte abgeschafft und durch das risikobasierte AGW-Konzept ersetzt.
Das Technische Regelwerk und einzelne TRGS gliedern sich wie folgt:

- TRGS 001-099 Allgemeines, Aufbau und Beachtung
- TRGS 100-199 Begriffsbestimmungen
- TRGS 200-299 Inverkehrbringen von Stoffen, Zubereitungen und Erzeugnissen
  - TRGS 201 (Einstufung und Kennzeichnung bei Tätigkeiten mit Gefahrstoffen) (2/2017)
  - TRGS 220 (Nationale Aspekte beim Erstellen von Sicherheitsdatenblättern) (1/2017)
- TRGS 300-399 Arbeitsmedizinische Vorsorge
- TRGS 400-499 Gefährdungsbeurteilung
  - TRGS 400 (Gefährdungsbeurteilung für Tätigkeiten mit Gefahrstoffen) (7/2017)
  - TRGS 401 (Gefährdung durch Hautkontakt – Ermittlung, Beurteilung, Maßnahmen) (6/2008)

  - TRGS 402 (Ermitteln und Beurteilen der Gefährdung bei Tätigkeiten mit Gefahrstoffen: Inhalative Exposition) (2/2010)
  - TRGS 410 (Expositionsverzeichnis der Gefährdung gegenüber krebserzeugenden oder keimzellmutagenen Gefahrstoffen der Kategorien 1A und 1B (6/2015)
- TRGS 500-599 Schutzmaßnahmen bei Tätigkeiten mit Gefahrstoffen
  - TRGS 500 (Schutzmaßnahmen bei Tätigkeiten mit Gefahrstoffen) (1/2008)
  - TRGS 504 (Tätigkeiten mit Exposition gegenüber A- und E-Staub) (6/2016)
  - TRGS 507 (Oberflächenbehandlung in Räumen und Behältern) (3/2009)
  - TRGS 517 (Tätigkeiten mit potentiell asbesthaltigen mineralischen Rohstoffen und daraus hergestellten Gemischen und Erzeugnissen) (2/2013)
  - TRGS 519 (Asbest: Abbruch-, Sanierung- oder Instandhaltungsarbeiten) (1/2014)
  - TRGS 521 (Abbruch, Sanierungs- und Instandhaltungsarbeiten mit alter Mineralwolle) (2/2008)
  - TRGS 523 (Schädlingsbekämpfung mit sehr giftigen, giftigen und gesundheitsschädlichen Stoffen und Zubereitungen) (3/1996)
  - TRGS 553 (Holzstaub) (8/2008)
  - TRGS 559 (Mineralischer Staub) (2/2010)
- TRGS 600-699 Ersatzstoffe und Ersatzverfahren
  - TRGS 600 (Ersatzstoffe und Ersatzverfahren) (8/2008)
  - TRGS 610 (Ersatzstoffe und Ersatzverfahren für stark lösemittelhaltige Vorstriche und Klebstoffe für den Bodenbereich) (1/2011)
  - TRGS 617 (Ersatzstoffe für stark lösemittelhaltige Oberflächenbehandlungsmittel für Parkett und andere Holzfußböden) (2/2017)
  - TRGS 618 (Ersatzstoffe und Verwendungsbeschränkungen für Chrom(VI)-haltige Holzschutzmittel) (12/1997)
- TRGS 700-899 Brand- und Explosionsschutz
  - TRGS 800 (Brandschutzmaßnahmen) (12/2010)
- TRGS 900-999 Grenzwerte, Einstufungen, Begründungen
  - TRGS 900 (Arbeitsplatzgrenzwerte) (6/2006, zuletzt geändert 8.6.2017)
  - TRGS 905 (Verzeichnis krebserzeugender, keimzellmutagener oder reproduktionstoxischer Stoffe) (3/2016, zuletzt geändert 8.6.2017)
  - TRGS 910 (Risikobezogenes Maßnahmenkonzept für Tätigkeiten mit krebserzeugenden Gefahrstoffen) (2/2014, zuletzt geändert 8.6.2017)

Aufgehobene TRGS u.a.:

- TRGS 200 (Inverkehrbringen von Stoffen, Zubereitungen und Erzeugnissen) aufgehoben 25.8.2017
- TRGS 102 (Technische Richtkonzentrationen (TRK) für gefährliche Stoffe (5/2006) und den damit verbundenen Auslöseschwellen für krebserzeugende Arbeitsstoffe)

(BAuA: Bekanntmachung des BMAS vom 6.7.2015 – IIIb3-35122 – zur Anwendung der Gefahrstoffverordnung und der TRGS mit dem Inkrafttreten der CLP-Verordnung)

Tri Abk. für →Trichlorethylen.

Triazine Gruppe von Wirkstoffen, die als Pflanzenschutzmittel in der Landwirtschaft (Atrazin, Simazin) oder als →Biozide in Anstrichen und Putzen eingesetzt werden. Die Wirkstoffe →Cybutryn (nicht mehr zugelassen) und →Terbutryn sind mit gesundheits- und umweltschädigendem Potenzial verbunden. Kritisch ist vor allem die Langlebigkeit der Ausgangsverbindungen und einiger Umwandlungsprodukte in der Umwelt (Verweilzeit bzw. Halbwertszeit DT50 > 100 Tage).

Triazole T. sind fungizide Wirkstoffe, die im Pflanzenschutz und als bläuewidrige Wirkstoffe in Holzschutzmitteln und Holzfarben eingesetzt werden. Die wichtigsten Wirkstoffe sind Tebuconazol und Propiconazol. Beide Azole sind für PA 7 und PA 8 genehmigt bzw. in die Unionsliste aufgenommen, nachdem die Risiken für Mensch und Umwelt geprüft wurden.

Tributylzinn-Verbindungen →Zinnorganische Verbindungen, die aufgrund ihrer hohen endokrinen Wirkung in geringsten Konzentrationen und ihrer langen Verweilzeit in der Umwelt aus Produkten mittlerweile verbannt sind. Das heutige Vorkommen in Gewässern und Sedimenten beruht entweder auf Anwendungen aus alten Schiffsanstrichen oder der Remobilisierung von Sediment (→Antifouling).

Trichlorethylen (CAS 79-01-6) T. (Trichlorethen) gehört zur Gruppe der →Chlorierten Kohlenwasserstoffe (CKW) und war früher ein wichtiges techni-

sches →Lösemittel zur Entfettung von Werkstücken aus Metall und wurde auch als Lösemittel für Tauchlacke, Klebstoffe, Abbeizmittel u. a. verwendet. Heute ist es weitgehend durch weniger schädliche Produkte ersetzt.
T. wirkt narkotisierend auf das Zentralnervensystem, reizt die Haut und hat Suchtpotenzial (Schnüffelstoff). Akute Vergiftungen führen zu Hirnschäden. An glühenden Oberflächen wandelt sich T. in das hochgiftige →Phosgen und Salzsäure um. T. ist als krebserzeugend (MAK-Liste: Kat. 1) und erbgutschädigend (MAK-Liste 3B) als →CMR-Stoff eingestuft. Es ist nach der →REACH-VO in die Liste besonders besorgniserregender Stoffe als →SVHC aufgenommen und bedarf der Zulassung nach Anhang XIV aufgrund kanzerogener Eigenschaften (Art. 57a). Personenbezogene Verwendungen über 0,1 % sind verboten. Die Industrie sollte spätestens bis 04/2016 auf andere Stoffe statt T. zurückgreifen. Richtlinie über Industrieemissionen (EU) 2010/75 Innenraumluft risikobasierter Leitwert von 0,02 mg/m^3 (AIR 2015).
EU-GHS-Einstufung und Kennzeichnung (EG) Nr. 1272/2008 CLP: Reizwirkung auf die Haut Kategorie 2: Skin Irrit. 2; H315 Verursacht Hautreizungen; Augenreizung Kategorie 2: Eye Irrit. 2; H319 Verursacht schwere Augenreizung; Spezifische Zielorgan-Toxizität (einmalige Exposition) Kategorie 3: STOT SE 3; H336 Kann Schläfrigkeit und Benommenheit verursachen; Mutagenität Kategorie 2: Muta. 2; H341 Kann vermutlich genetische Defekte verursachen; Kanzerogenität Kategorie 1B: Carc. 1B; H350 Kann Krebs erzeugen; Langfristig gewässergefährdend Chronisch 3 Aquatic Chronic 3, H412 Schädlich für Wasserorganismen, mit langfristiger Wirkung.

Trichlormethan (CAS 67-66-3) T. (Chloroform) gehört zur Gruppe der →Chlorierten Kohlenwasserstoffen (CKW). Die industrielle Verwendung von T. ist in den letzten Jahren deutlich zurückgegangen. T. wirkt als Nervengift und ist leberschädigend. AGW-Werte: 0,5 ml/m^3 = 2,5 mg/m^3. T. ist als krebserzeugend (TRGS 905: 1B, EU K3, →MAK-Liste: Kat. 4), als mutagen (TRGS 905: 2M2) und als reproduktionstoxisch RD2 eingestuft. Achtung: Die Geruchsschwelle liegt oberhalb des Grenzwertes. Wird der Geruch wahrgenommen, ist der Grenzwert bereits überschritten. T. ist als →SVHC eingestuft und in der Kandidatenliste aufgrund der Kanzerogenität (Artikel 57a) gelistet und nach Anhang XIV zulassungspflichtig. Durch →REACH-VO und Verordnung zum Schutz der Ozonschicht ist. T. daher nur noch beschränkt einsetzbar.
EU-GHS-Einstufung und Kennzeichnung (EG) Nr. 1272/2008 CLP: Akute Toxizität Kategorie 3: Acute Tox. 3; H331 Giftig bei Einatmen; Akute Toxizität Kategorie 4: Acute Tox. 4; H302 Gesundheitsschädlich bei Verschlucken; Reizwirkung auf die Haut Kategorie 2: Skin Irrit. 2; H315 Verursacht Hautreizungen; Augenreizung Kategorie 2: Eye Irrit. 2; H319 Verursacht schwere Augenreizung; Spezifische Zielorgan-Toxizität (wiederholte Exposition) Kategorie 1: STOT RE 1; H372 Schädigt die Organe bei längerer oder wiederholter Exposition; Kanzerogenität Kategorie 2: Carc. 2; H351 Kann vermutlich Krebs erzeugen; Reproduktionstoxizität Kategorie 2: Repr. 2; H361d Kann vermutlich das Kind im Mutterleib schädigen.

Triclosan (CAS 3380-34-5) T. ist ein →Biozid, das als Desinfektions- und Konservierungsmittel eingesetzt wird, um Bakterienwachstum zu hemmen und die Haltbarkeit bestimmter Produkte zu verlängern. In Sport- und Funktionstextilien, Schuhen, Teppichen u.Ä. wird T. immer häufiger verwendet, um unangenehme Gerüche zu unterbinden. Zudem wird es in Zahncremes, Reinigern, Haushaltsschwämmen oder Plastik-Geschirr als antibakterieller Zusatz eingesetzt. In Körperpflegemitteln ist T. zum Teil nicht mehr zugelassen, insbesondere in Produkten mit großer Anwendungsfläche, wie Körperlotionen. In Krankenhäusern und Arztpraxen werden T.-haltige Lösungen zur Desinfektion verwendet. T. wird z.T. auch in Oberflächenbeschichtungen von Parkettfußböden verwendet.
Die chemische Bezeichnung lautet 2-Hydroxy-4,2',4'-trichlor-diphenylether bzw. 5-Chlor-2-(2,4-dichlorphenoxy)phenol. Es handelt sich somit um einen chlorierten Diphenylether. Bei dieser unter gesundheitlich-ökologischen Gesichtspunkten sehr kritischen Stoffklasse besteht grundsätzlich die Möglichkeit, dass sich bei der Herstellung polychlorierte →Dioxine bilden. Auch beim Abbau in der Umwelt und unter UV-Licht kann sich ein Teil des T. in Dioxine umwandeln. Es wurde festgestellt, dass ca. 5 % des T. die Kläranlagen passieren. T. ist als reizend und umweltgefährlich eingestuft. Es ist sehr giftig für Wasserorganismen, biologisch schwer abbaubar und kann sich in Lebewesen anreichern. Grundsätzlich kann die unkritische Verwendung von Bioziden wie T. das Entstehen von Allergien begünstigen und die Bildung resistenter

Bakterien und Pilze fördern, ähnlich wie man es von Antibiotika-Resistenzen kennt.
Die Umweltbehörden von Schweden, Norwegen, Finnland und Dänemark haben ihre Besorgnis über den zunehmenden Einsatz von T. ausgesprochen. T. ist noch nicht in die →SVHC-Liste aufgenommen, obwohl es die Kriterien, z.B. der Sensibilisierung, erfüllt. Seit einigen Jahren werden durch intensive Forschungen viele potentielle Umwelt- und Gesundheitsgefahren im Zusammenhang mit T. evaluiert, u. a. auch, dass T. die Antibiotikaresistenz von Bakterien fördert.
EU-GHS-Einstufung und Kennzeichnung (EG) Nr. 1272/2008 CLP: Reizwirkung auf die Haut Kategorie 2: Skin Irrit. 2; H315 Verursacht Hautreizungen; Augenreizung Kategorie 2: Eye Irrit. 2; H319 Verursacht schwere Augenreizung; Akut gewässergefährdend Akut 1: Aquatic Acute 1; H400 Sehr giftig für Wasserorganismen; Langfristig gewässergefährdend Chronisch 1 Aquatic Chronic 1; H410 Sehr giftig für Wasserorganismen, mit langfristiger Wirkung.

Tridecansäure →Fettsäuren

Tridymit →Quarz

2,2,4-Trimethylpentandiol-1,3-diisobutyrat (CAS 6846-50-0) Weichmacher in zahlreichen Produkten wie PVC, Lacke, Farben. T. ist in der Innenraumluft nachweisbar.

Tri-n-butylphosphat TBP. →Organophosphate

Trinkwasserleitungen Trinkwasser ist das wichtigste Lebensmittel. Der Verbrauch lag 2013 bei 121 Litern pro Einwohner und Tag. Der überwiegende Teil der Bevölkerung Deutschlands ist an zentrale Trinkwasser-Verteilungsnetze angeschlossen. Der Inhaber einer Wasserversorgungsanlage bzw. einer Trinkwasser-Installation eines Gebäudes hat seine Anlage gemäß der geltenden →Trinkwasserverordnung (TrinkwV) zu betreiben. Die richtige Materialwahl für die Rohrleitungen hat daher eine große Bedeutung. Rohrleitungsmaterialien sind →Kupfer, Eisenwerkstoffe (z.B. Stahl), Kunststoffe (z.B. →Polyvinylchlorid, →Polyethylen), früher auch →Blei sowie →Asbestzement (zwischen Wasserwerk und Hausinstallation). Das Herauslösen von Substanzen (Metallsalzen, Asbestfasern) aus T. hängt von der Wasserhärte, der Chlorid- und Sulfatkonzentration, dem pH-Wert, dem Kontakt unterschiedlicher Metalle untereinander (elektrochemische Korrosion) und anderen Faktoren ab. Zur Vermeidung von Mineralölverunreinigungen im Trinkwasser dürfen nur DVGW-zertifizierte Gewindeschneidemittel verwendet werden.
<u>T. aus Eisen:</u>
Die meisten T. bestehen aus verzinktem Stahl, in selteneren Fällen aus Edelstahl. Das Herauslösen von Eisen wird durch eine Zinkschicht auf dem Stahl verhindert. →Zink bildet mit der Zeit eine schützende Oxidschicht. Eisen und Zink sind lebensnotwendige Spurenelemente für den Menschen. Da jedoch hohe Eisenkonzentrationen in Form von Färbungen, Trübungen und metallischem Geschmack die Qualität des Trinkwassers mindern, begrenzt die →Trinkwasserverordnung (TrinkwV) den Eisengehalt auf 0,200 mg/l. Die Zinkmenge, die im Normalfall von verzinkten Stahlrohren abgegeben wird, gilt als unbedenklich. Mischinstallationen mit Bauteilen aus edleren Metallen wie Kupfer fördern die Korrosion des unedleren Metalls (Zink). Bis 1978 war in der Zinkschicht der Stahlrohre ein Cadmiumgehalt von 0,1 % zulässig. Dadurch kann es in ungünstigen Fällen (weiches Wasser und niedriger pH-Wert) zu Cadmiumkonzentrationen im Trinkwasser von über 10 µg/l kommen. Die Cadmium-Konzentrationen im Trinkwasser ab Wasserwerk sind gering und liegen i.d.R. deutlich unter dem Grenzwert von 0,0030 mg/l. Seit 1978 sind der Cadmiumgehalt im Zinküberzug auf 0,01 % und der Bleianteil auf 0,8 % begrenzt. Bei Edelstahlrohren kann es durch Kombination mit anderen Installationsteilen aus Metall (Schweißnähte und Lötstellen) zur elektrolytischen Korrosion kommen, wodurch erhöhte →Chrom- und →Nickel-Konzentrationen möglich sind. Verhindert wird dies i.d.R. durch die Verwendung von Pressfittings mit nicht leitendem Dichtungsmaterial.
<u>T. aus Kupfer:</u>
Kupfer wird seit ca. 30 Jahren für T. verwendet und ist in vielen Fällen der ideale Rohrwerkstoff für Kalt- und Warmwasserinstallationen. Ca. 75 % aller T. in Neubauten bestehen aus Kupfer. T. aus Kupfer neigen nicht so sehr zur Innenverkrustung wie z.B. Stahlrohre, sehr hartes Wasser kann die Lebensdauer von Kupferleitungen stark herabsetzen. Bei Trinkwasser aus der öffentlichen Trinkwasserversorgung ist die Gefahr erhöhter Kupferkonzentrationen gering, da die Wasserwerke ihr Trinkwasser so einstellen, dass es nicht aggressiv auf die Metallrohre wirkt. Weiches und saures Wasser vermag allerdings Kupfer aus den Rohren

herauszulösen. In solchen Gebieten mit sehr saurem Wasser hat man deshalb Rohre aus Kupfer untersagt. Die Wasserversorger geben hierüber Auskunft. Bei verzinkten Kupferrohren besteht diese Kupfermigration nicht und deshalb sind diese verwendbar. Hohe Kupferkonzentrationen können auch bei nicht fachgerechter Verlegung (stark verformte T.) auftreten. Die Verbindung kupferner Rohre mit bleihaltigem →Weichlot führt durch elektrolytische Korrosion zu sehr hohen Bleikonzentrationen im Trinkwasser. Zur Vermeidung einer durch Weichlot bedingten Bleiabgabe ist gemäß DIN 1798 die Verwendung von bleifreiem Lot vorgeschrieben. Hohe Kupferkonzentrationen im Trinkwasser können zu Gesundheitsschäden führen. Bei Erwachsenen wird Kupfer über die Galle ausgeschieden. Für Säuglinge und Kleinkinder ist das Metall allerdings stark giftig. Todesfälle sind vorgekommen. Der Grenzwert gem. TrinkwV beträgt 2,0 mg/l.

<u>T. aus Kunststoff:</u>

Kunststoffe für T. sind Polyvinylchlorid oder Polyolefine wie Polyethylen oder →Polypropylen. Die Vorteile gegenüber T. aus Metall sind Korrosionsbeständigkeit, Flexibilität, geringes Gewicht und insbesondere keine Innenverkrustungen bei hartem Wasser, die zur Zerstörung von metallischen Werkstoffen wie Eisen und Kupfer führen können. T. aus Kunststoffen müssen nach dem Lebensmittel- und Bedarfsgegenständegesetz zugelassen sein. Ein Übertritt von Inhaltsstoffen des Kunststoffmaterials in das Trinkwasser in gesundheitlich bedenklicher Konzentration ist nicht bekannt. Gemäß TrinkwV darf die Vinylchlorid-Restmonomerkonzentration im Wasser, berechnet aufgrund der maximalen Freisetzung nach den Spezifikationen des entsprechenden Polymers und der angewandten Polymerdosis, einen Wert von 0,00050 mg/l nicht überschreiten (→Vinylchlorid).

<u>T. aus Blei:</u>

Erst seit 1973 werden in Deutschland keine bleihaltigen T. mehr verwendet. Der zulässige Höchstwert für Blei im Trinkwasser beträgt wie der WHO-Grenzwert 0,010 mg/l. T. aus Blei sind zwar durch Deckschichten aus basischen Bleicarbonaten vor Korrosion geschützt. Trotz der geringen Löslichkeit der Bestandteile der Deckschichten löst sich jedoch nach Stagnation oder Transport von Trinkwasser in Bleileitungen von mehr als schätzungsweise 5 Meter Länge daraus so viel Blei, dass der seit 1.12.2013 geltende Grenzwert in einer für die wöchentliche Wasseraufnahme durch den Verbraucher repräsentativen Trinkwasserprobe i.d.R. nicht eingehalten wird. Das UBA spricht sich dafür aus, alle Bleileitungen auszutauschen, selbst wenn die derzeit zulässigen Grenzwerte eingehalten werden.

<u>T. aus Asbestzement:</u>

Mehr als 100 Jahre wurden Druckrohre zum Transport von Trinkwasser sowie Abwasserrohre aus Asbestzement (AZ) hergestellt. Die Rohre enthalten zwischen 10 und 15 % →Asbest, meist →Chrysotil (Weißasbest), z.T. auch →Krokydolith (Blauasbest). Weltweit wurden schätzungsweise 2,5 Mio. km AZ-Rohre für T. verlegt. In den alten Bundesländern sind es ca. 31.000 km (ca. 11 % des Leitungsnetzes). Den höchsten Anteil an AZ-Rohren hat Schleswig-Holstein mit ca. 50 % des Leitungsnetzes, gefolgt von Niedersachsen (ca. 14 %), Bayern (ca. 10 %), NRW (ca. 9 %), Berlin/West (ca. 9 %), Hessen (ca. 5%), Rheinland-Pfalz (ca. 5 %), Baden-Württemberg (ca. 3 %), Saarland (ca. 3 %), Hamburg (ca. 3 %) und Bremen (ca. 1 %). Seit 1995 dürfen nur noch asbestfreie Kanal- und Druckrohre verwendet werden. Krokydolith-haltige AZ-Rohre durften bis 1990 eingebaut werden. Im Gebrauch sind beschichtete und unbeschichtete AZ-Rohre. Beschichtungen bestehen insbesondere aus →Bitumen, aber auch aus Teerpech, Epoxid- und Chlorkautschuk-Harzen.

Asbestfasern können grundsätzlich durch mechanische und chemische Beanspruchungen in das Trinkwasser gelangen. In erster Linie sind es aber unbeschichtete Rohrleitungen, bei denen in Verbindung mit aggressivem Wasser Fasern abgelöst werden. Für die Korrosionserscheinungen bei AZ-Rohren kommen folgende Ursachen in Betracht: Die Auflösung des Zementsteins unter der Einwirkung von Säuren und gelösten Salzen, die Umsetzung des Bindemittels (Zementgel) zu wasserlöslichen Substanzen und deren Ausspülung, die Reaktion von Sulfaten mit dem Bindemittel unter Bildung von →Ettringit (Sulfattreibern). Besonders bedeutungsvoll ist der Angriff durch saures Wasser (aggressive Kohlensäure). Zur Freisetzung von Asbestfasern ins Trinkwasser kann es zudem durch Rohrbrüche oder beim Verlegen von Hausanschlüssen kommen. 1983 wurde erstmals in Deutschland über hohe Asbestfaserkonzentrationen im Trinkwasser berichtet (ca. 11 Mio. F/m^3 in Meerbusch, ca. 1 Mio. F/m^3 in Bremen, 1,6 Mio. F/m^3 in Hamburg). Die Höhe des Krebsrisikos für die Bevölkerung durch Asbestfasern im Trinkwasser ist nicht exakt abzuschätzen. Gesundheitsbehörden, auch die WHO, sind der Ansicht, dass durch eine orale Aufnahme von Asbestfasern kein bedeutsames gesundheitliches Risiko besteht. Bei Verdunstungsvorgängen (Wäschetrocknen, Duschen) ist allerdings denkbar, dass Asbestfasern in die Luft gelangen. Grenzwerte für Asbestfasern im Trinkwasser existieren in Deutschland nicht.

Werkstoffe und Materialien, die für die Neuerrichtung oder Instandhaltung von Anlagen für die Gewinnung, Aufbereitung oder Verteilung von Trinkwasser verwendet werden und Kontakt mit Trinkwasser haben, dürfen gemäß TrinkwV (§ 17 Absatz 2 Satz 1) den Gesundheitsschutz nicht mindern, Geruch oder Geschmack des Wassers nicht nachteilig verändern oder Stoffmengen ins Trinkwasser abgeben, die größer sind als dies bei Einhaltung der allgemein anerkannten Regeln der Technik unvermeidbar ist. Eine einwandfreie Trinkwasserqualität in Trinkwasser-Installationen bzw. öffentlichen Versorgungsnetzen kann immer nur dann sichergestellt sein, wenn die allgemein anerkannten Regeln der Technik angewendet werden.

Nach der TrinkwV hat das Umweltbundesamt (UBA) die Aufgabe, hygienische Bewertungsgrundlagen für Materialien und Werkstoffe im Kontakt mit Trinkwasser festzulegen. Dabei entscheidet das UBA, für welche Werkstoff- und Materialgruppen es Bewertungsgrundlagen festlegt. Die Bewertungsgrundlagen umfassen Prüfvorschriften mit Prüfparametern, Prüfkriterien und methodische Vorgaben. Prüfungen zu den chemischen Eigenschaften der Werkstoffe und Materialien sehen Werkstoff-spezifische Parameter wie Stoffmigrationen, Zusammensetzungen auch von Legierungen, Summenparameter und auch die Rezepturprüfung auf unzulässige Ausgangssubstanzen vor. Weitere Anforderungen bestehen u.a. an das mikrobielle Wachstum auf Materialien.

Die Bewertungsgrundlagen führen Positivlisten über Ausgangsstoffe oder über verwendbare Materialien und Werkstoffe und werden zwei Jahre nach ihrer Festlegung verbindlich. Dies bedeutet für die Inhaber von Wasserversorgungsanlagen und Trinkwasser-Installationen in Gebäuden, dass dann nur noch solche Bauteile eingebaut werden dürfen, deren Materialien, Werkstoffe den Anforderungen in den Bewertungsgrundlagen entsprechen. Für metallene Werkstoffe ist die Metall-Bewertungsgrundlage mit einer Positivliste veröffentlicht und seit dem 10.4.2017 verbindlich. Zur hygienischen Beurteilung von Kunststoffen sowie Silikonen (organischen Materialien) liegt die KTW-Leitlinie vom 7.3.2016 vor. Dabei kann für einige Materialien auch die Modellierungsleitlinie benutzt werden, um die Stoffmigration mathematisch abzuschätzen und bei der Rezepturüberprüfung von Stoffen mit bestimmter technologischer Funktion und geringen Einsatzmengen die Geringfügigkeitsleitlinie angewendet werden. Die Beschichtungsleitlinie vom 16.3.2016 dient der hygienischen Beurteilung von Beschichtungen im Kontakt mit Trinkwasser. Die Prüfvorschriften mit hygienischen Anforderungen sind für organische Beschichtungssysteme und sind eine Erweiterung der früheren Epoxidharzleitlinie, enthält jedoch keine Produktlistung mehr. Die Elastomerleitlinie vom 16.3.2016 dient zur hygienischen Beurteilung von →Elastomeren (Kautschuk, Hart- und Weichgummi). Ergänzend liegt eine Modellierungs- und Geringfügigkeitsleitlinie vor. Für Thermoplastische Elastomere besteht eine Übergangsempfehlung (TPE-Übergangsempfehlung) vom 9.5.2014. Weiter liegt eine Leitlinie zur hygienischen Beurteilung von Schmierstoffen im Kontakt mit Trinkwasser vom 16.3.2016 mit einer Modellierungs- und Geringfügigkeitsleitlinie vor.

Der Nachweis, dass ein Produkt den Anforderungen einer Bewertungsgrundlage entspricht, kann durch ein Zertifikat eines für den Trinkwasserbereich akkreditierten Zertifizierers, z.B. DVGW CERT GmbH erbracht werden, wobei die Bauteile der Wasserversorgungsanlagen weitere technische Anforderungen erfüllen müssen. Das Umweltbundesamt lässt keine Produkte zu und führt auch keine Zertifizierung durch, sondern erarbeitet die Anforderungen zur hygienischen Beurteilung von Werkstoffen und Materialien. Für Produkte im Kontakt mit Trinkwasser bestehen derzeit keine harmonisierten europäischen Vorschriften. Die vier EU-Mitgliedstaaten Deutschland, Frankreich, die Niederlande und das Vereinigte Königreich Großbritannien (4MS-Initiative) arbeiten zusammen, um eine Angleichung ihrer nationalen Anforderungen zu erreichen.

Trinkwasserverordnung Die staatliche Grundversorgung der Menschen mit Trinkwasser ist eine Pflichtaufgabe der Daseinsvorsorge in Deutschland und ist durch entsprechende rechtliche Regelungen wie Landeswassergesetze festgelegt. Trinkwasser ist ein für den menschlichen Genuss und Gebrauch geeignetes Wasser, das bestimmt ist: zum Trinken, zum Kochen, zur Zubereitung von Speisen und Getränken oder zur Körperpflege und -reinigung, zur Reinigung von Gegenständen, die bestimmungsgemäß mit Lebensmitteln oder mit dem menschlichen Körper in Kontakt kommen und Wasser, das in einem Lebensmittelbetrieb verwendet wird für die Herstellung, Behandlung, Konservierung oder zum Inverkehrbringen von Erzeugnissen oder Substanzen, die für den menschlichen Gebrauch bestimmt sind. Zum Gesundheitsschutz muss Trinkwasser rein und genusstauglich sein und darf weder Krankheitserreger noch andere Stoffe in Konzentrationen enthalten, die gesundheitsschädigend sein können. Die Güteeigenschaften des Trinkwassers konkretisiert die geltende T. (TrinkwV, zuletzt geändert 3.1.2018), die die EG-Trinkwasserrichtlinie von 1998 (98/83/EG) mit den §§ 37 Absatz 3 und 38 Absatz 1 des Infektionsschutzgesetzes in deutsches Recht umsetzt. Darüber hinaus regelt die T. die Aufbereitung des Wassers, die Pflichten der Wasserversorger und die Trinkwasserüberwachung.

Die Trinkwasserqualität wird über Grenzwerte und weitere Qualitätsanforderungen mit insgesamt 56 mikrobiologischen, chemischen und physikalischen Parametern bestimmt und die einzuhalten sind (§§ 5 bis 7a). Es gilt im Trinkwasser ein Minimierungsgebot für Stoffkonzentrationen sowie für die mikrobielle Beschaffenheit, wobei letzteres kein Desinfektionsgebot bedeutet.

Großanlagen zur Trinkwassererwärmung müssen seit 2013, gemäß dem technischen Regelwerk W551 sind dies Anlagen mit einem Inhalt von mehr als 400 Liter Volumen und/oder mehr als 3 Litern in mindestens einer Rohrleitung zwischen dem Trinkwassererwärmer und der Entnahmestelle, auf Legionellen (§ 14 Abs. 3 T.) in öffentlichen Gebäuden und vermietetem Wohnraum verpflichtend untersucht werden. Dies ist dann gegeben, wenn Duschen vorhanden sind und es zur Verneblung von Trinkwasser kommt. Nach der T. ist ein technischer Maßnahmenwert (100 Koloniebildende Einheiten KBE pro 100 Milliliter) einzuhalten. Eine Überschreitung ist ein Hinweis auf technische Mängel in der vorliegenden Anlage und lässt eine gesundheitliche Gefährdung des Verbrauchers vermuten.

Gemäß der Richtlinie 2013/51/Euratom wurden mit der 3. Änderung der T. 2015 Anforderungen an die Messung und Überwachung der Trinkwasserqualität in Bezug auf künstliche und natürliche radioaktive Stoffe festgelegt. Vorgegeben sind Parameterwerte für Radon-222 (Rn-222), für Tritium (H-3) und für die Richtdosis einschließlich der Radonfolgeprodukte. Zur Ermittlung der Richtdosis werden für messbare Referenzkonzentrationen der dosisrelevanten natürlichen Radionuklide (Uran-238 (U-238), Uran-234 (U-234), Radium-226 (Ra-226), Radium-228 (Ra-228), Blei-210 (Pb-210), Polonium-210 (Po-210)) sowie der künstlichen radioaktiven Nuklide (Kohlenstoff-14 (C-14), Strontium-90 (Sr-90), Plutonium-239/240 (Pu-239/240), Americium-241 (Am-241), Cobalt-60 (Co-60), Caesium-134 (Cs-134), Caesium-137 (Cs-137), Iod-131 (I-131)) im Trinkwasser angegeben. Die Untersuchungspflicht gilt grundsätzlich nur für „zentrale Wasserwerke", sogenannte a-Anlagen (§ 3 Nummer 2 Buchstabe a T.). Untersuchungen in „dezentralen kleinen Wasserwerken", sogenannten b-Anlagen (§ 3 Nummer 2 Buchstabe b T.), können angeordnet werden, wenn erhöhte Konzentrationen radioaktiver Stoffe zu erwarten sind. Eine Untersuchungspflicht von Eigenversorgungsanlagen (c-Anlagen nach § 3 Nummer 2 Buchstabe c T.) besteht nicht, aber eine Pflicht für die zuständige Behörde, die Betreiber gegebenenfalls zu informieren. Einen Leitfaden zur Untersuchung und Bewertung von radioaktiven Stoffen im Trinkwasser hat das Bundesministerium für Umwelt, Naturschutz, Bau und Reaktorsicherheit (BMUB) herausgegeben.

Zu den Aufgaben der Wasserversorger gehört es unter anderem, Anlagen zur Gewinnung, Bereitstellung und Verteilung von Trinkwasser zu errichten, zu unterhalten und gegebenenfalls zu sanieren. Weiterhin ist der Wasserversorger zuständig für die Qualität des Trinkwassers bis zum Übergang in die Trinkwasser-Installation im Gebäude am Wasserzähler. Gemäß T. sind die Wasserversorger bzw. Inhaber von Wasserversorgungsanlagen verpflichtet, regelmäßig zu überprüfen, ob alle Grenzwerte und Anforderungen eingehalten sind. Eine Grenzwertüberschreitung ist vom Wasserversorger dem zuständigen Gesundheitsamt unverzüglich zu melden und Abhilfemaßnahmen sind zu ergreifen. In der Trinkwasser-Installation im Gebäude darf sich das Trinkwasser vom Wasserzähler zu den Zapfstellen nicht verschlechtern und muss die Anforderungen der T. einhalten. Grenzwertüberschreitungen biologischer Parameter kann auf fäkale

Verunreinigungen hinweisen, eine Infektionsgefahr bedeuten und das Gesundheitsamt ordnet dazu Maßnahmen an. Abweichungen vom Grenzwert bei chemischen Parametern können, sofern keine Gesundheitsgefährdung vorliegt, durch das Gesundheitsamt zeitlich begrenzt zugelassen werden. Das Gesundheitsamt überwacht hinsichtlich der Einhaltung der Anforderungen der T. durch entsprechende Prüfungen, hierunter fallen auch Anlagen in öffentlichen Gebäuden wie Krankenhäuser, Schulen, Kindergärten. Zur Beurteilung von trinkwasserhygienischen Situationen stehen Leitlinien und Empfehlungen des Umweltbundesamtes (UBA) zur Verfügung. Das UBA wird durch die Trinkwasserkommission des Bundesministeriums für Gesundheit beraten. Die Trinkwasseruntersuchungen dürfen ausschließlich nur von dafür zugelassenen Stellen durchgeführt werden. Zuständig für die Zulassung als Untersuchungsstelle sind die sogenannten unabhängigen Stellen des Bundeslandes, in welchem sich der Laborstandort befindet (§ 15 Absatz 4 Satz 2 T.)

Die Richtlinie 98/83/EG verpflichtet die Mitgliedstaaten der Europäischen Union (EU), alle drei Jahre einen Bericht an die Verbraucherinnen und Verbraucher über die Qualität ihres Trinkwassers vorzulegen. In Deutschland verfassen diese Berichte das Bundesministerium für Gesundheit und das UBA. Zur Zeit liegen vier veröffentlichte Berichte für die Zeiträume 2002-2004, 2005-2007, 2008-2010, 2011-2013 und 2014-2016 vor.

Triphenylphosphat TPP. →Organophosphate

Tris(2-butoxyethyl)phosphat TBEP. →Organophosphate

Tris(2-chlorethyl)phosphat (CAS 115-96-8) T. (TCEP) aus der Gruppe der →Organophosphate wurde in Deutschland bis etwa Mitte der 1990er-Jahre als →Flammschutzmittel für PUR-Dämmstoffe, →Montageschäume und PUR-Hartschäume/-Weichschäume, Polstermöbel und Matratzen eingesetzt, i.d.R. im Verhältnis 1:1 mit →Tris(chlorpropyl)phosphat (TCPP). Ein weiterer Einsatzbereich waren Kunststoffgehäuse von Elektrogeräten aus dem Unterhaltungs- und Informationsbereich. Weiterhin wurde es eingesetzt in speziellen Lacken und Klebern sowie als Sekundärweichmacher für PVC (z.B. Vinyltapeten). Zur Flammhemmung wurden im Produkt ca. 10 bis 20 % TCEP eingesetzt, für die Weichmachung bis etwa 5 %. 1997 wurden weltweit ca. 4.000 t TCEP hergestellt. In Deutschland wurden 1997 ca. 500 bis 1.000 t. T. verbraucht. T. wird aufgrund seiner problematischen Eigenschaften in Deutschland nicht mehr produziert, darf jedoch aus dem Ausland importiert werden. Seit 2001 gibt es in Europa keine T.-Produktion mehr. TCEP ist heute im Wesentlichen durch TCPP (→Tris(chlorpropyl)phosphat) ersetzt.

In →Innenräumen ist TCEP weit verbreitet anzutreffen, sowohl in Produkten wie auch im →Hausstaub (bis > 2.000 µg/kg). Bei Messungen in Schulen und Kindergärten mit TCEP-beschichteten Akustikdecken wurden in der Raumluft TCEP-Gehalte zwischen 0,01 und 3,9 µg/m^3 gefunden (Hansen et al.). In der Raumluft von 50 westdeutschen Wohnungen lag der →Median der TCEP-Konzentration bei 0,01 µg/m^3 und das 95-Perzentil bei 0,25 µg/m^3 (Ingerowski et al.). Dagegen war in ostdeutschen Wohnungen bei einer Bestimmungsgrenze von 0,01 µg/m^3 kein TCEP nachweisbar (Baudisch et al.). Die Außenluft in Deutschland weist TCEP-Konzentrationen unter 0,001 µg/m^3 auf (Hansen et al.). T. gilt als neurotoxisch, nierentoxisch, karzinogen und als reproduktionstoxisch. TECP ist in der →REACH-Verordnung Anhang XIV im Verzeichnis der zulassungspflichtigen Stoffe und in der →Kandidatenliste der besonders besorgniserregenden Stoffe aufgrund fortpflanzungsgefährdender Eigenschaften (Artikel 57c) aufgeführt. TCEP darf seit 21.8.2015, nach einer 6-jährigen Verhandlungsphase, in der EU ausnahmslos nicht mehr produziert und in Umlauf gebracht werden. Änderung des Anhangs II der Anlage C der Spielzeugrichtlinie. Innenraumluftrichtwerte RW II 0,05 mg/m^3 und RW I 0,005 mg/m^3 (Ad-hoc-Arbeitsgruppe Innenraumrichtwerte 2002). →Organophosphate, →Innenraumluft-Richtwerte.

EU-GHS-Einstufung und Kennzeichnung (EG) Nr. 1272/2008 CLP: Akute Toxizität Kategorie 4: Acute Tox. 4; H302 Gesundheitsschädlich bei Verschlucken; Kanzerogenität Kategorie 2: Carc. 2; H351 Kann vermutlich Krebs erzeugen; Reproduktionstoxizität Kategorie 1B: Repr. 1B; H360F Kann die Fruchtbarkeit beeinträchtigen; Langfristig gewässergefährdend Chronisch 2: Aquatic Chronic 2; H411 Giftig für Wasserorganismen, mit langfristiger Wirkung.

Tris(chlorpropyl)phosphat (CAS 13674-87-8) T. (TCPP) besteht als Handelsprodukt aus einem Gemisch von vier Organohalogenphosphaten. Es wird in

T

flüssiger Form als additives →Flammschutzmittel und als flammhemmend eingestellter →Weichmacher verwendet. Hauptbestandteile sind: Tris(1-chlor-2-propyl)phosphat (ca. 75 %) und Bis-(1-chlor-2-propyl)-2-chlorpropylphosphat (ca. 15 bis 30 %). TCPP ist in Europa mit ca. 80 % des Marktes das bedeutendste der Organochlorphosphat-Flammschutzmittel (UBA-Texte 25/01). Sowohl die Halogen- wie auch die Phosphor-Komponenten wirken flammhemmend. Die thermische Zersetzung beginnt ab ca. 150 °C. Anwendungsbereiche: →Polyurethan-Hartschaum-Platten, →Polyurethan-Schäume für Möbel, Polster, Autositze, Matratzen, →Bodenbeläge, →Montageschäume, Textilien. Gehalte: Dämmstoffe: ca. 5 %, Montageschäume: ca. 14 %, Weichschäume: ca. 3 bis 5 % (UBA-Texte 25/01). TCPP findet sich in Gewässern, Sediment, Nahrungsmitteln und im →Hausstaub. Die toxikologischen Daten sind unzureichend. Für TCPP liegen Hinweise auf →Mutagenität vor. Es besteht ein Verdacht auf krebserzeugende Wirkung durch einen nicht-genotoxischen Mechansimus. Es wurde ein Grenzwert von 5 mg/kg Produkt vorgeschlagen, der in der Spielzeugrichtlinie aufgenommen wurde. Für alle anderen Produkte gilt die generelle Beschränkung nach der Richtlinie 2009/48 EG mit max. 5 %.

EU-GHS-Einstufung und Kennzeichnung (EG) Nr. 1272/2008 CLP: Karzigenität Kategorie 2: Carc. 2; H351 Kann vermutlich Krebs erzeugen. →Organophosphate

Tris(dichlorisopropyl)phosphat TDCPP. →Organophosphate

Tris(2-ethylhexyl)phosphat TEHP. →Organophosphate

Trittschallschutz Trittschall ist eine Sonderform des →Körperschalls, der durch Begehen oder andere mechanische Anregungen in eine Decke eingeleitet wird. Die Schwingungen pflanzen sich im Gebäude fort und regen Luftschallschwingungen an, die im Weiteren eine Schallwahrnehmung des Trittschalls ermöglichen. Der T. wird zunächst durch die schalltechnischen Eigenschaften der Rohdecke ohne weiteren Fußbodenaufbau bestimmt. Als Maß wird der sogenannte Normtrittschallpegel Ln herangezogen. Die Schalldämmung erfolgt durch weitere Bodenaufbauten wie schwimmende →Estriche. Die Verbesserung des T. der Rohdecke durch den Bodenaufbau wird durch das Verbesserungsmaß ΔL angegeben. Der T. von Rohdecken kann auch durch Aufbringen von weich federnden Gehbelägen (z.B. →Teppichen) verbessert werden. Die erzielbaren Trittschallverbesserungsmaße sind jedoch beschränkt und erreichen nicht die Werte von schwimmenden Estrichen. Weich federnde Gehbeläge auf schwimmenden Estrichen bringen nur mehr geringfügige Verbesserungen beim Trittschallverbesserungsmaß. →Schallschutz

TRK-Werte Seit der Neufassung der →Gefahrstoffverordnung vom 1.1.2005 gibt es nur noch arbeitsmedizinisch-toxikologisch begründete Luftgrenzwerte (Arbeitsplatzgrenzwerte, →AGW) und keine technisch begründeten Luftgrenzwerte mehr wie die früheren Technischen Richtkonzentrationen (TRK-Werte). 2013 leitete der Ausschuss für Gefahrstoffe für krebserzeugende Stoffe in der Luft am Arbeitsplatz stoffspezifische Expositions-Risiko-Beziehungen (ERB) ab sowie stoffspezifische Akzeptanz- und Toleranzkonzentrationen (TRGS 910).

Trockenestriche T. bestehen aus Holzwerkstoffplatten oder →Gipsbauplatten, die auf der Dämmung verlegt einen ebenen Aufbau für den →Bodenbelag schaffen. Im Unterschied zu Nassestrichen müssen T. nicht austrocknen, der Bodenbelag kann sofort aufgebracht werden. Neben der Zeitersparnis bringt das Trockenbauverfahren auch weniger Feuchte ins Gebäude ein. Die Elemente sind mit 20 bis 25 mm nur halb so dick wie ein konventioneller →Zementestrich und haben deutlich weniger Gewicht. Dadurch haben T.-Aufbauten aber auch eine geringe →Wärmespeicherkapazität, weshalb sie im Sommer die Wärmeeinstrahlung schlechter puffern können. Im Gegensatz zu Nassestrichen bewirken T. keine so gute Verbesserung der Trittschalldämmung. Dies ist besonders bei Holzdecken zu berücksichtigten. Bei T.-Verbundelementen aus Werkstoffplatten und Dämmstoffen (i.d.R. EPS-Dämmplatten, Mineralwolle-Dämmstoffe oder Polyurethan-Hartschaumplatten) ist die schlechte Entsorgbarkeit zu beachten. Emissionen aus den Klebstoffen können nicht ausgeschlossen werden.

Trockenputze T. sind Innenputze aus →Gipskartonplatten, →Gipsfaserplatten oder →Lehmplatten. T. werden auf eine Lattenunterkonstruktion montiert oder im Fall von Gipsplatten auch mit Ansetzgips (→Baugips) direkt an die Wand geklebt. Abschließend werden die Fugen verspachtelt. Im Unterschied zu den aus →Putzmörteln hergestellten Putzen müssen T. nicht austrocknen, sondern können sofort nach dem Anbringen gestrichen oder tapeziert werden. Neben der Zeitersparnis bringt das

T.-Verfahren auch weniger Feuchte ins Gebäude ein. Mit T. können allerdings nur Wände verputzt werden, die von sich aus schon vollständig luftdicht sind.

Trockenstoffe T. (Sikkative) für Anstrichstoffe, Firnisse und Druckfarben sind nach DIN 55901 zumeist in organischen Lösemitteln und Bindemitteln lösliche Metallsalze organischer Säuren (Metallseifen). Sie werden oxidativ trocknenden Erzeugnissen (z.B. →Alkydharzlacke, leinölbasierte Anstrichstoffe) zugesetzt, um den Trocknungsprozess zu beschleunigen. Dies geschieht durch katalytische Beschleunigung der Autoxidation und Vernetzung der trocknenden Öle als filmbildende Bindemittel. Die in der Praxis wichtigsten T.-Metalle sind →Cobalt, Zirkonium, Mangan und Calcium. Weitere weniger wichtige T.-Metalle sind →Zink, →Kupfer, →Barium, Vanadium, Cer und Eisen. →Blei, früher eines der wichtigsten T.-Metalle, wird praktisch nicht mehr eingesetzt. Verbindungen mit Cobalt und Mangan werden als primäre T. bezeichnet und sorgen für die Trocknung der Oberfläche. Verbindungen mit Calcium, Zink, Zirkonium und Barium sind sekundäre T. und sorgen für die Trocknung der gesamten Lackschicht. Es werden fast ausschließlich Metallsalze als T. auf Basis synthetischer Monocarbonsäuren mit acht bis elf Kohlenstoffatomen eingesetzt, d.h. Octoate, Nonanate, Undecanate, Naphthenate, Resinate, Tallate und Linoleate. Die größte Bedeutung haben die Octoate und die Naphthenate. Bei der Lagerung der Lacke können T. zur Hautbildung führen, weshalb meist gleichzeitig ein →Hautverhinderungsmittel zugesetzt wird.

Trocknende Öle →Öle, →Imprägnieröle

Tropenholz T. stammt aus Wäldern der Tropen und Subtropen, von denen ein Großteil noch naturbelassene Urwälder sind. Die Europäische Union importierte 2014 1,5 Mio. t Tropenholz. Hinzu kommen Holzprodukte sowie Halbfertigprodukte aus Tropenholz. Einsatzgebiete von T. sind u.a. Parkett, Furniere, Möbel, Innenausbau, Fenster, Garten- und Wasserbau. Die tropischen Regenwälder sind das größte geschlossene Ökosystem und die artenreichste Lebensgemeinschaft auf der Erde. Mindestens die Hälfte aller auf der Erde anzutreffenden Tier- und Pflanzenarten sowie Millionen Ureinwohner haben dort ihre Heimat. Diese Wälder sind aber auf dem gesamten Globus in Gefahr. Die Entwaldungsrate ist nach wie vor ungebremst. Rund um den Globus gehen laut WWF jede Minute mindestens 28 ha Wald verloren. Wenn die Waldvernichtungsrate weiter anhält, werden Mitte dieses Jahrhunderts die Hälfte der in den Wäldern lebenden Arten ausgestorben sein.
Regenwäldern werden bei der Abholzung fatale Schäden zugeführt. Durch den Verlust der Bäume und deren Wurzeln verliert die dünne fruchtbare Bodenschicht ihren Schutz, trocknet aus und wird weggeschwemmt. Nach zwei Jahren ist das Land unfruchtbar geworden. Selbst wenn auf großen gerodeten Flächen neue, kleine Regenwaldbäume gepflanzt werden, sind sie nicht in der Lage, die optimalen Umweltbedingungen für die Aufzucht zu schaffen, da sich der Regenwald normalerweise durch die Verdunstung über die Blätter seinen eigenen Niederschlag schafft. Tropenwälder bestimmen außerdem die globalen Klimabedingungen maßgeblich mit. Die rasch voranschreitende Zerstörung der Tropenwälder ist daher nicht nur Rohstoffraubbau, sondern hat weit reichende Folgen für die regionale und globale Ökologie.
Andererseits zerstört der T.-Einschlag in der Regel zunächst nicht den gesamten Wald, die Forstwirtschaft ist daher nur zu etwa 10 % an der weltweiten Regenwaldzerstörung beteiligt. Brandrodungen für Viehzucht und Landwirtschaft, Staudämme, Wasserkraft, Bergbau und Industrie, Brennholzeinschlag und Holzkohleproduktion schlagen dagegen mit ca. 90 % zu Buche. Der Einschlag von T. ist aber häufig Wegbereiter für die weitere Zerstörung, da er den Regenwald über Straßen usw. zugänglich macht.
T. zeichnet sich im Gegensatz zu den einheimischen Holzarten durch eine höhere Resistenz gegen Schädlingsbefall oder Witterungseinflüsse aus. Mehr als die Hälfte der üblichen T. (z.B. Teak (1-3), Angelique (2), Afzelia (1), Bongossi (2)) haben eine Klassifizierung in der Dauerhaftigkeitsklasse 1-3, während bei den einheimischen Holzarten lediglich →Robinie (1-2) und →Eiche (2-4) in die Dauerhaftigkeitsklassen 1 und 4 eingestuft werden können (DIN EN 350). Durch den Einsatz resistenter Hölzer kann auf den vorbeugenden →Chemischen Holzschutz nach DIN 68800 verzichtet werden.
Neben einem rigorosen Boykott von T. gibt es verstärkt Lösungsansätze in Richtung schonender Gewinnung in nachhaltiger und sozialverträglicher Holzwirtschaft. In vielen Ländern mit Regenwäldern laufen neue Nutzungskonzepte an, die in

Waldprodukten nicht nur Nutzholz sehen, sondern andere Waldprodukte wie Rattan, Kautschuk, Nahrungsmittel (Honig, Früchte, Nüsse u.a.), Gewürze, Duft- und Geschmacksstoffe, Baumsäfte und -harze, Heilkräuter und Arzneimittel, die teilweise einen beträchtlichen volkswirtschaftlichen Wert aufweisen, fördern. Bei der Diskussion um einen Boykott von T. darf auch nicht übersehen werden, dass die reichen Länder den Produzentenländern bis heute keine angemessene Entschädigung angeboten haben, um die ökonomischen Auswirkungen einer Einschränkung oder gar eines Verzichts der wirtschaftlichen Nutzung ihrer heimischen Ressourcen auszugleichen. Eine Deklaration von T. als „aus nachhaltiger Forstwirtschaft" muss zum gegenwärtigen Zeitpunkt aber mit großer Vorsicht betrachtet werden. Als Nachweis für die nachhaltige Gewinnung von T. sollte daher besonders auf ein Zertifikat durch das Forest Stewardship Council (→FSC) geachtet werden. Unbedingt verzichtet werden muss auf T.-Arten, die gemäß Washingtoner Artenschutzabkommen in ihrem Bestand gefährdet sind. Dies sind Rosenholz und Palisander (absolutes Handelsverbot), Eisenholz, Afrormosia, Amerikanisches Mahagoni, Ramin, Merban und Quebracho. Vorsicht ist bei Holzwerkstoffen wie →Sperrholz geboten, die größtenteils verstecktes T. enthalten. Stäube von Harthölzern wie T. sind krebserzeugend (→Holzstaub).

Tropfenbildungsklassen Neben den Hauptklassifizierungskriterien der Entzündbarkeit, der Flammenausbreitung und der frei werdenden Wärme werden in der DIN EN 13501 zusätzlich die Rauchentwicklung (smoke) und das brennende Abfallen/Abtropfen (droplets) von Baustoffen ermittelt und in jeweils 3 Stufen mit s1, s2 und s3 (Rauchentwicklung) bzw. d0, d1 und d2 (brennendes Abfallen/ Abtropfen) klassifiziert.
→Baustoffklassen in Österreich

Tuftingverfahren Das T. ist das heute verbreitetste Teppichherstellungsverfahren. Dabei wird das Polgarn durch zahlreiche parallel angeordnete Nadeln nach dem Nähmaschinenprinzip in das vorgefertigte Trägermaterial eingenadelt. An der Unterseite wird das Garn von Greifern so lange festgehalten, bis die Nadel zum nächsten Stich ansetzt. Dadurch entstehen mehrere kleine Schlingen. Rund 80 % der im T. produzierten Teppichböden bestehen aus →Polyamid (Kunstfaserteppiche), ca. 6 bis 8 % aus Schurwolle (Schafwollteppiche). Trägermaterialien sind meist Polypropylen- oder Polyestervliese. Es gibt drei Grundtypen des Tuftingverfahrens:

- Schlingenflor (Bouclé): Besteht aus geschlossenen Polschlingen, aus denen sehr strapazierfähige und unempfindliche Teppichböden hergestellt werden. Sie eignen sich besonders für Kinderzimmer, Büroräume und Flure.
- Schnittflor (Velours): Zumeist kurz geschnittene, sehr dichte Teppichböden mit offenen Noppen. Die Oberfläche wirkt glatt und samtig und eignet sich wegen der edlen Wirkung für Wohnzimmer.
- Schnittschlinge: Kombination aus geschnittenen und nicht geschnittenen Schlingen, die durch eine Hoch-Tief-Struktur die Muster und Flächen des Teppichs auflockern; nur für weniger strapazierte Zimmer wie beispielsweise Schlafzimmer geeignet.

→Textile Bodenbeläge, →Teppichböden

TVOC Abk. für total volatile organic compounds; Summenparameter für →VOC im Rahmen des TVOC-Konzeptes. Der TVOC ist die Summe der Konzentrationen der identifizierten und nicht identifizierten →VOC im gaschromatographischen →Retentionsbereich C6 (n-Hexan) bis C16 (n-Hexadecan) einschl. dieser Stoffe. →SVOC, →Innenraumluft-Richtwerte

TWD →Transparente Wärmedämmung

Typha →Rohrkolben

U

UBA Umweltbundesamt (D).

UF-Harze →Harnstoff-Formaldehyd-Harze

UF-Ortschäume →Harnstoff-Formaldehydharz-Ortschäume

Ulme →Rüster

Ultrahochfester Beton U. ist ein sehr gefügedichter →Beton mit einer Druckfestigkeit zwischen rd. 150 N/mm^2 und 250 N/mm^2. Mit U. können sehr filigrane, leichte, rohstoff- und energiesparende Bauteile und Bauwerke mit Beton hergestellt werden.

Umkehrdach Das U. ist eine nicht belüftete Flachdachkonstruktion. Beim U. wird nur die Unterkonstruktion abgedichtet (meist mit →Bitumenvoranstrich und →Bitumen-Dachdichtungsbahn). Die Wärmedämmschicht wird über dieser Abdichtung verlegt und mit Auflast/Oberflächenschutz (meist Kiesschüttung) versehen. Ein Filtervlies schützt die Wärmedämmung vor dem Eindringen von Feinteilen aus der Kiesschicht. Wegen der hohen Anforderungen an die Feuchtebeständigkeit des Wärmedämmstoffs können für U. nur →XPS-Dämmplatten, PIR-Dämmplatten oder Glasschaumplatten eingesetzt werden.

Umweltengel →Blauer Engel

Umweltfreundliche/Umweltverträgliche Baustoffe →Ökologische Baustoffe

Umweltgefährlich →Gefährlichkeitsmerkmale

Umweltindikatoren U., die im Rahmen der Ökobilanzierung ermittelt werden:

- Summe Primärenergieverbrauch [MJ]
- davon Summe Primärenergie aus nicht regenerierbaren Ressourcen [MJ]
- davon Summe Primärenergie aus regenerierbaren Quellen [MJ]
- Abiotischer-Ressourcen-Verbrauch (ADP) [kg Sb-Äq.]

Indikatoren der Sachbilanz/Outputs:

- Abraum und Erzaufbereitungsrückstände [kg]
- Hausmüll und Gewerbeabfälle [kg]
- Sonderabfälle [kg]

Indikatoren der Wirkbilanz:

- Treibhauspotenzial (GWP) [kg CO_2-Äq.]
- Ozonabbaupotenzial (ODP) [kg R11-Äq.]
- Versauerungspotenzial (AP) [kg SO_2-Äq.]
- Eutrophierungspotenzial (EP) [kg PO_4-Äq.]
- Bodennahe Ozonbildung (POCP) [kg C_2H_4-Äq.]

Umwelt-Produktdeklaration →EPD (Environmental Product Declaration)

Umweltzeichen für Bauprodukte Allgemein werden in den Normen ISO 14020 ff. weltweit einheitliche Kernanforderungen an Instrumente zur produktbezogenen Umweltinformation durch Umweltkennzeichen und produktbezogene Umweltdeklaration festgelegt. Unterschieden werden:

Umweltkennzeichnungen nach Typ I DIN EN ISO 14021:

Die Kennzeichnung besteht aus einem Zeichen oder Logo, mit dem Produkte mit besonders guter Umweltleistung ausgezeichnet werden. Hinter dem Logo stehen bestimmte vereinbarte Anforderungen an das Produkt. Sie werden so gewählt und später nachjustiert, dass immer nur ein bestimmter Prozentsatz des Produktangebots auf dem Markt dieses Logo erhalten kann. Die Zeichen nach Typ I vermitteln eine einfache, auf den Punkt gebrachte Botschaft und richten sich damit insbesondere an den Endverbraucher. Die Anforderungen stellen charakteristische Grenzwerte oder qualitative Anforderungen dar, deren Einhaltung die Produkte deutlich umweltfreundlicher machen als solche Produkte, die die Grenzwerte und Anforderungen nicht erfüllen. Die Anforderungen werden unter Beteiligung der interessierten Kreise verabschiedet. Hierzu gehören neben Herstellern und Handel auch Verbraucher- und Umweltorganisationen. Die Überprüfung der gefragten Produkteigenschaften geschieht durch geeignete Messungen.

Umweltkennzeichnungen nach Typ II DIN EN ISO 14021:

Typ-II-Umweltkennzeichen können für jede Art der Deklaration von Umwelteigenschaften eines Produktes eingesetzt werden, sofern eine Reihe von Einschränkungen berücksichtigt werden, die in ISO 14021 Umweltbezogene Anbietererklärungen (Umweltkennzeichnung Typ II) formuliert sind. Sie dienen einer fairen und glaubwürdigen Informationsvermittlung. Darüber hinaus gibt es keine speziellen Anforderungen an Inhalte oder Überprüfungsverfahren für Typ-II-Deklarationen. Der Hersteller veröffentlicht die Aussagen selbst oder im Rahmen eines Programms. Er ist selbst für seine Aussagen verantwortlich und kann sie, muss aber nicht, zur Unterstreichung der Glaubwürdigkeit unabhängig überprüfen lassen.

Umweltdeklarationen nach Typ III DIN EN ISO 14025:2011:

In dieser Umweltdeklaration wird eine systematische und umfassende Beschreibung der Umweltleistung des Produktes oder der Dienstleistung ohne Wertung direkt veröffentlicht. Der Nutzer der Information muss seine eigenen Maßstäbe zur Bewertung der deklarierten Sachverhalte anwenden. Das typische Typ-III-Deklarationsprogramm ist privat organisiert, Initiator ist die Industrie selbst. Die Hauptnutzer sind ihrerseits Industrieakteure entlang der Wertschöpfungskette. Die Deklaration eignet sich zur detaillierten Information von Geschäftspartnern, z.B. Einkäufern, Beschaffern, Produktmanagern und Produktentwicklern. Die systematische Beschreibung der Umweltleistung baut auf der Ökobilanz nach ISO 14040 auf. Eine Überprüfung durch unabhängige Dritte ist lediglich für die Regelsetzung bei der Beschreibung des Produktsystems (Regeln der Datenrecherche für die Ökobilanz und die zusätzlich zu deklarierenden Sachverhalte) vorgesehen oder bei den Umweltproduktdeklarationen →EPD durch den Ausschuss. Die Deklaration selbst wird nur noch auf Plausibilität durch unabhängige Auditoren geprüft. Umweltzeichenprogramme, die Vergaberichtlinien für Bauprodukte enthalten, sind im deutschsprachigen Raum u.a.: →natureplus, Europäisches Umweltzeichen, RAL-Umweltzeichen (→Blauer Engel), →Österreichisches Umweltzeichen. Ein umfassender unabhängiger Vergleich der U. am deutschen Markt findet sich in der von der Verbraucherzentrale NRW verfassten Broschüre „Umweltzeichen für Bauprodukte", die 2004 im Rahmen des „Aktionsprogramm Umwelt und Gesundheit" (APUG) entstanden ist (www.apug.nrw.de). Eine Bewertung von U. findet sich auch bei der Verbraucherinitiative unter www.label-online.de/index.php/cat/28. Oder in Detail Green 2/2016 von Oktober 2016 zum Abschlussbericht des Forschungsvorhabens von natureplus, Österreichisches Institut für Bauen und Umwelt GmbH (IBO), Frau Figl und Bremer Umweltinstitut, Frau Dr. Hofmann: Vergleich von Prüfzeichen für Baumaterialien mit Nachhaltigkeitsmerkmalen in Europa; für BBSR 2015.

Undecansäure (CAS 112-37-8) →Fettsäuren

Ungelöschter Kalk Stückkalk, auch →Branntkalk oder gebrannter →Kalk in Stücken (nur noch wenig im Handel).

Unit risk Das U. ist der Wert des zusätzlichen Lebenszeit-Krebsrisikos, der sich für eine annähernd lebenslange Exposition (70 Jahre) gegenüber einem Langzeitmittelwert in Höhe von 1 µg eines Schadstoffs pro m^3 Luft ergibt. Bestandteil des U.-Konzeptes ist die Annahme einer linearen Beziehung zwischen Exposition und Risiko im beurteilungsrelevanten Bereich. Das U. ist ein Maß für die krebserzeugende Wirkungsstärke. Je höher das U., desto höher die kanzerogene Potenz. Das Risiko hängt sowohl von dieser kanzerogenen Potenz als auch von der Exposition ab. Beispiele für U. in m^3/µg nach →LAI:

- →Benzol: $9 \cdot 10^{-6}$
- →Benzo[a]pyren: $7 \cdot 10^{-2}$
- 2,3,7,8-TCDD: 1,4 (→Dioxine und Furane)
- →Asbest: $2 \cdot 10^{-5}$ (pro 100 F/m^3)

Unterspannbahnen →Dachunterspannbahnen

Untertage Verfahren des Bergbaus, bei dem Schächte und Stollen in das Gebirge getrieben werden, um die →Mineralischen Rohstoffe unterirdisch abzubauen. →Tagebau

Untertapeten U. werden als Unterlagen für →Tapeten verwendet. Als U. stehen weiße oder eingefärbte U. (→Makulaturpapier) sowie U. mit gewebeverstärkter Rückseite für sehr rissige, unebene Untergründe zur Verfügung. Zu den U. gehören auch →Thermotapeten aus Dämmschicht mit oder ohne Alukaschierung.

UP-Harze Ungesättigte →Polyesterharze.

UP-Lacke Mehrkomponentenlacke aus ungesättigten →Polyesterharzen. →Polyesterlacke

UV-härtende Lacke Die Auslösung der fotochemischen Reaktion erfolgt bei U. überwiegend im langwelligen UV-Bereich von 300 bis 420 nm. Die Energie der UV-Strahlung bringt Initiatormoleküle (→Fotoinitiatoren) zum Zerfall und leitet so die Polymerbildung zwischen den Lackbestandteilen, dem →Präpolymer und dem Reaktivverdünner, ein. Für diese Technologie können nur spezielle Polymere eingesetzt werden; die mit Abstand wichtigsten Produkte sind ungesättigte Systeme. Die Reaktivverdünner werden wie Lösemittel dem Lack zugegeben. Während die üblichen Lösemittel jedoch

einfach verdunsten, werden Reaktivverdünner in die Beschichtung eingebaut.
Wichtigster Einsatzbereich der U. ist die Lackierung von Holz und →Holzwerkstoffen (Parkett, Möbel).
Optimal ablaufende UV-Beschichtungen ergeben emissionsarme und gebrauchstaugliche Beschichtungen. Der Lösemittelanteil kann sehr gering sein, die meisten in Europa eingesetzten Rezepturen für U. zur Holzbeschichtung enthalten jedoch noch flüchtige Bestandteile (z. B. Butylglykol, Ethyldiglykol). Nur sehr wenige sind völlig lösemittelfrei. Frühere Untersuchungen (1990er Jahre) zeigten, dass Spaltprodukte entstehen können, die in die Raumluft abgegeben werden. Es handelt sich dabei um Fotoinitiatoren(-bruchstücke), Lösemittel, Restmonomere oder sonstige Substanzen. Sind die Applikationsverfahren und die UV-Dosis nicht optimal eingestellt, treten höhere Emissionen auf als unter optimalen Bedingungen. Unkontrollierte Fragmentierungsreaktionen und verbleibende Restsubstanzen können dann Vergilbungen und die Freisetzung von geruchsbildenden Stoffen hervorrufen.

U-Wert Der U. (Wärmedurchgangskoeffizient, Unit of heatloss) bezeichnet die Wärmemenge, die in 1 Sekunde durch eine Bauteilfläche von 1 m^2 bei einem Temperaturunterschied von 1 K hindurchgeht. Zu berücksichtigen sind dabei Dicke, Wärmeleitfähigkeit des Materials und Schichtaufbau des Bauteils. Je kleiner der U. eines Bauteils, desto besser seine Wärmedämmung. Von der Höhe des U. hängt die zur Erzielung einer bestimmten Dämmung erforderliche Dicke der Dämmstoffschicht ab. Maßeinheit: $W/(m^2 \cdot K)$. Der Gesetzgeber hat früher in der Wärmeschutzverordnung Grenzen für den Wärmeverlust von Bauteilen festgelegt. In der geltenden Energieeinsparverordnung werden nur noch für Bauteile im Bestand Grenzen für den Wärmedurchgang durch Bauteile formuliert. Ansonsten wird das gesamte Gebäude in Bezug genommen und der HT′-Wert errechnet, der dem mittleren U-Wert entspricht. Die Anforderungen an die Gebäude werden aus dem Primärenergiebedarf abgeleitet. →Heizwärmebedarf, →Niedrigenergiehaus, →Passivhaus

V

Vakuumdämmplatten V. sind plattenförmige Wärmedämmstoffe, deren →Wärmedämmung auf Vakuum beruht. Da im Vakuum Wärmeübertragung nur über Wärmestrahlung möglich ist, zeigen V. extrem niedrige →Wärmeleitfähigkeiten von 0,004 bis 0,005 W/(m·K) – ca. einem Zehntel von konventionellen Dämmstoffen. Ein stabiles Vakuum setzt möglichst wenig Tragstruktur mit möglichst geringer Wärmeleitfähigkeit aus druckstabilen Materialien, welche die atmosphärische Druckbelastung von 1 bar aufnehmen können, voraus. Bereits im Hochbau eingesetzte V. lösen diese Anforderung durch einen Kern aus mikroporösen (pyrogenen) Kieselsäurepulvern mit einem zugesetzten Infrarottrübungsmittel, das die Ausbreitung von Wärmestrahlung vermindert. Nach Verdichten des nanostrukturierten Pulvers liegen die Durchmesser der Hohlräume im Bereich von 100 nm. Die Platten werden mit einer metallisierten vakuumdichten Kunststofffolie umhüllt oder mit Glas abgedeckt.
Durch die niedrige Wärmeleitfähigkeit können die Dämmstärken von üblichen 20 bis 40 cm auf 4 bis 6 cm verringert werden. Bei vorgegebenem Bauvolumen lassen sich so mit V. merklich höhere Nutzflächen im Gebäude realisieren als bei der Verwendung von konventionellen Dämmstoffen. Dies gilt insbesondere bei Niedrigstenergie- und Passivhäusern mit extremen Dämmstärken. V. lassen sich nahezu fugen- und wärmebrückenfrei verarbeiten. Von Nachteil ist, dass die Hülle nicht verletzt werden darf, Anbohren und Sägen der V. sind nicht erlaubt. V., deren Oberfläche nicht durch zusätzliche Schaum- und Folienauflagen geschützt sind, sollten nur auf saubere, nicht raue Flächen gelegt und sehr vorsichtig gehandhabt werden. Die auf Dauer schädliche Einwirkung von UV-Strahlung auf die Kunststofffolie muss in der Konstruktion durch entsprechende Abdeckmaßnahmen unterbunden werden. Da die V. innerhalb einer sehr dünnen Schicht ihre Dämmwirkung entfalten, wirken sich Wärmebrücken sehr stark aus. Die Dämmebene sollte daher in den Fugen möglichst wenig durchbrochen sein. V. sind praktisch undurchlässig für Wasserdampf. Auf mögliche Kondensation von Feuchtigkeit ist deshalb besonders Rücksicht zu nehmen. Da die Kosten für V. noch deutlich über jenen für konventionelle Dämmstoffe liegen, setzt der Einsatz der Vakuumdämmtechnik voraus, dass sich durch die geringere Dämmstärke spezifische Vorteile ergeben, z.B. Wohnflächengewinn, Ersparnis in der Konstruktion, bessere Architektur, oder dass dadurch überhaupt erst Dämmung möglich wird, z.B. Altbausanierung der Kellerdeckendämmung mit geringen lichten Höhen. Ob das Vakuum über die Nutzungsdauer erhalten bleibt, dazu gibt es noch keine Erfahrungswerte. Laut Herstellerangaben geht man davon aus, dass über die Nutzungsdauer von 25 bis 30 Jahren ein Anstieg der Wärmeleitfähigkeit bis max. 0,008 W/(m·K) zulässig ist. Bei Beschädigung der Hülle garantiert der Hersteller eine Wärmeleitfähigkeit von 0,02 W/(m·K).
Umweltrelevante Daten sind derzeit noch nicht bekannt. Am Ende der Nutzungsdauer kann der Pulverkern einem Recycling zugeführt werden. Nach Trocknung und eventueller neuer Pressung kann er wiederverwendet werden, lässt sich aber auch problemlos entsorgen. Probleme bei der Entsorgung bringt die metallisierte Kunststofffolie sowohl in der Verbrennung als auch auf der Deponie.

Vakuumisolationsglaspaneele V. ist eine plattenförmige und hocheffiziente Wärmedämmung, die je nach Hersteller und Anwendungsbereich aus einem offenporigen, mikroporösen und druckfesten Stützkern aus z.B. Polymerschaum, Glasfasern, hochdispersen Silikapulver, pyrogener Kieselsäure oder Aerogelen besteht, der in eine hochdichte, metallisierte Hochbarrierefolie eingeschweißt ist. Durch Absenkung des Gasdrucks innerhalb des Paneels wird die Wärmeleitfähigkeit reduziert, sodass für die Erreichung hoher Dämmwerte bei einem λ-Wert von 0,007 W/(m · K) eine geringe Dämmstärke (10 bis 50 mm) ausreicht.
V. finden Verwendung als Flachdach-, Boden-, Wand- und Deckendämmung sowie in Bereichen mit besonders wenig verfügbarem Platz. Je nach Anwendungsbereich sind V. mit zusätzlichen Schutzschichten aus z.B. Glasfaserkunststoffplatten, Gummigranulatplatten oder XPS-Platten erhältlich, da eine Beschädigung der Hüllfolie zu vermeiden ist. Eine entsprechende Planung und sorgfältige Ausführung ist zwingend erforderlich. Einordnung Baustoffklasse nach DIN 4102: B2, normal entflammbar. Durchbrüche von Installationsrohren sind zu planen und vorher in die Platte werkmäßig zu integrieren. Bei der Planung ist zu berücksichtigen, dass die Platten weitgehend dampfdiffusionsdicht sind.

Vakuumisolationspaneel →Vakuumdämmplatten

Variabilität Unter V. wird in der Lebenszyklusbetrachtung eines Gebäudes die Möglichkeit verstanden, auf sich ändernde Rahmenbedingungen mit bespielbaren Fassadenkonstruktionen oder verschiebbaren Trennwänden usw. reagieren zu können. Die V. ist entlang der Phasen Planung, Herstellung, Nutzung bis zum Rückbau in den Prozess proaktiv gestaltend zu integrieren. Sind die Räume nach einer Teilung jeweils noch groß genug, um eine angemessene Nutzung zu realisieren, hat das Gebäude ausreichende V.-Potentiale.
Die Qualität der Planung zeigt sich an den Variationspotentialen, die bereits in der Planungsphase implementiert sind. Sie beruht auf der Fragestellung, welche Nutzungsmöglichkeiten aus der als Primärnutzung geplanten Struktur mittels Folgeplanungen über den gesamten Lebenszyklus des Gebäudes zur Verfügung stehen könnten. Bei Betrachtung der Veränderungspotenziale und der Gebäudekosten und unter Berücksichtigung des Faktors Zeit, wird die Bedeutung einer a priori geplanten V. offensichtlich. Das V.-Potenzial berücksichtigt somit im Idealfall sowohl die Möglichkeit einer Modifizierung der Primär- und Sekundärstrukturen als auch eine Veränderung hinsichtlich sich unterscheidender Nutzungsanforderungen. In den meisten Fällen wird das V.-Potential unter Inanspruchnahme eines erhöhten materiellen Aufwandes (Deckenbewehrungen zur Aufnahme vertikaler Lasten bei anderer Nutzung usw.) umgesetzt und nicht durch konstruktive Schnittstellenlösungen, welche dem Ziel der Gebäude-V. und des ressourcenschonenden Planens gerecht werden können.
Die Grundriss-V. beschreibt das Potenzial der bestehenden konstruktiven Strukturen und seiner Geometrie, verändernden Anforderungen einfach und schnell gerecht werden zu können. Positiv auf die Grundriss-V. wirken sich die Gesamtstruktur, Anzahl und Größe der Strukturelemente bzw. deren bauliche Fügung aus. Durch die zunehmende technische Ausstattung der Gebäude sind auch die Sekundärelemente und die Gebäudetechnik zu berücksichtigen. Die einfache Demontierbarkeit und deren Möglichkeit der Veränderung nehmen im Sinne einer ressourcenschonenden Planungs- und Umsetzungsmethodik diesbezüglich eine herausragende Rolle ein. →Erweiterbarkeit, →Flexibilität

VdL-Richtlinien Richtlinien des Verbandes der deutschen Lackindustrie (VdL)

Velourstapeten V. zeigen eine wollige, samtartige Oberfläche aus Textilflocken. Die Textilflocken werden auf einen mit Klebstoff bestrichenen Träger aus →Tapetenpapier oder →Vinyltapete elektrostatisch aufgebracht. Bei antiken V. wurden Wolle- und Seidenflocken im Klopfverfahren aufgetragen. Durch Kunstharzklebstoffe kann die Dampfdiffusion beeinträchtigt werden. Ein besseres Dampfdiffusionsverhalten zeigen V., bei deren Herstellung die Textilfasern mit Leinölfirnis bestrichen wurden. Schadstoffemissionen sind vor allem vom eingesetzten Klebstoff abhängig.

Verbraucherinitiative Die V. e.V. ist der 1985 gegründete Bundesverband kritischer Verbraucherinnen und Verbraucher. Arbeitsschwerpunkt ist der ökologische, gesundheitliche und soziale Verbraucherschutz. Als Lobby-Organisation für kritische Verbraucherinnen und Verbraucher tritt die V. ein für eine ökologisch und sozial verträgliche Produktion von Waren. In ihrer Datenbank Label online bietet die V. Informationen und Bewertungen zu mehr als 300 Labeln, u.a. auch für Bauprodukte.

Verbundstoffe V. sind Baustoffe aus mindestens zwei verschiedenen Materialien, die vollflächig miteinander verbunden sind und sich nicht von Hand trennen lassen (z.B. PE-beschichtete Aluminiumfolien). V. sind in der Regel schlecht verwertbar und können häufig auch nur minderwertig beseitigt werden. →Recycling

Verdicker V. werden in →Lacken und →Farben eingesetzt, um dem System die gewünschten rheologischen Eigenschaften (Fließeigenschaften) zu verleihen. Wichtige anorganische V. sind die organisch modifizierten Schichtsilikate (Hectorite, Bentonite). Wichtige anorganische V. sind zudem die pyrogen erzeugten Kieselsäuren. Bei den organischen V. kommen je nach Lack- bzw. Farbtyp, z.B. Farben auf Wasserbasis oder auf Lösemittelbasis, unterschiedliche Stoffgruppen zum Einsatz. Dazu gehören z.B. Cellulose-, Stärke- und Rizinusölderivate.

Verdünner V. sind gem. VdL-Richtlinie „Bautenanstrichstoffe" (→VdL-Richtlinien) Flüssigkeiten aus einer oder mehreren Komponenten, die unter den festgelegten Trocknungsbedingungen flüchtig sind und einem Beschichtungsstoff zugegeben werden, um Eigenschaften, vor allem die Viskosität, zu beeinflussen. Die als Universal-Verdünner angebotenen Gebinde enthalten zu 100 % organische Lösemittel, darunter Stoffe wie →Ketone (z.B. Aceton, 2-Butanon, Methylethylketon), Alkohole (z.B. Isobutanol, Methanol), →Aromatische Kohlenwasserstoffe (z.B. Toluol, Xylol, 1,2,4-Trimethylbenzol) und Ester (z.B. n-Butylacetat). Verdünner der Naturfarbenhersteller enthalten insbesondere Alkohol (Ethanol), Kolophonium-Ester, →Isoaliphate, Orangenöl.

Verdunstungsheizkostenverteiler →Methylbenzoat

Verfilmungshilfsmittel V. dienen zur Verfilmung des Bindemittels in wasserverdünnbaren Anstrichstoffen. Als V. kommen →Lösemittel, →VOC und/oder →Weichmacher in Betracht.

Verkapselung Seit 2001 werden →Biozide gegen Algen und Pilze in Fassadenbeschichtungen auch verkapselt eingesetzt (Burkhardt, 2011). Verwendet werden zur Einbettung der Wirkstoffe Polymerkugeln mit 10 bis 20 µm Größe, aus denen die Wirkstoffe viel langsamer herausdiffundieren, als wenn die Wirkstoffe in freier Form vorliegen würden. Dadurch ist es möglich, die Auswaschung – vor allem zu Beginn – deutlich zu verlangsamen, die Schutzdauer für den Befall zu verlängern und die Umwelt zu schonen (Burkhardt, Auswaschung von Bioziden aus Fassaden, 2011). Bei gut wasserlöslichen Bioziden wie OIT ist der Reduktionseffekt sehr groß, bei schlecht wasserlöslichen wie DCOIT dagegen gering. Darüber hinaus werden die Wirkstoffverluste durch chemische Umwandlung im Material während der Nutzungsdauer reduziert (z.B. →Isothiazolinone, Zinkpyrithion). Durch diese Technologie sind die in der Umwelt gut abbaubaren Isothiazolinone auch als →Filmschutzmittel verfügbar geworden. Die kontrollierte Auswaschung wird auch als „smart release" oder „controlled release" vermarktet. Mehr als 80 % der in der Schweiz eingesetzten Filmschutzmittel sind verkapselt. In Deutschland ist der Marktanteil geringer.

Verklebungsklassen Die DIN EN 314-2 und DIN EN 636:2015-05 unterscheiden drei Verklebungsklassen in Bezug auf den Verwendungsbereich von Sperrholz. Gegenüber DIN EN 636:2012-12 wurden folgende Änderungen vorgenommen:

1. Anwendungsbereich auf beschichtetes und lackiertes Sperrholz erweitert;
2. zusätzliche Angaben für die Kennzeichnung aufgenommen;
3. Anhang B mit Angaben zu den Gebrauchsklassen für einen biologischen Befall aus DIN EN 355-3:1995-09 ergänzt.

Die Klassifizierung bezieht sich auf die Verleimung der Holzlagen. Die Holzlagen selber können bei wechselndem Klima rissig werden. Je nach verwendetem Leim ist nach DIN 68705 Innensperrholz (IF 20), Außensperrholz (AW 100) und Außensperrholz gegen Pilzbefall geschützt (AW 100 G) zu unterscheiden. →Sperrholz

Tabelle V1: Verklebungsklassen nach DIN EN 314-2

Verklebungsklasse	Anwendung
Klasse 1	Verwendung im Trockenbereich mit normalem Innenklima ohne Gefahr der Durchnässung
Klasse 2	Verwendung auch im Feuchtebereich, im Außenbereich nur, wenn Schutz gegen direkte Bewitterung gegeben ist. Nur gegen kurzzeitige Wettereinwirkung beständig.
Klasse 3	Verwendung im Außenbereich auch bei langfristiger Wettereinwirkung.

Verlaufsadditive V. sollen den Verlauf von Lacken und Farben verbessern. Laut DIN EN ISO 4618:2015-01 lautet die Definition des Verlaufs:
„Fähigkeit eines Beschichtungsstoffes, nach dem Auftragen Unregelmäßigkeiten der Oberfläche, die durch das Auftragsverfahren entstanden sind, zu minimieren." Als V. für Anstrichstoffe werden insbesondere eingesetzt: Polyacrylate, Silikone, Fluortenside und verschiedene Lösemittel.

Verlegewerkstoffe Als V. werden Produkte bezeichnet, die bei der Verlegung von Boden-, Wand- und Deckenbelägen Verwendung finden. Dazu gehören z.B. Grundierungen, Vorstriche, Spachtelmassen, Estrichwerkstoffe, Klebstoffe, Klebemörtel, Flächendichtstoffe, Unterlagen u. Ä. V. werden überwiegend großflächig eingesetzt. Sie sind häufig für Geruchsbelästigungen und erhöhte Schadstoff-Konzentrationen in der Innenraumluft verantwortlich. Es ist empfehlenswert, ausschließlich emissionskontrollierte V. zu verwenden (→EMICODE).

Vermiculit V. (lat. vermis = Wurm) bezeichnet einen Glimmerschiefer aus dünnen, flachen Alumi-

nium-Eisen-Magnesium-Silikat-Plättchen, die in vorgeschichtlicher Zeit durch heißes Wasser in Verbindung mit vulkanischer Eruption derart umgeformt wurden, dass sich zwischen der Schieferstruktur Wassermoleküle anreicherten. Die Minerale haben die charakteristische Eigenschaft, sich bei plötzlicher Erwärmung stark aufzublähen und wurmförmig zu krümmen. Das verdampfende Kristallwasser drückt dabei die Schichten akkordeonartig auseinander. Das sog. thermische „Blähen" erfolgt industriell im Drehrohrofen bei Temperaturen zwischen 800 und 900 °C (→Blähglimmer). Die wichtigsten industriellen Anwendungen von V. verwenden nicht Roh-V., wie er nach der Aufbereitung vorliegt, sondern thermisch expandierten, geblähten V.
Jährlich werden ca. 500.000 t V.-Erz weltweit gefördert und in diversen Applikationen weiterverarbeitet. Die jährliche Gesamtproduktion an Produkten aus V. beträgt 136.000 t, davon entfallen 41 % auf Isoliermaterialien, 14 % auf Baustoffzuschlag, 24 % auf Gartenbau, Land- und Forstwirtschaft und 20 % auf andere Anwendungsbereiche. V. findet Verwendung bei der Kompostierung, in Produkten für die Rasenpflege und dient zur allgemeinen Bodenverbesserung. V. kann größere Mengen Flüssigkeit absorbieren, ohne dadurch seine lockere Konsistenz zu verlieren. Als Träger von Düngemitteln, Herbiziden, Insektiziden usw. kann V. daher einen gefahrlosen Transport und Einsatz ermöglichen. Als Verpackungsmaterial kann geblähter V. Erschütterungen auffangen, gleichzeitig eine gute thermische Isolierung bieten und im Fall eines Unfalls Flüssigkeiten aufsaugen. In der Metallurgie wird Roh-V. als Abdeckmaterial von Metallschmelzen eingesetzt, die vor dem Guss noch kurz zwischengelagert oder transportiert werden müssen.

Vernetzer V. (Härter) sind Chemikalien, welche die räumliche Verknüpfung von Molekülen bzw. →Präpolymeren zu einem Netzpolymer ermöglichen. →Reaktionsklebstoffe, →Reaktionslacke

Versauerung V. wird hauptsächlich durch die Wechselwirkung von →Stickstoffoxiden und →Schwefeldioxid mit anderen Bestandteilen der Luft verursacht. Durch eine Reihe von Reaktionen wie die Vereinigung mit dem Hydroxyl-Radikal können sich diese Gase innerhalb weniger Tage in Salpetersäure und Schwefelsäure umwandeln – beides Stoffe, die sich sofort in Wasser lösen. Die angesäuerten Tropfen gehen dann als saurer Regen nieder. Die Versäuerung ist im Gegensatz zum Treibhauseffekt kein globales, sondern ein regionales Phänomen. Schwefel- und Salpetersäure können sich auch trocken ablagern, etwa als Gase selbst oder als Bestandteile mikroskopisch kleiner Partikel. Es gibt immer mehr Hinweise, dass die trockene Deposition die gleichen Umweltprobleme verursacht wie die nasse. Die Auswirkungen der V. sind noch immer nur bruchstückhaft bekannt. Zu den eindeutig zugeordneten Folgen zählt die V. von Seen und Gewässern, die zu einer Dezimierung der Fischbestände in Zahl und Vielfalt führt. Die V. kann in der Folge →Schwermetalle mobilisieren, welche damit für Pflanzen und Tiere verfügbar werden. Darüber hinaus dürfte die saure Deposition an den beobachteten Waldschäden zumindest beteiligt sein. Durch die Übersäuerung des Bodens kann die Löslichkeit und somit die Pflanzenverfügbarkeit von Nähr- und Spurenelementen beeinflusst werden. Die Korrosion an Gebäuden und Kunstwerken im Freien zählt ebenfalls zu den Folgen der V. →Versauerungspotenzial, →Zertifizierung, →EPD

Versauerungspotenzial AP V. (Acid Potential) von Boden und Wasser ist ein Umweltindikator, der im Rahmen einer Ökobilanzierung (LCA) ermittelt wird. V. umfasst die Summe aller sauren Gase aus dem Herstellungsprozess. Die Angabe erfolgt in Schwefeldioxid-(SO2)-Äquivalenten. Versauernd wirkende Emissionen sind zum Beispiel Schwefeldioxid (SO2), Stickoxide (NOx) und Schwefelwasserstoff (H2S). Die von Menschen verursachten Emissionen enthalten Schwefel- und Stickoxidverbindungen, die in der Luft zu Schwefel- oder Salpetersäure reagieren und als „saurer Regen" zur Erde fallen. Geschädigt werden können sowohl Boden, Gewässer und Lebewesen als auch Baustoffe und Bauwerke. Saurer Regen ist ein globales Problem, das regional unterschiedlich ausgeprägt ist und verstärkt in der Nähe von Siedlungs- und Industriegebieten auftritt. Bei einer Vielzahl von Prozessen zur Herstellung von Produkten und Energieumwandlungen werden versauernd wirkende Gase produziert und entweichen in die Atmosphäre. Vor allem die Herstellung von Kunststoffen (Polymeren) und von Aluminium trägt zu einem hohen Versauerungspotenzial bei.

Verwendungsverbote →Gefahrstoffverordnung, →CLP-Verordnung

Verwertung Abfälle können stofflich oder energetisch verwertet werden, wobei das →Kreislaufwirtschaftsgesetz der jeweils besser umweltverträglichen Verwertungsverfahren den Vorrang einräumt. Früher in Anhang II A des Kreislaufwirtschafts- und Abfallgesetzes, jetzt in der Anlage 2 des Kreislaufwirtschaftsgesetzes, werden folgende Verwertungsverfahren aufgelistet, die in der Praxis angewandt werden sollen:

- R 1 Hauptverwendung als Brennstoff oder als anderes Mittel der Energieerzeugung
- R 2 Rückgewinnung und Regenerierung von Lösemitteln
- R 3 Recycling und Rückgewinnung organischer Stoffe, die nicht als Lösemittel verwendet werden (einschließlich der Kompostierung und sonstiger biologischer Umwandlungsverfahren)
- R 4 Recycling und Rückgewinnung von Metallen und Metallverbindungen
- R 5 Recycling und Rückgewinnung von anderen anorganischen Stoffen
- R 6 Regenerierung von Säuren und Basen
- R 7 Wiedergewinnung von Bestandteilen, die der Bekämpfung von Verunreinigungen dienen
- R 8 Wiedergewinnung von Katalysatorenbestandteilen
- R 9 Erneute Ölraffination oder andere Wiederverwendungen von Öl
- R 10 Aufbringung auf den Boden zum Nutzen der Landwirtschaft oder zur ökologischen Verbesserung
- R 11 Verwendung von Abfällen, die bei einem der in R 1 bis R 10 aufgeführten Verfahren gewonnen werden
- R 12 Austausch von Abfällen, um sie einem der in R 1 bis R 11 aufgeführten Verfahren zu unterziehen
- R 13 Lagerung von Abfällen bis zur Anwendung eines der in R 1 bis R 12 aufgeführten Verfahren (ausgenommen zeitweilige Lagerung bis zur Sammlung auf dem Gelände der Entstehung der Abfälle)

→Abfall, →Stoffliche Verwertung, →Energetische Verwertung, →Bauproduktenverordnung

Verzinktes Stahlblech V. wird aus weichen unlegierten Stählen (Feinblechen) durch Überziehen mit geschmolzenem →Zink hergestellt (Feuerverzinkung). Für Fassadenbekleidungen und Dacheindeckungen wird häufig werksseitig eine zusätzliche organische Schutzbeschichtung aufgebracht (modifizierte →Alkydharze, PVC-Folien (→Polyvinylchlorid), →Acrylharze, →Polyurethan oder →Epoxidharze).

Verwendung findet V. als Fassadenbekleidung oder Dacheindeckung. Verzinkte Bleche werden auch für Fensterbänke oder Dacheinfassungen verwendet.

Die Blechherstellung erfolgt in Warmwalzwerken durch kontinuierliches Auswalzen eines Stahlbarrens; das Tauchen in Zinkbäder nach Vorbehandlung der Oberfläche (Entfetten, Beizen, Flussmittelbad, Trocknen) bzw. das kontinuierliche Laufen auf Stahlbreitband durch Zinkbad in heißem Zustand.

V. wird verbunden durch Falzen, Nieten, Schrauben, Kleben, Weichlöten, Hartlöten, Schweißen (Verlust Zn-Auflage) und befestigt mit verzinkten Stiften und verzinkten Schrauben. Formgebungen, welche die Rostbildung fördern, sollen vermieden werden. Schnelle Ableitung des Regenwassers sollte gewährleistet sein. Bei großer Hitzeeinwirkung, z.B. bei starker Sonneneinstrahlung, sind Verformungen möglich.

Prozessbedingte Emissionen (Schwermetalle, Salzsäure und Stäube) gehen von den Verzinkungsbädern aus. Die staubförmigen Emissionen wurden seit 1985 um 95 % reduziert und durch die Kreislaufführung des Prozesswassers gelangen mittlerweile keine Produktionsabwässer mehr in die Kanalisation. Die entstehenden Abfallstoffe werden weiterverwertet (Zinkasche, Hartzink, Blechabfälle usw.). Hohe Umweltbelastungen bei der Herstellung der Vorprodukte →Stahl und →Zink. Beim Schweißen von V. steigen zinkoxidhaltige Dämpfe auf, die abgesaugt werden sollten (MAK-Wert: 1 mg/m^3 für Zinkoxidrauch). Gesundheitsgefährdende Emissionen sind auch beim →Löten oder aus →Kleber möglich. Aus bewitterten Stahlblechteilen werden hohe Mengen an Zink abgeschwemmt. Dies kann durch Kunststoffbeschichtung, die ca. alle zehn Jahre erneuert werden muss, reduziert, aber nicht vermieden werden. Die großflächige Anwendung von V. sollte daher vermieden werden.

Stahlblech lässt sich sehr gut verwerten. Der Primärenergieaufwand beim Recycling beträgt etwa 20 bis 40 % des Primärenergieaufwandes bei der Neuproduktion. Die Zinküberzüge können nach der Trennung von Stahl und Zink erneut zur Verzinkung verwendet werden. Verzinkter Schrott ist allerdings Haupteintragsquelle für Zink in ein integriertes Hüttenwerk (insgesamt 0,4 kg/t Rohstahl, Anteil verzinkter Schrott wachsend) und führt vermehrt zu verfahrenstechnischen Problemen, da bei zu hohem Zink-Eintrag die Qualität der Produkte (Roheisen, Stahl) und Nebenprodukte (Schlacken) sinkt und der Ausschuss steigt. (UBA Texte 17/05 Leitfaden für das Bauwesen, Reduktion von Schwermetalleinträgen aus dem Bauwesen in die Umwelt)

Vinyl V. bezeichnet einen bestimmten Molekülteil und ist die Vorsilbe für zahlreiche chemische Verbindungen, z.B. Vinylalkohol, Vinylether, Vinylacetat, Vinylchlorid. V.-Verbindungen sind aufgrund ihrer Eigenschaften und ihrer einfachen Synthesemöglichkeiten wichtige Schlüsselprodukte der Großchemie. Umgangssprachlich steht V. häufig als Vorsilbe für Produkte, die →Polyvinylchlorid (PVC) enthalten, z.B. Vinyltapeten, →Vinyl-Asbest-Bodenbeläge.

Vinylacetat (CAS 108-05-4) Die Hauptanwendungsgebiete von V. (Essigsäurevinylester) sind die Herstellung von Polyvinylacetat, Polyvinylalkohol, Polyvinylacetal oder die Co- und Terpolymerisation mit anderen Monomeren, wie zum Beispiel Ethylen, →Vinylchlorid, →Acrylat, Maleinat, Fumarat oder Vinyllaurat. V. ist als krebsverdächtig (MAK-Liste: Kat. 3A und TRGS 905: K3) eingestuft. Steht auf der Liste der besonders besorgniserregenden Stoffe der ECHA, Priorität 1. →CMR-Stoffe
EU-GHS-Einstufung und Kennzeichnung (EG) Nr. 1272/2008 CLP: Entzündbare Flüssigkeit Kategorie 2: Flam. Liq. 2; H225 Flüssigkeit und Dampf leicht entzündbar; Akute Toxizität Kategorei 4: Acute Tox. 4; H332 Gesundheitsschädlich bei Einatmen; Spezifische Zielorgan-Toxizität (einmalige Exposition) Kategorie 3: STOT SE 3; H335 Kann die Atemwege reizen; Kanzerogenität Kategorie 2: Carc. 2; H351 Kann vermutlich Krebs erzeugen.

Vinyl-Asbest-Bodenbeläge V. sind entweder Fliesen aus einer homogenen Masse von →Polyvinylchlorid (PVC) und Asbest (→Floor-Flex-Platten, Marley-Platten) oder Auslegeware (→Cushion-Vinyl-Bodenbeläge) mit einer Oberschicht aus PVC und einer Unterschicht aus →Asbestpappe. →Asbesthaltige Bodenbeläge, →Asbest

Vinylbenzol →Styrol

Vinylchlorid (CAS 75-01-4) V. (VC, Monochlorethen) ist ein geruchloses, in hohen Konzentrationen süßlich riechendes Gas und gehört zur Stoffgruppe der ungesättigten aliphatischen Chlorkohlenwasserstoffe. VC ist hoch entzündlich und bildet mit Luft ein explosionsfähiges Gemisch. Von VC gehen akute oder chronische Gesundheitsgefahren aus. VC ist die am meisten industriell produzierte Organochlorverbindung und wird praktisch ausschließlich zur Herstellung von →Polyvinylchlorid (PVC) und dessen Mischpolymerisaten verwendet. Eine weitere direkte Anwendung ist die Umsetzung zu 1,1,2-Trichlorethan, das als Vorprodukt für die Herstellung von 1,1-Dichlorethen dient. VC ist ein stark krebserzeugender Stoff (K1; →CMR-Stoffe). Nach EU-GHS-Einstufung und Kennzeichnung (EG) Nr. 1272/2008 CLP als „kanzerogen in die Kategorie Carc.1A mit H350 Kann Krebs erzeugen" eingestuft sowie in Anhang VXII „Beschränkungen mit: Darf für keinen Verwendungszweck als Treibgas für Aerosole verwendet werden. Aerosolpackungen, die diesen Stoff als Treibgas enthalten, dürfen nicht in Verkehr gebracht werden". V. ist außerdem als entzündbare Flüssigkeit in die „Kategorie 1 mit Flam. Gas 1 und H220 Extrem entzündbares Gas" eingeordnet. →Chlorierte Kohlenwasserstoffe

4-Vinylcyclohexen (CAS 100-40-3) 4-V. kann sich in einer Additionsreaktion aus überschüssigem →Butadien bei der Herstellung von →Styrol-Butadien-Kautschuk (SBR) bilden. Es handelt sich um einen äußerst geruchsintensiven Stoff, der z.B. aus SBR-Rückenbeschichtungen →Textiler Bodenbeläge in die Innenraumluft freigesetzt wird. 4-V. ist als krebserzeugend (MAK-Liste: Kat. 2, TRGS 905: 2K2) und Verdachtsstoff für reproduktionstoxische Wirkung (TRGS 905: $2R_F2$) eingestuft. Vgl. →4-Phenylcyclohexen. Nach EU-GHS-Einstufung und Kennzeichnung (EG) Nr. 1272/2008 CLP als kanzerogen in die Kategorie 2 mit Carc. 2; H351 Kann vermutlich Krebs erzeugen, eingeordnet.

Vinyltapeten V. sind →Tapeten aus einem meist mehrschichtigen Papier- oder Gewebeträger und einer PVC-Schicht (seltener werden statt →Polyvinylchlorid (PVC) auch Polyvinylfluorid (PVF) oder →Polymethylmethacrylat eingesetzt). Unterschieden werden V. mit unstrukturierter Oberfläche (z.B. Flach-V. auf Papierträger) und strukturierter Oberfläche (Strukturvinyl, Profilschaumtapete). Die Oberflächenschicht wird entweder in Form von PVC-Folien oder PVC-Pasten (feinteiliges PVC mit →Weichmachern unter Zusatz von weiteren Hilfsmitteln dispergiert) aufgebracht. Dabei gibt es verschiedene Herstellungsarten:

- Die bereits bedruckte Tapete wird mit einer PVC-Folie verbunden.
- Die Tapete wird mit PVC beschichtet und anschließend bedruckt.
- Die Tapete wird im Heißdruckverfahren in einem Arbeitsgang mit PVC und Farbe beschichtet.
- Die fertige Tapete wird im Heißprägeprozess mit Strukturen versehen (PVC-Prägetapete).
- Die Verwendung von Treibmitteln ermöglicht zusätzlich das Verschäumen der Beschichtung während des Gelierprozesses (Profilschaumstruktur).

Beim Auftrag von PVC-Pasten hat sich die Siebdrucktechnologie sowohl bei kompakten als auch geschäumten Pastenanwendungen durchgesetzt. Die verwendeten Druckpasten sind auf Basis von PVC, Weichmacher, Füllstoffen und Farbpigmenten aufgebaut. Als Flüssigkeiten werden zumeist höher siedende Benzine verwendet.

V. sind beliebt wegen ihrer Strapazierfähigkeit, Wasser-, Scheuer- und Lichtbeständigkeit. Sie sind trocken spaltbar abziehbar. V. sind auch geeignet für Feuchträume und Räume, in denen Wände stärker beansprucht sind und nach Anschmutzungen öfter gereinigt werden müssen. Typische Anwendungsfelder sind daher Treppenhäuser, Flure, Büro- und Praxisräume sowie Küchen und Badezimmer.

V. besitzen ungünstige elektrostatische Eigenschaften (Staubfänger), sind nicht diffusionsoffen und verhindern die Wärmespeicherung in der Wand. Flach-V. und Kompakt-Vinyls haben eine reduzierte Wasserdampfdurchlässigkeit. Durch die Dampfdichtigkeit kann es zu Schimmelproblemen an der Tapete und vor allem in Zimmerecken kommen. Expandierte Struktur-V. weisen günstigere Dampfdiffusionsfähigkeit auf (vergleichbar mit doppelt gestrichenen →Raufasertapeten).

Da das PVC relativ weich sein muss, damit die Tapete biegsam bleibt, wird es mit Weichmachern versetzt, die aus der Tapete freigesetzt werden. Vom Wilhelm-Klauditz-Institut (WKI) wurden in Prüfkammern Weichmacherkonzentrationen zwischen 1 und 5 µg/m³ gefunden. V. können am Entstehen des sogenannten „Fogging"-Phänomens beteiligt sein (→Schwarze Wohnungen). Laut Hersteller-Empfehlung sollen V. mit einem fungizidhaltigen (pilztötenden) →Kleister geklebt werden. Bei eingefärbten V. wurden flüchtige organische Substanzen (→VOC) wie →Alkohole (z.B. →Methanol), →Ketone (z.B. Methylethylketon), →Ester (z.B. Ethylacetat) und aliphatische →Kohlenwasserstoffe nachgewiesen. Diese Substanzen sind Lösemittelbestandteile der Farben. In stark eingefärbten V. wurden vereinzelt auch →Toluol und →Xylol festgestellt. In V. mit gelben Farbanteilen wurden teilweise erhöhte Werte an →Blei und →Chrom gefunden, was auf das gelbe Bleichromat (→Pigment) zurückzuführen ist. PVC-haltige Tapeten mit dem RAL-Gütezeichen müssen u.a. folgende Anforderungen erfüllen: kein nachweisbares →Vinylchlorid, Formaldehydwert unter 0,05 ppm, keine schwermetallhaltigen Pigmente, kein Blei und Cadmium als Stabilisatoren bei Profiltapeten, keine chlorierten oder aromatenhaltigen Lösemittel, keine leichtflüchtigen Weichmacher. Gebrauchte V. müssen in Müllverbrennungsanlagen mit Salzsäureabscheider beseitigt werden, eine Verwertung ist wegen des Papier-PVC-Verbunds mit wirtschaftlich vertretbarem Aufwand nicht durchführbar. Wegen der problematischen Produktlebenslinie von V. und dem negativen Einfluss auf das Raumklima sollte auf umweltfreundlichere Alternativen zurückgegriffen werden, wie z.B. →Papiertapeten, →Raufasertapeten, →Naturfasertapeten oder →Prägetapeten aus Papier.

Virges Jungfernrinde, harzreiche Rinde der Korkeiche. →Kork

Visible Light Catalyst →Fotokatalyse

Vliestapeten V. sind →Tapeten aus Zellstoff- oder Synthesefasern. Da V. keine Weichdehnung aufweisen, können sie in Wandkleistertechnik mit →Spezialkleister trocken eingebettet werden. Bei eventuellen späteren Renovierungen sind sie restlos trocken von der Wand abziehbar. →Wandbeläge aus Faservlies sind leicht transparent und lassen den Untergrund etwas durchscheinen. Sie sollten daher nach der Trocknung überstrichen werden. →Vinyltapeten auf Vliesträger bestehen aus einer Oberschicht aus weichmacherhaltigem PVC und einem Vlies oder Synthesefaserpapier. Außerdem benötigen sie einen Kleister mit höherer Klebkraft, weil sie schwerer sind als andere Tapeten.

VOC Abk. für Volatile Organic Compounds (= flüchtige organische Verbindungen), die von sehr flüchtigen organischen Verbindungen (Very Volatile

Organic Compounds, VVOC) bis zu schwerflüchtigen organischen Verbindungen (Semivolatile Organic Compounds, SVOC) reichen. Die Summe der Konzentrationen sämtlicher VOC ergibt den TVOC-Wert (Total Volatile Organic Compounds). Eine einheitliche Definition für VOC gibt es nicht. Für die Charakterisierung einer VVOC-, VOC- bzw. SVOC-Verbindung werden verschiedene Kriterieen angewandt. VOC-Definitionen müssen immer in Zusammenhang mit den verwendeten Probenahmetechniken gesehen werden.

Die heute üblicherweise verwendeten Definitionen für VOC, VVOC und SVOC gehen zurück auf Festlegungen der →ECA (1997) und sind in die VDI-Richtlinie Reihe 4300 und in die DIN ISO Reihe 16000 eingegangen:

- VOC sind flüchtige organische Verbindungen im →Retentionsbereich C6 (n-Hexan) bis C16 (n-Hexadecan) einschließlich dieser Stoffe.
- TVOC ist die Summe aller Einzelstoffe im Retentionsbereich C6 bis C16 einschließlich dieser Stoffe (Konvention zur Ermittlung von TVOC: DIN EN ISO 16000-5:2012-11).

Tabelle V2: Unterteilung der VOC in Abhängigkeit vom Siedepunkt (WHO, 1989)

Bezeichnung	Abkürzung	Siedepunktbereich	
		von °C	bis °C
Leichtflüchtige organische Verbindungen	VVOC z.B. Formaldehyd	< 0	50 – 100
Flüchtige organische Verbindungen	VOC z.B. Lösemittel	50 – 100	240 – 260
Schwerflüchtige organische Verbindungen	SVOC z.B. Weichmacher, Flammschutzmittel	240 – 260	380 – 400
Staubgebundene organische Verbindungen	POM z.B. PAK	> 380	

- VVOC sind leichtflüchtige organische Verbindungen im Retentionsbereich < C6 (n-Hexan).
- ΣVVOC ist die Summe aller Einzelstoffe im Retentionsbereich < C6.
- SVOC sind schwerflüchtige organische Verbindungen im Retentionsbereich > C16 (n-Hexadecan) bis C22 (n-Docosan).
- ΣSVOC ist die Summe aller Einzelstoffe im Retentionsbereich C16 bis C22 einschließlich dieser Stoffe.

Von einer Arbeitsgruppe der WHO (1989) wurde in Abhängigkeit vom Siedepunkt eine Unterteilung der VOC in vier Kategorien vorgenommen (s. Tab. V2; siehe auch DIN EN ISO 16000-05).

Das Spektrum der VOC und SVOC ist äußerst heterogen und vielfältig. Typische VOC-Stoffklassen sind Alkane u. Cyclo-alkane, →Aromatische Kohlenwasserstoffe, halogenierte Kohlenwasserstoffe, →Terpene, →Alkohole, Glykole/Glykolether/Glykolester, Aldehyde, →Ketone, Ester und Carbonsäuren.

VOC und SVOC gehören zu den nach Vorkommen und Wirkung bedeutungsvollsten Verunreinigungen der Innenraumluft. Quellen für VOC in der Innenraumluft können sein:

- Bauprodukte
- Einrichtungsgegenstände, Heimtextilien
- Wasch-, Putz-, Reinigungs-, Körperpflegemittel, Kosmetika
- Sog. Luftverbesserer
- Schreibmaterialien (Filzschreiber u.Ä.)
- Hobby- und Bastelarbeiten
- Körperausdünstungen
- Schädlingsbekämpfung
- Arzneimittel
- Verbrennungsprodukte (Tabakrauch, Kerzen, Gasherd, Kamin usw.)
- Treibstoffkomponenten (Garage, Tiefgarage)
- Sekundäre Emissionsprodukte als Ergebnis chemischer Reaktionen in der Innenraumluft (→Sekundäremissionen)
- Büro- und Haushaltsgeräte
- Druckerzeugnisse
- Stoffwechselprodukte von Mikroorganismen (→MVOC)
- Essenszubereitung
- Außenluft
- Kontaminierter Untergrund

TVOC-Werte in Innenräumen betragen im Mittel bis wenige hundert µg/m³. Unmittelbar nach Fertigstellung von Gebäuden, nach Renovierungs- oder intensiven Reinigungsarbeiten oder nach Einbringen neuer Einrichtungsgegenstände können die TVOC-Werte kurzzeitig bis mehrere 1.000 µg/m³ betragen.

Über die Wirkung einzelner VOC sind bei den in der Innenraumluft vorkommenden Konzentrationen oft keine ausreichenden Informationen vor-

V

handen (→Innenraumluft-Richtwerte). Gleichwohl werden erhöhte VOC-Konzentrationen in Innenräumen für Beschwerde- und Krankheitsbilder des →Sick-Building-Syndroms (SBS) verantwortlich gemacht. Zu den Symptomen zählen u.a.:

- Reizungen an Augen, Nase, Rachen
- Trockene Schleimhäute, trockene Haut
- Nasenlaufen und Augentränen
- Neurotoxische Symptome wie Müdigkeit, Kopfschmerzen, Störungen der Gedächtnisleistung und Konzentrationsfähigkeit
- Erhöhte Infektionsanfälligkeit im Bereich der Atemwege
- Unangenehme Geruchs- und Geschmackswahrnehmungen

Minderungs- bzw. Sanierungsmaßnahmen bei VOC-Belastung können sein:

- Entfernen der Quellen
- Beschichten der Quellen oder räumliche Trennung
- Erhöhung der Frischluftzufuhr (Verdünnung)
- Einsatz von technischen Einrichtungen zur Luftreinigung
- Einsatz von Materialien, die VOC binden oder zerstören

Eine Aussage zur relativen Toxizität von VOC erlauben die →NIK-Werte des →AgBB. Je niedriger der NIK-Wert, umso höher ist die Toxizität des jeweiligen Stoffes. →Innenraum-Schadstoffe

Vollholz →Holz, →Massivholz, →Brettschichtholz

Vollholzplatten Massivholzplatten (SWP) (DIN EN 12775) sind einlagige flächige Bauplatten mit einer maximalen Dicke von 80 mm. M. werden aus in der Faserrichtung parallel laufenden Holzstücken (Stäbe, Bretter, Kantel oder Bohlen) miteinander verleimt. Die Klassifizierung der M. erfolgt nach DIN EN 13353:2011-07 und unterteilt sich in die Verwendung in Trocken- und Feuchtbereiche:

- Technische Klassen für nicht tragende Verwendung:
  - SWP/1 NS: Massivholzplatten für nicht tragende Verwendung im Trockenbereich
  - SWP/2 NS: Massivholzplatten für nicht tragende Verwendung im Feuchtbereich
  - SWP/3 NS: Massivholzplatten für nicht tragende Verwendung im Außenbereich
- Technische Klassen für tragende Verwendung:
  - SWP/1 S: Massivholzplatten für tragende Verwendung im Trockenbereich
  - SWP/2 S: Massivholzplatten für tragende Verwendung im Feuchtbereich
  - SWP/3 S: Massivholzplatten für tragende Verwendung im Außenbereich
- Klassen für tragende Verwendung auf der Grundlage von deklarierten Werten:
  - SWP/1 SD: Massivholzplatten für nicht tragende Verwendung im Trockenbereich
  - SWP/2 SD: Massivholzplatten für nicht tragende Verwendung im Feuchtbereich
  - SWP/3 SD: Massivholzplatten für nicht tragende Verwendung im Außenbereich

→Brettsperrholz, →Sperrholz, →Furnierschichtholz, →Mehrschicht-Massivholzplatten

Vollspektrallampen V. sind spezielle →Leuchtstofflampen, die aufgrund genau aufeinander abgestimmter Füllgase und Leuchtstoffe dem natürlichen Lichtspektrum sehr nahe kommen und damit auch geringe Mengen UV-Strahlung abgeben. →Licht, →Glühlampen, →Leuchtstofflampen, →Halogenlampen, →Energiesparlampen, →LED-Lampen

Vorsorgewerte Ein V. wird unter präventiven Aspekten abgeleitet. Im Rahmen der Beurteilung der Innenraumluft (oft gleichgesetzt mit Sanierungszielwerten) beschreiben V. ein Konzentrationsniveau, das für die Allgemeinbevölkerung einschl. Risikogruppen sicherstellt, dass keinerlei gesundheitliche Beeinträchtigungen auftreten. →Zielwerte, →Richtwerte, →Interventionswerte

VVOC Abk. für very volatile organic compounds = leichtflüchtige organische Verbindungen. →VOC

VV TB Verwaltungsvorschrift Technische Baubestimmungen. Die Musterbauordnung (MBO) enthält in § 85a die Ermächtigung, im Rahmen einer Verwaltungsvorschrift die allgemeinen Anforderungen an bauliche Anlagen, →Bauprodukte und andere Anlagen und Einrichtungen durch Technische Baubestimmungen zu konkretisieren. In § 85 a Abs. 2 MBO werden detaillierte Vorgaben gemacht, zu welchen bauaufsichtlichen Anforderungen Konkretisierungen vorgenommen werden können. Die Konkretisierungen können durch Bezugnahme auf technische Regeln und deren Fundstellen oder auf andere Weise erfolgen, insbesondere in Bezug auf:

- die Planung, Bemessung und Ausführung baulicher Anlagen und ihrer Teile,

- Merkmale und Leistungen von Bauprodukten in bestimmten baulichen Anlagen oder ihren Teilen,
- Verfahren für die Feststellung der Leistung eines Bauproduktes, das nicht die →CE-Kennzeichnung nach →Bauproduktenverordnung trägt,
- zulässige und unzulässige besondere Verwendungszwecke für Bauprodukte,
- Festlegungen von Klassen und Stufen, die Bauprodukte für bestimmte Verwendungszwecke aufweisen sollen,
- Voraussetzungen für die Abgabe der Übereinstimmungserklärung für nicht harmonisierte Produkte,
- Angaben zu nicht harmonisierten Bauprodukten sowie zu Bauarten, die eines allgemeinen bauaufsichtlichen Prüfzeugnisses bedürfen sowie
- Art, Inhalt und Form der technischen Dokumentation.

Es gilt der Grundsatz, dass nur solche Inhalte in die V. als Technische Baubestimmungen aufgenommen werden, die zur Erfüllung der Anforderungen der Bauordnungen an bauliche Anlagen, Bauprodukte und andere Anlagen und Einrichtungen unerlässlich sind. Die Bauaufsichtsbehörden können jedoch im Rahmen ihrer Entscheidungen zur Ausfüllung unbestimmter Rechtsbegriffe auch auf allgemein anerkannte Regeln der Technik zurückgreifen, die keine Technischen Baubestimmungen sind. →MVV TB

W

Wachse →Holzwachse, →Fußbodenwachse, →Wachsöle

Wachsöle W. werden für die Imprägnierung wenig beanspruchter Oberflächen, wie Wand- und Deckenverkleidungen, Holzbalken, Schrankmöbel innen usw. eingesetzt. Sie ergeben seidig glänzende, tastsympathische Oberflächen. W. sind bei Naturfarbenherstellern in sehr einfachen Rezepturen ohne →Lösemittel, Trockenstoffe und →Leinöl erhältlich. Beispiel-Rezeptur: Safloröl, Sojaöl, →Bienenwachs, →Carnaubawachs, Zitronensäure. Es gibt aber auch Produkte mit über 10 % →Citrusschalenöl als →Lösemittel.

Wärmedämmputze W. sind Putze mit wärmedämmenden Zuschlägen (meist →EPS), die auf einschaligem Mauerwerk zur Verbesserung der Wärmedämmung aufgebracht werden. W. bestehen aus mineralischem Bindemittel (→Kalk, →Zement), organischen oder mineralischen Leichtzuschlägen wie expandiertes Polystyrol (→EPS), →Perlit oder →Vermiculit und Zusatzstoffen. Der Oberputz muss wasserundurchlässig sein. Daher werden häufig Kunstharzmörtel verwendet. W. können in einem Arbeitsgang bis zu 6 cm aufgetragen werden (Mindestauftragsstärke 2 cm). W. sind eine vergleichsweise preiswerte Art der nachträglichen Außendämmung, durch die geringen Putzstärken und die mittleren Wärmedämmeigenschaften ist die Dämmwirkung allerdings stark eingeschränkt. W. sollten daher nur eingesetzt werden, wenn wirksamere Wärmedämmungen z.B. aus technischen Gründen nicht infrage kommen. Technische Eigenschaften von W. mit EPS-Zuschlag: Rohdichte: ca. 200 bis 250 kg/m^3, →Wärmeleitfähigkeit: ca. 0,07 W/(m·K), →Dampfdiffusionswiderstandszahl: ca. 5 bis 10, Baustoffklasse: B1. W. mit mineralischem Leichtzuschlag weisen i.d.R. eine höhere Wärmeleitfähigkeit (ca. 0,1 W/(m·K)) auf und sind unbrennbar (Baustoffklasse A2).
Eine Verwertung von W. ist mit wirtschaftlich vertretbarem Aufwand schwer möglich. Bei Polystyrol-Zuschlag und Kunstharzoberputz ist die Entsorgung problematisch. →Zementputz, →Kalkputz, →Kunstharzputz

Wärmedämmschüttungen W. sind Wärmedämmstoffe, die als Schüttung eingebracht werden. Als W. stehen mineralische (→Blähglas, →Blähglimmer, →Blähperlite, →Blähschiefer, →Blähton, →Schaumglas-Schotter) oder organische Materialien (→EPS, Cellulose, Getreide, Holzspäne, Holzfaser, Kork, Seegras, Stroh) zur Verfügung. Früher wurden auch bituminierte Getreidespelzen für Dämm- und gleichzeitig gegenüber aufsteigender Feuchte auch für Dichtzwecke verwendet. Die hölzernen Rückstände (Schäben) der Flachs- und Hanffaserherstellung lassen sich ebenfalls mit Bitumen behandelt als W. auf Basis →Nachwachsender Rohstoffe einsetzen. Sie eignen sich besonders zum Einbringen zwischen Polsterhölzern im Fußbodenaufbau oder für die Verfüllung komplexer Hohlräume, da sie sich der gewünschten Form anpassen und Installationen hohlraumfrei umschließen können. Der ökologische Vorteil von nicht gebundener Schüttung liegt in der guten Recycelbarkeit und im fehlenden Verschnitt. Beim Einbringen von W. ist auf Maßnahmen gegen Staubentwicklung zu achten.

Wärmedämmung Als W. werden Maßnahmen bezeichnet, durch die Wärmeverluste von Gebäuden an die Umgebung verringert werden. Für Raumheizung und Warmwasseraufbereitung werden 38 % der Nutzenergie verbraucht. Die W. von Gebäuden ist daher die wichtigste Maßnahme zur Reduktion des privaten Energieverbrauchs. Eine Verringerung des Energieverbrauchs bedeutet eine Reduzierung des Kohlendioxidausstoßes und damit einen wesentlichen Beitrag zum Klimaschutz. Um Wärmeverluste zu verringern, müssen wärmedämmende Materialien und wärmedämmende Fenster für die Gebäudehülle verwendet sowie Wärmebrücken und unkontrollierter Luftaustausch vermieden werden. Ein zeitgemäßer Wärmeschutz von 20 bis 40 cm, der im Rahmen der üblichen Instandhaltung der Gebäude realisiert wird, könnte bis zu 80 %, in Verbindung mit modernen Wohnraumlüftungssystemen und optimaler Regelung bis 90 % an Einsparungen bewirken. Die Bedeutung der W. zeigt sich bei einem Vergleich des Energieverbrauchs unterschiedlich wärmegedämmter Häuser. Ein 100 m^2 großes Einfamilienhaus im unsanierten Bestand konventioneller Bauweise verbraucht im Jahr bis zu 2.700 l Heizöl, ein nach der Wärmeschutzverordnung 1982 gebautes Haus ca. 1.600 l und ein →Niedrigenergiehaus weniger als 500 l. Zur W. steht eine Vielzahl unterschiedlicher Wärmedämmstoffe zur Verfügung, die unter dem Gesichtspunkt der Umwelt-

und Gesundheitsverträglichkeit verschieden zu bewerten sind. Eine unsachgemäße W. kann sich negativ auf das Raumklima auswirken, z.B. kann Innendämmung zu Tauwasserbildung und in der Folge zu Schimmelpilzbildung im Wandaufbau führen.

Insgesamt bietet eine verstärkte W. eine Reihe ökologischer und wohnbehaglicher Vorteile:

- Reduktion der Wärmeverluste, damit Beschränkung des Heizwärmebedarfs und folglich des Heizenergiebedarfs und damit beträchtliche Reduzierung der Kosten
- Reduktion der Umweltbelastungen durch die verringerte oder wegfallende Beheizung oder Kühlung des Gebäudes
- Vermeidung von bauphysikalischen Schäden durch Oberflächenkondensation oder Frost, Schutz der Konstruktion
- Behagliche Oberflächentemperaturen der Außenbauteile, Absenkung der Raumlufttemperaturen bei gleicher Behaglichkeit möglich
- Reduktion der Heizlast, kleinere Dimensionierung des Wärmeerzeugers, Niedertemperatursysteme
- Dämmung von speicherwirksamen Massivbauteilen für die effiziente passiv-solare Nutzung

→Niedrigenergiehaus, →Passivhaus, →U-Wert, →Lüftung

Wärmedämmverbundsysteme W. sind Dämmsysteme auf mineralischen Wandbildnern und auf Holzrahmenkonstruktionen, die außenseitig verputzt sind. Die Dämmstoffe werden üblicherweise mittels Klebespachtel und Dübel befestigt. Der Untergrund muss fest, sauber und eben sein. Um eine gleichmäßige Saugfähigkeit zu erreichen, ist gegebenenfalls eine Grundierung notwendig. Der Klebespachtel wird meist sowohl zum Verkleben und Verspachteln als auch zum Einbetten des Armierungsgewebes eingesetzt. Der Putzgrund wird als deckende Grundierung und Haftvermittler auf dem abgetrockneten Klebespachtel aufgebracht. Der Deckputz gewährleistet den Schutz des Bauteils vor Schlagregen, die Winddichtigkeit, mechanischen Schutz und ästhetische Funktion durch Farbe und Oberflächenbeschaffenheit und sichert den Brandschutz bei normal entflammbaren Dämmstoffen. Zur Aufnahme der Spannungen im Außenputz werden Armierungsgitter in den Putzspachtel eingespachtelt. Sie bestehen aus Glasfasergitter mit einer Maschenweite von ca. 4 mm. Der Dämmstoff dient neben seiner Wärmeschutzfunktion vor allem auch als Putzträger. Für W. geeignete Dämmstoffe sind bestimmte scherfeste Typen von →EPS-Dämmplatten, Mineralwolle-Dämmstoffen, →Mineralschaumplatten, →Kork-Dämmplatten, →Holzfaser-Dämmplatten, Schilfrohrdämmung, Holzwolleleichtbauplatten. Als Deckputze werden →Kunstharzputze, →Silikatputze oder →Silikonharzputze eingesetzt. Bei der Auswahl der Systemkomponenten sollten Systeme eines Herstellers eingesetzt und entsprechend dessen Verarbeitungsvorschriften gearbeitet werden. Die Lebensdauer von W. ist in hohem Maße von einer einwandfreien Ausführung abhängig. Die Auswahl des ausführenden Fachbetriebs erleichtert z.B. das Gütezeichen „WDVS-Fachbetrieb“, das u.a. die Verarbeitung geprüfter und überwachter WDVS-Produkte im System und den laufenden Nachweis positiver Ergebnisse der Eigen- und Fremdüberwachung der Baustellenarbeit vorschreibt.

W. können die Schalldämmung einer Wand durch Resonanz in der Längsleitung verschlechtern, darauf sollte vor allem bei Sanierungen geachtet werden. Im Neubau wird dieser Effekt bei den Schallschutznachweisen einberechnet.

Die Umwelt- und Gesundheitsbelastungen von W. decken sich mit jenen der Einzelkomponenten. Schutzmaßnahmen beim Verarbeiten sind besonders beim Schleifen der Wärmedämmung erforderlich, da dabei die Staubemission beträchtlich ist. Allenfalls erforderliche Grundierungen können hohe Gehalte an →Lösemitteln aufweisen. Lösemittel und flüchtige Bestandteile der Dämmstoffe können durch den Wandbildner migrieren und die Raumluft belasten, die Schadstoffkonzentrationen nehmen aber verhältnismäßig rasch ab (→EPS-Dämmplatten). Die schlechte Trennbarkeit der einzelnen Komponenten führt insbesondere bei den organischen Dämmstoffen (EPS, Kork, Hanf, Holzfaser) zu Problemen bei der Verwertung und Entsorgung, insbesondere auch das nicht mehr zugelassene Flammschutzmittel →HBCD. W. mit Mineralschaumplatten verursachen dagegen keine Probleme bei der Entsorgung. Normal entflammbare Dämmstoffe müssen mit zusätzlichen Brandriegeln den Brandschutz in der Konstruktion verbessern, was die Zahl der Komponenten im Abfall erhöht. Zur Vermeidung von Algenbildung an den Oberflächen der W. werden →Biozide eingesetzt, die in die Umwelt gelangen.

Wärmedurchgangskoeffizient →U-Wert

Wärmekonvektion Gase und Flüssigkeiten führen Wärme mit. Wärmere Gas- oder Flüssigkeitsbereiche sind leichter und steigen dadurch nach oben, an ihre Stelle treten kältere Fluide. So können zwischen warmen und kalten Zonen zirkulierende Strömungen entstehen (freie Konvektion). Strömungen können auch durch →Mechanische Lüftung oder durch den Wind erzwungen sein (erzwungene Konvektion). So können auch Strömungen in Konstruktionen durch Druck und Unterdruck entstehen, die zur Wärmeabfuhr beitragen.

Wärmeleitfähigkeit Die W. gibt an, welche Wärmemenge in J in einer Sekunde zwischen zwei 1 m entfernten 1 m^2 großen Flächen bei einer Temperaturdifferenz von 1 K fließt bei stationärer, eindimensionaler Strömung. Maßeinheit: W/(m·K). Je kleiner die W. eines Baustoffs ist, umso besser ist seine Wärmedämmwirkung. W. λ gebräuchlicher Baustoffe:

- Beton, bewehrt: 2,3
- Vollziegelmauerwerk: 0,7
- Porenbeton, Leichtbeton, porosierte Ziegel: 0,1 bis 0,3
- Holz: 0,1 bis 0,2
- EPS-Dämmplatten: 0,040
- PU-Hartschaumplatten: 0,027
- Vakuumdämmplatten: 0,005 (Zulassung 0,007)

In erster Näherung ist die W. eines Stoffes proportional der Dichte (je niedriger die Rohdichte, desto niedriger die W.). Eine Umkehrung dieser Regel ergibt sich für leichte Wärmedämmstoffe: Unterhalb bestimmter Dichten erhöht sich die W. bei abnehmender Dichte. So haben →EPS-Dämmplatten mit einer Rohdichte von 30 kg/m^3 eine W. von 0,035 W/(m·K), jene mit 15 kg/m^3 die Wärmeleitfähigkeit von 0,040 W/(m·K). Wird EPS mit Infrarotstreuzentren ausgestattet, so kann durch Unterdrückung der infraroten Strahlungsverluste bei einer Rohdichte von 15 kg/m^3 auch wieder eine W. von 0,035 W/(m·K) erreicht werden.

Wärmeleitung Die W. ist ein Energietransport, in dem aufgrund eines Temperaturunterschieds Wärme zwischen benachbarten Molekülen weitergegeben wird. Das Maß für die Wärmeleitung in einem Material ist die →Wärmeleitfähigkeit.

Wärmeschutz Der W. dient einerseits der Schadensvermeidung (Kondensation, Temperaturspannungen), andererseits der Nutzenoptimierung (Komfort, Heizenergieeinsparung). Im klassisch bauphysikalischen Sinne befasst sich der W. mit der Berechnung von Wärmeverlusten durch Bauteile und durch Gebäudehüllen und der Festlegung dazu geeigneter normierter Verfahren. Grundlegende Konzepte sind der lineare Wärmedurchgangskoeffizient (→U-Wert für ebene Bauteile), Wärmebrücken (z.B. Ψ-Wert, Bauteilanschlüsse) und der Gebäudeleitwert (Zusammensetzung aus den beiden ersteren). →Wärmedämmung

Wärmeschutzverglasungen W. bestehen aus Mehrscheiben-Isolierglas, das im Zwischenraum mit Spezialgasen gefüllt ist und dessen raumseitige Scheibe mit einer unsichtbaren Edelmetallschicht (meist aus Silber) bedampft ist. Diese Silberschicht lässt die kurzwelligen Lichtstrahlen durch, reflektiert aber die langwelligen Wärmestrahlen zurück in den Innenraum. Die Edelgasfüllung vermindert den Wärmetransport (Konvektion). Meist wird Argon eingesetzt, eine weitere Wärmeschutzverbesserung kann mit den selteneren (und damit teureren) Edelgasfüllungen aus Krypton oder Xenon erzielt werden. Für jedes Edelgas ergibt sich ein günstigster Scheibenabstand (16 mm für Argon, 12 mm für Krypton, 8 mm für Xenon).
W. haben einen wesentlich besseren Wärmeschutz als unbeschichtete →Isoliergläser. Der Standardwert liegt derzeit bei etwa 1,2 W/(m^2·K), W. mit einem U-Wert von 1,1 W/(m^2·K) sind bereits zu günstigen Preisen erhältlich. Mit speziellen Dreischeiben-W. werden bereits U-Werte von 0,8 bis 0,4 W/(m^2·K) erreicht. Bei gleichzeitig möglichst hoher Licht- und Gesamtenergiedurchlässigkeit steht ein hoher Anteil der Sonneneinstrahlung zur passiven Energienutzung zur Verfügung. Fenster mit W. haben im Winter eine höhere Oberflächentemperatur auf der Raumseite und vermitteln daher mehr Behaglichkeit als alte Fenster mit höheren U-Werten. W. sind relativ aufwendig in der Herstellung. Die Bedampfung und der relativ hohe Anteil an Fremdstoffen erschwert das Recycling. Trotzdem sind W. in ihrer Bilanz über den gesamten Lebenszyklus positiv zu bewerten, da der hohe Wärmeschutz zu großen Energieeinsparungen und damit weniger Umweltbelastungen führt. →Fenster, →Fensterglas, →Sonnenschutzverglasungen

Wärmespeicherkapazität Ein Maß für die Fähigkeit eines Stoffes, Wärme zu speichern, ist die spezifische Wärmespeicherkapazität c. Sie gibt an, wie viel

Energie in kJ in einem kg Material bei Erhöhung der Temperatur um 1 °C gespeichert wird, d.h., wie viel Wärmeenergie einem Kilogramm eines Stoffes zugeführt werden muss, damit sich seine Temperatur um 1 °C erhöht. Die W. ist oft auch in (J/kg·K) angegeben, hier in kJ!

Luft	1,005 [kJ kg·K]
Wasser	4,183
Beton	0,850
Ziegel	0,920
Holz	1,900
Holzfaser	2,100
Polystyrol	1,500
Hanf	1,000
Zelluloseflocken	2,100

Wärmestrahlung Wärmestrahlung ist elektromagnetische Strahlung im Wellenlängenbereich zwischen 0,8 und 800 µm, die von jedem Körper in Abhängigkeit von seiner Temperatur abgestrahlt wird. Umgekehrt absorbiert jeder Körper je nach Absorptionsvermögen die von der Umgebung ausgesandte Strahlung. Das Absorptionsvermögen ist gleich dem Emissionsvermögen. Die W. ist ein Grundparameter zur Beschreibung und Beurteilung des →Raumklimas.

Walzasphalt W. bzw. Asphalt-Feinbeton – der klassische Straßenbaustoff – ist ein →Asphalt aus durchschnittlich ca. 5 % Bitumen als Bindemittel und 95 % Mineralstoffen. W. wird überwiegend maschinell im Freien auf Straßen, Wegen, Plätzen, Flugpisten usw., gelegentlich auch in großen Hallen verarbeitet. Die Verarbeitungstemperatur beträgt etwa 180 °C und ist geringer als jene für →Gussasphalt. Für die Beförderung von W. werden in der Regel Lastkraftwagen, deren Ladeflächen mit Planen abgedeckt sind, eingesetzt, selten wird W. in geschlossenen Thermofahrzeugen zur Einbaustelle transportiert. Der W. wird vom LKW direkt einem Fertiger übergeben, der den Asphalt mittels einer in der Regel beheizten Bohle auf der Fahrbahn verteilt. W. enthält nach Einbringung erheblich mehr Hohlräume als Gussasphalt und muss daher mit Straßenwalzen nachverdichtet werden. Die endgültige Intensität der Verdichtung wird bei W. erst durch den nachfolgenden Autoverkehr erzielt.
Die Konzentrationen von Bitumendämpfen und -aerosolen sind stark wetterabhängig, insbesondere Windrichtung und -stärke sind maßgeblich für die Belastung der Beschäftigten. Am stärksten exponiert sind Fertigerfahrer und Kolonnenführer. Die Exposition des Walzenfahrers ist deutlich niedriger (ca. 3 mg/m^3), da der Asphalt zum Zeitpunkt des Verdichtens bereits abgekühlt ist (Gesprächskreis Bitumen).

Walzbleche Andere Bezeichnung für →Bleibleche.

Wandbeläge Die DIN EN 235 unterscheidet zwei Gruppen von W.: Fertige W., die nach dem Tapezieren keiner weiteren Behandlung bedürfen, und W. für eine nachträgliche Behandlung, die z.B. einen Farbanstrich benötigen. →Tapeten, →Vinyltapeten, →Textiltapeten, →Thermotapeten, →Raufasertapeten, →Prägetapeten, →Papiertapeten, Natur-Tapeten, →Naturfasertapeten, →Metalltapeten, →Leimdrucktapeten, →Kork-Tapeten, →Kunststofftapeten, →Holztapeten, →Glasfasertapeten, →Flüssigtapeten

Wandfarben →Farben

Warmdach Flächdächer werden meist als unbelüftete Dächer in Form eines W. oder eines →Umkehrdachs ausgeführt. Das W. unterscheidet sich vom Umkehrdach durch die wasserdichte Abdichtung der Wärmedämmung mit einem mehrlagigen →Bitumen-Aufbau oder einer →Kunststoff-Dichtungsbahn. Zwischen Wärmedämmung und Bitumendachabdichtung muss eine →Dampfdruck-Ausgleichsschicht liegen. Der Oberflächenschutz erfolgt z.B. durch Kiesschüttungen, Plattenbeläge oder Begrünungen. Als Wärmedämmung im W. eignen sich z.B. →EPS-Dämmplatten (nicht dampfdicht!), →XPS-Dämmplatten, Mineralwolle-Dämmstoffe, →Schaumglas-Dämmplatten oder →Kork-Dämmplatten. Die Wärmedämmung liegt auf einer Kunststofffolie oder →Bitumen-Dachbahn als →Dampfsperre. Bei Schaumglas auf Stahlbeton ist eine Dampfsperre nicht erforderlich, da Schaumglas dampfdicht und feuchteunempfindlich ist.
Beim Steildach in W.-Ausführung entfällt im Gegensatz zum →Kaltdach die Lüftungsebene zwischen Wärmedämmung und Unterdach. Dadurch kann beim Leichtdach die ganze Sparrenhöhe mit →Dämmstoffen ausgefüllt werden. Neben der Vollsparrendämmung ist die →Aufsparrendämmung die wichtigste Form des W. in Leichtbauweise. Damit keine Feuchtigkeit in das Dachtragwerk und die Dämmung dringt, muss raumseitig eine Dampfsperre oder →Dampfbremse angebracht werden, die außerdem mit Bändern luft-

dicht überklebt werden muss. Die Dampfbremse bewirkt gleichzeitig die erforderliche Luftdichtigkeit des Daches (→Luftdichtigkeit von Gebäuden). Die Folie darf keine Lücken, Risse oder sonstige undichten Stellen aufweisen, und die Anschlüsse an Dachdurchdringungen müssen fachgerecht ausgeführt werden. Damit eine erhöhte Anfangsfeuchte im Dachkonstruktionsholz oder evtl. sonstwie in die Konstruktion eingedrungene Feuchte nach außen abwandern kann, sind diffusionsoffene →Dachunterspannbahnen oder diffusionsoffene Unterdeckungen empfehlenswert. Eine Trockenreserve von 250 g/m² ist erforderlich, damit konvektive Feuchteströme nicht zur Korrosion an der Holzkonstruktion führen (DIN 68800-2:2012). Damit ist der Einsatz von innen liegenden Dampfsperren mit einem sd-Wert von über 100 m bei unbelüfteten Konstruktionen nicht mehr zulässig.

Wartung Wartung ist die Bezeichnung für Maßnahmen zur Bewahrung des Sollzustandes eines Systems. „Sollzustand" meint einen Zustand der Funktionstauglichkeit im ursprünglichen Neuzustand. Der Sollzustand einer 15 Jahre alten Anlage bemisst sich somit am technischen Stand von vor 15 Jahren und ist nicht gleichbedeutend mit dem „technisch neuesten Stand".

Wasserbasierte Holzschutzmittel W. sind wirkstoffhaltige →Holzschutzmittel aus Salzen bzw. Salzgemischen, die in Wasser gelöst sind. Neben den Wirkstoffen enthalten sie geringe Mengen an Zusätzen wie Netzmittel, Korrosionshemmer und Farbstoffe. In W. werden Verbindungen der Elemente Fluor, Bor, Phosphor, Arsen, Chrom, Kupfer, Quecksilber, Zink und Chlor eingesetzt. Ihre Zusammensetzung wird durch Kombinationen von Buchstaben wie:

C: Chromverbindungen (Kaliumdichromat, Natriumdichromat, Ammoniumdichromat)
F: Fluoroverbindungen (Magnesiumhexafluorosilikat, Kupferhexafluorosilikat, Kaliumhydrogenfluorid, Ammoniumhydrogenfluorid)
A: Arsenverbindungen (hauptsächlich Arsenpentoxid)
B: Borverbindungen (→Borsäure, →Borax, Polybor)
K: Kupferverbindungen (Kupfersulfat, Kupferhexafluorsilikat)

gekennzeichnet. Bei den neueren chromatfreien Produkten wie Kupfer-HDO (Kupfer-Cyclohexyldioxyldiazeniumoxid) wird diese Bezeichnungsart nicht mehr angewandt.

Chromate sind keine bioziden Wirkstoffe im eigentlichen Sinn, sie dienen der Fixierung der Salze, die mehr oder weniger mit Wasser auswaschbar sind. Bei den anorganischen Holzschutzmitteln sind insbesondere Mittel aus den Gruppen CK-, CKA, CKB- und CKF-Salze als giftig und umweltgefährdend eingestuft.

Tabelle W1: Wasserbasierte Holzschutzmittel zum vorbeugenden Schutz von Holzbauteilen gegen holzzerstörende Pilze und Insekten

Schutzmitteltyp-Kurzzeichen	Hauptbestandteile	Prädikat
B-Salze	Anorganische Bor-Verbindungen	Iv P
SF-Salze	Silicofluoride	Iv P
CFB-Salze	Fluoride mit Bor-Verbindungen; Chromate	Iv P W
CK-Salze	Kupfersalze; Chromate	Iv P W E
CKA-Salze	Kupfersalze mit Arsenverbindungen; Chromate	Iv P
CKB-Salze	Kupfersalze mit Bor-Verbindungen; Chromate	Iv P W E
CKF-Salze	Kupfersalze mit Fluorverbindungen; Chromate	Iv P W E
Quat-Präperate	Quartäre Ammoniumverbindungen	Iv P W
Quat-Bor-Präparate	Quartäre Ammonium-Bor-Verbindungen	Iv P (W)
Chromfreie Cu-Präparate (Cu-HDO,Cu-Quat, Cu-Triazol)	Kupfer, Kupfer HDO oder quartäre Ammoniumverbindungen z.T. mit Triazolen und/oder Bor-Verbindungen	Iv P W (E)
Sammelgruppe	Andere Wirkstoffe	Iv P W

W

Tabelle W2: Wasserbasierte Holzschutzmittel zum bekämpfenden Schutz von Holzbauteilen gegen holzzerstörende Pilze und Insekten

Schutzmitteltyp Kurzzeichen	Hauptbestandteile	Prädikat
B-Präparate	Bor-Verbindungen	Ib M
Quat-Bor-Präparate	Quartäre Ammonium-Bor-Verbindungen	M
Wässrige HSM mit organischen Wirkstoffen	Pyrethroide (Permethrin), Flufenoxuron	Ib

Erläuterung zur Tabelle W1 und W2:
P = gegen Pilze vorbeugend wirksam
Iv = gegen Insekten vorbeugend wirksam
W = auch für Holz, das der Witterung ausgesetzt ist, jedoch nicht im ständigen Erdkontakt und nicht im ständigen Wasserkontakt steht
E = auch für Holz, das extremer Beanspruchung ausgesetzt ist (im ständigen Erd- und/oder Wasserkontakt sowie bei Schmutzablagerungen in Rissen und Fugen)
Ib = Insektenbekämpfung am verbauten Holz
M = Bekämpfung von Hausschwamm im Mauerwerk

Chromverbindungen zählen in Form von atembarem Staub oder Aerosolen zu den krebserregenden Arbeitsstoffen, sind stark gewässerschädigend und wirken schädlich auf Bodenorganismen. Die schädigende Wirkung nimmt bei Anwesenheit von Kupfer noch zu. Die TRGS 618 regelt Verwendungsbeschränkungen, den Einsatz von Ersatzstoffen und Ersatzverfahren für Chrom(VI)-haltige Holzschutzmittel, insbesondere auf Basis von Natrium-, Kalium- und Ammoniumdichromat oder Chromsäure, in Imprägnieranlagen. Ersatzstoffe im Sinne der TRGS 618 sind andere, wasserbasierende und fixierende Holzschutzmittel mit geringerem gesundheitlichem Risiko, die den Einsatz von Chrom(VI)-haltigen Holzschutzmitteln ganz oder teilweise entbehrlich machen. Ammoniumdichromat unterliegt dem Wasserhaushaltsgesetz, der Chemiekalienverbotsverordnung und ist in der REACH-Kandidatenliste der besonders besorgniserregenden Stoffe aufgeführt und zulassungspflichtig (CMR-Einstufung).

Fluor-Salze zeigen eine gute Wirkung gegenüber holzzerstörenden Pilzen und Insekten, die Wirkung gegen Moderfäuleerreger ist gering. Nachteilig sind die geringe Auswaschbeständigkeit und die Verdunstbarkeit (Abspaltung von Flusssäure).

Borsalze zeigen gute Wirkung gegen Pilze, Bläuepilze und Insekten (werden von Naturfarbenherstellern vertrieben). Nachteilig ist, dass sie leicht auswaschbar sind oder bei feuchtem Holz tief eindringen.

Die Verwendung *arsenhaltiger Holzschutzmittel* ist in Deutschland seit einigen Jahren stark eingeschränkt. Das Inverkehrbringen und die Verwendung arsenhaltiger Holzschutzmittel ist durch die europäische Richtlinie 2003/2/EG vom 6.1.2003 beschränkt. Sie werden in Deutschland nur noch sehr selten und in speziellen Anwendungsbereichen eingesetzt. Arsen(V)-oxid ist in der REACH-Kandidatenliste der besonders besorgniserregenden Stoffe aufgeführt (krebserzeugend Kat. 1, Keimzellmutagen Kat. 3A). Das Verbot gem. GefStoffV zur Verwendung von Arsenverbindungen und Zubereitungen, die Arsenverbindungen enthalten, gilt jedoch nicht für Kupfer-Chrom-Arsenverbindungen (CCA) Typ C (Chrom als CrO_3 47,5 %, Kupfer als CuO 18,5 %, Arsen als As_2O_5 34,0 %), die in Industrieanlagen im Vakuum oder unter Druck zur Imprägnierung von Holz verwendet werden. Mit Kupfer-Chrom-Arsenverbindungen behandelte Hölzer dürfen, sofern das Holzschutzmittel vollständig fixiert ist, für folgende gewerbliche und industrielle Zwecke verwendet werden:

1. Als Bauholz in öffentlichen und landwirtschaftlichen Gebäuden, Bürogebäuden und Industriebetrieben, sofern der Einsatz aus sicherheitstechnischen Gründen erforderlich ist
2. In Brücken und bei Brückenbauarbeiten
3. Als Bauholz in Süßwasser und in Brackwasser zum Beispiel für Molen
4. Als Lärmschutz
5. Als Lawinenschutz
6. Als Leitplanken
7. Für aus entrindeten Nadelrundhölzern gefertigte Weidezäune
8. In Erdstützwänden
9. Als Strom- und Telekommunikationsmasten
10. Als Bahnschwellen für Untergrundbahnen

Die Verwendung der o.g. Hölzer ist jedoch verboten

1. In Wohnbauten, unabhängig von ihrer Zweckbestimmung
2. Für Anwendungen mit dem Risiko eines wiederholten Hautkontakts
3. In Meeresgewässern
4. Für landwirtschaftliche Zwecke, ausgenommen Weidezäune und Bauholz

5. Für Anwendungen, bei denen das behandelte Holz mit Zwischen- oder Endprodukten in Kontakt kommen kann, die für den menschlichen oder tierischen Verzehr bestimmt sind.

Auch in Österreich sind das Inverkehrsetzen und die Verwendung von Arsenverbindungen als Wirkstoff in Holzschutzmitteln unter bestimmten Voraussetzungen erlaubt. Sie dürfen nur in Form von Lösungen anorganischer Verbindungen von Kupfer-Chrom-Arsen (CCA), Typ C in Industrieanlagen im Vakuum oder unter Druck ins Holz eingebracht werden. Zum Zeitpunkt des Inverkehrbringens müssen sie vollständig im behandelten Holz fixiert sein. Unter die erlaubten Einsatzgebiete fallen u. a. tragende Teile (z.B. Balken) in öffentlichen und landwirtschaftlichen Gebäuden, Bürogebäuden und Industriebetrieben, Strom- und Telekommunikationsmasten und Bahnschwellen für Untergrundbahnen.

In anderen Ländern ist die Anwendung arsenhaltiger Holzschutzmittel noch weit verbreitet.

Von Holz, das zum Schutz gegen Fäulnis mit arsenhaltigen Holzschutzmitteln (Kupfer-Chrom-Arsen) behandelt wurde, können Gefahren für den Menschen ausgehen. Besonders gefährdet sind Kinder, die wiederholt mit Spielplatzgeräten Hautkontakt haben, die mit diesen Stoffen behandelt wurden.

Die Verwendung *quecksilberhaltiger Verbindungen* im Holzschutz ist in Deutschland und Österreich verboten (GefStoffV bzw. ChemVerbotsV).

Kupferverbindungen wirken fungizid, besonders gegen Moderfäulepilze. Wegen seiner ungenügenden Fixierung und weil einige Pilze das Kupfer als unwirksames Oxalat binden, werden Kupferverbindungen heute nur noch in Kombination mit anderen aktiven und fixierenden Komponenten verwendet.

Ähnlich der Wirkung von Kupferverbindungen – jedoch geringer – ist die Wirkung von *Zinkverbindungen*, sodass der Einsatz von Zinkverbindungen nur noch eine geringe Bedeutung hat.

Neben den o.g. Salzen werden auch organische Verbindungen als Wirkstoffe in W. eingesetzt. Dazu zählen insbes. Propiconazol, Tebuconazol, Cyproconazol, Fenoxycarb, Quats (→Quaternäre Ammonium-Verbindungen), Cyfluthrin, →Permethrin, Cypermethrin, Flufenoxuron und Fenpropimorph.

Bei der Verwendung von fixierenden Holzschutzmitteln ist sicherzustellen, dass der Einbau der damit imprägnierten Hölzer erst nach Ablauf der Fixierungszeit erfolgt. Bei Verwendung nicht fixierender Holzschutzsalze sind ein niederschlagsgeschützter Transport und eine Lagerung und Verarbeitung unter Dach bis zum endgültigen Einbau sicherzustellen.

Grundsätzlich sind vor dem Einsatz von Holzschutzmitteln alle Möglichkeiten des →Konstruktiven Holzschutzes auszuschöpfen, →Holzschutz.

Eine Verwendung von Holzschutzmitteln in Innenräumen ist völlig überflüssig und hat in der Vergangenheit schwere Gesundheitsschäden verursacht (→Holzschutzmittel-Prozess). Sämtliche bioziden Wirkstoffe, die in HSM enthalten sind, werden als gesundheits- und/ oder umweltgefährlich eingestuft.

Wasserdampfdiffusion →Dampfdiffusion

Wasseremulgierbare Holzschutzmittel W. sind als Alternative zu den wasserlöslichen Holzschutzmitteln gedacht. In wasseremulgierbaren HSM werden AAC, Tridemorph und Kupfer-HDO gemeinsam oder allein verwendet.

AAC (Alkylammonium Compounds): Als wichtigster Vertreter der Alkylammoniumverbindungen gilt Benzalkoniumchlorid (BAC), eine farblose Flüssigkeit mit schwachem Eigengeruch. Die Verwendung von AAC erfolgt in Verbindung mit Tridemorph. Aber auch die alleinige Verwendung ist möglich. Die Verluste durch Auswaschung liegen in der Größenordnung von 10 bis 15 %. Die chronische Toxizität von AAC ist weitgehend unbekannt. AAC ist in die Wassergefährdungsklasse 3 (stark wassergefährdend) eingestuft.

Kupfer-HDO ist ein Fungizid. Es wird durch Komplexbildner wie Ethylendiamin oder Diethyltriamin wasserlöslich gemacht.

Tridemorph ist ebenfalls ein fungizider Wirkstoff, der in Kombination mit AAC eingesetzt wird. Da es sich um ein neuartiges Produkt handelt, sind praxisrelevante Daten zum Wirkstoffverlust nicht verfügbar. Erste Erkenntnisse zeigen, dass Tridemorph in der vorliegenden Salzform (Tridemorphfluoroborat) nur wenig ausgewaschen wird, dafür aber eine hohe Ausgasungsneigung hat.

Wassergefährdungsklassen Chemikalien, die bei ihrer Herstellung, während oder nach ihrer Anwendung in die Umwelt gelangen, können Lebewesen, insbes. den Menschen, gefährden oder schädigen. Im Wasserhaushaltsgesetz ist für oberirdische Gewäs-

ser, Küstengewässer und Grundwasser bestimmt, dass beim Lagern, Ablagern und Befördern von Stoffen keine schädlichen oder nachteiligen Auswirkungen auf das Wasser zu besorgen sein dürfen. Das Einstufungsverfahren für Stoffe und Gemische ist in der Verordnung über Anlagen zum Umgang mit wassergefährdenden Stoffen (AwSV) vom 18.4.2017 geregelt, welche das bisherige, seit 2.8.2017 außer Kraft gesetzte Einstufungsverfahren nach Verwaltungsvorschrift wassergefährdende Stoffe (VwVwS) vom 17.5.1999 fortschreibt. Die Einstufung erfolgt nach der Tonnage und der Gefährlichkeit in drei W. (WGK):
WGK 1: Schwach wassergefährdend
WGK 2: Deutlich (neu)wassergefährdend
WGK 3: Stark wassergefährdend
Durch die Harmonisierung der WGK-Einstufung mit dem Gefahrstoffrecht wurde es erforderlich, die Einteilung in WGK zu verändern. Die frühere WGK 0 (im Allgemeinen nicht wassergefährdend) wurde mit der VwVwS von 1999 nicht weitergeführt. Grundlage zur Einstufung von Stoffen sind nicht mehr die R-Sätze aus der alten, nicht mehr gültigen Stoffrichtlinie (67/548/EWG), sondern die Einstufung in H-Sätze nach der →CLP-Verordnung (EG) Nr. 1272/2008. Die AwSV enthält eine Tabelle mit H-Sätzen, die zur WGK-Einstufung berücksichtigt werden müssen. Wie bisher auch, sind bei der WGK-Berechnung bestimmte Vorgabewerte zu berücksichtigen, falls ein Stoff nicht in bestimmte H-Sätze eingestuft wurde, weil entsprechende toxikologische Prüfungen fehlen. (VCI 2017)
Folgende Eigenschaftsgruppen von Stoffen sind bei der Einstufung in W. besonders maßgeblich:

- Toxizität gegenüber Menschen und Säugetieren
- Toxizität gegenüber Wasserorganismen
- Beständigkeit/Abbauverhalten
- Verteilungsverhalten (z.B. Anreicherung in Organismen, Mobilität im Boden und Grundwasser, Anreicherung im Sediment)

Für die Einstufung von Stoffen gibt es ein Dokumentationsformblatt und für die Einstufung von Gemischen ein Formblatt im Anhang der Verordnung über Anlagen zu Umgang mit wassergefährdenden Stoffen (AwSV). Nicht meldepflichtig sind Stoffe, die schon in der Datenbank „Rigoletto" des UBA enthalten sind. Stoffe, die nicht in der Datenbank geführt sind, sind automatisch in WGK 3 eingestuft.

Wasserglas W. ist eine glasig erstarrte, viskose wässrige Schmelze von Kalium- oder Natriumsilikaten (Kali- oder Natron-W.). W. findet in vielen Industriezweigen Anwendung. Bestimmte Qualitäten werden im Lebensmittelbereich auch zur Konservierung von Eiern verwendet. W. ist Hauptbestandteil von →Silikatfarben.

Wasserglasfarben →Silikatfarben

Wasserglaskitt →Steinkitt, →Wasserglas

Wasserkalk W. wird durch Brennen aus mergeligem →Kalkstein unterhalb der Sintergrenze hergestellt. Die Verfestigung erfolgt vorwiegend durch Carbonathärtung und nur geringe hydraulische Erhärtung. Nach sieben Tagen Luftlagerung kann W. unter Wasser weiterhärten. →Kalk, →Baukalk, →Kalkhydrat

Wasserkalkmörtel →Kalkmörtel

Wasserlacke W. ist die etwas irreführende Kurzbenennung für wasserverdünnbare Beschichtungsstoffe. W. können organische Lösemittel enthalten. Im Anlieferungszustand kann das Wasser ganz oder teilweise fehlen. →Dispersionslacke

Wasserleitungen →Trinkwasserleitungen

Wasserspararmaturen W. sind Wasserhähne oder -spender, die durch Dosierungsregelung, Zeitschaltuhr oder Druckverminderer helfen, Trinkwasser zu sparen.
Der durchschnittliche Wasserverbrauch beträgt 150 Liter pro Tag und Person, davon entfallen nur 2 % für Essen und Trinken, dagegen fast 30 % auf Baden und Duschen und 6 % auf Körperpflege. W. tragen dazu bei, dass der einzelne Konsument durch einfache und auch kostengünstige Maßnahmen aktiv zur Ressourcenschonung beitragen kann und nebenbei beträchtliche finanzielle Einsparungen lukrieren kann. Die Vergabegrundlagen für das RAL-ZU 180 Sanitärarmaturen sind:

- Wasserdurchfluss:
  - Bei Armaturen ohne Laufzeitbegrenzung: Wasserdurchfluss maximal 6 l/min
  - Armaturen mit einer zusätzlichen Boost-Funktion: Wasserdurchfluss maximal 8 l/min
  - Bei Armaturen mit Laufzeitbegrenzung: automatische Abschaltung des Wasserdurchflusses nach 12 s
- Energieeinsparoption durch Temperaturmanagementsystem

- Bei batteriebetriebenen Armaturen: einfaches Wechseln der Batterien ohne Spezialwerkzeug
- Verwendung von hygienisch unbedenklichen Materialien
- Niedrige Geräuschemissionen: Armaturenklasse I bzw. II gemäß der Norm DIN EN 4109
- Ersatzteilverfügbarkeit für mindestens 10 Jahre

Die Richtlinie UZ 33 „Wasser- und energiesparende Sanitärarmaturen und Zubehör" des →Österreichischen Umweltzeichens umfasst Einhandmischer, thermostatische Aufputzmischer, Strahlregler und wassersparendes Zubehör. Die ausgezeichneten Sanitärinstallationen müssen folgenden Kriterien entsprechen:

- Begrenzung des maximalen Wasserdurchflusses in Abhängigkeit vom Einsatzbereich:
  - 6 l/min für Sanitärarmaturen
  - 9 l/min für Küchenarmaturen
  - 12 l/min für Dusch- und Badewannenarmaturen
- Maßnahmen zur Senkung des Warmwasserzulaufes
- Verwendung von gesundheitlich unbedenklichen Werkstoffen
- Bestätigung einer optimalen Funktionsfähigkeit durch Normprüfungen
- Servicefreundlichkeit und Ersatzteilgarantie bzw. allgemeine Garantien
- Umfangreiche Informationen zum Produkt und dessen Anwendung

Bei der vergleichenden Ökobilanz des Ökoinstituts einer durchschnittlichen Küchenarmatur und einer sparsamen Variante wird deutlich, dass die Nutzungsphase der Armaturen entscheidend für das Gesamtergebnis ist. Auf die Nutzungsphase, sprich auf den Wasserverbrauch und die Erhitzung des Wassers, entfallen rund 95 % der gesamten Treibhausgasemissionen (GWP) (Ökoinstitut 2013).

Wasserverdünnbare Anstrichstoffe Zu den W. zählen →Dispersionsfarben, →Latexfarben und →Acryllacke. Das Bindemittel ist ein in Wasser dispergiertes Kunst- oder Naturharz in Form winzig kleiner Kügelchen. Auch durch W. wird die Raumluft beeinflusst, da Dispersionsfarben bis zu 3 % und Dispersionslacke bis zu 10 % →Lösemittel und →Weichmacher enthalten, um die im Wasser dispergierten Harzteilchen beim Verdunsten des Wassers miteinander zu verschmelzen und einen Film zu bilden. Lösemittel und Weichmacher, die diese Funktion erfüllen, werden als Filmbildehilfsmittel oder Cosolventien bezeichnet. Dabei handelt es sich um höhere Alkohole (Glykole, →Glykolverbindungen), aliphatische Kohlenwasserstoffe und/oder →Weichmacher, die wegen ihrer z.T. geringen Flüchtigkeit besonders lange brauchen, um aus dem Lackfilm zu entweichen. Um die W. während der Lagerung der Gebinde vor mikrobiellem Befall zu schützen, werden →Konservierungsmittel (→Topfkonservierungsmittel) eingesetzt. W. auf Kunstharzbasis enthalten zwangsläufig →Monomere, die sich beim Trocknen des Anstrichstoffes zusammen mit dem Wasser verflüchtigen. Wasserverdünnbare Lacke enthalten zur Salzbildung mit den sauren Gruppen des Harzes flüchtige Amine, die beim Trocknen des Lackes entweichen. Die Kunststoffmonomere und die Filmbildehilfsmittel sind im Wesentlichen für den Geruch von Dispersionsfarben verantwortlich.

Wasserverdünnbare Naturharz-Anstriche W. sind →Naturharz-Anstriche, die ohne Lösemittel auskommen. Sie sind bereits für viele Anwendungen erhältlich: Decklacke für Anstriche von Holz, Holzwerkstoffen und Eisenteilen für den Innen- und Außenbereich, →Heizkörperlacke, Fußbodenlacke, Holzlasuren im Innen- und Außenbereich, →Fußbodenhartöle, →Fußbodenwachse, →Wachsöle.

Wasser-Zement-Wert Das Masseverhältnis von Wassergehalt und Zementgehalt in →Beton wird als W. (w/z-Wert) bezeichnet. Die Größe des W. ist die maßgebende Steuerungsgröße für den Porenraum im →Zementstein und damit für die Dichtigkeit und Festigkeit des Betons.

Webteppiche Das Web-Verfahren, das älteste Herstellungsverfahren für →Teppiche, wird heute nur noch maschinell durchgeführt. Nutzschicht und Grundgewebe werden dabei in einem Arbeitsgang hergestellt. Es gibt W. aus Kett- und Schussfäden ohne polbildendes Fadensystem und W. aus Grundgewebe und Polschicht. Eine Rückenbeschichtung ist nicht unbedingt notwendig, dadurch entfallen die gesundheitlichen Belastungen und Geruchsbelästigungen durch Ausgasungen aus dem →Teppichschaumrücken. →Textile Bodenbeläge, →Teppichböden

WECOBIS W. ist ein webbasiertes ökologisches Baustoffinformationssystem und bietet Informationen zu Umwelt- und Gesundheitsaspekten wichtiger Bauproduktgruppen an. W. wird vom BBSR betrieben, was ein hohes Maß an Neutralität garantiert. W. bietet umfassende, strukturiert aufbereitete, herstellerneutrale Informationen zu gesundheitlichen und ökologischen Aspekten einschließlich möglicher Anwendungsbereiche zu den gängigen Bauproduktgruppen und Grundstoffen. Es werden Informationen zu Rohstoffwahl, Herstellung, Verarbeitung, Nutzung und Nachnutzung geboten. Zudem bestehen Online-Verknüpfungen zu weiteren Informations- und Datenquellen wie →GIS-BAU sowie die Integration von →EPD-Daten.

Weichholz W. sind Holzarten mit einer →Brinell-Härte > 30 N/mm² und einer →Darrdichte < 550 kg/m³. Dazu zählen die meisten Nadelhölzer sowie einige Laubhölzer, u.a. →Pappel, →Weide.

Weichlote W. sind niedrig schmelzende Metalllegierungen auf →Blei-, →Antimon- und Zinnbasis (→Zinn), die zum →Löten wärmeempfindlicher →Metalle verwendet werden. Der Schmelzbereich der W. liegt unterhalb 450 °C. Zu den W. zählen →Lötzinn (W. mit hohem Zinnanteil), Zinklot (98 % Zink), Bleilot (98,5 % Blei) und Silberbleilot (Blei-Silber-Kupfer-Cadmium-Legierungen). Bei W. besteht eine deutliche Abhängigkeit der Schadstoffentstehung von der Löttemperatur. Da viele Flussmittel →Kolophonium als Basis enthalten, stehen als Schadstoffe Kolophonium und seine Zersetzungsprodukte im Vordergrund. Zusätzlich, je nach eingesetztem Lot und Flussmittel, können krebserzeugendes Hydrazin, Blei, Chlor- und Bromwasserstoff oder Zinn-Verbindungen auftreten. Da W. schwermetallhaltig sind, müssen sie als Sondermüll entsorgt werden. →Hartlote

Weichmacher W. sind organische Stoffe, die in eine Kunststoff- bzw. Kunstharzmatrix eingelagert werden, um die Elastizität zu erhöhen. Gem. Decopaint-Richtlinie sind W. Stoffe mit einem Siedepunkt über 250 °C bei normalen Druckbedingungen, die einem Beschichtungsstoff zugesetzt werden, um die Dehnbarkeit der Beschichtung zu erhöhen.

W. in Anstrichstoffen sind z.B. Adipinsäureester (Adipate), Alkylsulfonsäureester (C10 – C20) des Phenols und der Methylphenole, Glutarsäureester (Glutarate) und Maleinsäureester (Maleinate).

Haupteinsatzgebiet von W. ist der Kunststoff PVC. Aufgrund ihrer Molekülstruktur tendieren additive W. dazu, im Laufe der Zeit in die Umwelt freigesetzt zu werden.

Unterschieden werden primäre Weichmacher (z.B. →Phthalate) und sekundäre W. Sekundäre W. haben allein keinen Effekt, in Kombination mit einem Primärweichmacher erhöhen sie die Flexibilität des Kunststoffes.

Insgesamt gibt es mehr als 300 unterschiedliche Typen von W. 50 bis 100 davon werden kommerziell genutzt. Die unter Gesundheits- und Umweltaspekten kritischen Phthalate sind mit fast 1 Mio. t Jahresproduktion die bei weitem gängigsten W. Im Jahr 2007 wurden in der EU noch ca. 291.000 Tonnen des fortpflanzungsgefährdenden →DEHP verwendet. Mittlerweile ist es in die →Kandidatenliste aufgenommen und damit zulassungsbeschränkt. Nach →REACH Anhang XVII Nr. 51 darf DEHP nicht in Konzentrationen über 0,1 Gew.-% in Spielzeug und Babyartikeln enthalten sein. Gemäß Nr. 30 dürfen fortpflanzungsgefährdende Stoffe als solche, als Bestandteile anderer Stoffe und in Gemischen nicht in Verkehr gebracht oder verwendet werden, die zum Verkauf an die breite Öffentlichkeit bestimmt sind.

Weide W. (Salix, EN-Kurzzeichen: SAXX, EU) zählen zu den Kernholzbäumen mit Farbkernbildung. Das →Splintholz ist von weißlicher bis gelblichweißer, das →Kernholz von hellbräunlicher bis rötlichbrauner Färbung. Es ist feinporig, mit zarter Streifen- bzw. Fladerzeichnung.

W. ist mittelschwer und sehr weich, von nur geringer Festigkeit und wenig elastisch, mäßig schwindend und mit befriedigendem Stehvermögen, sehr biegsam. W. zeigt nicht immer eine glatte Oberfläche. Die Behandlung der Oberfläche ist unproblematisch. W. ist gut zu beizen und zu lackieren, jedoch nicht befriedigend polierbar. Das Holz ist nicht witterungsfest. Bei der Verarbeitung ist auf Schutz vor →Holzstaub (krebserzeugend gem. →TRGS 906) zu achten.

W. ist grundsätzlich überall dort einsetzbar, wo →Pappel Verwendung findet, wenn nicht speziell gleichmäßig hellfarbiges Holz gefordert ist. Anwendung als Furnierholz, überwiegend als Schälholz sowie zur Herstellung von Sperrholz. Größere Bedeutung als den Baumweiden für die Holznutzung kommt allerdings den strauchförmigen Weiden für die Herstellung von Korbmöbeln, Strandkörben usw. zu.

Weißasbest W. ist die Bezeichnung für verarbeiteten →Chrysotil-Asbest. →Asbest

Weißkalk W. entsteht durch das Brennen von reinem oder fast reinem Kalkstein. Sehr feinen W. stellt man durch Brennen von Muschelkalk oder →Marmor her. W. gehört zu den →Luftkalken, die hauptsächlich durch Carbonatisieren (Kohlendioxidaufnahme) härten. Beim Verarbeiten von W. kommt es zu einem kräftigen Nachlöschen. Er quillt dabei bis zum Dreifachen auf. Lieferformen sind ungelöscht (→Stückkalk und →Feinkalk) sowie gelöscht (→Kalkhydrat und Kalkteig). Weißfeinkalk wird überwiegend bei der Herstellung von →Kalksandsteinen und →Porenbeton verwendet. →Kalk, →Baukalk

Weißleim W. wird für Holzverbindungen verwendet. Er wird auf Polyvinylacetatbasis hergestellt und daher auch als PVAc-Holzleim bezeichnet. W. ist überwiegend frei von Lösemitteln, ggf. enthält er ein Filmbildehilfsmittel. Der Leim auf Polyvinylacetatbasis kann aufgestrichen, gerollt oder einseitig mit einer feinen Zahnspachtel flächig aufgetragen werden. Es gibt auch Express-W., der bereits in einigen Minuten anzieht, evtl. aber problematische Inhaltsstoffe enthält. W. trocknet nach dem Aushärten transparent auf. Wird der Leim mit Wasser verdünnt, wird er nach dem Härten milchig. →Dispersionsklebstoffe, →Holzleim

Weißzement Die Zusammensetzung von W. entspricht der von →Portlandzement, durch die Verwendung von eisenarmen Rohstoffen erhält der Zementleim eine weiße Farbe. W. wird für Sichtbeton, →Putze und →Terrazzo verwendet.

Weiterverwendung Die W. ist die Benutzung eines Produktes für einen anderen Verwendungszweck. →Recycling, →Wiederverwendung, →Stoffliche Verwertung, →Kreislaufwirtschaftsgesetz

Wellasbest-Platten W. wurden zur Dacheindeckung verwendet und enthielten 10 bis 15 % →Chrysotil-Asbest (heute asbestfrei). Sie zählen zu den →Fest gebundenen Asbestprodukten. →Dächer aus Asbestzement, →Asbest, →Asbestzement, →Faserzement

Wellerlehm W. ist der →Lehmbaustoff einer monolithischen Bauweise, bei der Wände mit einem sehr stark faserarmierten, feuchten →Lehm ohne Schalung zu Wänden errichtet, lagenweise verdichtet und anschließend an den Seiten mechanisch besäumt (= abgestochen) werden. Mit Rohdichten zwischen 1.500 bis 1.700 kg/m^3 ist der W. etwas leichter als der →Stampflehm. Er kann tragend eingesetzt werden. Diese Technik ist in Varianten in weiten Teilen der Erde verwendet worden. Durch die langwierige und aufwändige, kaum zu mechanisierende Herstellung von W.-Wänden wird diese Bauweise fast nur noch im Rahmen von Restaurationsarbeiten eingesetzt.

WFT-Produkte WFT ist die Abk. für „without further testing". →Geregelte Stoffe (nicht mehr verwendet)

WHO World Health Organization = Weltgesundheitsorganisation. →Innenraumluft-Grenzwerte

WHO-Fasern Als W. werden lungengängige mineralische Fasern mit folgender Geometrie bezeichnet: Länge > 5 µm, Durchmesser < 3 µm, Länge-zu-Durchmesser-Verhältnis > 3:1.

Wiederverwendung Die W. ist die wiederholte Benutzung eines Produktes für den gleichen Verwendungszweck. →Recycling, →Weiterverwendung, →Stoffliche Verwertung, →Kreislaufwirtschaftsgesetz

Wiesengras W. zählt zu den heimischen, nachwachsenden Rohstoffen und die hauptsächlich aus Zellulose bestehenden Fasern eignen sich zur Herstellung von Dämmmaterial. Nach der Ernte wird das Gras als Silage durch Milchsäuregärung zur Vermeidung von Bakterien- und Schimmelpilzwachstum haltbar gemacht und anschließend werden unter Zugabe von Wasser die Zellulosefasern von dem Rohstoff getrennt. Das gewonnene Fasermaterial wird in einem speziellen Verfahren getrocknet und unter Zugabe von ca. 4 % Boraten brandsicher (B2) gemacht. W. wird in Form von Schütt- und Einblasdämmstoff zur Dämmung von Decken, Dächern, Wänden und schwer zugänglichen Bereichen im Altbaubestand verwendet. W. hat ein geringes spezifisches Gewicht und zur Erzielung der optimalen Dämmwirkung bedarf es wenig Material. Aufgrund der feuchtigkeitsregulierenden Eigenschaft trägt W. zu einem angenehmen und gesunden Raumklima bei. Dämmung aus W. ist nicht druckbelastbar und vor direkter Feuchtigkeitseinwirkung zu schützen. Beim Einbau auf geneigte oder gewölbten Flächen ist durch geeignete Maßnahmen ein Abrutschen der Dämmung zu verhindern, bei senkrechten Hohlräumen mit lichten Weiten von ≤ 12 cm soll die Füllhöhe 3,5 m nicht überschreiten und abschließende Überprüfungen der ausgefüllten Hohlräume durch Kontrollbohrungen sind erforderlich.
Die Grasfasern können aufgrund des hohen Celluloseanteils auch für die Herstellung von biobasierten Kunststoffen verwendet werden.
Wärmeleitfähigkeit λ: 0,042 W/(m·K) (maschinelle Verarbeitung), 0,045 W/(m K) (manuelle Verarbei-

tung), Rohdichte ρ: 35 bis 50 kg/m^3 (freiliegend), 40 is 65 kg (eingeblasen), Wasserdampfdiffusionswiderstand μ: 1 – 2, Baustoffklasse nach DIN 4102: B2, normal entflammbar.

Windsperre Als W. wird eine außen auf der kalten Seite der Dämmung liegende strömungsdichte Schicht bezeichnet. Sie hat die Funktion, den Dämmstoff gegen Durchlüftung, Verschmutzung und Zersetzung infolge Wind und thermisch bedingter Strömungen von außen zu schützen. Dieser Schutz gegen kalte oder auch warme Luft ist sehr wichtig. Die Stöße und Randanschlüsse der W. müssen sorgfältig und dauerhaft abgedichtet werden. Die W. sollte dabei möglichst dampfdiffusionsoffen sein (z.B. →Holzfaserplatten, diffusionsoffene →Polyolefin-Bahnen).

WIR Österreichischer Wirkungsbezogener Innenraumluft-Richtwert.

Wirksames Speichervermögen Das wirksame flächenbezogene Speichervermögen für eine bestimmte Periode ist definiert als „das Verhältnis aus der Amplitude der Wärmestromdichte an der Oberfläche und der Amplitude der Oberflächentemperatur" (ÖNORM B 8110). Üblicherweise wird in die (unphysikalische) „wirksame Speichermasse" umgerechnet.

WKI Abk. für Wilhelm-Klauditz-Institut – Fraunhofer Institut für Holzforschung.

Wohnbiologie →Baubiologie

Wollteppichböden →Textile Bodenbeläge

Wood-Plastic-Composites Bei W. (WPC) handelt sich um thermoplastisch verarbeitbare Verbundwerkstoffe aus Holz, Kunststoffen und Additiven, eine neue Werkstoffgruppe, die sich weltweit mit hohen Zuwachsraten entwickelt. Haupteinsatzgebiete sind Bodenbeläge für den Außenbereich (z.B. Terrassen, Bootsstege), Hausbau, Möbel, Automobil, Verpackung, Gehäuse und Kleinteile. Ein typisches WPC-Produkt ist z.B. ein extrudiertes Profil für einen Terrassen-Bodenbelag aus 70 % Holzmehl (50 bis 90 %), 25 % →Polyethylen, →Polypropylen oder →Polyvinylchlorid und 5 % Additiven wie Haftvermittler, UV-Stabilisatoren und Farbpigmenten. Bislang mit geringer Bedeutung können auch Stärke- und Lignin-basierte Bio-Kunststoffe eingesetzt werden.

Vor- und Nachteile:

- Gegenüber Vollholzprodukten und üblichen Holzwerkstoffen weisen WPC vor allem folgende Vorteile auf: die freie Formbarkeit des Werkstoffs und die größere Feuchteresistenz sowie damit verbundene gute Witterungsbeständigkeit ohne Nachbehandlung. Diesen Vorteilen stehen die höheren Produktionskosten gegenüber.
- Gegenüber synthetischen Kunststoffen können WPC wegen ihres potenziell niedrigeren Preises, ihrer Haptik, ihrem Natur-Image und einiger veränderter technischer Eigenschaften (höhere Steifigkeit, deutlich geringerer thermischer Ausdehnungskoeffizient) interessant sein. Gerade der Preis von WPC mit hohen Holzanteilen von 60 bis 90 % ist nur wenig von den steigenden Erdölpreisen abhängig.
- Nachteilig sind der notwendige Energieeinsatz bei der technischen Verarbeitung und die damit verbundenen negativen Umweltwirkungen. Weiterhin können W. nicht mehr dem natürlichen Stoffkreislauf zugeführt werden und müssen thermisch verwertet werden.
- Gegenüber Schnittholz ist die Bruchfestigkeit vermindert.

Im deutschsprachigen Raum, der mit Deutschland, Österreich und der Schweiz der größte WPC-Markt in Europa ist, gibt es etwa 20 WPC-Hersteller (Produktionsvolumen 2005 ca. 10.000 bis 15.000 t). 2005 wurden in Nordamerika 700.000 t WPC produziert (Nova-Institut, Hürth). Weltweit wurden dagegen 2012 bereits mehr als 2,4 Mio. t WPC produziert, vor allem in Nordamerika (1,1 Mio. t), China (900.000 t) und Europa (260.000 t). In Europa ist Deutschland mittlerweile mit ca. 100.000 t der führende Produzent und zudem der führende Maschinenbauer. Der südostasiatische Markt wird in den kommenden Jahren weiteres Wachstum aufzeigen.

Die Ökobilanz ist aufgrund des hohen Kunststoffanteils schlechter als die von Massivholzprodukten. 2015 erhält der Verband der Deutschen Holzwerkstoffindustrie e.V. (VHI) Verbands-EPD für Terrassendielen (EPD-VHI-20150033-IBE1-DE) und Fassadenelemente (EPD-VHI-20150034-IBE1-DE) aus WPC. Bisherige Schadensfälle aus der Praxis sowie Langzeitstudien haben gezeigt, dass WPC durch UV-Bestrahlung, Feuchte- und Temperatureinwirkung sowie Pilzbefall geschädigt werden können.

WPC →Wood-Plastic-Composites

Wurzelsperrschicht Auf Gründächern muss durch die Verwendung von wurzelfesten Dichtungsbahnen das Durchwachsen von Wurzeln dauerhaft verhindert werden. Die W. wird bei entsprechender stofflicher Zusammensetzung durch die Abdichtung selbst, durch chemische Zusätze (Herbizide, →Mecoprop) oder Metallbandeinlagen (i.d.R. Kupferbänder) gebildet. Die Wurzelfestigkeit sollte nach den Dachbegrünungsrichtlinien der Forschungsgesellschaft Landschaftsentwicklung Landschaftsbau (FLL) geprüft sein.
W. durch Metallbandarmierung: Aufgrund der Steifigkeit kann es besonders an Anschlüssen zur Kapillarbildung kommen. An den Nahtüberlappungen müssen die Metallbandeinlagen miteinander verbunden sein. Bei längerer freier Bewitterung kann die thermische Längenänderung der Metallbandeinlage zu einer Ablösung der Bitumendeckschicht führen. Da die Metallbandeinlage dampfdicht ist, ist die wurzelfeste Abdichtung bauphysikalisch wie eine Dampfsperre zu behandeln. Bei der Erhaltung der Funktion ist auch eine mögliche Verletzung zu berücksichtigen. Mehrlagige bituminöse Abdichtungen sind daher unter Umständen belastbarer als wurzelfeste Abdichtungen aus einer 1,2 bis 1,5 mm starken Kunststoffbahn. Nachteilig ist bei der Metallbandarmierung der Verbund zwischen organischen Stoffen und Metallen, wodurch eine hochwertige →Verwertung praktisch ausgeschlossen wird. Aus ökologischer Sicht ist daher entweder der Metallgehalt (für die thermische Entsorgung) oder die organischen Bestandteile (für ein Metallrecycling) möglichst niedrig zu halten.
W. durch chemische Zusätze: Ein handelsüblicher Durchwurzelungsschutz ist Methylchlorphenoxypropionsäure (Mecoprop, MCPP) oder MCPA in Form von unterschiedlichen Estern. Messungen ergaben, dass Mecoprop aus ausgerüsteten Bitumen-Dichtungsbahnen in das Dachwasser gelangt. Bitumenbahnen mit chemischem Durchwurzelungsschutz sollten ausschließlich dort eingesetzt werden, wo sie aus bautechnischen Gründen zwingend erforderlich sind – bei Abdichtungen unter einem Gründach.

WWF Der WWF (World Wide Fund for Nature) wurde 1961 in Zürich als Stiftung gegründet. Heute liegt sein internationaler Hauptsitz in Gland am Genfersee. Mit 56 WWF-Niederlassungen in über 40 Ländern ist der WWF eine der größten unabhängigen Naturschutzorganisationen der Welt. Ziel des WWF ist es, die weltweite Naturzerstörung zu stoppen und eine Zukunft zu gestalten, in der Mensch und Natur in Einklang leben. Bei der Entwicklung und Umsetzung von Gütesiegeln spielt der WWF eine führende Rolle; er war maßgeblich beteiligt an der Entwicklung des europäischen Qualitätszeichens für Bauprodukte →natureplus und vertritt dort als Mitglied des Vorstands die Interessen der Umweltschutzorganisationen.

X

XPS Extrudierter Polystyrol-Schaumstoff, der aus treibmittelfreiem Polystyrol-Granulat in einem Extruder unter Zugabe von Treibmittel (CO_2, HFKW) kontinuierlich ausgetragen wird. Ausgangsstoff für →Polystyrol ist →Styrol, das aus den Erdölprodukten Ethylen und →Benzol hergestellt wird. XPS ist hoch druckfest und dabei elastisch, wasserabweisend, dampfdiffusionsdicht, unverrottbar, gut wärmedämmend und schwerentflammbar (→Flammschutzmittel).
Die Rohstoffe sind petrochemischen Ursprungs (→Erdöl) und haben hohe humantoxische Relevanz: →Benzol ist als krebserzeugend eingestuft, →Styrol ist ein Nervengift. Die Herstellung erfordert einen hohen Aufwand an Energie, Chemikalien und Infrastruktur, insbesondere zur Herstellung des Styrols. Prozessbedingt dominieren Emissionen von Kohlenwasserstoffen in die Luft. Die MAK-Werte von Styrol, Ethylbenzol und Benzol werden im Normalbetrieb in westeuropäischen Werken deutlich unterschritten. →XPS-Dämmplatten

XPS-Dämmplatten Extrudierte Polystyrol-Schaumstoffplatten (kurz: XPS-Dämmplatten) sind Dämmstoffe aus überwiegend geschlossenzelligem harten Schaumstoff aus →Polystyrol oder Mischpolymerisaten mit überwiegendem Polystyrol-Anteil. X. werden in einem kontinuierlichen Extrusionsprozess aus Polystyrolgranulat (Standardpolystyrol, General Purpose Polystyrene) durch Extrudieren unter Zugabe eines Treibmittels hergestellt. Durch die Extrusion wird die Schmelze aufgeschäumt, ein Teil des Treibgases wird emittiert und abgesaugt, der Rest verbleibt in den Zellen des XPS und gast langsam im Verlauf von Jahren aus. Die Platten werden abgelängt und durch mechanische Bearbeitung in die gewünschte geometrische Form gebracht. Die dabei anfallenden XPS-Reste werden zerkleinert, in einem Extruder aufgeschmolzen, entgast, filtriert und zu Granulat verarbeitet, das wieder im Schäumprozess verwendet werden kann. Rahmenrezeptur: 85 bis 93 M.-% Polystyrol (→XPS), 0 bis 12 M.-% Treibgase, 0,5 bis 5 M.-% Talkum (Magnesiumsilikat), 2 bis 3 M.-% Flammschutzmittel →Hexabromcyclododecan (HBCD) und Dicumylperoxid, seit 1.8.2017 Polimer-FR, < 0,05 % Farbpigmente, < 0,05 % Hilfsstoffe (Antioxidationsmittel, Lichtstabilisatoren, Keimbildner).
Als Flammschutzmittel wurde HBCD verwendet, das mittlerweile nicht mehr zugelassen ist und seitens der Hersteller durch andere Flammschutzmittel wie bromiertes Polymer, Polymer-FR oder niedermolekular bromierte Ersatzstoffe auf Basis von Tetrabrombisphenol A (TBBPA) ersetzt wird. Im Brandfall können sich bei bislang verwendeten XPS-Platten durch das enthaltene HBCD polybromierte Dioxine und Furane bilden, zudem erfüllt HBCD die Kriterien für persistent, bioakkumulierende und toxische Stoffe der europäischen Chemikalienverordnung REACH. Das Handels- und Verwendungsverbot von HBCD ist auf die Stockholm-Konvention zurückzuführen und wird in der Europäischen Union (EU) im Anhang I der POP-Verordnung (Verordnung (EG) Nr. 850/2004 über persistente organische Schadstoffe) umgesetzt. Seit dem 22.3.2016 dürfen Produkte (Stoffe, Gemische und Erzeugnisse1) mit einem Gehalt von mehr als 100 mg/kg HBCD in der EU nicht mehr hergestellt oder in Verkehr gebracht werden. Die Ausnahme für das Inverkehrbringen und Verwenden von Dämmstoffen aus XPS mit HBCD endete am 21.2.2018 (6 Monate nach Ende des Überprüfungszeitraums der erteilten Zulassungen). (Quelle: Hintergrundpapier HBCD/ Umweltbundesamt Juli 2016)
Als Treibmittel werden HFKW (→Fluorierte Treibhausgase) oder CO_2 verwendet. Die früher eingesetzten Treibmittel →FCKW und →HFCKW sind mittlerweile wegen ihres hohen Ozonabbaupotenzials (→Ozonabbau in der Stratosphäre) verboten. Die gesetzlichen Regelungen in Österreich (BGBl. 447/2002) sehen auch ein schrittweises Verbot des Einsatzes von HFKW vor. In Deutschland hatten bis zum Jahr 2000 die Polyurethan-→Montageschäume den größten Anteil an den Treibmittel-Emissionen. Zukünftig ist mit einem starken Anstieg der HFKW-Emissionen aus X., bei deren Herstellung seit dem Jahr 2000 HFKW als Treibmittel eingesetzt werden, zu rechnen.
Bis etwa 1989/1990 wurde XPS-Hartschaum mit dem FCKW-12 als Treibmittel geschäumt. 1990 haben die deutschen Hersteller den FCKW-12 durch HFCKW ersetzt. Zum Einsatz kamen der HFCKW-142b oder eine Mischung aus dem HFCKW-142b und dem HFCKW-22. Durch das Verbot der HFCKW zehn Jahre später mussten auch diese FCKW-Ersatzstoffe als Treibmittel substituiert werden. Bis zu diesem Zeitpunkt wurden bei der Herstellung von XPS-Hartschaum keine

→HFKW eingesetzt. Ein Teil der Produktion von XPS-Hartschaum erfolgte danach ganz ohne fluorierte Treibmittel; diese Produkte finden vor allem im Hochbau Verwendung. Andere Produktionsverfahren nutzen den HFKW-134a oder den HFKW-152a als Treibmittel.
Heute werden im deutschen Hochbaumarkt vor allem mit CO_2 oder mit einer Kombination aus CO_2 und organischen Treibmitteln (ca. 2 bis 3 % Ethanol) geschäumte X. angeboten (Quelle: Fluorierte Treibhausgase in Produkten und Verfahren – Technische Maßnahmen zum Klimaschutz, UBA, 2004).
X. bestehen überwiegend aus geschlossenzelligem hartem Schaumstoff, sie sind dadurch feuchteunempfindlich und nehmen kaum Wasser auf. Ihr Einsatzgebiet liegt daher vor allem im feuchtebelasteten Bereich, wie →Perimeterdämmungen und Sockeldämmungen, →Umkehrdach- und Terrassen-Dämmungen. Besonders im Dachbereich ist darauf zu achten, dass im direkten Kontakt mit →PVC-Dichtungsbahnen Weichmacher in den X. Schaden anrichten können. →Wärmeleitfähigkeit: 0,035 bis 0,042 W/(m·K), →Dampfdiffusionswiderstandszahl: 80 bis 200, →Baustoffklasse B1. →Dämmstoffe
Für X. liegen keine Messwerte für Emissionen während Verarbeitung und Nutzung vor. Es ist allerdings mit Ausnahme der Pentan-Emissionen von einem den →EPS-Dämmplatten ähnlichen Verhalten auszugehen. Mit HFKW-Treibmittel produzierte X. haben ein hohes →Treibhauspotenzial. Als Alternative sind die preislich und technisch vergleichbaren CO_2-geschäumten X. erhältlich (→HFKW-freie Dämmstoffe)

Xyladecor® Das Holzschutzmittel X. enthielt früher den Wirkstoff →Pentachlorphenol.

Xylamon® →Pentachlorphenol

Xyligen B® →Furmecyclox

Xylol (CAS 95-47-6 [ortho], 108-38-3 [meta], 106-42-3 [para], 1330-20-7 [Isomerengemisch]) Technische X.-Gemische enthalten meist die drei Isomere ortho-X. (20 bis 24 Vol.-%), meta-X. (42 bis 48 Vol.-%) und para-X. (16 bis 20 Vol.-%) sowie Ethylbenzol (10 bis 11 Vol.-%). X. (Synonym: Dimethylbenzol) gehört zur Gruppe der →Aromatischen Kohlenwasserstoffe. Es kommt im Steinkohlenteer vor, wird heute jedoch aus der bei der Erdölverarbeitung anfallenden →BTEX-Aromaten-Fraktion gewonnen. Ein Großteil des technischen X.-Gemisches wird in Otto-Kraftstoffen zur Erhöhung der Octanzahl verwendet. Weiterhin wird X. als →Lösemittel in Lacken, Klebstoffen und anderen bauchemischen Produkten eingesetzt. Von X. gehen akute oder chronische Gesundheitsgefahren aus. Flüssiges X. wirkt haut- und schleimhautreizend; X.-Dämpfe reizen Augen und Nase und führen zu Benommenheit. X. ist als gesundheitsschädlich (Xn) eingestuft; es besteht die Gefahr der Hautresorption. MAK-Wert (→MAK-Liste): 100 ml/m^3 = 440 mg/m^3. Zur relativen Toxizität von X. →NIK-Werte: Je niedriger der NIK-Wert, umso höher ist die Toxizität des jeweiligen Stoffes. AGÖF-Orientierungswert 29 µg/m^3, Normalwert 3 µg/m^3. Unfallversicherungsträger (DGUV): Klassenraum-Referenzwert 0,02 mg/m^3. Innenraumluft-Richtwert: Xylole Summe (ortho-, meta-, para-) RW II 0,8 mg/m^3, RW I 0,1 mg/m^3 (AIR 2015).
EU-GHS-Einstufung und Kennzeichnung (EG) Nr. 1272/2008 CLP: Entzündbare Flüssigkeit Kategorie 3: Flam. Liq. 3; H226 Flüssigkeit und Dampf entzündbar; Akute Toxizität Kategorie 4: Acute Tox. 4; H312 Gesundheitsschädlich bei Hautkontakt; H332 Gesundheitsschädlich bei Einatmen; Reizwirkung auf die Haut Kategorie 2: Skin Irrit. 2; H315 Verursacht Hautreizungen.

Y

Ytong Markennamen für Produkte aus →Porenbeton.

Z

ZBEC Zink-Dibenzyldithiocarbamat.

ZDEC →Zink-diethyldithiocarbamat

Zellleim →Leime

Zellulose ... →Cellulose ...

Zement Z. ist ein fein gemahlenes →Hydraulisches Bindemittel für die Herstellung von Mörtel und →Beton, das im Wesentlichen aus Calciumoxid, Siliciumdioxid, Aluminiumoxid und Eisenoxid besteht und durch Sintern oder Schmelzen hergestellt wird. Norm-Z. setzt sich aus Hauptbestandteilen (> 5 %) und Nebenbestandteilen (< 5 %) zusammen. Als Hauptbestandteile gelten gem. DIN EN 197-1: →Portlandzementklinker, →Hüttensand (granulierte →Hochofenschlacke), →Puzzolane, →Flugasche, gebrannter →Schiefer, →Kalkstein und →Silikastaub. Die Nebenbestandteile – hauptsächlich anorganische mineralische Stoffe – dienen der Verbesserung der physikalischen Eigenschaften des Z. Daneben enthält Z. auch Calciumsulfat zur Regelung des Erstarrungsverhaltens und Z.-Zusätze. Diese dürfen einen Massenanteil von 1 % (bezogen auf den Z.) nicht überschreiten. Organische Zusätze dürfen bis zu einem Massenanteil von 0,5 % (bezogen auf Z.) enthalten sein, in Deutschland fast ausschließlich Mahlhilfen in Form von Glykolen und Triethanolamin. Mit Wasser gemischt entsteht der →Z.-Leim, der durch Hydratation erstarrt und nach dem Erhärten auch unter Wasser fest und raumbeständig bleibt.

Portlandzementklinker, der wichtigste Bestandteil von Z., wird aus Kalkstein und →Ton oder geologischen Ablagerungen wie →Kalkmergel oder Tonmergel, die schon auf natürliche Weise eine innige Vermischung von Kalk und Ton darstellen, hergestellt. Die Herstellung gliedert sich in drei Schritte:

1. Gewinnen, Brechen, Mahlen, Homogenisieren und Mischen der Rohstoffe
2. Brennen der Rohstoffe zum Klinker im Drehrohrofen bei Temperaturen bis 1.500 °C und rasches Abkühlen
3. Vermahlen des Klinkers zusammen mit Calciumsulfat (zur Regulierung der Erstarrungsgeschwindigkeit). →Portlandzement

Durch die Zumahlung hydraulisch wirkender Stoffe wie Hüttensand, Hochofenschlacke, Kalkstein oder Silikastaub zum Klinker sowie durch unterschiedliche Mahlfeinheit entstehen verschiedene Zementarten: Die DIN EN 197-1 teilt den Z. in fünf Arten ein (CEM I bis CEM V), die sich in 27 Produktgruppen aufgliedern.

Rohstoffgewinnung: siehe →Kalkstein, →Ton, →Mineralische Rohstoffe.

Der Brennprozess erfordert sehr hohen Energieeinsatz mit einem hohen Anteil an (ökologisch hochwertiger) elektrischer Energie. Umweltbelastungen treten vor allem durch Staub-Emissionen und gasförmige Schadstoffe wie Stickoxide, Kohlendioxid und Kohlenmonoxid auf: Die Zementindustrie zählt neben der Zellstoff- und Papierindustrie, der Eisen- und Stahlerzeugung sowie den Erdölraffinerien zu den wichtigsten Emittenten von NO_x und CO_2 im produzierenden Bereich.

Bei der Zementherstellung können Sekundärstoffe ressourceneffizient wie folgt eingesetzt werden:

- Substitution primärer Energieträger durch Sekundärbrennstoffe, die in industriellen Prozessen, Haushalten und Gewerbe anfallen
- Substitution primärer Rohstoffe bei der Herstellung von Portlandzementklinker durch aus anderen Industrien stammende Sekundärrohstoffe
- Substitution von Portlandzementklinker durch andere Hauptbestandteile (Hüttensand, Flugasche usw.)

Brennstoffersatz: Von der deutschen Z.-Industrie wurden im Jahr 2013 folgende Brennstoffe eingesetzt:

Steinkohle: 8,6 %
Braunkohle: 21,9 %
Petrolkoks: 3,5 %
Heizöl: 1,5 %
Erdgas: 0,4 %
Sekundärbrennstoffe: 64,1%

Der Einsatz von Sekundärbrennstoffen aus Altreifen, Altöl, Klärschlamm, Lösemittel, Kunststoffabfälle, Papierschlämme, Tiermehl, aufbereitete Fraktionen aus Siedlungsabfällen und Altholz nimmt zu, da dadurch Primärenergieträger eingespart werden können und gem. Urteilen des Europäischen Gerichtshofs die Abfallverbrennung in Z.-Werken als Verwertungsmaßnahme, die Abfallverbrennung in Müllverbrennungsanlagen aber als Beseitigungsmaßnahme eingestuft wird.

Der Einsatz von Sekundärrohstoffen und -brennstoffen ersetzt →Primärrohstoffe und entlastet Müllbeseitigungsanlagen, kann aber auch zum Transfer von Schadstoffen führen. In Hinblick auf eine potenzielle Gefährdung der Umwelt durch Z. sind Schwermetalle besonders relevant. Die Gehalte der meisten Schwermetalle liegen in Portland-Z. innerhalb der Spannweiten natürlicher Gesteine. Die Gehalte für →Arsen, →Blei, →Zink und →Chrom können aufgrund der Zusammensetzung der Rohstoffe und der Brennbedingungen erhöht sein. Chrom kann bis zu 20 % als →Chromat (Cr(VI)) vorliegen. Zusätzliche Schwermetalle können durch den Einsatz von Sekundärrohstoffen und -brennstoffen eingebracht werden. Der größte Teil der in den Rohstoffen und Brennstoffen enthaltenen Schwermetalle wird im Zementklinker eingebunden. Dies ist z.B. deutlich zu beobachten für Zink (Haupteinträge aus Gummi, Bleicherde und Altöl), aber auch für Arsen, Blei, Chrom, Nickel, Kupfer und Zinn, die aus Flugasche, Bleicherde, Gummi und Altöl herrühren.

Tabelle Z1: Richtwerte für Schwermetallgehalte in Sekundärbrennstoffen nach BUWAL-Richtlinie und Gütegemeinschaft für Sekundärbrennstoffe

Parameter	BUWAL-Richtlinie [mg/kg] 1)	Gütegemeinschaft für Sekundärbrennstoffe [mg/kg TS] 2)	
Anorganische Parameter		**Medianwert**	**80-Perzentil-Wert**
Antimon	5	25	60
Arsen	15	5	13
Barium	200		
Beryllium	5	0,5	2
Blei	200	70/190 3)	200/– 3), 4)
Cadmium	2	4	9
Chrom, gesamt	100	40/125 3)	120/250 3)
Cobalt	20	6	12
Kupfer	100	120/350 3)	–/– 4)
Mangan		50/250 3)	100/500 3)
Nickel	100	25/80 3)	50/160 3)
Quecksilber	0,5	0,6	1,2
Selen	5	3	5
Silber	5		
Tellur		3	5
Thallium	3	1	2
Vanadium	100	10	25
Zink	400		
Zinn	10	30	70
Organische Parameter			
TOX, org. Stoffe	Kein allgemeiner Richtwert		

1) In mg/kg, bezogen auf einen Heizwert H_u von 25 MJ/kg
2) Die Schwermetallgehalte sind gültig ab einem Heizwert H_{uTS} von 20 MJ/kg für heizwertreiche Fraktionen aus Siedlungsabfällen und ab einem Heizwert H_{uTS} von 20 MJ/kg für produktionsspezifische Abfälle. Bei Unterschreitung dieser Heizwerte sind die Werte entsprechend linear abzusenken, eine Erhöhung ist nicht zugelassen.
3) Der erste Wert gilt für produktionsspezifische Abfälle, der zweite Wert für heizwertreiche Fraktionen von Siedlungsabfällen.
4) Festlegung erst bei gesicherter Datenlage aus der Sekundärbrennstoffaufbereitung

Z

Bei zunehmender Verbrennung von Sekundärbrennstoffen ist auch mit einem Anstieg des Antimongehalts (z.B. aus →Antimontrioxid-Flammschutzmitteln) zu rechnen Durch Rohmehlersatz können außerdem →Cadmium und →Cobalt verstärkt in den Z. eingebracht werden. Die Schwermetallgehalte von →Hochofen-Z. sind geringer als bei Portland-Z., da Hüttensand in der Regel niedrigere Schwermetallgehalte aufweist als Portlandzementklinker.

Gemäß den gesetzlichen Bestimmungen dürfen bei der Mitverbrennung von Abfällen in Anlagen, die nicht in erster Linie für die Verbrennung von Abfällen ausgelegt sind, keine höheren Emissionen von Schadstoffen in dem aus der Mitverbrennung resultierenden Abgasanteil entstehen. Einige Metalle wie →Quecksilber und Thallium werden nicht im Klinker eingebunden und müssen daher durch verfahrenstechnische Maßnahmen zurückgehalten werden. Ende der 1970er-Jahre wurde noch die Umgebung einer Z.-Fabrik in Lengerich durch Thallium kontaminiert. Seither sind die Filterleistungen stark gestiegen und die Schwermetallemissionen z.T. deutlich gesunken. Insgesamt ist bei der Summe der metallischen Spurenelemente und bei halogenierten Schadstoffen tendenziell eine Abnahme des spezifischen Emissionsmassenstroms (je Einheit Zement) zu beobachten.

Tabelle Z1 zeigt die Richtwerte für den Schwermetallgehalt in Abfällen des Schweizer Bundesamtes für Umwelt, Wald und Landschaft (BUWAL) und der Gütegemeinschaft für Sekundärbrennstoffe zur Vermeidung von Umweltbelastungen.

Der →Chromat-Gehalt des Z. kann berufsbedingt allergische Ekzeme auslösen (→Zementekzeme, Maurerkrätze) – bei Arbeitnehmern des Bauhauptgewerbes die häufigste berufliche Hautkrankheit (melde- und entschädigungspflichtig). Gem. EU-Richtlinie 2003/53/EG dürfen daher Z. und Zubereitungen, die Z. enthalten, nicht verwendet werden, wenn in der nach Wasserzugabe gebrauchsfertigen Form der Gehalt an löslichem Chrom(VI) mehr als 2 mg/kg (ppm) Trockenmasse des Z. beträgt. Hiervon ausgenommen ist die Verwendung in überwachten geschlossenen und vollautomatischen Prozessen sowie in solchen Prozessen, bei denen Z. und Z.-haltige Zubereitungen ausschließlich mit Maschinen in Berührung kommen und keine Gefahr von Hautkontakt besteht (→Chromathaltiger Zement). Chromatarmer Z. kann durch die Zugabe eines Reduktionsmittels (reduziert Chrom(VI) zu Chrom(III)) hergestellt werden. Reduktionsmittel sind z.B. Eisen(II)-sulfat oder Zinn(II)-sulfat. Eisen(II)-sulfat kann durch die Oxidation mit Luftsauerstoff bei Einwirkung von Feuchtigkeit an Wirksamkeit verlieren. Deshalb dürfen chromatarme Z. und chromatarme, Z.-haltige Zubereitungen mit einem Verfallsdatum nach diesem Datum nur noch nach Prüfung des Chromatgehaltes verwendet werden. Auch beim Umgang mit chromatarmem Z. müssen aufgrund der Alkalität und der mechanischen Reibwirkung Schutzmaßnahmen getroffen werden (feuchtigkeitsdichte Handschuhe, Hautschutzmaßnahmen). →GISCODE Z.-haltige Produkte chromatarm: ZP1.

Zementekzeme Z. sind berufsbedingte allergische Ekzeme, die durch den →Chromat-Gehalt im nassen →Zement hervorgerufen werden. Man unterscheidet:

- Toxisch-irritatives Z.: Dosis- und zeitabhängige Hautveränderung, ausgelöst durch die Aggressivität von Zement; kann prinzipiell bei allen Individuen auftreten. Bei empfindlicher oder vorgeschädigter Haut treten Veränderungen bereits bei sehr geringer Dosis auf. Bei wiederholtem Auftreten der Hautschädigung kann auch ein chronisches Ekzem entstehen. Bei sehr intensiver Einwirkung ist sogar echte Verätzung möglich.
- Allergisches Z.: Langfristige Hautschädigung durch toxisch-irritative Effekte in tieferen Hautschichten begünstigt Allergisierung auf Inhaltsstoffe des nassen Zements; dauert oft viele Jahre bis zum Auftreten des allergischen Z. Das allergische Z. war über viele Jahre die häufigste berufliche Hautkrankheit und zählte noch in den letzten Jahren zu den drei häufigsten allergischen Berufskrankheiten der Haut. Auslöser ist wasserlösliches 6-wertiges Chrom (Cr(VI), Chromat). Ein Chromatgehalt ab 2 mg/kg (= 2 ppm) dürfte bei Sensibilisierten ausreichen, um allergische Reaktion auszulösen. Die Reaktion auf Zement steigert sich mit der Zeit und kann auch weitere Körperstellen befallen. Die Allergie lässt sich mit üblichen medizinischen Maßnahmen nicht mehr beseitigen. Zahlreiche von einem allergischen Z. betroffene Patienten entwickeln eine schwer verlaufende Krankheit, die bis zur Berufsunfähigkeit führen kann.

Häufiger Hautkontakt mit nassem Zement besteht vor allem bei der Tätigkeit als Maurer, Bauhandlanger und Plattenleger sowie Arbeiten in der Zementwarenproduktion, wenn sie vorwiegend manuell erfolgen. Die im Baugewerbe meist verwendeten Lederhandschuhe (→Schutzhandschuhe) eignen sich nicht für den Umgang mit nassem Zement. Besser geeignet sind Baumwollhandschuhe mit einem Kunststoffüberzug (insbesondere Nitril), die im Fachhandel in vielen Varianten erhältlich sind.
Gem. EU-Richtlinie 2003/53/EG dürfen Zement und Zubereitungen, die Zement enthalten, nicht verwendet werden, wenn in der nach Wasserzugabe gebrauchsfertigen Form der Gehalt an löslichem Chrom(VI) mehr als 2 mg/kg (ppm) Trockenmasse des Zements beträgt. Auch beim Umgang mit chromatarmen Zementen CA-Zement müssen aber aufgrund der Alkalität und der mechanischen Reibwirkung Schutzmaßnahmen getroffen werden (feuchtigkeitsdichte Handschuhe, Hautschutzmaßnahmen). Abgehärteter Zement verursacht keine Z.

Zementestriche Z. werden aus →Zement und gemischtkörnigen Zuschlägen hergestellt. Der Mörtel wird mit möglichst wenig Wasser angesetzt, wodurch sich ein erdfeuchter bis schwach plastischer Mörtel ergibt. Zur besseren Verarbeitung können verflüssigende Zusatzmittel (Betonverflüssiger) zugegeben werden (Fließestrich). Die Oberflächenbehandlung erfolgt durch Fluatierung, Imprägnierung, Versiegelung oder Beschichtung (evtl. Erstarrungsbeschleuniger, Luftporenbildner oder Kunststoffdispersion als Zusatzstoffe). Z. können →Alkylphenolethoxylate (APEO) als Zusatzmittel enthalten.
Nach dem Einbringen sollten Z. etwa drei bis sieben Tage bei niedrigen Temperaturen feucht gehalten und vor allem vor Austrocknung geschützt werden. Die Erhärtungsphase dauert Wochen oder Monate, während derer es zu einer Volumenverringerung (Schwinden) kommt. Eine neuere Entwicklung sind Schnell-Z., die bereits nach drei bis zehn Stunden begehbar sind. Beim Umgang mit Z. müssen aufgrund der Alkalität und der mechanischen Reibwirkung Schutzmaßnahmen getroffen werden (feuchtigkeitsdichte Handschuhe, Hautschutzmaßnahmen). Da die Reduktionsmittel zur Herabsetzung des Chromatgehalts im Zement begrenzte Wirkungsdauer haben, ist das Verfallsdatum unbedingt zu beachten (→Zementekzeme). →Betonzusatzmittel

Zementgebundene Spanplatten Z. gehören zu den anorganisch gebundenen →Holzwerkstoffen (→AHW). Die Späne aus Nadelholz oder anderen pflanzlichen Materialien wie Hanf oder Flachs übernehmen eine armierende Funktion. Z. werden einschichtig mit homogenem Aufbau oder mehrschichtig bzw. als Verbundwerkstoff (mit z.B. Hartschaum- oder Dämmkorkplatten) hergestellt.
Durch die Verwendung von →Zement können organisch-synthetische Bindemittel wie Formaldehyd- oder Polyurethan-Harze (→Polyurethane) und die damit verbundenen Ausgasungen vermieden werden (→Spanplatten). Aufgrund des hohen Zementanteils ist die ökologische Bewertung weniger günstig. Verbundwerkstoffe sind in der Entsorgung problematisch, da die Verbrennung durch den anorganischen Anteil und die Deponierung durch den organischen Anteil behindert wird. Z. zeichnen sich durch ein hohes Eigengewicht sowie eine bessere Pilzresistenz und ein besseres Feuchte- und Brandverhalten gegenüber herkömmlichen Spanplatten aus. Sie werden je nach Dicke in verschiedene Baustoffklassen (gem. DIN 13501-1 B-s1, d0 und A2-s1,d0) unterteilt. Z. sind für die Verwendung von Brand- und Schallschutzwänden und aussteifende Beplankung im Trocken-, Feucht- und Nassbereich sowie im Außenbereich, z.B. als Fassadenplatten, geeignet.

Zementklinker →Zement, →Portlandzementklinker

Zementleim Beim Anmachen von →Zement mit Wasser entsteht der sogenannte Z., eine flüssige bis plastische Suspension. Nasser Zement kann →Zementekzeme auslösen – bei Arbeitnehmern des Bauhauptgewerbes die häufigste berufliche Hautkrankheit.

Zementmörtel Z. wird vor allem im Außenbereich als Mauermörtel für stark beanspruchtes Mauerwerk (Kelleraußenwände, Gewölbe oder bewehrtes Mauerwerk) eingesetzt.
Als Putzmörtel findet er Verwendung als Unter- und Oberputz im Innen- und Außenbereich sowie als Außenputz für Kellerwände sowie als Sockelputz. Beim Umgang mit Z. müssen aufgrund der Alkalität und der mechanischen Reibwirkung Schutzmaßnahmen getroffen werden (feuchtigkeitsdichte Handschuhe, Hautschutzmaßnahmen). Da die Reduktionsmittel zur Herabsetzung des Chromatgehalts im Zement begrenzte Wirkungsdauer haben, ist das Verfallsdatum unbedingt zu beachten (→Zementekzeme).

Zementputze Die Herstellung von Z. erfolgt aus →Zement, Zuschlägen, evtl. Zusätzen und Wasser. Z. lassen sich von Hand einfach verarbeiten oder maschinell als Spritzputze. Z. wird vor allem als Sockelputz verwendet.
Beim Umgang mit Z. müssen aufgrund der Alkalität und der mechanischen Reibwirkung Schutzmaßnahmen getroffen werden (feuchtigkeitsdichte Handschuhe, Hautschutzmaßnahmen). Da die Reduktionsmittel zur Herabsetzung des Chromatgehalts im Zement begrenzte Wirkungsdauer haben, ist das Verfallsdatum unbedingt zu beachten (→Zementekzeme).

Zementspachtelmassen Z. sind Spachtelmassen, die aus →Zement und Kunststoffzusätzen (meist →Polyvinylacetat) bestehen, teilweise unter Zusatz von Fasern (früher auch →Asbest). Z. werden hauptsächlich im Außenbereich zum Ausfüllen und Glätten von Unebenheiten, Rissen und Löchern verwendet. Je nach Kunststoffzusatz (→Kunstharze) können toxische →Restmonomere (z.B. →Vinylacetat, →Epichlorhydrin) freigesetzt werden. Alte Z. mit Asbestzusätzen können bei Bearbeitung Asbestfasern freisetzen.

Zementstein Z. ist der erhärtete →Zementleim.

Zertifizierungen für nachhaltiges Bauen (auch: Green Building Label/ Rating System) Als Zertifizierung eines nachhaltigen Gebäudes oder auch Quartiers wird ein Verfahren bezeichnet, durch welches die Einhaltung bestimmter Kriterien im nachhaltigen Bauen von verantwortlichen Projektbeteiligten nachgewiesen und durch eine unabhängige Prüfung bestätigt wird. Das Ergebnis oder auch schon Zwischenergebnisse werden meistens in öffentlichkeits- und zielgruppenwirksamer Form kommuniziert. Zusätzlich können Zertifizierungen als behördlich abgestimmte Ausgleichsmaßnahmen bzw. Auflagen fungieren und die bauliche Entwicklung mit anerkannten Maßnahmen umweltverträglicher gestalten.
Während der letzten rund 20 Jahre sind vielzählige national wie auch international ausgerichtete Labels als Zertifizierungen entwickelt worden. Die Labels unterscheiden sich vor allem in der Definition der Anforderungen an das Projekt, aber auch an Prozesse der Planung. Grundsätzlich soll bei allen Labels die Bewusstseinsbildung der Planer, Bauherren wie auch der Nutzer hinsichtlich der Kriterien des nachhaltigen Bauens gefördert werden. Das Leitziel einer langfristig gedachten Planung und Nutzung des Gebäudes im gesamten Lebenszyklus ist in den Kriterien direkt (LCA-, LCC-Analysen) oder indirekt (Konzepte zur Energieeffizienz, Instandhaltungsfreundlichkeit, Umnutzungsfähigkeit, Wertstabilität usw.) präsent.
Die Inhalte der Kriterien der Zertifizierungssysteme lehnen sich an das Drei-Säulen-Modell der Nachhaltigkeit an. Die Gewichtung und Ausprägung bzw. Wege zur Erreichung der Ziele variieren und beruhen auf dem Aufbau des jeweiligen Systems. Die projektspezifische Planung und Steuerung werden dabei in keiner Weise ersetzt, sondern nur hinsichtlich der Nachhaltigkeitskriterien begleitet. Um eine einseitige Optimierung der Projektplanung zu vermeiden und elementare Grundanforderungen zu garantieren, werden in allen Zertifizierungen verpflichtende qualitative und quantitative Grenzwerte gesetzt (z.B. keine Standortwahl in Hochwasserschutzgebieten, Mindestenergieperformance). Bei einigen Z. werden bestimmte Qualitäten als Grundanforderung (sogenannte Ausschlusskriterien, Prerequisites o.Ä.) definiert, die in anderen wiederum die Zertifizierbarkeit nicht gefährden (z.B. DGNB: Barrierefreiheit, Innenraumluftqualität; LEED: Nichtraucherschutz, systematische Inbetriebnahme). Abgesehen von den Grundanforderungen kann das Projekt mit seinen Projektbeteiligten durch Maßnahmen und Nachweise Belohnungspunkte (genannt Creditpoints, Checklisten-/Bewertungspunkte o.Ä.) erreichen, die summiert und ggf. gewichtet den Gesamterfüllungsgrad und damit das Prädikatlevel ergeben.
Z. können für Neubauten, Modernisierungen sowie Bestandsstrukturen in verschiedenen Nutzungsprofilen (Büros und Verwaltungsbauten, Schulen, Hotels, Innenausbau, Wohngebäude, Wohn-, Gewerbe- und Industriequartiere, Krankenhäuser u. v. m.) verliehen werden. Abhängig von Nutzungsprofil und Systemgrenze der Zertifizierung wird der Standort, das Umfeld und die Außenbereiche auf dem Grundstück in die Bewertung integriert.
Der Zertifizierungsprozess wird im Idealfall schon früh in der Entwurfsphase begonnen und durch die gesamte Planung wie auch Ausführung der Baumaßnahmen durch Auditoren und/oder Fachleute begleitet. So lässt sich früh auf wesentliche zertifizierungsrelevante Qualitäten Einfluss nehmen und die Zertifizierbarkeit und der erwünschte Erfüllungsgrad abgesichert werden. Ebenso ist der Zeitpunkt der Integration der Zertifizierungsan-

forderungen in den Planungsprozess relevant für die Kostenplanung.
Zertifizierungsprozesse sind oft und wahlweise mehrstufig aufgebaut (z.B. LEED Design Review/ Construction Review, LEED Pre-Certification/ Certification, DGNB Vorzertifikat/ Zertifikat). Die erste Stufe kann im Marketing schon als eine Absichtserklärung des Investors genutzt werden. Außerdem wird die Planungssicherheit erhöht, wenn insbesondere entwurfsrelevante Qualitäten durch eine frühe Nachweisführung und unabhängige Prüfung bestätigt werden. Die Qualitätssicherung wird weiterhin durch frühe Diskussionen der Ziele innerhalb des Projektteams und durch die Integration der Anforderungen in die Ausschreibung maßgeblich gefördert.
Auswahl von in Europa angewandten Zertifizierungssystemen und ihre Herkunftsländer:
LEED – Leadership in Energy and Environmental Design (USA)
DGNB – Deutsche Gesellschaft für Nachhaltiges Bauen (Deutschland)
BNB – Bewertungssystem Nachhaltiges Bauen (Deutschland)
BREEAM – Building Research Establishment Environmental Assessment Method (Großbritannien)
Cradle to Cradle (USA, Niederlande und Deutschland)
SNBS – Schweizer Standard Nachhaltiges Bauen (Schweiz)
Minergie-P – ECO (Schweiz)
2000-Watt-Gesellschaft (Schweiz)
HQE – Haute Qualité Environnementale (Frankreich)

Ziegel Aus →Ton, →Lehm, →Sand und Wasser wird eine formbare Masse hergestellt, zu Z. geformt, getrocknet und gebrannt (900 bis 1 200 °C). Durch den Wasserverlust beim Trocknen und Brennen verringert sich das Volumen der Z. (Schwinden). Magerungsmittel (Sand) verringern das Schwinden. Z. werden als →Mauerziegel, →Dachziegel, statisch mitwirkende Z. für Decken und Wandtafeln, statisch nicht mitwirkende Z. für Decken und Tonhohlplatten sowie Hohlziegel hergestellt. Vollmauerziegel sind wegen ihrer Schwere gute Wärmespeicher und haben schalldämmende Eigenschaften, während porosierte Hochlochziegel durch ihren hohen Luftporenanteil besondere wärmedämmende Eigenschaften haben.
Z. haben eine sehr einfache Zusammensetzung. Ton und Lehm sind regional verfügbar und werden in der Umgebung der Z.-Brennereien im Tagebau gewonnen (geringer Transportaufwand). Allerdings kommt es durch den Abbau im →Tagebau zwangsläufig lokal zu Umweltbelastungen (→Mineralische Rohstoffe, →Tagebau). Für den Brennvorgang ist ein hoher Energieaufwand erforderlich, auch wenn dieser durch verbesserte Technik in den letzten Jahren um bis zu 40 % reduziert werden konnte. Es wird vorwiegend Erdgas zur Energieerzeugung genutzt. Die Emission von Schadstoffen und der Primärenergiebedarf sind je nach technischem Stand des Herstellerwerkes und Qualität des Ton/Lehmgemisches sehr unterschiedlich, tendenziell aufgrund des Brennprozesses eher hoch. Insbesondere werden Schwefeldioxid und Fluorwasserstoff, das auf Pflanzen toxisch wirken kann, freigesetzt. Während der Nutzung ist mit keiner gesundheitsschädlichen Freisetzung von Schadstoffen zu rechnen. Selten können Z. erhöhte radioaktive Eigenstrahlung aufweisen (→Radioaktivität von Baustoffe). Für Z.-Schutt gibt es vielfältige Verwertungsmöglichkeiten: Er kann als Füllmaterial für Baugruben und als Zuschlagstoff für Z.-Splittbeton eingesetzt werden. Als Z.-Mehl kann er als Aufschüttmaterial für Tennis- u. Sportplätze oder als Substratersatz für Dachbegrünungen dienen. Die Deponierung erfolgt auf Inertstoffdeponien.

Ziegenhaarteppich Ziegenhaar zählt zu den ältesten natürlichen Spinnstoffen der Welt. Die groben Ziegenhaare sind glatt, lang, hart und werden für die Herstellung von Teppichböden häufig mit anderen Tierhaaren (meistens Schurwolle) oder künstlichen Fasern vermengt. Aus den Ziegenhaaren und den anderen Fasern wird ein Vlies erstellt, über zwei zahnradartige Walzen geführt und anschließend mit dem Trägermaterial verklebt, sodass eine Schlingen-/Rippen-Struktur entsteht. Teppichbodenstärke ca. 7,2 mm, Gewicht ca. 2,5 kg/m², Brandverhalten B1 schwer entflammbar, Trittschallverbesserungsmaß ca. 23 dB, das elektrostatische Verhalten bei –1,3 kV (antistatisch). Der Belag kann über Fußbodenheizungen eingebaut werden und ist für Hausstauballergiker geeignet. Insgesamt sind Z. extrem strapazierfähig, schmutzabweisend und zudem hygroskopisch. →Naturfaser

Zielwerte Im Rahmen der Beurteilung der Innenraumluft beschreiben Z. die anzustrebenden Innenraumkonzentrationen, unterhalb derer auch bei langfristiger ggf. sogar lebenslanger Exposition keine gesundheitlichen Bedenken für die gesamte Breite der Bevölkerung bestehen sollten. Das Konzentrationsniveau eines Z. kann ein Niveau beschreiben, das unterhalb des →Vorsorgewertes liegt. →Richtwerte →Innenraumluft-Grenzwerte

Zigarettenrauch →Tabakrauch

Zink Zur Herstellung von Z. werden Zinkkonzentrate aus den sulfidischen Erzen (Zinkblende) durch Flotation zu Oxiden geröstet, danach mit Schwefelsäure gelaugt und anschließend der Elektrolyse unterworfen (modernere Verfahren). Je nach Verwendungszweck erfolgt danach eine Reinigung durch fraktionierte Destillation (Feinzink). Unterschieden werden Hüttenzink (97,5 bis 99,5 % Z.) für die Verzinkung von Zinkblech, Feinzink (99,95 bis 99,99 % Z.) für Anoden, elektrolytische Überzüge und Legierungen und Umschmelzzink (96 % Z.) für die Verzinkung und für Zinkfarben. Technisch genutzt wird vorwiegend Zinkblende (ZnS): geologisch wie geographisch weltweit verteilte Vorkommen; wichtigste Lagerstätten in Amerika, Australien, Russland und Polen. Der Abbau erfolgt heute meist unter Tage.
Z. bildet bei Bewitterung eine festhaftende Schutzschicht gegen Korrosion. Gegen schwache Säuren und Basen ist Z. unbeständig: Mangelnde Hinterlüftung oder Kondenswasserbildung führt zu Zinkabbau. Bei relativ hoher Luftfeuchtigkeit und hohem Gehalt an Luftverunreinigungen sind daher zusätzliche Schutzmaßnahmen notwendig. Im Bauwesen wird Z. heute in Form von →Titanzink verwendet. Weiterer Einsatzbereich: Verzinkung von Stahlblech (→Verzinktes Stahlblech).
Bei gleichbleibendem Verbrauch wird die Rohstoffverfügbarkeit von Zinkerz auf ca. 20 Jahre geschätzt. Hoher Materialbedarf: typische Zinkkonzentrationen in den heute abgebauten Minen zwischen 0,5 bis über 10 %. Großer Bedarf an Koks für Reduktion bzw. Schwefelsäure zum Laugen, hoher Energiebedarf für Elektrolyse und Destillation, hohe Abgabe von Schadstoffen: hauptsächlich Zinkoxid, Schwefeldioxid, Stickoxide, Schwefelsäure und Zinkverbindungen sowie Sulfat im Abwasser und Zinkstäube als feste Abfallstoffe (deutlich erhöhte Werte im Boden rund um Zinkindustrie-Standorte).
Metallisches Z. ist für den Menschen vergleichsweise wenig giftig, in geringen Mengen aus der Nahrung aufgenommen sogar lebensnotwendig. Z.-Staub reizt die Atemwege. Emissionen der Z.-Herstellung sind hauptsächlich Zinkoxid, Schwefeldioxid, Stickoxide, Schwefelsäure und Sulfat im Abwasser. MAK-Wert: 0,1 A mg/m^3 und 2 E mg/m^3 für Zink und seine anorganischen Verbindungen. Z. wird von Dächern, Rinnen usw. abgeschwemmt und belastet somit Abwasser und Klärschlamm.

Zinkblech Z. wird heute im Bauwesen nur mehr in Form von →Titanzinkblech angeboten.

Zink-Dächer Dächer mit Bauteilen aus →Zink und →Kupfer.

Zink-diethyldithiocarbamat Z. (ZDEC) ist ein Vulkanisationsbeschleuniger, der zur Vulkanisation von Gummi-Bodenbelägen oder Schaumrücken textiler Bodenbeläge eingesetzt werden kann.

Zink-Stabilisatoren →Stabilisatoren

Zinn Z. ist ein silberweiß glänzendes und sehr weiches →Schwermetall. Infolge der Oxidschicht, mit der sich das Metall bei Kontakt mit Sauerstoff überzieht, ist es sehr beständig. Z. kommt zu über 80 % als Ansammlung in Schwemmlandablagerungen (Sekundärlagerstätten) an Flüssen sowie auf dem Meeresgrund vor, bevorzugt in einer Region beginnend in Zentralchina über Thailand bis nach Indonesien. Der Z.-Gehalt in dem Material der Schwemmlandlagerstätten beträgt ca. 5 %.
Z. wird hauptsächlich zur Herstellung von Weißblech eingesetzt. Allerdings erfolgt in diesem Bereich eine zunehmende Substitution durch →Aluminium und Kunststoffe. Ca. 5 % des weltweit hergestellten Z. wird zu organischen Z.-Verbindungen weiterverarbeitet, die insbesondere als Stabilisatoren für PVC (→Polyvinylchlorid) und für →Antifoulingfarben eingesetzt werden.
Z. ist für den Menschen möglicherweise ein essenzielles Spurenelement. Es kommt in fast allen Organen vor, besonders im Magen-Darm-Trakt, sowie in der Leber und Lunge. Vermutlich ist Z. an den körpereigenen Abbau- und Oxidationsprozessen und am Stoffwechsel von Proteinen beteiligt. Aus Tierversuchen gibt es Hinweise, dass ein Zinnmangel das Wachstum verzögert. Im Unterschied zu organischen Z.-Verbindungen (→Zinnorganische Verbindungen) sind Z. und anorganische Z.-Verbindungen (Zinnsalze) vergleichsweise wenig giftig. Zur Aufstellung von MAK-Werten (→MAK-Liste) für Z. und seine anorganischen Verbindun-

gen liegen derzeit allerdings weder Erfahrungen am Menschen noch aus Tierversuchen hinreichende Informationen vor.

Zinnorganische Verbindungen Z. lassen sich chemisch wie folgt einteilen:

1. Mono- und Diorganozinnverbindungen
2. Triorganozinnverbindungen
   - Tributylzinnverbindungen
   - Triphenylzinn
3. Tetraorganozinnverbindungen

Tabelle Z2: Abkürzungen für Organozinnverbindungen

Abkürzung	Stoff
DBT	Dibutylzinn
$DBTCl_2$	Dibutylzinnchlorid
DBTDL	Dibutylzinndilaurat
MBT	Monobutylzinn
$MBTCl_3$	Monobutylzinnchlorid
TBT	Tributylzinn
TBTB	Tributylzinnbenzoat
TBTCl	Tributylzinnchlorid
TBTF	Tributylzinnfluorid

Tabelle Z2: Abkürzungen für Organozinnverbindungen (Forts.)

Abkürzung	Stoff
TBTL	Tributylzinnlaurat
TBTMA	Tributylzinnmethacrylat
TBTN	Tributylzinnnaphthenat
TBTO	Tributylzinnoxid
TcHT	Tricyclohexylzinn
TPT	Triphenylzinn
TPTOH	Triphenylzinnhydroxid (= Fentinhydroxid)
TTBT	Tetrabutylzinn

Tabelle Z3: Verwendungsbereiche zinnorganischer Verbindungen

Verwendungsbereich	Anteil [%]
Stabilisatoren, Katalysatoren	55
Zwischenprodukte	25
Topfkonservierer	8
Pflanzenschutzmittel	8
Holzschutzmittel	2
Antifoulingfarben	2

Tabelle Z4: Kunststoff-Produkte und verwendete zinnorganische Verbindungen (Quelle: UBA)

Produkte	Anwendungen	Produktionsmengen	Stoffe
Hartfolien	Verpackungen	7.500 t/a	Mono- und Dioctylzinnmercaptoester Methylzinnmercaptoester
Flaschen	Verpackungen	2.250 t/a	Mono- und Dioctylzinn-ercaptoester Methylzinnmercaptoester
Platten im Außenbereich und transparente Folien	Bauindustrie	2.250 – 3.000 t/a	Mono- und Dioctylzinnmercaptoester und -carboxylate Methylzinnmercaptoester und –carboxylate
Rohre und Fittings	Hart-PVC-Rohre für Wasserleitungen	750 t/a	Mono- und Dioctylzinn-mercaptoester und andere Thio-Verbindungen
Sonstige Anwendungen	Hart-PVC-Schäume Weich-PVC-Fußbodenbeläge Kalanderfolien Profile	750 – 1.000 t/a	Butyl-, Octyl-, Methylzinnverbindungen

Z. werden in großen Mengen als Thermo- und/oder UV-Stabilisatoren bei der PVC-Verarbeitung eingesetzt. Organozinn-Stabilisatoren werden weltweit in einer Menge von ca. 75.000 t/a eingesetzt. In Europa beträgt der Verbrauch ca. 15.000 t/a, in Deutschland ca. 5.300 t/a (jeweils für 1999). Von der Produktionsmenge in Europa entfallen ca. 15 % auf Methylzinn, ca. 35 % auf Butylzinn und ca. 50 % auf Octylzinn.

Ca. 10 % des Gesamtvolumens des europäischen Marktes für PVC-Stabilisatoren entfallen auf Mono- und Dialkylzinnmercaptoester sowie -carboxylate. Während die Organozinnmercaptoester bei der Produktion als Wärmestabilisatoren fungieren, sollen die Carboxylate die Verwitterung der Kunststoffe im Außenbereich verhindern. Die Konzentrationen von Z. im Produkt betragen ca. 2 % des Kunststoffgewichtes. Bezogen auf etwa 20 % Zinnanteil des Stabilisators liegt der Zinngehalt im Endprodukt also bei ca. 0,4 %.

Zur Herstellung bestimmter Polyurethan-basierter Kleb- und Dichtstoffe werden Dimethyl-, Dibutyl- und Dioctylzinnverbindungen eingesetzt. In der Sparte Dicht- und Klebstoffe werden bei Masseanteilen von 0,1 % oder weniger in Deutschland pro Jahr 15 bis 20 t verbraucht. Das Dibutylzinndilaurat (DBTL) macht dabei ca. 80 % des Marktes aus.

Tabelle Z5: Konzentrationsverteilungen von zinnorganischen Verbindungen in PVC-Bodenbelägen (Quelle: Thumulla & Hagenau, 2001: Organozinnverbindungen in PVC-Böden und Hausstaub, 6. Fachkongress der Arbeitsgemeinschaft Ökologischer Forschungsinstitute, Nürnberg)

Perzentile	Monobutylzinn	Dibutyl-zinn	Tributylzinn
	[µg/kg]		
10	< 100	< 100	< 100
50	5.500	120.000	< 100
90	35.000	450.000	7.000
98	57.000	520.000	32.000
Max.	70.000	920.000	34.000

In der Glasindustrie werden neben anorganischen Titan- oder Zinnchloriden Mono- und Diorganozinn-Halogenide eingesetzt (Deutschland: ca. 900 t/a). Die Stoffe werden bei dem Prozess verdampft und gasförmig den heißen Glasoberflächen zugeführt. Dort werden sie quantitativ thermisch zersetzt unter Bildung der anorganischen Zinnoxid-Beschichtung.

Tabelle Z6: Sparten der Glasvergütung und jeweils eingesetzte Mono- und Diorganozinnverbindungen (Quelle: UBA)

Sparte der Glasvergütung	Eingesetzte Stoffe
Außenbeschichtung von Glasflaschen zur Erhöhung der Kratzfestigkeit und zur Gewichtsreduzierung	Monobutylzinnchlorid
Isolierverglasung (als Vergütungsmittel zur Erzeugung von dotierten Zinnoxid-Beschichtungen)	Mono- und Dibutylzinnchlorid Methylzinnchlorid
Selektive Reflexion von Wärmestrahlung	Dibutylzinnfluorid
Elektronische Anwendungen: Elektrisch leitfähige, transparente Beschichtungen (Plasmabildschirme)	Mono- und Dibutylzinnchlorid Methylzinnchlorid Dibutylzinnfluorid

Für den industriellen Holzschutz wird in Deutschland seit 1990 kein TBT mehr eingesetzt. Dagegen wird in Großbritannien, Frankreich und Spanien TBT auch heute noch als Holzschutzmittel für spezielle Anwendungen bei Konstruktionshölzern (Doppelvakuum-Applikation) verwendet. Es ist nicht auszuschließen, dass einzelne behandelte Fertigwaren auch nach Deutschland gelangen.

Tabelle Z7: Einsatz von Triorganozinnverbindungen im Bereich Holz und für technische, nicht-bioxide Anwendungen

Einsatzbereich Holz	Eingesetzte Stoffe
Holzschutz im konstruktiven Bereich Verschiedene biozide Ausrüstungen von Dachbahnen, Silikondichtmassen, technischen Textilien Mikrobielle Desinfektion	Bis(tributylzinn)oxid
Holzschutz im konstruktiven Bereich	Tributylzinnnaphthenat

Obwohl TBT im Holzschutz in Deutschland auch in der Vergangenheit wenig verbreitet war, können einzelne behandelte Althölzer im Abfallbereich auftreten. Durch die lange Lebensdauer behandelter Hölzer bleibt eine lang anhaltende, wenngleich insgesamt wenig bedeutende Quelle diffusen Eintrags erhalten.

Tabelle Z8: Einsatzmengen von zinnorganischen Verbindungen (weltweit) im Holzschutz (Quelle: UBA)

Mengen		Stoffe
1980er-Jahre	ca. 500 t/a	TBTO, TBTN
1990 – 1995	ca. 200 t/a	
seit 1995	< 100 t/a [1)]	

1) Beschränkt sich auf die Belieferung industrieller Anwender

TBT wurde in Deutschland bis 1999 in Silikondichtmassen für den Sanitärbereich eingesetzt. Die hierfür verwendeten Mengen betrugen < 10 t/a. Für die nächsten Jahre ist daher mit einer zwar geringen, aber kontinuierliche Freisetzung aus diesen verbauten Materialien zu rechnen.
Bis 1994 wurde TBT in Dachbahnen zur Regenabdichtung von Flachdächern eingesetzt. Die mit diesen Produkten verbaute Menge betrug in etwa 150 t/a TBT. Innerhalb der nächsten Jahr(zehnt)e sind aus dieser Quelle kontinuierliche Elutionsverluste und Umwelteinträge zu erwarten (Klärschlammeintrag).
Für wasserbasierte Farben und Lacke wird als Topfkonservierer z.T. noch TBT eingesetzt.
Die hohe Toxizität bestimmter Z. wurde auf dramatische Weise offenbar, als 1954 über 100 Menschen nach dem Gebrauch des Hautpräparats Stalinon starben. Das Produkt enthielt neben Diethylzinniodid als Verunreinigung Mono- und Triethylzinn. In einem deutschen Chemiewerk kam es zu einem schweren Arbeitsunfall, als sechs Arbeiter einen Kessel zur Dimethylzinn-Synthese reinigten. Durch das als Nebenprodukt anfallende Trimethylzinn erlitten sie schwere neurologische und psychische Schäden. Ein Arbeiter starb, ein anderer endete durch Suizid.
Der toxischen Wirkung der Z. liegen Störungen des Zellstoffwechsels zugrunde. Methyl- und Ethylzinnverbindungen weisen zudem eine ausgeprägte Neurotoxizität auf. Z. sind darüber hinaus immuntoxisch, insbes. die Di-, Trialkylzinn- und Triphenylzinnverbindungen.
Aus ökotoxikologischer Sicht liegt der Fokus bei den Umweltrisiken im Gebrauch von Z. als Antifoulingmittel in Schiffsfarben (insbes. Butylzinnverbindungen). Triorganische Zinnverbindungen (Tributylzinn) zeigen eine hohe Ökotoxizität in Verbindung mit Persistenz und Bioakkumulation. Bereits geringste Konzentrationen von TBT führen zu endokrinen Funktionsstörungen in Schnecken und Muscheln. Z. werden von Menschen insbesondere über den Verzehr von Fischen und Meeresfrüchten aufgenommen. Umweltverbände fordern seit Jahren ein sofortiges und vollständiges Verbot von TBT. Die Toxizität der Mono- und Diorganozinnverbindungen ist bisher nur unzureichend untersucht.
Mono- und Dibutylzinnverbindungen und deren Gemische enthalten aber bis zu 1 Gew.-% (normiert als Zinn) Tributylzinnverbindungen als technische Verunreinigung. Der Maximalanteil von 1 % TBT (normiert als Zinn) bezieht sich dabei auf Dibutylzinnverbindungen mit einem Anteil von > 95 % Dibutylzinnverbindung. Diese werden als Katalysatoren in speziellen Polyurethanen, Polyestern und RTV-Silikonen sowie speziellen PVC-Anwendungen (C-PVC-Rohre, besondere Spritzgussverfahren) eingesetzt. Bezogen auf eine Verwendung von insgesamt ca. 5.300 t/a für Organozinn-Stabilisatoren und -katalysatoren (in Deutschland) ergibt sich bei 1 % Masseanteil der technischen Verunreinigungen eine Menge von 53 t/a der besonders schädlichen triorganischen Zinnverbindungen in diesem Sektor. Die Butylzinnverbindungen haben hiervon einen Marktanteil von etwa 35 %. Daraus ergibt sich für das TBT eine Menge von 17,5 t/a als technische Verunreinigung in Kunststoffen. Unter der Annahme einer Migration von insges. 5 % aus der Polymermatrix der Produkte ergibt sich ein maximaler TBT-Umwelteintrag von 875 kg/a über diesen Pfad.
Die vielfältigen Verwendungen von Z. führen zu einem diffusen, aber kontinuierlichen Austrag der Stoffe – insbes. auch von TBT – aus den behandelten Materialien in die Umwelt und auch in Innenräume.
Verbindliche Grenzwerte für Innenraum-Verunreinigungen mit Z. gibt es bisher nicht.

Tabelle Z9: Verteilung von zinnorganischen Verbindungen im Hausstaub (Quelle: Thumulla & Hagenau, 2001: Organozinnverbindungen in PVC-Böden und Hausstaub, 6. Fachkongress der Arbeitsgemeinschaft Ökologischer Forschungsinstitute, Nürnberg)

Perzentile	Monobutylzinn	Dibutylzinn	Tributylzinn
	[µg/kg]		
10	< 100	< 100	< 100
50	530	3.400	460
90	7.200	413.000	2.600
95	17.000	870.000	2.800
98	19.000	1.500.000	3.000
Max.	24.000	2.200.000	15.000

Tabelle Z10: Handlungs- und Prüfwerte für Di- und Tributylzinnverbindungen im Hausstaub (Quelle: Thumulla & Hagenau, 2001: Organo-zinnverbindungen in PVC-Böden und Hausstaub, 6. Fachkongress der Arbeitsgemeinschaft Ökologischer Forschungsinstitute, Nürnberg)

Tolerierbare Aufnahmemenge [µg/kg × d]	Handlungswert [µg/kg]	Prüfwert [µg/kg]
0,25 (TDI/WHO, 1999)	2.500	250
0,3 (RfD, EPA, 1997)	3.000	300

Tabelle Z11: MAK-Werte für Zinnorganische Verbindungen

Stoff	MAK-Wert
Zinnorganische Verbindungen (Mono-n-, Di-n-, Tri-n- und Tetrabutylzinnverbindungen, berechnet)	0,004 ml/m³ = 0,02 mg/m³ Krebserzeugend Kategorie 4

Zirbelkiefer (Arve) Das →Splintholz ist gelblichweiß, das →Kernholz gelbrötlich bis hellrot-braun gefärbt, nachdunkelnd. Das Holz hat dunkelbraune, fest eingewachsene Äste und zeigt nur wenig betonte Textur. Z. riecht angenehm nach Harz.
Das Holz ist nur mäßig schwer und weich, mäßig fest und elastisch, wenig schwindend und mit sehr gutem Stehvermögen. Die Behandlung der Oberflächen ist problemlos. Ausgetretenes Harz muss entfernt werden, damit Lacke und Farben ohne Störung angenommen werden. Der Witterung ausgesetzt ist Z. von guter Dauerhaftigkeit. Z. ist nur in begrenzter Menge verfügbar und fällt zudem nur in relativ kurzen Stammabschnitten (2 bis 4 m) an. Es ist ein begehrtes Ausstattungsholz für Möbel und im Innenausbau für Wand- und Deckenbekleidungen, für Bildhauer- und Schnitzarbeiten, für Schindeln, Fenster und als Konstruktionsholz mit mäßiger Belastung. Das Insekten abweisende ätherische Öl der Z. wird für Produkte der →Pflanzenchemiehersteller verwendet, z.B. für Möbelpolitur (Arvenöl; s. auch →Terpene). Den Terpenen wird eine herzfrequenzreduzierende Wirkung zugeschrieben, was die Aufmerksamkeit von Schülern verbessern hilft. Z. wird daher besonders in Österreich gerne in Schlafräumen und in Schulen eingebaut.

Zitrusschalenöl →Citrusschalenöl

Zubereitungen Gem. →Chemikalien-Gesetz und →REACH-VO sind Z. „aus zwei oder mehreren Stoffen bestehende Gemenge, Gemische oder Lösungen". Bsp.: Abbeizmittel.

Zulassung von Bauprodukten →Bauprodukte – Grundsätze zur gesundheitlichen Bewertung von Bauprodukten in Innenräumen, →MVV TB

Zuschlagstoffe →Gesteinskörnungen

Zwangslüftung →Mechanische Lüftung, →Komfortlüftungsanlagen

Zweikomponentenklebstoffe Z. bestehen aus Bindern (Harzen) und Härtern, die getrennt aufbewahrt werden. Die Harze können ungesättigte Polyesterharze, Vinyl- und Acrylverbindungen, Epoxid- und Polyurethanverbindungen und die Härter Peroxide der Harzkomponenten, Benzoylperoxid, Polyamine oder Polyisocyanate sein; chemisch sehr aktive Verbindungen, die erst durch die Vermischung und Abbindung zu Polymeren vernetzen und somit den Klebevorgang vollziehen. Diese bilden dann einen hochwirksamen Klebstoff, der hohen Belastungen standhält. Bei den →Epoxidharz-Klebstoffen sind Harz und Härter reizend bzw. ätzend. →Polyurethan-Klebstoffe bestehen dagegen aus einer vergleichsweise ungefährlichen Harzkomponente und einem Härter auf Basis von Isocyanaten, z.B. Diphenylmethandiisocyanat (MDI). Das Monomer MDI ist als krebserzeugend (EG-Kategorie 3, H351) eingestuft. MDI gehört zu den sensibilisierenden Stoffen; sensibilisierende

Stoffe können je nach Veranlagung nach der Erstexposition unterschiedlich schnell Allergien auslösen.
Hautkontakt sollte mit allen Z. vermieden und der Umgang mit diesen Klebstoffen auf ein Minimum reduziert werden. Die Anwendung von Reaktionsprodukten sollte auf notwendige Ausnahmefälle (stark feuchtigkeitsbelastete Bereiche) beschränkt werden. →Reaktionsklebstoffe

Zwetschge (Pflaume) Das schmale →Splintholz ist gelblichweiß bis hellrötlich, das →Kernholz rötlichbraun bis dunkelrotbraun, oft auch violett gestreift, dabei nicht selten auch insgesamt mit violetter Tönung. Das Holz ist feinporig und von gleichmäßiger Struktur, mit gestreifter bzw. geflammter Zeichnung. Z. ist besonders schönfarbig und dekorativ.
Z. ist dichtes, hartes und ziemlich festes Holz. Bei der Trocknung ist es stark schwindend mit stärkerer Neigung zum Reißen und Werfen, nach der Trocknung jedoch mit gutem Stehvermögen. Die Behandlung der Oberflächen ist problemlos; es ist besonders gut zu polieren. Der Witterung ausgesetzt ist das Holz nicht dauerhaft. Die Verwendungsmöglichkeiten von Z. sind infolge des mengenmäßig nur geringen Anfalls, der meist nur geringen Abmessungen und der häufigen Kernfäule in älteren Bäumen stark eingeschränkt und meist auf Kleinteile begrenzt. Das Holz findet vornehmlich als Schnitz- und Drechslerholz für kunstgewerbliche Artikel, Holzbestecke, Messerhefte, Knöpfe und dergleichen Verwendung, ferner für Intarsien und Holzblasinstrumente. Größere, fehlerfreie Abschnitte werden für dekorative Kleinmöbel in handwerklicher Einzelfertigung genutzt.

VDE
VERLAG
Technik. Wissen. Weiterwissen.
SCHIMMELPILZ-BILDUNGEN IN GEBÄUDEN
Vorbeugung · Instandsetzung
Auf Technikwissen bauen:
Schimmelpilzbildungen in Gebäuden – der Ratgeber zum Thema!
Haben Sie Fragen zu Schimmelpilzen in Gebäuden? Dann hilft Ihnen dieses praxisorientierte Buch schnell und kompetent weiter. Dargestellt werden die verschiedenen Arten von Schimmelpilzbildungen, deren Lebensbedingungen und Auswirkungen auf die Gesundheit.
Preisänderungen und Irrtümer vorbehalten. Das Kombiangebot bestehend aus Buch und E-Book ist ausschließlich auf www.vde-verlag.de erhältlich.
4., überarb. u. erw. Aufl. 2015
215 Seiten
38,00 € (Buch/E-Book)
53,20 € (Kombi)
Bestellen Sie jetzt: (030) 34 80 01-222 oder www.vde-verlag.de/160482